Building Intelligent Engineering Design and Application

智能弱电工程设计与应用

第2版

陈宏庆　张飞碧　袁得　李惠君 / 编著

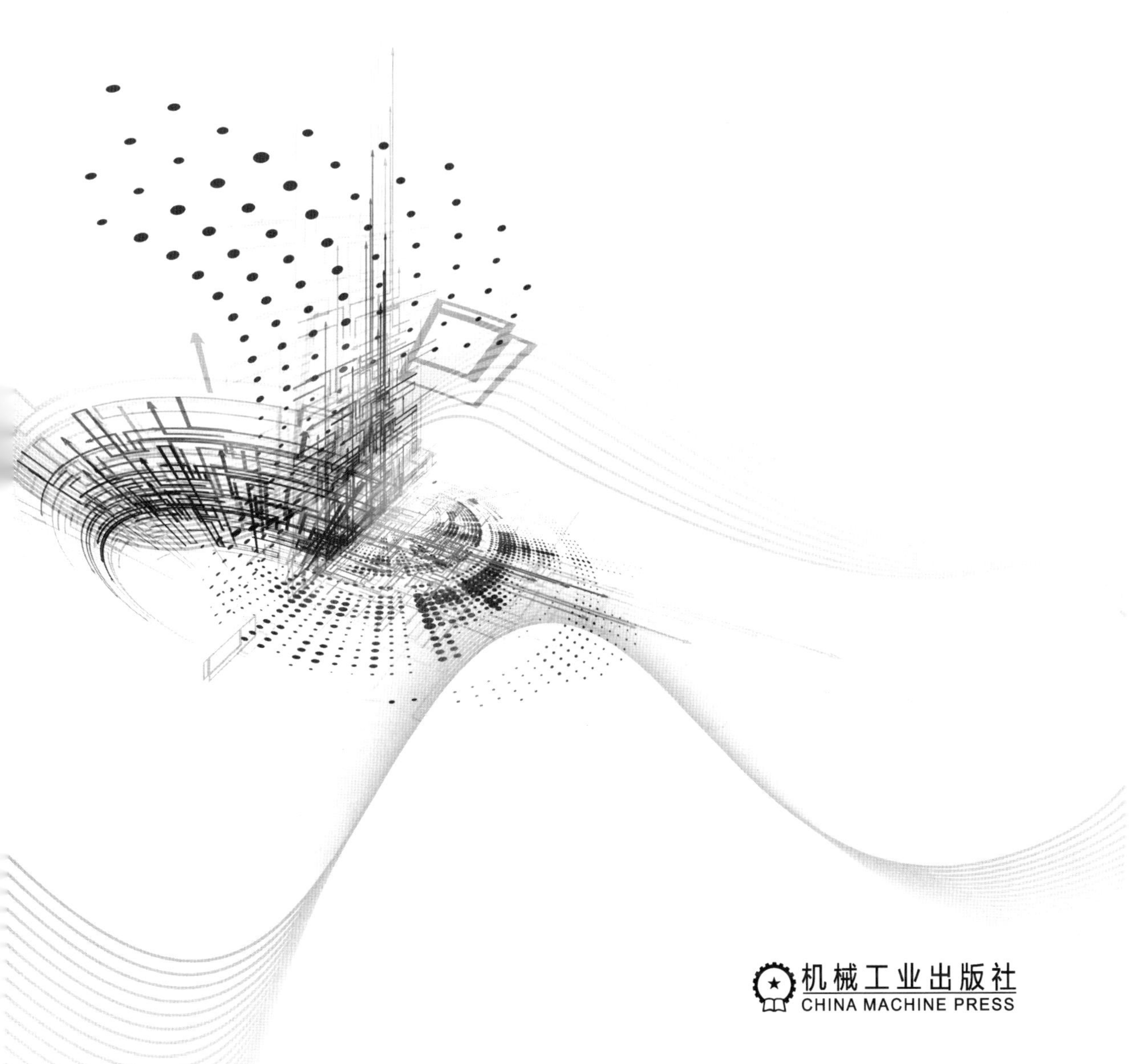

机械工业出版社
CHINA MACHINE PRESS

本书以通俗易懂、深入浅出的方式，较系统、完整地介绍智能弱电工程设计与应用知识，既介绍了读者构建智能弱电工程的技术基础，还讲解了如何进行建筑弱电工程设计，以及组织工程施工、测试、验收和鉴定。

本书适合于建筑设计院所、智能化系统集成商、建筑弱电工程施工企业、机电安装公司等单位从事设计、施工、监理、验收、管理等的工程技术人员，各大专院校相关专业师生及有志于深入了解与全面掌握智能弱电工程设计和应用的专业人员阅读和使用。

图书在版编目（CIP）数据

智能弱电工程设计与应用/陈宏庆等编著. —2版. —北京：机械工业出版社，2021.6（2023.11重印）
ISBN 978-7-111-68282-0

Ⅰ.①智… Ⅱ.①陈… Ⅲ.①智能化建筑-电气设备-建筑设计
Ⅳ.①TU855

中国版本图书馆CIP数据核字（2021）第097255号

机械工业出版社（北京市百万庄大街22号 邮政编码100037）
策划编辑：何文军 责任编辑：何文军
责任校对：张晓蓉 封面设计：张 静
责任印制：邓 博
盛通（廊坊）出版物印刷有限公司印刷
2023年11月第2版第3次印刷
184mm×260mm · 47印张 · 2插页 · 1316千字
标准书号：ISBN 978-7-111-68282-0
定价：199.00元

电话服务	网络服务
客服电话：010-88361066	机 工 官 网：www.cmpbook.com
010-88379833	机 工 官 博：weibo.com/cmp1952
010-68326294	金 书 网：www.golden-book.com
封底无防伪标均为盗版	机工教育服务网：www.cmpedu.com

前　言

智能弱电工程是智慧城市的一部分，通过5G、互联网、物联网、云计算等高科技手段使数字化城市中的智能交通、智能物流、智能支付、智能网络等系统互联在一起，提供实时在线监测、报警联动、应急指挥、预案管理、决策支持、远程控制、安全防范、节能环保等一体化的管理和控制。

按照中华人民共和国住房和城乡建设部的定义，建筑智能化工程通常应包括：①计算机管理系统工程；②楼宇设备自控系统工程；③保安监控及防盗报警系统工程；④智能卡系统工程；⑤通信系统工程；⑥卫星及共用电视系统工程；⑦车库管理系统工程；⑧综合布线系统工程；⑨计算机网络系统工程；⑩广播系统工程；⑪会议系统工程；⑫视频点播系统工程；⑬智能化小区综合物业管理系统工程；⑭可视会议系统工程；⑮大屏幕显示系统工程；⑯智能灯光、音响控制系统工程；⑰火灾报警系统工程；⑱计算机机房工程。

本书第1版自2013年11月出版以来，深受广大读者的欢迎。近年来，以信息技术和计算机应用为基础和以数字化、网络化、智能化为创新手段的智能弱电工程技术获得了飞速发展，为适应新时期读者的需求，对第1版进行了很多补充和更新。

第2版以5G网络、物联网、大数据、云计算和人工智能等高新科技应用为核心，增加了智慧停车场管理系统和多媒体通信系统两章；更新和补充了5G、物联网和云计算，智能卡、生物识别和扫码支付系统，IP网络视频监控系统，无纸化数字会议系统，应急指挥系统，大屏幕显示系统，数字网络公共广播系统和楼宇自控系统等；用通俗易学的图文改写了数据通信和计算机网络体系及网络互联设备原理与应用两章，使读者更易掌握网络互联的原理和应用；为了压缩篇幅，删除了互动式有线电视和卫星电视接收系统、现代教学信息化系统两章（第1版的第10、12章）。全书仍为18章。

本书的撰写得到了华东理工大学耿悦彬副教授、同济大学谢咏冰副教授、江苏科技大学薛泉祥团委书记和高国银高级工程师、中国商用飞机有限责任公司技术质量部徐建强部长、苏州国科数据中心顾宗根总经理、上海飞乐音响股份公司朱开杨副总经理、上海灏然网络科技公司李鑑明总经理、上海安恒利扩声工程公司项珏总经理、北京中大华堂科技公司张京春处长、杜诚总工程师、上海永加灯光扩声工程公司王正超高级工程师和罗蒙总工程师、苏州锐丰公司冼景赞总经理、上海众垣科技公司周丹总经理、广州市科昱音响设备公司严文昌总经理等多位专家在百忙之中提供的许多宝贵的工程资料和意见，在此一并深表感谢。

由于作者水平有限，从大量国内外文献中萃取、提炼、翻译和编辑过程中不免带有自身认识的片面性，因此书中定有不足、不当，甚至谬误之处，敬请专家、同行和广大读者不吝赐教和指正。

作　者

2020年9月于上海

目　　录

第1章　导　　论

建筑电气技术包括强电和弱电两类。强电一般指100V及以上的交流供配电、用电系统，主要向用户提供电力能源，如电梯、空调、照明和各种机电设备等高能耗强电系统。强电系统的特点是电压高、电流大、功耗大、频率低（50Hz），处理对象是把能源（电力）引入建筑物，经用电设备转换成机械能、热能和光能等，重点考虑的问题是提高能源的转换效率、节能降耗。

弱电系统是指按国家规定的36V以下的安全供电及系统传输、控制、处理的低电压系统。弱电的处理对象是数据信息，即运用计算机技术、网络通信技术、自动控制技术、视/音频技术、光纤技术、传感器技术及数据库技术等高新技术，构成各类智能化系统。对各种数据和多媒体信息进行采集、处理、存储、传输、控制、管理和应用，其特点是电压低、电流小、功率小、频率高，涉及面广，主要考虑的问题是信息传输的可靠性、传输速度和传输质量等。

智能弱电系统以最大限度提高系统工作效率为中心，是一项技术性较强的系统工程，技术含量高、建设周期长、过程复杂。随着现代高新技术在智能弱电工程中的广泛应用，大大扩展了建筑物的服务功能和管理功能，增强了建筑物与外界的信息交换能力，并为建筑物节能降耗提供了智能控制条件。因此，弱电技术的应用程度决定了智能建筑的智能化程度。

1.1　建筑弱电工程的组成与分类

人们常说“弱电不弱”，就是指弱电系统的重要性、综合性和技术的复杂性而言。建筑弱电系统在建筑电气工程乃至在整体建筑工程中占有举足轻重的地位。建筑弱电工程是一项集电子学、计算机、自动控制、语音通信、数据通信、互联网技术和多媒体技术于一体的多种高新科技的综合应用，发展迅速。

图1-1是现代智能建筑弱电工程的基本功能框图，即以系统集成中心（SIC）为核心，通过结构化综合布线，实施楼宇设备自动控制、办公自动化和通信自动化的智能控制。

建筑弱电工程可以分为以下五大分系统和多种独立功能的子系统。

1.1.1　楼宇自控系统

楼宇自控系统（BAS）以中央计算机为核心，日夜不停地对建筑物内各种机电设备的运行状态进行连续监控，自动采集、自动记录和处理现场数据，是建筑物节能降耗的重要手段。

按被监控设备的功能、作用和管理模式，该分系统可分为以下各个独立子系统：①空调控制子系统；②给水排水控制子系统；③照明控制子系统；④消防报警子系统；⑤安全防范子系统；⑥车库管理子系统；⑦备用应急供电监控子系统等。

1.1.2　系统集成中心

系统集成中心（SIC）的主要职责是汇集、整合和管理各弱电子系统的各类信息，对建筑物各个子系统实施综合管理，实现信息资源共享。

系统集成中心以计算机网络为基础、软件为核心，集数据采集、网络通信、自动控制和信息管理于一体，通过信息交换和共享，将各个具有完整功能的独立子系统组合成一个有机整体，提高系统维护和管理的自动化水平、协调运行管理功能。

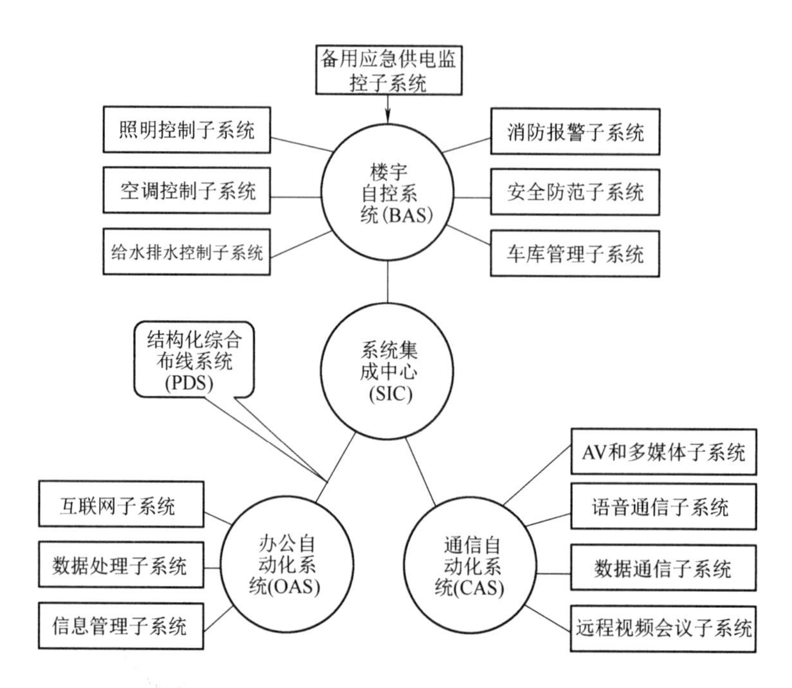

图1-1　现代智能建筑弱电工程的基本功能框图

1.1.3　结构化综合布线系统

结构化综合布线系统（PDS）采用高质量标准线缆及相关连接硬件、积木式结构、模块化设计、统一的技术标准，组成建筑物内标准、灵活、开放的信息传输网络，满足智能建筑信息传输的要求。

1.1.4　通信自动化系统

通信自动化系统（CAS）与外部公用网络或专用网络相连，是建筑弱电工程处理各类图像、语音和数据信息的重要分系统。包括下列各项子系统：

1）语音通信子系统。

2）数据通信子系统。

3）数字会议子系统（包括专业扩声系统）。

4）远程视频会议子系统。

5）大屏幕显示子系统。

6）公共广播子系统。

7）CATV闭路电视和卫星电视子系统。

8）一卡通和门禁子系统。

9）弱电机房子系统。

1.1.5　办公自动化系统

办公自动化系统（OAS）以实现办公自动化为目标，在办公室中以PC为中心，采集、整理、加工、使用信息。办公自动化系统是一种以高新科技支撑的现代办公及通信设备，为科学管理和科学决策提供服务。它包括以下独立子系统：

（1）数据处理子系统。办公室中有大量烦琐的事务性工作要处理，如发送通知、打印文件、汇总报表、组织会议等。这些烦琐事务都可交给计算机来完成，节省人力，提高工作效率。

（2）信息管理子系统。信息管理系统是管理信息量的最佳手段，把各项独立的事务处理通过信息交换和资源共享联系在一起，获得高效、快捷、准确、及时的优质服务。

（3）互联网子系统。互联网子系统是数据交换的“高速公路”，办公室通过互联网实现建筑物内部和外部环境的高效、快捷、准确、及时的互联互通。

1.2 建筑弱电工程实施程序

建筑弱电工程包含20余项独立功能的子系统，系统复杂，功能、规模各异，根据建筑物的使用功能需求和现代科技的快速发展，新的弱电子系统还在不断加盟。

建筑弱电系统是一项集系统设计、设备采购、安装调试、维护保养、技术服务等一体化的交钥匙工程，涉及建筑、计算机、通信、自控、信息、多媒体和互联网等多个学科领域。投资较大，建设周期长，要求设备、系统和接口具有良好的开放性、扩展性和灵活性。

建筑弱电系统的“开放性”（又称为“互操作性”或“标准化”），就是系统集成过程必须解决不同系统和不同产品的接口和协议的“标准化”问题，使它们之间达到“互操作性”要求。

1.2.1 弱电工程的实施流程

图1-2是弱电工程的实施流程图，系统实施步骤如下：

1. 系统集成分析

系统集成分析包括用户需求分析、初步方案设计和可行性论证等。如果可行性论证没通过，则返回重新从需求分析开始修改初步方案设计。

用户需求分析：根据建筑物规模、建筑平面图和剖面图、各子系统的功能点位表和用户需达到的目标等资料，结合投资预算进行需求分析。

系统集成项目的选择，应遵循“按需集成”宗旨，以提高管理效率、数据信息共享、有效联动为目标，不盲目追求集成子系统的数量。

2. 系统集成设计

可行性论证通过后可进行弱电工程系统集成设计招（投）标。

系统集成设计包括总体设计、二次深化设计和施工工艺设计。

3. 弱电工程安装施工

根据系统集成设计方案进行工程施工招（投）标。工程施工中标单位负责购置设备、系统安装调试、人员培训、试运行。

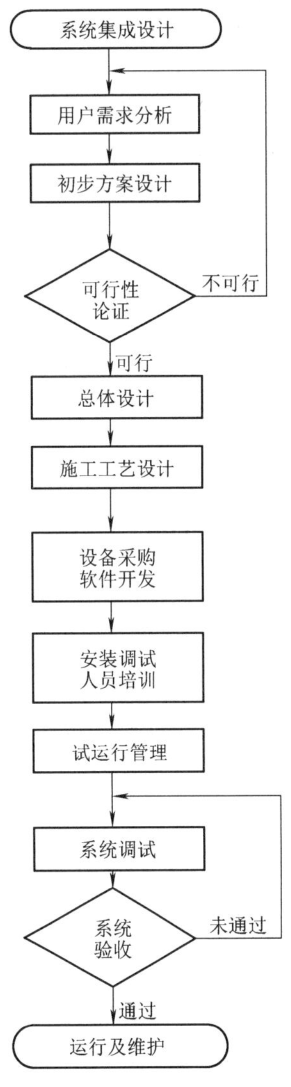

图1-2 弱电工程实施流程图

4. 系统集成评价

经试运行考核，整个弱电工程各子系统的独立功能、联动功能和技术指标均正常，即可进入工程竣工验收。

5. 系统集成运行管理和技术服务

工程竣工验收，弱电系统移交业主使用。此后，转入正常运行和维护。

1.2.2 建筑弱电工程设计遵循的原则

建筑弱电系统包含很多子系统，它们功能不同，方案各异，设计方法千差万别，但都需遵循下列设计原则。

1. 先进性

采用先进、实用的技术和功能完善的先进设备和产品。整个系统体现当今智能弱电工程的先进水平和便于以后扩展、升级。

2. 成熟性和实用性

各子系统采用先进、成熟、可靠的产品。系统应能充分发挥各设备的先进功能，操作方便、维护简单、便于管理。

3. 灵活性和开放性

系统应具有开放性和兼容性，可与未来扩展设备具有互联性和互操作性。

4. 集成性和可扩展性

系统设计充分考虑集成性，确保总体架构的先进性、可扩展性和兼容性。不同品牌、不同类型的先进产品可达到有效集成和方便扩展。

5. 模块化和标准化

采用先进的数字化、智能化和模块化技术进行信号采集、处理和传输。综合当今世界先进技术，各子系统结构标准化，实现系统互操作性。

6. 安全性和可靠性

始终把系统的安全性和可靠性放在第一位。在系统管理程序中，执行严格的网络操作授权等级措施，防止非法访问和恶意破坏。

7. 服务性和便利性

系统应能充分体现管理者和使用者的可靠、方便、高效、安全的操作运行。

8. 经济合理性

在确保满足用户需求的基础上，达到技术与经济统一的优化设计。

1.2.3 弱电工程施工程序

弱电工程施工全过程可分为施工准备、施工安装、系统调试（包括单体检查试验）和竣工验收四个阶段。

1. 施工准备

施工准备通常包括：技术准备、施工现场准备及物资、机具和劳力准备。

(1) 设计技术交底和图样会审。设计技术交底主要包括：系统功能和特点、子系统划分和联动、工程质量标准、施工工艺和施工要点、工程用料材质要求等。

图样会审由弱电工程总承包方组织，建设单位、设计单位、施工安装承包单位参加。会审结果应形成纪要并与三方签字，以便共同执行。

(2) 编制全套安装施工工艺文件。施工单位应负责编制全套安装施工工艺文件，包括绘制施工图、设备安装图、系统管线图、安装工艺说明、线槽和桥架规格、施工预算等。

(3) 编制施工组织设计。按图 1-3 的流程编制工程施工组织设计文件。

(4) 确定供电、供水、供热和施工安全准备。

(5) 工程施工队伍和施工机具准备。

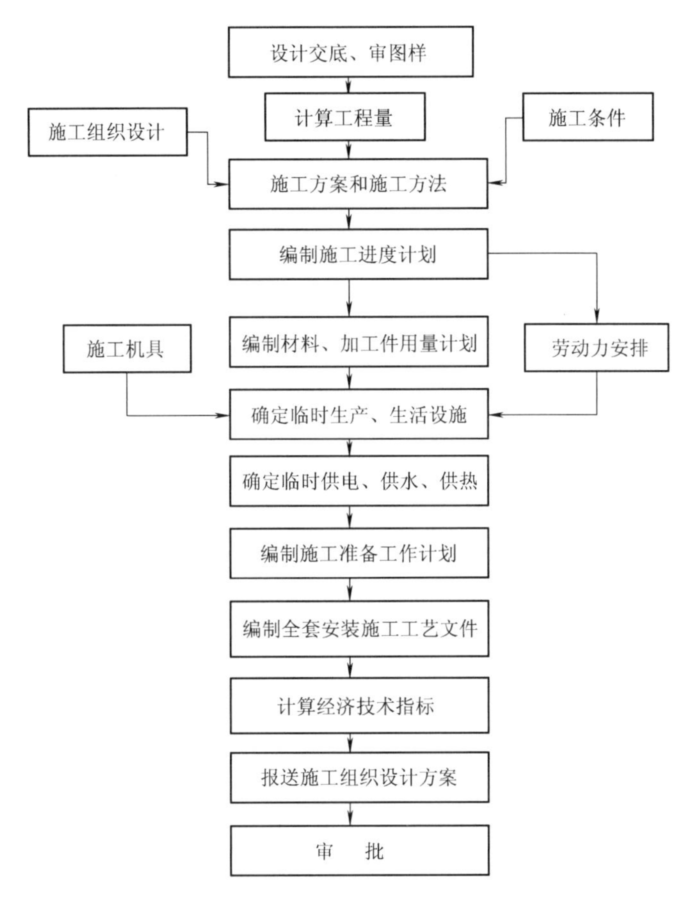

图 1-3 工程施工组织设计编制程序

2. 施工安装

必须按图施工，确保施工质量。做好施工过程中设计变更、工艺更改的记录和会签。严格执行隐蔽工程阶段性验收。做好与土建工程和室内装饰工程的配合协调工作。

(1) 弱电工程与土建工程和室内装饰工程在时间程序上的配合包括：

1) 配合土建工程预留弱电系统穿墙孔洞和预埋管路。

2) 配合土建工程和水、电、风、气各系统协调线槽和桥架施工。

3) 配合室内装饰工程敷设暗装管线和各种插座。

(2) 设备安装和调试。弱电系统种类很多，设备各异，最早进入施工的是综合布线系统，与室内装修同步进行。在装饰工程基本结束时，进入各子系统设备的定位、安装和连接。

系统调试先从单体设备或部件调试开始，然后是各子系统独立功能调试，最后进行系统功能联动调试。

3. 竣工验收

弱电工程按合同规定的试运行时间连续运行考核。具备竣工验收条件后，业主可组织施工承包单位、行业专家、工程监理和使用部门进行竣工验收。工程竣工验收条件包括：

（1）系统试运行工作稳定，各项技术性能指标符合工程合同要求。

（2）系统性能测试报告。

（3）图—实相符的全套设计图和施工资料。

（4）系统操作使用手册。

（5）装订成册的产品说明书。

（6）隐蔽工程验收报告。

（7）弱电系统招（投）标文件和工程承包合同。

1.2.4　弱电工程施工项目管理

1. 工程施工管理

工程施工管理是一项综合性很强的项目管理工作，关键在于现场协调和施工组织管理。按照ISO 9001工程质量规程的要求，施工管理主要包括：

（1）施工现场管理。施工现场管理以项目经理为核心，完成施工人员组织、编制弱电工程施工进度表、系统施工安装详图、管线施工、组织设备供应、设备（进货）验收、设备安装、隐蔽工程验收、系统调试、系统开通试运行和竣工验收等流程和与土建、装饰工程的配合协调等。

（2）施工界面管理。智能建筑弱电系统与机电设备和其他独立子系统的接口界面很多，例如，低压配电柜接口界面、空调系统接口界面、消防报警系统接口界面、安防监控系统接口界面、电梯运行监控接口界面、数据通信和语音通信接口界面、大屏显示系统与AV系统的接口界面、办公自动化系统的网络协议界面等。

施工界面管理的职责是厘清各界面接口的划分和衔接，及时解决施工过程中的各种矛盾。项目经理通过工程调度会、会议纪要、工程变更和备忘录等方式进行管理，建立文件报告制度，以书面方式记录、会签、传递处理结果。工程变更文件是技术文件管理的重要组成部分，必须十分重视，加强管理。

（3）施工组织管理。与施工进度密切结合的施工组织管理，应合理安排工程施工期间各类人员的进场工作时间，避免不必要的劳动力浪费，保质、保量按时完成任务。

2. 工程技术管理

工程技术管理贯穿工程施工全过程。按图施工和严格执行国家、行业的相关技术规范是工程技术管理的核心。对提供的设备和线材规格、安装要求、隐蔽工程、对线记录、测试结果和验收标准等各个方面进行技术监督和有效管理。

（1）技术标准和技术规范管理。弱电系统涉及很多国家或行业标准或规范，例如综合布线系统、CATV有线电视系统、通信系统、火灾报警系统、安保系统、公共广播系统、视频会议系统、LED大屏显示系统等。必须对照这些标准、规范认真检查工程设计、设备提供和安装施工等环节，使弱电系统的技术管理处于受控状态。

（2）安装工艺管理。现场技术人员要严格抓住设备安装的技术条件和安装工艺技术要求。详细记录施工过程的变更和备忘录，建立完善的安装工艺管理制度。

由于使用功能的改变、设计标准需要提高或降低、现场施工条件的限制或材料规格、品种等原因，不能完全符合原设计要求，需要修改设计图时，就必须进行工程变更。

工程变更在所难免，但必须严格执行技术核定制度，必须经过有关部门充分协商，在技术、经济、质量、系统功能、结构等诸方面进行全面考虑和技术复核，然后写成技术核定单，经设计单位、建设单位和施工单位三方签署认可后方可执行。

工程变更会带来一系列问题，如返工损失、停工窝工、材料准备、设备供应、施工机具、工期拖延和预（决）算变更等。因此必须严格认真对待，坚决杜绝“边说边改，边看边做，改无依据，干无记载”的现象。

施工单位提出的问题，必须经建设单位、设计单位核定签署后，才能作为施工依据。设计单位提出变更图样或更改通知，施工单位根据施工准备和工程进展情况，提出能否接受意见。建设单位提出修改意见，必须经设计单位进行技术核定，签署同意后，提出设计变更图或设计变更通知书，施工单位应根据工程进度和施工准备工作情况，提出是否接受修改意见。

图样变更通知书和技术核定单的分发份数，应与发给施工单位图样的数量相同。施工单位收到技术核定单后，应及时下发给有关施工人员执行，并以此作为工程交工验收和竣工决算的依据。

由于工程变更造成的返工、停工、材料损失等情况，应由施工单位向建设单位办理现场经济签证手续，双方签字认可后交给预算人员，作为工程竣工决算的原始依据资料。

（3）技术文件管理。弱电工程技术文件包括：弱电工程招标投标文件、工程承包合同、各子系统的工程设计图和设计说明、引用的相关技术标准、系统施工图和施工说明、产品说明书、各子系统调试大纲、系统操作使用手册、隐蔽工程验收文档、施工过程中的变更记录和备忘录、各子系统的技术性能测试报告及竣工验收报告等。这些技术文档是各阶段共同实施的依据，也是工程竣工验收后日常维护的技术资料，因此，必须建立技术文件收发、复制、修改、审批、归档、保管、借用和保密等一系列管理制度，实施有效的科学管理。

3. 工程质量管理

弱电工程实施过程中应全面贯彻 ISO 9001 系统工程质量管理体系。确实抓好以下各个质量环节：

1）规范化的施工图质量标准。

2）有效监督检查管线的施工质量。

3）做好隐蔽工程的阶段性验收。

4）现场设备和前端设备的安装质量检查。

5）主控设备性能的检查和监督。

6）认真仔细填写和核对弱电系统各项监控参数设置表。

7）精确无误的系统运行参数统计和运行质量分析。

8）认真审核调试大纲及系统质量认定。

9）抓好试运行和竣工验收环节。

10）严格有序的项目施工管理和工程技术管理。

11）做好用户技术培训，提高系统运行管理能力和做好系统保养维护工作。

1.3 弱电系统的供配电系统

弱电系统采用了很多计算机和数字化设备，为防止数据丢失，这些设备不允许突然停电，必须保证任何时候都能稳定可靠供电。机房用电负荷等级及供电要求应按现行国家标准《供配电系统设计规范》GB 50052—2009 的规定执行。机房供电系统包括交流电源、直流电源、UPS 不间断电源和自发电电源。

根据设备的性能、用途和运行方式（是否联网）等情况，电源质量要求可分为 A、B、C 三级，见表 1-1。为确保在任何情况下不会断电，供电系统应采用如下措施：

1）引入两路市电，一路为主供电，另一路为备份供电，主供电断电时自动切换至备份供电。

表1-1　低压交流电源的质量要求

	A级	B级	C级
电压波动范围	220V±2%	220V±5%	220V(+7%~-13%)
频率稳定度	50Hz±0.2Hz	50Hz±0.5Hz	50Hz±1Hz
波形失真度	3%~5%	5%~8%	8%~10%
允许断电时间	0~4ms	4~200ms	200~1500ms

2）为保证重要通信负荷的供电，应配置自备发电机组电源，其容量应按不小于交流用电设备总容量的1.5~2倍配置。

3）主机房通信设备的供电电源和UPS不间断电源由专用变压器供电，设置专用配电箱，不得与机房内其他电力负荷共用配电线路。

4）信息系统设备的供电系统必须与动力、照明系统分开。

图1-4是大型机房的供配电方案。

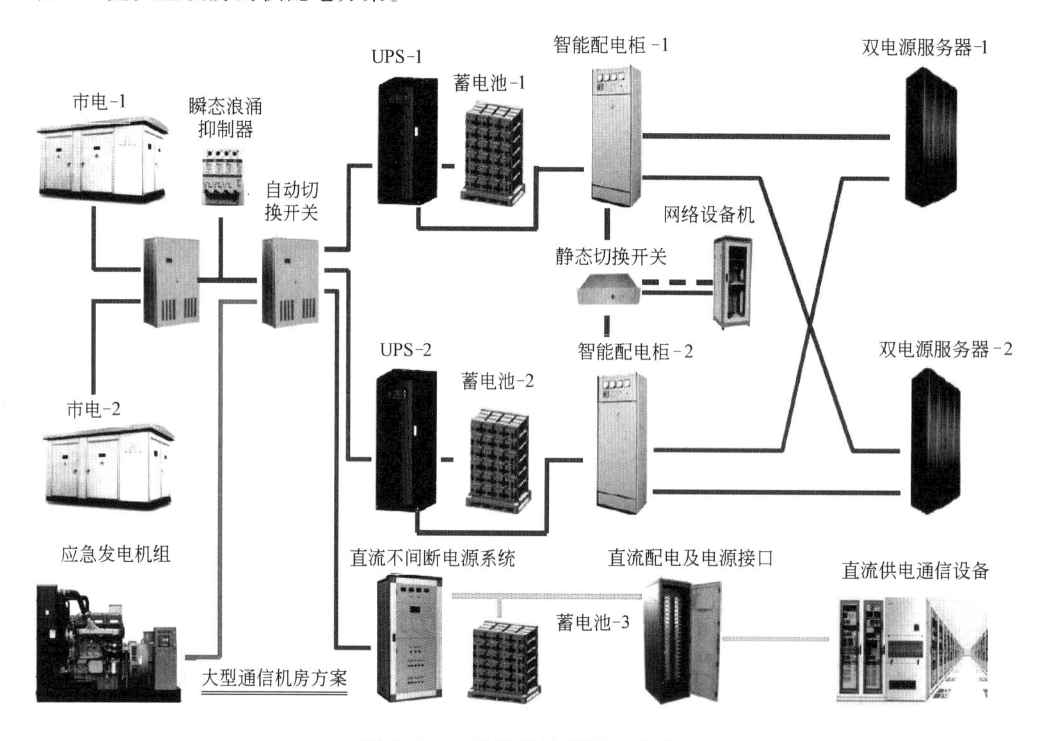

图1-4　大型机房的供配电方案

1.3.1　交流供配电系统

弱电机房内供电负荷多、可靠性要求高、电气线路多、供配电系统复杂，既要有三相供电和单相供电电源，还要有UPS不间断供电电源及抗干扰措施等。

三相交流电源与单相交流电源相比有很多优点，在发电、输配电以及电能转换等方面都有明显的优越性。例如：制造相同功率的三相电动机、变压器比制造单相电动机、变压器可以节省很多材料，而且构造简单、性能优良；由同等材料所制造的三相发电机，其容量比单相发电机大50%；在输送同样功率的电能时，三相输电线较单相输电线可节省25%的有色金属，而且电能损耗比单相输电时少。由于三相交流电有上述诸多优点，所以获得了广泛的应用。

(1) 三相交流电源的特性：幅值相等、频率相同、相位相差 120°的 3 个正弦波电源称为三相电源，如图 1-5 所示。特点为：三个正弦电压的矢量和为 0。

$$\boldsymbol{U}_A+\boldsymbol{U}_B+\boldsymbol{U}_C=0$$

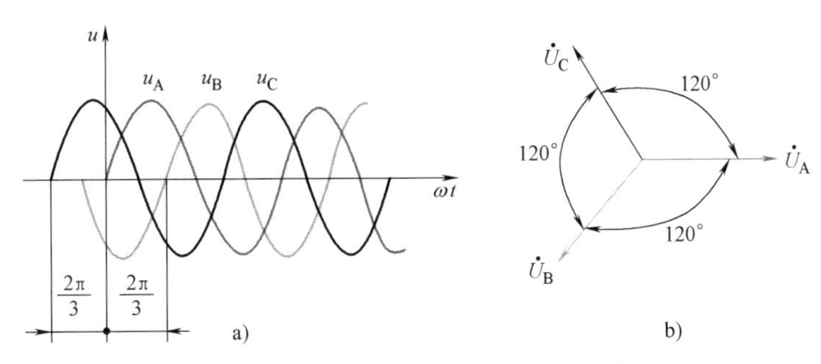

图 1-5 三相电源的波形图和矢量图

a) 波形图 b) 矢量图

(2) 三相交流电源的联结。三相交流电源有星形（即 Y）联结和三角形（即△）联结两类：

星形联结：星形联结有一个公共点，称为中性点 N，从电源的 3 个始端引出的三条线称为相线（俗称火线）。任意两根相线之间的电压称为线电压（$\dot{U}_{AB}$，$\dot{U}_{BC}$，$\dot{U}_{CA}$）。每根相线与中性点 N（零线）间的电压称为相电压（$\dot{U}_A$，$\dot{U}_B$，$\dot{U}_C$）。3 个线电压间的相位差仍为 120°，3 个线电压比 3 个相电压各超前 30°，如图 1-6 所示。

根据 KVL：$\dot{U}_{AB}=\dot{U}_A-\dot{U}_B$

$\dot{U}_{BC}=\dot{U}_B-\dot{U}_C$

$\dot{U}_{CA}=\dot{U}_C-\dot{U}_A$

我国规定的民用三相电源的线电压为 380V，而星形联结的相电压（即相线与零点 N 之间的电压）为线电压的 $1/\sqrt{3}$ 倍。因此星形联结的相电压为 $380\text{V}/\sqrt{3}=220\text{V}$。主要用于智能建筑的供配电系统。

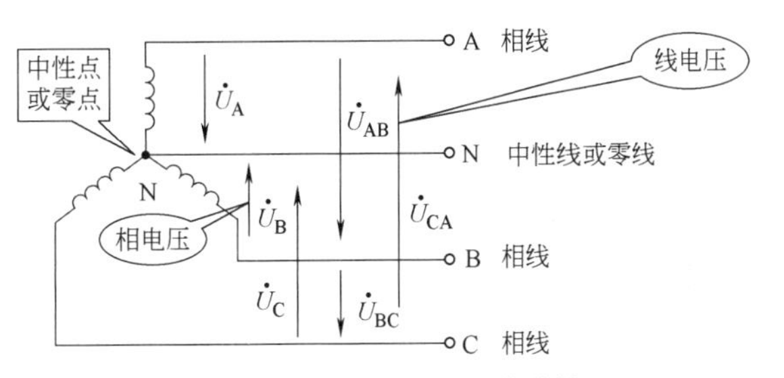

图 1-6 三相电源的星形联结

三角形联结：各相电源首尾相连，没有中性点，3 个相电源形成一个回路，只有三个相电源对称时，电源内部才没有环流。三角形联结时线电压=相电压，为 380V。主要用于三相电动机、电梯和电锅炉等设备。

(3) 智能建筑中的供电制式。为了保护用电设备的安全，智能建筑根据其保护零线是否与工作零线分开而划分为 TN-C 和 TN-S 两种。

1) TN-C 供电系统：即星形联结的三相四线制系统。

在星形联结的三相四线制中，中性线的作用是流过三相负载的不平衡电流，以保持中性点 N 的零点电位，使各相负载电压保持不变。如果中性线断了，不平衡的三相负载会使中性点的电位发生偏移，使负载最少的那一相电压升高，该相负载因过电压而损坏，而负载多的那一相的电压会过低，使负载无法正常工作。

2) TN-S 供电系统：即星形联结的三相五线制系统。

TN-S 是把工作零线 N 和专用的保护零（地）线 PE 严格分开的供电系统。系统正常运行时，专用保护零线 PE 上没有电流，只是工作零线上有不平衡电流。PE 线对地没有电压，所以电气设备金属外壳是连接在专用的保护零线 PE 上，保证了用电安全。

TN-S 供电系统安全可靠，适用于工业与民用建筑等低压供电系统，如图 1-7 所示。

漏电保护器：用于保护接零的电气设备。如果电源线绝缘损坏发生碰壳时，短路电流将通过 PE 零线构成回路，由于保护零线阻抗较小，所以短路电流将很大，它促使漏电保护装置迅速动作以断开电源，从而起到保护人身和设备安全的作用。

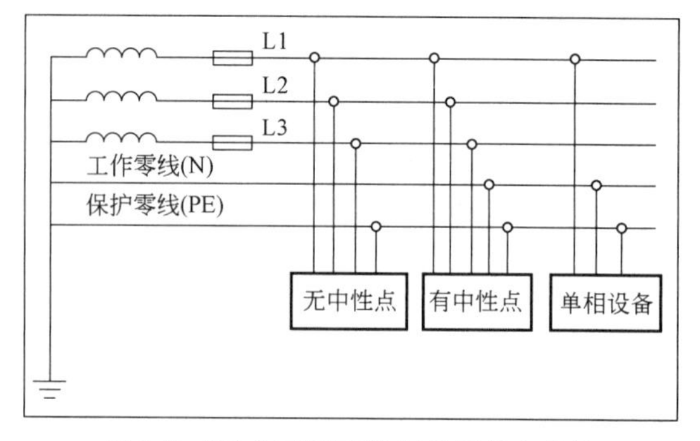

图 1-7　TN-S 三相五线制低压供电系统

（4）什么是有功功率 P、无功功率 Q、视在功率 S、功率因数 $\cos\varphi$？

在交流电路中，除了电阻性负载外，还有电感性或电容性负载，在电感性和电容性负载中会使电压与电流之间有相位差，通常电流不在同一时间到达，使电源形成了有功功率 P 和无功功率 Q 两个部分，而且 P 和 Q 是随负载特性的变化而改变的。

1）有功功率 P。有功功率 P 表示在电能交换过程中负载实际吸收的电功率。$P=U\times I\times\cos\varphi$，$\varphi$ 为负载的端电压 U 与电流 I 之间的相位角，电阻性负载时 $\varphi=0°$，电容性负载时电流 I 超前于电压 U，电感性负载时电流 I 滞后于电压 U；P 的单位用 W（瓦）或 kW（千瓦）表示。

三相负载对称时：$P=3UI\times\cos\varphi$，单位为 W 或 kW。

2）无功功率 Q。无功功率 Q 表示在电能交换过程中负载没有消耗的电能，$Q=UI\sin\varphi$。单位为 var（乏）。

3）视在功率 S。从表面看电压有多大和电流有多大，功率就有多大，所以称为视在功率，意思是电网（或变压器）能输出的最大电功率。$S=IU$，单位为 V · A（伏安）或 kV · A（千伏安）。

视在功率通常用于表示电力变压器的功率容量和电网的功率容量。

4）功率因数 $\cos\varphi$。

φ 称为功率因数角，是指交流电路中电压与电流间的相位差。功率因数角 φ 的余弦叫作功率因数，用 $\cos\varphi$ 表示。功率因数是有功功率 P 和视在功率 S 的比值，即 $\cos\varphi=P/S$。

功率因数的大小与电路的负载性质有关，如电阻负载的功率因数为 1，一般具有电感性或电容性负载的电路功率因数都小于 1。

功率因数是电力系统的一个重要的技术数据，是衡量电气设备用电效率高低的系数。功率因数低，说明在电能转换中的无功功率大，从而降低了供电系统的利用率，增加了线路的供电损失。所以，供电部门对用电单位的功率因数有一定的标准（$\cos\varphi\geqslant0.90$）要求。

1.3.2　UPS 不间断电源

不间断电源（Uninterruptible Power System，UPS）由储能装置（电池组）、逆变器和控制电路组成，一端连接市电电网，另一端连接用电负载。在电网电压正常的情况下，不间断电源利用电网电源为自身充电；电网出现异常时，不间断电源将存储于电池中的电能通过逆变器转换的方法向负载继续供应 220V 交流电，使负载维持正常工作并保护软、硬件不受损坏。UPS 设备通常对电压过高和电压太低都提供保护。图 1-8 是 UPS 构成原理图。

UPS 不间断电源现已广泛应用于矿山、航天、工业、通信、国防、医院、计算机业务终端、网络服务器、网络设备、数据存储设备等领域。

1. UPS 的分类及工作原理

UPS 按工作原理可分为后备式、在线式和在线互动式三类。

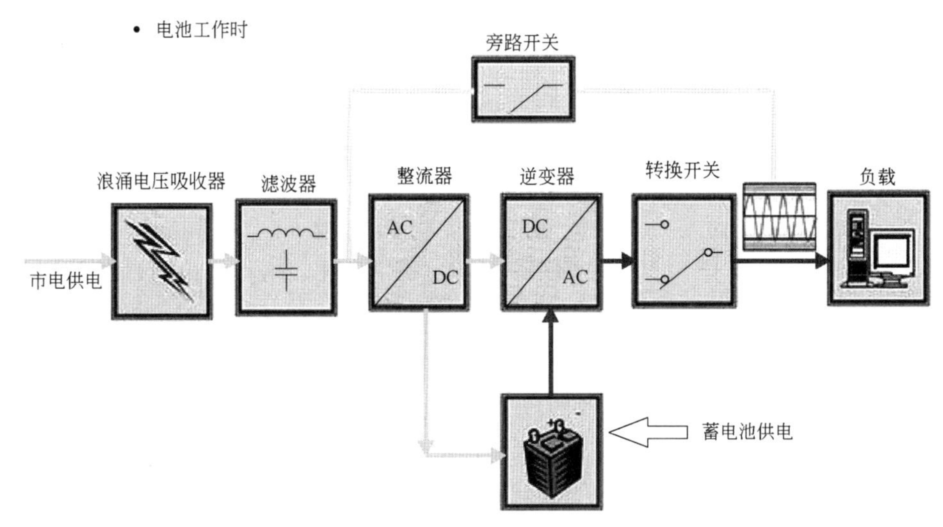

图 1-8 UPS 构成原理图

(1) 后备式 UPS。有市电时，市电通过旁路开关后直接供给负载，逆变器不工作；另外，市电通过充电器给电池充电。市电停电后，电池储存的能量通过逆变器为负载供电。功率等级为 0.25~2kV·A。后备式 UPS 也被称为离线式（Off Line）UPS，如图 1-9 所示。

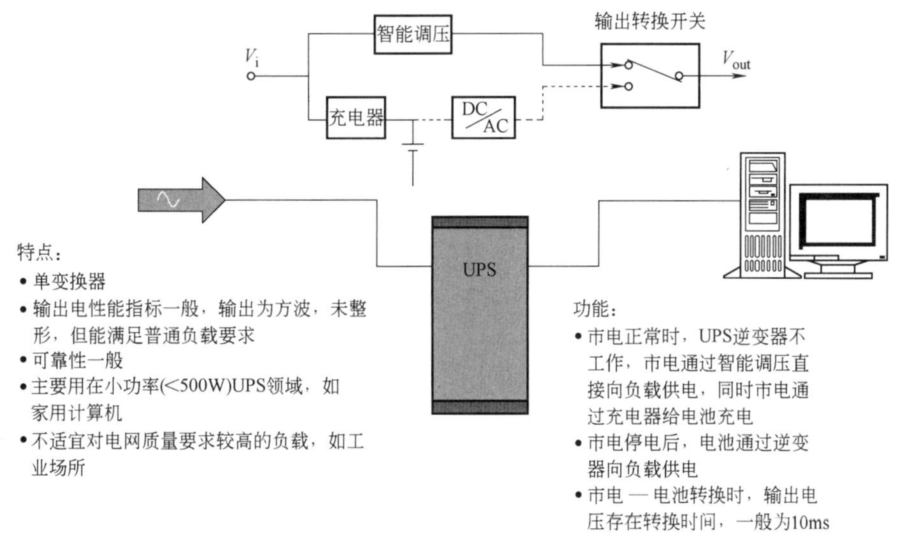

图 1-9 后备式 UPS 的功能和特点

后备式 UPS 存在约 10ms 的开关切换时间，而计算机本身的电源供应器在断电时应可维持 10ms 左右，所以个人计算机系统一般不会因为这个切换时间而出现问题。

后备式 UPS 具备自动稳压、断电保护等最基础也是最重要的功能，逆变输出的交流电是方波而非正弦波，但由于结构简单、价格便宜、可靠性高等优点，主要应用于微型计算机、外设、POS 机等领域，使用户有时间备份数据，并尽快结束手头工作。

(2) 在线式（On Line）UPS。电网电压正常时，通过整流器和逆变器给负载供电（如图 1-10 中实线箭头所示），同时给储能电池充电（如图 1-10 中虚线箭头所示）；突发停电时，储能电池通过逆变器给负载供电。这种 UPS 的逆变器一直处于工作状态，因此不存在切换时间问题。

在线式 UPS 在市电供电状况下的主要功能是稳压及防止电波干扰，在停电时则由直流电源

(蓄电池组)给逆变器供电。

只有当UPS发生故障、过载或过热时才会转为由旁路交流输入给负载供电，如图1-10所示。

在线式UPS的一大优点是供电的持续时间长，一般为几个小时，也有达到十几个小时的，可以让用户在停电的情况下像平常一样工作。

在线式UPS适用于交通、银行、证券、通信、医疗、工业控制等行业的服务器及其配套设备，因为这些领域的计算机一般不允许出现停电现象。

(3) 在线互动式UPS。这是一种智能化的UPS，所谓在线互动式，是指在输入市电正常时，UPS的逆变器处于反向工作状态（即整流工作状态）给电池组充电；在市电异常时，逆变器立刻转为逆变工作状态，将电池组电能转换为交流电输出，因此，在线互动式UPS也有不大于4ms的转换时间。功率等级0.7~1500kV·A左右。

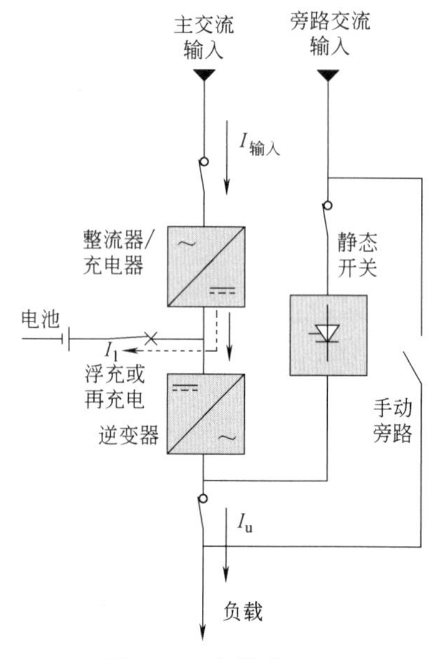

图1-10　在线式UPS

在线互动式UPS集中了后备式UPS效率高和在线式UPS供电质量高的优点，具有滤波功能，抗干扰能力强，逆变器输出电压波形较好，一般为正弦波；具有较强的软件功能，可以通过数据接口进行数据通信，实施UPS远程控制和智能化管理。管理员可以对电源质量、UPS工作温度、线路频率、UPS输出电压、最大和最小线路功率、电池功率强度、线路电压和UPS负荷等进行管理，广泛用于服务器、路由器等网络设备，或者用在电力环境较恶劣的地区。

2. UPS的配置

UPS的实际负载能力约等于其标称值的70%左右。如果负载需要较大启动电流时，应按启动电流计算。UPS系统输出功率的大小取决于整流器、逆变器和蓄电池的功率容量。

UPS的输出波形有方波和正弦波两类。方波输出逆变器的转换效率高，常用于后备式UPS。正弦波输出逆变器的转换效率较低，但电源引起的干扰小，应用更普遍。

首先应了解要挂接在UPS上的设备的电源要求，并把所有设备的用电量加起来，然后，再去选择一个处理能力与之相匹配的UPS。

对服务器装置而言，可能包括CPU及其附加的设备、监视器、外部路由器、集中器单元和布线中心等，这些设备的背面标牌可以提供它们的电源要求和使用功率。

一般来讲普通PC或工控机的功率在200W左右，苹果机在300W左右，服务器在300~600W之间，其他设备的功率数值可以参考该设备的说明书。

(1) UPS的功率应根据负载功率和延时两个方面来决定。UPS的额定输出功率有两种表示方法：视在功率S（单位V·A）与实际输出功率P（单位W），由于无功功率Q的存在造成了这种差别，两者的换算关系为：视在功率$S\times$功率因数$\cos\varphi=$实际输出功率P（有功功率），后备式、在线互动式的功率因数$\cos\varphi$在0.5~0.7之间，在线式的功率因数一般是0.8。

1) UPS系统蓄电池的额定容量计算方法。假设：逆变器采用24V蓄电池组供电，UPS的负载功率为3kV·A，转换效率为75%，应急供电持续时间为30min，逆变器的实际负载能力按标称额定负载能力的70%计算。

那么在满负载情况下逆变器需输入的直流电流为：$I=$3kV·A×1.3（逆变器的实际负载能力）/0.75（逆变器的转换效率）=5200V·A。24V电池组的额定供电电流$I=$5200V·A/24V=217A。

满足连续 0.5h 的供电时间的蓄电池功率容量为 217A×0.5h = 110Ah。应选用大于计算值的标准电池组：GFM-150Ah/24V。

2）延时是指市电中断后，UPS 能供电多久的问题。

在既定的负载量和 UPS 功率的情况下，延时多久，取决于供电电池的容量，延时越长，要求电池的容量越大，这也意味着投入资金加大。以 3000V·A 的负载为例，采用 100Ah/12V 电池，16 节串联为 192V 电池组，负载供电电流：3000V·A÷192V = 15.625A；100Ah÷15.625A = 6.4h，可以供电 6 小时 24 分钟。

（2）蓄电池组的电气特性。

蓄电池是 UPS 的重要组成部分，占有很大的价值比重，其质量的好坏直接关系到 UPS 的正常使用，所以应慎重选择有质量保证的正牌蓄电池。

UPS 一般都用全密封的免维护铅酸蓄电池作为储能装置，这类蓄电池在充放电时不逸出气体，不会漏液，不需补充电液，使用方便。电池容量的大小由“安时数（Ah）”指标反映，含义是按规定的电流（A）进行放电的时间（小时，h）。

后备式 UPS 一般内置 4Ah 或 7Ah 的电池，其备用时间是固定的；在线式与在线互动式 UPS 有内置 7Ah 电池的标准机型，也有外配大容量电池的长效机型，用户可以根据需要实现的备用时间而确定配备多大容量的电池。

单体（单节）蓄电池的标称额定电压为 2V。额定容量的单位为安培小时（Ah）。

密封铅酸蓄电池的命名方法为：G F M—×××Ah。其中字母 G 代表固定安装型；F 代表阀控型；M 代表密封型；×××Ah 代表额定安时容量。

① 单体蓄电池通过串联组成的电池组可提高输出电压，蓄电池常用电压规格有 2V（单体电池）、12V、24V、48V 等。

② 单体蓄电池通过并联组成的电池组可增大安时（Ah）容量。常用规格有：

2V 系列：100Ah、200Ah、300Ah、400Ah 等。

12V 系列：4Ah、7Ah、12Ah、17Ah、24Ah、48Ah、65Ah、80Ah、100Ah、150Ah、200Ah 等。

24V 系列：50Ah、75Ah、100Ah、200Ah 等。

蓄电池浮充工作模式是指在市电正常时，蓄电池与整流器并联运行。蓄电池自放电引起的容量损失在浮充过程中被补足，2V 单体蓄电池的正常浮充电压为 2.23V。当市电中断时，由蓄电池单独向负载（UPS 逆变器）放电。

1）蓄电池的放电特性：蓄电池的放电容量会随放电电流的增大而减小。

例如：GFM—4Ah，4Ah/2V 单体蓄电池在 25℃时的容量-放电特性如下：

5min 放电率：放电电流为 16.2A，终止电压为 1.60V/单体，容量为 1.40Ah。

15min 放电率：放电电流为 7.2A，终止电压为 1.60V/单体，容量为 1.9Ah。

30min 放电率：放电电流为 4.7A，终止电压为 1.60V/单体，容量为 2.36Ah。

1h 放电率：放电电流为 2.7A，终止电压为 1.70V/单体，容量为 3.4Ah。

4h 放电率：放电电流为 0.93A，终止电压为 1.70V/单体，容量为 4.3Ah。

5h 放电率：放电电流为 0.81A，终止电压为 1.70V/单体，容量为 4.32Ah。

8h 放电率：放电电流为 0.54A，终止电压为 1.75V/单体，容量为 4.4Ah。

10h 放电率：放电电流为 0.45A，终止电压为 1.75V/单体，容量为 4.5Ah。

20h 放电率：放电电流为 0.25A，终止电压为 1.80V/单体，容量为 4.8Ah。

2）温度对蓄电池容量的影响：

低于 25℃时，蓄电池的容量减小。

104°F（40℃）：102%。

77°F（25℃）：100%。

32°F（0℃）：85%。

5°F（-15℃）：65%。

（3）蓄电池的使用与维护

1）目前 UPS 所用的蓄电池一般都是免维护的密封铅酸蓄电池，设计寿命普遍是 3 年，这在电池生产厂家要求的环境下才能达到。达不到规定的环境要求，其寿命的长短就有很大的差异。影响蓄电池寿命的重要因素是环境温度，生产厂家要求的最佳环境温度是在 20~25℃之间。虽然温度的升高对电池放电能力有所提高，但付出的代价却是电池的寿命大大缩短。据试验测定，环境温度一旦超过 25℃，每升高 10℃，电池的寿命就要缩短一半。

2）定期充电放电。UPS 因长期与市电相连，在很少发生市电停电的使用环境中，蓄电池会长期处于浮充电状态，日久就会导致电池化学能与电能相互转化的活性降低，加速老化而缩短使用寿命。因此，一般每隔 2~3 个月应完全放电一次，放电时间可根据蓄电池的容量和负载大小确定。一次全负荷放电完毕后，按规定再充电 8h 以上。UPS 放电后应及时充电，避免电池因过度自放电而损坏。

3）UPS 的输出负载控制在 60%左右为最佳，可靠性最高。

4）UPS 带载过轻（如 1000V · A 的 UPS 带 100V · A 负载）有可能造成电池的深度放电，会降低电池的使用寿命，应尽量避免。

5）及时更换废/坏电池。目前大中型 UPS 电源配备的蓄电池数量，从 3 个到 80 个不等，甚至更多。在 UPS 连续不断的运行使用中，因性能和质量上的差别，个别电池性能下降、储电容量达不到要求而损坏是难免的。当电池组中某个/些电池出现损坏时，维护人员应当对每个电池进行检查测试，排除损坏的电池。更换新的电池时，应该力求购买同厂家同型号的电池，禁止不同规格的电池混合使用。

3. “集中式”UPS 与“分散式”UPS 的区别

如果需要配备 UPS 的设备较多，可以采用“集中式”或“分散式”两种配备方式；所谓“集中式”，就是用一台较大功率的 UPS 负载所有设备，如果设备之间距离较远，还需要单独铺设电线，大型数据中心、控制中心常采用这种方式，虽然便于管理，但成本较高。

“分散式”配备方式是现在比较流行的一种配备方式，就是根据设备的需要分别配备适合的 UPS，譬如对一个局域网的电源保护，可以采取给服务器配备在线式 UPS、各个节点分别配备后备式 UPS 的方案，这样配备的成本较低并且可靠性高。

集中供电方式：便于管理，布线要求高，可靠性低，成本高；分散供电方式：不便管理，布线要求低，可靠性高，成本低。

UPS 作为保护性的电源设备，它的性能参数具有重要意义，是选购时的考虑重点：①市电电压的输入范围要宽，则表明对市电的利用能力强；②输出电压、频率要稳定，输出电压稳定度说明当 UPS 突然由零负载加到满负载时，输出电压的稳定性；③UPS 的转换效率、功率因数、转换时间等都是表征 UPS 性能的重要参数；④对负载的保护能力。

1.4　通信机房设计与施工

通信机房是智能建筑语音通信和数据通信的汇集交换中心，机房内安装有各类高科技电子设备，它们可以独立分开设置，也可合而为一，视系统规模而定。为确保这些设备长期稳定可靠地连续运行，必须对通信机房的工作环境、供电电源、静电防护、通风照明、防振降噪、防雷接地和安全防火等诸方面条件给予充分保证，任何一丝疏忽都会给智能大楼带来无法挽回的损失。通信机房通常包含设备机房、配套机房和辅助用房三个部分。

（1）设备机房（又称主机房），用于安装各种通信设备，完成相应专业操作和系统维护。主机房建设包括机房设备、供电系统、综合布线、网络系统、防雷系统、空调系统、照明系统、消防报警系统、安保系统等。

（2）配套机房，由网管监控室、蓄电池室、灭火钢瓶间、低压配电室和油机发电室等组成。

（3）辅助用房，由运维办公室、运维值班室、备品备件库、消防保安室、新风机房等组成。

1.4.1 机房位置及对环境条件的要求

机房位置及对环境条件的要求如下：

（1）在多层建筑或高层建筑物内，主机房宜设于第二、三层。

（2）主机房应远离强振源和强噪声源，避开强电磁场干扰。

主机房内的无线电干扰场强度：频率为0.15~1000MHz时，不应大于126dBm；磁场干扰场强不应大于800A/m。主操作员位置的噪声应小于68dB（A）。

（3）机房净高应按机柜高度和通风要求确定，宜为2.4~3.0m。

（4）主机房的实际面积应按内部安装设备的大小、数量、设备布置和足够的维修保养空间，并留有一定的扩展冗余空间等因素综合考虑。B级主机房的最小使用面积不得小于$40m^2$。

（5）机房设备布置：

1）主走道宽度应大于（考虑设备进场）1500mm。主走道一般安排在靠门一侧。次走道宽度应大于900mm。

2）设备机柜：主机房内通道与设备间的距离应符合下列规定：

① 两机柜正面相对之间的距离不应小于1.5m。

② 机柜侧面或距离墙不应小于0.5m，当需要维修测试时，则距离墙不应小于1.2m。

3）走线架的间距。走线架的高度应根据机房内最高设备的高度确定，宜留有100~150mm的空间。走线架上端到梁下最少要留有200~150mm的操作空间。主走线架可以采用600mm的宽度，列走线架可以采用300~450mm的宽度。垂直线槽宽度根据实际情况考虑，可用300mm、450mm或600mm的线槽。图1-11是主机房设备安排图。

图1-11 主机房设备安排

（6）主机房内采用防静电活动地板时，活动地板的表面应是导静电的，防静电活动地板的体电阻率应为1.0×10^7~$1.0\times10^{10}\Omega\cdot cm$。地板支架要接地，严禁暴露金属部分。活动地板离地面的空间高度通常为300~400mm。

（7）机房地板承重应大于$100kg/m^2$。

（8）机房应严密防尘，避开有害气体的侵入。

（9）机房内的工作接地、保护接地、建筑防雷接地宜采用联合接地，机房综合接地电阻不大于3Ω。

（10）机房环境要求：

1）环境温度和相对湿度：

① A级机房的温度为21~25℃，温度变化率小于5℃/h，相对湿度为40%~65%，不结露。

② B级和C级机房的温度为18~28℃，温度变化率小于10℃/h，相对湿度为40%~70%，且不结露。

2）机房洁净度要求。机房内灰尘粒子的浓度应满足（3天内桌面无可见灰尘）：

① 直径≥0.5μm的尘埃粒子浓度应≤18000粒/升。

② 直径≥5μm的尘埃粒子浓度应≤300粒/升。

（11）主机房的耐火等级不得低于二级防火标准。所有电缆孔洞及管井应采用相同耐火等级的不燃材料严密堵封。表1-2是机房建筑要求。

表1-2　机房建筑要求

项　　目	指　　标
机房面积	机房的最小面积应能容纳最终容量的设备
净高度	室内最低高度是指梁下或风管下的净高度。室内最低高度以不低于3m为宜
地板承重	大于100kg/m^2
墙面处理	墙面可以贴壁纸，也可以刷无光漆，但不宜刷易粉化的涂料
房内地板	机房的地板要求是半导电的，不起尘。一般要求铺防静电活动地板。地板板块铺设应严密坚固，每平方米水平误差应不大于2mm。没有活动地板时，应铺设导静电地面材料（体积电阻率应为$1.0\times10^{7}\sim1.0\times10^{10}\Omega\cdot cm$）。导静电地面材料或活动地板必须进行静电接地，可以经限流电阻及连接线与接地装置相连，限流电阻的阻值为1MΩ
门窗	门高2m、宽1m，单扇门即可。要求门、窗必须加防尘橡胶条密封，窗户建议装双层玻璃并严格密封
房内的沟槽	沟槽用于铺设各种电缆，内面应平整光洁，预留长度、宽度和孔洞的数量、位置、尺寸均应符合光同步传输设备布置摆放的有关要求
给水排水要求	给水管、排水管、雨水管不宜穿越机房，消火栓不应设在机房内，应设在明显而又易于取用的走廊内或楼梯间附近
机房内隔断	安装设备的地方与机房门分隔，利用挡板效应截留部分粉尘
空调安装位置	空调安装位置应避免空调出风直接吹向设备
其他要求	机房内应避免真菌、霉菌等微生物的繁殖，防止啮齿类动物（如老鼠等）的存在

1.4.2　机房线缆布放工艺

机房的线缆按照用途分为电源线、射频信号电缆、音频和视频电缆、控制电缆、计算机网线和接地线等。

机房是各种线缆的汇集与交汇点，机房布线的合理与否，直接影响数据通信设备能否正常运行，需要特别重视。

1. 线缆布放工艺

机房内的线缆布放工艺要求如下：

1）在有电缆沟走线槽和防静电地板的机房，线缆可以采用下走线方式，所有线缆从地板夹层或走线槽通过。如果采用上走线时，需在机柜上方铺设走线架，线缆从机柜顶部的上走线架通过。

2）机房布线可采用地沟、线槽、PVC管或金属管等方式布线。线缆的总截面面积不应超过线槽截面面积的40%。

线管直径的选择应符合下列原则：管内穿放电缆时，直线管路的管径利用率一般为50%~60%；弯管路的管径利用率一般为40%~50%；管内穿放平行导线时，管径利用率一般为线管直径的25%~30%；穿放绞股导线时，管径利用率一般为20%~25%。

3）电源线、射频信号电缆、音视频信号电缆、数据线、光缆及建筑物内其他的电缆应分开布放。

4）活动地板下的低压配电线路应尽可能远离弱电信号线，避免并排敷设，如不能避免时，应采取相应屏蔽措施。

5）采用线槽布线时，普通信号电缆应与其他非信号电缆分开布放，距离不小于30cm，与大功率、高辐射设备的电缆的距离不小于60cm。如果不能满足，应考虑安装屏蔽设施或选用全屏蔽金属线槽，如图1-12所示。

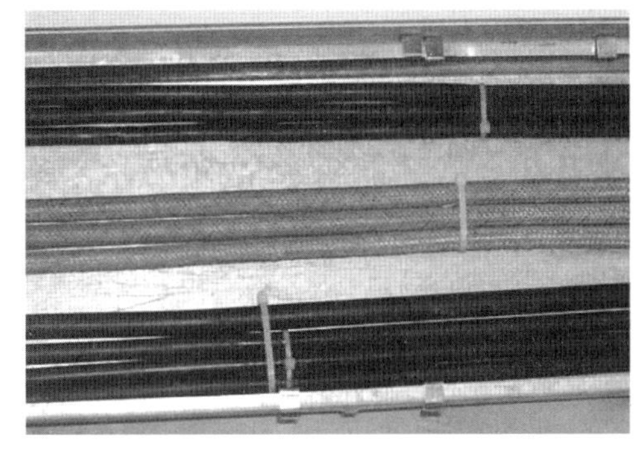

图1-12　普通信号电缆线槽布线

6）线缆布放应平直，不得产生扭曲、打圈、缠绕等现象；不应受到外力挤压和损伤；线缆应有适当长度作预留。

7）各类线缆应分类绑扎、排列整齐、转弯圆滑无交叉。线缆转弯的最小弯曲半径应大于60mm。不得损伤导线绝缘层。

8）线缆布放的规格、路由、截面面积和位置应预先设计好，线缆排列必须整齐，外皮无损伤。

9）线缆的布放须便于维护和将来扩容。

10）布放走道线缆时，必须绑扎。绑扎后的线缆应互相紧密靠拢，外观平直整齐，线扣间距均匀，松紧适度。

11）线槽布放线缆时，可以不绑扎，槽内线缆应顺直，不交叉。线缆不得超出槽道。在线缆进出槽道部位和线缆转弯处应绑扎或用塑料卡捆扎固定。

12）采用地沟桥架布线时，底层为接地母线，其正上覆盖绝缘胶皮；第二层为电源线缆；第三层为射频信号电缆；第四层为计算机网线、音频及控制电缆，如图1-13所示。

13）电缆和网线应采用整段布放，禁止中间续接；计算机数据传输双绞线最大长度应小于100m。

14）电缆连接端头处理应平整、清洁无毛刺、接触良好。

15）电缆屏蔽层应按照规定准确、可靠接地，并确保整体屏蔽的连续性。

16）布放的线缆两端应挂有标签或标识，并能永久保留，如图1-14所示。

图1-13　地沟桥架的分层布线图

图1-14　线缆两端应挂有标签或标识

2. 线缆绑扎工艺

线缆绑扎工艺要求：

1）线缆绑扎要求做到整齐、清晰及美观。一般按类分组，线缆较多可再按列分类，用线扣扎好，再由机柜两侧的走线区分别进行上走线或下走线。

2）机柜内部和外部线缆必须绑扎。绑扎后的线缆应互相紧密靠拢，外观平直整齐。

3）使用扎带绑扎线束时，应视不同情况使用不同规格的扎带。

4）尽量避免使用两根或两根以上的扎带连接后并扎，以免绑扎后强度降低。

5）扎带扎好后，应将多余部分齐根平滑剪齐，在接头处不得留有尖刺。

6）线缆绑扎成束时扎带间距应为线缆束直径的3~4倍，且间距均匀。

7）绑扎成束的线缆转弯时，应尽量采用大弯曲半径，以免在线缆转弯处应力过大造成内芯断芯。图1-15是线缆绑扎成束技术要求。

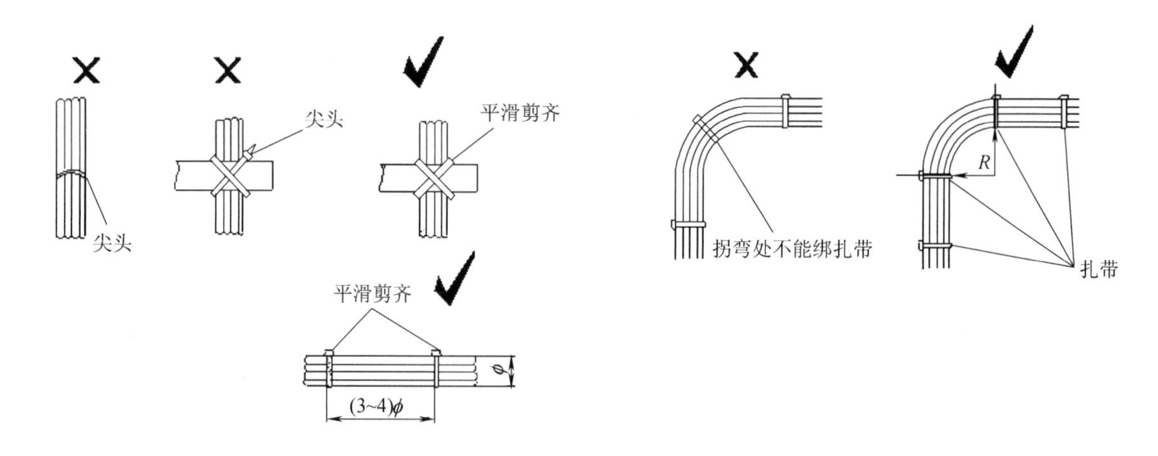

图1-15　线缆绑扎成束技术要求

1.4.3　节能空调系统

电信设备尤其是交换机和计算机等设备对机房的温度有着较高的要求。通信设备在长期运行工作期间，机器温度控制在18~25℃之间较为适宜。

湿度对通信设备的影响也很大。空气潮湿易引起设备的金属部件和插接件、管部件产生锈蚀，引起电路板、插接件和线缆的绝缘降低，严重时还可造成电路短路。空气太干燥又容易引起静电效应，威胁通信设备安全。

1. 空调容量估算

机房的热源：机房的热源包括设备产生的热量（通常占70%~80%）、照明系统、屋外导入的传导热、对流热、放射热等。机房需要的制冷功率一般采用以下公式估算：

空调的制冷功率(kcal/h)=房间面积(m^2)×150+53×机房设备总耗电/1000×860

制冷量是表明空调机的做功能力的量，单位为kcal（大卡）或kJ（千焦耳），1kcal=4.184kJ。

制冷功率是表明空调机在单位时间内的制冷量，单位为kcal/h（大卡/小时）或W（瓦）。

1kcal/h(1大卡/小时)=1.162W(瓦)

注意，功和功率是两个概念，通俗地说空调机做的“功”就是它的制冷的能力；“功率”则是它在单位时间内（1h）的制冷能力。

民用空调的制冷量常常还以“匹”来表示，1匹机的制冷量大致为2000大卡；乘以1.162国际单位可换算成制冷功率［W（瓦）］。故1匹的制冷功率为：2000大卡×1.162=2324（W），这个W（瓦）不是空调机的消耗电功率W（瓦），而是空调机的制冷功率。

如果要把空调机的制冷功率换算成它消耗（输入）的电功率［W（瓦特）］，则还要把制冷功率W（瓦）除以空调机的能效比，便可得到该空调机实际输入（消耗）的电功率W（瓦）。我国空调机目前的能效比标准是：一级能效比是3.4以上，二级是3.2，三级是3.0。

例如：1匹制冷量空调机消耗的电功率P：

2000大卡×1.162=2324W（制冷功率），$P=2324/3.2\text{W}=726\text{W}$（消耗的电功率）。

选购空调设备应符合运行可靠、能效比高和节能的原则。一般情况下可按照每15m^{2}需要1匹计算，300m^{2}的机房需要20匹。1匹相当于制冷功率2300W，300m^{2}的机房所需的制冷功率大约为50000W。空调制冷设备的制冷能力还应留有15%～20%的余量，因此300m^{2}机房使用的空调总功率不应超过24匹。

2. 机房空调送风方式

机房空调大多数采用上送风或下送风两种方式。下送风方式效果优于上送风方式，这是因为热气自然向上升腾，冷气下沉形成空气对流，当空调送出的冷风与热源气流方向一致时，加速了空气流动，有利于热源的温度降温，图1-16是机柜下送风方案。对空调而言，空调送风方向与机房内冷热气流分布的对流一致，可以减少气流的阻力，加速冷热转换效率，节省压缩机工作时间，降低空调能耗，起到节能降耗效果。

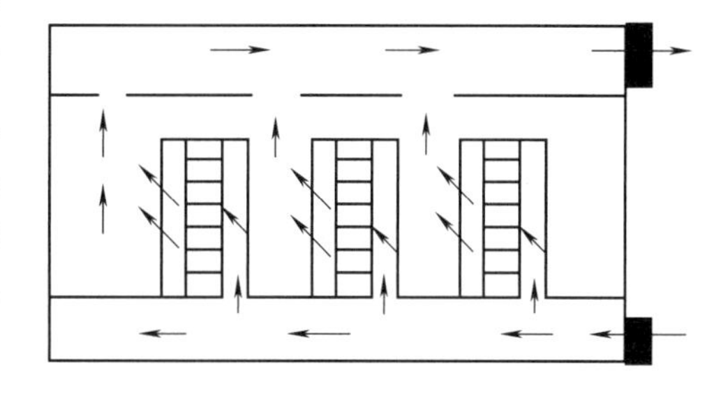

图1-16　机柜下送风方案

3. 精确送风、降耗节能

虽然下送风方式优于上送风方式，但送风方向的不精确也会在不同程度上造成能效下降，达不到节能效果。原因是：第一，由于设备采用下走线，导致地板下各种走线纵横交错，影响下送风空调的送风效果；第二，机房采用空调下端加装静压箱送风，空调送出的冷风除给设备降温外，另一部分冷风同时送给机房空间降温。

图1-17是采用风道送风的精确送风方案，将空调送出的制冷风量，通过可控制风量的风道送到通信设备的下端或侧端，最大程度地利用空调送出的冷风量与通信设备的发热量进行交换。降低了制冷功率损失，达到降耗节能的目的。

精确送风设计方案采用上进风/下出风方式，空调下端安装在连接风道的静压箱上，每台空调下端的静压箱之间要加装可控制风阀，当某一台空调出现故障时，打开风阀作为冗余空调互补之用，以保证风道有冷风流过；各通信设备机柜的下端固定在可调送风口的出口端；对于侧面进风的通信设备，可将两列机柜的进风面先进行背对背排列，然后再安装在送风道端口，使两列通信设备机柜之间处于冷风对流环境之中；可根据通信设备的发热量调节送风大小。主机房必须维持一定的正压。主机房与室外的静压差不应小于9.8Pa。

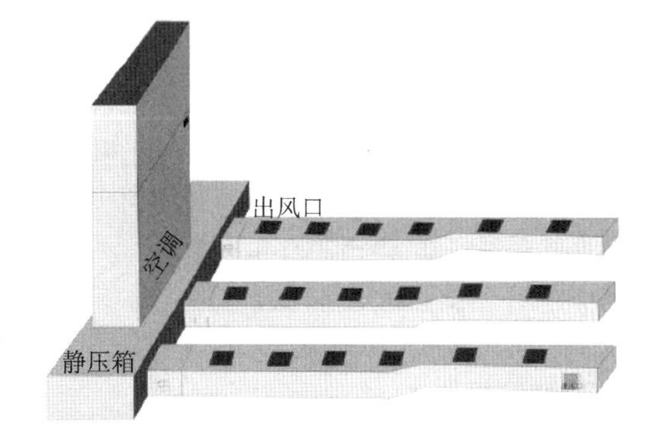

图1-17　采用风道送风的精确送风方案

1.4.4 机房照明

机房照明可以保持机房内有良好的光线照度和方便机房管理员操作维护。正常照明的机房照度为：在离地坪0.8m高的地方，照度不应低于300lx。

主机房的平均照度可按200lx、300lx、500lx取值；工作区内一般照明的均匀度（最低照度与平均照度之比）不宜小于0.7，非工作区的照度不宜低于工作区平均照度的1/5；无眩光；采用单独支路或专用配电箱（盘）供电；照明开关安装高度为离地坪1.4m。

1.4.5 机房消防报警系统

机房的结构、材料、配置设施必须满足保温、隔热和防火等要求。机房及楼道内应装有温度烟雾感应器及防火报警探测头，遇火情时系统自动报警，并启动二氧化碳或卤代烷或惰性气体固定灭火系统灭火。严禁使用干粉和泡沫灭火器。此外，机房内还配备手提式、推车式灭火器。

机房安防系统由实时电视监控摄像系统和出入机房门禁系统组成，可全方位连续监控机房总体运行情况。

电视监控系统设有7×24小时的硬盘录像机自动记录，所有录像可保存3个月；出入机房门禁系统采用先进的数据库管理，用户身份卡内保存有持卡人编号、进出区域限制及时间限制等，只有经过特殊授权的人员才能进入重要区域。

通信机房综合安防管理平台：将空调、UPS、报警集成到一个机房监控系统，对火警、温控、湿度、漏水、烟感、UPS都有监控，可以做到电话通知和手机通知等。

对所有服务器、交换机、防火墙等设备的操作、日常查看、备份日志，都有文档记录。实现通信机房安保信息的实时显示、报警、存储、报表统计等智能管理。

1.5 接地与防雷

接地与防雷是保证信息系统的传播质量、阻止环境电磁干扰、保护人员和设备安全的重要措施。由于弱电系统的入地电流错综复杂，相互影响较大，因此对弱电系统的接地和抗干扰提出了更高要求。

1.5.1 供电系统接地

1. 系统接地

供电系统接地分为保护接地和工作点接地两类，保护接地是设备外壳接地，工作点接地是指零线接地。工作点接地和保护接地在配电室独立引出。在TN-S三相五线制系统中，零地（N）和保护接地（PE）不能合而为一，如图1-18所示。

重复接地：在TN-S（三相五线制）系统中，中性线N（零线）是不允许重复接地的。因为如果中性线N重复接地（用户处的中性线N再接地），那么三相五线制中的漏电保护检测就不能正常工作而无法起到保护作用了。因此，零线不允许重复接地。

2. 联合接地

现代建筑物的面积和高度越来越大，功能性（工作点）接地与保护性接地的分离已越来越困难，使用多个接地系统必然在建筑物内引进不同的电位，导致设备出现功能故障或损坏。因此采用联合接地的等电位接地系统后，使信号接地不形成闭合回路，不易产生共模型态的杂讯，可有效减少静电和电磁干扰。共用接地系统已为国际标准，并已在我国国家标准中推广。

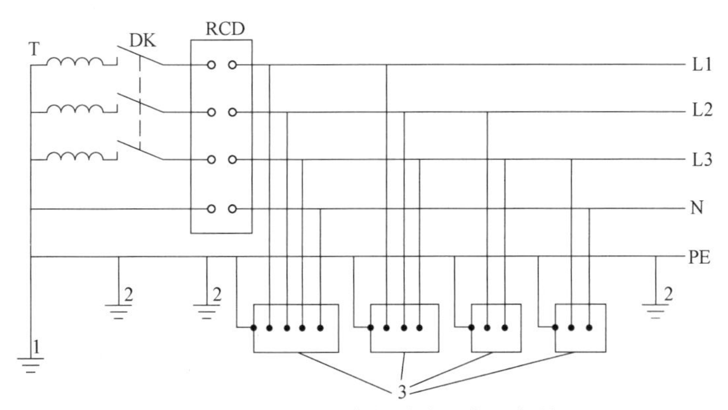

图 1-18　TN-S 系统中的零线不能重复接地

联合接地系统由接地体、接地引入、接地汇集线组成，如图 1-19 所示。接地体是由数根镀锌钢管或角铁，垂直打入土壤，构成垂直接地体，然后用扁钢连接。接地汇集线是指大楼内接地干线的分布设置；接地汇集线可分垂直接地总汇集线和水平接地分汇集线两种，前者是垂直贯穿于建筑体各层楼的接地用主干线，后者是各层通信设备的接地线与就近水平接地进行分汇集的互连线。接地线是各层需要进行接地的设备与水平接地分汇集线之间的连线。

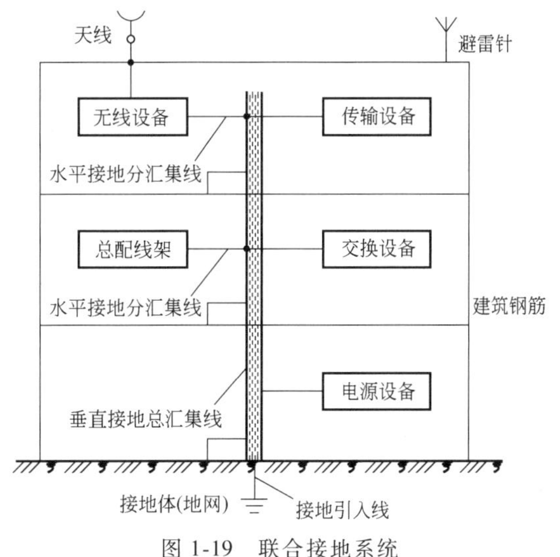

图 1-19　联合接地系统

联合接地方式在技术上使整个大楼内的所有接地系统组成低接地电阻值的均压网，具有下列优点。

1）地电位均衡，同层各地线系统的电位大体相等，消除危及设备的电位差。

2）联合接地母线为全局建立了基准零电位点。全局按一点接地原理而用一个接地系统，当发生地电位上升时，各处的地电位一齐上升，在任何时候，基本上不存在电位差。

3）消除了地线系统的干扰。通常依据各种不同电特性设计出多种地线系统，彼此间存在相互影响，而采用一个接地系统之后，使地线系统做到了无干扰。

4）电磁兼容性变好。由于强、弱电，高频及低频电都等电位，又采用分屏蔽设备及分支地线等方法，所以提高了电磁兼容性。

3. 接地电阻计算

接地电阻越小，抑制干扰和安全保护性能越好。联合接地体（共用接地）的接地电阻应小于 1Ω；强电系统接地电阻或一个弱电系统独立接地电阻应小于 4Ω。

接地电极的类型主要有单根垂直接地极、水平接地体和接地网等。基本计算公式为

$$R(\Omega)=\rho L/S \tag{1-1}$$

式中　ρ——土壤电阻率，单位为 Ω · m；

L——地极体的长度，单位为 m；

S——地极体的截面面积，单位为 m^2。

采用直径不小于 50mm，长度不小于 2.0m 的单根镀锌钢管的垂直地极的接地电阻：

$$R(\Omega)=0.366(\rho/L)\lg(4L/d) \tag{1-2}$$

式中 ρ——土壤电阻率，单位为Ω·m；

L——地极插入地下的深度，单位为m；

d——钢管地极的外径，单位为m。

土壤电阻率ρ与土壤的含水率有明显的关系，含水率高（湿）的土壤比含水率低（干）的土壤的电阻率要低得多。因此采用合适的保湿材料，如绿化用的保湿颗粒、定期补水或盐水等，可较长时间保持土壤湿润。表1-3是土壤电阻率参考值。

表1-3 土壤电阻率参考值

土壤类别	电阻率/Ω·m	较湿时/Ω·m	较干时/Ω·m
黑土、田园土	50	30~100	50~300
黏土	60	30~100	50~300
砂质黏土、可耕地	100	30~300	80~1000
黄土	200	100~200	250
含砂黏土、砂土	300	100~1000	>1000
多石土壤	400		
砂、砂砾	100	250~1000	1000~2500

1.5.2 防雷

雷电是威胁人类的自然现象，尤其是高科技电子通信系统和计算机网络系统，难以承受雷击电磁脉冲的冲击，因此防雷、避雷是智能弱电工程必须要解决的重要问题。

1. 雷击分类

自然界中的雷击一般分为直击雷和感应雷两种：

直击雷：是指闪电直接击在建筑物、大地或防雷装置上，其电压高达数百万伏特，瞬间电流可高达数十万安培，具有极大的破坏性。

感应雷：在雷击点1.5km半径的区域内会产生强大的交变电磁场，并以强大的冲击脉冲形式浪涌窜入用电设备。它对通信系统、计算机网络和弱电系统的危害最大，80%以上的雷击事故是由感应雷造成的。

2. 防雷系统的组成

现代防雷、避雷技术包括建筑物外部防雷和内部防雷两个方面：

（1）外部防雷系统：主要功能是将建筑物附近的雷电云通过接闪器［如避雷针（亦称接闪杆）、接闪带、接闪网等］系统引入大地，确保建筑物免受直击雷侵袭。外部防雷系统由接闪器、引下导体和接地电极等组成。

目前各种建筑、设施大多数仍使用传统的避雷针防雷系统；实践证明，避雷针可有效防止直接雷击，但是对于大量电子通信设备、网络设备，避雷针的保护就显得无能为力了，因为它不能阻止感应雷击强大电磁脉冲的破坏。

按照国家标准GB 50057—2010《建筑物防雷设计规范》要求，计算机网络机房所在大楼的接闪网（带）、避雷针或混合接闪器，通过大楼立柱基础的主钢筋，将强大的雷电流引入大地，形成较好的建筑物防雷设施。

计算机机房受建筑物防雷系统保护，直击雷直接击中计算机网络系统的可能性非常小，因此通常不必再安装防护直击雷的设备。

（2）内部防雷系统：是为保护建筑物内部的电子设备和人员安全而设置的第二道避雷防线。

通过安装在被保护设备前端的防雷器，将感应到的雷电流安全泄放入地，确保设备和人员的安全。

形成感应雷的概率比直击雷高很多，感应雷会对建筑物内的低压电子设备造成较大的威胁，计算机网络系统的防雷工作重点是防止感应雷入侵。

1）入侵的感应雷电流在建筑物内部的分布是不同的，因此合理选择机房的位置及机房内设备的合理布局可有效减少雷害。

2）在供电系统及计算机网络终端设备的接口处安装电涌保护器，并对出入机房的电缆线采取屏蔽、接地，实现等电位连接等措施，可有效减少雷击过电压对计算机网络系统设备的侵害。

3）机房采用联合接地可有效解决地电位升高的影响，合格的地网是有效防雷的关键。

接地系统的质量直接关系到防雷的效果。改善地网条件、适当扩大地网面积和改善地网结构，使雷电流尽快地泄放，缩短雷电流引起的过电压的保持时间。

4）为防止市电引入感应雷，经常有雷击的地区还需加装电源防雷器和过电压保护装置。

3. 防雷接地

接地是避雷技术最重要的环节，不管是直击雷、感应雷或其他形式的雷击，最终都是把雷电流引入大地。因此，没有合理而良好的接地装置是不能可靠地避雷的。

接地电阻越小，散流就越快，被雷击物体的高电位保持时间就越短，危险性就越小。

弱电系统与防雷系统采用联合接地时，接地电阻的取值应是它们两者中要求的最小值，比如防雷系统要求小于10Ω，弱电系统要求小于4Ω，联合接地要求小于4Ω。

4. 防雷设计

（1）电视监控系统防雷。电视监控系统防雷包括户外前端摄像机防雷和监控机房防雷两个方面：

1）户外前端监控摄像机防雷。户外前端监控摄像机均安装在比较高的钢质立杆上，设备的直击雷防护必不可少。

① 在每根钢质立杆顶端加装避雷针，根据滚球法计算，避雷针的有效保护范围在30°夹角内，避雷针的高度按照设备的安装位置计算。

② 视频线、控制线与电源线需加装CAN总线监控专用三合一防雷器，此款防雷器集视频线防雷、控制线防雷、电源线防雷于一体。安装方便，易维护。

③ 前端设备接地：三合一防雷器必须接地才能避雷，要求接地地阻应小于4Ω。

如果现场土壤情况较好，可以利用钢质立杆直接接地，把摄像机与防雷器的地线直接焊接在立杆上即可。

④ 监控中心重要设备的电源进线处，安装电源插座式防雷器，作为设备电源的末级防雷保护。

2）监控机房接地与等电位连接。在监控中心机房防静电地板下，沿着地面布置40mm×3mm纯铜排，形成闭合环接地汇流母排。将配电箱金属外壳、电源地、避雷器地、机柜外壳、金属屏蔽线槽和系统设备的外壳，用等电位连接线和铜芯线螺栓紧固线夹就近接至汇流排，实施多点等电位连接。

（2）卫星电视接收天线的防雷。卫星电视地面接收天线一般都为数米直径的大型抛物面天线，通常架设在室外空地或楼顶，易受雷击，因此必须安装避雷装置，根据接收天线附近的环境条件安装避雷针。

1）铁塔或避雷针的保护范围。如果在天线附近已有较高的铁塔或已架设避雷针，则首先判断这些已有铁塔或避雷针是否能对卫星接收天线起保护作用。避雷针的有效保护半径R的计算方法如下：

$h\leqslant 30$m 时：
$$R=1.6(h-H)/(1+H/h) \tag{1-3}$$

$h>30$m 时：
$$R=8.8(h-H)/(1+H\sqrt{h}/h) \tag{1-4}$$

式中　R——避雷针的有效保护半径，单位为m；

h——避雷针的高度，单位为m；

H——被保护物的高度，单位为m。

如果原有的铁塔或避雷针不能满足保护半径的要求，则应另外安装避雷针。避雷针的高度与接收天线之间的距离和被保护物的高度应满足上式要求。

避雷针在直击雷时可将大部分的放电分流入地，避免卫星电视接收天线系统受击毁。

外部防雷装置由接闪器（即避雷针）、支杆、接地引线和接地体四部分组成，如图1-20b所示，避雷针的保护区在避雷针下面45°~60°的伞形区，如图1-20a所示。

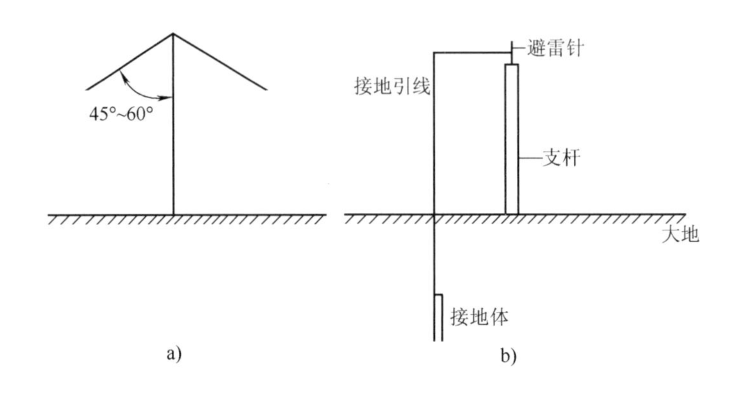

图1-20　卫星电视接收天线的防雷

a）避雷针下面45°~60°的伞形区　b）外部防雷装置的组成

避雷针离地越高，保护范围越大。受保护天线与避雷针的距离应大于5m，因雷击时，雷电感应可击穿2~3m的空气。

避雷针的接地与接收天线的接地距离必须大于1m，接地引线埋设深度不小于0.6m，接地电阻不超过4Ω。接地引线要求尽量垂直。

2）卫星接收天线的避雷方法。

① 抛物面天线位于地面上时：由于天线离机房建筑物的距离大都在30m以内，并且通过天线基座直接与大地相连形成接地引线，基座的地脚螺栓、钢筋混凝土中的钢筋自然形成接地引线。这时，接地电阻要小于4Ω。

② 抛物面天线位于屋顶时：天线与建筑物的防雷应纳入同一防雷系统，所有引下线与天线基座均应与建筑物顶部的避雷针作可靠连接，并至少应有两个不同的泄流引下路径。在多雷地区，抛物面上端和副反射面上端宜设避雷针。

③ 馈线的防雷：高频头输出电缆，宜穿金属管或紧贴防雷引下线；沿金属天线杆塔体引下；金属管道与电缆外层屏蔽网，应分别与塔杆金属体或避雷针引下线及建筑物的避雷引下线间有良好的电气连接。因为暴露的电缆或金属管道可能招致雷击，这样的连接可使雷电流直接经防雷系统入地；不会招致雷击而产生雷电流的设备，切勿与防雷接地系统连接，以防雷电流或地电流反串进入设备，招致雷击。

（3）中心机房防雷。根据IEC1312防雷及过电压规范中有关防雷分区的划分，中心机房的供电系统采用三级防护，即三相总电源、室内单相电源和设备前防护。只做单级防雷可能会因雷电流过大而导致泄流后的残压过大而引起设备损坏。

一种新型电源防雷装置称为配电系统过电压保护装置（DSOP），它能在一定时间内抑制雷电过电压，可靠地保护设备不受雷电沿电源线引进来造成的危害。

1）第一级电源防雷：三合一防雷器。系统电源进线端第一级的三合一防雷器，在雷击多发地带至少应有100~160kA的电流容量，可将数万甚至数十万伏的雷击过电压降到数千伏，防雷器可并联安装在大楼总配电柜内的电源进线处或配电房的低压输出端。

配电房低压输出端并联安装1套B级电源防雷箱，用于机房整体设备的电源第一级的防雷设备初级保护。或采用电源防雷模块，并联安装在配电房低压输出端。

2）第二级电源防雷：UPS电源防雷器。UPS电源防雷器对通过电源初级防雷器的雷电能量进一步泄放，可将数千伏的过电压进一步降到1kV，雷电多发地带需要具有40kA的通流容量，防雷器可并联安装在UPS处。在电源总进线处，并联安装一套电源二级二合一防雷器用于中心机房内设备的电源第二级防雷保护。或采用电源防雷模块。

3）第三级防雷系统：二合一防雷器。第三级防雷即用电设备的末级防雷，也是系统防雷中最容易被忽视的地方，现代电子设备都使用很多的集成电路和精密元件，这些器件的击穿电压往往只是几十伏，若不做第三级防雷设备，经过一级防雷而进入设备的雷击残压仍将有千伏之上，这将对后接设备造成很大的冲击，并导致设备的损坏。作为第三级防雷系统的二合一防雷器，要求有10kA以上的通流容量。

（4）大楼弱电系统防雷方案。在接地处理过程中，一定要有良好的接地系统，因为所有防雷系统都需要通过接地系统把雷电流泄入大地，才能保护设备和人身安全。图1-21是大楼弱电系统防雷方案。

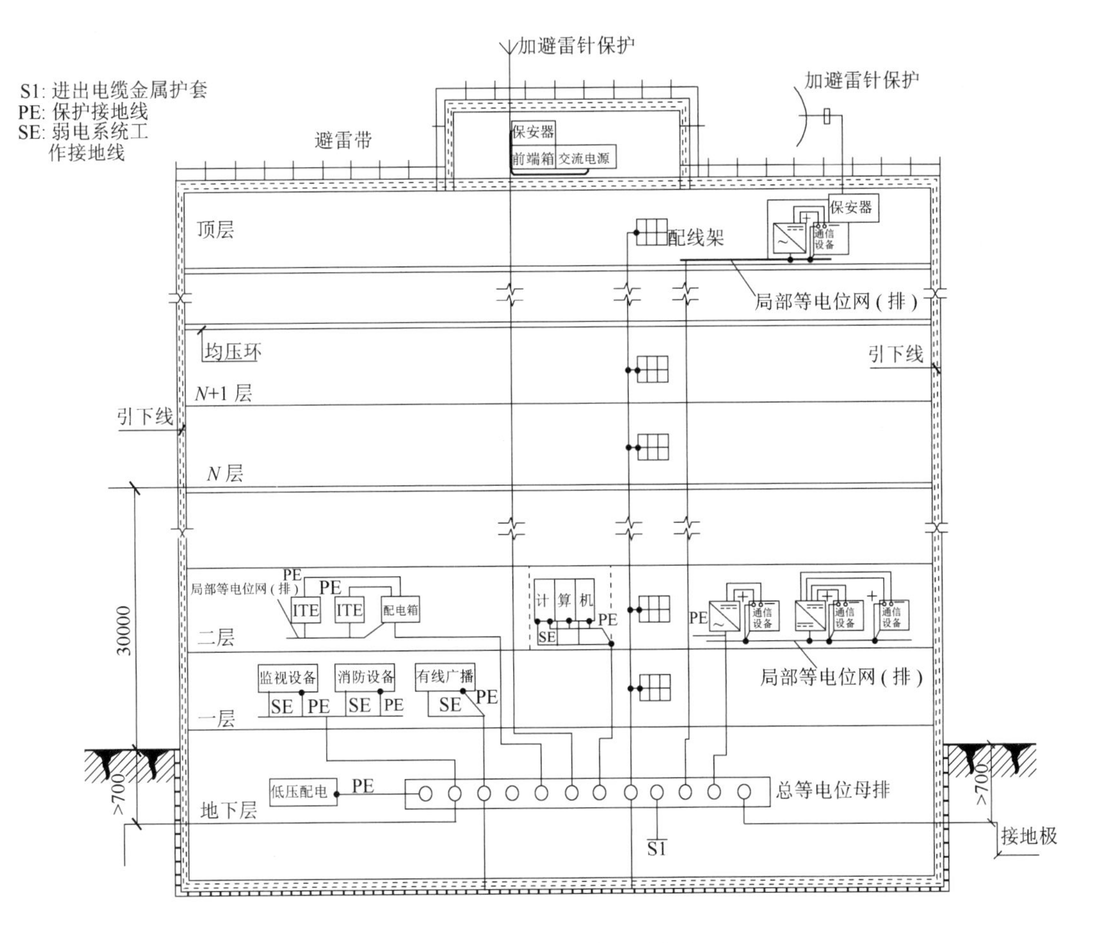

图1-21 大楼弱电系统防雷方案

1.6 弱电工程竣工验收通则

如果说工程招标投标是维护投资者权益，使投资者可更有效、更合理使用资金和廉政建设的必要条件，那么工程竣工验收则是工程质量的保证条件，两者缺一不可。弱电工程竣工验收是全面考核工程质量的最后一个环节。

现今国家尚未颁布弱电工程的质量评定标准，弱电工程各个子系统的设计、施工方案和验收方法等各不相同，但也有不少相同和类似之处，例如工程验收大纲、验收程序、技术资料、隐蔽工程验收报告等要求，均可供参考。

1.6.1 工程竣工验收必须具备的条件

（1）工程安装、调试完成后，必须按规定时间试运行，全面考核系统。

考核系统工作的稳定性和各项技术指标能否完全达到招标文件和工程合同中规定的全部技术要求及是否符合相关的国家标准或行业规范要求。

（2）完整齐全、图实相符、装订成册的竣工文档。包括以下几项：

1）工程设计和施工竣工图：竣工图包括系统设备安装平面图、管线图、安装图、系统电路图及其他相关图样。

2）系统设计计算报告。

3）施工过程中的设计变更技术核定单和备忘录，设备、材料变更审批报告。

4）设备器材验收清单。

5）进口设备“三证”（报关证、商检证和商品原产地证明）复印件；国产设备的“3C”认证。

6）隐蔽（预埋）工程检测验收报告。

7）系统调试记录。

8）系统操作使用手册。

9）技术培训记录。

10）装订成册的产品使用说明书及质保卡。

11）系统试运行报告。

12）专业检测单位或第三方测试的系统性能测试数据报告。

13）验收大纲。验收大纲包括验收程序、验收方法和验收项目三部分。验收方法是指用什么方法和测试设备在工程现场验证系统的使用功能和达到的效果。

14）竣工验收申请和审批报告。

上述各项条件具备后，工程承包单位向建设单位提交工程竣工验收申请报告；建设单位收到申请报告后必须在一周之内答复工程承包单位，确定工程竣工验收日期。并组织工程验收小组，验收小组由建设单位、工程监理和同行专家5~7人组成。

1.6.2 工程竣工验收范围

（1）现场检查工程的安装质量和安全性能。

（2）检查系统使用功能和达到的效果。

（3）审查竣工图和资料的正确性、完整性、测试数据的可信性和全部图样和资料是否符合技术归档要求等。

1.6.3 验收程序

（1）验收小组首先听取工程承包单位的工程实施概况、工程质量、系统试运行情况和实施过程中发生的主要问题及解决措施。

（2）审查竣工文档。

（3）按工程竣工验收范围和验收大纲赴工程现场逐项验收。

（4）验收小组与工程承包单位进行交流和提问；承包单位回答提出的质询问题。

（5）验收小组对工程质量和需整改的问题进行讨论评议，并写出书面评审意见。

（6）验收过程中如发现存在多种质量问题，如安全隐患问题，部分使用功能、最终效果和技术性能不符合要求，系统运行偶有不稳定，技术培训未到位、用户尚未完全掌握独立操作系统能力，图样资料有缺项或不规范，部分施工质量较差和布线混乱等，应提出限期整改，整改后进行第二次验收。

1.6.4 验收报告

1. 验收结论

工程验收的结论可分为同意通过竣工验收，限期整改后通过竣工验收和暂缓通过验收三种结论。

（1）同意通过竣工验收。工程质量全部达到招标投标文件工程合同要求，仅有一些小的遗留问题或希望进一步改进提高的问题。工程承包方应尽快完善解决。

（2）限期整改后通过竣工验收。工程中还存在少量影响系统局部效果或个别重要技术参数尚未满足要求、技术培训还需补课、竣工图和资料有缺项需补充完善等非重大缺陷，可责令承包方限期整改。如果在规定期限内得到完全解决，则可视为通过竣工验收，不再复验。

（3）暂缓通过验收。工程验收中如果发现有多项重大问题，评审组可责成工程承包方限期整改。整改后再进行复验。

2. 撰写验收报告

不论哪种验收结果，验收小组都应写出一份负责任的验收报告，参加验收的全体成员都应在验收报告上签署。工程验收报告应包括：工程方案的先进性和实用性、工程质量和功能效果、试运行情况、竣工资料和图样的正确性、齐套性、规范性等诸方面的简要评述。对遗留的小问题或希望进一步提高改进的地方提出建议。

第2章　结构化综合布线系统

结构化综合布线系统简称PDS（Premises Distribution System），指按标准的、统一的和简单的结构化方式编制和布置建筑群或建筑物内的各种系统的通信线路，将语音、图像、数据和监控设备的信号线经过统一规划和设计，采用相同的传输媒体、信息插座、交连设备、适配器等，把这些不同信号综合到一套标准的布线中。因此，这种布线比传统布线方式的系统结构大为简化，可以节约大量物资、时间和空间。是现代建筑信息传输的重要组成部分。

传统布线方式按应用系统（电话网、局域网、楼宇自控系统等）划分，采用不同的线缆和不同的终端插座。这些不同布线的插头、插座及配线架均无法互相兼容。缺乏通用性和灵活性，使用和管理都极不方便，如果要增加新的系统或改变网络模式时，往往需要重新敷设线缆，费时、费力、费钱。

综合布线系统适用范围：除传递语音通信和计算机数据通信信号外，还可传递基于网络通信协议的任何数据信号，如大屏幕显示、安保监控、门禁系统、车库管理、楼宇自控、数字公共广播和火灾报警等，它们的布线也可纳入综合布线系统一并做综合管线设计。

综合布线系统与传统布线系统相比，有许多优越性。综合布线系统的特性主要表现在以下几个方面：

（1）实用性。系统能够适应现代和未来通信技术的发展，实现话音、数据、图像等通信信号的统一传输。

（2）兼容性。综合布线系统将话音信号、数据信号和监控图像信号的配线经过统一规划和设计，采用相同的传输介质、信息插座、交连设备、适配器等，把这些不同性质的信号综合到一套标准的布线系统中。与传统布线系统相比，用户可不用定义某个工作区的信息插座的具体应用，只把某种终端设备接入这个信息插座，然后在管理间和设备间的交互连接设备上做相应的跳线操作，这个终端设备就可被接入到它自己的系统中。

（3）开放性。在传统的布线方式中，用户选定了某种设备，也就选定了与之相适应的布线方式和传输介质。如果更换另一种设备，那么原来的布线系统就需要全部更换。这样就增加了很多麻烦和投资。综合布线系统由于采用开放式的体系结构，符合多种国际上流行的标准，它几乎对所有著名的厂商都是开放的，如IBM、DEC、SUN的计算机设备，AT&T、NT、NEC等交换机设备；并对几乎所有的通信协议也是开放的，如EIA-232-D、RS-422、RS-423、ETHERNET、TOKENRING、FDDI、CDDE、ISDN、ATM等。因此，可适用于不同通信协议和不同品牌标准的通信设备。

（4）灵活性。综合布线系统中，所有信息系统皆采用相同的传输介质、星形拓扑结构，系统组网灵活多样，因此所有的信息通道都是通用的。每条信息通道可支持电话、图像、数据、计算机、打印机、计算机终端、传真机、各种传感器件以及图像监控设备等多用户终端。所有设备的开通及更改均不需改变系统布线，只需增减相应的网络设备以及进行必要的跳线管理即可，为用户组织信息流提供了必要条件。

（5）可靠性。综合布线系统采用高品质的材料和组合压接的连接方式构成一套高标准的信息通道。所有器件均通过UL、CSA及ISO认证，每条信息通道都采用星形拓扑结构，点到点端接，任何一条链路故障均不影响其他链路的运行，为链路的运行维护及故障检修提供了方便，从而保障了应用系统的可靠运行。由于各应用系统采用相同的传输媒体，因而可互为备用，提高了备用冗余。

（6）先进性。综合布线系统采用光纤与双绞线混布方式，极为合理地构成一套完整的布线系统。所有布线均采用世界上最新通信标准，信息通道均按 B-ISDN 设计标准，按八芯双绞线配置，5 类双绞线的带宽可达 100MHz，6 类双绞线的带宽可达 200MHz。对于特殊用户需求可把光纤铺到桌面（Fiber to the Desk）。干线光缆可设计为 10000MHz 带宽，为同时传输多路实时多媒体信息提供足够的带宽容量，为交换式网络的发展奠定了坚实基础。

（7）经济性。采用综合布线系统后可以减少管理人员、避免重复建设投资和降低维护管理成本。

2.1　结构化综合布线系统的组成和类型

综合布线系统由传输介质（屏蔽或非屏蔽双绞铜线、光纤等）、模块化配线架、标准信息插座、光电转换设备等硬件组成，按严格的标准及规范进行产品制造、系统设计和工程施工，在建筑物内形成信息传输的基础设施。

“结构化”是指把规模庞大而复杂的布线系统划分为功能各异的六个部分：可概括为“一个设备间、二个功能区（工作区和管理区）、三个子系统［垂直子系统（又称干线子系统）、水平子系统和建筑群子系统］”。

“综合”的含义是指通过一次布线工程就能提供语音、数据、图像和多媒体通信的传输能力。采用星形结构，可使任何一个子系统都能独立地进入综合布线系统中。

2.1.1　综合布线系统的组成

根据国际标准 ISO 11801 的定义，结构化布线系统由工作区子系统、水平子系统、垂直（干线）子系统、管理子系统、设备间子系统、建筑群子系统六个子系统组成，如图 2-1 所示。

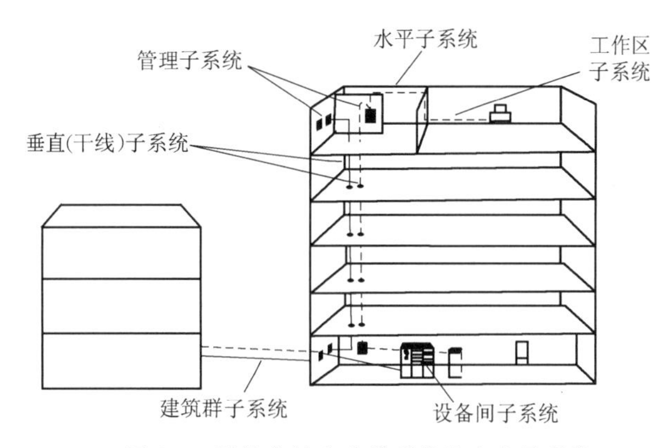

图 2-1　结构化综合布线系统的六个子系统

1. 工作区子系统（Work Area Subsystem）

工作区是指与信息插座连接各种终端设备（包括电话机、计算机、监控显示屏等）的区域。工作区子系统用于实现工作区终端设备与水平子系统之间的连接。

系统由终端设备连接到信息插座之间的设备组成，包括信息插座、插座盒及其面板、连接软线、适配器等，如图 2-2 所示。

工作区的常用终端设备是计算机、网络集线器（Hub 或 Mau）、电话机、计算机、火灾报警探头、摄像机、监视器、音响等。

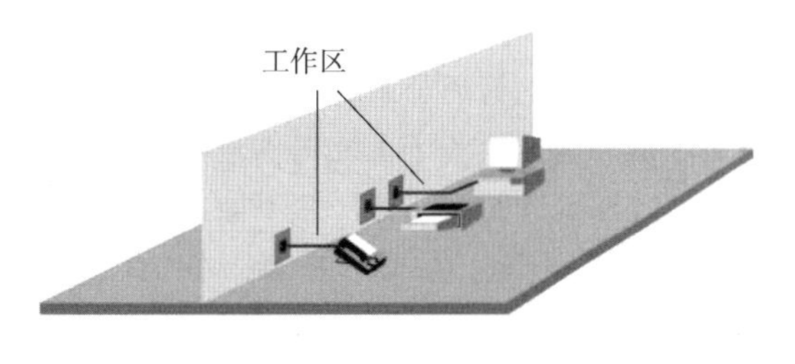

图 2-2　工作区子系统

2. 水平子系统（Horizontal Subsystem）

水平子系统是指位于同一楼层、从楼层配线设备（跳线架）连接到各信息插座之间的连接电缆。用来实现信息插座和管理子系统（跳线架）之间的连接，将工作区的终端设备引接至管理子系统，为用户提供一个符合国际标准、满足语音及高速数据传输要求的信息点出口。该子系统一端接在信息插座上，另一端接在本楼层配线间的跳线架上，信息出口采用ISDN 8芯（RJ-45）的标准插口，每个信息插座都可灵活地运用，并可根据实际应用要求随意更改用途，如图2-3所示。

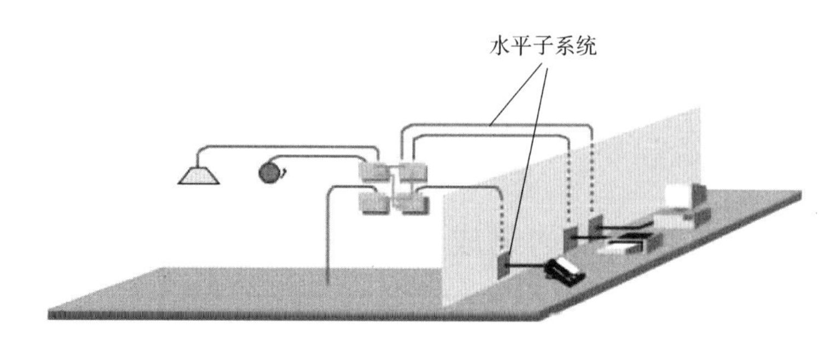

图2-3　水平子系统

由楼层配线架（IDF）至信息插座的水平连接线缆的长度一般不得超过90m。水平子系统采用4对双绞线电缆，需要较高带宽应用时，可采用“光纤到桌面”的方案。如果水平工作区面积较大，可在区内设置二级配线间。

3. 垂直子系统（Vertical Subsystem）

垂直子系统一般通称为干线子系统（Backbone Subsystem），位于主设备间（如计算机房、程控交换机房）至各楼层管理间。是由建筑物设备间的总配线设备（MDF）延伸到各楼层配线设备（IDF）的连接电缆。由大对数电缆、宽带多芯光缆及相关支撑硬件组成，两端分别接在主设备间和管理间（管理子系统）的跳线架上。实现计算机设备、程控交换机（PBX）、控制中心与各管理子系统之间的连接，提供主设备间内的总配线架与楼层配线架之间的干线路由。

4. 管理子系统（Administration Subsystem）

管理子系统是垂直子系统与水平子系统之间的桥梁，它为同层组网提供条件。其中包括双绞线跳线架、跳线（有快接式跳线和简易跳线之分）。在需要有光纤的布线系统中，还应有光纤跳线架和光纤跳线。当终端设备位置或局域网的结构变化时，只要改变跳线方式即可解决，而不需要重新布线。

本子系统由交连、互连配线架组成。管理点为连接其他子系统提供连接手段。交连和互连允许将通信线路定位或重新定位到建筑物的不同部分，以便能更容易地管理通信线路，让移动终端设备能方便地进行插拔。

互连配线架根据不同的连接硬件，分IDF楼层配线架（箱）和MDF总配线架（箱）两类，IDF安装在各楼层的接线间，MDF一般安装在主设备机房。图2-4是管理子系统。

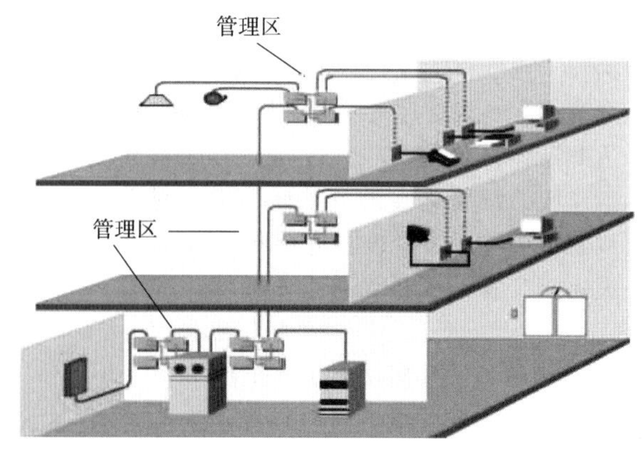

图2-4　管理子系统

楼层配线间是管理子系统的管理和操作的场所，为连接各子系统提供连接手段。故楼层配线间的几何尺寸不能太小，最小深度1.2m，宽度可根据工作区信息点的数量定，如200个信息点的配线间宽度需大于1.5m；201～400个信息点的配线间宽度需大于 2.2m；401～600 个信息点的配线间宽度需大于 2.8m 等。

5. **设备间子系统**（Equipment Room Subsystem）

设备间又称进线间，是外部通信管线的入口部位，是安装电信设备、计算机网络设备、电气保护装置、建筑物接地装置及建筑物配线设备和进行网络管理的场所，也是整个建筑物的主要布线区。设备间一般位于便于设备搬运的大楼底层或 2 层。

设备间子系统由设备间中的电缆、连接器及其支撑硬件、防雷电保护装置等组成，将计算机系统、服务器、路由器、网络交换机（Switch）、程控交换机（PBX）、闭路电视控制装置和报警控制中心等弱电设备互连起来并连接到主配线架上，如图 2-5 所示。

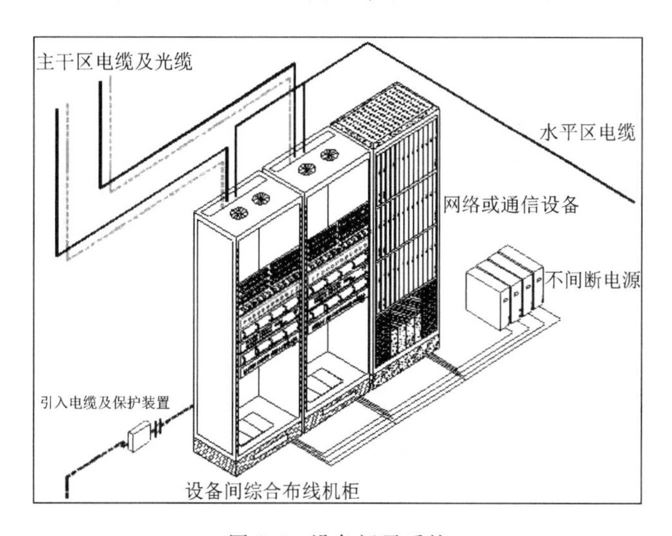

图 2-5　设备间子系统

6. **建筑群子系统**（Campus Subsystem）

由两个或两个以上建筑物组成的建筑群干线子系统。通过综合布线系统提供建筑群之间的信息传输通道。建筑群之间的综合布线硬件包括光纤、电缆和防止电缆浪涌电压进入的电气保护设备。

常用介质是光缆。采用可架空安装或沿地下电缆管道（或直埋）敷设，如图 2-6 所示。

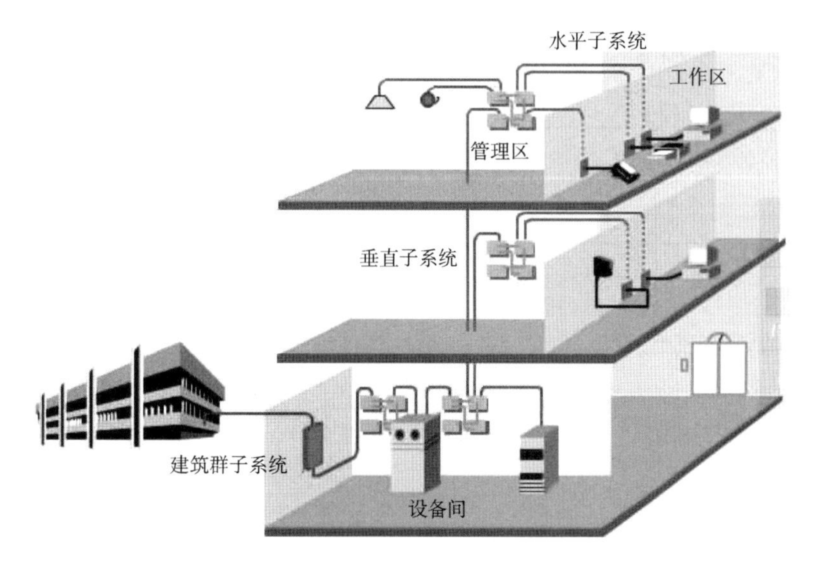

图 2-6　建筑群干线子系统

图2-7是六个子系统的连接关系。

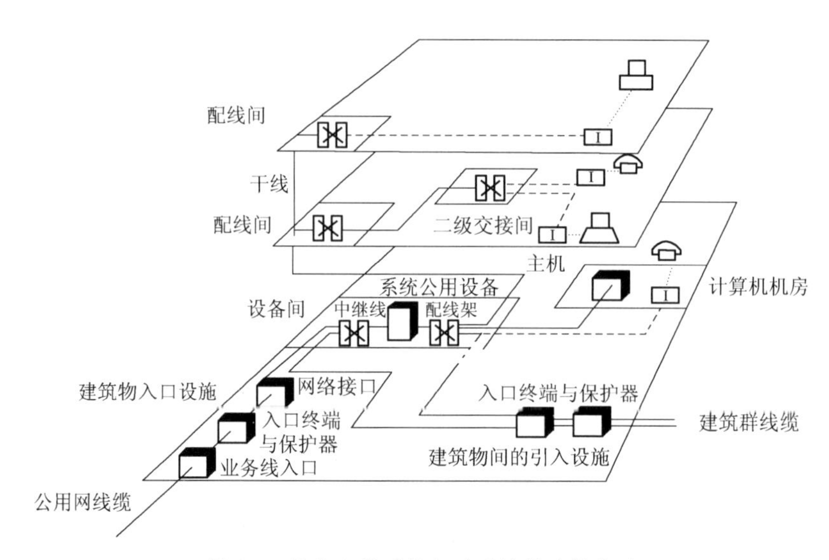

图2-7　综合布线系统各子系统的连接关系

图2-8是综合布线系统的信号分层交连管理。信息源与用户终端信息插座（IO）之间的交换配接通过综合布线系统的主配线架（MDF）、分配线架（IDF）和信息插座（IO）等基本单元经线缆连接组成。主配线架放在设备间，分配线架放在楼层配线间，信息插座安装在工作区内。

连接主配线架与分配线架之间的连接线缆称为干线子系统；分配线架与信息插座之间的连接线缆称为水平子系统；规模较大的建筑物，在分配线架与信息插座之间可设置中间交叉配线架（ICF）；中间交叉配线架（ICF）安装在二级交接间。有二级交接间的综合布线系统，主配线架与中间交叉配线架的连接线缆称为干线；交叉配线架与信息插座之间的连接线缆称为水平子系统。

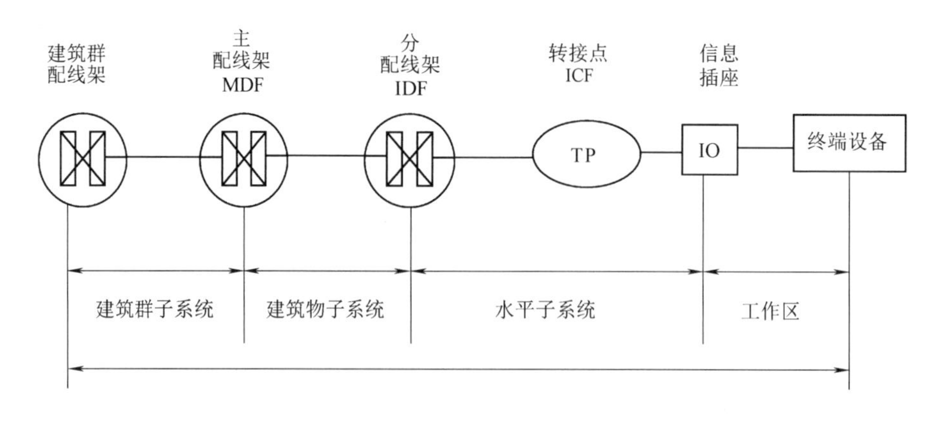

图2-8　综合布线系统的信号分层交连管理

2.1.2　综合布线系统的类型

根据弱电工程规模、信息传输设备性能、数据系统的传输速率要求和信息点配置数量等实际情况，可选择以下三种综合布线系统配置标准：

1. 基本型

基本型适用于系统配置较低的场所，用铜芯双绞线电缆组网。

(1) 每个工作区（站）配置一个信息插座。

(2) 每个工作区（站）引至楼层配线架的电缆为 1 条 4 对双绞线缆。

(3) 完全采用夹接式交接硬件。

(4) 采用气体放电管过电压保护，能自恢复的过电流保护。

2. 增强型

增强型适用于中等配置标准的场合，用铜芯双绞电缆组网。

(1) 每个工作区有两个或两个以上信息插座；任何一个信息插座都可提供语音和高速数据应用；可按需利用端子板进行管理。

(2) 每个工作区引至楼层配线架的电缆为 2 条 4 对双绞线电缆。

(3) 采用夹接式（110A 系列）或接插式（110P 系列）交接硬件。

(4) 每个工作区的干线电缆至少有 3 对双绞线缆。

(5) 采用气体放电管过电压保护，能自恢复的过电流保护。

3. 综合型

综合型适用于规模较大的建筑群或建筑物的高配置场所，使用光缆和铜缆混合组网。布线配置应在基本型和增强型的基础上增设光缆及相关连接硬件。

4. 新型双绞线电缆系统

(1) 超 5 类电缆系统（Enhanced Cat 5）：是在对现有的 5 类 UPT 双绞线的部分性能加以改善后产生的新型电缆系统，不少性能参数［如近端串扰（NEXT）、衰减串扰比（ACR）等］都有所提高，但其传输带宽仍为 100MHz。

(2) 6 类电缆系统（Cat 6）：除了各项性能参数都有较大提高外，其带宽将扩展至 200MHz 或更高。

(3) 7 类电缆系统：7 类电缆系统是欧洲提出的一种电缆标准，其计划的带宽为 600MHz，但是其连接模块的结构与目前的 RJ-45 完全不兼容，它是一种屏蔽系统。

2.2　综合布线系统的拓扑结构

从计算机网络通信原理的观点来看，综合布线中的基本单元可以定义为信息节点，两个相邻节点之间的连接线缆称为链路。节点和链路连接的几何图形称为综合布线系统的拓扑结构。

综合布线中的节点有两类：转接点（TP）和访问点（IO）。设备间、楼层配线间和二级交接间内的配线管理点是转接点，它们在综合布线系统中转接和交换传送信息。设备间内的系统集成中心设备和各工作区的信息插座是访问节点，它们是信息传送的源节点和目标节点。也就是说，一个信息节点可与一台数据或语音设备连接，也可与一台图像设备连接，还可与一个传感器器件连接。

综合布线通常采用分层星形拓扑结构。结构中的每个分支子系统都是相对独立的单元，对每个分支子系统的改动都不会影响其他子系统。这种拓扑结构具有很高的灵活性，能适应多种应用系统的要求，只要在配线架上跳接电缆、光缆与应用设备的连接方式就可使综合布线在星形、总线型、环形、树状形等拓扑结构之间进行转换。图 2-9 是综合布线系统的分层星形拓扑结构。

为提高综合布线的可靠性和灵活性，必要时允许在楼层配线架之间或建筑物配线架之间增加互连直通连接线缆。

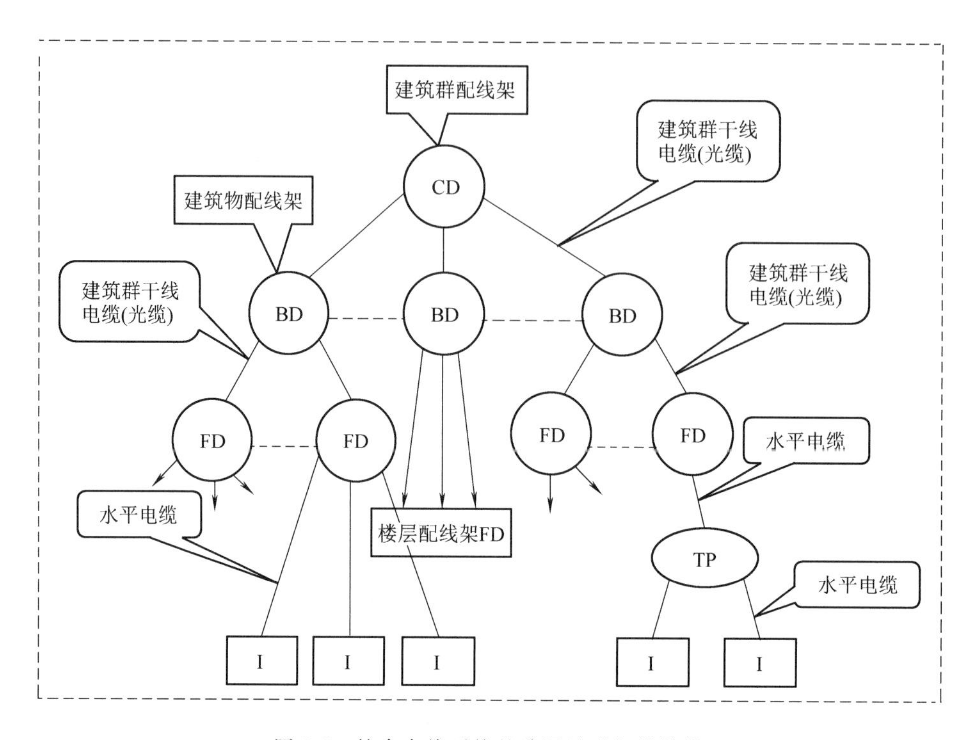

图 2-9　综合布线系统的分层星形拓扑结构

CD—建筑群配线架　BD—建筑物配线架　FD—楼层配线架　TP—转接点　I—信息插座

2.2.1　星形拓扑结构

星形拓扑结构由一个中心主节点（设备间的主配线架）向外辐射延伸到各从节点（楼层配线架）组成。由于每条通道从中心节点到从属节点的链路均为独立，所以，综合布线可采用模块化的设计方案。中心节点（主节点）可与从属节点直接通信，而从属节点之间必须经中心节点转接才能通信。

星形拓扑结构一般有两类：一类是中心主节点的接口设备为功能很强的中央控制设备，它具有处理和转接各从属节点信息的双重功能；另一类仅作为转接中心，起从属节点（访问节点）间的连通作用，例如 PBX 程控用户交换机。

智能大楼的主干网通常在主节点配置主数据交换机（Switch），在每个楼层配线间配置小交换机或集线器（Hub），通过干线与主交换机连接起来。如果干线距离超过规定的最大距离，可使用有源设备，如中继器（Repeater）或网桥（Bridge）等装置延伸电缆。

1. 星形拓扑结构的主要优点

（1）容易维护管理。星形拓扑结构的所有信息都要经过中心节点来支配，任何从属节点发生故障不会影响系统信息交换。因此，维护管理容易，信息传输可靠。

（2）重新配置灵活。在楼层配线架上可方便地移动、增加或拆除任何一个与信息插座连接的终端设备，因此，重新配置系统灵活方便。

（3）容易检测和隔离故障。由于各信息点（信息插座）都直接连接到楼层配线架，可方便、快捷地将故障信息点从通道中删除。

（4）适用多种线缆布线。根据不同特性的应用终端设备，可选择不同类型线缆布线。

2. 星形拓扑结构的主要缺点

（1）综合布线投资较大。星形拓扑结构的布线长、安装工作量大，因此投资较大。

（2）信息传输路径长，增加了传输时间。由于各从属节点之间传递信息都需通过中心主节点转换，增长了信息传输路径，增加了信号传输时间。

（3）中心节点设备工作负担重，要求高。无论是中心节点与从属节点通信，还是从属节点之间通信都需通过中心节点设备，如果中心节点的信息处理设备发生故障，则全系统将会瘫痪，故要求中心节点的处理设备需有很高的可靠性和冗余度。

注意：在干线子系统中仅有两种跳接，即主跳接（Main Cross-Connect，MC）和中间跳接（Intermediate Cross-Connect，IC）。主跳接在设备间的主配线架上进行；中间跳接在二级交接间的配线架上进行。

2.2.2 总线型拓扑结构

总线型拓扑结构是以公共干线（或称总线）作为传输介质，如图 2-10 所示。所有楼层配线间共享一条干线传输通道，因此，任何一个楼层配线间的设备发送的信号都可沿着干线（总线）传播，并能被各楼层配线间的设备接收。每个楼层和每个用户设有一个唯一的地址码，根据地址码，各楼层和用户可以有选择性地接收总线上的信息。

总线型拓扑结构主要用于局域网通信、火灾报警网和公共广播网。

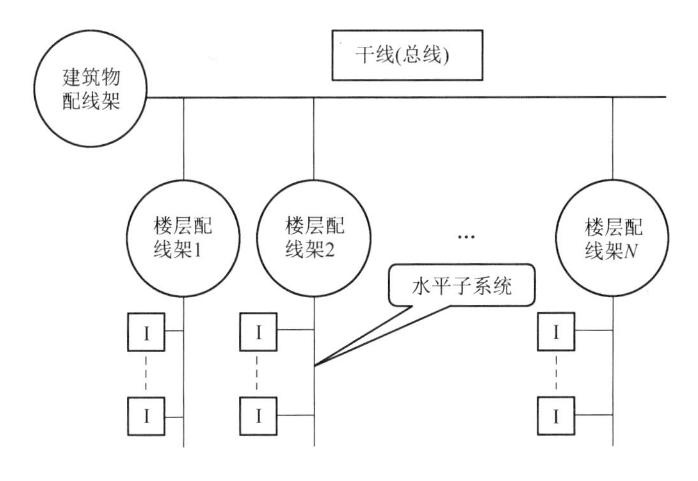

图 2-10 总线型拓扑结构

总线型拓扑结构的主要优点和缺点如下：

（1）电缆长度短，投资少，容易布线和维护。

（2）结构简单，容易扩展，可靠性高。

（3）故障检测、故障隔离较困难。

（4）楼层配线间必须有介质访问控制功能。

2.2.3 环形拓扑结构

环形网是局域网常用的拓扑结构之一，适合于信息处理系统和工厂自动化系统。

环形网中各节点通过各楼层配线间的有源设备（如中继器、Hub 集线器、网桥或路由器等）相接形成一条首尾相连的闭合环形通信线路。环路上任何一个节点均可请求发送信息和接收信息，环形网中的数据流既可单向传输（单环）也可双向传输（双环）。

由于环线是公用的，一个节点发出的数据信息必须穿越环中所有的环路接口，信息流中的目的地址与环上某个节点地址相符时，信息会被该节点的环路接口接收，后面的信息继续流向下一个接口，直至回到发送该信息的环路接口节点为止，如图 2-11 所示。

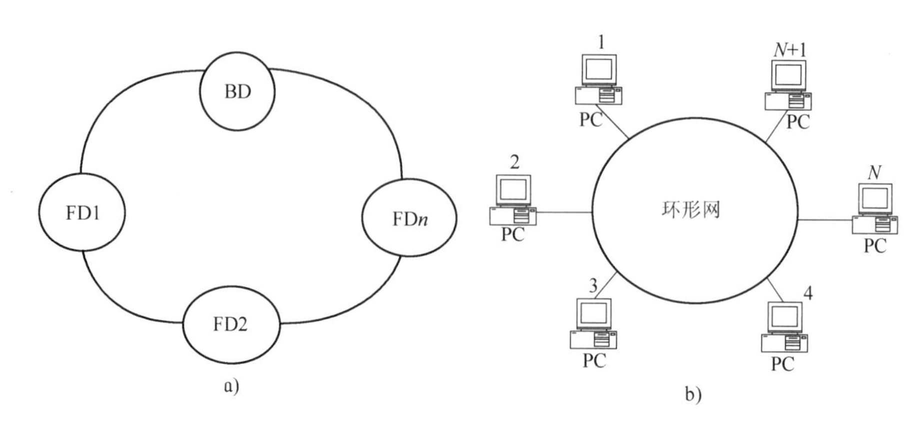

图 2-11　典型的单环环形拓扑结构

为提高传输速率和系统可靠性，可采用图 2-12 的双环环形网络，数据信息流在一个环中按顺时针方向传输，另一个环按逆时针方向传输。任何一个环发生故障时，另一个环可作为备份。如果两个环在同一点发生故障，则两个环可合成一个单环，但传输线长度几乎增加一倍。

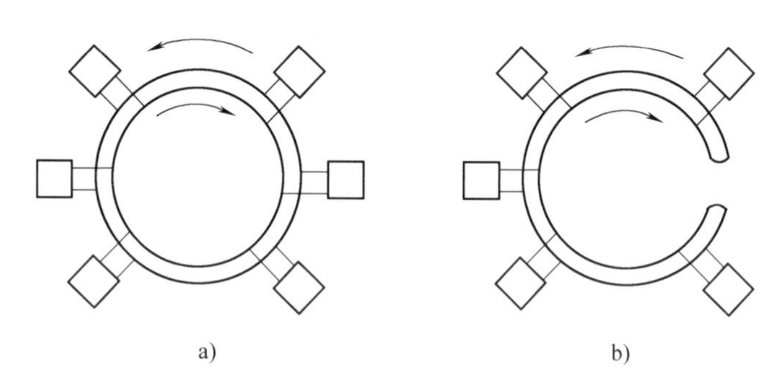

图 2-12　双环环形拓扑结构

a）外环与内环的信息流路径　b）环路发生中断时的信息流路径

环形网的特点是：信息在网络中沿固定方向流动，两个节点间仅有唯一的通路，大大简化了路径选择控制。某个节点发生故障时，可以自动旁路，可靠性较高。当网络确定后，其延时也固定，实时性较强。但当环路节点过多时，影响传输效率，网络响应时间变长，此外，由于环路是封闭的，因此不便扩充。

2.3　综合布线系统设计

综合布线系统自问世以来发展非常迅速，技术性能不断提高；随着计算机局域网技术的普遍应用，产品升级换代加快。3 类非屏蔽双绞线铜缆（UTP）以其较低的价格在语音和低速数据应用中仍占有一席之地；而高速数据应用主要由 5 类、超 5 类（SE）、6 类 UTP 担纲；支持 250MHz 和 600MHz 带宽的 6 类 UTP/STP 和 7 类 STP（屏蔽双绞线）也已获得应用。

综合布线系统与各个弱电子系统的实际应用紧密相关，因此综合布线设计工程师必须对各弱电子系统的技术要求、设备性能、信号流程等有非常清晰的了解，否则，该综合布线系统的技术性能将难以保证。

一个设计合理的综合布线系统，可以充分利用线缆及相关连接硬件，把智能建筑物的所有内、外设备互连起来。把需求分析、系统结构、布线路由、线缆和相关连接硬件的参数、位置编码等一系列的数据登录入库，对提高工程综合管理和服务大有益处。

综合布线系统的质量取决于系统设计、线缆和器件的选用及施工质量。综合布线系统工程设计选用的电缆、光缆、各种连接电缆、跳线，以及配线设备等所有硬件设施，均应符合 ISO/IEC 11801：1995（E）国际标准的各项规定，确保系统指标得以实施。

综合布线系统工程设计应遵循下面步骤进行：

（1）用户需求分析。

（2）建筑物平面布置图及信息点位图。

（3）按各弱电子系统技术要求，进行系统结构设计。

（4）按各弱电子系统的信息流程，进行布线路由设计。

（5）绘制综合布线施工图。

（6）编制综合布线用料清单。

2.3.1 综合布线系统的通道标准

综合布线系统设计指标是指布线使用的线缆（平衡电缆和光缆）和相关连接硬件组成的独立通道的技术性能指标，是验收综合布线工程的依据。主要电气特性指标有：频率范围、特性阻抗、回波损耗、衰减、近端串音衰减、环路直流电阻、传播时延等。

链路接口之间的线缆、相关连接硬件和连接点的工艺决定了通道的技术特性，涉及无源线缆段、连接硬件、接插线和跳线。

综合布线系统可分为五种不同的应用通道标准：

（1）A 类应用通道。采用平衡电缆布线的通道，最高传输频率为 100kHz，用于语音和低速率数据传输。

（2）B 类应用通道。采用平衡电缆布线的通道，最高传输频率为 1MHz，用于中速率数据传输。

（3）C 类应用通道。采用平衡电缆布线的通道，最高传输频率为 16MHz，用于高速率数据传输。

（4）D 类应用通道。采用平衡电缆布线的通道，最高传输频率为 100MHz，用于甚高速率数据传输。

（5）光纤类应用通道。采用光缆布线的通道，最高传输频率几乎不受限制，用于甚高速率数据传输。

非屏蔽双绞线（UTP）及其连接硬件（信息插座、配线架、跳线等）不同类型线缆的传输频率范围如下：

Cat. 1：UPT 及其连接硬件的通信带宽可达到 20kHz；

Cat. 2：UPT 及其连接硬件的通信带宽可达到 1MHz；

Cat. 3：UPT 及其连接硬件的通信带宽可达到 16MHz；

Cat. 4：UPT 及其连接硬件的通信带宽可达到 20MHz；

Cat. 5：UPT 及其连接硬件的通信带宽可达到 100MHz；

Cat. 6：UPT 及其连接硬件的通信带宽可达到 250MHz；

Cat. 6A：UPT 及其连接硬件的通信带宽可达到 500MHz；

Cat. 7：UPT 及其连接硬件的通信带宽可达到 600MHz；

Cat. 7A：UPT 及其连接硬件的通信带宽可达到 1000MHz。

2.3.2 干线子系统

建筑群之间的连接线缆和建筑物楼层之间的垂直连接线缆称为干线子系统。干线子系统包括干线电缆、干线光缆、主配线架和配线架上的接插线及跳线。建筑物的干线电缆和光缆应直接端接到各楼层配线架，中间不应有转接点或接头。

干线子系统的设计步骤：

（1）根据信息点的用途，确定主干线采用传输介质的类型。

例如，传输语音信息可采用大对数3类双绞线电缆；传输计算机数据信息通常采用多模或单模光缆。

（2）根据楼层配线架的数量和语音信息插座的数量，确定主干线的规格及数量。

例如，根据楼层配线架的数量和语音信息插座的数量，计算主干线采用大对数铜缆的规格及数量。按计算机信息插座的通信量，计算主干线光缆的芯数。

（3）选定主干系统传输线缆的型号和规格。

选择主干传输系统线缆型号和规格时，必须考虑增加一定数量的裕量和备份线缆。

表2-1是5类主干线电缆设计数据汇总表。表2-2是光缆主干线设计数据汇总表。

表2-1　5类主干线电缆设计数据汇总表

5类主干线缆UPT长度/m									
管理区	图样长度	25对双绞线		50对双绞线		75对双绞线		100对双绞线	
		根数	长度	根数	长度	根数	长度	根数	长度
B1—主缆	25	1	30		0	0	0	0	0
1F—主缆	20	6	144		0	0	0	0	0
2F/1T—2F	15		0	9	162	0	0	0	0
2F/2T—2F	15		0	8	144	0	0	0	0
2F/3T—2F	15		0	6	108	0	0	0	0
2F—主缆	24	4	115		0	0	0	0	0
3F—主缆	28	2	67		0	0	0	0	0
4F—主缆	32	2	77		0	0	0	0	0
5F—主缆	36	1	43		0	0	0	0	0
合　计		16	476	23	414	0	0	0	0

2.3.3 水平子系统

从楼层配线架到各信息插座的布线属于水平子系统。该子系统包括水平连接电缆及楼层配线架上的结构终端、接插线和跳接线。

楼层配线间是放置配线架（柜）和数据交换机、Hub集线器等设备的专用房间，水平子系统的线缆在这里的配线架（柜）上进行路由交接。

设计水平子系统时，需要重点考虑以下几方面的通信要求：

（1）语音通信系统。

（2）数据通信系统。

（3）计算机网络通信系统。

表 2-2　光缆主干线设计数据汇总表

62.5/125μm 多模光缆主干线长度/m											
管理区	图样长度	2 芯光缆		4 芯光缆		6 芯光缆		8 芯光缆		12 芯光缆	
		根数	长度	根数	长度	根数	长度	根数	长度	根数	长度
B1—主缆	25	1	30	0	0		0	0	0		0
1F—主缆	20	1	24	0	0	1	24	0	0		0
2F/1 分区	15		0	0	0	2	36	0	0	1	18
2F/2 分区	15		0	0	0	2	36	0	0	1	18
2F/3T—2F	15		0	0	0	2	36	0	0	1	18
2F—主缆	24		0	0	0	8	230	0	0	3	86
3F—主缆	28	1	34	0	0	1	34	0	0		0
4F—主缆	32	1	38	0	0	1	38	0	0		0
5F—主缆	36	2	86	0	0		0	0	0		0
合　计		6	212	0	0	17	434	0	0		140

（4）智能大楼自控系统。

（5）安保监控系统。

水平电缆一般直接连接到各信息插座，必要时，楼层配线架与每个信息插座之间允许有一个转接点。接入与接出转接点的线缆应按 1∶1 的对应关系连接。

水平子系统的设计步骤：

（1）确定信息点插座的数量、类型和安装位置。

水平子系统设计的第一步是根据信息点的用途，按表 2-3 的格式确定各楼层工作区的各类信息插座（IO）的数量、类型和安装位置。

表 2-3　大楼各楼层的各类信息点汇总表

信息点类型 / 安装位置	3 类 UPT 信息点				5 类 UPT 信息点				混合点		光纤信息点		
	单孔点		双孔点		单孔点		双孔点		双孔点		单一点		多介质点
	桌面	墙面	桌面	墙面	桌面	墙面	桌面	墙面	桌面	墙面	ST 点	SC 点	
地下 1F		4		2				2		10			
1F		10			16	6		6	36				2
2F(分区 1)							100				4	4	10
2F(分区 2)							80				4	4	10
2F(分区 3)							60				4	4	10
3F								20				20	
4F								20				20	
5F										10			
合　计	0	14	0	2	16	6	240	48	36	20	12	52	32

信息点按用途可以分为三类：

1）综合通信服务（CA）系统信息点。最常用的是电话（语音）通信信息点、计算机数据通信信息点和视频信号信息点。

2）楼宇自控（BA）信息点。

3）办公自动化（OA）信息点。

一个信息点包括信息插座、安装板、安装盒和适配器在内的一套组件。通常把一个安装位置作为一个信息点，因此就有单孔、双孔和多孔信息点的区别。另一种理解是把布线范围划分成一个个小的工作区，每个工作区内设有若干个信息点。

信息点按功能划分，有基本信息点、复合信息点、增强信息点和多媒体信息点等。因此，信息点可按性能分为：3类信息点、5类信息点和光纤信息点等。

（2）根据建筑物的结构和用户需求，确定每个楼层配线间和二级交换间的服务区域。

（3）确定路由。根据建筑物的施工设计图、结构和不同功能信息点的位置，确定水平子系统的路由设计方案。一般建筑物的水平子系统采用地板管道布线方法；有吊顶的建筑物，水平子系统可在吊顶内布线。

（4）确定传输介质类型和长度。

1）确定传输介质类型。不同用途的信息点，通信线路（水平子系统的连接线缆）的性能规格是不同的。例如，大多数电话通信线路只要求64kbit/s的通信速率，用3类非屏蔽双绞线传输就能实现。但有些用户要求电话信息点能被扩充作为计算机网络信息点，那么，需采用5类或超5类非屏蔽双绞线传输线路。有些信息点如果要作为高速以太网的端接口，则需采用光缆传输线路。因此，水平子系统的传输介质的类型应根据信息点插座的用途来确定。

2）确定电缆长度。根据布线方法和走向、可能采用的电缆路径等，计算每根电缆的走线距离，并用式（2-1）计算每个楼层、每种电缆的总长度。

$$C=[0.55(F+N)+6]\times n \tag{2-1}$$

式中　C——电缆总长度，单位为m；

F——最远信息插座与配线架之间的实际距离，单位为m；

N——最近信息插座与配线架之间的实际距离，单位为m；

n——每个楼层每种信息插座的总数量，单位为个。

注意，公式（2-1）中已包含+10%的距离长度容差和6m端接容差。

表2-4是水平线缆设计表格举例。图2-13是星形拓扑结构的水平布线子系统图例。

表2-4　水平线缆设计表格

	3类UPT长度/m				5类UPT长度/m				水平光纤长度/m			
	图样长度	点数	说明	长度	图样长度	点数	说明	长度	图样长度	点数	说明	长度
地下1F	30	18	顶棚	821	30	14	顶棚	638	30		顶棚	
1F	50	46	顶棚	3202	50	74	顶棚	5150	50	2	顶棚	139
2F(分区1)	20		地面		20	220	地面	5280	20	18	地面	432
2F(分区2)	20		地面		20	180	地面	4320	20	18	地面	432
2F(分区3)	20		地面		20	140	地面	3360	20	18	地面	432
3F	40		地面		40	40	地面	1920	40	20	地面	960
4F	40		地面		40	40	地面	1920	40	20	地面	960
5F	40	10	地面	480	40	10	地面	480	40	20	地面	
合计				4503				23068				3355

2.3.4　管理子系统

用户工作区的信息插座是水平子系统布线的终点。信息插座是语音、数据、图像、监控等应

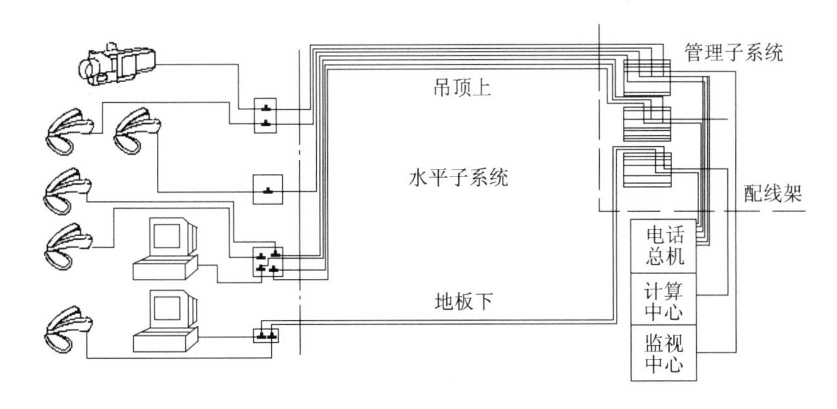

图 2-13　星形拓扑结构的水平布线子系统图例

用设备或器件连接到综合布线的通用进出端口。因此，只要在配线连接硬件区域调整交接方式，就可以管理整个应用系统终端设备，实现布线的灵活性、开放性和扩展性。

在楼层配线间与设备间之间有一个管理区。管理子系统在各主干线系统与水平子系统之间和不同通信系统之间建立可灵活管理的“桥梁”。是整个综合布线分层次管理和实现不同传输功能的重要组成部分。

管理子系统根据不同安放位置可分为主干线配线间、楼层配线间、卫星电视配线间和办公室配线间等各种管理子系统。

主干线配线间负责整幢智能大楼布线系统的管理。把各种通信介质的主干线通过主干线配线架连接到各管理子系统，并以各管理区的配线设备为终结。

楼层配线间在楼层范围进行配线管理。即利用楼层配线架和跳线装置，在楼层配线架上进行水平连接线缆与主干线线缆之间的交叉连接。这种交叉连接方式提供了十分灵活的管理手段。

在管理子系统中，除了水平线缆与主干线缆的交叉连接功能外，还能在不同的主干线之间构成交叉连接。主干线之间的交叉连接除可以在各主干线之间交换信息外，还可把主干子系统构成环形、总线形和树形等拓扑结构。管理子系统还可为整个大楼的通信系统提供视频监视和环境控制。

主干线缆与水平线缆在配线架（柜）上实行交叉连接。在同一配线架（柜）上可安装多种用途、不同性能的线缆。在配线架之间采用交叉连接的跳线进行管理，也可以直接进行相互连接，如图 2-14 所示。直接相互连接可节省一半配线设备和大量跳线，但是牺牲了整个系统的灵

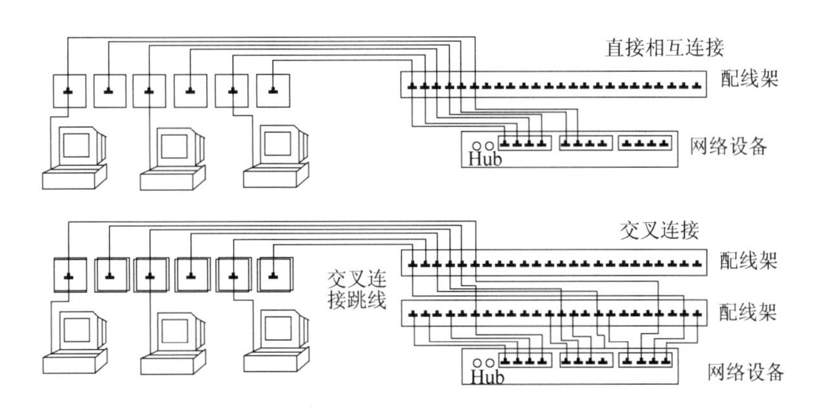

图 2-14　交叉连接和直接相互连接

活性，通常用于系统结构简单、变动情况很少的场所。

2.3.5 工作区布线

工作区是指安装电话机、计算机、监视和控制等终端设备和操作的场所，服务面积可按5~10m² 考虑。

工作区布线是指用连接线把终端设备连接到工作区的信息插座上。工作区布线随着应用系统终端设备的不同而改变，因此不是永久性的。

工作区电缆或光缆的长度及传输特性应符合规定要求，否则会影响系统应用。在单一信息插座上连接两项服务的设备时，应使用“Y”形适配器。

2.3.6 综合布线部件的典型配置

图2-15是综合布线部件的典型配置。根据安装条件，电缆、光缆应敷设在管道、电缆沟、电缆托架、线槽、暗管等通道中。布线设计和安装应符合国家有关电气标准的规定。允许将不同功能的配线架组合在一个配线架中。

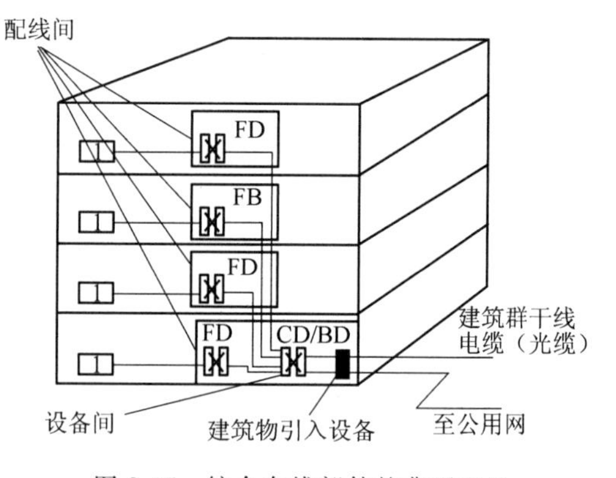

图2-15　综合布线部件的典型配置

1. 接口

综合布线系统的端口位于每个链路的两端。水平布线链路的一个端口为信息插座，该信息插座通过工作区连接电缆，与相关设备连接，另一端与楼层配线架相连。图2-16是干线子系统光缆和水平子系统电缆的最大长度。水平链路中不包括工作区与应用设备之间的连接线缆。

公用电信业务的引入点为公用电信网接口。公用网的电缆、光缆（包括天线馈线）进入建筑物时，都应引入保护设备。

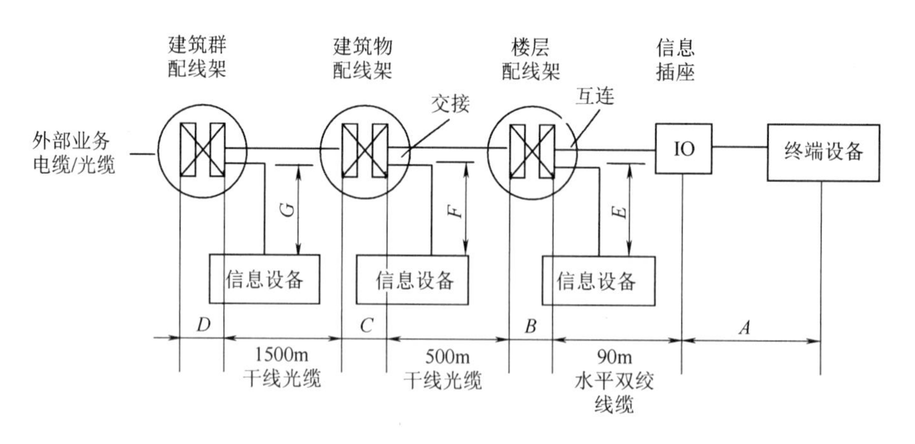

图2-16　综合布线接口及连接线缆的最大长度

2. 配置

（1）不同介质的最大传输距离。

1）工作区设备线缆和接插线或跳接线的总长度：$A+B+E \leqslant 10\text{m}$。

2）建筑物配线架或建筑群配线架上的接插线或跳接线长度：$C+D \leqslant 20\text{m}$。

3）建筑物配线架或建筑群配线架上的设备电缆长度：$F+G\leqslant 30\text{m}$。

表 2-5 是各类双绞线和光缆的最高可用传输速率（与距离有关）和主要用途。

表 2-5　各类双绞线和光缆的最高可用传输速率和主要用途

类别(Category)	传输频率范围/MHz	主要用途	最大传输距离/m
一类(Cat. 1)	—	电话	
二类(Cat. 2)	4	低速数据传输	
三类(Cat. 3)	10	10 Base-T 以太网①	90
四类(Cat. 4)	16	IBM 令牌环网	90
五类(Cat. 5)	100	100Base-TX 快速以太网①	90
六类(Cat. 6/Cat. 6A)	250/500	100Base-TX 千兆以太网	90
七类(Cat. 7/Cat. 7A)	600/1000	高速(千兆以上)以太网	90
62. 5/125μm 多模光缆	传输带宽:200~1000MHz	高速(千兆以上)以太网	2000
1. 3/1. 55μm 单模光缆	传输带宽:数 GHz~数十 GHz	高速(千兆以上)以太网	3000~60000

① 双绞线缆：

10 Base-T：10 代表信息传输的速率为每秒 10 兆比特（10Mbit/s）；“Base”表示电缆上的信号为采用曼彻斯特编码的基带信号；T 代表双绞线缆（Twisted Pair）。

100 Base-TX：代表传输速率为 100Mbit/s 的双绞线缆。

（2）配线架（柜）。配线架（柜）是信息交换的重要设备。通常，建筑物的每个楼层都设有一个楼层配线架（柜）。如果楼层面积超过 1000m^2，可增加配线架。如果某一楼层的信息插座很少（例如大堂），可不单独设置楼层配线架，由相邻楼层的配线架提供服务。

（3）信息插座。信息插座是工作区终端应用设备与水平子系统线缆的连接接口。8 针模块化信息插座（RJ-45）是综合布线推荐的标准信息插座。它提供数据、语音、图像或三者皆有的多媒体信息传输。

每个工作区（工作台办公桌）至少有一个信息插座连接 100Ω 双绞线平衡电缆，另一个信息插座可连接电缆或光缆。每个信息插座可连接 4 对或 2 对双绞线平衡电缆。4 对双绞线平衡电缆具有更大的通用性，如图 2-17 所示。工程设计中一般不采用 2 对双绞线平衡电缆信息插座盒，这是因为，如果信息插座只端接 1 对或 2 对双绞线，会造成计算机网络间不能互换。在信息插座盒之外还允许使用带分支的接插线进行线对再分配。

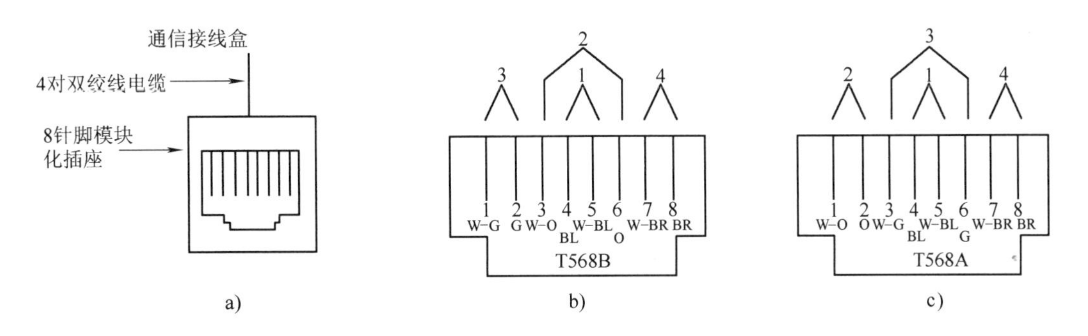

图 2-17　4 对双绞线电缆的信息插座

当今，语音通信电话机只用一对双绞线缆，RJ-45 信息插座安装 4 对线，其中 3 对线缆暂时不用。随着通信技术、数字电话和视听电话的发展，一对线缆已经不能满足更高要求了。

在计算机网络中，100Mbit/s 快速以太网可采用下面三种物理层标准：

① 100Base-TX 使用 2 对 5 类双绞线。

② 100Base-FX 使用 2 芯多模光纤。

③ 100Base-T4 要求采用 4 对 3 类以上的双绞线。

1）信息插座配置。信息插座配置的数量有基本型、增强型或综合型三种类型供用户选择。基本型设计的配置数量一般为每 $10m^2$ 设置一个信息插座；增强型设计的配置数量一般为每 $10m^2$ 设置 2 个信息插座（一个用于语音，另一个用于数据）。信息流量较大的工作区，每 $10m^2$ 可设置更多个信息插座。

2）信息插座类型。信息插座类型多种多样，安装方式也各不相同，可根据应用情况选定。

① 5 类信息插座模块。

- 8 针无锁定信息模块，可安装在配线架或接线盒内；
- 支持 155Mbit/s 信息传输，适合语音、数据和视频应用；
- 符合 ISO/IEC 11801 5 类通道连接硬件要求。

② 超 5 类信息插座模块。

- 支持 622Mbit/s 信息传输，适合语音、数据和视频应用；
- 可安装在配线架或接线盒内，一旦装入即被锁定，只能用电线插帽将其松开；
- 符合 ISO/IEC 11801 5 类通道连接硬件要求。

③ 千兆信息插座模块。

- 支持 1000Mbit/s 信息传输，适合语音、数据和视频应用；
- 可装在接线盒或机柜式配线架内；
- 45°斜面或 90°垂直安装，应用范围大；
- 符合 ISO/IEC 11801 5 类通道连接硬件要求。

④ 光纤插座模块（Fiber Jack）。

- 支持 1000Mbit/s 信息传输，适合语音、数据和视频应用；
- 外形与 RJ-45 插座相同，有单工、双工之分；凡能安装 RJ-45 插座的地方均能安装 FJ 插座；
- 可装在接线盒或机柜式配线架内；
- 现场端接；
- 符合 ISO/IEC 11801 5 类通道连接硬件要求。

⑤ 多媒体信息插座。

- 支持 100Mbit/s 信息传输，适合语音、数据和视频应用；
- 可安装 RJ-45 型插座或 SC、ST 和 MIC 型耦合器；
- 带铰链的插座盒面板，满足光纤弯曲半径要求；
- 符合 ISO/IEC 11801 5 类通道连接硬件要求。

3）信息插座的接线方式。按照 TIA/EIA-568B 标准接线方式，表 2-6 是 4 对双绞线缆的色标。表 2-7 是 TIA/EIA-568B 标准的信息插座引针（脚）与双绞线对的分配。注意，白色是指线的绝缘层颜色。

表 2-6　4 对双绞线缆的色标

线　对	颜　色	英文缩写
线对:1	白色-蓝色	W—BL
线对:2	白色-橙色	W—O
线对:3	白色-绿色	W—G
线对:4	白色-棕色	W—BR

表 2-7　信息插座引针（脚）与双绞线对的分配表

水平子系统布线	信息插座	工作区布线
4对电缆 到蓝色场区	8针模块化插座 I	带8针模块化插头的4对接插线 到终端设备 (或在需要时到适配器)
	线对1 1 2 线对2 3 4 线对3 5 6 线对4 7 8 1 2 3 4 5 6 7 8	1 2 3 4 5 6 7 8

RS-232C 终端设备的信号接线不按 T568B 标准。例如，有 3 对双绞线的 RS-232C 的信息插座为：

插针 1——振铃指示（RI）；

插针 2——数据载体检测（DCD）/数据集就绪（DSR）/清除后发送（CTS）；

插针 3——数据终端准备（DTR）；

插针 4——信号接地（SG）；

插针 5——接收数据（RD）；

插针 6——发送数据（TD）。

插针 7 和插针 8 在需要时可分别作为清除发送（CTS）和请求发送（RTS）。

3. 设备间、配线间和二级交接间

（1）设备间。设备间是建筑物用于安装进出线设备、进行综合布线及系统管理和维护的场所。设备间宜设置在建筑物的第 2、3 层靠近电梯、便于搬运笨重设备的位置，应尽量远离强振动源、噪声源和强电磁干扰源。图 2-18 是一个典型的设备间。

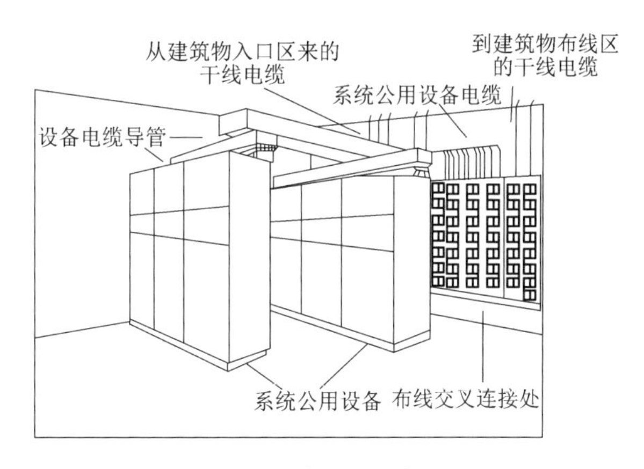

图 2-18　典型的设备间

设备间的主要设备有程控交换机、数据处理设备、计算机网络互联设备（路由器、数据交换机等）和主配线架等。

1）设备间的使用面积可按式（2-2）计算，但最小使用面积不得小于 $20m^2$。

$$S = KA \tag{2-2}$$

式中　S——设备间的使用面积，单位为 m^2；

K——系数，取值范围为（4.5~5.5）m^2/台（架）；

A——设备间安装设备的总台（架）数。

2）设备间的环境条件要求。

① 温、湿度。常用微电子设备连续运行的正常范围：温度 10~30℃；相对湿度 20%~80%。超出此范围，将导致设备性能下降、故障率增加和寿命缩短。为此，设备间的温、湿度可分为

A、B、C三个等级。表2-8是设备间的温、湿度标准。

表2-8　设备间的温、湿度标准

	A 级		B 级	C 级
	夏季	冬季		
温度/℃	22±4	18±4	12~30	8~35
相对湿度	40%~65%		35%~70%	20%~80%
温度变化率/(℃/h)	<5		<10	<15

② 照明。设备间内的照明要求：距地面0.8m处的照度不应低于200lx。

设备间应设置事故照明，距地面0.8m处的照度不应低于5lx。

③ 噪声。设备间的噪声应小于70dB。长时间在超过70dB环境噪声下连续工作会影响工作人员的工作效率和身心健康，还可能造成人为操作事故。

3）供配电要求：

① 设备间供配电系统应满足下列要求：

50Hz，380V/220V，三相五线制。电源参数允许变化范围见表2-9。

表2-9　设备间供电电源等级

	A级(第一类)	B级(第二类)	C级(第三类)
电压变化范围	-5%~+5%	-10%~+7%	-15%~+10%
频率变化范围/Hz	-0.2~+0.2	-0.5~+0.5	-1~+1
波形失真率	<±5%	<±7%	<±10%

② 供电方式。按照应用设备的用途，供电方式可分为三类：

第一类供电：需具有UPS不间断供电系统；

第二类供电：需建立备用供电系统；

第三类供电：按一般用途供电系统考虑。

③ 供电容量。设备间内全部设备用电量标称值的总和，再乘以$\sqrt{3}$（即1.73倍）。

④ UPS不间断供电系统。UPS不间断供电系统在市电中断时能快速无缝自动切换供电电源，供系统继续使用。由于UPS蓄电池存储的电能有限，一般继续供电的时间为15~30min，这段时间可用来做应急处理和启动后备电源（如柴油发电机）。

UPS不间断供电电源的输出功率分为小型、中型和大型三类。典型小型UPS电源的技术规格为：输出功率：0.5~15kV·A；输出电压允许波动：±10%；输出波形失真率：不大于10%；功率因数：0.85~0.9；输出频率稳定度：±0.25%；静态电压调整率：±2%；动态电压调整率：±10%。

设备间通常采用直接供电与不间断供电相结合的方式供电。图2-19是直接供电与UPS相结合的供电方式。

（2）楼层配线间。楼层配线间设在各楼层内，干线子系统与水平子系统的线缆在这里的配线架（柜）上进行交换，是放置配线架（柜）、应用系统设备的专用房间。配线间宜尽量靠近建筑物弱电的电缆孔、电缆井或管道等。

楼层配线间的设计方法与设备间相同，只是面积比设备间小。配线间兼作设备间时，其面积不应小于$10m^2$。

可容纳200个工作区的典型配线间的面积为$1.8m^2$（长1.5m，宽1.2m）。如果端接的工作区

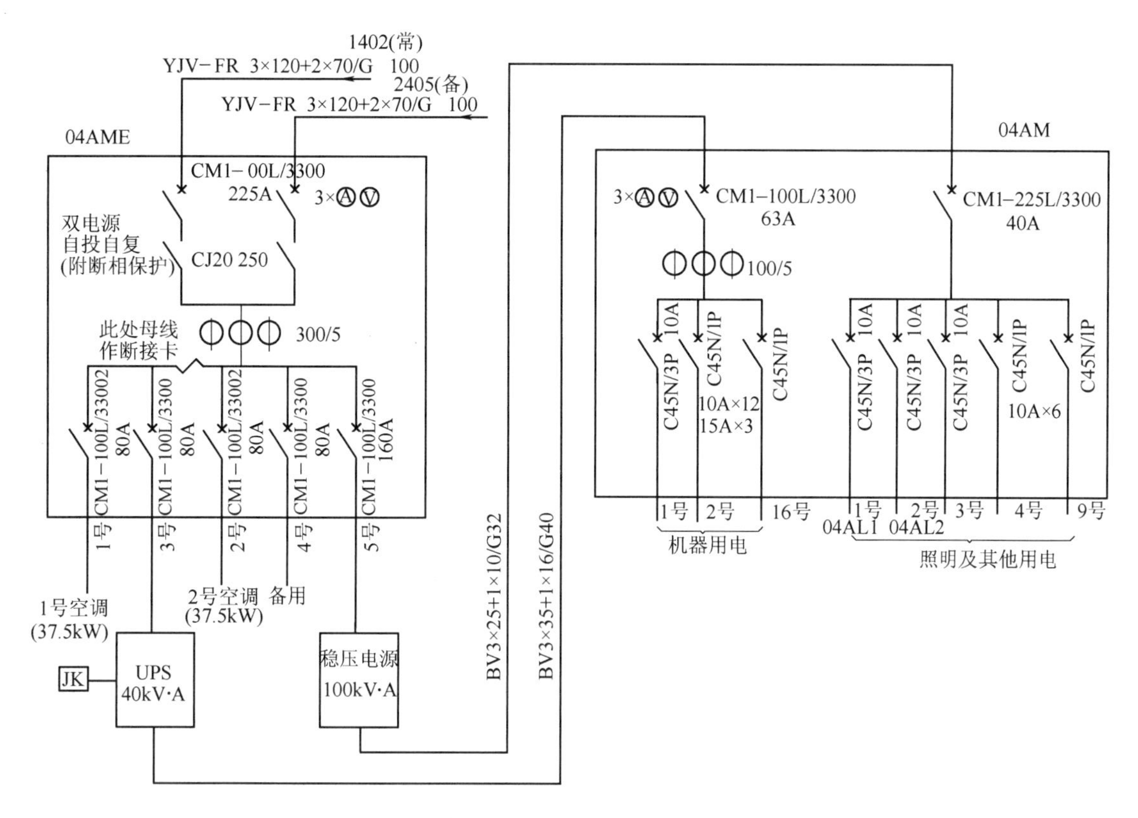

图 2-19　直接供电与 UPS 相结合的供电方式

超过 200 个，则在该楼层增加一个或多个二级交接间，面积应符合表 2-10。

表 2-10　配线间和二级交接间的设置

工作区数量（个）	配线间		二级交接间	
	数量	面积（m×m）	数量	面积（m×m）
≤200	1	1.5×1.2	0	0
201～400	1	2.1×1.2	1	1.5×1.2
401～600	1	2.7×1.2	1	1.5×1.2

工作区数量超过 600 个时，则需要增加一个配线间。因此，任何一个配线间最多可支持两个二级交接间。二级交接间通过水平子系统与楼层配线间或设备间相连。

（3）二级交接间。当水平工作面积较大，楼层信息插座超过 200 个时，或楼层配线间与要连接的信息插座离干线的距离超过 75m 时，就需要设置一个二级交接间。

设置二级交接间后，干线线缆与水平线缆连接有两种情况：

① 二级交接间是水平线缆转接的地方。干线电缆端接在楼层配线间的配线架上，水平线缆一端接在楼层配线架上，另一端通过二级交接间配线架连接后，再端接到信息插座上。

② 二级交接间也可是干线子系统与水平子系统转接的地方。干线电缆直接接到二级交接间的配线架上，水平电缆一端接在二级交接间的配线架上，另一端接在信息插座上。

二级交接间的设计方法同楼层配线间，其面积应符合表 2-10 的规定。

4. 布线系统的最大通道长度

表 2-11 是不同类型线缆和连接硬件布线系统的最大通道长度。

表2-11　不同类型线缆和连接硬件布线系统的最大通道长度

通道标准	最高传输频率	双绞线缆最大传输距离/m				光缆传输距离/m	
		100Ω 3类UPT	100Ω 4类UPT	100Ω 5类UPT	150Ω 5类SPT	多模光缆	单模光缆
A类	100kHz	2000	3000	3000	3000		
B类	1MHz	200	260	260	400		
C类	16MHz	100①	150③	160③	250③		
D类	100MHz			100①	150③		
光缆	1000MHz以上					2000	3000②

① 100m通道长度中包括配线架上的跳线、工作区电缆和设备电缆合计为10m，通道的水平电缆按90m计算，则此类用途是有效的。

② 3000m是国际布线标准ISO/IEC 11801—1995（E）规定的综合布线的极限范围，超过3km时已不属综合布线范围。它不是光纤介质的极限，单模光纤端到端的传输能力可达到60km。

③ UPT为无屏蔽双绞线（特性阻抗为100Ω），SPT为屏蔽双绞线（特性阻抗为150Ω）。实际布线距离需大于水平子系统规定的长度时，应参考具体的应用系统标准。

5. 引入设备

建筑群的干线电缆、光缆和公用网的电缆和光缆（包括天线馈线）进入建筑物时，都应引入防雷保护设备和相关装置。通常在入口处经过转接进入室内。在转接处应加上电气保护装置。这样可以避免因电缆受到雷击、雷电感应电动势或与电力线路碰触给用户设备造成损坏或造成人身安全问题。

电气保护包括过电压保护和过电流保护两类。综合布线系统的过电压保护可采用气体放电管或固态保护器，当线路上出现超过允许的过载电压时，将它引入接地。过电流保护是一种串联在电路中的保护器，当电路中由于某种原因发生过大电流时，过电流保护器会自动切断电路，并能在故障去除后自动复原。图2-20是程控交换机的一种过电压、过电流保护线路。

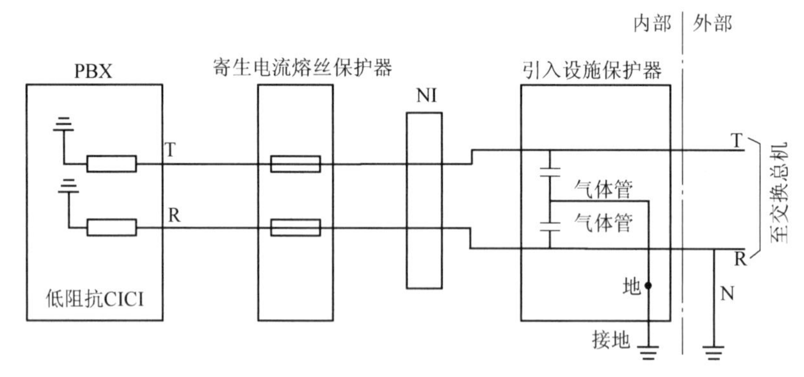

图2-20　程控交换机的一种过电压、过电流保护线路

6. 电磁兼容性

电磁兼容性是指设备在规定的电磁环境中能正常工作并且不应对环境产生不能容忍的电磁干扰。

综合布线本身是一种无源系统，不能单独进行电磁兼容性试验。对于待定的弱电应用系统，应符合GB/T 19954—2016《电磁兼容　专业用途的音频、视频、音视频和娱乐场所灯光控制设备的产品类标准》中的“第1部分：发射”和“第2部分：抗扰度”的要求。

双绞线平衡电缆布线与附近可能产生高电平电磁干扰的电气设备（如电动机、电力变压器、无线发射机、晶闸管调光设备等）之间，应保持必要的距离。当布线区域存在严重的电磁干扰影响时，宜采用光缆或带屏蔽的平衡双绞线缆进行布线。

7. 接地

接地应符合国家标准 GB/T 2887—2011《计算机场地通用规范》的要求。

2.4　常用线缆及其传输特性

综合布线工程常用的线缆有铜缆和光缆两类。铜缆包括同轴电缆和双绞线电缆两类。双绞线电缆又分为非屏蔽双绞线电缆（UTP）和屏蔽双绞线电缆（STP）两种。常用光纤有 62.5/125μm 多模光缆和 8.3/125μm 单模光缆。

各种线缆按用途又可分为室内和室外两个基本类别，它们功能相同，但结构有所不同。室内用的线缆是阻燃型的，阻燃型电缆内部有一个空气芯，外面有一层阻燃护套，可在有害气体环境中使用。室外电缆主要是非阻燃型的，常用于建筑群之间，可满足防水、防晒等抗特殊环境条件要求。

2.4.1　双绞线电缆的性能指标

双绞线（Twisted Pair）即把两根互相绝缘的导线用一定的规则绞合在一起构成双绞线对，如图 2-21 所示。绞合可减少相邻导线对之间的电磁干扰。长期以来，双绞线一直用于电话系统，几乎所有的用户电话机到交换机之间的这段传输线（称为用户线）都使用双绞线。它的最大特点是成本低廉、使用方便灵活、具有良好的互连性能，使它获得了广泛应用。

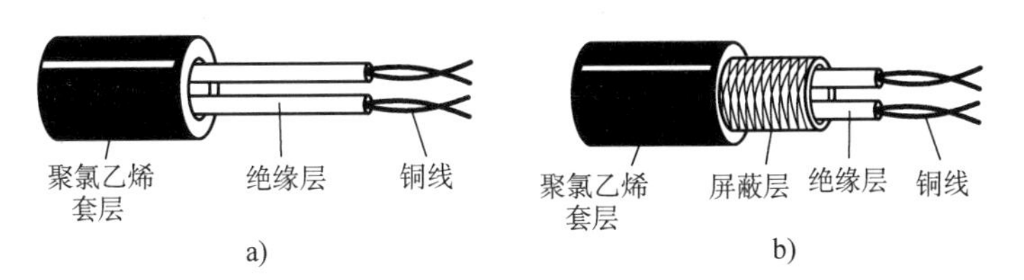

图 2-21　双绞线缆的典型结构
a）非屏蔽双绞线　b）屏蔽双绞线

ANSI/EIA-586-A 规定了用于室内传输数据的非屏蔽双绞线（Unshielded Twisted Pair，UTP）和屏蔽双绞线（Shielded Twisted Pair，STP）从 Cat. 1 一类线到 Cat. 5 五类线的标准，现在又公布了 Cat. 6 六类线和 Cat. 7 七类线标准，数据传输的速率越来越高。由于与 Cat. 6 和 Cat. 7 配套的高性能设备滞后的原因，因此，当今最常用的还是 Cat. 3、Cat. 5 和超 5 类双绞线缆。

一对双绞线可用作一条通信链路。多对双绞线包封在一个护套内组成多芯双绞线缆，各线对之间的电磁干扰可达到最小。双绞线对的导体直径为 0. 38 ~ 1. 42mm。Cat. 3 的绞合节距长度为 7. 5 ~ 10cm，Cat. 5 的绞合节距长度为 0. 6 ~ 0. 85cm。绞合节距的长度与抵消电磁干扰直接相关，因此必须严格控制。

双绞线既可用于传输模拟信号，也可用于传输数字信号。传输模拟音频信号时，每 5 ~ 6km 需用一台放大器。传输低码率数字信号时，每 2 ~ 3km 使用一台中继器。Cat. 5 双绞线的最高可用带宽为 268kHz。双绞线传输基带数字信号的最高速率不仅与传输距离有关，还与数字信号的编码方法有很大关系。例如，Cat. 5 使用 T1 线路的数据传输速率可达 1. 544Mbit/s；使用 E1 线路的数据传输速率可达 2. 048Mbit/s。

无论哪一类双绞线，信号衰减都随频率的升高而增加。在设计布线时，要考虑接收端应保持有足够大的信号振幅。

在低频（或低速码流）传输时，双绞线的抗干扰性相当于或高于同轴电缆的抗干扰性。但是超过10~100kHz时，同轴电缆的抗干扰性明显比双绞线高。各类双绞线的最高可用传输速率（与距离有关）和主要用途可参阅表2-5。

双绞线10Base-T和100Base-TX最大可支持的传输距离（中间没有中继器）为100m。数据通信最常用UTP五类线（Cat.5）的结构：采用高电导率的直径为0.511mm（美国线规AWG24号）或直径为0.643mm（AWG26号）的导线。线芯一般为单芯导体，对于要求移动使用的双绞线，有多股芯线的双绞线。导线的伸长率应小于15%，伸长率偏差应小于2%。

采用聚乙烯或聚丙烯绝缘，外径不超过1.4mm，绝缘体的同心度应达到90%以上，外径尺寸的公差不大于3μm。

扭绞节距的精度公差应小于1mm。4对UTP双绞线缆的扭绞节距有：10-12-14-16mm、16-18-20-22mm或17-20-25-30mm等数种。这种不等扭绞节距可更有效地减少线对之间的电磁干扰。电缆护套采用阻燃聚氯乙烯、低烟阻燃护套或氟聚丙乙烯护套等。

1. 无屏蔽5类（Cat.5）UTP的主要电气性能

1）最大直流电阻（20℃）：AWG24线芯为9.38Ω/100m；AWG26线芯为5.91Ω/100m。

2）直流电阻的最大不平衡度：ANSI/EIA-568A为5%；ISO/IEC 11801为3%。

3）线对最大工作电容（1kHz）：55.8pF/100m。

4）线对与地之间电容的最大不平衡度：330pF/100m。

5）绝缘电阻（最小值）：不低于150MΩ/km。

6）介质耐压：直流1kV（1min）或2.5kV（2s）。

7）特性阻抗：在77.2kHz时应为102Ω±15%（87~117Ω），在1~100MHz时应为100Ω±15%（85~115Ω）。

8）结构回波损耗（SRL）：在1~20MHz时，SRL>23dB；在20~100MHz时，SRL>20-10log（*f*/20）dB，式中*f*为测试频率（MHz）。

表2-12是Cat.5 4对UTP双绞线缆的电气特性。

表2-12　Cat.5 4对UTP双绞线缆的电气特性

频率/Hz	衰减/(dB/100m)	近端串扰损耗/dB	特性阻抗/Ω	5类4对非屏蔽双绞线电缆剖面图
256k	1.1	—	—	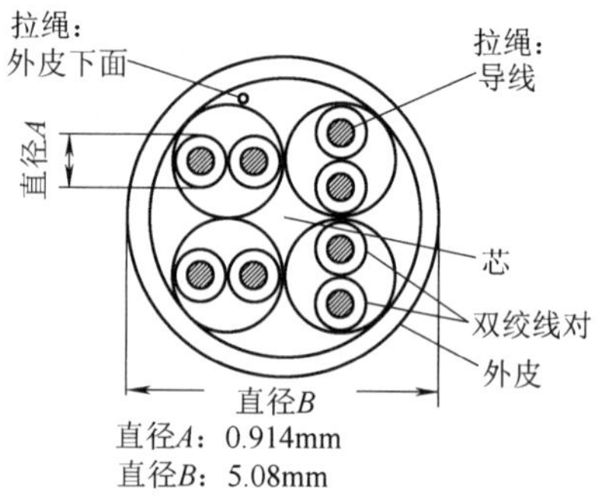 拉绳：外皮下面 拉绳：导线 直径A 芯 双绞线对 外皮 直径B 直径A：0.914mm 直径B：5.08mm
512k	1.5	—	—	
772k	1.8	66	—	
1M	2.1	64	85~115	
4M	4.3	55		
10M	6.6	49		
16M	8.2	46		
20M	9.2	44		
31.25M	11.8	42		
62.50M	17.1	37		
100M	22.0	34		

2. 超5类和6类/E非屏蔽双绞线电缆

超5类和6类/E非屏蔽双绞线电缆相比5类UPT在衰减、近端串扰和结构回波损耗等性能指标方面都有较大提高。表 2-13 是 6 类/E 双绞线传输通道与 5 类双绞线传输通道主要性能指标比较。

表 2-13　6 类/E 双绞线传输通道与 5 类双绞线传输通道主要性能指标比较

频率/Hz	衰减/dB		近端串扰衰减/dB		衰减/串扰比/dB	
	5 类	6 类/E	5 类	6 类/E	5 类	6 类/E
1.00	2.5	2.0	54	72.7		70.7
4.00	4.8	4.0	45	63.0	40	59.0
10.00	7.5	6.3	39	56.6	35	50.3
16.00	9.4	8.1	36	53.2	30	45.1
20.00	10.5	9.1	35	51.6	28	42.5
31.25	13.1	13.5	32	48.4	23	36.9
62.50	18.4	16.6	27	43.4	13	26.8
100.00	23.2	21.5	24	39.9	4	18.4
120.00		23.8		38.6		14.8
140.00		26.0		37.4		11.4
149.10		26.9		36.9		10.0
155.50		27.6		36.7		9.1
160.00		28.0		36.4		8.4
180.00		29.9		35.6		5.7
200.00		31.8		34.8		3.0
250.00		36.0		33.1		2.9

3. 屏蔽双绞线电缆

屏蔽双绞线（Shielded Twisted Pair，STP），采用铝塑薄膜制成扭绞线对的屏蔽层，进一步提高了双绞线缆的抗干扰能力，适用于更高传输速率的数据传输，但成本也相应地会提高。

STP 屏蔽双绞线缆有两种结构形式：FTP（Foil Twisted Pair）和 S-UTP（Shielded-UTP）。

FTP 采用 0.05~0.07mm 的铝塑薄膜对 UTP 双绞线对进行总屏蔽，达到提高抗干扰能力的目的，它是一种最便宜的 STP 屏蔽双绞线缆，在欧洲较流行。

另一种 S-UTP 电缆采用同类铝塑薄膜屏蔽，但它不仅对每根扭绞线屏蔽，而且还对两根屏蔽的扭绞线再进行总屏蔽，因此它具有更高的抗干扰性能，适用于更高的传输速率。

设计综合布线时，应考虑由多条链路组成一条信息传输通道。GB 50311—2016《综合布线系统工程设计规范》中规定的平衡电缆传输通道（Balanced Cabling Links）的参数，适应于屏蔽或非屏蔽平衡电缆传输通道。

平衡电缆传输通道的电气特性参数有：直流环路电阻、特性阻抗、衰减、近端串扰损耗、结构回波损耗、衰减与串扰比和传输延迟等。

（1）特性阻抗。特性阻抗与环路电阻不同，它取决于线对铜线的直径、绞距及绝缘材料的介电常数，即与双绞线的电感特性、分布电容相关，与传输线缆的长度无关。

不同类型的电缆有不同的特性阻抗，在频率为 1MHz 到指定的最高传输频率之间，平衡电缆通道的特性阻抗有 100Ω、120Ω 和 150Ω 三种，最大偏差不超过 15%。

传输通道中任何一个连接点阻抗不匹配，都会引起信号反射，造成信号失真。传输通道特性阻抗的不一致性可用结构回波损耗来描述。

（2）结构回波损耗。结构回波损耗（Structural Return Loss，SRL）是衡量通道特性阻抗一致性的一个参数。如果线缆和连接硬件的阻抗不匹配，就会造成信号反射。反射到发送端的能量会给入射信号形成干扰，导致信号失真，降低综合布线的传输性能。因此，通道链路的阻抗匹配越完善，结构回波损耗也越大，反射能量就越少。结构回波损耗与传输信号频率有关。当传输信号频率f在1MHz到最高参考频率的范围内，传输距离为100m或更长时，SRL的值应不小于表2-14所列的数值。

表2-14　主干UTP电缆最差的结构回波损耗

频率f/MHz	3类线/dB	4类线/dB	5类线/dB
$1\leqslant f<10$	12	21	23
$10\leqslant f<16$	$12-\log(f/10)$	$21-\log(f/10)$	23
$16\leqslant f<20$		$21-\log(f/10)$	23
$20\leqslant f<100$			$23-\log(f/10)$

（3）衰减。信号在通道中传输时，由于导线的直流电阻和电抗对信号的衰减，使信号随着传输距离的增加而越来越小。衰减不仅与传输线路的长度有关，还与传输信号频率有关。用单位长度的衰减dB数来度量（dB/m）。综合布线平衡电缆通道的最大传输衰减应不超过表2-15中给出的值。

表2-15　不同应用通道等级的最大传输衰减

频率/MHz	最大衰减值/dB			
	A类通道	B类通道	C类通道	D类通道
0.10	16	5.5		
1.00		5.8	3.7	2.5
4.00			6.6	4.8
10.00			10.7	7.5
16.00			14.0	9.4
20.00				10.5
31.25				13.1
62.50				18.4
100.00				22.2

（4）近端串扰损耗。当信号在1根平衡电缆中传输时，同时会在相邻线对中感应一部分信号。例如在4对双绞线电缆中，当1对线缆发送信号时，在相邻的另一线对中也会产生信号，这种现象称为串扰。

串扰可分为近端串扰（Near End Cross Talk，NEXT）和远端串扰（Far End Cross Talk，FEXT）两种。近端串扰出现在发送端，远端串扰出现在接收端。远端串扰的影响较小，综合布线系统主要测量近端串扰。近端串扰以串扰损耗的dB数来度量，近端串扰损耗值越大，说明近端串扰越小。表2-16是不同应用通道等级的最小近端串扰损耗要求。

近端串扰损耗与信号频率和通道长度有关。频率越高，近端串扰越大，串扰损耗dB越小。水平布线通道常用混合电缆、多单元电缆，此时应考虑不同单元之间的近端串扰衰减，要求比表2-13的对应值提高一个Δ_{NEXT}。

$$\Delta_{\mathrm{NEXT}}=6+10\times\log(n+1) \tag{2-3}$$

式中　Δ_{NEXT}——混合电缆或多单元电缆附加的近端串扰损耗，单位为 dB；
n——电缆内的相邻单元数。

表 2-16　不同应用通道等级的最小近端串扰损耗要求

频率/MHz	最小近端串扰损耗/dB			
	A 类通道	B 类通道	C 类通道	D 类通道
0.10	27	40		
1.00		25	39	54
4.00			29	45
10.00			23	39
16.00			19	36
20.00				35
31.25				32
62.50				27
100.00				24

（5）衰减/串扰比。为提高数据通信质量，我们希望通道的衰减越小越好，近端串扰损耗越大越好（即近端串扰越小越好），衰减/串扰比（Attenuation to Cross Talk Ratio，ACR）类似于通信系统中衡量信号质量的信号/噪声比（S/N），希望衰减/串扰比（ACR）越大越好。ACR 可用下述公式计算：

$$ACR = \alpha_N - \alpha \tag{2-4}$$

式中　ACR——衰减/串扰比，单位为 dB；
α_N——链路中任何两对线之间测得的近端串扰损耗，单位为 dB；
α——通道信号衰减，单位为 dB。

从表 2-12 和表 2-13 可算出各类应用通道的衰减/串扰比。

（6）直流环路电阻。导线的直流环路电阻对传输信号起衰减作用。直流环路电阻与导线的直径成反比，与导线长度成正比。表 2-17 是各类应用通道允许的最大直流环路电阻。测量直流环路电阻时，把线对远端短路，在近端用欧姆表测量环路电阻。

表 2-17　各类应用通道允许的最大直流环路电阻

应用通道类别	A 级	B 级	C 级	D 级
最大环路电阻/Ω	560	170	40	40

（7）传输延迟。传输延迟是指接收端需经多长时间才能收到发送端的信号。水平子系统的最大传输延迟，一般规定不应超过 1μs。

2.4.2　光缆传输的性能指标

光缆（Fiber Cable）是光导纤维电缆的简称。光纤通信就是利用光纤传递光脉冲来进行通信。光载波的调制通常采用 ASK 振幅键控的形式，也称为亮度调制（Intensity Modulation）。以光的出现和消失来表示两个二进制数字。有光脉冲时，相当于 1；没有光脉冲时，相当于 0。由于可见光的频率非常高，约为 10^8MHz 的数量级。因此，一个光纤通信系统的传输带宽远远大于其他各种传输介质通信系统的传输带宽。

光缆传输具有传输损耗低、传输速率高、频带宽、无电磁干扰、保密性高、尺寸小和重量轻等显著特点，因此是近年来发展最快的传输介质之一。综合布线系统的“光进铜退”是大势所趋。

石英玻璃是光传输损耗最低的材料，由透明度非常高的石英玻璃拉成直径为8~62.5μm的柔软细丝，用这种纤维细丝传导光线，可以得到最低的传播损耗。

仅有这根玻璃纤芯是无法传播光线的，因为从不同角度入射的光线会直接穿透纤芯，而不是沿着光纤轴向传播，就像一块透明玻璃不会使光线改变传播方向那样。为使光线改变方向并能沿着光纤轴向传播，就必须在光纤芯的外表面涂一层折射率比光纤纤芯的折射率更低的涂层，这个涂层称为“包层”。这样，当入射光射入光纤纤芯后，会在纤芯与包层的交界处发生全反射，经过这样若干次全反射后，入射光线以极少的损耗到达光纤的另一端（接收端），如图2-22所示。包层所起的作用如同在玻璃背后涂的水银反光层那样，涂了水银的透明玻璃就变成了镜子。

如果在光纤纤芯外面只涂一层包层，那么从不同角度入射的光线会形成不同的行程，入射角大的光线（高次模光线）比入射角小的光线（低次模光线）的反射次数多，从而增加了行程。也就是说，在同一端、同时发出的一个光束，由于光束中各光线的入射角不同而不能同时到达另一端，在接收端造成光脉冲波形失真（脉冲波形展宽压平，见图2-22），这种现象称为“模态散射”。

改善光纤传输中的“模态散射”，可在光纤纤芯外面涂以多层包层，这些包层的折射率一层比一层低，形成一个折射率梯度的包层，使不同入射角的光线大致可以同时到达端点。这就是多模渐变折射率光纤的设计原理。

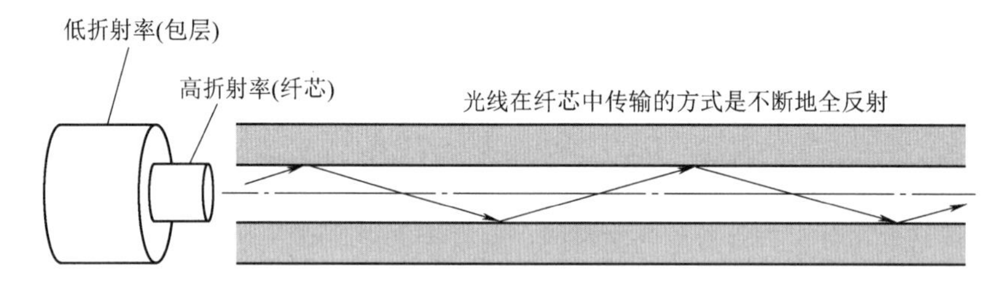

图2-22　光波在光纤芯中的传播

人们通常谈到的62.5/125μm多模光纤，指的是纤芯外径为62.5μm，加上包层后的外径为125μm。单模光纤的纤芯是4~10μm，外径依然是125μm。光纤的光学传输特性是由纤芯和包层决定的，它们是不可分离的。

按光纤的传输模式可分为多模光纤和单模光纤两类。“模”实际上就是光线的入射角，入射角大的称为“高次模（High Order Modes）”；入射角小的称为“低次模（Low Order Modes）”。

多模光纤的纤芯直径是62.5μm，光线可从多个角度入射，因此称为多模。单模光纤的纤芯直径只有数μm，用激光束（Laser）射入，进入纤芯的光线大多是与纤芯轴线平行的，只有一种射入角度，所以称为单模。

模1、模2、模3就像形状和速度各异的汽车，如图2-23所示。

单模光纤只能传输一种模式，不存在模色散问题。多模光纤的各光模由于反射次数的不同，使多模光线不能同时到达终端。

图2-24表示了多模光纤与单模光纤传输的区别。由于多模光纤中的模色散，在接收总模的光强时，会造成信号波形展宽。图2-25是多模光纤和单模光纤传输波形的比较。

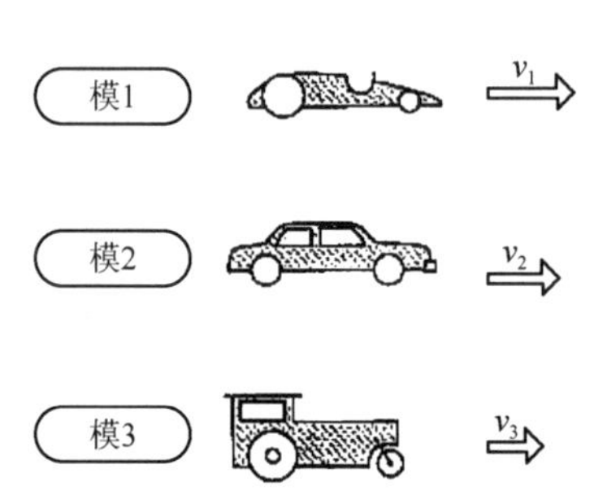

图2-23　模就像形状和速度各异的汽车

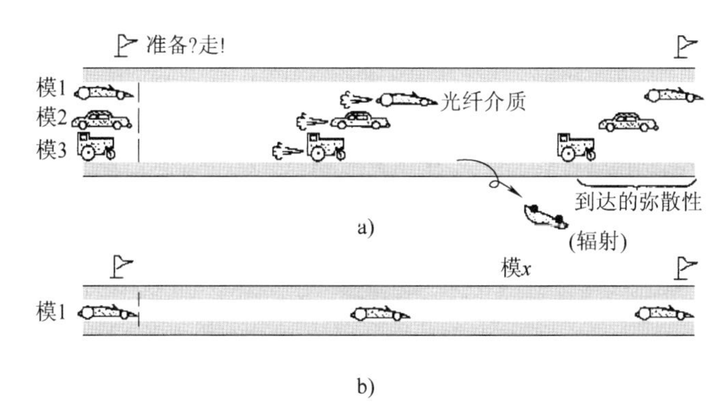

图 2-24　多模光纤与单模光纤传输速度的比较
a）多模光纤的比拟　b）单模光纤的比拟

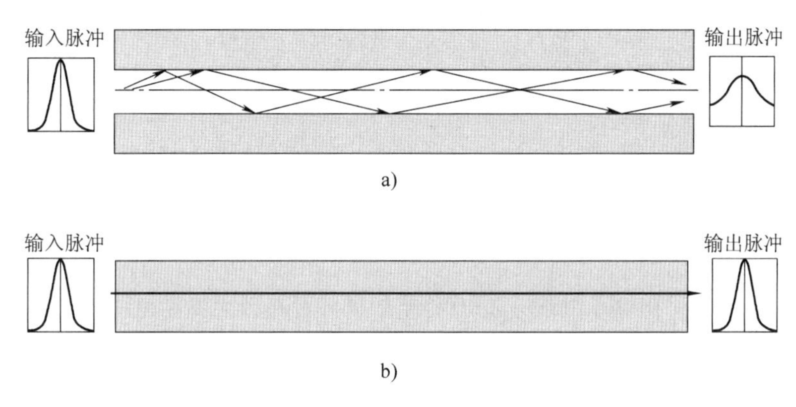

图 2-25　多模光纤和单模光纤传输波形的区别
a）多模光纤　b）单模光纤

光波在不同介质中传播的速度是不同的，在真空中的传播速度最快（光速 $c=3\times10^8$m/s）。光波在光纤中的传播速度 v= 真空光速 c/光纤的折射率 n_1，玻璃的折射率 $n_1\approx33\%$，也就是说，仅为真空中光速 c 的 $1/n_1$，所以比真空光速慢 33%。

光纤传输损耗较小的激光波段位于 0.85μm（850nm），比 0.85μm 波段损耗更小的波段是 1.31μm（1310nm），传输损耗最小的波段是 1.55μm（1550nm）。这三个波段称为“光纤之窗”。1.30μm 波段的最低传输损耗可达 0.5dB/km；1.55μm 波段的最低传输损耗可达 0.2dB/km（即每千米损耗 4.6%）。

脉冲调制的激光波束在光纤中的传输速度称为群速度（Group Velocity），$v_g=c\times\cos\theta/n$，θ 为光束的入射角。

由于光纤非常细，其直径不到 0.2mm，通常一根光缆中可包括数十根至数百根光纤，再加上加强芯和填充物，就可大大提高其机械强度。有的光缆中还加入远距离供电线缆。光缆的最外层是包带层和外护套，它的抗拉强度可达数公斤，完全可以满足工程施工的强度要求。

光脉冲在多模光纤中传输时会逐渐展宽，造成失真，因此多模光纤只适合近距离（几公里）传输。如果把光纤的直径减小到只有一个光波波长，那么光纤就像一根波导管那样，可使光线一直向前传播下去，而不会产生光线反射。这样的光纤称为单模光纤。单模光纤的纤芯很细，直径只有几个微米，制造起来成本较高。但单模光纤的传播衰减很小，在 2.5Gbit/s 的高速率下，可传输数十公里而不必采用中继器。图 2-26 是光缆的基本结构。

光纤系统使用两种不同类型的光源：发光二极管（Light Emitting Diode，LED）和注入型激

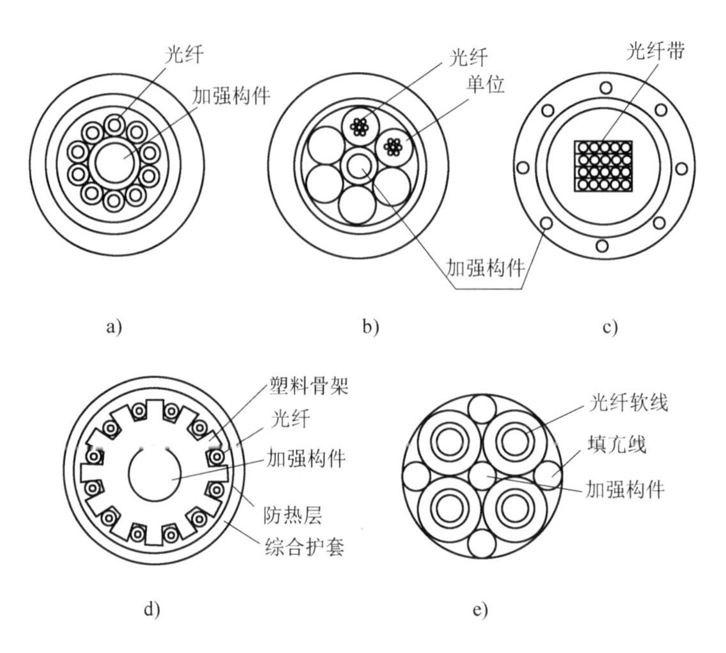

图 2-26　光缆的基本结构

a）层绞式　b）单位式　c）带状　d）骨架式　e）软线式

光二极管（Injection Laser Diode，ILD）。LED 价格较低，可在较大温度范围内工作并可持续较长的工作周期，用于多模光纤通信。ILD 的光电转换效率高，有很高的数据传输率，但价格较高，主要用于单模光纤通信。

接收端的光波检测器是一个光电二极管，它把光波转换为电信号输出，也有两种类型：一种是 PIN（Positive-Intrinsic-Negative）光电二极管，它是在二极管的 P 层（+）和 N 层（-）之间增加了一个 I 层（本征层），PIN 光电二极管价格便宜，但灵敏度较低；另一种是 APD（Avalanche Photo Diode）雪崩光电二极管，它的灵敏度较高。这两种光电二极管都属于光电计数器。

低价可靠的发送器为 850nm（0.85μm）波长的 LED 发光二极管，可支持 40Mbit/s 的速率和 1.5~2km 范围的局域网。低价接收器为 850nm（0.85μm）波长的 PIN 光电二极管检测器。APD 雪崩光电二极管检测器的信号增益比 PIN 光电二极管检测器高，但需用 20~50V 的电源。如果要达到更高的传输速率和更长的传输距离，可采用衰减很小的 1310nm（1.31μm）或 1550nm（1.55μm）波长的单模光纤系统，该系统价格要比 850nm 系统贵 5~10 倍。

由于声音、数据和视频这三种信号的通信格式差别很大，串联方式的数字复用系统是无效的。但是如果采用 WDM 波分复用技术，可以在一条光纤中同时发送三种完全分开的信号，三个不同波长组成三个子系统，可分别满足不同的要求。这种声音、数据和视频信号综合服务的共享传输系统是很有前景的。

光纤通信与一般电缆传输介质相比有很多优点，对于高性能、高吞吐率的局域网和综合布线的干线子系统，十分适合采用光纤传输介质。在 WDM 波分复用技术中，可以在一条光纤上并行传输许多路中、低速率的码流，这种宽带光纤链路是一种新的数据传输系统。

常用光缆特性如下：

（1）建筑物光缆由 2、4、6、12、24 或 36 根光纤构成。光缆外层具有 UL 防火标志的 PVC 外护套，可直接放在干线通道中。多模光纤纤芯的直径为 62.5μm，单模光纤纤芯的直径为 8μm，光纤包层的直径均为 125μm。

（2）光纤的传输损耗和传输带宽不仅与传输光模式有关，还与工作波长区有关：

① 1310nm（1.31μm）光波区的多模光纤传输衰减为1.0dB/km，最小带宽为500MHz·km；单模光纤的最低传输损耗可达0.5dB/km，最小带宽为33000MHz·km。

② 850nm（0.85μm）光波区的多模光纤传输衰减为3.75dB/km，最小带宽为200MHz·km。

（3）建筑物综合布线采用850nm和1310nm两个波长区的光缆。其中850nm波长区采用突变型（Step Index）包层的单模光纤；1310nm波长区采用突变型包层的多模和单模两种光纤。

62.5/125μm大纤芯直径的多模光纤有以下优点：

① 光耦合效率高。

② 光纤对准要求不太严格。

③ 需要较少的管理点和接头盒。

（4）光缆的使用寿命为40年。

（5）光缆在各种环境下可承受的温度范围如下：储存/运输时为-50～+70℃，施工敷设时为-30～+70℃，维护运行时为-40～+70℃。

（6）光缆的防雷击性能。雷击对光缆的破坏作用主要有两个方面：一是雷电击中具有金属保护层的光缆时，强大的雷电峰值电流通过金属保护层转换为热能，产生的高温足以使金属熔融或穿孔，从而影响光纤传输性能；二是雷电峰值电流在附近大地中流过时，土壤中产生巨大的热能使周围的水分迅速变成蒸汽而产生类似气锤的冲击力，这种冲击力会使光缆变形。为了提高防雷击性能，光缆护套层中应不含金属加强构件。表2-18是多模光纤与单模光纤主要特性对比。

表2-18　多模光纤与单模光纤主要特性对比

光波波长	62.5/125μm渐变型包层多模光纤		8.3/125μm突变型包层单模光纤		
	最大衰减/(dB/km)	最小带宽/(MHz·km)	最大衰减/(dB/km)		最小带宽/(MHz·km)
			室内	室外	
850nm(0.85μm)	3.5	200			
1310nm(1.31μm)	1.0	500	0.5	1.0	10000
1550nm(1.55μm)			0.2	0.5	10000

水平子系统常用的光缆标准是62.5/125μm多模光缆（62.5μm为光芯直径，125μm为光纤包层）。主干子系统除以62.5/125μm多模光缆为主的光缆外还增加了一定数量的8/125μm单模光缆。单模光缆系统的通信带宽和通信距离都大大超过62.5/125μm多模光缆。光缆传输通道的性能指标包括光缆的传输衰减、带宽、截止波长和反射损耗等。

（1）传输衰减（Attenuation）。光纤通道允许的最大衰减应不超出表2-19中列出的数值。

表2-19　光纤通道允许的最大衰减值

名　　称	单模光纤		多模光纤	
标称波长/nm	1310	1550	850	1310
最大允许衰减值/(dB/km)	1.0	0.5	3.75	1.50
波长窗口/nm	1288～1339	1525～1575	790～910	1285～1330
最小信息传输容量/(MHz·km)	36000		200	500
最小光纤反射损耗/dB	26	26	20	20

注：1. 多模光纤芯线的标称直径有62.5/125μm和50/125μm；综合布线系统中：多模光纤的最大通道长度为2km，因此，最小传输带宽分别为100MHz（850nm波长）和250MHz（1310nm波长）；单模光纤的最大通道长度为3km，因此，最小传输带宽为12000MHz（1310nm波长）。单模光纤实际允许的通信距离可达60km以上。

2. 单模光纤芯线应符合IEC793-2；型号BI应符合ITU-T G.625标准。

3. 光纤连接硬件的最大衰减为0.5dB；最小反射损耗为：多模光纤为20dB，单模光纤为26dB。

4. 波长窗口是指光纤通信的有效工作频率范围的波长。

（2）反射损耗（Return Loss）。反射损耗是指注入光纤的光功率被反射回源头有多少，光纤传输系统的反射主要由光纤连接器和光纤拼接质量等因素引起。反射损耗越大，说明反射回源头的光功率越小。对所有光纤通信来讲，不管工作波长或光纤纤芯大小，光的反射损耗都是一个重要指标。综合布线光纤通道任一接口的反射损耗应大于表2-20中列出的要求值。

（3）截止波长（Cut-Off Wavelength）。截止波长是指单模光纤截止不同波长信号高次谐波的能力。只有截止通信波长信号的高次谐波频率，才能够实现单模光纤通信的性能。单模光纤的截止波长要求小于1270nm。

2.4.3　同轴电缆

同轴电缆（Coaxial Cable）由铜质芯线内导体（单股实心线或多股绞合线）、绝缘层、网状编织外导体屏蔽层及塑料护套外层组成，如图2-27所示。

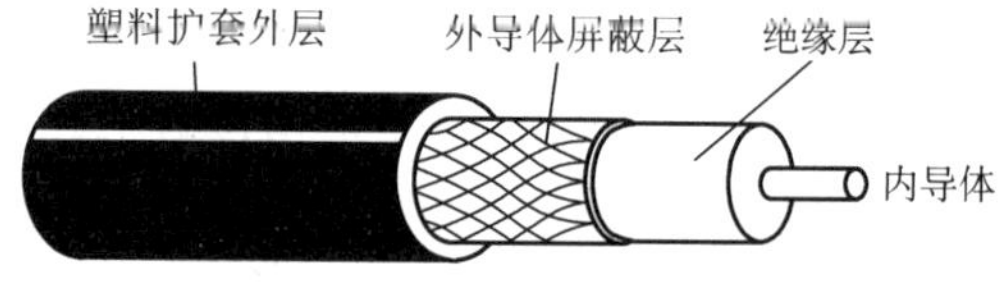

图2-27　同轴电缆的结构

同轴电缆具有优异的高频特性和极强的抗干扰能力，广泛用于闭路电视（CCTV）、有线电视（CATV）、微波通信、计算机局域网（LAN）和其他数字通信系统。由于性能价格比的优势，可替代光缆作为干线网络，用于较高速率的数据传输。

同轴电缆通常根据特性阻抗的不同分为两类：基带同轴电缆和宽带同轴电缆。

1. 基带同轴电缆

基带同轴电缆的特性阻抗为50Ω，主要用于数据通信，传输基带数字信号。用这种同轴电缆以10Mbit/s的速率将基带数字信号传输1km是完全可行的。因此基带同轴电缆广泛用于局域网传输系统。一般来说，传输速率越高，传输的距离就越短。

基带同轴电缆分为粗缆（如RG-8、RG-11）和细缆（如RG-58）两种。粗缆比细缆的传输损耗小，适用于较大型的计算机局域网，但造价较高、安装较复杂。细缆安装简单，造价低，但传输距离较短。

无论是粗缆还是细缆，综合布线均采用总线型拓扑结构，即在一根同轴电缆上连接多台终端设备。

图2-28　RJ-45接口与同轴电缆的转换器

图2-28是计算机RJ-45接口转接至同轴电缆非平衡接口的转换器。解决了在E1 G.703（2.048Mbit/s）速率线路上，从75/50Ω双同轴到100~120Ω双绞线间进行双向转换的问题，可用于内部网双绞线连接T1/E1/CPE设备等多种网络传输应用。

基带同轴电缆的双工通信系统由于需有数据发送和数据接收两条分开的数据通路，因此都要用双电缆传输系统。

如果把最简单的基带数字信号（例如PCM信号）直接进行数据传输，最大问题是当连续出现一长串的“1”或“0”时，接收端无法从比特流（或称码流）中提取位同步信号，因此在计算机网络和基带数字信号传输中通常采用曼彻斯特（Manchester）编码和差分曼彻斯特编码，如图2-29所示。

曼彻斯特编码方法是将基带数字信号的每个码元再分成两个相等的间隔。当基带信号为高电

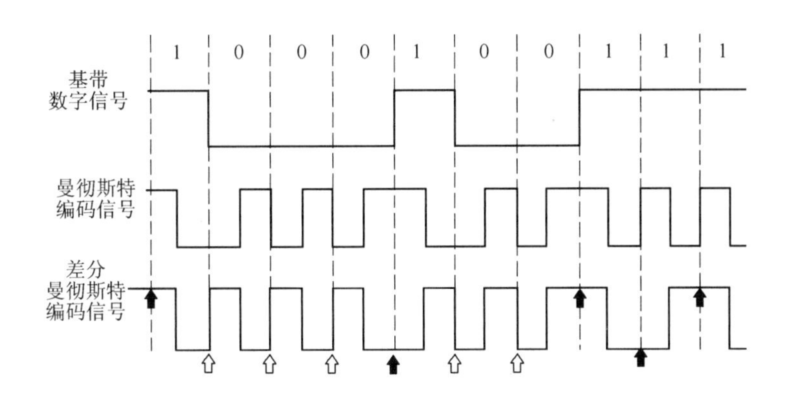

图 2-29　基带数字信号和另外两种编码方法

平时，曼彻斯特码将由高电平转换到低电平；基带信号为低电平时，则曼彻斯特码的转换相反。这种编码的好处是可以保证在每个基带数字信号码元的正中间时刻出现一次电平转换，便于接收端提取同步信号；缺点是它需占有的频带宽度比原来的基带数字信号增加了一倍。

差分曼彻斯特码是曼彻斯特码的一个变种，它的编码规则是：若基带信号的码元为 1，则差分码的前半个码元的电平与上一个码元的电平相同（见图 2-29 中的实心箭头）；但如果基带信号的码元为 0，则差分码的前半个码元的电平与上一个码元的电平相反（见图 2-29 中的空心箭头）。不论基带数字信号的码元是 1 或 0，在基带信号每个码元的中间时刻，一定要有一次电平转换。差分曼彻斯特编码需有较复杂的技术和需增加一倍的带宽，但可获得更好的抗干扰性。

2. 宽带同轴电缆

宽带同轴电缆的特性阻抗为 75Ω。传送模拟信号时，最高传输频率可达到 500MHz 以上。宽带同轴电缆通常划分为若干个独立信道，每个信道的带宽为 6MHz 或更大。6MHz 信道可传送一路模拟电视信号。如果用来传送数字信号时，数据率可达 3Mbit/s。

用宽带同轴电缆可组成 800MHz 频段的双向闭路电视系统，其中 5~54MHz 低频段用于上行信道，作为用户向播放中心点播电视节目（VOD 点播）的通信通道；60~860MHz 高频段用于播放中心向用户传送的电视节目信号，因此，一条通路可设置很多个电视播放信道。表 2-20 给出了 75Ω 宽带同轴电缆的特性。

表 2-20　宽带同轴电缆的特性

电缆型号	绝缘形式	芯线外径/mm	绝缘外径/mm	电缆外径/mm	特性阻抗/Ω	衰减常数/(dB/100m)		
						30MHz	200MHz	800MHz
SYKV-75-5	藕芯式	1.10	4.70	7.30	75±30	4.1	11.0	22.0
SYKV-75-9	藕芯式	1.90	9.00	12.40	75±2.5	2.4	6.0	12.0
SYKV-75-12	藕芯式	2.60	11.50	15.00	75±2.5	1.6	4.5	10.0
SSYKV-75-5	藕芯式	1.00	4.80	7.30	75±30	4.2	11.5	23.0
SSYKV-75-9	藕芯式	1.90	9.00	13.00	75±30	2.1	5.1	11.0
SIOV-75-5	藕芯式	1.13	5.00	7.40	75±30	3.5	8.5	17.0
SIZV-75-5	竹节式	1.20	5.00	7.30	75±30	4.5	11.0	22.0
SYDV-75-9	竹节式	2.20	9.00	11.40	75±30	1.7	4.5	9.2
SYDV-75-12	竹节式	3.00	11.50	14.40	75±2.0	1.2	3.4	7.1

（续）

电缆型号	绝缘形式	芯线外径/mm	绝缘外径/mm	电缆外径/mm	特性阻抗/Ω	衰减常数/(dB/100m)		
						30MHz	200MHz	800MHz
SDVC-75-5	藕芯式	1.00	4.80	6.80	75±3.0	4.0	10.8	22.5
SDVC-75-7	藕芯式	1.60	7.30	10.00	75±2.5	2.6	7.1	15.2
SDVC-75-9	藕芯式	2.00	9.00	12.00	75±2.5	2.1	5.7	12.5
SDVC-75-12	藕芯式	2.60	11.50	14.40	75±2.5	1.7	4.5	10.0
RG59/U	美标	0.81	3.66	6.02	75	5.50	11.5	24.05
RG6/U	美标	1.02	4.57	6.90	75	4.60	10.0	20.00
SYV-75-3	实芯式	0.510	3.00	5.00	75±3	12.2	30.8	
SYV-75-5	实芯式	0.72	4.60	7.10	75±3	7.06	19.00	
SYV-75-7	实芯式	1.20	7.30	10.20	75±3	5.10	14.00	
SYV-75-9	实芯式	1.37	9.00	12.40	75±3	3.69	10.04	

2.5　综合布线工程施工

综合布线工程施工分为布管/布线施工及连接设备安装施工两大类。由于各种品牌型号的铜缆和光缆的物理特性、电气性能、外形尺寸和内部结构均按照 EIA/TIA-568《国际综合布线标准》制造，并参考 EIA/TIA-569《商用建筑的通信路径和空间标准》设计，因此，综合布线工程的施工规范有较大的通用性。

布线系统的施工工具包括安装工具和测试工具两大类：

1. 安装工具

安装每种通信介质都要求独特的专用工具，双绞线安装工具包括卡线工具、压线工具和钩线工具等，光纤安装工具更是成套的一箱子。因此，这类工具的种类繁多、用途各异，是实际施工时必不可少的。

2. 测试工具

这类工具用于测试布线系统各项电气性能参数（接线图测试、直流电阻、链路衰减和近端串扰衰减），它们是检查系统设计和施工质量的依据。布线系统的测量仪器日新月异，操作使用越来越简易，如美国 FLUKE 公司和美国 IDEAL 公司的电缆认证测试仪、美国朗讯公司的 938 系列光损耗测试仪/光功率计（OLTS/OPM）等，可完成综合布线全部认证测试，为布线工程提供了严格和准确的质量保证。

测试标准可参照 GB/T 50312—2016《综合布线系统工程验收规范》、EIA/TIA-568A《商业建筑电信布线标准》中规定的电缆、连接硬件和跳线的性能指标，以及 TSB-67《现场测试非屏蔽双绞电缆布线系统传输性能技术规范》、ISO/IEC 11801：1995（E）《国际布线标准》等。

2.5.1　水平布管、布线施工

水平布线路径是指从管理子系统到工作区子系统之间铺设的管线。包括从楼层配线架到信息插座之间通信电缆的安装施工。

水平子系统的通信线缆包括：大对数 UPT 双绞线缆、光缆和视频同轴电缆等。在选择线缆的规格和数量时，应考虑适当的备份和发展需要。

水平管线路径的选择包括：地埋管道、活动地板下穿线、顶棚穿线和其他水平穿线路径。

1. 地埋管道

地埋管道是最常见的水平路径，一般预埋在墙体和楼板混凝土中，优点是通信线缆使用寿命长、不会被老鼠咬等。方形地埋线槽比圆形地埋管的穿线截面利用率高。方形线槽有单层、双层和复合形线槽，实际施工中至少要选择两种不同尺寸的地埋线槽，以便今后有更大的增减布线数量空间。

预埋管道时，应充分考虑合理的手孔和过线盒位置，使线缆能顺利穿过线槽并能平滑地改变走线方向。直线预埋管长度超过 15m 或转弯、交叉时，应设置一拉（接）线盒，拉（接）线盒盖应能开启，并与地面齐平，如图 2-30 所示。

单层地埋管道适合混凝土深度≥64mm 的施工条件，分布管道与供接管道在同一平面内。供接管道中设有很多接出单元。

双层地埋管道适合混凝土深度≥100mm 的施工条件，分布管道与供接管道不在同一平面内，分布管道在上层。表 2-21 是线管内径与穿线数量对照表。

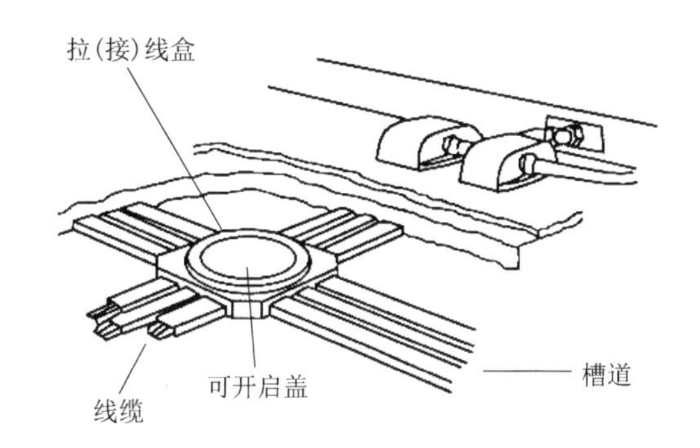

图 2-30　预埋金属线槽和拉（接）线盒

表 2-21　线管内径与穿线数量对照表

穿线管		线缆数量									
内径/mm	线管规格/in	线缆直径/mm									
		3.3	4.6	5.6	6.1	7.4	7.9	9.4	13.5	15.8	17.8
15.8	1/2	1	1	0	0	0	0	0	0	0	0
20.9	3/4	6	5	4	3	2	2	1	0	0	0
26.6	1	8	8	7	6	3	3	2	1	0	0
35.1	1-1/4	16	14	12	10	6	4	3	1	1	1
40.9	1-1/2	20	18	16	15	7	6	4	2	1	1
52.5	2	30	26	22	20	14	12	7	4	3	2
62.7	2-1/2	45	40	36	30	17	14	12	6	3	3
77.9	3	70	60	50	40	20	20	17	7	6	6
90.1	3-1/2							22	12	7	6
102.3	4							30	14	12	7

注：1in＝0.0254m。

2. 活动地板下穿线

活动地板下穿线方式常用于计算机房或设备间，分为钢结构的活动地板和水泥结构的活动地板两种。钢结构的活动地板是在活动地板单元下面的钢架中进行穿线，钢架的一般高度为 70～100mm。水泥结构的活动地板是在活动地板单元下面的水泥方块空洞之间穿线，水泥结构的一般高度为 100mm、150mm 或 200mm。

3. 顶棚穿线

顶棚是常见的穿线区域。常用的穿线管有金属电气管和阻燃型硬质 PVC 管等。每段线管的长度应不大于30m，并不能包含1个以上的90°弯角，超过这个要求时必须增加拉线盒。线管的弯曲半径至少大于6倍线管直径。当线管直径大于50mm（2in）时，弯曲半径必须大于10倍线管直径。当线管内穿光缆时，所有弯角的弯曲半径必须至少10倍于线管直径。

4. 墙面穿线

墙面穿线方式常用于信息插座安装在墙边的办公环境。穿线方式有墙面安装、埋入式安装和制模式安装三种。

1）墙面安装是指在已经完成粉刷的墙面上，安装墙面专用的扁平线槽，在线槽中穿线。

2）埋入式安装是指将穿线管或线槽预埋在墙体中，然后再进行墙面装饰。

3）制模式安装是指采用专门制作的墙面装饰材料，如护墙板、隔断板等，在这些专门制作的墙面材料中预留穿线管，在墙面装饰的同时完成水平布线施工。这是最灵活、有效、合理的墙面穿线方式。

5. 地毯下穿线

在铺有地毯的房间中，可在地毯下及墙角进行布线。这是一种非常简便的布线方式。随时可作更改。

2.5.2　主干管线施工

主干管线施工包括大楼内部的主干通信线路和大楼外部的主干通信线路。

1. 大楼内部的主干通信线路

大楼内主干线路径包括从接入子系统到管理子系统之间的穿线路径。当所有管理区在不同楼层的同一水平位置时，可简单地利用上下贯通的垂直竖井进行主干管线施工。在开放式竖井中，竖井的利用率不应超过50%。当主干线缆和光缆数量较多时，应选用与穿线容量和尺寸相应的水平、垂直线管、线槽、套管和金属桥架。穿线线缆截面积的总和应只能占桥架截面积总和的31%~53%。因为垂直主干线受重力影响较大，必须牢固固定线缆和管道，常用的方法是用管道夹固定管道，并用扎带或封口填充物将线缆固定在管道和桥架内。

2. 大楼外部的主干通信线路

大楼外部的主干通信线路用于多幢建筑物之间的连接，可采用地下管道、架空线或隧道等多种路径。其中以隧道方式为最佳，隧道中可放置各种管子、线槽和线架，可以随时扩充或修改，但造价最高。

2.5.3　管理区

楼层管理区是水平子系统与主干子系统的转接点。管理区内需放置两方面线缆的终结设备、交叉连接设备和楼层分通信设备，是布线系统的重要部位。在建筑面积超过1000m² 的区域或最长传输距离超过90m的区域，至少应设置一个管理区。管理区内需进行管理操作，应配置不低于540lx的照明灯光。图2-31是楼层配线间内的110A配线装置。

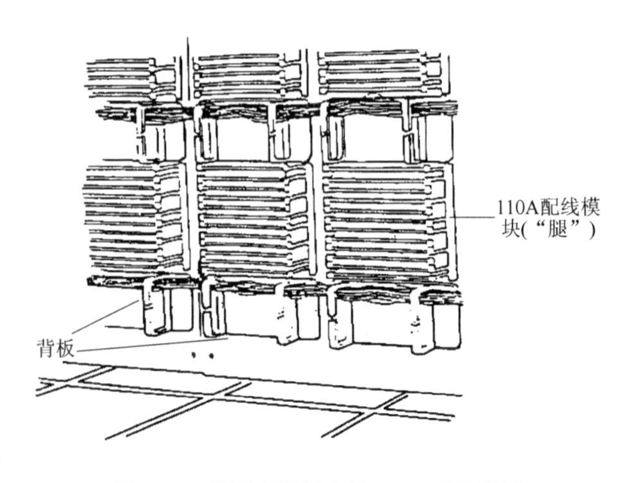

图2-31　楼层配线间内的110A配线装置

2.5.4 设备区

设备区是弱电系统各类信息的汇集中心和服务控制中心，设有为大楼提供通信服务和智能控制的各种功能设备，如程控交换机、计算机中心交换机、主配线架和 UPS 不间断电源等。

设备区施工包括各功能设备的安装和布线、通信系统电缆的接入、主干配线系统的安装，引入建筑群的干线电缆、光缆和公用网电缆和光缆（包括天线馈线）都应安装防雷保护设备和相关装置。

设备区应设有独立的接地系统。接地及其连接应符合国家标准 GB/T 2887—2011《计算机场地通用规范》的要求。

设备区的空间高度应不低于 2.5m，一般采用防静电活动地板。离地面 1.5m 以上的光照强度应不低于 540lx；需安装一套 365 天 24 小时连续运行的独立空调通风系统，区内温度控制范围为 18~24℃，相对湿度控制在 30%~50%。设备区应采用气体和物理灭火消防设备，并配置电子报警和电视监控系统。

2.6 综合布线应用案例

2.6.1 金融大厦综合布线系统

信息资源对于金融系统来说有着举足轻重的地位。鉴于金融系统的工作性质，单一的信息网络形式已很难满足需求。根据不同部门的工作性质，必须有不同的网络形式，以满足不同需求。甚至同一部门，在不同时期对网络形式的需求也会发生改变。如果遇到部门搬迁，问题会更多。因此，必须有一套完整、灵活的开放式的综合布线系统，在配线架上连接成不同的拓扑结构，来支持这些应用。

某商业银行大厦建筑总面积 2.26 万 m^2，地上 16 层，地下 2 层；第 1 层至第 4 层为裙楼，第 5 层以上为标准层。表 2-22 为金融大厦信息点分布汇总，图 2-32 是标准层信息点分布。大楼的主计算机主机房、网络管理中心及程控用户交换机房均位于大楼第 5 层，监控系统主机房位于第 1 层大厅值班室。第 1 层和第 2 层为营业大厅。

表 2-22　金融大厦信息点分布汇总

编　号	楼层位置	每层信息点数量(个)	备　注
F1	1、B1、B2	100	含地下 1、2 层
F2~F4	2~4	64	
F5	5	160	不单独设配线间
F6~F12	6~12	64	
F13~F16	13~16	50	
合　计		1100	

根据用户需求，综合布线系统包括计算机网络系统、语音通信系统和安保监控系统三大部分。由工作区、水平子系统、管理区、干线子系统和设备间五部分构成。充分考虑了高可靠性、高速率传输特性、可扩展性，并考虑了与其他建筑物连接成建筑群干线子系统的可能性。

综合布线系统采用灵活的星形拓扑结构，可在配线架上进行跳线连接构成不同的逻辑结构。

既适合程控用户交换机的需求，又适合计算机网络系统、安保监控系统和建筑物控制系统的需求。

系统结构分为两层星形拓扑网络和两级管理方式。主干部分为一级星形结构，主配线架设在主机房，向各个楼层辐射；传输介质为光纤和大对数双绞线电缆。水平部分为二级星形结构，水平星形结构中心在各楼层配线间，由配线架引出水平双绞线电缆到各个信息点。

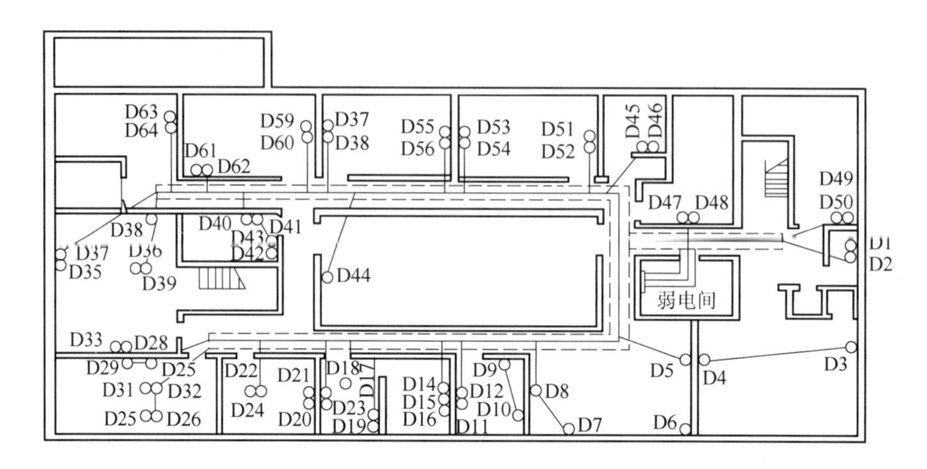

图 2-32　标准层信息点分布图

程控交换机由主机房统一管理，电话干线采用 3 类 100 对大对数双绞线电缆。每条水平线路均按 4 对双绞线缆配置，设计带宽为 10Mbit/s，可满足综合业务数字网需求，为高速数据传输打下基础。

计算机网络干线采用六芯 62.5/125μm 多模光缆光纤，最低传输速率可达 500Mbit/s。主干网采用光纤分布式数据接口（Fiber Distributed Data Interface，FDDI），网络带宽可达到 100Mbit/s 以上，可满足高速传输数据和图像的需要。各楼层工作站可方便地进入 FDDI 网络通道。

根据该大楼土建结构的特点、弱电间的位置、信息出口的位置和考虑到端接裕量，水平子系统的平均长度为 45m。所有与计算机网络相连接的硬件（双绞线缆、信息插座和快速跳线等）均为超 5 类产品，可支持 100Mbit/s 传输速率。

综合布线系统支持传输安保监控摄像机的基带视频数据信号或 RGB 三基色模拟视频信号和 600Ω 终接的音频信号，使用 75Ω 或 50Ω 同轴电缆适配器与双绞线缆进行转接。双绞线缆的最大传输距离见表 2-23。

表 2-23　双绞线缆传输基带视频数据信号或 RGB 模拟视频信号的距离

双绞线类别	基带视频数据信号的传输距离/m		RGB 三基色模拟视频信号的传输距离/m
	彩色	黑白	彩色
Cat. 3	365	670	100
Cat. 5	457	762	152

安保监控系统采用超 25 对超 5 类双绞线缆，每层由楼层配线间配置一条线缆，可支持 100Mbit/s 传输速率。图 2-33 是视频监控系统的连接方式。图 2-34 为金融大厦综合布线总体方案。

综合布线支持 100Mbit/s，IEEE 802.3 局域网通信，Cat. 5 双绞线电缆的最大传输距离为 100m；62.5/125μm 多模光纤的最大传输距离为 2km。

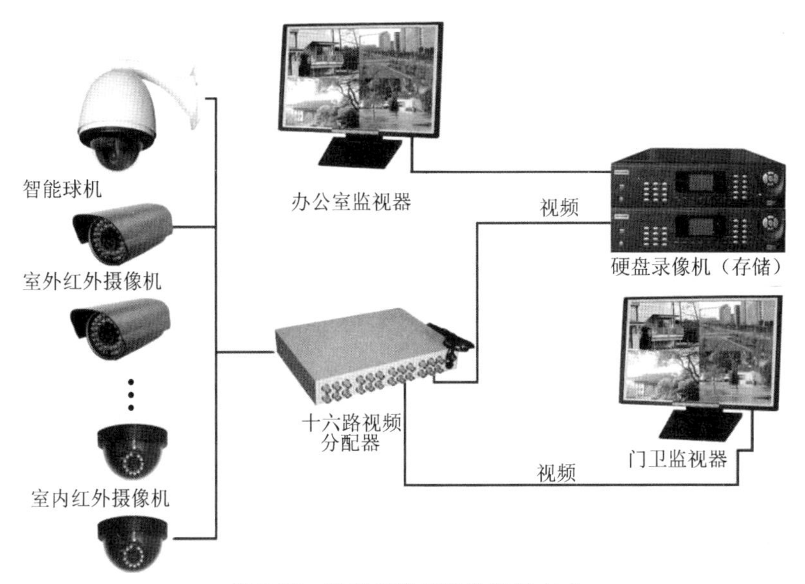

图 2-33　视频监控系统的连接方式

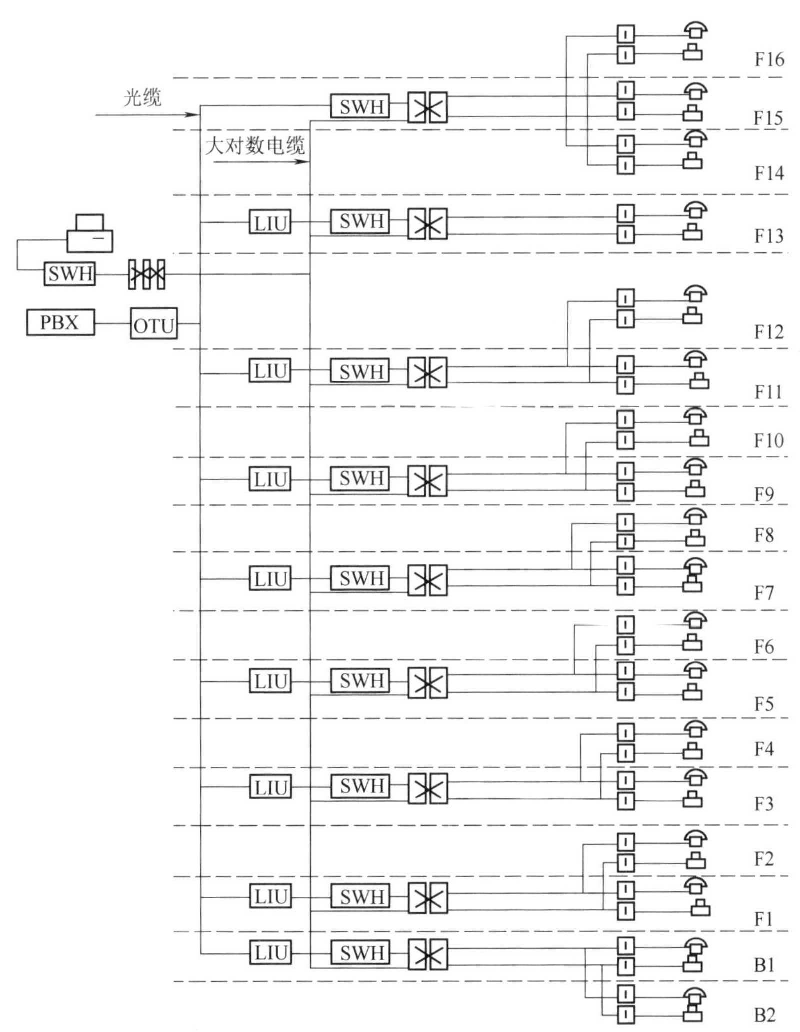

图 2-34　金融大厦综合布线总体方案

2.6.2 购物中心综合布线系统

某购物中心大楼建筑总面积为3.5万m^2，大楼地上8层（高度33m）、地下1层。楼面最大长度为94m，宽度为70m。建筑物中间部位有强、弱电间。地下1层为超级市场；地上第1层至第4层为零售百货；第5层至第6层为餐饮和娱乐；第7层至第8层为管理人员办公区；营业总面积为2.4万m^2。主机房位于第4层，电视监控室设在第1层总值班室。

整座大楼的数据线路、语音线路、视频线路、楼宇控制线路和与之相关的电源线路都要统一规划、统一设计、统一布线。表2-24是各管理区应用设备配置表。

表2-24　各管理区应用设备配置表

<table>
<tr><th>管理区</th><th>电话(门)</th><th>工作站(台)</th><th>收款机(台)</th><th>监控摄像机(台)</th><th>语音/数据配线架</th></tr>
<tr><td>第8层
管理区</td><td>30</td><td>10</td><td></td><td>2</td><td>4</td></tr>
<tr><td>第7层
管理区</td><td>40</td><td>20</td><td></td><td>2</td><td>4</td></tr>
<tr><td rowspan="2">第5层
管理区</td><td>6层:20</td><td>2</td><td>4</td><td>2</td><td rowspan="2">2</td></tr>
<tr><td>5层:20</td><td>2</td><td>4</td><td>2</td></tr>
<tr><td rowspan="3">第3层
管理区</td><td>4层:10</td><td>2</td><td>5</td><td>3</td><td rowspan="3">2</td></tr>
<tr><td>3层:10</td><td>2</td><td>5</td><td>3</td></tr>
<tr><td>2层:10</td><td>2</td><td>5</td><td>3</td></tr>
<tr><td rowspan="3">第1层
管理区</td><td>1层:12</td><td>2</td><td>5</td><td>5</td><td rowspan="3">2</td></tr>
<tr><td>夹层:8</td><td>1</td><td>4</td><td>5</td></tr>
<tr><td>B1层:10</td><td>2</td><td>6</td><td>5</td></tr>
<tr><td>合　计</td><td>170</td><td>45</td><td>38</td><td>32</td><td>14</td></tr>
</table>

1. 设备间

设备间就是第4层的计算机机房。设备间内的功能设备包括网络服务器、第4层的工作站、网络交换机、连接公用网络的外接路由器、调制解调器和用于连接干线的主配线架等。这些设备可直接连接到交换机或集线器上。

2. 管理区

该综合布线工程设五个管理区，分别位于第1、3、5、7和8层的楼层配线间内。管理区设备集中安装在一个标准机柜内，机柜上方安装配线架，下方放置网络交换机或集线器，如图2-35所示。管理区内的语音、数据、视频监控和楼宇控制的水平线缆全部连接到该配线架上。各管理区的数据线和语音线都安装在同一配线架上的优点是可以非常方便灵活地改变信息网络的形式。

地下层超级市场至第6层的工作站，用于每楼层的成本核算管理，放在相应楼层的管理办公室内。

3. 干线子系统

数据干线采用六芯62.5/125μm多模光缆光纤，最低传输速率可达500Mbit/s。语音干线采用5类25对非屏蔽双绞线电缆。从第4层主机房中的6个900对配线架引出，通过建筑物弱电间分别连接到各楼层配线间的配线架。

4. 水平子系统

水平子系统从相应楼层弱电间通过地板内预埋的阻燃型高强度PVC管道连接到工作区的5

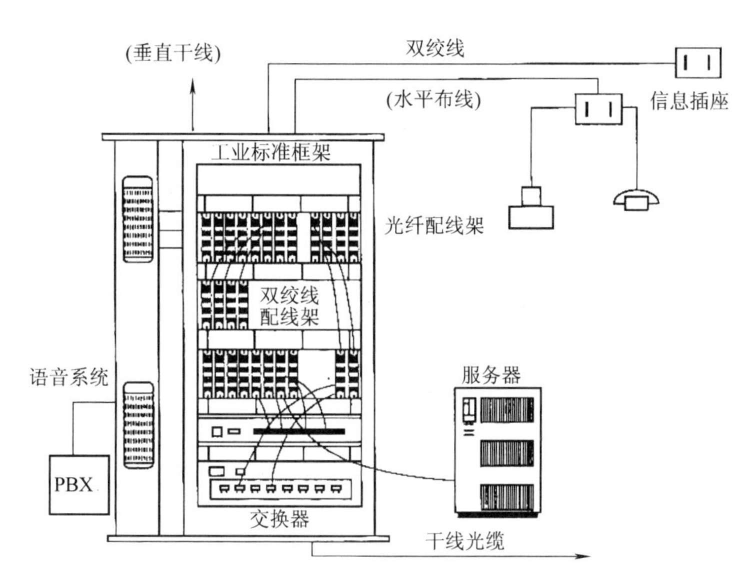

图 2-35　标准机柜的配置和连接

类 RJ-45 双口插座上。全部采用 Cat. 5 5 类 4 对非屏蔽双绞线电缆，在楼层配线架上进行简单的跳线就可把数据插口作为语音插口，或把语音插口作为数据插口使用。

5. 视频监控系统

在各贵重物品柜台和各楼层的出入口共安装有 32 台电视监控摄像机。所有摄像机的 RGB 三基色彩色视频信号都通过 5 类非屏蔽双绞线电缆与第 1 层总值班室的监控电视墙相连。电缆在吊顶内穿过，再通过弱电间，最后到达一层监控室。

6. 楼宇控制系统

楼宇节能控制系统包括空调控制系统、照明灯光控制系统、门禁系统和停车场管理系统等。这些系统的传感器分布在各楼层工作区内，各采集点的数据信息和控制数据均用 5 类非屏蔽双绞线电缆通过弱电间与楼宇控制机房相连。图 2-36 是购物中心综合布线方案。

2.6.3　某部委办公大楼综合布线系统

办公大楼地上 10 层，地下 2 层，总建筑面积为 2.98 万 m^2。计算机信息处理机房在第 6 层；程控交换机房在第 1 层；安保电视监控在第 1 层大厅总值班室。每个房间内的工作区提供 2~4 个双孔信息插座，分别支持数据和语音信号传输。3 类信息模块支持 10Mbit/s 以下速率的数据和语音传输；5 类信息模块支持 155Mbit/s 高速率数据传输。

整个大楼共设数据点 1146 个、语音点 1087 个、监控点 86 个。标准层信息点分布如图 2-37 所示。

主干线采用 62.5/125μm 多模光缆光纤，支持多媒体等宽带数据传输，传输速率达 500Mbit/s 以上；语音传输采用 100 对 3 类大对数双绞线缆，通过各层管理区的弱电间引至第 1 层程控机房。在 4 个弱电间的配线柜分别设有一个光纤配线架（LIU100A），由一根 6 芯光缆分别引至第 6 层计算机房主配线架上，端接各层汇集的光纤，与网络设备连接。每根光缆使用 4 芯，2 芯备用，构成一个智能网络管理系统。

水平子系统采用优质 4 对超 5 类双绞线缆支持高速数据和监控图像信号传输，传输速率达 155/622Mbit/s；采用优质 4 对 3 类双绞线缆支持语音信号传输。

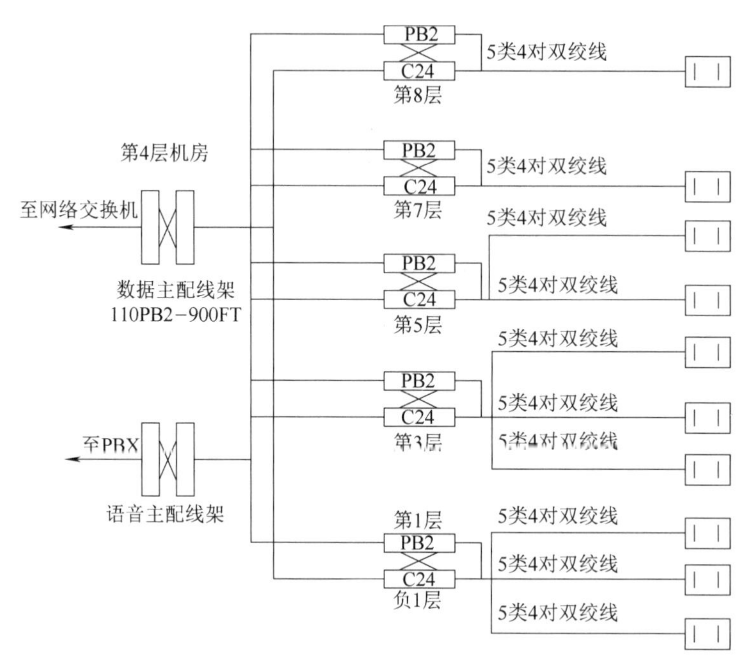

图 2-36　购物中心综合布线方案

各楼层配线间和主配线间分别采用 100 对、300 对和 900 对壁挂式配线架，连接和管理数据系统、语音系统、监控系统和楼宇自控系统的信息传输。

弱电间内还设有光纤配线架，使各层的网络设备与计算机房的网络设备互联，构成整个大楼的高速数据通信网。

1. 管理区

根据大楼特点，每个楼层均有两个管理区，各管理区设有综合布线弱电间。两个弱电间均设有 100 对和 300 对配线架，连接水平电缆和干线电缆，通过跳线与网络设备互联；配线架以 300 对为一个基本单元，可端接 72 个信息点。

2. 设备间

设备间在第 1 层，安装程控交换机、多组 900 对配线架，端接垂直大对数电缆，管理整个大楼的电话通信。

第 6 层的计算机房，安装 Xylan Omni-9WX 数据交换主机和光纤配线架，端接各层汇集的光纤，通过主机管理整个大楼的局域网，构成高速信息系统。通过 Cisco7000 路由器与互联网进行通信和管理。图 2-38 是办公楼综合布线总体方案。

3. 安保监控系统

安保监控系统包括电视监控系统、电子巡更系统和防盗报警系统三部分。

（1）电视监控系统。在大楼的大堂、多功能厅、会议室、楼梯口、电梯轿厢、财务室和车库等位置共安装 86 个摄像监控点。全部摄像机的 RGB 彩色视频信号通过 5 类非屏蔽双绞线电缆与第 1 层总值班室的监控电视墙相连。电缆在吊顶内穿过，再通过弱电间，最后到达 1 层监控室。

（2）电子巡更系统。电子巡更系统用于安保人员巡逻值班过程中在发现安全问题时及时反馈给监控中心。系统由资料记录器、输送器和巡更钟等组成。安保人员按事先编好的巡更时序进行定时定点巡逻。安保人员每经过一个巡逻点时，把随身携带的记录器插入巡更钟的读取口，把读取的到达时间和有关代码发回监控中心，并由打印机自动打印。若巡更员未能按时到达巡更点，摄像机和录像系统自动传回图像。

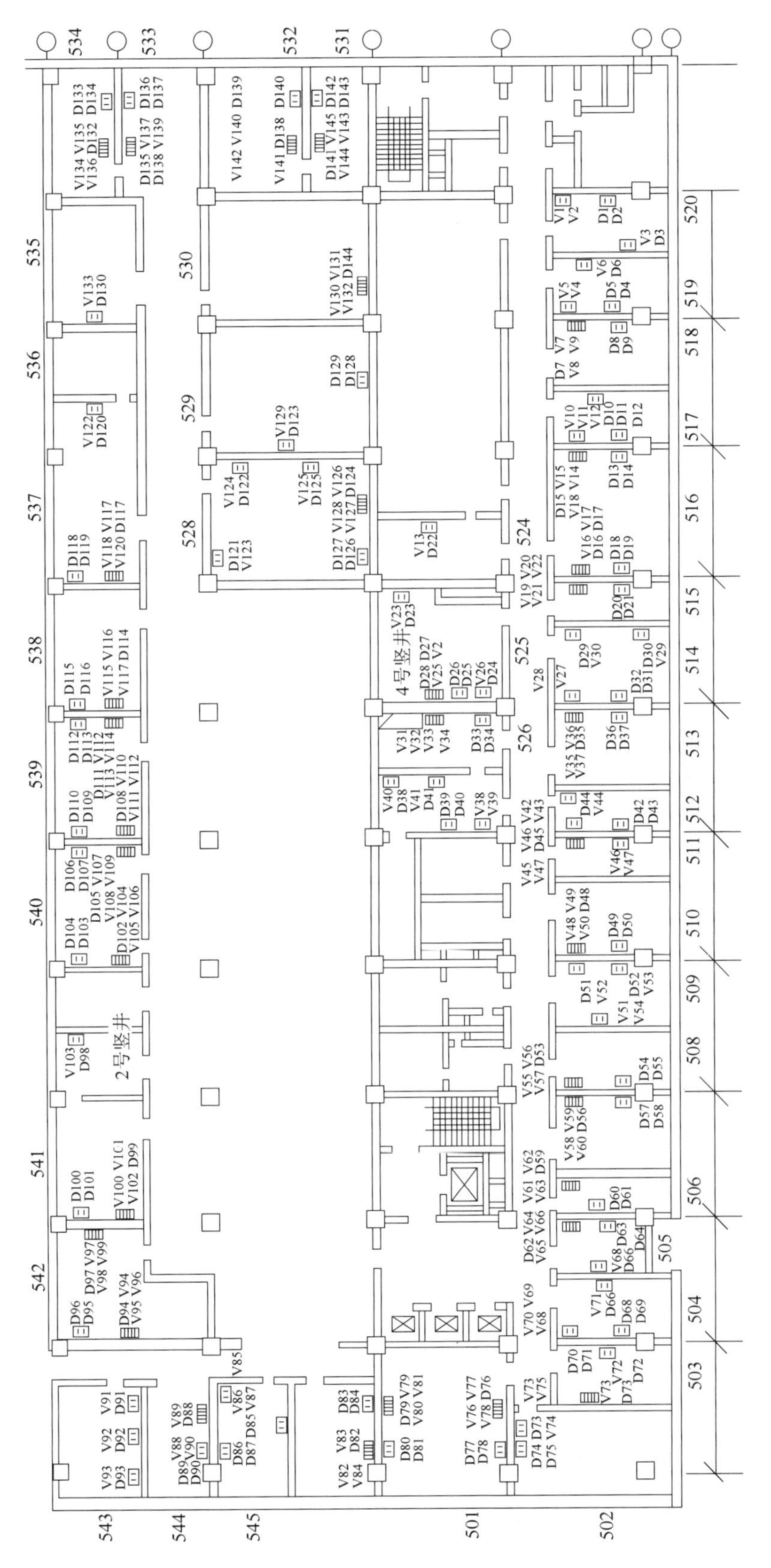

图 2-37　标准层信息点分布图

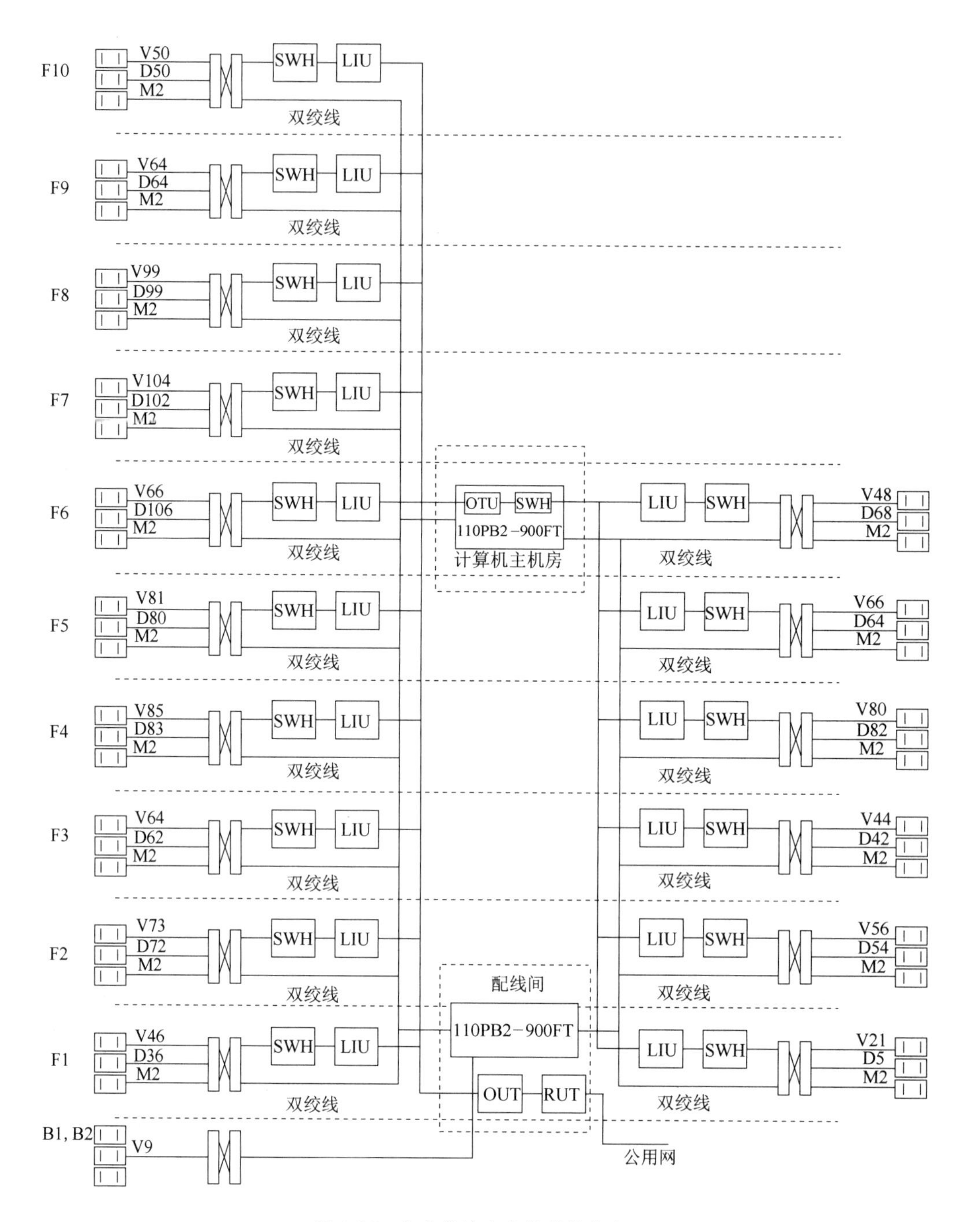

图 2-38　办公楼综合布线总体方案

（3）防盗报警系统。防盗报警系统由报警主机及微波/红外双鉴探头传感器组成，可作为周界报警和重要部门的报警装置。

图 2-39 是防盗报警系统，图 2-40 是摄像机安装图，图 2-41 是 CCTV 电视监控系统。

2.6.4　综合布线在十类建筑中的应用

按照 GB 50314—2015《智能建筑设计标准》中的条文要求，综合布线可分为办公建筑、商业建筑、文化建筑、媒体建筑、体育建筑、医院建筑、学校建筑、交通建筑、住宅建筑、通用工

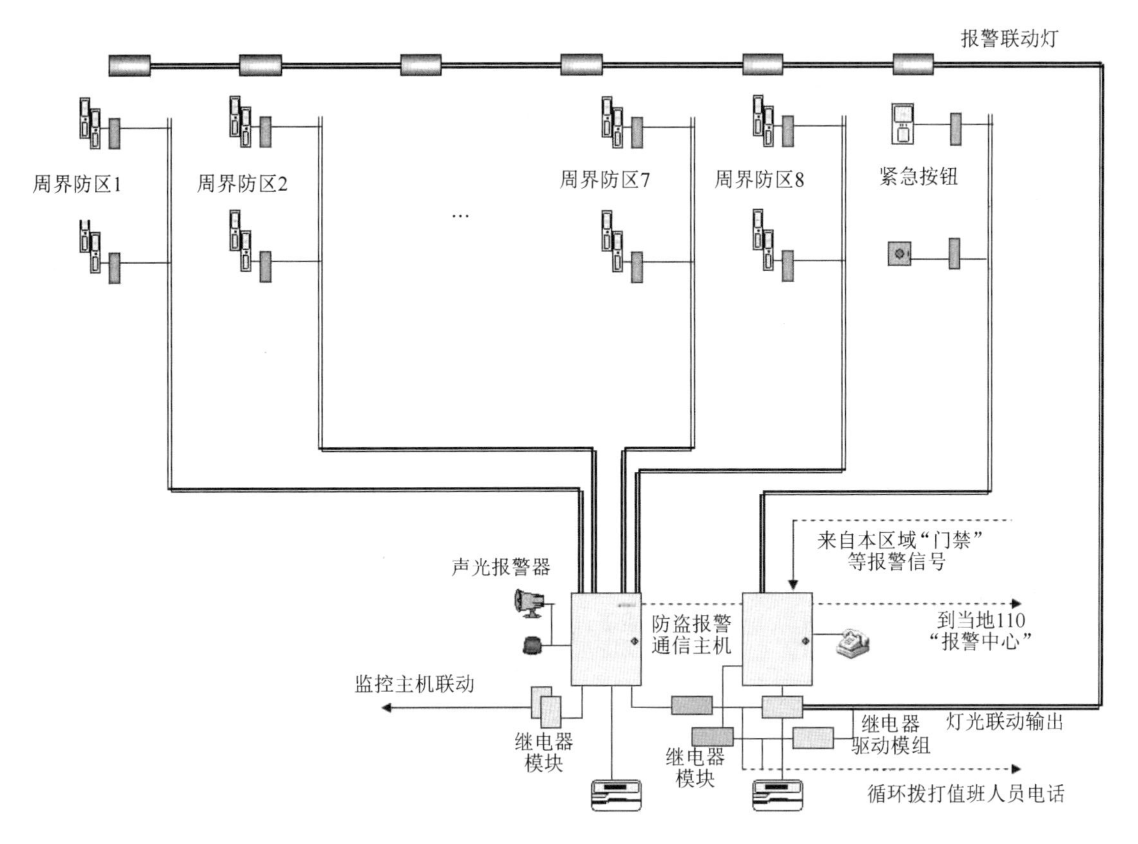

图 2-39　防盗报警系统

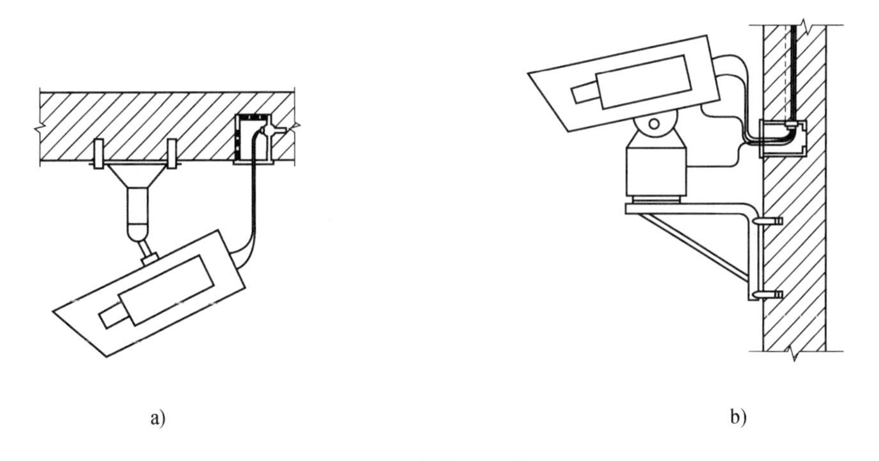

图 2-40　摄像机安装图
a）摄像机吊顶安装　b）摄像机墙式安装

业建筑十类。因此在制定建筑智能化系统的实施方案时，既要考虑到综合布线的“共性”，又得兼顾它们的“个性”，不能盲目照搬。

方案设计的“共性”部分应符合 GB 50311—2016《综合布线系统工程设计规范》中的规定和要求，“个性”部分应根据项目的特点和需求进行分析、把握尺度、完善设计。下面解读这十类建筑的综合布线系统工程设计时应该注重和考虑的问题。

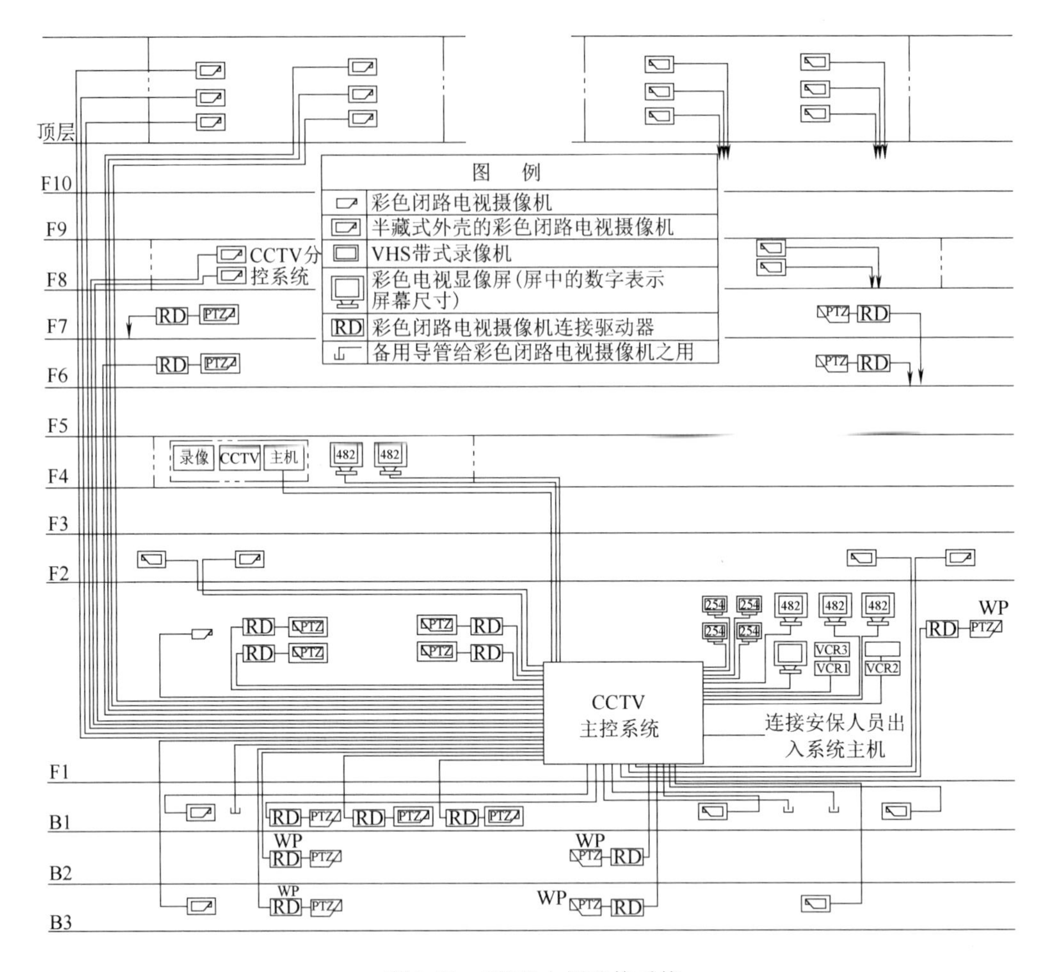

图 2-41　CCTV 电视监控系统

1. 办公建筑

办公建筑分为商务办公建筑、行政办公建筑和金融办公建筑。办公建筑的综合布线要按照出租型办公建筑和自用型办公建筑（一般办公和以生产为主的办公）来考虑。

（1）出租型办公建筑的综合布线系统。出租型办公建筑的综合布线系统的运维模式一般是由物业来管理，项目也是由开发商自己投资建设。建设规模的确定与工程实施过程可分为两种：

一种是常规工程规模预测，即每 5~10m² 设置一个工作区，每个工作区设置 2 个或以上信息点，再按这个基本量与网络的结构来考虑整个水平与主干子系统的设备配置。

另一种是不确定用户的出租型办公楼，带有临时与流动的特点，针对临时出租的场地，采用区域布线的概念来设计：

1）先敷设电信间至区域（大客户所在的区域）的光（电）缆，每一个区域可以设置两个光纤插座（接入以太网交换机）和两个语音插座（接入企业电话集线器或程控用户电话交换机）；区域内的配线网络由客户进驻以后，根据需要自行完成。

2）在水平线缆的路由中设置 CP 点（集合点），先布放从电信间到 CP 点之间的水平线缆，以后根据未来用户的需要再完成 CP 至信息点之间的线缆。

3）采用在区域内设置多用户信息插座的方式。

4）也可以只做主干部分的线缆，不做水平部分，提前预留出相应的管槽，等用户确定后，自己结合网络建设进行配线。

出租型办公楼布线系统可使用超 5 类（语音）+6 类（数据）+光纤（水平或主干）混合配置的综合布线形式。

（2）自用型办公楼综合布线系统。自用型办公楼一般选用的综合布线等级都比较高，如全 6 类+光纤的配置方案。尤其是国家政府机关办公楼，因其网络有内网、外网、保密网之分，所以综合布线就不是一套系统，信息点除了要包括电话、数据需求以外，还要考虑涉及内网、外网、保密网以及备份等需要的信息点。这样，就比一般的工程所用的信息点数量要多得多。

对于开放型办公的区域，为了便于大量的水平线缆的布放，采用网络地板的敷设方式较为有利，要根据线缆敷设是否采用金属管槽来考虑线缆的防火阻燃等级要求。

2. 商业建筑

商业建筑包括商场、宾馆等建筑，具有商业经营性质。应构建集商业经营及面向宾客服务的综合管理平台，满足对商业的信息化管理的需要。

（1）商场综合布线系统。商场实际上是一个大开间，由于商铺的大小、位置、密度的不确定性，可以采用 CP 点的方式，信息点不宜太密；在一些流动的公共场所，应考虑预留出光纤信息点。此外，水平电缆长度有可能超过 90m，考虑到水平电缆的超长性，可在商场内的每一层设置多个电信间或采用光缆。

如果是摊位较为明确的场地，也可以采用地插的出线方式，按每个工作区 20～100m^2 设置信息点。

（2）宾馆综合布线系统。宾馆信息点的数量不按工作区面积决定，而是按套房等级如普通标准间、豪华套房、总统套房等来设定信息点的多少。宾馆布线系统也可能是电话和数据按照各自的配线网络分开设置。电话不一定纳入综合布线系统，因为宾馆一般都会建设自己的程控用户交换机系统，电话信息点可以直接通过电话线与交换机互联。上网的数据端口则按综合布线系统设计，形成两个独立的配线系统。有的项目为了减少每个套房引至配线室线缆的数量，也将家居信息配线箱的设计理念引入到宾馆套房的布线方案中。

3. 文化建筑

文化建筑包括图书馆、博物馆、会展中心、档案馆等。布线系统的特点是满足文献和文物的存储、展示、查阅、陈列、学术研究及信息传递等功能需求；满足面向社会、公众信息的发布及传播，实现文化信息加工、增值和交流等文化窗口的信息化应用需要。

文化建筑的综合布线情况比较复杂。图书馆阅览室需要信息点密度很高，方便读者随时上网查阅资料。博物馆布线的信息点要考虑安全性问题。档案馆是存储资料的场所，信息点会相对少些。会展中心是大开间结构，场地状况比较复杂，如会展中心的新闻中心，专业设备较多，要求每个工作区设置多个信息点，展览大厅则无需太多的信息点，可采用 CP 点方式。从整洁、美观要求出发，上述场地会采用地插式预埋信息插座，可采用多样性的安装方式。

档案馆、图书馆、博物馆因信息流量大，通常选用高传输性能的高等级的综合布线系统。可采用有线+无线（设置 AP 无线网卡）混合的综合布线方式，方便人员流动时的信息交流及上网需要。要注意线缆的防火、无烟、低毒等问题。

4. 媒体建筑

媒体建筑包括大、中型剧（影）院和广播电视业务等建筑。综合布线系统应满足媒体信息业务交换和信息化管理的需要。

媒体建筑内的音视频信息流的频率高、频谱宽、图像质量要求较高，存在较多的无线电干扰源，为避免传输线路信号和电子设备之间的干扰，较多采用同轴电缆和光纤的综合布线系统。

5. 体育建筑

体育建筑指各类体育场、体育馆、游泳馆等建筑。布线系统应满足体育竞赛业务信息化和信息化管理的需要，是体育竞赛和多功能使用的基础保障。

体育建筑包括体育服务和公共服务两部分，可分成很多不同的功能区。各类体育场馆除了比赛场地外，还有许多观众席和公共建筑物。除了要考虑新闻中心、信息中心、药物检查或者商场等设施区域以外，还要考虑体育赛场内各种设备的安装场地，如时钟、记分、升旗、大屏幕显示和公共广播、现场扩声系统的信息传递。体育场馆可采用有线+无线的混合布线方式。

体育的综合布线系统要注重以下三个方面：

(1) 室外场地的布线器件和连接器必须具有防雨雪、防曝晒、防风沙、防雷电等防护等级(要求达到IP67等级)，并采取相应的防范措施。

(2) 体育场馆的面积都比较大，应考虑设置多个电信间，各电信间之间采用光缆互通，构成光纤环网，确保网络信息畅通。

(3) 选用室外型光缆和电缆，采用密闭的金属管槽布放线缆。

6. 医院建筑

二级及以上综合性医院占用的面积大，建筑物多，是一个多功能建筑群体。布线系统应满足数字化医院的基础条件，提供节能降耗、保护环境、构建以人为本的医疗环境的技术保障。

医院信息化系统对线缆传输网络的带宽有更高需求；应重视医疗设备本身易产生电磁干扰的问题。为保证信息安全性，在医疗器械比较集中的场合（如医技楼、手术室），应采用屏蔽电缆+光纤的方式。建筑物之间以光缆为主要传输介质。从计算机网络出发，应考虑信息的远程传输及与公用配线网络的互通。

7. 学校建筑

学校建筑包括全日制高等院校、高级中学和高级职业中学、初级中学和小学、托儿所和幼儿园等建筑。布线系统应满足各类学校的教学性质、规模、管理方式和服务对象的业务需求；为各类学校的教学、科研、管理和学习环境提供信息化的基础保障。

校园占地面积大，建筑物多，有教学楼、办公楼、实验基地、报告厅、图书馆、学生活动中心、体育馆、食堂以及学生宿舍等。因此，综合布线应以学校信息中心为配线网络的中心点，向各建筑物辐射。校园网更多的是建筑群之间的主干光纤环网的建设。主干环加配线环，再延伸至建筑物。和医院建筑一样，还要考虑与外部的信息互联互通。

建筑物内部信息点布放的位置、数量及布线系统的等级，应根据大楼的不同使用功能来确定，不能都按建筑面积来考虑，尽量做到各种业务配线网的融合应用。

8. 交通建筑

交通建筑指大型空港航站楼、铁路客运站、城市公共轨道交通站、社会停车场等建筑。布线系统应满足各类交通建筑运营业务的需求；为交通运营业务环境提供基础保障，满足现代交通建筑管理信息化的需求。

交通建筑的综合布线特点是建筑面积较大，客运大厅、货运码头属于大开间的部位，也可采用CP点的设计形式。服务区域采用有线，公共场地可用无线做延伸。

9. 住宅建筑

住宅、别墅等建筑的布线系统应体现以人为本，做到安全、舒适和便利。家居布线分为住户内配线、楼内配线、园区内配线这三种情况，与电信业务的接入密切相关。

住宅建筑的综合布线不同于一般的公共建筑布线。其有两种形式：

(1) 采用家居布线箱，家居布线箱只完成配线功能，包括电话、数据、电视业务，是配线上的“三网融合”，但没有对信息进行处理（如交换、存储、处理、传输）。

（2）把配线管理和信息处理做在一起，既有配线功能，又有信息交换与传递功能。此外，还有家庭三表抄送、紧急呼救、家电设备工作状态等智能化控制信息的转换与传递等。

10. 工业建筑

工业建筑分为生产区和办公区两种场区域，把生产区域和一般办公区域区分开。针对生产区环境的恶劣程度，采用防水、防灰尘、防振动、防腐蚀、防电磁污染等防护要求级别的接插件。对于一些良好环境的区域，如 IT 产品生产部门的控制室、办公区等，可按一般建筑类型的要求进行布线。

第 3 章　数据通信和计算机网络体系

随着计算机数据通信技术的普及，数据通信网将分布在不同区域、不同位置的数据终端设备连接起来，实现数据传输、交换、存储和处理，互联网已经全面融入社会生产和生活的各个方面。无所不在的数据通信网络，深刻地改变着经济、社会和安全格局，也是智能弱电工程设计的技术基础，因此，学网、懂网、用网已成为我们的首要任务。

数据通信网络的特点：

（1）应用广泛：广泛用于公用电话网、计算机数据网、视频数据网、音频数据网（CobraNet、Dante）、灯光控制数据网（DMX512）等各类传输媒体网络。

（2）组网简单、传输效率高、抗干扰性好。

（3）强大的路由功能，无须改接物理线路，就可完成各种应用的互联互通；可以方便、快捷地把数据信号传送到任何地域的任何终端。

（4）信道复用：一条线路可容纳多路信息同时通信，节省大量通信网络投资。

（5）多网合一：计算机数据网、音频网、视频网等不同网络的数据信息可以共享同一传输网络，互不干扰。

（6）自动检测、自动报警和自动纠错：如果网络中任何一条通路或设备出现故障，可绕开故障链路自动选择路由到冗余链路或备份设备。

（7）高可靠性：通过检错编码和重发数据帧来发现与纠正通信错误，可靠性高。

（8）安全性：采用数字加密技术，有效增强通信的安全性。

3.1　数据通信系统

3.1.1　数据通信模型

图 3-1 是一个数据通信系统的模型。系统由三部分组成：源系统（发送端）、传输系统（数据通信网络）和目的系统（接收端）。

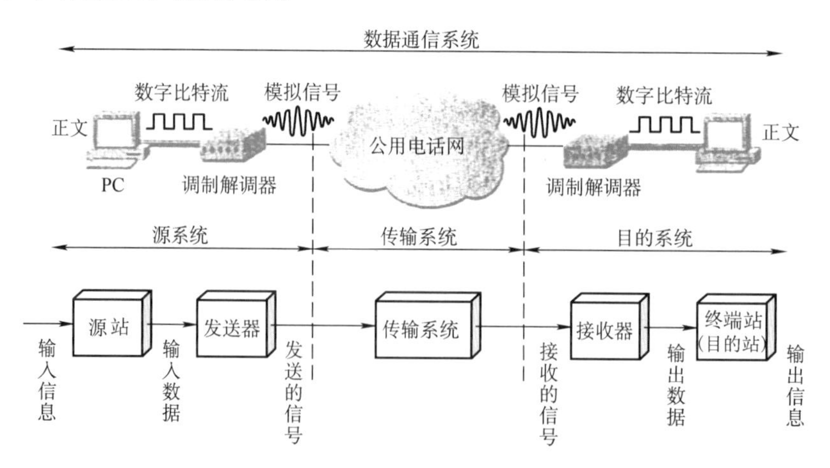

图 3-1　数据通信系统模型

1. 源系统

源系统包括源站和发送器：

（1）源站：产生数据信号的源站设备。

（2）发送器：把源站生成的数据信号，经发送器编码后生成可在传输系统中传输的数据流。

2. 目的系统

目的系统一般包括接收器和目的站：

（1）接收器：接收传输系统送来的数据流，并将其转换为能够被目的设备处理的信息。例如：把传输系统送来的编码数据流进行解码处理后送到目的站。

（2）终端站（目的站）：把接收器收到的信号放大和数据处理后输送给多媒体终端设备。

3. 传输系统

传输系统可以传输模拟信号、数字信号和进行模拟/数字转换。

3.1.2　数据通信的基本概念

（1）模拟信号：是一种振幅连续变化的电压或电流信号，自然界中的语音和视频信号都是模拟信号。

（2）数字信号：由模拟信号转换来的一种不连续变化的脉冲波形信号，一般用“0”表示无脉冲，“1”表示有脉冲。

（3）数据（Data）：数据就是携带文档、图像、声音等信息在传输介质中传输的信息实体，有模拟数据和数字数据两类。

为让数据信号能适合不同类型的传输网络和便于信道复用，需要把模拟数据和数字数据进行相互转换和处理。一般来说，模拟数据或数字数据都可以相互转换为模拟信号或数字信号。图 3-2 为四种数据转换方式。

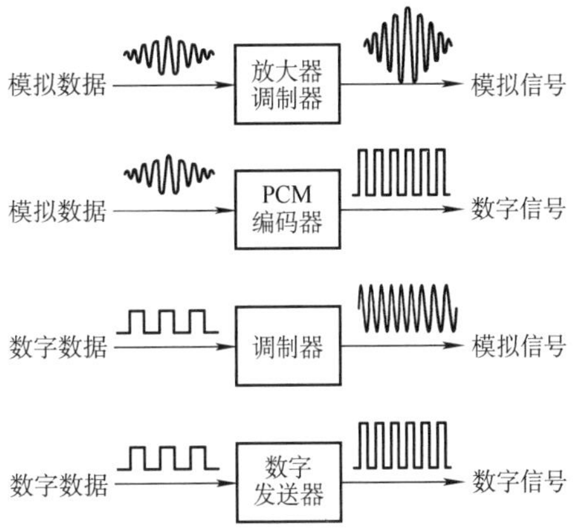

1）模拟数据→模拟信号：早期的电话传输系统。

2）模拟数据→数字信号：适用于数字传输网络和数字交换设备。

3）数字数据→模拟信号：适用于远距离数据信号传输。

4）数字数据→数字信号：用于更多信道复用的传输系统和提高数字数据的传输速率。

图 3-2　常见的模拟数据、模拟信号、数字数据和数字信号的转换方式

数字数据：由数据“位”（bit）、字节 B（Byte）、字长（Word）组成：

数据“位”（bit）：是计算机存储数据的最小单位。二进制数据中的一个“位”称为比特，用 bit 表示。一个二进制位有 0 或 1 两种状态，能表示 2 个十进制数。

字节 B（Byte）：为了表达更多的信息，需要把多个二进制“位”构成字节，是计算机数据处理的最小基本单位，简写为 B。每个字节由 8 个二进制“位”组成，即 1B = 8bit，可以表达 0~256 个十进制数。

在 ASCII 编码中，一个英文字母（不分大小写）占一个字节的空间，一个中文汉字占两个字节的空间。英文标点占一个字节，中文标点占两个字节。

字长（Word）：通常由一个或若干个字节组成。是计算机进行数据存取、加工和传送的数据

长度。

字长是计算机一次所能处理信息的实际位数，它决定了计算机数据处理的速度，是衡量计算机性能的一个重要指标，字长越长，该机的性能越好。

（4）如何进行模拟/数字（A/D）转换？模拟信号转换为数字信号需经由取样、量化、脉冲编码三个过程，如图3-3所示。

1）取样。

① PAM脉冲幅值取样：取样点的脉冲幅值应与原输入信号的幅值相同；取样脉冲的宽度应为无穷小。

② 取样脉冲的取样频率 f_s 应高于模拟输入信号最高频率的2倍。

音频信号的频率范围为20Hz～20kHz，因此取样频率通常为44.1kHz，也有的用48kHz或96kHz的采样频率。

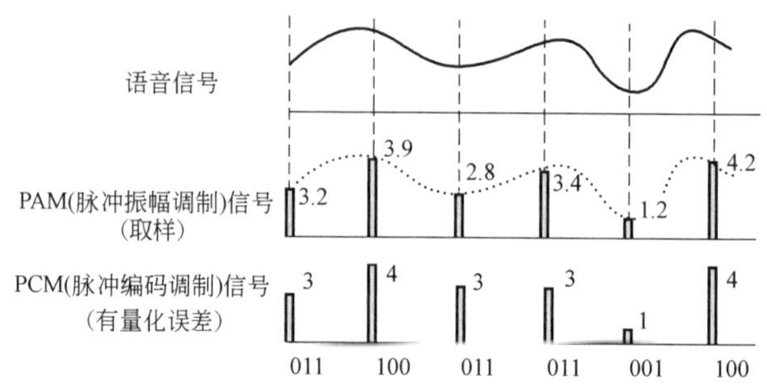

图3-3　模拟/数字转换

2）量化。

量化是用取样脉冲有限幅度的振幅值近似取代连续变化的模拟信号的振幅值。量化好比用一把“有刻度的尺子”（取样脉冲的有限振幅值）按四舍五入方法去读出对应时刻模拟信号振幅值的大小。

取样脉冲的有限振幅值（量化级）通常分为8bit级、16bit级，或者更多bit的量化级，这取决于系统的精确度要求。bit数越多，即“刻度”越精细，量化误差越小、失真越小，但是要求传输线路的带宽也更宽。数字音频的A/D转换器通常采用16bit或24bit的量化精确度。

3）编码。为适合数字网络传输，还需把各个时刻的取样的量化值变换成为可以传输的二进制码流，这个过程称为编码。其中最常用的是脉冲编码调制（PCM），数字编码信号称为基带信号。

3.1.3　数据通信方式

数据通信方式有并行传输和串行传输两类。

1. 并行传输

并行传输是在两个设备之间同时传输多个数据位，图3-4是一个字节的8bit二进制数位各占用1个信道同时传输。

并行数据传输的特点是传输速度快，同时占用信道多，通常用于近距离传输，如计算机与打印机或扫描仪之间的数据传输。

2. 串行传输

串行数据传输时，数据是一位一位依次在设备之间传输的，如图3-5所示。特点是只需占用一个传输信道，传输速度慢，适合远距离传输。

3. 串行通信的方向性结构

串行通信有单工通信、半双工通信和全双工通信三种。

（1）单工通信：又称单向通信。即只允许一个方向传送而不能反向传送。应用：有线广播（一点对多点）、公共广播系统（PA）和闭路电视系统等。

（2）半双工通信：又称双向交替通信。即通信双方既可以发送也可以接收信息，但双方不能同时发送（当然也不能同时接收）。这种通信方式是一方发送另一方接收，通过人工收发切换来实现。

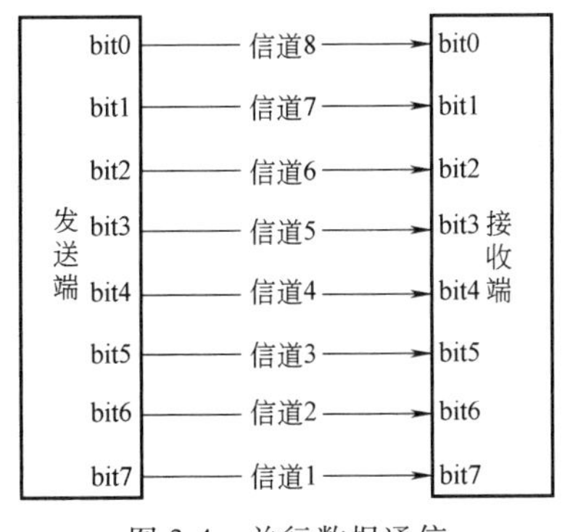

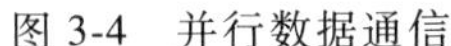
图 3-4　并行数据通信

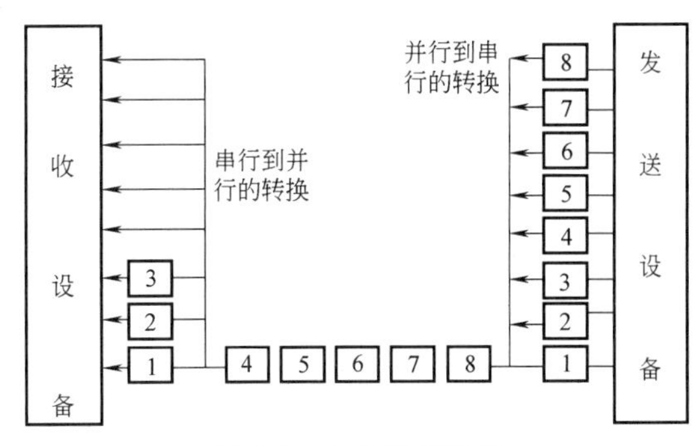

图 3-5　串行数据通信

（3）全双工通信：又称双向同时通信。即通信双方同时可以发送和接收信息。

单工通信和半双工通信只需要一条信道，全双工通信则需要两条通道，正如火车在单轨铁路或双轨铁路上行驶那样。显然，双工通信的传输效率最高。

4. 数字信号的传输方式

（1）基带传输：信道中直接传输基带信号（PCM 数据信号）称为基带传输。特点：传输速度快，误码率低，但需占用信道全部带宽，适合短距离传输，如局域网通信。

（2）频带传输：频带传输又称调制传输，把基带信号调制在数十兆赫的高频信号上，变换成占有一定带宽的模拟数据信号后再进行传输；特点是可以实施远距离传输、无线传输和信道复用，在发送端需要用调制器（Modem，俗称猫）将基带信号转换为模拟数据信号，在接收端需要用解调器解调出基带信号，如图 3-6 所示。

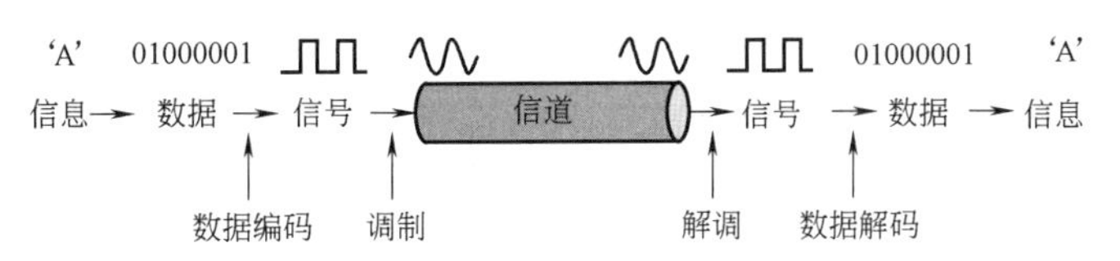

图 3-6　频带传输（适宜远距离传输）

5. 数据通信的主要技术指标

（1）带宽（Band Width）：传输信号的最高频率与最低频率之差称为信息带宽，单位为 Hz、kHz、MHz。

通常用带宽表示信道传输信息的能力。模拟信道的带宽越宽则信息的信噪比（S/N）越大，信道的极限传输速率也可越高。这就是为什么人们总是努力提高通信信道带宽的原因。

（2）数据传输速率（Data Transfer Rate）：是指信道中每秒传送数据代码的比特数，单位为 bit/s。常用单位为千比特每秒（kbit/s）、兆比特每秒（Mbit/s）、吉比特每秒（Gbit/s）和太比特每秒（Tbit/s）。另一个常用单位为调制速率（Baud，波特），1Baud（波特）可携带 n bit 的信息量。当 $n=1$ 时，1Baud = 1bit/s。

数据信号（基带信号）远距离传送时，需把数据信号通过调制解调技术进行传送 ，在接收端通过解调器得到数据信号。数据在对高频载波调制的过程中会使载波的各种参数产生变化（幅度变化、相位变化、频率变化），如图 3-7 所示。

1）振幅键控（ASK），即载波的振幅随基带数字信号而变化。例如，0 对应的是无载波输出；而 1 对应的是有载波输出。

2）频移键控（FSK），即载波的频率随基带数字信号而变化。例如，0 对应的频率是 f_1，而 1 对应的频率是 f_2。

3）相移键控（PSK），即载波的初始相位随基带数字信号而改变。例如，0对应于相位0°，而1对应于相位180°。

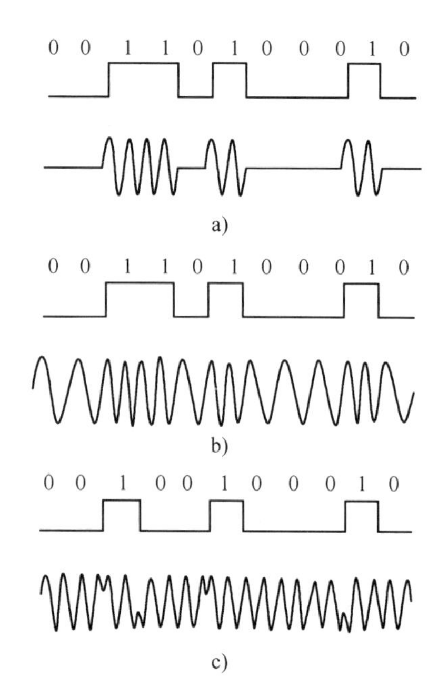

图3-7　数据信号对模拟载波的调制
a）振幅键控法　b）频移键控法
c）相移键控法

上述数据信号对载频的调幅、调频和调相，分别称为振幅键控（Amplitude Shift Keying，ASK）、移频键控（Frequency Shift Keying，FSK）和相移键控（Phase Shift Keying，PSK）。相移键控还可再分为绝对相移键控（HPSK）和相对相移键控（DPSK），即0对应于相位发生变化，而1对应于相位不变化。DPSK具有更高的抗干扰性能。如果把振幅调制（ASK）和相位调制（PSK）或频率调制（FSK）混合在一起，就形成一个正交调制QAM（Quadrature Amplitude Modulation）。正交调制传送1个码元（0或1）可以传送4bit的信息量，因此，由FSK或PSK组成的QAM正交调制可增加4倍的信息传输率。

调制速率（Baud，波特率）：波特率又称调制速率或符号率，是描述数据信号对模拟载波调制过程中，调制数据所映射载波参数变化（幅度变化、相位变化、频率变化）的bit（比特）数。

数据信号是由符号（即单位码元）组成的，随着采用的调制技术的不同，调制数据所映射的比特数也不同。

要提高信息传输速率，必须设法（通过调制）使每个Baud（波特）能携带更多个bit的信息量。例如：要传送的基带信号是：101011000110111010……，如果希望1波特要能携带3bit信息量，那么可把每3bit数据编为一组（简称码组）。3bit码组可表达以下8个不同的二进制数值：$(000)_2=0$（φ_0），$(001)_2=1$（φ_1），$(010)_2=2$（φ_2），$(011)_2=3$（φ_3），$(100)_2=4$（φ_4），$(101)_2=5$（φ_5），$(110)_2=6$（φ_6），$(111)_2=7$（φ_7）。

101011000110111010001100这些数据信号调相后的正弦波相位分别为：φ_5（101），φ_3（011），φ_0（000），φ_6（110）φ_7（111），φ_2（010），φ_1（001），φ_4（100）。

如果基带信号不进行码组调相处理，那么，每个Baud（波特）只能携带1bit的信息量，每秒发送8Baud的调相信息量为1bit×8=8bit。

如果用3bit码组调相，每个波特码组携带3bit信息量，此时发送$\varphi_4\varphi_5\varphi_3\varphi_0\varphi_1\varphi_6\varphi_7\varphi_2$ 8个波特的调相码组，就能每秒发送的信息量为3bit×8=24bit。这样就可以提高数据的传输速率了。

（3）信道容量：是指在一定信噪比条件下，信道无差错传输的最大数据传输速率，代表信道的最大信息传输能力，即信道的极限带宽，单位也用bit/s。

信道容量与数据传输速率的区别在于，前者是表示信道传输数据能力的极限，而后者则表示信道中实际传输的数据速率。就像公路上的限速值与汽车实际速度之间的关系一样，它们虽然采用相同的单位；但表征的是不同的含义。

信道容量受传输通道带宽和传输距离对信号的衰减的限制，以及各种外来干扰信号的影响，使输出端波形质量变差，直至输出端很难判断出信号是1还是0；信道距离越长，信号受到的衰减越大，信道容量也就越小。图3-8给出了数字信号通过传输线路的实际输出波形。

1948年，香农（Shannon）用信息理论推导出了受传输线路带宽的限制，而且存在高斯白噪声干扰的信道的极限信息传输速率C可表达为：

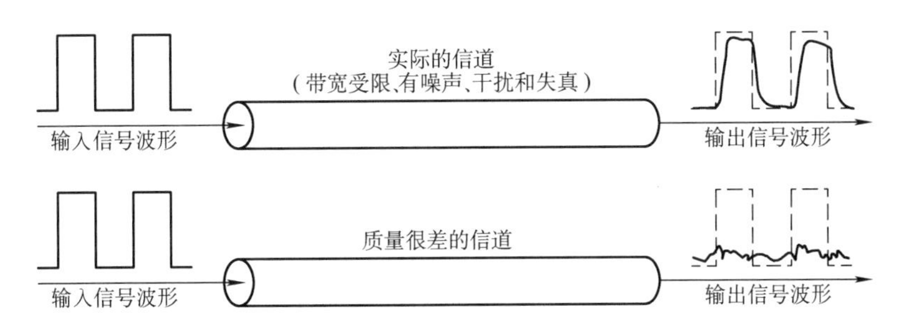

图 3-8　数字信号通过传输线路的实际输出波形

$$C=W\log_2(1+S/N) \tag{3-1}$$

式中　C——信道的极限信息传输速率，单位为 bit/s；

W——信道的带宽，单位为 Hz；

S——信道内传输信号的平均功率，单位为 mW；

N——信道内部的白噪声功率，单位为 mW。

香农公式表明，信道的带宽 W 越宽、信道中信息的 S/N 信噪比越高，则信道的极限传输速率也就越高。此外，公式还表明，只要信息的最高码率低于信道的极限传输速率，就一定可以找到无差错传输的方法。

由于香农公式还没有考虑信号传输过程中的各种电磁脉冲干扰和传输过程中产生的失真等因素，因此实际信道上传输的信息速率比式（3-1）计算出来的极限传输速率更低。例如：频响特性为 300~3400Hz 带宽的一个标准电话信道，在该频带中，接近理想带宽的是中间一段，即 W=3400Hz-300Hz=3100Hz 左右。如果要让传输系统输出信号的信噪比 S/N=30 倍，那么按式（3-1）可计算出该话路的极限信息传输速率为

$$C=3100\log_2(1+30)\,\text{bit/s}=3100\times\log_2(31)\,\text{bit/s}=8400\text{bit/s}(8.4\text{kbit/s})$$

（4）时延（Latency/Delay）：一个报文（Message，是网络中交换与传输的数据单元，即站点一次性要发送的数据块）或分组从一个网络或一条链路的一端传送到另一端所需要的时间。总时延=发送时延+传播时延+处理时延+排队时延。

（5）误码率 P_e：是指数据传输中被传错的比特数与传输的全部比特总数之比，即 $P_e=N_e/N$。在计算机通信系统中对误码率的要求是低于 10^{-6}，即平均每正确地传输 1Mbit 二进制码，才能错传 1bit 二进制码。若误码率达不到这个指标，可以通过差错控制方法进行检错和纠错。

3.2　数据交换技术

无论是打电话还是计算机终端之间进行通信，都需要通过交换机来选择信号的传送路径和建立通信线路，然后才能进行信息交换。信息交换方式有电路交换和分组交换两类。

1. 电路交换

电路交换（Circuit Switching）也称为线路交换，是一种直接的交换方式，为一对需要进行通信的节点之间提供一条临时的专用通道，由多个节点交换机和多条中继线路组成一条链路，如图 3-9 所示。

通话之前必须先拨号呼叫，通过交换机将拨号信令送到被叫用户所在地的交换机，并向用户话机发出电话振铃信号，被叫用户摘机，摘机信令回传到主叫方的交换机后，呼叫即成功。

从主叫端 A 到被叫端 B 就建立了一条物理通路，双方可以开始通话；通话结束，主叫方挂

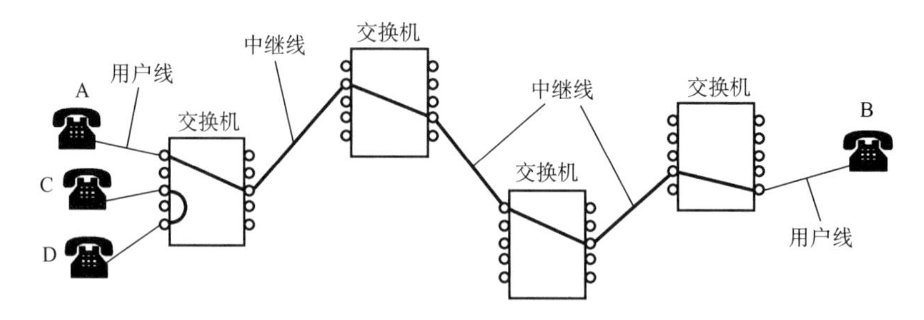

图3-9　A与B两个用户端之间的电路交换通信

机，释放连接通路。

电路交换的通信双方都要在线工作，并且必须运用“确认、通信、释放”三阶段的发送-接收服务，因此被称为面向连接的电路交换技术。

电路交换的优点：

（1）双方通话的时长和内容不受交换机的约束。

（2）传输延迟小，唯一的延迟是信号的传播时间。

（3）线路一旦接通，不会与其他主机发生冲突。

（4）传输数据固定，可靠性高，实时响应能力好。

电路交换的缺点：

（1）通信双方都要在线工作。

（2）线路利用率低，通信双方一旦接通，便独占一条物理线路。

（3）不具备差错控制能力，无法达到计算机通信系统的要求。

（4）通信双方必须做到编码方法、信息格式和传输控制等技术要求一致才能进行通信。

2. 分组交换

用电路交换方法传输计算机数据时，线路的传输效率是不高的。因为计算机是以突发方式向传输线路发送数据，因此线路上真正用来传输数据的时间往往不到10%，绝大部分时间内，通信线路实际上是空闲的。

分组交换（Packet Switching）采用“存储-转发”交换方法。将一次性发送的数据信息（称为报文Message）划分成一段一段更小的等长数据段（小报文），例如，每个数据段可分为1500B，然后在每个数据段前面再加上一些必要的目的地址和源地址等重要控制信息，组成首部（Header），首部+数据段构成一个分组，并以分组作为传输单位，如图3-10所示。

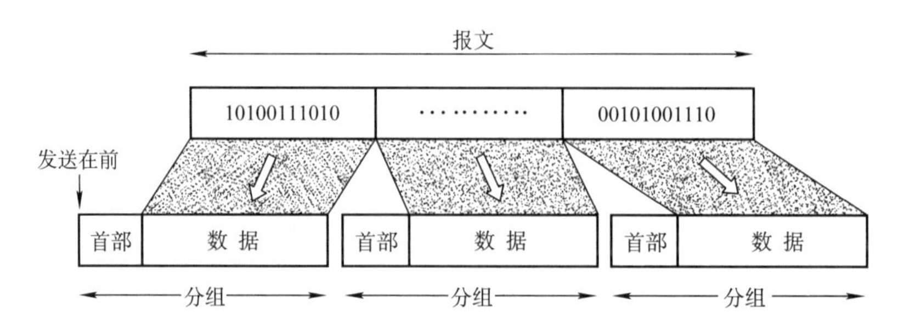

图3-10　分组交换

分组的首部也称为“包头”，有了它才能使每个分组在交换网络中独立地选择路由。交换网把进网的任一分组都当作单独传送的“小报文”来处理，而不管它属于哪个报文的分组，都可进行单独处理。这种分组交换方式简称为数据包传输方式，作为基本传输单位的“小报文”被称为数据包（Datagram）。

分组交换时不需要先建立一条连接线路。这种不需先建立连接而随时可发送数据的传输方式，称为无连接（Connectionless）传输。

分组交换的优点：

（1）迅速：不需先建立连接，就可向其他计算机发送分组数据。

（2）高效：动态分配传输线路带宽，通信链路实行逐段占用。

（3）灵活：同一报文的不同分组可以由不同的传输路径转发，最终到达同一个目的地址。

（4）可靠：完善的网络协议管理和控制机制，分布式的路由分组交换网，提高了可靠性。

（5）适应不同速率和不同数据格式的系统之间通信。

分组交换的缺点：

（1）延时较大：分组数据包在传输网络各节点进行存储-转发时需排队，造成延时较大。

（2）各分组必须携带一个作为控制用的“首部”（包头），增加了数据传输的开销。

（3）整个分组交换网需要专门的网络协议管理。

3.3　信道复用技术

为解决彼此独立的多路数据信号合并在同一信道上同时传输的问题，共享信道资源，提出了信道复用技术，如图 3-11 所示。信道复用技术分为频分复用（FDM）和时分复用（TDM）两大类。

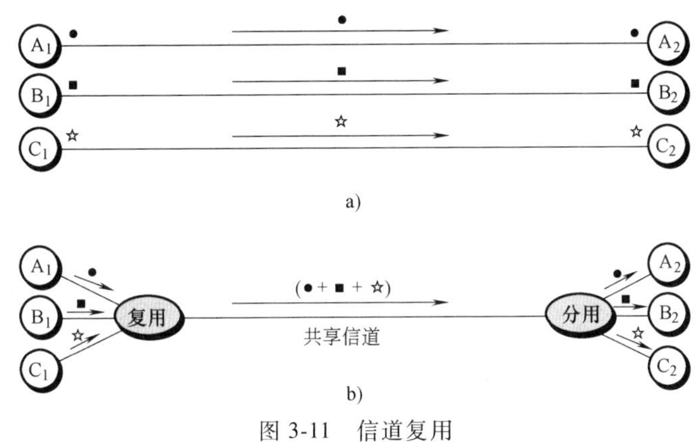

图 3-11　信道复用

a）使用单独的信道　b）使用共享信道

3.3.1　FDM 频分复用技术

频分复用（Frequency Division Multiplex，FDM）技术是模拟传输系统为解决在一条传输线路上能够同时传输多路信号而采用的技术处理方法。常用于电话、广播和有线电视信号的传输。

FDM 采用频谱搬移的方法，把需传输的各路信号对不同频率的高频载波（正弦波）进行调制，调制后的各频道的信号频谱在频率轴上会按规定的频道间距相互隔开而不会相互重叠。接收端解调时只要使用相对应的带通滤波器把各频道的信号分别过滤出来，如图 3-12 所示。

频分多路复用技术最初用于电话通信系统。每一路电话需要 300~3000Hz 的频谱带宽，双绞线缆的可用带宽是 100kHz，因此在同一根双绞线缆上采用频分复用技术后，最多可同时传输 24 路电话。图 3-13 是频分复用技术在电话通信中的应用。图中的第一个滤波器为 0~4kHz 低通滤波器，它只能让0～4kHz的话音频谱通过，阻止4kHz以上的频率进入系统。第二个滤波器是经载频调制后采用的带通滤波器，它的作用是只能让该通道调制后的有用频谱通过，阻止有用频谱之外的其他频率成分通过。多路复用器是把各路不同载波频率的调制频谱合成在一起，作为一路信号加载于一条传输线路上同时传输。

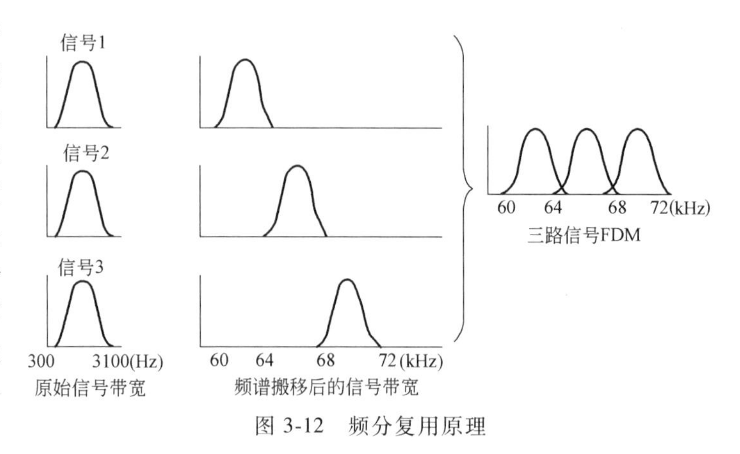

图3-12　频分复用原理

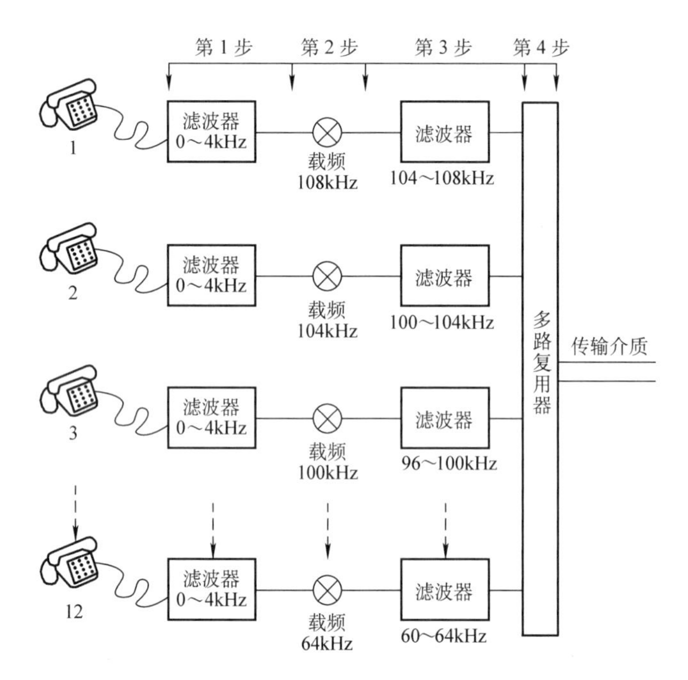

图3-13　频分复用技术（FDM）在电话通信中的应用

如果传输媒体是无线系统，为适应无线电波发送的需要，在多路复用器之后还需对合成信号进行频率更高的射频（RF）调制。为便于区别前后两种调制，前面那个调制称为副载频调制，在复用器之后对更高载波频率的调制称为射频（载频）调制，FDM频分复用技术可容纳的最大复用信道数量N与传输媒体（传输线路）的带宽和每路信号的频谱宽度的关系如下：

$$N=(\text{传输媒体的带宽 }B-\text{信道间的隔离频带宽度 }\Delta B)\div\text{每路信号的频谱宽度} \tag{3-2}$$

FDM频分复用技术系统结构简单，在长途干线通信中采用放大器（中继器）可补偿信号的传播衰减。在广播电视（包括卫星电视）、CATV电缆电视和数字数据传输中获得较多应用。

3.3.2　TDM时分复用技术

FDM频分复用技术的最大优点是系统结构简单，缺点是随着复用信道的增多，通道间的窜音干扰也会增大，限制了复用通道的数量。时分复用（Time Division Multiplex，TDM）技术的最大优点之一是在一对传输线路上可同时传输更多数量的数字基带信号而不会产生通道间的窜音干扰。

时分复用的原理是把需传输的各路用户信号在规定的时间长度内按序进行打包（Package）成 TDM 时分复用帧，然后再往线路上一帧接一帧连续传输，如图 3-14 所示。

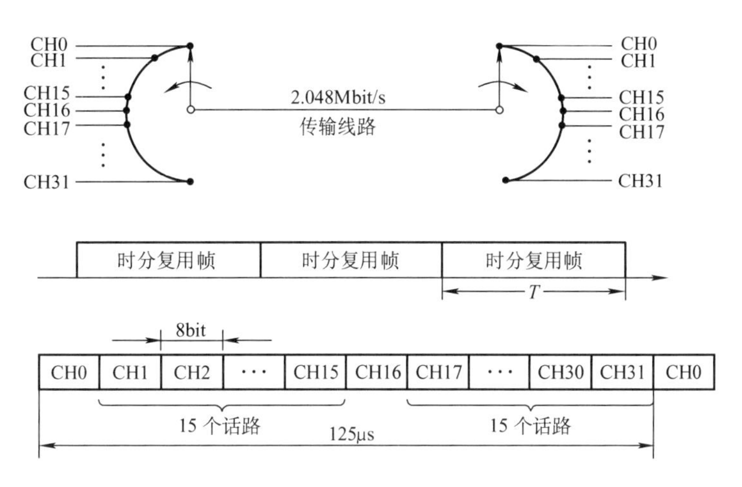

图 3-14　E1 的时分复用帧

不难看出，时分复用的各用户只是按时间顺序占用公共传输通道，因而各用户之间不会发生干扰。

每个用户在 TDM 帧中占有固定序号的相等时隙，因此 TDM 信号也称为等时信号。

中国和欧洲采用的时分复用规格为 E1，E1 复用帧的周期（即采样频率 f 的周期）$T=125\mu s$，即每秒需传输 8000 时分复用帧 $\left[f=\dfrac{1}{T}=1/(125\times10^{-6})=8000\text{ 帧}\right]$。在 $125\mu s$ 复用帧时间中再划分为 32 个相等的时隙（$125\mu s/32=3.9\mu s$），每个时隙传输 8bit 数据（小报文），因此 32 个时隙共传输 $32\times8\text{bit}=256\text{bit}$ 数据。各时隙的编号为 CH0～CH31。时隙 CH0 中的数据信号用作收发之间的帧同步通道，时隙 CH16 用来传送信令（如用户的拨号命令）通道。每个通道 8bit 的数据包支持 64kbit/s 的数据速率，因此传输网络中的数据速率为 $32\times64\text{kbit/s}=2.048\text{Mbit/s}$。

如果要在 $T=125\mu s$ 时分复用帧传输 64 个用户通道，此时每个用户通道分配到的时隙宽度为 32 通道的减半，即 $125\mu s/64=1.95\mu s$。8bit 的通道数据需要用更窄的单元脉冲编码，单元脉冲越窄它们的频谱宽度也越宽。复用的用户越多，每个用户分配到的时隙宽度也越小，数据编码脉冲的宽度也越窄，数据码的速率也越高，要求传输系统的带宽也越大。

图 3-15 是频分复用与时分复用的区

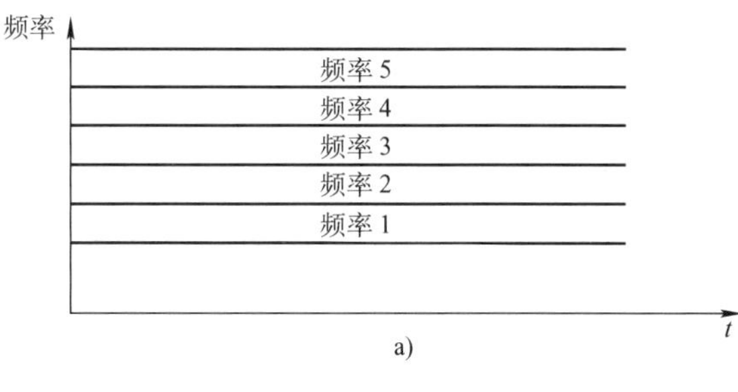

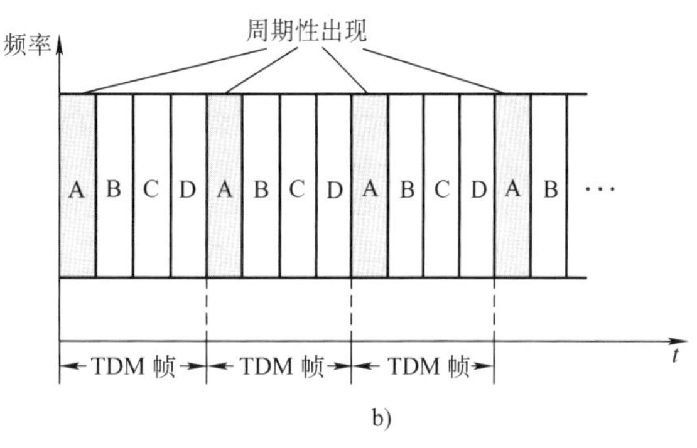

图 3-15　频分复用与时分复用的区别

a）频分复用　b）时分复用

别，从频域来看，频分复用系统各用户所占用的频率范围（频带）是相同的，如图 3-15a 所示，时分复用中的每个用户（A、B、C、D）所占的时间间隙是不连续地周期性地出现。

3.3.3　STDM 统计时分复用技术

由于计算机数据传输是突发性的，每个计算机用户对已经分配到的信道的利用率一般都是不高的。当用户在某一段时间暂时无数据传输时，那么只能让已分配到的信道空闲着，而其他用户又无法使用这个暂时空闲的线路资源。图 3-16 说明了这个概念。这里假定有 A、B、C、D 四个用户进行时分复用。复用器按①→②→③→④的时序依次扫描 A、B、C、D 各用户的时隙构成时分复用帧，每个时分复用帧中包含四个用户时隙（用户数据包）。可以看出，当某个用户暂时无数据发送时，时分复用帧分配给该用户的时隙只能处于空闲状态，其他用户又不能使用这些空闲时隙，导致复用后的信道利用率不高。

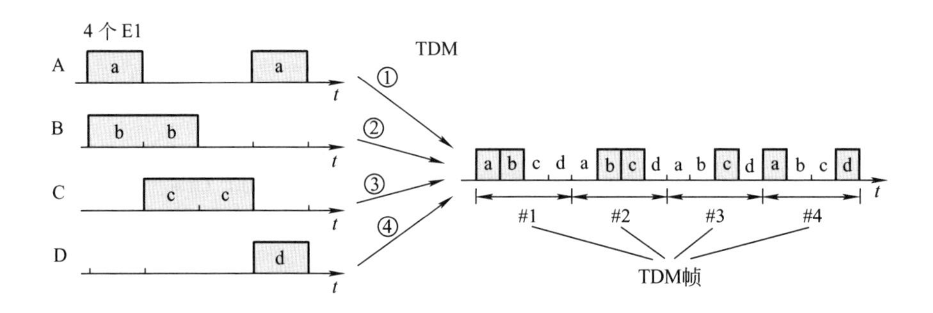

图 3-16　时分复用帧的空闲时隙

统计时分复用（Statistic TDM，STDM）就是为了充分利用时分复用的空闲时隙而设计的一种改进的时分复用，它可以明显地提高信道的利用率。图 3-17 是统计时分复用的原理图。

STDM 与 TDM 主要的区别是各用户发送的数据都先存入一个集中器的缓存，然后复用器再按顺序依次扫描集中器的缓存，将缓存中的各路输入数据顺序送到 STDM 帧中。当一个复用帧的数据放满了，就发送出去。因此，STDM 复用帧不是固定分配时隙，而是按需动态地分配时隙。在 STDM 中，某个用户所占的时隙并不能周期性地出现，因此统计时分复用又称异步时分复用，而普通的时分复用（TDM）称为同步时分复用。

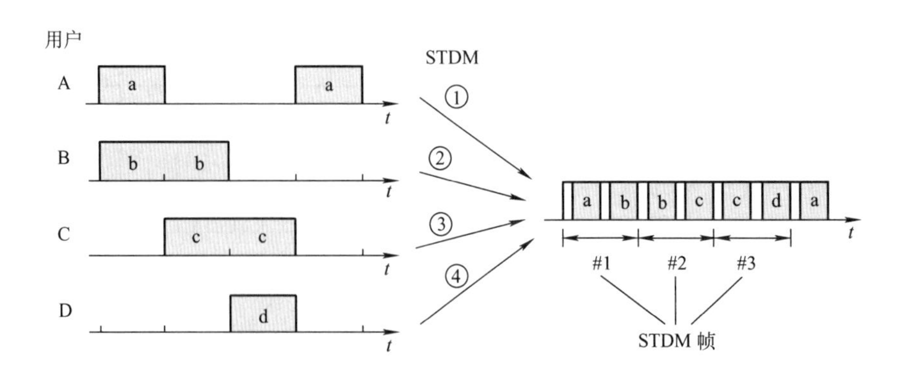

图 3-17　统计时分复用原理

3.4　同步通信和异步通信

无论是频分复用系统还是时分复用系统，都存在着收发系统之间的同步问题。在数字传输系统中，收发之间的同步功能涉及接收端能否正确无误地解调出数据信息。因此同步系统至关重要，要求同步系统具有很高的可靠性，同步信号必须比信息信号有更强的抗干扰性能。但同时又希望同步信号不要过多地消耗发射功率，不要占用过多的信道资源或频率资源，不要增加系统的复杂性等。

3.4.1　同步通信

数据通信中一个重要问题是数字信号传输到接收端时，接收端收到的比特流要与发送端的比特流同步，只有这样，接收端才能正确地判断收到的码元是 1 还是 0。如果这个判决时间不正确，就会发生判决错误，甚至无法解调出数据编码序列。

同步通信要求接收端的时钟频率和发送端的时钟频率相等（通常称为时钟同步）。严格的同步通信是用一个高稳定度（长期稳定度优于$\pm 1.0\times 10^{-11}$）的精确时钟负责全网时钟同步，全网所有通信设备的时钟频率都来自这个主时钟频率。解决频率同步的基本方法是在接收端用锁相环路（Phase Locked Loop，PLL）提取高纯度的时钟信号。

同步通信系统的解码（解调）精度高、误码率低，但是费用昂贵，现在只在重要通信系统和军事通信系统应用，而在一般民用通信系统中则采用另一种称为异步通信的方法。

3.4.2　异步通信

异步通信是将发送的数据以字节 B（Byte，1B = 8bit）为单位进行逐个字节的封装，并在每个封装字节中增加一个起始比特和一个停止比特，连同数据字节共 10bit，然后将这个由 10bit 组成的数据单元一个又一个发送出去。在接收端，每收到一个起始比特，就知道有一个 10bit 的数据单元到了，并开始判断，但只判断紧随其后的数据单元。因此，即使接收端的时钟不太正确，只要它能保证正确接收 10bit 就行，但判断第 10 个比特时的取样点位置不能超过半个比特的宽度。

异步通信的另一个特点是发送端在发送完一个字节后（即停止比特结束后），可以经过任意长的时间间隔再发送下一个字节。异步通信是通过增加 2bit 通信开销，从而可以使用廉价的、具有一般精度的时钟来进行数据通信。

3.5　数据通信网络分类和通信协议

不同地域的诸多计算机和客户终端按照规定的通信协议，实现数据交换、资源共享、在线处理事务的系统，称为数据通信网络体系。

3.5.1　数据通信网络分类

数据通信网络已遍布全国各地和各家各户，由功能各异、规模不同、属性不同的各类通信网络互联构成，主要有以下几种分类方式：

1. 按通信地域分布分类

（1）局域网（LAN）。局域网的分布区域从几米到几公里，传输覆盖区从家庭、办公室、大厦到园区，是使用最广泛的数据通信网。局域网的典型特性为：高数据率（1Mbit/s~10Gbit/s）、短距离（0.1~25km）和低误码率（10^{-11}~10^{-8}）。

（2）城域网（MAN）。城域网的分布区域从几公里到几百公里，传输覆盖区以城市为主，城域网以高速率、大容量宽带方式实现城域内的各个局域网互联和用户宽带接入业务。

（3）广域网（WAN）。广域网的地理分布范围从几百公里到数千公里，把各个城域网互联起来，采用大容量长途传输技术。跨网交换信息的网络称为互联网。

（4）国际互联网（Internet）。国际互联网又称因特网。它是全球最大的、开放的、由众多国际网络互联而成的计算机互联网。Internet 国际互联网提供了极为丰富的信息资源和应用服务。

（5）内部网（Intranet）。内部网又称内联网，是专门为政府机关或企业网内部服务的网络。采用防止外部侵入的安全措施与外界联接。

（6）外部网（Extranet）。外部网又称外联网，它是以企业的内部网为基础，企业通过计算机技术形成扩展的企业网络，使企业延伸到客户、供应商、合作伙伴，从一个有形的企业变成一个更大的相关企业虚拟网络，改变了现有的人际交往和组织部门间的通信方式。

2. 根据网络拓扑结构分类

“拓扑”这个名词是从几何学中借用来的。网络拓扑结构是指网络互联各种设备的物理布局，就是用什么方式把网络中的计算机等设备连接起来。主要有星形拓扑结构、环形拓扑结构、总线型拓扑结构、树形拓扑结构、网际拓扑结构等。

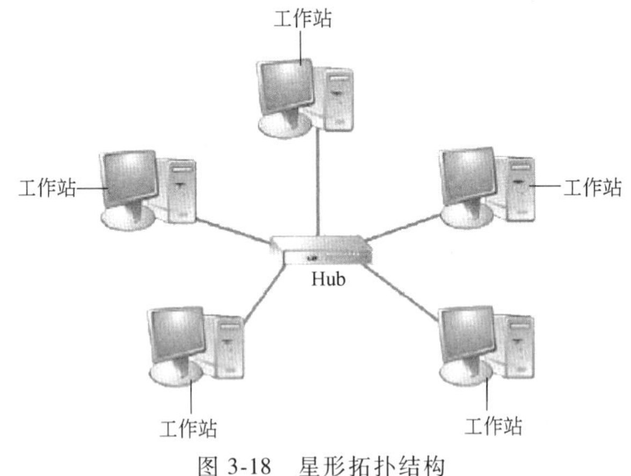

图 3-18　星形拓扑结构

（1）星形拓扑结构。星形拓扑结构是以中央节点为中心与其他各节点相连组成，各节点与中央节点通过点对点方式连接，中央节点执行集中式通信控制，如图 3-18 所示。在星形结构的拓扑网络中，任何两个站点进行通信都必须经过中央节点控制。在文件服务器/工作站局域网中，中央节点为文件服务器，存放共享资源。中心点与多台计算机相连，大多采用集线器 Hub 连接。Hub 具有信号再生转发功能，通常有 4 个、8 个、12 个、16 个和 24 个端口等规格。

星形拓扑结构的特点是：网络结构简单、便于管理、集中控制、组网容易、网络延迟时间短、误码率低；但网络共享能力较差，通信线路的利用率不高、中央节点的负担过重。网络中可同时连接双绞线、同轴电缆及光纤等多种传输媒体。

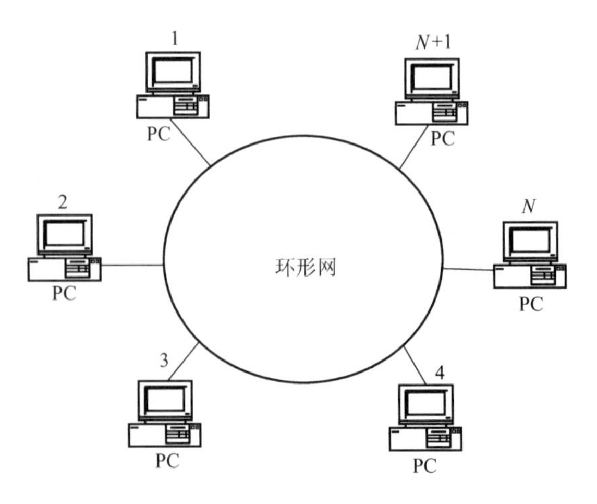

图 3-19　典型的单环环形拓扑结构

（2）环形拓扑结构。环形拓扑结构中各节点通过环路接口连接在一条首尾相连的闭合环形通信线路中，环路上任何一个节点均可请求发送信息和接收信息。环形拓扑结构中的数据流既可单向传输（单环），如图 3-19 所示；也可以双向传输（双环）如图 3-20 所示。在双环环形拓扑结构中，数据信息流在一个环中按顺时针方向传输，在另一个环中按逆时针方向传输，任何一个环发生故障时，另一个可作为备份，如果两个环在同一点发生故障，则两个环可合成一个单环，但传输线长度几乎增加一倍。

由于环线是公用的，一个节点发出的数据信息必须穿越环中所有的环路接口，信息流中的目的地址与环上某个节点地址相符时，信息会被该节点的环路接口所接收，后面的信息继续流向下一个接口，直至回到发送该信息的环路接口节点为止。

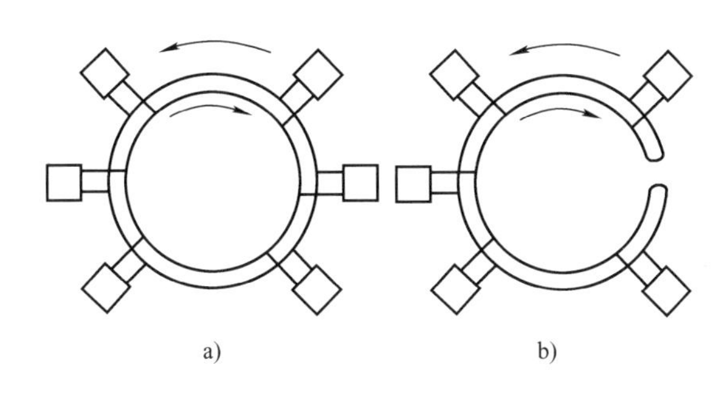

图 3-20　双环环形拓扑结构

a）双环网络正常时的数据传输图　b）双环网络断网时的数据传输图

环形网的特点是：信息在网络中沿固定方向流动，两个节点间仅有唯一的通路，大大简化了路径选择的控制。某个节点发生故障时，可以自动旁路，可靠性较高。当网络确定后，其延时也固定，实时性较强。但当环路节点过多时，影响传输效率，网络响应时间变长；此外，由于环路是封闭的，因此扩充不方便。

环形网是局域网常用的拓扑结构之一，适合于信息处理系统和工厂的自动化系统。1985 年 IBM 公司推出的令牌环网（IBM Token Ring）是它的典范。它在 FDDI（光纤分布式数据接口）中应用较广泛。

（3）总线型拓扑结构。用一条称为总线的中央主电缆将各计算机连接起来的布局称为总线型拓扑结构，如图 3-21 所示。

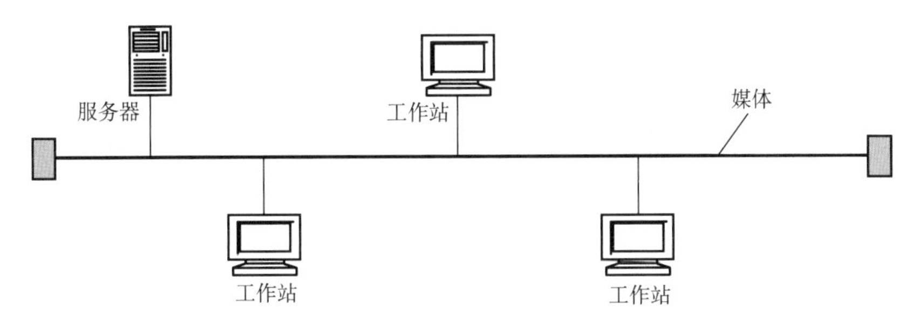

图 3-21　总线型拓扑结构

在总线型拓扑结构中，所有网上的计算机都通过相应的硬件接口直接连到总线上。任何一个节点的数据信息都可沿着总线向两个方向传输扩散，并能被总线上任何一个节点接收。

总线的长度有一定限制，一条总线只能连接一定数量的节点。在总线的两个端头，必须连接终端负载（末端阻抗匹配器），终端负载的大小应与总线的特性阻抗相符合，这样可达到最大限度地吸收传送到总线终端被反射回来的信号能量，避免反射回波的干扰。

总线型拓扑结构的特点是：结构简单灵活，便于扩充，可靠性高，网络响应速度快，价格低，便于安装，共享资源能力强，因此是目前使用最广泛的拓扑结构。

（4）树形拓扑结构。树形结构是总线型结构的扩展，它是在总线网上加上分支形成的，传输介质可有多条分支，但不形成闭合回路。树形网是一种分层网络，具有一定的容错能力，一般来说，一个分支或一个节点的故障不会影响另一个分支节点的工作，任何一个节点发送出的数据信息可以传遍整个传输介质，如图3-22所示。

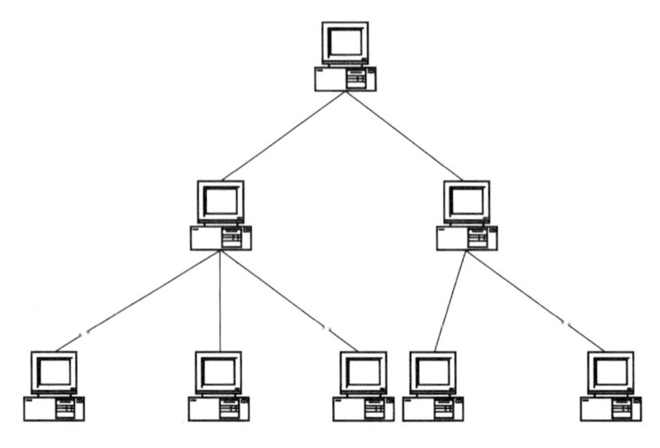

图3-22　树形拓扑结构

（5）网际拓扑结构。在实际组网中，拓扑结构不一定是单一的，通常是几种结构的混用。还可将多个子网或多个局域网连接起来构成网际拓扑结构。

在子网中，用集线器（Hub）、中继器将多个设备连接起来。多个子网可用网桥（Bridge）、路由器（Router）、交换机（Switch）和网关（Gateway）等设备将子网连接起来，如图3-23所示。

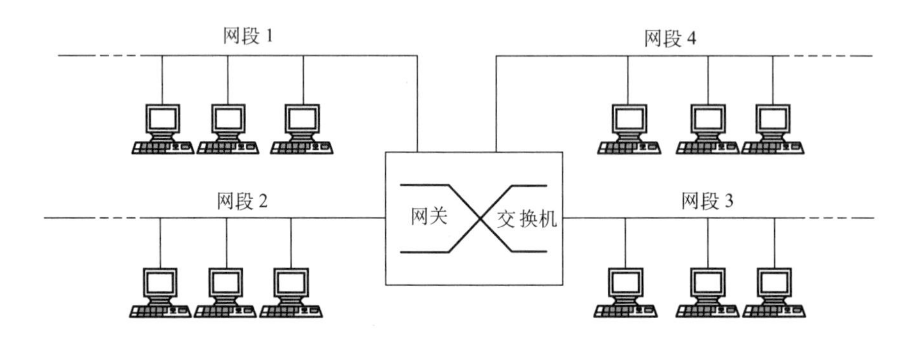

图3-23　用交换机连接网段

3.5.2　互联网通信协议

采用共同遵守标准化协议的互联网络称为Internet（因特网），又称国际互联网。它是全球最大的、开放的、由众多网络相互连接而成的特定计算机网络。

因特网有五种类型的网络互联：①相同类型的局域网互联；②不同类型的局域网互联；③通过主干网将局域网互联；④通过广域网（WAN）将局域网互联；⑤局域网上的计算机访问外部网上的计算机系统。

不同地域的诸多计算机互联在一起的网络要进行通信，会遇到许多需要解决的问题。连接不同类型的网络时，会遇到更多复杂问题。例如：不同的网络结构；不同的传输规则；不同的寻址方案；不同的最大分组长度；不同的网络接入机制；不同的超时控制；不同的纠错方法；不同的路由选择；不同的用户接入控制；不同的管理和网络安全问题；等等。

要确保通信数据能顺利地传送到目的地，通信各方需要建立共同遵循的规则和约定，这些规则和约定称为通信协议（Communications Protocol）。

通信协议制定法则：把复杂的通信协调问题进行分解和分层处理，每一层实现相对独立的功能，上下层之间互相提供服务；使复杂问题简单化，便于对网络功能的理解和标准化。

1. 互联网体系的七层协议

1979 年国际标准化组织（ISO）成立了一个专门研究机构，提出了解决计算机在世界范围内互连互通的标准框架，即 7 层架构的“开放系统互连基本参考模型 OSI/RMl”，简称 OSI。通信双方（系统 A 主机和系统 B 主机）的每层都有自上而下和自下而上两种服务功能，如图 3-24 所示。

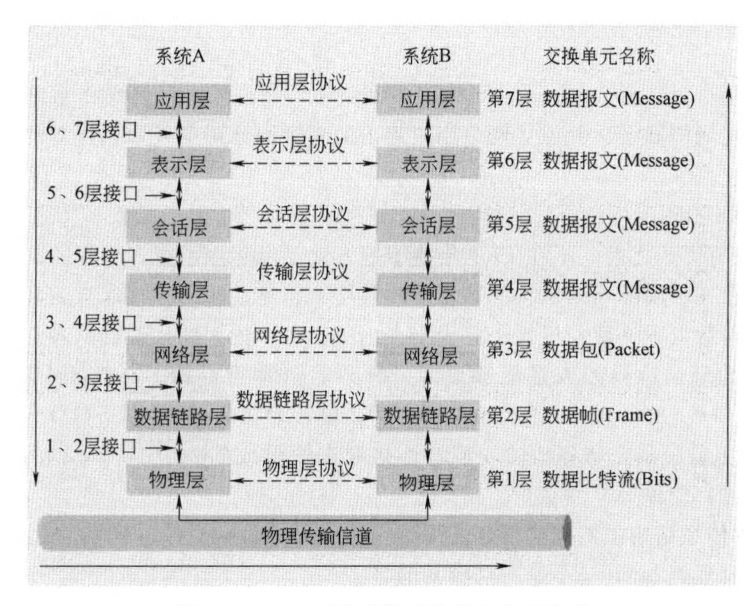

图 3-24　OSI 开放系统互连基本参考模型

（1）物理层（Physical Layer）。物理层的作用是实现计算机间比特流的透明传送。“透明传送比特流”表示经实际电路传送后的比特流不会发生变化。

（2）数据链路层（Data Link Layer）。数据链路层的任务是：解决同一网络内节点之间的通信问题，建立和管理节点间的链路，提供可靠的传输数据的方法。

具体工作是：

1）（自下往上传送时）装帧：接收来自物理层的比特数据流，并封装成 MAC 帧，并传送到上一层（网络层）或本层（局域网）寻址自用。

2）（自上往下传送时）拆帧：将来自上层的 MAC 数据帧，拆装为比特流数据并转发到物理层，以便提供可靠的数据传输。

（3）网络层（Network Layer）。网络层的主要任务是解决不同网络间的通信问题，通过路由选择算法，为报文或分组选择最适当的路径。

网络层把数据链路层的数据转换为 IP（网络互联协议）数据包，然后通过路径选择、分段组合、顺序控制、进/出路由等控制，将信息从一个网络传送到另一个目的网络。

（4）传输层（Transport Layer）。传输层是 OSI 模型的第 4 层。主要任务是：为上、下两层提供可靠的数据传送，提供可靠的端到端的无差错和流量控制，保证报文的正确传输，监控服务质量。

自下往上传送时：向高层（会话层和应用层）透明地传送报文。TCP（传输控制协议，是一种面向连接的通信协议）和UDP（用户数据报协议），用来支持需要在计算机之间传输数据的网络。

自上往下传送时：从会话层获得数据，向网络层提供传输服务，这种服务在必要时，对数据进行分割，并确保数据能正确无误地传送到网络层。

（5）会话层（Session Layer）。会话层的任务就是组织和协调两个主机之间的会话进程通信，并对数据交换进行管理。当建立会话时，用户必须提供他们想要连接的远程地址。而这些地址与MAC地址或网络层的逻辑地址不同，它们是为用户专门设计的，更便于用户记忆。

（6）表示层（Presentation Layer）。表示层的主要功能是“处理用户信息的表示问题，对来自应用层的命令和数据进行解释，对各种语法赋予相应的含义，并按照一定的格式传送给会话层。

（7）应用层（Application Layer）。负责完成网络中应用程序与网络操作系统之间的联系，建立与结束使用者之间的联系，并完成网络用户提出的各种网络服务及应用所需的监督、管理和服务等各种协议。

2. 什么是TCP/IP

在Internet没有形成之前，早在1969年各个地方就已经建立了很多小型的网络。但是各式各样的小型网络却存在不同的网络结构和数据传输规则，将这些小网连接起来后各网之间要通过什么样的规则来传输数据呢？就像世界上有很多个国家，各个国家的人说的是各自的语言，怎样才能互相沟通呢？如果全世界的人都能够说同一种语言（即世界语），这个问题不就解决了吗？TCP/IP就是Internet上的“世界语”，中文译名为传输控制协议/互联网络协议。

Internet实际上就是将全球各地的局域网连接起来而形成的一个“网际网”，简单地说，Internet就是由底层的IP和TCP组成的。

OSI 7层协议体系结构虽然概念清楚、理论完整、分工明确、各司其职，但实现起来太复杂，运行效率很低。要理解Internet不是一件容易的事。

TCP/IP的开发研制人员将互联网体系7层协议简化为便于理解的TCP/IP 5层体系结构，称为互联网分层模型或互联网分层参考模型。图3-25是OSI体系结构与TCP/IP体系结构的关系。

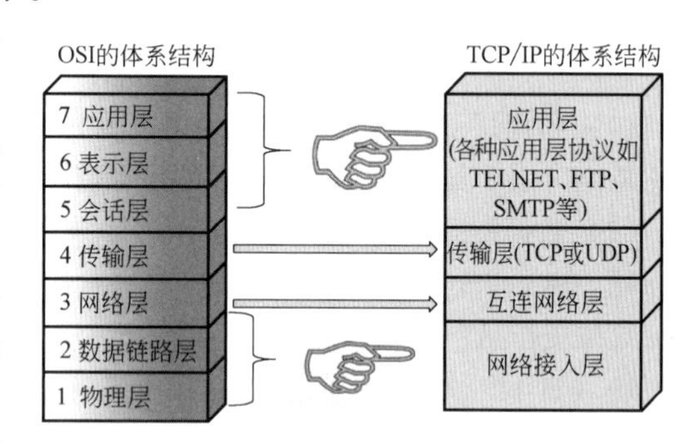

图3-25　OSI体系结构与TCP/IP体系结构的关系

实际上TCP/IP 5层体系结构是OSI 7层协议体系模型的一个浓缩版本。现今已成为实际应用的互联网体系结构。

5层体系结构中，由于每层的数据交换方式不同，因此各层的数据交换单元格式也不一样。图3-25所示的TCP/IP体系结构图中，把物理层和数据链路层合并在一起，并统称为网络接入层。

第1层：物理层——比特流传输；

第2层：数据链路层——MAC帧（Frame）交换；

第3层：互连网络层（IP层）——IP数据包（Datagram）交换；

第4层：传输层（TCP层）——分组（Packet）交换；

第5层：应用层——报文（Message）交换。

几个专有名词说明：

1）报文（Message）。一段完整的数据信息称为报文，其长短不需一致。在应用层实现报文交付。

2）分组（Packet）。分组是传输层信息交换的数据单元。它是用户把发送的报文分成多个更小的数据段。在每个数据段的前面加上必要的控制信息组成首部，有时也会加上尾部，构成一个分组。

3）数据包（Datagram）。IP 数据包是网络层信息交换的数据单元。包含一个包头（Header）和数据本身，其中包头描述了数据的目的地以及和其他数据之间的关系，如图 3-10 所示。

4）MAC 帧（Frame）。MAC（媒体访问控制）帧是数据帧的一种，它包括三部分：帧头、数据部分、帧尾。其中，帧头和帧尾包含一些必要的控制信息，比如同步信息、地址信息、差错控制信息等，数据部分包含网络层传下来的数据。

3. TCP/IP 体系的功能

（1）物理层。提供端到端的比特流传输。

（2）数据链路层。数据链路层的任务是：解决同一网络内（局域网）节点之间的通信问题。建立和管理节点间的链路，提供可靠的传输数据方法。

数据链路层的数据传输单元包括逻辑链路控制（LLC）和媒体访问控制（MAC）两个子层，如图 3-26 所示。

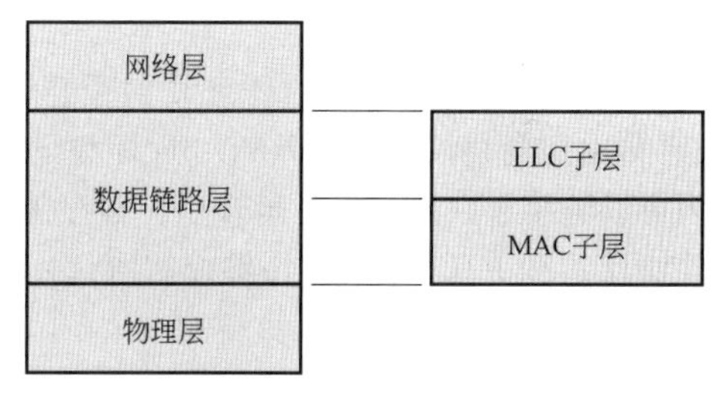

图 3-26　数据链路层的组成

数据链路服务通过 LLC 子层为上面的网络层提供统一的接口。在 LLC 子层的下面是 MAC 子层，它将上层传入的数据添加一个头部和尾部，组成 MAC 帧。

1）如果通信双方在同一个局域网内，数据链路层通过 MAC 地址寻址。找到目的主机后，双方便可直接进行通信。

2）如果通信双方不在同一网络内，网络间的寻址通过 IP 地址（网络地址）首先寻找目的网位置，然后在目的网中根据 MAC 地址（目的主机地址）寻找目的主机。

因此，在跨网通信时，数据链路层的 MAC 帧还要添加 IP 地址，重新封装为新的“数据包”后再送到上面的网络层进行信息交换。

（3）网络层（又称 IP 层、网际层）。网络层的主要任务是：解决不同网络间的通信问题，IP 寻址和路由选择、拥塞控制和网际互联等。网络层的数据传输单元是分组（Packet）。

送到网络层的数据包是经过数据链路层协议重新封装后的数据包。网络层数据包的包头包含源节点地址、目的节点的 IP 地址和控制数据。

网络层只是尽可能快地把分组（Packet）从源节点送到目的节点，提供网际互联、拥塞控制等，但是不提供可靠性保证，数据包在传输过程中可能会丢失。

（4）传输层（又称 TCP 层）。传输层的主要任务是通过 TCP（传输控制协议）或 UDP（用户数据报协议）向上层（应用层）提供可靠的端到端服务，确保“报文”无差错、有序、不丢失、无重复地传输，为端到端报文传递提供可靠传递和差错恢复。

1）TCP（Transmission Control Protocol，传输控制协议）。TCP 提供可靠的、面向连接的运输服务，在传输数据之前必须先建立连接，数据传输结束后要释放连接。因此增加了许多开销，如确认、流量控制、差错重传和连接管理等，使协议数据单元的首部增大很多，要占用许多处理器资源，此外，TCP 不提供广播或多播服务。为避免 TCP 协议占用很多的处理器资源，网络层还可采用 UDP 用户数据报协议。

2）UDP（User Datagram Protocol，用户数据报协议）。UDP 提供的是无连接的尽最大努力服务，在传输数据之前不需要先建立连接，但不保证可靠性交付。虽然UDP不提供可靠的交付，但在某些情况下，UDP是一种最有效的工作方式。

例如：DNS（Domain Name System，域名系统）和NFS（Network File System，网络文件系统）使用的就是UDP这种传输方式。此外，UDP还能在主机上识别多个目的地址，允许多个应用程序在同一台主机上工作，并能独立地进行数据包的发送和接收。图3-27是两种传输协议提供的逻辑通信信道。

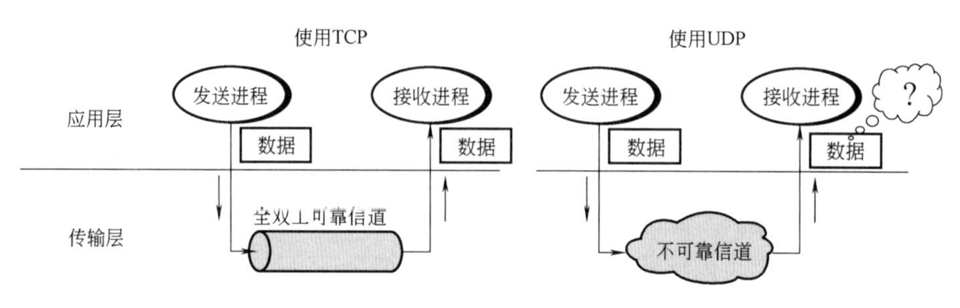

图3-27　两种传输协议提供的逻辑通信信道

（5）应用层。应用层的任务是向用户提供应用程序，包括：SMTP（电子邮件协议）、FTP（文件传输访问协议）、TELNET（远程登录协议）、HTTP（超文本传输协议，“超文本”是指页面内可以链接包含图片，甚至音乐、程序等非文字的元素）、SIP（会话初始协议）、RTP（实时传输协议）和RTCP（实时传输控制协议）等。表3-1是OSI 7层网络模型与TCP/IP 5层网络模型功能特性比较。

表3-1　OSI 7层网络模型与TCP/IP 5层网络模型功能特性比较

OSI 7层网络模型	TCP/IP 5层网络模型	TCP/IP 功能说明
7. 应用层 6. 表示层 5. 会话层	5. 应用层 （包括所有的高层协议）	向用户提供常用的应用程序，比如电子邮件、文件传输访问、远程登录等，对应OSI参考模型的最上面三层
4. 传输层	4.（TCP）传输层	提供可靠的端到端的无差错和流量控制，保证报文正确传输，监控服务质量
3. 网络层	3.（IP）网络层	建/拆IP数据包，提供路由选择算法，为报文或分组选择最适当的路径
2. 数据链路层 1. 物理层	2. 数据链路层（局域网传输层） 1. 物理层	建/拆MAC数据帧，建立和管理节点间的链路（差错控制、流量控制），解决同一网络内节点之间的通信问题，提供可靠的物理介质传输数据的方法

3.5.3　数据封装和数据包传送

为了可靠、准确地将数据发送到目的地，并能高效利用传输资源，每层需要在对应的“协议数据单元”（PDU）中添加协议头和尾。对各层数据包进行打包和拆分操作，称为数据封装。这个数据封装过程均由装在计算机内的Windows操作系统软件来完成。

1. 发送方数据封装过程：每一层都添加一个包头

图3-28是发送方的数据封装过程：数据沿着协议栈向下逐层传输，直至到达物理层，数据被转换为比特流，通过介质传输给目的主机接收。

FCS（Frame Check Sequence，帧检验序列）用来判断数据帧是否出错。CRC 校验可以 100% 检测出所有奇数个随机错误。

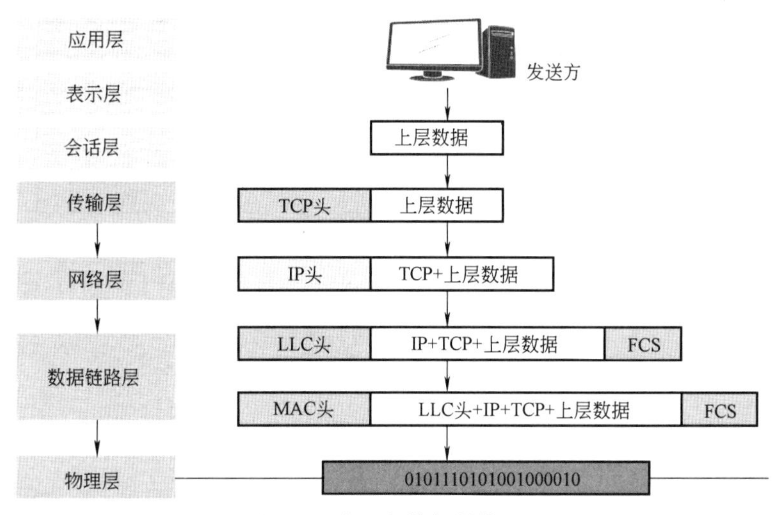

图 3-28　发送方数据封装过程

2. 接收方数据拆封装过程

图 3-29 是接收方数据拆封装过程：每层剥掉一个相应的包头，到达目的主机后，将数据交给应用程序处理。

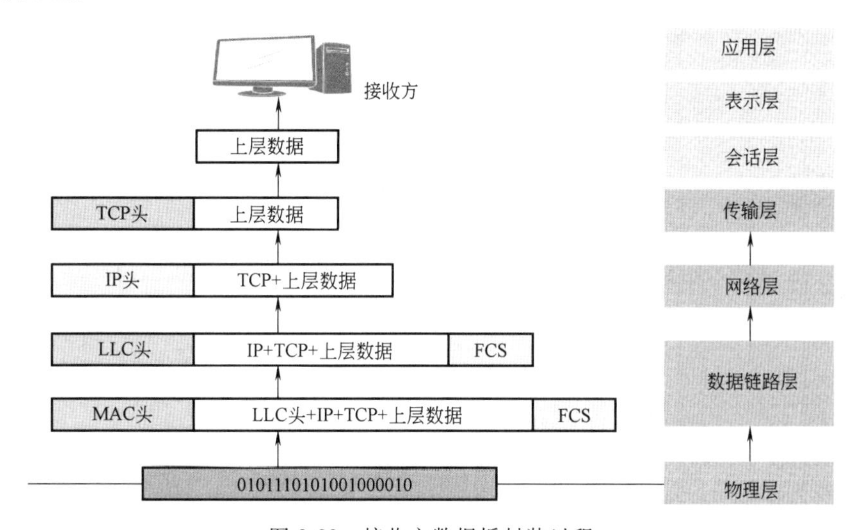

图 3-29　接收方数据拆封装过程

3. IP 数据包的格式和路由选择

（1）IP 数据包的格式。IP 数据包（Datagram）是 IP 网络层（又称网际层）传输的数据单元，也是 TCP/IP 互连体系的基本传输单元。包括数据包包头（首部）和数据区两部分，如图 3-30 所示。

IP 数据包首部由 20B（160bit）的固定部分和可变长度的填充部分两者构成。

IP 数据包首部的固定长度共 20B（B 即字节），首部中的源地址和目的地址都是 IP 地址（网际地址），是所有 IP 数据包必须具有的。在首部固定部分的后面是一些可选字段，其长度是可变的。

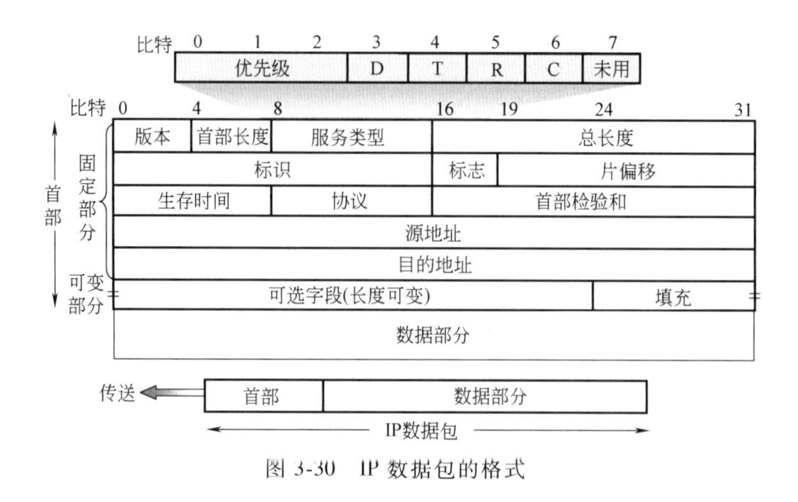

图 3-30　IP 数据包的格式

1）其中的源地址和目的地址是指网卡的硬件地址（也叫 MAC 地址），长度为 48bit，是在网卡出厂时固化的。

2）目的地址之后为 ARP 地址解析协议和 RARP 逆地址解析协议，如果其长度不够 46B 时，要在后面补填充字节至 46B。

3）MTU（Maximum Transmission Unit）是指一次传送的数据最大长度，不包括数据链路层的数据帧帧头。不同的网络类型有不同的 MTU，如果一个数据包长度大于以太网链路的 MTU 时，则需要对数据包进行分片（Fragmentation），如图 3-31 所示。

以太网帧中的数据长度规定最小 46B，最大 1500B，1500B 称为以太网的最大传输单元 MTU。

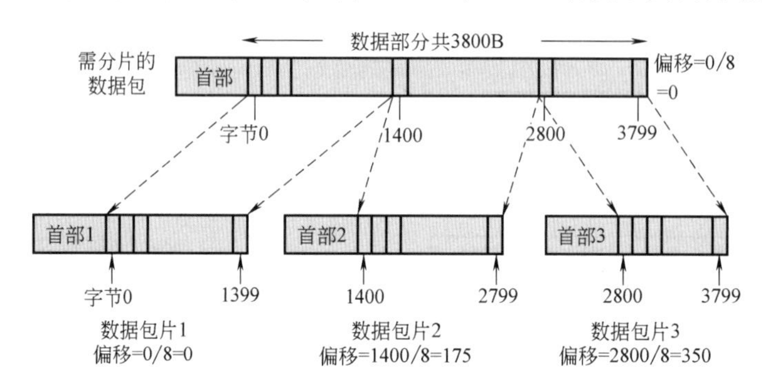

图 3-31　以太网的数据部分超过 1500B 时的分片方法

（2）IP 数据包的路由选择。

网络层（第 3 层）的路由选择是指为传送分组而选择一条路径的过程。路由选择可分为直接传送和间接传送两种方式。

① 直接传送。当两台通信计算机连接在同一个物理传输系统（例如以太网）时，才能采用直接传送方式。直接传送不涉及路由器，以太网的传送方式是因特网通信的基础。

由于 IP 地址中包含网络地址（网际地址）和目的主机地址（MAC 地址）两部分，连接到同一物理网上的计算机具有相同的网络地址，因此，通过判别网络地址就能确定源站和目的站计算机是否同在一个物理网络上。如果源站地址和目的站地址在同一个物理网络上，就可直接传送，如图 3-32 所示。

② 间接传送。如果源站和目的站计算机不在同一个物理网络时，只能采用间接传送方式。发送方将数据包发送给一个网络节点后，要确定下一个节点的传送路径，就需要先选择路由，再

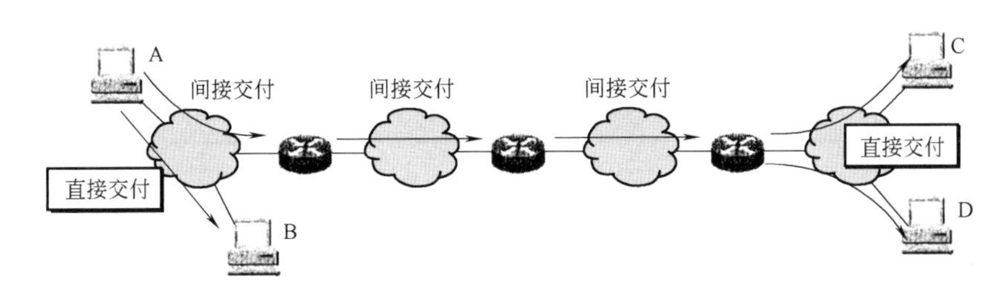

图 3-32　直接传送和间接传送

进行传送。

当源站和目的站经由多个网络（多个路由器）互联时，发送主机通过网络将数据包传送给第一台路由器，该路由器将封装的数据包提取出来，并在通往目的站的路径上选择下一台路由器，直到数据包送到可以直接传送至目的站的路由器。

间接传送时涉及数据包的路由选择问题，确定最佳传输路径是通过网络路由器中的路由选择表和路由算法自动完成的，如图 3-33 所示。

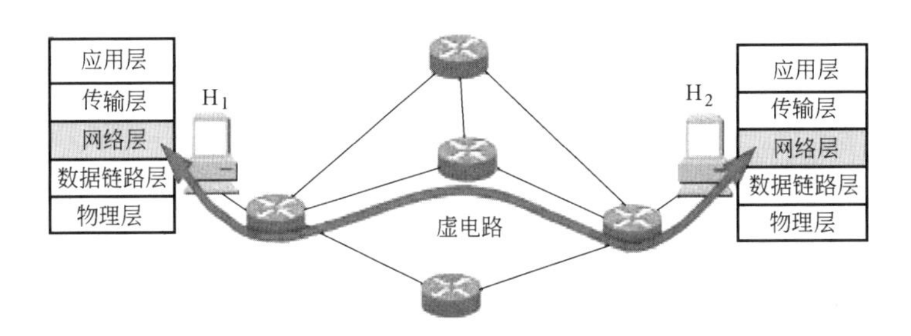

图 3-33　间接传送的路由选择

4. TCP 传输控制协议的数据格式

TCP（Transmission Control Protocol）传输控制协议是 IP 配套使用的一个传输层协议，在 IP 层（网络层）之后的 TCP 层（传输层）提供一个可靠的传输服务。

TCP 提供可靠的、面向连接的运输服务，在传输数据之前必须先建立连接，数据传输结束后要释放连接。

TCP 协议规定了怎样进行流量控制、拥塞控制、重传机制和恢复分组丢失。

（1）TCP 报文段的首部。TCP 报文段分为首部和数据两部分；TCP 的全部功能都体现在它的首部各字段，首部的前 20B 是固定的，后面有 $4N$ 个字节（N 是整数），是根据需要可增加的选项。因此 TCP 首部的最小长度是 20B，如图 3-34 所示。

TCP 提供流量控制功能和可靠传输服务。

（2）流量控制与拥塞控制。为了提高报文段的传输效率，TCP 采用大小可变的滑动（窗口）流量控制。发送窗口在建立连接时由双方商定。但在通信过程中，接收端根据资源情况，随时可以动态调整对方的发送窗口大小。

（3）TCP 的重传机制。TCP 的重传机制是每发送一个报文段就设置一次计时器。如果计时器设置的重传时间已到，还没有收到确认信息（ACK），那么，就要重传这一段报文。

TCP 采用了一种自适应算法。这种算法记录每个报文段发出的时间和收到确认报文段的时间，这两个时间差称为报文段的往返延时。显然，计时器设置的重传时间应略大于平均往返延时。

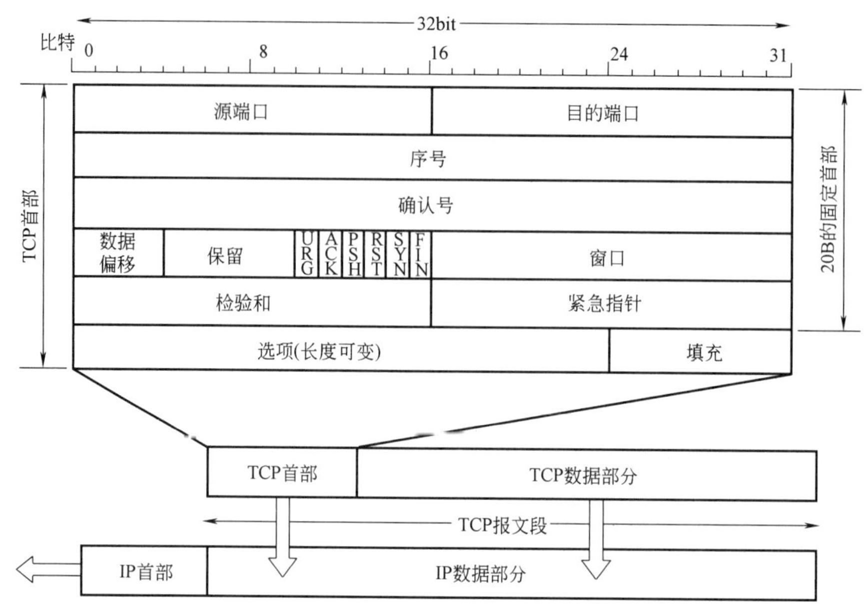

图 3-34　TCP 传输控制协议的数据格式

3.6　以太网、局域网传输系统

以太网（Ethernet）是互联网系统的基础网络，也是使用最广泛的数据通信网。特点是高数据传输率（1Mbit/s～10Gbit/s）、低误码率（10^{-11}～10^{-8}）、短距离（0.1～25km），网络的覆盖区域从家庭、办公室、大厦到园区。

3.6.1　以太网传输系统

1975 年美国施乐公司（Xerox）研制成功一种采用总线结构的电缆网络传送数据帧，实现了同一网络中计算机之间的数据交流，并以历史上电磁波传输媒体的“以太（Ether）”称谓命名这个网络。之后在 1980 年 9 月美国 DEC、英特尔（Intel）和施乐（Xerox）三家公司联手提出了 10Mbit/s 以太网的第一个通信标准 DIX V1。1982 年又修改成为 DIX V2 第二版以太网标准，也是以太网的最后一个版本。

以太网采用共享传输通道方法，即多台通信主机可以在同一网络上进行数据传输，网络中每一台主机都有一个硬件地址，这个硬件地址又称为物理地址或 MAC 地址。为了解决各主机占用通道的冲突问题，采用 CSMA/CD 载波监听多路访问/冲突检测协议。

由于以太网具有传输速度快、延时小、误码率低、组网灵活和易扩展等特点，尤其是在快速以太网（100Mbit/s）、吉比特以太网（1Gbit/s）和 10 吉比特以太网（10Gbit/s）进入市场后，以太网已在局域网市场中取得了垄断地位，并且已成为局域网的代名词了。

3.6.2　局域网传输系统

局域网是同一网内计算机之间的通信网络，拓扑结构非常简单，任意两个节点之间只有唯一的一条链路，不需要进行路由选择和流量控制，各个站点共享传输信道。

在以太网成功运营后，1983 年美国电气和电子工程师协会 IEEE 802 委员会 802 工作组制定了第一个局域网标准，编号为 IEEE 802.3，数据率为 10Mbit/s。

802 局域网工作组仅对以太网标准中的数据帧格式作了很小的改动，并允许 DIX V2 以太网标准和 802.3 局域网标准的硬件可以在同一个局域网上互操作。现在都把执行 IEEE 802.3 通信协议的局域网通称为以太网。

局域网只需要相当于 OSI 参考模型的最低两层：物理层和数据链路层，就可建立通信链路完成数据通信。

1. 局域网物理层的基本功能

局域网物理层的任务是建立物理连接和传输比特流，与 OSI 参考模型的物理层功能相同。

2. 局域网数据链路层的基本功能

IEEE 802 工作组把数据链路层分为上层 LLC（Logical Link Control）逻辑链路控制子层和下层 MAC（Media Access Control）媒体访问控制子层。

MAC（媒体访问控制）层的主要功能是完成数据链路层的协议工作：解决共用信道的数据冲突处理和信道与通信资源的分配问题，方法是采用载波监听多路访问冲突检测（CSMA/CD）。

网络上的主机发送数据时，CSMA/CD 可以事先侦察和判断局域网上是否有人在发送数据，如果网络空闲，则给数据单元加上一些控制信息后，把数据及控制信息以规定的格式发送到物理层。

主机接收数据时，MAC 协议首先判断输入的数据信息是否有传输错误，如果没有错误，则去掉控制信息发送至 LLC（逻辑链路控制）层。

LLC（数据链路控制）层根据 MAC 中的源地址和目的地址（又称硬件地址或网卡地址），识别和找到本网络中的设备。MAC 地址只能解决本网络内部的寻址问题。跨网通信时，每个子网中的设备还会被分配一个 IP 网络地址（称为逻辑地址）。

3. IP 地址与 MAC 地址（网卡硬件地址）的区别

媒体访问控制 MAC 帧中的源地址和目的地址都是硬件地址，每个通信主机都有一个 MAC 地址（又称网卡地址），MAC 地址用来定义主机在本网内部的位置。不同局域网互联时还会有一个 IP 网络地址。

硬件地址已固化在网卡上的 ROM（Read Only Memory，只读存储器）中，因此通常把硬件地址称为物理地址。硬件地址、物理地址和 MAC 地址常作为同义词。

图 3-35 说明了 IP 地址与硬件地址的区别。IP 地址是 IP 数据包的地址，放在数据包的首部。从层次角度看，IP 地址是网络层及其以上各层使用的地址。

通信设备（主机或路由器）根据媒体访问控制 MAC 帧首部的硬件地址接收，在剥去 MAC 帧首部和尾部后再将 MAC 层的数据交给上面的网络层（此时 MAC 层的数据变成了 IP 数据包）。网络层才能在 IP 数据包的首部找到源 IP 地址和日的 IP 地址。

总之，放在 IP 数据包首部的 IP 地址是网络层及以上使用的 IP 地址，放在 MAC 帧首部的硬件地址是数据链路层及以下使用的硬件地址。因此在数据链路层是看不见数据包 IP 地址的。

图 3-35　IP 地址与硬件地址的区别

4. 局域网传输的数据单元——MAC帧

MAC数据单元由帧头、数据部分、帧尾三部分组成。帧头和帧尾包含必要的控制信息，比如同步信息、地址信息、差错控制信息等；数据部分则为主机要传送的46~1500B的数据帧，如图3-36所示。

(1) 第一部分：前导字符+起始界定符。由7B的前导字符和1B的开始字符组成。这8B是提醒网络内所有的接收器，要开始传送新的MAC帧了。

(2) 第二部分：地址信息：为2×6B的目的地址和源地址。

(3) 第三部分：为2B的以太网类型信息。

网卡按照收信地址，就可以通过MAC包头的内容判断出这个数据包应该交给哪个处理模块进行处理。

(4) 第四部分：由46~1518B构成的数据包。

(5) 最后部分：为4B的帧校验序列，负责检查MAC帧的数据的准确性。对于数据帧来说，1bit的错误信息可以有99.9%的概率被检测出来。

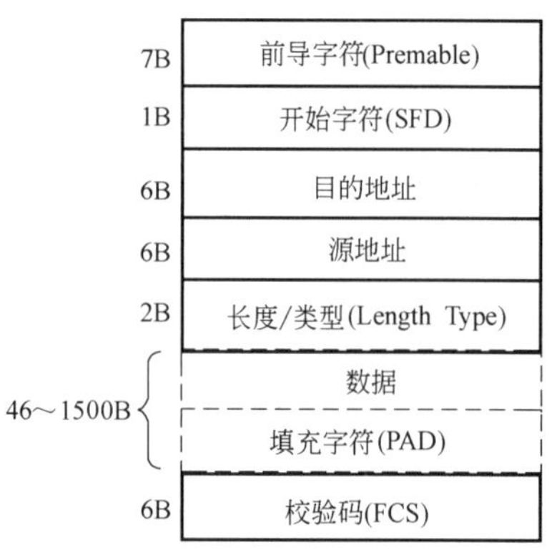

图3-36　MAC帧的结构

MAC数据帧包头（目的地址、源地址和网络类型协议）数据处理完成后，接下来就是把46~1518B的数据包交给与网络类型协议对应的处理模块进行处理。数据传输到目的地之后，MAC帧被接收主机打开。

如果2B的以太网类型信息为X’08-01，则为跨网（因特网）服务的数据包，它还包含因特网的目的地址（IP地址）、源地址、协议（TCP）和IP数据包，因此为因特网服务的以太网数据包为大数据包中包含着一个小的数据包，如图3-37所示。

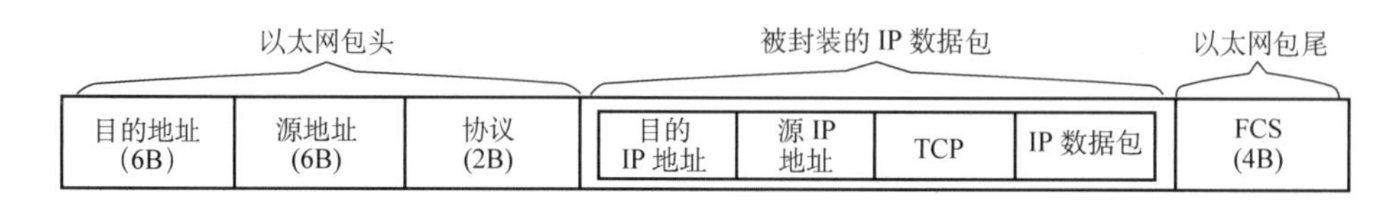

图3-37　为跨网（因特网）服务的大数据包结构

何谓10Base-T和100Base-TX?

以太网可使用多种电缆作为传输媒体，用得最多的是双绞线缆。10Base-T：“10”表示信息传输的速率为10兆比特每秒（10Mbit/s）；“Base”表示电缆上传输的信号为基带信号；“T”代表是双绞线电缆。

“100”表示传输速率为100bit/s的快速以太网；“TX”为使用两对5类非屏蔽双绞线，一对用于发送数据，另一对用于接收数据，最大网段长度为100m，

5. 局域网常用的拓扑结构

网络拓扑结构是指传输媒体互连的各种设备的物理布局。局域网的网络拓扑结构有星形网、环形网、总线网和树形网。其中，星形结构的局域网获得了广泛的应用，树形结构的局域网是总线网的一种变形，如图3-38所示。

6. 局域网传输距离扩展

局域网的传输媒体通常以超5类或6类双绞线组网，千兆局域网通常采用光缆传输。

如果用集线器连接网络节点，则双绞线的最大传输距离为50m。如果用交换机或路由器连接网络节点，则双绞线的最大传输距离为100m。

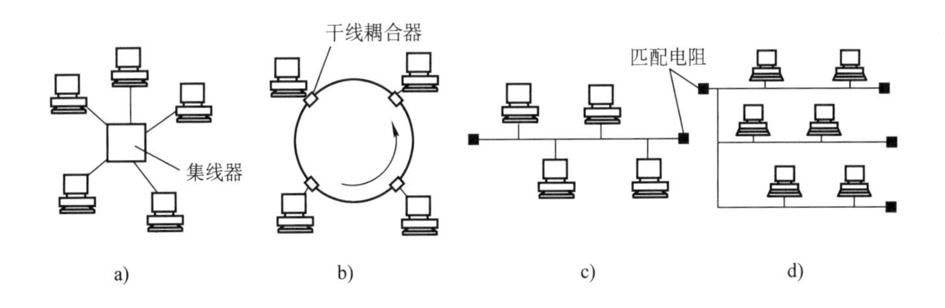

图 3-38　局域网的拓扑结构
a）星形网　b）环形网　c）总线网　d）树形网

为扩展传输距离，两段双绞线之间可安装中继器（转发器），任意两个站点之间最多可安装 4 个中继器，此时双绞线的最大传输距离为 500m。

图 3-39 是同轴电缆组网图。网段 1 和网段 2 各通过一个转发器经过 750m 同轴电缆组成点到点的链路。网段 2 和网段 3 各通过一个转发器经过 250m 同轴电缆组成点到点的链路。此外，还有 3 段 500m 长的连接同轴电缆和在 6 个连接点上各有 50m 长的连接电缆，因此从通信点 A 到通信点 B 之间的总长度可达到 2.8km。

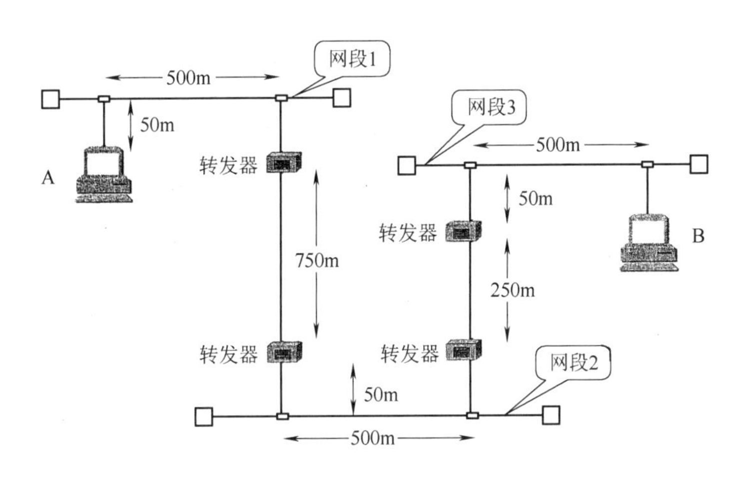

图 3-39　局域网传输距离扩展方法

3.6.3　高速以太网

10Mbit/s 传输速率的以太网称为传统以太网。随着技术不断进步，要求传输速率越来越高，1993 年 100Mbit/s 以太网产品已经问世。进入 21 世纪后，又陆续推出了千兆以太网（吉比特以太网）和万兆以太网（10 吉比特以太网）。为了区分这些不同速率的以太网，把 100Mbit/s 的以太网称为快速以太网，超过 100Mbit/s 的以太网统称为高速以太网。

1. 100Mbit/s 快速以太网（Fast Ethernet）

100Base-T 是在双绞线上传送 100Mbit/s 基带信号的星形拓扑以太网，仍使用 IEEE 802.3 和 CSMA/CD 协议。使用同样的 CSMA/CD 访问控制方法，与 10Mbit/s 传统以太网使用同样的线缆配置、同样的软件，只是将有关的时间参量加速 10 倍。生产厂商为用户提供了 10Base-T 平滑过渡到 100Mbit/s 的方案。表 3-2 是传统以太网与快速以太网的比较。

表 3-2　传统以太网与快速以太网的比较

项目	传统以太网	快速以太网 100Base-T
速率	10Mbit/s	100Mbit/s
IEEE 标准	802.3	802.3
媒体访问控制 MAC	CSMA/CD	CSMA/CD
拓扑结构	总线型或星形	星形
支持电缆	同轴电缆、UTP 和光纤	UTP、STP 和光纤
用 UTP 连接的距离	100m	100m
媒体接口	AUI(D 形 15 针接口)	MII(MII 媒体独立接口)
全双工通信能力	是	是

为提高以太网信道的利用率，这里引用了一个非常有用的参数 a，它是总线单程传播延时 τ 与帧的发送延时 T_0 之比：

$$a=\frac{\tau}{T_0}=\frac{\tau}{L/C}=\frac{\tau C}{L} \tag{3-3}$$

式中　τ——总线单程的传播延时，单位为 s；

C——数据传输速率，单位为 bit/s；

L——数据帧最短长度，单位为 bit。

参数 a 与信道利用率的最大值 S_{max} 的关系如下：

$$\text{信道最大利用率 } S_{max}=\frac{1}{1+4.44a}(\text{站数 } N\to\infty) \tag{3-4}$$

从式（3-3）和式（3-4）可以看出，数据帧 L 越短，则参数 a 就越大，信道利用率的最大值 S_{max} 就越小。图 3-40 是帧长度 L 与站数 N 对信道利用率最大值 S_{max} 的影响。

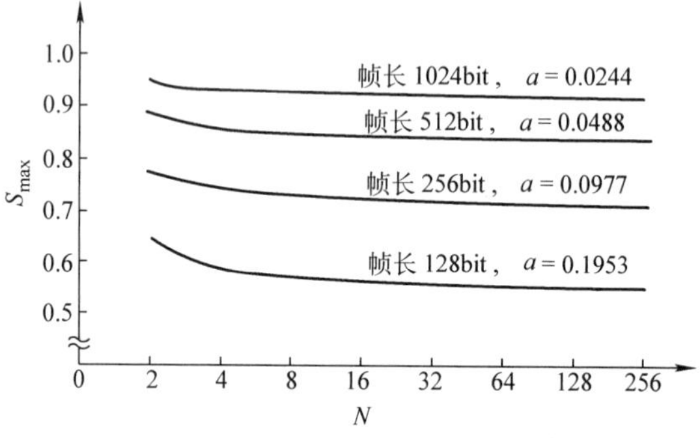

图 3-40　数据帧长度 L 与站数 N 对 S_{max} 的影响

快速以太网的数据速率 C 比传统以太网的速率提高了 10 倍，为保持参数 a 不变，可以将最短数据帧 L 的长度增加到 10 倍，即 640B，则发送短数据时的开销又太大了。或者将网络的单程传播延时 τ 减小到原有数值的 1/10。

100Mbit/s 快速以太网采用保持最短数据帧长度不变的方法，而将网段的最大电缆长度减小到 100m，帧间的时间间隔从原来的 9.6μs 减少到 0.96μs。

100Base-TX 使用 2 对 UTP 或 STP 5 类或 6 类双绞线。其中一对用于发送，另一对用于接收。100Base-FX 使用 2 对光纤的光缆，其中一对用于发送，另一对用于接收。信号编码采用 NRZ1 不归零编码方法。

100Base-T4 是使用 4 对 UTP 3 类或 5 类双绞线，这是为已使用 UTP 3 类线的老用户设计的，信号编码采用 8B6T-NRZ 不归零编码方法。

快速以太网的传输媒体支持结构化布线，包括 3 类、4 类、5 类和 6 类无屏蔽双绞线（UTP）、150Ω 屏蔽双绞线（STP）和光纤。各类传输媒体可通过中继器或交换机连接混用。表 3-3 是三种不同类型收发器支持的线缆。

表 3-3　三种不同类型收发器支持的线缆

收发器类型	线缆	铜芯对数
100Base-T4	3 类 UTP（无屏蔽双绞线） 4 类 UTP（无屏蔽双绞线） 5 类 UTP（无屏蔽双绞线）	4 对 4 对 4 对
100Base-TX	5 类 UTP（无屏蔽双绞线） 6 类 UTP（无屏蔽双绞线） 150ΩSTP（150Ω 屏蔽双绞线）	2 对 2 对 2 对
100Base-FX	62.5mm/125μm 多模光纤	2 对

3 类 UTP 在 100Base-T4 中使用时，数字信号的速率仅为 25Mbit/s。为能提升到更高的传输速率，在 100Base-T4 中需用 4 对这种双绞线缆并联使用，这样就使原来只能用于 100Base-T 的无屏蔽双绞线也能在 100Base-T4 中使用。100Base-FX 多模光纤的最大传输距离可达 2km。其他各类双绞线缆的收发器都只支持 100m 距离。

10Mbit/s 传统以太网升级到 100Mbit/s 快速以太网非常方便。用户只要更换一张网卡，再配上一台 100Mbit/s 集线器，不必改变网络的拓扑结构。所有在 10Base-T 上的应用软件和网络软件都可保持不变。100Base-T 的网卡有很强的自适应性，能够自动识别到 10Mbit/s 和 100Mbit/s。

2. 千兆以太网

数据速率在 1Gbit/s（1Gbit/s = 1000Mbit/s）以下的以太网称为千兆以太网或吉比特以太网，仍然是一种共享传输媒体的局域网。千兆以太网遵守同样的以太网通信规程，即使用 CSMA/CD 访问控制方法，发送到网上的数据信号是广播式的，接收站根据目的地址接收信号。网络接口硬件能监听线路上是否存在信号，避免发生数据碰撞，在线路空闲时发送数据。

千兆以太网的传输媒体有铜线和光纤两种标准。1000Base-T 使用 4 对超 5 类无屏蔽双绞线电缆，最大传输距离为 100m。1000Base-SX（850nm 波长）多模光纤可支持 300m 传输距离。1000Base-LX（1300nm 波长）多模光纤可支持 550m 传输距离。单模光纤可支持大于 2km 传输距离。

千兆以太网工作在半双工方式时，必须采用 CSMA/CD 碰撞检测。由于它的数据率比快速以太网又提高了 10 倍，为使参数 a 保持为较小的数值，要把一个网段的最大电缆长度减小到 10m，这个网络也就失去了实用价值。如果把最短数据帧的长度 L 提高 10 倍，即 640B，则发送短数据时的开销又太大了。

千兆以太网采用了一种新的“载波延伸”（Carrier extension）的方法，使最短数据帧长度仍为 64B（这样还可保持兼容性）和保持一个网段的最大长度仍为 100m。

载波延伸法是将争用期时间增大到 512B。凡发送的 MAC 帧的长度不足 512B 时，就用一些特殊的字符填充在帧的后面，使 MAC 帧的发送长度增大到 512B，如图 3-41 所示。

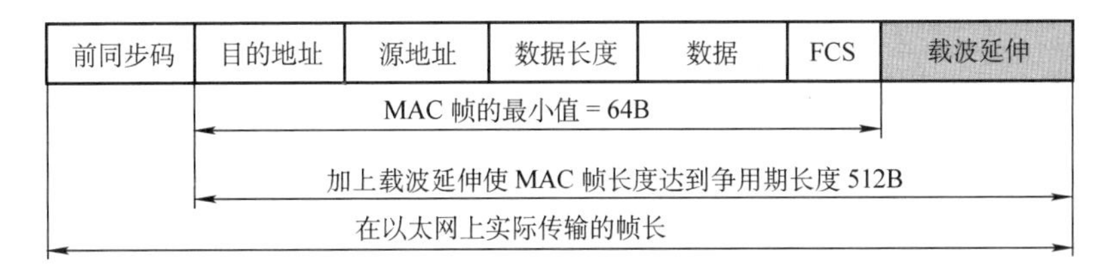

图 3-41　在短 MAC 帧后面加上载波延伸

接收端收到以太网的 MAC 帧后，把填充的特殊字符删除后再向高层交付。

为了便于发送很多短帧，千兆以太网还增加了一种称为分组突发（Packet Bursting）的功能。当需要发送很多短帧时，第一个短帧需采用上面所说的载波延伸方法进行填充，随后的一些短帧则可以一个接一个地发送，它们之间只需留有必要的帧间最小间隔即可。这样就形成了一串分组突发，直到 1500B 为止，如图 3-42 所示。

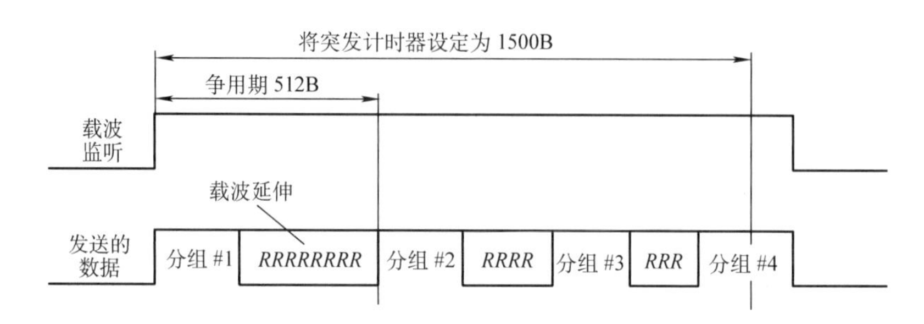

图 3-42　分组突发的数据帧

3. 万兆以太网

万兆以太网又称 10 吉比特以太网，它的数据速率为 10Gbit/s。著名的 Moore（摩尔）定律告诉我们，集成电路芯片的集成度每 18 个月提高一倍，随之引起的 PC 处理能力也以同样的速度增长。由一个反映网络发展速度的 Metcalfe（梅特卡夫）定律，表明网络性能提高的速度等于网上 PC 增加数量的二次方。

10 吉比特以太网并非将吉比特以太网的速率简单地提高到 10 倍，这里有许多技术问题需解决。1999 年 3 月，IEEE 成立了高速研究组 HSSG（High Speed Study Group），致力于 10 吉比特以太网的研究。2002 年完成了 10 吉比特标准的制定。10 吉比特以太网的主要特点如下：

（1）10 吉比特以太网的数据帧格式与 10Mbit/s、100Mbit/s 和 1Gbit/s 以太网的帧格式完全相同。它保留了 802.3 标准规定的以太网最小和最大帧长，便于用户升级使用。

（2）10 吉比特以太网不再使用铜线，只使用光纤作为传输媒体，使用光收发器和单模光纤接口，也可以使用较便宜的多模光纤，但传输距离仅为 65~300m。

（3）10 吉比特以太网只允许工作在全双工方式，因此不存在争用问题，也不使用 CSMA/CD 协议，使它的传输距离不再受到碰撞检测的限制。

（4）10 吉比特以太网只有异步以太网接口，因此与 SONET/SDH 网连接时并不是全部都能兼容。

由于 10 吉比特以太网的出现，以太网的工作范围已从局域网（校园网、企业网）扩大到城域网和广域网，从而实现了端到端的以太网传输。端到端的以太网连接，使帧的格式全部都是以太网的格式，不需要再进行帧格式的转换，简化了操作和管理。

千兆以太网和万兆以太网的问世，使以太网的市场占有率进一步得到了提高，使 ATM 网在城域网和广域网中的地位受到更加严峻的挑战。

3.6.4　Wi-Fi 无线局域网技术

Wi-Fi 是一种短程无线数据传输技术，能够在数百英尺（1 英尺 = 0.3048 米）范围内支持接入互联网。为家居、办公室、公众活动场所和旅途提供快速、便捷的上网途径。

IEEE 802.11 无线局域网标准统称为 Wi-Fi（Wireless Fidelity）标准，俗称无线宽带，IEEE 802.11g 工作在 2.4GHz 频段，最高传输速率为 54Mbit/s；IEEE 802.11n 工作在 2.4GHz 或

5.0GHz，最高传输速率为 600Mbit/s。

不管是有线局域网（LAN），还是无线局域网（WLAN），MAC 协议都被广泛地应用。

1. Wi-Fi 的优势

（1）无线电波的覆盖范围大。Wi-Fi 的传输范围为：802.11b 室内的工作距离可以达到 100m 以上，室外最大工作距离可达 300m。

（2）传输速度非常快。IEEE 802.11a 网卡的最高传输速率为 54Mbit/s；IEEE 802.11b 网卡的最高传输速率为 11M；IEEE 802.11g 网卡的最高传输速率为 54Mbit/s，Netgear SUPER G 技术可以将速度提升到 108Mbit/s。

（3）进入的门槛比较低。

在人员较密集的公共场所，用户通过 Wi-Fi 线路即可接入高速因特网。

（4）无须布线

Wi-Fi 主要的优势之一是可以不受布线条件的限制，因此非常适合移动办公用户的需要。

（5）健康安全

IEEE 802.11 规定的发射功率限制在 100mW，实际发射功率为 60～70mW，比手机的发射功率（约为 200mW）还低。

2. Wi-Fi 无线网络组建方法

AP（Access Point）无线访问接入点是有线通信网络的延伸，可为无线上网设备提供对话交汇点。架设 Wi-Fi 网络的基本配置是一台 AP 无线访问节点：无线转发器或无线路由器，即一台分享网络资源。有线宽带网络到户后，连接到一个 AP，然后在计算机中安装一块无线网卡即可共享无线上网。图 3-43 是 Wi-Fi 无线网络拓扑图。

无线网卡是负责收发由 AP 无线访问信号的用户端设备。因此，任何一台装有无线网卡的 PC 或智能手机，均可透过 AP 去分享有线局域网或互联网的资源。图 3-44 是一个典型的无线局域网。

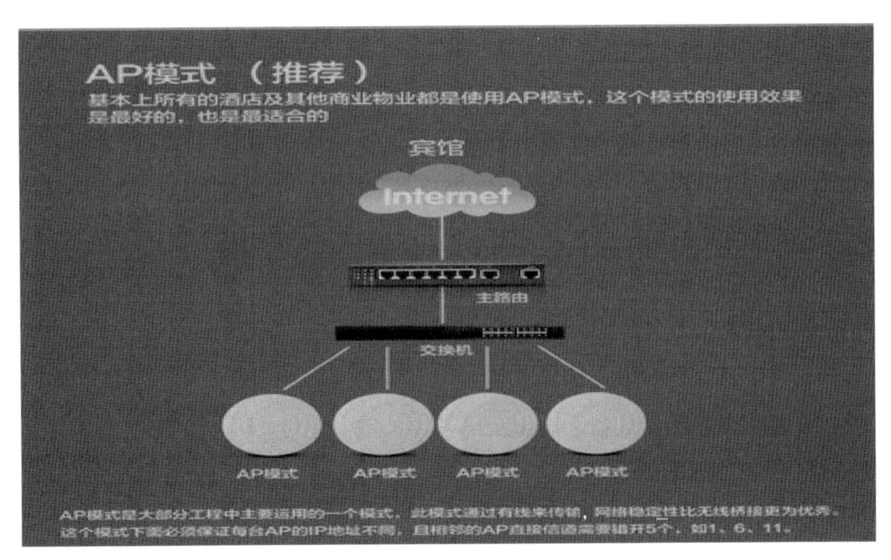

图 3-43　Wi-Fi 无线网络拓扑图

3. AP 无线访问接入点

单个 AP 的室内覆盖范围一般为 30～100m，能够支持多达 80 个终端接入，对于家庭、办公室等小范围只需一台无线 AP 即可实现所有计算机的无线接入。

根据服务区的面积和开放程度可配置多个 AP，以增加无线局域网的覆盖面积。无线 AP 支

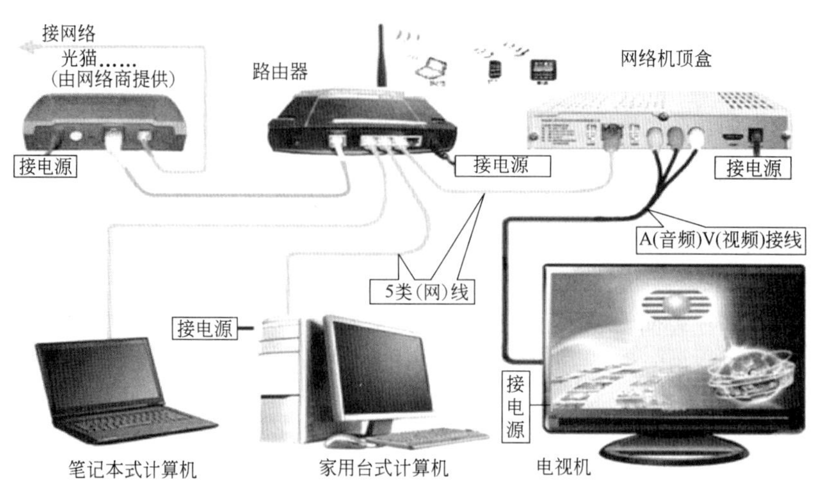

图 3-44　一个典型的无线局域网

持多速率发送功能，可提供完善的无线网络管理功能。AP 无线访问节点包括无线转发器和无线路由器两类，如图 3-45 所示。

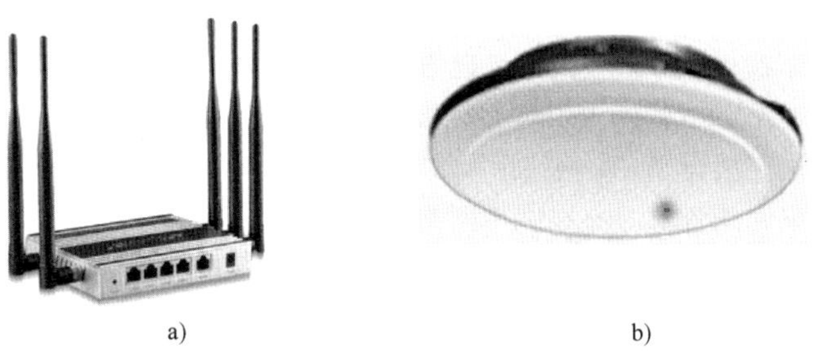

图 3-45　无线路由器与无线 AP 的区别
a）无线路由器　b）无线 AP

（1）无线 AP 的功能。无线 AP 具有链接功能、中继功能、桥接功能等三项重要功能。

1）链接功能。链接功能可以实现一点对多点的无线连接，通常用在有线局域网与无线局域网之间的连接。图 3-46 是公众场所采用的吸顶式无线 AP。图 3-47 是星级宾馆采用的多个吸顶式无线 AP 系统拓扑图。

2）中继功能。所谓中继就是在两个无线接点间放大无线传输信号，使信号微弱地区的客户端可以接收到更强的无线信号。图 3-48 是两个单位之间使用的无线中继。

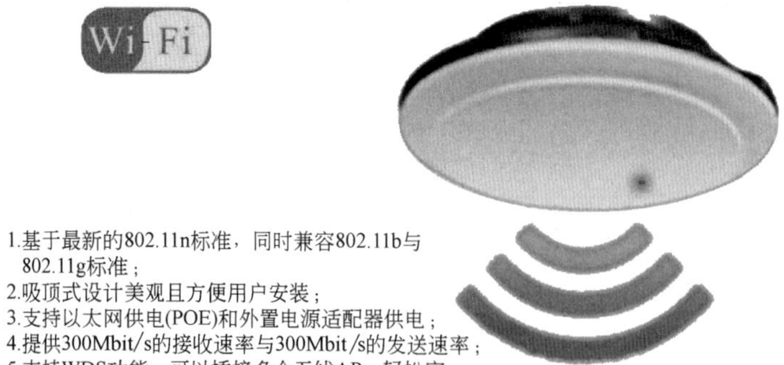

图 3-46　公众场所采用的吸顶式无线 AP

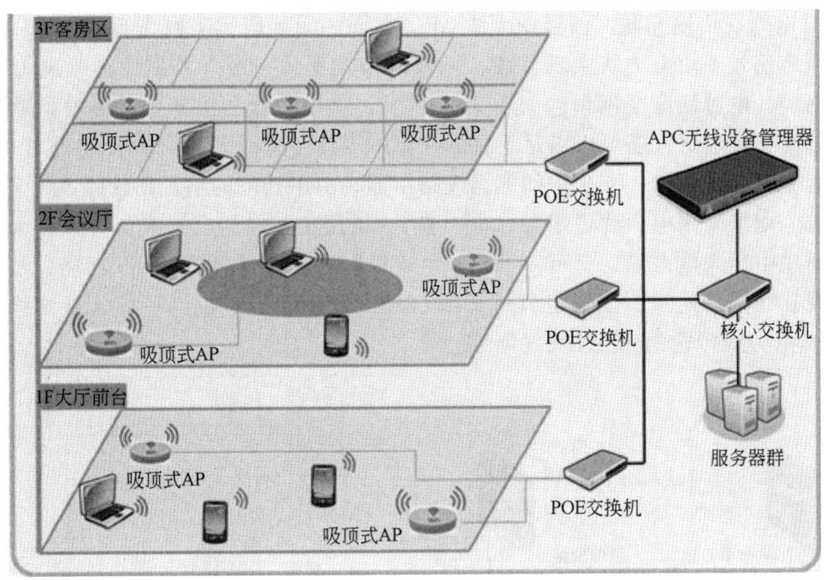

图 3-47　多个吸顶式无线 AP 系统拓扑图

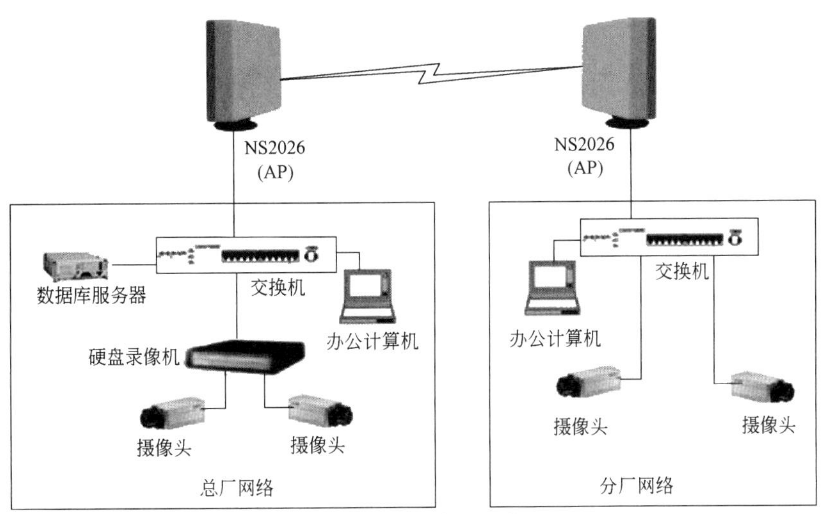

图 3-48　AP 中继功能

3）桥接功能。通过 AP 可以把两个有线局域网连接起来，如图 3-49 所示。

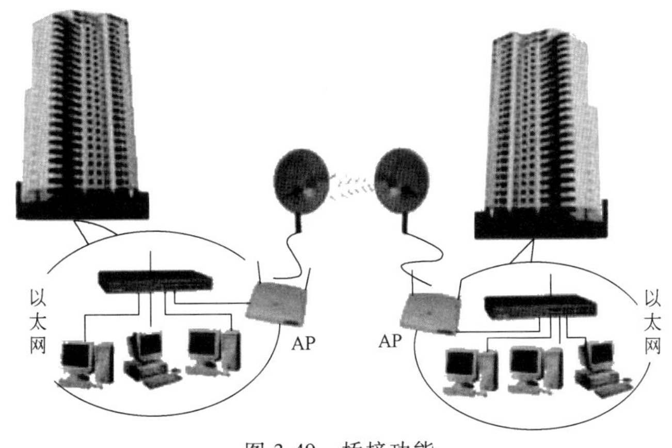

图 3-49　桥接功能

（2）通过电力线传输互联网信号的无线 AP。在同一大楼内无需网络布线，可以通过电力线适配器传输网络信号，用电力线实现有线、无线网络全覆盖，最大数据传输距离为 500～700m。让电力线变网线，电源插座变网口。如图 3-50 所示，将电力线适配器插入插座，就可以实现不少于 2 台设备的有线上网，还可以满足手机、计算机等设备无线上网的需求。

如果房间为上下层结构，下层房间的无线路由器，由于楼上的信号比较差，无法满足上层房间的上网需求。如果采用电力线适配器（电力猫），借用房间内的电力线就可以作为网线，只需要在楼上的插座中插入电力猫，就可以上网，由于很多适配器还具有 Wi-Fi 功能，楼上的房间里不仅可以实现有线网络连接，同时也具有无线信号，方便进行手机、平板电脑等移动设备的上网。图 3-51 是电力线传输的 Wi-Fi 无线网络。

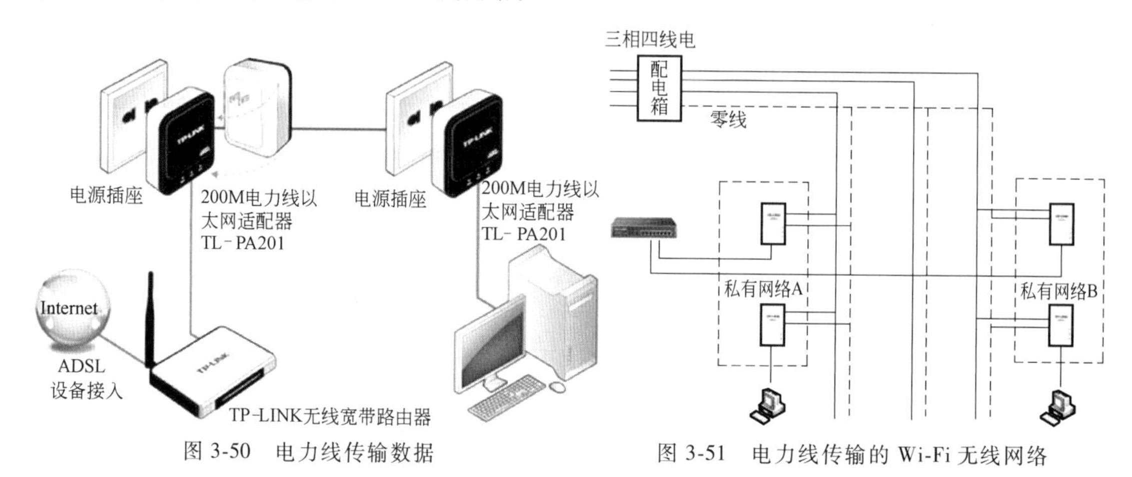

图 3-50　电力线传输数据

图 3-51　电力线传输的 Wi-Fi 无线网络

电力线适配器还可作为高级无线网卡使用，在此模式下它会将接收到的外部 Wi-Fi 无线信号转换为有线信号，可以同时支持多台网络设备上网。在此模式下也可作为电力网络信号的发送端，为其他房间或者跨楼层的其他电力线适配器提供电力网络信号。

3.7　因特网地址

因特网地址又称 IP 地址。它能唯一确定因特网上每台计算机、每个终端用户的位置。IP 地址的结构和电话号码的等级结构有相似之处，但并不完全一样。固定电话机的地区号和电话机号按该电话机的地理位置确定。IP 地址与主机的地理位置没有这种对应关系。现行的 IP 地址是 20 世纪 70 年代末期设计的 Internet 协议第 4 版，故称为 IPv4。

IPv4 地址是一种 32bit 的分级地址结构，分为网络地址（NetID）和主机地址（HostID）两个分级。

IPv4 地址管理方法：IP 地址管理机构只分配网络地址（第一级），确定主机所在的网络位置，全球统一。主机地址（第二级）确定主机所在网络上的位置，由得到该网络地址的单位自行分配，不需全球统一。

路由器只根据目的主机连接的网络地址转发分组，而不考虑目的主机地址，这样可以减少路由表占用的存储空间。

3.7.1　IPv4 地址的分类和结构

IP 地址分成 A、B、C、D、E 共 5 类，如图 3-52 所示。

1. A 类地址

在 32bit（4B）的分级地址结构中，A 类网络标识地址号占有 1B（8bit），其中的 1bit 作 A 类地址的标识，其他 7bit 为网络号网络标识地址，可提供 $2^7-2=126$ 个网络地址。

32bit 中的其余 3 个字节（24bit）是主机标识地址。每个 A 类地址网络上可设置 $2^{24}-2=16777214$ 个主机号。

A 类地址的特点是：网络地址数不多（仅 126 个），主机号数多（1677 万个主机地址）。用于分配给主机数量多、网络数量少的大规模国际互联网。现今 A 类地址的网络号资源已全部用完了。

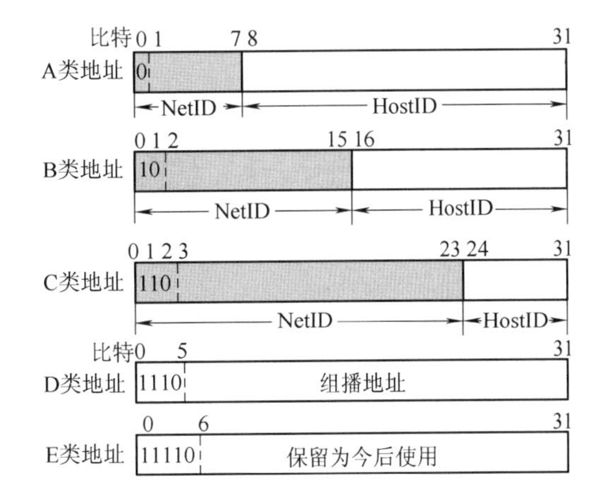

图 3-52　IPv4 地址的分类和结构

2. B 类地址

B 类地址域在 32bit 中占有 2B（16bit），其中 2bit 作为表示 B 类地址的标识。后面 14bit 可提供 $2^{14}=16384$ 个网络地址号数。

其余 2B（16bit）是主机地址号。每个 B 类网络上可设置 $2^{16}-2=65534$ 个主机地址号。

B 类地址的特点是：主机地址号数（6.55 万）多于网络地址号数（1.63 万）。用于网络数量和主机数量都很多的城域网络。

3. C 类地址

C 类地址域在 32bit 中，网络地址标识号占有 3B（24bit）。其中前面的 3bit 表示是 C 类地址。后面 21bit 为 C 类的网络地址，可提供 $2^{21}=2097152$ 个网络地址号（210 万个网络地址）。

其余 1 个字节（8bit）是主机地址号，因此在 C 类地址的每个网络上的最大主机数为 $(2^8-2)=254$ 个。

C 类地址的特点是：网络地址号极多（210 万个），主机地址号不多（254 个）。用于网络数量大而规模小、主机少的局域网络。

4. D 类地址

D 类是多播地址，留给国际互联网体系结构委员会（IAB）使用。

5. E 类地址

E 类地址是保留使用地址。

表 3-4 是 IPv4（32bit）地址分配表；图 3-53 是各类 IPv4 地址统计。

表 3-4　IPv4（32bit）地址分配表

地址类型	地址类型码	IP 网络地址号	主机地址号
A 类地址	1bit:0	7bit = 126 个	24bit = 16777214 = 1677 万个
B 类地址	2bit:10	14bit = 16348 ≈ 1.634 万个	16bit = 65534 ≈ 6.55 万个
C 类地址	3bit:110	21bit = 2097152 ≈ 210 万个	8bit = 254 个
D 类地址	4bit:1110	组(多)播地址	留给因特网体系机构、研究委员会 IAB 使用
E 类地址	5bit:11110	保留使用地址	

3.7.2　IPv4 地址的点分十进制记法

IPv4 的 32bit 的二进制分级地址代码非常冗长、难记，可读性差、容易写错，于是就产生了

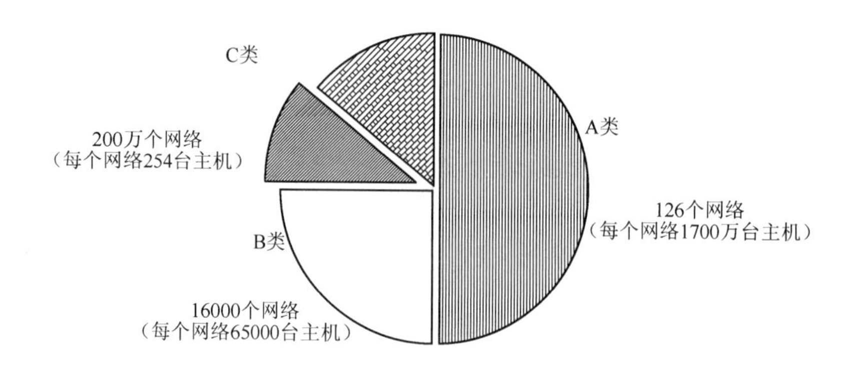

图 3-53　各类 IPv4 地址统计

“点分十进制记法”。把 32bit 按每 8bit 为一组，组成 4 个 8bit 二进制数据组，然后再把二进制数据组变换为 4 个十进制数据组，用“·”分开，如图 3-54 所示。

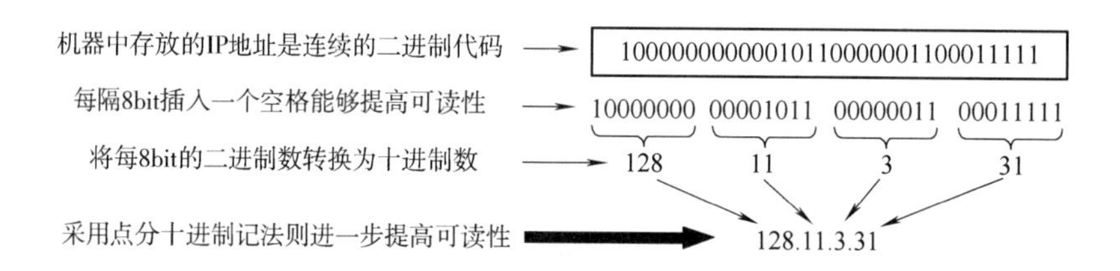

图 3-54　IPv4 地址的点分十进制记法

显然点分十进制记法 128. 11. 3. 31 比二进制分组记法 10000000 00001011 00000011 00011111 读起来要方便得多。

3.7.3　因特网的域名系统

因特网上各主机通信时，很难记忆和操作长达 32 位二进制的主机地址。即使是点分十进制的 IP 地址也不容易记忆。希望能直接使用容易记忆和便于操作的主机名字。于是就有了把域名翻译成 IP 地址的软件，并称为域名系统（Domain Name System，DNS）。

域名好比通讯录里的姓名和电话号码。打电话、发短信时，可以直接选择姓名，而不用输入对方的电话号码。但事实上，姓名只是电话号码的一个代号。有了域名，当用户要和互联网某台计算机交换信息时，只需使用域名，网络会自动转换成 IP 地址，找到该台计算机，从而保障数据通信方便顺利地执行。

1. 域名的结构

域名是一个逻辑概念，不必与物理地址相一致，域名的结构包括顶级域名（国家）、二级域名（行政区域或部门）、三级域名（企事业单位名）、注册域名（通信主机名）。完整的域名最多不超过 255 个英文字母和数字。

各级域名之间用点隔开，每一级由英文字母和数字组成，级别最高的顶级域名写在最右边（最后面）。级别最低的域名写在最左边（排序与中文习惯相反）。

例如，中国清华大学计算机科学与技术系的域名为“cs. tsinghua. edu. cn”，其中 cn 代表中国，edu 表示教育部门，tsinghua 表示清华大学，cs 表示计算机科学与技术系。域名中的最末部分通常都表示国家，最左部分代表该台计算机的名字。

（1）顶级域名：国家级域名。

例如：cn 表示中国，us 表示美国，uk 表示英国……

（2）二级域名：各国自行确定。我国把二级域名划分为“类别域名”和“行政区域名”两类。

类别域名：ac 表示科研机构，com 表示工商和金融企业，edu 表示教育机构，gov 表示政府部门，net 表示互联网络，NIC 表示接入网络的信息中心和运行中心（NOC），org 表示各种非营利性组织。

行政区域名：共 34 个，用于我国各省、自治区、直辖市。

例如：bj 为北京市，sh 为上海市，js 为江苏省等。

（3）三级域名：企业名称。可向中国互联网网络中心 CNNIC 申请。

2. 域名系统

域名系统是采用域名服务器把主机名字和 IP 地址对应起来的一个庞大数据库。图 3-55 是域名系统服务器的树形布局。

由美国建立的 IPv4 体系的根服务器全球共 13 台（1 台主根+12 台辅根服务器），唯一的 1 台主根服务器部署在美国，其余 12 台辅根服务器设在美国 9 台，欧洲 2 台，日本 1 台。

我国从 30 多年前就寻求向美国申请 1 台辅助根服务器，但美国以种种借口拒绝。最令人气愤的是，美国拿出的分配方案是：中国只拥有 5%的网络地址，理论上如果有一天美国突然屏蔽中国互联网的域名和网络地址，那么中国网民将会无法访问，整个互联网会在瞬间瘫痪。

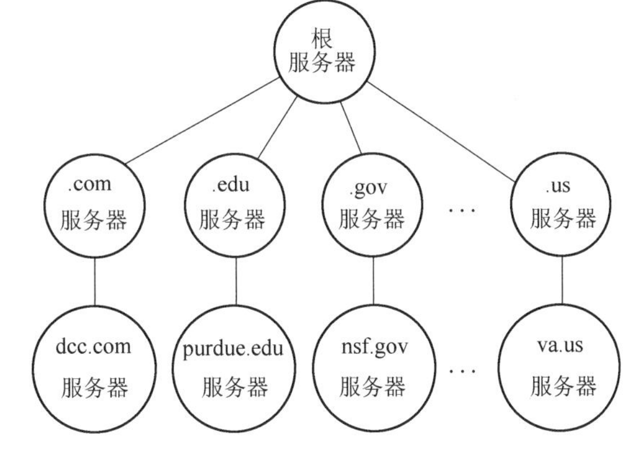

图 3-55　域名系统服务器的树形布局

每一个域名服务器不但能够进行域名到 IP 地址的转换，还必须具有连向其他域名服务器的信息。当自己不能进行域名到 IP 地址的转换时，它能够知道到什么地方去找其他的域名服务器。

因特网上的域名服务器系统是按照域名的层次来安排的。每一个域名服务器都只对域名系统中的一部分进行管辖。共有三种不同类型的域名服务器。

（1）本地域名服务器（Local Name Server）。每个因特网接入服务商（Internet Service Provider，ISP）、一个大学或大学里一个系，都可拥有一个本地域名服务器，有时也称默认域名服务器。本地域名服务器离用户较近，一般不超过几个路由器的距离。如果需要查询的主机也属于同一个本地 ISP 时，则本地域名服务器立即就能将查询的主机名转换为它的 IP 地址，而不需要去询问其他的域名服务器。

（2）根域名服务器（Root Name Server）。当本地域名服务器不能立即回答某主机的查询时，本地域名服务器就以 DNS 域名系统客户的身份向某一个根域名服务器查询，如果根域名服务器具有被查询主机的信息，就把 DNS 回答的报文发送给本地域名服务器，然后本地域名服务器再回答发起查询的主机。如果根域名服务器没有被查询主机的信息，它就一定知道某个保存被查询主机映射的授权域名服务器的 IP 地址。

根域名服务器通常用来管辖顶级域的域名转换，而不直接对顶级域下面所属的域名进行转换，它能够找到下面所有的二级域名服务器。

（3）授权域名服务器（Authoritative Name Server）。每个主机都必须在授权域名服务器处注册登记。通常一个主机的授权域名服务器就是它的本地的接入服务商ISP的一个域名服务器。为了更加可靠地工作，一个主机最好至少有两个以上的授权服务器。

许多域名服务器同时充当本地域名服务器和授权域名服务器。

3. 子网划分

IP4地址体系中32bit长度的IP地址分为网络标识地址（NetID）和主机或路由标识地址（HostID）两部分。在传送数据时，首先利用第一部分网络标识（NetID）找到互联网络中对应的网络，然后再根据第二部分主机标识地址（HostID）找到该网络上的目的主机。也就是说，A、B、C三类的地址结构都是两级层次结构。现在看来，IP地址的两级层次结构设计确实还有不够合理之处，例如：

（1）IP地址空间的利用率有时很低。每个A类地址网络可连接的主机数超过1000万。每个B类地址网络可连接的主机数也可超过6万。然而有些网络对连接在网络上的计算机数目有限制，不可能达到如此大的数量。如10BASE-T以太网规定其最大节点数只有1024个，使用B类地址时，就会浪费6万多个IP地址，地址空间的利用率还不到2%，造成IP地址的浪费，使IP地址资源更早地被用光。

（2）如果在同一个网络上安装大量主机，就有可能会发生网络拥塞，会影响网络的传输性能。

（3）每一个物理网络分配一个IP网络号会使路由表变得太大，使网络性能变坏。

（4）无法随时增加本单位的网络，因为本单位必须事先到因特网管理机构中去申请并获得批准后，才能连接到因特网上工作。

为此，从1985年起，把两级层次的IP地址网络变成为三级层次的IP（地址）网络。这种做法叫作子网划分（Subneting）或子网寻址、子网路由选择，并已成为因特网的标准协议。

子网划分是将一个网络进一步划分成若干个子网络（Subnet）。划分子网纯属单位内部的事情，与本单位以外的网络无关，对外仍然表现为一个大网络。

子网划分的方法是从网络的主机地址号中借用若干比特作为子网地址号（SubnetID），而主机地址号也就相应减少了若干比特。于是两级的IP地址在本单位内部的网络中变成三级IP地址，即网络地址号（NetID）、子网地址号（SubnetID）和主机地址号（HostID）。

凡从其他网络发送给本单位网络中某个主机的数据包，仍然是根据IP数据包的目的网络地址号找到连接在本单位网络上的路由器，此路由器在收到IP数据包后，再按目的网络地址号和子网地址号找到目的子网，将IP数据包交付给目的主机。

图3-56是将一个网络划分成3个子网的例子：IP数据包的目的主机地址是B类地址：144.14.2.21，因特网仍将该数据包送到路由器R_1，路由器R_1将该目的地址进行解释，知道144.14这个网络在物理上已分成3个子网。根据IP地址中的后两个字节分别确定子网标识地址为2和主机标识地址为21。这样就将IP地址改变为3级层次结构，第1级是网路标识地址144.14，确定网络；第2级是子网标识地址2，确定子网；第3级是主机标识地址21，确定在该子网上的主机。

4. 子网掩码

当没有划分子网时，IP地址是两级结构，网络地址字段是IP地址的“因特网部分”，主机地址字段是IP地址的“本地部分”，如图3-57a所示。

划分子网后就成了三级IP地址结构，子网只是将IP地址的本地部分进行再划分，而不改变IP地址的因特网部分，如图3-57b所示。

但是如何能让计算机知道有无子网划分呢？这就需要使用另一个长度也是32bit的子网掩码

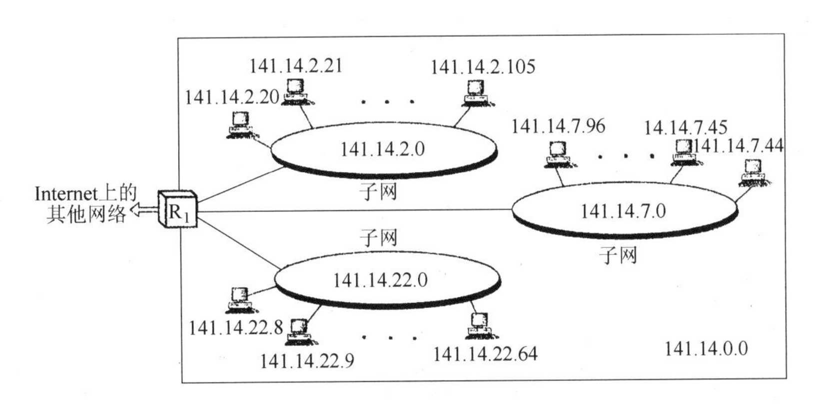

图 3-56　具有 3 级层次结构的网络

(Mask Code）来解决这个问题。子网掩码和 IP 地址一样长，都是 32bit，它由一串“1”和跟随的一串“0”组成。

子网掩码中的“1”表示与 IP 地址中的网络地址号和子网相对应的部分。子网掩码中的“0”表示与 IP 地址中的主机号相对应的部分，如图 3-57c 所示。

在 IP 地址划分子网的情况下，把子网掩码和划分子网的 IP 地址进行逐个比特相“与”(AND)，便可得出主机号为全“0”的子网划分的网络地址，即<Netid>+<Subnetid>+全“0”的<Hosted>，如图 3-57d 所示。

如果 IP 数据包地址为不划分子网的地址，那么子网掩码和不划分子网的 IP 地址进行逐个比特相“与”（AND）的结果为图 3-57e 所示的网络地址<Netid>+全“0”的<Hosted>。

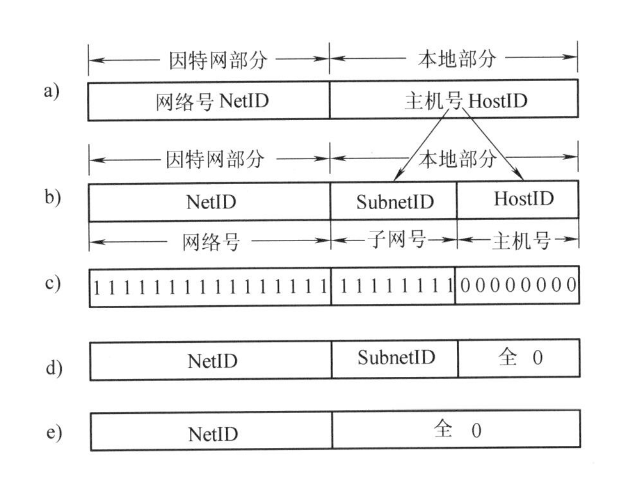

图 3-57　IP 地址的各字段和子网掩码

a）两级 IP 地址　b）三级 IP 地址　c）子网掩码　d）划分子网时的网络地址　e）不划分子网时的网络地址

这种不管有无子网都适用的子网掩码称为默认的子网掩码。显然：

A 类地址的默认子网掩码是 255. 0. 0. 0，或 0XFF000000。

B 类地址的默认子网掩码是 255. 255. 0. 0，或 0XFFFF0000。

C 类地址的默认子网掩码是 255. 255. 255. 0，或 0XFFFFFF00。

表 3-5 是 B 类地址的子网划分选择。可以看出，若适用较少比特数的子网地址号，则每个子网上可连接的主机数量较大。反之，使用较多比特数的子网地址号，则子网的数据可以较多，但

每个子网上可连接的主机数量较少。可根据网络的具体情况来选择合适的子网掩码。

表 3-5　B 类地址的子网划分选择（使用固定长度子网）

子网号的比特数	子网掩码	子网数量	主机数量/每个子网
2	255.255.190.0	2	16382
3	255.255.224.0	6	8190
4	255.255.240.0	14	4094
5	255.255.248.0	30	2046
6	255.255.252.0	62	1022
7	255.255.254.0	126	510
8	255.255.255.0	254	254
9	255.255.255.128	510	126
10	255.255.255.192	1022	62
11	255.255.255.224	2046	30
12	255.255.255.240	4094	14
13	255.255.255.248	8190	6
14	255.255.255.252	16382	2

5. IP 多播的基本概念

IP 多播（Multicast）又称组播，即一对多的通信，现已成为因特网的一个热门课题，广泛用于交互式会议、软件升级和信息交付（如新闻、股市等）。局域网的多播是用硬件实现的。

在因特网上向多个站发送同样的数据包可以有两种方法：一种是采用单播方式，每次向一个目的站发送数据包，然后连续向各目的站进行多次发送；另一种是采用图 3-58 中的路由器进行复制转发，主机 X 在进行多播时只要发送一个数据包，到了路由器 R_2 才进行数据包复制，然后到了 R_6 再复制一次。也就是说，多播数据包仅在传送路径分岔时才将数据包复制后继续转发。能够运行多播协议的路由器称为多播路由器（Multicast Router）。

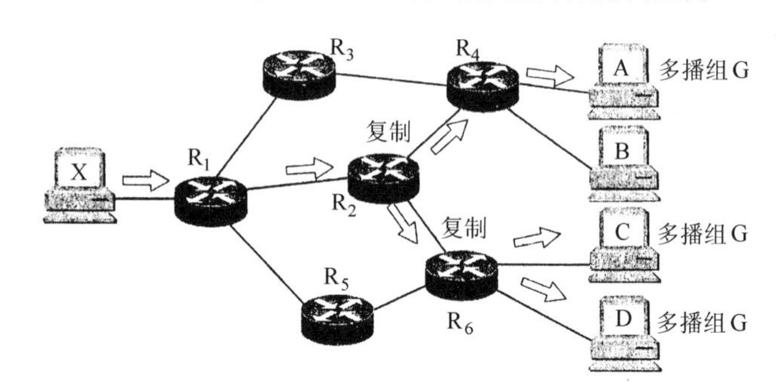

图 3-58　采用多播路由器的多播系统

在因特网上进行多播称为 IP 多播。最常用的 IP 多播方式为以下两种：

（1）使用组地址多播。IP 使用 D 类地址支持多播。D 类 IP 地址的前缀是 1110，因此地址的范围是 224.0.0.0 到 239.255.255.255。每个 D 类地址标识一组主机。D 类地址可用来标识有 28bit 的各个主机组（Host Group），因此可标识 2^{28} 个多播组（超过 2 亿 5 千万个多播组）。显然，多播地址只能用于目的地址，而不能用于源地址。

（2）使用硬件进行多播。因特网是由许多网络互联起来的，其中有些是以太网，这些以太网本身就具有硬件多播能力，因此当多播数据包传送到这些以太网时，以太网就利用硬件进行多播，交付给属于该组成员的主机。以太网硬件地址字段中的第一个字节为 0X01 时则为多播地址。

因特网号码指派管理局 IANA 拥有的以太网地址块的最高位为 24bit（0X00005E），也就是说，整个以太网硬件的地址范围为 0X00005E 000000~0X00005E FFFFFF。IANA 用其中的一半作为多播地址，因此，以太网多播地址的范围是 0X00005E 000000~0X00005E 7FFFFF。这样，以太网中只有 23bit 可用作多播地址。而 D 类 IP 地址可供分配的有 28bit，可见在这 28bit 的前 5 个 bit 不能用来构成以太网硬件地址，如图 3-59 所示。

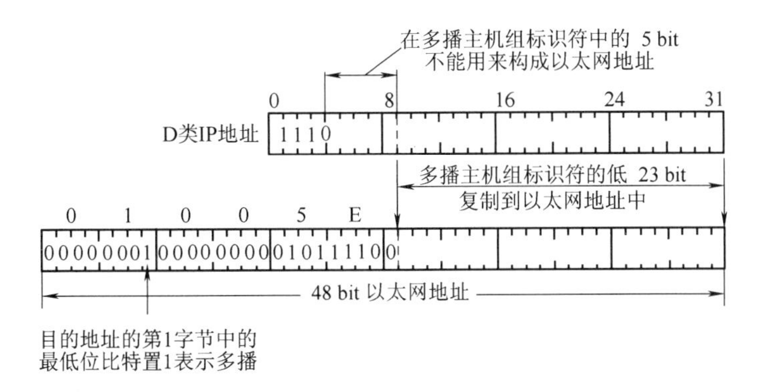

图 3-59　D 类 IP 地址与以太网地址的映射关系

3.7.4　因特网地址空间的扩展——IPv6

IPv4 的核心技术属于美国，从理论上讲，五类地址中每种类型可能的 IP 地址有 43 亿个（$2^{32}=4294967296$），其中北美占有 3/4，约 30 亿个，而人口最多的亚洲只有不到 4 亿个，中国只有 3 千多万个，只相当于美国麻省理工学院的数量。地址不足，严重地制约了我国及其他国家互联网的应用和发展。

IPv4 的设计比较完善，但随着因特网用户的飞速增加，32bit 的 IP 地址空间已难以满足日益增加的需要。除了地址空间需要扩展外，还有增加的各种新的应用要求，例如实时话音和图像通信要求低的延时和安全通信保障等，要求新版因特网协议能为特定应用预留资源。人工智能、大数据、云计算、物联网这一切基础设施有了 IPv6，才能构建我们的下一个新时代。IPv6 在全球开始普及已成为必然。

为此，美国因特网工程特别工作组在 1992 年 6 月提出要制定下一代 IP 协议版本，即 IPv6。1998 年 12 月，美国因特网工程特别工作组发表了 IPv6 互联网协议第六版的草案标准，准备替代 IPv4。

1. IPv6 的特点

IPv6 保持了 IPv4 许多成功的优点，并对 IPv4 协议的细节也作了许多修改：

（1）更大的地址空间：理论上，IPv4 最多提供约 43 亿个 IP 地址，而 IPv6 则可以提供 $2^{128}\approx$ 340 万亿个 IP 地址。如果整个地球表面（包括陆地和水面）都覆盖着计算机，那么 IPv6 可给予每平方米 7×10^{23} 个 IP 地址。如果地址的分配速率为每微秒分配 100 万个，那么需要 10^{19} 年的时间才能将这些 IP 地址分配完毕。因此，IPv6 的 IP 地址是不可能用完的。

（2）灵活的包头格式：IPv6 使用一种全新的、可任选的扩展包头格式，提高了路由器的处理效率。

（3）增加选项，提供新的应用功能：增加了任播（Any Cast）功能。

（4）支持资源分配：提供实时话音和图像传输要求的带宽和小延时。

（5）支持协议扩展，允许新增特性，满足未来发展。

2. 采用十六进制数和冒号（:）分隔的 128bit 地址

IPv6 采用 128bit 的地址，是 IPv4 地址长度的 4 倍。对于如此巨大的地址空间，显然，用二进制表示是不可取的，而十六进制可以比十进制用更少的数位来表达数据。

十进制数据：0　1　2　3　4　5　6　7　8　9　10　11　12　13　14　15

十六进制数据：　　0　1　2　3　4　5　6　7　8　9　A　B　C　D　E　F

采用冒号（:）分隔的十六进制的表示方法。即把128bit分成8个16bit数据组，用十六进制来表示16bit数据最为方便。优点是：只需更少的数字和更少的分隔符。

8个16bit的十六进制数据组之间用冒号将其分隔，例如：68E6：8C64：FFFF：FFFF：0：1180：96A：FFFF。

3. 如何从IPv4向IPv6过渡

要解决IPv4向IPv6的过渡不是一件容易的事情。因为现在整个因特网上使用的IPv4路由器的数量实在太大，要在短时间内全部改成IPv6路由器显然是不可能的，此外，各通信主机的Windows操作系统也要全部更换为IPv6操作系统。因此只能采用逐步演进的办法。我国计划在4~6年时间内，将原来的IPv4网络改造成IPv6网络。

中国下一代互联网工程中心抓住了全球实施IPv6这个历史机遇，在2013年，联合国际互联网母根（M根）运营者（WIDE机构）、互联网域名工程中心（ZDNS）等国际机构，领衔共同发起创立"雪人计划"，提出以IPv6为基础、面向新兴应用、自主可控的一整套根服务器解决方案和技术体系。"雪人计划"打破了根服务器困局，使全球互联网有望实现多边共治。

我国"下一代互联网工程中心"担任"雪人计划"首任执行主席，并面向全球招募25个根服务器运营志愿单位，在与现有IPv4根服务器体系架构兼容基础上，对IPv6根服务器的运营、域名系统、安全扩展、密钥签名和密钥轮转等方面进行测试验证。

2016年"雪人计划"在中国、美国、日本、印度、俄罗斯、德国、法国、英国等全球16个国家已完成了25台IPv6根服务器架设，其中1台主根服务器和3台辅根服务器部署在中国，全球形成了原有的13台IPv4根服务器加25台IPv6根服务器的新格局，为建立多边、民主、透明的国际互联网治理体系打下了坚实基础。

至此，即使在少数极端情况下（比如全球互联网出现大面积瘫痪，或者中国互联网国际出口堵塞），虽然国外的用户连接到我国的网络会出现问题，但至少还能保证国内的站点由国内的域名服务器来解析，保证国内网络正常使用。

在过渡时期，为了保证IPv4和IPv6能够共存、互通，发明了一些IPv4/IPv6的互通技术。从IPv4向IPv6过渡的策略有两种：

（1）双协议栈的通信主机。如果一台主机同时支持IPv6和IPv4两种协议，那么该主机既能与支持IPv4协议的主机通信，又能与支持IPv6协议的主机通信，

（2）隧道技术。通过IPv4协议的骨干网络（即隧道）将各个局部的IPv6网络连接起来，是IPv4向IPv6过渡的初期最易于采用的技术。

路由器将IPv6的数据分组封装入IPv4，IPv4分组的源地址和目的地址分别是隧道入口和出口的IPv4地址。在隧道的出口处，再将IPv6分组取出转发给目的站点。隧道技术只要求在隧道的入口和出口处进行修改，对其他部分没有要求，因而非常容易实现。但是隧道技术不能实现IPv4主机与IPv6主机的直接通信。

（3）网络地址/协议转换技术

网络地址/协议转换技术（Network Address Translation-Protocol Translation，NAT-PT）通过与SIIT协议转换和传统的IPv4下的动态地址翻译以及适当地与应用层网关相结合，可以实现IPv6的主机和IPv4主机的大部分应用都能互通。

上述技术很大程度上依赖于从支持IPv4的互联网到支持IPv6的互联网的转换，我们期待IPv4和IPv6可在这一转换过程中互相兼容。

第4章　网络互联设备的原理与应用

互联网由许多不同类型的网络互联而成。但是如果各终端主机只是直接连接在传输媒体上，还是无法完成端到端的数据交换任务。因为网络通信除传输媒体外，还需依靠一些网络设备、网络接口和各种管理协议，并在网络软件支持下协同工作才能实现数据通信。

4.1　网络互联分类

网络互联的形式有局域网与局域网、局域网与广域网、局域网-广域网-局域网、广域网与广域网四种互联方式。

1. 局域网与局域网（LAN-LAN）互联

局域网互联又分为同构局域网互联和异构局域网互联。同构网络互联是指符合相同协议的局域网互联，主要采用的设备有中继器、集线器、交换机，如图4-1所示。

2. 局域网与广域网（LAN-WAN）互联

这是最常见的方式之一，由于逻辑链路协议不相同，用来连接的设备是路由器或网关。

3. 局域网-广域网-局域网（LAN-WAN-LAN）互联

将两个分布在不同地理位置的多个局域网通过广域网实现互联，这是最常见的网络互联方式之一，用来连接的设备是路由器或网关。

4. 广域网与广域网（WAN-WAN）互联

通过路由器和网关将多个广域网互联起来，实现各个广域网的主机资源共享。此外，为增强网络性能以及出于安全和管理方面的考虑，还可将原来一个很大的网络划分为几个网段或逻辑上的子网。

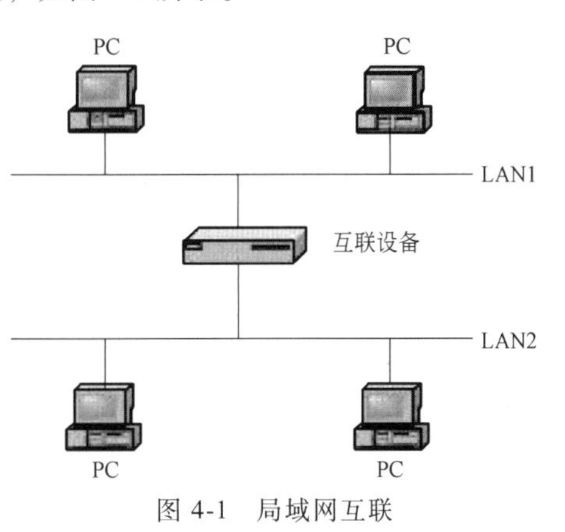

图4-1　局域网互联

4.2　互联设备分类

网络互联使用的中间设备（互联设备），ISO的术语称之为中继系统（Relay）。根据中继系统所在的TCP/IP体系结构层次，可以分为以下五种不同的互联设备：

（1）物理层互联设备：集线器（Hub）、中继器（Repeater）。

（2）数据链路层互联设备：网桥（Bridge）、以太网交换机（Switch）。

（3）网络层互联设备：第3层交换机、路由器（Router）。

（4）传输层互联设备：第4层交换机、网关（Gateway）。

（5）传输介质互联设备：网络接口。

由于OSI体系结构中不同层次的实现机理不一样，故各层的互联设备的功能也不同，图4-2和表4-1是不同层次互联设备的主要功能。

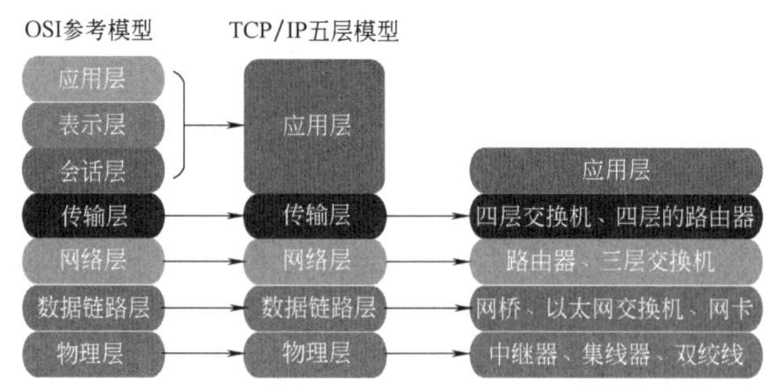

图 4-2　OSI 体系结构中不同层次的互联设备

表 4-1　OSI 体系结构中不同层次的互联设备的主要功能

互联设备	工作层次	主要功能
中继器(Repeater)	物理层(第 1 层)	对接收信号进行再生和转发,只起到扩展传输距离的作用,但使用个数有限
集线器(Hub)	物理层	是一种多端口的中继器
网桥(Bridge)	数据链路层(第 2 层)	根据帧的 MAC 地址进行网络之间信息转发,网桥适应于连接使用不同 MAC 协议的两个 LAN
二层交换机(Ethernet Switch)	数据链路层	以太网的交换机,实际是一种多端口网桥
三层交换机	网络层	带路由功能的交换机
路由器(Router)	网络层(第 3 层)	通过 IP 逻辑地址进行网络之间的信息转发,连接使用相同网络协议子网的互联互通
多层交换机	高层(4~5 层)	带协议转换的交换机
网关(Gateway)	高层(4~5 层)	是最复杂的网络互联设备,用户连接网络层(第 3 层)以上执行不同协议子网的互联

4.3　物理层互联设备

物理层互联设备包括中继器和集线器两种。

4.3.1　中继器

中继器（Repeater）是一种补偿信号传输衰减的信号放大设备，是扩展网络的最廉价的方法。职责是接收并识别网络信号，然后放大信号并将其转发到网络的其他分支上。要保证中继器能够正确工作，首先要保证每一个分支中的数据包和逻辑链路协议是相同的。中继器可以用来连接不同的物理介质，并在各种物理介质中传输数据包，如图 4-3 所示。

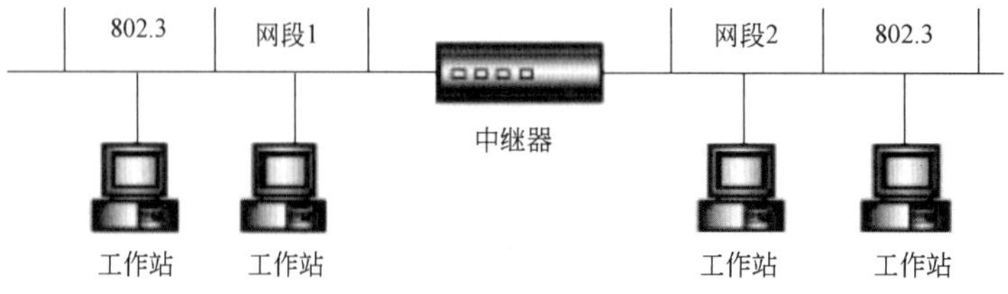

图 4-3　用中继器连接两个网段

中继器没有隔离和过滤功能，它不能阻挡含有异常的数据包从一个分支传到另一个分支。这意味着，一个分支出现故障可能影响到其他的每一个网络分支。

在 802.3 局域网和 802.5 令牌环局域网之间，由于逻辑链路协议不相同，中继器是无法应用的。

4.3.2　集线器

1. 工作原理

集线器是 OSI 参考模型第一层（物理层）的互联设备。主要功能是把所有节点的主机集中连接到以它为中心的节点上，接收、放大和转发来自任何站点的信息，以扩大网络的传输距离，是星形拓扑结构的局域网系统。

集线器的英文为“Hub”（“中心”的意思）。是一种不需任何软件支持或只需很少管理软件的硬件设备，如图 4-4 所示。

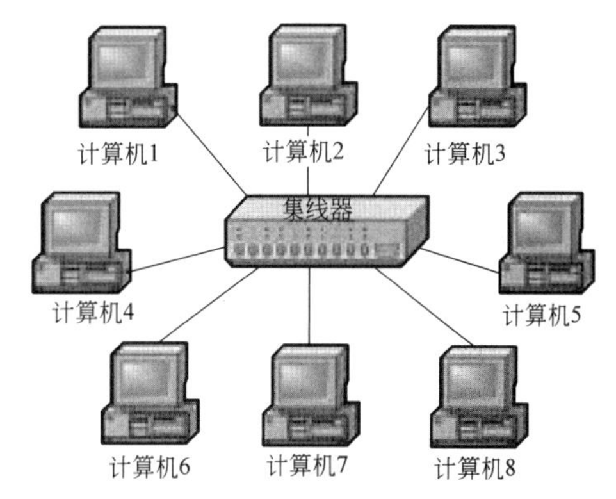

图 4-4　集线器的星形拓扑结构

集线器是一种共享设备，同一局域网上的 A 主机给 B 主机传输数据时，数据包在网络上以广播方式发送，网络上各主机通过验证数据包头的地址信息来确定是否接收。因此，这种方式工作的局域网，同一时刻在网络上只能传输一路数据帧，否则就会发生数据冲撞，如图 4-5 所示。

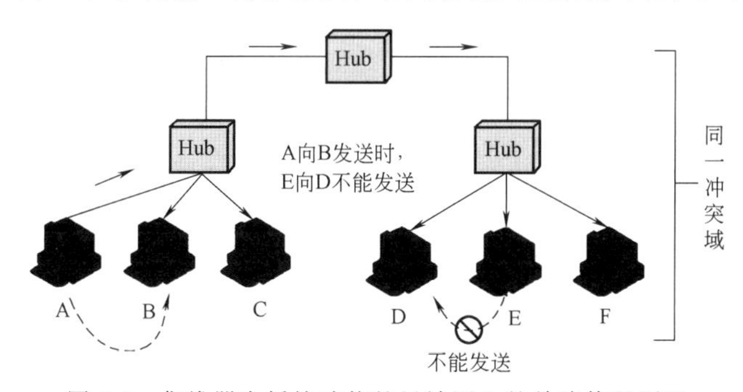

图 4-5　集线器在桥接功能的局域网上的单路传送原理

特点：除了能够互联多个终端以外，还具有桥接和隔离故障的功能，即当其中一个节点的线路发生故障时不会影响到其他节点传输。

集线器连接的所有设备共享 Hub 的总带宽，例如 Hub 的总带宽为 10Mbit/s，如果连接了 10 个设备，则每个设备分配到的带宽为 1Mbit/s。

缺点：每台 Hub 只能同时传输一个数据帧，当网上两个节点要交换数据时，其他节点只能等待。随着节点的增加，大量的冲突将导致网络性能急剧下降。

集线器适用于办公室内的计算机、打印机、扫描仪等终端设备之间的连接。

2. 共享式以太网和交换式以太网

(1) 共享式以太网：利用集线器连接的星形拓扑结构的网络称为共享式以太网。网上的所有节点（如主机、工作站）共享同一媒体带宽，用广播形式来进行数据传输。仅将一个端口接收的信号重复分发给其他端口来扩展物理介质。如果一个节点发出一个广播信息，集线器会将这个信息以广播方式传播给同它相连的所有节点，从本质上讲，以集线器为核心的共享式以太网并不处理或检查其上的通信量。特点：共享同一媒体带宽，也共享同一冲突域，网络效率低。

共享以太网效率低的主要原因是集线器同时只能传输一个数据帧，当网上两个节点交换数据时，其他节点只能等待。随着节点的增加，大量的冲突将导致网络性能急剧下降。

典型代表：使用10Base2/10Base5的总线型网络和以集线器为核心的星形网络。

(2) 交换式以太网：利用交换机连接的星形拓扑结构的网络称为交换式以太网。是以以太网为基础、以MAC帧为数据交换构成的网络。

以太网交换机会产生用于存放与之连接的计算机的MAC地址的一个地址表，每个网线接口便作为一个独立的MAC地址端口。交换机根据收到的数据帧中的MAC地址，转发到交换机中存储的对应的那个地址端口。因此节点不必担心自己发送的帧在通过交换机时是否会与其他节点发送的帧产生冲突的问题。

交换式以太网的优点：

1）有效分割冲突域，减少冲突：交换机给每个用户设有信息端口（通道），各个源端口与各自的目的端口之间可同时进行通信而不发生冲突。除非两个源端口企图将信息同时发往同一目的端口。

2）提高网络效率：共享式10Mbit/s/100Mbit/s以太网采用广播通信方式，每次只能在一对用户间进行通信，如果发生碰撞还得重试。

3）提升带宽：交换式以太网允许不同用户同时传送，比共享式以太网提供更多的带宽。交换机有N个端口，如果每个端口的带宽是M，则交换机的总线带宽为$N \times M$。

各端口的速率可以不同，工作方式也可以不同，提供半双工、全双工、自适应的工作方式等。

4.4　网桥

网桥（Bridge）也叫桥接器，是连接两个局域网的一种存储/转发设备，它能将一个大的局域网分割为多个网段，或将两个以上的局域网互联为一个逻辑局域网，使局域网上的所有用户都可访问服务器。

最简单的网桥有两个端口，复杂些的网桥可以有更多的端口。网桥的每个端口与一个网段相连，如图4-6所示。图4-7是无线网桥的应用案例。

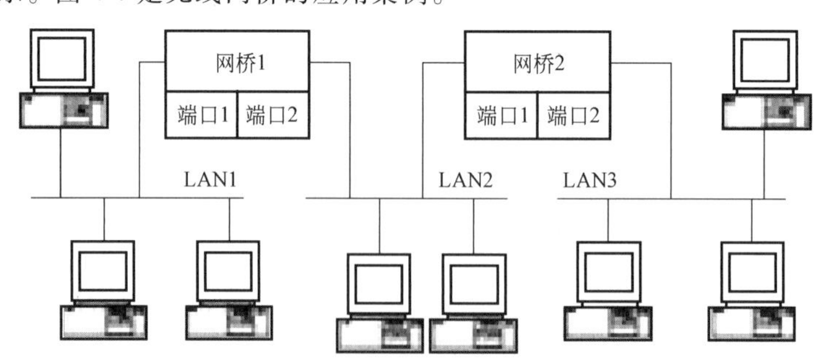

图4-6　网桥将两个以上的局域网互联为一个逻辑局域网

网桥的基本特征：

1）网桥在数据链路层上实现局域网互联；

2）网桥能够互联两个传输介质和不同传输速率的网络。

3）网桥以接收、存储、地址过滤及转发方式实现互联的网络之间的通信。

4）网桥需要互联的网络在数据链路层上采用相同的协议。

5）网桥可以分隔两个网络之间的通信量，有利于改善互联网络的性能与安全性。

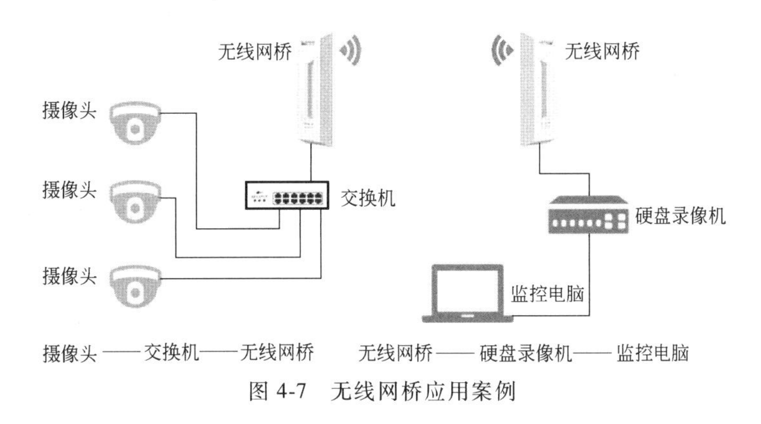

图 4-7　无线网桥应用案例

网桥可以是专门硬件设备，也可以由计算机加装的网桥软件来实现，这时计算机上会安装多个网络适配器（网卡）。

4.5　网络交换机

网络交换机（Switch）意为“开关”，是一种转发电信号的网络互联设备，为接入交换机的任意两个节点提供信号通路。

4.5.1　网络交换机分类

1. 按 OSI 网络模型工作层面分类

按 OSI 网络模型工作层面可分为第二层交换机、第三层交换机和第四层交换机三类。它们的性能和用途各不相同。

（1）第二层交换机（又称以太网交换机）：工作在 OSI 协议的第二层（数据链路层），根据 MAC 地址进行信息交换，是一种基于 MAC 媒体访问控制、MAC 地址识别、完成以太网数据帧转发的网络互联设备。

（2）第三层交换机（网络层交换机）：工作在 OSI 协议的第三层（网络层），根据 IP 地址协议进行交换，主要用于汇聚层数交换。

（3）第四层交换机（传输层交换机）：主要用于互联网数据中心的核心层数据交换。

（4）光纤交换机：用于光纤信号交换。

2. 按传输速率分类

按传输速率可分为 100Mbit/s“快速以太网交换机”、“千兆以太网交换机”和“万兆以太网交换机”等数种。快速以太网交换机的通信距离小于 100m。

快速以太网交换机端口类型一般包括 10Base-T、100Base-TX、100Base-FX，其中 10Base-T 和 100Base-TX 一般是由 10M/100M 自适应端口提供，有的高性能交换机还提供千兆光纤接口。

100Base 表示传输 100Mbit/s 速率的基带数据信号，T 表示双绞线，T4 表示 4 对 3 类非屏蔽双绞线，TX 表示 2 对 5 类非屏蔽双绞线，FX 表示光纤。

为了提供方便的级联，有的交换机设置了单独的 Uplink（级联）端口或通过 MDI/MDI-X 按钮切换，对没有 Uplink 端口或 MDI/MDI-X 按钮的交换机则需要使用交叉线互联。

3. 按转发方式分类

按转发方式可分为直通转发和存储转发两类交换机。

4. 换网络构成方式分类

按网络构成方式可分为接入层交换机、汇聚层交换机和核心层交换机。

接入层交换机：与用户直接相连的交换机，是第 2 层互联设备，特点是低成本、接口多。

汇聚层交换机：汇聚层是多台接入层交换机的汇聚点，汇聚层交换机处理来自接入层的所有通信量，目的是为了减少核心层的负担。汇聚层相当于一个中转站，比接入层交换机有更高的性能、更少的接口和更高的交换速率。

核心层交换机：接入主干网络的交换机称为核心层交换机，相当于一个出口总汇。特点是具有更高的交换速率、更高的可靠性、端口较少，如图 4-8 所示。图 4-9 是大型局域网的树形拓扑结构。

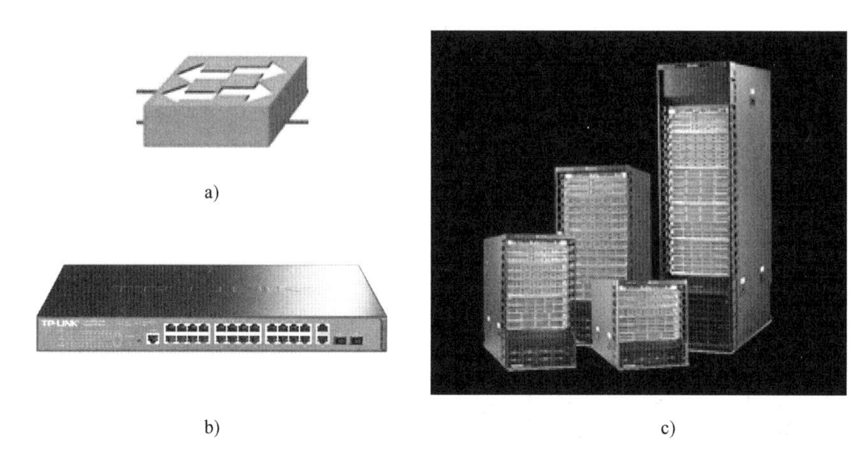

图 4-8　交换机图符及分类

a）交换机图符　b）接入层交换机　c）汇聚层、核心层交换机

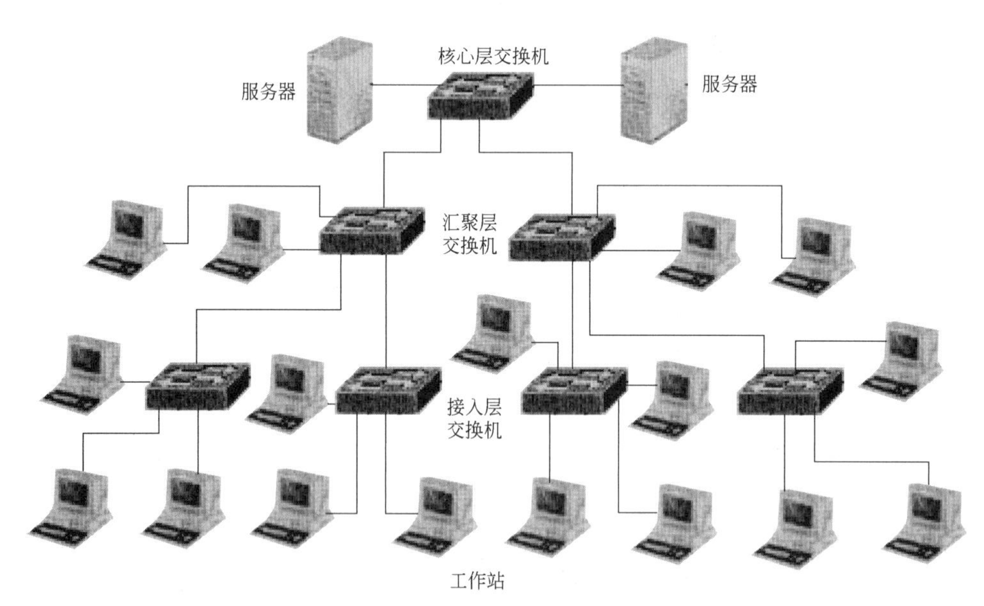

图 4-9　大型局域网的树形拓扑结构

5. POE 交换机

POE（Power Over Ethernet）是一种支持以太网供电的交换机。可在现有的以太网 Cat. 5 类双绞线基础架构上，建立无线局域网的接入点（如接入网络摄像机等），并在传输数据信号的同时，还能提供直流供电电源。

POE 交换机端口的直流输出功率可以达到 30W，受电设备可获得的功率为 25.4W。

4.5.2　网络交换机的功能

1. 学习、存储、接收、查表、转发功能

（1）学习和存储：交换机初始化时，MAC 地址表是空的，它能学习和存储进入交换机的数据帧的源地址，并且把源地址及其对应的交换机的端口号记录在 MAC 地址表。

交换机不断记录每个接口上接收到的数据帧的地址，一段时间以后所有的端口连接的 MAC 地址都会记录到 MAC 地址表中。

（2）接收、查表和转发：交换机内部有一个地址表，这个地址表标明了 MAC 地址和交换机端口的对应关系。

当交换机从某个端口收到一个数据包时，它首先读取包头中的源 MAC 地址，这样它就知道信源主机的 MAC 地址是连在交换机的哪个端口上，交换机读取包头中的目的 MAC 地址，并在地址表中查找相应的端口，如果表中存有与该目的 MAC 地址对应的端口，则把数据包直接复制到这个端口上，然后，将数据帧从查到的端口上"转发"出去。

如果在表中找不到相应的端口，则把数据包广播到所有端口上，广播后如果没有主机的 MAC 地址与帧的目的 MAC 地址相同，则丢弃，若有主机相同，则会将主机的 MAC 地址自动添加到其 MAC 地址表中，在下次传送数据时就不再需要对所有端口进行广播了。

2. 分割冲突域功能

交换机端口如果有大量数据要转发，端口将发送的数据存储到寄存器中，实施先到先发的顺序发送方式。

3. 流量控制功能

当一个端口的流量超过了其处理能力时，就会发生端口阻塞。交换机通过网络流量过滤，只允许通过必要的网络流量和转发，这样可以有效隔离广播风暴，减少丢帧、误包和错包，避免共享冲突。

4. 优先级控制功能

优先级是交换机的一个高级特性，提供优先级控制的交换机可以提供重要网络应用优先传输的保证。

优先级支持方式分为端口优先、MAC 地址、IP 地址和应用的优先级控制，支持标准主要是确定是否支持 802.1p 标准。

5. 利用生成树协议防止网络环路功能

生成树协议 Spanning-Tree Protocol 简称为 STP，该协议应用于环形网络，通过一定的算法实现路径冗余。当交换机包括一个冗余回路时，将环路修剪成无环路的树形网络，从而避免报文在环路网络中"长生不老"循环。以太网交换机通过生成树协议避免（消除）产生环路，同时允许存在后备路径。

生成树协议的主要功能有两个：一是在利用生成树算法，在以太网中创建一个以某台交换机的某个端口为根的生成树，避免环路。二是在以太网拓扑发生变化时，通过生成树协议达到收敛保护的目的。

4.5.3　转发方式

1. 直通转发（Cut-Through Switching）

直通转发方式是把接收到的数据包直接送到相应的端口，实现交换功能。由于不需要存储，因此延迟非常小、交换非常快，这是它的优点。它的缺点是，因为数据包内容并没有被交换机保存下来，所以无法检查所传送的数据包是否有误，不能提供错误检测能力，容易丢包，不能直接

接通不同速率的输入/输出端口。

2. 存储转发（Store-and-Forward Switching）

存储转发方式是计算机网络应用最为广泛的方式，它把输入端口的数据包先存储起来，然后进行CRC（循环冗余码校验）检查，如果发现有错，则对错误数据包处理后才取出数据包的目的地址，通过查找表转换成输出端口送出数据包。

存储转发方式的不足之处在于数据处理时延时大，但是它可以对进入交换机的数据包进行错误检测，有效地改善网络性能。尤其重要的是它可以支持不同速度的端口间的转换，保持高速端口与低速端口间的协同工作。

3. 无碎片转发（Segment-Free Switching）

这是介于前两者之间的一种解决方案。它检查数据包的长度是否够64B，如果小于64B，说明是假包，则丢弃该包；如果大于64B，则发送该包，也不提供数据校验。它的数据处理速度比存储转发方式快，但比直通转发方式慢。

4.5.4　二层、三层和四层交换机

1. 第二层交换机（以太网交换机）

二层交换机是一种能识别MAC地址、完成封装和转发数据包的网络设备，通过内存查表，在发送者和接收者之间建立临时交换路径，使数据帧直接由源地址到达目的地址。图4-10所示为二层交换机应用连接图。

二层交换机扩容简单，只要相应地增加二层交换机的容量，就能将更多的设备连接到交换机上。

（1）当交换机从某个端口收到一个数据包时，它先读取包头中的源MAC地址，这样它就知道源地址的主机是连在哪个端口上。

（2）然后再读取包头中的目的MAC地址，并在地址表中查找相应的端口。

（3）如果地址表中可以找到目的地址对应的端口，就把数据包直接复制到该端口上。

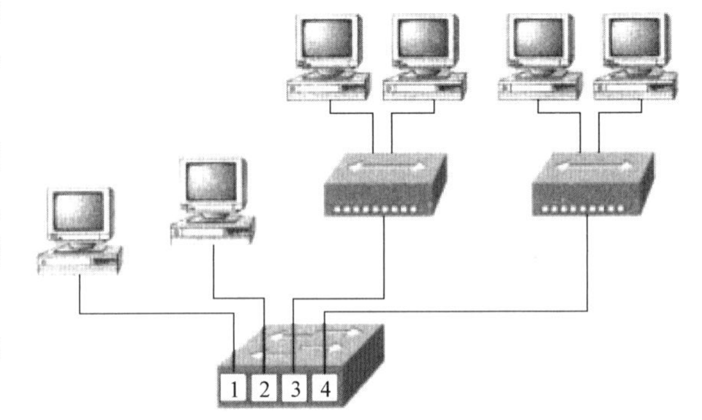

图4-10　二层交换机应用连接图

（4）如果地址表中找不到相应的端口，则把数据包广播到所有端口上，当目的主机对源主机回应时，交换机又可以学习一目的MAC地址与哪个端口对应，在下次传送数据时就不再需要对所有端口进行广播了。

不断的循环这个过程，可以学习到并存储全网的MAC地址信息；二层交换机就是这样建立和维护它自己的地址表的。

二层交换机通常都有几个到几十个端口。如果交换机有N个端口，每个端口的平均带宽为M，则交换机的总线带宽为$N \times M$。实际工作中，各端口的速率可以不同，工作方式也可以不同，可以提供半双工、全双工、自适应等工作方式。

如今第二层交换机提供的性能越来越好，可以满足个人计算机、工作站以及服务器产生的大通信量，应用最为普遍，主要是价格便宜，功能符合中、小企业实际应用需求。

第二层交换机不处理网络层的IP地址，不处理TCP、UDP端口地址。它只需要数据包的物理地址（MAC地址），数据交换是靠硬件来实现的，其速度相当快，这是二层交换的一个显著的优点。

2. 第三层交换机

随着大楼和楼群中的设备数量不断增加，第二层交换机已显露出不足之处：它没有路由转发功能，不能处理不同子网（跨网）之间的数据交换，不能隔离子网间的广播风暴。于是既有转发效率高又有路由功能的第三层交换技术诞生了。

第三层数据交换工作发生在网络层，根据数据包中的 IP 地址寻址和通过路由协议来实现路由功能，还可以隔离子网间的广播风暴，可以控制一个网络的信息非法进入到另一个网络。

当信息源的第一个数据包进入第三层交换机后，路由系统便会产生一个与 MAC 地址相关的 IP 地址映射表，并将该表存储起来；当同一信息源再次进入第三层交换机时，交换机将根据第一次产生并保存的 IP 地址映射表，打通源 IP 地址和目的 IP 地址之间的一条通路；数据包可以直接从第二层的源地址传输到目的地址，而不再需要经过第三层路由系统处理，实现不同子网段间的数据交换。

三层交换机无须每次都要将接收到的数据包进行拆包来判断路由，而是直接将数据包进行转发。这样一次路由，多次转发，便可实现高速转发数据包。而路由信息更新、路由表维护、路由计算、路由确定等功能，由软件实现。

第三层交换机是三层路由模块直接叠加在二层交换的高速背板总线上，突破了传统路由器的接口速率限制，速率可达几十 Gbit/s。大部分的数据转发，除了必要的路由选择交由路由软件处理，都是由二层模块高速转发，路由软件大多都是经过处理的高效优化软件，并不是简单照搬路由器中的软件。

第三层交换机完全适合 VLAN 虚拟局域网。虚拟局域网是一组逻辑上的设备和用户，这些设备和用户不受物理位置的限制，可以根据功能、部门及应用等因素将它们组织起来，相互之间的通信，就好像它们在同一个网段中一样，一个 VLAN 就是一个广播域，图 4-11 是 VLAN 虚拟局域网拓扑图。

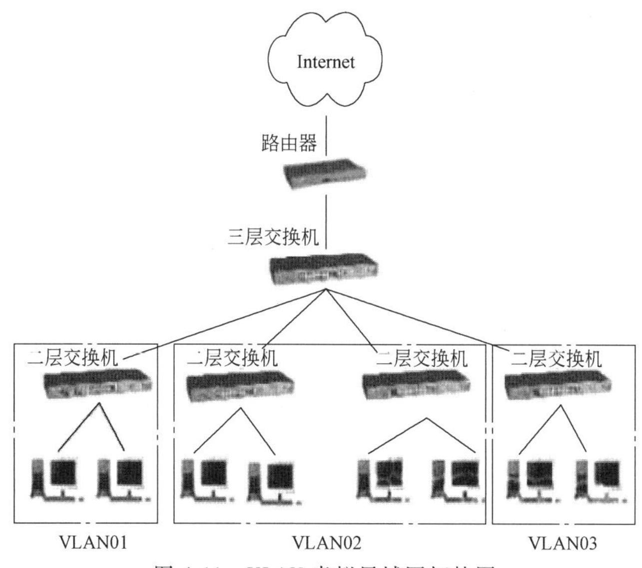

图 4-11　VLAN 虚拟局域网拓扑图

超过 200 个节点的大型局域网，出于安全和管理方便考虑，为了避免广播风暴的危害，必须把大型局域网按功能或地域等因素划分成多个小局域网，然后再用 VLAN 虚拟局域网技术将它们互联在一起，各个不同 VLAN 间的通信都要经过路由器来完成转发。单纯使用路由器来实现网间访问，不但由于端口数量有限，而且路由速度较慢，延时大，从而限制了网络的规模和访问速度。

VLAN 虚拟局域网之间的通信是通过第三层的路由器来完成的。VLAN 打破了传统网络许多固有观念，可使网络结构更加灵活、多变、方便和随心所欲。

3. 第四层交换机

第四层交换机工作于传输层，直接面对具体应用，是基于传输层数据包交换的新型局域网交换机，具有智能应用交换功能，是以软件技术为主、硬件为辅的网络管理交换设备。

第四层交换机不仅可以完成端到端交换，还能根据端口主机的应用特点，确定或限制它的交换流量。

第四层交换机支持 TCP/UDP 第四层以下的所有协议，可识别至少 80 个字节的数据包包头长度，可根据 TCP/UDP 端口号来区分数据包的应用类型，从而实现应用层的访问控制和服务质量保证。

第四层交换技术相对于第二层、第三层交换技术具有明显的差异，它将数据包控制在从源端到目的端的区间中，基于策略的服务质量技术提供了更加细化的解决方案。提供了一种可以区分应用类型的方法。

4. 二、三、四层交换机的区别

(1) 第二层交换机是根据数据链路层的 MAC 地址和 MAC 地址表来完成端到端的数据交换的，直接根据数据帧中的 MAC 地址转发。

二层交换机的快速交换功能、多个接入端口和低廉的价格，为小型网络用户提供了很完善的解决方案。二层交换机虽然也能划分子网、限制广播、建立 VLAN，但它的控制能力较弱、灵活性不够，也无法控制流量，缺乏路由功能。

(2) 第三层交换机是根据网络层的 IP 地址来完成端到端的数据交换的，主要用于不同 VLAN 子网间的路由。

三层交换机最重要的功能是加快大型局域网络内部数据的快速转发和加入路由功能。如果把大型网络按照部门、地域等因素划分成一个个小局域网，可以实现大量网际互访。如果使用路由器，由于接口数量有限和路由转发速度慢，将限制网络的速度和网络规模，因此，采用具有路由功能的快速转发的三层交换机就成为首选。

三层交换机的主要特点：

1) 路由技术与交换技术合二为一：在交换机内部实现路由功能，提高了网络的整体性能。

2) 隔离子网间的广播风暴：可以控制其他网络信息非法进入到另一个网络中。

3) 转发效率高：一次路由多次转发，消除了路由器造成的网络延迟，提高了数据包转发的效率。

4) 组建 VLAN 虚拟局域网。

VLAN 把不同地理位置的局域网设备和用户组织起来，相互之间的通信就好像它们在同一个网段中一样。VLAN 工作在 OSI 参考模型的第二层和第三层。

(3) 第四层交换机是基于传输层数据包的交换过程，不仅可以完成端到端交换，还能根据端口主机的应用特点，确定或限制它的交换流量。

第四层交换机支持 TCP/UDP 第四层以下的所有协议，可根据 TCP/UDP 端口号来区分数据包的应用类型，从而实现应用层的访问控制和服务质量保证。可以查看第三层数据包头源地址和目的地址的内容，可以通过基于观察到的信息采取相应的动作，实现带宽分配、故障诊断和对 TCP/IP 应用程序数据流进行访问控制等关键功能。

第四层交换机通过任务分配和负载均衡优化网络，并提供详细的流量统计和记账信息，从而可以在应用层级上解决网络拥塞、网络安全和网络管理等问题。

四层交换机的特点：

1）一次路由，多次转发，实现高速转发数据包。

2）实现带宽分配、故障诊断和对 TCP/IP 应用程序数据流进行访问控制等关键功能。

3）支持 TCP/UDP 第四层以下的所有协议、可以根据 TCP/UDP 端口号来区分数据包的应用类型，从而实现应用层的访问控制和 QoS 服务质量保证。

4）解决网络拥塞、网络安全和网络管理等问题。

5）四层交换技术已融入了二层交换和三层交换，适用于大型网络。

4.6 路由器

“路由”是指把数据从一个网络传送到另一个网络的传送路径。执行路由功能的装置称为路由器（Router），是工作在 OSI 模型第三层（网络层）的多网络互联设备。路由器会自动选择和设定数据传递的最佳路径，可以处理跨越 IP 子网的数据包（分组），转发数据包。

第三层交换机虽然具有路由功能，但是无法适应网络拓扑各异、传输协议不同的广域网环境。而路由器可在网络拓扑各异的广域网中尽显英雄本色，也就是说，第三层交换机无法替代路由器。

路由协议创建路由表，执行路由选择和数据包转发。路由信息在相邻路由器之间传递，确保所有路由器知道到其他路由器的路径。图 4-12 为路由器的网络拓扑图。

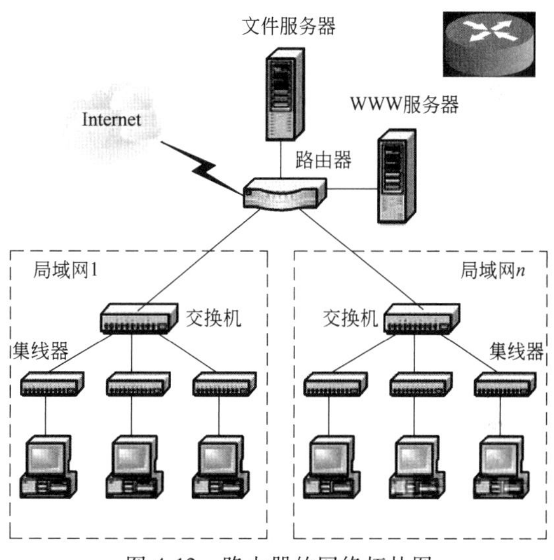

图 4-12　路由器的网络拓扑图

4.6.1 路由器的主要功能

1. 寻找数据帧传输的最佳路径

路由器的主要工作就是为每个数据包（分组）寻找一条最佳传输路径，并将该数据包传送到目的站点。选择最佳路径的策略，即路由算法是路由器的关键。

为了完成这项工作，路由器中保存着网络系统各种传输路径的相关数据，即路由表（Routing Table），供路由选择时使用。路由表中保存着子网的信息、网上路由器的数量和下一个路由器的名字等内容。

2. 网络互联

在多网络互联环境中，路由器可以建立灵活的网络连接，接收源站或其他路由器的数据信息，决定最佳路由和转发数据包（分组），与其他网络进行路由信息交换等。

路由器对于每一个接收到的数据包，都会重新计算其校验值，并写入新的物理地址。因此，使用路由器转发和过滤数据包的速度往往要比只查看数据包物理地址的交换机慢。但是，对于那些结构复杂的网络，使用路由器可以提高网络的整体效率。如果路由器内部配置转换协议功能，则可以提供异构网互联。

3. 数据处理

路由器可实现数据包过滤、转发、过滤网络流量、负荷分担、链路备份，用完全不同的数据分组和媒体访问方法连接各种子网。

4. 网络管理

路由器提供的网络管理包括：配置管理、性能管理、容错管理和流量控制等功能。

4.6.2　路由器的分类

1. 按交换能力划分

路由器的交换速率可分为高、中、低三档。大于 40Gbit/s 的路由器称为高档路由器，25～40Gbit/s 的路由器称为中档路由器，低于 25Gbit/s 的路由器则称为低档路由器。实际上路由器档次的划分还应包括其他综合指标。

2. 从功能上划分

路由器根据功能不同可分为接入级路由器、企业级路由器、骨干级（核心层）路由器和太比特光纤路由器。

（1）接入级路由器。接入级路由器广泛用于家庭或小型局域网与因特网之间的路由连接。特点：支持多种通信协议，可与因特网互联，端口数量较少，产品性价比高，便于安装，使用简单。分为有线和无线两类，如图 4-13 所示。

接入级路由器的接口特征：

1）路由器的一个端口通过“猫”（调制解调器）与因特网（宽带）连接。

2）路由器的局域网端口（LAN1～LAN4）与计算机连接。

3）无线路由器的 IP 地址一般为：192.168.1.1。

4）有线路由器的 IP 地址一般为：192.168.0.1。

（2）企业级路由器。企业级路由器是实现尽可能多的端口互联，要求支持不同的 QoS 服务质量，支持广播和组播，支持多种协议，支持防火墙、包过滤、管理和安全策略以及组建 VLAN 虚拟局域网，如图 4-14 所示。

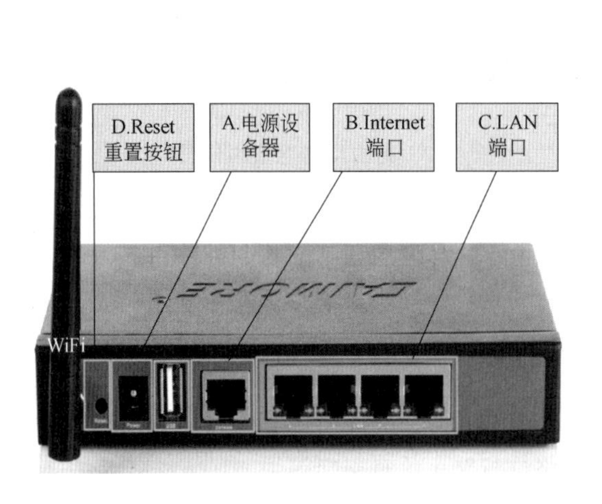

图 4-13　接入级路由器

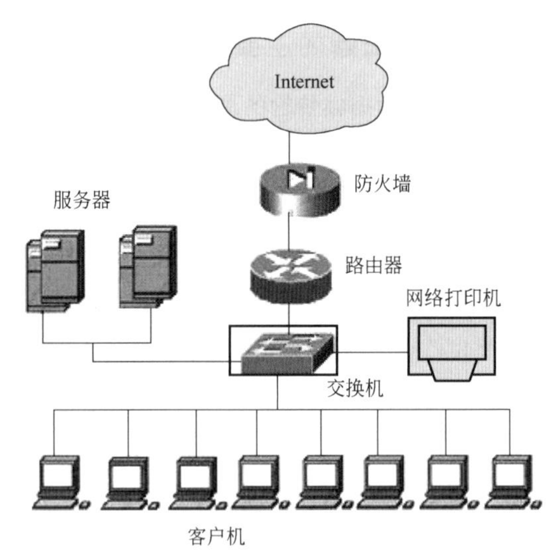

图 4-14　企业级路由器

（3）骨干级路由器。骨干级路由器实现大型网络互联。

特点：数据吞吐量大、数据传输速率和可靠性高。普遍采用热备份、双电源、双数据通路等冗余技术。

骨干级路由器的瓶颈是，在转发表中查找路由表需花较多时间，为提高路由查找的效率，常将一些访问频率较高的目的端口放到缓存中，如图 4-15 所示。

(4) 太比特光纤路由器。光纤和 DWDM（密集型光波复用）都已广泛应用。因此需要高性能的太比特光纤路由器。

图 4-15　骨干级路由器

3. 按路由器结构划分

路由器根据结构不同可分为模块化结构与非模块化结构两类。模块化结构路由器配置灵活，能够适应大中企业不断增加的业务需求；非模块化结构路由器只提供固定的端口，用于小型企业和家庭网络。

4. 按应用类型划分

路由器根据应用类型不同可分为通用路由器和专用路由器。常用路由器皆为通用路由器。专用路由器通常为实现某种特定功能，对路由器接口、硬件等作专门优化，例如 VPN 虚拟网络路由器。

VPN（Virtual Private Network）虚拟专用网络可以帮助远程用户、公司分支机构、商业伙伴及供应商的内部网络建立安全的外联虚拟专用网。通过公用网来建立 VPN，可以节省大量的通信费用；VPN 具有成本低、易于使用的特点。图 4-16 是 VPN 的基本配置。

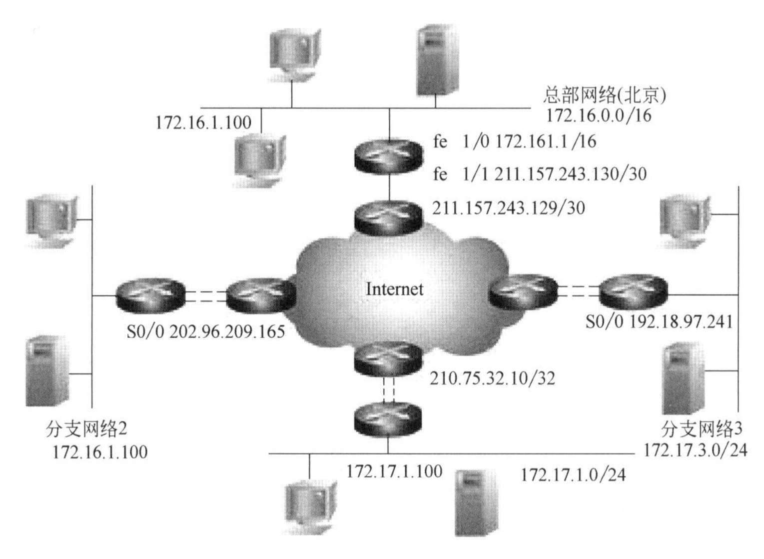

图 4-16　VPN 虚拟专用网络的路由器配置

4.6.3　路由表

路由器中保存着网络系统各种传输路径的相关数据（路由表），路由表有静态和动态两类：

静态路由表（Static）：由系统管理员固定设置的路由表，一般是在系统安装时就根据网络的配置情况预先设定，它不会随未来网络结构的改变而改变。

动态路由表（Dynamic）：由系统自动调整的路由表，也可以由系统主机控制调整。

4.7　网关

网关（Gateway）又称协议转换器，在网络层以上实现网络互联，是最复杂的网络互联设备。

1. 网关与路由器的区别

（1）网关：用于不同的通信协议、不同的数据格式或异构网络等完全不同的两种网络互联。网关是一个翻译器，对收到的信息要重新打包，以适应目的网络的需求。网关也可以提供路由功能、数据过滤和数据安全功能。既可以用于广域网互联，也可以用于局域网互联。

网关实质上是连接异构网络的通信接口设备和应用程序。不仅具有转换通信协议功能，还具有路由功能，从而使不同结构的网络之间进行互联互通。

协议转换是数据包拆包/重新封装的过程，取决于网关两边的网络及协议类型，没有限定在哪一层工作。

我们所讲的“网关”均指TCP/IP下的网关。只有设置好网关的IP地址，才能实现不同网络之间的相互通信。网关的IP地址是具有路由功能设备的IP地址。

比如要互联网络A和网络B，网络A的IP地址范围为“192.168.1.1～192.168.1.254”，子网掩码为255.255.255.0；网络B的IP地址范围为“192.168.2.1～192.168.2.254”，子网掩码为255.255.255.0。在没有路由器的情况下，两个网络之间是不能进行通信的，即使是两个网络连接在同一台交换机上，TCP/IP也会根据子网掩码（255.255.255.0）判定两个网络中的主机处在不同的网络里。而要实现这两个网络之间的通信，则必须通过网关。如果网络A中的主机发现数据包的目的主机不在本地网络中，就把数据包转发给网络A自己的网关，再由网络A的网关转发给网络B的网关，网络B的网关再转发给网络B的某个主机。

子网掩码：是一个与IP地址结合使用的32位地址，主要作用有两个：一是用于屏蔽IP地址的一部分以区别网络标识和主机标识，并说明该IP地址是在局域网上还是在远程网上；二是为了减少IP地址的浪费，可以用于将一个大的IP网络划分为若干小的子网络。图4-17是通过网关把视频监控网、空调和供电网、火灾报警网三类不同的数据通信网络互联成一个数据传输网络。

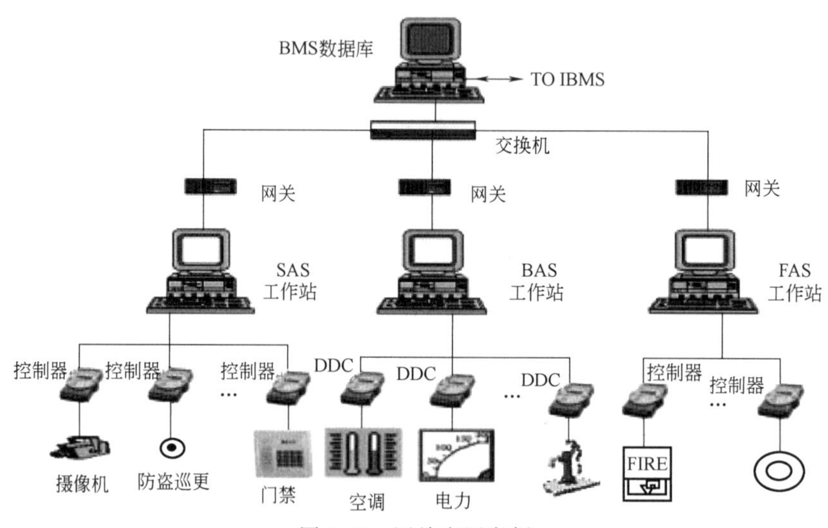

图4-17　网关应用案例

（2）路由器：路由器的主要作用是寻址及转发，它会根据信道的情况自动选择和设定最佳路径的路由，是多个同类子网络互联的组件。可用完全不同的数据分组和介质访问方法连接各种子网，按前后顺序发送信号。

理论意义上的路由器是不具备通信协议转换功能的。具有协议转换功能的路由器，可以作为网关使用。

2. 家庭网关

家庭网关又称家用路由器，现已成为移动互联网时代的家庭娱乐数据中心、智能家庭网络中心。家用路由器=二层交换机+路由器+防火墙+网关。

家庭网关是家庭内部网络与外部互联网连接的桥梁，将多个计算机连接到 Internet 上，提供 Internet 访问、收看 IPTV 高清数字电视服务，还能通过 Internet 遥控各种家用电器，实现系统信息采集、信息输入、信息输出、集中控制、远程控制、联动控制等功能。

智能家庭网关是家居智能化的心脏，集高清 IPTV、私有云、智能家居、Wi-Fi 无线路由、多屏游戏、手机 APP 控制家居照明系统、安防系统、门禁系统、音箱电视娱乐系统等功能于一身，如图 4-18 所示。

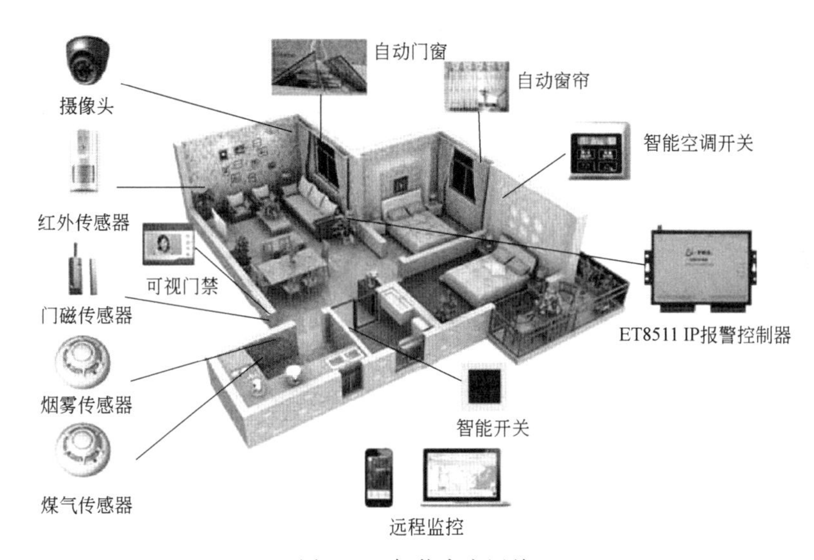

图 4-18　智能家庭网关

4.8　调制解调器

远距离传输数据时，发送端的计算机基带信号必须通过调制器“调制”成为可在电缆中传送的高频宽带模拟信号或进行射频调制成为无线信号，这些宽带模拟信号经传输媒体送到目的端口并被接收端的解调器还原成计算机基带信号，如图 4-19 所示。

调制器（Modulator）是数/模转换器，解调器（Demodulator）是模/数转换器，为方便使用，通常把调制器和解调器做成一体机，合称为调制解调器（Modem）。根据 Modem 的谐音，亲昵地称之为“猫”，如图 4-19 所示。

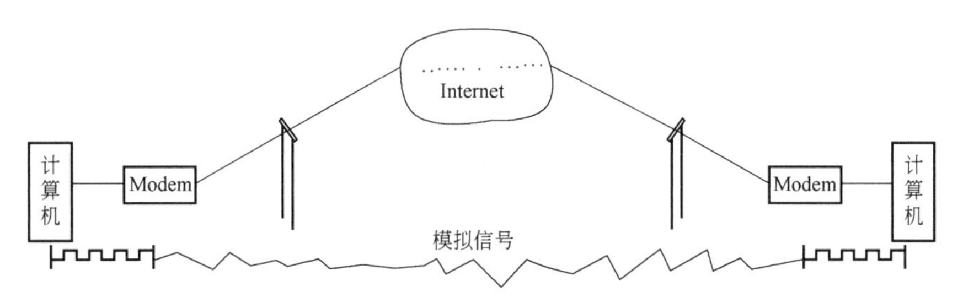

图 4-19　计算机基带信号的远距离传输

1. 调制解调器的分类

根据传输媒体特性可分为：ISDN（综合业务数字网）调制解调器、ADSL（非对称数字用户宽带网）调制解调器、光纤调制解调器（光猫）和Cable Modem同轴电缆调制解调器。

同轴电缆调制解调器用于有线电视传输网络，接入速率为2~10Mbit/s。每个用户都有独立的IP地址，用户可以上网访问。

光纤Modem（光猫）也称单端口光端机，由光纤专线接入。有E1（E1=2.08Mbit/s）光猫、以太网光猫、V.35光猫等，根据客户需求配置相应的业务接口。

凡有光纤的地方都需要光猫进行光信号转换。现今“光猫”与路由器结合为一体机，给用户使用提供了很多方便。

2. 调制解调器与路由器、终端主机的连接方法

MODEM一般都有输入、输出两个接口，一个是插电话线的RJ-11接口，另一个是插网线的RJ-45接口。RJ-11电话线接头里面有2根线、4根针。RJ-45网线插头（水晶头）里面有8根线、8根插针，如图4-20所示。

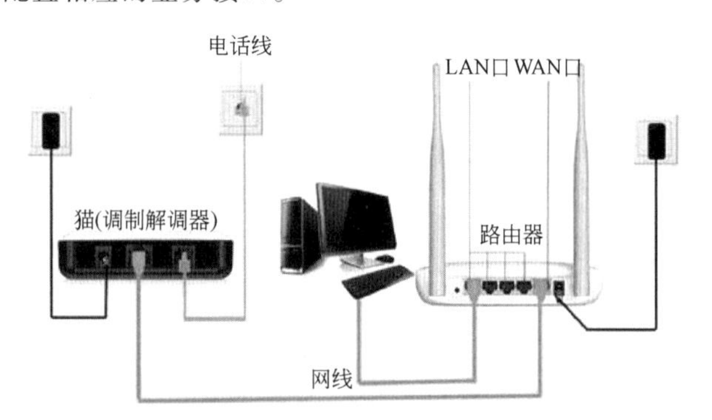

图4-20　调制解调器在数据通信中的应用

4.9　互联设备接口

互联设备接口包括数字视频接口和数字音频接口两类。

4.9.1　视频通信接口

视频设备的常用互联接口有：DVI数字视频接口、HDMI高清数字视频接口和VGA（Video Graphics Array）模拟视频接口。HDMI接口还可以同时传输数字视频和音频信号。

1. DVI数字视频接口

1999年由英特尔、康柏、IBM、惠普、NEC、富士通等8个公司共同组成数字显示工作组，推出了DVI（Digital Visual Interface）数字视频接口标准。

（1）DVI工作原理：DVI将R（红）、G（绿）、B（蓝）三基色数字信号与H（行）、V（帧）信号进行组合编码，每个像素点按10bit的数字编码方式进行并行→串行转换，把编码后的R、G、B数据与像素时钟等4个信号进行串行传输，每路数据的速率为原像素点时钟的10倍。

为达到高清晰度显示要求，图像扫描采用1080i@60Hz格式（即隔行扫描，行频33.75kHz，场频60Hz，像素频率74.25MHz）。

实际应用中为减少行频变换，所有的视频输入格式（如480p、576p、720p等）通过格式变换为1080i@60Hz格式输出。

DVI电缆的最大长度：理论值是30m，但是根据一般线缆的质量，超过13m图像就会有明显的影响。

（2）DVI接口标准：DVI接口有3种类型、5种规格：3种类型包括：DVI-Analog（即DVI-A）、DVI-Digital（即DVI-D）、DVI-Integrated（即DVI-I），如图4-21所示。

1）DVI-A接口：是一种模拟传输标准，和VGA没有本质区别，性能也不高，因此事实上已

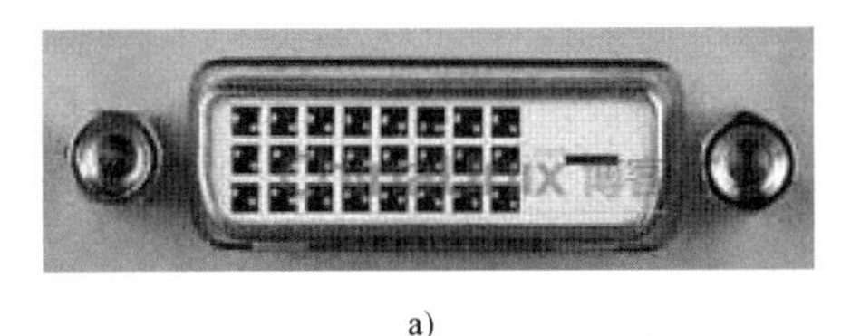

a)

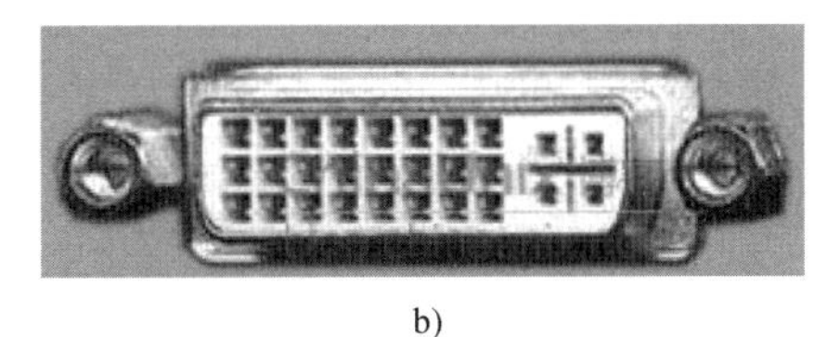

b)

图 4-21　DVI 接口标准

a）DVI-D 接口　b）DVI-I 接口

经被废弃了。

2）DVI-D 接口：是一种纯数字传输标准，只能传输数字视频信号，不兼容模拟信号。接口上有 3 行 8 列共 24 个针脚，其中右边的一个为空针脚。

3）DVI-I 接口：是一种数字+模拟传输标准，可同时兼容模拟和数字信号，具有 24 个数字插针+5 个模拟插针的插孔（就是右边那个四针孔和一个十字花槽）。

兼容模拟信号并不意味着模拟信号的 VGA（D-Sub）接口可以直接连接到 DVI-I 接口上，而是必须通过一个转换接头才能使用，一般采用这种接口的显卡都会带有相关的转换接头。

DVI-I 的插口可以插入 DVI-I 和 DVI-D 的接头线，而 DVI-D 的插口只能连接 DVI-D 的纯数字线。

2. HDMI 高清多媒体接口

HDMI（High-Definition Multimedia Interface）高清多媒体接口源于 DVI 接口技术，以美国晶像公司的 TMDS 信号传输技术为核心。2002 年 12 月公布 HDMI 1.0 版，目前的最高版本是 HDMI 1.3，完全兼容 DVI 接口标准。

HDMI 可以提供很高的带宽，无损传输数字视频和音频信号，也就是说一根线缆可以实现视频、音频同步传输。

HDMI 数据线的最长传输距离是在 15m 以内，超过 30m 的线缆信号丢失严重，画面显示效果极差。

HDMI 数据线和接收器包括 3 个不同的 TMDS 数据信息通道和一个时钟通道，支持视频数据、音频数据和附加信息通过 3 个通道传送到接收器。3 个 TMDS 通道传输 R/G/B 或者 Y/Cb/Cr 格式编码的 24bit 像素视频数据，最高带宽可以达到 4.95Gbit/s，现在最高规格的高清视频格式 1080p 所需的带宽仅仅为 2.2Gbit/s，

HDMI 已经广泛应用于各种数码产品上，不管是平板电视、高清播放机，还是投影机、数码摄像机、液晶显示器，以及蓝光 DVD 和 HD DVD，都少不了 HDMI 数字信号接口的身影。

（1）HDMI 的音视频带宽。HDMI 支持多种方式的视频编码，通过对 3 个 TMDS 数据信息通道的合理分配，既可以传输 R/G/B（红/绿/蓝）三基色的 4∶4∶4 信号，也可以传输 YCbCr 数字色差分量的 4∶2∶2 信号，最高可满足 24bit 视频信号的传输需要。

HDMI 在协议中加入了对音频信号传输的支持，形成了单线缆多媒体接口协议。数字音频信号不占用额外的通道，采用和其他辅助信息一起组成数据包，利用 3 个 TMDS 通道在视频信号传输的消隐期，以岛屿数据的形式传送。

HDMI 可以提供 2~8 路，每路采样频率 192kHz 的高质量数字音频信号，比 44.1kHz 的双声道的 CD 音频制式和 96kHz 的 6 声道 DVD-Audio 音频格式信号更上了一个台阶。

HDTV 图像的最高清晰度标准是 1080p，分辨率为 1920×1080 像素，若每秒传输 60 帧图像，那么最终的像素数据率为 124.4MHz。由此看来 HDMI 接口完全可以满足当今的消费电子产品的各项应用。HDMI 也支持双接口并联模式，那样可以提供惊人的 330MHz 传输带宽。

（2）HDMI接口标准。HDMI接口可以分为Type A、Type B、Type C三种类型。使用5V低电压驱动，阻抗都是100Ω，如图4-22所示。

图4-22　HDMI三种类型接口

1）A型接口：有19个引脚，可以传输165MHz的像素信息，普及率最高。

2）B型接口：有29个引脚，可以传输高达330MHz的像素信息。可以提供TMDS双传输通道和DVI双通道连接。

3）C型接口：和A型接口性能一致，但是体积更小，更加适合紧凑型便携设备使用。

这三种HDMI接口没有完全兼容，也就是说A型头不能通过转接设备连接到B型头，B型头也不能转接成C型头，不过由于A型头和C型头仅仅是物理尺寸上不一样，它们之间可以通过转换设备实现兼容。

视频设备上的DVI和HDMI接口可以直接进行数字传输，传输通道可以达到5Gbit/s，远远大于VGA信道的带宽，可以很完美地传输1080p的高清视频信号，在传输过程中没有数据损耗，图像质量十分完美。

3. VGA模拟视频信号接口

VGA（Video Graphics Array）接口是显卡上应用最为广泛的接口类型，大多数显卡都带有此种接口。

VGA模拟视频信号由R、G、B三基色信号和行、场同步信号组成，这5路信号需同时传输。因此要求各通道的性能必须保持一致。

VGA接口不仅被广泛应用于计算机，在投影机、影碟机、TV等视频设备中也有很多都标配此接口。很多投影机上还有VGA输出接口，用于视频的转接输出。

VGA成品线缆长度有1.5m、2m、3m、5m、10m、15m等几种规格，传输距离超过15m时，VGA信号质量会严重下降。

VGA接口标准：是一种D型接口，外形像字母“D”，共有15针脚，分成3排，每排5个。视频输出接口为15针母插座，视频输入连线端的接口为15针公插头，如图4-23所示。

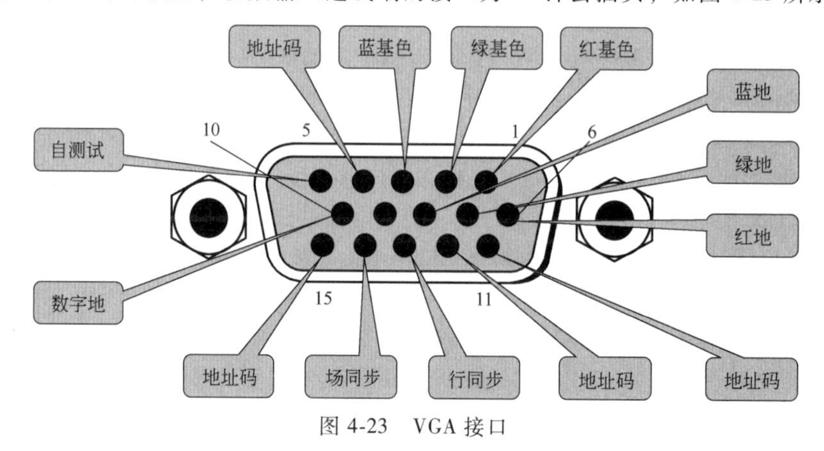

图4-23　VGA接口

VGA 接口在给数字显示器（LCD、DLP、PDP 等）传输信号时，由于 VGA 是模拟接口，先要将数字电视信号转换成模拟信号（D/A 转换）后再进行传输，到了显示器那边还要将模拟信号再转换为数字信号后送给显示屏，在数字→模拟→数字的转换过程中，信号损失较大（一次 A/D 或 D/A 转换过程将在频谱上损失 6dB），并且会存在诸如拖尾、模糊、重影等传输问题。因此 VGA 的传输方式会损失画面上的某些细节部分。

4.9.2　数字音频接口

数字音频设备的常用接口有 AES/EBU 接口、Cobra Net 数字音频接口、Dante 数字音频接口。

1. AES/EBU 接口

AES/EBU 标准是一种单线单向串行传输的数字音频数据接口，能够传输两个声道的数字音频数据，有家用和专业两种标准。

（1）家用标准 S/PDIF。S/PDIF（索尼/飞利浦数字接口格式），采用 EIAJ CP-340 IEC-958 同轴传输，属不平衡式。标准输出电平 0.5Vpp（发送器负载 75Ω），输入和输出阻抗为 75Ω（0.7~3MHz 频宽）。传输距离较短（一般为数米），采用商品化的细同轴线、两芯 RCA 莲花型插头，如图 4-24 所示。

图 4-24　RCA 莲花型插头

（2）专业标准 AES/EBU。AES/EBU（美国音频工程协会/欧洲广播联盟）提供两个通道（左声道 L 和右声道 R）的音频数据传输，采样频率为 32kHz、44.1kHz、48kHz（相应的码速率为 2Mbit/s、2.8Mbit/s 和 3.1Mbit/s），量化分辨率为 6bit、20bit 或 24bit；发送器负载 110Ω，0.1~6MHz 频宽。采用平衡传输，可降低信号干扰，最长数据传输距离为 100m。网线为平衡三芯屏蔽电缆，配卡侬接口，阻抗 110Ω，如图 4-25 所示。

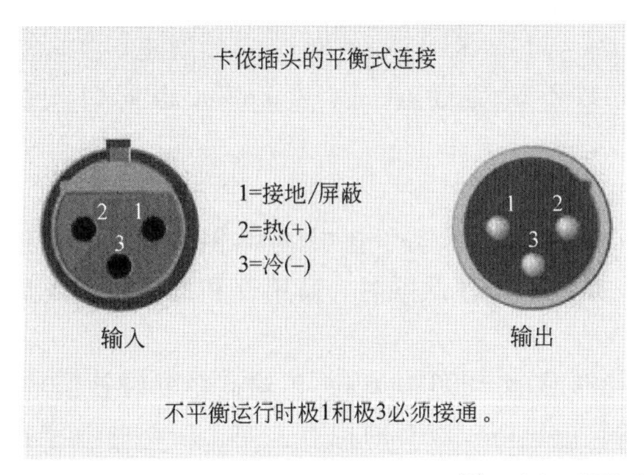

图 4-25　AES/EBU 三芯卡侬接口

2. CobraNet 数字音频接口

CobraNet 是一种在以太网上传输的数字音频接口。支持 100Mbit/s 快速以太网，也支持光纤和 1000Mbit/s 高速以太网传输媒体。CobraNet 数字音频采用无压缩的 PCM 数据编码，支持 48kHz 和 96kHz 取样率，量化分辨率为 16bit、20bit 和 24bit 三种，默认的是 48kHz、20bit 无压缩的 PCM 数据编码，比 CD 光盘的音质更佳，最多可以容纳 64 个传输通道。可方便地满足广播电（视）台直播间之间、录音棚各录音间之间的节目交换，是体育场馆、主题公园、广场、广播电视、大型演出、智能会议系统和楼宇智能音频系统等大型音频工程实现信号处理、音频资源共享和简化系统结构的网络传输方法。图 4-26 是 CobraNet 接口卡。

图 4-26　CobraNet 数字音频接口卡

（1）CobraNet 网络传输协议是建立在标准以太网硬件和底层协议基础上的，也就是说，它是运行在数据链路层和物理层两个低层上的传输协议，不涉及数据链路层以上的高层协议，不需要特别的或技术专利的产品来构建网络基础。它的信号传输单元 Bundle 是以 8 个音频通道为一个数据包。

（2）使用 CobraNet 专用交换机、5 类线及光纤；用 1 对 UPT 5 类无屏蔽双绞线可实现无压缩、高音质、64 个通道的双向传输数字音频信号。如果采用光纤传输，则可以轻易地实现数公里的无损耗传输。

（3）增加交换机可以方便扩大系统。

（4）CobraNet 传输需要较大的网络带宽。例如，一个通道的音频数据量为 48kHz×20bit＝0.96Mbit/s，再加上通道的地址数据、控制数据和以太网的报尾 FCS 等公共数据，使得包含 8 个音频通道的每个 Bundle 的实际数据率接近 9Mbit/s 左右。使用 100Mbit/s 快速以太网进行数据传输时，最多只能容纳 11 个 Bundle（100Mbit/s/9Mbit/s＝11），即 11×8＝88 个音频通道。实际上 100Mbit/s 的快速以太网可传输的最大音频通道数不能超过 64 个。CobraNet 也同时支持 1000Mbit/s 高速以太网和光纤传输媒体。

3. Dante 数字音频接口

Dante 数字音频传输技术是 Audinate 公司于 2003 年提出的，基于 3 层的 IP 网络技术，采用 Zeroconf 协议，简化了网络的运行模式。为音频连接提供了一种低延时、高精度和低成本的解决方案，是目前应用最广泛的数字音频传输技术。

Dante 数字音频传输技术可以在以太网（100Mbit/s 或者 1000Mbit/s）传输高精度时钟信号、专业音频信号，可以进行复杂的路由选择。它继承了 CobraNet 所有的优点，如无压缩的数字音频信号，保证了良好的音质效果；解决了传统音频传输中繁杂的布线问题，降低了成本；适应现有网络，无须做特殊配置。图 4-27 是 Dante 网络的连接方式。

Dante 数字音频技术的主要特点包括：

1）采用 IEEE1588 精密时钟协议。精确时钟同步和自愈系统，能保证以最小化的网络延时来满足专业音响的苛刻要求，允许不同取样率的数字音频流在同一网络中传输。

2）Dante 网络的高兼容特性，可以允许音频信号和控制数据以及其他毫不相干的数据流共享同一个网络，它们之间互不干扰，用户可以最大限度地利用现有的网络资源，而无须为音频传输系统建立专用网络。

3）在 Dante 网络系统中可以加入普通 TCP/IP 设备，如 PC。可以兼容其他网络设备的软件，如数字调音台（混音器）、DSP 处理器、录音软件等。可以从任意网络接口接入到网络中而不必

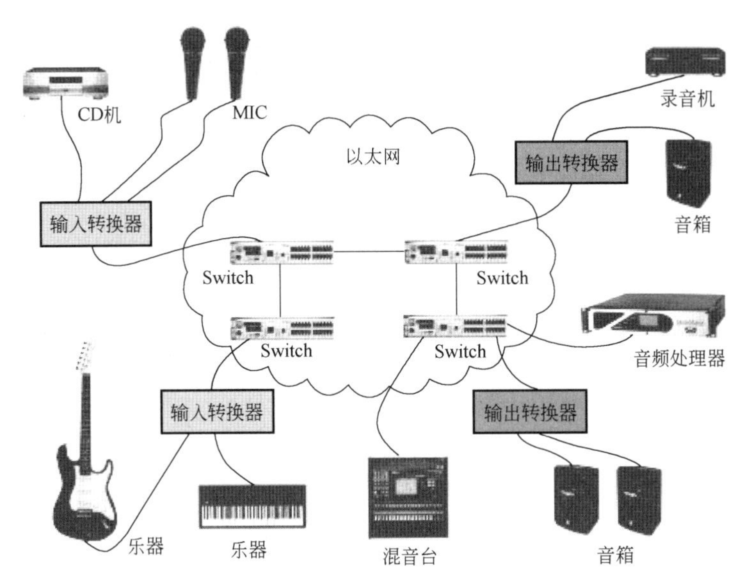

图 4-27　Dante 网络的连接方式

关心它的走向。

4）采用 Zeroconf 技术，利用服务器自动查找接口设备、标识标签以及区分 IP 地址等工作，而无须启动高层的域名系统 DNS（Domain Name System）或者动态主机配置协议 DHCP（Dynamic Host Configuration Protocol），省略了复杂的手工网络配置，也不需要专业的 IT 工具包。

5）发送器和接收器可以设置在网络中的任何端点，移动这些节点时，网络结构不需做任何调整。

6）音频通道的传输模式可以是单播，也可以是多播，Dante 技术可以通过 IGMP（Internet Group Message Protocol，互联网信息协议）进行管理，以最大限度地利用网络带宽。

7）可以方便地扩展输入/输出设备节点，甚至可以扩充到成百上千个。

8）自愈系统。Dante 系统可以设定多重自我修复机制，实施网络自愈。

9）更小的延时。

在 100Mbit/s 网络带宽下，音频传输通道为 3 个时，延时仅为 34μs。Dante 系统可自动调节可用的网络带宽，以便将延时时间降低到最小。

这些独特的优势，使它在专业音响系统、广播系统、电话会议系统、楼宇智能音频系统、大型运动会等行业获得广泛应用。

4.10　数据通信网络接口

计算机数据通信接口有串行接口（Parallel Port）和并行接口（Serial Port）两大类。

4.10.1　并行接口

并行接口中各位数据都是并行传送的，通常是以字节（8 位）或字（16 位）为单位进行数据传输。并行口是计算机与其他设备传送信息的一种标准接口，并行口的数据传送速度快，但存在传送距离较短和多条线路传输特性不一致等问题。

IEEE 1284 标准规定了三种连接器，分别称为 A、B、C 型，如图 4-28 所示。

A 型：25PIN DB-25 连接器，只用于主机端。

B 型：36PIN 0.085in（1in = 0.0254m，后同）间距的连接器，带卡紧装置，也称 Centronics 连接器。

C 型：Mini-Centronics 0.050in 间距，带夹紧装置，既可用于主机，也可用于外设。

IEEE 1284 并行接口的传输速率可达 300kbit/s，传输图形数据时采用压缩技术可以提高到 2Mbit/s。

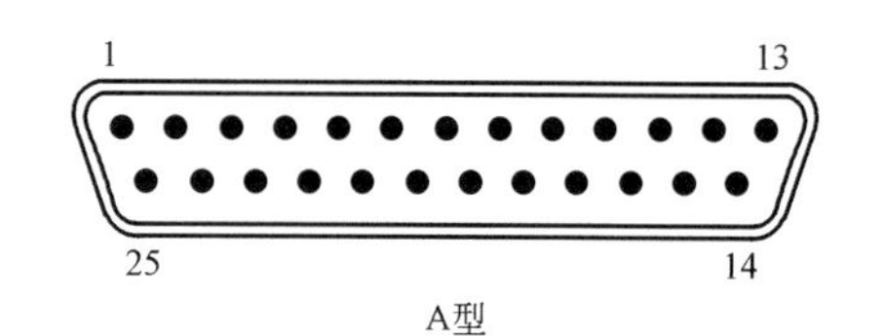

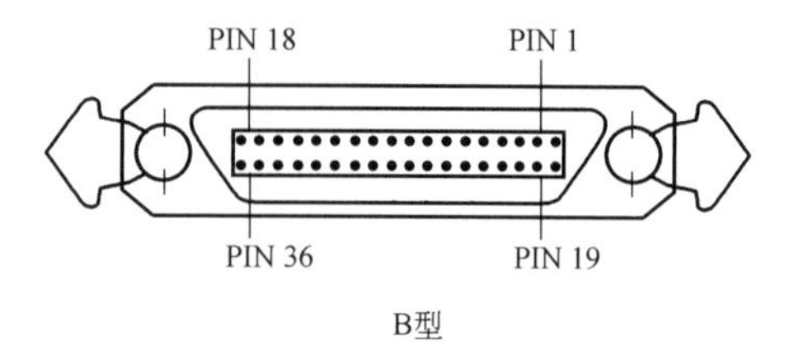

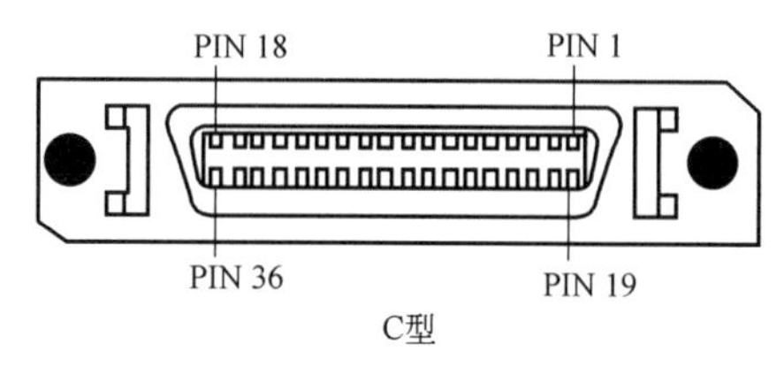

图 4-28　三种型号的并行接口

4.10.2　串行接口

串行接口是指一条信息的各位数据逐位按顺序传送的通信方式。串行通信的特点是：数据位传送最少只需一根传输线即可完成；成本低但传送速度慢。串行通信的距离可以从几米到几千米。

为了实现远距离数据通信，需要把并行传送转换为串行传送，因此串行接口就成为计算机并行传送的编码转换器。当数据从计算机经过并行端口发送出去时，字节数据转换为串行数据流。接收数据时，串行数据流被转换为并行数据流，传送给计算机处理。RS-232C、RS-422 和 RS-485 是一种常用的串行通信接口。

1. RS-232C 串行数据接口

RS-232C 串行接口标准发布于 1962 年，是数据通信中应用最广泛、完全遵循数据通信标准的一种接口。采用不平衡传输方式，是为点对点通信设计的一种低速率串行通信标准。驱动负载的能力为 3～7kΩ。适合于本地设备之间的通信。

RS-232C 的结构特性：采用标准的 25 芯插头座或 9 芯插头座。25 芯和 9 芯的主要信号线相同。图 4-29 是 9 芯插头的接点特性。表 4-2 是该接点的特性说明。

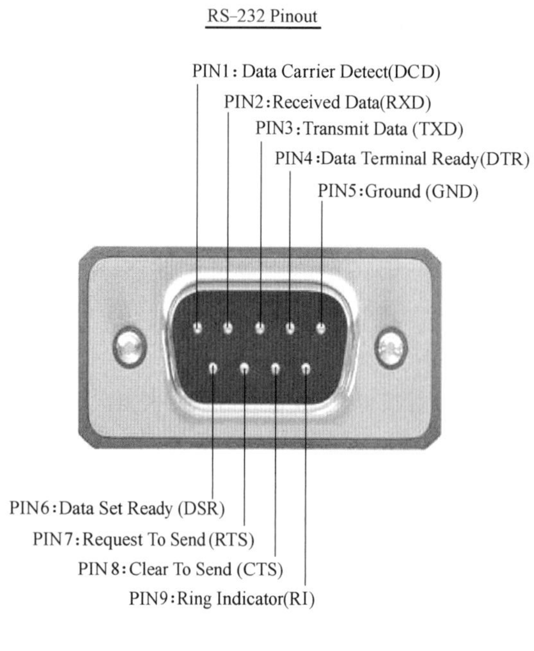

图 4-29　RS-232C 9 芯插头的接点特性

表 4-2　RS-232C 接点特性说明

引脚	简写	功能说明
1	DCD	载波侦测
2	RXD	接收数据
3	TXD	发送数据
4	DTR	数据终端设备
5	GND	地线
6	DSR	数据准备好
7	RTS	请求发送
8	CTS	清除发送
9	RI	振铃指示

2. RS-422 串行数据接口

为改进 RS-232C 通信距离短和传输速率低的缺点，产生了 RS-422 通信端口标准。RS-422 是一种单机发送、多机接收、平衡传输通信接口，支持一点对多的双向通信，其中一个为主设备（Master），其余为从设备（Slave），接收器的输入阻抗为 4kΩ，发送端的最大负载能力为 400Ω，即一条平衡总线上最多可连接 10 台接收器，从设备之间不能通信。

当传输速率低于 100kbit/s 时，最大传输距离延长到 4000ft（1219m）。100m 长的双绞线传输网络的最高传输速率为 1Mbit/s。最高传输速率可达 10Mbit/s。

在传输线的终端，需要连接一个阻值约为传输电缆特性阻抗（双绞线缆的特性阻抗为 100～120Ω）的终端电阻。在 300m 以内的短距离传输时，不必连接终端电阻。

RS-422 接口共 5 根引线，如图 4-30 所示。

3. RS-485 串行数据接口

RS-485 增加了多点之间双向通信能力；抗干扰能力很强，布线仅有两根线，很简单。同一条总线上最多可连接 32 台设备，最大传输距离 1200m。

RS-485 还增加了发送器的驱动能力和冲突保护特性。采用 DB9 连接器，通过两对双绞线可以实施全双工通信。RS-485 是使用非常广泛的双向、平衡传输标准接口，支持多点连接，1200m 时传输速率为 100kbit/s，抗干扰能力很强，布线仅有两根线，很简单。图 4-31 是 RS-485 引脚特性。

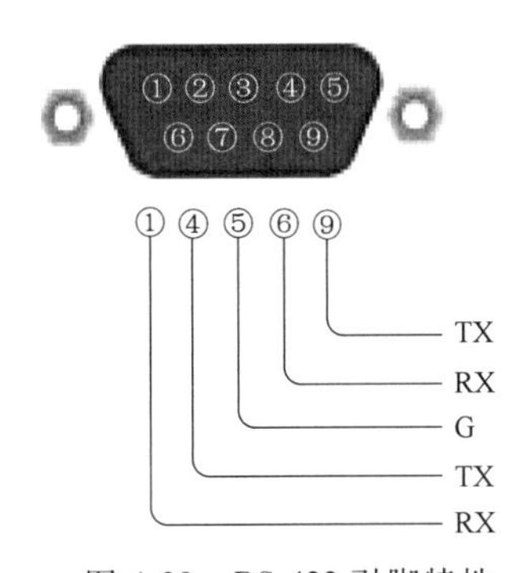

图 4-30　RS-422 引脚特性

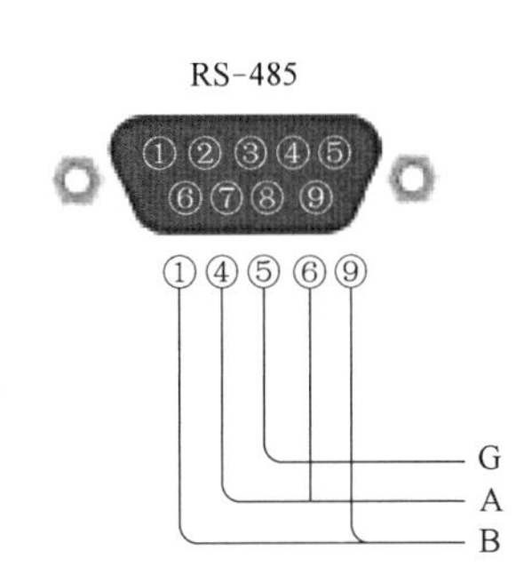

图 4-31　RS-485 引脚特性

RS-485 接收器的最低输入阻抗为 12kΩ，故发送端的最大负载驱动能力为 32 个 12kΩ 并联阻抗（12kΩ/32＝375Ω）与 100Ω 线路终端电阻的并联阻抗（即 78.9Ω），增加了发送器的驱动能力。

RS-485 采用终端匹配的总线结构，不支持环形或星形网络。RS-485 可以采用二线与四线方式，二线制可实现真正的多点双向通信。

4. RS-232C、RS-422、RS-485 特性比较

RS-232C 与 RS-422/485 都是串行数据传输接口。RS-422/485 接口与 RS-232C 接口标准的主要差异是：采用了差分传输模式，传输速率更高、传输距离更远、抗干扰能力更强，支持多站点连接。表 4-3 是三种接口特性的比较。

表 4-3　RS-232C、RS-422、RS-485 特性比较

接口标准	RS-232C	RS-422	RS-485
工作方式	单端（不平衡）	差分（对地平衡）	差分（对地平衡）
网络节点数	1 发 1 收	1 发 9 收	1 发 31 收
最大通信距离	15m	1200m	1200m

（续）

接口标准	RS-232C		RS-422	RS-485
最大通信速率	19.2kbit/s		10Mbit/s	12Mbit/s
最大驱动输出电压范围	±25V		0.25~+6V	-7~+12V
驱动器负载阻抗	3~7kΩ		100Ω	54Ω
驱动器共模电压	—		-3~+3V	-1~+3V
驱动器输出	负载最小值	±5~±15V	±2.0V	±1.5V
信号电平	空载最大值	±25V	±6V	±6V
接收器输入电压范围	±15V		-10~+10V	-7~+12V
接收器输入电压门限	±3V		±200mV	±200mV
接收器输入电阻	3~7kΩ		4kΩ(最小)	≥12kΩ
接收器共模电压			-7~+7V	7~+12V

5. USB通用串行总线接口

USB（Universal Serial Bus）是连接计算机系统与外部设备互连的一个串行输入/输出接口。引脚定义见表4-4。

（1）USB 1.1标准接口的最高传输速率为12Mbit/s。

（2）USB 2.0接口的最高传输速率达480Mbit/s（高速）、12Mbit/s（全速），可以提供的最大电流为500mA。

（3）USB 3.0接口的传输速率为5Gbit/s；供电标准为900mA最大供电功率100W；支持光纤传输，最高传输速率可达到25Gbit/s。并采用三段式电压5V/12V/20V三级多层电源管理技术，可以为不同设备提供不同的电源管理方案。表4-4为USB的引脚定义。

表4-4　USB引脚定义

引脚号	1	2	3	4	5
引脚特性	供电电压VCC	数据信号D-	数据信号D+	屏蔽SHELD（识别不同插座类型）	GND
功能说明	+5V	数据线负极	数据线正极	Mini-A(接地) Mini-B(空)	接地
接线颜色	红色	白色	绿色	黑色	黑色

图4-32为USB接口、引脚特性及其连接电路。

4.10.3　RJ-45互联网接口

RJ-45互联网线插头又称水晶头，通常用于数据传输，共有八芯，广泛应用于局域网和ADSL宽带用户连接。

1. RJ-45插头的两种接线标准

RJ-45插头和网线有两种接线标准：T568A接线标准和T568B接线标准，如图4-33所示。

T568A接线标准：从左到右依次为：1-绿白、2-绿、3-橙白、4-蓝、5-蓝白、6-橙、7-棕白、8-棕。

T568B接线标准：从左到右依次为：1-橙白、2-橙、3-绿白、4-蓝、5-蓝白、6-绿、7-棕白、

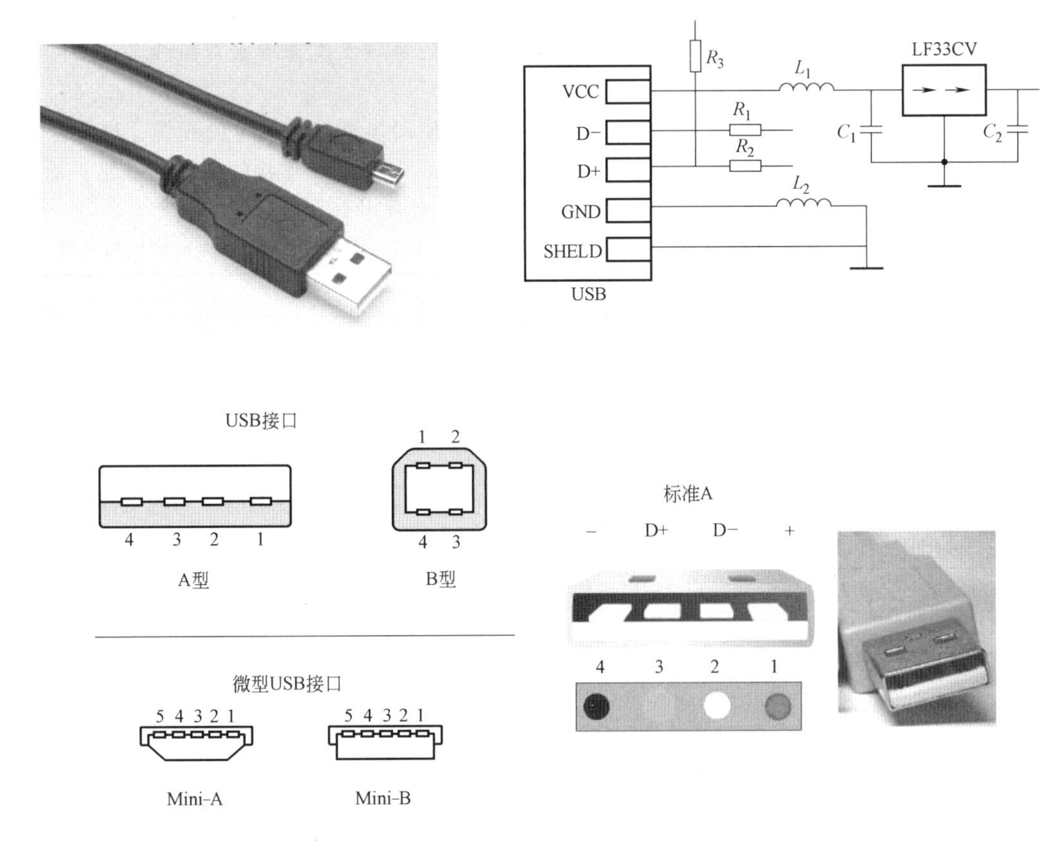

图 4-32　USB 接口、引脚特性及其连接电路

8-棕。

因此使用 RJ-45 接头的线也有两种：直通线、交叉线。

（1）直通线：即两头都是 T568A 标准或都是 T568B 标准。

（2）交叉线：即一头是 T568A 标准，另一头是 T568B 标准。实际就是 1、3 对调，2、6 对调。

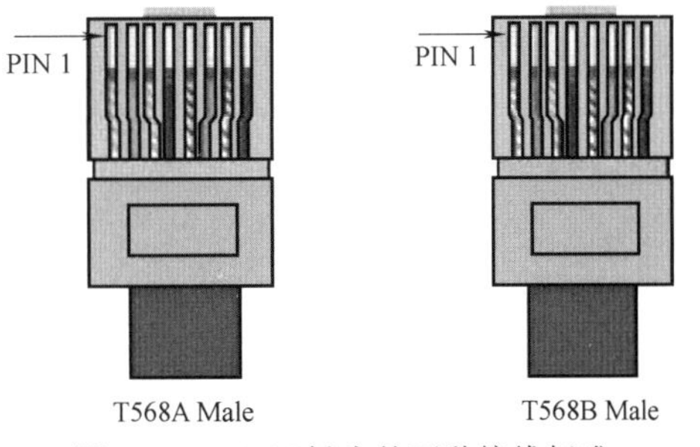

图 4-33　RJ-45 插头的两种接线标准

不同类型设备连接（如计算机网卡与交换机连接）时，用直通线连接；相同类型设备连接时，必须使用交叉线连接。

现在的交换机都有自动识别技术和自动切换功能，不管是直通线还是交叉线，交换机都能自动切换。因此平时使用的网线都是交叉线，这样既可连接交换机，又可连接两台 PC。

2. RJ-45 以太网接口的接点特性

RJ-45 有三种以太网接口标准：100Base-TX、100Base-T4、100Base-Fx。

“100” 标识传输速率为 100Mbit/s；“Base” 表示基带传输；“T” 表示双绞线，“F” 代表光纤。

（1）100Base-TX：使用两对阻抗为 100Ω 的非屏蔽 5 类双绞线，其中一对用于发送数据，另一对用于接收数据。最大传输距离为 100m。星形物理拓扑结构，使用 100Base-TX 标准网卡。表 4-5 为 100Base-TX 以太网的端口特性。

（2）100Base-T4（RJ-45网络接口）：使用4对双绞线，3对用于同时传送数据，第4对用作冲突检测时的接收信道，信号频率为25MHz，可以使用3、4或5类非屏蔽双绞线。最大网段长度为100m。表4-6为100Base-T4以太网的端口特性。

（3）100Base-Fx（光端机接口转换为RJ-45接口）：使用多模光缆或单模光缆，最大网段长度根据连接方式不同而变化，例如：多模光纤（62.5μm或125μm）连接的全双工链路，最大允许长度为2000m。主要用于高速主干网，或远距离连接、有强电气干扰的环境。

表4-5　100Base-TX以太网的端口特性

引脚	代号	特性
1	TX+	Tranceive Data+(发信号+)
2	TX-	Tranceive Data-(发信号-)
3	RX+	Receive Data+(收信号+)
4	n/c	Not connected(空脚)
5	n/c	Not connected(空脚)
6	RX-	Receive Data-(收信号-)
7	n/c	Not connected(空脚)
8	n/c	Not connected(空脚)

表4-6　100Base-T4以太网的端口特性

引脚	代号	特性
1	TX+	Tranceive Data+(发信号+)
2	TX-	Tranceive Data-(发信号-)
3	RX+	Receive Data+(收信号+)
4	BI_D3+	Bi-directional Data+(双向数据+)
5	BI_D3-	Bi-directional Data-(双向数据-)
6	RX-	Receive Data-(收信号-)
7	BI_D4+	Bi-directional Data+(双向数据+)
8	BI_D4-	Bi-directional Data-(双向数据-)

第5章　多媒体通信系统

多媒体（Multimedia），原有两重含义：一是指传递信息的载体，如数字、文字、声音、图形、图像等信息的载体，此载体中文译作媒体；二是指存储信息的实体，如磁盘、光盘、磁带、半导体存储器等，中文常译作媒质。

与多媒体对应的一词是单媒体（Monomedia），从字面上看，多媒体就是由单媒体复合而成的。

多媒体通信（Multimedia Communication）是多媒体信息与通信技术的有机结合，突破了计算机、通信、电视等传统产业间相对独立发展的界限，是计算机、通信和电视领域的一次革命。多媒体通信在计算机控制下，对多媒体信息进行采集、处理、存储和传输。多媒体通信系统将计算机的交互性、通信的分布性和电视的真实性完美地结合在一起，大大缩短了计算机、通信和电视之间的距离，向人们提供全新的现代信息服务。

以多媒体信息业务为核心的多媒体通信系统，有人把它概括为八个字，叫“无处不达、无所不包”的信息服务系统。

“无处不达”：是指你可以与地球上的任何人建立通信联系，而不管他在什么地点——海上、陆地上或在空中，也不管他在家里还是在外出途中。可以想象，要做到这一点，需要有可供许多人同时传递信息的通道和将全球都覆盖起来的现代通信网。光缆、无线通信网和卫星通信网便是这样一种“能容天下的”理想信息通道。

建立通信的双方，可能有一方甚至于两方都处于运动之中，因而完全靠固定连接的信息传递渠道仍然不够，还需要调用能跟踪人的信息传递手段。因此，现代通信必须是以光缆为干线，采用有线和无线结合的、能将全球都覆盖起来的通信系统。

“无所不包”：是指能为人们提供多种不同的服务，可以说是达到“无微不至”的程度。电话不仅可以闻声见影，还能提供自动翻译，使讲不同语言的人都能方便地互相进行对话，连“拨电话”这点劳动也可省却，打电话时只要报一下对方的电话号码或姓名，电话就会自动接通；可以实行远程医疗、远程教学、远程视频监控和视频会议；家中的电话机、电视机、智能手机、计算机，以及各种形式的多媒体终端，都可以借助通信线路与名目繁多的资料库连接起来，实现在家办公、在家购物、在家点播电视节目，以及在家娱乐等；现代通信使以往只在科幻小说中才能见到的梦一般的境界已逐渐变成为现实。现今，我们坐在家里便可以通过屏幕参加一个与老朋友的聚会，你仿佛来到他们中间，与他们打招呼、拉家常，如同身临其境一般；你不用出门，便可以领略金字塔的雄伟，听到地中海的涛声，感受到非洲草原上的鸟语花香……，谁又能离得开这样的现代通信呢？

5.1　多媒体通信系统概述

多媒体通信是指能同时提供多种媒体信息（声音、图像、图形、数据、文本等）服务的新型通信方式。它是通信技术和计算机技术相结合的产物。在计算机的控制下，对多媒体信息进行采集、处理、表示、存储和传输。多媒体通信系统由多媒体通信终端和传输网络两部分组成，如

图5-1　多媒体通信系统的基本组成框图

图5-1所示。

（1）多媒体终端：多媒体终端是为通信双方服务的终端设备，主要任务是完成声音、图像、文字、数据的采集、处理、存储、控制、显示和输入/输出，由PC完成特大运算量的编解码及通信控制等工作，将图、文、声、像等不同媒体载荷的信息综合在统一的数据流中，再通过网络传送。

在远程多媒体视频会议系统中，多媒体终端还包含一个MCU多点控制单元，它的作用相当于一种特殊的交换机，在多点通信中完成网络中各终端之间的切换，控制分布在不同地点的终端能同时进行相互通信。

（2）传输网络：传输网络为多媒体通信提供承载信息的传输通道，是由能够提供高带宽、多种服务类型的电路交换网或分组交换网构成的传输网络。

5.1.1　多媒体数据信息的特征

多媒体通信网络传输的不再是单一信息媒体，而是多种信息媒体综合而成的一种复杂信息的数据流。一个为图、文、声、像等多种信息传输的多媒体网络需要提高处理速度，增加网络的带宽，增加主存和视频图像的海量存储。还要求有较严格的信道延迟变化，能够提供同步播放和群播放服务等，因此，对网络提出了很高的要求。其原因是：

（1）多媒体数据的海量性。多媒体数据包含文本和音视频等，数据量非常大，尤其是图像视频，尽管采用了压缩算法，但是为了保证图像质量，仍需要很大的数据量，传输时需要很大的网络带宽。

（2）多媒体数据的集成性。不同类型的信息媒体具有不同的特点，多媒体通信系统需要将它们集成在一起共同传输、存储、处理和显示，因此必须把它们有机地结合在一起，即多媒体数据的集成性。

（3）多媒体通信的实时性。多媒体数据中既有不连续的文本数据，又有连续的音视频媒体信息数据，这些连续信息媒体不仅要求网络有足够的带宽，还要有相应的通信协议配合，如果用了不适当的通信协议，对通信会造成影响。

（4）多媒体通信的交互性。多媒体通信的特点是交互性，要求通信网络提供双向传输通道。根据应用的不同，通信网络提供的双向通道（上行通道和下行通道）的带宽或功能可能是不对称的。

（5）多媒体信息传输的同步性。同步性是指能保证多媒体信息在空间上和时间上的完整性。由于图、文、声、像等多种信息的数据量的差异很大，不同数据包在存储-转发过程中和在数据处理中会有延时差别，会影响它们之间的同步性。

5.1.2　多媒体信息对传输网络的要求

由于多媒体信息具有集成性、实时性、交互性、同步性等特点，而且这些信息的突发性强，数据交换量大，容易产生拥挤，多媒体系统对通信网络的带宽和传输速率提出了更高的要求，还要求在实时通信期间，有较严格的延迟变异度，能够提供同步播放和群播放服务等。为此，对多媒体信息传输网络提出了以下四个量化指标要求：

（1）吞吐量（Thoughout）。网络吞吐量又称网络带宽，是指有效的网络带宽，即传输二进制数据信息的速率。吞吐量反映了网络所能传输数据的最大极限容量。

定义：物理链路的数据传输速率减去各种传输开销余下的实际数据传输速率。实际的吞吐量要小于网络的传输速率。实际应用中，习惯上常常把网络的传输速率作为吞吐量。

（2）传输延时（Transmission Delay）。定义：信源发出第一个比特到信宿接收到第一个比特之间的时间差。传输延时包含两部分延时：数据在传输介质中的传播延时和数据在网络处理设备中的延时，如分组交换网中流量控制的等待时间，存储转发中的节点排队延时，有时可达秒级，如图 5-2 所示。

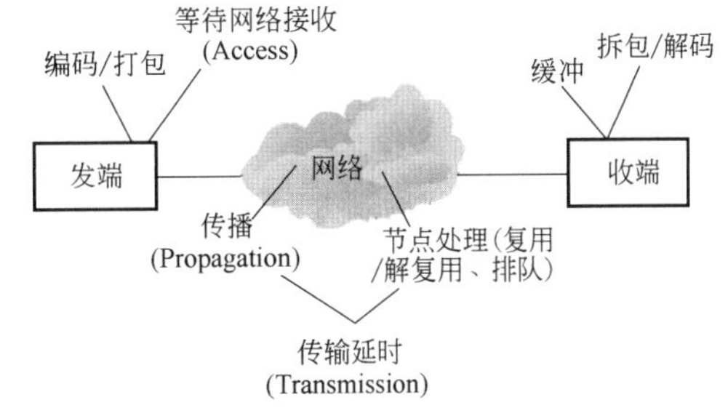

图 5-2　不同的多媒体应用对延时的要求

不同的多媒体应用，对延时的要求是不一样的。对于实时会话，网络单程的端到端的延时在 100~500ms 之间。在交互式实时多媒体应用时，系统对用户查询的响应时间应小于 1~2s，此时通信双方才会有“实时”的感觉。

（3）延时抖动（Delay Jitter）：是指传输延时的变化，即不同数据包之间的延时差别。延时抖动会对实时通信中的多媒体的同步造成破坏，影响音视频的播放质量。表 5-1 是多媒体应用对延时抖动的要求。

传输网络引起的延时抖动称为物理抖动。对于电路交换网络，只存在物理抖动这一项，其幅度在微秒量级或更小。

分组交换网络的延时抖动：局域网引起的延时抖动主要来源于 MAC 媒体访问时间的变化；广域网引起的延时抖动主要来源于流量控制的等待时间变化及节点网络拥塞而产生的排队延时的变化。

表 5-1　多媒体应用对延时抖动的要求

数据类型或应用	延时抖动/ms	数据类型或应用	延时抖动/ms
CD 质量的声音	≤100	广播质量电视	≤100
电话质量的声音	≤400	会议质量电视	≤400
高清晰度电视	≤50		

（4）错误率 BER（Bit Error Rate）。错误率是指传输过程中残留的错误比特数与传输的总比特数之比。数据传输中会产生的三种错误率：

1）包错误率 PER（Packet Error Rate）：是指在传输过程中发生的错误数据包与传输的总包数之比（错误数据包是指同一个数据包被两次接收或包的次序颠倒）。

2）丢包率 PLR（Packet Loss Rate）：是指在传输过程中丢失的数据包与总包数之比。主要原因是网络拥塞致使包的传输延时过长，超过了设定时限而被接收端丢弃的数据包。

3）误码率 SER（Symbol Error Rate）：是指二进制码元在传输系统中被传错的概率，是衡量数据传输可靠性的一个参数。误码率 Pb = 传输时出错的比特数与传输的总比特数之比，用公式表示为

$$Pb = Be/B \times 100\%$$

式中　Pb——出错的比特率（即误码率），一般用百分数%表示；

Be——传输出错的比特数；

B——传输的总比特数。

5.2　多媒体数据传输网络

多媒体数据传输网络应能提供高带宽、同步播放和群播放服务的宽带传输网络。

5.2.1　多媒体数据信息的交换方式

按信息交换方式可以分为电路交换、报文交换和分组交换三种。

1. 电路交换

通信之前要在通信双方之间建立一条被双方独占的物理通路，通信结束，物理通路立即拆除。电话通信是其典型应用。

电路交换的优点：

① 电路交换网既适用于模拟信号传输，也适用于数字信号传输。

② 通信线路为通信双方用户专用，数据直达，传输数据的延时非常小。

③ 实时性强，通信双方之间的物理通路一旦建立，双方可以随时通信。

④ 双方数据通信时，按发送顺序传送数据，不存在数据包失序问题。

⑤ 电路交换的交换设备（交换机等）及控制设备均较简单。

电路交换的缺点：

① 通信建立时间（又称呼叫时间）太长，对于突发式的计算机数据通信来说显得太长了。

② 信道利用率低。电路交换连接建立后，物理通路被通信双方独占，即使通信线路空闲，也不能供其他用户使用，因而信道利用率很低。

③ 不同类型、不同规格、不同速率的终端很难相互进行通信，也难以在通信过程中进行差错控制。

2. 报文交换

报文交换是以报文为数据交换单位。报文携带有目标地址、源地址等信息。在交换节点采用存储-转发方式传输。

报文（Message）：即要发送的数据信息，数据信息的长度不限、且可变，是网络传输的数据单元。

报文交换的优点：

① 大大提高了通信线路的利用率：报文交换是一种存储-转发方式传输，不需要为通信双方预先建立一条专用的通信线路，用户可以随时发送报文。通信双方不是固定占有一条通信线路，可以等待线路空闲时发送数据信息而占有这条物理通路。

② 提高了传输的可靠性：报文交换中便于设置代码检验和数据重发设施，交换节点具有路径选择，如果某条传输路径发生故障，可以自动重新选择另一条路径传输数据。

③ 不同类型、规格和速度的计算机可以互相通信、存储、转发。容易实现代码转换和速率匹配，甚至无须关注接收方是否在线上。

④ 提供（组播/多播）多目标服务：即一个报文可以同时发送到多个目的地址，这在电路交换中是很难实现的。

⑤ 允许建立数据传输的优先级：使优先级高的报文优先转换。

报文交换的缺点：

① 由于数据进入交换节点后要经历存储-转发过程，从而引起转发时延（包括排队、发送、接收报文、检验正确性等的延迟时间），网络的通信量越大，造成的延时就越大，因此报文交换的实时性和同步性较差。

② 报文交换只适用于数字信号。

③ 由于报文长度没有限制，而每个中间节点都要完整地接收传来的整个报文，当输出线路无空闲时，等待转发时要存储几个完整报文，因此要求网络中每个节点有较大的缓冲区，增加了传送时延。

3. 分组交换

分组交换仍采用存储-转发传输方式，不同的是将一个完整信息的长报文分割为若干段较短的、固定长度的分组（称为数据包），然后把这些分组（携带源地址、目的地址和编号）逐个地发送出去。因此分组交换除了具有报文交换的全部优点外，还具有下列优点：

① 加速了数据在网络中的传输：因为分组是逐个传输，这种流水线式传输方式减少了报文的传输时间。因此等待发送的概率及等待时间也必然少得多。

② 简化了存储管理：因为分组的长度是固定的，相应的缓冲区的大小也固定，在网络节点存储器的管理上通常被简化为较容易的对缓冲区的管理。

③ 减少了出错概率和重发数据量：因为分组较短，其出错概率必然减少，每次重发的数据量也就大大减少，这样不仅提高了可靠性，也减少了传输时延。

④ 更适用于采用优先级策略：由于分组短小和固定，便于及时传送一些紧急数据，因此对于计算机之间的突发式的数据通信，分组交换显然更为合适。

分组交换的缺点：

① 分组交换仍存在存储转发时延，而且节点交换机必须具有更强的处理能力。

② 分组交换与报文交换一样，每个分组都要加上源地址、目的地址和分组编号等信息，使传送的数据信息量增大 5%~10%，增加了处理的时间，降低了通信效率，增加了时延。

③ 分组交换可能出现失序、丢失或重复分组。分组到达目的节点时，要对分组按编号进行排序等工作，增加了出错概率。

总之，从提高整个网络的信道利用率上看，报文交换和分组交换都优于电路交换，其中分组交换比报文交换的时延更小，尤其适合于计算机之间的突发式的数据通信。

5.2.2　多媒体传输网络的连接方式

1. 数据通信的连接方式

数据通信有两种不同的连接方式：面向连接和面向无连接。

（1）面向连接方式（Connection-oriented）：在发送任何数据之前，要求建立链路连接，然后才能开始传送数据，传送完成后需要释放（拆除）连接。这种“建立连接—传送数据—释放连接”的方法通常称为面向连接方式，是一种可靠的网络传输业务，可以保证数据包以相同的顺序到达。

（2）面向无连接方式（Connectionless）：面向无连接简称无连接，发送方和接收方之间不需建立链路连接。发送方只要向目的地发送数据分组即可，无须关注接收方是否在线上。这与手机发短信非常相似，发短信时，只需要输入对方手机号就可以了。

无连接服务的优点是通信比较迅速，使用灵活方便，连接开销小；但是不能防止报文丢失、重复或失序。

2. 通信模式

当前的网络有三种通信模式：单播、广播、组播（多播），其中组播推出的时间最晚，它同时具备单播和广播的优点，最具有发展前景。

（1）单播（Unicast）：主机之间“一对一”的通信模式。网络中的交换机和路由器对数据只进行转发不进行复制，它们根据其目标地址选择传输路径，将 IP 单播数据传送到其指定的目的地，如果 10 个客户机需要相同的数据，则需要重复 10 次相同的工作，逐一传送。现在的网页浏览全部都是采用 IP 单播协议。

（2）广播（Broadcast）：是“一机对所有”的通信模式。网络对连接的任何一台主机发出的信号都进行无条件复制并转发，所有其他主机都可以接收到全部信息（不管是否需要），由于其不用路径选择，所以它的网络成本可以很低廉。

有线电视网就是典型的广播型网络，电视机实际上是接收到所有频道的信号，但只将一个频道的信号还原成画面。

在数据网络中也允许广播通信模式的存在，但其被限制在二层交换机的局域网范围内，禁止广播数据穿过路由器，防止广播数据影响大面积的主机。

广播的优点：

1）网络设备简单，维护简单，布网成本低廉。

2）服务器不用向每个客户机单独发送数据，所以服务器流量负载极低。

广播的缺点：

1）无法针对每个客户提供个性化服务。

2）服务器提供的数据带宽有限，客户端的最大带宽=服务总带宽。

3）禁止在Internet宽带网上广播传输。

（3）组播（Multicast）：组播又称多播，是“一机对一组”之间的通信模式，也就是加入了同一个组的主机可以接收到此组内的所有数据。网络中的交换机和路由器只向有需求者复制并转发其所需数据。网络上的主机可以向路由器请求加入或退出某个组，网络中的路由器和交换机只将组内数据传输给那些加入组的主机。这样既能一次将数据传输给多个有需要（加入组）的主机，又能保证不影响其他不需要（未加入组）的主机的其他通信。

组播的优点：

1）共享一条数据流，节省了服务器的负载；需要相同数据流的客户端加入相同的组，具备广播的优点。

2）组播协议是根据接收者的需要对数据流进行复制转发，所以服务端的服务总带宽不受客户接入端带宽的限制。

3）可以提供的服务非常丰富，IPv4协议允许有2亿6千多万个（268435456）组播。

4）和单播一样，组播允许在Internet宽带网上传输。

组播的缺点：

1）没有纠错机制，发生丢包、错包后难以弥补，但可以通过一定的容错机制和QoS加以弥补。

2）现行网络虽然都支持组播传输，但在客户认证、QoS等方面还需要完善，这些缺点在理论上都有成熟的解决方案，只是需要逐步推广应用到现存网络当中。

组播和单播的区别：为了让网络中的多个主机可以同时接收到相同的报文，如果采用单播的方式，那么源主机必须不停地产生多个相同的报文来进行发送，对于一些对时延很敏感的数据，在源主机要产生多个相同的数据报文后，再产生后续的多个相同的数据报文，通常是无法容忍的。对于一台主机来说，同时不停地产生多个相同报文也是一个很大的负担。如果采用组播的方式，源主机只需要发送一个报文就可以到达每个需要接收的主机上。

组播和广播的区别：如同上个例子，当有多台主机想要接收相同的报文，广播采用的方式是把报文传送到局域网内每个主机，不管这个主机是否对报文感兴趣，这样做就会造成了带宽的浪费和主机的资源浪费。而组播有一套对组员和组之间关系维护的机制，可以明确地知道在某个子网中，是否有主机对这类组播报文感兴趣，如果没有就不会把报文进行转发，并会通知上游路由器不要再转发这类报文到下游路由器上。

5.2.3　电路交换网络

以电路连接为交换方式构成的通信网络称为电路交换网络（Circuit Switching）。电路交换网络的特点：

① 电路交换：在通信前先建立电路，通信完毕，拆除电路。

② 电路连接建立后，物理通路被通信双方独占，即使通信线路空闲，也不能供其他用户使用。

③ 提供固定的通信链路，传输延时短，延时抖动小，确定的 QoS 保障。

④ 网络带宽利用率低，不支持组播。

常用电路交换网络有 PSTN、ISDN、DDN。

1. PSTN（公共电话交换网）

PSTN 是一个模拟信道，是以模拟技术为基础的电路交换网络。两个站点经由 PSTN 网络通信时，必须通过 Modem（调制解调器）将模拟信号转换为数字信号。目前 Modem 的最高速率可达到 164kbit/s，可以支持低速率多媒体传输业务。

主要特点：以电路交换为基础，通过呼叫在收、发端之间建立一个独占的、有固定带宽的物理通道，路由固定、延时低，无延时抖动，对连续媒体信息的同步和实时传输有利。

利用 PSTN 实现远程计算机之间、LAN 局域网与远程站点或 LAN 局域网之间通信是最廉价的，而且其入网方式比较灵活。但数据传输速率较低、传输质量较差、网络资源利用率较低，需接入调制解调器上网。

PSTN 带宽有限，内部没有上层协议保障其差错控制能力，中间没有存储转发功能，难以实现变速率传输，只能用于通信要求不高的场合。

2. ISDN（综合服务数字网）

ISDN（Integrated Services Digital Network，综合服务数字网，俗称一线通）是指采用数字交换和数字传输技术相结合、提供综合业务的数字通信系统。

ISDN 是一种典型的电路交换网络系统。ISDN 全部是数字化电路，利用一根普通模拟电话线最多可连接 8 个终端，以更高的速率和质量提供话音、数据、图像、传真等各种业务服务。

ISDN 的优点：

① 多用途：一条用户线路，可以在上网的同时拨打电话、收发传真和收看视频节目。

② 传输质量高：由于采用端到端的数字传输，传输质量明显提高。

③ 灵活方便：只需一个入网接口，使用统一的号码，就能从网络得到所需要的各种业务。用户在这个接口上可以连接多个不同种类的终端，多个终端可以同时通信。

ISDN 还有窄带（N-ISDN）和宽带（B-ISDN）之分：

（1）N-ISDN（窄带综合服务数字网）。

1）N-ISDN 有 B 信道和 D 信道两种信道。B 信道用于数据、视频和语音信息传送；D 信道用于设置和管理传送信令和控制信号。

2）N-ISDN 有两种访问接口：

① 基本速率接口（BRI）：由 2B+1D 信道组成，每个 B 信道的带宽为 64kbit/s，D 信道的带宽为 16kbit/s。2B+1D 信道的总速率为 144kbit/s。

② 主速率接口（PRI）：由 30B+1D 信道组成，30B+1D 的总速率为 2.048Mbit/s（E1）。

（2）B-ISDN（宽带综合服务数字网）。B-ISDN 是指用户线上的传输速率在 2Mbit/s 以上。它是在 N-ISDN 的基础上发展起来的数字通信网络，其核心技术是采用 ATM（异步传输模式）。可以传输各类信息，包括视频点播、电视广播、动态多媒体电子邮件、可视电话、传输 CD 质量的音乐、局域网互联、高速数据传送等。可以向用户提供 155Mbit/s 以上的通信能力。

1）B-ISDN 主要以光缆作为传输媒体。保证了业务质量，减少了网络运行中的差错诊断、纠错、重发等环节，提高了网络的传输速率，带来了高效率。因而 B-ISDN 可以提供多种高质量的信息传送业务，通常利用现有的网络终端、用户环路等网络资源。

2）B-ISDN以信元为传输、交换的基本单位。信元是固定格式的等长分组，以信元为基本单位进行信息转移，给传输和交换带来极大的便利。

3）B-ISDN利用了虚信道和虚通道。

也就是说，B-ISDN中可以做到“按需分配”网络资源，使传输的信息动态地占用信道。使B-ISDN呈现开放状态，具有很大的灵活性。

3. DDN（数字数据网）

DDN（Digital Data Network，数字数据网），利用光纤、数字微波或卫星等数字传输通道和数字交叉复用设备组成，能为用户提供各种高质量的数据传输业务。

DDN传输数据质量高、时延小，通信速率在N×24kbit/s（即24~2048kbit/s）范围内，由用户根据需要选择；支持数据、图像、语音传输等多媒体业务。

DDN网络经营者向广大用户提供灵活方便的数字电路出租业务，供各行业构成自己的专用网。DDN采用包月计费制，在用户间建立永久性连接的数字数据传输信道，传输速率不变的独占带宽电路。用户不需要拨号接入，而且可不受时间限制、方便地上网。

DDN采用时分复用技术，提供永久或半永久的电路交换连接，可向用户提供2.4kbit/s、4.8kbit/s、9.6kbit/s、19.2kbit/s、N×64（N=1~31）及2048kbit/s速率的全透明的专用通信电路。

特点：时延低、带宽宽，适用于大型用户的多媒体实时传输。

DDN是一个为用户提供物理通道的透明传输网，只负责传送，不改动任何用户数据，没有额外的资源交换及协议开销，只要求用户的物理接口与网络提供的物理接口匹配即可。

5.2.4　分组交换网

分组交换网（Packet Switching Network）是数据通信的基础网。分组交换也称包交换，它将用户传送的报文划分成一定长度的数据段，并称为分组，在每个数据段的前面加上一个分组头，用来说明该分组的源地址和目的地址，然后由网络交换机把它们转发至目的地，这个过程称为分组交换。

分组交换采用存储-转发方式，先把整个分组存储起来，登记排队，一旦网络出现空闲，立即发送，所以称为无连接传输。分组交换比电路交换的信道利用率高，比报文交换的时延要小。

分组交换网的突出优点是可以在一条电路上同时开放多条虚电路，为多个用户同时使用，网络具有动态路由功能和先进的误码纠错功能。

其中，虚电路又称逻辑虚电路，是由分组交换网采用时分复用技术而获得的面向连接的信道复用通信服务。在两个节点或应用进程之间建立起一个逻辑上的连接（称之为虚电路）后，就可以在两个节点之间依次发送每一个分组，接收端收到分组的顺序必然与发送端的发送顺序一致，因此接收端无须负责在收集分组后重新进行排序。

分组交换网的主要优点是：网络带宽利用率高；提供定性的QoS服务；时分信道复用功能；具有动态路由功能和先进的误码纠错功能；可以实施不同速率、码型、规程转换，允许不同类型、不同速率、不同编码格式和不同通信规程的终端之间互相通信，实现数据库资源共享。

分组交换网的主要缺点是：网络延时和延时抖动较大，网络性能有不确定性。

常用分组交换网有：FR、ATM、IP互联网、WLAN、WiIMAX。

1. FR（Frame Relay，帧中继通信网）

FR是一种用于连接计算机系统的面向连接的分组通信方法，用户信息流以帧为单位在网络内传送，通过“虚电路”将帧传送到目的地。用户与网络接口之间以虚电路进行连接，对用户信息流进行统计时分信道复用，提高了网络资源的利用率。帧中继还可以灵活提供带宽，即按需要分配带宽；具有较高的吞吐量和较低延时，可靠性高且灵活性强。

（1）FR（帧中继通信网）使用光缆作为传输介质，因此误码率极低，能实现近似无差错传输，减少了进行差错校验的开销，提高了网络的吞吐量，它的数据传输速率之高和传输时延之低比X.25网络要分别高或低至少一个数量级。

（2）帧中继是一种宽带分组交换，使用异步统计时分信道复用技术，其传输速率可高达44.6Mbit/s。同一条物理链路层可以承载多条逻辑虚电路，而且网络可以根据实际流量动态调配虚电路的可用带宽，帧中继的每一个帧沿着各自的虚电路在网络内传送。

（3）仅提供面向连接的虚电路服务。主要用于数据传输，而不适合语音、视频或其他对时延敏感的信息传输。

（4）仅能检测到传输错误，而不能纠正错误，只是简单地将错误帧丢弃。

（5）帧长度可变，允许最大帧长度在1600B以上。

2. ATM（Asynchronous Transfer Mode，异步传输网）

ATM是综合了电路交换的简单性、实时性和分组交换的灵活性而形成的一种高速分组交换技术；它集数据交换、信道复用、传输为一体，采用异步时分复用信道方式。

ATM是以传送信元为基础的分组交换和信道复用技术，采用面向连接的传输方式，将数据分割成固定长度的信元，通过信元的首部或标头来区分不同信道，通过虚连接进行交换。具有高速数据传输率和支持多种类型（如声音、视频、数据和图像）的通信，适用于局域网和广域网，是实现B-ISDN（宽带综合业务数字网）的核心技术之一。

信元是ATM的传送单元，它不同于普通网络传输的帧或者包，因为帧和包是变长的，而ATM的信元是定长的，长度只有53个字节，其中5个字节是信元头，48个字节是信息段，用来承载用户要分发的信息。信元头包含各种控制信息、CRC校验码。

ATM提供任意节点间的连接和能够进行同时传送。来自网络不同节点的信息经多路信道复用成为一条信元流。

在ATM网络中引入了两个重要概念：VP（虚通道）和VC（虚电路），它们用来描述ATM信元单向传输的路由。一条物理链路可以复用多条虚通道，每条虚通道又可以复用多条虚电路，并用相应的标识符来标识，即VPI和VCI。VPI和VCI独立编号，VPI和VCI一起才能唯一地标识一条虚通路。一个单独的VPI和VCI是没有意义的，只有进行链接之后，形成一个VP链和VC链，才形成一个有意义的链接。

ATM网络由相互连接的ATM交换机构成，有交换机与终端和交换机与交换机之间的两种连接。因此交换机支持两类接口：UNI（通用网络接口）和网络节点间的NNI（网络内部接口）。ATM信元有两种不同的信元头对应两类接口。

ATM的接入带宽已达到2~155Mbit/s，因此适合高带宽、低延时或高数据突发等应用。

ATM的主要优点：高带宽、有QoS保证的服务质量和可扩展的、能提供所有速度与应用的拓扑结构。

ATM协议能为所有的传输类型提供同构网络，不论是支持传统的电话、娱乐电视，还是支持LAN、MAN和WAN上的计算机网络传输，都使用同一协议。在设计上，ATM协议能处理等时数据，如视频、音频及计算机之间的其他数据通信。

ATM协议在带宽上被设计成可扩展的，并能支持实时多媒体应用。标准正好能执行1级光学载体OC-1（51.84Mbit/s）到48级光学载体OC-48（2.488Gbit/s）的传输速率。

3. IP互联网

采用IP（Internet Protocol）互联网协议的传输网络简称IP互联网。IP协议给每个数据包写上发送主机的地址（源地址）和接收主机的地址（目的地址），具有源地址和目的地址和其他相关信息的数据包就可以在物理网上传送了。

IP 互联网是面向无连接分组传输网络，采用存储/转发、支持多播；网络带宽、延时、抖动延时和丢包率等会受网络负载影响；动态路由可能会使包次序颠倒。

IP 互联网可以为公众客户提供最高 100Mbit/s 带宽，可为政企客户提供最高 1000Mbit/s 带宽，IP 网络的中继线带宽可达 100Gbit/s，正在大力向光纤互联网方向发展。

（1）IP 互联网的特性。在 IP 互联网上承载实时多媒体业务时，对 IP 技术来说是一大挑战，因为 IP 互联网承载实时传输业务时有两大缺陷：首先，IP 技术本身是面向无连接技术，IP 互联网提供的是“尽力而为”的传输，网络本身是不保证传输可靠性的；其次，在 TCP/IP 体系中的 TCP 或 UDP 虽然可以提供一定的容错和纠错功能，但对于传输实时多媒体业务来说，TCP（传输控制协议）的重传机制就显得苍白无力了，因为重传引入的延时对于实时多媒体业务来说是不能忍受的，而 UDP（用户数据报协议）本身是不可靠的。因此必须找到一个能够解决多媒体在因特网上传输问题的途径。于是就引出了 QoS 服务质量问题。

（2）QoS（服务质量）。QoS（Quality of Service）是服务质量的简称，是指一个网络能够利用各种基础技术，为指定的网络通信提供更好的服务能力，是用来解决网络延迟和阻塞等问题的技术，是网络的一种安全机制。

在正常情况下，如果网络只用于无时间延迟限制的应用系统，并不需要 QoS，比如 E-mail 设置，但是当网络发生拥塞时，所有的数据流都有可能被丢弃。为满足用户对不同应用的服务质量要求，就需要网络能根据用户要求分配和调度网络资源，对不同的数据流提供不同的服务质量，对实时性强且重要的数据报文优先处理，对于实时性不强的普通数据报文，提供较低的处理优先级，网络拥塞时甚至会丢弃数据包，于是 QoS 应运而生。

对于网络业务来说，能够有效地分配网络带宽，更加合理地利用网络资源。因此 QoS（服务质量）包括传输带宽、传送时延、数据丢包率和时延抖动等。

对于支持 QoS 功能的设备来说，应能针对某种类别的数据流，标识它的相对重要性，可以为它赋予某个级别的传输优先级，并使用设备所提供的各种优先级转发策略、拥塞避免机制等为这些数据流提供特殊的传输服务。

简单来说，QoS 可以让路由器自动判断各个网络设备执行任务所需的网络带宽并进行自动分配，保障重要的网络行为数据优先转发，让每个上网用户都能流畅上网，更加合理地利用网络资源。

1）QoS 的定义：ITU-T 将 QoS 定义为：QoS 是一个综合指标，用来衡量一个服务的满意程度。QoS 允许用户在丢包、延迟、抖动和带宽等方面获得可预期的服务水平。

2）QoS 的功能：当网络发生拥塞时，所有的数据流都有可能被丢弃。为满足用户对不同应用不同服务质量的要求，就需要网络能根据用户的要求分配和调度资源，对不同的数据流提供不同的服务质量：对实时性强且重要的数据报文优先处理；对于实时性不强的普通数据报文，提供较低的处理优先级，甚至丢弃。

QoS 是指一个网络能够利用各种基础技术，为指定的网络通信提供更好的服务能力，是网络的一种安全机制，是用来解决网络延迟、拥塞控制、资源预留、流量控制、差错控制等问题的一种技术。

QoS 尽力避免网络拥塞，在不能避免拥塞时对带宽进行有效管理，降低报文丢包率，调控 IP 网络流量，为特定用户或特定业务提供专用带宽，支撑网络上的实时业务。QoS 不能创造带宽，只能是让带宽的分配更加合理。当网络过载或拥塞时，QoS 能确保重要业务量不受延迟或丢弃，同时保证网络的高效运行。

3）QoS 的服务模型。网络通信都是由各种应用数据流组成的，这些数据流对网络服务和性能的要求各不相同，比如 FTP（文件传输协议）下载业务希望能获取尽量多的带宽，而 VoIP 语音业务则希望能保证尽量少的延迟和抖动等。但是所有这些应用的特殊要求又取决于网络所能提供的 QoS 能力，根据网络对应用的控制能力的不同，可以把网络的 QoS 能力分为以下三种模型：

① Best-Effort（尽力而为）服务模型：Best-Effort（尽力而为）是单一服务模型，也是最简单的服务模型。网络尽最大的可能性来发送报文。但对时延、可靠性等性能不提供任何保证。

Best-Effort 服务模型是网络的缺省服务模型，通过 FIFO（First in First out）先入先出队列来实现。它适用于绝大多数网络应用，如 FTP、E-Mail 等。

尽力而为的服务实质上并不属于 QoS 的范畴，因为在尽力而为的通信中，并没有提供任何服务或转发保证。

② Int-Serv（综合型）服务模型：Int-Serv 是用硬件方式来实现的 QoS，是固化在设备里面的一些应用程序。它的实现主要依赖于一个重要的协议：RSVP 资源预留协议，RSVP 运行在从源端到目的端的每个设备上，以防止其消耗资源过多。

综合服务型中，网络节点在发送报文前，需要向网络申请资源（网络带宽）预留，确保网络能够满足数据流的特定服务要求。

综合服务型 QoS 可以提供保证型服务和负载控制型服务两种服务：

• 保证型服务（Guaranteed Service）提供保证的带宽和时延限制来满足应用程序的要求。如 VoIP（IP 网络电话）应用可以预留 10Mbit/s 带宽和要求不超过 1s 的时延。

• 负载控制型服务（Controlled-Load Service）保证即使在网络过载的情况下，仍能对报文提供类似 Best-Effort 模型在未过载时的服务质量，即在网络拥塞的情况下，保证某些应用程序报文的低时延和低丢包率需求。

但是，综合服务型对设备的要求很高，当网络中的数据流数量很大时，设备的存储和处理能力会遇到很大的压力。综合服务模型的可扩展性差，因此，不适于在流量汇集的骨干网上大量应用。

③ Diff-Serv（区分型）服务模型：Diff-Serv 是一种多服务模型，它可以满足不同的服务需求，对不同业务的数据流进行分类，并对报文按类进行优先级标记，然后提供有差别的服务，可以对各种不同类的数据流进行控制。这个控制是通过一个控制表（策略表）来实现的。

QoS 区分型服务一般用来为一些重要的应用提供端到端的 QoS 服务质量，通过数据分类、流量标记、流量调节、拥塞管理和拥塞避免技术来实现。

与综合型服务不同，区分型服务不需要通知网络为每个业务预留资源。区分型服务实现简单，扩展性较好。表 5-2 是各种应用的 QoS 需求。

表 5-2　各种应用的 QoS 需求

应用	业务特征	QoS 需求
电子邮件/文件传输/远程终端	数据量小，批文件传输	容许时延，带宽要求低，尽力而为的传送
HTML 网页浏览	序列不大，突发的文件传输	容许适当时延，变化的带宽需求，尽力而为的传送
客户/服务器/电子商务	双向传输的许多小数据流	对时延和丢失率敏感，有带宽要求。必须可靠传送
基于 IP 的语音和实时音频	连续或变化的传送	对时延、抖动非常敏感，带宽要求低，需要可预计的时延和丢失率。必须可靠传送
流媒体	变化的数据流	对时延、抖动非常敏感，带宽要求高，需要可预计的时延和丢失率。必须可靠传送

5.2.5　流媒体传输

在网络上传输音视频、图文等多媒体信息，主要有下载和流式传输两种方案。AV 文件一般都较大，所以需要的存储容量也较大；同时由于网络带宽的限制，整个文件下载常常要花数分钟甚至数小时，所以这种下载处理方法的延迟也很大。

流式传输方式是将视频、音频、图文等多媒体文件经过特殊的数据压缩方式分成一个个压缩包，由服务器通过互联网向用户计算机连续、实时传送。用户不必像非流式播放那样等到整个文件全部下载完毕后才能看到当中的内容，而是只需要经过几秒钟或几十秒的启动下载，剩余部分的多媒体信息将继续进行边传送边下载，直至播放完毕。这个过程中的一系列相关的数据包称为“流”。流式传输避免了用户必须等待整个文件从互联网上全部下载才能观看的缺点。

流媒体又叫流式媒体，是边传送边播放的媒体，是多媒体的一种。用户一边不断地接收并观看或收听被传输的媒体。“流”媒体的“流”指的是这种媒体的传输方式，而并不是指媒体本身。

一边下载一边播放，虽然远在天涯，却如亲临现场。广泛用于远程教育、远程医疗、视频点播、网络电台、网络视频会议等方面。

目前实现流媒体传输主要有两种方法：顺序流式（Progressive Streaming）传输和实时流式（Realtime Streaming）传输，它们分别适合于不同的应用场合。

1. 顺序流式传输

顺序流式传输是顺序下载，在下载文件的同时用户可观看在线媒体，用户只能观看已下载的那部分，而不能跳到还未下载的部分，由于标准的 HTTP 服务器可发送这种形式的文件，也不需要其他特殊协议，它经常被称作 HTTP 流式传输。

顺序流式传输比较适合高质量的短片段，如片头、片尾和广告，由于该文件在播放前观看的部分是无损下载的，这种方法可以保证电影播放的最终质量。但是用户在观看前，必须经历一个延迟。

尽管有延迟，毕竟可让用户发布较高质量的视频片段。顺序流式文件是放在标准 HTTP 或 FTP 服务器上，易于管理，基本上与防火墙无关。

顺序流式传输不适合长片段和有随机访问要求的视频，如讲座、演说与演示。它也不支持现场广播。

2. 实时流式传输

实时流式传输指保证媒体信号带宽必须与连接网络的带宽匹配，使多媒体信息可被实时观看到。实时流与 HTTP 流式传输不同，它需要专用的流媒体服务器与传输协议。

实时流式传输特别适合现场事件，也支持随机访问，用户可快进或后退以观看前面或后面的内容。理论上，实时流媒体一经播放就不会停顿。

实时流式传输必须匹配连接带宽，网络拥挤或出现问题时，由于出错丢失的信息被忽略掉，视频质量会较差。如欲保证视频质量，顺序流式传输会更好。

实时流式传输需要特定服务器，如 Quick Time Streaming Server、Real Server 与 Windows Media Server。这些服务器允许用户对媒体发送进行更多级别的控制，因而系统设置、管理比标准 HTTP 服务器更复杂。实时流式传输还需要特殊网络协议，如 RTSP（Realtime Streaming Protocol）或 MMS（Microsoft Media Server）。这些协议在有防火墙时可能会出现问题，导致用户不能看到某些地点的实时多媒体内容。

5.3　光缆通信系统

光缆通信的诞生和发展是电信史上的一次重要革命，与卫星通信、移动通信并列为 20 世纪

90 年代的高新技术。进入 21 世纪后，由于因特网业务的迅速发展和音频、视频、数据、多媒体应用的增长，对大容量（超高速和超长距离）光波传输系统和网络有了更为迫切的需求。

由铜缆构建的网络通信系统，现今虽然仍在广泛应用，但是它的信息带宽和传输速率远远不能满足高速发展的科技和市场经济的需求，必须用高速宽带的光缆通信系统逐步替代。

光导纤维通信简称光缆通信。可看成是以光导纤维为传输媒介的“有线”光通信。基本原理是在发送端首先把要传送的信息变换成电信号，然后调制激光器发出激光束，使激光束的光强度随电信号的幅度（或频率）变化而改变；在光缆接收端，检测器收到光信号后把它变换成电信号，解调后恢复原信息。

光缆通信的特点：

（1）通信容量大、传输距离远。

一根光缆的潜在带宽可达 20THz（1T=1000G）。采用这样的带宽，只需 1s 左右，即可将人类古今中外全部文字资料传送完毕。目前 400Gbit/s 系统已经投入商业使用。

光缆的损耗极低，在光波长为 1.55μm 附近，石英光缆的传输损耗可低于 0.2dB/km，比任何传输媒质的损耗都低。因此，无中继的传输距离可达几十、甚至上百千米。

（2）信号干扰小、保密性能好。

（3）无电磁干扰、传输质量佳。光缆通信不受各种电磁干扰，可解决电波通信不能解决的各种电磁干扰问题。

（4）光缆尺寸小、重量轻，便于铺设和运输。

（5）光缆适应性强，寿命长。

我国现已建成“八纵八横”、连通全国各省市的主要光缆干线网，敷设光缆总长约 250 万 km。毫无疑问，ATM 与同步光缆网（SONFT）的结合将构成 21 世纪通信的主体。

5.3.1 光缆接入网

光缆传输系统主要由光发送机、光接收机、光缆传输线路、光中继器和多种无源光器件构成（例如光 Modem，简称光猫）。

光缆接入网的冠名统称为 FTTx，根据光网络单元（ONU）的所在位置可分为光缆进户（FTTH）、光缆到楼（FTTB）、光缆到驻地（FTTP）（光缆进村或小区）和光缆到路边（FTTC）等几种情况。光缆接入网的正式名称就是光缆的用户环路。图 5-3 是 FTTH 光缆进户原理。

对于住宅或者建筑物来讲，光缆连接到用户主要有两种方式：一种是用光缆直接连接到每个家庭或大楼；另一种是采用无源光网络（PON）技术，用分光器把光信号进行分支，使一根光缆能为多个用户提供服务。

通过加速接入网络的“光进铜退”进程、全面推进光缆到楼（FTTB）、光缆进户（FTTH）和光缆进村（FTTP）等。

FTTH 将光网络单元（ONU）安装到住家用户或企业用户处，是光接入系列中除 FTTD（光缆到桌面）外最靠近用户的光接入网的应用类型。

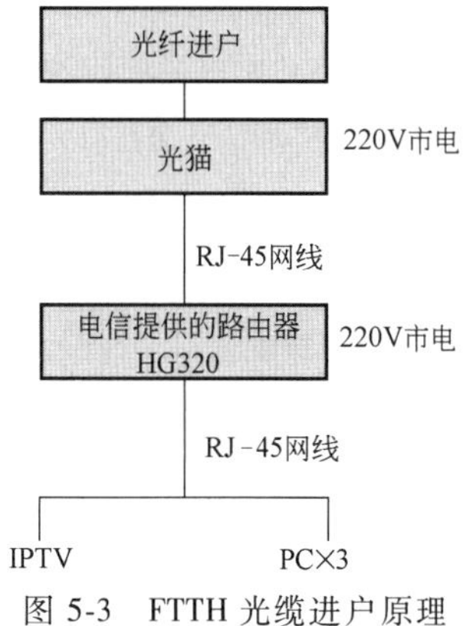

图 5-3 FTTH 光缆进户原理

FTTH 的显著技术特点不但可提供更大的带宽，而且增强了网络对数据格式、速率、波长和协议的透明性，放宽了对环境条件和供电等要求，简化了维护和安装。

光缆进小区和光缆进楼的最大优势就是扩展了带宽，降低了电信的运维成本，为 IPTV 等增值业务保留了带宽升级空间。

5.3.2 多模光纤和单模光纤的区别和应用

1. 多模光纤和单模光纤的区别

（1）多模光纤是光纤通信的最原始技术，是首次实现光纤通信的一项革命性的突破。

（2）随着光纤通信技术的发展，特别是激光器技术的发展以及对长距离、大信息量通信的迫切需求，人们又寻找到了更好的光纤通信技术——单模光纤通信。

（3）光纤通信技术发展到今天，多模光纤通信固有的很多局限性愈发显得突出：

① 多模发光（光电转换）器件为发光二极管（LED），光频谱宽、光波不纯净、光传输色散大、传输距离短。1000Mbit/s 带宽传输，可靠距离为 255m。100Mbit/s 带宽传输，可靠距离为 2km。

② 多模光纤通信的带宽最大为 1000Mbit/s。

（4）单模光纤通信突破了多模光纤通信的局限：

① 单模光纤通信的带宽大，通常可传输 100Gbit/s 以上。实际使用一般分为 155Mbit/s、1.25Gbit/s、2.5Gbit/s、10Gbit/s。

② 单模发光（光电转换）器件为激光器，光频谱窄、光波纯净、光传输色散小，传输距离远。单模激光器又分为 FP、DFB、CWDM 三种。FP 激光器通常可传输 60km，DFB 和 CWDM 激光器通常可传输 100km。

（5）数字式光端机采用视频无压缩传输技术，以保证高质量的视频信号实时无延迟传输并确保图像的高清晰度及色彩纯正。这种传输方式信息数据量很大，4 路以上视频的光端机均采用 1.25Gbit/s 以上的数据流传输。8 路视频的数据流高达 1.5Gbit/s。

（6）从单模光纤通信技术诞生之日起，就意味着多模光纤通信方式的淘汰。目前用多模光纤传输的已经很少了。

2. 光波的低损耗传输窗口和传输带宽

光纤对不同波长的光线有不同的传输衰减。实验证明光纤有三个低损耗传输窗口：

波长分别为 0.85m、1.30m、1.55m，都处于靠近红外光区。它们的传输衰减特性如下：

1）0.85m 波长的最低传输损耗为 3.5dB/km；最小带宽为 200MHz · km。

2）1.30m 波长的最低传输损耗为 0.5dB/km；最小带宽为 500MHz · km。

3）1.55m 波长的最低传输损耗为 0.2dB/km（即每千米损耗 4.6%）。

这三个波段都具有 25～30000GHz 的带宽，通信容量非常大。

如果要达到更高的传输速率和更长的传输距离，可采用衰减很小的 1300nm（1.3m）或 1550nm（1.55m）波长的单模光纤系统，该系统价格比 850nm 系统贵些。表 5-3 给出了光纤特性和用途。

表 5-3　光纤特性和用途

光纤类型		尺寸和特性						用途
		纤芯直径/μm	包层直径/μm	损耗/(dB/km)	传输带宽/MHz · km	波长/μm	数值孔径 NA	
石英	多模突变光纤	50～100	125～150	3～4	200～1000	0.85	0.17～0.26	小容量、短距离、低速数据传输
	多模渐变光纤	50×(1±6%)	125×(1±2.4%)	0.8～3	200～1200	1.30	0.17～0.25	中容量、中距离、高速数据传输
	单模光纤	(9～10)×(1±10%)	125×(1±2.4%)	0.4～0.7 0.2～0.5	数 GHz～数十 GHz	1.30 和 1.55	6	大容量、长距离、高速数据传输

5.4　三网融合

三网融合是指电信网、计算机网和有线电视网三大网络通过技术改造，能够提供包括语音、视频、数据、图像等综合多媒体的通信业务。它并不意味着电信网、计算机网、有线电视网的物理合并，主要是指三网的高层业务应用的融合。其表现为在网络层上可以实现互联互通，形成无缝覆盖，业务层上互相渗透和交叉，应用层上趋向使用统一的 IP，在经营上互相竞争、互相合作，朝着向人类提供多样化、多媒体化、个性化服务的同一目标逐渐交汇在一起，行业管制和政策方面也逐渐趋向统一，如图 5-4 所示。

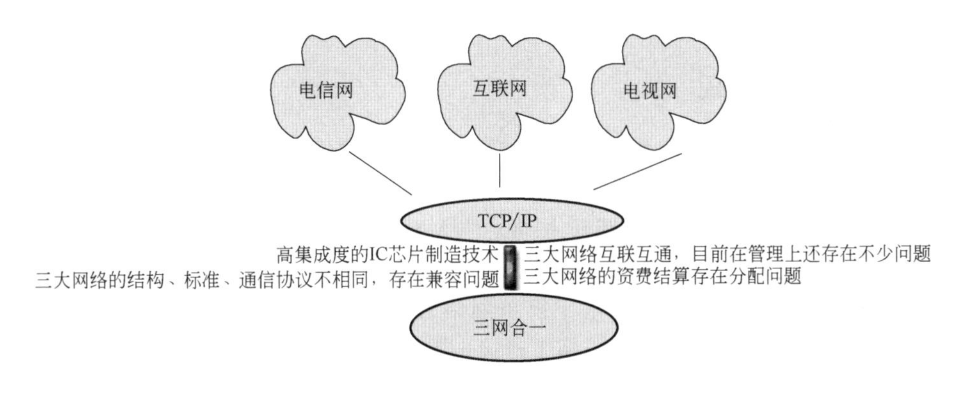

图 5-4　三网融合（三网合一）

三网融合带来五大好处：

（1）信息服务将由单一业务转向文字、话音、数据、图像、视频等多媒体综合业务，三网融合最大的好处就是资源整合。网络资源将得到充分的利用。

（2）有利于极大地减少基础建设投入，并简化网络管理，降低维护成本。

（3）将使网络从各自独立的专业网络向综合性网络转变，网络性能得以提升，资源利用水平进一步提高。

（4）三网融合是业务的整合，它不仅继承了原有的话音、数据和视频业务，而且通过网络的整合，衍生出了更加丰富的增值业务类型，如图文电视、VOIP、视频邮件和网络游戏等，极大地拓展了业务提供的范围。

（5）三网融合打破了电信运营商和广电运营商在视频传输领域长期的竞争状态，各大运营商将在一口锅里抢饭吃，看电视、上网、打电话的资费可能打包下调。

在三网融合的背景下，手机上可以看电视剧，随需选择网络和终端，通过 Wi-Fi 无线接入方式就能实现通信、电视、上网等各种应用需求，人们的生活将会更美好。

对于物流行业来说，客户可以随时随地用手机迅速查到合适的物流公司，并立即下单，物流公司可以通过手机视频看到客户的货的大致情况，并立即决定派什么样的车去提货，发完货以后，客户也能随时自主追踪货物状态，直到货物安全到达最终用户手里。

三网融合应用广泛，遍及智能交通、环境保护、政府工作、公共安全、平安家居、智能消防、工业监测、老人护理、个人健康等各个领域。

5.4.1　三网融合的技术基础

从不同角度和不同层次上分析融合概念，可以涉及技术融合、业务融合、行业融合、终端融合及网络融合，实际上最主要的是在应用层面上的融合。三网融合的技术基础是光缆通信技术和互相使用统一的通信协议。三网融合的基本条件是：

1. **成熟的数字化技术**

即语音、数据、图像等信息都需通过编码成0和1的比特流进行传输和交换。

2. **采用TCP/IP**

只有基于独立IP地址，才能实现点对点、点对多点的互通，才能使得各种以IP为基础的业务在网上实现互通。

3. **采用光缆通信技术**

只有光通信技术才能提供足够的信息传输速率，保证传输质量，只有光通信技术才有条件使传输成本大幅下降。

5.4.2 三网融合的实现

三网融合的技术基础是以IP网络为基础，以IP光缆网为结合点。在光缆上采用IP优化光网络。因此，三网融合就是实施宽带IP网络的建设和改造，提供一条理想的低成本的FTTH（光缆进户）或FTTB（光缆到楼）的宽带IP网络。图5-5是三网合一整体网络方案。

光纤接入交换机是三网融合的核心设备，光交换机提供多种网络管理方式，采用标准RS-232接口、Web浏览器、命令界面和基于简单网络管理协议（SNMP）的网络管理平台。OLT（Optical Line Terminal）光缆终端设备，用于连接光缆干线的终端设备，它的下联光端口和CATV光信号输出端口连接，还与ONU（Optical Network Unit）光网络单元相连。图5-6是FTTH小区三网融合解决方案。

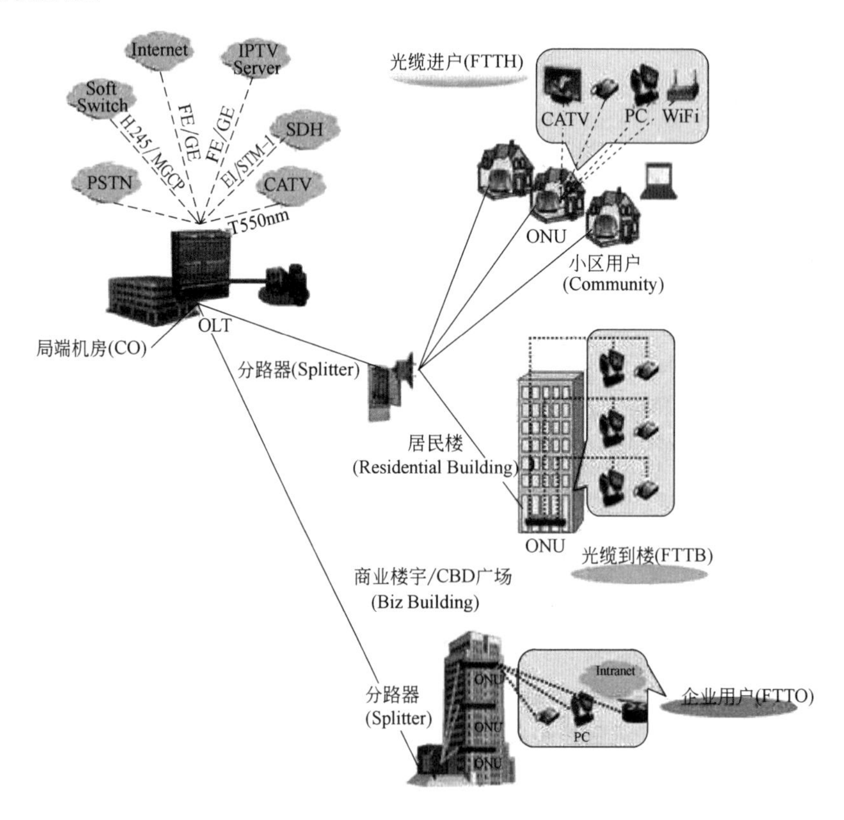

图5-5 三网合一整体网络方案

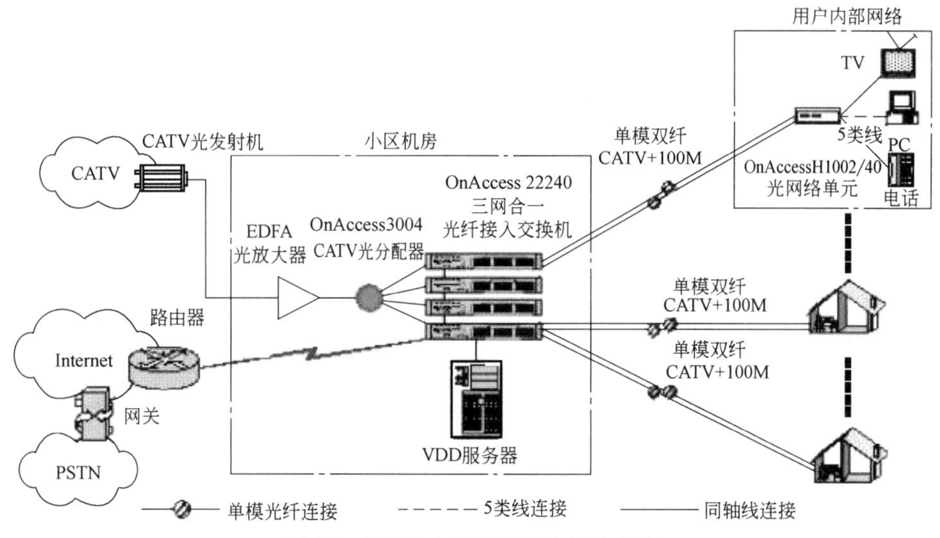

图 5-6　FTTH 小区三网融合解决方案

5.5 无线移动通信系统

无线移动通信是现代多媒体通信业务的主要特征，无线传输网络是无线移动通信的基础。移动通信从 1G、2G、3G、4G 到 5G 的超速增长充分说明了这一点。

5.5.1 无线传输网络

从 1G 开始，历经 2G、3G、4G 一路走到 5G，整个无线移动通信网络的逻辑架构都是：手机 A→无线接入网→承载网→核心网→承载网→无线接入网→手机 B。而通信过程的本质，就是编码解码、调制解调、加密解密。

图 5-7 是无线接入网+固定传输网络（承载网）组成的无线移动通信系统架构。系统分为左右两部分，右边为无线网络架构（无线侧），左边为固定网络架构——固网侧（承载网）。

无线侧：无线网络架构中以蜂窝布置的无线通信基站 BS 为核心构成的无线接入网 RAN。手机或集团客户通过基站接入到无线接入网，在 RAN 接入网侧可以通过 PTN（分组传送网）来解决信号传递给 BSC/RNC（基站控制器/无线网络控制器），然后再将信号传递给核心网，核心网内部的网元通过 IP 承载网来承载。

固网侧：手机客户通过 RAN 接入网接入，从接入网出来后进入 MAN 城域网，城域网又可以分为接入层、汇聚层和核心层。BRAS 为城域网的入口，主要作用是认证、鉴定、计费。信号从城域网走出来后到达骨干网，在 IP 骨干网（IP Back Bone）处，又可以分为接入层和核心层。

固网侧和无线侧之间通常采用光缆传递，光缆设备通过 WDM+SDH（密集波分复用+同步数字体系统）的升级版来实现对大量信号的承载，OTN（光传送网）是一种信号封装协议，通过这种信号封装可以更好地在波分系统中传递。最后信号要通过防火墙到达 Internet，防火墙主要就是一个 NAT（网络地址转换），来实现一个地址的转换。这就是整个网络的架构。

5.5.2 RAN 无线接入网

RAN（Radio Access Network）无线接入网，简单地讲，就是把所有的手机终端都接入到通信网络中的无线网络。通信基站 BS（Base Station）是无线接入网中的基本组成单元，完成移动通

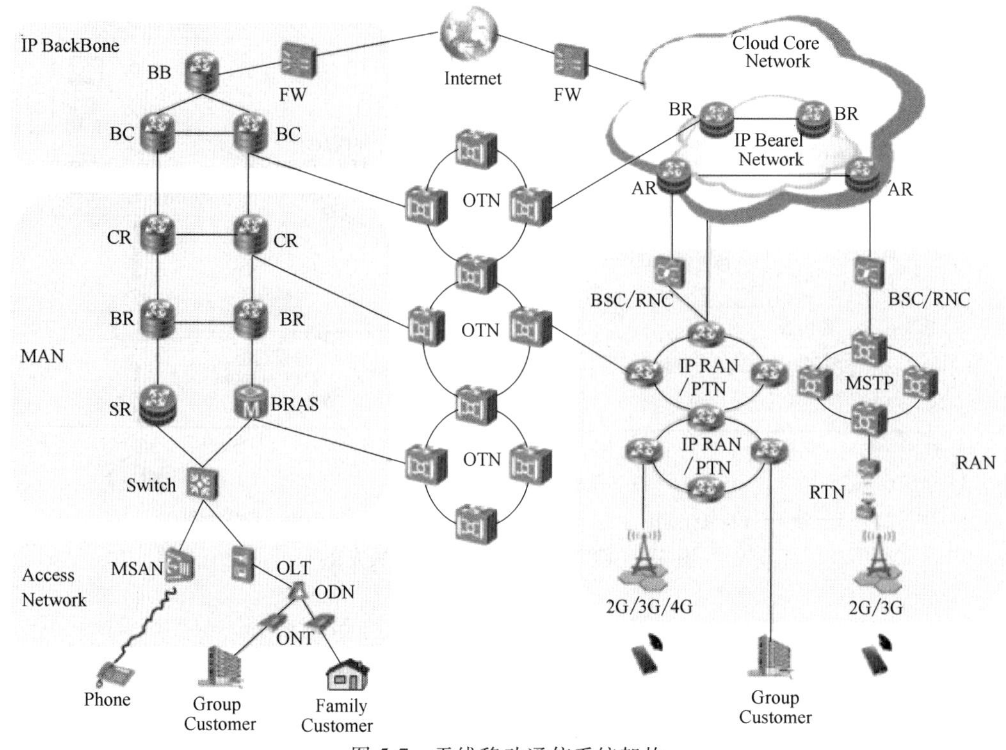

图 5-7　无线移动通信系统架构

信网和移动通信用户之间的通信和管理功能。无线接入网有宏蜂窝网络和微蜂窝网络两类。图 5-8 是移动通信架构图。

宏蜂窝小区，每个基站的覆盖半径大多为 1~25km，基站发射的微波功率越大，天线尽可能做得很高，基站的覆盖半径就越大。

微蜂窝小区，每个基站的覆盖半径一般为 30~300m，电波主要沿着街道的视线进行传播，信号在楼顶的泄漏小。低发射功率的基站允许较小的频率复用距离，每个单元区域的信道数量较多，射频干扰要求很低。

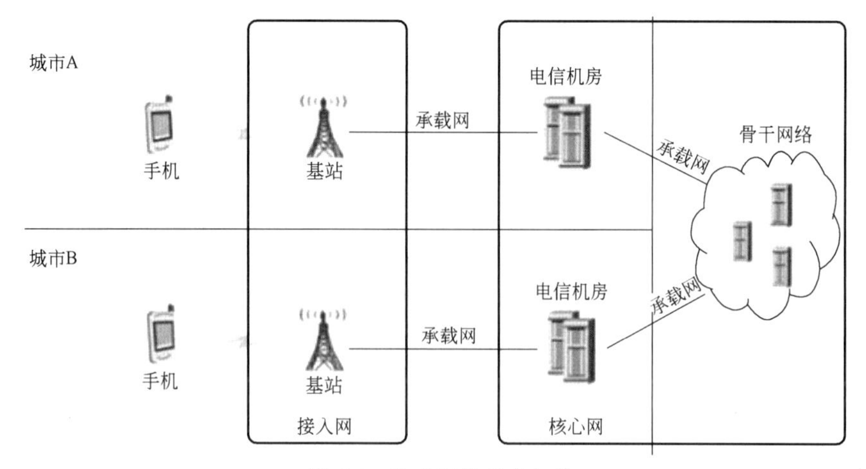

图 5-8　移动通信基本架构

一个基站 BS（Base Station）通常包括 BBU（Building Base Band Unit）基带处理单元、RRU（Remote Radio Unit）遥控射频拉远单元和天馈系统。BBU 主要负责信号调制；RRU 主要负责射频处理；天馈系统由馈线和收发天线组成，如图 5-9 所示。

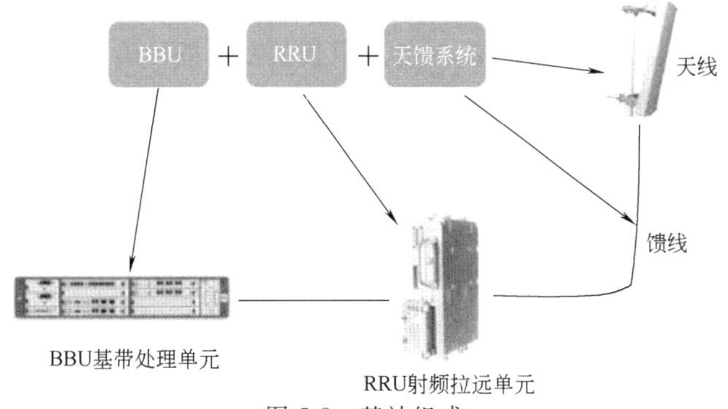

图 5-9　基站组成

在实际安装中，为了缩短 RRU 和天线之间馈线的长度，减少射频信号的传输损耗，把 RRU 安置在天线旁边，构成 D-RAN 分布式无线接入网。此外，一个 BBU 机柜通常安装有多个频道的 BBU 基带处理单元，可供同一基站安装使用。图 5-10 是 D-RAN 分布式基站安装图。

图 5-10　D-RAN 分布式基站安装图

为了减少接入网络大量机房的成本，运营商在 D-RAN 的基础上又想出了 C-RAN 解决方案。C-RAN 的意思是 Centralized RAN，集中化无线接入网。除了 RRU 拉远单元之外，还把 BBU 全部都集中起来（称为 BBU 基带池），关在中心机房（Central Office）后再用馈线分别传送给各个基站，如图 5-11 所示。

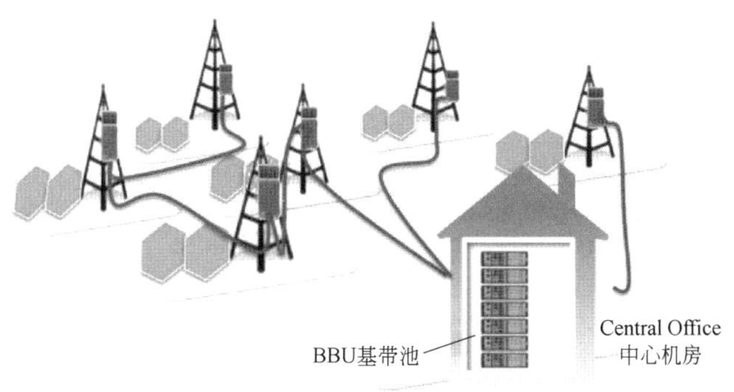

图 5-11　C-RAN 集中化无线接入网

这一大堆 BBU，就变成一个 BBU 基带池。C-RAN 可以非常有效地解决建设基站的成本问题。

此外，BBU 基带池既然都在中心机房了，那么，还可以对它们进行虚拟化，就是网元功能虚拟化（NFV）。简单来说，以前的 BBU 是一台昂贵的专用硬件设备，现在，只要用一台运行 BBU 功能的软件服务器，就能成为 BBU 虚拟机了，一台服务器就能当一个 BBU 基带池用了。

到了 5G 时代，接入网再次发生了很大的变化。在 5G 网络中，接入网不再是由 BBU、RRU、天线这些东西组成了。而是被重构为以下三个功能实体：CU（Centralized Unit，集中单元）、DU（Distribute Unit，分布单元）、AAU（Active Antenna Unit，有源天线单元）。

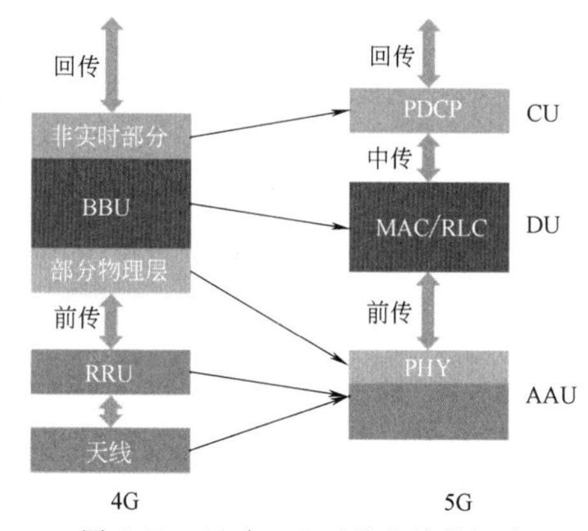

图 5-12　4G 与 5G 两种基站的组成

图 5-12 是 4G 与 5G 两种基站的组成。

CU：原 BBU 的非实时部分将分割出来，重新定义的 CU，负责处理非实时协议和服务。

AAU：BBU 的部分物理层处理功能与原 RRU 及无源天线合并为 AAU，AAU=RRU+天线。

DU：BBU 的剩余功能重新定义为 DU，负责处理物理层协议和实时服务。

简而言之，CU 和 DU，以处理内容的实时性进行区分。

5.5.3　无线通信的主要技术特性

各代无线通信系统的主要技术特性如下：

1985 年的第一代 1G 为模拟通信系统，典型产品为摩托罗拉 8000X，即俗称的大哥大。

1991 年的第二代 2G 移动通信，采用 GSM 数字调制技术，增加了系统容量和高度的保密性，典型产品为诺基亚 7110。

1998 年的第三代 3G，主要解决了大数据传输速率过低问题和制定频谱新标准，CDMA 是第三代通信系统的技术基础，典型产品有苹果、联想、华硕。

2008 年的第四代 4G，采用第四代无线蜂窝电话通信协议，能够传输高质量视频图像，能实现 100^+ Mbit/s 下载速度，典型产品为采用 Android、苹果 iOS、Windows 操作系统的移动设备。

2020 年的第五代 5G 移动通信技术，分为互联网应用和物联网应用两大类，是 4G（LTE-A、WiMax）、3G（UMTS、LTE）和 2G（GSM）系统后的延伸。5G 网络主要有三大特点：极高的速率、极大的容量、极低的时延，可节省能源、降低成本、提高系统容量和实现大规模设备连接，可以实现宽信道带宽和大容量的多路进、多路出 MIMO（Multiple Input Multiple Output）。表 5-4 是从 1G 到 5G 无线通信的主要技术特性。

表 5-4　1G 到 5G 各代无线通信的主要技术特性

通信技术	典型频段	传输速率	关键技术	技术标准	提供服务
1G	800/900MHz	约 2.4kbit/s	FDMA、模拟语音调制、蜂窝结构组网	NMT、AMPS 等	模拟语音业务
2G	900MHz 与 1800MHz GSM900 890~900MHz	约 64kbit/s GSM900 上行/下行速率 2.7/9.6kbit/s	CDMA、TDMA	GSM、CDMA	数字语音传输

（续）

通信技术	典型频段	传输速率	关键技术	技术标准	提供服务
（2.5G）		115kbit/s(GRPS) 384kbit/s(EDGE)		GPRS、HSCSD、 EDGE	
3G	WCDMA 上行/下行 1940-1955 MHz/2130-2145MHz	一般在几百 kbit/s 以上 125kbit/s～ 2Mbit/s	多址技术、Rake 接收技术、Turbo 编码及 RS 卷积联码等	COMA2000(电信)、 TD-CDMA(移动)、 WCDMA(联通)	同时传送声音 及数据信息
4G	TD-LTE 上行/下行： 555～2575MHz 2300～2320MHz FDD-LTE 上行/下行： 1755～1765MHz； 1850～1860MHz	2Mbit/s～1Gbit/s	OFDM、 SC-FDMA、 MIMO	LTE、LTE-A、 WiMax 等	快速传输数据、 音频、视频、图像
5G	3300～3600MHz 与 4800～5000MHz （我国）	理论 10Gbit/s 即 1.25GB/s	毫米波、大规模 MIMO、NOMA、 OFDMA、SC-FDMA、 FBMC、全双工技术等		快速传输高清视 频、智能家居等

图 5-13 是移动通信服务要求演进时间表。表 5-5 是我国运营商分配使用的移动通信频段。

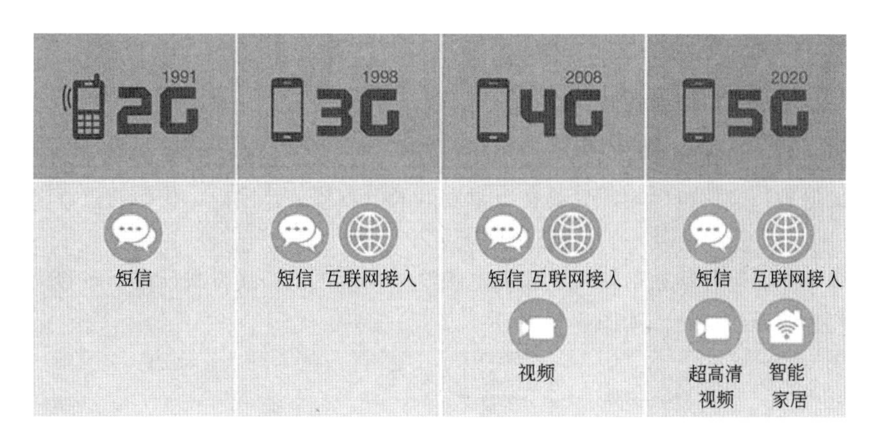

图 5-13　移动通信服务要求演进时间表

表 5-5　我国运营商分配使用的移动通信频段

运营商	上行频率(UL)/MHz	下行频率(DL)/MHz	频宽/MHz	合计频宽/MHz	制式	
中国移动	885～909	930～954	24	184	GSM800	2G
	1710～1725	1805～1820	15		GSM1800	2G
	2010～2025	2010～2025	15		TD-SCDMA	3G
	1880～1890 2320～2370 2575～2635	1880～1890 2320～2370 2575～2635	130		TD-LTE	4G

（续）

运营商	上行频率(UL)/MHz	下行频率(DL)/MHz	频宽/MHz	合计频宽/MHz	制式	
中国联通	909~915	954~960	6	81	GSM800	2G
	1745~1755	1840~1850	10		GSM1800	2G
	1940~1955	2130~2145	15		WCDMA	3G
	2300~2320 2555~2575	2300~2320 2555~2575	40		TD-LTE	4G
	1755~1765	1850~1860	10		FDD-LTE	4G
中国电信	825~840	870~885	15	85	CDMA	2G
	1920~1935	2110~2125	15		CDMA2000	3G
	2370~2390 2635~2655	2370~2390 2635~2655	40		TD-LTE	4G
	1765~1780	1860~1875	15		FDD-LTE	4G

5.6 “无处不达”的多媒体通信系统

第四代移动通信系统的目标是在有线、无线平台上，接入互联网，跨越不同频带的网络，实现全球无缝隙漫游的宽带多媒体通信系统。但是这种方法还只能在有IP互联网接口或具有Wi-Fi无线局域网覆盖的范围内通信。如果要真正实现“任何人、在任何地点、任何时间实现〈无处不达〉的多媒体通信”还得依靠卫星通信系统。

5.6.1 卫星导航通信系统

利用人造地球卫星作为中继站来转发无线电波，是“无处不达”多媒体通信系统的关键。卫星通信的特点是：通信范围大，只要在卫星发射的电波覆盖范围内，任何两点或多点之间都可进行通信。

卫星把海、陆、空移动通信站发上来的电磁波放大后再以广播方式反送回各移动地球站，形成覆盖范围广大的通信链路，如图5-14所示。

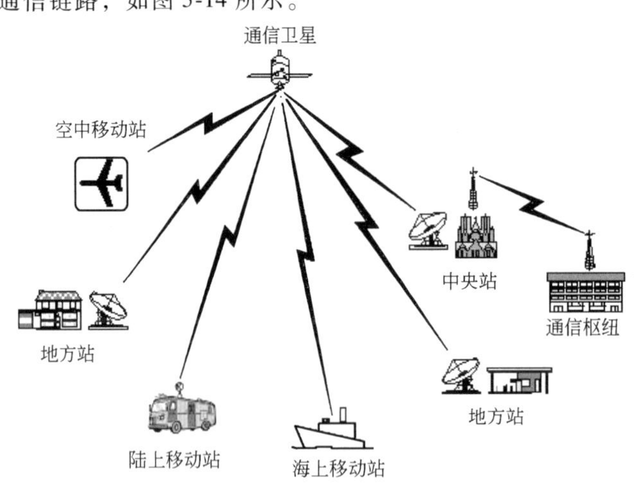

图5-14　通信卫星与海、陆、空移动通信站联网

卫星通信的特点：

（1）信号配置灵活，可在两点间提供几百、几千甚至上万条话路和中高速的数据通道。

（2）广播方式工作，可以进行多址通信。卫星可以广播发射方式工作，即在卫星天线波束覆盖的整个区域内的任何地点的地球站，都可共用通信卫星来实现双边或多边通信，即进行多址通信。一颗在轨卫星，相当于在一定区域内铺设了可以到达任何一点的无数条无形电路。

（3）通信容量大，适用多种业务传输。卫星通信使用微波频段，可以使用的频带很宽。一般 C 频段和 Ku 频段的卫星的无线通信带宽可达 500~800MHz，而 Ka 频段还可达到数 GHz。

（4）发信端可以自发自收进行监测。地球站发信端同样可以接收到自己发出的信号，从而可以监视本站所发消息是否正确，以及传输质量的优劣。

（5）无缝覆盖能力。卫星通信，可以不受地理环境、气候条件和时间的限制，建立覆盖全球性的海、陆、空一体化通信系统。

（6）具有构成地域宽广、复杂网络拓扑的能力。卫星通信发射的高功率密度与灵活的多点波束，加上卫星上的交换处理技术，可提供宽广地域范围的点对点与多点对多点的复杂的网络拓扑。

（7）安全可靠。在面对抗震救灾或国际海底/光缆的故障时，卫星通信是一种无可比拟的重要通信手段。

5.6.2　北斗卫星导航系统的应用

2020 年 3 月 9 日 19 时 55 分，中国在西昌卫星发射中心用长征三号乙运载火箭，成功发射北斗系统第 54 颗导航卫星，完成了北斗卫星全球导航定位系统的全部空间布局。

北斗卫星导航系统由空间段、地面段和用户段三部分组成。空间段包括 5 颗高轨道静止卫星和 30 颗中轨道非静止卫星；地面段包括主控站、注入站和监测站等若干个地面站；用户段包括北斗用户终端以及与卫星导航系统兼容的终端。

中国 BDS（BeiDou Navigation Satellite System）北斗卫星导航系统是继美国（GPS）全球定位系统、俄罗斯（GLONASS）格洛纳斯卫星导航系统之后第三个成熟的卫星导航系统。

现今，美国（GPS）、俄罗斯（GLONASS）、中国北斗（BDS）和欧盟（GALILEO）是联合国卫星导航委员会已认定的供应商。

北斗卫星导航系统可在全球范围内全天候、全天时为各类用户提供高精度和高可靠的定位、导航、授时服务，并具备短报文通信能力，已经具备区域导航、定位和授时能力，定位精度 10m，测速精度 0.2m/s，授时精度 10ns。

1. 北斗卫星导航系统的主要功能

（1）个人导航服务。当人们进入不熟悉的地方时，可以使用装有北斗卫星导航接收芯片的手机或车载卫星导航装置找到路线。

（2）气象应用服务。北斗导航卫星气象应用，可以预报天气、气候变化监测和预测，提升我国气象防灾、减灾的能力。

（3）道路交通管理。通过车辆上安装的卫星导航接收机和数据发射机，车辆的位置信息就能在几秒钟内自动转发到中心站。这些位置信息可用于道路交通管理。卫星导航将有利于减缓交通阻塞，提升道路交通管理水平。

（4）智能铁路运输。卫星导航促进传统运输方式实现升级与转型。例如，在铁路运输领域，通过安装卫星导航终端设备，可极大地缩短列车行驶间隔时间，降低运输成本，有效提高运输效率。北斗卫星导航系统可以提供高可靠、高精度的定位、测速、授时服务，促进铁路交通的现代化，实现传统调度向智能交通管理的转型。

（5）海运和水运。海运和水运是全世界最广泛的运输方式之一，也是卫星导航最早应用的领域之一。目前在世界各大洋和江河湖泊行驶的各类船舶大多都安装了卫星导航终端设备，使海上和水路运输更为高效和安全。北斗卫星导航系统可在任何天气条件下，为水上航行船舶提供导航定位和安全保障。同时，北斗卫星导航系统特有的短报文通信功能将支持各种新型服务的开发。

（6）航空运输。当飞机在机场跑道着陆时，最基本的要求是确保飞机相互间的安全距离。利用卫星导航的精确定位与测速的优势，可实时确定飞机的瞬时位置，有效减小飞机之间的安全距离，甚至在大雾天气情况下，可以实现自动盲降，极大地提高飞行安全和机场运营效率。通过北斗卫星导航系统与其他系统的有效结合，将为航空运输提供更多的安全保障。

（7）应急救援。卫星导航已广泛用于沙漠、山区、海洋等人烟稀少地区的搜索救援。在发生地震、洪灾等重大灾害时，救援成功的关键在于及时了解灾情并迅速到达救援地点。通过卫星导航终端设备可及时报告所处位置和受灾情况，有效缩短救援搜寻时间，提高抢险救灾时效，大大减少人民生命财产损失。

2. 北斗卫星通信系统的五大优势

北斗导航卫星同时具备定位与通信功能，是全球信息高速公路的重要组成部分。以其覆盖广、通信容量大、通信距离远、不受地理环境限制、质量优、经济效益高等优点成为中国当代远距离通信的支柱。

1）北斗导航卫星除导航定位外，还具备短报文通信功能，无需其他通信系统支持。

2）覆盖全国乃至全球。

3）24小时全天候服务，无通信盲区。

4）特别适合集团用户大范围监控与管理，以及无依托地区用户的数据采集和数据传输；可同时解决“我在哪”和“你在哪”。

5）安全、可靠、稳定。

3. 北斗用户终端之一——华为北斗手机功能

1）打电话不要钱，因为华为北斗手机本身就是一个卫星电话终端。

2）上网不要钱，在任何地方（包括在高铁和海洋航运中）、任何时间都可收看卫星电视。

3）网速超快，下载一部电影只需要17s时间。

4）信号超强：无论是在沙漠，还是在高山或偏远山村，在地球的任何地方都有超强的通信信号。

第6章　无纸化数字会议系统

在人类信息交流中，55%～60%的有效信息交流依赖于视觉效果，33%～38%依赖于声音，7%依赖于内容。为能达到良好的信息交流效果，现代会议系统要求具有清晰的声音、高清的视频图像、精准的数据文档传递和保证会议高效进行的控制系统。

无纸化数字会议系统是指把图像、声音、文档等多种信息媒体，通过传输网络传送到用户终端设备，确保高效、精准的信息交流，即使地理上分散的用户也可犹如身临其境地共聚一处，参加会议讨论和交流。无纸化数字会议系统以其功能多样、使用方便、会议高效和共享数据而得到迅速普及。

无纸化数字会议除了具有多媒体数字会议系统的全部功能外，还使得会议从传统的以纸质为信息记录载体转化成以平板电脑、智能手机为载体的智能多媒体数字会议系统，还可以利用智能手机的便携性，把会议从固定的会议室延伸到场外的移动终端。

6.1　多媒体数字会议系统的组成

多媒体数字会议系统是集计算机、数据传输网络、视频、音频、灯光控制于一体的现代会议管理系统。

多媒体数字会议系统主要由数字会议子系统、信息发布显示子系统、视像跟踪拍摄/录像子系统、中央集中控制子系统、网络接入子系统等组成，如图6-1所示。

1. 数字会议子系统

数字会议子系统主要由会议签到和发言设备（代表机/主席机）组成。图6-2是数字会议子系统的会场布置。

（1）会议签到子系统。IC智能卡会议签到系统是一种无纸化签到技术，可以高效、快捷、准确地建立会议信息数据库的子系统。与会人员的IC卡中记录的信息包括照片、姓名、年龄、国籍、任职单位、职务等多种身份信息。

与会代表入场后，将IC卡插入会议发言单元（代表机）的内置读卡器，即可实现IC卡签到，非常方便快捷。主控机计算机收到IC卡的信息后，代表的个人信息及座位号全部存入计算机，便可动态显示会议出席情况和作为自动跟踪摄像代表发言的定位信息。

（2）会议发言设备。会议发言设备由主席机和代表机以“手拉手”方式连接后与会议主机连接，如图6-3所示。代表机可以实现IC卡签到、发言请求、投票表决、资料显示、选择收听同声传译语种和通过内部通信系统与其他代表机交流等功能。

主席机除具有代表机全部功能外，还具有越权发言功能，可以控制代表的发言进程，可以选择代表发言或暂停代表发言等。

1）会议表决功能：大会主席对某一事项发起表决时，代表可操纵代表机上的投票按键进行投票；计算机把投票的统计结果传输至大厅显示屏上显示。

2）同声传译功能：与会代表可以在自己的代表机上选择收听适合自己的语种。

2. 信息发布显示子系统

大屏幕实时显示代表的发言文档、显示会议进程、会议出席情况、表决结果等。还可向全部代表机或某一代表机发送短信息、公告、通知等。

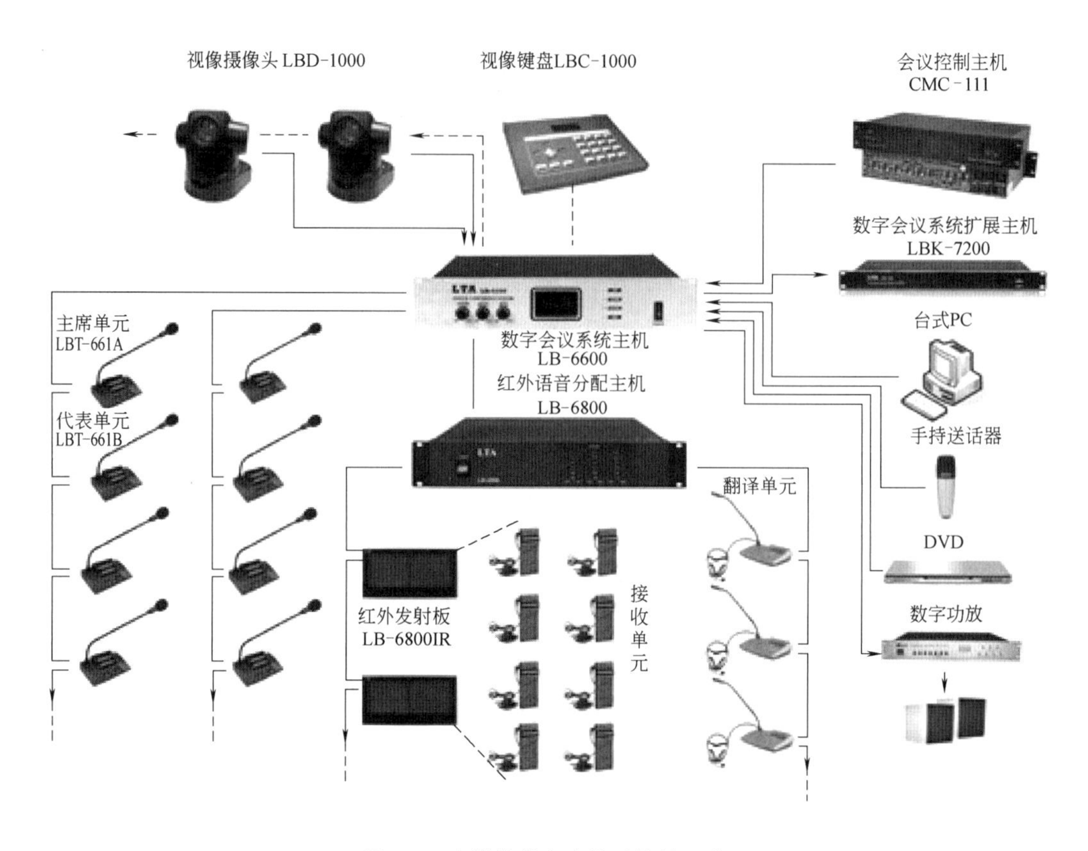

图 6-1　多媒体数字会议系统的组成

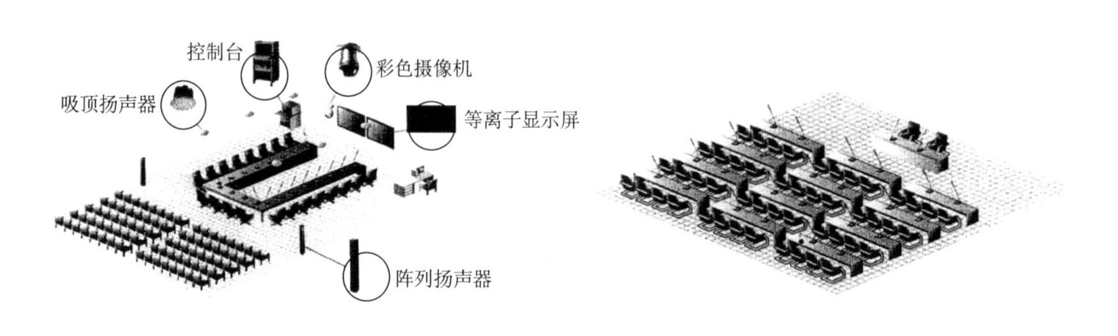

图 6-2　数字会议子系统的会场布置

3. 视像跟踪拍摄/录像子系统

当代表按下发言键时，计算机自动调用机内存储的该代表的座位信息和身份信息，并把座位信息传送给摄像机，摄像机便自动对准发言人，进行连续拍摄，并把拍摄的图像传送给显示系统显示。

监控录像系统与视像跟踪子系统联动，用来采集和录制现场的音视频，作为会议资料保存；还可以把发言人的实时图像信号送到译员室，便于译员与发言人同步对接，提高译员翻译的准确性。

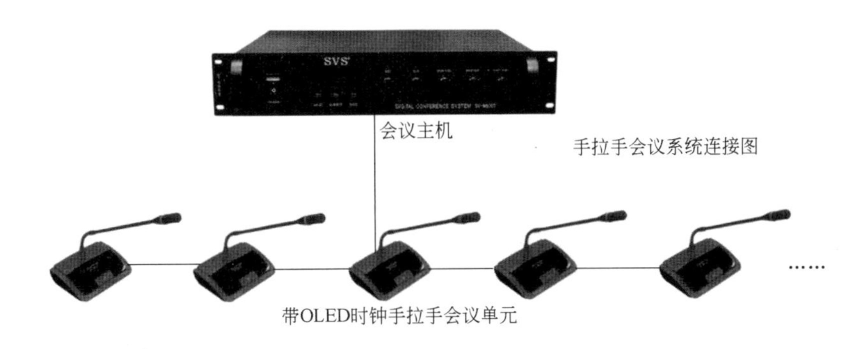

图 6-3　发言设备与会议主控机的连接

4. 中央集中控制子系统

中央集中控制子系统简称中控系统。由中央控制主机、计算机、无线触摸控制屏（iPad）和继电器控制盒组成，是数字会议各子系统协同工作的核心设备。数字会议系统的管理软件，将会议准备、进程安排、信息发布等工作都纳入高效有序的全面管理。

中控系统以总线方式与各个设备相连接，向各个被控设备发出控制指令。通过会议系统软件实现会议进程控制，也可以由工作人员通过无线操控屏实现更复杂的管理：

（1）对发言设备控制：包括代表机、主席机、译员台、双音频接口器、多功能连接器等。

（2）会议发言管理：自动登记发言请求、主席机越权运行、限制发言人数等。

（3）提供显示表决结果功能。

（4）音视频设备的输入输出切换控制。

5. 网络接入子系统

网络接入子系统是以计算机网络为运行环境，连接主会场、分会场和中控设备的通信网络系统，并且可以在一根电缆上实现多路数字音视频信号的双向传输。

6.2　三种类型的多媒体数字会议系统

按会议规模可分为 500 座以上的大型会议厅、60～400 座的中型会议厅、50 座以下的小型会议室三种类型。

1. 500 座以上的大型会议厅

500 座以上的大型会议厅可以满足会议报告、新闻发布、远程视频会议、技术交流、无纸化会议等多种用途。

大型会议系统由数字会议（包括会议签到、发言管理、投票表决、同声传译）、扩声系统、视像跟踪系统、大屏显示系统、远程视频会议终端、中央集中控制系统、智能环境灯光控制系统等构成。图 6-4 是大中型多媒体数字会议系统的基本配置。

2. 60～400 座的中型会议厅

中型会议厅一般包括：数字会议的基本配置、远程视频会议终端、中控系统、电子白板、自动跟踪摄录像系统、大屏显示系统和扩声系统等。图 6-5 是中型会议厅的基本配置。

3. 50 座以下的小型会议室

20～50m^2 小型会议室的基本配置：由主席机和代表机“手拉手”组成的会议子系统、投影机和投影幕、自动跟踪摄像机、小型扩声系统、中控系统等，如图 6-6 所示。

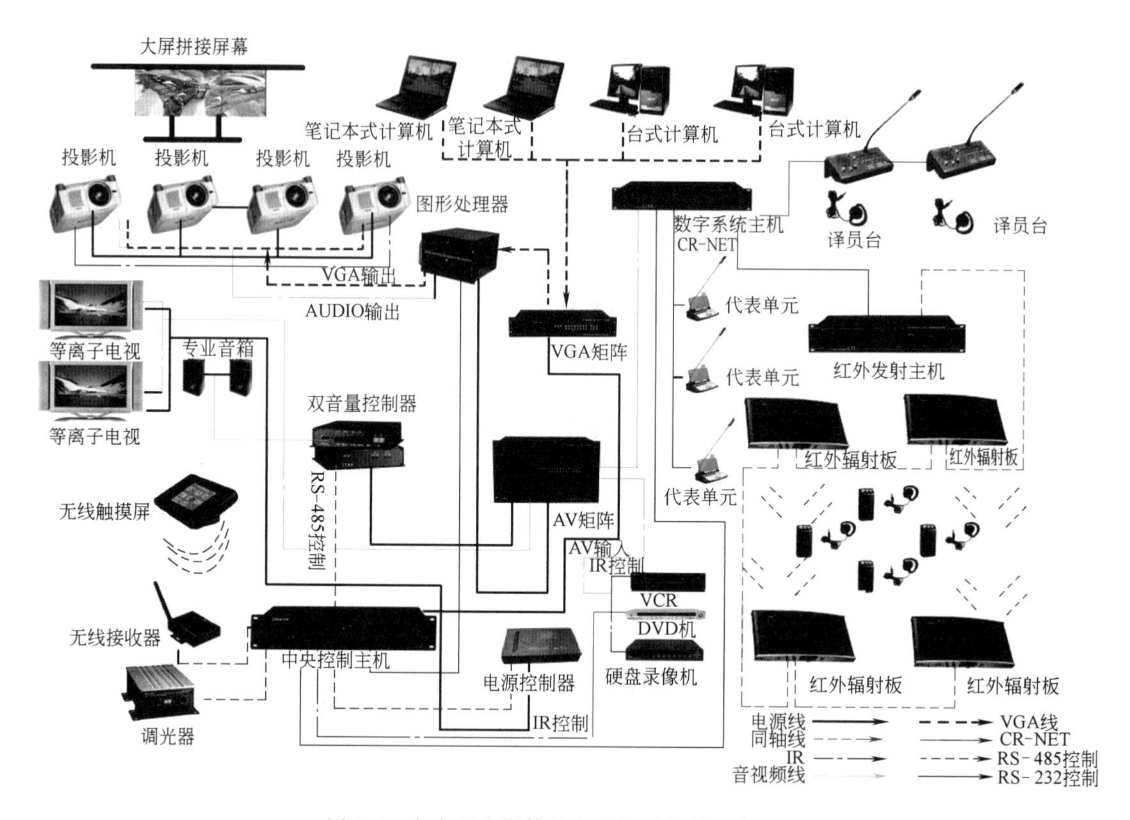

图 6-4　大中型多媒体数字会议系统的基本配置

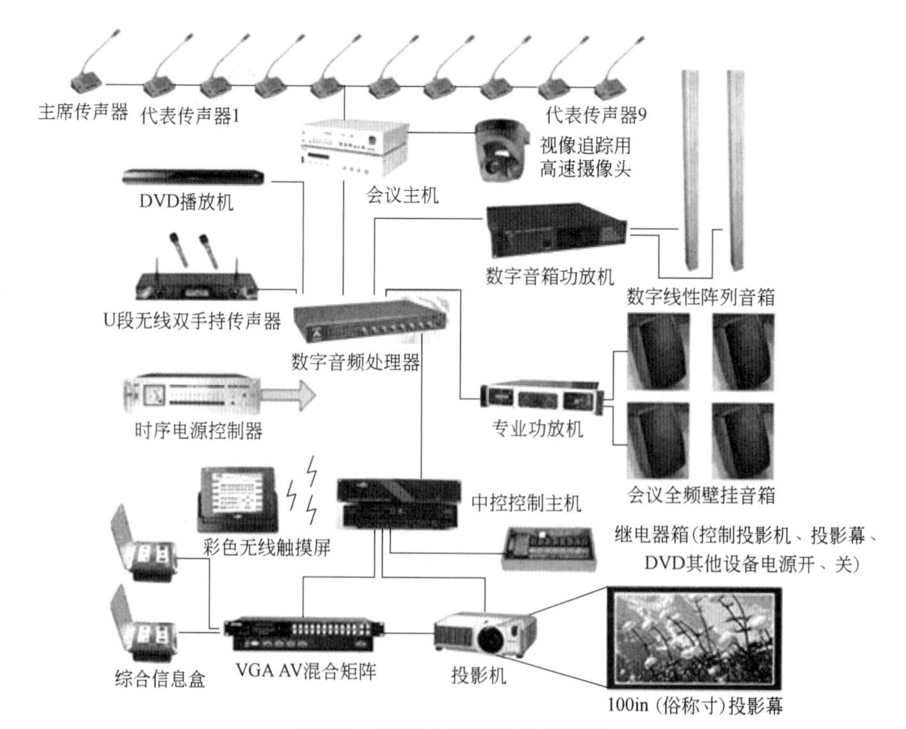

图 6-5　中型会议厅的基本配置

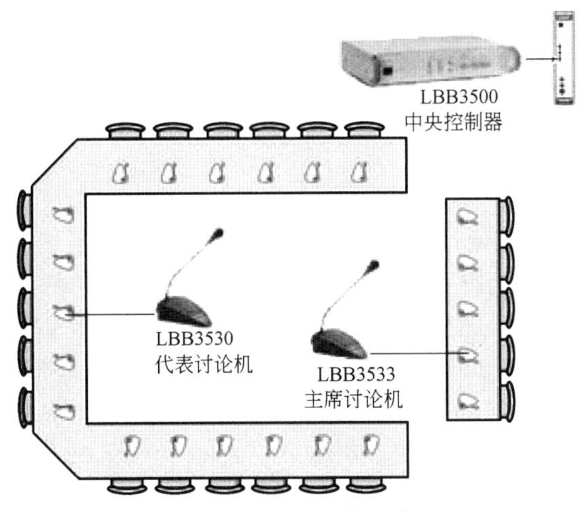

图 6-6　小型会议室的基本配置

6.3　多媒体数字会议系统的设计

多媒体数字会议系统包括：数字会议讨论系统、投票表决系统、视像跟踪拍摄/录像系统、会议签到系统、中央集中控制系统等子系统。

6.3.1　数字会议讨论系统

会议讨论系统的主要功能是会议发言管理，再配上投影显示系统、摄像跟踪系统和视/音频信号存储等设备，可组成自动记录、资料编辑等更多功能的系统。

会议讨论系统的主席机和代表机采用图 6-7 所示的“手拉手”连接架构。会议主控机可设定

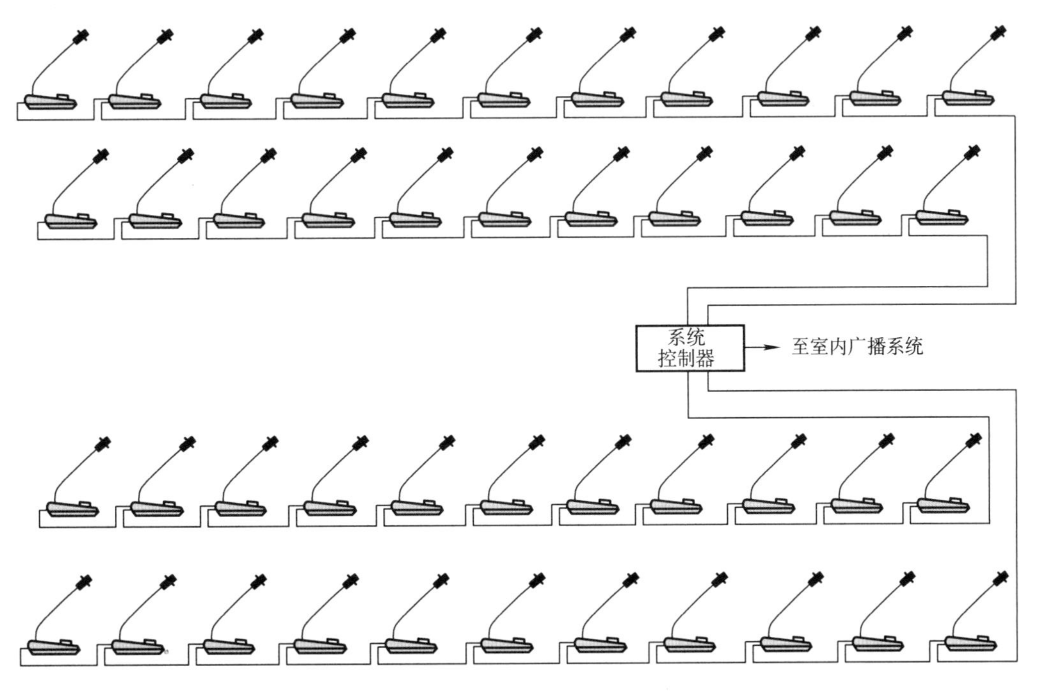

图 6-7　会议讨论系统的“手拉手”连接图

自由发言的人数（发言人数限制）和发言时间限制。

每台主控机最多可连接48个发言单元。一般采用2名与会者共用一台代表机。主席机可嵌入到网络任何位置。

6.3.2 投票表决系统

投票表决系统由会议主控机通过RS-485串口与各代表的表决器连接。信号传递过程如下：

（1）代表在各自的表决器上按下表决按键，表决信息数据暂存在表决器中。

（2）会议主控机对各表决器进行逐个扫描查询，由计算机统计表决结果。

通常数据传输速率应不低于60Mbit/s，因此表决器中存储的表决信息可在1μs之内传送到会议主控机。例如在具有600席的政府大型人民代表大会表决时，表决系统主机可在不到1ms（$600\times1\mu s=0.6ms$）的时间内便可统计出表决结果。

不同的投票表决议题，可选择不同投票表决方式，例如：选举领导投票（有同意、反对和弃权）；方案调查投票（如在5种方案中选择一种）；对方案进行等级评议等。

投票表决器分为有线表决器和无线表决器两类，有3键表决和5键表决单元两种。图6-8是带有读卡器的3键和5键有线表决器。图6-9是无线表决器。

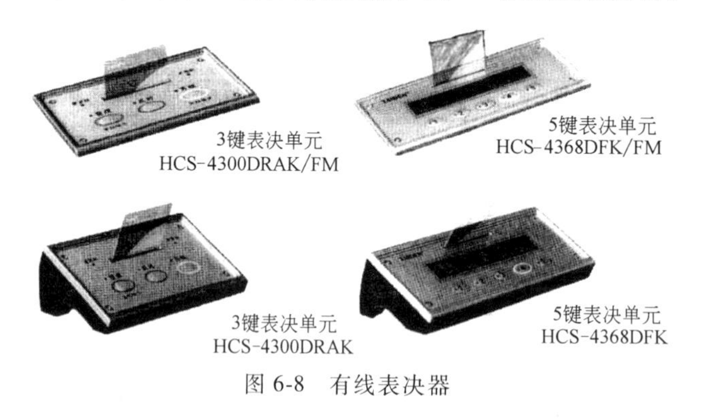

图6-8 有线表决器

图6-9 无线表决器

6.3.3 视像跟踪拍摄/录像系统

（1）摄像机自动跟踪拍摄。

1）会议代表开启传声器按键发言时，摄像机云台根据发言代表的座位位置信息，摄像头立即自动对准发言代表，进行连续拍摄。

2）在大型会议时，会议系统的计算机根据每位出席代表的IC卡签到信息中的座位编排，预置设定了每位代表的摄像机位。当台上会议主席允许台下某代表的发言请求时，计算机立即通知摄像机把拍摄机位瞄准发言代表。

（2）摄像机视频信号的路由选择。为能清晰地拍摄到发言代表的正面图像，根据会场大小和座位安排，一般设有2~3台高速球形摄像机。这就需要把多台摄像机的视频输出信号进行同步路由选择，把需要的图像自动切换到大屏幕和图像存储设备中去。该项功能由自动跟踪软件来完成。

图6-10是由3台摄像机和1台HCS-4311M混合切换矩阵（8×4视频矩阵、4×1 VGA矩阵和6×1音频矩阵）组成的摄像机自动跟踪系统。

6.3.4 会议签到系统

会议签到系统是电子会议系统的重要组成部分。有远距离、近距离和接触式IC卡三种类型。

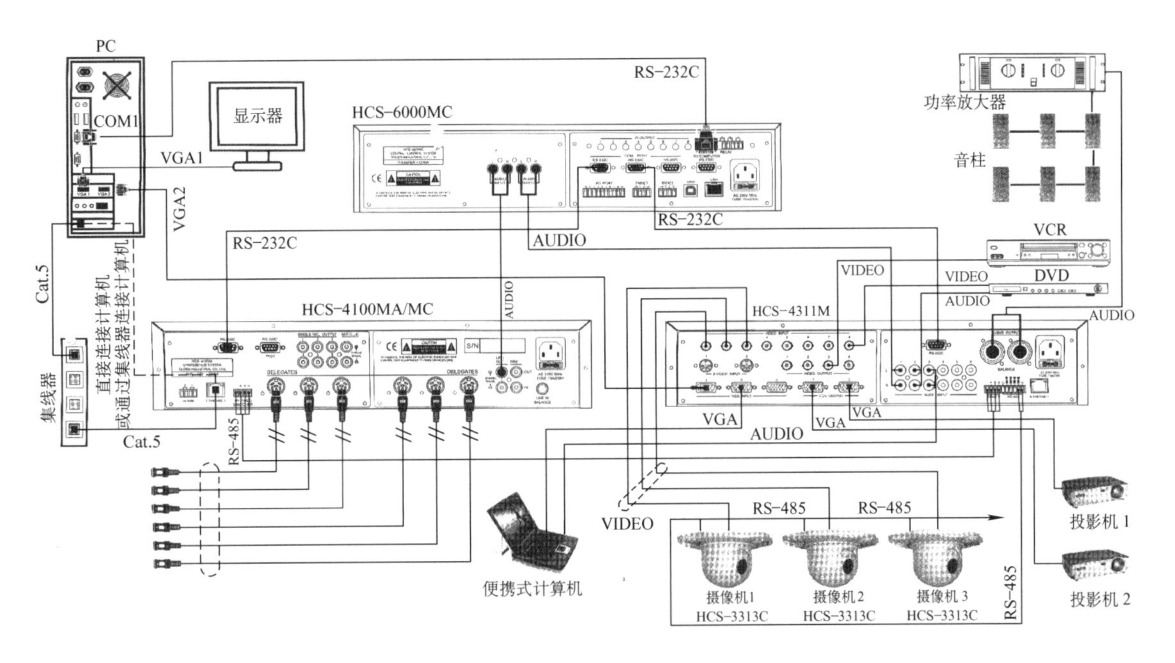

图 6-10　3 台摄像机自动跟踪拍摄/录像系统

1. 1.2m 远距离签到系统

代表只需佩戴签到证依次通过签到门便可自动签到，大大提高了签到速度。代表经过签到门时，显示屏立即显示代表的相关信息，包括代表姓名、照片、所属代表团和代表座位安排等。签到门口的摄像机拍摄代表照片并与代表信息中的照片进行自动比对，获得认可后闸机自动放行（人脸识别系统），适合大型重要的国际会议签到。图 6-11 是 1.2m 远距离会议签到系统。

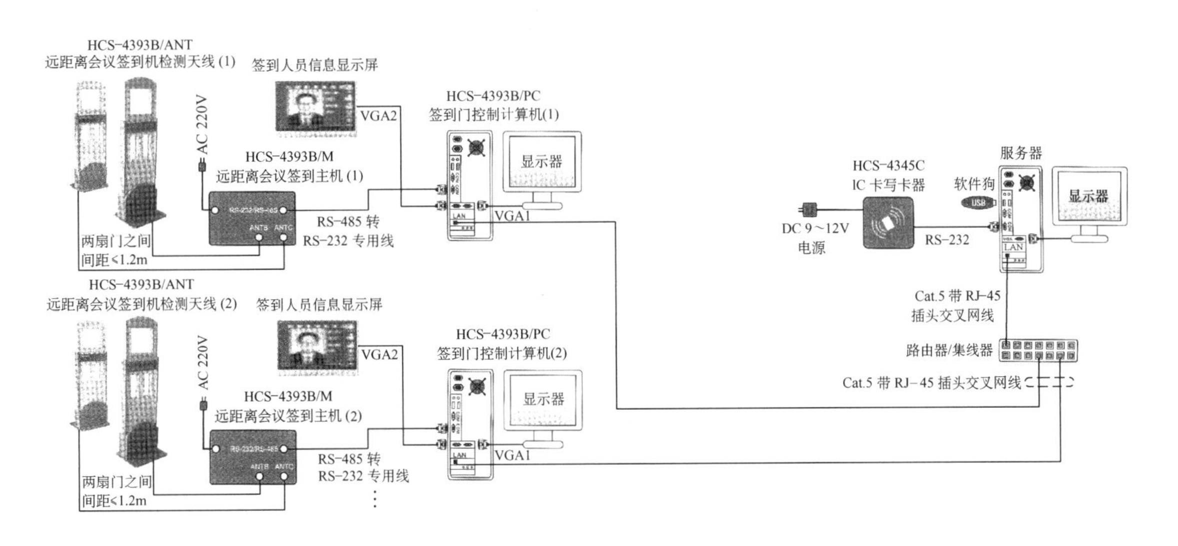

图 6-11　1.2m 远距离会议签到系统

2. 近距离感应式 IC 卡签到系统

图 6-12 是 6cm 近距离感应式 IC 卡会议签到系统。会议代表只要把代表证（IC 卡）靠近签到机，即可完成签到程序。这种系统组成简单，造价不高，易于维护，适用各种会场签到。

3. 接触式 IC 卡签到系统

接触 IC 卡签到系统是在会议代表机上（包括会议发言、表决、签到和同传于一体的代表机）自带的接触式 IC 卡读卡器完成的，适用于中小型多功能会场。

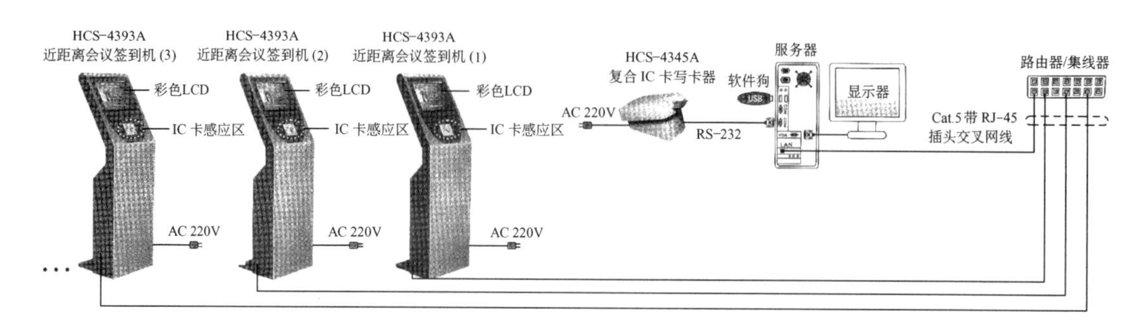

图 6-12　6cm 近距离感应式 IC 卡会议签到系统

6.3.5　中央集中控制系统

中央集中控制系统简称中控，中控主机把电子会议系统的主机（具有会议管理、投票表决、同传等功能）、计算机、摄像跟踪、投影显示、扩声系统、环境灯光、空调系统和 DVD 等设备用网线把它们连接在一起。不仅可在机房内进行统一集中操作控制，还可通过 HCS-6000TP 无线触摸屏和 HCS-6000RF 无线接收机组成的无线通信系统，在会场内任何位置进行现场遥控操纵控制。

中央集中控制系统无疑大大简化了操作顺序，图 6-13 是中央集中控制系统控制原理图。

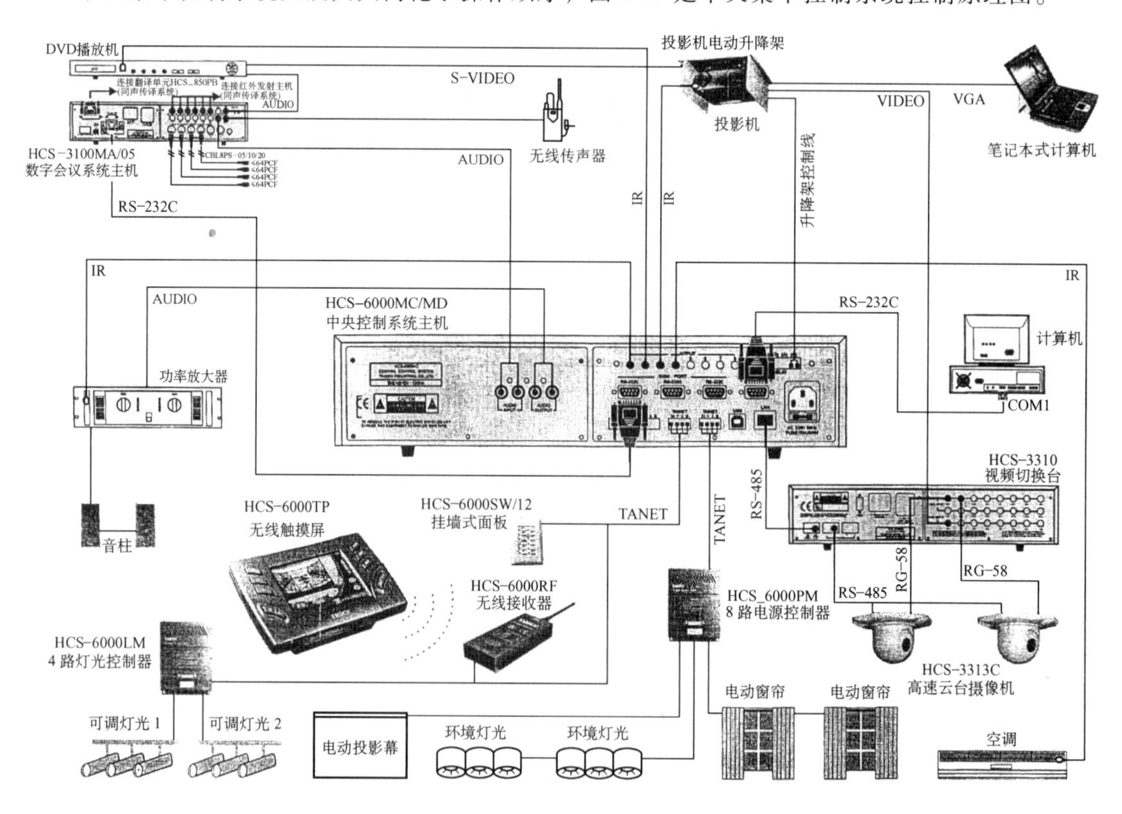

图 6-13　中央集中控制系统控制原理图

6.4　红外同声传译系统的设计

同声传译系统又称语言分配系统，有直接翻译（一次翻译）和二次翻译两类，如图 6-14 所示。在使用多种语言的国际会议中，要求译员能精通多种语言实在困难，特别是小语种语言的翻译人才实在太少了。为便于小语种翻译，可设置二次翻译系统。

所谓二次翻译，就是把小语种的发言翻译成大语种（如英语），然后再把大语种翻译成与会成员收听的语种（如汉语），如图 6-15 所示。

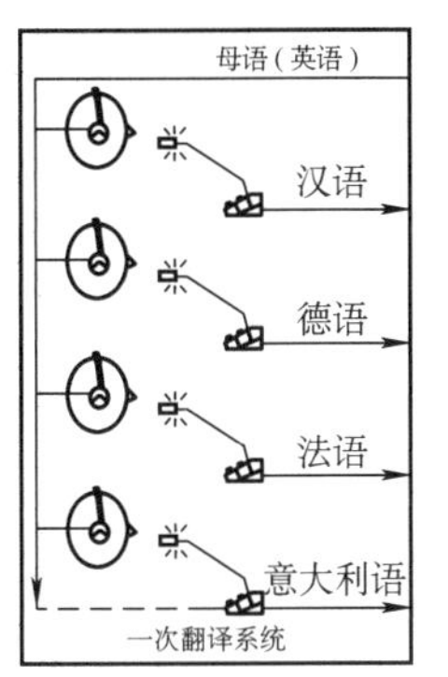

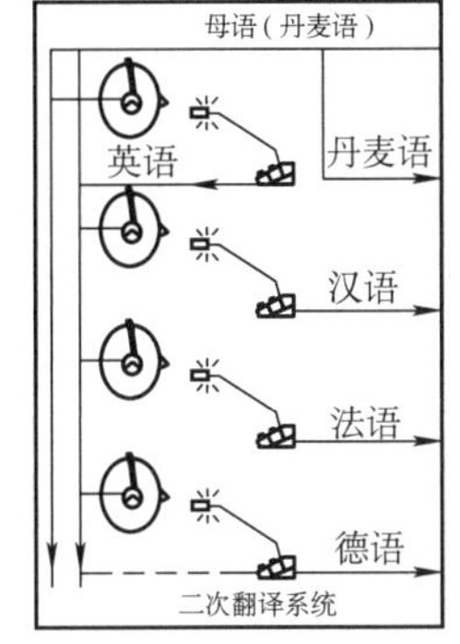

图 6-14　直接翻译和二次翻译

图 6-15　译员工作台

每个译员室可配置 1 台或 2 台译员工作台，便于两个译员不间断地轮流交替工作。图 6-16 是一种典型译员工作台。工作台上的 LCD 显示窗可显示选定翻译的语种、输入语言的质量指标和其他相关信息。译员台内置的微处理器，可编程分配语种、通信线路调度和联锁。多台译员机与同声传译专用软件结合使用，可构成大型综合翻译网络。同声传译系统分为有线传输和无线传输两类。

6.4.1　有线同声传译系统

有线同声传译系统通过传输网络向固定座位上的代表机同时提供多种翻译语言，代表们可用耳机选择收听。与会代表也可用代表机直接用本国语言进行发言，译员室同时会把代表的发言转译成其他语种供大家选听。

有线同声传译系统的优点是声音清晰、没有外界干扰信号。既可收听，也可直接参加会议讨论发言。可以利用电子会议系统原来的传输网络，与会代表直接在代表机上自由选择收听语种和直接参与发言讨论，非常方便。缺点是与会代表不能自由活动和无代表机的列席代表无法享用。

6.4.2　红外无线同声传译系统

无线同声传译系统利用射频无线传译系统或红外无线同声传译系统向全体与会代表传送多种翻译语言。优点是代表可以随意活动，无代表机的列席代表也可享用，收听数量没有限制；缺点是射频无线传译系统易受外界电磁干扰和易泄露重要会议信息，很少被采用。因此，红外无线同声传译系统以其保密性好和不受外界电磁干扰而被广泛采用。

1. 为什么采用红外无线传输

红外光是人类眼睛看不见的光谱。电磁和工业设备干扰少、信息带宽很宽，可携带传播的信息容量大。图 6-16 是日光、红外光谱和人眼的感光灵敏度特性。

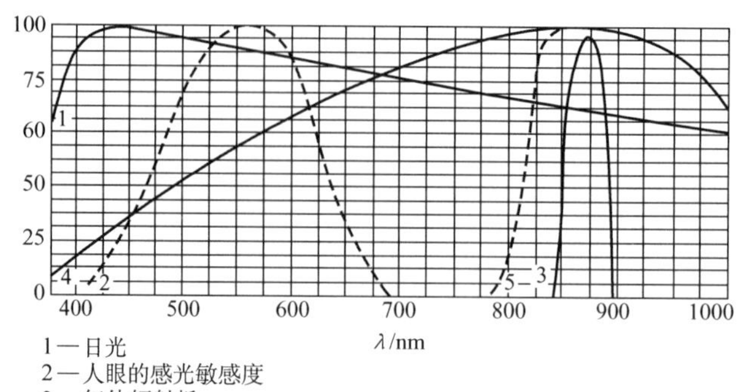

图 6-16　日光、红外光谱和人眼的感光灵敏度特性

红外光具有可见光同样的传播特性，它不能穿透不透明的物体（例如墙壁），不会泄露或扩散信息，有利于保密重要会议的信息。因此，红外光是无线同声传译系统的理想载体。是无线同声传译会议系统最常用的方法。

2. 红外通道的多路复用技术

如何在一个红外通道中传送多路语言信号呢？首先要解决的是多种语言的音频频谱不能相互重叠，需要进行频谱“搬移”，即用不同频率的副载波对音频信号进行调制，变换成频谱互不重叠的一个副载波群，这种多路复用技术称为 FDM 频率复用技术。如图 6-17 所示。

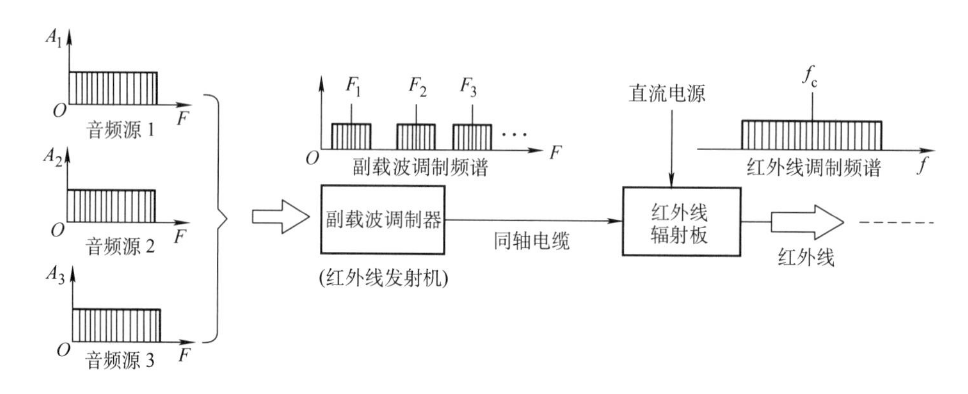

图 6-17　副载波调制的多路通信工作原理

（1）副载波频段选择。图 6-18 是国际上统一规定的可选用的四个副载波频段。

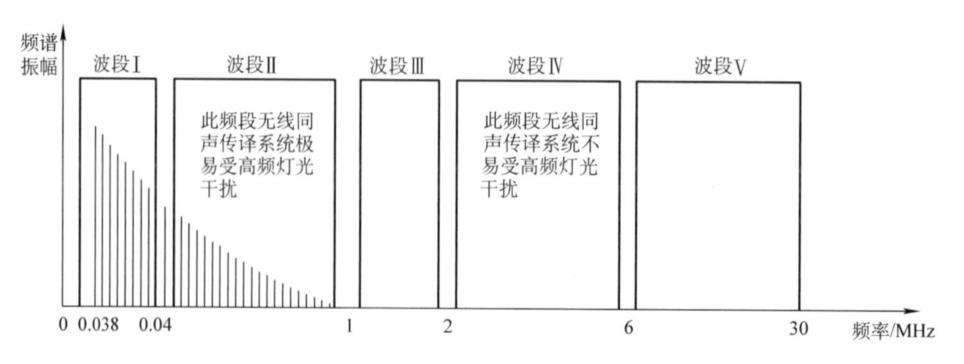

图 6-18　国际统一规定的四个副载波频段

1）波段Ⅰ（BANDⅠ）：通信带宽 20~40kHz（有效带宽为 20kHz），带宽较窄不推荐使用。

2）波段Ⅱ（BANDⅡ）：通信带宽 40kHz~1MHz（有效带宽为 1MHz），用于早期的红外同声传译系统。此波段最多可设置的副载波频道为 12 个，见表 6-1，但受电子整流器荧光节能灯的电磁干扰较严重。

表 6-1　波段Ⅱ频段的副载波频点设定

通道编号	CH0	CH1	CH2	CH3	CH4	CH5	CH6	CH7	CH8	CH9	CH10	CH11	…
频点/kHz	55	95	135	175	215	255	295	335	375	415	495	535	…

3）波段Ⅲ（BAND Ⅲ）：通信带宽 1~2MHz（有效带宽为 1MHz），可设置副载波频道为 12 个。

4）波段Ⅳ（BAND Ⅳ）：通信带宽 2~6MHz（有效带宽为 4MHz），不易受节能灯干扰，副载波频道最多可设置 32 个，被广泛采用，见表 6-2。

表 6-2　波段 IV 频段的副载波频点设定

通道编号	CH0	CH1	CH2	CH3	CH4	CH5	CH6	CH7	CH8	CH9	CH10	CH11	CH12	CH13	CH14	CH15
频点/kHz	2.05	2.25	2.45	2.65	2.85	3.05	3.25	3.45	3.65	3.85	4.05	4.25	4.45	4.65	4.85	5.05
通道编号	CH16	CH17	CH18	CH19	CH20	CH21	CH22	CH23	CH24	CH25	CH26	CH27	CH28	CH29	CH30	CH31
频点/MHz	2.15	2.35	2.55	2.75	2.95	3.15	3.35	3.55	3.75	3.95	4.15	4.35	4.55	4.75	4.95	5.15

（2）副载频的调制方式。一般采用±7.5kHz 窄频偏的调频（FM）方式，它比调幅（AM）方式有更好的抗干扰性能。为防止相邻通道调制频谱的交叉干扰，频偏指数不宜过大。

丹麦 DIS 红外同声传译系统和国产名牌产品均采用全数字音频的 QPSK 差分四相移相键控副载波调制方式。比调频方式的抗干扰性能有更大提高，而且相邻频道间的干扰更小。

QPSK 差分四相移相键控技术是把数字音频对副载频信号进行 0°、90°、180°和 270°四个相位进行移相（PM）调制。这种调制方式的调相深度可达到 90°，S/N（信号噪声比，简称信噪比）高、四个移相信号的频谱相位互相隔离，没有相邻通道间的干扰问题，四相调制占用的频带范围小，比 FM 调制可设置更多的副载波通道，但技术复杂。

3. 红外通信系统的组成

红外通信系统由红外发射系统和红外接收机组成。

（1）红外发射系统。图 6-19 是 8 通道红外发射系统，由 QPSK 副载频四相位调制器、红外光调制器（又称红外发射机）和红外辐射板构成。

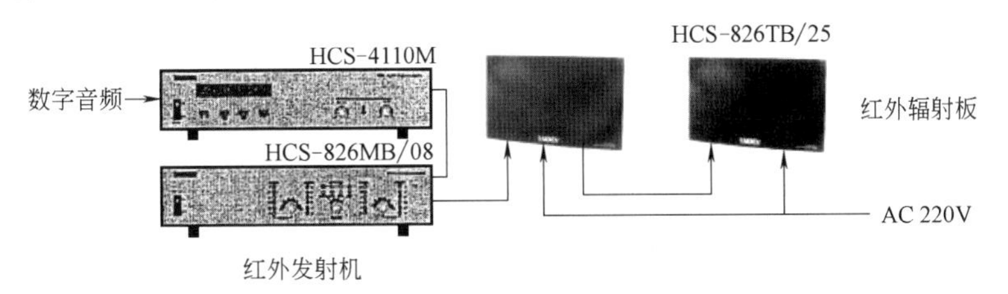

图 6-19　8 通道红外发射系统

1）HCS-4110M：8通道副载波调制器。

2）HCS-826MB/08：8通道红外发射机。

3）HCS-826TB/25：25W 多通道红外辐射板。

图6-20是8通道红外接收机。

（2）红外辐射板馈电要求

红外辐射板相当于无线通信系统中的发射天线，由很多个1W红外发光二极管串联组成，由红外发射主机（即红外光调制器）输出的红外光波功率驱动，辐射红外光波束。

为了使LED发光二极管具有正负双向的线性驱动特性和提高驱动效率，需要给辐射板上的红外发光二极管提供一个直流偏压（流）。因此红外辐射板有两个输入端口：一个是红外光功率输入端口，另一个是直流偏压（流）输入端口（由220V交流电源整流成为直流提供）。

图6-20　8通道红外接收机

6.4.3　红外辐射功率、通道数量、信噪比与覆盖区/最大作用距离的关系

红外辐射板的覆盖范围和投射距离与辐射板的红外辐射功率、副载波通道的数量、辐射板的数量及布局、红外接收机的接收灵敏度及其输出的信噪比（S/N）等因素密切相关。

红外传输系统的信噪比（S/N）是决定红外接收机输出的语音清晰度和音质的最重要因素。测试表明，音频信号的电平至少要比噪声电平高40dB（60倍），才能获得满意的音质和语音清晰度。

（1）图6-21a是最大作用距离与S/N的关系。同一辐射源，提高S/N意味着有效作用距离的减小。

（2）图6-21c是通道数量与最大作用距离的关系。同一辐射源，在相同S/N条件下，通道数量越多，有效作用距离越小。

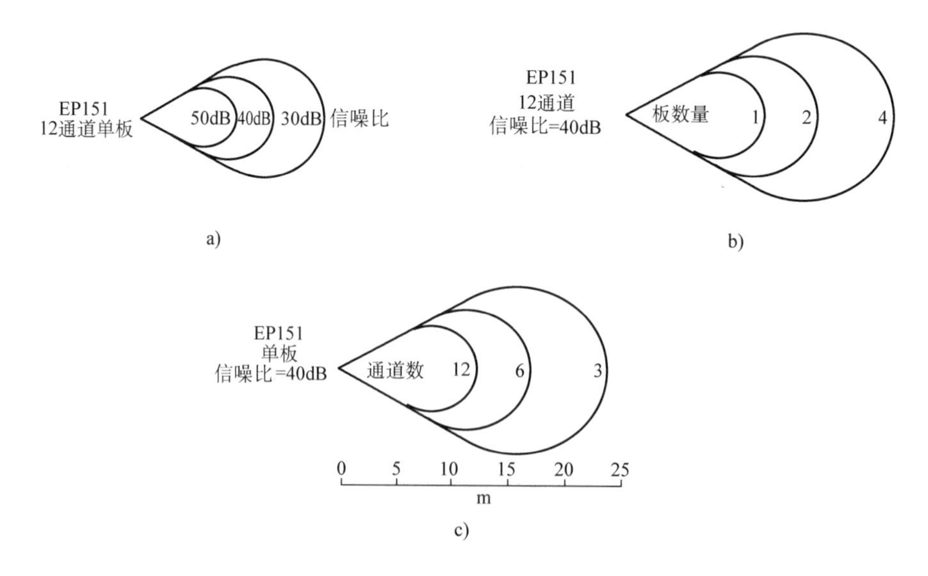

图6-21　S/N、辐射板数量和通道数量对覆盖区的影响
a）最大作用距离与S/N的关系　b）辐射板数量与最大作用距离的关系
c）通道数量与最大作用距离的关系

（3）图 6-21b 是辐射板数量与最大作用距离的关系。在相同的 S/N 和相同的通道数量条件下，辐射功率越大，有效作用距离也越大。

1. 红外辐射板的安装角与覆盖区面积的关系

图 6-22 是红外辐射板的不同安装角和安装高度与地面覆盖区面积的关系。

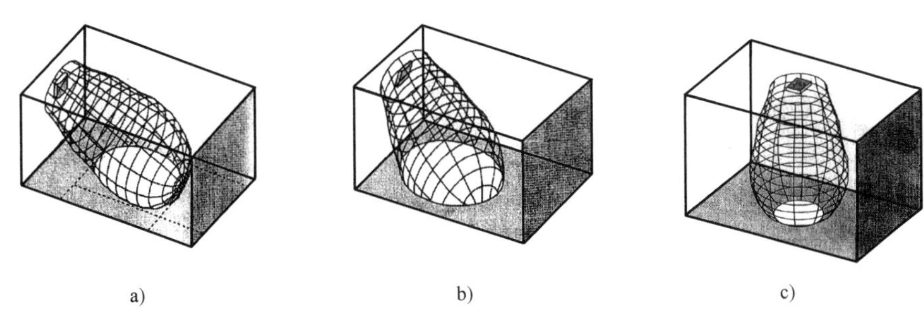

a)　　b)　　c)

图 6-22　红外辐射板不同安装角和安装高度与地面覆盖区面积的关系

a）15°安装角　b）45°安装角　c）90°安装角

2. 合理布置辐射板，增大红外光有效覆盖范围

应根据会场座位的分布，合理设置红外辐射板，如图 6-23 所示。

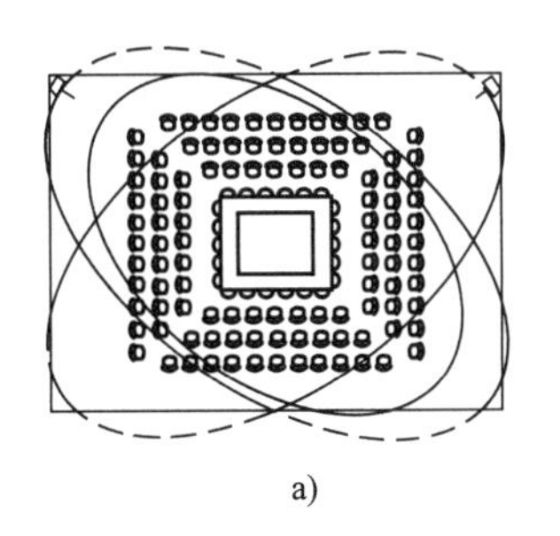

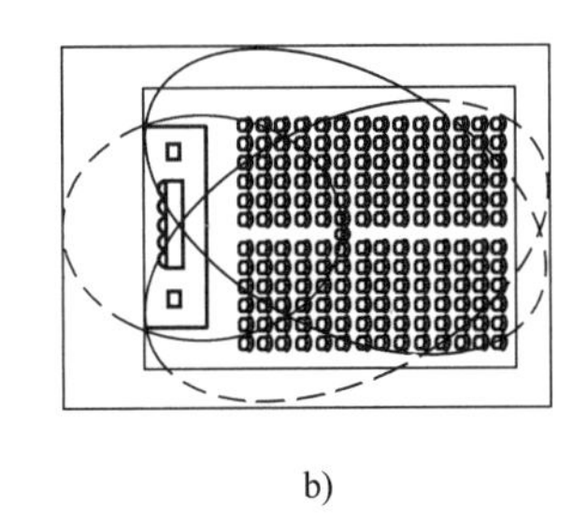

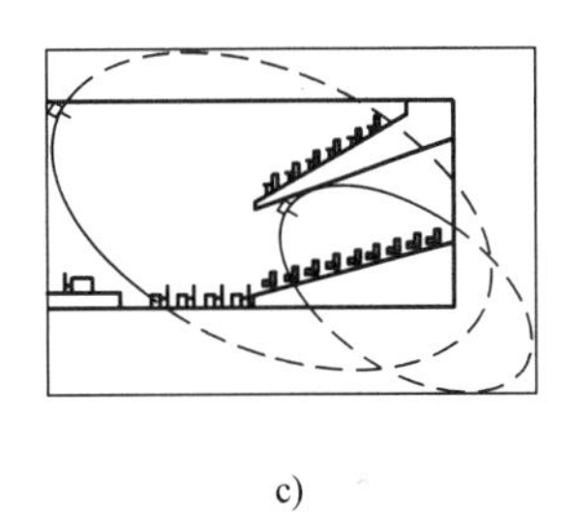

a)　　b)　　c)

图 6-23　各种会场红外辐射板的布置及范围图

a）正方形会场的红外覆盖图　b）听众和主席台会场的红外覆盖图　c）具有楼厅会场的红外覆盖图

3. 红外辐射板计算

红外辐射板的最少数量

$$N=\frac{A}{S} \tag{6-1}$$

式中　A——红外服务区面积，单位为 m^2；

S——单块辐射板的有效覆盖面积，单位为 m^2，计算如下：

$$S=K\frac{P}{S_R \times Ch} \tag{6-2}$$

式中　K——经验系数。在安装角为 15°、安装高度低于 2.5m、房间内红外光线吸收较少、环境灯光干扰很小的情况下，K 值取 0.3~0.4。

P——红外辐射板的辐射功率，单位为 W；

Ch——辐射通道数；

S_R——红外接收机的接收灵敏度，单位为 $W/(m^2 \cdot ch)$。

例：服务区面积 $A=100m^2$；红外辐射板的辐射功率 $P=25W$；通道数 Ch=4；接收机灵敏度 $S_R=0.1W/(m^2 \cdot Ch)$；$K=0.4$。

则红外辐射板的最少数量 $N=100/\left(\frac{0.4\times25}{0.1\times4}\right)=\frac{100}{25}=4$ 块

6.4.4 减少光干扰的方法

红外同声传译系统易受日光照射、荧光灯和等离子电视机的干扰，为避免影响红外通信系统，红外辐射板应按图6-24的要求远离这些干扰源。

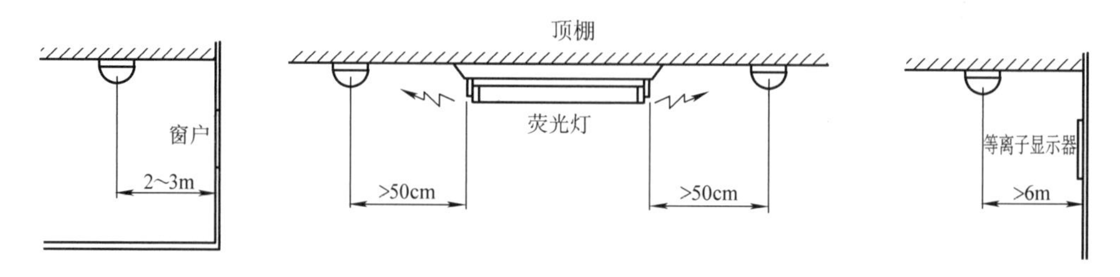

图6-24　红外辐射板安装时应远离日光照射、荧光灯和等离子电视机

6.5 红外传输无线会议系统

无线数字会议系统由于不需要布置传输线缆、容易安装和移动、适宜不同场地布置、便于使用和维护方便等优点而成为会议系统的一个重要发展方向。目前，国际上的无线会议系统主要有两种，一种是基于射频无线技术的无线会议系统，另一种是采用模拟音频传输的红外无线会议系统。

射频无线会议系统会受外来电磁干扰及易被窃听，并且需要无线电频率使用许可。模拟红外无线会议系统则在音质表现上不尽如人意，其频率响应一般为100Hz~4kHz，只相当于普通电话机的音质水平。

数字红外技术无线会议系统是将语音信号由模拟信号转换成数字信号，并与控制数据一起进行数字编码、数字调制，通过红外线进行传输，可以实现多路语音信号和数据双向传输和控制的无线会议系统，是集数字技术和红外传输技术两者优势于一体、理想的无线会议系统的解决方案。

单向传输红外无线通信系统已广泛用于同声传译（用户只听不讲）。如果把红外通信系统改变为双向传输系统，那么就可构成无线数字会议系统了。

1. 双向红外传输系统

双向红外传输系统的职责是把各会议讨论单元与会议主机以无线通信方式构成一个双向传输的红外无线会议系统。

红外会议系统主机与多台红外收发器直接相连，会议讨论单元内部也包含红外收发器，与红外会议主机的红外收发器无线对接，组成数字红外无线会议系统。该传输系统包括上行通路（即从红外会议讨论单元向会议系统主机传输信号的通路）和下行通路（即从会议系统主机向红外会议讨论单元传输信号的通路），如图6-25所示。

会议系统主机和会议讨论单元均有内置A/D（模拟/数字）转换电路和D/A（数字/模拟）转换电路、QPSK/DQPSK四相编码调制/解码电路。上行通路：红外会议讨论单元把从传声器获取的模拟音频信号进行放大、A/D转换并与控制信号一起编码成为数字音频信号，并对副载波信号进行QPSK四相键控编码调制（或DQPSK解调、滤波）后，通过其内部的红外收发器，发

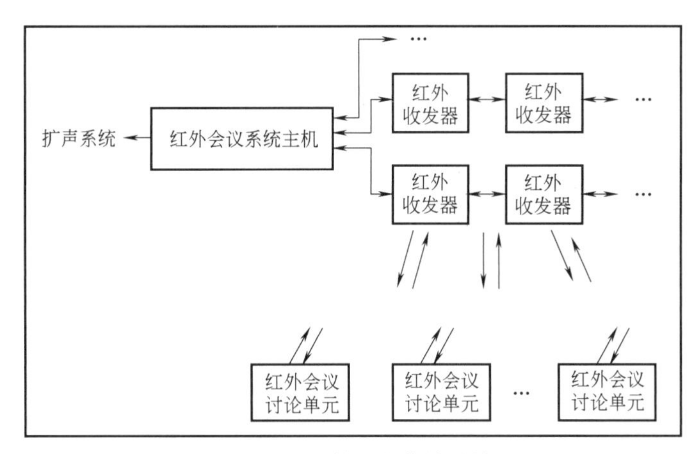

图 6-25　红外双向传输系统

送给红外会议系统主机。

红外收发器把来自红外会议讨论单元的 QPSK 调制的副载波信号进行 DQPSK 解调，分离出数字音频信号和控制信号。会议系统主机把同时接收到的来自多路红外会议讨论单元的数字音频信号进行 D/A 转换，变成模拟音频信号，送到会场扩声系统；同时将接收到的控制信号送到红外会议系统主机进行处理，实施程序控制。上行通路主要实现的是会议讨论功能。

整个系统可以使用任意数量的红外会议讨论单元，但是，在同一时刻最多只能允许打开 4 只红外会议讨论单元的传声器进行会议讨论。

下行通路用于会议同声传译，与上行通路配合，还可实现会议表决功能。下行通路还可用于红外收发器以广播通信（点对多通信）方式向各会议讨论单元传输数字音频调制的副载波信号和控制信号。图 6-26 是数字红外会议系统的三个组成设备：红外收发器、会议讨论单元和会议主机。

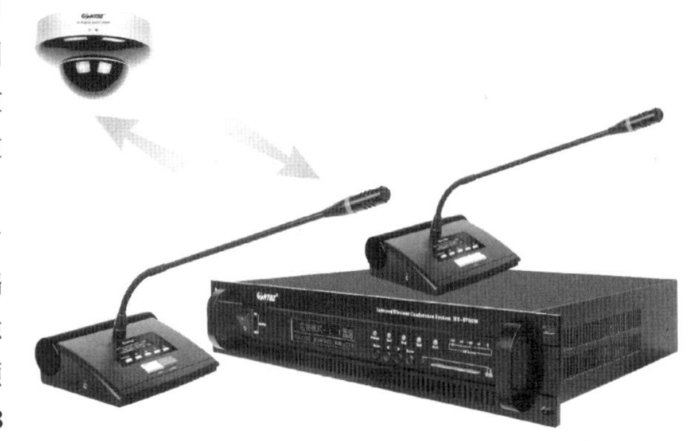

图 6-26　数字红外会议系统的三个组成设备

红外会议系统采用数字红外处理芯片 TDIR03，集成了 A/D 转换电路、数字编码/解码电路、数字调制/解调器，以及滤波放大电路，采用 44.1kHz 采样率，音频频响范围为 30～20000Hz，信噪比>80dB(A)、总谐波失真<0.05%，为系统实现高音质奠定了基础。

2. 主要设备技术参数

（1）HCS-5300T 数字红外收发器。图 6-27 是 HCS-5300TD-W 挂墙式、吸顶式、支架式红外收发器的外形图。图 6-28 是吸顶式红外收发器信号覆盖区域图。红外收发器的主要技术特性：

1）符合 IEC 60914 国际标准。

2）红外传输副载波符合 IEC 61603-7 数字红外国际标准。

3）采用 2～8MHz 副载波传输频率，不受高频驱动光源干扰。

4）HCS-5300TD-W 红外收发器技术参数：

① 可采用支架活动安装或固定安装在墙壁或顶棚上（安装高度：2.5～4.5m）。

② 发射范围：以收发器正下方为圆心，6～9m 半径范围内。

③ 接收/发射角度：垂直：150°(75°+ 75°)，水平：360°。

④ 自带2m6P-DIN公头连接电缆CBL5300-02，可配合专用6芯延长电缆做延长连接。

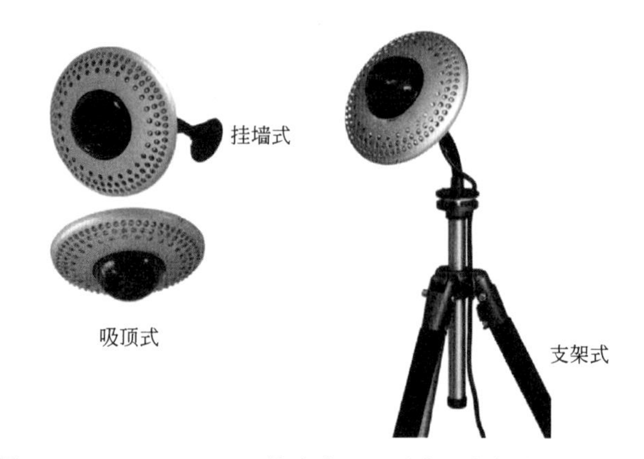

图6-27　HCS-5300TD-W挂墙式、吸顶式、支架式红外收发器

注：H=2.5~3.0m时，R=6m；H=3.5~4.5m时，R=9m。

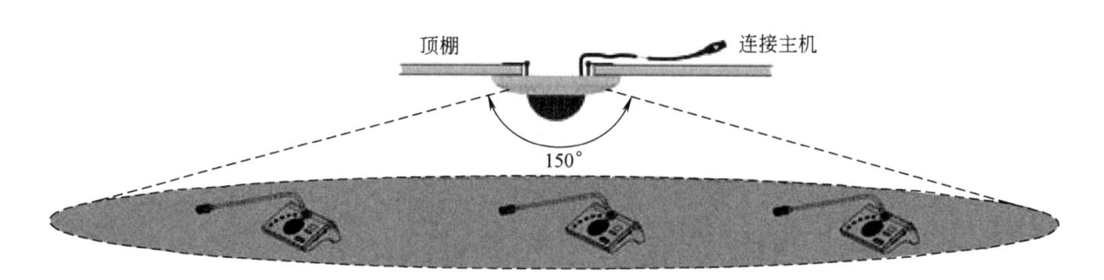

图6-28　吸顶式红外收发器信号覆盖区

（2）HCS-5300数字红外会议讨论单元。数字红外无线会议讨论单元包括HCS-5300C会议主席单元和HCS-5300D会议代表单元两类，如图6-29所示。具有发言、投票表决及（3+1）通道同传语种选择等功能。

图6-29　HCS-5300数字红外会议讨论单元

技术特性：

1）符合IEC 60914国际标准，红外副载波符合IEC 61603数字红外国际标准。

2）红外线波长：870nm。

3）调制/解调方式：QPSK/DPQSK。

4）副载波传输带宽：2~8MHz。

5）副载波收发频率：

发送频率（上行通路）：控制通道：3.8MHz。

4个音频通道：4.3MHz、4.8MHz、5.8MHz、6.3MHz。

接收频率（下行通路）：(1+3）同声传译为2.333MHz。

6）每个会议单元具有独立的ID地址。

7）频响：30Hz~20kHz。

8）带风罩心形指向特性的小型驻极体传声器。

9）内置扬声器，开启传声器时自动关闭，以防系统发生啸叫。

10）耳机输出功率：6mW，≥16Ω×2。

11）内置传声器灵敏度调节、EQ 频响特性均衡调节。

12）四种音频模式选择：普通/会议/新闻发布/剧院。

13）发言人数量限制（1/2/3/4）。

14）配合摄像机和视频切换矩阵，实施发言人视像自动跟踪。

15）内置锂电池，持续发言时的电池使用时间为 14.4h，只收听但不发言的电池使用时间为 48h。

（3）HCS-5300M 数字红外无线会议系统主机。图 6-30 是 HCS-5300M 数字红外无线会议系统主机。主要技术特性：

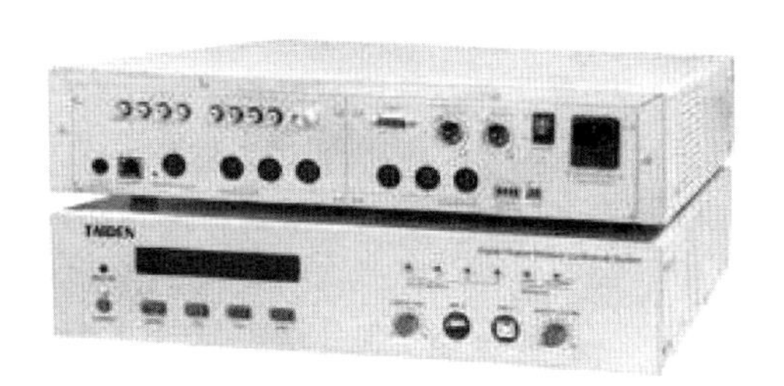

图 6-30　HCS-5300M 数字红外无线会议系统主机

1）符合 IEC 60914 国际标准，红外副载波符合 IEC 61603 数字红外国际标准。

2）连接会议单元最大数量：<600 台（其中主席单元<20 台）。

3）LCD 屏显示主机状态及系统菜单。

4）6 个红外收发器接口。采用 HCS-5352 红外分路器，每台主机最多可扩展连接 24 个红外收发器。

5）兼容 HCS-560 红外数字分配系统，容纳更多与会听众。

6）接口：

① 以太网接口：实施远程控制，主机与计算机使用 TCP/IP 协议。

② RS-232 口，连接中控系统。

③ 6 芯翻译单元接口，连接译员机。

④ USB 接口：用于系统升级和系统参数设置。

⑤ 音频输出接口，连接扩声系统。

⑥ 消防报警触发接口，连接消防报警系统。

7）音频输入电平：①线路输入×2：+6dBu；②同传输入（CH1-3）：-12～+12dBu。

8）音频输出电平：+20dBu，同传输出（CH0-3）：+6dBu。

9）发言人数量限制（1/2/3/4）。

10）配合摄像机和视频切换矩阵，实施发言人视像自动跟踪。

11）内置压缩/限幅器调节。

12）四种音频模式选择：普通/会议/新闻发布/剧院。

6.6　无纸化数字会议系统

党政机关、企事业单位会议繁多，专家会、业务会、评审会、培训会、总结会等，每次会议都会印刷大量会议材料，耗费大量纸张，各种费用较高，消耗人力和时间较多，不仅增加财政成本，也不适应信息化时代的发展。

无纸化数字会议系统的特征是：文件传输网络化、文件显示屏幕化、文件编辑智能化、文件分发无纸化、文件管理便捷化。

无纸化数字会议系统兼容常用的操作系统，可以根据用户的实际需求预装操作系统，方便用户做软件应用扩展。只要联网就可以获得远程协助、远程诊断、软件更新升级等，大大缩短了响应时间。支持有线/无线网络连接，适合多种场合需求，系统连接简单，可以全部通过网络实现。

6.6.1　无纸化数字会议系统的功能

1. 会前准备功能

（1）设置会议基本信息：可在议题管理界面对即将要进行的会议设定主题名称、会议议程和标志。

（2）编辑参会人员列表详细信息，填写所有参会人员的姓名、单位、职务等。

（3）文件分发：上传会议文件，并为文件和文件分类定义权限。

（4）投票设置：管理会议投票。

（5）首页编辑：编辑开机欢迎界面。

（6）人名屏编辑：编辑外侧屏的显示内容。

（7）视频管理：配置视频直播、点播。

（8）会议档案：控制会议过程中的录制选项。

2. 会中功能

（1）会议签到：单击开始按钮，每台终端会出现签到界面。签到结果会在管理端显示出来。

（2）显示参会人员详细信息。

（3）会议文件：显示并打开管理员分发的会议文件。

（4）支持打开文档并同步共享演示文档、批注文档、观看同步演示。

（5）会议记录：会议过程随手笔记。

（6）电子白板：可在会场大屏幕上进行手写演示和批注，使会议变得形象、生动。

（7）交流提示：支持与会者之间实时交流。

（8）上网功能：网页浏览、会议进行中可通过互联网或局域网查找相关资料。

（9）个人资料：可以导入本地私有文件

（10）会议投票：提供会议现场投票表决功能。

（11）视频服务：播放视频文件（如高清摄像机、有线电视、视频录像），在会议终端和会场大屏幕上播放高清视频。

（12）PC模式：无纸化终端可作为普通PC使用，并支持全屏共享。

（13）主持功能：主席机特有，包括界面强切、投票控制等功能。

（14）中控功能：支持统一键升降控制、统一关机。

（15）文件推送：可以把文件推送给任意参会人员。

（16）讲稿导读：演讲稿自动或手动导读，可设置自动跟读时间间隔、字体大小、导读界面颜色等。

（17）桌面共享：将会议终端的文档显示发送至会场大屏幕和其他会议终端，实现发言代表即席汇报。

（18）远程视频会议：通过视频服务器实现远程视频会议。

（19）会议服务：可以在会议过程中，为参会者提供会议所需的各种服务。例如：参会者需要纸、笔、茶水或者其他的帮助，通过会议服务选项，直接发送消息到管理端，会议助理接收到消息后，可以根据需求为参会者提供帮助。

（20）会议控制管理功能。

1）发言管理：查看会场传声器分布、发言列表、发言请求列表等。

2）会议管理：会议签到、多种形式的投票表决、表决结果显示、表决拍照、表决议案查看等。

3）同传管理：2×64通道同传，一键切换语言、调节耳机音量。

3. 会后归档

会议过程文件打包备案保存。

4. 特殊功能

无纸化会议系统管理终端拥有丰富的管理与设置功能，包括设备管理、座位编辑、考勤管理与背景设置等功能。分别对会议室座位、终端设备及会议考勤等进行管理与设置。

（1）设备管理：可以添加或删除席位和平板电脑的 Ma 地址，编辑席位编号。

（2）座位编辑：用于管理会议室参会者的席位排布、与会者姓名和设置电子桌牌等。

（3）考勤管理：实时查看全体参会者出席情况，能够看到具体席位的出勤人姓名与签到时间。同时可以将此次会议的出勤情况全部导出。

（4）资料管理：可以进行会议资料分级管理，设置资料上传的使用权限。参会者可根据权限查看、标注有权限的文档资料。

（5）背景设置：会议助理可以选择会议室背景，也可以自定义新的模板，统一将背景发送给全体参会者。

（6）资料阅读：参会者可以对现有文档进行查阅，查阅过程中可以做同步手写批注。

主讲人将本地操作同步全体人员时，全体参会者可以选择同步观看会议文件演示，也可以在观看的同时，自主查看其他会议资料。

（7）会议议程：会议助理可以在管理端编辑会议议程，并发布会议议程，发布会议议程后，全体参会者都可以在会议终端上查看会议议程；会议助理也可以将会议议程切换到大屏幕，全体参会者无须自己动手操作，即可看到大屏幕的会议议程全部内容。

（8）会议投票：需要全体参会者参与意见表决时，会议助理在管理端可以直接发起投票，投票内容均为选择题，由会议助理统一编辑投票内容和选项，参会者选择具体选项即可，无须输入汉字。会议助理编辑好后可以发送至参会者终端，大家各自使用终端投票，也可以将投票内容和选项显示至大屏，进行现场投票。投票结束后，投票结果显示至大屏幕，让全体人员查看投票结果，并将投票结果进行保存。

（9）信息传送：会议过程中会议助理可以向全体与会人员或者某位参会者发送消息，参会者收到消息后，可以选择回复消息。开会时，如有紧急事件需要领导马上处理，此时，会议助理可以单独向领导发送消息，不影响会议正常进行。

（10）会议存档：支持会议内容存档，包括会议中使用的会议文件存档、会议结论存档、文件标注存档和管理。

（11）计算机一键开关机：在后台管理端可控制所有计算机主机一键开启和一键关机。开启后，可对所有计算机终端全部重启和全部关机，或者可以对会议中不需要使用的部分计算机进行选择关机。

6.6.2　无纸化数字会议系统的组成

无纸化数字会议系统由会议终端、会议主机、服务器、交换机、中控系统、扩声系统、大屏显示系统（兼容电子白板）和传输网络等设备组成。图 6-31 是无纸化数字会议系统结构图。

系统拓扑结构简单，所有数据、文稿、视频统一走局域网，实现了纯数字纯网线的组网连接，极大地降低了施工复杂度，提高了系统稳定性和可维护性。控制主机可以输出一路 VGA 到大屏幕或投影机，用于输出同步文稿、同步电子白板、同步视频。控制主机还可以输出一路 RS-232 用于控制所有升降器的统一升降。图 6-32 是无纸化数字会议系统连接图。

1. 无纸化数字会议系统终端

无纸化数字会议系统的终端为高分辨率 LCD 触摸屏，内置 500 万像素摄像头和发言传声器

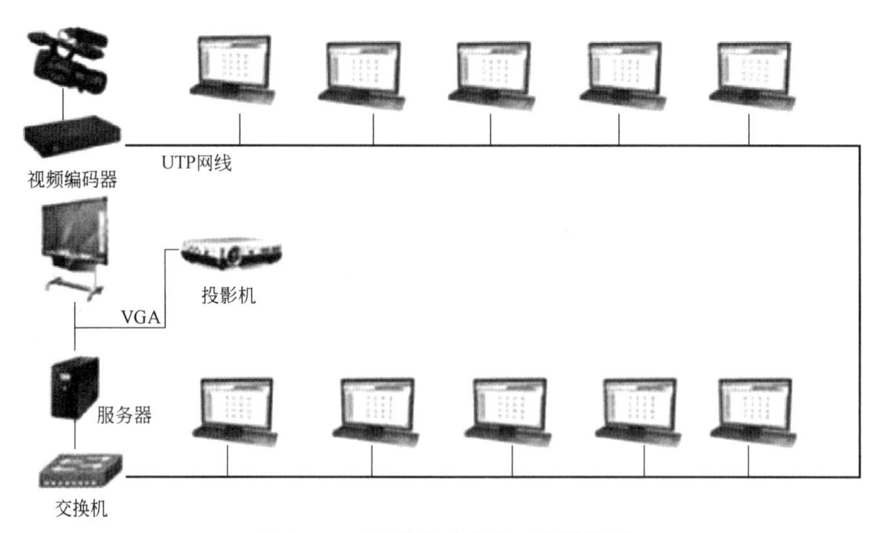

图6-31　无纸化数字会议系统结构图

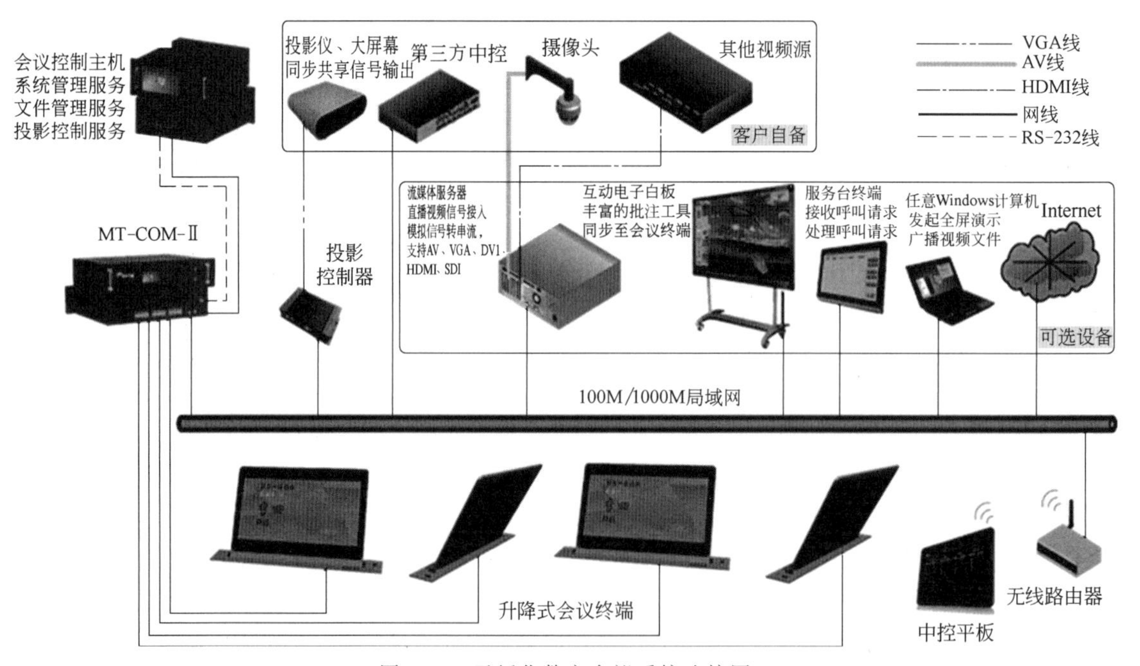

图6-32　无纸化数字会议系统连接图

的专用平板电脑，可实现双向会议控制管理（发言、表决、同传）、签到、会议文件管理、讲稿导读、办公文档查看与编辑、文件批注、会议记录、代表信息和会议日程显示、拍照、重要会议的代表图像确认及记录、上网、视频对话、视频播放、多通道视频点播（多达6通道，624×600分辨率）、视频广播、短信息、服务呼叫等功能，如图6-33所示，其功能如下：

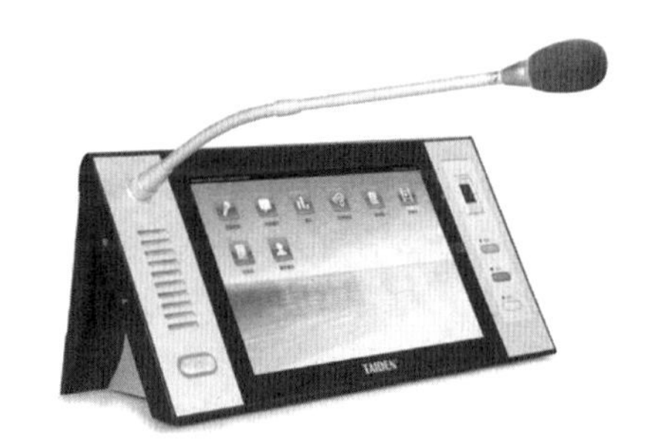

图6-33　HCS-8318/20无纸化会议系统终端

（1）通过一条Cat.6千兆网线传输，就可充分保证会议音视频、表决信息、控制信息等会议重要数据流的实时性和稳定性。

（2）专用铭牌制作软件配制电子铭牌，实现快速、环保、不眩光的会场桌牌显示系统。

（3）可配备非接触式 IC 卡模块和密码键盘，实现远距离会议签到。

（4）可配备人脸识别模块和密码键盘（HCS-8386F），实现身份验证，解决代表忘记带卡签到的烦恼。

无纸化会议系统终端有台式和桌面嵌入式升降结构。升降终端采用桌面嵌入式升降结构设计，具体参数为：采用 15.6in 电容式触摸屏，支持多点触控和全屏触控，16∶9 宽屏，分辨率为 1920×1080 像素，IPS 屏幕，屏幕亮度为 300ANSI，铝合金拉丝超薄一体外壳，屏体厚度为 8.8mm；电动升降式结构，双电动机驱动，升降及前后仰角可调可控，最大仰角 45°，升降面板铝合金拉丝黑色、银色，转轴连体设计，带终端开机按键、USB 接口，6 键可编程触摸按键。

2. 无纸化数字会议系统采用的网络技术

无纸化数字会议系统采用的是基于局域网的网络组播技术进行传输的。组播指的是单个发送端对应多个接收端的一种网络通信。组播技术中，通过向多个接收方传送单信息流方式，可以减少具有多个接收方同时收听或查看相同资源情况下的网络通信流量。由于无纸化会议系统在实现桌面共享时传输的是桌面的真彩图像，导致网络传输的数据量远远大于一般的视频会议软件的网络传输量，而采用网络组播技术，就可以大大减少宝贵带宽的使用量。

局域网下的无纸化会议系统能够更加快速地完成文件及数据的传输，并且能够满足与会者对会议信息的演示交流互动的需求。

第7章　远程视频会议系统

视频会议系统（Video Conference Solution）又称会议电视或视讯会议系统，是融合计算机技术、网络通信技术和数字音视频技术于一体，实时传输多媒体信息的高科技系统，为用户提供双向互动交流的信息平台。把相距遥远的两个或多个多媒体会议终端连接在一起，实时传送图像、话音和数据文件。视频会议系统的实时性、交互性、高效性和经济性使它成为各行各业广泛关注的亮点，它的应用范围迅速扩大，从政府、公安、军队、法院、证券、金融、科技、能源到电子商务、应急指挥中心、远程教学、远程医疗、企事业单位等领域，获得广泛应用，涵盖了社会生活的方方面面。

7.1　基本功能、通信标准和编解码标准

7.1.1　视频会议系统的基本功能

视频会议系统的基本功能是通过综合服务数字网（ISDN）、共用交换电话网（PSTN）、以太网（Ethernet）和因特网（Internet）等网络实时双向传输高压缩比、低码流、高清晰的数字视/音频信号和计算机数据信息。

1. 基本功能：

（1）网内任意地点的视频会议终端设备都可作为会议发起的主会场或分会场。

（2）主会场可遥控操作各分会场受控摄像机的功能；可依次显示（自动轮巡显示）或任选显示多个分会场的画面，以画中画方式显示多画面。

（3）任何分会场均有权请求发言并在主会场的主显示屏上同步显示。

（4）主会场可任意切换其他会场的画面而不中断发言的声音。

（5）主会场可用拨号上网发起会议。

（6）视频会议系统能自动适应各分会场网络的传输速率（混速率）、适应各用户终端设备使用的传输协议（混协议）和不同类型的通信网络（混网络）。

（7）支持ISDN、IP、DDN（数字数据网）、无线网（802.11）等接入。

（8）为管理中心、网管中心和数据库提供智能化管理、控制、动态拓扑、故障诊断、日志管理和第三方资源调度等功能。真正做到视/音频和数据文本的统一调度传递，实现资源共享。

（9）数字视/音频流和计算机数据流分路传输（简称双流传输），使图像和数据显示更加清晰。

（10）支持T.120/T.140字幕显示功能。

（11）具有防止外来入侵安全功能和内置加密功能。

2. 视频会议系统分类

根据不同应用场合，视频会议系统可分为会议室（厅）视频会议系统、桌面视频会议系统和可视电话系统三种基本类型。

（1）会议室（厅）视频会议系统：主要用于对图像质量、声音效果、使用功能和设备配置要求都较高的政务、工商、教学、培训、学术讨论和应急调度指挥中心。

传输网络主要有因特网（Internet）、综合业务数字网（ISDN）、ATM异步宽带网、光缆数字

网等。网络传输带宽应不小于 1.5~2.0Mbit/s。可提供 25~30 帧/s、D1（720×480 分辨率，水平 480 线，隔行扫描）以上清晰度的图像质量。

（2）桌面视频会议系统：桌面视频会议系统实际上是一种点对点的桌面计算机系统。由一台 PC 加上插入计算机总线槽的视/音频编解码板、通信控制板和外加摄像头、传声器等，即可组成一个桌面视频会议终端。以 768kbit/s 以上的传输带宽，提供 15~25 帧/s、4CIF（704×576 分辨率）以上清晰度的图像质量。

（3）可视电话系统：是一种最简单的点对点的系统，运行在 PSTN 公共电话交换网上，低于 33kbit/s 的传输带宽，可提供 5~15 帧/s 的 QCIF（176×144 分辨率）的图像质量。

7.1.2　视频会议系统的基本组成

视频会议系统主要由多点控制单元（Multipoint Control Unit，MCU）、视频会议终端和通信网络组成。图 7-1 是多点视频会议系统的基本架构。

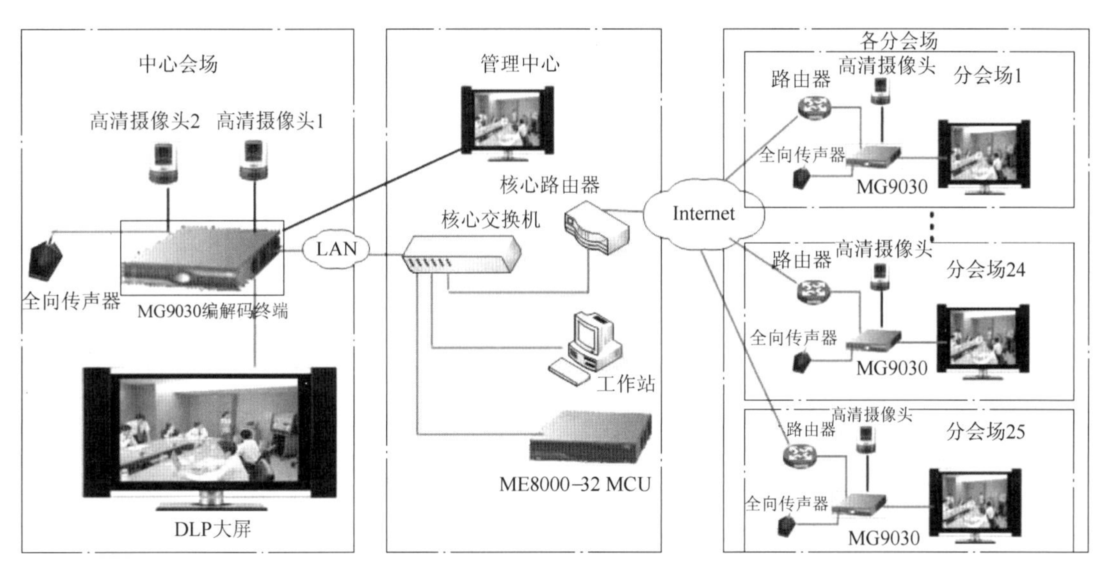

图 7-1　多点视频会议系统的基本架构

1. MCU 多点控制单元

MCU 是实现视频会议各用户终端间互联互通的核心设备，类似于电话通信网络中的数字程控交换机。主要功能是：多点转发、视/音频码流的混合与切换、会议控制和共享数据交换。

不论是电路交换网络（采用建立连接→通信→释放连接三阶段通信方式，如 PSTN 网），还是分组交换网络（采用数据存储转发通信技术方式，优点是：高效、灵活、迅速、可靠，如以太网、互联网），它们在逻辑链路上仍然都是点对点的通信方式。

在电路交换的数字视频会议系统中，由 MCU 多点控制单元直接控制和管理整个系统；在分组交换的数字视频会议系统中，MCU 与网络交换机（Network Switch）、路由器、服务器结合，组成功能更强大的视频会议系统。

MCU 具有多个网络接口，可连接多个网络节点；当视频会议系统规模较大时，可以使用多个 MCU 级联扩展。

MCU 可连接网络端口的实际数量与各网络端口实际使用的传输速率有关。例如：某台 MCU 可支持 8 个 E1（2.04Mbit/s）速率的端口，即该 MCU 的总的传输速率处理能力为 8×2.04Mbit/s≈16Mbit/s。如果网络端口实际使用 384kbit/s 速率传输时，则最多可支持 61 个 384kbit/s 网络连接端口。但是每台 MCU 还有最大连接端口数量的限制。

在扩展视频会议系统时，可将多台 MCU 级联使用，但一般不超过 2 级级联，主要是考虑到级联使用时会增加系统延时、视/音频信号的同步和网络控制等要求。图 7-2 是 MCU 级联扩展视频会议系统示意图。

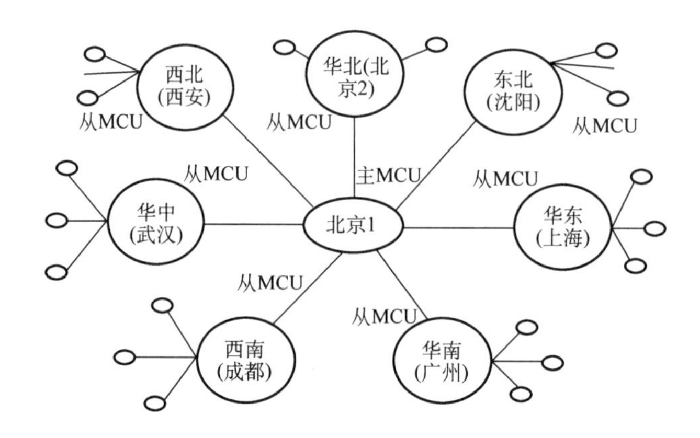

图 7-2　MCU 级联扩展视频会议系统示意图

MCU 具有收、发两种状态的多点转发服务功能。发送状态的处理功能是将各视频会议终端送来的视/音频编码信号和图文数据信号先进行去多路复用，并把分离出来的音频、视频、数据和信令等数字信号送到相应的处理单元，然后再把处理后的各种数据进行路由选择、数据广播、会议控制、定时控制和呼叫处理等。处理后的信号再由复用器按 H. 221 格式组帧，然后经网络端口转发到其他相应的视频会议终端。接收状态的处理过程与发送状态相反。图 7-3 是 MCU 的结构框图。

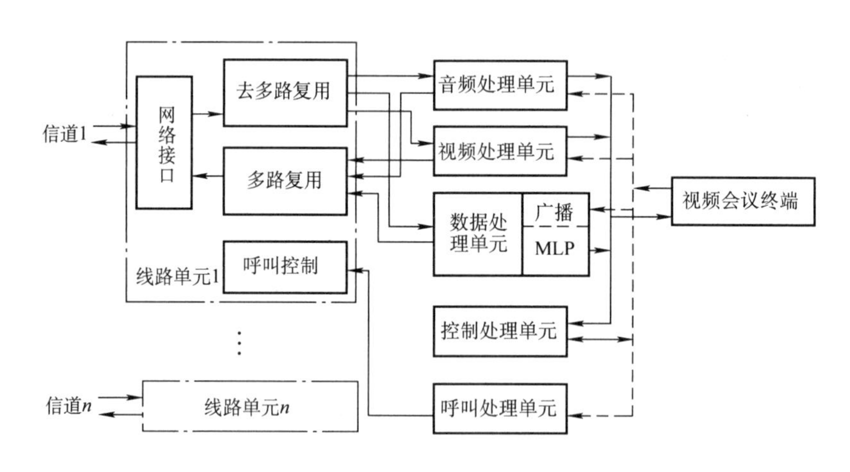

图 7-3　MCU 的结构框图

每个网络端口至少应支持 $P\times64$kbit/s($P=1\sim30$) 各种不同通信速率 (64～2048kbit/s)；能自动选择适应不同速率、不同类型的通信网络和不同通信协议的会议终端。如果网络中有的会议终端不具备高速传输能力，MCU 就会将所有视频会议终端的通信速率自动降低，统一在都能接收的较低的速率上。

MCU 具有主席控制、语音控制和演讲人控制等会议控制功能。点对点的可视电话系统不需使用 MCU。

2. 视频会议终端

视频会议终端的职责是将会场的实况图像、声音和图文数据信号进行采集、压缩编码、数据打包、多路复用，然后通过传输信道送到 MCU 多点转发服务系统。另外还要把从网络上接收到的视频会议的数据信息去多路复用、分解各路视/音频及数据、并解码还原成各会场的图像、声音及数据信号，供图像显示设备和扩声系统播放。

为了获得良好的会议效果，编解码器的速率最好为 2Mbit/s（E1 速率），至少也要达到 384kbit/s，否则图像质量就难以保证了。

视频会议终端设备包括：视/音频编解码器、自动跟踪会议摄像机、拾音传声器、扩声系统、大屏幕显示系统和硬盘录像/录音存储系统，如图 7-4 所示。

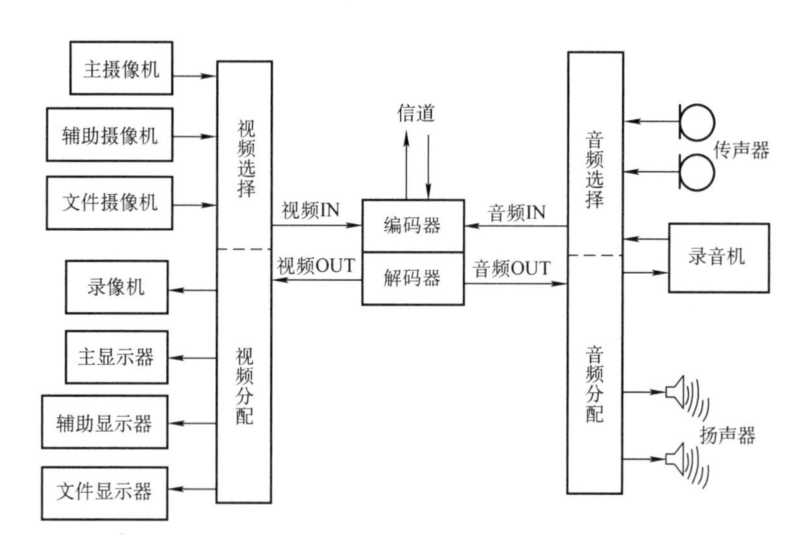

图 7-4　视频会议系统的终端设备

3. 通信网络接入方式

视频会议的通信网络有两类：一类是各专业单位（如政府、部队、公安、教学、卫生和企业集团等）自建的专用宽带通信网络；另一类是租用电信系统的通信网络，如 ISDN 综合业务数字网、DDN 数字数据网、ATM 异步传输宽带网、IP 互联网、帧中继接入等。由于视频会议终端不能和网络上其他非视频会议终端任意互通，因此这两类通信网络都具有专网性质。

当前的网络环境主要有两种：第一种是基于电路交换的网络接入方式，主要包括 ISDN 线路和 DDN 专线；另一种是基于包交换的网络接入方式，主要有 ATM 网络、IP 网络和帧中继三种。

（1）基于电路交换的网络接入方式。

1）ISDN 线路。ISDN（Integrated Services Digital Network，综合服务数字网）利用公众电话网向用户提供端对端的数字信道连接，承载用户的各种电信业务。

优点：①网络速率一般在 384kbit/s～2Mbit/s，能够完全满足普通企业用户高清视频会议时的需求；②对于用量较少的中小企业用户而言，选用 ISDN 线路的费用远低于租用 DDN 专线或使用帧中继电路的费用，是更加经济实用的选择。

不足：ISDN 线路虽然能够基本满足一般企业对于视频会议系统的应用要求，但在稳定性上相比 DDN 专线还有一定差距。

2）DDN 专线。DDN（Digital Data Network，数字数据网）是利用数字信道提供永久性连接电路的数字传输网络。DDN 专线按点对点的数目进行收费。

优点：网络传输质量较高，延时低，信息传输安全性高。选择 DDN 专线的用户主要是对视频效果以及通信安全性要求较高的大型企事业单位和政府部门。

不足：DDN作为专线线路，资费较高。

（2）基于包交换的网络接入方式。

1）ATM网络。ATM（Asynchronous Transfer Mode，异步传送模式）可以传送任意速率的语音、数据、图像信号。它综合了电路交换和分组交换的优点，可以传送任意速率的宽带信号，可传输话音、数据、图像和视频信号。该技术的最大特点是有QoS保证，对于有线路条件、对质量有很高要求的单位推荐采用此方案，其特点是图像质量很好、组网方便（无须把所有视频会议终端线路都连到MCU）、可靠性高。但ATM的设备费用高，还需有ATM网络可供接入。

优点：该技术的最大特点是有QoS质量保证，通信信号稳定，安全性高，视频图像质量较好，组网方便。

不足：使用ATM网络相关的设备费用高，并且需要有可供接入的ATM网络，这种方案只推荐给有ATM线路条件，并且对通信质量有很高要求的企业采用。

2）IP网络。接入方式最简单易行的莫过于IP网络了。基于IP的网络采用了分组交换技术，因为分组交换不保障有序性和固定的延时，因而不能保证有固定的延时和带宽。

为了较好地解决实时通信的业务质量，采用了UDP/IP、RTP、RTCP以及RSVP等协议。应用在ADSL、FTTB（Fiber To The Building，光纤到楼）+LAN等宽带IP网络上的视频会议系统已经取得了很好的效果。

在IP网络无处不在的今天，这种方式组网方便、价格便宜。但由于基于包交换的IP网络遵循的是尽最大努力交付的原则，因而这种接入方式的视频会议效果相对于ISDN、DDN等专线要差些。但其良好的性价比受到了越来越多用户的青睐，尤其适合网络带宽足够的中小型企业和个人使用。

优点：IP网络是目前最普及也是最简单的视频会议系统网络接入方式，在提及“视频会议怎么连接网络”时，大部分人所谈论的都是这种IP网络接入方式。IP网络组网极其方便，价格也十分便宜，作为目前性价比最高的网络接入方式之一，尤其适合网络环境较好（带宽足够）的中小型企业和个人使用。

不足：接入IP网络的视频会议系统的视频通话效果相对于ISDN、DDN等线路要差些，另外，信号传输对网络环境的依赖比较大，偶尔会出现信号不稳定的情况。

3）帧中继。帧中继接入方式也是一种专业型会议接入方式，属于广域网通信的一种方式，主要用于传递数据业务。帧中继的帧适合于封装局域网的数据单元、传送突发业务。这种网络效率高，网络吞吐量大，通信时延低，帧中继用户的接入速率在64kbit/s～2Mbit/s，甚至可达到34Mbit/s，视频效果好。

优点：帧中继网络效率很高，接入速率一般范围在2Mbit/s左右，最高可达到34Mbit/s，同时通信时延很低。

不足：虽然基于帧中继的网络传输效率高，但其网络费用也较高。

目前市面上大多数的视频会议系统采用包接入的方式，同时还有相当一部分视频会议系统厂商直接过渡到了“云计算时代”——它们直接为企业用户提供SaaS类型的产品，使得用户不再需要在线下部署专门的服务器等硬件设备，只需要使用服务商提供的账号密码就能在网上进入搭建好的视频会议系统。与传统的视频会议系统相比，这些新型的系统在保证了视频画面效果的同时，也有效降低了对用户带宽和预算的要求。

不同类型的通信网络环境，获得的图像质量也不同。例如：

① 384kbit/s的ISDN综合业务数字网，可支持CIF（352×288）图像分辨率、30帧/s的图像质量和调频广播的声音质量。

② 155Mbit/s 的 ATM 异步宽带通信网的图像质量可达到高清电视的图像质量和广播级的音质。由于视频会议系统的视频信号数字化后的码率约为 150Mbit/s，因此，ATM 异步宽带通信网可传输不经数据压缩的高清晰电视图像。

7.1.3　视频会议系统的通信标准

视频会议系统是一个复杂的多媒体通信体系，为规范通信标准，方便不同品牌产品的互联互通，CCITT 国际电话电报咨询委员会、ITU-T 国际电信联盟标准化部根据用途和通信网络制定了多种通信标准。

1. ITU-T 国际电信联盟标准化部协议

ITU-T　T.120：视听系统用户层数据协议

ITU-T　T.121：常规应用模板

ITU-T　T.122：用于声像会议和视听会议的多点通信业务

ITU-T　T.123：用于声像会议和视听会议的网络特定传输规程

ITU-T　T.124：通用会议控制

ITU-T　T.125：用于声像会议和视听会议的多点通信工程的详述

ITU-T　T.126：多点静止画面和注解协议

ITU-T　T.127：多点二进制传输协议

ITU-T　T.128：多点应用程序共享协议

ITU-T　H.225：基于分组网络的多媒体通信系统呼叫信令与媒体流传输协议

ITU-T　H.230：视听系统的帧同步控制和指示信号 C&I

ITU-T　H.231：用于 2Mbit/s 以下数字信道的视听系统多点控制单元

ITU-T　H.239：双视频流传输协议

ITU-T　H.242：关于建立使用 2Mbit/s 以下数字信道的视听终端间的通信系统

ITU-T　H.243：利用 2Mbit/s 信道在 2~3 个以上的视听终端建立通信的方法

ITU-T　H.245：多媒体通信控制协议

ITU-T　H.246：支持 H 系列协议的多媒体终端之间的交互

ITU-T　H.261：关于 $P\times64$kbit/s 视听业务的视频编解码器

ITU-T　H.263：关于低码率通信的视频编解码

ITU-T　H.264：高效压缩编解码标准

ITU-T VCEG H.265：(High Efficiency Video Coding) 高效率视频编码标准

ITU-T　H.281：在视频会议中应用 H.224 的远端摄像机控制规程

ITU-T　H.282：远端设备控制逻辑通道传输

ITU-T　H.283：多媒体应用的远端设备控制协议

ITU-T　H.320：窄带电视电话系统和终端设备

ITU-T　H.310/H.321 宽带视频会议通信标准

ITU-T　H.323：基于不保证 QoS 的分组网络多媒体业务的框架协议（简称分组交换网络多媒体通信体系框架协议）

ITU-T　H.324　窄带 PSTN 公共交换电话通信网多媒体通信体系

ITU-T　H.331：关于视频会议系统单向接收的通信规程

ITU-T　G.703：数字系列接口的物理/电气特性

ITU-T　G.704：用于一次群和二次群等级的同步帧结构

ITU-T　G.735：工作在 2Mbit/s 并提供同步 384kbit/s 数字接入和/或同步的 64kbit/s 数字接

入基群复用设备的特性

ITU-T　G.711：话音步率的脉冲编码调制

ITU-T　G.722：自适应差分脉冲编码调制（APPCM）的语音编码标准

ITU-T　G.723：语音双速率编解码标准

ITU-T　G.728：低时延码本激励线性预测编码

2. 国内标准

GB/T 7611—2016　数字网系列比特率电接口特性

GB/T 15839　1995 64~1920kbit/s 会议电视系统进网技术要求（暂行规定）

GB/T 16858—1997　采用数据链路协议的会议电视远端摄像机控制规程

TZ 020—1995 64~1920kbit/s 会议电视网路技术体制（暂行规定）

YD/T 5032—2018　会议电视系统工程设计规范

YD/T 5033—2018　会议电视系统工程验收规范

YD/T 822—1996 P×64kbit/s 会议电视编码方式

YD/T 927—1997　用于音像和视听会议业务的多点通信服务

YD/T 936—1997　音像和视听会议业务的多点通信服务协议

YD/T 948—1998　多媒体会议业务的通用应用模板

YD/T 970—1998　通用的会议控制

YD/T 971—1998　多媒体会议的特定网络的数据协议栈

YD/T 995—1998　多媒体会议业务的数据协议

YD N 077—1997　中国公众多媒体通信网技术体制（暂行规定）

3. 视频会议通信体系主要标准简介

（1）T.120《视听系统用户层数据协议》。T.120 系列标准（T.121~T.128）又称多层通信协议，既可包含在 H.32x 框架之中，对视频会议进行补充和增强，也可独立支持声像会议。T.120 系列通信框架协议支持点到点数据会议，也支持多点数据会议，它具有一系列非常复杂、灵活和有效的功能，甚至支持非标准的应用协议。

T.120 协议与具体的传输网络无关。既可以在 ISDN 综合业务数字网络上使用 H.320 窄带电视电话系统的终端设备，也可在 LAN 局域网上使用 H.323 分组交换网络多媒体通信体系框架协议，还可以在 PSTN 公共交换电话网上使用 H.324 窄带多媒体通信体系的终端参加会议。

不同的网络只是传输规程协议栈不一样，与 T.123（声像会议和视听会议的网络特定传输规程）的协议和网络无关。

T.120 应用主要有：共享多点应用程序（T.128 多点应用程序共享协议）、电子白板（T.127 多点二进制传输协议）、文件传输（T.126 多点静止画面和注解协议）、聊天（T.121 常规应用模板）及其他自定义应用。

T.120 由数据会议服务器和数据会议终端两部分组成。数据会议服务器负责数据集中处理与分发以及会议的调度与管理，使众多的用户可以很方便地加入到数据会议中。从简化中心点设备和网络结构考虑，数据会议服务器采用在 MCU 中配置功能板的形式来实现。数据会议终端可采用符合 T.120 标准的微软 NetMeeting 软件来实现。几乎所有的视频会议厂家都将 NetMeeting 作为数据会议的终端来使用，因为 NetMeeting 本身就是免费的，它集成在微软 Windows 操作系统中，使用非常方便，易于推广。

（2）H.320《窄带电视电话系统和终端设备》。1990 年 7 月，CCITT 国际电话电报咨询委员会第 15 研究小组发布了 H.320 视频会议通信设备标准。系统采用 H.320 时分复用技术，在 64kbit/s~2.048Mbit/s 速率的通道中传输多路数字数据信号。

H.320 是基于电路交换窄带电视电话系统的视频会议的通信框架协议标准，视频设备之间通过专线或 ISDN 相连，网络结构主要采用主从星形结构。

适合 H.320 视频会议通信标准的传输网络有：N-ISDN 窄带综合业务、E1 数字网（欧洲的 30 路 PCM 编码，传输速率为 2.048Mbit/s）和 T1 数字网（北美的 24 路 PCM 编码，传输速率为 1.544Mbit/s）等高速率网络。

H.320 的优点是传输图像的信道是固定分配的（$P\times64$kbit/s，$P=1\sim30$），带宽是有保证的，不会有其他业务挤占该带宽。但由于设备之间要采用专线连接，线路利用率和传输效率都很低，组网不够灵活。因此，无论是 H.320 的终端还是 H.320 的 MCU，它的用户单机成本和用户线路使用费用都较高。H.320 作为传统的技术标准，由于新技术的出现，以及本身固有的局限性和高成本，使用范围逐渐缩小。

图 7-5 是 H.320 视频会议通信体系的框图。它规定视频压缩编码采用 H.261 标准；音频编码采用 G.711、G.722 或 G.728 标准；数据图文传输采用 T.120 标准；信道复用采用 H.221 标准；控制指令采用 H.242 标准等。

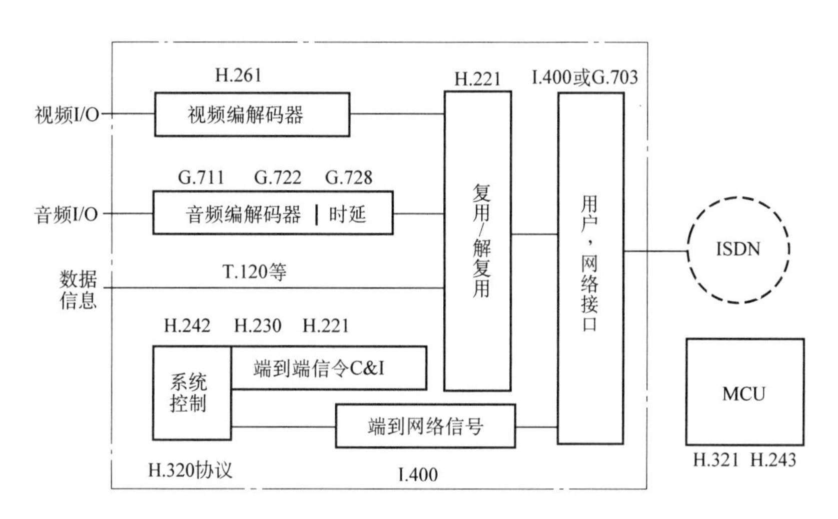

图 7-5　H.320 视频会议通信体系的框图

（3）H.310/H.321《宽带视频会议通信体系》。H.310/H.321 宽带多媒体通信系统，利用 MCU 多点控制单元实现一点对多点或多点对多点的实时连续传输信息。由 ATM 异步通信高速宽带网（155.52Mbit/s）和 B-ISDN 宽带综合业务数字网组成宽带视频会议通信系统，传输效率更高、图像质量和声音质量更好。

H.310/H.321 宽带视频会议通信系统由 ATM 或 B-ISDN 宽带网络、MCU 多点控制单元和 H.310/H.321 终端设备三部分组成，以 H.222.1 多媒体复用层来实现视频、音频、数据、控制和指示信号的复用。

（4）H.323《多媒体通信体系》。1990 年后 CCITT 第 15 研究小组并入 ITU 国际电信联盟，并成立 ITU-T 国际电信联盟标准化部。根据现代通信已逐步从电路交换为主的方式向分组交换的 IP 方式转变，1996 年 ITU-T 发布了 H.323 “IP 网上多媒体通信应用协议” V1 版本。1998 年 ITU-T 又发布了 H.323 “分组交换的多媒体通信系统” V2 版本，采用 RTP 实时通信协议解决发送数据包的时序问题和采用 RSVP 资源预留协议后解决多个用户分享带宽时的超载问题。1999 年 ITU-T 又发布了 H.323 V3 版本，使它全部能兼容 H.320 标准。2001 年又推出了 H.323 V4 版本，它的适用面更为广泛。现今，H.323 多媒体通信体系基本上已取代了 H.320 视频会议通信体系。

H.323 是基于分组交换的视频会议标准，基于 IP 线路组网。由于依托于数据网络，因此

H323视频会议系统具有非常灵活的网络结构，不需要为视频业务提供专门的信道。只要数据网络到达的地方，就可实现视频通信。H.323采用TCP/IP互联网技术，与H.320相比，在提供相同性能和更多功能的同时，大大降低了用户终端的成本以及用户线路使用费用，具有很高的性能价格比。

除了视频传输之外，H.323还能提供视频点播、网上直播、数据会议、桌面可视通话等丰富的多媒体应用功能。带宽利用率高，可以和其他业务共享带宽，实现三网合一，充分利用资源。但由于视频业务与数据业务在同一个网上传输，因此存在带宽争用的问题，它要求网络设备具有较好的QoS质量保证机制。

随着IP应用的日益广泛，H.323已经成为远程视频会议建设的主流通信标准，代表未来多媒体视频会议以及其他网上多媒体应用的发展潮流。

H.323多媒体通信体系采用分组交换技术在IP网络上传送多媒体数据信息，便于IP网际协议统一管理和资源共享，可让不同厂商的不同系统在不同类型的网络之间互联互通，为系统中的网关（Gateway）、网闸（Gate keeper）和MCU提供接入控制、带宽管理、QoS质量保证、路由选择和呼叫等功能服务。允许在不确定的网络延时平台上运行，既可用分组交换网络组成系统，也可用电路交换网络组成系统，既适用于广域网，也适用于局域网。图7-6是H.323多媒体通信体系的框图。图7-7是H.323的网络结构。网关把不同的物理网络或子网络上的会议终端连接在一起，进行互相转换。

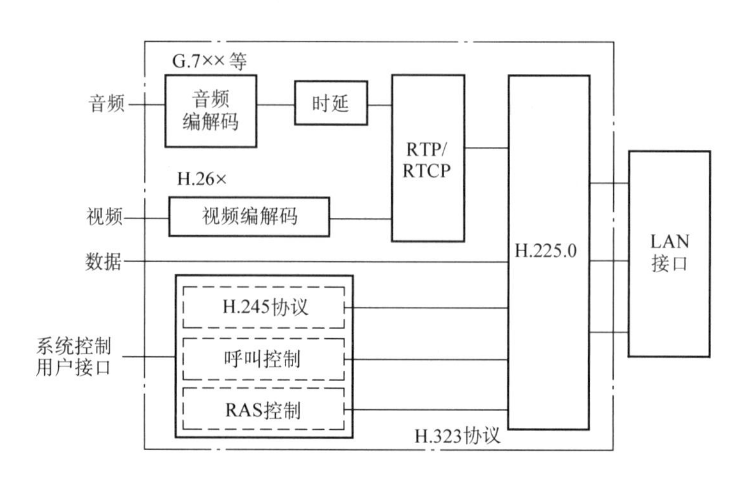

图7-6　H.323视频会议通信体系的框图

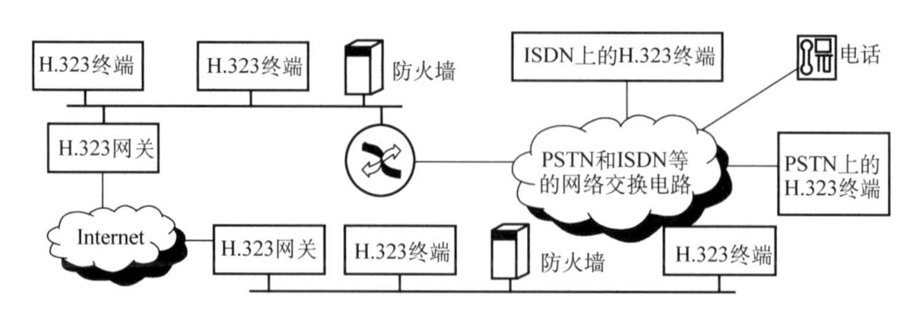

图7-7　H.323视频会议通信体系的网络结构

（5）H.324《PSTN公共交换电话通信网多媒体通信体系》。PSTN公共交换电话通信网是一种窄带低速（低于33kbit/s）通信网。在如此低速率的网上要传输图像、声音、图文和控制信号等数据信息的确是一个难题。为此，H.324标准采取了以下各项技术措施：

1）视频编码采用压缩比更高、图像帧数更少（6~10 帧/s）、码率更低的 H. 263 视频压缩编码标准。

2）语音编码采用压缩比更高、码率为 5. 3kbit/s/6. 3kbit/s 的 G. 723 音频压缩编码标准。

3）采用 Modem 调制解调器进行频谱搬移，实行信道复用。

4）以不定长度的逻辑信道为基础的复用方式，进一步提高通信线路的利用率。

图 7-8 是 H. 324 通信体系标准的框图。

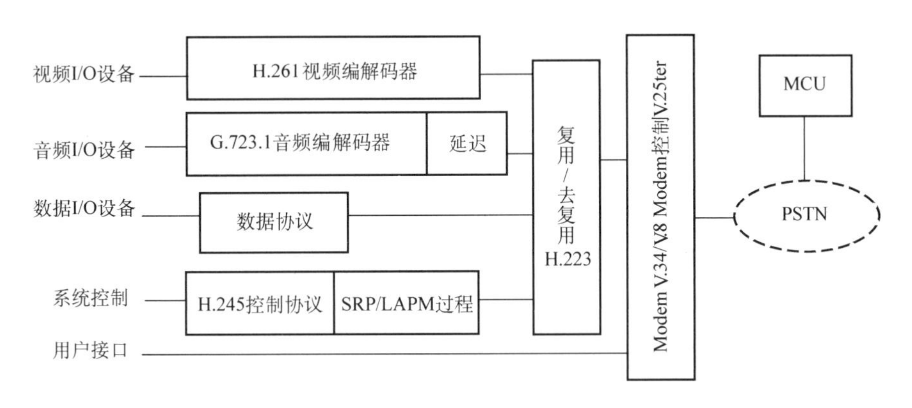

图 7-8　H. 324 通信体系标准的框图

H. 324 V. 3 版本规定，它的最高传输速率为 33. 6kbit/s，支持 6~20 帧/s、QCIF 或更低的图像分辨率，声音带宽为 3. 4kHz，主要用于可视电话会议系统。表 7-1 是各种视频会议系统通信标准（通信框架协议）配套应用汇总表。

表 7-1　视频会议系统通信标准（通信框架协议）配套应用汇总表

通信标准	H. 320	H. 323	H. 310/H. 321	H. 324
通信网络	ISDN	局域网、互联网、内网、政务网等	ATM	PSTN
视频压缩编码	H. 261	H. 261、H. 263、H. 264	H. 261、H. 263	H. 261、H. 263
音频压缩编码	G. 711、G. 722、G. 728	G. 711、G. 722、G. 723、G. 728、G. 729	G. 711、G. 722、G. 728 MPEG1	G. 723、G. 729
多路复用	H. 221	H. 225	H. 222、H. 222. 1	H. 223
通信控制	H. 242	H. 245	H. 245	H. 245
数据传输	T. 120	T. 120	T. 120	T. 120
数据速率	<2Mbit/s	<10/100Mbit/s	<155Mbit/s	<33kbit/s

7. 1. 4　数字视频压缩编解码技术

大家知道，模拟电视图像的信号带宽至少需要 4. 2MHz，复合视频信号（带扫描和同步控制的视频信号）的带宽至少为 6MHz。采用 8bit 量化的数字视频信号的带宽更大。表 7-2 是各类数字视频信号的带宽（码率）。

传送一幅清晰度不算高的每秒 30 帧、CIF 格式（288×352≈10 万像素）未被压缩的数字图像信号，需要 36. 5Mbit/s 的码率。传送清晰度更低的 QCIF 格式（144×176≈2. 5 万像素）未被压缩的数字视频信号需要 9. 1Mbit/s 的码率。如果再加上多路复用，那么需要网络的传输带宽更大。因此，必须对数字视频信号进行有效压缩，才能实现在网络上传输视频信号。视频会议系统要实施的是高压缩比、低码流、高清晰度的视频压缩编码技术。

表7-2　各类数字视频信号的码率

视频类型	量化 bit/像素	像素/行	行/帧	亮度/色度比	压缩前	压缩后	压缩比
高清电视(HDTV)	8bit	1920	1080	4：1：1	1.18Gbit/s	20~25Mbit/s	59：1/47：1
标清电视(SDTV)	8bit	720	480	4：1：1	167Mbit/s	4~8Mbit/s	41.7：1/20.8：1
会议电视(4CIF)	8bit	352	288	4：1：1	36.5Mbit/s	1.5~2Mbit/s	24.3：1/18.2：1
桌上电视(QCIF)	8bit	176	144	4：1：1	9.1Mbit/s	128kbit/s	71：1
可视电话(SQCIF)	8bit	128	96	4：1：1	5.2Mbit/s	56kbit/s	92.8：1

1. 视频信号压缩原理

彩色电视每秒传送25帧或30帧图像。实际上每帧画面的主体图形只有少许差异，背景的差异更少。如果把一串连续图像对应位置的亮度信号和色度信号进行比较和差值统计，结果发现只有不到10%的像素点的亮度变化会超过2%，色度只有不到1%的变化。说明帧间图像存在冗余信息的空间。运用帧间压缩技术可实现压缩图像信息的数据率。

在同一帧画面上某个像素的亮度和色度信息与其相邻像素的亮度和色度信息存在着极强的相关性（连贯性），这种帧内图像信息的相关性便产生帧内图像的冗余信息，也是压缩图像信息数据率的重要依据。

还有一种是图形结构中的冗余信息。例如方格状图案的像素存在着明显的分布模式。根据这种有规律的分布模式，通过运算可生成图像，而不必占用视频信息数据。

视觉冗余信息：人眼对量化误差的敏感度随着亮度的增加而降低，以及人眼对亮度感觉的敏感度高于对色度的感觉。根据人眼这两种视觉特性，把敏感和不敏感的部分分开来编码，可以压缩数字视频信号的带宽。

1993年成立的ITU-T国际电信联盟标准化部和ISO国际标准化组织的MPEG活动图像专家组分别发布了H.261、H.263、H.264、H.265系列和MPEG1、MPEG2、MPEG4两种不同系列、不同性能和不同用途的视频压缩编解码标准。它们的压缩依据都是允许有一定的图像失真而并不妨碍图像实际应用的效果。采用的压缩方法都是压缩帧间图像、帧内图像的冗余信息和视觉冗余信息等。H.261、H.263和H.264、H.265用于视频会议系统。MPEG1、MPEG2和MPEG4主要用于电视和娱乐音视频节目的存储（光碟）和播放。

（1）压缩方法：

1）频带压缩技术。利用眼睛的视觉特性，对像素的亮度 Y 值以全分辨率取样，对像素的色差值 C_R 和 C_B 以减半分辨率取样。这样可降低图像信号的数据率（带宽）。即YUV分量信号的比值为4：2：2或4：1：1。

2）帧间运动预测压缩编码技术。图7-9是根据图像的内容进行画面分类传送，即I、P、B画面分类传送。

第一类是I画面（Intra Code Picture）是基础画面，是图像背景和运动主体的详情。用较多的数据率传送，如152kbit/s帧。

第二类是P画面（Predictive Code Picture），又称预测画面，它是与I画面相隔一小段时间后，运动主体在同一背景上已有明显变化的预测画面。它是以I画面为基准，不传送背景画面信息，只传送运动主体变化的差值，因此可少用一些数据传送，例如80kbit/s/帧。

第三类是B画面，是I画面与P画面之间前后双向预测的过渡画面（Bidirectional Predictive

Code Picture），反映 I、P 画面间运动主体的微小变化情况。它既要参考 I 画面的内容，又要参考 P 画面的内容，所以称为双向预测画面。通常以每帧 16~23kbit/s 数据率传送。

（2）帧间压缩和帧内压缩技术：

1）帧间差值有损压缩技术。把每帧图像分成 16×16（或 8×8）相同大小的子块（又称宏块），并对相邻帧图像对应区域的子块分别进行比较得出差值，用这个比较差值进行编码，而不是对实际数值进行编码。丢弃差值很小、对图像质量影响不大的一些信息，因此称为有损帧间压缩编码。

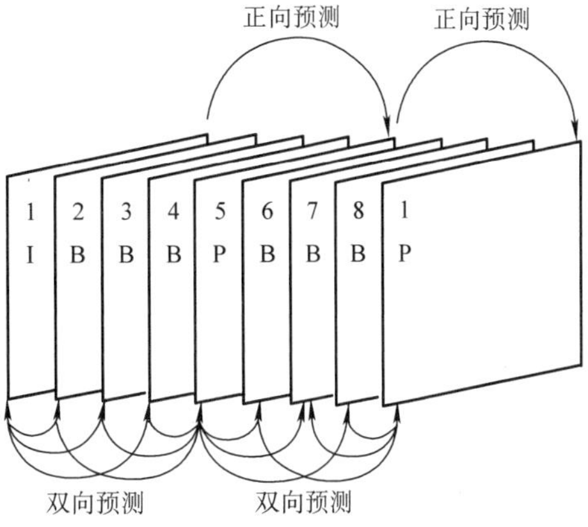

图 7-9　三类画面的排序（一列）

2）帧内压缩技术。

在同一画面中存在着相当多的冗余信息，如一幅人像画面，面部与头顶部位的线条清晰度要求是不相同的，尤其是眼睛和嘴唇部分，不仅线条复杂，表情丰富，是观众目光集中的地方，必须使用更多的比特率传送。侧面和头顶部位，轮廓变化少，灰度层次差别不大，可少用一些比特率处理。这种在同一画面中（同一时域内）的不同空间部位进行数据压缩，采用的是离散余弦变换法（Discrete Cosine Transform，DCT）。

2. 图像分辨率标准

图像分辨率是指图像画面上的纵横像素数量的乘积。像素越多，分辨率就越高，图像清晰度越好，码流也越大。视频会议和视频监控中通常采用 CIF 和 D 类两种分辨率格式。

电视图像画面的宽高比有 4∶3（标清电视）和 16∶9（宽屏电视）两类。

（1）通用图像格式 CIF 的分辨率。世界上现有三种彩色电视制式；即 NTSC 制、SECAM 制和 PAL 制，为实现不同彩色电视制式之间的视频通信，国际上制定了一个通用图像格式 CIF（Common Intermediate Format）。它解决了视频会议系统在国际互联互通时产生的矛盾。在编码时，将 PAL、NTSC 或 SECAM 等各种制式的数字电视信号转换为 CIF 格式，解码时再将 CIF 格式转换为相应的 PAL、NTSC 或 SECAM 等格式。CIF 有五种分辨率格式，表 7-3 是 CIF 通用图像格式的五种图像分辨率和采用 H. 261 压缩编码需要的数据传输带宽。

表 7-3　CIF 通用图像格式的五种图像分辨率标准

图像格式	亮度信号像素	色度信号像素	H. 261 压缩编码所需的数据传输带宽
Sub-QCIF	128×96	64×48	—
QCIF	176×144	88×72	64~128kbit/s/10~25 帧
CIF	352×288	176×144	384~576kbit/s/25 帧
4CIF	704×576	352×288	1. 5~2. 0Mbit/s/25 帧
16CIF	1408×1152	704×576	6. 0~8. 0Mbit/s/25 帧

（2）高清视频会议图像分辨率标准。目前我国的高清视频会议和视频监控系统的图像清晰度标准采用的是日本数字电视的 D 类显示格式，D 类标准分为 D1、D2、D3、D4、D5 五种规格。其中 D1（NTSC 制电视）和 D2（PAL 制电视）均为标清（Standard Definition，SD）格式，D3、D4、D5 为高清（High Definition，HD）格式：

D1：480i，屏幕宽高比为 4∶3 或 16∶9，分辨率为 860×480/60Hz，行频为 15. 25kHz。适用于行频较低的 NTSC 制电视，与 NTSC 制式的标清模拟电视清晰度相同。

D2：480p，屏幕宽高比为16：9，分辨率为860×480/60Hz，与逐行扫描的DVD规格相同，行频为31.5kHz，适用于行频较高的PAL制电视，相当于DVD光盘图像的清晰度标准。

D3：720p，屏幕宽高比为16：9，分辨率为1280×720/60Hz，行频为45kHz。

D4：1080i屏幕宽高比为16：9，分辨率为1920×1080/60Hz，行频为33.75Hz。

D5：1080p屏幕宽高比为16：9，分辨率为1920×1080/60Hz，行频为67.5Hz。

CIF标准的图像分辨率为CIF（352×288像素），不是理想的视频图像质量，现已很少采用。4CIF(704×576像素）是常用的标清监控图像的分辨率，码率为576kbit/s~1Mbit/s，可获得稳定的高质量图像，但数据存储量较大，网络传输带宽要求较高。

D1分辨率（720×480像素）可以提高清晰度，满足高质量的要求，4CIF和D1/D2已被监控系统广泛采用。

3. H.261压缩编码标准

H.261是ITU-T的前身CCITT第15研究小组于1990年12月发布的视频图像压缩编码标准，常称为P×64kbit/s标准（$P=1\sim30$）。$P=1$或2时，支持QCIF格式、帧频较低的可视电话传输。$P\geqslant6$时，支持CIF格式、帧频较高的用于视频会议系统的数据传输。

H.261是一种采用帧间预测减少时域冗余和帧内DCT变换，减少空域冗余的混合编码方法，具有压缩比高（最高压缩比可达50：1）、算法复杂度低等优点。

4. H.263压缩编码标准

在H.261基础上，1996年ITU-T推出了H.263视频压缩编码标准，1998年ITU-T又推出了进一步提高编码性能的H.263+及H.263++等视频编码标准。H.263比H.261可提供更好的图像质量、更低的码率和支持Sub QCIF、QCIF、CIF、4CIF和16CIF五种图像分辨率格式。

H.263从以下三方面着手压缩数字视频的数据量：

（1）充分利用人眼对亮度信号比色度信号更敏感的视觉特性，消除视觉冗余。对每个像素的数据量由原来的24bit（Y、U、V各占8bit）降低为12bit（Y占8bit、U和V各占4bit），从而使数据量减少50%。

（2）在帧内（同一画面）的不同空间部位根据图像轮廓变化的大小和灰度层次的差别大小，用改进的DCT离散余弦变换技术进行数据压缩，有效地消除画面内相邻宏块数据的强相关性。因此H.263输出的数据率一般是非恒定的，即快速运动物体的数据率高于慢速运动物体的数据率。

（3）利用帧间运动估计和高级预测技术，对运动矢量的差值进行编码，充分消除帧图像之间的强相关性，获得较高的压缩压比。H.263++的压缩可达到120倍以上，在保证可以接受的图像质量基础上，获得极低的数据率。

5. H.264高效压缩编码标准

21世纪初，ITU-T国际电信联盟与ISO/IEC国际标准化组织两个国际标准组织联合开发了兼容通信、广播和流媒等各种应用的H.264高效压缩编码标准。因此H.264又称MPEG4 AVC或MPEG4（Part 10）。

H.264采用压缩数字视频冗余信息的原理类似前面所述，由于它要用于通信系统，因此要求通信系统的端到端的延迟应小于200ms，视频会议设备编解码器端到端的延迟不大于300ms。

H.264比MPEG2可节省60%的带宽资源，在传输带宽为2.5Mbit/s的条件下，图像质量可达到MPEG2压缩编码（DVD）的质量，见表7-4。

表7-5是MPEG2、MPEG4、H.263和H.264四种视频压缩编码标准码流节省率的比较。

表7-5表明：H.264不仅比H.263节省49%的码率，比MPEG2节省64%的码率，比MPEG4节省39%的码率，而且对网络传输具有更好的支持功能。它引入了面向IP包的编码机制，有利

于网络中的分组传输，支持网络中视频的流媒体传输，能适用于不同网络中的视频传输，网络亲和性好，从而获得平稳的图像质量。H. 264 可以低于 1Mbit/s 的速率实现标清数字图像传送。

表 7-4　H. 264（MPEG4 AVC）与 MPEG2 性能对比

	MPEG2	H. 264(MPEG4 AVC)
对话头(缓变图像,对比度低)	2. 2~4. 0Mbit/s	0. 7~1. 4Mbit/s
动态视频(活动图像,对比度高)	4. 0~7. 0Mbit/s	1. 6~3. 0Mbit/s
端到端延迟	最低 90ms,平均 170ms	120~150ms

表 7-5　H. 26x 与 MPEGx 视频压缩编码标准码流节省率的比较

压缩编码标准	MPEG4	H. 263	MPEG2
H. 264	39%	49%	64%
MPEG4	—	17%	43%
H. 263	—	—	31%

H. 264 具有较强的抗误码特性，可适应丢包率高、干扰严重的无线信道中的视频传输。H. 264 的应用目标广泛，可满足各种不同速率、不同场合的视频应用。

6. H. 265 高效视频压缩编码标准

H. 265 是 ITU-T VCEG 继 H. 264 之后制定的新的视频编码标准。H. 265 标准围绕着现有的视频编码标准 H. 264，保留原来的某些技术，同时对一些相关的技术加以改进。新技术使用先进的技术用以改善码流、编码质量、延时和算法复杂度之间的关系，达到最优化设置。具体的研究内容包括：提高压缩效率、提高鲁棒性和错误恢复能力、减少实时时延、减少信道获取时间和随机接入时延、降低复杂度等。H. 265 标准除了在编解码效率上的提升外，在对网络的适应性方面也有显著提升，可以很好地运行在 Internet 等复杂网络条件下。

H. 265 可以实现以 1~2Mbit/s 的码率传送 720p（分辨率 1280×720）高清音视频。通过主观视觉测试得出的数据显示，在比 H. 264 码率减少 51%的情况下，H. 265 编码的视频质量还能与 H. 264 编码视频近似甚至更好。

H. 265 旨在在有限带宽下传输更高质量的网络视频，仅需原先的一半带宽即可播放相同质量的视频。这也意味着，人们的智能手机、平板电脑等移动设备将能够直接在线播放 1080p 的全高清视频。H. 265 标准也同时支持 4K（4096×2160）和 8K（8192×4320）超高清视频。

7. 1. 5　G. 72x 数字音频压缩编码技术

模拟音频信号的频率范围为 20Hz~20kHz。但经 PCM 数字化后的数字音频需要的数据率就不能小看了。例如，取样率为 44. 1kHz、16bit 量化的双声道数字音频的数据率为：44. 1（kHz）×2（声道）×16bit = 1. 41Mbit/s。这样的数据率在通信系统中也是一个很大的数据量，因此必须对数字音频进行压缩。

数字音频压缩的依据是删除人耳听觉特性的冗余信息。即把 20Hz~20kHz 整个可闻频带按 1/3 倍频程的带宽分成 32 个子频带，把输入信号中听觉不敏感的子频带（例如低于 200Hz 的低频和高于 10kHz 的高频频带）用较少的量化比特，舍去一些次要的信息；对于人耳听觉敏感度高的子频带（例如 1~4kHz）采用较多的量化比特，用较高的数据率传送，确保具有足够的声音清晰度。

此外，根据听觉生理学的大声音可掩蔽小声音的“听觉掩蔽”效应，对音频信号的振幅进行划分。对大振幅信号附近的小振幅信号予以删除。

通过上述两种方法的压缩，可将1.41Mbit/s的数字音频数据率压缩到低于300kbit/s。

多媒体通信系统在H.320和H.323通信系统中采用的数字音频压缩编码标准有G.711（64kbit/s），G.722（64kbit/s）、G.728（16kbit/s）。在H.324通信系统中采用的是G.723（6.3kbit/s）。

H.324是用电话线路传输的低速网，其码率为28kbit/s。分配给视频信号的码率为20kbit/s，分配给音频信号的码率为6.5kbit/s，其他分配给控制和编码等开销的为1.5kbit/s。

G.723有两种码率：高码率为6.3kbit/s，低码率为5.3kbit/s，延迟约为37.5ms。表7-6是各种数字音频压缩编码的特性及适用范围。

表7-6　各种数字音频压缩编码的特性及适用范围

	G.711	G.722	G.722.1	G.723	G.728	G.729	H.264 (MPEG4. AVC)
码率/(kbit/s)	56/64	48/56/64	24/32	5.6/6.3	16	8	48/64/96
音频带宽/kHz	3.4	7.0	7.0	3.4	3.4	3.4	14.0
声音质量(效果)	电话音质	FM广播音质	FM广播音质	电话音质	电话音质	电话音质	双声道立体声FM广播音质
适用视频会议通信标准	H.320 H.323 H.310/321	H.320 H.323 H.310/321	H.320 H.323 H.310/321	H.323 H.324	H.320 H.310/321	H.323 H.324	H.323 H.320

7.2　远程视频会议系统的功能设计

MCU多点会议控制装置是视频会议系统的核心，视频会议系统的各种功能几乎都是通过它来实现的。

7.2.1　点对点或一点对多点远程视频会议

点对点或一点对多点远程视频会议是视频会议系统的会议方式之一。各会场可用遥控器直接呼叫对方的号码，无须其他人协助，即可完成呼通进行视频会议。

7.2.2　同时召开多组会议

MCU多点会议控制装置支持同时召开多组会议。例如，企业内部不同子公司之间或部门之间需同时召开不同与会对象、不同主题的视频会议，各组会议互不干扰。一台MCU能够支持同时召开8组多点会议。

可以预设多种会议模板，包括会议模式、传输速率、音视频算法等，这样每次启动相同配置的会议时，无须重新进行配置，而是从会议模板中直接启动符合要求的会议即可。

可以配置多种与会者模板，在定义每个会议里的参加者时，可以直接从与会者模板中调用，减少配置会议和预约时间。

预置（预约、预定）会议、会议模板和与会者模板均可存储在MCU的内置数据库中，方便用户调用。

7.2.3　多会场画面显示功能

系统提供2、3、4、5+1、3+4、7+1、9、8+2、12+1、16……36分屏等多会场画面显示功

能，其中的每个子画面可以随意选择，也可以随意设置某个分会场在多画面中的位置，某个子画面可以轮巡，也可以通过语音激励切换。在会议进行中，各种分屏模式可实时切换，随时将画面显示切换为所需要的分屏模式。

每个画面还有三种选择模式：可以显示某个特定会场；可以设置各个会场轮巡，也可以通过语音激励切换会场。举例如下：

在三分屏模式下可以将上面居中的画面设置为手动切换，设成主会场的画面；将左下角的画面设置为语音激励，则发言会场的画面将出现在左下角；将右下角的画面设置为自动轮巡，其余的各会场将按系统设定的时间进行自动轮巡，各分会场画面将逐个显示在右下角。在会议进行中，各种分屏模式可实时切换，随时将画面显示切换为所需要的分屏模式。

7.2.4　双视频流会议

双视频流传输是指 MCU 可在各会场之间同时传输两路动态视频信号。在双视频流传输中，第一路视频流主要传输主摄像机拍摄的活动图像信号，第二路视频流可以传输辅助摄像机拍摄的活动图像，也可以是 PC 画面、DVD 动态画面、幻灯片或电子白板等。在传输 PC 画面时，能够最高支持 UXGA(1600×1200) 分辨率。

双视频流均可采用 H.264 或 H.265 编码，在低带宽下仍确保主流和辅流高清晰。视频编解码终端内置 H.239 双流协议，无须外置双流盒，使用更加方便。

图 7-10 是第二路视频流传送 PC 画面的情况，分会场可采用 3 台显示设备同时显示看到的效果。图 7-11 是第二路视频流传送的动态电视图像的情况。

远端会场主视频

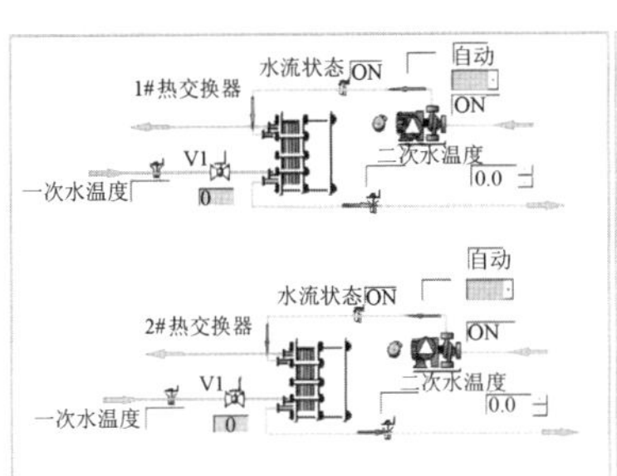

远端会场辅流（胶片）

本地图像

图 7-10　采用 3 台显示设备的会场双流显示效果

7.2.5　图像轮巡功能

MCU 可以实现主会场单独选择观看任何分会场图像，而不会影响显示其他分会场的轮巡图像。MCU 图像轮巡功能包括主会场轮巡、广播轮巡、定制轮巡功能：

(1) 主会场轮巡：主会场可以轮巡观看各分会场的图像，以便会议主席可以随时了解各个分会场的情况、控制会场气氛和会议进度。

(2) 广播轮巡：所有会场都可一起轮巡观看各个会场的图像，充分调动各个会场的积极性，更好地调节会议气氛。

(3) 定制轮巡：对参加会议的会场进行筛选，将不参加轮巡的会场排除在外。

7.2.6　会议控制功能

MCU 具有多种会议控制方式：主席模式、导演模式、语音激励、轮巡模式、演讲模式等控

远端会场主视频

远端会场辅流（动态图）

本地图像

远端会场主辅视频

图 7-11　第二路视频流传送的动态电视图像的情况

制方式。会议控制功能包括：指定/调整会议执行主席、代表申请发言、字幕设置、多分屏设置、多分屏轮巡、会场扩声、会场静音、会场哑音、添加会场、删除会场、呼叫会场、挂断会场、会议召集、结束会议、掉线重邀、会议结束提前通知、群邀上线、主场轮巡、广播轮巡、终端控制等。

（1）语音激励：将声音最大的会场广播出去，不需要人工干预。

（2）导演模式：管理员通过 MCU 管理平台操作控制会议。

（3）主席模式：由主席终端来控制会议的模式。

（4）轮巡模式：轮流定时显示选定会场。

（5）演讲模式：主会场多分屏观看分会场，其他会场只观看主会场。

7.2.7　终端掉线自动重邀功能

开会过程中偶然发生某个终端掉线时，为节省会议重组时间，免去逐个重邀终端的麻烦，既可以使用手动群邀方式使掉线终端重新加入会议，也可以使用自动群邀终端上线功能，即每隔一个固定时间，MCU 会重新邀请一次所有终端上线，避免了由于管理员没有及时发现而造成的分会场脱离会议的情况，保证了会议的顺利进行，节省时间、简化会议管理员操作。

7.2.8　全路混音及哑音

为了增加发言会场与其他会场的互动性，让发言会场及时听到其他会场对演讲内容的反馈，所有会场能够对发言内容进行讨论，MCU 必须支持全路混音。MCU 能支持 4 路或者 8 路混音或实现全路混音，即所有接入会议的终端都可以参加混音。

全路混音的优点是分会场可直接向主会场的会议主席提出发言请求，不必像传统视频会议系统需经过较复杂的发言申请操作。

为避免全路混音带来的声音嘈杂等现象，可以利用传声器哑音或扬声器哑音功能来屏蔽掉某些会场的声音。传声器哑音可使受控会场的声音无法传输出来；扬声器哑音可使该会场无法听见声音，以满足用户在会议过程中的各种需求。

7.2.9 简体中文界面

MCU 提供了多种语言管理界面，用户根据自己的需求可选择中文简体、中文繁体和英文管理界面，方便会议管理员和会议主席操作。

7.2.10 无线触摸屏集中控制

中央集中控制系统通过无线触摸屏可在会场任何位置对视频会议系统的数字融合工作站、摄像机、图像显示屏、扩声系统、投票表决、会议厅灯光控制和管理中心等各种设备进行全方位的遥控操作；会议主席用无线触摸屏可直接操控视频会议整个进程，无须借助管理中心技术人员的帮助。

7.2.11 良好的网络适应性

视频会议网络自适应性能（Network Auto-Adaptability，NAA），在传输层面与编解码层面对视/音频的质量提供了特性保障。IP 网络以其特有的应用优势，已经得到了各领域的广泛应用，但是由于 IP 网络本身在带宽和延时等方面没有有效的保障机制，在实际应用中，丢包、延时抖动都是 IP 网络中不可避免的现象，尤其是在实时视频流频繁变化的环境中，对于现有的 IP 网络更是严峻的考验。因此，MCU 在网络传输不稳定的情况下必须具有独特的处理方式，即 MCU 必须具备网络丢包补偿技术。

该技术能够使视频通信系统丢包率高达5%时并伴随乱序、时延、时延抖动的情况下，仍然能够提供完整、连续顺畅的视频图像和正常的声音效果，避免“马赛克”的出现，从而在本质上提高了整个系统对网络的适应能力。丢包补偿技术同时也提供在网络延时抖动时的丢包补偿机制。

7.2.12 丰富的系统扩展功能

全面支持 MCU 三级数字级联；通过数字级联能够方便地扩展分会场或与上级会议系统互通。视频会议系统的终端和 MCU 均能支持组播发送。在没有会议终端的分支机构可以通过软件终端接收会场组播图像。

7.2.13 移动客户端接入

图 7-12 是 H3C TopView 桌面视频终端软件界面。它遵循 H.323 通信协议流程，与 GK（网关）、MCU 和视频会议终端一起配合，可以加入 MCU 召开的视频会议，聆听会议发言、观看图像。让出差在外无法与会的有关人员，可用 PC（安装 TopView 软件）实现远程加入视频会议系统。

TopView 软件提供多种业务功能，满足用户多样化的需求，包括：

（1）支持点对点远程视频通信，适合亲情可视通话、远程会晤等，实现方式非常简单。

（2）支持多点会议，提供在线交谈、适合远程会议应用。

（3）支持数据会议业务、文字消息、共享数据等业务。

（4）灵活的三方通话功能。TopView 不需 MCU 参与就可以自行组织三方会议，增加 TopView 会议功能的灵活度，节省会议网络资源。

（5）强大的通话录音和播放功能。TopView 软件还提供完善的录音功能和录音文件管理功能，用户可以在通话过程中，随时启动录音，录制远端和本端的声音，在本地硬盘上完整地保存通话内容。用户可以随时查看、播放、删除录音文件。

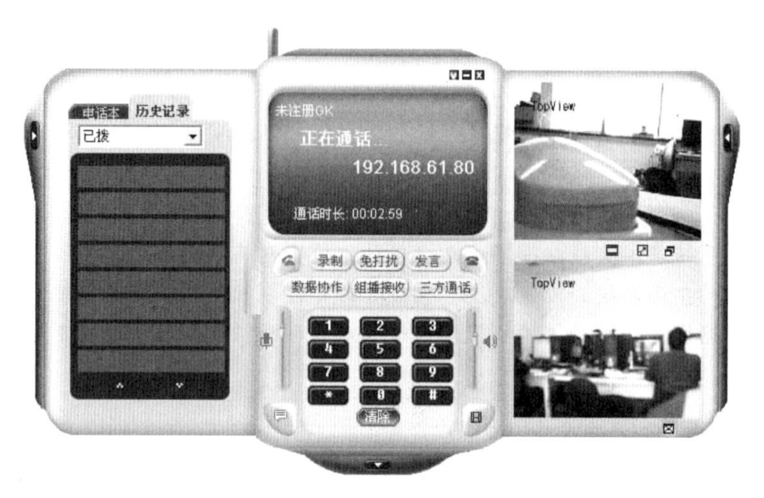

图 7-12　H3C TopView 软件的桌面视频终端软件界面

7.3　系统主要设备的技术性能

视频会议系统的主要配套设备包括：MCU（多点会议控制装置）、网络通信系统和视频会议终端。

7.3.1　MCU（多点会议控制装置）

MCU（多点会议控制装置）又称综合媒体交换平台，常用的高性能著名品牌产品有：RADVISION、POLYCOM、Tandberg、H3C 等。

1. H3C ME8000 高清综合媒体交换平台

H3C ME8000 综合媒体交换平台是 Huawei-3COM 通信技术有限公司推出的一款高清视频会议 MCU 产品。

H3C ME8000 支持 1080p 分辨率的高清视频会议，支持 H. 323 和 SIP（Simple IP）双协议栈，支持 H. 239 双流传输协议，且主流和辅流都支持 H. 264、H. 263 等标准视频编解码协议；提供内置 GK、SIP Server，支持最大 36 分屏多画面显示、组播发送和远程数字音频会议；支持双电源备份使用、多网口分担和负载均衡，提供强大的网络适应性功能。适用于政府、企业、教育、医疗、电力等行业客户的视频会议系统建设需求。

（1）产品特点：

1）超震撼的音视频效果。1080p（分辨率为 1920×1080）高清图像质量比业内流行格式 CIF（352×288）提高 20 倍，可以看到更宽广的视界、更清晰的图像细节。最大支持 36 分屏。

支持 G. 722. 1 Annex C 或 MPEG ACC-LD 音频协议，能够处理更宽的低音和高音信息，提供自然立体声效果。

2）电信级的可靠性设计。采用电信级标准设计，无故障工作时间（MTBF）达到 120000h，保证 7×24h 不间断运行。双电源模块热备份，系统主电源出现故障时，不会影响系统的正常使用。

独创的 1+1 双机热备功能，2 台 ME8000 通过 IP 网络在线热备，在出现意外情况时，备份 ME8000 自动替换故障 MCU，不需要进行任何外界操作，保障会议正常进行。

3）灵活的终端接入适配能力。支持 H. 261、H. 263、H. 264、H. 265 多种视频压缩编码协议的转换适配；支持最高16Mbit/s编码速率；支持1080p、720p、4CIF、CIF等多种图像格式之间的分辨率适配，支持30（25）帧/s、15帧/s、10帧/s、5帧/s多种视频帧率之间的适配。满足各类视频会议终端接入。

4）完善的安全性设计。ME8000采用专用嵌入式实时操作系统，有效地防止病毒攻击；支持802.1x协议，将视频设备纳入安全管理体系中，满足企事业单位对网络接入设备的安全接入要求，让安全管理不再有“盲点”；遵循H.235加密协议，对视/音频媒体流采用128位AES算法进行加密保护，使码流安全无忧；ME8000同时提供多个网口，可以跨接多个隔离网络，仅在各个网络间传送音视频媒体信息，其他业务仍然安全地隔离。

5）强大的网络适配能力。ME8000提供10/100/1000Mbit/s自适应网口、SFP光口（将千兆bit电信号转换为光信号的接口），用于接入不同的承载网络，适应各种网络环境。

ME8000的多网口设计，将视频会议业务负载分担在多个网口上，提供网络负载均衡功能，避免对某一个网络造成负担和冲击。H.460协议和静态NAT功能实现的公私网穿越功能，不必改变网络架构和安全限制，就能连接各个驻外办事机构。

ME8000提供区分服务和优先级等多种QoS设计，提升音视频通信数据的优先级，确保通信媒体流优先到达，维持视频会议声音和图像的流畅。

H3C独有的网络适应性技术，通过包冗余纠错与重发特性，保证包丢失率达到最少，辅以动态调整带宽能力和解码前的报文处理，在存在丢包、延时等问题的网络中仍然较好地保证视频会议的视/音频效果。

6）完美的视/音频解决方案。ME8000支持视频会议实况组播，节约MCU的出口带宽，提供最多12组视频会议并发，最多连接160个视频会议终端，保证客户的多会议、多接入点的需求。提供数字音频会议功能，保证客户能在电话、电视两套会议系统中使用。在视频会议中加入音频电话，在电话会议中呼叫视频终端，实现混合模式会议功能。

ME8000可以与H3C视频监控系统通过数字方式进行无缝融合，任意调用监控图像到视频会议中供与会领导观看讨论，进行集体决策，形成一套完善应急联动方案，为领导快速、精确做出决策奠定良好基础。表7-7是H3C ME8000高清MCU规格表。

（2）产品规格：

表7-7 H3C ME8000高清MCU规格表

类别	项目	参数
支持标准	通信框架协议	ITU-T H.323、IETF SIP协议
	视频编码协议	ITU-T H.261、H.263、H.263+、H.263++、H.264
	音频编码协议	ITU-T G.711、G.722、G.728、G.723.1、G.722.1、G.722.1C等音频编码方式
	双流传输协议	ITU-T H.239
	远程摄像机控制协议	H.281，支持FECC远程摄像机控制功能
	多路复用协议	H.225、H.245、H.243、H.230、H.235、H.224、Q.931
	网络协议	TCP/IP、UDP、ARP、HTTP、Telnet
整机特性	会议模式	语音激励模式、导演模式、主席模式
	接入容量	96个2Mbit/s终端接入
	网守功能	应用外置标准H.323网守系统
	IP会议速率	支持64kbit/s~8Mbit/s编码速率

（续）

类别	项目	参　　数
整机特性	适配功能	提供混网络、混速率、混协议、混分辨率、混帧率功能；允许终端以不同传输网络、不同速率、不同编解码协议、不同分辨率、不同帧率接入会议
	混音和哑音功能	支持全路智能混音和哑音
	组播特性	最多支持12组组播
	级联功能	简单级联和互控级联
	音频会议	支持数字音频会议；支持匿名呼入会议；支持IVR语音
	会议标志（LOGO）	支持LOGO显示设置；LOGO导入；LOGO恢复默认设置
会场布置	横幅	内置横幅，透明横幅，横幅可以被隐藏或者显示，字体、大小、主颜色及背景色可以被灵活设置
	字幕	滚动字幕，字幕可以被隐藏或者显示，字体、大小、主颜色及背景色可以被灵活设置
	短消息	支持短消息互传
	会场名	放置在会场画面的右上角、左上角、右下角、左下角等位置，会场名可以随时被隐藏或者显示，可灵活设置字体、大小、主颜色及背景色
管理特性	Web管理	内建WebServer，支持使用浏览器登录、MCU进行管理、会议调度等功能
	分级权限管理	MCU提供五级权限管理：系统管理员、会议管理员、会议预约、会议控制、组播接收
	MCU管理	MCU系统信息、MCU板卡管理、MCU资源管理
	终端管理	支持终端排序显示、终端信息导入/导出
	管理界面语言	中文
视频特性	活动图像分辨率	720p、4CIF、CIF、QCIF、XGA、SVGA、VGA、SXGA、UXGA
	活动图像帧率	最高支持30帧/s
	分屏模式	最高支持36分屏，支持40种分屏模式，支持多画面动态轮巡
	胶片分辨率	VGA、SVGA、XGA、SXGA、UXGA
安全特性	嵌入式操作系统	专用嵌入式操作系统，有效防止病毒感染
	分权访问	为用户设置访问账号/密码，并对用户实现权限划分管理
	注册安全	支持内置网关注册安全管理
网络适应性	网络丢包自适应	NAA专利技术，抗5%的丢包
	隔离网络跨接	多个网口可以跨接多个隔离的网络
	多网口负载均衡	支持
	多网口故障容错	支持
	公私网穿越	支持
	防火墙穿越	支持
	智能流控	终端没有被观看时自动降低码流发送
QoS	IP Precedence	支持
	DiffServ/TOS	支持

（续）

类别	项目	参　　数
可选配特性	网守功能	内置网守
	高清分辨率	1080p/1080i
	监控台	对指定会场进行图像监控，并且可以进行摄像头控制
	加密功能	H. 235 信令流、媒体流 AES 加密
网络接口	以太网接口	10/100/1000Base-T，4×RJ-45；2×SFP 光口
可靠性	MTBF	大于 120000h
	MTTR	小于 0. 5h
	系统固有可用度	大于 0. 99999
	运行时间	7×24h
	电源	双电源备份
	备份	1+1 双机热备
诊断与维护	系统诊断	支持从芯片到单板、从 MCU 到线路等全方位的诊断功能，支持通过 SSH 远程登录对所有单板进行诊断
	日志功能	支持系统事件日志、用户操作日志、会议记录日志，可以提供分等级控制输出与查询等功能
	远程升级和维护	支持
电气特性	工作电压	AC100~240V，50~60Hz

2. POLYCOM 高清 MCU 系统

（1）超高清图像、双 H3C ME8000 MCU 引擎：全线支持 1080p、720p/60 帧；更低的带宽（720p/60 帧只需 1. 2Mbit/s）。

（2）提供清晰、高保真音质。22kHz 高保真音质；360°高灵敏度全向数字传声器；环绕立体声；屏蔽 GSM 手机干扰；噪声抑制；语音增益控制管理；可级联扩大拾音半径到 18m。

（3）提供灵活的双流传输。

（4）视频会议虚拟背景技术。高清图像合成，让演讲者置身于虚拟环境中，无须 H. 239 双流协议支持，任何视频会议系统都可接收。

（5）灵活的电话接入会议功能。终端具备电话接口，用手机或普通电话加入会议。

（6）集成视频会议电话调度系统。实现多点音频会议调度，不占任何视频端口资源。最高支持并发 96 路视/音频信号。

（7）提供会场画面实时监控。视频监控与视频会议图像融合，随时可调用监控图像到会议中；所有与会者都可以观看调用的监控图像；还可对监控现场进行录像和回放。

（8）先进的网络容错技术。超强的网络纠错能力，4 种专利技术，保让在任何情况下提供稳定的视频图像：5%网络丢包率，图像正常；10%网络丢包率，图像可接受。

（9）提供高清桌面软件终端解决方案。

（10）系统提供全面的兼容能力。支持多协议、多格式同时入会，全面兼容 1080p、720p、4CIF、CIF 和 H. 261、H. 263、H. 264、H. 265 等现有设备。

支持多种分屏显示模式：最高支持 16 画面分屏显示和多达 24 种分屏模式。

（11）多重会议备份和保障机制。

3. RADVISION 高清 MCU 系统

ADVISION 公司的 SCOPIA-400/1000 MCU 是基于广泛使用的 H.323 视频会议通信框架协议技术。在一个 19in 宽、2U 高的机箱内；包含 4 个 Compact PCI 插入卡。

网关（GW）卡配置在 I/O 卡插槽内（随机箱一同提供）；系统带有双路电源：AC110～220V，50/60Hz。

RADVISION SCOPIA-400 MCU 会议平台包括：语音、视频和数据通信的多点会议设备、防火墙穿越、系列网关（GW）、桌面会议和管理软件。

图 7-13 是 RADVISION SCOPIA-400 MCU 外形图。

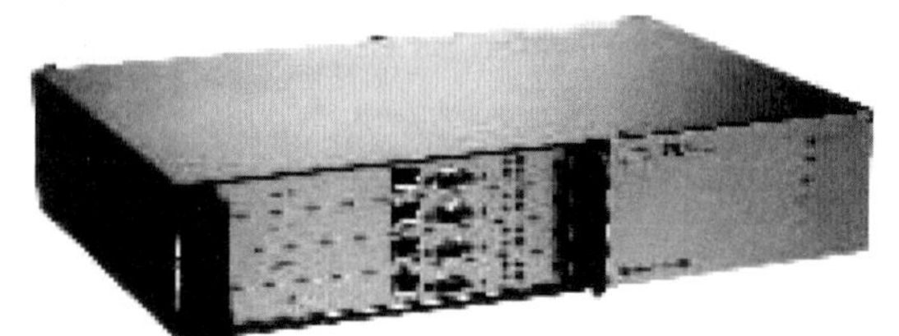

图 7-13　RADVISION SCOPIA-400 MCU 外形图

（1）RADVISION SCOPIA MCU 的特点：

1）电信运营商级的可靠性。SCOPIA-400 机箱提供内置双冗余电源和双电源输入端、冗余的内置以太网背板。所有 SCOPIA 的板卡均为热插拔型，不必关闭系统即可更换板卡。平均无故障运行时间 MTBF 高达 21 万 h。

2）扩展性。SCOPIA-400 机箱内配有 4 个插槽，SCOPIA-1000 机箱内配备多达 18 个插槽，便于用户灵活扩展。各板卡的功能见表 7-8。

表 7-8　SCOPIA 板卡功能

板卡	功能描述
MCU 板卡	每个 MCU 板卡可启用 96 个音频会议端口，所有端口均具有完整的数字音频编码转换功能
MVP 板卡	每个视频处理板卡（MVP）可启用 48 个视频会议端口
GW-P20 板卡	每个 PRI 网关（GW）卡，可将 H.320/ISDN 网络连接至 H.323 /IP 网络，包括内置音频编码转换
GW-S40 板卡	每个四端口串行网关可将 H.320 串行网络连接 至 H.323/IP 网络，包括内置音频编码转换
GW-P25/板卡	每个 3G 视频网关可将 H.324 M 网络连接至 IP 网络

3）高度的灵活性。RADVISION SCOPIA 视频会议平台可配置高清与标清会议室系统、桌面会议系统、3G 手机视频和音频会议系统等，都可在不同传输网络上运行。

4）高性能的视频处理。视频编码转换与码速率自动匹配，让用户获得最佳的图像质量和最清晰的声音质量。

5）使用简便。即装即用和即插即用功能，管理员可很快完成初始安装及系统设置。用户可用遥控装置方便地对视频会议系统实施控制。允许用户创建和参加会议。

（2）MCU 和 MVP 板卡的技术性能：

1）容量：

① 每个 MCU 板卡具有 16 个高清视频会议处理端口。

② 每个 MVP 板卡具有 24 个标清视频会议处理端口（最高 2Mbit/s）。

③ 每个 MVP 板卡具有 48 个桌面视频会议处理端口（最高 384kbit/s）。

④ 每个 MCU 板卡具有 96 个音频会议端口。

⑤ 每个 MCU 板卡最多可连接 4 个 MVP 板卡，即最多可具有 96 个音频和视频会议端口。

2）通信框架协议：H.323、H.320、H.324M、SIP。

3）音频编解码格式：

① 音频编解码器：G.711、G.722.1、G.729、MPEG4 AAC-LC、MPEG4 AAC-LD、Polycom

Siren14/G. 722. 1AnnexC。

② 自定义与会者加入/离开会议的声音提示。

③ DTMF 音频检测。

4）视频编解码格式：

① 视频编解码器：H. 261、H. 263、H. 264、H. 265。

② 活动视频分辨率：QCIF、CIF/SIF、4CIF、288p、384p、400p、448p、480p、576p、720p、1080p。

③ 演示视频分辨率：VGA（640×480）、SVGA（800×600）、XGA（1024×768）、SXGA（1280×1024）、UXGA（1600×1200）。

④ 视频带宽：最高 4Mbit/s。

⑤ 高清多分屏图像显示分辨率：H. 264@ 720p/30 帧。

5）数据协作和演讲共享：H. 239 双流协议和 DuoVideo 双视频显示。

6）安全性：

① H. 235 AES/DES 加密。

② Web 界面访问提供多级密码保护：管理员、操作员和用户授权。

③ PIN 会议保护。

④ HTTPS 安全管理。

⑤ QoS：支持：DiffServe、TOS、IP Precedence。

7）基于 Web 方式的监视和控制：通过 Web 界面轻松完成 MCU 配置和会议操作。

8）视频自动参与：支持自动助理号码；支持 IP 拨号；支持多语言。

9）从用户终端实施会议控制：H. 243 会议控制；基于 DTMF 的会议控制。

10）所有端口支持高级视频处理：

① 无论进入高清会议的参会者数量多少，保证始终如一的视频质量和速率。

② 同一屏幕上最多可同时显示 16 个会场，28 种不同多屏布局选项。

③ 字幕叠加功能。

4. TANDBERG Codian 4200 MCU 多点控制单元

TANDBERG Codian 4200 MCU 系列产品是一款高性能视频会议多点控制器，在任何会议模式下都支持恒定的端口容量、提供 40 个视频和语音端口。

（1）TANDBERG Codian 4200 MCU 多点控制单元特点：

1）视/音频接入/输出端口容量大：Universal Port（通用端口）支持使用任何音视频编码协议、带宽、任何视频解析度及任何分屏模式接入（包括 50 种分屏模式）而不影响系统端口容量。

2）标准化及高兼容性：全面兼容 IP 与 ISDN 网络和所有主流厂家的视频会议设备。

3）播放流媒体会议音视频和简报：Codian 4200 MCU 提供通过网页浏览器接收会议视频、音频和数据流媒体，而不需额外安装硬件或软件。

4）直观的用户管理界面：系统支持预约、管理和监控每一个独立会议。每个用户可自主选择不同分屏模式观看会议，而不需要安装额外的软件。

5）Packet Safe™数据包安全技术：MCU 提供独有的 Packet Safe™数据包安全技术，有效减低网络丢包和数据包抖动的影响，保证会议的质量和联机稳定性。

6）网上会议选项：通过 Web Conference 网上会议功能，能够在标准的音视频流媒体上添加数据功能，如简报、文字交互和批注。

7）防火墙选项：用户可以通过第二个以太网口，在不需修改用户防火墙和不影响用户安全度的前提下穿越公、私网，容许公、私网用户同时参加会议。

8）高分辨率选项：系统每一端口都支持高清视频格式接入，支持的视频分辨率包括 4CIF 到 720p HD（高清视频），而不影响设备容量。

表 7-9 是 TANDBERG Codian 4200 MCU 多点控制单元系列产品连接端口的数量。

表 7-9　TANDBERG Codian 4200 MCU 多点控制单元系列产品连接端口数量

型号	视频端口数量(个)	附加音频端口数量(个)	流媒体端口(点播/组播)
MCU 4203	6	6	30/不限
MCU 4215	12	12	60/不限
MCU 4215	20	20	100/不限
MCU 4215	30	30	150/不限
MCU 4220	40	40	200/不限
VFO-4203/VFO-4215/VFO-4220		防火墙选项:容许 MCU 与不同网络/网段作安全性连接(例:互联网的连接)	
HRO-4215/HRO-4215/HRO-4215/HRO-4220		高解析度选项:支持由 CIF 到 720p 视频分辨率,不需使用 H.239 双流协议选项	
WCO-4203/WCO-4215/WCO-4215/WCO-4215/WCO-4220		网上会议选项:该选项支持流媒体广播、批注及文字聊天功能	
GKO-100/GKO-300		内置 GK 选项:从 25 到 100 或 300 个设备注册	

9）视频编码协议：H.261、H.263、H.263+、H.263++、H.264、H.265。

10）视频解析度：从 QCIF 到 720p（1280×720），30 帧或 60 场/s。

11）音频编码协议：G.711、G.722、G.723.1、G.728、G.729、MPEG-4AAC-LC、MPEG-4AAC-LD、Polycom® Siren14™/G.722.1 Annex C。

12）网络协议：H.323V4、SIP、H.235（AES）、H.239（双视频流）、VNC™、FTP、RTP、RTSP、HTTP、DHCP、SNMP、NTP。

13）带宽/速率：H.263 最高 4Mbit/s，H.264 最高 2Mbit/s

14）编码转换/速率匹配：

① 可对所有用户自动进行音视频编码格式转换及速率匹配。

② 每用户都可用任何速率、解像度及音视频编码联机到同一会议。

③ 系统时延低于 80ms。

15）流媒体广播：

① 内置流媒体服务器。

② 支持使用 Windows Media Player™、RealPlayer™ 或 QuickTime™ 播放。

③ 支持广播简报图片、文字交谈。

④ 可独立选择广播速率。

16）本地化及自定义：

① 支持 IVR 自动应答员上载，自定义语音应答和自定义图像。

② 支持上载多国语言包。

17）内置网页服务器：所有系统设置、管理、监控及会议管理都可通过系统网页进行操作。

18）内置网闸：164 个别名终端和网关注册，25 个设备注册，最多 100 或 300 个设备注册。

（2）TANDBERG Codian 4215 MCU 基本功能：

1）H. 323 呼入或系统网页邀请。

2）独立操作或配合网闸（Gatekeeper）操作。

3）内置自定义音视频的自动应答员。

4）支持自适应分屏模式，通过终端机遥控器或网页选择独立分屏模式。提供超过 50 种预设分屏模式。

5）通过网页管理界面或管理软件，设置与会者和会议主席权限。

6）通过网页或遥控器遥控远程镜头（FECC 标准）。

7）屏幕文字信息传送及广播。

8）内置会议预约排程软件。

9）支持即时会议。

10）支持 H. 239 双视频流。

11）网上会议选项：未配置视频会议终端的用户，仍可通过计算机观看会议并能与其他与会者进行相互文字交流。

（3）音频功能：

1）内置可自定义音频自动应答。

2）管理网页可设置 AGC 自动音量控制、调节音量、显示音量电平和设置静音。

（4）系统管理：

1）通过内置网页服务器管理。

2）RS-232 串行口进行远程或本端系统管理及维护。

3）Syslog 诊断功能。

4）可调式系统日志及支持 H. 323 及 SIP 协议编译。

5）配置参数备份。

（5）网络适应性：

Packet Safe™ 数据包安全技术提供智能自适应速率、封数据包排序、封包错误补偿和数据包动态抖动缓冲，保证最优化的视像和音像质量。

（6）服务质量 QoS：可配置 DSCP 或 TOS/IP 优先级，较高优先级的业务可以在不受较低优先级业务的影响下通过，减少对话音或视频等对时间敏感业务的延迟事故。

（7）安全性管理：7 级管理权限；会议密码保护；AES 加密，128bit 加密匙；提供通过第二以太网口实现防火墙穿越方案（选购）。

（8）接口/界面：2×RJ-45 以太网口，10/100/1000Mbit/s 全/半双工，手动设置或自适应；RJ-45 串行口；CF 记忆卡接口。

（9）标准兼容及认证：

欧洲安全认证：EN 60950-1：2001；美国安全认证：UL 60950-1 第一版本；加拿大安全认证；CSA 60950-1-03CB 标准认证；CE 标签 EMC：EN55022 class A、EN61000-3-2、EN61000-3-3，EN55024：EN61000-4-2/3/4/5/6/11，FCCPart15 class A，VCCI class A；AS/NZS3548（C-Tick）CCC 认证：GB 4943—2001、GB 9254—2008；YD/T 993—2016NAL 认证。

7.3.2　视频会议终端

1. H3C MG9030 高清视频会议终端（视/音频编解码器）

H3C MG9030 高清视频会议终端是 H3C 公司推出的分体式专业级高清会议室视讯终端，内置 H. 323 协议处理单元，支持 H. 264 编解码技术，提供 720p 高清视频、宽频语音及高清数据传送。MG9030 提供立式与卧式方式安装，满足不同类型会议室的装饰需要。

（1）产品特点：

1）高清视/音频效果。MG9030 支持高清 720p 图像效果，给人逼真的视觉享受，各种物体、人物、部件细小的差别都能在远程屏幕上显示得淋漓尽致。MG9030 支持 G. 722. 1 Annex C 宽频语音，使声音还原更加逼真、自然。

2）H. 239 双流高清视频传输。MG9030 支持 H. 239 双流协议，支持两路 720p 活动图像或者一路活动图像与一路 PC 演讲资料同时传送，可将 DVD 录像、培训胶片、WORD 文档、Flash 和动态图像、气象云图、医疗影像等辅助资料同时传送给远端会场。两路码流都支持 H. 264 压缩编码协议，在低带宽下仍可使用双流功能。

3）丰富的单屏多显功能。MG9030 提供单屏双显、三显、四显等分屏显示模式，根据需要可把本端和远端的主流、辅流图像都显示在单台电视机上。

4）网络适应性。MG9030 支持 H3C 独有的 NAA（Network Auto-Adaptability，网络自适应）专利技术，借助 NAA 技术，在点到点的会议时允许 9%的网络丢包率，多点会议时允许 5%的网络丢包率，保障会议稳定流畅。系统提供端到端的 QoS 保障，可以提高视讯会议媒体流的转发优先级，结合 Jitter Buffer 抖动缓冲区技术，实现自动升降速和码流平滑，根据丢包率情况对视频码流进行自适应调整，保证视讯会议的视/音频效果。表 7-10 是 MG9030 视频会议终端的规格表。表 7-11 是 MG9030 高清视频会议终端接口特性。

（2）产品规格：

表 7-10　MG9030 高清视频会议终端产品规格列表

类别	项目	参　　数
视频特性	视频压缩编码协议	H. 261、H. 263、H. 263+、H. 263++、H. 264、H. 265
	活动图像分辨率	QCIF、CIF、4CIF、720p
	演讲胶片分辨率	SVGA(800×600)、XGA(1024×768)、SXGA(1280×1024)
	屏幕宽高比	4：3 或 16：9 可选
	帧率：帧/s	5/10/15/25/30 可调
	分屏特性	单屏双显、三显、四显等分屏显示模式
音频特性	音频压缩编码协议	G. 711、G. 723. 1、G. 728、G. 722、G. 722. 1、G. 722. 1 Annex
	音频处理	自动回声消除(AEC)、背景噪声抑制(ANS)、自动增益控制(AGC)、活动语音检测(VAD)、舒适噪声生成(CNG)
	声音调节	静音、哑音、音量调节
	开机音乐	多种音乐可选
会议速率	IP 接入速率	64kbit/s～6Mbit/s
安全特性	嵌入式操作系统	专用嵌入式操作系统，有效防病毒
	授权访问	为每一个用户设置访问账号/密码
	加密功能	H. 235 信令流、媒体流 AES 加密
	会议控制口令	支持会议安全控制
网络特性	通信框架协议	ITU-T H. 323、IETF SIP 协议
	双流协议	H. 239
	远程摄像机控制	H. 281
	安全协议	H. 235、AES
	QoS 特性	IP Precedence、DiffServ/TOS、Jitter Buffer、NAA

（续）

类别	项目	参　　数
网络特性	网络适应特性	NAA,抗5%丢包率
	公、私网穿越	支持
	防火墙穿越	支持
	其他网络标准	TCP、UDP、IP、DHCP、ARP、ICMP、PPPoE、HTTP、RTP、RTCP、IGMP V2.0
物理接口	以太网口	2×10/100/1000M千兆自适应以太网口(RJ-45)
	视频输入	2×DVI、2×SDI、2×S端子/RCA
	视频输出	2×DVI、2×S端子/RCA
	音频输入	2×2-RCA、2×MIC
	音频输出	2×2-RCA
	摄像机控制	2×RS-232(RJ-45)
	红外控制延长口	1个红外延长线接口
	其他接口	2×USB 2.0、1×FXO、4×E1绑定口
用户应用	操作方式	遥控器、Web
	会议参与方式	点对点呼叫、MCU呼叫
	会议控制	主席控制、申请发言、广播会场、广播轮巡、主场轮巡、停止轮巡、释放主席、挂断会场、结束会议等
	时间配置	设置日期和时间
	休眠	支持遥控器触发休眠/唤醒
	开机铃声	提供5种铃声选择
	隐私画面	在通话状态下,支持向对方发送隐私画面
	定制用户LOGO	提供LOGO图片输入
	组播	支持主/辅流组播,支持密码认证
配置管理	地址簿管理	400条地址容量;根据姓名拼音排序
	呼叫记录管理	呼叫记录容量:240条
	设置会场名	设置本地会场名;支持会场名的颜色和位置设置
	设置摄像机预置位	通过遥控器设置;20个远端预置位+20个本地预置位
诊断维护	内置环回测试	支持本地音频、视频、网络环回测试
	内置测试信号	提供发声测试、视频彩条输出
	软件升级	本地升级,远程手动/自动升级,支持升级备份功能
	网络测试	ping、tracert
	日志功能	支持系统事件日志、用户操作日志、会议记录日志,可以提供分等级控制输出与查询等功能
	多级系统诊断	支持从芯片到单板、从终端到线路等全方位的诊断功能
	查看网络丢包率	支持
	查看音视频码率	支持

（续）

类别	项目	参　　数
可靠性	平均无故障工作时间 MTBF	大于 100000h
	平均恢复前时间 MTTR	小于 0.5h
	系统固有可用度	大于 0.99999
电气特性	工作电压	AC100～240V,47～63Hz
	温度	0～40℃
	相对湿度	15%～80%
	周围噪声	小于 46dBA SPL
	最小照度	7lx
	推荐照度	大于 300lx
	非工作状态	
	温度	-30～70℃
	湿度	10%～90%
物理特性	尺寸	400mm(宽)×312mm(深)×87mm(高)

（3）产品接口（图 7-14）：

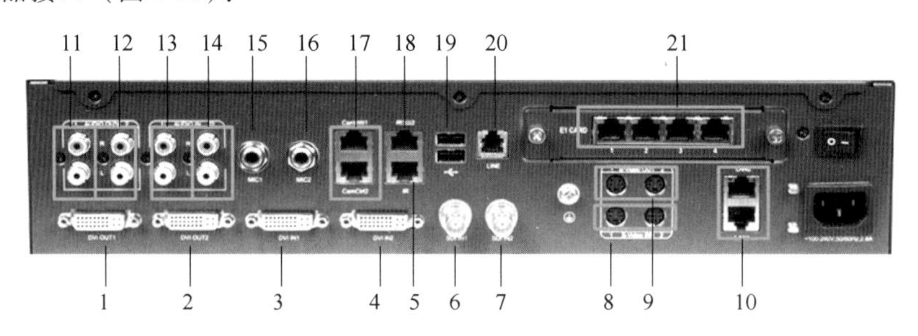

图 7-14　MG9030 高清视频会议终端接口

表 7-11　MG9030 高清视频会议终端接口特性

接口号	名　　称	接口号	名　　称
1	视频输出 DVI-I 接口 1	12	音频线路输出:左右声道 2-RCA 接口 2
2	视频输出 DVI-I 接口 2	13	音频线路输入:左右声道 2-RCA 接口 1
3	视频输入 DVI-I 接口 1	14	音频线路输入:左右声道 2-RCA 接口 2
4	视频输入 DVI-I 接口 2	15	音频 MIC 输入接口 1
5	红外延长接口	16	音频 MIC 输入接口 2
6	摄像头输入 SDI 口 1	17	2 个摄像头控制串口 1
7	摄像头输入 SDI 口 2	18	系统调试串口
8	2 个视频输入 S 端子接口	19	2 个 USB 接口
9	2 个视频输出 S 端子接口	20	FXO 口
10	2 个 GE 网口	21	4 E1 接口卡
11	音频线路输出:左右声道 2-RCA 接口		

2. Tandberg Edge 95 MXP 视频会议终端

Tandberg Edge 95 MXP，以下简称 Edge 95 MXP 视频会议终端专门为中小型会议室设计。由高清视/音频编解码器、无线遥控器、Tandberg 精密高清摄像头、全向传声器和线缆组成，如图 7-15 所示。

（1）视频会议终端性能特征。Edge 95 MXP 支持高清 720p，支持多种网络：IP 网络可达 2Mbit/s；ISDN 或 V.35 网络可达 512kbit/s。

PC 卡插槽，可用于无线 LAN 连接。内嵌式加密标准 H.235 或 IEEE 802.1x 认证。支持自动降速以及数据包丢失恢复功能，可防止出现点对点和多点通话中出现的网络中断；采用 H.264 标准提供高清晰的视频图像。

图 7-15　Tandberg Edge 95 MXP 视频会议终端

（2）应用特性。

Edge 95 MXP 视频会议终端内置小型 MCU 多点会议（Multisite）功能，支持速率匹配和转码功能。在一个或两个显示屏上，可用双路视频（DuoVideo）或 H.239 双流显示协议，同时观看演讲内容和演讲人；Tandberg Expressway™支持 URI（Uniform Resource Identifier）统一资源标识符拨号呼叫。

（3）编解码器技术特性。

1）编解码速率：Edge 95 MXP 在执行 H.320 通信标准时可达 512kbit/s，在执行 H.323 & SIP 通信标准时可达 2Mbit/s。

2）防火墙穿越：支持 Tandberg Expressway 防火墙穿越技术，自动 NAT、H.460.18、H.460.19 防火墙穿越。

3）视频编解码标准：H.261、H.263、H.263+、H.263++（自然视频）、H.264、H.265。

4）视频特性：16∶9 宽屏，画中画功能（PIP），画外画功能（POP），并排显示，本地自动多画面布局；智能视频管理；同时显示视频会议和本地 PC 模式。

5）视频输入（5 路）：

1×9Pin DSUB：高清主摄像机；

1×MinDin，S-Video：图文摄像机/辅助视频设备；

1×RCA/Phono，复合视频信号：图文摄像机/辅助视频设备；

1×RCA/Phono，复合视频信号：录像机；

1×DVI/SXGA：PC 输入：800×600(@60/72/75/85Hz),1024×768(@60/70/75Hz),1280×720(HD 720p)(@50/60Hz),1280×1024(@60Hz)。

6）视频输出（4 路）：

1×MinDin，S-Video：主显示器；

1×RCA/Phono，复合视频信号：主显示器/录像机；

1×RCA/Phono，复合视频信号：双显示器/录像机；

1×DVI/XGA：主显示器和副显示器；

XGA 输出：800×600（@75Hz），1024×768（@60Hz）；1280×768（WXGA）（@60Hz），1280×720（HD 720p）（@60）。

7）视频编解码格式：NTSC、PAL、VGA、SVGA、XGA、W-XGA、SXGA 和 HD 720p。

8）动态图像分辨率：从 CIF（352×288 像素）到 720p（1280×720 像素）。

PC分辨率：XGA（1024×768像素）、SVGA（800×600像素）、VGA（640×480像素）；

宽屏分辨率：W288p（512×288像素）、W448p（768×448像素）、W576p（1024×576像素）、W720p（1280×720像素）。

9）音频编解码标准：G.711、G.722、G.722.1、G.728，MPEG4 AAC-LD。

10）音频特性：单声道和立体声，利用内置多点功能接入电话，具有两个独立的回声抑制器、音频混音器，自动增益控制（AGC），自动降噪，音频电平表，VCR（录像机）伴音，数据包丢失管理，动态音唇同步，GSM/Blackberry网络抗干扰音频特征。

11）音频输入（4路）：

2×传声器，24V幻像电源馈电，XLR连接器；

1×RCA/Phono线路电平：辅助音频输入（或录像机立体声，左声道）；

1×RCA/Phono，线路电平：录像机/DVD（立体声，右声道）。

12）音频输出（2路）：

1×RCA/Phono，S/PDIF（单声道/立体声）或模拟线路电平：主音频信号输出；

1×RCA/Phono，线路电平：录像机/模拟立体声。

13）双流功能：

H.239双视频流，自动调整带宽（H.323），支持H.323/H.320呼叫，支持从任何地点的Multisite多网站功能。

14）网络特性：自动H.323/H.320呼叫，支持SIP，自动降速，可编程的网络设置。

15）智能呼叫管理：呼叫计时，H.331广播模式，URI拨叫。

16）多点会议特性（可选项）：支持同一会议中的H.323/H.320/SIP/电话/VoIP音频和视频编码，视频速率匹配从56kbit/s至最高的会议速率，Best Impression（自动分屏画面），H.264、加密、动态高清晰度显示（Digital Clarity），可从任何点进行双路动态视频画面传送，在ISDN和IP上自动降速和IPLR（智能包丢失恢复），在H.320和H.323上建立Multisite（H.243），具备级联呼入/呼出功能，主席控制模式的会议快照（JPEG），DuoVideo/H.239双视频流演示的快照（JPEG），会议速率最高2.3Mbit/s，4路视频和3路音频终端，4路终端@768kbit/s（加电话呼叫），混合ISDN-BRI和IP可达最大会议速率。

17）内置加密：H.320和H.323点对点和多点呼叫；基于国际标准：H.233、H.234、H.235 v2&v3；经过NIST验证的AES和DES；自动密匙生成和交换。

18）IP网络特性：IEEE 802.1x/EAP网络验证，H.235网闸认证，用于服务配置的DNS，查找DiffServ资源预留协议（RSVP），IP优先级，IP服务类型（ToS），IP自适应带宽管理（含流量控制），自动网闸搜寻，动态播放和唇音同步缓存，智能包丢失恢复（IPLR、H.245 DTMF码），支持ECS，集成Cisco CallManager Integration，IP地址冲突告警。

19）支持IPv6网络：支持IPv6网络服务，同时支持IPv4和IPv6双栈服务。

20）安全特性：IP管理密码，菜单管理密码，呼入密码，广播密码，H.243，MCU密码，VNC密码，SNMP安全警报，禁用IP服务，网络设置保护，SIP验证。

21）网络接口：

4×ISDN（RJ-45），S接口；

1×以太网（RJ-45）10/100Mbit/s（LAN/DSL/电缆调制解调器）；

1×PC卡槽（PCM CIA），用于无线局域网；

1×USB接口；

支持无线局域网：符合IEEE 802.11b，可达11Mbit/s；

支持64/128bit的加密（WEP）、Infrastructure或ad-hoc模式。

22）Ethernet/Internet/Intranet 连通性：TCP/IP、DHCP、ARP、FTP、Telnet、TTP、HTTPS、SOAP 和 XML。

23）SNMP 管理：内置 Web 服务器，内置流媒体服务器。声音自动定位功能，花环式串接可连接多达 4 个摄像机。

支持的其他主要 ITU 标准：H.231、H.233、H.234、H.235、H.235v2&v3、H.239、H.241、H.243、H.281、BONDING（ISO 13871）、H.320、H.323、H.331、RFC3261、RFC2237、RFC3264、RFC3311、RFC3550、RFC2190、RFC2429、RFC3407、RFC2032。

24）文字字幕显示：支持 T.140 字幕功能，可从远程终端、Web 和用户界面加入字幕显示。

25）演示与协作：包括 PC Presenter（DVI-I，SXGA 接口）、PC SoftPresenter、Digital Clarity 及自然格式，流广播，兼容 Cisco IP/TV、Apple QuickTime、RealPlayer® V8 等。

26）系统管理：支持 Tandberg 管理套件（TMS），通过内置 Web Server、SNMP、Telnet、XML、SOAP 和 FTP 进行所有管理。

支持远程软件上载：可通过 Web Server 或 FTP Server 上载，1×RS-232 用于本地软件升级、本地控制和诊断，远程控制和屏幕显示菜单系统，从 TMS 提供外部服务。

27）号码簿服务：支持本地、企业和全球动态号码簿，利用 LDAP 和 H.350 的号码簿服务器实现无限个条目，提供 400 个全球号码，200 个本地号码，16 个专用多点会议号码，显示已接电话的日期及时间，多语言号码簿，显示呼出电话的日期及时间，显示未接通话的日期及时间。

28）16 种可选择的菜单语言：支持阿拉伯语、简体/繁体中文、英文、法文、德文、意大利文、日文、韩语、挪威语、葡萄牙语、俄语、西班牙语、芬兰语、瑞典语以及泰语。

29）电源：自感应电源供应，交流 100~250V，50~60Hz，最大功耗 40W。

（4）管理套件 TMS　Tandberg Management Suite（TMS）管理站可帮助管理人员轻松管理和维护所有的视频网络并可预定视频会议、实时信息和强大的诊断功能。

1）预定特性：用于视频、语音、Web 以及数据会议的预定或特定通话。采用 Microsoft Outlook® 或 IBM Lotus Notes® 预定会议、预设房间以及邀请与会者，支持 Microsoft Office Communicator，支持 IBM Lotus Sametime® 连接。

2）管理特性：直观的 Web 界面，管理现场和远程视频设备；管理多协议下的通话（视频 H.323 和 SIP 的 IP，ISDN 以及混合通话）；直接管理终端设备、MCU 以及网闸；提供 10 多种方法自动生成电话簿，包括动态目录和 H.350。

3）监控/报告特性：会议详细记录，智能化诊断、快速支持响应，系统总结页面，快速获取最有用的信息。

4）管理：会议控制中心屏幕上可显示全部会议情况；定时或随时升级软件；Release Key 输入和输出，系统远程控制、启动、延长和终止会议；更改图像布局；音量控制与音频静音/解除静音，传声器开/关；编辑本地电话簿；检测非法系统配置。

5）语言：英语、简体中文和日文。

6）智能参会资格处理：自动参会资格处理（开放/封闭），资格优先级定制，预定会议前主动检查系统；系统状态和网闸状态及 SNMP 和 ISDN/IP 配置。

7）电话簿服务：创建一个或多个电话簿，搜索无限个录入条目，可从网关、ILS 和 LDAP 自动输入目录，可向 ILS 输出目录。

拨号支持创建、编辑、输入和输出电话簿，国内和国际拨号规则的自动应用，可自动识别 ISDN/IP 号码，可自动插入网关（GW）前缀、地区代码和国家代码。

8）模板/配置：创建系统定制模板、管理和分发；设置音频、视频、网络和带宽。

9）备份：可备份系统设置、可恢复丢失的设置。

10）监控：配置图形显示监控器，可定制背景图像、呼叫和显示系统状态的图形。

11）事件通知：向个人或小组发送电子邮件通知，事件日志内容包括：引导、链路/启动、连接错误、通话连接/断开、失去响应/获得响应、自动降速、升级开始/结束、预定、关守注册、电池电量偏低、密码错误提示、授权失败等。

12）通话明细记录（CDR）和统计：图形化显示通话明细数据，拨入和拨出通话次数，通话日期和时长，带宽使用量，网络类型，通话号码/地址，数据、图形和图表格式的统计，预定会议次数，网络、网关和ISDN接口，身份验证失败，错误统计，电池状态。

13）呼叫路由选择：IP和ISDN上的自动呼叫路由选择，IP和ISDN上的最低成本呼叫路由选择，自动MCU、网关和网络选择，支持MCU级联。

14）预设和预订：系统预订，同时预订系统和会议室，创建、编辑或删除已预订会议或重复性会议，向会议添加Web或数据会议功能，在预订项目中添加或删除与会者，或在会议进行中连接/断开与会者，即时会议或预先预定会议连接，预定点到点会议或桥接会议，锁定会议，阻止新与会者加入，通过电子邮件邀请与会者，定制会议名称。

15）预订概览：已预订会议、资源和与会者的概览，会议状态的实时概览。

16）冗余支持：应用冗余数据库集群。

3. SONY　PCS-XG80高清视频会议终端

PCS-XG80是一种内置小MCU高清视频会议终端。由SONY　EVI-HD1高清彩色摄像机或PCSA-CXG80 1/3in CMOS高清摄像机、PCS-XG80 HD Codec Unit高清编解码器、PCS-A1传声器、PCS-RF1无线指令遥控器等构成，如图7-16所示。

PCS-XG80具有1080i高清视频质量、逼真的音质、强大的功能和高性价比，可满足各个级别的商务视频会议和远程教学的需要。图7-17是内置小MCU高清视频会议终端的典型连接图。

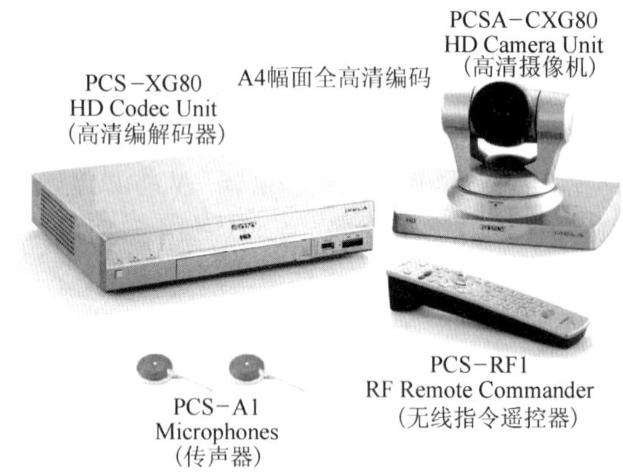

图7-16　PCS-XG80高清视频会议终端

PCS-XG80高清编解码器主要技术特性：

1）1080i高清晰度的图像质量。PCS-XG80采用H.264视频编解码器，提供1920×1080像素分辨率的高清晰度图像。比标准清晰度的图像质量提高四倍，最高可提供10Mbit/s码率。

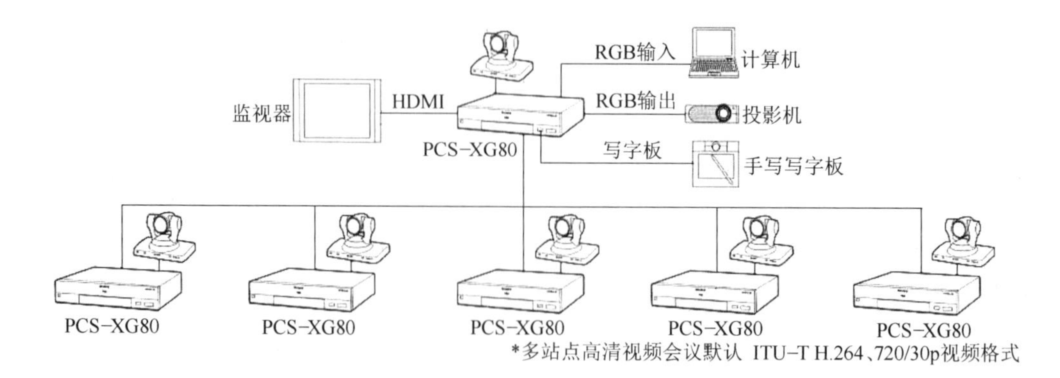

图7-17　PCS-XG80内置小MCU高清视频会议终端的典型连接图

2）BrightFaceTM 专利技术。PCSA-CXG80 高清摄像机采用了 SONY BrightFace™ 专利技术，摄像机内部的每个感光像素都进行亮度优化处理，抑制了图像中过亮的区域；因此，即使在光照条件差的室内依然能提供清晰的图像。

3）一流的声音质量。采用 MPEG4 AAC 立体声压缩编解码格式，清晰、自然的立体声音响效果。内置回声消除器，可以消除严重影响声音清晰度的烦人回声。

4）支持 ITU-TH. 329 双流传输标准。PCS-XG80 支持双流传输标准，与会者可在会场显示器屏上同时看到远端视频会议终端传送来的两幅 30 帧/s 的高清晰画面。

5）内置嵌入式 MCU。使用选购的 MCU 软件，可对 PCS-XG80 进行多点会议配置，无须管理中心的主 MCU 参与，即可通过网络传输，最多能与 5 个远程会场（总共 6 个会场）连接。如果两台 PCS-XG80 都安装了选购件 MCU 软件，通过 IP 网络可把它们级联在一起，最多可同时支持 10 个视频会场。

6）支持 6 画面分割同屏显示，语音激活切换。PCS-XG80 支持四分屏和六分屏画面分割、720p 高清格式多画面合成显示、语音激活切换功能。在视频数据传输过程中，可自动适应网络传输环境的变化，自动纠正数据包丢失，保证快速数据传输。

7）保证数据稳定传输的 QoS 服务质量。QoS 功能包括：自适应向前纠错（FEC）；实时自动请求重复（ARQ™）；自适应传输速率控制（ARC）。

8）RF（无线）遥控器的“一键拨号”功能。PCS-XG80 RF 无线遥控器的“一键拨号”功能键，可直接遥控计算机显示屏上的操作界面缩略图，可与每个注册联系人直接连接。“home menu”菜单上最多可显示四个一键拨号联系人。注册联系人最多可达 1000 个以上。

9）HDMI 高清数字多媒体双网接口。PCS-XG80 装有双网接口，一个用于 LAN 局域网连接，另一个用于 WAN 广域网连接。可在 LAN 和 WAN 网络环境中进行多点连接。

10）众多的其他功能特性。

① 记忆棒可全部记录音/视频、演示数据（包括批注），便于会后浏览或转播。

② 通过 RGB 输入选择，可将演示数据作为单个数据流发送。

③ 内置流媒体功能，可实施流媒体多点播送。

④ 支持 IPv6。

⑤ 支持 H. 460 防火墙穿越。

⑥ 最多可存储 100 个摄像机预置位，方便控制调用。

表 7-12 是 PCS-XG80 高清视频通信系统技术指标。

表 7-12　PCS-XG80 高清视频通信系统技术指标

<table>
<tr><td rowspan="8">通信协议</td><td>标准</td><td>ITU-T H. 320、H. 323、IETF SIP</td></tr>
<tr><td>视频编解码</td><td>H. 261, H. 263, H. 263+, H. 263++, H. 264, H. 265, MPEG4 video</td></tr>
<tr><td>音频编解码</td><td>G. 711 (3. 4kHz@ 56/64kbit/s), G. 722 (7. 0kHz@ 48/56/64kbit/s), G. 728 (3. 4kHz@ 16kbit/s), MPEG4 AAC-LC Mono (14kHz@ 48/64/96kbit/s), MPEG4 AAC-LC Mono (22kHz@ 96kbit/s/IP), MPEG4 AAC-LC Stereo (22kHz@ 192kbit/s/仅 IP)</td></tr>
<tr><td>远端摄像机控制</td><td>H. 281 (Pan/Tilt/Zoom/Focus/Preset Position/Input Select)</td></tr>
<tr><td>双流协议</td><td>H. 239</td></tr>
<tr><td>加密协议</td><td>H. 233, H. 234, H. 235ver3</td></tr>
<tr><td>NAT/Firewall 防火墙穿越</td><td>H. 460</td></tr>
</table>

（续）

比特率	IP 传输网络	64kbit/s-10Mbit/s
	ISDN 传输网络	56～768kbit/s(可选 PCSA-B768S),56～384kbit/s(可选 PCSA-B384S)
视频	分辨率 4：3	QCIF(176pixel×144line),CIF(352pixel×288line),4CIF(704pixel×576line)
	分辨率 16:9	WQCIF(256×144),WCIF(W288p)(512×288),W432p(768×432),W480p(848×480),W4CIF(1024×576),720p(1280×720),1080i(1920×1080)
	最大帧率(H.261)	QCIF 30 帧/s,CIF 30 帧/s
	最大帧率(H.263)	QCIF 30 帧/s,CIF 30 帧/s,4CIF 10 帧/s
	最大帧率(H.264)	QCIF 60 帧/s,CIF 60 帧/s,WQCIF(256×144),WCIF(512×288),W432p(768×432),W4CIF(1024×576)60 帧/s,720p 60 帧/s,1080i 60 帧/s
	H.239 第2路视频	H.264(SXGA、WXGA、XGA、SVGA、VGA),H.263(XGA、SVGA、VGA)
	屏幕布局	PinP,PandP,SideBySide
音频	回声抑制	立体声回声抑制(ON/OFF,最大支持 14kHz),自动增益控制,降噪
	唇音同步	ON/OFF
	Mic 开关	ON/OFF
接口	视频输入	AUX Video Input(S-Video×1,Analog Component(YPbPr)×1, RGB×1
	视频输出	HDMI(Video,Audio)×1,RGB×1
	音频输入	AUX Mic Input L/R×1(Analog,Plug-in Power),AUX Mic Input×2(Digital,PCSA-A7P4),AUX Input(Pin,Stereo)×2
	音频输出	HDMI(Video,Audio)×1,Line Output(Pin,Stereo)×1,REC Output(Pin,Stereo)×1
	网络	10BASE-T/100BASE-TX x2,ISDN Unit Interface×1
	控制	RS-232C
	其他	记忆卡插槽,手写板接口,RS-232C 口
摄像机	图像传感器	6mm(1/3-type)CMOS
	有效像素	200 万(16：9)
	预置位	100 个(存储在编解码器)
	变焦	自动/手动
	增益	自动(自动增益控制)
	焦距	f=3.4～33.9mm(F1.8～F2.9)
	放大倍数	10x 光学变焦(40x 数码变焦)
	水平/垂直角度	±100°/±25°
	水平视觉角度	8°(远景)～70°(广角)
	信噪比	50dB
	电源	终端供电
	其他特性	自动白平衡,背光补偿,BrightFace™ 功能,支持第2路摄像机 VISCA 控制

（续）

记忆棒		JPEG 存储/导入，版本升级，私人地址簿（自动拨号）；配置信息存储/导入，电话簿存储/导入，AV 录制
网络协议		TCP/IP，UDP/IP，DHCP，DNS，HTTP，HTTPS，TELNET，SSH，SNMP，NTP，PPPoE，UPnP
网络特性		Adaptive FEC（Forward Error Correction），Real-time ARQ（Auto Repeat reQuest），ARC（Adaptive Rate Control），NAT，IP Precedence/DiffServe，UDP Shaping，TCP/UDP 端口，GK
其他	外部控制	Telnet/SSH，RS-232C，Web（HTTP/HTTPS）
	密码保护	管理员权限
流媒体/录制		声音：64kbit/s；视频：0～512kbit/s
内嵌小 MCU 多点控制		最大支持 6 点（H. 320/H. 323），级联可到 10 点（H. 320/H. 323）
数据共享		PC 最高支持 SXGA
电压/电流		DC19. 5V，通过 AC 适配器（AC 100～240V，50/60Hz）/5A

4. POLYCOM VSX7000e 视频会议终端

VSX7000e 是一款高档分体式的视频会议终端，可以满足从中型到大型会议室环境的使用要求，如图 7-18 所示。

（1）网络：

1）支持 ITU-T 标准：H. 323、H. 320、H. 221 通信协议，H. 224/H. 281 远程摄像头控制，H. 323 ANNEX Q 远程摄像头控制，H. 225、H. 245、H. 241、H. 331、H. 239 PEOPLE + CONTENT，H. 231 多点呼叫，H. 243、H. 233、H. 234、H. 235 V3 加密标准。

图 7-18　VSX 7000e 视频会议终端

2）网络接口：

① IP（LAN、DSL、Cable Modem）。

② 1 个 10/100 兆以太网接口（10Mbit/s/100Mbit/s/Auto）。

③ 可选 4 BRI（基本速率）接口模块。

④ 可选同步串口模块（V. 35/RS-530/RS-449 带 RS-366）。

⑤ 可选 ISDN PRI（基群速率）接口模块 T1/E1。

3）网络特性：

① 支持 SIP。

② 集成 Cisco 公司的 Call Manager Version 4. 0。

③ 自动降速（IP 和 SDN）。

④ IP 和 ISDN 或混合呼叫的音视频差错隐消技术。

⑤ IP 地址冲突报警。

⑥ 快速 IP 连接，可快速建立视频连接。

⑦ 最长呼叫时间计时。

⑧ 自动 SPID 检测及线路号码配置。

⑨ MGC Click & View 独立显示输出。

⑩ 支持 Polycom Path Navigator 路径导航器的简单呼叫和最佳路由呼叫。

⑪ 通过 API 命令或集成 Web 界面实现主席控制。

⑫ IMUX 软件升级。
4）带宽（最大数据速率）：2Mbit/s。
（2）视频标准：
1）支持编解码协议：H.261，H.263+，H.263++，H.264 。
2）视频解析度：
① XGA(1024×768)，SVGA(800×600),VGA(640×480)。
② 第二路 VGA 监视器显示分辨率：高达 4 CIF。
③ 单显示器图形显示支持 1024×768。
④ PAL/NTSC 显示器支持 4CIF 图形显示。
⑤ 可选 4∶3 或 16∶9 显示比。
⑥ 支持从 56kbit/s 到 2Mbit/s 带宽调节。
3）帧速率：自动选择帧速率，确保最佳视频效果。
4）视频输入：
① 1×S-Video。
② 1×15 针插座：摄像机 PTZ 控制、红外遥控、传声器输入等。
③ 1×S-Video：4 针 MINI DIN 端子（第二摄像机，PTZ 控制）。
④ 1×S-Video；4 针 MINI DIN 端子（VCR 或 DVD）。
⑤ 1×VGA（PC 输入）。
5）视频输出：4 路。
① 1×S-Video（主视频输出）。
② 1×S-Video（第二路输出）。
③ 1×S-Video（VCR 或 DVD）。
④ 1×VGA（主显示器或 PC 输出）。
（3）音频标准：
① 14kHz 带宽，使用 VSX Siren 14 Plus。
② 7kHz 带宽，使用 G.722、G.722.1。
③ 3.4kHz 带宽 ，使用 G.711、G.728、G.729A。
1）音频输入：6 路。
① 1×会议连接。
② 支持 3 个传声器阵列级联。
③ 支持 Sound Station VTX1000 会议电话。
④ 2×RCA/Phono、VCR、DVD 播放机或音频混响器线路输入。
⑤ 2×莲花座端口；用于端连接平衡线路或 24V 可控电源定向传声器。
⑥ 1×R11 模拟电话。
2）音频输出：6 路。
① 2×莲花座端口；平衡线路输出。
② 2×RCA/Phono，用于 VCR 录制。
③ 2×RCA/Phono，用于扬声器的线路输出。
（4）串行数据口：2 路。
① 控制端口方便用户集成远端设备，如 CRESTRON 和 AMX 控制系统。
② 集成 POLYCOM VORTEX 音频产品。
③ 作为通信端口用于 ISDN 呼叫中的串行数据传输（如医疗设备）。

④ 辅助摄像机控制。

(5) 按需组会（Conference On Demand）：

① 从终端上发起未在 MGC 上预约的会议。

② 自动选择内置或外部 MCU。

③ 同时拨叫所有与会者。

④ 支持双流会议。

⑤ 支持点对点 IP 和 ISDN 及混合网络呼叫。

⑥ 可以同时显示会场、人物和数据。

(6) 安全功能：

① 独立认证机构允许的政府加密技术 。

② 特有的出厂默认密码。

③ 管理员密码。

④ 拨入会议密码。

⑤ Web 访问密码。

⑥ 基于标准的 H. 243 MCU 密码。

内置加密包括：

- 高级加密标准（AES）。
- 128 位密钥加密。
- 自动密钥生成交换。

(7) 用户接口：

① 可选的摄像机图标和振铃声。

② 高达 99 个摄像机位置预定。

③ 画中画屏幕预览。

④ 日期，时间服务器访问功能。

⑤ 日历和会议锁定。

⑥ Web 接口。

(8) 目录服务：

① 1，000+ 号码 Local Directory。

② 4，000+ 号码 Global Directory。

③ 无限数量的 MultiPoint Plus 多点会议条目。

④ 带有 Polycom Global Address Book 的实时地址簿，可随终端关机自动删除。

(9) 系统管理：

① 支持 SNMP 企业管理。

② 设置传统系统的基本互通模式。

③ 通过 PC、LAN 进行远程终端诊断、软件升级。

④ 集成内置 Web 服务器，进行远程管理。

⑤ 通过集成 Web 发出会议呼叫。

⑥ 记录 99 个最新的呼入和呼出。

⑦ 详细呼叫记录（CDR），报告系统所有呼叫和呼叫统计。

(10) QoS 及特性

① Polycom 视频差错隐消技术（PVEC），用于减少因数据包丢失造成的视频影响。

② Polycom 音频差错隐消技术（PAEC），用于减少因数据包丢失造成的音频影响。

③ 动态带宽分配。

④ 网络参数主动监控。

⑤ 数据包及抖动控制。

⑥ 支持网络地址转换（NAT）。

⑦ 非对称速率控制。

⑧ 自动唇音同步。

⑨ 回声抑制和回声消除。

（11）扩展方案（可选）：

① 内置 MCU。

② POWER CAMERA 摄像头。

③ POLYCOM 数字传声器。

④ 语言支持（11种）：中文、英文、法文、德文、意大利文、日文、韩文、挪威文、葡萄牙文、西班牙文、俄语。

（12）电气：自适应输入电源电压：AC90~260V，47~63Hz/80W。

7.3.3 高清自动跟踪摄像机

1. SONY EVI-HD1 高清彩色摄像机

EVI-HD1 高清彩色摄像机是 SONY 在 PTZ（快速摇移/俯仰拍摄）摄像机开发中结合 SONY 高清技术优势推出的高清晰度 PTZ 摄像机产品，为 EVI 家族添加的新成员。EVI-HD1 具有很高的灵活性，可输出高清或标清的模拟或数字视频信号。

SONY EVI-HD1 摄像机可与任何品牌的编解码器（例如 SONY PCS-XG80 高清视频会议终端、H3C MG9030 高清视频会议终端、SONY PCS-XG80S 高清视频会议编解码器或 Tandberg Edge95 MXP 高清视频会议编解码器等）结合使用。

EVI-HD1 采用 1/3inHD CMOS 高清图像传感器，有效像素达到 200 万。内置 10 倍光学变焦镜头，可输出 16：9 的高清图像，实现高速、静音的摇移/俯仰操作和大范围区域内的物体拍摄，而扰动却很小。图 7-19 是 EVI-HD1 高清彩色摄像机的外形图，它具有许多便捷的功能，如自动聚焦/自动曝光、6 位预设位、外部/远程控制等。EVI-HD1 是视频会议、远程教学及企业培训的理想选择。

图 7-19　EVI-HD1 高清彩色摄像机

EVI-HD1 高清彩色摄像机的特性：

1）高清晰和高分辨率的图像质量。EVI-HD1 装有 1/3in、总有效像素达到 200 万的 CMOS 传感器，可提供超高清晰的图像质量。

2）宽范围安静的快速摇移/俯仰（PTZ）拍摄。EVI-HD1 采用新型直流电动机，可以安静快速地移动至指定角度，进行大范围的拍摄。

最大水平摇拍速度：300°/s（范围±100°）。

最大俯仰速度：125°/s（范围±25°）。

3）标清 NTSC/PAL 和全高清的多格式视频输出。EVI-HD1 可提供 1080i 格式的全高清视频，针对各种不同的应用需求，可提供从标清到高清的多种信号输出。

4）可进行长距离、高质量的高清图像传输，图像质量不会受到损失。EVI-HD1 装有一个 HD-SDI 接口终端，可以长距离传输高质量的高清图像。

5）RS-232C 远程控制。使用 RS-232C 接口，可对摄像机的所有设定以及摇移/俯仰/缩放操作。

6）40 倍变焦（10 倍光学×4 倍数字）。

7）快速稳定的自动聚焦镜头，可进行 40 倍变焦操作。

8）超宽的水平视角（70°）。EVI-HD1 装有一个新型的广角镜头，可进行多款角度的图像捕捉，是大中小各类会议室进行远程高速通信控制的理想选择。

9）自动/手动 预设位数量：6 个预设位 RS-232C 控制。EVI-HD1 最多可对 6 个摇移/俯仰/缩放值、聚焦位置、曝光模式以及白平衡进行预设，即使在摄像机关闭时，预设数据也可以保存下来。

10）多功能遥控器：EVI-HD1 配备有操作简便的遥控器，可进行基本设定，以及摇移/俯仰/缩放控制。

11）多种格式的视频输出：HD、SDI、高清分量（Y/Pb/Pr）、标清 VBS 和 Y/C。

12）最低照度：15lx（50IRE，F1.8）。

13）快门速度：1/2～1/10000s。

表 7-13 是 SONY EVI-HD 高清彩色摄像机技术规格。

表 7-13　SONY EVI-HD 高清彩色摄像机技术规格

图像感应	1/3in CMOS
有效像素	约 200 万(16：9)
镜头	10 倍光学变焦(40 倍变焦功能)f=3.4～33.9mm,F1.8～F2.1
水平视角	8°(远端)～70°(宽端)
镜头扭曲度(宽端)	少于 1%
最小拍摄距离	100mm(宽端)
最低照度	15lx(F1.8)
快门	1/2～1/10000s
白平衡	自动/手动,一次按压,室内/室外
S/N 比率	超过 50dB
平移角度	±100°
倾斜角度	+25/-25°
平移速度	最大 300°/s
倾斜速度	最大 125°/s
视频输出	HD:HD-SDI 模拟分量(Y/Pb/Pr);SD:VBS,Y/C;HD/SD:可选
电源需求	DC12V(DC10.8～13.0V)
电源消耗	最大 30W
工作温度	0～40℃
存储温度	-20～60℃
尺寸(宽×高×深)	259mm×150mm×169 mm
重量	2kg
随机附件	AC 适配器(×1),AC 电缆(×1),IR 遥控器(×1)

2. Tandberg 高清精密摄像机

图 7-20 是 Tandberg 高清精密摄像机。主要技术指标如下：

1）7 倍变焦；1/3″CMOS，垂直+10°/-20°，水平± 90°。

2）广角镜头。

3）最大垂直视角72°。

4）水平70°，最大水平视角250°。

5）焦距0.3m～无穷大。

6）1280×720像素@30f/s。

7）自动/手动、聚焦/光圈/白平衡。

8）远端摄像头遥控。

9）15个本端/远端位置预置。

图7-20　Tandberg高清精密摄像机

3. 松下AW-HE50HMC、AW-HE50SMC视频会议高清摄像机

图7-21是松下AW-HE50HMC、AW-HE50SMC视频会议高清摄像机，18倍光学变焦和10倍数字变焦，1/3in全高清MOS传感器实时传送高清视频画面，计算机设置摄像机菜单，IP控制和旋转锁定装置。

1）1/3in全高清MOS传感器。

2）18倍光学变焦，10倍数字变焦，焦距4.7～84.6mm。

3）HD/SD多格式兼容：1080i/50，720p /50，SD：576i/50。

4）控制方式：AW系列遥控器（IP协议或RS-422控制协议）或者无线遥控器（需选配）。

5）视频输出：HD HDMI、HD/SD模拟分量或模拟复合输出（需选配AW-CA20T6）。

图7-21　松下高清摄像机

6）计算机设置摄像机菜单。

7）旋转锁定。

8）快速安装，连接简单，一人可完成。

9）重量：1.4kg。

7.4　视频会议系统设计方案

一套完整的视频会议系统通常由多点控制单元（MCU）、视频会议终端、网络管理软件、传输网络以及相关附件五大部分构成。根据系统功能需求、终端用户的数量和各用户已有的网络状况、硬件设施等情况确定视频会议系统设计方案。

7.4.1　视频会议系统主要功能和技术要求

1. 主要功能

允许多个会议室（厅）同时召开，每个会议室（厅）最多可支持上千人同时交互；提供视频交互讨论、双流技术、共享桌面、文件传输、电子白板（可随时进行标注、修改），支持远程控制，轻松实现远程协同办公。

1）H.323呼叫：会议控制、呼叫、多分屏功能、多种编码转换功能。

2）视频呼叫：可以直接在线邀请参加会议，通过对方同意，能接收到该用户的视频图像。

3）电子白板：允许多人在电子白板上进行图文操作；可同时交换信息、进行项目协作、授课和展示；同步查看相同的白板页面及白板权限控制打开的网页。

4）文字短信：所有与会者都能用公共的平台进行有效的文字交流和沟通，提供一对一的私人聊天空间，也可以进行一对多的广播发送。

5）发送文件：与会者可在开会时传输文件给某个会议成员。

6）会议管理：会场管理，设置主持人和会议进程管理等。

7）资料查询：提供按时间、摄像点、事件、报警等的查询手段，方便所需各种资料的调用、回放。

8）远程控制：有效的远程控制操作、故障诊断和软件升级，远程培训等。

9）会议录像：完整地保存会议视频、音频、共享数据、文字信息、会议人员列表、会议过程等。也可以同时把各会场的视频、音频单独地以文件资料的形式录制保存下来。可以本地播放或网络点播的形式供会后查询、学习和资料保存。

10）云台控制：可以远程遥控分会场云台，对摄像机的方位转动和焦距进行调整。

11）自动轮巡：设置轮巡分会场的数量、循环周期。

12）语音激励：可以将正在发言的参会者视频画面自动跳转到大画面。

2. 网络的适应性

视频会议系统网络的适应性包括两个层面：一是对接入方式的适应性，即终端用户可以通过现有的诸多方式接入系统；二是在极其严格的网络安全措施情况下，各种网络设备的性能（包括防火墙的穿透性）仍能满足视频会议功能的要求。

1）在同一视频会议系统中，各路终端设备的配置并不要求完全一致，只需符合相关国际标准即可。

2）通过 MCU 特殊的内部数据流转发，可方便地避免不同网络服务商之间的网络瓶颈，保证不同地域、不同网络间的数据顺畅稳定。

3）独特的编码处理，自动调节码流大小。音视频数据在网络传输中自带网络纠错和足够大的抗数据包丢失机制。

3. 冗余度和稳定性

1）支持 MCU 多级级联、网络优化、集群容错，当某台 MCU 发生崩溃、断电等意外情况时，其他 MCU 会自动接管，保证系统正常运行。

2）多个 MCU 间可相互自动负载均衡，智能判断并自动提供负载最轻、网络状况最好的 MCU 进行流转发。

4. 安全管理

远程会议管理的功能包括用户管理、会议预约管理、会议配置管理、会议通知、会议中止、会议延长和服务器资源统计等。

1）严格的分级授权管理机制，明确每个用户的权限，有效阻止非法用户入侵。

2）强大的会议主持权限控制机制，保障各种会议顺利进行。

3）支持 Windows、Linux 等多种操作系统，满足不同用户的需求。

5. 视频会议系统主要技术要求

（1）遵循标准：

1）通信标准：ITU-H.320 协议、ITU-H.323 协议、SIP 协议。

2）视频压缩编码标准：ITU-H.261、H.263+、H.263++、H.264、H.265。

3）音频压缩编码标准：G.711、G.722、G.723、G.728、G.729、MPEG4 AVC。

（2）图像质量：

1）动态图像分辨率：

NTSC 制式：400p（528×400 像素），4SIF（704×480 像素），ISIF（352×480 像素），SIF（352×240 像素）。

PAL制式：448p（576×448像素），4CIF（704×576像素），ICIF（352×576像素），CIF（352×288像素），QCIF（176×144像素），SQCIF（128×96像素）。

PC分辨率：XGA（1024×768像素），SVGA（800×600像素），VGA（640×480像素）。

宽屏分辨率：W288p（512×288像素），W448p（768×448像素），W576p（1024×576像素），W720p（1280×720像素）。

2）图像帧率：5~30帧/s。

3）图像带宽：16kbit/s~8Mbit/s。

（3）视频输入：S-VIDEO，多路复合视频端口，USB端口，1394接口。

（4）视频输出：可选等离子、电视墙等输出模式，支持4：3、16：9显示。

（5）音频控制：回音消除（AEC）；噪声抑制（ANS）；自动增益控制（AGC）。

（6）网络选择：可以是PSDN、ISDN、ADSL、VPN、LAN、Internet、FDDI/ATM、企业网、卫星通信网和电子政务网等任何一种通信网络，可跨越各类防火墙。

1）每个终端用户（分会场）至少应具有不少于768kbit/s的网络带宽，才能提供较为流畅的音视频效果（30帧/s，CIF格式）。

2）视频会议系统中心（即MCU所在点）的网络总带宽必须大于参与开会的各分会场通信带宽的总和。

（7）时间延迟：局域网：≤60ms以内；互联网：广州-北京，≤120ms。

7.4.2　视频会议系统的基本配置

视频会议系统可分为最简单的点对点桌面视频会议系统、点对多点的远程培训和远程医疗视频会议系统、多点对多点视频会议系统三种基本类型，它们的系统配置各不相同。其中点对点桌面会议系统最简单，不需MCU参与，只需通信双方各自的计算机、传声器、摄像头和互联网接口设备就可实施双方通信。图7-22是一个完整的多点对多点视频会议系统的基本配置。

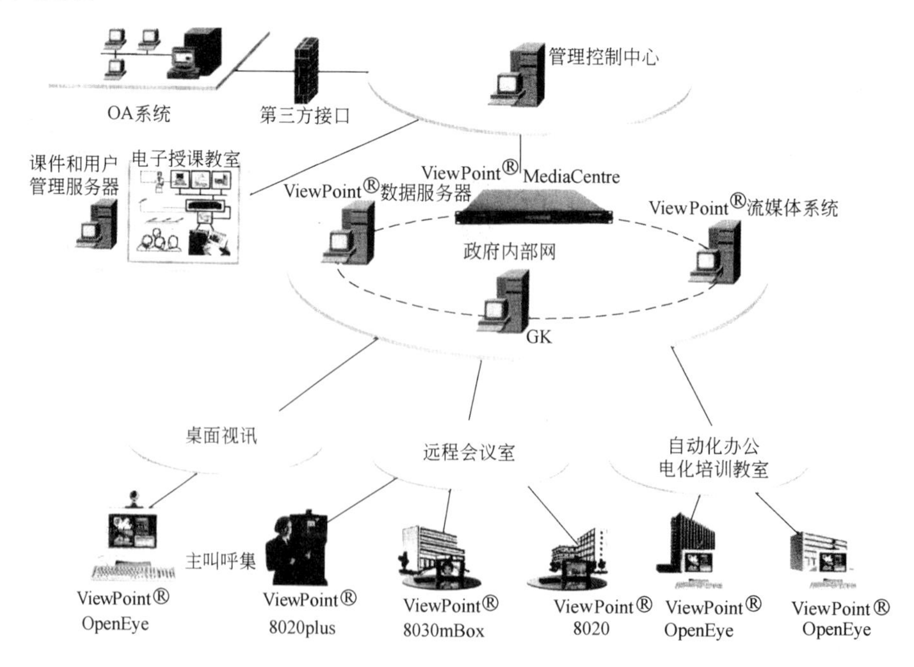

图7-22　视频会议系统的基本配置

管理控制中心的职责包括：用户管理、会议管理、资源管理、网络管理、计费管理、数据存储和业务统计分析；主要设备为MCU多点控制单元、数据服务器和显示屏等。信息传输系统包括数据交换机、路由器、网关（GW）、网守（GK）等。用户终端包括音视频编解码器、摄像机、监视器、电视墙、电子白板、扩声系统和其他专用配套设备。根据系统用途、功能需求和系统规模，可组建不同类型的视频会议系统。

7.4.3 小型标清视频会议系统

图7-23是一种小型标清视频会议系统。系统架构非常简单，无须管理中心MCU参与，只需带有内置小MCU的视频会议终端设备（如SONY PCS-1P、PCS-XG80或POLYCOM VSX7000e视频会议终端）通过传输网络互联，即可在6个视频终端之间召开多点视频会议。

在H.320通信系统（ISDN网络）标准下运行，最高速率可达到768kbit/s。在H.323通信系统（Internet互联网）标准下运行，最高速率可达到2Mbit/s。可采用H.261、H.263、H.264、H.265视频压缩编码和G.711、G.722、G.723、G.728、G.729、MPEG4 AVC音频压缩编码标准。最高图像质量可达1024×768像素、30帧/s。

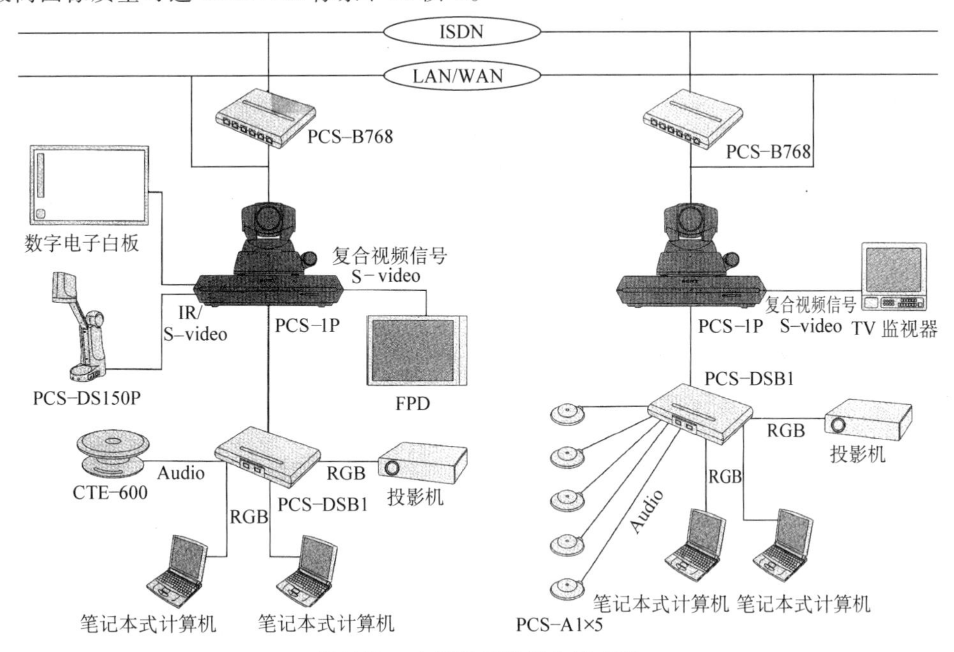

图7-23 小型标清视频会议系统

图中PCS-1P视频会议终端是该系统的核心设备，它包含音视频编解码器，最多可连接6台音视频设备，可连接电子白板（Digital White Plate）输入图文数据。同时还可把接收到的数据信号解码后传送给FPD图像监视器、Projector投影机和扩声系统。CTE-600和PCS-A1是拾音传声器；PCS-B768是ISDN模块；PCS-DSB1是双流模块。MCU可选PCS-320M1多点控制软件和PCS-323M1多点控制软件，以便适应H.320通信系统（ISDN网络系统）或H.323通信系统（Internet互联网系统）。网络接口为10Base-T/100Base-TX接口，还具有9画面分割多屏显示输出。摄像机的水平分辨率为460TV线。自动光圈和自动变焦，10倍光学变焦和40倍数字变焦。6个预置位调节，可无线遥控。

7.4.4 政府部门视频会议系统

在业已完善的政务网的基础上组建视频会议系统，对各级政府提高办事效率和节省财政开支产生了重大影响。对提升突发性事件紧急指挥的效率起到了极大的推动作用。真正实现了语音、图像、数据和现场演示等多点双向交互式互动。图7-24是政府视频会议系统的网络拓扑图。

现有的政务主干网都是千兆以上的高速专业网，对于采用先进的H.323通信标准极为有利，可达到非常完美的高质量声音、清晰的图像和高清晰的电子文档显示。只要IP网络铺设到的地方，都可安装视频会议终端。

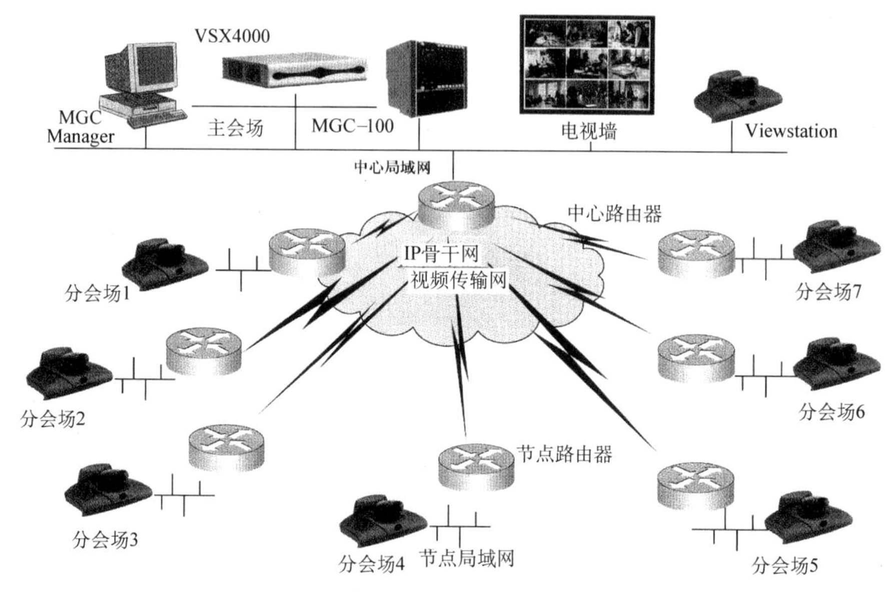

图7-24　政府视频会议系统网络拓扑图

MGC-100是一个稳定、高速、大容量、应用灵活的MCU多媒体交换平台，采用便于扩展的模块化插件结构，支持7×24h连续运行，平均无故障运行时间MTBF>50000h。

MGC-Manager是一台高性能服务器，在Global Manager System专用软件配合下，一个人可以管理整个庞大的视频会议系统。

VSX4000是视频会议系统的终端设备，可与摄像机、拾音器、电子白板、扩声系统和大屏显示系统连接。

7.4.5　大型企业视频会议系统

大型企业集团公司，如航空、航天、石油、煤炭和电力集团公司、银行金融系统和跨国集团公司等，它们的特点是分部或子公司的地域跨度大、传输网络复杂，有专网、也有部分租用电信网，终端设备技术性能参差不一，使用的通信标准及音视频编解码标准也不尽相同。为此系统必须具有“混速率”“混网络”和“混协议”的功能。管理中心的设备除高性能的MCU多点控制器外，还必须配置GW网关、GK网守和流量控制装置等设备。

图7-25是大型企业集团视频会议系统的网络拓扑结构。系统由一级高速主干网、二级主干网和用户接入局域网三个不同的传输网络组成。主会场中心机房配置一台POLYCOM MGC-100高性能MCU多点控制器作为全网会议控制中心，使用强大的管理软件Path Navigator。

地市公司会场均使用一台POLYCOM MGC-25多点控制器作为地级会议控制，一台POLYCOM Viewstation 4000视频终端，组成一个二级视频会议网络。会议的控制既可由本地管理员操作，也可由省网络中心管理员实施远程管理操作。各地分会场均使用一台POLYCOM Viewstation EX视频会议终端。

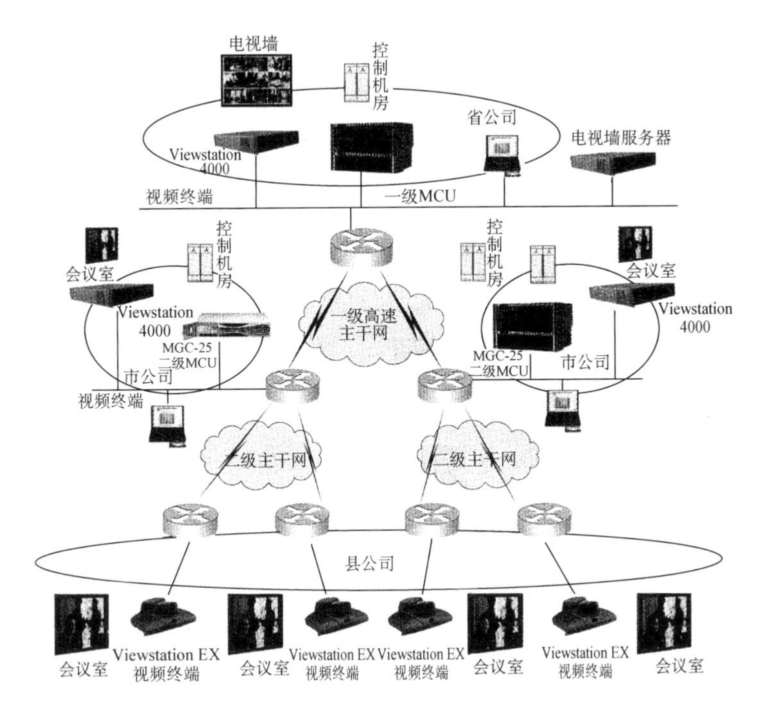

图 7-25　大型企业视频会议系统网络拓扑图

在召开全省会议时，各地市网络中心的 MGC-25 MCU 与省网络中心的 MGC-100 MCU 级联。各地市和分会场的终端设备都连接到本地市的 MGC-25 MCU，组成一个二级视频网络运行系统。

在召开地市级会议时，地市级和分会场的终端设备都连接到本地市的 MGC-25 MCU，组成一个星形视频会议网络。会议控制由本地市的管理员操作。

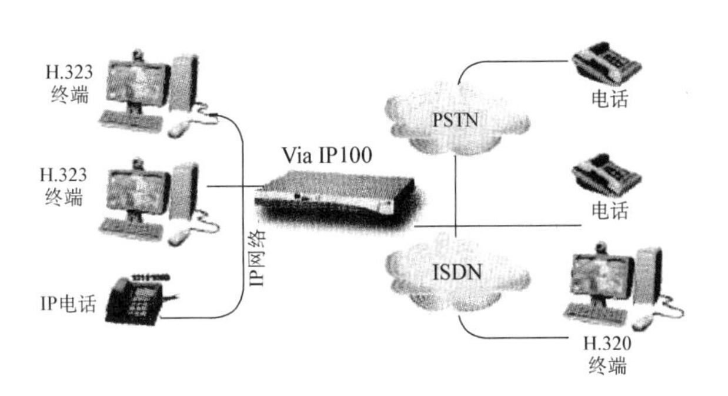

图 7-26　GW 网关连接的多媒体通信系统

网关（Gateway）是“混网络”通信的关键设备。图 7-26 是 RADVISION Via IP100 网关连接图。网关可提供连接在 ISDN 网络上的 H. 320 通信终端、连接在 IP 网络上的 H. 323 通信终端和连接在 PSTN 网络上的 H. 324 通信终端之间实施音频、视频、数据等的无缝转换。

网闸（Gatekeeper）的主要功能是地址翻译、接入控制、带宽管理、带宽控制、区域管理、呼叫控制和呼叫管理等。

7.4.6　远程教学/远程医疗视频会议系统

远程教学和远程医疗视频会议系统，打破了时间和地域的限制，充分利用学校、医院的丰富资源，共享名师名教优秀教学资源和名医优秀医疗资源，通过流媒体传送和网上 VOD（Video On Demand）点播，构建实时交互式现代化教学、医疗平台。图 7-27 是某大学远程教学系统视频网络拓扑图。

由于每个学校和医院的地理位置受不同条件的限制和网络基础建设发展的不平衡，网络接入

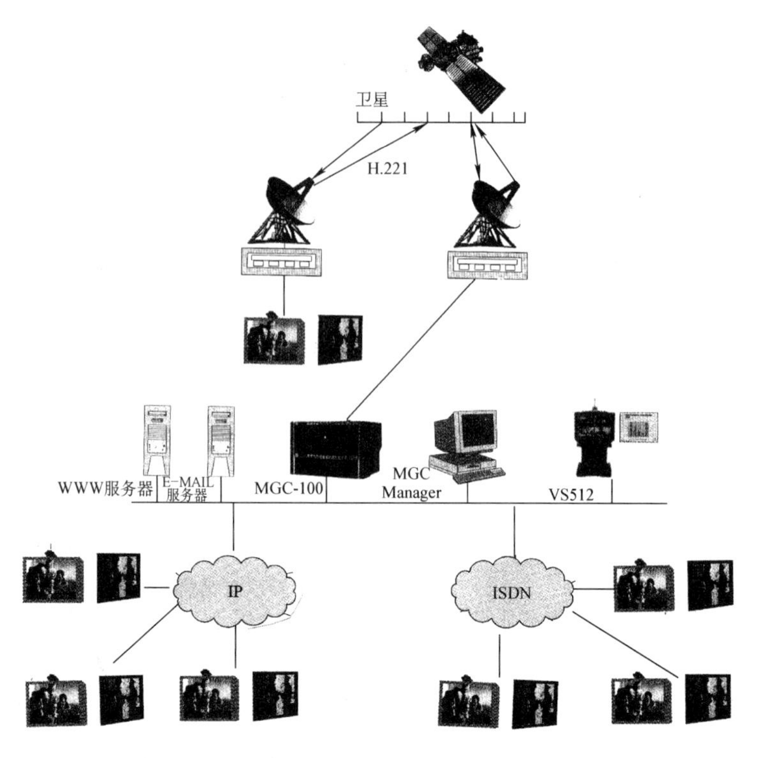

图 7-27　远程教学（医疗）系统视频网络拓扑图

情况复杂，条件好的有高速宽带专网接入，也有一些采用 ISDN 网接入，还有一些偏远地区只能采用卫星无线通信网接入，因此对视频终端和 MCU 在混网络和混速率上有非常高的要求。远程教育和远程医疗视频会议系统必须具备下列条件：

1）支持多重网络连接，包括 H. 323 的以太网、H. 320 的 ISDN 网和 DDN 网、H. 321 的 ATM 网。

2）支持多重协议转换，包括音频和视频协议转换、帧频和分辨率转换、传输速率转换。

3）支持 IP 包优化，提供 QoS 服务和带宽管理，提供更好的视/音频质量。

4）支持增强的管理功能。

5）支持软件升级，通过本地或远程方式自动配置最新软件。

6）支持动态多画面分屏显示，保证不降低每个分屏显示的分辨率。

7）支持网络直播和 VOD 点播。

7.4.7　交互式网络数字视频会议系统

交互式网络数字视频会议系统不仅是声音、图像的互传和共享数据显示，还可以向参与会议各方的每个成员实时互动，允许自由插话和用电子白板/书写屏进行“面对面”的对讲、修改图样或交流各类数据文档。整个会议进程能实时储存，达到资源共享。

图 7-28 是苏州市信托投资公司的远程交互式网络数字会议系统。该系统除通过 IP 网络召开多方视频会议外，还可以通过 PSTN（共用电话交换网）召开异地电话会议，可随时快速连接其他会场，组成更大系统的 Web 虚拟会场，同时收看和收听。

系统由交互式数字视频会议系统（SONY PCS-1P、PCS-XG80 或 POLYCOM VSX7000e 视频会议终端）、数字会议系统、中央控制系统、智能环境灯光控制系统和扩声系统五部分构成。

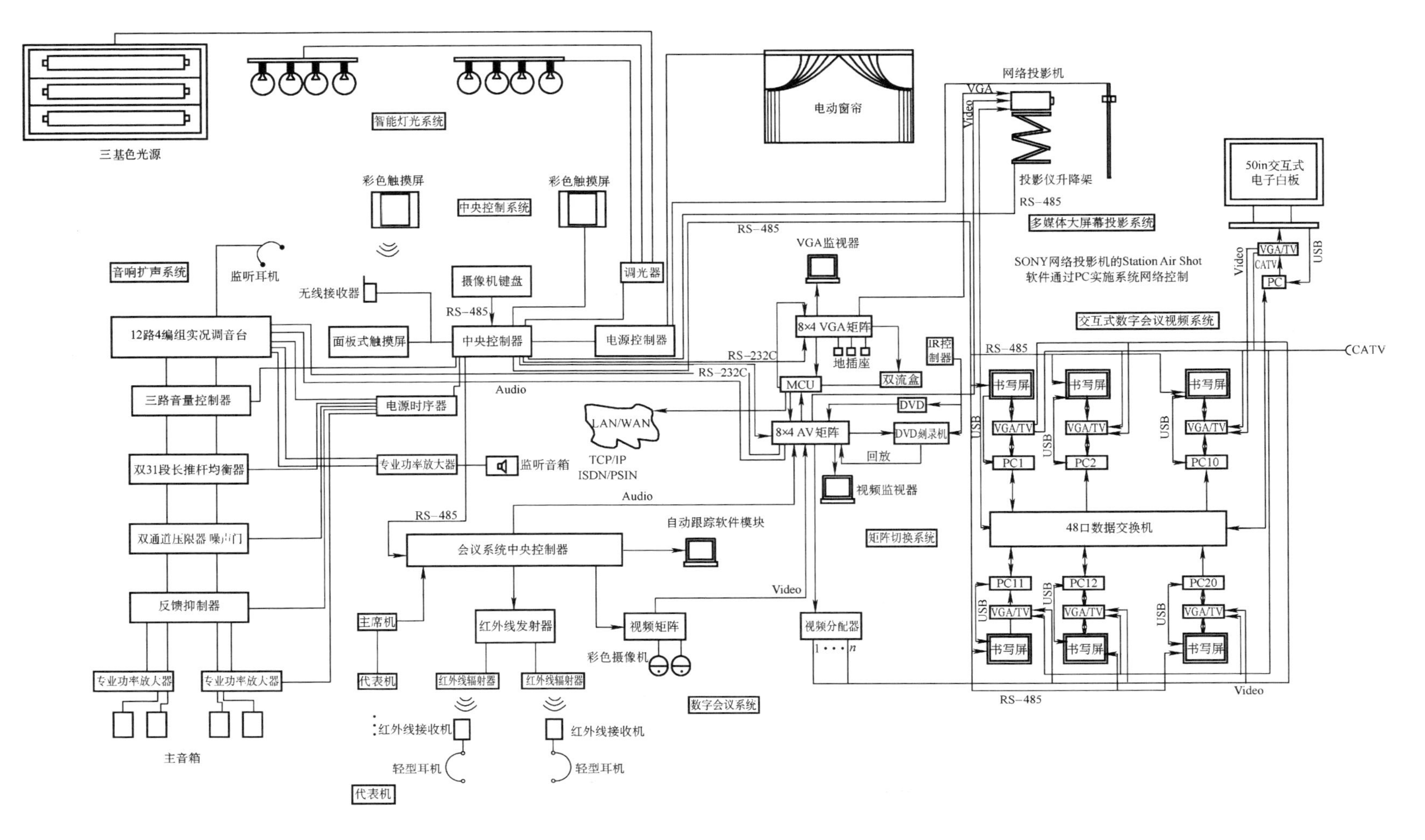

图 7-28　远程网络交互式数字视频会议系统图

会议室共设有20个座位（可容纳扩展至48个座位），每个座位各设有1台计算机、1台15in Smart Board交互式书写屏、1台Audio-technica铁三角ATCS红外无线传声器。小舞台上设有一台100in SONY VPL-FE40网络摄影机和50in交互式等离子电子白板。会议室两端装有2台快速球形彩色摄像机。

1. 系统功能

（1）采用双流（视频流和数据流）技术，双向实时互传声音、图像和各种数据。

（2）拨号上网、召集远程或本地区多方视频会议。

（3）MCU应具有自适应混协议、混速率和混网络性能。

（4）视频会议的全体参会人员都可参加自由讨论、交流技术、修改设计和互传数据文档。

（5）可举办多方IP音频会议。

（6）可接入互联网、以太网、ISDN综合业务数据网。

（7）可收看和浏览9/16个电视频道。

（8）智能中央集中控制器（中控系统）可实施：

1）投影机显示模式的选择和投影幕升降。

2）15in桌面液晶书写屏和50in电子白板的交互操作、桌面书写屏的升降控制。

3）AV矩阵和VGA矩阵的路由控制。

4）扩声系统音量控制。

5）　DVD播放和DVD刻录遥控控制。

6）全部计算机的一键联动开启/关闭控制。

7）摄像机跟踪拍摄控制。

8）智能环境照明灯光控制模式：

① 投影显示环境照明灯光模式。

② 会议照明模式（摄像模式）。

③ 休息环境照明模式。

④ 全亮照明模式。

（9）主会议室与分会场互动（Web虚拟会议模式）

1）50in交互式电子白板和15in书写屏的互动操作。交互式电子白板和桌面书写屏是集书写、绘图、显示于一体的触摸式平板显示器，既可显示图像和数据，还可通过软件进行书写、绘图和批注等。配合计算机、投影机等工具实现无尘书写，随意画图，左、右、上、下任意拖移和翻页，实施远程交流等功能，是实时互动的重要设备。

2）通过计算机、48口数字交换机可同步显示投影机、电子白板和会议代表桌面书写屏上的数据和图像，与会者都能在自己座位上自由书写、批注或绘图，进行相互交流讨论。

此外，所有书写显示屏还可以显示DVD图像信号、彩色摄像机拍摄的图像和CATV送来的电视节目信号。

SONY VPL-FE40网络投影机不仅具有丰富的、不同视频格式的输入端口，而且还有强大的网络控制功能。它的Station Shot控制软件使系统能以简单的方式实现集中控制。网络投影机提供了高清晰显示（750TV线）各类动态图像，可以灵活选择多种显示功能和强大的系统联网能力。

XGA/TV BOX是一种支持1280×1024高分辨率的高性能装置。内部具有CATV射频信号解调器，既能输出电视节目信号，又能输出计算机显示信号。具有PIP画中画功能，使用电视模式时，可以浏览多个电视频道节目。图7-29是XGA/TV BOX的输入/输出端口图。主要技术性能如下：

① CATV 射频信号介调功能，PLL 锁相接收高频头。

② 支持 480i/480p/576i/576p/720i/720p 和 108i 等各种格式的视频信号输入。

③ 可切换分辨率：800×600/1024×768/1280×1024/1440×900/1680×1050；CRT 和 LCD 显示器兼容。

④ 支持 4：3/16：9/16：10 画面比例。

⑤ 9/16 个电视频道浏览。

⑥ 静止图像功能。

⑦ 宽带（200MHz）的 PC/TV 切换开关。

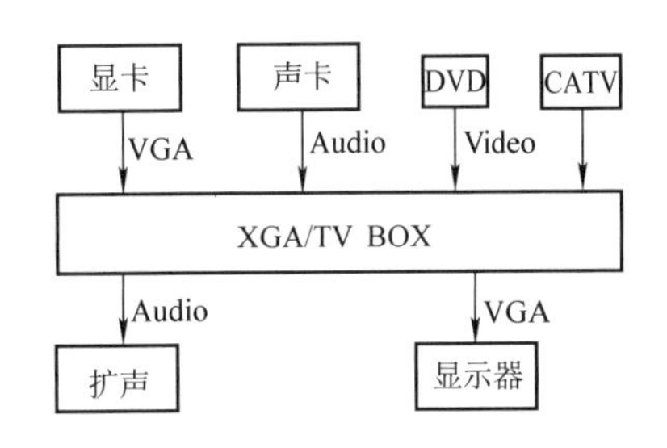

图 7-29　XGA/TV/BOX 多功能切换器

会议室内设有 2 台彩色球形摄像机，负责自动跟踪（或键盘操作）拍摄发言人图像。摄像机输出的模拟视频信号，送到视/音频信号压缩编解码器。采用 H. 264 低码率、高画质的压缩编解码格式，这种编解码格式可在 384kbit/s 的码率情况下，使图像质量达到 15～20 帧/s，接近 VCD 的画面质量。

压缩后的编码数据再送到视频会议终端进行处理后接入 IP 网或 ISDN 网进行远程传输。本方案可在 10Mbit/s 网络带宽的线路上最多实施 6 方双向通信视频会议。分布在各地区的会场采用拨号上网，都可以作为发起会议的主会场，也可设定为分会场。

声音采集采用 Audio-Technica ATCS（铁三角）红外无线传声器或传统的有线会议传声器。每个传声器均设有一个地址码，由中央控制器控制，它的输出再送到 8×4 的 AV 矩阵进行切换后送至扩声系统和 MCU。

当某个传声器被使用时，摄像机会按预设的传声器地址码，快速自动跟踪到预定位置进行跟踪拍摄。

视频会议产生的交互式数据信号，通过 8×4 VGA 矩阵路由选择后送至双流盒（视频流和数据流），再送到视频会议终端进行处理和传输。

2. 中央控制系统

中央控制系统的职能是对各子系统进行集中控制和功能切换的操作平台，由各种功能模块组成，采用界面友好、直观的彩色无线触摸屏“傻瓜化”操作。

用中控系统的无线触摸屏对 AV 矩阵、VGA 矩阵、投影机升降架和电动投影幕、书写屏升降架、扩声系统的音量控制和环境灯光进行集中遥控。

3. 扩声系统

扩声系统既要播放本会议室采集的各种音频信号，又要放大网络上传来的各种音频信号。扩声系统的声学特性指标应符合 GB 50371—2006《厅堂扩声系统设计规范》会议类扩声的一级指标。音质主观评价应能达到低音丰满柔和、中音清晰有力、高音细腻而不毛，声场均匀、音质逼真、无声反馈啸叫。

本系统采用 4 只美国 JBL 会议室专用扬声器和皇冠功放，英国声艺调音台和美国 dbx 均衡器、反馈自动抑制器等高性能设备，取得了良好的音响效果。

4. 环境灯光控制系统

合理的环境灯光设计，可打造视频会议完美的视觉效果。会议室的灯光布局、灯光亮度和灯光色温等对拍摄图像的效果有直接的影响。

在室内灯具的选择上采用了显色指数 $Ra \geqslant 0.85$ 的低色温（3000～3500K）三基色光源和节能灯。在灯光布局方面要求照射在与会者面部的亮度不低于 300～500lx，各显示屏上的照度应尽量低些，通常为 50～80lx。侧面墙和会议室后墙上的照度参照 300～500lx。所有灯具的亮度应能根据与会者的人数及会议功能等具体情况实施无级调光，达到良好的图像拍摄效果。

5. 其他

本系统采用了很多台计算机，为便于管理，全部计算机均可实时集中统一开机和关机。

7.4.8 应急调度指挥系统

应急调度指挥系统是提高政府保障公共安全和处置突发公共事件的能力，最大程度地预防和减少突发公共事件及其造成的损害，保障公众的生命财产安全，维护国家安全和社会稳定，促进经济社会全面、协调、可持续发展的高科技系统。应急指挥中心整合各种政务信息资源、资源共享，统一接处警，提供应急预案和辅助决策，让决策指挥的领导全面了解现场情况、以最快的速度和最短的时间调动相关部门相互协调，有效解决突发性公共事件。

应急调度指挥系统以视频会议系统为核心，通过电子政务网把各分控指挥中心集成在一起，双向互动传送音频、视频和数据信号。通过 IP 网、PSTN 公共电话交换网和数字集群移动电话网组成高效、可靠的调度通信系统。

应急调度指挥系统是一项复杂的系统工程，包括视频会议系统、视频图像监控系统、大屏幕拼接显示系统、有线和无线调度通信系统、应急预案系统、GPS 定位系统和数字网络传输系统等。图 7-30 是某市应急调度指挥系统的传输网络拓扑图。

网络是应急调度指挥系统的基础，它的可靠性决定了整个应急指挥系统的可靠性和通信质量。系统的外部网络一般都采用已有的电子政务网，要求内部网络尽可能与外部网络兼容，以便确保各会场之间端到端的 QoS 服务质量保证。

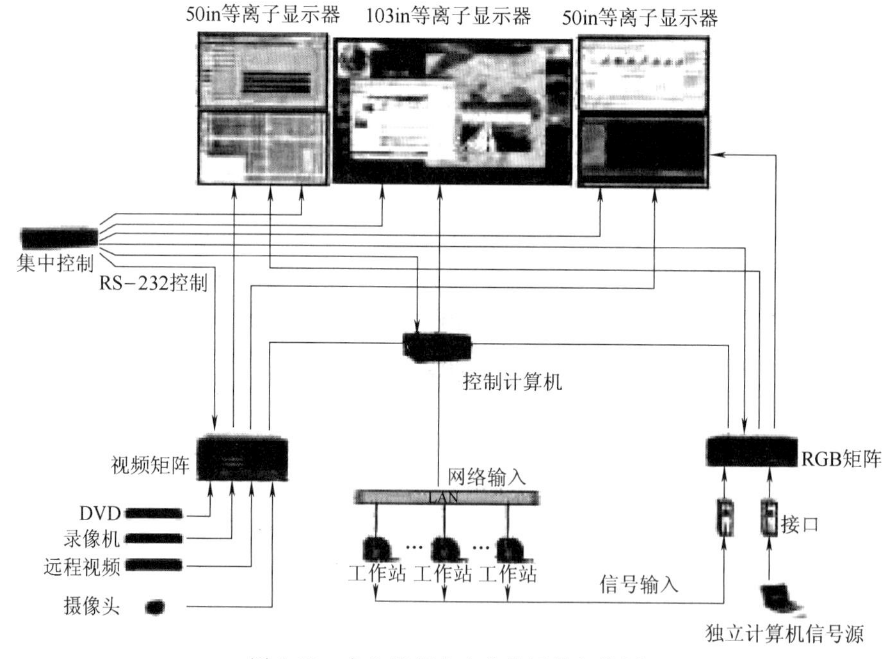

图 7-30　应急指挥中心传输网络拓扑图

应急指挥中心视频会议系统的特点是：

（1）信号源数量多：除各种双向传输的音视频信号和计算机文档数据信号外，还要接入 CATV 等辅助信号源及对各类设备的运行状态进行监视。

（2）信号源的接入方式多样：有视频信号、音频信号、VGA 信号、网络信号等。

（3）方便快捷的应急数据的存取；构建完善的在线存储系统。

（4）必须确保多部门远程数据传输的安全性、保密性和及时性要求。

（5）必须把手机、模拟电话和 IP 电话等各种语言通信方式接入到应急视频会议系统中。

（6）MCU 必须是双机热备份自动切换。主 MCU 发生故障时可在 1min 内自动、平滑地切换到备份 MCU，保证会议正常进行。

（7）必须支持全中文的滚动字幕和双流技术，实现会议画面和会议材料同步显示。

（8）大屏幕拼接显示墙既可单屏显示，也可多画面同屏显示；计算机数据图形可以窗口形式显示；可跨屏显示、整屏漫游；具有预案显示、自动巡检和分组切换显示等功能。

图 7-31 是应急指挥中心的室内布置图。中间后排面向大屏幕显示系统的座位为决策指挥领导的座位。两边座位为参与决策的专家及相关专业负责人的。图 7-32 是应急指挥中心计算机控制的综合应用界面，包括网络和各种设备状态的监控，使用极为方便，操作简单。图 7-33 是应急指挥中心系统图。

对于应急指挥系统来说，必须在同一时间内同时显示多个会场或全部会场的画面才能有效掌控全盘动态，进行高效决策和指挥。因此在主会场设有采用 DLP 拼接屏组成的电视墙。该电视墙可同时观看 4/9/16 个会场的实时场景，还能重叠、漫游各种相关图像。由于每个 DLP 拼接显示单元的图形分辨率都可超过 1024×768（XGA），因此各分会场的图像都极为清晰。

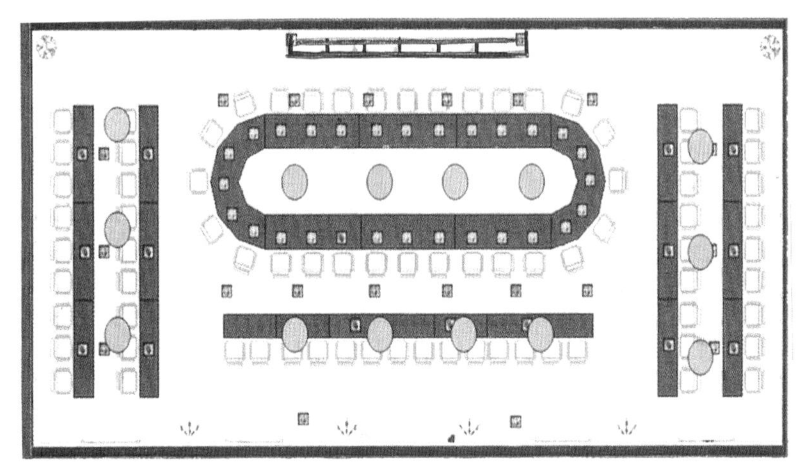

图 7-31　应急指挥中心的室内布置图

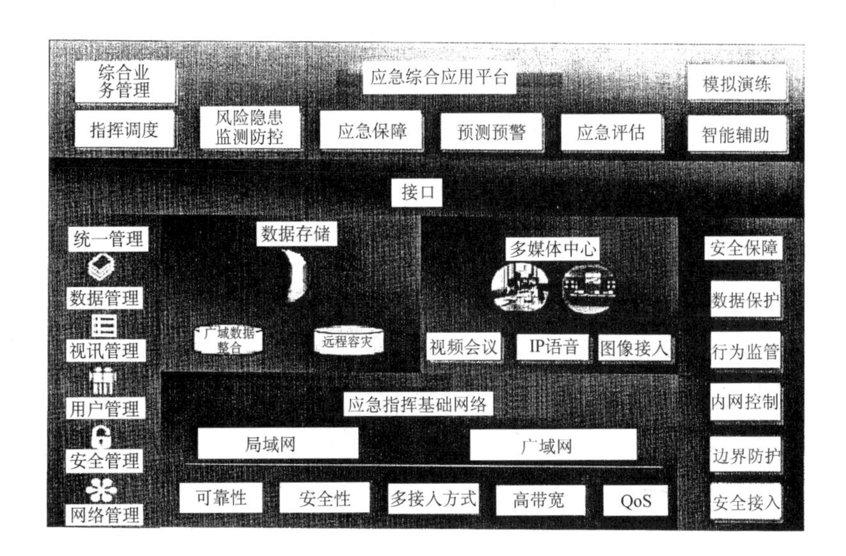

图 7-32　应急指挥中心综合应用界面

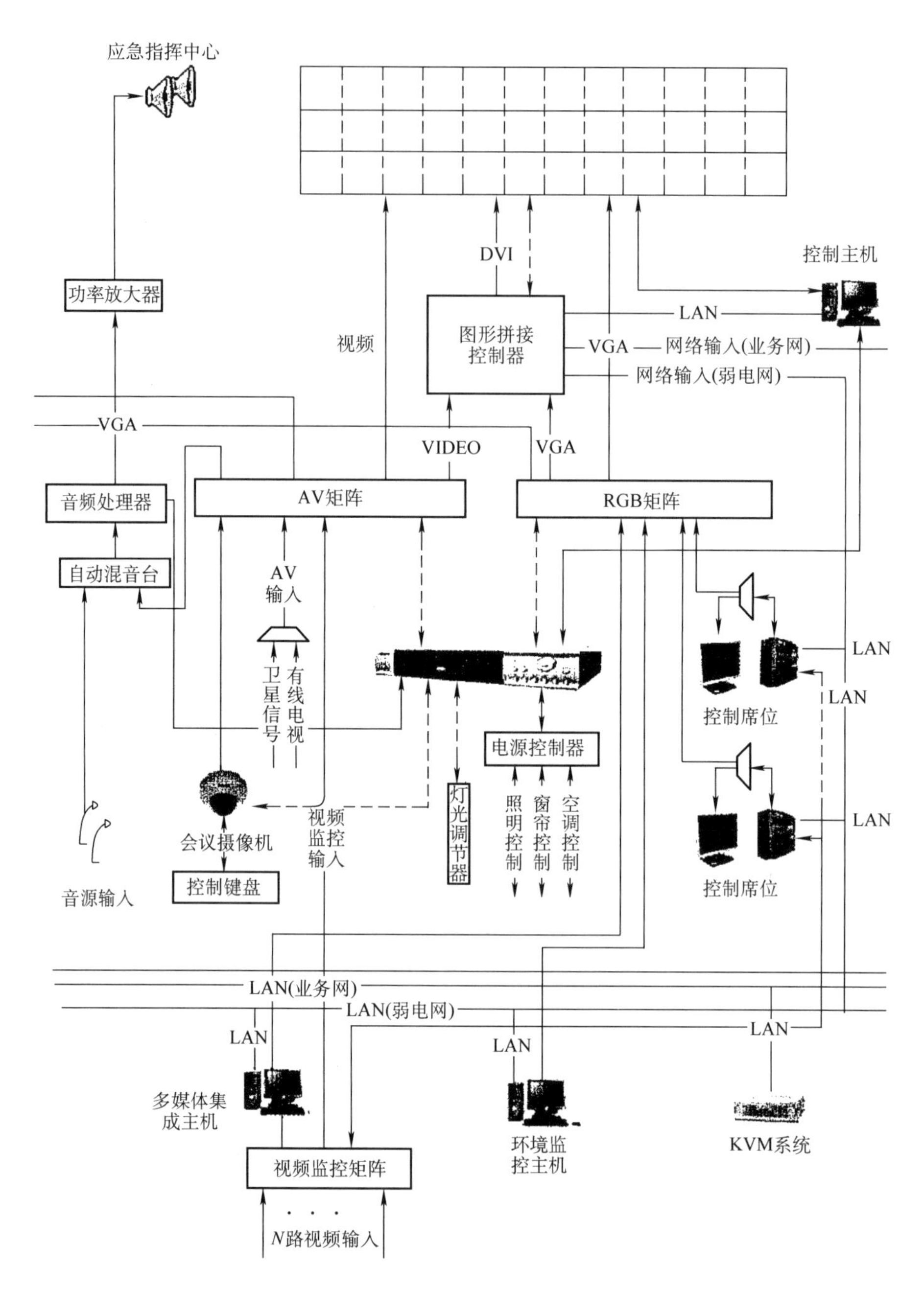

图 7-33　应急指挥中心系统图

第8章　大屏幕显示系统

大屏幕显示系统以显示高分辨率的视频图像和数据信息为特征，是20世纪90年代后期面市的一项新技术，发展迅速。广泛用于商业、广告、娱乐、会议、政府、教学、信息、司法、金融、交通运输和影剧院等各个领域。

大屏幕显示系统分为平板显示系统、投影显示系统、拼接大屏幕显示系统、投影融合大屏幕显示系统、发光二极管（LED）大屏幕显示系统五大类。

8.1　平板显示屏

平板显示系统是大屏幕显示系统的基础，包括液晶显示屏（LCD）、等离子体显示屏（PDP）、有机发光二极管显示屏（OLED）等。

8.1.1　液晶显示屏（LCD）

液晶显示屏（Liquid Crystal Display，LCD）的构造是在两片平行的玻璃基板（控制电极）之间放置具有方向性的液体分子——“液态晶体”（又称TFT薄膜晶体）。“液晶”的物理特性是：当两电极不施加电压时，液晶排列混乱，阻止光线通过。液晶两极施加电压时，液晶分子便会转动，改变液晶层的透光率，从而实现图像亮度控制。

LCD显示屏背光板发出的光线在穿过第一层偏振光镜片过滤层后进入包含有成千上万液晶的液晶层，液晶层的透光率随两电极控制电压的改变而变化。受控的背光光束投射到屏幕上生成图形像素。两个互相垂直（相交成90°）的偏振光片的作用是构成极化滤光器，极化滤光器只允许平行光线穿透通过，阻断其他所有不平行的光线。

液晶层中的液滴被包含在细小的单元格结构中，一个或多个单元格构成屏幕上的一个像素。位于最后面的是投光玻璃屏，它的前面是两个相互垂直的偏振光镜片，两个偏振光镜片之间是液晶层，如图8-1所示。

一个液晶单元格构成一个单色像素。彩色LCD面板中，每一个彩色像素由三个液晶单元格

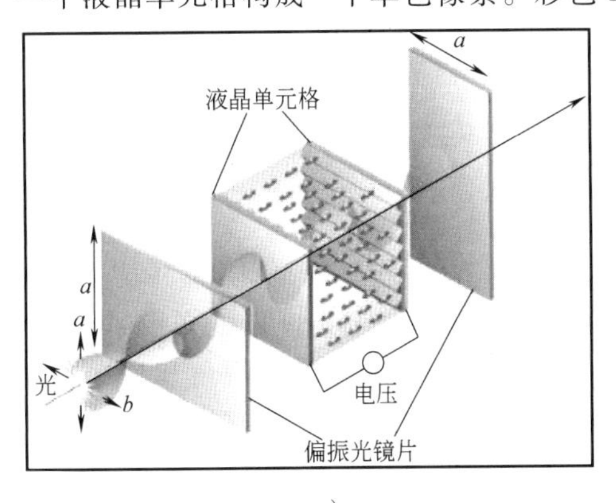

a)

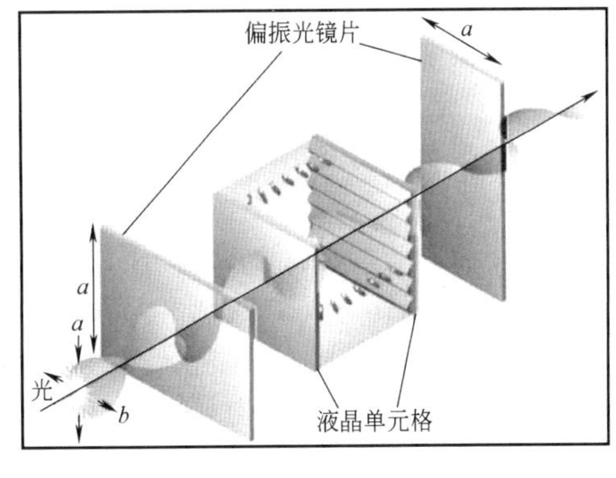

b)

图8-1　液晶显示屏原理

a）两极未加电压时，液晶排列混乱，阻止光线通过　b）两极施加电压时，透光率随控制电压改变

构成，其中每一个单元格前面分别有红色（R）、绿色（G）、蓝色（B）的过滤器。这样，通过激活液晶层中的三色单元格就可以在屏幕上显示出不同的颜色。

TFT（薄膜晶体管）液晶是一种介于固态与液态之间的物质，其本身是不能发光的，需要借助额外的光源。因此，灯管数目关系着液晶显示器亮度。普及型是四灯，高端是六灯。

LCD显示屏不但体积小、厚度薄、重量轻、耗能少、工作电压低（1.5~6V）、无辐射、无闪烁，并能直接与CMOS集成电路匹配。

LCD显示屏的特点：

（1）采用背光源发光，寿命长达50000h。

（2）液晶的物理分辨率可以轻易达到高清标准。

（3）液晶屏功耗小，发热量低，40in的液晶屏，其功率不超过150W，大约只有等离子显示屏的1/4，运行稳定，维护成本低。

（4）工作电压低：1.5~6V。

（5）常见的液晶屏尺寸有：19in、21in、42in、48in、58in等，可做大屏幕拼接屏。

LCD显示器的缺点是液晶层不能完全阻断背光，所以如果LCD显示黑色的时候，实际上不能是全黑，形成深灰色，即对比度较低。

8.1.2　等离子体显示屏（PDP）

等离子体显示器（Plasma Display Panel，PDP）是一种本身可以发光的显示装置。等离子的发光原理类似普通荧光灯的气体辉光放电过程，在真空玻璃管中注入氖、氙惰性气体或水银蒸气，两端电极加上高电压后，使气体产生等离子效应，放出紫外线，激发管壁上的三基色荧光粉而产生可见光，利用激发时间的长短来产生不同的亮度，如图8-2所示。

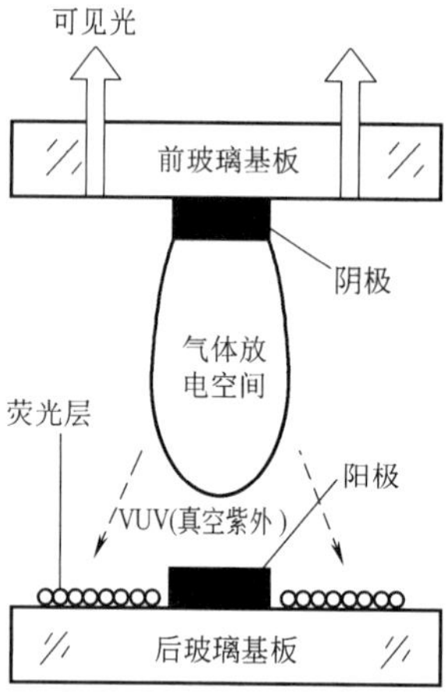

图8-2　等离子体显示屏发光原理

每个像素由红、绿、蓝三种不同颜色的等离子发光体组成。这些像素的明暗和颜色组合变化产生各种灰度和色彩的图像。

PDP显示屏主要由前玻璃基板、等离子腔体、惰性气体、后玻璃基板等组成。PDP的彩色显示是通过控制每个R、G、B放电单元的放电时间的长短来控制该单元的亮度，并通过空间混色来实现的。图8-3为等离子体显示屏中一个像素的基本结构。

等离子体显示器技术按其工作方式可分为电极与气体直接接触的直流型DC-PDP和电极上覆盖介质层的交流型AC-PDP两大类。而AC-PDP根据电极结构的不同，又可分为对向放电型和表面放电型两种。

等离子体显示屏的主要特点：

图像清晰逼真、色彩还原性好、亮度高、视角宽、对比度可达到10000∶1、寿命长、刷新速度快、不受电磁场干扰影响、易制作大屏幕、工作温度范围宽、图像灰度等级超过256级、能满足显示16bit真彩色的要求等。

（1）PDP为自发光显示屏，不需要背景光源，因此没有LCD显示器的视角和亮度均匀性问题，而且实现了较高的亮度和对比度。

（2）共享一个三基色等离子管的设计，避免了显示屏的聚焦和汇聚问题。

（3）PDP的屏幕越大，图像的景深和保真度越高，亮度、对比度和可视角度都比LCD有优势。

（4）响应时间短，特别适宜快速动态视频显示领域。

（5）工作电压：约160V。

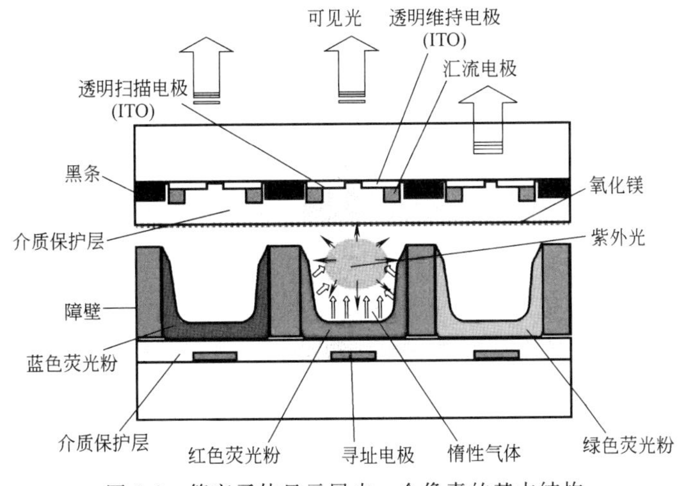

图 8-3　等离子体显示屏中一个像素的基本结构

（6）工作寿命：5000~10000h。

（7）难以在海拔 2500m 以上的地方正常工作。

（8）常见 PDP 屏的尺寸有：45~100in 或更大，适宜做大屏幕拼接屏。

PDP 显示屏具有颜色鲜亮、高对比度以及高亮度的优点，由于耗电量与发热量大，不适用于长期静态画面显示监控。

8.1.3　有机发光二极管显示屏（OLED）

有机发光二极管（Organic Light-Emitting Diodes，OLED）又称有机发光半导体。由美籍华裔教授邓青云（Ching W. Tang）于 1979 年在实验室中发现。OLED 显示屏上的每个像素都是由一种通电后就会发光的材料制成，称为电致发光（Electroluminescence）效应。

OLED 显示器不需背光、几乎有无穷高的对比度、耗电较低、极快的反应速度、170°的宽屏视角、显示器很薄很轻（可卷可弯），其工作电压为 2~10V。

OLED 显示器中使用的特定电致发光材料是有机化合物，屏幕上每一个微小的 OLED 像素产生的光都取决于发送的电流大小，没有电流就没有光，黑的地方就是纯黑，因此理论上来说 OLED 的对比度是无限的。

OLED 电视屏的使用寿命超过 5 万 h，如果你每天看 6h 的电视，那你可以看 22 年，可以做超高清晰度的 8K 电视。但是作为高端显示屏，价格上也会比液晶屏和 PDP 屏要贵很多。

OLED 的基本结构是：由一薄而透明、具有半导体特性的铟锡氧化物（ITO）与阳极相连，再加上另一个金属阴极，构成如三明治的结构。它采用非常薄的有机材料涂层和玻璃基板，当有电流通过时，这些有机材料就会发光，如图 8-4 所示。

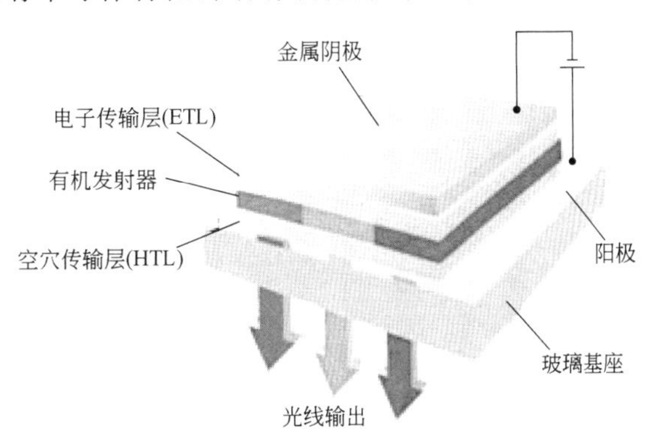

图 8-4　OLED 发光原理

整个结构层中包括空穴传输层（HTL）、有机发射器与电子传输层（ETL）。当施加电压时，正极的空穴与阴极的电子就会在发光层中结合，产生光亮，依其配方不同产生红、绿和蓝 RGB 三基色，构成基本色彩。

OLED 的特性是自己发光，不像 TFT 的

LCD 需要背光，因此可视度和亮度均高，控制电压需求低，且省电、效率高、反应快、重量轻、厚度薄、构造简单，被视为是 21 世纪最具前途的显示器产品之一。

OLED 有透明 OLED、顶部发光 OLED、可折叠 OLED、白光 OLED 等几种，其应用如下。

1. 透明 OLED

透明 OLED 只具有透明的组件（基层、阳极、阴极），并且在不发光时的透明度最高可达基层透明度的 85%。当透明 OLED 显示器通电时，光线可以双向通过。透明 OLED 显示器既可采用被动矩阵驱动，也可采用主动矩阵驱动。这项技术可以用来制作多在飞机上使用的平视显示器。

2. 顶部发光 OLED

顶部发光 OLED 具有不透明或反射性的基层。它们最适于采用主动矩阵驱动设计。生产商可以利用顶部发光 OLED 显示器制作智能卡。

3. 可折叠 OLED

可折叠 OLED 的基层由柔韧性很好的金属箔或塑料制成。重量很轻，非常耐用。它们可用于诸如移动电话和掌上电脑等设备，能够有效降低设备破损率。可折叠 OLED 有可能会被缝合到纤维中，制成一种很“智能”的衣服，举例来说，未来的野外生存服可将计算机芯片、移动电话、GPS 接收器和 OLED 显示器通通集成起来，缝合在衣物里面。

4. 白光 OLED

白光 OLED 所发白光的亮度、均衡度和能效都要高于荧光灯发出的白光。白光 OLED 同时具备白炽灯照明的真彩特性，可以将 OLED 制成大面积薄片状，可以取代家庭和建筑物使用的荧光灯。将来，有望降低照明所需的能耗。

8.2　大屏幕投影显示系统

投影显示系统由投影机和投影屏幕组成，有正投（前投）和背投两类。投影显示系统按投影显示器件分类有 LCD、数字光学处理（DLP）和激光投影机（LDP）等三类。

8.2.1　3 片 LCD 投影机

液晶投影机是利用 LCD 芯片制成的投影机。图 8-5 是 3 片 LCD 投影机工作原理。外光源（白光）通过分色棱镜分成 R（红）、G（绿）、B（蓝）三种基色的光束，各自分别投向 LCD 片。液晶片上像素的透光率分别由对应的 R、G、B 电视信号控制，使它们通过的光通量随控制信号作相应改变。投影机内的会聚透镜把受控的三种颜色的光线会聚后投射到屏幕上，形成一幅完整的全彩色图像。

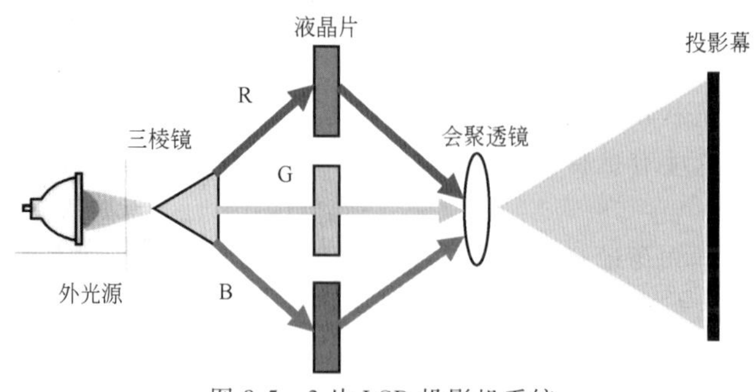

图 8-5　3 片 LCD 投影机系统

3 片 LCD 投影机的优点是图像层次清晰、色彩鲜艳、颜色还原性好、解决了 CRT 投影机亮度与分辨率之间的矛盾。3 片 LCD 液晶投影机的最高亮度输出可达 10000 流明以上，图像分辨率可达 1280×1080 像素或更高。此外，体积小、重量轻、便于携带、安装调试极为简便、制造成本低、性能价格比高，可适合任何环境使用。因此，它的面市很快受到广大用户的欢迎，同时加速了 CRT 投影机的退市。

LCD 液晶投影电视尽管有很多优秀特性，但也存在一些缺点：

(1) 必须使用一个高亮度的专用光源，该光源的寿命（亮度半衰期）一般为 2000h，是一种易损件，增加了维护使用成本。

(2) LCD 液晶片是一种对温度较为敏感的器件。长期受大功率光源的强光照射烘烤后，液晶分子的排列会发生变移，影响正常投影显示。寿命为 5000~8000h，也是一种易损件。

8.2.2 数字光学处理（DLP）投影机

数字光学处理（Digital Light Processing，DLP）投影机比 LCD 投影机迟 2~3 年投入市场，是又一种新颖投影技术新产品。它的核心部件是由美国德州仪器公司（TI 公司）独家开发、生产的 DMD（Digital Micromirror Device）数字微镜芯片。

在 DMD 芯片上布设有 40 万个（分辨率为 800×600 像素）或 78.65 万个（分辨率为 1024×768 像素），甚至达到 130 万个（分辨率为 1280×1080 像素）的微小铝制反射镜片。这些微镜通过数字信号控制可绕轴旋转。DMD 芯片本身不会发光，每一个微镜对应图像上的一个像素。各微镜可按输入数字视频信号的“0”“1”，相应转动 0°或 12°，反射或不反射光线，如图 8-6 所示。

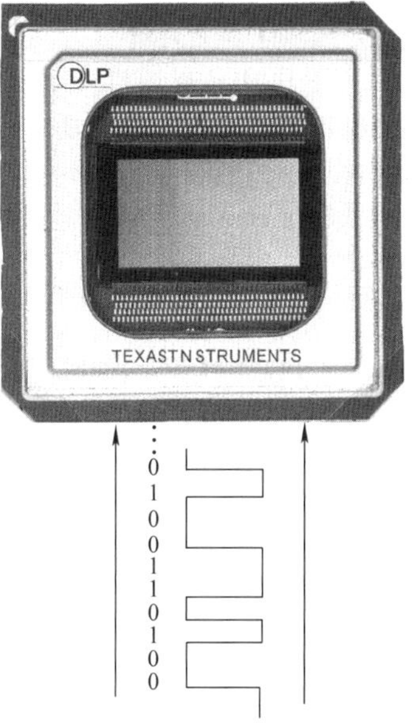

图 8-6　DMD 数字微镜工作原理

图 8-7 是单片 DLP 投影机的工作原理图。首先把光源（白光）通过高速旋转色轮按时间顺序把白光分割成为 R、G、B 三种基色的光束，投射到 DMD 芯片上。芯片上的微镜按输入数字视频信号“0”“1”转

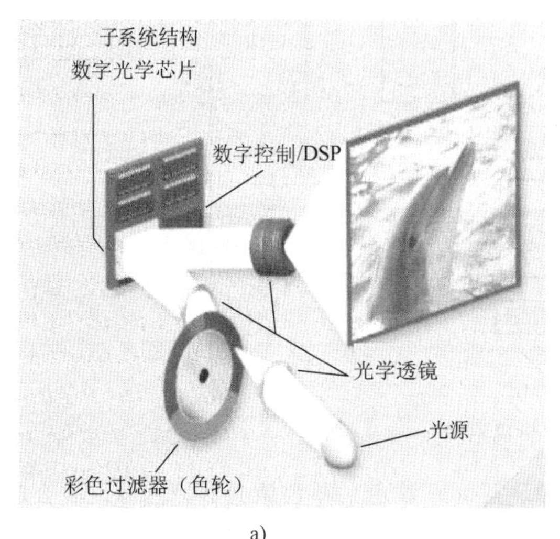

a)

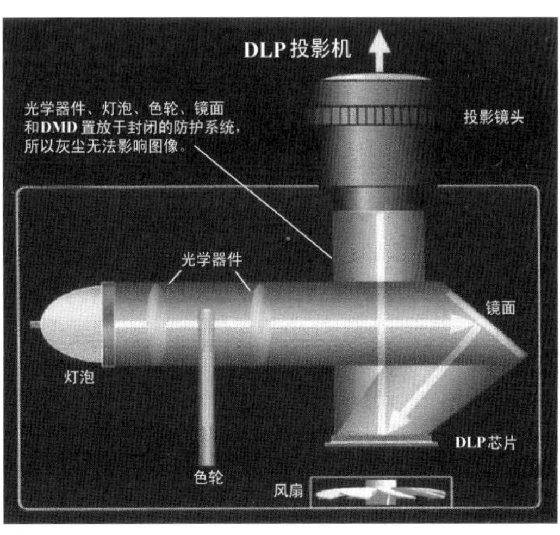

b)

图 8-7　单片 DLP 投影机的工作原理
a) 单片 DLP 投影机的光路　b) 单片 DLP 投影机的结构

动，反射（0°）或不反射（12°）入射光线。然后由透镜收集各微镜反射的光线，并投向屏幕显示。实际上屏幕上显示的是按时间顺序轮换的R、G、B三种颜色的单色图像，通过眼睛的视觉残留特性，把它们合成为一幅完整的全彩图像。因此这种图像不存在三种颜色的色彩会聚问题。

单片DLP投影机的优点是：图像色彩还原性好、光路简单，体积可做得比3片LCD投影机更小，重量轻、对比度高（可达2000∶1以上）、DMD芯片的理论寿命可达10万h等。

单片DLP投影机的主要缺点是：

（1）必须使用一个高亮度的专用光源，该光源的寿命（亮度半衰期）一般为2000h，是一种易损件，增加了维护成本。

（2）单片DLP投影机必须采用一个高速旋转（超过7000次/min）色轮。色轮由透光色片和高速微电机组成。色片在大功率强光照射下易褪色和变形，高速微电机的寿命也有限制。一般色轮的有效寿命为5000~7000h，因此也是一个易损件，需要专业维护。

（3）3片DLP投影机的生产成本比3片LCD投影机高。

8.2.3　激光投影机（LDP）

激光投影机（Laser Digital Projector，LDP）是以红、绿、蓝（RGB）三基色激光为光源的投影机，可以真实地再现客观世界丰富、艳丽的色彩，提供更具震撼的表现力。从色度学角度来看，激光显示的色域覆盖率可以达到人眼所能识别色彩空间的90%以上，是传统光源显示色域覆盖率的两倍以上，彻底突破前代显示技术色域空间的不足，实现人类有史以来最完美色彩还原，使人们通过显示终端看到最真实、最绚丽的世界。

激光全色显示机的优点是：色域空间大、色彩丰富、色饱和度高、光源寿命长、维护费用成本低。

激光光源完全打破传统光源的电光转换模式，光源寿命可长达10年，是传统光源寿命的10~20倍；环保节能，功耗仅是传统投影电视的1/3，非常符合节能减排的国策，激光光源生产过程中不使用对环境有威胁的重金属材料，属环境友好型光源；随着其成本降低、性能提高、体积减小，激光光源必将成为更新换代的主流光源。图8-8是激光投影机原理。

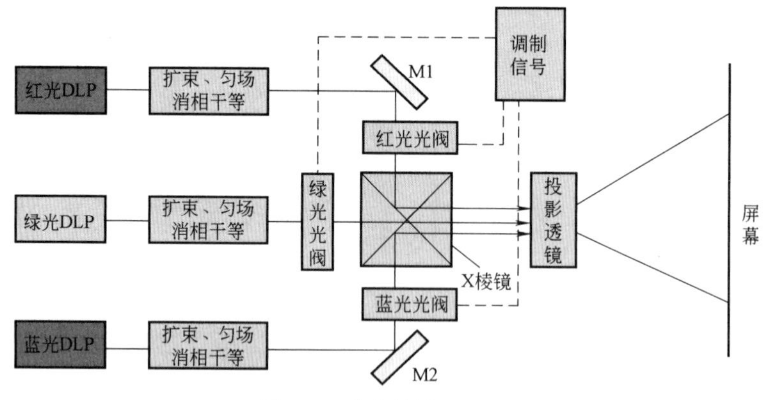

图8-8　激光投影机原理

激光投影使用具有较高功率（瓦级）的红、绿、蓝（三基色）单色激光器为光源，混合成全彩色，利用多种方法实现行和场的扫描，当扫描速度高于所成像的临界闪烁频率时，就可以满足人眼“视觉暂留”的要求，人眼就可清晰观察。临界闪烁频率应不低于50Hz。人眼所能看到的色域中，LCD只能再现27%，PDP为32%，而激光的理论值超过90%。

1. 激光光源

最早激光投影技术是采用气体激光器作为光源，如He-Ne、氩离子、氪气和铜蒸气激光器等，分别辐射红、蓝、绿色激光，实现全彩色激光投影，但气体激光器电光效率很低且工作可靠性相对较差。

使用激光二极管泵浦的全固态激光器和倍频技术可获得红、绿、蓝光辐射，连续输出功率可达数瓦、数十瓦，甚至数百瓦。这些全固态激光器具有很高的电光效率和稳定性，结构紧凑，数瓦的功率就可用于激光投影。

人眼对红、绿、蓝三种颜色的视见函数值相差很大，它们分别为0.265（630nm）、0.862（530nm）和0.091（470nm），应对激光器功率进行匹配。

2. 激光投影机的优点

（1）激光投影机的投放位置十分灵活。普通投影机投射光线要尽量正对投影屏幕，否则投影画面就会产生变形，如梯形失真等。激光投影机没有这问题，即使把投影放在墙角里，投影画面也不会有任何变形。

（2）激光机可以瞬时开关机，无须预热、散热，开机可以达到100%亮度。

（3）激光光源是冷光源，投影机的温度会大幅降低，对显示芯片的灼烧程度也会大幅降低，可以在长时间内保持优异的色彩。

（4）光源寿命可以达到2万h以上。长期使用期间亮度的衰减缓慢。

（5）维护保养成本低，传统灯泡投影机的灯泡在使用了2000h左右之后，亮度衰减快，平均1.5年要更换灯泡一次，再加上易损配件，保养维护等费用，售后成本相对比较高。而激光投影机则无须售后成本，故障率低，提高了工作效率。

（6）亮度是激光投影最大的优势，激光投影的亮度能够达到3000~6000lm，甚至更高。

8.3 投影机的主要技术参数和测量方法

8.3.1 输出亮度

投影机的输出亮度（Brightness）单位是流明（lm），指的是投影机输出的光通量。测量方法通常采用美国国家标准协会（American Nation Standard Institute，ANSI）制定的标准或采用国际标准化组织制定的ISO 21118标准。ANSI规定的亮度单位为“ANSI流明”。方法如下：

在全暗室内播放图8-9所示的、具有L_1、L_2……L_9共9个图形亮点的图形。用照度表分别测量每个圆形亮点的照度（单位为lx/勒克斯），然后求出平均照度L_{cp}：

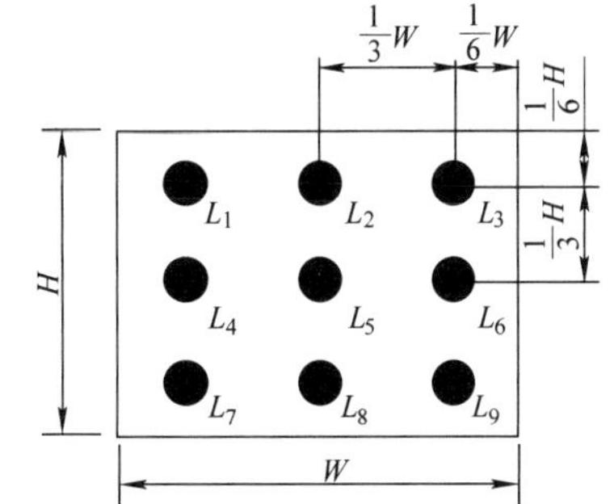

图8-9　ISO 21118和ANSI亮度标准的测试图

圆形亮点的平均照度为

$$L_{cp}=\frac{L_1+L_2+L_3+L_4+L_5+L_6+L_7+L_8+L_9}{9} \tag{8-1}$$

根据圆形亮点的平均照度L_{cp}，用下式计算出投影机输出的光通量（lm）：

投影机的平均光通量为

$$B=\frac{L_{cp}}{W\times H}=\frac{(L_1+L_2+\cdots+L_9)}{9WH} \tag{8-2}$$

投影机亮度的另一种标定方法是峰值亮度，单位为“峰值流明”。测量方法为：在全暗室内播放全亮屏幕，测量中心位置及四个角上的照度（lx），取平均值，即为屏幕的峰值照度 L_p，然后再把峰值照度除以屏幕面积 $W \times H$（单位为 m^2），即为峰值亮度（单位为峰值流明），即

$$B_p = \frac{L_p}{W \times H} \tag{8-3}$$

显然，峰值亮度标出的数据高于 ANSI 流明。

8.3.2　亮度均匀度

投影机的亮度均匀度（Uniformity）是指画面中最亮和最不亮圆点的亮度，与平均亮度 L_{cp} 差异值的百分比。通常投影画面的中央区域为最亮部分，最暗区域是画面的边缘部分，一般投影机的亮暗均匀度应≥85%。均匀度越高，整个画面的亮度一致性越好，反之，画面看起来会明暗不一致，影响视觉效果。

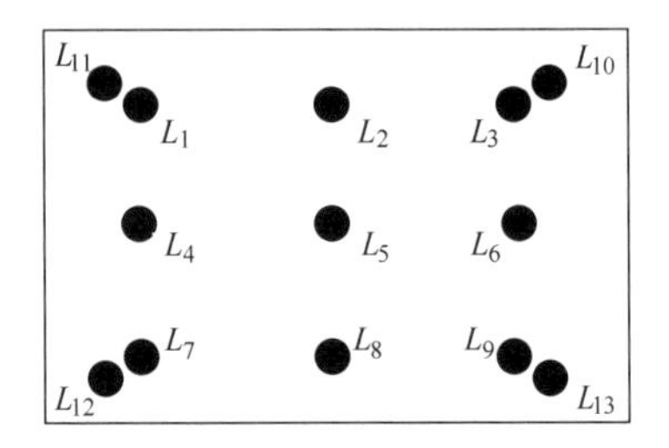

图 8-10　亮度均匀性的测试图

亮度均匀度的测量发法：在全暗室内播放图 8-10 所示的、具有 13 个圆形亮点的图形。测量各小圆点的照度（lx），并用下列两式计算出“正均匀度”和“负均匀度”两种数据。最后取两种数据中的最大一组作为投影机亮度均匀性的测试数据。

$$正均匀度 = \frac{[(L_1 \sim L_{13})中的最高亮度-(L_1 \sim L_9)的平均亮度]}{(L_1 \sim L_9)的平均亮度}\% \tag{8-4}$$

$$负均匀度 = \frac{[(L_1 \sim L_{13})中的最低亮度-(L_1 \sim L_9)的平均亮度]}{(L_1 \sim L_9)的平均亮度}\% \tag{8-5}$$

式中，$(L_1 \sim L_{13})$ 中的最高亮度是指 $(L_1 \sim L_{13})$ 中最高亮度圆点的 lx 值；$(L_1 \sim L_{13})$ 中的最低亮度是指 $(L_1 \sim L_{13})$ 中最低亮度圆点的 lx 值；$(L_1 \sim L_9)$ 的平均亮度是指 $L_1 \sim L_9$ 的平均亮度（lx）值；投影机的亮度均匀度数据：取正均匀度或负均匀度两组数据中的最大一组数据为最终测试值。

注意：两台对比度数据相差很大的投影机，在明亮环境内播放图像的实际对比度差异将会大大减少。

8.3.3　对比度

对比度（Contrast）是指在暗室内播放图 8-11 所示的图形，测量 4×4 = 16 个黑白相交矩形图的亮度比。对比度越高，画面的色彩层次和细节表现越好。对比度数据与环境光线的亮度紧密相关，因此必须在全黑的暗室内测量。

（1）ANSI 对比度：8 个全亮白色矩形的平均光输出量除以 8 个黑色矩形的平均光输出量。

（2）峰值对比度：全亮画面的平均光输出量除以全黑画面的光输出量。

图 8-11　ANSI 对比度测试

8.3.4　图像分辨率

图像分辨率（Resolution）是指水平像素与垂直像素的乘积。由投影机芯片像素的总量决定。分辨率越高，视频图像和计算机图形显示的清晰度越高。投影机的图形分辨率通常称为投影机的自然分辨率。

8.3.5　调焦比

投影机画面的尺寸与投影距离成正比关系。投影距离越大，投影画面也越大，但画面的亮度降低越多。

通过调整投影机镜头的焦距，可小范围调整投影画面的大小。调整范围决定于镜头的调焦比。例如 1∶1.3 调焦比，是指在投射距离固定后，通过调整投影机镜头的焦距，还能调整的最大画面和最小画面对角线的比为 1∶1.3。

8.3.6　光源灯泡的寿命

投影机光源灯泡（除激光光源外）是最易损坏的器件。投影机灯泡的寿命是指其发光亮度降到一半的使用时间，并不是灯泡损坏的时间。到达半衰期的灯泡虽然还能点亮，但投影画面的亮度已明显降低，画面变得灰暗，并且灯泡还有发生爆炸的危险。

投影机光源灯泡的种类有以下数种，它们的性能差异很大：

（1）金属卤素灯。金属卤素灯因内部充有金属卤素物质而得名。它的亮度半衰期为 1000h，寿命终结时间为 2000h，价格便宜，但光电转换效率低，发热量大。

（2）UHE 超高压汞类冷光源灯。亮度半衰期为 2000h，之后的亮度衰减缓慢，寿命终结期可达 3000h，光电转换效率较高，价格适中，是使用较广泛的光源。

（3）UHP 和 UHM 超高压汞类冷光源灯。UHP 和 UHM 比 UHE 的光电转换效率更高，在相同功耗下，它比 UHE 灯泡产生更高的光亮度和更低的发热量，能有效抑制闪烁现象，外形更为小巧。亮度半衰期为 4000h，使用寿命可达 6000h 以上，但价格较贵。

（4）氙灯。氙灯是一种气体放电灯，利用两个电极之间放电产生的电弧发光。可即开即关，使用寿命长，是一种有前途的新光源，但生产技术尚待进一步成熟，价格需要大幅下降后才能普及应用。

（5）LED 冷光源投影机。LED 半导体发光光源是一种节能环保光源，LED 冷光源投影机是投影显示技术的一个重大突破。LED 冷光源的特点是：光源寿命超过 20000h（每天使用 5h，投影机可连续使用 16 年以上）；光电转换效率高；环保节能；发热量小，不需风扇散热，无噪声，有利于提高液晶板寿命；光谱色域宽、色饱和度大，图像色彩更鲜艳；不需换灯泡，维护成本少；体积重量小，携带方便；采用超高速脉冲驱动 LED，可有效消除运动图像模糊和彩虹效应。它的最大缺点是 LED 灯的亮度不够高，单个 LED 的最大功率为 5W，这是 LED 冷光源的一个瓶颈。2008 年初，德国欧司朗公司宣布采用 5 个大功率 LED 灯构成的点光源，可把投影机的亮度提高到 500 流明以上，推动了冷光源投影机迅速发展。2009 年，市场上已出现很多 LED 冷光源投影机产品，包括商务投影机、微型袖珍投影机和高档家用投影机三类，主要技术性能见表 8-1。

表 8-1　LED 冷光源投影机的主要技术性能

用途	品牌型号	主要技术参数			
		亮度/lm	对比度	图像分辨率/像素	投影芯板
商务投影机	三星 SP-P410M	170	1000∶1	800×600	0.55inDMD
	奥图码 DH5101	500	1000∶1	1280×800	0.55inDMD
	炫舞 X208	270	1500∶1	800×600	0.55inDMD
	明基　GP1	100	2000∶1	800×600	0.45inDMD
	LG　HS102G	100	2000∶1	800×600	0.45inDMD
	东芝 TDP-FF1A	400	500∶1	800×600	0.55inDMD

（续）

用途	品牌型号	主要技术参数			
		亮度/lm	对比度	图像分辨率/像素	投影芯板
微型袖珍投影机	奥图码 PK101	10	200∶1	430×320	0.17inDMD
	瑞士 LongIng	13	200∶1	640×480	LCOS
	3M　Mpro110	7	200∶1	640×480	LCOS
	摩图 ZC1100	15	200∶1	640×480	LCOS
	明西　icube	25	1000∶1	800×600	LCOS

8.3.7　投影机的其他功能性技术指标

投影机的其他功能性技术指标包括：输入/输出音视频信号的规格和连接端口、遥控方式、图像梯形校正、输入信号自动搜索、断电保护、自动聚焦和网络传输等功能。例如：

（1）显示方式：图像宽高比为 4∶3 或 16∶9。

（2）图像分辨率：视频 750 电视线；RGB 1024×768/像素（XGA）。

（3）色彩制式：PAL、NTSC、SECAN 自动切换。

（4）视频输入信号：复合视频、Y/C 分量视频、RGB、DVI、HDMI。

（5）计算机信号：F_H（行频）：19~92kHz；F_V（帧频）：48~92Hz。

（6）图像梯形校正范围：垂直±20°。

（7）具有断电保护功能（关断电源、冷却风扇继续运转耗散余热）。

（8）接口：RS-232C 遥控接口、USB 信号接口、无线输入接口等。

（9）供电电源：AC 100~240V，50Hz

8.3.8　屏幕尺寸与投影距离的计算

屏幕尺寸（指屏幕对角线尺寸，单位为 in）与投影距离的关系与投影机镜头的焦距和安装方式有关。图 8-12 列出的镜头规格为 1.3 倍变焦；$F=1.66\sim2.18$、落地安装和悬吊安装两种安装方式的数据表。

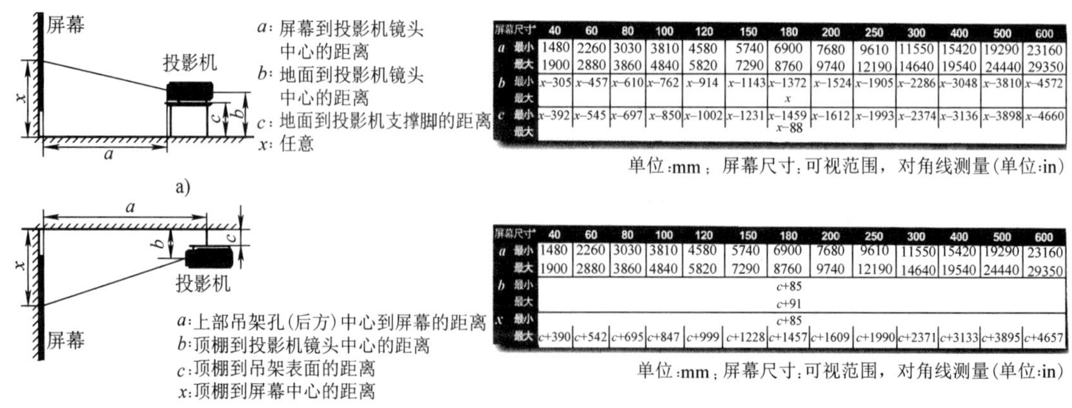

屏幕尺寸		40	60	80	100	120	150	180	200	250	300	400	500	600
a	最小	1480	2260	3030	3810	4580	5740	6900	7680	9610	11550	15420	19290	23160
	最大	1900	2880	3860	4840	5820	7290	8760	9740	12190	14640	19540	24440	29350
b	最小	x-305	x-457	x-610	x-762	x-914	x-1143	x-1372	x-1524	x-1905	x-2286	x-3048	x-3810	x-4572
	最大							x						
c	最小	x-392	x-545	x-697	x-850	x-1002	x-1231	x-1459	x-1612	x-1993	x-2374	x-3136	x-3898	x-4660
	最大							x-88						

单位:mm；屏幕尺寸:可视范围，对角线测量(单位:in)

屏幕尺寸		40	60	80	100	120	150	180	200	250	300	400	500	600
a	最小	1480	2260	3030	3810	4580	5740	6900	7680	9610	11550	15420	19290	23160
	最大	1900	2880	3860	4840	5820	7290	8760	9740	12190	14640	19540	24440	29350
b	最小							c+85						
	最大							c+91						
x	最小							c+85						
	最大	c+390	c+542	c+695	c+847	c+999	c+1228	c+1457	c+1609	c+1990	c+2371	c+3133	c+3895	c+4657

单位:mm；屏幕尺寸:可视范围，对角线测量(单位:in)

图 8-12　屏幕尺寸与投影距离的计算数据

8.3.9　三种投影机性能比较

LCD、DLP、LDP 投影机性能比较见表 8-2。

表 8-2　LCD、DLP、LDP 投影机

	LCD(3 片)	DLP(单片)	LDP(3 片)
色彩还原度	好	较好	好
色彩饱和度	高	高	高
图像对比度	500~1000：1	2000：1 以上	2000：1 以上
快速运动物体响应时间	不大于 50ms	不大于 5ms	不大于 5ms
入射光线利用率	60%	90%	96%
三基色会聚调整	不需	不需	不需
信号处理方式	模拟	数字	模拟/数字
图像亮度均匀度	>90%	>90%	>90%
芯片寿命	8000h	10 万 h	≥5 万 h
易损件	LCD 板/灯泡	色轮/灯泡	固体激光源
制造成本	中等	单片:中等 3 片:价高	价高
最高亮度极限	≥5000lm	3500lm≤(单片) ≥5000lm(3 片)	≥5000lm
体积和重量	较小、较轻	轻而小	轻而小

8.4　投影屏幕

投影屏幕是大屏幕显示系统的组成部分。投影机和投影屏如果搭配不当，会直接影响画面显示效果。因此，只有在了解各类屏幕的特性后，才能做出正确选择。

大屏幕显示系统有正投和背投两类。正投受环境光影响较大，但画面大小可根据用途需要随意调整，视角范围较宽，安装不占空间。背投则与此相反，很少受环境光影响，但画面大小不能调整，视角范围较窄，需占较大的安装场地。

投影屏幕有硬质屏和软质屏两类。正投屏一般采用可收捲的软质屏幕。正投屏幕的安装方式有电动屏幕、手拉式屏幕、支架屏幕、框架屏幕和嵌墙式屏幕等数种。

8.4.1　投影屏幕的重要技术参数

屏幕参数是衡量屏幕质量的重要依据，主要参数有以下几个。

1. 屏幕增益 G

屏幕增益 G 用来测量屏幕表面反射光线的能力。基准屏幕的增益是以均匀粗糙的白色表面反射光的亮度作为基准，并定义它的增益为 1.0。被测屏幕反射光的亮度与基准屏幕亮度的比值即为被测屏幕的增益值。屏幕增益 G 可大于 1，也可小于 1。G 越高，表明在等值入射光强的条件下，可获得更高的亮度输出。但是，屏幕的增益与视角范围通常是成反比关系的，即增益越高，视角范围越小。因此，需要宽视角范围的，必须选用 $G<1$ 的屏幕。家庭用的背投，由于观看人数较少，需要的视角范围不大，应选用 $G>1$ 的屏幕，这样可获得更高的亮度。

2. 半增益角

半增益角是指以屏幕中心的中轴方向（0°）为最高亮度与偏离中轴方向屏幕亮度降低一半

时的夹角。半增益角越大，可观看的视角范围也越大。

3. 屏幕的宽高比

投影屏幕的宽高比率直接影响视觉效果。屏幕的宽高比率应与投影机芯片的宽高比相一致。常用屏幕的宽高比有以下四种：

(1) 4∶3标准屏幕：宽度为对角线长度的0.8倍，高度为对角线长度的0.6倍，主要用于播放光碟视频和PC图像。

(2) 16∶9宽屏幕：主要用于高清电视图像节目（HDTV）。

(3) 1.85∶1屏幕：主要用于播放宽屏银幕电视图像。

(4) 2.35∶1屏幕：主要用于播放立体电视图像节目。

4. 屏幕的亮度与均匀度

图像的亮度与均匀度不仅与投影机的性能直接相关，而且还与投影屏幕对光线反射的均匀性有关。屏幕材料的均匀性对投影画面的亮度和色彩的一致性起到良好的补充作用。

8.4.2　投影屏幕的光学原理

屏幕表面的材料决定了光线的散射（Scatter）、反射（Reflect）和折射（Refract），屏幕技术的主题是解决这三种光线的融合处理方法。

1. 软质屏幕

软质屏幕主要用于正投显示系统。常用的“玻珠屏”是把光学材料中的光学因子（俗称“玻珠”）均匀地喷涂在一种不透光的布料表面上。光学材料中的光学因子（“玻珠”）的数量和质量好坏以及分布的均匀度，决定了屏幕的增益、视角和均匀度等性能参数。“玻珠屏”具有较好的色彩还原度，$G=1$的视角可达160°~180°。

2. 硬质屏幕

硬质屏幕是一种透射型显示屏，主要用于背投显示系统，有以下三种类型：

(1) 漫反射光学硬幕。漫反射光学硬幕的特点是增益G低于1、视角大。作为背投显示系统应用时，有较强的环境适应能力，在背投拼接屏系统中应用较广。

漫反射光学硬幕有两种结构形式。图8-13是在透明的亚克力基底表面上进行处理制作而成，制作方法简单，但视角和清晰度都不够理想，环境灯光的镜像效应较严重，主要为国内工厂生产。图8-14是另一种漫反射光学硬幕的结构，以透明的亚克力树脂或玻璃作为基底，在其表面上粘贴一层背投软质屏幕材料。这种硬屏的水平和垂直视角可达到180°，可减少环境灯光的镜像效应（俗称太阳镜效应），抗环境光的能力较强，清洗和维护容易，投影画面亮丽夺目，还可拼接成特大型高亮度室外显示屏。

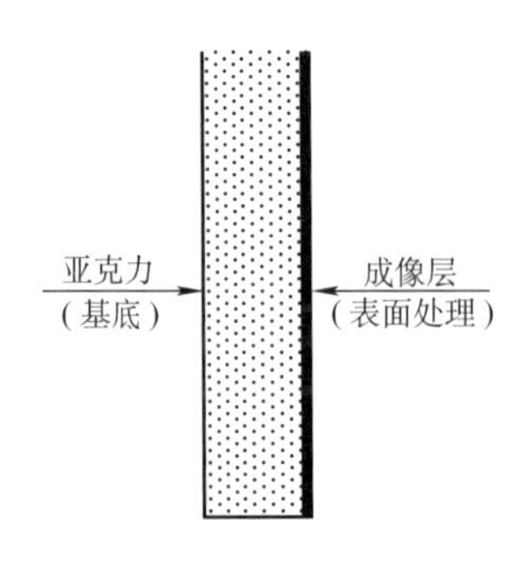

图8-13　简单处理的硬幕

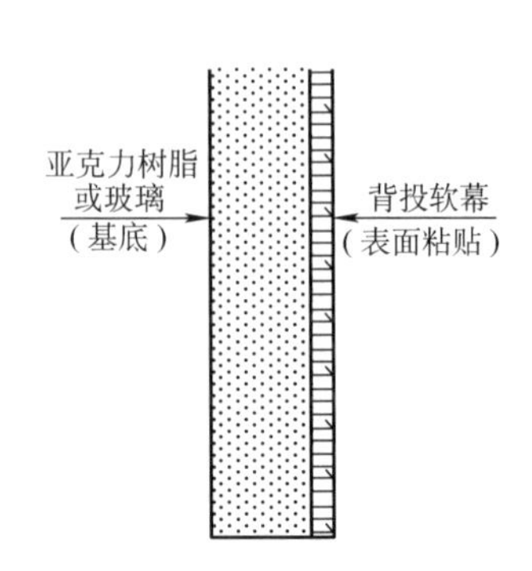

图8-14　高性能漫反射光学硬幕

（2）菲涅尔光学透镜硬屏。菲涅尔光学透镜硬屏的结构是在透明屏幕的前后表面都刻有纹路。面向投影机的表面刻有很密的同心圆的菲涅尔透镜纹路；面向观众的表面刻有双凸（柱状）透镜的竖条纹路。用两边不同的纹路对投影机的光线进行折射和会聚，从而大大增加了屏幕增益，如图 8-15 所示。

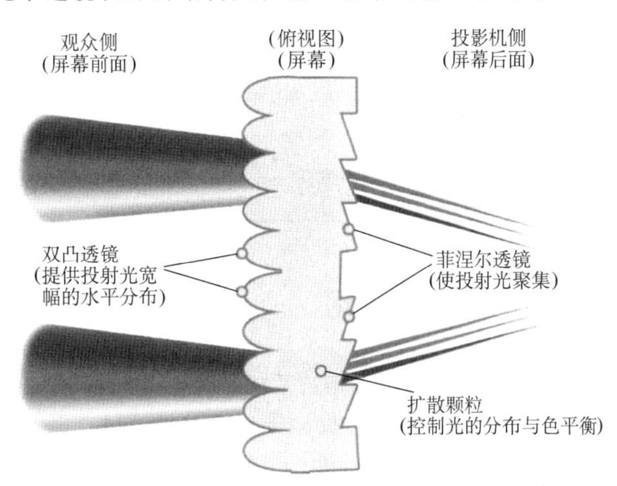

图 8-15　菲涅尔透镜的光学原理

菲涅尔光学硬屏的特性与屏幕两边的纹路刻槽的槽距有密切的关系。目前主要产品的同心圆槽距为 0.1～0.5mm，凸透镜的槽距为 0.2～0.8mm。它们的屏幕增益为 2.0～12，但视角都有明显减小，增益越大，视角越小。这种屏幕主要用于观看人数较少、视角要求不大的家用背投显示系统。

（3）超短焦距背投双层硬屏。这种硬屏用于大型拼接屏的短焦距背投箱。为能较好地克服背投硬屏的“太阳镜效应”，将两个菲涅尔硬屏对贴；还有些生产厂在双屏幕的中间增加了一些玻珠材料，进一步提高了抗环境光的能力，但也影响了屏幕的亮度输出。

8.4.3　屏幕对角线长度、宽高比和屏幕面积计算的关系

投影屏幕的规格都以对角线长度（单位为 in）来表示。投影屏幕面积的大小与屏幕的对角线尺寸和它的宽高比有关。面积与对角线尺寸的关系计算如下：

图 8-16 是 4∶3 矩形屏幕，宽边 a 等于对角线尺寸 c 的 0.8 倍，高度 b 等于对角线尺寸 c 的 0.6 倍，它的面积 S 为

$$S=0.48c^2 \tag{8-6}$$

16∶9 矩形屏幕的宽度 a（宽边）等于对角线尺寸的 $16/\sqrt{337}$ 倍，高度等于对角线尺寸的 $9/\sqrt{337}$，面积 S 为

$$S=0.427c^2 \tag{8-7}$$

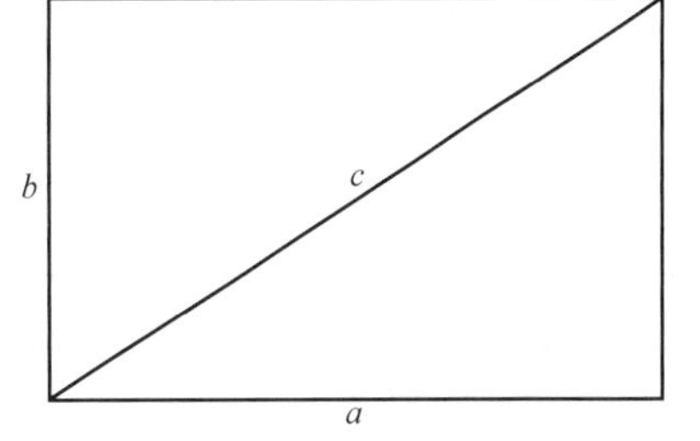

图 8-16　4∶3 矩形屏幕

表 8-3 是 4∶3 和 16∶9 两种屏幕的对角线尺寸与其宽度、高度和面积的计算数据，此表可根据房间高度决定可用投影屏幕的尺寸和根据投影屏幕的最大尺寸选定投影机的技术指标，是一个重要数据表。例如，某会议室的空间纯高为 2.8m，投影屏幕的下沿至少离地面高度 0.7m，投影屏幕上沿应留出电动幕升降系统及吊挂装置的空间至少 0.2m，那么中间可挂投影屏幕的最大高度为 1.9m，因此选用 4∶3 的最大投影幕为 120in。

表 8-3　4∶3 和 16∶9 屏幕的对角线尺寸与其宽度、高度和面积的数据表

屏幕类型	4∶3 屏幕			16∶9 屏幕		
对角线 c/in	a(宽度)/m	b(高度)/m	S(面积)/m^2	a(宽度)/m	b(高度)/m	S(面积)/m^2
100	2.03	1.52	3.1	2.21	1.24	2.75
120	2.5	1.83	4.5	2.65	1.49	3.97
150	3.05	2.29	7.0	3.31	1.87	6.2

（续）

屏幕类型	4∶3 屏幕			16∶9 屏幕		
对角线 c/in	a(宽度)/m	b(高度)/m	S(面积)/m^2	a(宽度)/m	b(高度)/m	S(面积)/m^2
180	3.66	2.74	10	3.98	2.24	8.93
200	4.06	3.05	12.4	4.42	2.49	11.02
250	5.08	3.81	19.4	5.53	3.11	17.2

8.5　投影机的选用

大屏幕显示系统应根据该系统的用途、使用环境（空间高度和环境光的亮度等）、安装方式和投资大小等条件来决定投影屏幕的类型、尺寸以及投影机的主要技术参数（亮度、对比度、分辨率、输入/输出接口功能……）。

8.5.1　确定合适的屏幕照度

投影机的亮度过高时，眼睛容易疲劳，且需要更大功率的光源，发热变大，使用寿命降低，投资支出大。亮度过低时，影响画面的清晰度、层次感和色彩的鲜艳度，产生朦胧感。因此，必须选择亮度适中的投影机。

投影机的亮度输出要求与屏幕尺寸大小、屏幕照度要求和环境光的亮度等因素直接相关。首先应根据环境空间的高度，按表 8-3 确定使用屏幕的尺寸，然后根据投影屏的尺寸和环境光的亮度计算出投影机的最低输出亮度（ANSI 流明）。

$$投影机最低输出亮度(ANSI 流明)=投影屏幕面积(m^2)\times屏幕照度(lx) \tag{8-8}$$

应用举例：一个 2.8m 高的会议室，前面已计算出可吊挂的最大投影屏幕尺寸为 120in（4∶3）。会议室的环境照度为 250lx，屏幕的最低照度要求为 500lx，那么，按式（8-8）可计算出应选用投影机的亮度至少为：$500lx\times4.5m^2=2250$ANSI 流明。实际选用 3000～3400ANSI 流明的投影机是合适的，超过此值应视为亮度过高了。表 8-4 是根据式（8-7）算出的投影机最低亮度（ANSI 流明）要求。

表 8-4　投影机最低亮度要求

使用环境	环境照度/lx	屏幕最低照度要求/lx	投影机最低亮度
剧场、电影院	5	300	100in 930 ANSI 流明 150in 2100 ANSI 流明 200in 3720 ANSI 流明
会场、礼堂	150	450	100in 1395 ANSI 流明 150in 3150 ANSI 流明 200in 5580 ANSI 流明
会议室、教室	250	500	100in 1550 ANSI 流明 150in 3500 ANSI 流明

注：由于投影机的亮度随使用时间增加逐渐衰减和投影机亮度的实测值有－10%的误差等因素，故实际选用时还需提高 1.3～1.5 倍

8.5.2　投影机对比度要求

简单而言，对比度是图像最黑处与最白处亮度的比值。影响对比度的主要因素是投影机的亮

度、环境光亮度和投影机本身的对比度参数。在背投机中，环境光的影响很小（因为投射区在暗箱中，投射光线很少受环境光干扰）。在正投机中，环境光的影响为主要因素，投影机本身的对比度参数影响很小。例如在明亮的教室中，2000∶1的对比度与350∶1的对比度两台投影机，如果最高亮度相同，由于最黑处的图像亮度与环境光亮度相同，因此图像的实际对比度效果将基本相同。

有时我们会遇到投影机的亮度调到最高状态时，即使对比度调到最高也无法显示图像，只出现一幅对比度很小、极浅淡的图像。这是由于投影机的色饱和度较差，使色度信号受到了饱和度限制而无法增加。

8.5.3 投影机的分辨率与输入信号分辨率的匹配

投影机的分辨率决定于投影芯片的物理分辨率（投影机的自然分辨率）。现在LCD液晶投影机的物理分辨率通常为1024×768像素；DLP投影机的物理分辨率有两种：800×600像素和1024×768像素。如果输入信号的分辨率高于投影机的物理分辨率，那么投影机将以它自身的物理分辨率显示图像，因此会降低输入信号的图像品质。如果输入信号源的分辨率低于投影机的物理分辨率，那么投影机显示图像的分辨率只能达到信号源的图像分辨率，也就是说没能发挥投影机物理分辨率高的优秀特性。因此，最好的显示状态是投影机的物理分辨率与输入信号的图像分辨率相当（匹配）。

投影机分辨率的兼容性也是有一定范围限制的。1024×768像素投影机的兼容上限是1600×1200像素，它不能接收更高图像分辨率的输入信号。

如果用于显示文本文件为主体的投影机，可选用800×600像素分辨率的投影机。如果专门用于显示全彩电视节目的投影机，那么应选用1024×768像素或更高分辨率的投影机，但价格也更昂贵一些。表8-5是投影显示系统图形分辨率分类表。

表8-5 投影显示系统图形分辨率分类表

英文缩写	中文全名	图形分辨率(H×V)/像素
VGA	视频图形阵列分辨率	640×480≈30.7万
SVGA	超级视频图形阵列分辨率	800×600=48万
XGA	扩充视频图形阵列分辨率	1024×768≈78.6万
SXGA	超级扩充视频图形阵列分辨率	1280×1024≈131万
SXGA$^+$	超级扩充视频图形阵列分辨率	1400×1050=147万
UXGA	超高级扩充视频图形阵列分辨率	1600×1200=192万

8.5.4 投影机其他性能

选择投影机除考虑上述三项性能指标外，还要考虑其他多项功能性指标，例如：各种输入/输出端口是否满足使用要求？安装方式是什么？是否具有断电保护（即开即关）功能？是否具有梯形校正功能？变焦范围有多大？能否自动聚焦和自动开关镜头盖？噪声有多大？色彩还原性如何？性价比如何？使用什么类型的灯泡？芯片的类型（是LCD还是DLP）和质量等级（1级~3级）如何选择？芯片直径是多少？等等。这些都是涉及投影机产品质量和使用性能的指标。

8.6 DLP背投拼接屏显示系统

投影显示系统已广泛用于各种行业，但是对于需要高清晰、大画面、高亮度的显示系统，就会力不从心了。投影机的缺点之一是：投影机图像的亮度和图像的像素密度（单位面积上的像素数量）与投影画面对角线长度的二次方成反比。例如，一台 1024×768 像素分辨率的投影机投影播放 500in 画面时，图像亮度和图像的像素密度比播放 100in 画面时降低 2.5 倍。如果播放 1000in 画面时，图像的像素密度和亮度比播放 100in 画面时降低 100 倍。

表 8-6 是投影机屏幕尺寸与图像的像素密度（单位面积上的像素数量）的关系。解决大画面、高亮度、高清晰的技术途径就是采用 DLP 背投拼接屏显示系统。

表 8-6　投影机屏幕规格与画面像素密度的关系

投影机芯片的分辨率 1024×768 像素（总像素为 78.6432 万）	投影屏幕的对角线尺寸（宽高比为 4∶3）					
	对角线/in	100	250	500	750	1000
	面积/m^2	3.1	19.4	77.4	174.2	309.7
投影画面的像素密度/（万像素/m^2）		25.3687	4.1174	1.0158	0.4515	0.253

8.6.1　DLP 背投拼接屏显示系统的优点

（1）单体屏的拼接数量 N 没有限制，可无限量拼接成任何尺寸的电视墙。

（2）拼接屏整屏的像素密度和亮度不会因整屏画面的扩大而降低。

（3）小于 0.5mm 的物理拼缝，宽视野、无明显拼缝感觉的特大型图像。

（4）6 段独立色域（红、绿、蓝、青、黄、洋红）的“极致色彩（Brilliant Color）”色轮，使画面色彩更为鲜艳逼真，亮度比 R、G、B 三基色色轮提高 50%。

（5）每秒数百次的色彩刷新速度，高速运动物体无残影或拖尾。

（6）10bit 的图像处理技术，每种基色的灰度等级可达到 1024 级，即可显示 1024(R)×1024(G)×1024(B)≈10 亿 7000 万种色彩，这是任何模拟图像显示系统无法比拟的。

（7）双灯备份设计，可连续 24h 不间断高可靠运行。

（8）标准化的单体拼接显示单元，如图 8-17 所示，宽高比可按需自由设定。既可组成平面型电视墙，也可组成弧形电视墙，如图 8-18 所示。

拼接显示单元尺寸

屏幕尺寸	W/mm	H/mm	D/mm
50	1016	762	680
60	1220	915	760
67	1364	1023	860
70	1420	1065	1000
80	1605	1204	1030
84	1707	1280	1050
100	2000	1500	1220

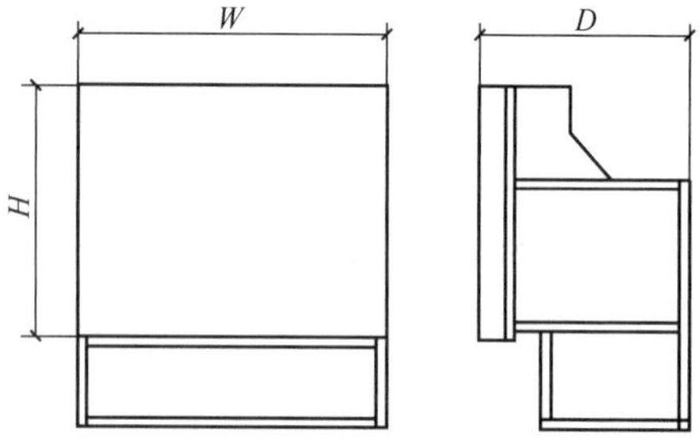

图 8-17　50～100in DLP 拼接显示单元系列（4∶3）的物理参数

8.6.2　DLP 背投拼接显示屏的系统结构

DLP 背投拼接显示系统是一种集光电显示、图像处理、计算机控制和网络通信等技术于一体的高科技系统。

显示功能包括整屏显示、单体屏显示和跨屏显示；可以开窗口任意移动、缩放、漫游和叠加。采用分辨率叠加技术，可显示高分辨率的图像和数据。支持 HDTV 逐行扫描高清电视图像。可直接显示各种制式的视频信号、计算机信号、网络信号和高清硬盘录像机信号。图 8-19 是系统实施方案。

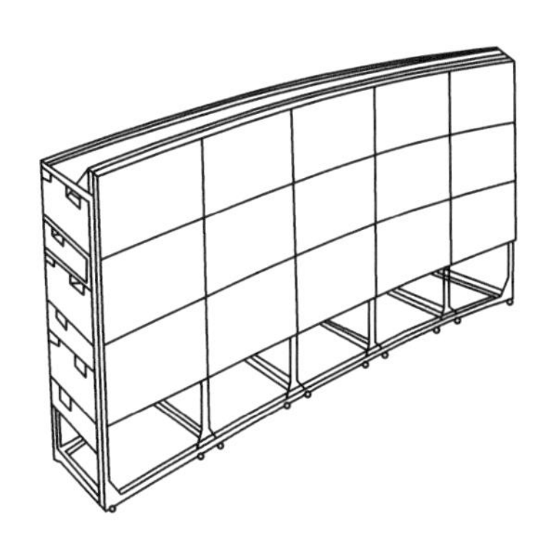

图 8-18　弧形 DLP 电视墙

1. 图像拼接控制器

图像拼接控制器又称屏处理器，是拼接显示屏的核心设备。可任意切换和处理 RGB 三基色信号、模拟视频信号、DVI 数字视频信号和网络信号。最多可驱动 256 个显示通道，组成完整的单一逻辑屏和画中画等显示模式。

单一逻辑屏具有显示分辨率叠加功能，例如：单个显示单元的分辨率为 1024×768 像素≈78 万像素。如果采用 9 台（3×3）单体拼接显示单元组成单一逻辑显示屏，那么整屏的分辨率可提高 9 倍，达到 9×(1024×768) 像素≈708 万像素。

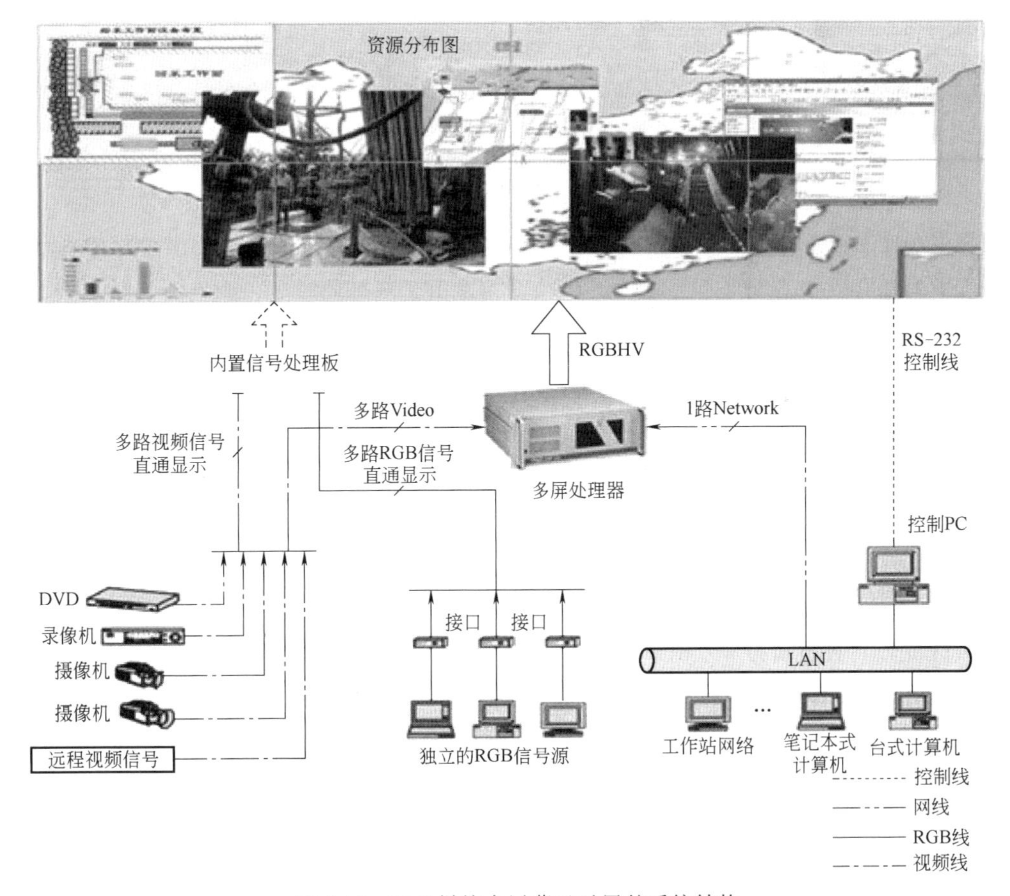

图 8-19　DLP 拼接大屏幕显示屏的系统结构

在单一逻辑屏上可以画中画方式（PIP）同时显示 3 种窗口图像，并且窗口图像的透明度可调。窗口画中画图像可在屏幕上任意漫游、缩放和叠加，显示图像还可互换层级。

2. DCC 数字色彩控制技术

数字色彩控制（Digital Color Controller，DCC）技术用来保证各拼接单元的色彩重现具有高度的一致性，可有效抑制各画面间 RGB 三基色的离散性，使 RGB 三种基色达到高度的一致性，而不仅仅是白色显示的一致性（白平衡）。

3. 系统管理和操作软件

大屏幕显示系统的应用管理软件，支持多个网络客户同时连接。可对各种视频设备（包括监视器、播放器、显示器、摄像头）和矩阵等多种硬件设备进行定义、管理和控制。

4. 显示单元的双灯备份

在DLP背投影机单元中，灯泡属于耗材，通常寿命为2000~4000h左右。24h连续使用时，灯泡的寿命可能会更短。如果能有双灯轮流使用，在一灯损坏时立即可快速替换，大大提高了系统运用的可靠性。

双灯备份设计有两种方案：热备份和冷备份方案，如图8-20所示。

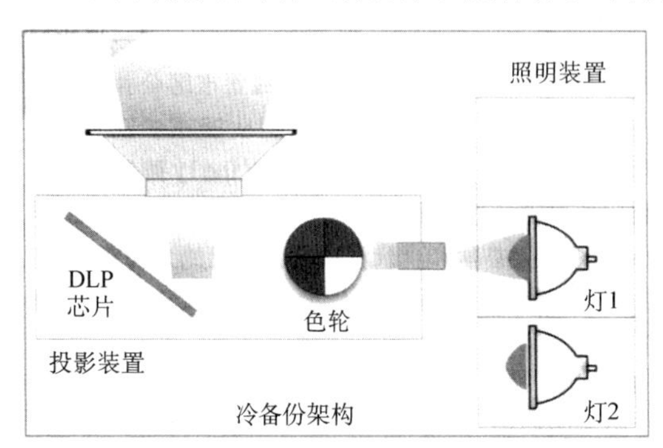

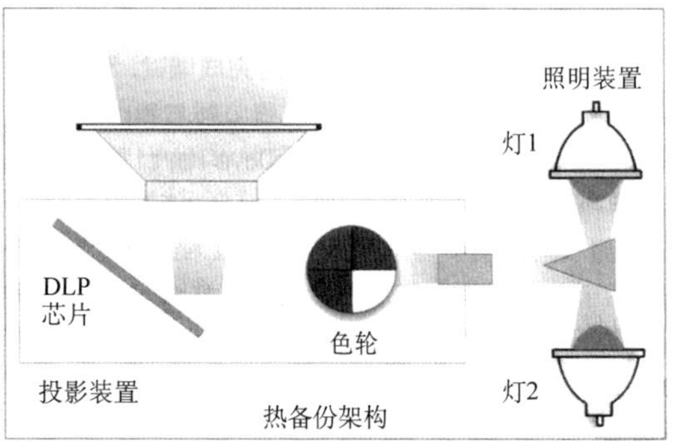

图8-20　双灯DLP投影机

冷备份的灯泡寿命长，可靠性高。热备份是双灯同时点亮，可比单灯的屏幕亮度提高70%左右（即双灯耦合的效率最高不会超过170%）。但是由于双灯同时亮，产生的热量更大，如果24h连续运行，会减短灯泡寿命。

5. 特种玻璃硬质屏幕

DLP背投拼接屏幕技术是一项直接影响显示效果的精细技术。要求屏幕的物理拼缝达到小于或等于0.5mm，拼接后的整屏光洁平整如镜，长期使用不变形、不反光、图像清晰、亮度均匀、无色差、视角大和视觉效果好，达到光学效果和机械性能的最佳结合。

常用的优质硬幕有树脂屏、玻璃屏和树脂/玻璃复合屏三种。树脂屏制作简单、安装方便、价格便宜，但热膨胀系数较大，长期使用会变形，使整屏不平整，影响显示效果，因此很少采用。工程中主要采用玻璃屏和复合屏两类硬幕。

图8-21是以特种玻璃为屏基的玻璃屏幕，它的前后表面分别刻有密集的同心圆槽和双凸柱状透镜的竖条纹路，形成可以折射和会聚投影机入射光线的菲涅尔透镜。该透镜可有效抑制入射光线向后扩散，提高屏幕增益，增加输出亮度。为提高抗环境光能力和消除“太阳镜效应”（观众区的环境灯光在屏幕上出现镜像虚影），在玻璃屏观众一面还贴有一层玻璃棱镜。

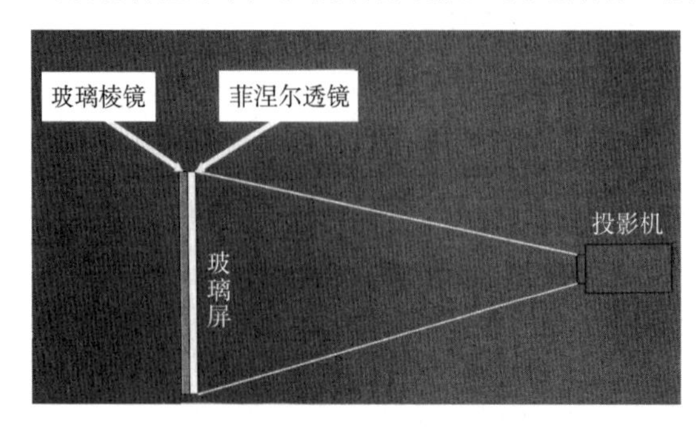

图8-21　特种玻璃硬质屏幕

玻璃硬质屏幕的优点是：

1）热膨胀系数极小，拼接屏长期使用不变形，物理拼接缝可减小到 0.5mm 以下。

2）具有大于 500∶1 的高对比度。

3）可视范围大：水平视角 160°，垂直视角 140°。

4）可清洗及阻燃性。

图 8-22 是玻璃/树脂复合屏，是以高分子树脂材料为屏基制成的菲涅尔透镜，在面向观众区的外表面贴有一层防眩光的钢化玻璃。在菲涅尔透镜树脂屏与防眩光玻璃之间还粘贴一层树脂棱镜薄膜。表 8-7 是三种硬质硬幕的综合性能比较。

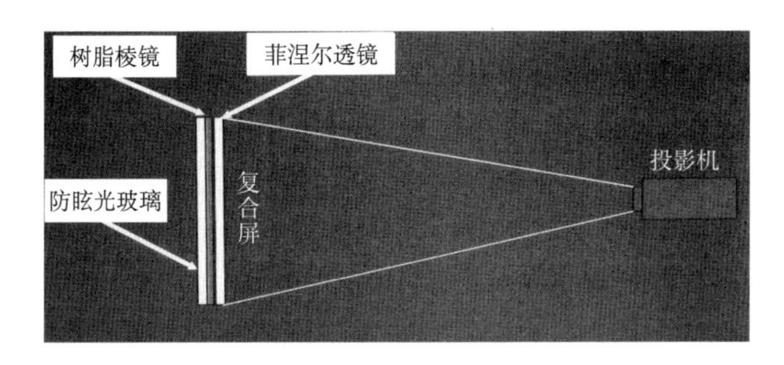

图 8-22　玻璃/树脂复合屏

表 8-7　三种硬质屏幕的综合性能比较

屏幕种类	树脂屏	玻璃/树脂复合屏	玻璃屏
屏幕材料	高分子树脂	高分子树脂+玻璃	钢化玻璃
屏幕增益	高	高	较高
视角	较小	较小	较高
图像对比度	较好	较好	好
图像亮度均匀度	好	好	好
抗环境光能力	较好	较好	好
热膨胀系数	较大	较小	最小
组合屏物理拼缝	大于 1mm	1mm	≤0.5mm
组合屏整体外观	长期使用会产生变形	屏幕不易变形	屏幕永不变形
安装重量	最轻	较轻	重
价格	最便宜	较便宜	贵

8.6.3　DLP 背投大屏幕拼接屏显示系统的典型技术指标

DLP 大屏幕拼接屏显示系统的典型技术指标，包括显示单元、显示屏幕和多屏控制器三部分，见表 8-8～表 8-10。

表 8-8　显示单元技术指标

参数名称	标准配置
显示技术	DLP 技术，单片 0.95in DMD，12°DDR
分辨率	$SXGA^+$（1400×1050 像素）
亮度	1800ANSI 流明（单灯），3600ANSI 流明（双灯）
对比度	>1400∶1
屏幕尺寸（对角线）	60/70/80/84/100in
灯泡	Philips UHP250W×2，灯泡寿命：2×3000h
物理拼接	≤0.5mm（玻璃屏）
整屏拼接平整度	≤0.5mm（玻璃屏）

（续）

参数名称	标准配置
输入接口	1×RGB+HV,5BNC 接口;2×DVI(TMDS 格式);1×复合视频,BNC 接口; 1×S-Video,Mini4 接口
输出接口	2×DV1(TMDS 格式);1×复合视频,BNC 接口;1×S-Video,Mini4 接口
扫描频率	水平扫描:15~120kHz;垂直刷新:25~120kHz;像素带宽:162MHz
控制	RS-232C:D-Sub9 接口;RS-485:输入 D-Sub9 接口,输出 D-Sub9 接口 红外遥控:标准配置
电源和能耗	AC 100~240V,50~60Hz,单灯最大能耗:380W
工作环境	温度:0~40℃(最佳工作环境温度:(23±3)℃) 湿度:20%~80%(最佳工作环境相对湿度:40%~60%),无凝霜

表 8-9　显示屏幕

屏幕类型	GUCS 树脂/玻璃复合屏	BBAR 超高对比度双层玻璃屏
屏幕增益	3.7	2.0
水平视角	170°	160°
垂直视角	110°	160°

表 8-10　多屏控制器

参数名称	基本配置
操作系统	Windows 2000 以上版本,Windows XP,Windows GUI
中央处理器	CPU:Intel P4(双核)/双 Xeon;内存:DDR 1~2GHz;硬盘:80GB IDE,可选备份硬盘;光驱:50×CD-ROM/16×DVD
图形输出	分辨率:VG~UXGA;色彩:8bit、16bit、24bit、32bit;输出格式:模拟 RGB/DV1-D/DV1-1
支持拼接屏数量	数量:4~128 路复合视频或 S-Video,可通过矩阵扩展;输入视频制式:PAL/NTSC/SECAM/HDTV;支持:网络流媒体
RGB 信号输入	数量:无限制;分辨率:VGA~UXGA
网络连接	2×10/100Mbit/s(标准),可选 10/100/1000Mbit/s
I/O 接口	2×RS-232,DB9;1×ECC/EPP,DB25;2×USB
电源和功耗	1+1 热备份电源;AC 100~240V,50~60Hz,最大功耗:500W
工作环境	工作温度:0~40℃;工作环境相对湿度:10%~90%,无凝露

8.7　平板显示器拼接大屏

DLP 背投拼接大屏的优点是小于 0.5mm 的物理拼缝，可构建宽视野、无明显拼缝感觉的特大型图像。主要缺点是指背投机的光源寿命短和安装体积大。于是在其之后又推出了 LCD 液晶显示拼接屏和 PDP 等离子显示拼接大屏。

8.7.1　平板显示器拼接大屏的特点

与 DLP 背投拼接大屏相比，平板显示器拼接大屏具有以下特点。

（1）高亮度。无论是灯光明亮的会议室、监控室还是阳光充裕的厅堂馆所，显示器以最低 500cd/m^2 高亮度轻松展现清晰、明亮的影像画面，可以满足任何环境应用要求。

（2）高对比度。动态黑色技术配合强大的黑色调设置功能，3000∶1 对比度，令黑色浓郁深邃、坚实饱满、画面层次感十足，暗部场景表现游刃有余。

（3）双向宽视角。水平、垂直 178°双向大视角，全方位捕捉视线，实现最佳信息发布效能。

（4）长使用寿命。平板显示器的寿命可达 60000h，耗电量比 DLP 背投大幅降低，寿命更长，设备运行更加稳定。

（5）响应速度快。响应时间<6ms，使动态画面更加流畅、自然，几乎看不到任何拖影现象。

（6）显示器的厚度薄，可以大大减少安装空间体积。显示单元可墙挂、直立、悬吊，拼接屏安装方便灵活。

（7）主要缺点：拼缝较大，现有产品的双边拼缝：物理拼缝 2.8mm；光学拼缝 2mm。

8.7.2　拼接单屏典型产品技术特性

单屏对角线：55in LG 液晶屏；

物理分辨率：1366×768；

显示比例：16∶9；

对比度：3000∶1；

亮度：500cd/m^2；

可视角：178°（H）/178°（V）；

色彩精确度：92%；

响应时间：小于 6ms；

信号系统：输入信号：数字：DVI-D24 针×1，模拟：mini D-sub15 针×1；

控制系统：输入：RS-232 控制/无线遥控，输出：RS-232 控制；

显示屏厚度：58mm；

双边拼缝：物理拼缝 1.7mm；

电源参数：电源 AC 100~240V，50/60Hz，功效 450W（最大功耗）。

8.7.3　平板显示器拼接大屏系统

平板显示器拼接大屏系统除拼接单元组成的屏体外，还需由 VGA 矩阵和 AV 矩阵以及中央控制服务器等设备组成，如图 8-23 所示。

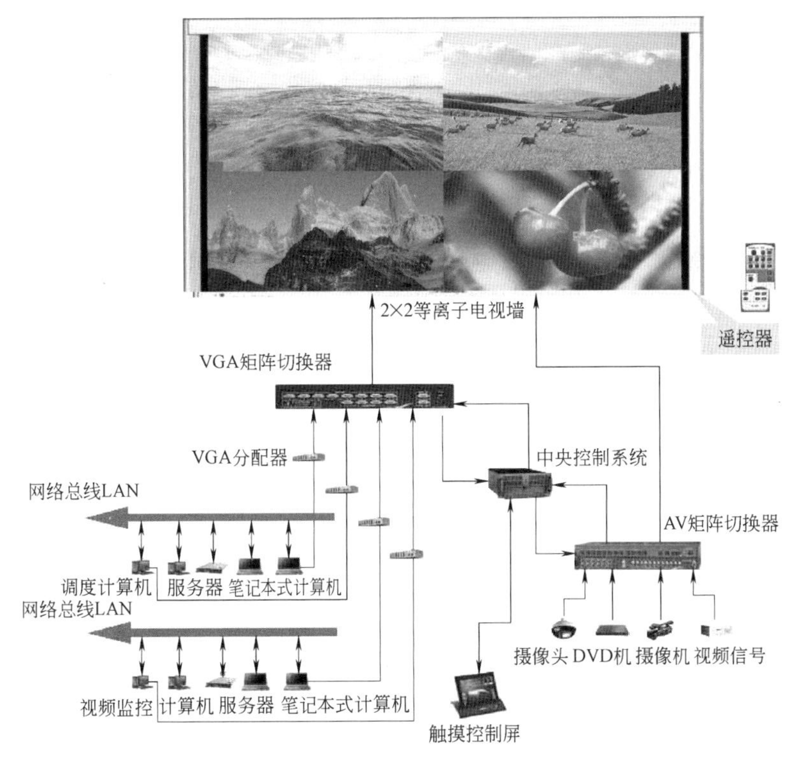

图 8-23　平板显示器拼接大屏系统

8.8　投影显示边缘融合大屏幕拼接系统

单台（正投）投影机屏幕的亮度和像素密度与对角线尺寸的二次方成反比。也就是说，显示屏幕越大，画面的亮度和像素密度就越低。无法满足大视野、高清晰度和高亮度的视觉要求。解决办法除DLP背投大屏幕拼接屏和平板显示器拼接大屏外，还有一种方法是采用多台正投投影机的软边缘融合（Soft Edge Blinding）大屏幕拼接投影显示系统。

边缘融合技术是把2台以上的正投投影机的图像拼接在一起，并对重叠部分的图像进行处理。边缘融合投影显示系统可提供大屏幕、无拼接缝的巨幅彩色图像。显示屏幕可以是平面、弧形，甚至是360°环形或球面，是3D虚拟互动演示视频系统的主要组成部分，可广泛用于科技馆、图书馆、规划馆、博物馆、展览馆、教学培训基地和各类指挥中心。

8.8.1　边缘融合图像处理技术

由于重叠区（融合区）的图像亮度会比非融合区的亮度更亮，色彩还原也会发生变化。边缘融合技术就是把融合区的图像进行处理，变成一幅无缝隙、融合为一体的整屏图像。如图8-24所示。融合区图像亮度的处理方法采用图8-25的“S”形亮度渐变衰减曲线进行自动校正。

图8-24　融合区的图像处理

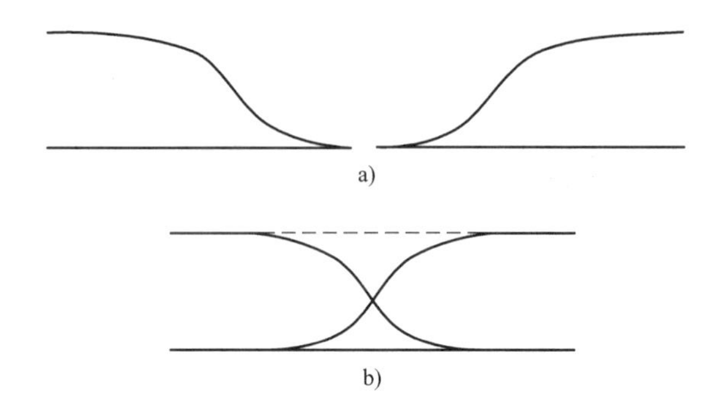

图8-25　融合区的“S”形亮度校正曲线

图 8-26 是边缘融合投影显示系统的基本架构。SMI 拼接控制器把整屏显示的视频信号分割为与拼接投影机数量相等的分屏显示信号。然后再由边缘融合器对图像重叠部分进行亮度自动校正控制后送到各对应的投影机显示。

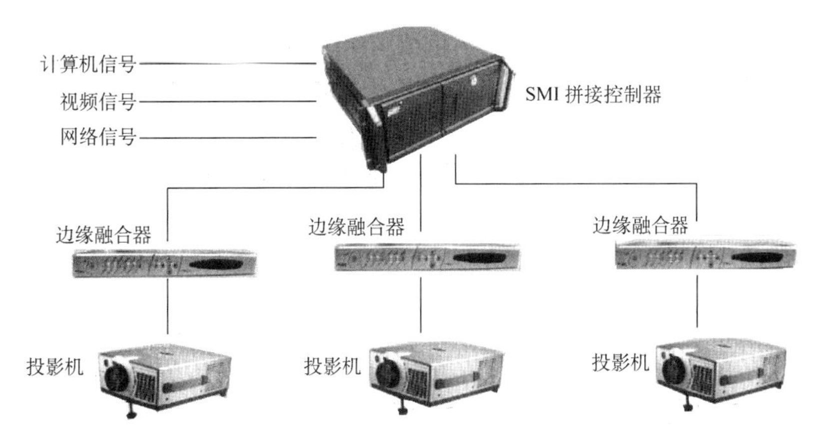

图 8-26　边缘融合系统的基本结构

图 8-27 是一个完整的边缘融合拼接投影显示系统图。除投影机、投影屏幕和拼接控制设备（包含拼接控制器和边缘融合器）外，还有切换视频信号的 VGA 矩阵、预监视器、扩声系统和智能集中控制系统等。智能集中控制系统可遥控、选择 VGA 矩阵的信号路由、环境灯光、扩声系统音量、电动窗帘和其他需要遥控的设备。

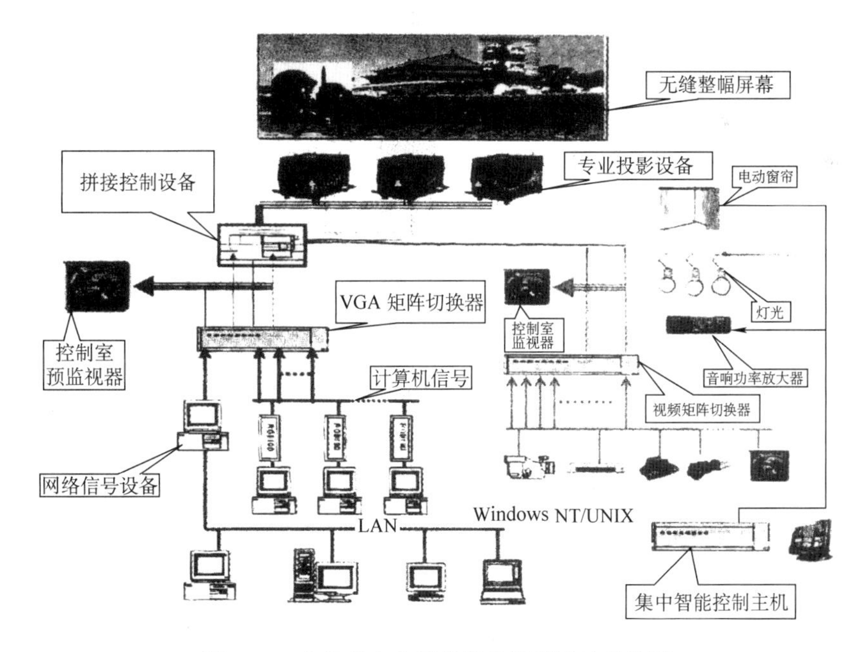

图 8-27　边缘融合大屏幕拼接投影显示系统图

8.8.2　边缘融合系统对拼接投影机的要求

拼接投影机应满足以下各项要求：

(1) 投影机必须是相同品牌和相同型号的产品。

各种型号投影机的亮度、对比度、分辨率和色温等参数差异性很大，调节范围也不同。要达到整屏图像均匀一致，各拼接投影机必须是相同型号的产品。

（2）投影机必须具有水平方向梯形校正功能和图像缩放功能。这两种功能对于拼接画面的对准、对齐调整至关重要。

（3）画面宽高比必须是相同的投影机。例如：16：9或4：3。

（4）选用黑色电平更低的投影机。

投影机播放全黑色图像时，有一个黑色基础亮度，称为黑色输出电平。融合区内两台投影机的黑色输出电平叠加后，会比其他非融合区的黑色输出电平高出一倍（即更亮些）。这种黑色基础亮度是无法通过融合器调整消除的，在播放较暗图像时，会出现融合区比非融合区更亮些（黑色较淡）的条带阴影。

由于DLP投影机的黑色输出电平（对比度≥2000：1）比LCD的黑色输出电平（对比度≥500：1）更低。因此拼接投影机应选用具有更好的融合效果的DLP投影机。

8.8.3 拼接投影屏幕

边缘融合拼接投影屏幕是一种要求面积大、无物理屏缝、超宽视角、亮度均匀、分辨率高、可清洗、能阻燃、平整的正投屏幕。安装方式有壁挂式、嵌墙式、自棚式和框架式。图8-28是一种自棚式框架屏幕。

融合区的图像光线来自两台投影机的不同方向，视角不宽的屏幕会造成不同观看位置出现整屏图像的亮度和色彩效果不均匀一致。屏幕视角与屏幕增益是成反比的。为获得超宽视角（160~180°），应采用屏幕增益G不大于1.0的低增益屏幕。

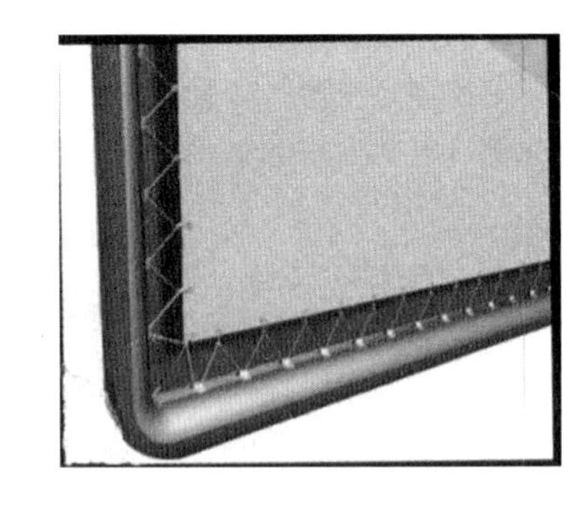

图8-28 自棚式框架屏幕

弧形屏幕和半球形框架屏幕应选用抗拉强度高、物理性能好的软幕，否则在拉成圆弧形后，中央部分容易出现凹凸不平，造成整屏不平整，影响视觉效果。

Stewart公司的超大无缝软幕的最大尺寸可达12m×27m（324m^2）。在双层高强度PVC纤维布基表面上均匀地喷涂光学因子材料，增强了抑制环境光的交叉反射光的能力，保护图像的对比度和DLP、LCOS投影机的黑色输出电平。

8.8.4 拼接投影机的调整

拼接投影机的调整包括：水平融合区调整、图像对齐和缩放比调整、倾角调整、梯形失真调整、亮度和色温调整以及融合区阴影的调整等。水平融合区的面积应调整在10%~20%范围最合适。

1. 水平融合区调整

水平融合区过大或过小都会影响融合图像的视觉效果。图8-29是常用的15%融合区。

2. 图像缩放比调整

两台投影机的缩放比例应锁定在同一规格上，这样可消除运动图像的行或帧的漂移问题，防止缩放比例失锁引起的帧速率转换问题。

3. 亮度和色温的调整

两台完全对齐的投影机，它们的初始亮度和色温应调整到相同状态，才能使拼接后的整屏画面的色彩和亮度达到一致的效果。

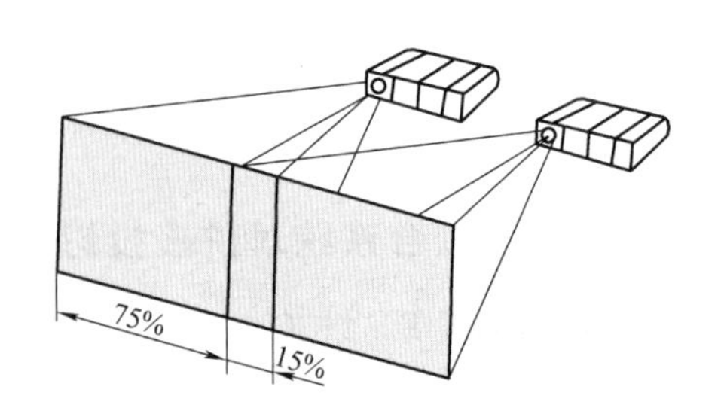

图8-29 水平融合区调整

4. 投影机的对齐调整

投影机的对齐调整包括：垂直和水平方向调整、梯形失真校正、倾斜角调整等。图 8-30 是 5 种不同对齐调整情况产生的融合区。

1）两台投影机分隔过远。水平方向需有 15% 左右的重叠区，如图 8-30a 所示。

2）两台投影机垂直方向没有对齐。需微调投影机的高低投射角度，如图 8-30b 所示。

3）两台投影机的梯形校正不一致。需校正梯形调整数据，确保对齐的垂直效果，如图 8-30c 所示。

4）微调旋转投影机的倾斜角，重新达到垂直效果，如图 8-30d 所示。

5）正确对齐的投影机融合带，呈现一个垂直的矩形条带影像，如图 8-30e 所示。

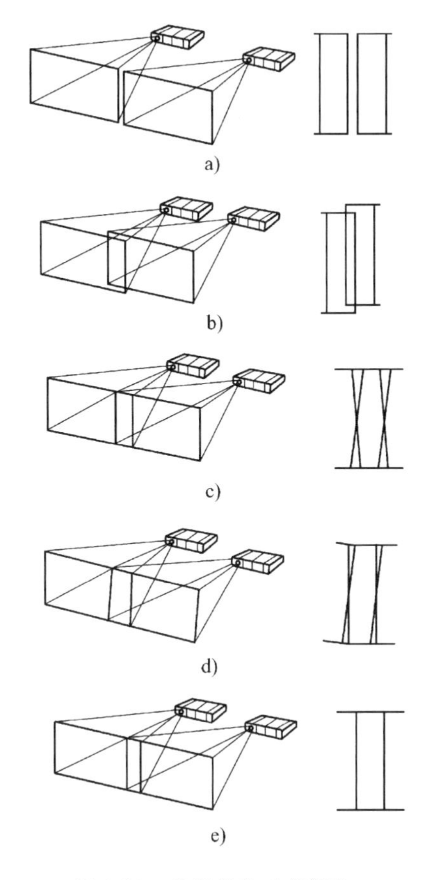

图 8-30　投影机的对齐调整

8.9　LED 大屏幕显示系统

具有“日光影院”之称的高亮度发光二极管（Light Emitting Diode，LED）大屏幕图像显示系统已广泛用于文艺演出、体育比赛、城市广场、广告宣传、广播电视、会展中心、交通运输、医院学校、环境气象、金融证券、邮政电信、公安司法等各个领域，已成为社会活动不可缺少的组成部分。

LED 大屏幕没有拼缝，尺寸大小不受限制，各部分亮度具有高度一致性，图像层次丰富，色彩均匀，无论分屏显示还是组合成一块大屏显示，都能极尽完美。随着 LED 大屏幕像素点间距不断缩小、分辨率的不断提高，在一些使用要求较高的领域，已经完全可替代传统大屏幕显示墙，显示效果明显高于传统显示方式。

8.9.1　LED 屏幕显示系统的组成和分类

1. 系统组成

由 LED 显示屏体（包括散热系统、避雷系统）、LED 大屏幕控制器和计算机控制主机等显示屏外接设备组成。

显示屏外接设备包括：①显示屏控制卡、控制软件；②视频信号处理器；③视/音频输入设备（DVD、硬盘录像机、摄像机、图文输入设备、闭路电视等）；④供配电系统、报警系统；⑤扩声系统等；⑥通信系统。LED 显示屏系统组成如图 8-31 所示。

（1）LED 显示屏体与外接控制系统的通信距离。LED 显示屏系统由 LED 显示屏体与控制设备通过双绞线（或光纤）网络连接协同工作。超 5 类网线的最大传输距离达 170m，可靠传输距离为 140m，如果增加中继，每增加一台中继设备可增加 100m 的传输距离；多模光纤传输距离为 500m，单模光纤传输距离为 10~20km。

（2）三基色光源的亮度是如何搭配的？大多数颜色可以通过红、绿、蓝三种基色按照不同的比例合成产生：

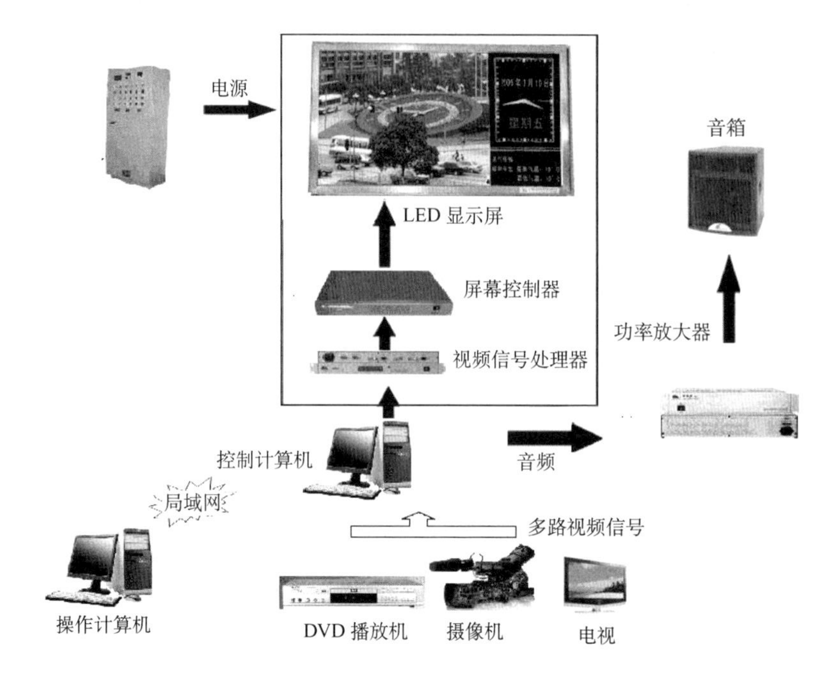

图 8-31　LED 显示屏系统组成

例如：红+绿=黄；绿+蓝=青；红+蓝=品红；红+绿+蓝=白，如图 8-32 所示。

红、绿、蓝（RGB）三种基色光源在组成白色时的贡献是不一样的。其原因是人类眼睛的视网膜对于不同波长的光感觉不同而造成的。

在调节 LED 显示屏白平衡时，经过大量的实验得到的红、绿、蓝三种基准色的亮度比例为 3∶6∶1，它们的精确比例为 3.0∶5.9∶1.1。为了弥补红色 LED 的亮度不足，因此三基色全彩屏的像素常常采用 2 红、1 绿、1 蓝四个 LED 组成。

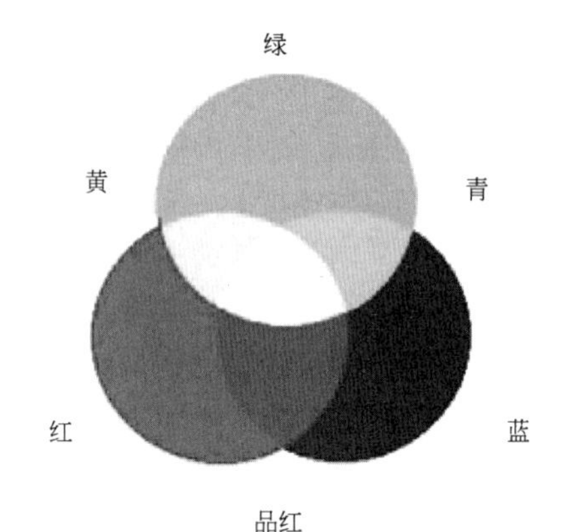

图 8-32　三基色光源的混合光色

2. LED 显示屏的分类

（1）按使用环境，可分为室内显示屏和室外显示屏两类。室外显示屏要求亮度高，抗环境能力强，防水性能应符合 IP40~IP65 标准。室内屏的工作环境较好，亮度也可比室外屏低。

（2）按显示颜色，可分为单基色 LED 屏、双基色 LED 屏和三基色全彩色 LED 屏。

1）单基色 LED 屏（Single-Color LED Panel）。主要用于显示文字、市场行情和单色图形图像，造价便宜，常用颜色为红、黄、绿三种。伪彩色 LED 屏（Pseudo-Color LED Panel）是指在显示屏的不同区域安装不同颜色的单基色 LED 器件构成的显示屏。

2）双基色 LED 屏（Double-Color LED Panel）。由红、绿两种颜色 LED 器件组成像素的显示屏，可显示文档资料、图形、动画和行情信息，也可显示色彩不完全（缺蓝色）的电视图像。

3）三基色全彩 LED 屏（All-Color LED Panel）。每个像素由 R、G、B（红、绿、蓝）三种颜色的发光二极管组成，可显示各种信息和全彩色电视图像。

8.9.2　LED 显示屏的主要技术特性

按照中华人民共和国行业标准 SJ/T 11141—2017《发光二极管（LED）显示屏通用规范》和 SJ/T 11281—2017《发光二极管（LED）显示屏测试方法》，LED 显示屏系统的主要技术指标如下：

1. 显示屏技术要求

（1）LED 显示屏的发光亮度。室内屏表面的发光亮度应不低于 1000cd/m^2；室外屏表面的发光亮度应不低于 3000cd/m^2。

发光表面的亮度单位为 cd/m^2，1cd = 0.981 国际烛光。另外还有一个发光表面的亮度单位为 nit（尼特）/m^2，1nit = 1 个国际烛光。

LED 显示屏的发光亮度与 LED 发光二极管的性能、直径、间距等因素有关。单点 LED 发光二极管的标称直径有：ϕ3mm、ϕ3.75mm、ϕ5mm、ϕ8mm、ϕ10mm、ϕ19mm、ϕ22mm 和 ϕ26mm 等。室外屏由于要求发光亮度高，一般都应选用直径较大的 LED。

1）大屏幕正投影机的亮度为什么用流明（lm）表示？正投影机的图像是在投影幕上生成的，投影幕本身不是发光体。投影幕上图像的亮度与投影机输出的光通量（lm）、投影幕的光学增益 G 和投射距离等因素有关，投射距离越远，图像面积越大，画面亮度越低。因此，为能客观、正确地表达投影屏幕的亮度指标，采用投影机输出的光通量（1m）是合理的。

LED 显示屏屏体自身是发光体，因此可用屏体自身的发光亮度直接来表示屏幕图像的亮度，即 LED 显示屏屏体发光亮度单位为 cd/m^2。

2）两种亮度单位的换算：为便于比较图像画面的亮度，LED 显示屏与投影机投影幕上的亮度可进行换算：

$$\text{LED 显示屏的亮度}(\mathrm{cd/m^2}) = 3.43 \times G \times 1000/S \tag{8-9}$$

式中　G——投影幕的光学增益，一般软投影幕的 G = 0.85～2.0；

S——投影幕的面积，单位为 m^2。

例如：利用式（8-9）可计算得出：

① 3000ANSI 流明输出的投影机，在对角线长度 100in、宽高比为 4∶3 的投影幕（S = 3.1m^2）上产生的画面亮度为 1064cd/m^2。

② 电影院投影屏幕画面的亮度要求应不低于 600～800cd/m^2。

（2）像素及其间距 PH（mm）。

1）像素组成。单色 LED 显示屏的每个像素由 1 个单色 LED 发光二极管组成，即每个像素包含 1 个单色 LED 发光二极管。

双基色 LED 显示屏的每个像素由 2 个 2 种单色 LED 发光二极管组成，称为 1 个双基色实像素。

三基色全彩 LED 显示屏的每个像素由 R、G、B　3 个（或 4 个/2R、1G、1B）3 种单色 LED 发光二极管组成。

2）像素间距 PH（Pixel Pitch）。像素间距简称点间距，是指从某一像素中心到相邻像素中心的距离（以毫米为单位），与 LED 屏分辨率有关，点间距越小，意味着更高的像素密度和更高的屏幕分辨率。

LED 直径越大，间距越大，PH 也越大，单位面积上的像素数量越少；像素的间距图形分辨率也就越低。室外屏像素的间距一般有 PH6mm、PH7.62mm、PH10mm、PH12mm、PH16mm、PH20mm 和 PH26mm 等规格。

目前主流的室内 LED 显示屏型号有：P2.5、P3、P4、P5、P6、P7.62 户内表贴全彩显示屏。

小间距LED显示屏是指LED点间距在P2.5及以下的室内LED显示屏，主要包括P2.5、P2.083、P1.923、P1.8、P1.667、P1.5、P1.25、P1.0等LED显示屏产品。随着LED显示屏制造技术的提高，传统LED显示屏的分辨率得到了大幅提升。

（3）图像的灰度等级。

图像的灰度等级分为16（4bit）、32（5bit）、64（6bit）、128（7bit）、256（8bit）和65536（16bit）等多个等级。灰度等级越高，色彩的层次越多。以8bit灰度等级为例，可控制显示2^8（红）×2^8（绿）×2^8（蓝）= 1677万种色彩。

（4）视角：水平视角≥120°，垂直视角≥50°。与发光二极管的封装形状有关。

（5）显示屏亮度的不均匀性：不大于5%。

（6）LED发光二极管的失控点：①室内LED屏的失控点应少于万分之三；②室外LED屏的失控点应少于千分之二。

（7）可靠性要求：LED显示屏单元的平均无故障工作时间（MTBF）不低于10000h。

（8）LED显示屏的工作环境要求：

① 温度：室内屏的环境温度为0~40℃；室外屏的环境温度为-10~+50℃。

② 湿度：在最高温度时，相对湿度为90%的条件下能正常工作。室外屏应符合IP标准各等级的防尘、防水要求。

2. LED显示屏的功能要求

（1）播出方式：单行左移、多行上移、左右拖移、翻页、滚屏、旋转、缩放、闪烁等。

（2）输入信号格式：

1）可播放不同格式的DVI、VGA等图形、图像文件。可显示各种计算机信息。如BMP（Bit Mapped Graphics，位映像图形）文件、JPEG（Joint Photographic Experts Group，相片编码联合专家组）文件、GIF（Graphic Interchange Format，图形交换格式）文件、FLASH和TXT文本等，支持各种视频信号自由切换。

2）支持各种声卡、视频卡、CD-ROM、DVD-ROM等多媒体设备的数字视/音频输出信号，可播放WAV（Waveform Audio Fill Format）波形文件、MIDI（Musical Instrument Digital Interface，电子音乐数字接口标准）等各种格式的音乐，实现视/音频同步播放。

3）可实时显示录像机、影碟机、摄像机、广播电视和卫星电视图像，并可现场转播。

（3）其他功能：

1）控制中心可对显示屏系统进行远程控制和远程监视，实现远程播放和开/关屏等操作。

2）控制计算机可对配电系统实行过电压、过电流、过热、欠电压、断相、短路等异常情况的监测、记录和自动保护、自动应急处理。

3）LED显示屏亮度自动调节功能。自动亮度控制是根据屏幕监测到的环境光亮度，自动调节LED屏的发光强度，达到适合环境光亮度的最佳画面亮度要求。

4）自动报警监控功能。一旦发生火警或盗窃破坏等事件，系统通过火灾报警系统和防盗系统自动发送报警信号。

8.9.3 LED发光二极管分类和像素特性

1. LED发光二极管分类

LED发光二极管是一种半导体光-电转换器件。光电转换效率可达80%以上，是一种先进的节能光源。LED由半导体二极管芯片、采用环氧树脂封装组成各种形状的灯管。环氧树脂封装的目的是固定管芯和引线电极、防潮和透光。LED可按下列几项分类：

（1）按发光颜色分类：有红色、橙色、绿色和蓝色四大类。每大类还可分成有色透明、无色透明、有色散射和无色散射四种。

（2）按光面特征分类：可分为圆柱形灯、椭圆灯、方灯、矩形灯、面发光灯、侧向发光灯和表面安装灯（SMD，贴片灯）等，如图 8-33 所示。图 8-33a 为圆柱形灯和椭圆灯的外形；图 8-33b 为 TOP 平头矩形灯；图 8-33c 为 SMD 贴片灯。

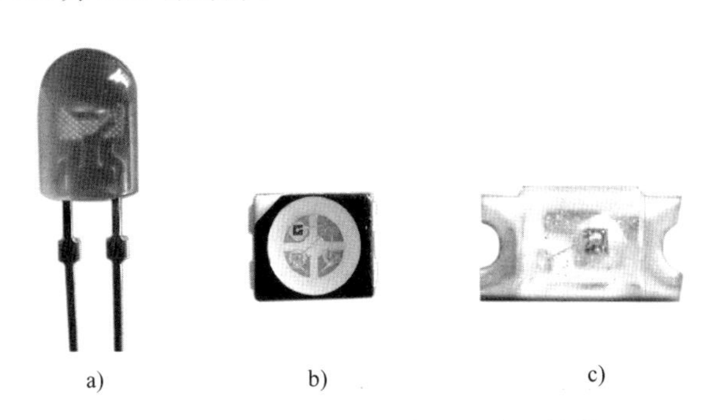

图 8-33　LED 灯的结构类型和光面特性

a）圆柱形灯和椭圆灯（半功率亮度视角：70～100°）　b）TOP 平头矩形灯（半功率亮度视角：120°）

c）SMD 贴片灯（半功率亮度视角：120°）

圆形直插发光管的正面和侧面均匀发光，半功率亮度视角为 100°。椭圆形直插发光管的水平方向发光强度大于垂直方向，半功率亮度视角为 70～100°。

TOP 平头矩形灯和 SMD 贴片灯把 RGB 三种基色芯片封装在一起，组成一个全彩发光管，简称三合一管。适合贴片式印制电路板安装，特点是体积小、屏幕像素密度高、分辨率高、图像清晰。

（3）按发光强度分类：发光强度<10mcd 称为普通亮度管；发光强度在 10～100mcd 为高亮度管；发光强度>100mcd 为超高亮度管。发光二极管的正向工作电压为 1.4～3V，工作电流为 2mA～数十 mA。

2. 常用 LED 品牌产品

（1）欧美芯片：

柯瑞（CREE）：世界著名的蓝绿光芯片厂。品质稳定，抗静电能力强。

欧司朗（OSRAM）：世界著名的红光芯片厂。品质稳定，抗静电能力强。

（2）日本芯片及管子：

日亚（NICHIA）：绿蓝光芯片厂。品质稳定，抗静电能力强，有红绿蓝管。

丰田（T.G）：绿蓝光芯片厂。品质稳定，抗静电能力强，有红绿蓝管。

（3）国产品牌：

台湾晶元光电（五大芯片厂合并组成），是世界上最大的 LED 芯片和管子生产厂。

台湾泰谷光电：高亮度红光芯片生产厂。

台湾广稼光电：高性能蓝绿光芯片厂，抗静电能力超过美国 CREE 品牌。

大连路美：引进美国 AXT 技术。

士兰明芯：蓝绿 LED 芯片的黑马。

3. RGB 三基色全彩像素

全彩色 LED 显示屏一般由数以万计的红色（R）、绿色（G）和蓝色（B）三种单色 LED 组成全彩像素。单个红色 LED 管的发光强度一般还不能全部满足真彩还原混色比例的要求（除非采用高亮度红光 LED），因此三基色全彩色像素常常采用 2 红、1 绿、1 蓝四个 LED 组成。全彩色像素中 3 种颜色 LED 的排列方式有 L 形（图 8-34）、品字形（图 8-35）和口字形（图 8-36）三种。

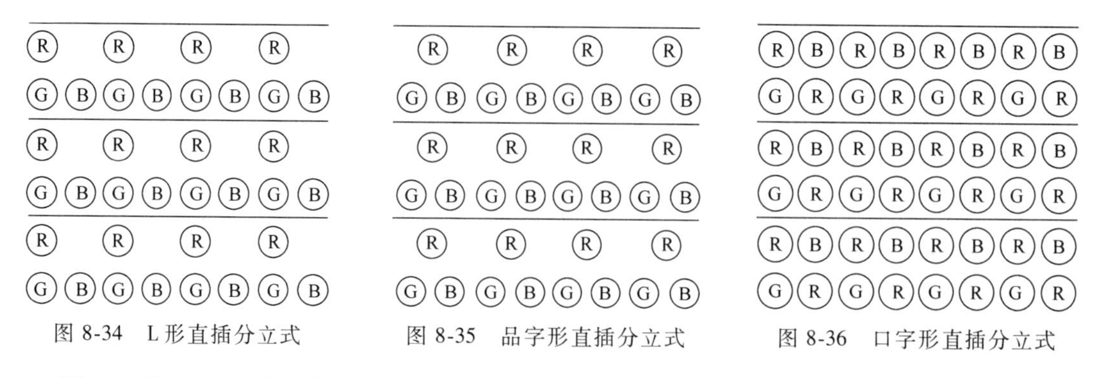

图 8-34　L 形直插分立式　　图 8-35　品字形直插分立式　　图 8-36　口字形直插分立式

图 8-37 是 SMD 三合一表贴管按“口字形”排列组成的 LED 像素，这种像素密度高、视角大、图像清晰鲜艳。图 8-38 是按“一字形”直线排列的分立式全彩色像素。把三种单色 LED 直插管安装在一起，称为三拼一（又称亚表贴）LED。价格较 SMD 表贴 LED 便宜。

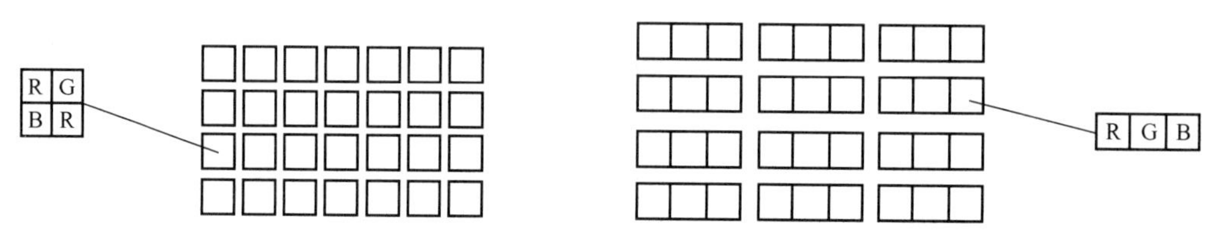

图 8-37　TOP 和 SMD 表贴全彩像素排列图　　图 8-38　三拼一 LED 全彩像素排列图

8.9.4　LED 显示屏的结构化模块

如何把数以万计的 LED 发光二极管焊接在电路板上组成一块 LED 显示屏，这是一个不小的难题。经多年实践总结，现在各生产企业都采用模块化结构设计。即先把 LED 发光二极管按纵横矩阵排列焊接在规定尺寸的印制电路板上，组成标准大小的 LED 点阵显示模块。然后再把标准化的点阵显示模块集成为更大的显示屏箱。通过显示屏箱的积木式叠积可组成任何大小显示面积的 LED 显示的屏，如图 8-39 所示。

图 8-39　LED 显示屏的结构化模块

LED 点阵显示模块是由 LED 发光像素电路板及其驱动电路组成，是 LED 显示屏的最小单元，常用规格有 4×4、8×8、16×16、32×16 等点阵显示模块，其中的数字是指水平方向（宽度）和垂直方向（高度）的像素数量。点阵显示模块在室内屏中称为单元板。

在户外和半户外屏中，单元板还需增加灌胶防水工艺和反光器、透光罩等。封装在固定模壳里的单元板称为模组，如图 8-40 所示。

单元板（模组）的物理尺寸与点阵的像素数量和像素间距 PH 有关。LED 显示屏模组尺寸计算方法：

$$模组的宽度(或高度) = 像素点间距\ PH \times 宽度(或高度)点数 \tag{8-10}$$

例如：16×8，PH16（即像素点距 16mm）的模组尺寸：宽度 = 16 点×16mm = 256mm；

高度 = 8 点×16mm = 128mm。

32×32，PH10（即像素点距10mm）的模组尺寸：宽度=高度=32点×10mm=320mm。

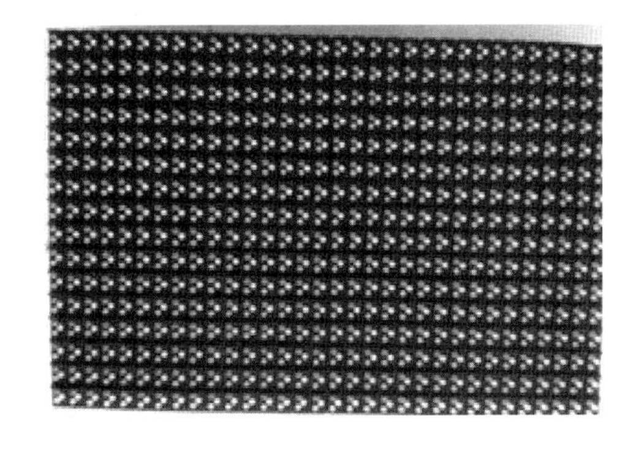

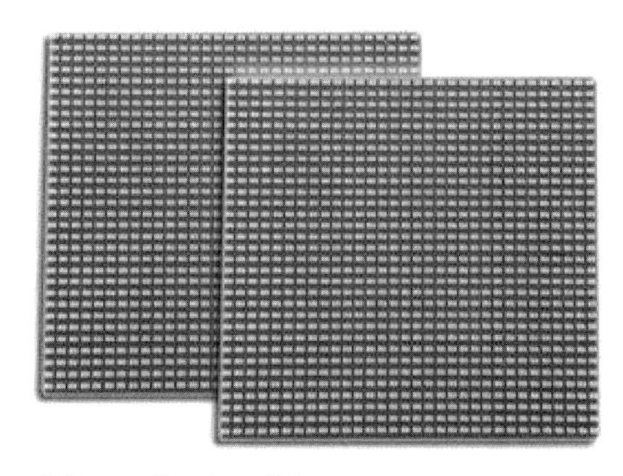

图8-40　室内屏使用的点阵显示模块——单元板（模组）

为方便整个屏体的拼接，在单元板（模组）中增加恒流源供电电源，并把它们一起安装在一个箱体内，箱体对全部电路板和接插件起固定、防护作用。一般箱体都为铁质箱体，可以有效地保护内部元器件，起到良好的防护作用。箱体是具有独立运行功能的拼接组件。有简易箱体、密封箱体、防水箱体、吊装箱体、弧形箱体等，如图8-41所示。

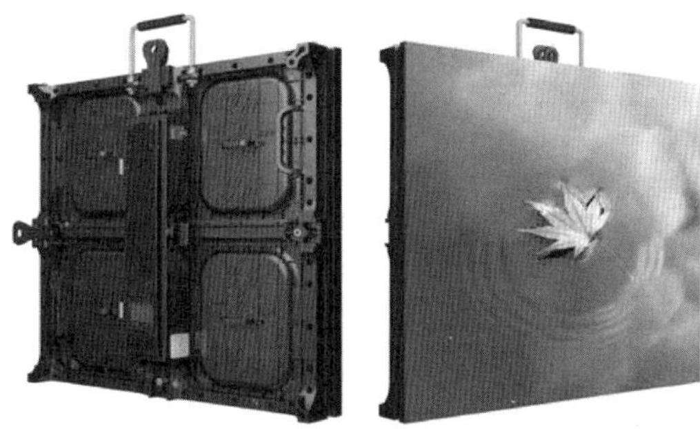

图8-41　室外屏使用的点阵显示模块——箱体

结构化设计的显示屏不仅生产、安装方便，而且易扩展和易维修。如果某个LED模块发生故障，只要更换故障模块，立即便可修复。

8.9.5　LED显示屏参数设计

LED显示屏参数包括：扫描方式、虚拟像素、可视距离、像素密度、分辨率、模组尺寸、亮度等。

1. LED显示屏的扫描方式

显示屏像素的点亮驱动方式称为扫描。LED显示屏的驱动方式有静态扫描驱动和动态扫描驱动两种。静态扫描又分为静态实像扫描和静态虚拟扫描；动态扫描也分为动态实像扫描和动态虚拟扫描。

（1）静态扫描驱动：显示区全部像素实行同时点亮方式称为静态驱动。静态扫描方式的特点是同时点亮的行数与整个区域行数的比例为1，显示屏亮度无损失，显示效果好，功耗大，主要用于亮度较高的室外屏。

（2）动态扫描驱动：利用人眼的视觉暂留特性，采用占空比方法来驱动（点亮）灯管。

在扫描周期内，同时点亮灯管的行数与整个区域行数的比例称为占空比。常用动态扫描方式（占空比）有：1/2扫、1/4扫、1/8扫、1/16扫。占空比越小，整屏的平均亮度越低，耗电也越小。

室内屏的亮度要求较低，室内单双色屏一般采用1/16扫描，室内全彩一般采用1/8扫描。室外屏的亮度要求较高，因此室外全彩一般是静态扫描，室外单双色一般是1/4扫描。

2. 动态虚拟像素复用

虚拟像素是利用软件算法控制每种颜色的发光管最终参与到多个相邻像素的成像当中，从而使得用较少的LED灯管实现较大的分辨率，能够使显示分辨率提高4倍。

为更有效地利用三基色物理像素（实像素），采用特殊的数字动态像素处理驱动电路，将RGB三种颜色的LED交错扫描刷新，达到重复利用。这样在显示彩色RGB像素时，每个实像素中的LED还可与周围三个LED分别组成一个虚拟像（图中虚线圈出的像素）。图8-42是四管实像素构成的虚拟像素（或称动态像素），实线部分为物理像素。图8-43是三管实像素与增加一个单基色管组成的虚拟驱动像素图。采用虚拟像素技术后，显示像素可增加4倍，显示分辨率也提高4倍。

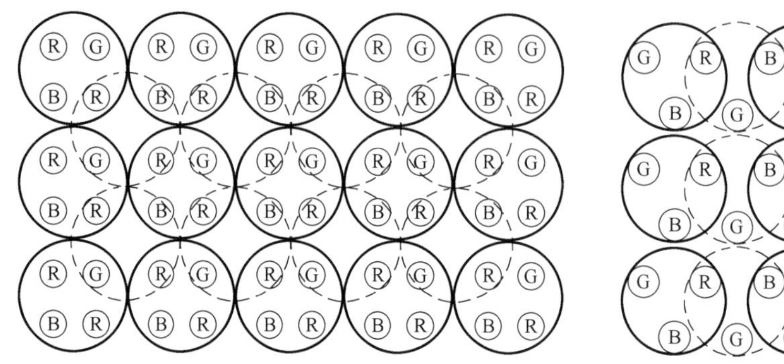

图8-42　四管虚拟全彩像素图

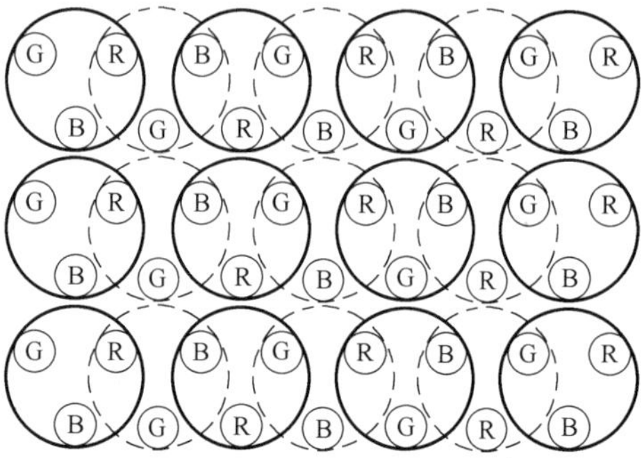

图8-43　三管虚拟全彩像素图

3. LED显示屏视距计算

（1）RGB三基色混合距离：

由于三种基色光源的光学中心不能重合在一点引起的混色现象，需要在若干距离后才能把三基色混合成白光的距离，称为三基色混色距离（单位为m）。其数值可通过下式计算，这里的几个计算式均为数值换算。

$$三基色混色距离=像素点间距(单位为mm)\times 0.5 \tag{8-11}$$

例如：PH7.62的混色距离=7.62×0.5m=3.81m。

（2）最小可视距离（观看平滑图像的最小观看距离，单位为m）：

$$最小可视距离=像素点间距(单位为mm)\times 1 \tag{8-12}$$

例如：PH7.62的最小可视距离=7.62m。

（3）最佳观看距离（能看到高清晰画面的距离，单位为m）：

$$最佳视距=像素点间距PH(单位为mm)\times 3 \tag{8-13}$$

例如：PH7.62的最佳可视距离=7.62×3m=22.8m。

（4）最远观看距离（单位为m）：

$$显示屏最远视距R_{max}=屏幕高度(单位为m)\times 30(倍) \tag{8-14}$$

例如：高度为3m的LED屏，最远的观看距离为3×30m=90m。

LED显示屏的视距计算见表8-11。

表8-11　LED显示屏的视距计算

LED像素距离/mm	6	10	12	16	20	25	31
三基色混合成白光距离/m（即看不到花屏的距离）	3	5	6	8	10	13	16
最小观看距离/m（观看平滑图像的最小距离）	6	10	12	16	20	25	31
最合适观看距离/m（观看高清晰度图像的距离）	18	30	36	45	60	75	93

（续）

LED 屏幕的高度/m	1	2	3	4	5	6	7
最远观看距离/m（屏体高度(m)×30）	30	60	90	120	150	180	210

4. LED 显示屏的图形分辨率和像素密度

（1）LED 显示屏的分辨率：有模组分辨率和屏体分辨率两类。

模组分辨率：LED 模组横向像素点数乘以纵向像素点数。

$$屏体分辨率=LED屏体横向像素点数\times纵向像素点数 \tag{8-15}$$

屏幕的分辨率越高，可以显示的内容越多，画面越细腻，所得的图像或文字越小。但是分辨率越高，造价也就越昂贵。分辨率是个非常重要的性能指标之一。

屏幕图形分辨率与视频信号的分辨率的匹配关系如下：

1）如果输入视频信号的分辨率（如 1024×768 像素）高于显示屏分辨率（如 800×600 像素），那么显示屏只能以显示屏的图形分辨率（即 800×600 像素）显示。

2）如果输入视频信号的分辨率（如 600×400 像素）低于显示屏分辨率（如 800×600 像素），那么显示屏显示的图形分辨率等于输入信号的分辨率（即 600×400 像素）。

（2）显示屏的像素密度。每平方米内的像素数量称为像素密度，是显示屏图像效果清晰程度的特征指标。像素密度越高，屏幕分辨率也就越高，图像越清晰。像素密度计算方法：

$$显示屏像素密度=[(1000mm)/PH(mm)]^2 \tag{8-16}$$

例如：$PH=3mm$ 的像素密度 $=(1000/3)^2\approx111111$ 点/m^2。

又如：一个宽高比为 4∶3 的 $8m\times6m=48m^2$ 的 LED 显示屏，要求整屏的图形显示分辨率达到 800×600 像素，也即全屏总像素应为：800×600=480000 像素，则有 $480000/48m^2=10000$ 像素/m^2。

5. 单元板（模组）规格尺寸及其像素密度（点/m^2）

常用单元板（模组）规格及其像素密度见表 8-12。

表 8-12　常用单元板（模组）规格及其像素密度

单元板(模组)		模组像素	模组规格	模组像素密度
室内:单/双色模组	PH 4.0	64×32	256mm×128mm	62500 点/m^2
	PH 4.7	64×32	305mm×153mm	44321 点/m^2
	PH 7.62	64×32	488mm×244mm	17222 点/m^2
室内:全彩模组	PH 1.0 表贴	128×128	128mm×128mm	1000000 点/m^2
	PH 2.5 表贴	64×64	160mm×160mm	160000 点/m^2
	PH 3.0 表贴	64×64	192mm×192mm	111111 点/m^2
	PH 4.0 表贴	32×32	128mm×128mm	62500 点/m^2
	PH 5.0 表贴	32×32	160mm×160mm	40000 点/m^2
	PH 6.0 表贴	32×32	192mm×192mm	27800 点/m^2
	PH 7.62 表贴	32×16	244mm×122mm	17222 点/m^2
	PH 10.0 表贴	32×16	320mm×160mm	10000 点/m^2
半户外:单/双色模组	PH 7.62	64×32	488mm×244mm	17222 点/m^2,1/16 扫描
	PH 10.0	32×16	320mm×160mm	10000 点/m^2, 1/4 扫描

（续）

单元板（模组）		模组像素	模组规格	模组像素密度
户外：单/双色模组	PH 10	64×64	640mm×640mm	10000 点/m^2
	PH 12	64×48	768mm×576mm	6944 点/m^2
	PH 16	64×32	1024mm×512mm	3906 点/m^2
	PH 20	64×32	1280mm×640mm	2500 点/m^2
	PH 25	64×48	1200mm×1200mm	2000 点/m^2
户外：全彩模组	PH 10	64×64	640mm×640mm	10000 点/m^2，(1R1G1B)
	PH 12	64×48	768mm×576mm	6944 点/m^2，(2R1G1B)
	PH 14	64×32	896mm×448mm	5098 点/m^2，(2R1G1B)
	PH 16	64×32	1024mm×512mm	3906 点/m^2，(2R1G1B)
	PH 20	64×32	1280mm×640mm	2500 点/m^2，(2R1G1B)
	PH 25	48×48	1200mm×1200mm	1600 点/m^2，(2R1G1B)

6. LED 显示屏亮度要求

LED 显示屏亮度要求为：室内屏：>800cd/m^2；半室内屏：>2000cd/m^2；户外屏（坐南朝北）：>4000cd/m^2；户外屏（坐北朝南）：>8000cd/m^2。

其中，发光表面的亮度单位为 cd/m^2，cd 即坎德拉（Candela），1cd=0.981 国际烛光。

红、绿、蓝三基色在白色的成色方面贡献是不一样的。其根本原因是由于人类眼睛的视网膜对于不同波长的光感觉不同而造成的。

经过大量的实验检验得到以下大约比例：红绿蓝简单的亮度比为 3：6：1；红绿蓝精确的亮度比为 3.0：5.9：1.1。

显示屏一般的长宽比例为：图文屏：根据显示的内容确定；视频屏：一般为 4：3 或接近 4：3；理想的比例为 16：9。

8.9.6 LED 显示屏采用的新技术

1. 非线性 γ 校正

LED 的发光亮度随驱动电流的增大呈线性比例增加，即亮度的灰度曲线呈线性变化的特征。但人眼在低亮度时的视觉特性对彩色灰度变化的感受较敏感；在高亮度时，对灰度变化的敏感较迟钝。为符合人眼的视觉灰度感受变化特性，需对 LED 的亮度特性进行非线性校正，又称为 γ 校正。

2. 视频色差处理

色彩的灰度等级是视频彩色图像层次清晰度的一种表达。图像色差等级（灰度等级）越多，颜色变化的层次越丰富、越细腻，画面的色彩层次越清晰、色彩越鲜艳。国家专业标准规定 LED 显示屏的灰度等级为 16（4bit）、32（5bit）、64（6bit）、128（7bit）、256（8bit）和 512（9bit）等数种。由于非线性 γ 校正要损失一定的灰度等级，为把 LED 显示屏的图像效果提升到一个新的高度。全彩显示屏各单色管的灰度等控制采用 2 红、1 绿、1 蓝 4 个 LED 组成的彩色像素，可达到 12bit=4096 级的灰度等级。

3. 高速刷新技术

LED 的光显示响应速度特别快，可达到纳秒级。因此特别适宜高速运动物体图像需要的高显示响应速度和高的刷新频率。现行的电视播放制式和早期的 LED 显示屏每幅图像采用的水平扫描线为 625 行。从第 1 行开始逐行（或隔行）扫描到第 625 行（最后一行）所需的时间约为 20ms。对高速运动物体来说，这 20ms 的时差足以使整个高速运动物体产生位移，图像形成锯齿状或拖尾、光模糊等现象。

为解决逐行扫描图像的延时问题，LED 全彩色显示屏控制系统采用了新的图像帧刷新技术，即显示屏的数据刷新方式改变为整屏同时刷新，消除了逐行扫描刷新的延时问题，提高了高速运动物体图像的还原质量。显示屏刷新频率可达到 480Hz。

4. 显示屏亮度自动控制

根据环境光的亮度变化自动调整 LED 屏的亮度是一项非常实用的技术措施。此项功能不仅免去了管理人员，还能节省电力消耗、延长 LED 显示屏的使用寿命，并提供最适宜观看的图像亮度。尤其对环境光亮度变化范围大的（白天、夜晚、晴天和阴雨天）室外 LED 显示屏更为重要。

由于亮度与灰度等级曲线不是线性比例关系，如果只是调节亮度会使显示屏的色彩还原度偏离，无法保证白平衡。因此，在进行亮度自动调整的同时，还必须进行相应的白平衡调整，才能保证在任何环境亮度情况下的显示效果。

5. 消除马赛克的措施

产生原因：一块显示屏通常都由多种不同规格的三基色 LED 组成，各模块像素中的灌胶量也不能完全一致，屏幕上各模块之间的平整度和间隙的不一致等因素，导致显示屏上形成图 8-44 所示的“马赛克”现象。

解决方法：从设计、加工、安装到调试各个环节以严格的工艺措施确保显示屏尺寸的精度，保证显示屏有良好的平整度、平面弧度、垂直度及水平度以及良好的外形观看效果等。严加控制单点亮度校正精度。制作专用工具，确保每一个模块灌胶量的一致性。同时，在模块表面加装面板，可以彻底消除边缘因素带来的“马赛克”现象。

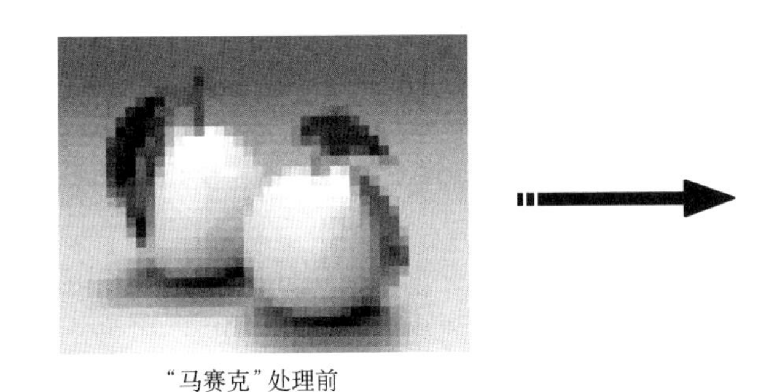

“马赛克”处理前

“马赛克”处理后

图 8-44　“马赛克”图像处理效果

6. 全天候工作的屏体结构

LED 显示屏由很多高精密电子元器件组成，尤其是 LED 发光二极管对温度有较高的敏感性，因此屏体必须具有有效的降温散热措施。按 SJ/T 11141—2017《发光二极管（LED）显示屏通用规范》规定，LED 显示屏达到热平衡后，金属部分的温升不能超过 45℃，绝缘材料的温升不超过 70℃。

室外 LED 显示屏的工作环境十分恶劣。屏体结构除通风散热降温措施外，还必须具有抗 10 级以上台风、暴雨、雷击、夏季烈日暴晒和冬季低温等环境的全天候工作的能力。达到 IP45～IP65 不同环境的等级标准。

7. LED 显示屏逐点校正技术

随着 LED 显示屏的全彩化，对显示屏的色彩和亮度的一致性以及控制技术提出了更高的要求。

（1）提高图像显示质量的技术关键。

1）单点校正技术。显示屏长时期使用后，少量LED管的亮度或色度会发生不一致的改变，或者屏体更换个别模块后，与屏体上的其他模块发生亮度和色度差异，此时可通过单点校正技术对LED像素进行单点校正，恢复整屏亮度和色度的一致性。

2）颜色的一致性和配比的准确性。目前，普遍采用的是对显示屏的发光二极管进行分光分色筛选方法来保证。但是，该方法存在一些不足之处。首先是每一分档参数的间隔过大，一般档与档之间的亮度差别在15%左右，这对于LED显示屏来讲仍然过大，如要准确地表现颜色，尤其是白色，15%的误差将直接导致无法实现理想的白平衡。其次，由于发光二极管最后表现出来的亮度，除了受管芯的亮度影响外，还受到管芯的色差值的影响，这势必对管芯的分档提出更高的要求。另外，各发光二极管的亮度衰减特性的不一致性是分光分色筛选方法所无法解决的。

3）灰度层次的表现问题。LED显示屏的灰度控制，通常采用8bit多次送数的移位恒流驱动电路方法。这一方法实施简单、成本较低，但也存在先天不足。首先是灰度变化的连续性问题，尤其在低灰度时，这一问题变得比较明显。其次，LED显示屏有1/8、1/4和1/2等多种不同的扫描方式（即每个LED像素单元仅在1/8、1/4或1/2扫描时间内点亮），灰度控制数据仅在LED像素点亮期间受控，造成图像灰度变化的不连续性和显示亮度的损失。以1/8扫描为例，实际的显示时间比1/8的扫描时间更短，仅相当于1/10左右。

室内显示屏一般都采用表贴三合一或亚表贴三并一全彩LED管。三合一表贴的三颗LED芯片集中在一个反光杯管壳内，可以达到理想的混色效果，视角大（在120°以上）、像素密度高。

（2）LED显示屏逐点校正。

显示屏逐点校正方案，可以精确地校正每个发光二极管（LED）的亮度。把经过预筛选分档的LED制作成显示屏模块，制作完成的模块无须再作进一步分档，可以直接使用。然后再用逐点校正技术对LED大屏上的每个LED的亮度进行逐点校正。逐点校正方法有两种：

1）采用控制器进行逐点校正。它的原理是限制显示屏上最高亮度LED的亮度。例如某一个LED比较亮，当要显示255级亮度时，控制器只让它显示200级亮度。由于目前普通恒流驱动器芯片的灰度控制仅为256级，且存在非连续性，因此，这种限制最高亮度的补偿仅对高亮度显示有一定效果，对低灰度显示的校正效果就难以保证了。此外，由于目前对整屏校正还缺乏理想的测量手段，因此其效果还有待进一步提高。

2）专用光学探头逐点校正方案。采用专用光学探头对每个LED的亮度和色度进行精确测量，可精确设定红、绿、蓝目标的亮度以达到最佳的颜色配比。校正信息保存在屏体显示单元板上。测量结果可以精确量化和长期稳定保存，这样，不仅可以保证同批次单元板的亮度调到一致，还可保证不同批次的单元板能够装配到同一个显示屏上，给生产及售后服务带来极大的便利。

8.9.7　应用举例：上海浦东新区源深体育场室外LED显示屏

上海浦东源深体育场是一个可容纳40000人的多用途建筑。场内LED屏可显示各种赛事实况全景、比赛成绩、时钟、各类图文信息、特写、闪亮跳动、慢镜头图像，还可转播电视和播放电影节目等。

LED显示屏的有效显示面积为18.88m（宽）×6.72m（高）≈126.87m^2。防水等级为IP65，全户外型全彩色显示屏。物理像素为2500点/m^2，动态像素（虚拟像素）密度为10000点/m^2。

屏幕亮度大于6000cd/m^2，可在太阳光下清晰地观看图像。采用日本日亚公司原产地优质发光二极管。红、绿、蓝三种颜色发光二极管的参数见表8-13。图8-45是源深体育场LED显示系统图。表8-14是室外全彩显示屏的技术参数表。

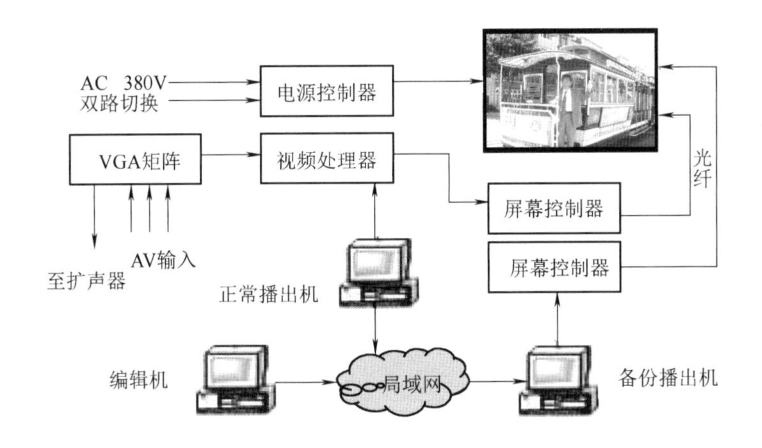

图 8-45　源深体育场 LED 显示系统图

表 8-13　日本日亚原产发光二极管 NSPR546CS、NSPG546BS、NSPB546BS 参数表

LED 尺寸 长×宽	色坐标(*x*,*y*)			亮度 /mcd	正向电压/V		半值角	电流
					典型	最大		
5.2×3.8 /mm×mm	蓝	0.130	0.075	440	3.6	4.0	110° 40°	I_F = 20mA
	绿	0.170	0.700	2440	3.5			
	红	0.700	0.300	720	1.9	2.4		

表 8-14　室外全彩显示屏的技术参数表

序号	项目内容		技术参数及指标		
1	有效显示尺寸		18.88m(*W*)×6.72m(*H*)≈126.87m^2		
2	发光器件 (LED)		发光强度	波长	品牌与产地
		红	440mcd	625nm	日本日亚
		绿	2440mcd	525nm	
		蓝	720mcd	470nm	
3	像素组成		2R+1G+1B(采用动态像素技术)		
4	物理像素间距		像素间距:20mm		
5	像素密度及解析度		物理像素密度:2500 点/m^2;动态像素密度:10000 点/m^2;整屏物理像素解析度:944(*W*)×336(*H*)= 317184 点		
6	单元结构		机箱结构外壳防护,六面均可从各角度防水,全密封无灰尘进入,具有良好的散热性		
7	单元像素分布		8×8		
8	整屏亮度		大于 6000cd/m^2		
9	屏幕色彩		16777216 色		
10	灰度等级		红、绿、蓝各 65536 级		
11	亮度调节方式		自动调节亮度		
12	视角(50%光亮度)		水平:大于 120°;垂直:大于 60°		
13	观看距离(视距)		15～200m		
14	驱动类型		恒流驱动		

（续）

序号	项目内容	技术参数及指标
15	亮度均匀性	像素之间：全屏显示白色时，无明显“花屏”现象（最小像素亮度/最大像素亮度≥0.9）；模块之间：全屏显示白色时，无明显“马赛克”现象
16	换帧速度	≥60帧/s
17	扫描速度	≥1920Hz
18	信号传输距离	多模光纤不小于500m
19	软件接口	Windows XP软件协议，符合国际足联、国际田联等最新竞赛规则具有计时记分功能的体育比赛软件（经国际足联、田联专业比赛使用认证的成熟软件，大型活动及文艺活动即时转播软件开发能力并能满足日后升级需求）
20	屏幕寿命	100000h
21	平均无故障时间	8000h以上
22	盲点率	<3/10000（无常亮点）
23	防护等级	IP65
24	虚拟像素技术	显示竖直条纹或抖线，同一像素内两只红管应能分开驱动
25	电源电压	AC 380V±10%
26	电源频率	50Hz
27	电源功率（最大）	小于150kW
28	环境要求	-10～50℃；相对湿度：10%～85%
29	屏体重量	小于8000kg（不含钢结构及装潢重量）

第9章　IP网络双向数字公共广播系统

公共广播系统简称PA（Public Address System），用于公共区域广播（业务广播）、播放背景音乐、突发事件紧急广播、指挥救灾和引导疏散。

公共广播系统广泛用于部队、学校、地铁、广场、商场、机场、车站、码头、酒店、主题公园等所有公共场所，已成为公共场所不可缺少的组成部分。近年来，公共广播系统发展迅速，采用数字技术、计算机控制、IP网络传输的网络数字公共广播系统，实现了无人值守、全自动播放等智能广播功能。

IP网络数字公共广播系统完全不同于传统公共广播系统和调频寻址广播系统，它将数字音频信号以标准IP包形式在局域网和广域网上传送，是一套纯数字传输的双向音频广播系统。彻底解决了传统公共广播系统存在的传输距离受限、音质不佳、维护管理复杂、缺乏互动性等问题。

IP网络数字广播系统使用简单、安装扩展方便，只需将前端设备和音频终端接入网络即可构成功能强大的数字网络广播系统。它涵盖了传统广播系统的所有功能，可以无限制延伸传输距离，充分利用互联网资源，随时可获取网络上各种音频资源。以下多方面体现了它显著的优越性：

（1）功能众多：不仅包含传统公共广播系统的全部功能，还具备终端自由点播、可独立控制各个终端同时播放不同的内容（如局域网内200个终端可同时播放200路节目）、终端间双向对讲等。

（2）互联网传输：传输距离无限延伸。可运行在跨网关的局域网和Internet网上，校园广播从主校区到分校区集中控制广播，从公司总部到各个地区分部的同声广播，实现快速、可靠的信息沟通。每路节目占用带宽仅0.1Mbit/s；支持大范围的重要应用。

（3）CD级音质：终端输出达到CD级（44.1kHz、16bit）音质，可满足对声音质量要求较高的场合，如高考、大学英语四六级考试听力播放及教室里的日常外语听力训练，每个发音都可以清晰可辨，使学生不再为含混不清的声音所困扰。

（4）高可靠性：借助于成熟的以太网硬件，整套系统无须额外的线路维护。服务器（Windows操作系统）与IP网络主控机（嵌入式操作系统）提供双重保险，如果一方发生故障，另一方可自动接管所有终端，确保系统基本功能正常运行。

（5）紧急广播联动：20世纪90年代前，火灾紧急广播是一个独立的广播系统。后来发现该系统因长期不用，扬声器霉损、线路被鼠咬断、电子设备不能开启等问题时有发生，发生火灾等突发性事件时往往无法正常使用；此外，紧急广播时，不能自动关闭正在广播的背景音乐，产生严重干扰。为此，原建设部与国家消防总局和有关部门协商研究，认为火灾紧急广播系统与背景音乐和业务广播系统采用的器材设备基本相同，它们完全可以整合为一个系统，这样既可节省投资，又可保证系统始终正常运行。为此，在国家标准GB 50526—2010《公共广播系统工程技术规范》中做了强制执行的明确规定。

由于整合后的公共广播系统增加了紧急广播功能，系统设计必须要做相应改变。例如：广播分区设置、广播优先权功能、自动强制切换音量控制和自动发布警报、指挥疏散等功能。

9.1　公共广播系统的特点

（1）服务区域大、传输距离远。公共广播系统的广播传输线路少则几百米，多则数千米。

为减少传输线路损耗，通常采用高电压/小电流的“定电压”功率传输方法。常用的传输电压有70V、100V或120V。

（2）不同功率的扬声器负载可同时并联挂接在“定电压”传输线路上。只要扬声器负载的总功率不大于驱动功放的额定输出功率，系统就可以长期安全运行。

（3）环境噪声高，起伏变化大。公共广播是公共场所的广播设备，广播区域的环境噪声通常较高，而且起伏变化大，为保证广播效果，需要设有自动音量控制以适应环境噪声的变化。

（4）公共广播以语言为主，要求语言清晰度高，采用单声道传送，无立体声和超低音要求，当环境噪声为50~55dB时，适合正常人能清晰听到广播的声压级为70dB左右。

（5）广播传声器与扬声器不处在同一声场内，故无声反馈的问题。

9.2　公共广播系统的基本功能

（1）向公共区域（如厅堂、走道、餐厅）提供背景音乐广播。背景音乐（Back Ground Music，BGM）是用来掩蔽公共场所的环境噪声、掩蔽私人谈话被别人听到、创造轻松愉悦的氛围的一种手段。

（2）新闻广播、业务宣传、寻呼广播（寻人广播、信息介绍、公告通知等）和强行插播突发性事件的紧急广播等。

（3）发生突发事件时，发布警报、指挥疏散，作为现场指挥中枢。

（4）多节目传输和选区广播功能。公共广播的服务区域很大，向不同区域播放不同内容的节目是公共广播的基本要求之一。

火灾紧急广播要求仅限于火灾区及其相邻的区域（简称N±1）广播，而不影响其他区域；引导相关区域的群众疏散和指挥灭火；自动选区功能与火灾报警设备的区域报警输出联动，并能自动启动语音合成器，构成完整、规范的自动紧急广播系统。

（5）广播优先权功能。广播节目优先权等级：发生突发性事件时，自动中断正在广播的节目，强制插入突发性事件的广播节目，即紧急广播具有最高优先权，寻呼广播设置为次优先权节目，背景音乐为最低优先权节目。

（6）全音量强制切换功能。公共广播系统平时主要用于播放背景音乐或业务性广播。有的用户会把扬声器的音量调低，甚至关闭音量。强制切换功能就是在紧急广播时可把扬声器音量强制切换到最大全音量状态。

（7）公共广播系统与消防紧急广播系统自动联动功能。公共广播系统和消防紧急广播系统在功能上互相独立，在设备上有机结合，操作上与消防报警广播联动。根据国家标准要求，公共广播系统应具有自动触发启动紧急广播功能，并具有最高优先权广播和音量强切控制功能。

（8）不同广播节目要求不同的声压级输出。背景音乐的输出功率比较小，可按全部扬声器负载功率的20%~30%计算。紧急广播的输出声压级要求较高，扬声器输出的声压级应比现场环境噪声声压级高10~15dB，确保能清晰地听到全部广播内容。

室外音乐喷泉的环境噪声可达75dB以上，因此音乐喷泉服务区的平均声压级应能达到90dB。

（9）自动定时功能。现代公共广播系统都能实现自动定时开机/关机和自动定时发布信息（学校上、下课铃声、课间操节目等）、定时播送背景音乐和新闻节目等，真正成为无人值守的全自动广播系统。

9.3　传统型公共广播系统

传统型公共广播系统的特点是采用模拟音频功率传输，系统架构简单明晰，但传输网络造价高、音频功率传输损耗大、系统难以扩展等。

9.3.1　基本小系统

图 9-1 是一个可以满足公共广播各项基本要求的小系统。“分区选择器”由值班员手动操作，可随时打开或关闭任何广播区。监听器可监听各广播分区播出的声音。来自消防中心的报警信号通过联动口可强制打开相应的广播区。

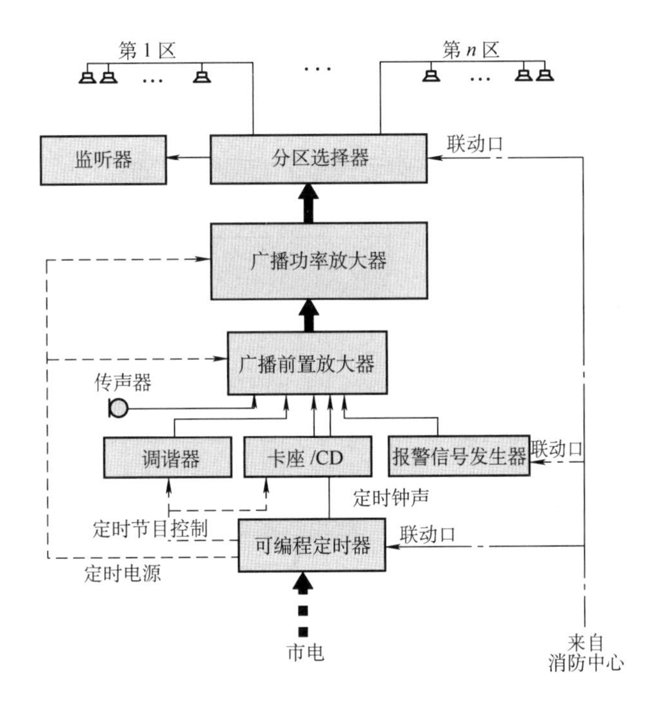

图 9-1　基本小系统

系统可编程的定时器管理自动运行。定时器有定时钟声信号输出口、定时节目控制数据输出口和消防联动触发接口。根据预先编定的时间程序向有关设备提供电源，从而实现受控设备的定时启闭。

可按时间程序调用有关节目源，自动播放选定的背景音乐或语音文件。报警信号通过联动接口触发广播系统，在任何时间都有优先权。

9.3.2　标准型公共广播系统

图 9-2 是功能更加完善的标准系统。与基本小系统相比增加了报警矩阵、优先权广播、分区寻呼、电话接口、主/备功放切换和应急电源等环节。

报警矩阵与消防中心报警器接口连接，可以编程。当消防中心发出某分区火警信号时，报警矩阵能根据预编程序的要求，自动选通报警区及其相关邻区，中断这些分区的正常广播；强插接入紧急广播；其他无关分区继续正常广播。报警启动时，PA 中的报警信号发生器也被激活，自动向警报区发送警笛或事先储存的语音文件，还可通过消防传声器进行现场指挥。消防传声器具有最高优先权，能自动抑制正在广播的节目信号。

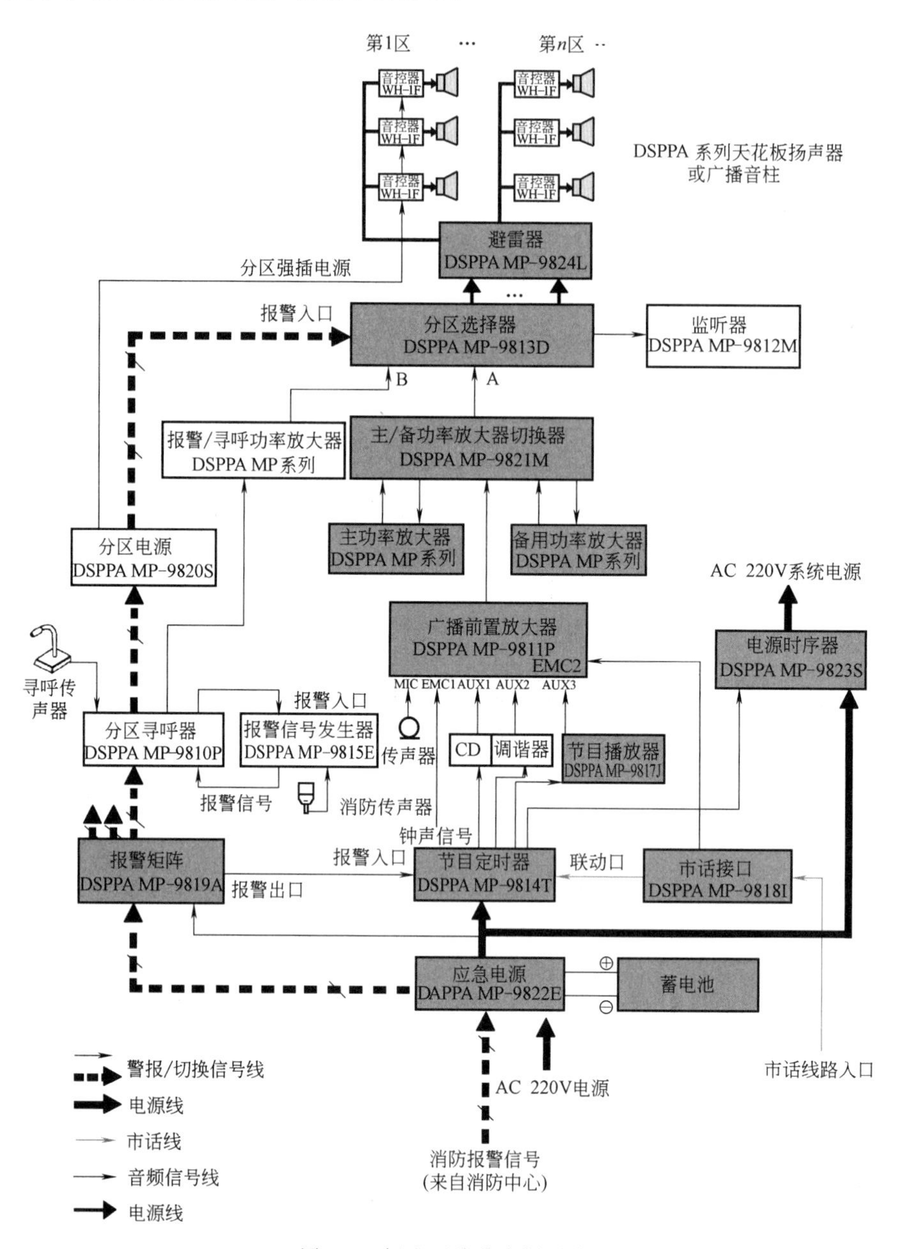

图 9-2　标准型公共广播系统

分区寻呼器可强行开启由分区选择器管理的任一个或几个分区，插入寻呼广播。寻呼广播优先于背景音乐广播。远程分区寻呼传声器可设置在远离机房数公里范围内。

电话接口是与公共电话网连接的一个智能接口。当有电话呼入时能自动摘机，并向广播区播送来电话音，使主管领导可在机房外的任何地方通过电话发表广播讲话。当主叫方电话挂机时，系统会自动挂机。电话接口还具有线路输入接口，可配接调音台等扩声设备，进行多方电话会议。

主/备功放切换器可提高系统可靠性。当主功放发生故障时能自动切换至备用功放。图中有两台主功放，分别支持背景音乐和寻呼/报警广播。应急电源能在市电停电后支持系统继续运行

10min 以上（视蓄电池容量而异）。

1. 时序供电电源

（1）多台功放同时加电，瞬间启动电流可大大超过正常用电量，会导致系统供电主开关跳闸。

（2）防止暂态启动电流对扬声器造成的冲击声和可能的损坏。

2. 分区扩展

不同规模的公共广播系统，不仅分区数量和分布位置不同，而且还有室内和室外之分，以及广播扬声器是否需有音量控制等。图 9-3 是一种典型的广播分区。图中的分区选择器采用 24 分区扩展器。RK-ZONE24 分区扩展器的主要技术性能：

1）系统最多可扩展 5~24 分区扬声器线路。

2）支持单机和联机两种工作模式。

3）每个分区最大输出功率为 500W。

4）外部最多可连接 6 台主功放和 1 台备用功放。

5）音频通道可独立设置音量控制器。

6）具有故障检测功能。

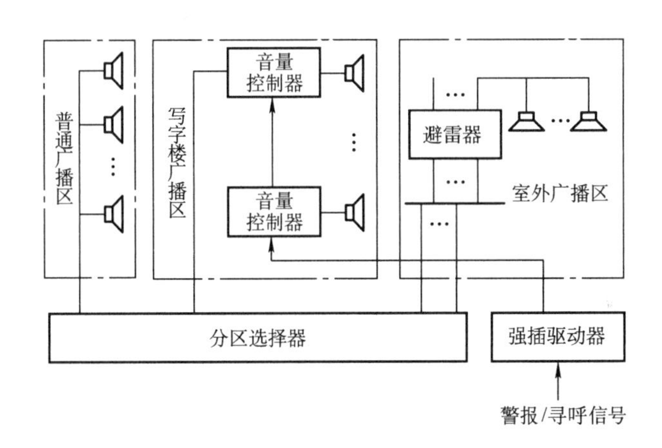

图 9-3　广播分区扩展

3. 强切音量控制器

为便于用户自己按需要调节或关闭音量，有些广播区须设置音量控制器。但在紧急广播时不管音量控制器设置在任何位置，都能遥控切换到全音量状态，因此，音量控制器应具有强制性切换功能。

4. 不同广播分区可播放不同节目源

如果各个分区需要同时播放不同节目源，则应采用图 9-4 所示的矩阵分区广播系统。该系统有 4 种常规节目源（收音调谐器、CD 光盘、计算机存储节目源和强插节目源）及 10 个广播分区，称为（4+1）×10 矩阵。

所有节目信号都可通过矩阵分区器分配到不同的广播分区中去。强插节目源作为寻呼/紧急广播使用，其优先权高于其他节目源，也可当作警报源使用。常规节目源由可编程定时器按事先设定的时间程序自动运行，也可人工手动干预。

5. 广播优先权设置

多节目广播时，广播前置放大器可以设置输入信号的优先权等级：火灾紧急广播具有最高级优先广播权，寻呼广播为次优先级广播权，背景音乐为最低广播权限。优先级高的信号可以自动

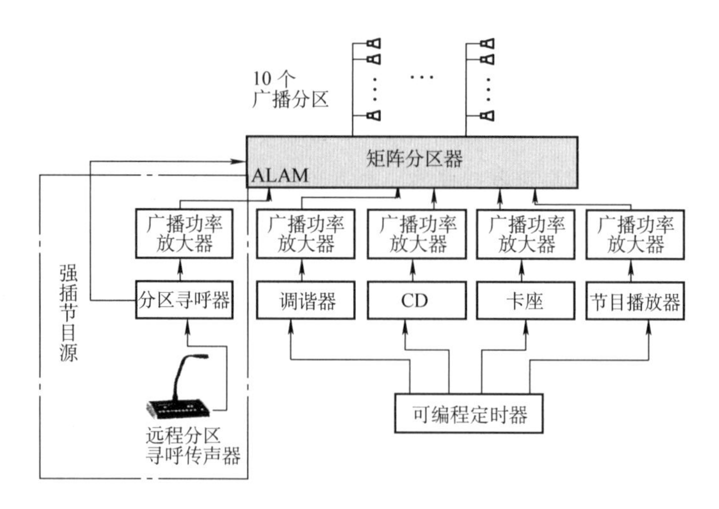

图 9-4　矩阵分区广播系统

抑制较低优先级的广播。因此，紧急广播可以自动中断其他所有广播。

6. 分区对讲/互传广播信息

集中管理（广播中心统一管理）、二级控制（广播中心和广播分区都可控制）的大型公共广播系统，如地铁广播（地铁中心与各地铁站）、大学校园、主题公园、机场、港口等广播系统。它们既可接收广播中心传送来的广播信号，也可独立自主广播。各分区之间还能互换信息和对讲。图 9-5a 就是这种分区对讲/互传广播系统。

每个广播分区都有一台对讲/广播终端机，它们与设在广播中心的“对讲广播主机”连接。在对讲广播主机的自动管理下，实现各分区的对讲广播功能。

图 9-5b 是对讲/广播终端机的外形图。面板上除电源键、传声器键、钟声提示音键外，其余都是对应各广播分区的对讲/广播键。用户需要和哪一个或哪几个分区对讲或广播时，只需按下相应的分区键即可。系统允许若干个互不重叠的对讲编组同时开通，具有优先权的分区可随时插入任何正在对讲的编组。

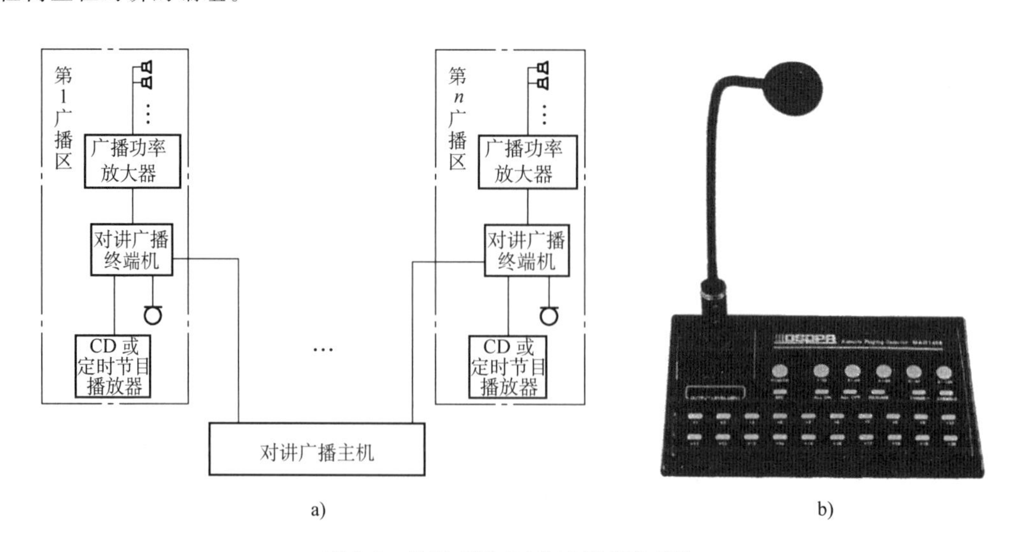

图 9-5　分区对讲/互传广播信息系统

a）分区对讲/互传广播系统　b）对讲/广播终端机

9.3.3　可寻址的公共广播系统

可寻址公共广播系统的每个广播分区具有唯一的地址码，同一个分区的各广播终端具有相同的地址码；换句话说，只要地址码相同的广播终端，不论其空间位置如何，都属同一个广播分区，因此调整广播终端的地址码即可调整广播分区结构。

各分区终端的开通和关闭由寻址中心控制。寻址中心可调控各广播终端的音量，管理人员无须到现场即可了解各终端的运行情况，如图9-6所示。若需同时传输多套广播节目，则需增加多条节目音频传输线。

广播终端如果采用带功放的有源音箱，那么寻址数据总线和音频总线可使用5类线传输，布线非常简单，信号传输损耗较小，覆盖范围更大。

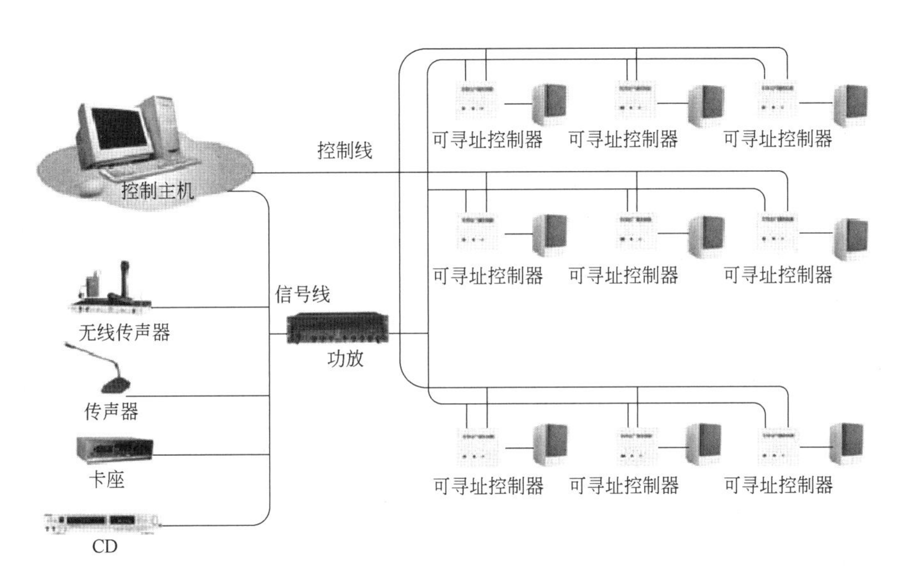

图9-6　可寻址公共广播系统

可寻址公共广播系统的特点：分区管理容易，系统扩展方便，降低了传输线路的音频功率损耗，可达到更远的传输距离。

9.3.4　公共广播扬声器系统

公共广播系统不同于歌舞厅或剧场，主要用于背景音乐和语言扩声。要求声音清晰，无立体声和超低音要求，适合正常人能清晰听到广播的声压级在65~70dB（环境噪声为50~55dB）。传声器与扬声器不处在同一声场内，故无声反馈的问题。

（1）室内扬声器一般采用天花板扬声器、壁挂音箱；室外采用防水音柱、草坪音箱、号筒扬声器等。

（2）楼层走廊一般采用3~5W吸顶扬声器，扬声器的中心间距应该根据空间净高、声场分布均匀度要求、扬声器的指向性等因素综合考虑。一般可按吊顶高度的2.5倍左右考虑。

（3）客房内扬声器功率约1W，办公室、生活间、更衣室等处宜设置3W扬声器，会议室、餐厅、商场、娱乐场所等大空间宜采用声柱或组合音箱。

（4）在装修讲究、空间较高的厅堂，宜选用造型优美、色调和谐的壁挂声柱。

（5）在空间高度大于5m的室内（如商场、宴会厅），宜采用5~10W以上的吊装扬声器。

（6）在无吊顶、空间高度大于5m的室内（如地下停车场），宜选用壁挂声柱。

（7）在高噪声、潮湿的场所应采用号筒扬声器。离扬声器最远处的声压级应高于背景噪声10~15dB，并以此确定扬声器的功率。

（8）室外广播终端应选用符合IP 65标准的防水声柱或号筒扬声器。

（9）园林、草地应选用防雨、美观、音质好的草坪扬声器。

（10）设置音量调节装置时，应具有强切控制功能的音量控制器。

1. 广播区域的声压级计算

公共广播系统扬声器布置应能适应不同环境的需求，以均匀、分散布置为基础，分散的程度应保证广播服务区域的平均声压级高于环境噪声10~15dB。通常写字楼走廊的环境噪声为48~52dB；商场的环境噪声为58~63dB；繁华路段及市民广场的环境噪声为70~75dB。

（1）扬声器覆盖区的声压级 L_p 计算如下：

$$P(\mathrm{dBW}) = L_p + 20\lg R - L_s \tag{9-1}$$

式中　P——扬声器的输入电功率（W）；

L_p——广播区要求的最高声压级（平均值）（dB）；

R——扬声器出口至听音者的轴向距离（m）；

L_s——扬声器的轴向灵敏度（dB/1W/1m）。

例 9-1　广播区要求的最高声压级（平均值）L_p 为75dB，扬声器的最大投射距离为16m，扬声器的轴向灵敏度 L_s 为90（dB/1W/1m）。

解： 16m距离的声压级 $= 20\lg R = 24\mathrm{dB}$。用式（9-1）计算扬声器额定输入功率 $P(\mathrm{dBW}) = 75+24-90 = 9\mathrm{dBW} = 9.2\mathrm{W}$（选用10W扬声器）。

例 9-2　扬声器的灵敏度为91（dB/1W/1m），扬声器的投射距离为5m，要求达到的声压级为75dB。

解： 用式（9-1）计算扬声器额定输入功率 $P(\mathrm{dBW}) = 75+20\lg 5-91 = 75+14-91 = -2\mathrm{dBW} = 0.63\mathrm{W}$（选用1W扬声器）。

同样可以计算30~50人教室，采用1只灵敏度为91（dB/1W/1m）的3W壁挂音箱就可以了。

选择吸顶式扬声器时，除注意额定功率、灵敏度、频率响应特性等技术指标外，还要考虑扬声器的辐射角及其布位。目前大多数厂家生产的吸顶扬声器（天花板扬声器）的辐射角为圆锥形90°、声压灵敏度一般在88~90dB/1W/1m之间。号角扬声器的声压灵敏度较高，可达110dB/1W/1m以上，但水平覆盖角较小（60°~ 90°）。

（2）吸顶扬声器的布置：

吸顶扬声器的间距与房间的高度及声场的平均声压级要求有关。扬声器的间距越小，则声场越均匀，但投资越大。通常各扬声器间距约等于扬声器辐射角应覆盖人耳高度平面的直径。因此，顶棚高度为3~4m时，扬声器间距为5~8m，覆盖面积可达30~50m²，如图9-7所示。

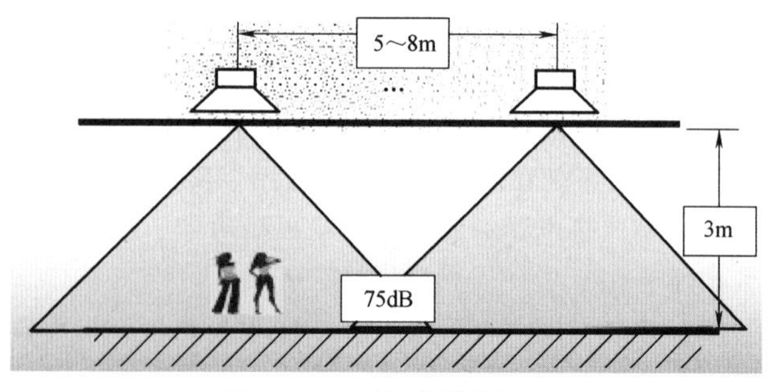

图 9-7　吸顶扬声器的间距

许多场所常常还采用音柱与吸顶扬声器混合布置方式。音柱比吸顶扬声器的频响、声压级和指向性更好，且施工简单。

用于露天场所的全天候音柱，一般功率为10~25W。实际使用时扬声器间距可在10~20m，根据背景噪声大小还可适当调整分布间距，声压级计算同样可参照式（9-1）。

2. 扬声器与功率放大器的功率配比

功率放大器驱动扬声器的方式，可以分为低阻抗（8Ω）驱动和（高阻抗）定电压驱动两类。

（1）低阻抗驱动。低阻抗驱动的特点是：采用低电压、大电流的音频功率 P 传输（因为 $P=IU=U^2/R$）。没有转换变压器带来的能量损耗及频率失真等问题，可以充分发挥扬声器的优秀特性，音质优良。

但是如果传输线路过长，则会产生很大的传输线路损耗，因此只适用于短距离传输。

（2）定压传输。为减少传输线路的功率损耗，需要长距离传输的系统，通常采用提高传输电压和降低传输电流方法，即采用 100V 或 120V 的定电压传输方法。这种传输方法必须在功放与扬声器之间引入一个匹配变压器，如图 9-8 所示。

特点：可以有效地降低传输线路的功率损耗，不同功率的扬声器可方便地并联挂接在传输线路上。由于引入了阻抗变换变压器，会增大频响特性失真、阻尼系数减小、瞬态响应变差等问题。

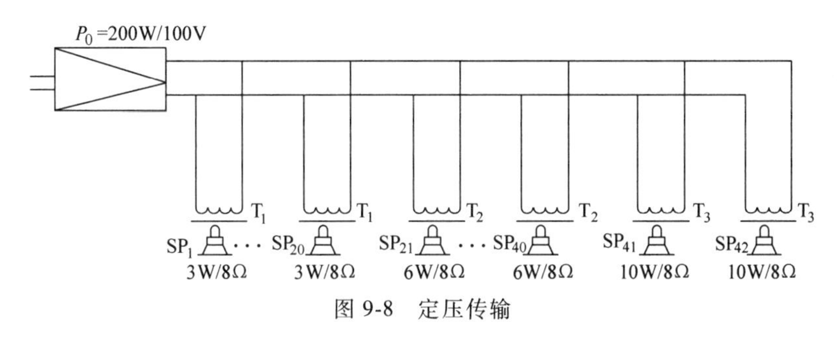

图 9-8　定压传输

（3）定压式功率放大器与扬声器负载的功率配比。定压式功率放大器与扬声器负载的功率配比，理论上只要功率放大器的输出功率大于或等于扬声器的额定功率即可，但由于定压广播系统传输距离较长，考虑到线路的损耗和可靠性，功率放大器的输出功率应为

功率放大器的输出功率 P=线路传输损耗系数 μ×扬声器额定功率

一般情况下，功率放大器的输出功率按 $P \geqslant 1.25P_o$ 或按式（9-2）进行配置，火灾事故广播还应按扬声器的计算总功率 P_o 配置备用功率放大器。

$$P_o = \sum_{i=1}^{n} kP_i \tag{9-2}$$

式中　P_i——覆盖区内单个扬声器的额定功率，单位为 W；

n——覆盖区内的扬声器数量；

k——节目利用系数，k 的取值如下：客房广播性节目：$k=0.2\sim0.4$；背景音乐节目：$k=0.2\sim0.3$；业务性广播：$k=0.7\sim0.8$；火灾事故广播：$k=1.0$。

一个规模较大的系统，通常要使用多台功率放大器；前置放大器输出的信号经过音频分配器分配放大后，再馈送至每一台功率放大器，确保信号电平和阻抗良好匹配。

对于仅用一台功率放大器的小型场所，则可以选择带有前级放大的“合并式功率放大器”。

9.3.5　功率传输网络

公共广播系统扬声器负载多而分散、传输线路长。为减少传输线路损耗，一般都采用 70V、100V 或 120V 定电压高阻抗输送。

1. 传统型功率传输网络

传统型公共广播系统的功率传输网络由音频功率放大器通过传输网络送至各分区扬声器负

载。图9-9是12个广播分区的传统型功率传输网络。各广播分区分别占用属于自己的广播线路。技术比较简单，维护方便，但线路利用率低，网络造价较贵，适用于中小型公共广播系统。

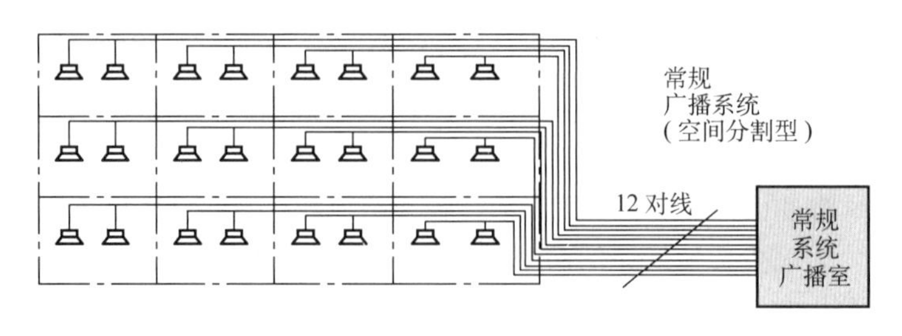

图9-9　12个广播分区的经典传输网络

2. 环形广播网

图9-10是一个12分区的环形传输网络布线系统。环网结构的优点是网络中任何一处发生故障（断路）时，不会影响其他各分区信号的传送，大大提高了网络传输的可靠性。

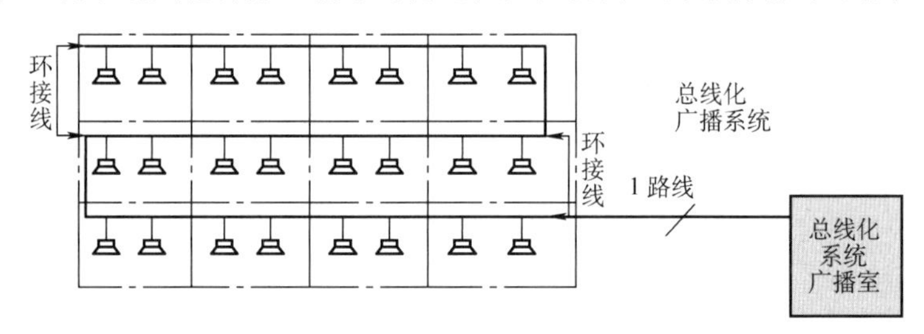

图9-10　环形网络布线系统

3. 功率传输线路截面积计算

为了减少传输线路的功率损耗，必须正确选用传输线路导线的截面积。通常允许线路的功率损耗不超过10%（-1dB）~20%（-2dB）。

图9-11是线路损耗计算图。本例计算中假设扬声器负载是集中在传输线末端位置。实际工作环境的扬声器负载是按不同的间隔距离分布挂载的。在这种情况下，计算出来的导线截面积还可相应减少。

线路功率损耗为10%（-1dB）时的定压传输铜导线的截面积可按式（9-3）计算：

$$S=\frac{0.37LP}{U^2} \tag{9-3}$$

式中　S——传输导线截面积，单位为mm^2；

L——传输导线长度，单位为m；

P——传输功率，单位为W；

U——传输线上的电压，单位为V，通常有50V、70V、100V和120V等。

例9-3　图9-11　定电压传输线损耗的计算：

传输线截面积的计算结果：$S=\frac{0.37\times 200\text{m}\times 200\text{W}}{100\text{V}^2}=1.48\text{mm}^2$

表9-1是公共广播传输线路功率损耗不大于20%时的线缆长度与导线截面积的关系。

4. 电压传输系统的线路匹配

如果把（8Ω）低阻抗扬声器直接挂接到100V的传输线路上，就会发生像把24V低压灯泡接到220V交流电网上那样的情况，不仅会立即烧毁扬声器，而且还会发生线路短接等问题。因

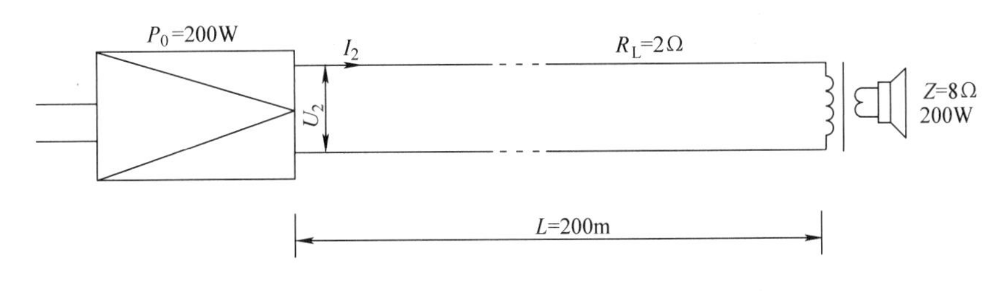

图 9-11　定电压传输线损耗的计算

表 9-1　公共广播传输线路功率损耗不大于 20%时的线缆长度与导线截面积的关系

传输电压 70V								
负载功率/W	60	120	250	350	450	650	1000	1500
100m 长度以内截面积/m^2	0.50	0.50	0.50	0.75	1.00	1.50	2.00	4.00
250m 长度以内截面积/m^2	0.50	0.75	1.50	2.50	2.50	4.00	6.00	—
500m 长度以内截面积/m^2	0.75	1.50	2.50	4.00	6.00	6.00	—	—
1km 长度以内截面积/m^2	1.50	2.50	6.00		—	—	—	—
传输电压 100V								
100m 长度以内截面积/m^2	0.50	0.50	0.50	0.50	0.75	0.75	1.50	2.50
250m 长度以内截面积/m^2	0.50	0.50	0.75	1.00	1.50	2.50	4.00	6.00
500m 长度以内截面积/m^2	0.50	0.75	1.50	2.50	4.00	4.00	6.00	10.00
1km 长度以内截面积/m^2	0.75	1.50	4.00	4.00	6.00	10.0	11.25	16.80
传输电压 200V								
100m 长度以内截面积/m^2	—	—	—	—	—	—	0.50	0.50
250m 长度以内截面积/m^2	—	—	—	—	—	—	0.75	1.00
500m 长度以内截面积/m^2	—	—	—	—	—	—	1.50	2.50

此必须通过降压变压器（称为线路匹配变压器）降压后才能接入传输线路。例如：

（1）3W/8Ω 扬声器的最高输入电压 $U=\sqrt{P\times R}=\sqrt{3\times 8}=5\text{V}$，挂接在 100V 的传输线路时，要求线路变压器的降压比为：20∶1。

（2）6W/8Ω 扬声器的最高输入电压 $U=\sqrt{6\times 8}=6.93\text{V}$，挂接在 100V 的传输线路时，要求线路变压器的降压比为：14.63∶1。

（3）10W/8Ω 扬声器的最高输入电压 $U=\sqrt{10\times 8}=9\text{V}$，挂接在 100V 的传输线路时，要求线路变压器的降压比为 11∶1。

因此，不同阻抗和不同功率扬声器的线路匹配器的降压比是不同的。为使系统安全、有效运行，线路变压器设计必须遵循以下原则：

1）各扬声器负载吸收（消耗）的功率不能超过扬声器的额定输入功率，但允许扬声器吸收的功率可以小于它的额定功率。

2）各扬声器负载消耗功率的总和不能超过驱动功放的额定输出功率，但允许扬声器消耗的总功率低于功放的额定输出功率。

3）各扬声器负载消耗功率的总和与功放输出的额定输出功率相等时，达到最佳功率传输。表 9-2 是定压扬声器输入电压与驱动功放输出的线路电压的配接。

表 9-2　定压扬声器负载与驱动功放输出的线路电压的配接

扬声器额定输入电压/V	线路电压/V		
	100	70	50
100	扬声器的输入功率=功放输出功率(最佳功率传输)	扬声器只能接收到功放1/2的功率输出(系统安全，但声压级低)	扬声器只能接收到更少的功放输出功率(系统安全，声压级极低)
70	扬声器的输入功率超过它的额定功率(扬声器损坏，功放过载)	扬声器的输入功率=功放输出功率(最佳功率传输)	扬声器只能接收到功放1/2的功率输出(系统安全，但声压级低)
50	扬声器的输入功率严重超过它的额定功率(扬声器和功放俱毁)	扬声器的输入功率超过它的额定功率(扬声器损坏，功放过载)	扬声器的输入功率=功放输出功率(最佳功率传输)

9.3.6　紧急广播强制切换（强插）控制线路

紧急广播时，需要将所有音量控制器切换至全音量状态，使每个扬声器都能获得满功率输入。强制切换控制由24V控制继电器供电线路和原有的音频功率传输线路构成，因此强制切换传输系统有三线制和四线制之分。

(1) 三线制强切线路。在三线制中紧急广播和背景音乐共用功放。图9-12是三线制强切线路。

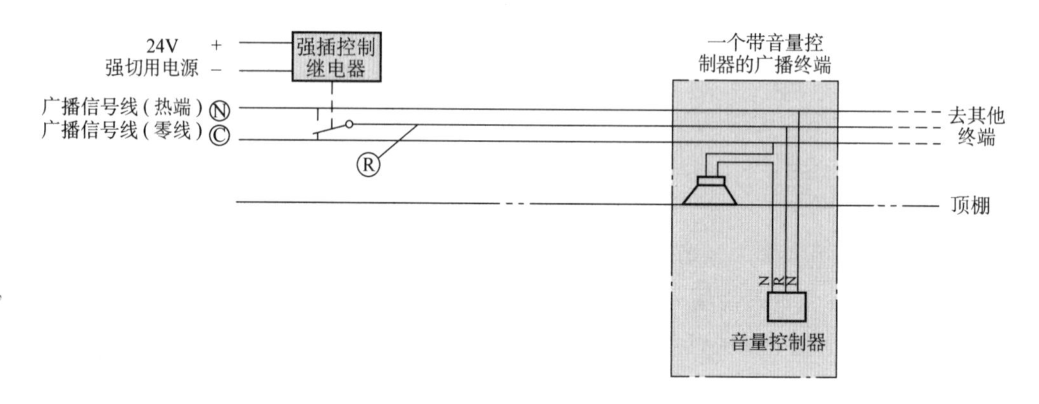

图 9-12　三线制强切线路

所谓三线制是指设在广播分区输入端口的强切终端盒与音量控制器之间设有三根连接线（N、R、C）的强切线路。强切终端盒共有七个连接端子，如图9-12所示，其中N（热端）和C（零线）为音频功率传输线接口，另外一组N、R、C三个端口与音量控制器连接，还有一组二个端口为紧急广播强切控制电源（24V）接口。

有些用户容易把三线制中的R线误接于紧急广播功放的输出端，结果导致紧急广播与背景音乐广播互相串音。实际上，R线仅仅是对音量控制器进行强制切换的一条旁通导线。

三线制强切控制线路需要三根传输线，比四线制少了一根传输线，但系统接线较复杂。

(2) 四线制强切线路。图9-13是四线制强切线路。它有四条传输线路：120V音频功率输入、DC 24V控制电压。它与三线制的差别是强切继电器置于音量控制器内部，特点是接线简单。

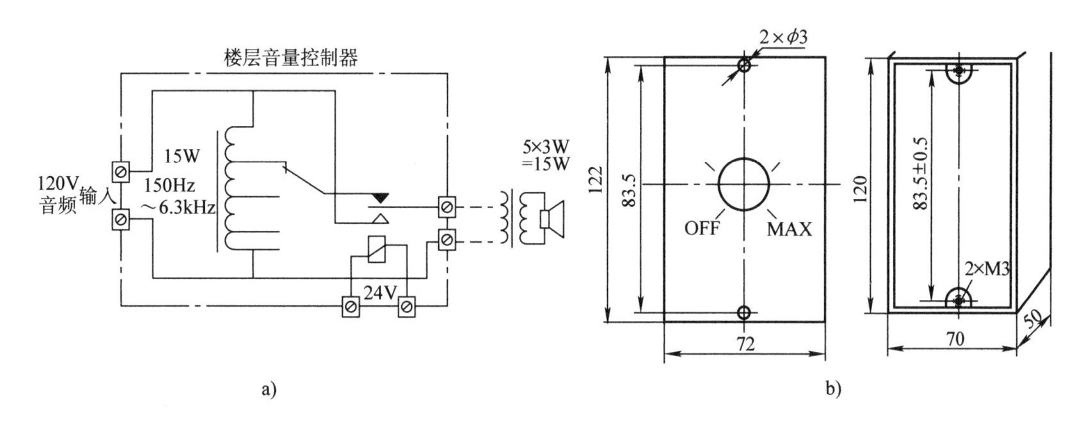

图 9-13　四线制强切线路

（3）强切功能的音量控制器。通常强切终端盒与音量控制器是组合在一起的，称为强切音量控制器，图 9-14 是自耦变压器型强切音量控制器，它的音频功率损耗小，适用于大功率扬声器负载的音量控制。

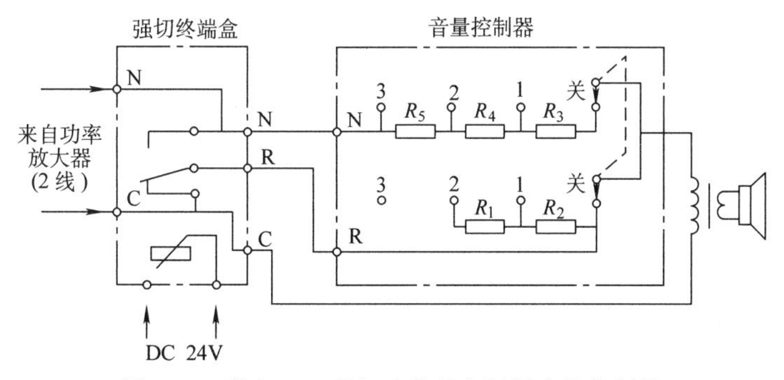

图 9-14　带有 24V 强切功能的变压器音量控制器

9.3.7　供电电源、线路敷设及防雷接地

（1）广播系统的供电要求。交流电源的供电容量一般为广播设备能耗容量的 1.5～2 倍。500W 以内的小容量广播站可由插座直接供电；1000W 以上的大中型广播站，需设置广播控制室，并在广播室内设置独立配电箱供电。

带有火灾事故广播系统时，应按一级负荷进行配电，此外，还须配置能至少坚持 10min 火灾事故广播的直流供电电源。

交流电压偏移值宜大于±10%，当电压偏移不能满足设备的限制要求时，应配置自动稳压装置。

（2）线路及管道敷设要求。管道敷设随建筑施工同步进行，有条件的应将管道敷设在建筑体内，对不便敷设在建筑体内的管道，宜采用镀锌钢管、PVC 管、金属线槽或 PVC 线槽（各管线之间应该有 20cm 以上的间隔）。

大型系统的主干线，应采用封闭金属桥架敷设，强电和弱电桥架应严格分开（不得与照明、电力线同线槽敷设），分别走各自的弱电井。

（3）防雷接地要求。雷电及电气干扰，对公共广播的影响很大，会造成交流噪声和设备芯片烧焦，因此，严格的系统防雷接地，除了保护设备之外，还起到净化音质的作用。接地装置可以集中接至建筑体的防雷保护系统。

广播室强电要有严格的接地措施，并配有漏电保护开关；所有器材都应装配在19in标准机柜上，并且设置工作接地和保护接地装置。

9.4　IP网络双向数字公共广播系统的特点与组成

传统型公共广播系统的主要问题：

（1）采用模拟音频功率传输，传输功率损耗大、人工管理，兼容性差、难以扩展、技术落后。

（2）功能单一、音质差。系统只能用于本区内的背景音乐、广播通知（寻呼）等活动，功能单一。传输频带窄，多路广播时容易产生串音，音质差。

（3）可管理性差、不能远程控制。需要专人管理广播，无法对广播音源进行有效管理，更无法进行远程控制。

（4）传输网络复杂，传输距离受限制，故障率高。一对导线只能传输一路单声道音频信号，如果要同时播放多套节目，传输网络变得非常复杂，系统难以扩展，传输距离受到限制。

IP网络数字音频广播系统是一套基于TCP/IP网络传输的数字化音频广播系统，在物理结构上与标准IP网络完全融合，借助TCP/IP网络的优势，突破了传统模拟广播系统在地域、空间和功能方面的局限性，真正实现了网络传输的数字化音频广播、直播、点播，具有传统模拟广播所没有的自主交互式功能，为远程广播应用提供了更广阔的空间。IP网络数字广播系统涵盖了传统广播系统的所有功能，可以无限制延伸传输距离，充分利用互联网资源，随时可获取网络上的音频资源。

9.4.1　系统的特点

（1）一根网线可同时传输超过百套的数字音频节目：每套数字音频节目占用带宽为0.1~0.15Mbit/s，普通100Mbit/s以太网可以同时传输100套广播节目。

（2）通信方式多样：可以进行点对点（称为单播）、1点对多点（称为多播或组播）以及对全区广播（全呼）。使各个广播终端可以方便地自主选择播放节目。

（3）任意构建广播分区：可以在局域网的任何节点接入广播终端，每个广播终端有独立的MAC地址，并把相关的广播终端编组为一个广播分区。换句话说，只要编组在同一组播内的广播终端，不论其空间位置如何，都属同一个广播分区。

（4）双向对讲：广播终端之间利用寻呼传声器可以实现双向对讲，用于日常联络和应急通信。

（5）寻呼广播：例如，领导可在办公室用寻呼传声器进行广播。服务器软件还支持跨越Internet的远程寻呼广播。

（6）远程管理：在局域网内安装管理中心软件的计算机上，可以设定系统程序、编辑任务、修改定时操作方案等，不需到控制室的主控服务器上面操作。

（7）良好的开放性与系统扩展性：只要计算机网络覆盖到的区域，都可作为广播终端接口，可以任意添加广播终端。

（8）无人值守，全自动定时播放：各类数字音频节目源全部存储在广播服务器内，按照编程自动选择节目和播放区域。广播员只需编制播放计划，系统将按任务计划实现全自动播出。

（9）充分利用网络资源，避免重复架设线路：基于TCP/IP，一线多用，充分利用网络资源，避免重复架设线路。有以太网接口的地方就可以接入数字广播终端，真正实现广播与计算机网络的多网合一。

(10) 更好的音质：数字音频采用 44.1kHz、16bit 采样，128kbit/s 速率的压缩编码，线路输出带宽：20~16kHz，失真度≤3%，达到 CD 光盘音质。

(11) 多种方式的音源采播：广播服务器可实时采集 CD 机、调谐器、传声器等模拟音频信号，也可利用网络资源，随时采集网络上的音频资源。

(12) 成熟的以太网络通信技术，只需保证网络畅通，无须增加其他的维护。

(13) 适应各种复杂的网络环境：可自由设置广播终端的 IP 地址，可绑定 MAC 地址，具备跨网关、跨路由功能，适应不同的网络环境。

(14) 功放电源控制：广播终端可以根据语音信号的有无，自动控制内置功放的电源，避免功放 24h 连续工作。

(15) 消防联动：系统接入消防报警信号，实现消防联动，并支持邻层报警，终端带强切功能。

(16) 音频素材制作：实现数字素材的录制、转换和剪辑。广播服务器可存储数千小时以上的音乐节目。

(17) 节目监听：管理中心广播服务器能够对每个网络节点进行广播监听，监听其播放内容和音量大小，以便调整远端各个网络终端的音量大小和播放内容。

9.4.2 系统的组成

IP 网络数字公共广播系统利用现有的局域网，无须另行布线，具有嵌入式的硬件+软件、独立 MAC 地址的广播终端，通过广播服务器控制每个广播终端播放；可以在广播终端上选择播放节目的内容；支持广播、组播、点播方式，支持全双工双向对讲等功能。传输距离不受限制，还有智能网络管理功能。

IP 网络数字公共广播系统由网络广播服务器（服务器+软件）、网络寻呼传声器、网络传输设备、网络广播终端组成。图 9-15 是 IP 网络数字公共广播系统的拓扑图。

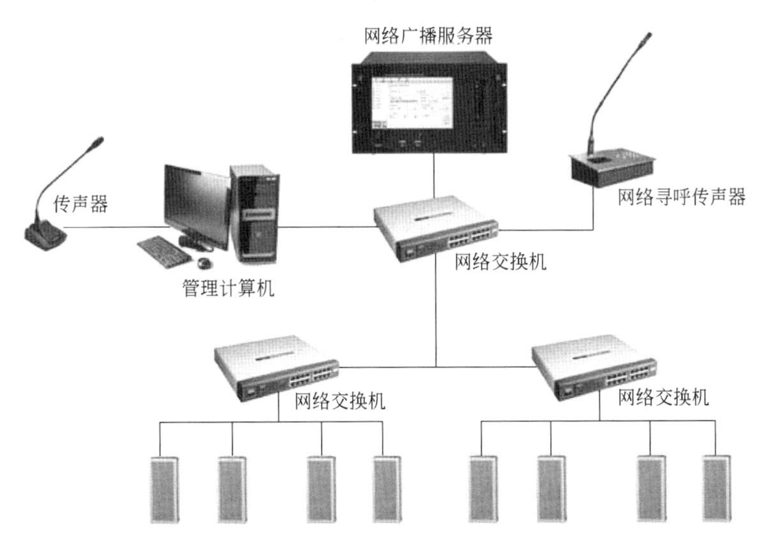

图 9-15　IP 网络数字公共广播系统拓扑图

1. 网络广播服务器

网络广播服务器是系统的核心。采用触摸屏显示操作，内置功能强大的网络广播控制软件、常用节目素材、大容量节目源空间，用户可以根据自己的需求制作和录制节目。具有丰富的节目源，用户可任意选择节目播放，可对节目进行播放控制、编组分区，可实现任意分区广播、全体广播、定时定点广播，如图9-16所示。

网络广播服务器具有强大的控制功能：可对网络终端进行分区、音量控制；终端监测、系统自动开关机，可以按照星期、年、月、日等方式对节目进行编程控制等。

网络广播服务器还负责音频流点播服务、计划任务处理、终端管理和权限管理等功能。管理节目库资源，为所有网络终端提供定时点播和实时媒体服务，响应各网络终端的请求，为各音频工作站提供数据接口服务。

图9-16　网络广播服务器

2. 网络广播终端

网络广播终端可挂接在网线到达的任何地方，有以太网接口的地方就可以接入网络。网络广播终端采用嵌入式计算机技术和DSP数字音频处理技术设计；内置点播采集模块，可以实时点播节目；IP网络广播终端内置三级信号优先功能，紧急广播具有最高优先权，紧急广播信号输入时，自动关闭背景音乐和寻呼广播信号；具有智能电源管理功能，采用内置CPU判断功放的运行状态，在无工作状态时功放自动进入休眠状态，待机功率≤0.2W，当有播放任务时，功放自动启动。

主要技术特性：

（1）网络广播终端既有音量远程调节功能，又有手动调音旋钮。在自动启动和播放任务时，自动将音量调节到系统设定的默认状态。音量自动调节默认值可设定为背景音乐音量、紧急广播音量和消防广播音量三种。

（2）网络广播终端可以选择播放来自网络广播服务器的多种广播节目，包括寻呼、消防警报、电话自动强插。完成网络音频流的同步接收和解码。

（3）网络广播终端采用固定静态IP地址，当网络发生改变时，地址不会丢失，可以单独接收服务器的个性化定时播放节目。

（4）网络消防警报智能化接口，支持触点输入与直流电压输入。报警信号优先，自动强插；16路报警信号输入；可编程设定N、$N\pm1$、$N\pm2$、$N\pm3$、$N\pm4$报警规则，多至80个邻区自动触发；可根据不同地点不同警源设置相应报警铃声，使灾情清晰明朗。

（5）本地音频输入：3路LINE线络电平输入，3路MIC传声器电平输入；每路MIC/LINE信号输入均带独立的数字音量调节。具有音频输出接口、可以挂接一只副音箱。

（6）网络接口：RJ-45、10/100Mbit/s；网络协议：TCP/IP、UDP；音频格式：MP3；频带宽：20Hz~20kHz；信噪比：89dB。

（7）网络音箱具有远程升级功能，产品程序更新通过网络远程更新、方便快捷。

（8）自动故障检测：过载、过温、过电压保护故障自动检测及中文提示功能。

（9）内置网络功放：内置功放和嵌入式网络语音解码模块。额定输出功率：10W、15W、30W、60W、120W。

3. IP网络监听扬声器

网络监听扬声器可直接接入局域网（LAN）或广域网（WAN），具有独立的IP地址，可播放网络音频，接受服务器及其他IP网络设备的访问与控制。

（1）网络音频播放功能：可在网络中独立使用，可直接播放来自于IP网络的音频信号。

（2）接受广播服务器和分控点计算机的控制，可以脱离服务器直接接受消防矩阵、网络寻呼传声器等对讲设备的直接控制，反应迅速、可靠。

（3）内置2×15W功放，连接简单，使用方便。

（4）无信号时可自动转入待机状态，节能环保。

（5）功放输出端子可外接 1 只扬声器箱（4~16Ω，10W 以内）。

9.5 IP 网络数字公共广播系统工程案例

9.5.1 大学校园 IP 网络数字公共广播系统

大学校园面积较大，一般都为数千亩，由多个校区或分校组成。校园内有不同的功能分区。用于校园广播站自办节目、校园文化的宣传及英语四六级听力考试等，无自动打铃、课间音乐播放、广播操等要求；但因功能分区较多，要求不同分区能够同时播放不同的校园广播节目，各校区及分校既可独立运行，又可由校园广播主控中心集中管理。

现代大学校园中，光纤网络已遍布全校，因此校园广播系统可采用现有的 LAN/WAN 网络来建设，无须单独布线。

IP 网络的每个广播终端都可以有各自独立的广播节目，而且可以对任何广播终端或所有广播终端进行呼叫广播；网络广播终端可点播广播服务器的节目，这种多样化的广播方式彻底解决了传统广播系统存在的传输距离短、音质不佳、维护管理复杂、缺乏互动性等问题。

1. 概况

××大学，分南北校区，主校区在北区。北校区有教学楼 6 栋，每一栋 10 层；实验楼一栋 6 层；办公楼 2 栋，每栋 8 层；图书馆一栋 6 层；体育馆一个，400m 标准跑道操场 2 个；宿舍楼 6 栋，每栋 10 层；食堂 4 个。

南校区距离北校区 20km，有教学楼 5 栋，每一栋 10 层；实验楼一栋 6 层；办公楼 2 栋，每栋 8 层；图书馆一栋 6 层；体育馆一个，400m 标准跑道操场 1 个；宿舍楼 6 栋，每栋 10 层；食堂 4 个。学校要求将两个校区利用校园网络做一套统一的校园公共广播系统，两个校区既可独立运行又可集中管理，主控室设在北校区。

由于传输距离较远，需跨网段运行，本次设计采用 IP 网络化广播系统。按照南北校区的建筑分布，北校区按每栋建筑分为一个区，两个操场为两个独立的区域，共分为 23 个分区；南校区分为 21 个分区；系统共分为 44 个广播分区。校园各走道，就近接入附近的分区。

2. 系统功能

IP 网络数字广播系统涵盖传统公共广播系统的全部功能，如定时播放、分区广播、背景音乐广播、紧急广播、无人值守、电话广播等功能。此外，还增加如下主要功能：

（1）寻呼对讲：系统可实现任意寻呼，双向对讲功能。即主控中心的 IP 网络寻呼对讲终端与主校区和分校区的终端可进行双向语音对讲。在校长室安装一个寻呼对讲终端，校长即可通过寻呼传声器，在自己的办公室对整个南北校区进行讲话。也可单独对某一个分区进行讲话。如果被选中的分区安装了寻呼对讲终端，即可与校长随时通话对讲。

（2）领导远程讲话：领导无须到专门的广播中心，只需安装网络广播寻呼对讲终端 GM8003D，便可轻松实现远程讲话，既可对全区又可对任何选定区域讲话。

（3）自由点播：网络广播终端可以随时与系统服务器通信，点播服务器里面的节目内容。

（4）远程管理：安装网络分控软件和授权的计算机接入互联网后，就可以对整个系统进行监控和操作。

（5）权限设置：系统可设置各种不同权限，例如设立主管理员、主管领导、查询管理员、控制管理员，不同权限的管理员可以进行不同的授权操作。未经授权操作无效。

（7）双主机系统备份：总校控制中心配备系统服务器主机，与分校系统服务器共同协调管理整个系统，如果主服务器出现故障，分校的系统服务器会自动接替管理整个系统，有效提升系统可靠性。

(8) 节能环保：在无信号输入时，各网络广播终端可自动切断外接功放电源，避免功放长时间待机工作，既可延长设备使用寿命又达到了节能的目的。

3. 系统组成

系统基于IP网络，遵循TCP/IP、一线多用，充分利用校园网络资源，避免重复架设线路，有以太网接口的地方就可以接数字广播终端，真正实现广播、计算机网络的多网合一。

校园广播系统包含设在总校的控制中心和设在分校的一个分控中心，广播系统主要由音源部分、控制部分、传输部分、接收部分四部分构成，如图9-17所示。

(1) 音源部分：广播系统音源一般有模拟音源和数字音源两类。例如：网络广播服务器、DVD播放机、数字调谐器、MP3播放器、广播传声器等。系统服务器主机在配置100Mbit/s网卡的情况下可以同时播放512路节目。

(2) 控制部分：IP网络广播系统基于TCP/IP架构，音频节目采集、播放管理、远程呼叫均可通过网络分布接入实现，不受地域限制。网络广播服务器内置自动播放引擎，能够根据预先所设播放列表自动定时、定点、定分区或对全区域播放广播节目。系统服务器管理软件功能包括：

1) 除了能够对各广播终端管理控制外，还可进行系统播放管理、远程实时采播、远程课表管理、音频课件编辑制作、远程维护和服务器音频节目库管理。

2) 可以设定自动开启和关闭主控设备的电源；24h自动播放节目编程。

3) 实现多点控制：可通过网上控制计算机随时对机房设备进行控制，无须在控制室操作。

4) 实时采播功能：利用实时采播软件，可将其他实时采集的音源节目进行数字压缩存储到服务器，并转播到特定的广播终端。

5) 音频课件制作功能：可将任何音频资源转换成128kbit/s码率的MP3音频文件，进行录制、编辑和播放。

(3) 传输部分：IP网络广播系统传输要求带宽128kbit/s，一般大学校园网络的建设都已达到10M/100Mbit/s的要求，可以满足大学IP网络数字广播对传输速率的要求，能够确保广播信号可靠稳定、语音信号清晰。

(4) 终端接收部分：根据大学校园的一般情况，IP网络广播终端接收有三种方式：第一种是直接用IP网络音箱来接收收听；第二种是用IP网络广播终端接收并把音频信号解调放大后，传送给定阻音箱收听；第三种是考虑到经济性，可以通过IP网络终端接收并解调，再送至定压功放接至各类普通扬声器收听广播。

4. 系统设备配套清单（表9-3）

学校播音室与校园广播总控室（机房）一般都是异地安置的，为此在广播室内设有一台广播寻呼终端传声器，寻呼终端传声器可以直播、点播或定点直播，它的信号输出送至系统服务器，进行处理和分配并播放到指定区域。只需将寻呼终端接入计算机网络即可构成功能强大的数字广播系统，如图9-18所示。

功能特点：

(1) 内置传声器咪头，可对个别终端、分区或全区进行广播。

(2) 标准RJ-45接口，有以太网口的地方即可接入，支持跨网段和跨路由。

(3) 具有7in电容式触摸屏，分辨率为800×480像素。

(4) 内置3W扬声器，用于免提通话、接收广播和检听。

(5) 具有红色紧急广播按键；支持一键广播到预设分区。

(6) 具有常用通信电话簿查询功能。

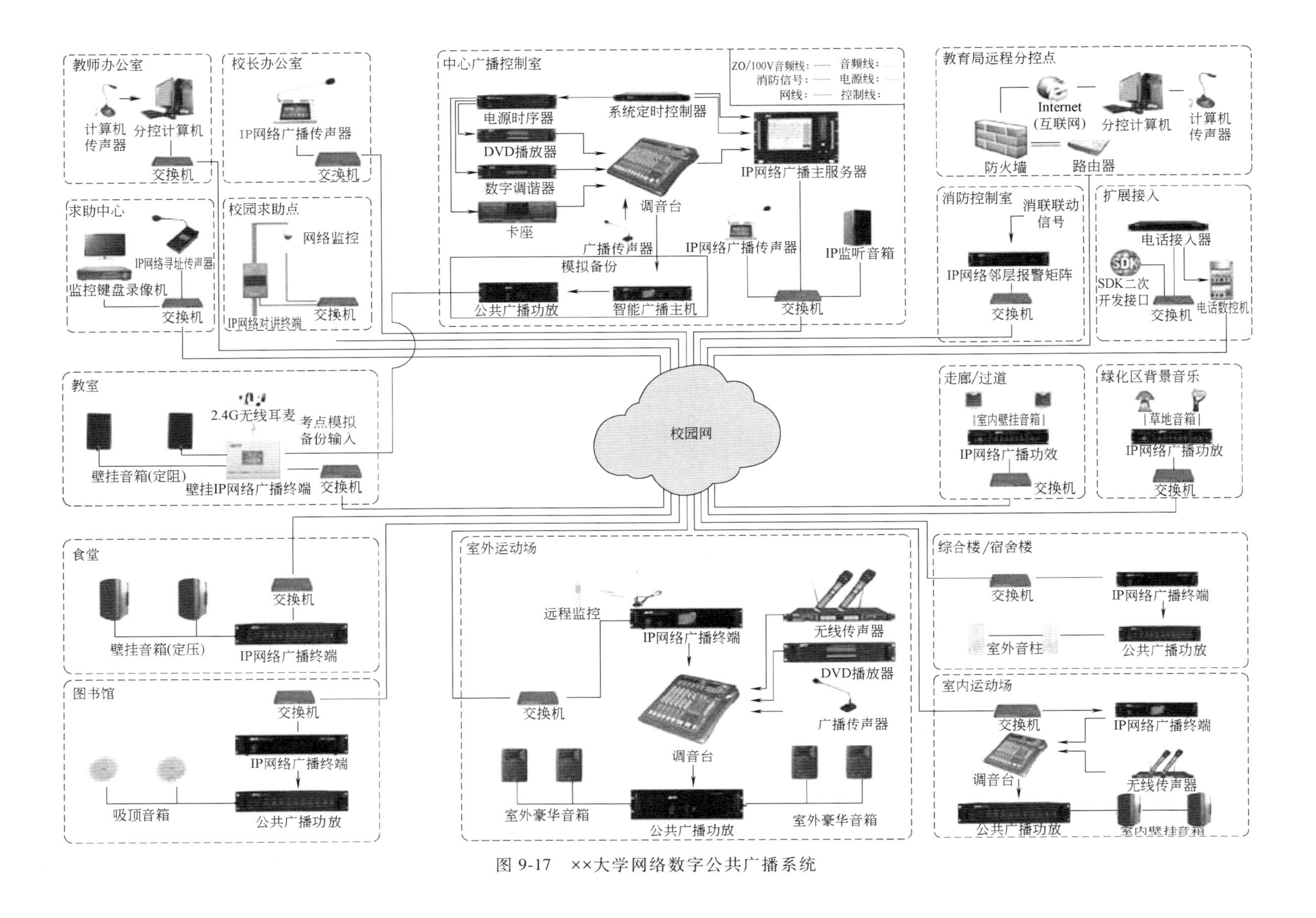

图 9-17　××大学网络数字公共广播系统

(7) 支持U盘或读卡器接入，可以点播前端设备（系统服务器）的音频文件。

(8) 支持Mini SD卡接入，可以升级终端固件程序。

(9) 内置Flash存储，可以存储音频、配置信息及备份，支持远程修改和升级。

(10) 主要技术参数：

网络通信协议：TCP、UDP、ARP、ICMP、IGMP、HTTP、FTP；

网络芯片速率：10/100Mbit/s；

音频采样、位率：8~44.1kHz，16bit，8~320kbit/s；

内置功放功率：3W；

信噪比：>90dB、频响20Hz~16kHz；

网络声音延迟：对讲延迟≤30ms；

图9-18 寻呼终端传声器

接口：1个RJ-45网络接口、1个预留RJ-45网络接口、1个USB接口、1个microTF卡接口、1路报警输入、1路报警输出、1路线路输入、1路线路输出、1路麦克输入、1路耳机输出；

电源、功耗：DC 24V，1A，≤20W。

表9-3 系统设备配套清单

序号	产品型号	产品名称	单位	数量
1	ROH 8801	IP网络广播服务器(17in触摸屏)	台	1
2	ROH 8800	服务器软件	套	1
3	ROH 8802	IP网络主控机	台	1
4	ROH 8807	IP网络分控终端	台	44
5	ROH 8808	IP网络电话接入器	台	1
6	ROH 8809	IP网络消防报警矩阵	台	1
7	ROH 8803	IP网络寻呼传声器	台	8
8	ROK 8805	DVD/MP3播放器	台	2
9	ROK 8806	数字调谐器	台	2
10	ROK 8807	数字电源管理器	台	2
11	RK 6805	前置放大器	台	2
12	RK 6819	避雷器	台	2
13	RK 6904	纯后级定压输出功率放大器(1000W/8Ω输出)	台	4
14	RK 685	合并式定压输出功率放大器(660W/8Ω 输出)	台	44
15	RM 96	带钟声广播传声器	台	1
16	RS-405	户外防水音柱	支	62
17	RS-630G	园林草地音箱	支	36
18	RG-2012	1.2m高/19in标准机柜	台	44

9.5.2 中小学校园网络数字公共广播系统

中小学校园广播系统根据学校需求，基于TCP/IP网络的优势，可以实现对学校的整体广播和教室广播、分区广播、远程广播、教师可以自由点播节目库的音源，各个教室之间互不干扰；同时还可以进行本地扩声（例如操场、礼堂、食堂等区域）。

1. 主要功能

除涵盖传统公共广播系统所有功能（包括自动打铃、课间音乐播放、播送通知和转播电台节目等）外，还增加更多新功能：

（1）全自动播放功能：上、下课自动打铃、播放广播操、课间休息眼保健操、午休时间背景音乐等。主控管理计算机实现自动开关机，默认执行该天的播放列表，进行顺序自动播放，达到无人值守功能。

（2）领导网上讲话：学校领导通过校园网上的寻呼传声器，可分区广播、全区广播，无须到广播室，只要有网络的地方接入即可讲话。

（3）自由点播：可实现不同的区域同时播放不同的内容。分区终端还可以自由点播服务器上的节目。教师可用遥控器对教室内的数字广播终端（自带扬声器的网络终端），完成数据库的任意点播，操作简单方便。可彻底“摒弃上外语课带录音机到教室的教学方法”，教师只需要用遥控器选择相应的课程内容，按一下播放即可，无须倒带、换面等烦琐的操作。

（4）实时采播：将外接音频设备（卡座、CD、收音机、传声器、录音设备等）接入广播服务器，实时压缩成音频数据流，并通过校园网络发送，安装在不同教室的数字广播终端可实时接收播放。

（5）定时播音：广播终端具有独立 IP 地址，可以单独接收服务器的个性化定时播放节目。

教师将需要使用的教材或课件存储在中心机房的服务器，并使用专门软件编制播放计划，系统将按任务计划实现全自动播出。

（6）教室音频扩音：广播终端提供音频输入功能。在没有广播信号时，多媒体教室内的教学计算机的音频输出可接入广播终端，经扩音播出。广播终端可根据语音信号的有无，自动切换。

（7）分区控制功能：根据学校广播需要，可对全校进行分区管理，既可以实现对全校播放，也可以对单个或多个区域组合播放。

系统分区更加灵活，可自由组合、自由分配、打破传统的难以调整物理分区的麻烦。

（8）自动切换消防紧急广播。

2. 系统组成

校园广播系统由前端部分（广播机房）、传输网络（局域网）、终端部分（广播区域）三部分组成，如图 9-19 所示。

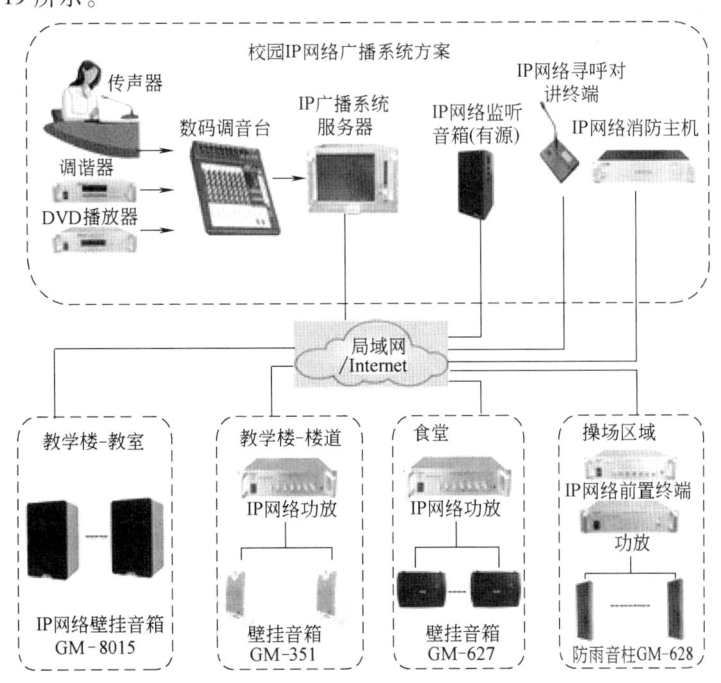

图 9-19　校园网络数字公共广播系统方案

（1）前端部分（广播机房）。IP广播服务器是校园网络广播系统的核心设备，担负着全部数字音频节目的存储、管理和播放任务，加装自动播出系统软件来实现定时播放、自动播出、音乐打铃和分区控制广播等，是实现系统全部功能的关键。

其他配套设备包括外接音频设备（卡座、CD、收音机、传声器、调音台、录音设备等）、寻呼传声器、网络监听音箱、网络消防报警主机等。

（2）传输网络。IP网络广播系统传输网络的带宽要求为128kbit/s。系统服务器主机在配置100Mbit/s网卡的情况下至少可以同时播放512路以上节目。

（3）终端部分（广播区域划分）。根据学校特点，把整个学校分为3个区，分别为：教室区、楼道区、室外及操场区。主控室采用八路分区器，八路分区器具有级联功能，便于学校以后扩展，根据学校需求可以随时增加。

1）楼道区：为了让师生在下课休息活动范围内都能够听到上下课铃音，学校办公室、教学楼楼道也设有音箱，按照每层楼道长度设计壁挂音箱或吸顶天花喇叭。核算出实际功率，根据功放的配备原则，同时考虑到线路损耗，采用1台1000W的合并定压功放。

2）教室区：全校每个实验室及普通教室分别设计一个壁挂音箱。

3）室外及操场区：室外及操场区采用全天候防雨防潮音柱，根据功放的配备原则，同时考虑到线路损耗，配备1台1000W定压功放，同时配备一台前置放大器。

3. 系统配置（表9-4）

表9-4　校园网络广播系统方案产品清单

序号	产品描述名称	型号	数量	单位
1	网络广播服务器	XBPA-5000B	1	台
2	网络广播控制服务器软件	XBPA-5000S	1	套
3	数字调谐器	XBPA-6004	1	台
4	广播传声器	XBPA-006	1	台
5	IP网络音频采集终端	XBPA-5600A	1	台
6	带7in触摸屏寻呼传声器	XBPA-5900B	2	台
7	消防信号智能接口	XBPA-5600	1	台
8	IP网络监听音箱	XBPA-3700	3	支
9	节目定时器	XBPA-6001	1	台
10	装配式机柜	XBPA-117	1	套
11	台式计算机		1	套
12	8路调音台	XBPA-027B	1	台
13	IP网络广播终端(带定阻功放)	XBPA-5100	60	台
14	大功率纯后级广播功放	XBPA-1000F	1	台
15	室内壁挂音箱(塑料外壳)	XBPA-025B	60	只
16	室内音柱	XBPA-04A	20	只
17	大功率纯后级广播功放	XBPA-1500F	2	台
18	全天候大功率防水音柱(定压)	XBPA-07A	8	只
19	前置放大器	XBPA-6005	2	台

9.5.3　酒店公共广播工程

如图9-20所示，广州香格里拉大酒店是广东省首府的豪华国际酒店，毗邻广州国际会展中心，酒店可尽览珠江的秀丽风光，更有幽雅的翠绿庭苑。八间风格各异的餐厅及酒吧，两间宴会厅和八间多功能厅可迎合宾客多样化的宴会需求。

香格里拉大酒店共 32 层，拥有 704 间豪华客房及套房，另设 26 间面积均超过 $42m^2$ 的服务式公寓，酒店拥有多元化的休闲娱乐设施，包括：室内外泳池、水疗服务、网球场及慢跑道。

图 9-20　广州香格里拉大酒店

1. 项目需求

（1）采用全数字网络传输方式，实现数字化管理。

（2）消防报警、背景音乐和寻呼广播实施自动切换；正常情况下播放背景音乐和插播业务广播，当有消防报警信号触发时，以消防报警优先，同时实现 N±1、N+2、N+3、N+4 等方式的邻层报警功能。

（3）广播总控制室可控制任何区域的音乐播放和停止，客房区域可根据客人需求，实现自由点播歌曲。

（4）广播室管理员可对不同区域进行问候和寻呼广播，发生突发性紧急情况时，可及时引导顾客安全疏散，避免财产损失和人员伤亡等。

2. 主要功能

（1）音乐无处不在。公共广播系统可对酒店客房和公共区域（走廊、大厅、餐厅、健身房等）播放温馨优雅的背景音乐，为客人营造轻松愉悦的气氛。

（2）寻呼广播。在酒店前台、广播室内配置广播寻呼传声器，大堂经理和广播室管理人员可以根据酒店现场情况，对不同功能区进行寻呼广播、友情提示和温馨问候，紧急情况时可引导顾客避难。

（3）背景音乐系统与消防广播系统自动联动功能。公共广播系统通常包括背景音乐、寻呼广播和消防紧急广播功能。背景音乐/寻呼广播系统和紧急广播系统在功能上互相独立，在设备上有机结合，在操作上与消防报警广播联动。根据国家规范要求，紧急广播具有最高优先权广播和音量强切控制功能。

公共广播系统可以在背景音乐、寻呼广播、自动火灾报警广播三种功能中设置优先权等级，其中火灾报警广播具有最高优先权，即系统接口收到消防中心报警信号后，会自动强制中断正在广播的背景音乐或寻呼广播节目；接入紧急广播信号，同时切换广播区域，实现 N±1 邻层报警广播区域功能；之后自动播放录制好的录音信号，让旅客及员工能够准确无误地疏散，最大限度地避免人员伤亡及财产损失。

（4）同时播放多套节目，供各广播终端自由选择节目。为适应不同广播区域需求，公共广播系统可同时播放 4 套节目，供各广播终端自由选用。数字广播终端具有独立 IP 地址，可以单独接收 IP 网络广播服务器的个性化定时播放节目，让顾客有宾至如归的感觉。

（5）无人值守，全自动播放。系统可以按预编制的播放计划，实现全天无人值守自动播放节目。广播员只需将背景音乐素材存储在广播服务器的硬盘上，系统将按任务计划实现全自动播出。

（6）系统所有信号采用数字传输方式，计算机图形化操作。系统软件可实时显示系统的工作情况，方便操作人员快捷使用。

（7）电台转播。IP 广播可以通过网络收音机软件接收的 Internet 网络电台节目转换成 IP 网络广播数据格式，实时转播网络电台节目。

（8）功放电源控制。网络终端可以根据语音信号的有无，自动切换内置功放的电源，避免功放24h长时间连续工作。

3. 系统设计

广州香格里拉大酒店共32层，拥有704间标准客房及套房，12层至32层为客房，1层至11层为公共服务区，地下1层和2层为停车场。

共设有34个广播分区 其中-/F和-2/F两个车库为一个分区，屋顶花园和底层花园为一个分区，其他每层都作为一个分区。图9-21是酒店IP网络公共广播系统原理图。

（1）各分区需要的音频功率计算。

1）704间标准客房及套房采用3W双音盆同轴扬声器714只。

2）公共服务区采用5W双音盆同轴扬声器和15W、25W壁挂式音箱和悬吊式音箱。

3）屋顶花园和底层花园采用15W蘑菇形音箱30只。

各分区所需的音频总功率=分区扬声器的音频总功率+传输线路的功率损耗。其中：

1）分区扬声器的音频总功率：根据系统设计确定的扬声器数量以及每只扬声器的功率，可以计算出各分区扬声器的总音频功率。

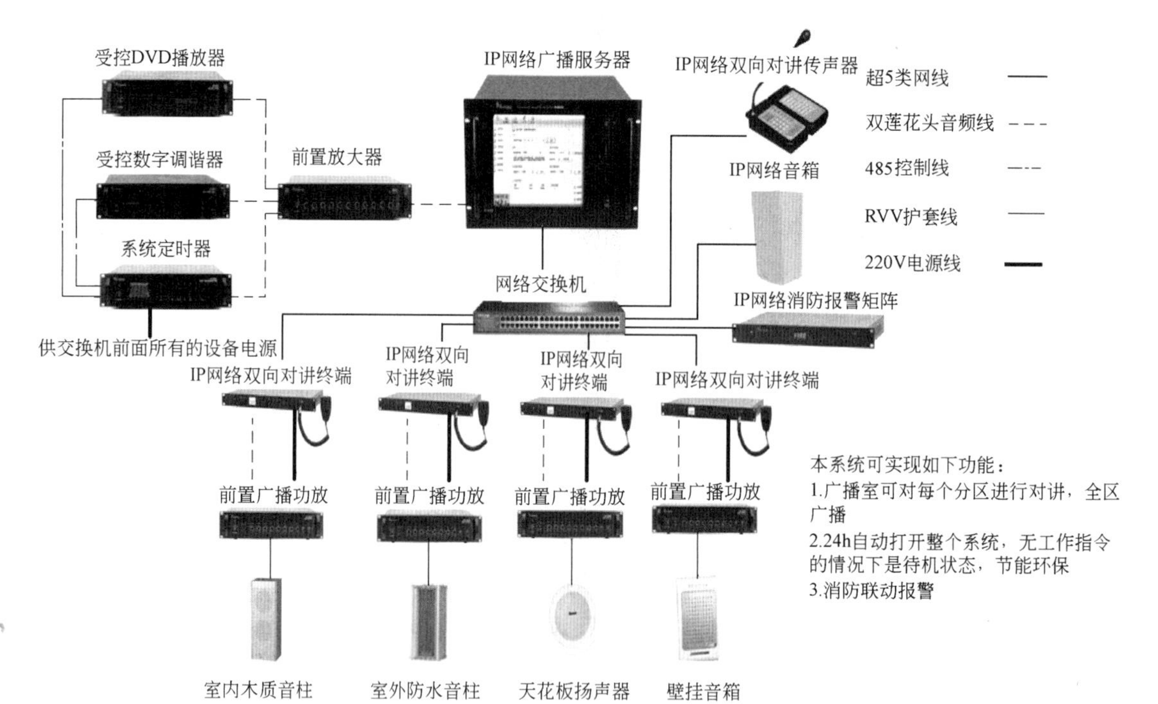

图9-21　广州香格里拉大酒店酒店IP网络公共广播系统

2）传输线路的功率损耗：根据实际使用电缆的长度，确定线路传输损耗系数μ（见表9-5），然后计算出各分区的传输线路损耗功率。表9-5是各分区所需的音频总功率。

表9-5　香格里拉大酒店各分区需要的音频总功率

广播分区名称	分区数量	分区配置的扬声器规格和数量	传送1套节目需要的音频功率
客房广播分区	21个分区	34只3W同轴扬声器，共102W	115W
公共服务分区	11个分区	3W/15W/25W扬声器，共100~120W	120~140W
停车场分区	1个分区	40只5W扬声器，共200W	215W
屋顶花园和室外庭院	1个分区	30只15W草地蘑菇音箱，共450W	470W

（2）功率放大器配置。大酒店共设 34 个广播分区，每个广播分区所需的音频总功率不同，因此功放配置的数量和规格也会有所不同。

① 12~32 层客房区，共 21 层，每层为一个分区，采用 34 只/3W 同轴吸顶扬声器（34×3W = 102W），播送每套节目需用 1 台 150W/100V 定压功放驱动。同时播送四套可选节目需用 4 台 150W/100V 定压功放驱动，即每层客房区需配置两台 2×150W/100V 定压输出功放。

② 1~11 层公共服务分区，包括大堂、宴会厅、商场、健身房、酒吧和娱乐厅，各服务区的场地高度和面积差异很大，主要选用 3W/15W/25W 三种类型扬声器；各分区的扬声器数量不同，经计算，它们所需的音频总功率都在 100~120W 之间，因此每个分区也可采用一台 150W/100V 定压功放驱动。11 个分区共需 6 台 2×150W/100V 定压输出功放。

③ -1/F、-2/F 为 2 个车库分区，选用 40 只 5W 扬声器。可采用一台 250W/100V 定压功放驱动。

④ 屋顶花园和 1/F 室外庭院选用 15W 草地蘑菇音箱 30 只（30×15W = 450W）。可采用一台 2×250W/100V 定压功放驱动。表 9-6 是香格里拉大酒店公共广播系统定压功放配置表。

表 9-6　香格里拉大酒店公共广播系统定压功放配置表

广播分区名称	分区数量	分区配置功放的规格和数量	配置功放数量合计
客房广播分区	21 个分区	150W/100V 定压输出功放/1 台	2×150W/100V 定压功放/11 台
公共服务分区	11 个分区	150W/100V 定压输出功放/1 台	2×150W/100V 定压功放/6 台
停车场分区	1 个分区	2×150W/100V 定压输出功放/1 台	2×150W/100V 定压功放/1 台
屋顶花园和室外庭院	1 个分区	2×250W/100V 定压功放/1 台	2×250W/100V 定压功放/1 台
总计	34 个分区		2×150W/100V 定压功放/18 台 2×250W/100V 定压功放/1 台

（3）广播分区设置。IP 网络广播系统的每个广播分区需要配置一台网络广播终端，接收数字广播的数据包，并进行拆包和解码处理，转换为模拟音频信号后送至功放和扬声器。

每台网络广播终端都有一个独立的 IP 地址，具有相同 IP 地址的网络终端，都可接收同样的广播信息，即属于同一个广播分区。

IP 网络广播终端采用嵌入式计算机技术和 DSP 数字音频处理技术设计；内置点播采集模块，可以实时点播节目；IP 网络广播终端内置三级信号优先功能：紧急广播具有最高优先权，紧急广播信号输入时，自动关闭背景音乐和寻呼广播信号。

IP 网络广播终端采用高速工业级芯片，启动时间小于 1s；具有标准网络 RJ-45 接口，支持协议：TCP/IP、UDP、IGMP（组播）；音频格式：MP3。

对于需要点播音频节目的客房广播系统，每间客房适宜采用一个网络音箱。网络音箱实际上是网络广播终端、功率放大器和扬声器三位一体的组合产品，每个网络音箱都有一个独立的 IP 地址，一个 RJ-45 网络接口、一个节目选择器和一个音量控制器。可以选择来自 IP 网络广播服务主机的广播节目，可以自动调节紧急广播的音量。

（4）消防紧急广播与公共广播联动。发生火警时，根据各楼层的火灾报警器提供的火警位置信息，由消防广播矩阵自动向 IP 网络广播服务器发送启动紧急广播和 N±1 广播分区的指令信息，实施消防紧急广播与公共广播联动。

第10章 楼宇自控系统

现代建筑内使用了大量机电设备，这些设备多而分散。“多”即被控、监视、测量的对象多，有时可达数以千计的测量点；“散”即这些设备分布在各楼层和各个角落。如果利用人工监控、测量和管理这些设备，其劳动强度和复杂性是难以想象的。

楼宇自控系统简称BAS（Building Automation System）是建筑技术、自动控制技术、计算机网络技术相结合的产物，是实现节能降耗、绿色环保、舒适安全，确保设备安全运行，加强楼宇机电设备现代化管理，提高经济效益的必由之路。

表10-1是美欧国家建筑物能耗分配比例的综合统计表［文献：《上海的建筑节能与空调冷热源》］，可以看出：建筑物内的最大耗能大户是暖通空调系统。采用良好的节能控制措施，对节约能源、降低运行费用十分重要。表10-2是某宾馆空调系统手动/自动控制能耗对比。

表10-1 美欧国家建筑物能耗分配比例综合统计

<table>
<tr><td>宾馆能耗</td><td>通风、空调</td><td>生活热水</td><td>动力、照明</td><td>厨房炊事</td></tr>
<tr><td>能耗比例</td><td>65%</td><td>15%</td><td>14%</td><td>6%</td></tr>
<tr><td rowspan="7">办公大楼建筑能耗</td><td rowspan="5">空调系统:47.2%</td><td rowspan="2">冷、热源:20%</td><td colspan="2">冷、热源本体:16.0%</td></tr>
<tr><td colspan="2">冷、热源辅机:4.0%</td></tr>
<tr><td rowspan="3">输送系统:27.2%</td><td colspan="2">换气风机:10.9%</td></tr>
<tr><td colspan="2">空调风机:9.5%</td></tr>
<tr><td colspan="2">空调水泵:6.8%</td></tr>
<tr><td colspan="4">电梯、弱电、供水系统:20.5%</td></tr>
<tr><td colspan="4">照明系统:32.3%</td></tr>
</table>

表10-2 某宾馆空调系统手动/自动控制能耗对比

控制方式	设备全天能耗/(kW·h/天)			
	冷水机组	冷却泵、冷却塔风机	空调控制	送/排风机
自动控制	536	384.7	610	162
手动控制	2219.3	1390.2	857	548.3
节能情况	75.8%	72.3%	25%	76.1%

上述统计数据表明，楼宇建筑运行过程中，主要能源消耗是建筑物内的空调机电设备和公共照明系统的能耗。因此，楼宇建筑节能的主要途径是对供暖、通风、空调、照明的能耗实施有效控制。

BAS的投资约占楼宇建筑机电设备总投资的6%～10%。然而BAS可为楼宇建筑平均节能30%～35%。随着使用时间的增加，系统运营费用也随之增加，40年楼龄大楼的运营成本大约是初始投资的4倍。

BAS按系统规模可分为大型、中型和中小型三类，各类的监控（监测）点数量见表10-3。

表10-3 BAS监控规模的划分

系统规模	监控(监测)点数量
中小型BAS	40～200
中型BAS	201～2500
大型BAS	2500以上

1. BAS 的作用与优点

(1) 降耗节能。一座现代化的建筑，大楼中各种机电设备都是“耗电大户”，电力消耗非常惊人。BAS 通过计算机对整栋大楼的机电设备实施智能化监视和控制，统一调配所有设备用电量，实现用电负荷的最优控制，有效节省电能，减少不必要的浪费。

(2) 降低运维管理成本，提供自动调节的舒适环境。楼宇建筑中各种机电设备的开启和关闭、系统运行状态监测、系统维护及保养都需要专业人员去完成，这就不可避免地要求楼宇建筑运维管理部门配置庞大的人员队伍。

采用计算机自动控制系统后，上述工作均可由 BAS 根据预先设计好的程序自动完成，大大减少了系统运维人员，并能及时处理设备出现的问题，不仅节约了运维管理开支，还可以提供自动调节的舒适环境。

(3) 延长设备的使用寿命。配置 BAS 之后，设备的运行状态始终处于系统监视之下，BAS 可以提供设备运行的完整记录，同时可以定期打印出维护、保养的通知单，这样可以保证设备维护保养工作既不超前又不延误地按时进行，不仅延长了设备的运行寿命，还降低了建筑的运行费用。

(4) 保证建筑及人身安全。先进的 BAS 可以将安保管理、停车场管理等相关业务融合在同一管理平台，可方便地与消防报警系统联网，极大地提高了建筑管理水平，减少了部门之间的协调工作。

2. BAS 的监控管理范围和监控功能

智能大厦内诸多机电设备之间存在诸多相互的联系，需要建立完善的机电设备管理系统，BAS 的基本功能是对机电设备实施有效的实时监控和综合管理。

(1) 监控管理范围。图 10-1 是 BAS 的监控管理范围，包括以下几个方面：

① 维持各种机电设备正常运转。例如暖通空调与通风系统（冷水机组、新风机组、空调机组、进排风机、热交换器、锅炉、水泵）、供配电系统（变配电、发电机）、智能照明系统、给水排水系统、电梯和停车场等的监控管理。

② 消防系统和安保系统（巡更、门禁、防盗、闭路电视）的监控管理。

③ 地下停车场等的监控管理。

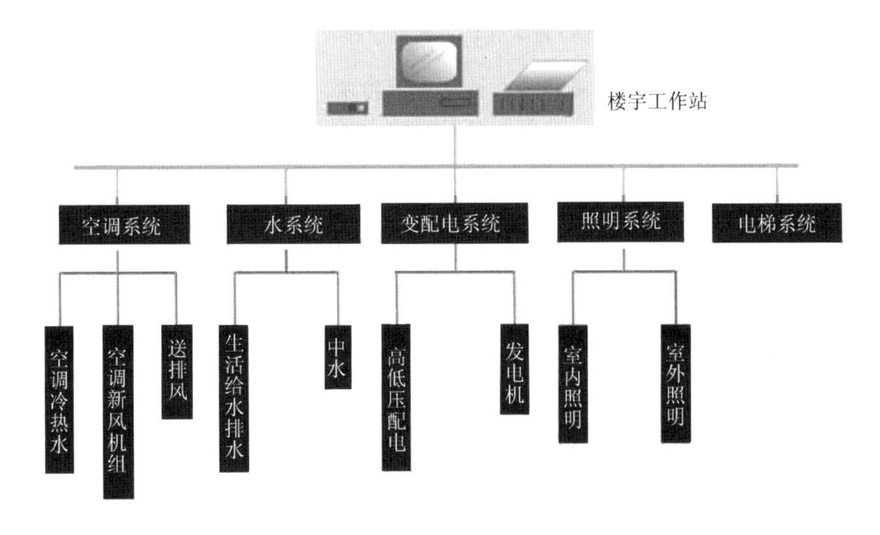

图 10-1　BAS 的监控管理范围

（2）监控功能：

① 制定系统管理、调度、操作和控制策略。

② 存取有关数据和控制参数。

③ 管理、调度、监视和控制系统运行。

④ 显示系统的运行数据、图像和曲线。

⑤ 打印各类报表。

⑥ 存储系统运行历史记录、实施趋势分析。

⑦ 累计设备运行时间、安排设备维护、保养管理等。

10.1　BAS 的原理和组成

BAS 把大楼设备的监控和管理融合为一体，如图 10-2 所示，其中 RU 和 SCU 为通信接口。

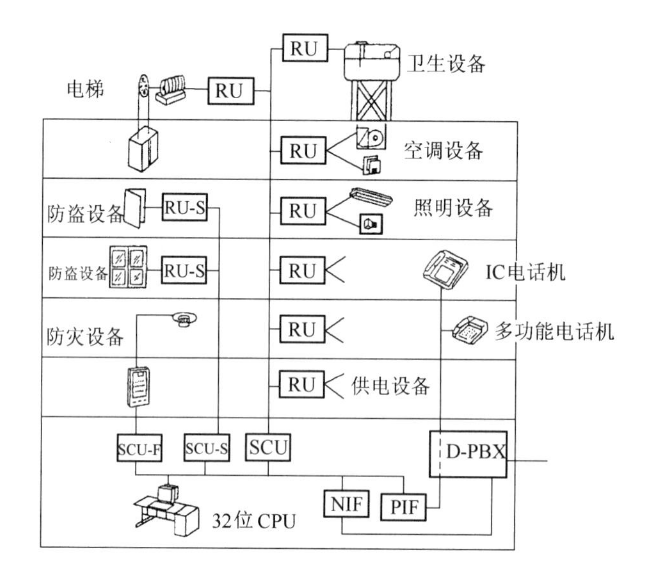

图 10-2　BAS 把大楼设备的监控和管理融合为一体

系统采用先进的传感器数据采集技术、自动控制技术、计算机技术和网络通信技术等多学科相结合构成的一整套自动控制系统，控制对象是楼宇内各类机电设备和相关设施。

10.1.1　集散型 BAS

BAS 的特点是适宜采用图 10-3 所示的集散型控制方式。系统由传感器、执行装置、DDC 现场控制机（下位机）、中央集中管理服务器（上位机）和数据传输通信网络五部分组成。

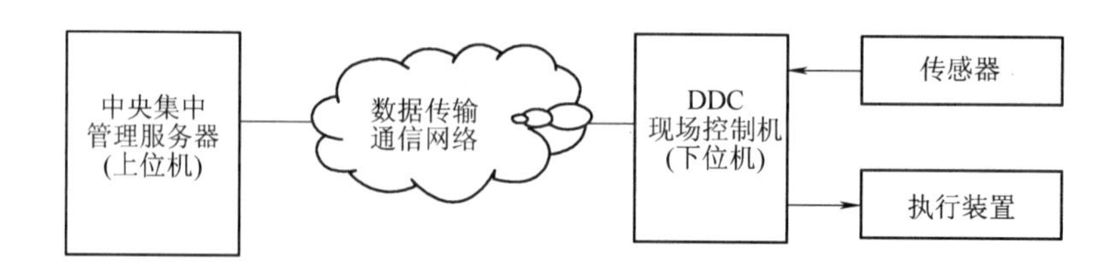

图 10-3　集散型控制系统的基本组成

1. 直接数字控制系统

直接数字控制（Direct Digital Control，DDC）系统是指在计算机参与的闭环控制过程中，由分散在被监控设备附近的 DDC 数字控制机输出的数字量直接控制调节阀门等执行机构。DDC 数字控制机直接对被监控设备进行数据采集、数据处理、监测控制，并与中央集中监控管理服务器相结合，实施分层控制，大大加强了各子系统的独立性和可靠性，减少了中央管理服务器的工作量。

图 10-4 是 DDC 控制系统。DDC 数字控制机实际上是一台计算机，它具有可靠性高、控制功能强、可编写程序，既能独立监控设备、又可联网接受中央管理服务器实行统一控制和集中管理。

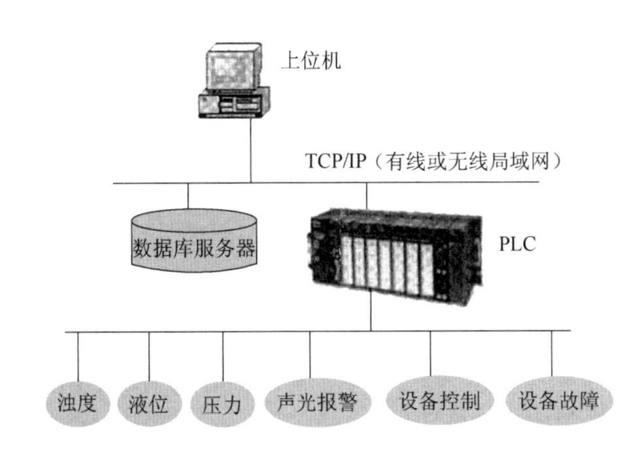

图 10-4　DDC 控制系统

分布在被监控设备附近的 DDC 直接数字控制器独立运行，完成对被控设备特征参数的采集和过程参数的测量，并对控制对象进行闭环控制，不受网络或其他控制器故障的影响。每台 DDC 留有 10%～15%采集点的扩充余量。

（1）DDC 直接数字控制器主要功能：

1）对第三层的数据采样设备进行周期性的数据采集。

2）对采集的数据进行调整和处理（滤波、放大、转换）。

3）对现场采集的数据进行分析，确定现场设备的运行状态。

4）对现场设备的运行状态进行检查对比，对异常状态进行报警。

5）根据现场采集的数据执行预定的控制算法，获得控制数据。

6）通过预定的控制程序完成各种控制功能，包括比例控制、比例积分控制、PID 控制以及其他类型的控制功能。

7）向第三层的数据控制和执行设备输出控制和执行命令。

8）通过数据网关或网络控制器连接第一层的设备，与上级中央管理服务器进行数据交换，发出请求和接收各种控制命令。

（2）DDC 控制器软硬件功能模块：

1）采用 32 位微处理器编程。

2）具有不同类型点对点的终端模块。

3）电源模块。

4）通信模块。

5）具有可脱离中央控制主机独立运行或联网运行能力。

6）可配置不同的输入/输出模块：①模拟信号输入、数字信号输入和脉冲信号输入；②模拟信号输出和数字信号输出。

7）用LED屏显示数据输入/输出点的实时状态变化。

8）当外电断电时，DDC的后备电池可保证RAM中数据保存60天。

9）当外电重新供应时，DDC自动恢复正常工作。

10）存储的数据非正常丢失时，通过现场数据接口和网络，可将数据重新写入DDC控制器。

11）操作程序与应用程序均采用PPCL高级语言。

12）中央管理计算机和便携机均可编写、修改应用程序。

13）市电及后备电池同时丢失时，仍能保存应用程序。

14）工作环境：温度：0~50℃；相对湿度：10%~90%。

（3）DDC控制器分类：DDC控制器有模块式楼宇控制器、单元式控制器和DPU（Distributed Processing Unit，分散处理单元）数字控制器三类。

1）模块式楼宇控制器。模块式楼宇控制器（Module Building Controller，MBC）不仅可以独立完成DDC现场控制，同时可为整个楼宇系统提供强大、完善的网络管理和通信功能，管理各种各样的楼宇弱电子系统。

MBC的网络接口扩展了对楼宇内其他系统的数据收集、报告、报警管理、图形命令等功能，因此与楼宇内各子系统间（包括防火、安保、暖通空调（HVAC）、照明、电力和其他弱电子系统）可建立良好的通信联系。各类BAS仅需要1台MBC就能容纳多个网络接口模块来管理各种各样的弱电子系统。MBC具有以下特点：

① 最多可处理288个不同的输入/输出点类型。

② 具有节能管理、报警及历史数据软件。

③ 可跟工作站联网及提供3条局部区域网。

④ 具有2个与计算机、工作站、电话连接的RS-232C网络接口。

2）单元式控制器。单元式控制器（Unitary Controller，UC）为空调设备的温度控制和能量分配功能提供直接数字控制，是BAS系统中使用最多的现场DDC。UC可作为独立应用的控制器工作，也可在局域网上扩展。时间表、设置点和其他工作参数可通过使用任选小键盘（Keypad）显示或单元控制器接口软件来认定或改变，可直接安装在HVAC暖通机电设备上或附近的墙壁上。

3）DPU数字控制器。DPU数字控制器是一种现场扩展控制器，为现场控制器（包括MBC模块式楼宇控制器、RBC远程楼宇控制器、PXC模块化可编程控制器和FLN楼层控制器、PXM点扩展模块等）提供额外的数字监控点容量。

DPU数字控制器为远程数字监控点提供监视，例如低温探测器、热源探测器、流量开关。DPU数字控制器还用在对多台机电设备的运转情况进行监视，以及对多级电加热进行步进控制。DPU的容量：12位数字输入点和12位数字输出点。

2. 传感器

自动化控制首先要求对现场监控对象进行数据采集，如温度、湿度、压力、流量和二氧化碳含量等物理量的变化值。

传感器是指把被测物理量的变化转换为电信号的装置。变送器是将由传感器输出的电信号经过校验和处理变换成标准的电信号（电流、电压）。在BAS中，通常用来检测空调系统的冷热水温度、压力、流量，送风系统的温度、空气质量，供电系统的电压、电流、功率、功率因数等。

采集后的信号经由变送器处理后输入给 DDC，由 DDC 的输出驱动执行装置（各种电动控制阀和开关等），实现系统自动控制。表 10-4 是传感器的典型输出特性，图 10-5 是各种传感器和控制阀门。

表 10-4　传感器的典型输出特性

		压差开关	液位开关	水流开关	温度传感器	湿度传感器	压差传感器	压力传感器	流量传感器	油位传感器	变配电变送器
输出类型	开关量输出	●	●	●							
	模拟量 0~10V				●	●	●	●			●
	模拟量 0~20mA						●	●	●	●	●
供电电压		—	—	—	DC 15V	DC 15V	DC 28V	DC 24V	AC 220V	AC 220V	

常用传感器的功能如下：

1）温度传感器：测试范围为 0~+100℃。

2）湿度传感器：测试范围为 0%~100%RH。

3）压力传感器：测试冷冻水和冷却水水压。

4）风速传感器：测量空调风机的风速。

5）压差传感器：测量压差。

6）空气质量传感器：监测混合气体质量。

7）流量传感器：测量水管流量。

3. 阀门和驱动器

阀门是楼宇自动化控制的一种执行装置，包括风阀、水阀和各种可控开关等。

电动执行器和风门执行器是用来驱动水阀和风阀的电气驱动装置，可以用开关量或模拟量控制，对阀门的开度实行调节，各阀门之间还可实行联锁控制。

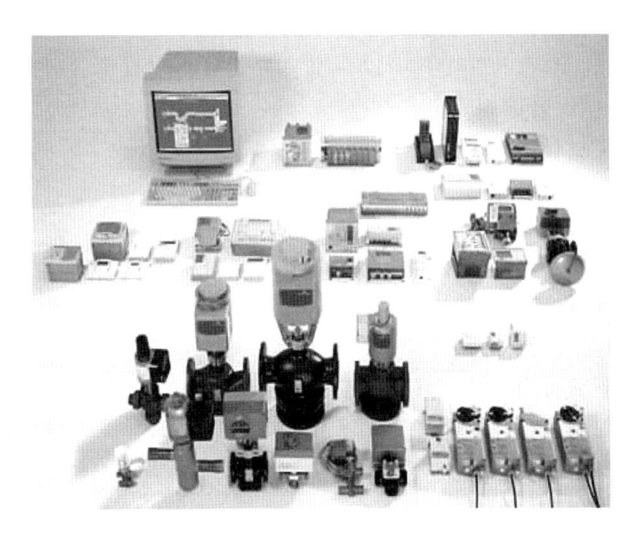

图 10-5　各种传感器和控制阀门

压差开关、水流开关、防霜冻开关、风阀执行器、阀门驱动器、变频器等广泛用于空调系统的制冷站、供热站的水阀控制，以及空气处理机和新风机组的风阀控制。

4. 中央计算机监控管理系统

中央计算机监控管理系统由计算机工作站、网络接口、彩色大屏幕显示器、打印机等组成，是 BAS 的集中监控管理中心，可以直接和以太网相连。整个大厦内受监控的机电设备都在这里进行集中管理和运行状态显示。

计算机工作站内安装中/英文 Insight 工作软件，可实现人机对话、动态显示图形，为用户提供一个非常好的、简单易学的界面。操作者无需专业软件知识，即可通过鼠标和键盘操作管理整个控制系统。系统可连接一台或一台以上工作站作为副控台，作为辅助控制和备份之用。

中央计算机管理系统的主要功能有：监控功能、显示功能、控制功能、操作功能、数据管理功能、记录功能、故障自诊断功能、内部互通电话功能等。

（1）监控功能：

1）监控各管理点工作状态，定期更新各管理点数据。

2）设置各管理点警报级别，自动执行警报信息显示和强制画面显示。

3）启动/停止失败监控，对异常启动/停止发出警报。

4）设定监控点计测值的上、下限及超限报警。

5）计测值偏差监控及超差报警。

6）设备连续运转时间的超限监控和报警。

7）设备运转时间积累、启动/停止次数累计统计和维护保养提示。

（2）显示功能：

1）显示方式：图形、图表、数据、动画、漫游和多窗口等多种显示方式。

2）管理点详情显示：可显示 48h 内监控点的运行状态趋势图；同一画面上可同时显示 8 个管理点的数据。

3）设定值、计测值、累计值显示：每隔 1min 刷新计测值、设定值，每隔 30min 或 1h 刷新累计值，分别以趋势图、长条图、累计图、组合图等方式显示。

设定值、计测值、累计值可按每小时（一周间）、每日（2 个月间）、每月（2 年间）等不同指定条件，以时间数列方式显示。

4）警报一览表显示：可随时检索系统中发生的警报。

5）程序一览表显示：根据程序类型，以一览表方式显示出日历、时间程序、联动程序、趋势图、长条图等各种程序的名称。

6）日报、月报、年报显示。

（3）控制功能：

1）自动定时启动/关闭相关设备。

2）联动程序启动控制：管理点发生情况变化或发生警报等情况，系统根据应急预案，自动启动相关冗余设备的联动程序。

3）火灾意外事故程序控制。

4）停电时，强制驱动备用电源、自备发电机。

5）恢复供电程序控制：电源故障排除后恢复供电电源，控制器无须人为干预，自动完成修复所有监测功能，恢复当前操作、时间和状态同步，自动完成启动方案。

6）降耗节能自动控制。

7）室外新风引入自动控制。

8）公共区域照明自动控制。

9）简易运算控制。

（4）操作功能：

1）系统启动/停止：手动/自动切换操作。

2）程序设定值变更：修改、变更标准值、控制参数、登录管理点、时间顺序等设定值。

3）制定管理点的许可/禁止或暂停执行控制操作。

4）操作密码授权。

5. 数据传输网络

BAS 的数据传输网络是典型的计算机局域网，采用 TCP/IP，高速局域网（以太网）支持 100Mbit/s 到工作站的传送速率，作为大楼局域网的子网。高速局域网支持多用户通信和多用户对话活动，整个网络上信息共享。系统通过交换机和企业网连接。数据传输网络由大楼综合布线系统构成。

网络结构：BAS 的网络结构由第一级高速局域网和二级网络总线（信息总线）组成。

（1）高速局域网。第一级是高速局域网，传递控制点的信息及报警信息。它支持一级控制器、工作站和文件服务器。普通 PC 都可以进入以太网进行数据管理，实现区域性数据联网。

图形工作站通过 P to P（Peer to Peer Network）同层总线共享网络，可连接多达 100 台 MBC，速率可达 1.44Mbit/s。每台 MBC 通过 LAN 网可连接多达 96 台独立单元控制器或非独立式单元控制器（UC、TEC、DPU 等），为系统扩展及完成较大型集散系统提供了方便。

（2）二级网络总线（信息总线）。二级网络总线（信息总线）支持区域 DDC 控制设备，控制楼宇 HVAC 暖通空调系统和灯光系统。RS-485 总线的传输速率是 19200bit/s。信息总线提供点对点的通信线路。二级 DDC 控制器和便携式服务器之间、二级服务器之间可以同时通信，当一级控制器发生故障时不影响与之相连的信息总线。

图 10-6 是二级总线与高速局域网通过一级网络控制器实现双向通信，传递网络信息。其中设备管理部分是大楼计算机局域网的子网，采用开放式企业级集成软件的集成监控系统，这个系统经过通信网络接口在主工作站上集成为对所有设备统一监控管理的平台（中央计算机监控管理系统）。图中的交换式集线器、Internet 服务器和物业管理服务器，属于大楼的网络设备。各类用户计算机设备，不属设备集成管理系统的专门配置。安全防范、消防报警和智能卡等系统主机分别为各分系统的配置。

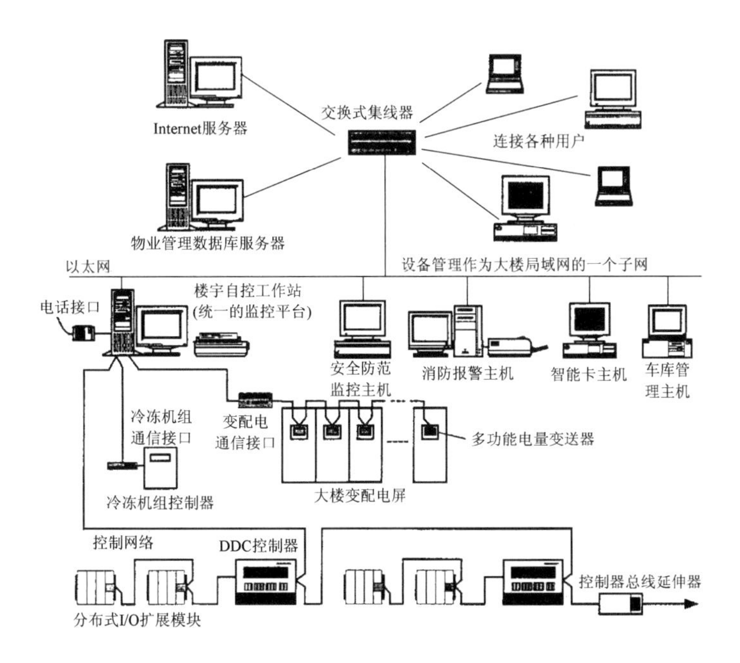

图 10-6　BAS 的系统网络架构

10.1.2　BAS功能软件

BAS中不同设备的软件分别有不同的要求，包括工作站、高速局域网、文档服务器、一级控制器和二级控制器的控制软件等。

1. 系统操作软件

BAS是随着计算机在环境控制中的应用而发展起来的一种智能化控制管理系统。设计上充分体现了分散控制、集中管理的特点，既能保证每个子系统都能独立控制，又能在中央工作站上做到集中管理，使得整个系统的结构完善、性能可靠。

BAS已从过去的非标准化设计，发展成为标准化、专业化产品，从而使系统的设计安装及扩展更加方便、灵活，系统的运行更加可靠，系统的投资大大降低。

服务器软件包括操作系统和数据库应用软件。操作系统为楼宇自控系统提供了强大的工作平台，通过系统操作软件，操作员可以在楼宇自控系统内进行各项资料的存取及监控。软件由磁盘或CDROM光盘提供。

（1）指令输入及菜单选择方式：操作员除了可以通过常规键盘进行操作外，亦可通过“鼠标”进行操作，包括启停、更改设定点、选择菜单等各项操作。

（2）图形及文字显示：操作员可以决定在操作站以图形或文字方式显示楼宇自控系统内每一个监控点。

（3）多种数据同时“窗口”显示：操作系统可以在同一时间内以“窗口”式的方法显示多方面的资料，以便容易对不同运行状态进行分析，真正做到了实时和多任务。

（4）多级密码保护：多级密码为业主及各管理层次人员提供更有效的保护工具，防止非授权人员非法操作，提高系统的安全性。

同一密码系统可同时应用在所有的操作装置上，如中央管理工作站、手提检测器等。当增减或改变密码系统时，所有操作装置同一时间自动配合，不需要在个别操作装置做出更改。

密码系统最少分为下列五级，系统内最少有50个密码，足够供相关人员使用。

第一级：资料显示及取存权限；

第二级：第一级+操作员改变程序的权限；

第三级：第二级+更改资料库的权限；

第四级：第三级+重新设定资料库的权限；

第五级：第四级+更改密码系统的权限。

操作人员离开前如果忘记取消网络登录，系统提供1min~1h的可调延续时间，到达设定的延续时间，将自动取消网络登录，使系统继续受密码保护。

（5）操作员指令：操作系统容许操作员至少可以执行下列各项指令：

1）有关设施的启动或停止。

2）调整设定监控点参数。

3）增加、取消或修正时间控制程序。

4）执行或停止各项计算机程序。

5）接通或停止监控点的报警状态。

6）执行或停止监控点运行时间累积记录。

7）执行或停止监控点的动向趋势记录。

8）超越控制有关微积分控制回路的设定点。

9）临时性的超越控制表。

10）设立假期表。

11）修正系统内的日期、时间。

12）加入或更改模拟量输入点的报警上下限数值。

13）加入或更改模拟量输入点的危险上下限提示数值。

14）检查报警及提示危险上下限数值。

15）执行或停止每个电表的最大用电量控制。

16）执行或停止每个负荷的“工作次序”。

（6）记录及摘要：楼宇自控系统内的活动可通过手动或自动制作成一份记录表，然后打印或在显示屏上显示，或存放在硬盘中。操作员可以轻易获得下列各种记录表。

1）监控点总表。

2）正在报警的监控点。

3）正在与系统网络停止联系的监控点。

4）正在被超越监控的监控点状态。

5）正在被停止的活动监控点。

6）正在被锁上的监控点。

7）被指定需要跟进的项目。

8）一星期启停活动表。

9）上下限数值及静态区。

10）系统同时可以提供以下摘要：①有关监控点；②互相关联点的组别；③操作员自行选择的组别：在任何情况下，操作员并不需要提供有关硬件的地址码。

（7）彩色动态图形显示：为更快确认系统内的报警和更容易分析系统运行状态，系统提供彩色动态图形显示，包括楼层的平面图及机电装置的系统状态示意图。

1）操作系统容许操作员通过菜单选择、文字指令或图像途径调出不同系统的图形示意图或平面图。

2）动态显示实时数值及变化状态：温度、湿度、流量、状态等图形，操作员不需介入做出任何动作程序。

3）服务器以“窗口”式运作，可同时显示多幅图形，以便分析或将报警的图形显示出来而不影响正在进行的工作。

4）彩色动态图形软件容许操作员增加、取消或修改图形显示。

5）系统架构及界定：所有温度及装置的控制策略及节能程序可以由用户决定，在做出界定或修正程序时，不影响楼宇自控系统的正常运作。

2. DDC 控制器软件

DDC 控制器软件是指一级控制器和二级控制器内的操作系统。包括区域控制系统的运行、通信和特殊控制功能。

一级控制器由局域网网络控制器、远程主控制器和以局域网为基础的设备控制器组成。操作系统驻留在 ROM 存储器里。所有应用软件驻留在有后备电源的 RAM 里，应用软件的大小由 RAM 容量限制。系统对应用程序的类型不受限制。

二级控制器用于 HVAC 暖通空调单元和灯光控制，编程与一级控制器相同，系统会自动对控制器程序进行编译。

每一个 DDC 控制器都有并行通信功能，保持所有的控制程序同时执行，每个程序可以访问所有输入、输出设备的处理器，任何一个程序都可以共享其他程序运行的结果，保证公共数据的共享。

用户通信包括访问、进入程序、打印等，一旦编程结束，控制器就能以独立工作方式管理设备。不同控制器之间可以共享控制点，使用相同的编程方法。

工作站、便携式服务器或连接在一级控制网络或远程主控器上的终端和终端软件，都可接收数字量、模拟量和开关量。在模拟和数字输入和输出范围内，软件把这些不同格式的信号自动转换成线性或非线性的设备控制信号。

二级控制器内有过载开关软件，用于检测过载开关状态，记录当前模拟和数字输出的过载值。

3. 历史记录

每个控制器能够记录从开始到第365天内任何时间的各种变化（包括输入、输出、数学计算、标志等）。记录的内容包括系统参数的瞬时值、平均值、最大值和最小值，可以设置为自动或手动操作。

4. 报警

区域终端、工作站或远程计算机设备，可显示每个控制点的一个或多个报警或报告信息。

10.2 楼宇智能自控系统设计

楼宇智能自控系统应具备三个基本功能：就地独立控制、系统集中监控、楼宇信息管理。

智能自控系统主要构成硬件：楼宇自控工作站（服务器）、高速局域网、模块化智能控制器、网络终端和信息显示屏。

设备供应商提供的应用软件有：能量管理控制、节假日运行时间编程、系统运行参数预设和修改、设备循环启/停程序、供电恢复启动程序、用电量限定/负载循环、用户图形化编程、设备报警管理、系统动态趋势分析、数据库下传/上载功能、多级密码保护、设备状态改变报告、报警信息报告、监控点历史记录和查询、系统运行摘要（各类报告清单）等。

10.2.1 五星级宾馆空调监控系统

空调系统采用中央集中监控与现场分散控制相结合的方式。大部分设备的运行由中央监控系统进行集中监视与控制。

1. 宾馆空调系统的监控特性

五星级宾馆客人的体感舒适度要求是相当严格的。比如，客人稍微感觉干燥不适，说明空气中的湿度不够；客人在游泳池感觉到冷，而在餐厅里感觉到热，说明宾馆内各部位的温度没有达到期望值，也不符合五星级的标准要求，等等。因此，五星级宾馆的舒适度要求比商务办公大楼高得多。空调系统的机电设备监控是否有效和能否节能是衡量宾馆智能化系统的一项重要指标。

2. 宾馆空调系统监控设计

（1）冷冻机-冷却水系统监控：宾馆的冷源系统由冷冻机组、冷冻水泵、冷却塔、冷却水泵、膨胀水箱、压差旁通等组成。中央监控系统监视各设备的工作状态，由冷冻机房内的DDC现场控制器实现以下控制：

1）按内部预先编写的时间程序或通过管理中心操作员起动冷冻机组及对各相关设备（冷却塔、冷却水泵、冷冻水泵、电动蝶阀）进行联锁控制。

2）根据供/回水温差与回水流量的乘积决定起动冷冻机组的台数。

3）通过装于冷冻机房内的现场DDC控制器及现场检测传感器，检测冷冻水系统供/回水总管的压差，控制相对应的旁通阀的开度，以维持合适的压差，保证空调系统的正常工作。

4）根据冷却水供/回水温差，调节冷却水旁通阀，以改变冷却水供水温度，保证冷冻机起动。

5）冬季时，采用板式热交换器来节省能源。开启板式热交换器隔离阀，并根据板式热交换器的供水温度调节进水阀门的开度，达到控制要求。

（2）热水系统监控：宾馆的热水系统一般由燃油锅炉、锅炉给水泵、汽-水热交换器、热水泵等组成，由中央监控系统监视各设备的工作状态，并由 DDC 现场控制器实现以下控制：

1）根据供/回水温差和回水流量的乘积决定热交换器使用的台数。

2）根据热交换器的供水温度，调节蒸汽阀的开度。

3）通过燃料油箱的油位联锁，控制油泵起停。

（3）新风机系统监控：宾馆使用四管制冷/热水盘管系统，新风机组由中央监控系统监视各设备的工作状态，通过装于新风机房内的现场 DDC 控制器及现场检测传感器，实现以下控制：

1）按内部预先编写的时间程序或通过管理中心操作员起动风机后，控制程序投入工作。

2）风机起动时，同时开启新风风闸；如果收到防冻报警信号，需同时关闭新风风闸。

3）根据送风温度与设定值的偏差，用比例积分控制来调节冷水和热水回水电动二通阀的开度。

4）根据新风温度及新风湿度，计算室外空气的焓量来控制新风、回风、排风阀的开度，并通过定风量控制使新风量恒定。其中：焓代表物质的热容量（Heat Capacity），单位为 kJ/kg。

（4）送、排风机系统监控：送、排风机监控分为两类：一类属于消防用风机，该类风机的起停控制由消防报警控制系统来完成；另一类属于普通风机，该类风机的起停控制可由管理人员手动控制，或由 DDC 区域控制器按预先设定的时间程序自动控制。这两类风机的工作状态均反馈给中央监控系统。

（5）风机盘管监控：根据室温双位调节阀（冬/夏季节转换），通过现场手动或在中央控制室的三速开关调节风量、设定室温，以控制风机盘管内电动机的起停及控制冷水与热水回水电动二通阀的开度。

3. 冷冻站集控方案

本方案采用 3 台离心式冷水机组进行制冷。冷冻站系统除 3 台离心式冷水机组外，还包括冷却塔 3 台、冷热水集水/分水器各 1 台、冷冻水循环泵 5 台、冷却水循环泵 3 台、补水泵 2 台。图 10-7 是冷冻站系统的集控方案。

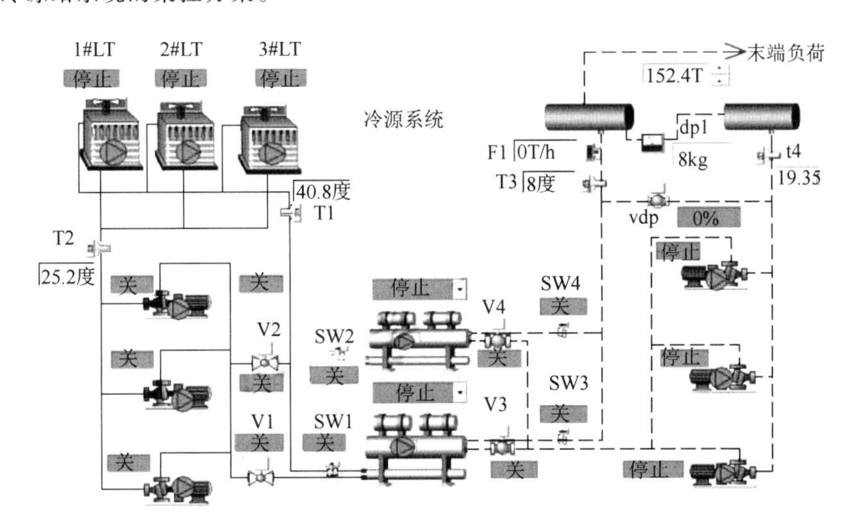

图 10-7　冷冻站系统的集控方案

（1）冷冻站系统的控制功能。根据事先排定的工作程序表，定时起停冷冻水泵、冷却水塔等。然后根据冷冻水供、回水温度和供水流量的测量值，自动计算所需冷负荷量，调节冷水机组运行台数。

1）负荷计算：系统根据测量的冷冻水的供回水温度和冷冻水的供水流量，通过服务区域负荷量的计算结果，并以此判断需增加或减少冷水机组的运行台数。

2）顺序起停：系统依据总运行时间来判断增加或减少冷水机组的运行台数。

3）压差旁通：为避免水系统压力过大，采用压差旁通补偿，对集、分水器间的旁通阀进行PID（比例积分微分）调节，从而保证系统的安全与稳定。

4）故障判断：为保证系统高效和安全运行，当系统检测到任何正在运行的设备发生故障时，系统会自动将与其串联的其他设备停止，并按运行次序起动后备设备。

5）意外掉电：当控制系统发生意外掉电时，系统将还原，并按次序自动重新启动。

（2）控制方法。冷水机组、冷却水循环泵、冷冻水循环泵、冷却塔、自动补水泵、电动蝶阀等设备的控制方法如下：

1）根据事先排定的工作及节假日时间表，定时起停冷水机组及相关设备。完成冷却水循环泵、冷却水塔风机、冷冻水循环泵、电动蝶阀、冷水机组的联锁起动顺序及冷水机组、电动蝶阀、冷水循环泵、冷却水循环泵、冷却塔风机的联锁停机顺序。

起动顺序为：开启对应冷却水、冷冻水管路阀门；延迟2~3min起动冷却塔风机、冷却水泵、冷冻水泵；延迟3~4min起动制冷主机。

停止顺序为：切断主机电源；延迟2~3min关闭冷却塔风机、冷却水泵、冷冻水泵；关闭对应的冷却水、冷冻水管路阀门。

2）测量冷却水的供回水温度，以冷却水供水温度及冷水机的开启台数来控制冷却塔风机起停的数量。维持冷却水供水温度，使冷冻机能在高效率下运行。

3）监测冷水总供回水温度及回水流量，由冷水总供水流量和供回水温差，计算实际负荷，自动起停冷水机、冷冻水循环泵、冷却水循环泵及相对应的电动蝶阀。

4）根据膨胀水箱的液位，自动起停自动补水泵。

5）监测冷水总供、回水压力差，调节旁通阀门开度，保证末端水流控制能在压差稳定情况下正常运行。在冷水机系统停止时，旁通阀自动全关。

6）监测各水泵、冷水机、冷却塔风机的运行状态、手动/自动状态、故障报警，并记录运行时间。

7）水泵保护控制：在每台水泵的出水端管道上安装水流开关，水泵起动后，检测水流状态，如故障则自动停机；水泵运行时如发生故障，则备用泵自动投入运行。

8）中央站彩色动态图形显示、记录各种参数、状态、报警，记录累计运行时间及其他的历史数据等。图10-8是空调机组DDC控制的动态图形显示。

9）冷水机组联锁控制：

① 起动顺序：开冷却塔蝶阀、风机，开冷冻水泵，开冷水机组。

② 停止顺序：停冷水机组，关冷冻水泵，关冷冻水蝶阀，关冷却水泵。

③ 冬季时根据供水管的流量及集水器、分水器的温差，计算热负荷，对热水组进行群控。

④ 冷冻水差压控制：根据冷冻水供、回水压差，自动调节旁通阀，维持供、回水压差恒定。

⑤ 冷却水温控制：根据冷却水温度，自动控制冷却塔风机的起动台数。

⑥ 水泵保护控制：水泵起动后，压差感应开关检测水压状态，如故障则自动停机。冷冻泵起动后，水流开关监测水流状态，若无水流则不能起动冷机。

（3）冷冻站的管理功能。

1）图形显示：监视内容采用动态彩色图形显示和易于管理的数据显示，用户能通过高分辨

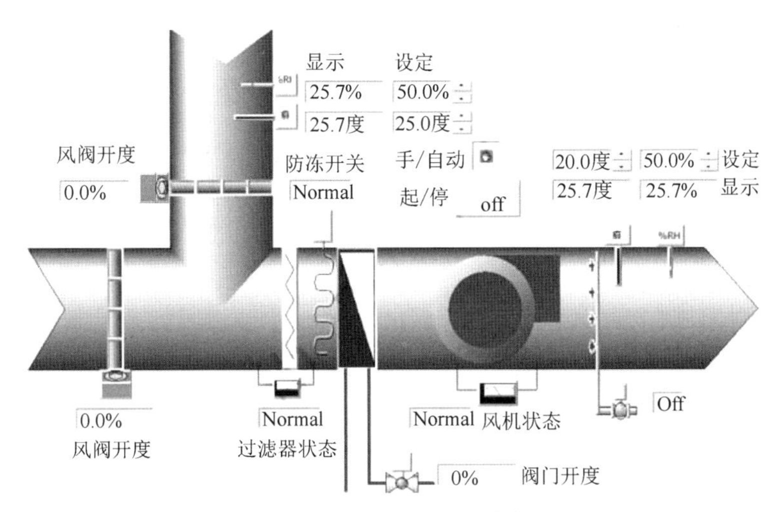

图 10-8 空调机组 DDC 控制的动态图形显示

率的彩色图像界面，观看系统状态和设备信息。

2）事件管理：系统为用户提供许多系统报警信息，包括温度高低限报警、水压差低限报警、机组状态监控报警等，并根据报警的级别和类别设置将这些事件和消息发送到打印机或其他应用管理服务器中。

3）趋势分析。

① 用户可以利用趋势分析工具，进行系统运行性能的详细分析。

② 冷冻水和冷却水总管的供回水温度。

③ 冷冻水流量。

④ 建筑物负荷及供回水压差。

⑤ 供回水压差设定值。

⑥ 旁通阀开度。

⑦ 每台冷冻机的电流百分比。

⑧ 每台冷冻机的冷冻水出水/回水温度。

⑨ 冷冻水的出水温度设定。

4）汇总报告。任何模拟量或者脉冲信号，都可以被中央控制盘进行累计，作为能源消耗的汇总报告。包括特殊事件的发生次数和设备累计运行时间，并将这些数据提供给维护及服务程序，使用户更容易预测系统可能存在的问题。

5）时间计划。允许用户定义设备的运行日期和时间（除节假日等特定日期外），可以按照星期进行周期性设置。

6）安全设置。通过要求输入用户名和密码来鉴别有效的授权用户。可以按分类级别来制定用户授权的监控的范围。用户操作设定可分为仅浏览、可操作、可修改等超过 10 种级别；时间表则划定了该用户的有效访问时段。

10.2.2 换热站系统的监控

1）监测各热交换器二次水的出水温度，依据出水温度自动调整 PID 调节阀，保证出水温度稳定在设定值范围内，温度超限时报警。

2）监测热水循环泵的运行状态和故障信号，故障时报警，并累计运行时间。

3）中央站彩色动态图形显示，打印、记录各种参数、状态、报警，记录累计运行时间及其他历史数据等，如图10-9所示。

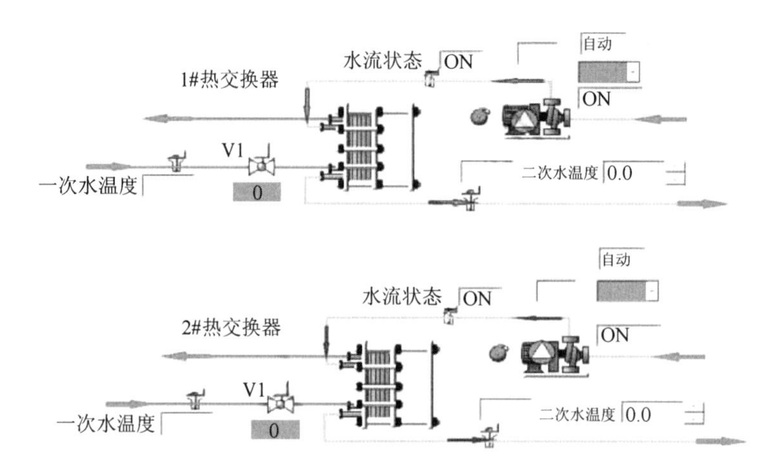

图10-9　换热站控制彩色动态图形显示

10.2.3　新风机组的监控

新风机组的监控设备包括：热交换器、冷凝泵等。

1）按时间程序自动起/停送风机，具有任意周期的实时时间控制功能。

2）监测送风机的运行状态、手动/自动状态、故障报警、累计运行时间。

3）防冻保护：在冬季，当温度过低时，开启热水阀，关新风门、停风机、报警提示。

4）由风压差开关测量空气过滤器两侧压差，超过设定值时报警。

5）风机、风门、冷水阀状态联锁程序。

① 起动顺序：开冷水阀、开风阀、起动风机、调冷水阀。

② 停机顺序：停风机、关风阀、关水阀。

6）测量新风温度和送风温度，并根据送风温度用PID调节二通水阀的开度，维持送风温度为设定值；测量新风温度和回风温度，并根据回风温度用PID调节二通水阀的开度，维持回风温度为设定值。

7）中央站彩色图形显示，记录各种参数、状态、报警，记录累计运行时间及其历史数据等；图10-10为新风机组彩色动态监控图形。

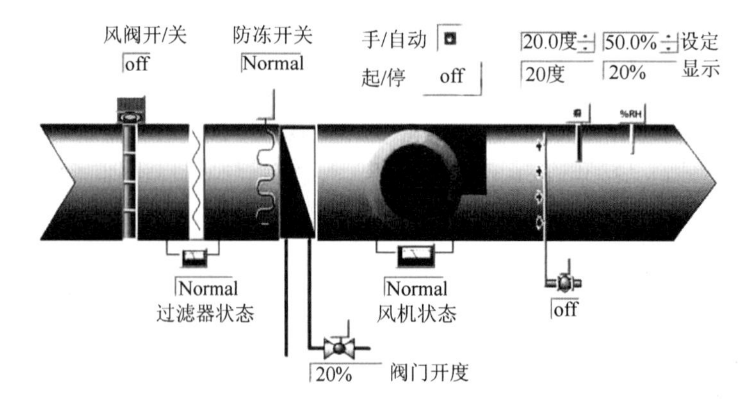

图10-10　新风机组彩色动态监控图形

10.2.4　通风系统的监控

通风系统主要用于排除室内影响身体健康的有害气体。有些区域的排风系统与排烟系统合用风管，平时排风口打开，火灾发生时排风口关闭，排烟口打开。送风机平时低速运转，火灾发生时由低速转高速。监控设备为送/排风机。监控功能如下：

1）监测各风机的运行状态、手/自动状态。

2）在自动状态下按时间程序自动起/停送/排风机。

3）监测送/排风机的故障信号，故障时报警，并累计运行时间。

4）中央站彩色图形显示，记录各种参数、状态、报警，记录累计运行时间及其历史数据等。

10.2.5　变风量空调系统

1. 变风量空调系统的特点

（1）变风量空调系统的定义。

变风量（Variable Air Volume，VAV）空调系统（是通过调节送风量和送风温度来控制某一空调区域温度的一种空调系统。该系统通过变风量末端装置调节送入房间的风量，并相应调节空调机（AHU）的风量来适应空调区域的风量需求。

变风量空调系统可根据空调负荷的变化及室内要求的参数，自动调节送风机的转速和空调送风量，以满足室内人员的舒适要求，最大限度地节省能源。

变风量空调系统与定风量空调系统和风机盘管系统相比，具有节能、舒适、安全和方便的优点，已得到越来越多的采用。

（2）变风量空调系统的特点：

1）可根据负荷的变化或个人的舒适要求自动调节工作环境的温湿度，实现局部区域（房间）的独立控制，完全消除再加热方式或双风道方式的冷热混合损失。

2）自动调节各个空调区域的送入能量，空调器的总装机容量可减少 10%～30%。

3）室内无过热过冷现象，由此可减少 15%～30%的空调负荷。

4）部分负荷运转时可大量减少送风动力，根据理论模拟计算，全年平均空调负荷率为 60%时，变风量空调系统（变静压法控制）可节约风机动力 78%。

5）可适应采用全热交换器的热回收空调系统及全新风空调系统。

6）可避免凝结水对吊顶等装饰的影响，并方便二次装饰分割。

2. 变风量系统的分类

根据 VAV 调节原理，变风量末端可以分为节流型、风机动力型（Fan Powered）、双风道型、旁通型和诱导型五种基本类型。

（1）节流型。最基本的变风量末端是节流型变风量末端，所有变风量末端的“心脏”就是一个节流阀，加上对该阀的控制和调节元件以及必要的面板框架就构成了一个节流型变风量末端。其他如风机动力型、双风道型、旁通型等都是在节流型的基础上变化发展起来的。

（2）风机动力型。风机动力型是在节流型变风量末端内置加压风机。根据加压风机与变风量阀的排列方式又分为串联风机型（Series Fan Terminals）和并联风机型（Parallel Fan Terminals）两种产品。所谓串联风机型是指风机和变风量阀串联，一次风既通过变风量阀，又通过风机加压。并联风机型是指风机和变风量阀并联，一次风只通过变风量阀，而不需通过风机加压。

表 10-5 是串联型和并联型风机特性比较。

表10-5　串联型和并联型风机特性比较

特征	并联风机型	串联风机型
风机运行	在低制冷负荷、加热负荷和夜间循环时，间歇运行	在所有时间内连续运行
送风风量调节	①在中到高制冷负荷时，变风量运行 ②在加热与低制冷负荷时，定风量运行	在供热与制冷负荷时，定风量运行
送风温度	①在中到高制冷负荷时，送风温度恒定 ②在低制冷负荷和加热负荷运行时，送风温度可变	在所有时间内，送风温度可变
风机大小	按供热负荷(通常60%制冷负荷)设计	按制冷负荷(通常100%制冷负荷)设计
一次风最小送风静压	较高，需克服节流阀、下游风管和散流器阻力损失	较低，只需克服节流阀阻力损失
风机控制	不需与AHU风机联锁	必须与AHU风机联锁以防增压
AHU风机	需较大功率克服节流阀、上下游风管和散流器阻力损失	只需克服上游风管和节流阀阻力损失
噪声	风机间歇运行，起动噪声大，平稳运行噪声低	风机连续运行，噪声平稳，但比并联风机型平稳运行噪声稍高
风机能耗	风机间歇运行，且设计风量小、能耗较低	风机连续运行，且设计风量大、能耗较高

(3) 双风道型。一般由冷热两个变风量末端组合而成，因初期投资昂贵和控制较复杂而较少使用。

(4) 旁通型。这是利用旁通风阀来改变房间送风量。因为有大量送风直接旁通返回空调设备，减小风机能耗不多，所以目前使用也不多。

(5) 诱导型。诱导型的原理是一次风（可以是低温送风）通过诱导室内回风后再送入房间，节约了末端风机的能耗，但空调和风机动力增加。这种方式在北欧广泛采用，特别是医院病房等要求较高的场合。

3. 变风量系统的构成

(1) VAV装置。AV空调系统的运行根据室内要求，依靠VAV装置控制送风量来提供空调能量。经DDC分析计算后发出变频风机控制信号，改变风机转速，节约送风动力。最常用的VAV装置原理如图10-11所示，主要由室内温度传感器、电动风阀、DDC控制板、风速传感器等部件构成。

风速传感器有多种型式，如采用超声波涡旋法、叶轮转子法、皮托管法、半导体法、磁体法、热线法等专利产品。

图10-12所示的VAV装置，常常被称为FPB（Fan Powered Box）风机动力型末端。其特点是根据室内负荷由VAV装置调节一次送风量，同时与室内空气混合后经风机加压送入室内，以保持室内换气次数不变。该方式加设了风机系统，成本提高，可靠性、噪声等性能指标有所下降。

(2) DDC控制器。DDC控制器的主要功能是根据系统中各VAV装置的动作状态或风管的静压值（设定点），分析计算系统的最佳控制量，指令变频器动作。各种VAV空调系统均设置独立式系统控制器。

(3) 变频风机（空调机）。VAV空调系统常采用在送风机的输入电源线路上加装变频器的方法，根据DDC控制器的指令改变送风机的转速，满足空调系统需求的风量。

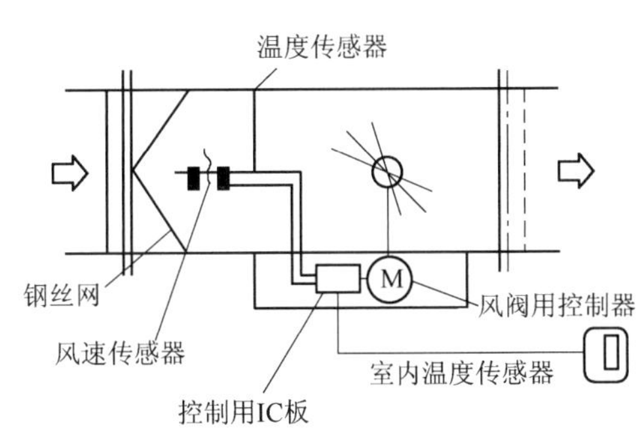

图 10-11　VAV 装置原理

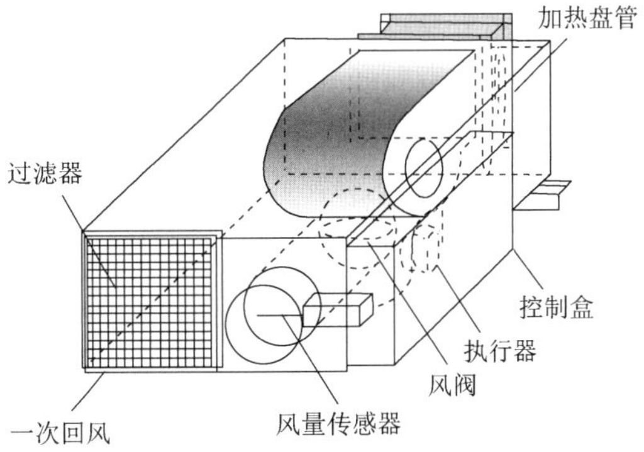

图 10-12　串联型风机动力式末端

10.2.6　给水排水系统的监控

监控设备包括：给水排水泵、生活水池、污水池、集水坑。可以实现以下控制：

1）监测生活水泵和污水泵的运行状态、手/自动状态、故障报警和累计运行时间。

2）实现就地控制和远程控制的转换。

3）监测生活水池液位：超限水位报警，防止溢流；超低液位报警。

4）根据生活水箱液位，起停生活水泵，并进行超限报警。

5）根据污水池、集水坑液位，起停污水泵，并对超高液位进行超限报警。

6）中央站彩色图形显示，记录各种参数、状态、报警，记录累计运行时间及历史数据等。

10.2.7　变配电系统的监控

楼宇控制系统对变配电系统只监视不控制，对变配电系统的高压、低压、变压器、发电机设备的相关运行参数进行监测。图 10-13 是变配电系统的动态监测图。由供配电设备厂商预留连接供配电系统的监测接口，通过高级接口采集下列信号：

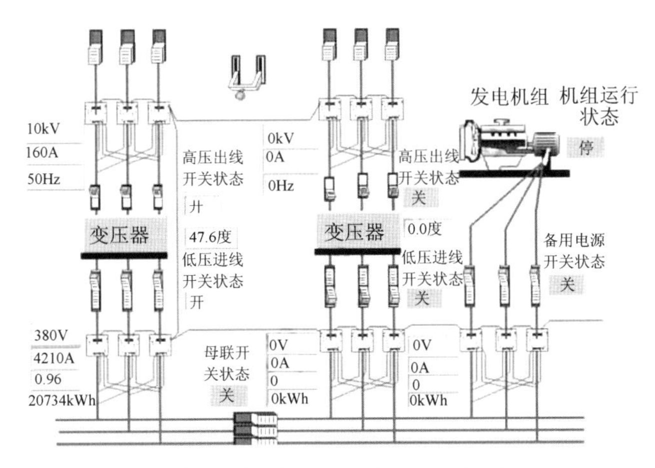

图 10-13　变配电系统动态监测图

1）高压进线柜：三相电流、有功功率、无功功率、功率因数、有功电度。

2）所有高压开关的开关状态、故障跳闸状态。

3）变压器温度。

4）低压进线柜：三相电压、三相电流。

5）所有低压进出线开关的开关状态及故障跳闸状态。

6）低压配电回路电能计量。

7）测量柴油发电机三相电压、三相电流、频率及运行或故障信号。

8）监测变压器室、高/低压配电室、发电机房内温度。

9）要求厂家提供国际标准通信协议：MODBUS、OPC。

10.2.8 电梯系统的监控

楼宇自控系统对电梯系统实行只监不控的方式，电梯系统提供高级接口给楼宇自控系统集成，楼宇自控系统对电梯的运行状态、故障报警、电梯的上升/下降进行监视；对自动扶梯的运行状态、故障报警进行监视，并对电梯系统的运行时间进行累积记录。

10.2.9 照明系统的监控

监控设备包括公共照明配电箱等。可以实现以下控制：

1）根据时间程序自动开/关各照明回路。

2）监控各回路的开关状态、故障报警、手动/自动状态。

3）可根据用户需要任意修改程序，自定义节假日工作模式，降低大厦运行中的电能消耗。

4）中央站彩色图形显示，记录各种参数、状态、报警，记录累计运行时间及历史数据等。

10.3 楼宇建筑节能控制设计

楼宇建筑的节能控制，除建筑结构需要采取节能设计外，BAS的机电设备和公共照明系统的节能措施也是节能降耗的关键。应从选用高效、节能的用电设备和节能设计方案着手，通过管理层面的智能自动控制系统，对楼宇机电设备的实际能源消耗进行有效检测和监控。按照实际需求实施最经济的运行方式。

10.3.1 空调、新风、冷热源系统的节能措施

1. 舒适性空调的效果指标

系统应满足GB 50019—2015《工业建筑供暖通风与空气调节设计规范》国家标准要求。表10-6是冬季和夏季室内舒适性空调的效果指标。

表10-6 GB 50019—2015冬季和夏季室内舒适性空调的效果指标

参数	冬季	夏季
温度/℃	18～24(21±3)	22～28(25±3)
风速/(m/s)	≤0.2	≤0.3
相对湿度(%)	30～60	40～65

2. 空调系统节能设计

空调系统是建筑中的能耗大户。在保证建筑物内舒适环境的前提下，空调系统节能设计是实现建筑物最大限度降低能耗的重要手段。

（1）空调系统实施最佳的启停控制。根据楼宇空间的使用时间、使用功能、气候变化等状况，空调系统实施最佳启停控制。利用建筑物的热惰性，维持空气参数缓慢变化，下班前提前关闭空调系统，从而节省能耗。

在启动暖通空调系统工作时，在最短的时间内达到所需要的舒适度。最佳停止控制是最佳启动的逆过程，在工作区域停止使用空调前的合适时刻停止空调设备运转，仍能达到最低的舒适度要求，其目标是使空调设备的运行时间达到最短、能耗最低。

（2）采用全新的新风运行模式。图 10-14 是采用全新的新风判定技术的室外新风控制计算图。

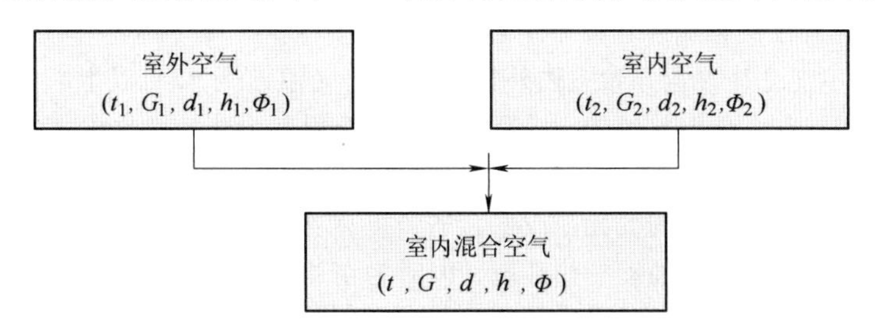

图 10-14　室外新风控制计算图

t—空气温度（℃）　h—空气比焓量（热容量）（kJ/kg）　G—空气流量（kg/s）

Φ——相对湿度（%）　d—含湿量（g/kg · da）

根据能量守恒和湿量守恒原理：

$$室内混合空气流量\ G=室外空气流量\ G_1+室内空气流量\ G_2 \qquad (10\text{-}1)$$

$$室内空气含湿量\ G_d=室外空气含湿量\ G_1d_1+室内空气含湿量\ G_2d_2 \qquad (10\text{-}2)$$

$$室内空气比焓量\ G_h=室外空气比焓量\ G_1h_1+室内空气比焓量\ G_2h_2 \qquad (10\text{-}3)$$

将式（10-1）代入式（10-2）和式（10-3），可得

$$G_2/G_1=(d_1-d)/(d-d_2) \qquad (10\text{-}4)$$

$$G_2/G_1=(h_1-h)/(h-h_2) \qquad (10\text{-}5)$$

式（10-4）和式（10-5）代表通风过程中混合状态变化的直线方程，如图 10-15 中 AC 段所示。设 A 点为室内状态点，C 点为室外状态点，B 点为混合后的室内状态点。显然，B 点会因通风量的大小在 AC 上移动，通风量增加则趋近于 C 点。

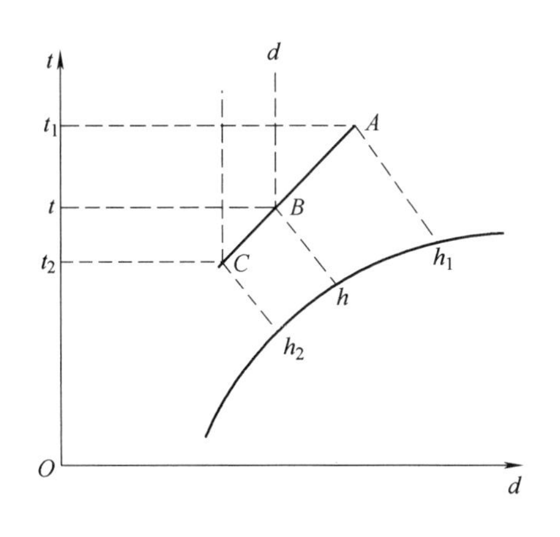

图 10-15　空气焓湿图

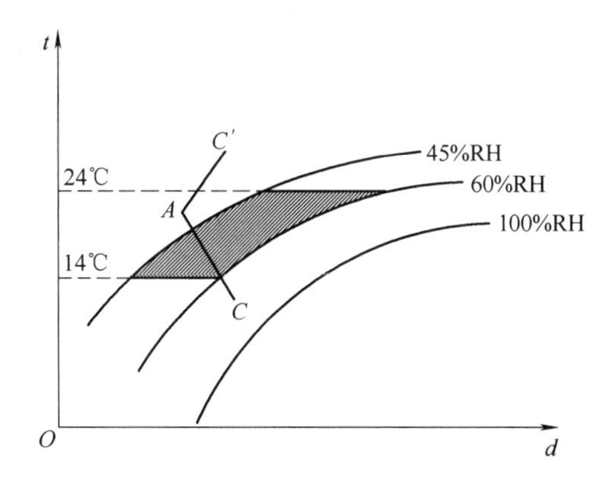

图 10-16　公共场所温湿度上、下限的焓湿图

按照大区间公共场所温湿度的上、下限（$t=20\sim24$℃；相对湿度 $\Phi=45\%\sim60\%$ RH），在图 10-16 所示的焓湿图上构成一个区域。将检测到的室内外温湿度参数，在焓湿图上找到相应两状态点，然后用一条直线把两状态点连接起来。当直线经过温湿度给定地区时，则可以通风。此时，室内空气状态将沿直线向室外状态点移动，移动距离则取决于通风量的大小。当直线不经过温湿度给定区域时，则不能通风。

图10-16中A点为室内状态点，C、C'点为两个室外状态点，AC是可以执行的通风过程，AC'为不能执行的通风过程。当室外新风满足通风条件时，采用全新风方式对室内进行通风。此时，空调系统不再消耗人工冷源，完全利用自然冷源即可完成空气处理过程，能耗点仅集中在风机运行功率上面。

（3）室内温度浮动控制策略。当夏季室外温度超过36℃时，维持室内恒定的温湿度（如夏季23℃、50%RH）不变，往往会导致室内外较大的温差（温差为13℃以上）。人长时间停留在不变的低温环境和遇到室内外温差的较大突变时，往往会引起皮肤汗腺收缩、血流不畅、神经功能紊乱等“空调病”，同时空调系统的运行能耗也会大大提高。采用室外新风温度补偿调节策略，室内温度随着室外空气温度的变化而改变，适当提高夏季室内空气温度和降低冬季的室内空气温度，为室内提供健康、舒适的动态热环境，同时为空调制冷系统带来显著的节能效果。采用室外新风温度补偿调节方案可获得较好的节能效果。

1）最小新风量控制。为符合国家健康卫生标准，减少空气中二氧化碳的浓度，空调系统需要引入室外新鲜空气（新风）。新风量一般定在送风量的20%~30%。通过检测室内二氧化碳的浓度并与健康卫生标准对比，动态确定新风量输入。

2）提前预冷和关闭新风。对于办公楼类建筑，为使工作人员到达室内时温度较为舒适，要提前开启空调阀，同时关闭所有新风阀，减少空调能量消耗。

3）用清凉空气吹洗整个建筑物。在夏季，可利用凌晨清新的凉空气，开大新风阀，关闭冷冻水阀门，用清凉空气吹洗整个建筑物，冷却建筑结构白天所吸收的热量，减少冷冻机的冷负荷量。

4）焓差控制。根据室内的空气质量与焓值来控制送风排风量。在夏季，由于在黎明前室外空气比室内空气温度低，空气品质也较好，系统自动引入较为凉爽的室外新风，最大限度地利用自然能量和清洁的大气来置换建筑物内污浊的空气。

注：焓H（Heat Capacity）表示物质的热容量，单位为千焦/千克（kJ/kg）。

（4）动态控制冷冻站设备台数。建筑物的机电设备中制冷、换热系统的耗能最大，对其运行的监控管理直接影响到每日消耗的电量。利用实测所需冷（热）负荷，控制冷机运行台数，动态决定投运的冷机台数，避免低负荷运行，根据开启的冷水机组台数，可合理控制外围设备开启的台数（冷冻泵、冷却泵、冷却塔等）。这样既起到节能的效果又可以对制冷机系统起到合理的保护作用，延长系统使用寿命。

在冷冻水供水管道上设置流量计，测量冷冻水供水的流量，并与测出的冷冻水供回水的温差值一起进行计算，以此获得末端的总负荷（Q值）。

$$Q=C\times M\times(T_1-T_2) \tag{10-6}$$

式中　T_1——回水总管温度；

T_2——供水总管温度；

M——水流量；

C——系数。

当负荷（Q值）大于第一台机组设计冷量的20%（可根据实际情况修改）时，启动第二台机组运行。

（5）冷热源设备分组控制。通常，冷水机组、水泵、冷却塔是并联方式运行的，每台冷水机组的冷却水进水支管加装电动蝶阀，用于冷水机组停止运行时切断冷却水水路；每台冷却塔的进水支管加装电动蝶阀，用于冷却塔停止运行时切断水路；此外，每台冷水机组的冷冻水回水支管加装电动蝶阀，用于冷水机组停止运行时切断冷冻水水路。因此，用阀门配合每台机组的起停，可节省能源消耗。

当冷却塔台数较多时，可采用分组控制。通过监控冷却水供回水温度、冷却塔开机台数，以及冷机能效比特性，制定最优冷却塔运行策略，在大幅降低冷却塔本身风机耗电的同时，减少冷却塔电机的起停磨损，降低维护成本。

（6）优化空调系统与冷冻站联机节能控制。空调制冷设备的容量配置一般均按最大负荷需求选择，然而全年处于最大负荷状态下的时间却很少。当空调负荷变小时，冷水机组应随之进行调节，才能避免产生“大马拉小车”的问题。为此将空调机组与冷冻站结合起来，采用联机运行节能方案，为冷冻站提供冷量调节和空调机组的舒适度调节开创了综合节能控制方案。

（7）软件策略与节能效果对比。根据空调末端设备的负荷需求情况改变冷冻水的供水温度，提供对所有空调末端表冷阀的开度情况进行综合分析的控制策略。比如所有空调末端表冷阀中最大开度才 70%，表明此时冷冻供水温度太低，应提高冷冻供水温度。具体软件流程图如图 10-17 所示。

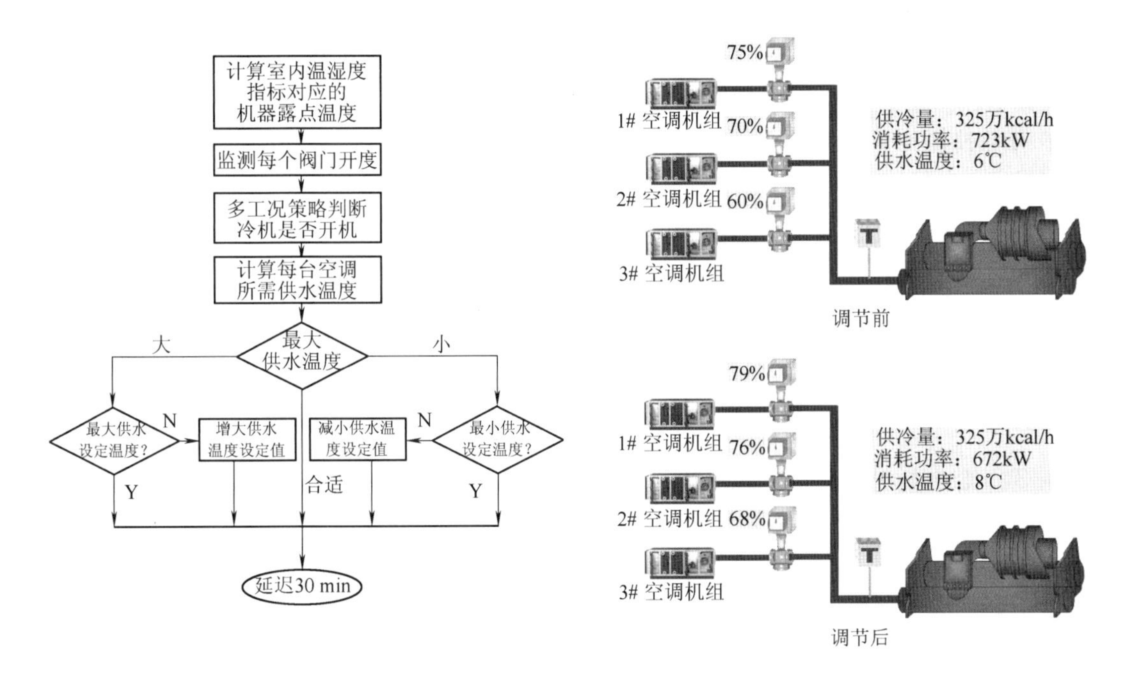

图 10-17　控制软件流程图和节能效果对比

从节能效果对比图中可看出，在同样制冷量的需求条件下，采用 8℃的冷冻供水温度比采用 7℃时可提高节能效果 8%左右，而且表冷阀开度均有所增大，空调换热盘管换热效率更高。

（8）空调系统全年多工况节能控制。全年多工况温湿节能控制策略是根据全年某一时刻室内的热湿负荷特性和当地室外气象条件，自动将全年分成若干个工况区域，每个工况区域内制订出一个最合理、最节能的温湿度控制模型；找准各区温湿度控制回路的执行机构，保证全年各时刻的温湿度环境都能满足要求，达到空调系统的最佳节能运行方案。

为满足室内全年的温湿度环境要求，空调系统配备了很多热湿处理手段，常见的有表冷阀（降温除湿）、加热阀（升温）、加湿阀、新风/排风阀、风机变频、喷淋室等，如图 10-18 所示。

这些热湿处理手段应根据全年室外空气负荷变化以及室内热负荷的波动合理配合使用，才能既满足室内热环境要求，又能达到空调节能效果。

10.3.2　通风系统节能设计

排风中所含的能量十分可观，合理回收利用空调排风能量可以取得良好的节能效益和环境效益。当房间内人员密度变化较大时，如果一直按照设计的较大人员密度供应新风，将浪费较多的冷、热能源。我国已有采用新风需求控制的建筑，如上海浦东国际机场候机大厅。

如果只变新风量、不变排风量，有可能造成室内部分时间负压，反而增加能耗，因此排风量也应适应新风量的变化以保持房间的正压。

新风量大于或等于 4000m^3/h 的空气调节系统，且新风与排风的温度差大于或等于 8℃时，应设有独立新风和排风的系统。

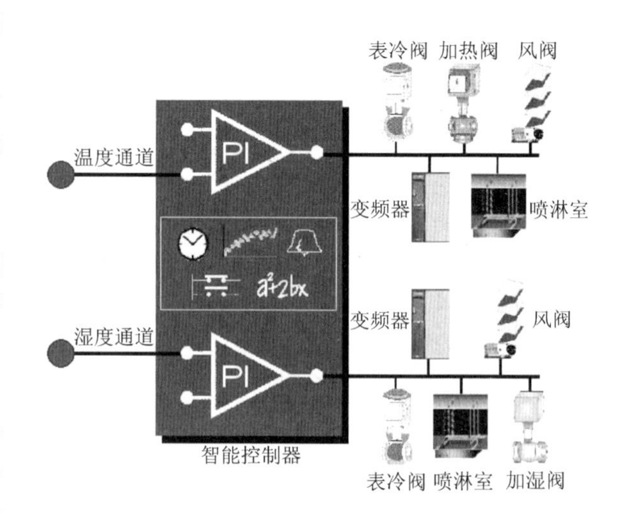

图 10-18　空调系统配备的热湿处理手段

根据不同区域的通风要求，按照时间程序自动控制送/排风机，或者根据 CO_2 的浓度高低控制地下车库的通风；根据温湿度的高低控制地下车库和变电站的通风；根据室内空气质量的好坏控制公共场所及会议室的通风；根据室内外的温度比较确定是否通风。这些措施通过现场 DDC 控制器分析判定后，实现最佳启停和最佳节能控制。

设计时除考虑新风与排风的温度差外，过渡季使用空调的时间占全年空调总时间的比例也是影响排风热回收装置的重要因素。过渡季时间越长，相对来说全年回收的冷、热量越小。

在人员密度相对较大且变化较大的房间，宜采用新风需求控制。即根据室内 CO_2 浓度的检测值来决定增加或减少新风量，使 CO_2 浓度始终维持在卫生标准规定的限值内。

10.3.3　给水排水系统节能设计

对建筑物内的给水排水设备，包括水泵、水阀、水池、水箱等进行联网集中监控，实现最佳启停和变频节能控制，同时可以按照峰谷电价时间段，进行水泵时间程序启停。最大限度地节约电力消耗。

10.3.4　照明用电节能设计

公共照明系统有室外景观照明、建筑泛光照明和室内照明等。照明系统采用专门的照明配电回路进行供电。室内公共照明和室内照明主要是以荧光灯、节能灯为主的照明负载，而泛光照明和景观照明则是以金卤灯和高压钠灯为主的照明负载，均采用绿色高效率的光源。可通过楼宇自控系统对其进行管理，将节能运行策略贯彻到照明控制系统中。

从表 10-1 给出的用电消耗构成表中可以看出，照明节能是节能措施中的重要内容之一。采用楼宇自控系统对照明控制系统进行控制和节能管理，可以根据各照明区域的特点来编写照明管理程序，通过时间、日光照度、人体感应控制等手段，根据实际应用要求，灵活设定各种应用模式和程序。对于一些特殊区域，如地下停车场，可以根据车辆进出的流量模式自动调节照明区域的照度，实现能耗的降低。

为节约电能源，根据气候和日照情况，编制照明日程时间表，采用不同的照明控制模式，将灯光照明亮度分为两个不同的等级，可组成三个不同的照度供不同时间段使用，最大限度地节约电力。

10.3.5　供配电系统节能设计

采用专门的变配电监管系统对变电设备、供电设备、配电设备、电力负荷等实现远距离测量、集中监视与用电负荷的优化控制操作。在 PMCS 系统和楼宇自控系统的中央管理站可以随时发现与处理事故，减少停电时间；各种遥测数据、分合闸操作、开关检修及系统事故均可存盘保存，并可以打印记录，从而减轻值班人员的劳动强度。通过遥测和遥控可以通过节能管理软件合理调配负荷，实现优化运行，有效节约电能，并有高峰与低谷用电记录，从而为能源管理提供了必要条件。

在建筑物进入夜间运转时，为了保证维持最基本的要求而对各个能源单元进行管理。能源管理在保证建筑物最低照度和通风率的同时，仍要确保安防、消防等系统正常运行。例如，为降低变压器组夜间无谓的空载损耗，将负荷集中切换到一台变压器上。

10.4　BAS 工程案例

工程案例：某国际文化论坛会议中心由六层主楼（地上四层、顶层和地下两层）、主要用于餐饮的三层附楼（地上两层、地下一层）和面积很大的花园环境三部分构成。

BAS 系统工程范围：包含空调、新风、冷热源、送风排风、给水排水、公共照明、室外泛光照明、安保、电梯及变配电等监控系统。

10.4.1　需求分析

本案例的需求分析如下：

1）为大楼提供舒适、洁净的空气环境，提高人员的舒适感，展示各种照明的效果氛围。

2）大量机电设备分散在大楼的各个楼层和角落，若采用分散管理，就地监测和操作将占用大量人力资源，有时几乎难以实现；需要对所有机电设备实行集中监控和管理。

3）从统计数据来看，机电系统占整个大楼耗能的 50%以上，大量机电设备的能源消耗必须采取有效的节能降耗措施。

4）确保楼内所有机电设备安全运行，提高机电维护人员的工作效率，节省人力约 50%。

1. BAS 系统设计原则

严格按照国家相关设计规范和节能标准进行设计。

《智能建筑设计标准》（GB 50314—2015）；

《民用建筑电气设计标准》GB 51348—2019；

《智能建筑工程施工质量标准》ZJQ00-SG-026—2006；

《信息技术互连国际标准》（ISO/IEC 11801—1995）；

《工业建筑供暖通风与空气调节设计规范》（GB 50019—2015）；

《分散型控制系统工程设计规范》（HG/T 20573—2012）；

《公共建筑节能设计标准》（GB 50189—2015）。

2. BAS 系统设计依据

大楼建筑面积、平面布置图和监控点位表。

10.4.2　工程范围及系统构架

1. 工程范围及产品选型

（1）工程范围：根据需求，本 BAS 工程包含以下 10 个子系统：①冷热源监控系统；②给水排水监控系统；③新风监控系统；④风机盘管监控系统；⑤空调监控系统；⑥送风排风监控系统；⑦照明监控系统；⑧安保监控系统；⑨变配电监测系统；⑩电梯监测系统。表 10-7 是建筑物监控点位表。

表10-7　建筑物监控点位表（监控总点数：1500）

序号	设备名称与监控内容	设备位置	数量	输入		输出		传感器或执行机构	安装位置
				DI	AI	DO	AO		
主楼　地下室B1、B2设备									
	变配电系统监测	B1/B2	1					电力网关接口	变电站
	冷热源设备监控	B1/B2	1					冷水机系统网关接口	冷水机组
	智能灯光系统监控	B1/B2	1					EIB系统网关接口	智能灯光系统
	生活供水机组	B1/B2	1						
	供水机组运行状态			1				辅助触点	电控柜
	供水机组故障报警			1				辅助触点	电控柜
	手/自动状态			1				辅助触点	电控柜
	供水机起停					1		辅助触点	电控柜
	照明监控	B1/B2	1						
	公共照明状态			1				辅助触点	照明配电箱
	公共照明故障报警			1				辅助触点	电控柜
	手/自动状态			1				辅助触点	电控柜
	公共照明开关					1		辅助触点	照明配电箱
1	泛光照明监控	B1/B2	1						
	公共照明状态			1				辅助触点	照明配电箱
	公共照明故障报警			1				辅助触点	电控柜
	手/自动状态			1				辅助触点	电控柜
	公共照明开关					1		辅助触点	照明配电箱
2	送风排风机	B1/B2	1						
	风机运行状态			1				辅助触点	电控柜
	风机故障报警			1				辅助触点	电控柜
	手/自动状态			1				辅助触点	电控柜
	风机起停					1		辅助触点	电控柜
3	换热器	B1/B2	1						
	蒸汽量调节						1	电动调节阀	换热器
	供回水温度检测				1			水温传感器	换热器
4	集水坑(双泵)	B1/B2	1						
	液位报警			1				液位传感器	集水井
	潜水泵运行状态			1				辅助触点	电控柜
	潜水泵故障报警			1				辅助触点	电控柜
	手/自动运行状态			1				辅助触点	电控柜
	潜水泵水泵起停					2		辅助触点	电控柜
	小计			16	1	6	1		
	合计			24					

（续）

序号	设备名称与监控内容	设备位置	数量	输入		输出		传感器或执行机构	安装位置
				DI	AI	DO	AO		
主楼 F1-F4 设备									
1	新风机	F1/F4	1						
	过滤器淤塞报警			1				气流压差开关	新风机
	送风温度检测				1			风道温度传感器	送风管道
	新风风门控制					1		风阀驱动器	新风管道
	风机运行状态			1				气流压差开关	新风机
	风机故障报警			1				辅助触点	电控柜
	手/自动状态			1				辅助触点	电控柜
	风机起停					1		辅助触点	电控柜
	新风机回水流量调节						1	DN32 电动调节阀	回水管
2	空调机	F1/F4	1						
	室内温湿度检测				2			室内温湿度传感器	室内
	空气质量				1			空气质量传感器	室内
	初效过滤器淤塞报警			1				气流压差开关	空调机
	新风回风门控制						2	风阀驱动器	新风回风管道
	风机运行状态			1				气流压差开关	空调机
	风机故障报警			1				辅助触点	电控柜
	手/自动状态			1				辅助触点	电控柜
	风机起停					1		辅助触点	电控柜
	空调机回水流量调节						1	DN32 电动调节阀	回水管
	加湿水流量调节						1	DN20 电动调节阀	回水管
3	变风量空调机	F1/F4	1						
	室内温湿度检测				2			室内温湿度传感器	室内
	风压检测				1			风压传感器	风管道
	空气质量				1			空气质量传感器	室内
	初效过滤器淤塞报警			1				气流压差开关	空调机
	回风温湿度检测				2			风道温湿度传感器	回风管道
	风机运行状态			1				气流压差开关	空调机
	风机故障报警			1				辅助触点	电控柜
	手/自动状态			1				辅助触点	电控柜
	风机起停							辅助触点	电控柜
	变频控制						1	变频器	电控柜
	变频控制反馈				1			变频器	电控柜
	空调机回水流量调节						1	DN32 电动调节阀	回水管
	加湿水流量调节						1	DN20 电动调节阀	回水管

（续）

序号	设备名称与监控内容	设备位置	数量	输入		输出		传感器或执行机构	安装位置
				DI	AI	DO	AO		
主楼　F1-F4 设备									
	变风量末端	F1/F4	1						
	室内温度				1			温度传感器	VAV BOX
	设定温度				1				VAV BOX
	风速				1				VAV BOX
	风门控制					1			VAV BOX
4	室外温湿度检测				2			室外温湿度传感器	室外
5	室外光照度检测				1			太阳照度传感器	室外
6	排风机	F1/F4	1						
	风机运行状态			1				辅助触点	电控柜
	风机故障报警			1				辅助触点	电控柜
	手/自动状态			1				辅助触点	电控柜
	风机起停					1		辅助触点	电控柜
7	照明监控	F1/F4	1						
	公共照明状态			1				辅助触点	照明配电箱
	公共照明故障报警			1				辅助触点	电控柜
	手/自动状态			1				辅助触点	电控柜
	公共照明开关					1		辅助触点	照明配电箱
	小计			18	17	6	8		
	合计			49					
主楼　顶层设备									
1	排风机	顶层	1						
	风机运行状态			1				辅助触点	电控柜
	风机故障报警			1				辅助触点	电控柜
	手/自动状态			1				辅助触点	电控柜
	风机起停					1		辅助触点	电控柜
2	水箱液位检测	顶层	1	2				液位传感器	水箱
3	电梯系统监测	顶层	1					电梯系统网关接口	电梯

（2）产品选型：国际文化论坛会议中心建筑机电设备采用集中管理和分散控制，BAS 监控和管理系统采用世界著名品牌 SIEMENS 公司的 APOGEE 楼宇自控系统。

SIEMENS 公司 APOGEE 楼宇自控系统的特点：

① 所有 DDC 控制器均与中央站位于同一层总线上（Peer to Peer），实现点对点通信。不但保证了较高的通信速率，而且可避免两级总线因为子站连接器或网络通信管理器故障而中断 DDC 与中央工作站的通信，导致丧失有关控制功能和因网络控制器故障引起的系统瘫痪。

本系统的每一个 DDC 控制器在整个网络中都是同等的关系，与中央工作站都可以直接通信，任何一个控制器故障都不会影响系统其他任何部分。

② 系统采用全开放网络结构，将冷热源设备监控、VAV 空调系统监控、变配电设备监控、第三方设备控制系统集成在一个统一的操作平台。

③ 系统总线的通信速率为 115.2kbit/s，节点容量为 100 个 DDC。

DDC 硬件配置：DDC 的 CPU 位数均为 32 位，存储器容量最大 40MB。控制器掉电后，RAM 数据保存不少于 60 天。

④ 用户无须分别采购系统编程软件和用户应用软件。因此，用户在使用过程中可以根据实际需要随时更改监控程序和添加监控功能。系统还可以提供 Web 远程访问及管理功能。提供动态的图形化显示及操作界面。

⑤ 所有 DDC 控制器均有内置节能程序，系统具有有效成本管理功能，实时分析、整理被控设备的能耗数据，提供节能方案。

⑥ DDC 控制器全部采用模块化设计，可根据实际需要配置监控点数，既减少投资又方便扩展。

⑦ 电动液压阀门驱动器采用大口径（65mm 以上）的水阀驱动器。该驱动器采用液压驱动方式，无噪声、无磨损、免维护，使用寿命可达数十年。

⑧ 提供带弹簧复位功能的新风风阀驱动器，掉电及故障时可自动关闭风门，保护机组。

2. APOGEE 系统组成

APOGEE 楼宇自控系统无论在可靠性还是技术上都处于领先水平。图 10-19 是 APOGEE 楼宇自控系统原理图。

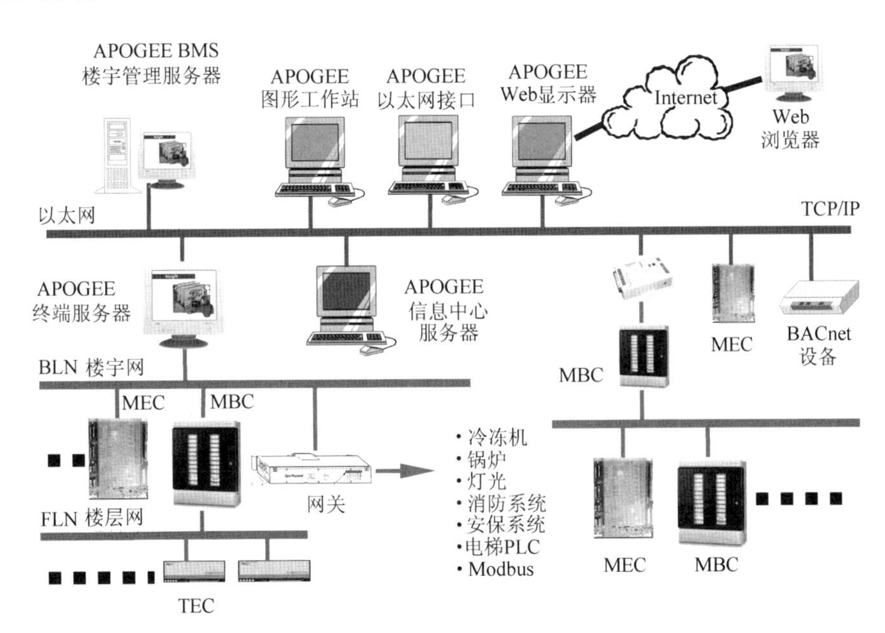

图 10-19　APOGEE 楼宇自控系统原理图

DDC（直接数字控制器）包括：MBC 模块化楼宇控制器、MEC 模块化设备控制器、RBC 远程楼宇控制器、PXC 模块化可编程控制器、FLN 楼层控制器、TEC 终端设备控制器等。PXM 点扩展模块可提供额外的数字监控点容量。APOGEE 数据传输采用三层总线网络架构：

（1）管理级网络（Management Level Network，MLN）：支持 C/S（Client/Server，即客户机/服务器）结构，采用高速以太网连接，运行 TCP/IP，可以利用大楼内的综合布线系统实现。操作员可以在任何拥有足够权限的工作站实施监测设备状态、控制设备起停、修正设定值、改变末端设备开度等得到充分授权的操作。目前，APOGEE 系统在得到授权的前提下，最多可以通过以太网连接 25 台工作站（服务器）。

（2）楼宇级网络（Building Level Network，BLN）：最多可以同时支持 4 条楼宇级网络，每条楼宇级网络最多可连接 99 个 DDC 控制器，例如最常用的模块式楼宇控制器（MBC）和模块式设备控制器（MEC）。楼宇级网络使用 24AWG 双绞屏蔽线，最快支持 115kbit/s 的通信速率。

（3）楼层级网络（Floor Level Network，FLN）：

重要的 DDC 控制器支持最多 3 条楼层级网络，每条楼层级网络最多可连接 32 个扩展点模块（PXB）或终端设备控制器（TEC）。楼层级网络支持 38.4kbit/s 的通信速率。图 10-20 是 BAS 系统被控设备分布图。

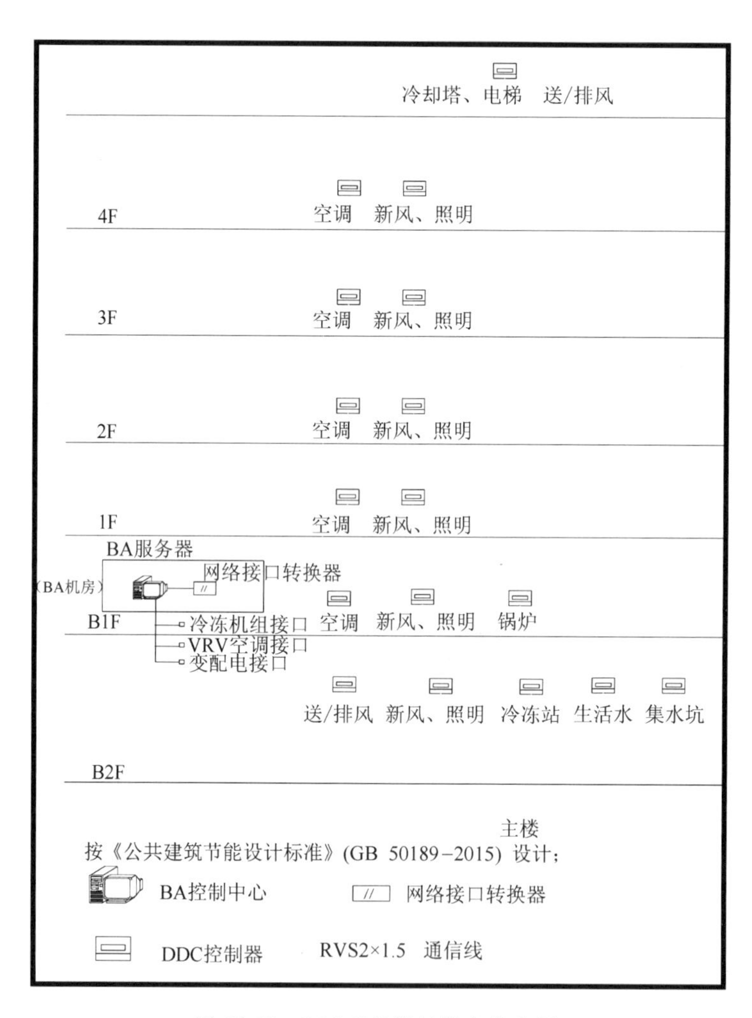

图 10-20　BAS 系统被控设备分布图

10.4.3　中央计算机监控管理系统

中央监控管理计算机系统是 BAS 的管理中心，由 BMS 楼宇管理服务器、图形工作站、以太网接口（冷冻机组控制接口、VRV 空调接口、变配电接口等）、屏幕显示器及打印机等设备组成。可以连接一台或多台工作站（服务器）作为副控器，用作辅助控制和工作备份。大楼受监控的机电设备都在这里进行集中管理和显示，内装中/英文 Insight 工作软件，向操作人员提供下拉式菜单、人机对话界面、动态显示图形，操作者可通过鼠标和键盘管理整个 BAS。主机房设在主楼地下一层，可以直接和以太网相连。

为保证系统安全，BAS 控制系统具有 Ghost 镜像备份，可在 5min 内快速恢复，防止主机崩溃或病毒侵入造成系统瘫痪。

1. 操作系统

APOGEE 操作系统为楼宇自控系统提供强大的工作平台，操作员通过操作系统程序，可以在楼宇自控系统内取存各项资料和监控。具体见本书 10. 1. 2 节的介绍。例如，为更快确定报警位置和更容易分析系统的表现，监控系统根据系统方案要求，提供彩色动态图形显示，包括楼层的平面图及机电装置的系统示意图，如图 10-21 所示。

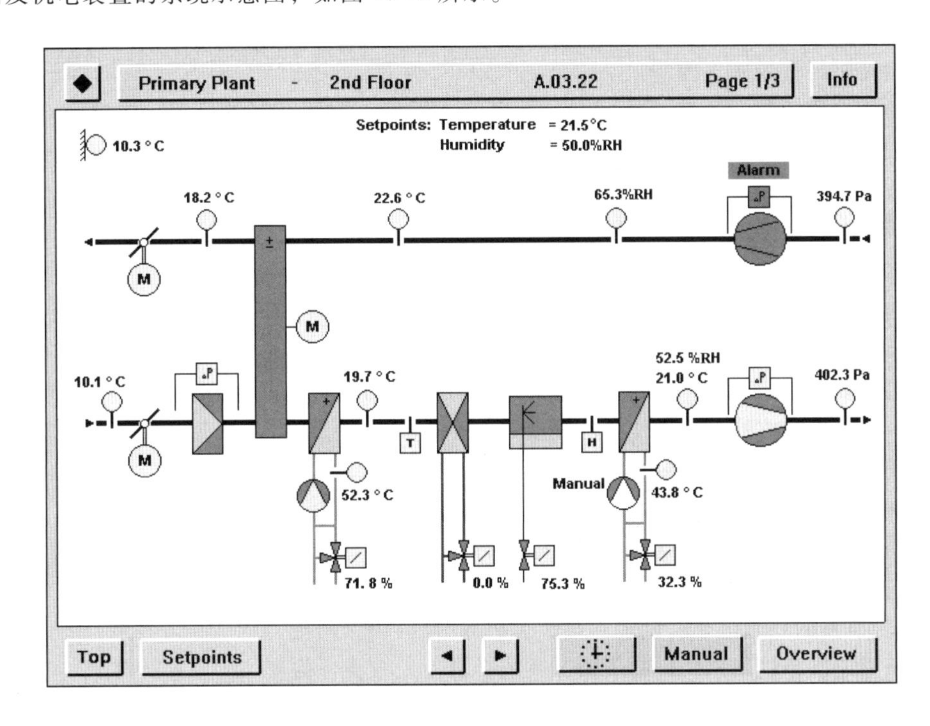

图 10-21　空调系统温度、湿度动态监控系统图

2. 软件功能

西门子 APOGEE 楼宇自控科技提供所有软件，支持本方案所阐明的操作及监控系统。这些软件可在每个现场控制器中运行。

(1) 控制软件对 DDC 控制器的控制模式。

1) 两态控制。

2) 比例控制。

3) 比例加积分控制。

4) 比例加微积分控制。

5) 控制回路自适应调节。

6) 逻辑顺序控制。

控制软件提供一个备用功能，用以限制装置每小时的控制周期次数。控制软件对重型装置提供延迟开启功能，用以保护重型装置在过度开启情况下可能造成的损坏。当停电恢复正常后，控制软件将会根据每一个装置的个别启/停时间表，对装置发出启/停的指令。

（2）节能软件。西门子楼宇科技公司提供以下的节能软件，这些软件程序在系统内自动运作而不需要操作人员的介入。软件有足够的灵活性，可以让用户根据现场情况而做出修订。

1）每日预定时间表。

2）每年预定日程表。

3）节假日安排表。

4）临时操控安排表。

5）最佳启/停功能。

6）夜间自动调节控制设定。

7）焓值切换功能。

8）限制高峰期的用电量。

9）重置温度设定点。

10）制冷机组合及次序控制。

（3）故障报警管理。故障报警管理包括监察、缓冲、存储及报警显示。应显示有关报警监控点的详细资料，包括发生的时间及日期。

根据故障的严重性，故障报警最少分为三级，以便更有效、快速地处理严重报警。用户可以为不同的报警自行决定严重性的级别。

（4）监控点历史及动向趋势记录。

1）监控点历史记录：楼宇自控系统内所有监控点的历史都自动存放在相关的网络控制器内。模拟量输入监控点每半小时取样本一次。用户随时可以提取过去24h内的记录进行分析研究。

2）动向趋势记录：用户可用动向趋势软件查看任何监控点的动向趋势样本资料。根据需要，用户可自行选择监控点抽取样本的频度（从1min 1次至2h 1次）。每个网络控制器最少可以存储五千个样本资料。

（5）累积记录。每个网络控制器拥有下列累积记录：

1）运行积累记录：例如水泵的运行积累时间记录。

2）模拟量及脉冲积累记录：例如用电量。

3）发生事项的积累记录：例如水泵、风机起/停的积累次数。

如果积累记录超过用户所定的限额，系统会自动发布警告信息。

10.4.4　DDC控制器

西门子新一代以太网楼宇自控系统可以采用MODULAR、PXC控制器，通过10/100 Base-T以太网线连接至标准以太网上。

楼宇级以太网网络是一个连接到以太网络的APOGEE自动系统控制器的集合。由连接到以太网的1~1000台MODULAR、PXC控制器构成。以太网MODULAR、PXC控制器通过交换控制协议/Internet协议（TCP/IP）相互通信，以及和Insight工作站进行通信。和其他的以太网设备相同，每个控制器在出厂时都已配置了一个唯一的硬件以太网MAC地址。

多个楼宇级以太网网络可以连接到同一个以太网络中，每个楼宇级以太网络通过APOGEE软件与一台工作站进行通信。每个APOGEE工作站可以管理多个楼宇级以太网网络。

以太网MODULAR、PXC控制器可进行下面各项工作：

1）与Insight（显示）工作站和其他控制器在以太网络上通信。

2）在10Mbit/s和100Mbit/s的网络中自动切换。

3）可以接受一个固定IP地址，也可以从动态主机配置协议服务器（DHCP）上获得IP地址。

4）通过域名解析服务器（DNS）解析在以太网中的其他控制器和APOGEE工作站的IP

地址。

5）通过以太网使用固件版本指令，使用Telnet远程登录。

6）允许更快地改变变量和更快捷的收集趋势数据。

7）直接与网络中其他的以太网控制器通信。

8）用APOGEE中的交叉主干线服务可以同其他专用或远程的楼宇级网络进行通信。

9）APOGEE快速下载和上传控制器中的信息。

如果用户把DDC控制器连接到以太网络，每个控制器被分配了一个网络IP地址和子网掩码。DDC控制器可以使用一个固定的IP地址，也可以使用DHCP服务器动态分配的IP地址。在楼宇级网络上的APOGEE楼宇控制器通过专用双绞线相互通信。

用户可以将超过1000台DDC控制器连接到同一个以太网络中。为了优化APOGEE自控系统，DDC控制器可以构成逻辑楼宇级网络和物理以太网点。

10.4.5 冷热源系统

1. 中央空调监控子系统

冷热源系统自己本身有一套单独的监控系统。建筑设备监控系统通过网关实现对冷热源系统运行数据采集和运行状态监视功能。

（1）数据采集：冷冻、冷却系统的运行数据，例如：采集进出口风道的温度、压力和流量数据；对冷冻系统的制冷量进行统计分析和整理；适时优化整个系统的运行方案，达到节能的效果。

换热器的出水温度设定为恒温系统，根据换热器出水温度调节一次热水量，保证二次供水温度恒定，并对热水循环泵实现运行状态检测和运行故障报警。

冷热源系统自成一体，建筑设备监控系统通过OPC CLIENT网关读取冷热源系统的数据，进行统一分析和管理。

（2）监视功能：

1）冷水机组运行状态、就地/远程控制状态、故障报警。

2）冷冻水泵手动/自动状态、运行状态、故障报警。

3）冷却水泵手动/自动状态、运行状态、故障报警。

4）冷却塔风机手动/自动状态、运行状态、故障报警。

5）冷冻水蝶阀开关状态。

6）冷却水蝶阀开关状态。

7）冷却塔供水蝶阀开关状态。

8）冷冻水供回水温度、流量。

9）冷却水供回水温度。

10）冷冻水供回水压差、旁通阀调节、旁通阀开度。

11）膨胀水箱液位。

12）冷冻水补水泵手动/自动状态、运行状态、故障报警、软化水箱液位、软化水装置状态、故障报警。

2. 给水排水系统的输入、输出量

给水排水监控的对象主要是水箱、集水坑、潜水泵设备。给水排水系统的输入、输出量包括：

1）检测水池的高、低液位数据输入（DI）。

2）控制给水泵起停的数据输出（DO）。

3）监测给水泵运行状态、手动/自动状态及故障报警（DI）。

4）监测集水坑超高、超低液位检测报警（DI）。

5）控制污水泵起停（DO）。

6）监测污水泵运行状态、手动/自动状态及故障报警（DI）。

10.4.6 新风机组的控制和监视

本工程大量采用新风机组加风机盘管系统。新风系统除分区自动控制外，还考虑每个用户对环境的不同要求，增加就地直接控制方式，即在每个房间内分别设置用于控制风机盘管的温控器。

楼宇自控系统对新风机组完成以下监控功能：送风机组运行状态和手动/自动状态的监视，故障报警的监视，可按时间、程序或人工进行（联锁）启、停的控制。图10-22是新风机组动态监控图。

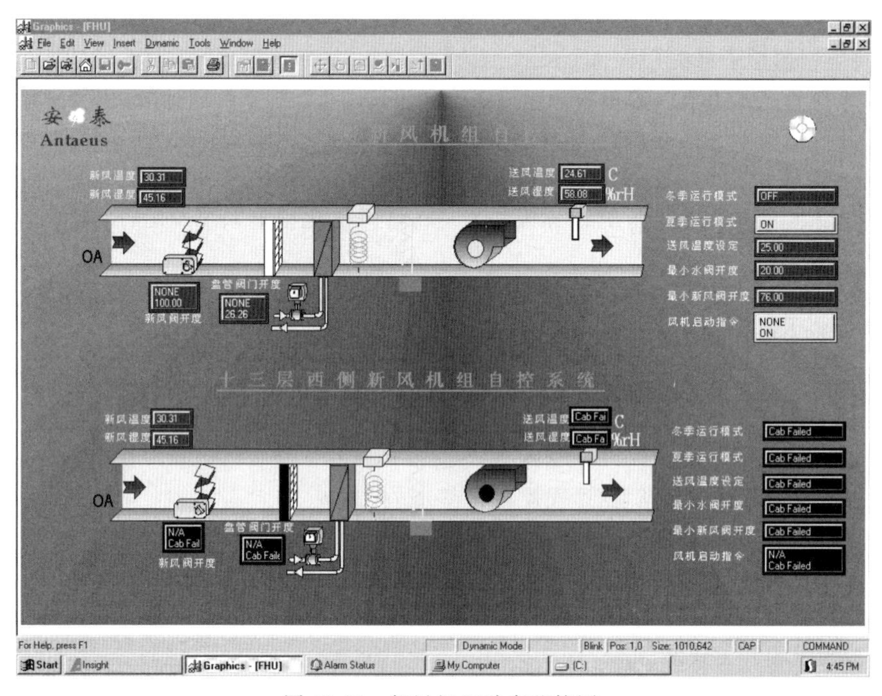

图10-22 新风机组动态监控图

根据送风温湿度数据，调节盘管水阀开度或控制加湿器，从而保持设定的送风温湿度。当现场控制器接收的被测温湿度与设定值有偏差时，现场控制器发出控制信号到调节阀或加湿器，这样构成闭环控制。通过现场控制器内置的控制算式，如PID（比例积分微分）和优化PID算式，保持被控温湿度在要求的控制范围内。因此可以实现不同时间段、不同季节以及不同人流情况下的温湿度自动调节。

为保证过滤网的通透性，提高维护人员的工作效率，在过滤器两侧配置压差开关，监视过滤器状态。当压差开关两侧的压差达到设定值时，即表示过滤网已经堵塞到一定的程度，压差开关在中央管理工作站上产生报警，表明此时该过滤器需要及时的清洗。

由于地区冬季室外温度较低，因此在表冷器的表面安装防冻开关。该装置具有充满惰性气体的3m或6m长的毛细管，安装时充分接触表冷器的表面，以准确反映出表冷器的表面温度，当达到设定温度（一般为5℃）时输出干接点信号到控制器，控制器联动关闭风机和新风阀，热水阀全开，以防止盘管冻裂而造成重大损失。

以上各种监控功能均在中央管理工作站上以图形和数字的形式进行显示，并可累计工作时间、打印记录、提供维修保养单。

10.4.7 风机盘管控制

风机盘管主要是配合新风系统独立工作，不纳入计算机监控网络系统。

1）在独立的房间内，根据每个人不同的需求，设定风机盘管的工作模式，自动控制三速风机和电动二通阀。

2）通过温控器上设定的温度值，当内置温度传感器检测到室内温度达到设定值时，温控器输出开关信号，自动控制电动二通阀和风机。通过控制冷热盘管水的流量和风速，从而达到控制房间温度的目的。

10.4.8 空调机组的控制和监视

本工程采用了大量空调机组，根据空调机组功能的不同，监控的功能也有不同，具体的点数配置详见表 10-7。监控内容如下：

1）送风机手/自动状态、运行状态、故障报警、起停控制。

2）回风温湿度。

3）室内温湿度。

4）低温报警。

5）过滤器堵塞报警。

6）新风/回风阀控制。

7）盘管电动水阀控制。

8）空气质量检测。

9）加湿阀控制。

监测风机手动/自动转换状态，确认空调机组风机现是否处于楼宇自控系统控制之下，同时可减少故障报警的误报率。

监测送风机压差状态，确认风机机械部分是否已正式投入运行，可区别机械部分与电气部分的故障报警。

过滤网淤塞报警，DDC 控制器会监察过滤网两端的压差，当过滤网淤塞时，两端的压差有变化，超过设定值就以声光报警形式在操作站上显示，以提醒操作人员安排有关人员做检修工作。

调节新风/回风阀门，冬夏季节在保证满足空调空间新风量需求的前提下，尽量减少室外新风的引入，以达到充分节能的目的；在过渡季节，通过调节新风/回风阀门，充分利用室外新风，一方面可推迟使用冷/热水的时间达到节能的目的，另一方面可增加空调区域内人员的舒适感。图 10-23 是空调机组自控系统监控图。

10）焓值控制。通过对安装于水盘管回水侧二通电动调节阀的自动调整，实现对回风温度的控制。DDC 控制器会监测回风温度并将它与预设的温度值作比较，进行 PID 运算，然后自动控制冷水或热水阀门，调节温度。此外，冷水或热水阀门会与风机状态联锁，夏天将热水阀门关死，冬季保留热水阀门 30% 的开度。这样，既满足了节能的需要，又能对水盘管起到保护作用。

冬季运行时，根据室温控制热水阀，采用最小新回风比，即新风电动阀为最小开度，回风电动阀全开。

当热水阀已全关时，如果室温仍超过设定值下限，则说明系统已不需要外界热源，室温由控

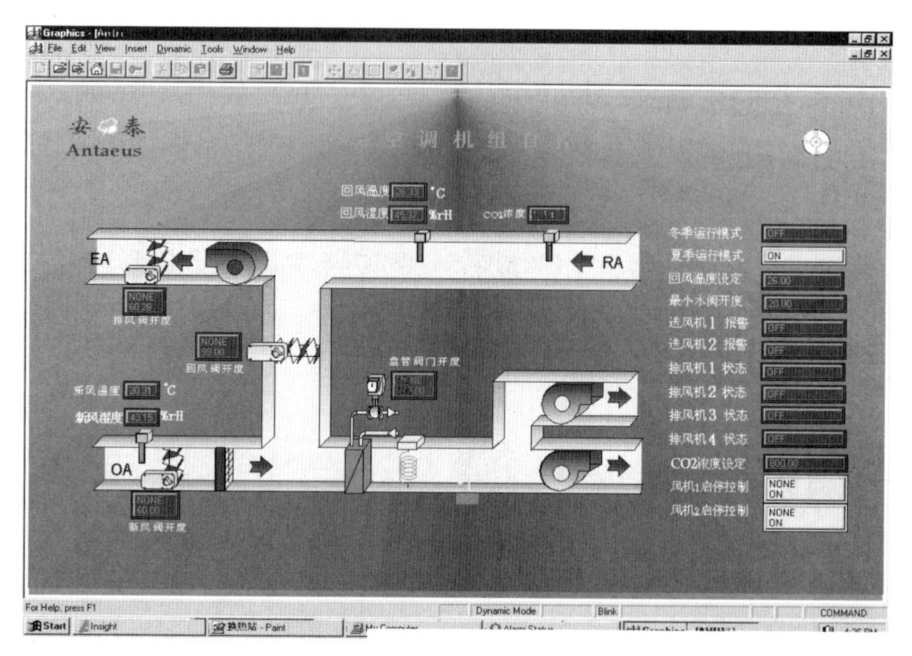

图 10-23　空调机组自控系统监控图

制热水阀改为控制新回风比，通过调节新风、回风电动阀的开度来实现，这一季节即是冬季过渡季的控制方式。

新风阀全开后，如果室温仍超过设定值上限，则说明只靠新风冷源已不能承担室内全部冷负荷，因此必须对空调机组供冷水。这时有两种情况将决定新回风比的控制。

① 通过测量室内外温湿度，计算出室内外空气焓值，当室内空气焓值大于室外空气焓值时，很显然机组处理全新风的耗冷量小于利用回风时的耗冷量，因此这时应采用全新风，新风及排风电动阀全开，回风电动阀全关，同时室温控制冷水阀。这种情况即是夏季过渡季的控制方式。

② 如果这时室内空气焓值小于室外空气焓值，则说明利用回风是更节能的方式。这时应采用最小新回风比，室温仍然控制冷水阀，自控系统由此进入夏季工况的控制。

夏季状态向冬季状态过渡时的转换过程与上述正好相反。为了防止系统振荡，在工作状况转换过程中，各转换边界条件留有适当的不灵敏区。

安装在机房内的DDC控制器将按内部预先编写的软件程序来满足空调机的自动控制和操作顺序。

以上工作状况通过网络通信可将现场情况用文字或图形显示于中央控制室内的中控机的彩色显示屏上，供操作人员随时使用，其中的重要数据可通过打印机打印出来作为记录。

10.4.9　变风量（VAV）空调系统

变风量（VAV）空调系统是根据室内负荷变化，采用改变送风量的方式来维持室内温度平衡的方法。其主要特点是节能，可根据建筑特点灵活分布，不会发生像风机盘管冷凝水和霉变等问题，设备维护工作量较小。

图10-24所示的变风量（VAV）空调系统由变风量空调机组（VAV AHU）和VAV末端装置（VAV Terminal）两部分组成。VAV末端根据控制区域的热负荷，通过开启PID比例控制器控制末端的送风量。

变风量空调机组根据各 VAV 末端的需求，通过变频风机控制总的送风量。本方案提供的 APOGEE 系统使用西门子 ATEC 专用控制器来实现对 VAV 末端装置的控制，而使用 MEC 或 MBC 控制器来控制变风量空调机组（VAV AHU）。

采用 VAV 空调系统可显著节约风机耗能。因为在全年空调的建筑物里，大部分时间，空调系统都不在满负荷状态下工作，而采用末端变风量系统，控制系统根据热负荷调节风机总的送风量，则风机耗能将大大减少。除此之外，VAV 末端都有隔离噪声的作用。

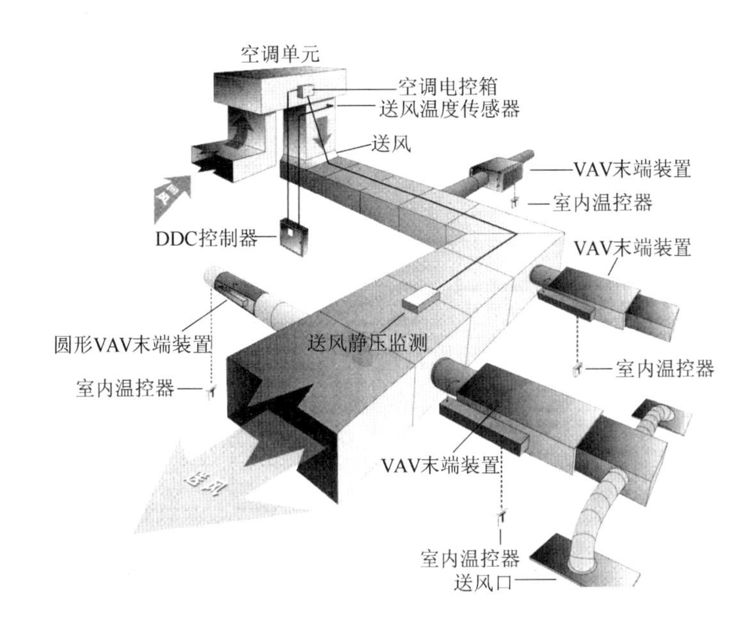

图 10-24　变风量（VAV）空调系统

图 10-25 是 VAV 末端装置的控制系统，由压差传感器 Δp、调节风阀、VAV 专用控制器、室内温度传感器等组成。

VAV 控制器根据压差监测值和风管面积计算实际送风量，与送风量设定值比较，通过风阀调节送风量。室内温度传感器及其控制回路的作用是修订送风量设定值。根据不同的室内温度设置，重新调节风量的设定点。如夏季室内较冷时，即室内的热负荷较低时，则减小送风量的设定值；室内热负荷较大时，则增加送风量的设定值。

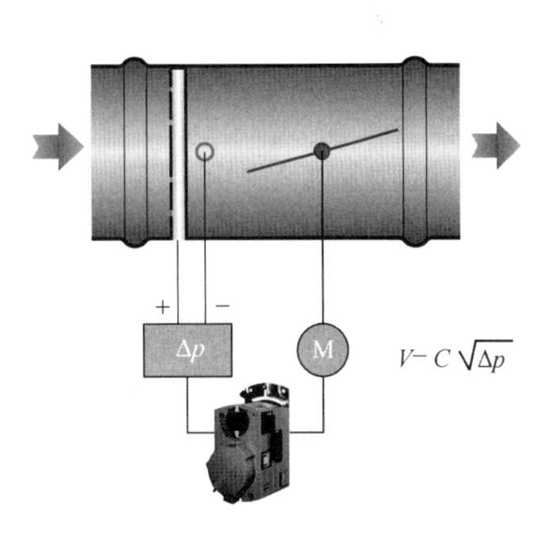

图 10-25　VAV 末端装置的控制方案

图 10-26 是典型的压力无关型变风量末端装置控制系统的控制原理图。

图 10-26 中温度传感器反映的是房间的实际温度，设定温度 T_{set} 是各房间设定的温度要求，也是控制系统最终要实现的目的，由用户给出或系统管理人员根据实际情况分别设定。流量传感器为 VAV 末端测量流量，由 VAV 控制器内置的对照表及修正系数转换而来。设定流量 G_{set} 是由温度 PID 控制回路根据房间温度偏差设定的一个合理的房间要求风量。由设计人员给出该房间最大、最小设计风量，并存入 VAV 控制器的数据库中。数据库中的 G_{max}、G_{min} 即分别对应于最大、最小风量。房间需要的风量 G_{set} 可用下式确定：

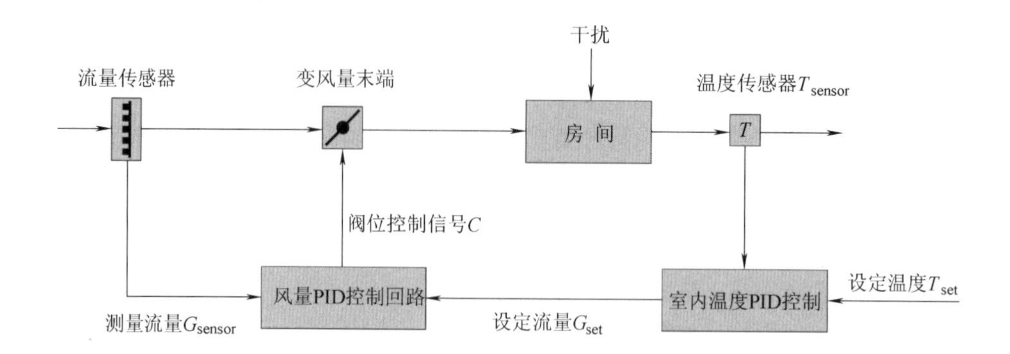

图 10-26　典型的压力无关型变风量末端装置控制系统的控制原理图

$$G_{set}=\frac{G_{max}-G_{min}}{100}\times K_{t}+G_{min} \tag{10-7}$$

式中　G_{max}——VAV 控制器数据库中的最大风量；

G_{min}——VAV 控制器数据库中的最小风量；

K_{t}——房间温度偏差，转换为 PID 比例积分控制器的输出信号，范围是 0~100。

从 VAV 末端装置的控制原理图可以看出，VAV 末端的控制实际上使用了一个串级控制。整个串级控制环路中共有两个实时测量值，即温度、流量测量值；一个直接设定参数，即房间设定温度 T_{set}；一个中间变量，即设定风量 G_{set}；以及输出给 VAV 末端的阀位控制信号。

10.4.10　送/排风机控制

楼宇内各类风机，分散在各个区域，根据不同需求，为楼内各区域送风和排风。有些区域排风系统与排烟系统合用风管，平时排风口打开，排烟口关闭；火灾发生时排风口关闭，排烟口打开。平时送风机低速运转，火灾发生时由低速转高速。

1. 送/排风机监控的输入和输出

1）风机开/关控制（DO/数字量输出）。

2）风机运行状态（DI/数字量输入）。

3）手/自动转换状态（DI）。

4）故障报警（DI）。

5）室内温度（AI/模拟量输入）。

6）室内湿度（AI）。

7）室内空气质量（AI）。

8）停车场一氧化碳（AI）。

2. 送/排风机控制功能

1）定时起/停送/排风机。

2）采用 CO 传感器检测地下车库的汽车尾气的浓度，根据 CO 浓度的高低控制送/排风机自动起停，并检测风机运行状态。

3）根据楼内温湿度传感器和室外温湿度比较、判定后，确定送/排风机自动起停方式，并检测风机运行状态。

4）根据楼内空气质量情况，自动起停排风机，并检测风机运行状态。

5）监测风机手动/自动状态和故障报警。

6）累计风机运行时间，记录及打印保养及维护报告。

10.4.11　照明系统

建筑照明是第二大耗能系统，系统实行统一管理、节能控制，进一步提高节能效果。

1）按照时间程序开启和关闭大楼立面的泛光照明控制。

2）安装光照度传感器，依据室外光亮度对室内公共照明灯具实行自动开启和关闭。

3）根据季节变化，对相应区域的公共照明进行控制。

4）大厅、餐厅、会场、多功能厅及室外景观等独立场所实行智能灯光控制。

10.4.12　变配电系统

变配电系统自成一体，建筑设备监控系统通过 OPC CLIENT 网关读取变配电系统的数据进行统一分析和管理。

本系统采用 OPC 通信接口网关，对变配电系统实施下列监视功能，各种监视功能均在工作站上以图形和数字的形式显示，并可打印记录。

1）监视高压进线的电压、电流、功率因数、进线和母联开关的状态及故障。

2）监视变压器的温度、散热风机的运行状态和故障报警情况。

3）监视低压进出线的电压、电流、功率因数、进线和母联开关的状态及故障。

4）监测发电机油罐的油位和 UPS 蓄电池的电压。

10.4.13　电梯及客梯

通过 BAS 监控系统，监视电梯及客梯的运行状态和故障报警。

1）监视电梯及客梯运行状态。

2）监测电梯及客梯运行的电流和用电量。

3）电梯及客梯故障报警。

10.4.14　环境监测

1）检测室外温湿度，根据室外温度自动选择设定送风温度，实现空调系统最佳经济运行。

2）根据新风/回风温度，在 DDC 中自动进行新风及回风焓值计算。按新风和回风的焓值比例，控制新风阀和回风阀的开度比例，使空调系统在最佳的新风/回风比状态下运行，达到最大节能效果。

10.4.15　楼宇自控系统接口及工作界面

楼宇自控系统作为大楼内的一个重要组成系统，虽然系统的功能设计已经比较成熟和完善，但在系统实施过程中，由于接口问题导致系统最终功能时常会发生丢项、甩项等事情。

接口问题牵扯的面比较多，涉及工程实施中的暖通、给水排水、变配电等多个专业，因此在工程前期，明确工作界面的划分和接口要求非常必要：

1）明确各方的责任及工作内容，避免出现问题时互相扯皮。

2）确保系统实现设计的全部功能，避免漏项或重复、浪费资金。

1. 电控箱的接口要求

1）设备运行（开关）状态信号应由接触器的无源辅助触点引出（此触点为无源常开触点）。

2）设备故障报警信号均应由热保护继电器的无源辅助触点引出。

3）相关设备的控制箱内应设置手动/自动转换开关，开关为无源常开触点。

4）自控系统提供 AC 24V 电源；在楼宇起停控制回路中加装 AC 24V 继电器，控制设备起停。

5）楼宇自控系统电源要求：所有与楼宇自控系统相关的配电盘和机柜应为楼宇自控系统留出电源接线端子（相线、零线、地线），供给楼宇自控系统使用的电源应取自同一相（比如 A 相）。以及为楼宇自控系统留出接线端子排（如设备运行状态、故障报警、设备起停、手/自动转换开关等），并在接线端子排上清晰标明统一的识别编号。

6）提供给楼宇自控系统的无源触点的引线应单独捆扎，做好与强电隔离的工作。

图 10-27 是电控箱的接口标志。

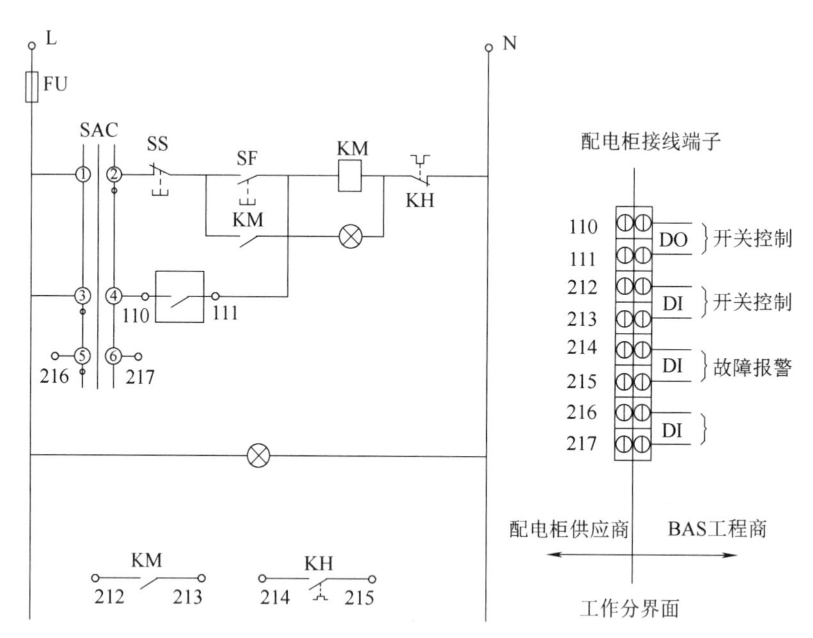

说明：
1. 此图为空调及新风机、送/排风机、冷热水泵、热泵机组、生活水泵、室外照明、电梯的自动控制二次回路要求部分，要求机电设备安装公司在定制机电控制柜招标前加入BA控制的二次回路端子，并向业主和BA设计方确认。冷冻机组的群控由机电公司完成，不纳入BA系统。
2. 图中端子号为建议值，机电配电柜厂家也可以自行定义，但必须书面通知自控公司。
3. 图中手/自动状态、开关状态、故障报警信号必须为无源触点，否则会损坏弱电控制器。

图 10-27　电控箱的接口标志

2. 电梯的接口要求

1）电梯上、下行状态的监测信号和故障报警信号，均应从无源触点引出至接线端子排；并在接线端子排上清晰标明统一的识别编号。

2）电梯厂商应提供并安装电梯轿厢内摄像机至电梯中继箱的随行视频电缆 SYV-75-5，并做好屏蔽，以防视频信号被干扰。

3）电梯厂商应提供并安装电梯轿厢摄像机至电梯中继箱的随行 AC 24V 电源线 RVV3×1.0。

4）随行视频电缆、电源线长度以现场实际情况为准，电梯轿厢内视频电缆、电源线预留 2m，电梯中继箱内视频电缆、电源线预留 10m。

5）电梯厂商应全力配合弱电系统施工单位完成电梯摄像机系统的安装、电梯与楼宇自控系统的接通等。

3. 变配电系统接口要求

变配电监测系统分为高压配电柜和低压配电柜两部分，有普通型配电柜和智能型配电柜。本项目采用干接点方式实现对变配电系统的监测。

（1）变压器温度监测接口：

① 变压器厂家应在变压器的适当位置安装监测变压器温度传感器（由变压器厂家提供），并把传感器的输出信号连接至楼宇自控系统的端子排。

② 提供变压器超温报警信号，此信号为无源干接点（常开），并把超温报警信号引至楼宇自控系统的接线端子排。

（2）高、低压侧电流、功率因数和用电量监测：在高、低压配电柜总开关的下口安装母线式电流互感器，将电流互感器的二次侧引线接入楼宇自控端子排。为便于设备维修，此端子排应设有专用短连片连接并有正确编号。

在总开关的上口将三相电压、功率因数和用电量监测信号正确编号后引至楼宇自控系统的端子排。

（3）高压侧电压监测：厂家应把高压测量信号正确编号后引至楼宇自控系统的端子排。

（4）主开关状态监测：将主开关的辅助触点常开信号正确编号后引至楼宇自控系统的端子排。

4. 冷水机组的接口要求

冷水机组的接口方式有三种：一种是干接点方式，另一种是采用 RS-232 串口通信方式，还有一种是采用（OLE for Process Control，OPC）网络通信方式。

干接点方式实现起来比较简单和可靠，不足之处是采集的信息点比较少；采用网络通信方式可以克服干接点方式信息点较少的不足，但实现起来比较难，受通信协议不同和产品厂家是否开放接口等因素的制约。

采用干接点方式的接口要求说明如下：

（1）为自控系统提供冷水机组的运行（开关）状态信号，此信号接点应为无源常开触点，引至楼宇自控系统接线端子排。

（2）为自控系统提供冷水机组的故障报警信号，此信号接点应为无源常开触点，引至楼宇自控系统接线端子排。

（3）为自控系统提供冷水机组的手动/自动状态信号，此信号接点应为无源常开触点，引至楼宇自控系统接线端子排。

（4）为自控系统提供控制冷水机组起/停接点信号，并引至自控系统接线端子排，楼宇自控系统可以输出常开触点信号或 AC 24V 电源，用于控制冷水机组起/停。

5. 风阀及水阀要求

风阀截面积为 $1.5\sim3m^2$ 时，建议选用一台风阀执行器驱动。风阀截面积更大时则需要选用组合阀；组合阀可由多台执行器并联运行，应提供相应的执行器驱动主轴。

6. 楼宇自控系统的供电电源

楼宇自控系统的供电电源包括：中央控制室设备电源、现场 DDC 控制器电源和部分传感器及风阀执行器电源。

为保证系统安全运行的可靠性，楼宇自控系统所用的电源，必须全部取自同一相电源，如现场 DDC 全部取自 A 相的话，则中控室部分的设备也必须全部取自 A 相电源，且与系统集成的有关其他子系统也必须取自同一相电源。

（1）中央控制室设备电源：中央控制室的用电设备包括工作站、显示屏、打印机、楼宇自控系统专用不间断 UPS 等，由中控室电控箱供电。电控箱由弱电专业提出技术要求，由强电专业负责设计、安装。

中央控制室需由专用供电回路供电，为提高用电可靠性，供电回路宜用一路供电、一路备用、末端自动切换的双回路供电方式。供电质量：电压波动不大于±10%、频率变化不大于±1Hz、波形失真率不大于20%。

（2）DDC现场控制器电源：DCC现场控制器的电源主要取自现场就近的强电控制箱。电源管线与其他监控信号的管线要单独分开，电控箱应为楼宇自控系统预留出电源端子排。

（3）传感器及执行器部分：主要是指需要外部单独供电的传感器，如湿度传感器、压力传感器、室外温湿度传感器等；执行器主要是指风阀执行器与阀门执行器；传感器与执行器的电源取自楼宇自控系统现场的DDC配电盘。一般提供DC 24V或AC 24V电源。

7. 系统接地

中央控制室的接地取自强电电控箱的接地端子；现场DDC控制器的接地取自现场强电控制箱的接地端子。系统接地电阻应小于1Ω。

第11章　网络视频监控系统

视频监控系统广泛用于城市道路管理、社会治安管理、交通运输调配、应急指挥中心、生产安全监控、司法系统、供电系统、通信系统、金融系统、医疗卫生、军事部门、教学系统及机场、车站、码头、商场、广场等领域，是现代化管理、监测、控制的重要手段之一。

电视监控系统能够实时、形象、真实地反映被监视控制的对象，通过查询和重放录制材料，可获得大量信息，极大地提高了系统管理的效率和有效性，因此在现代社会得到广泛应用和重视。

视频监控系统发展很快，短短数年，已从第一代的模拟监控系统、第二代的半数字监控系统发展到第三代的网络视频监控系统。第三代网络视频监控系统通过互联网传输，将数字化的视/音频信息进行远距离传输和控制，只要网络到达的地方就一定可以实现远程视频监控、存储和查询。

第三代网络视频监控系统以网络为依托，以数字压缩、传输、存储、归档、查询、显示以及报警等自动化处理为核心，以先进的智能图像分析软件为特色，通过网络平台实现远距离监控，即使是数千公里外也能达到亲临现场的效果，新的监控技术完全打破了传统概念，多媒体信息的交互和共享趋向更广阔的空间，是技术发展和社会进步的一次巨大飞跃，引发了视频监控行业的一场革命。

视频监控系统与视频报警技术结合，即可组成安全防范报警系统，广泛用于社会治安管理。安全防范系统的摄像机用来检测闯入摄像监控范围内的移动目标图像变化。当移动目标检测器检测到可疑移动物体图像时，立刻自动触发视频报警控制电路，发送报警信号。

第三代网络视频监控技术具有广阔的发展前景和巨大的商机，加之其强大的实用功能、可拓展的技术空间、良好的社会价值，受到了学术界、产业界和相关使用部门的高度重视，是当前信息产业发展的热点之一。

随着网络视频监控的优势被广泛认可，现在开始出现越来越多的大型甚至超大型视频监控系统，比如“平安城市”中的社会治安监控系统、中国电信和中国网通正在全面推进的“全球眼”和“宽视界”两大运营级视频监控系统，这些监控系统都面临着前端设备的大规模接入和大容量集中存储的需求。

第三代网络视频监控系统的主要优势：

（1）可实现跨地域的远程监控。只要有网络的地方都可实现数字视频监控，从局域网到广域网，从一个城市到另一个城市，从一个国家到另一个国家，可在远端任何位置完成对现场的一切视频监控任务。

（2）可以充分利用原有的互联网传输，无须另设专网传输。传统监控系统需要铺设专用的传输网络，投资费用大，且不能实现远程监控。第三代网络视频监控系统可以充分利用现有的局域网和互联网传输，节省大量网络投资费用。

（3）可在网上多点同时监控、查询、回放。传统视频监控系统都需设置一个监控中心，管理者如果要查看监控画面或查看录像资料，必须跑去监控中心。

网络视频监控的授权用户可以直接实时控制摄像机的云台、镜头及调整系统配置，还可查询、回放、下载转录历史监控资料。

系统管理者可在自己的办公室，用自己的计算机监看实时画面或查看录像资料。而且多位管理者均可同时各自监看，互不影响。

（4）多路图像集中管理。传统监控系统中，每台硬盘录像机最多只能管理32路图像。而网络视频监控系统则大大跨越了这个限制，一台计算机可以管理上千路图像，充分发挥了集中管理的优势。

（5）分布式架构，易安装、易扩展。传统监控系统采用集中控制架构，系统前端的所有视频线、音频线、控制线都要集中到监控中心，如要增加摄像机则需再增布线。如果搬迁监控中心，则工程更为浩大。

网络视频监控系统采用分布式架构，各个网络摄像机、视频服务器、网络监控录像机等都可分布在网络的任何位置，它们接上网线即可工作，可以随意增加摄像机、转移监控主机，完全没有制约。

（6）网络存储图像。远程网络视频监控系统采用网络硬盘录像机保存监控图像。在无警或撤防状态下，可按设定时间间隔定时在网络硬盘上保存监控场所的图像；在发生报警的情况下，则能够自动连续在网络硬盘上保存图像，直到解除报警为止。用户随时可以通过客户端软件从网络硬盘中下载监控录像。

（7）手机互动监控功能。手机是移动性最强的监控工具，智能手机上可以安装功能强大的监控客户端软件；受权用户可以利用手机上的浏览器方便地查看实时和历史的监控图像；当发生报警时，手机会收到带监控图像链接的短信，用户可以直接在短信中打开监控图像；还可以利用手机短信进行撤/设防等操作。

（8）集合了监听、广播、报警、远程控制等功能。网络视频监控产品不仅只传输图像，还集合了多项功能，而这些信号全部通过网络传输，无须另外布线。

1）监听。监控中心可监听多个前端设备的声音。

2）广播。监控中心可选择对多个前端设备进行喊话。

3）对讲。监控中心可与任何一个前端设备进行双向语音对讲。

4）报警。网络摄像机、网络视频服务器均有报警输入端口，在中心管理软件中可以对前端的设备进行布防、撤防管理，报警时可以联动相应的视频窗口弹出、录像、电子地图闪动，甚至还可以联动摄像机转到相应的角度。

5）远程控制。网络摄像机、网络视频服务器均有报警输出端口，为监控中心给报警设备提供报警信息。

11.1　网络视频监控系统的基本组成

网络视频监控系统由采集图像的前端系统、网络传输系统和监控终端系统三部分组成。

根据传输网络的属性可以分为有线网络视频监控系统和无线网络视频监控系统两类。

11.1.1　有线网络视频监控系统

采用IP互联网传输的数字视频监控系统简称网络视频监控系统，主要用于大型远程视频监控系统，如图11-1所示。

1. 前端系统

监视现场采集监控信息的设备称为“前端设备”。前端设备通常包括：摄像机、旋转云台、编解码器和安装支架、报警探测器、安全防范报警系统等。

2. 传输系统

前端设备输出的视/音频信号和报警信号通过IP传输网络传送给监控终端处理和存储；监控

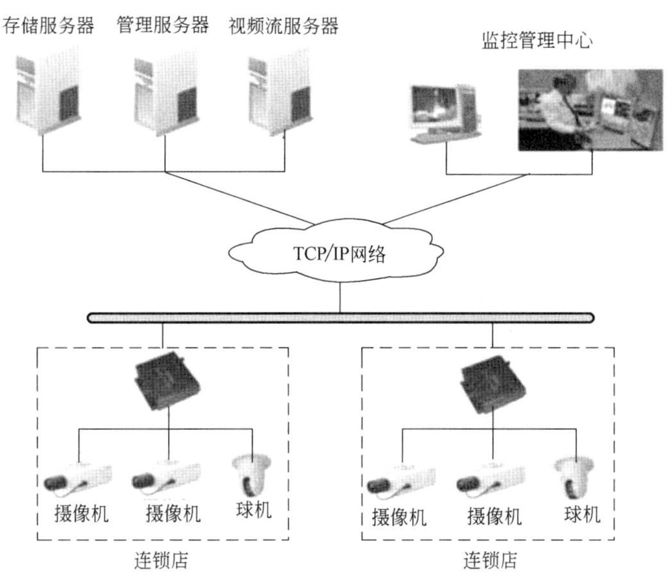

图 11-1　网络视频监控系统的组成

终端主控设备还须向前端设备传送控制信号、供电电源。因此传输媒体必须是双向传送的。

IP 网络视频监控系统采用地址码的局域网/城域网/广域网作为图像、声音和数据信息的传输载体。网络有多大，就能在多大的范围内观看和录制视频图像，并且还能与其他网络应用集成为一个整体系统，为用户带来最大化的利益。

信息传输质量直接影响监控图像的质量，数字视频信号虽然已经过压缩，但数据量还是很大，特别是当几路视频信号同时在 IP 网络上传输时，使得传输网络变得拥挤，会造成数据延迟及丢失，因此良好的网络通信通道和通信协议至关重要。

3. 监控终端

主要功能是将防范现场前端设备传送来的视/音频信号和报警信号进行处理、显示、存储、查询，并向前端设备发送控制指令。

主要设备包括：网络服务器（存储服务器、流媒体视频服务器、管理服务器）、电视墙、视频切换矩阵、画面分割器或多画面处理器、图像处理器、视频分配放大器、视频报警器、硬盘数字录像设备、云台和摄像镜头控制器等设备。

图像信号存储设备的存储空间要足够大，起码需要能 24h 连续存储 15 天。

通过矩阵切换器的大屏显示，可减少监视器与摄像头的配置比例；采用大屏显示方式时，可选择单屏显示或 9 画面、16 画面、32 画面分屏显示，或画中画等显示方式，画面可实行自动顺序切换或手动选择切换。

为了保障系统能正常运行而设置了专用服务器机房，机房内包括寻址服务器、短信服务器、网络硬盘服务器等。服务机房由远视通信公司负责维护。

11.1.2　无线网络视频监控系统

无线网络视频监控系统（Wireless Video Monitoring System）是监控和无线传输技术的结合，它可以将不同地点的现场信息通过无线通信手段与互联网连接后传送到无线监控中心，并且自动形成视频数据库，便于日后检索。

图 11-2 是一款简单易用的小型无线网络监控系统，与无线网络摄像机配套使用，采用无线路由器和 Modem（猫）与互联网连接，用户可采用手机或计算机作为监控终端设备，随时随地

可接收报警信息和查看监控视频。系统易于安装部署，具有稳定可靠、经济实用等特点，可用于防火防盗、安全护卫、人员监护、远程管理等，特别适合住宅小区、办公室、家庭、商铺等使用。

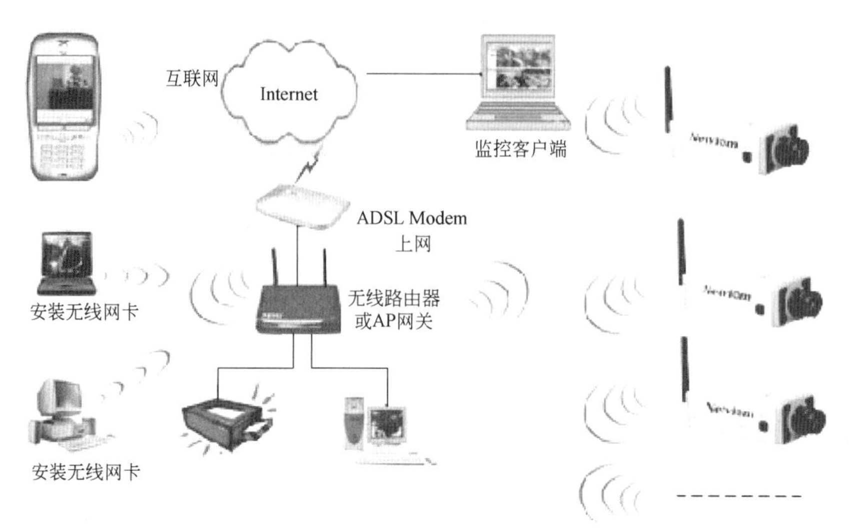

图 11-2　无线网络视频监控系统

1. 前端图像采集系统

前端图像采集系统包括智能无线网络摄像机、无线报警触发器等，用于采集报警信息和监控画面。通过与无线路由器和网络“猫”构成一条无线链路与互联网连接。云台可以由用户终端远程控制，对摄像机进行水平 360°、垂直 90°及变焦等控制。

2. 无线传输系统

无线链路系统：由无线路由器和 Modem 调制/解调器（猫）与互联网连接，是视频信息、语音信息、数据信号的传输通道。

3. 监控终端

监控终端指用户用于接收报警信息、查看监控画面、控制采集前端的设备，包括了计算机、手机、PDA 等。

11.2　网络视频监控的前端设备

网络视频监控的前端设备包括监控摄像机、云台、防护罩、数据编解码器和数字动态报警设备等。

11.2.1　监控摄像机

摄像机的关键部件是光电转换器件，光电转换芯片是由很多极其微小的光电转换单元按 *X-Y* 纵横向点阵排列组成光电转换“靶面”（即光电芯片）。光电转换芯片安装在成像镜头的焦点位置，芯片上的每个微小光电转换单元对应图像的 1 像素；图像每个像素的不同亮度和色彩信息由光电单元转换成相对应的电荷并存储起来，然后通过电子束逐行扫描，将各像素的存储电荷进行逐个放电，变换成视频信号。

摄像机通常以光电转换单元的名称命名。现今主要有两种光电转换单元：CCD（Charge Coupled Device，电荷耦合器件）和 CMOS（Complementary Metal-Oxide Semiconductor，互补性氧化金属半导体光电转换器件），因此有 CCD 摄像机和 CMOS 摄像机之分。

CCD 光电转换芯片具有光电灵敏度高和信号噪声比（S/N）高的优点，适宜于在极低照度环境中拍摄。CMOS 光电转换摄像机是后起之秀，性价比高，但光电灵敏度较低，适宜于在较亮环境中拍摄。

彩色摄像机采用红、绿、蓝三种颜色的光电转换单元组成的光电器件，彩色图像的信息量大，被广泛采用。

1. 监控摄像机分类

监控摄像机有很多类型，通常按图像清晰度标准和使用功能进行分类：

（1）按图像清晰度标准分类：分为标清摄像机、准高清摄像机和高清摄像机三类，见表 11-1。

表 11-1　监控摄像机的分辨率及像素规格

摄像机	分辨率		像素
标清摄像机	VGA	648×480	30 万
	4CIF	704×576	40 万
准高清摄像机	HD ready	1024×768	80 万
		1280×720	90 万
高清摄像机	HD	1920×1080	200 万
		1600×1200	200 万
		2040×1536	300 万
		2592×1944	500 万

（2）按摄像机使用功能分类：有枪式摄像机、高速球形（或半球型摄像机）、红外日夜两用摄像机、网络摄像机等。

2. 高速球形摄像机

高速球形（或半球）摄像机（Dome Camera）把摄像机、光学镜头、旋转云台、云台解码器、防护外罩和安装底座等全部集成在一个球罩内，因此又称为球形一体机。它具有结构紧凑、安装方便的特点，其外形如图 11-3 所示。

球形一体机内的旋转云台既可 360°水平旋转，又可做±45°垂直方向旋转。云台水平扫描的速度为 0.5°/s～125°/s，垂直扫描的速度为 0.5°/s～60°/s。旋转速度超过 90°/s 时称为高速球机。

图 11-3　高速球形一体机

监控中心可遥控云台旋转角度，因此在云台的底座内还安装有一个接收控制数据的解码器；控制方式：既可无级变速连续旋转，也可做步进式旋转；光学镜头的光圈和对焦功能可自动调节，或由监控中心通过遥控指令进行遥控。

球形（半球）摄像机的安装方式可因地制宜采用悬吊、吸顶或支架等安装方式，非常方便灵活。

为了不暴露内部结构，防护罩一般采用半透明的烟色、黑色或其他颜色的有机玻璃球罩。球形一体机既可用于室内，也可用于室外。

球形一体机的缺点是有色玻璃球罩会影响摄像机的感光灵敏度和图像色彩，有机玻璃球罩的抗环境性能（如强光和高温暴晒）较差，因此一般以室内应用为主。适宜需要全向遥控拍摄，可自动聚焦，也可遥控变焦。

3. 枪式摄像机

枪式摄像机把摄像机、光学镜头、旋转云台、控制镜头和控制云台解码器全部集成在一个安装底座上；采用金属材料制作的防护外罩只保护摄像机和光学镜头，并在镜头前的外罩上设有高透明度的玻璃窗口，因此避免了外罩对感光灵敏度的影响。图11-4是不含云台底座的枪式摄像机的外形图，适宜定向拍摄和要求拍摄图像效果好的室内或户外监控。

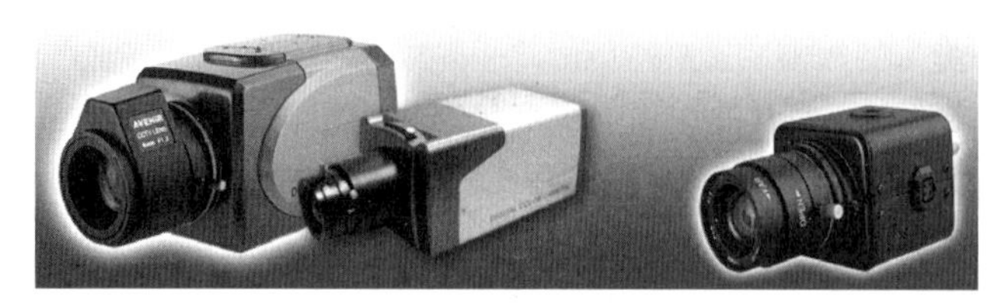

图11-4　枪式摄像机

4. 网络摄像机

网络摄像机又叫IP Camera（简称IPC）由网络编码模块和模拟摄像机组合而成，拥有独立的IP地址、嵌入式操作系统和一个视频压缩编码芯片；网络编码模块将摄像机采集到的模拟视频信号编码压缩成数字信号，转换为基于TCP/IP网络传输的标准数据包，通过以太网交换机和路由器接口或Wi-Fi无线网接口直接传送到IP网络上，通过互联网即可实施远端传输监视画面。图11-5是网络摄像机结构。

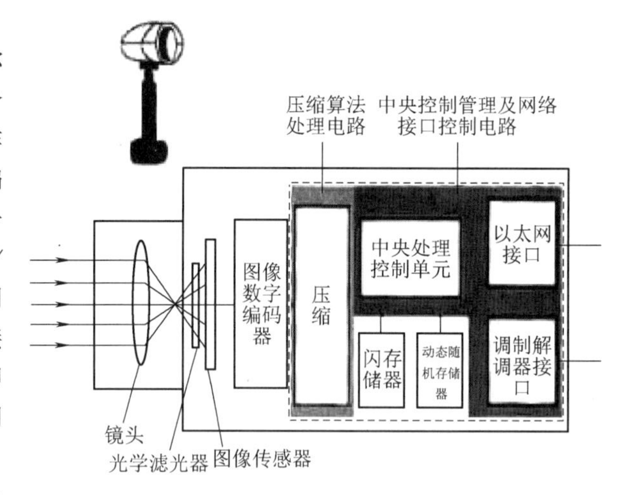

图11-5　网络摄像机结构

网络摄像机可以直接接入网络交换机或路由器，具有更简单的视频监控施工、维护和管理，更好的支持报警联动，更灵活的录像存储。另外，IPC还支持Wi-Fi无线接入、4G/5G接入、POE供电（网络供电）和光纤接入。Wi-Fi无线网络摄像机带一个无线发射机，与无线路由器配合工作，就能够上互联网。

5. 红外摄像机+红外灯照明一体机

红外摄像机用于夜间电视监控系统，红外摄像可分为被动式和主动式两类：

（1）被动式红外摄像：是根据高于-273℃（0K）的任何物体都有红外线辐射的原理实行红外光拍摄，物体的温度越高，辐射的红外光线越强。

（2）主动式红外摄像：采用红外照明灯+低照度黑白摄像机。红外照明灯可与摄像机分开安装，也可与摄像机做成一体机。红外灯摄像一体机的优点是摄像方位搜索与红外照明光线可同步一致，如图11-6所示。

6. 低照度摄像机

低照度摄像机尚未有统一的照度标准，一般认为彩色摄像机照度为0.4~1.0lx、黑白摄像机照度为0.03~0.1lx都可称为低照度摄像机。为使低照度摄像机既能在白天高光照条件，又能在晚上低照度条件下使用，市场上有三类产品：

① 昼夜型（color/mono）摄像机。在城市交通管理和社会治安管理的视频监控系统中，对摄像机拍摄景物照度的变化范围提出了很高要求，既要满足白天强光条件下拍摄，又要满足晚上低

图 11-6　红外摄像+红外灯照明一体机

照度条件下拍摄。于是昼夜型摄像机应运而生。

昼夜型摄像机一般白天采用彩色/晚上转为黑白的摄像方案。这类摄像机在白天景物照度很高时采用彩色摄像，晚上光源不足时（1.0~3.0lx）转换为黑白摄像，利用数字电路将彩色信号消除，成为清晰度较高的黑白图像。

为能配合使用红外灯照明，转为黑白摄像时，去掉了彩色摄像机不可缺少的红外光滤光器，当然，这样也会对白天的彩色摄像造成色彩失真的缺点。

② 低速快门低照度摄像机。低速快门（Slow Shutter）摄像机又称画面积累型摄像机，利用数字存储技术，将因光线不足而较模糊的多个静止画面的视频信号积累起来，成为一幅清晰的图像画面。积累的图像帧越多，画面越清晰，但一幅画面的拍摄时间也就越长；摄像机的积累帧数可按需要连续调节，最多可积累 128 帧图像。进口品牌有 IKEGAMI（池上）、FUJULSU（富士）、MITSUBISHI（三菱）、SAMSUNG（三星）和 JVC 等。日本池上的 ICD-870P 的最低照度为 0.03lx/F1.2（32 帧）。

③ 超感光度（EXVIEW/HAD）摄像机。超感光度摄像机又称 24 小时摄像机，最低照度：彩色为 0.05lx，黑白可达到 0.003~0.001lx。此类摄像机不仅能清晰拍摄低照度图像，而且还能实时连续拍摄画面。它的核心技术是 SONY 公司推出的超感度 CCD 芯片。

7. 360°全景高清晰度摄像机

采用集成在一起的四个 90°广角镜摄像机，用图像合成处理技术，可提供 360°宽视野无缝环景图，也可在四分屏界面上同屏显示四个方位的情景，是出入口门警监控的理想设备。

8. 摄像机镜头

如果把摄像机比喻为人的眼睛，那么镜头就是眼球，可见镜头的重要性；它直接关系到拍摄景物的远近、视角范围大小和图像质量。

（1）镜头的特性参数。镜头的主要特性参数有：有效直径 ϕ、焦距 f、光圈指数 F 和视角等。

1）镜头的有效直径 ϕ。摄像机镜头直径 ϕ 的常用规格有 1in（1in = 0.0254m）、2/3in、1/2in、1/3in、1/4in 等，更小的 1/5in 镜头用得较少。

镜头规格应与感光芯片尺寸相适应，即 1/3in 的镜头应配置 1/3in 的感光芯片。否则镜头焦点处的映像与感光芯片的尺寸无法匹配。感光芯片（靶面）为矩形，通常宽（w）、高（h）比为 4 : 3。

焦距相同的镜头，有效直径越大，视角也就越大，拍摄景物的范围也越大。

表 11-2 是常用镜头的视角数据。

表 11-2　常用镜头的视角（水平视角/垂直视角）

	焦距									
镜头直径/in	2.8mm	4mm	4.8mm	6mm	8mm	12mm	16mm	48mm	69mm	100mm
1/3	81°/66°	62°/48°	53°/41°	44°/33°	33°/25°	23°/17°	1.7°/13°	6°/5°		
1/2			67°/53°	56°/44°	44°/33°	38°/23°	23°/17°	7.6°/5.7°	5.3°/4°	3.7°/2.7°
2/3			85°/69°	72°/57°	58°/45°	40°/30°	31°/23°	10°/7.9°	7.3°/5.5°	5°/3.8°

2）焦距 f。焦距 f 是指从物镜的中心点到物镜的主焦点之间的距离，它涉及视角大小和拍摄景物的距离。

焦距 f 越大，可拍摄景物的距离越远，视角越窄；反之，焦距越小，可拍摄景物的距离越近，视角就越宽。图 11-7 是不同焦距镜头对应的视角。

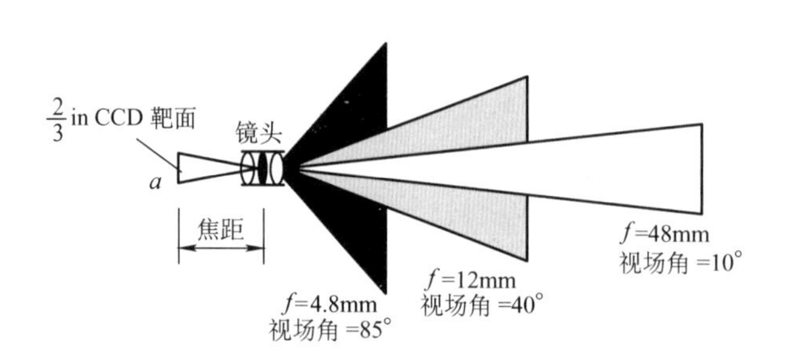

图 11-7　不同焦距镜头对应的视角

摄像机镜头有四种：

① $f<2.8$mm 的短焦距镜头：又称广角镜头，$f<2.8$mm 的 1in 或 2/3in 的短焦距镜头。水平视角可达 80°以上，可提供较宽的视野。

② 中焦距镜头：又称标准镜头。$f=6\sim12$mm 的 2/3in 或 1/3in 的中焦距镜头，可提供 30°～40°的水平视角范围。

③ $f\geqslant12$mm 的长焦距镜头：又称远摄镜头。水平视角在 20°以内，可提供远距离拍摄的景物图像，但视野范围变小。

④ 变焦距镜头：又称伸缩镜头，有电动变焦和手动变焦两种类型。电动变焦镜头用直流电压驱动，便于进行遥控变焦和自动变焦。手动变焦由人工实施变焦，焦距都可连续调节，焦距的调节范围介于标准镜头与广角镜头之间，既可将远距离景物放大，也可提供中近距离的宽视野，是摄像机中使用最广的镜头。

3）光圈指数 F。光圈是决定通过镜头光通量的一个重要部件。光圈指数 F 越小，即光圈越大，投射到感光芯片上的光照度越大。光圈有手动光圈和自动光圈两种类型；自动光圈可依据景物的亮度自动调节光圈的大小。

光圈指数 F 的定义：镜头的焦距 f 除以镜头的有效直径 ϕ：

$$\text{光圈指数 } F=f/D \tag{11-1}$$

光圈指教 F 值以 $\sqrt{2^0}$、$\sqrt{2^1}$、$\sqrt{2^2}$、…来分档，即 1、1.4、2、2.8、4、5.6、8、11、16、22。注意：F 越小，则光圈越大。

为使芯片（靶面）上获得适当的影像亮度。光圈调节应与摄像机快门配合调整。图 11-8 是

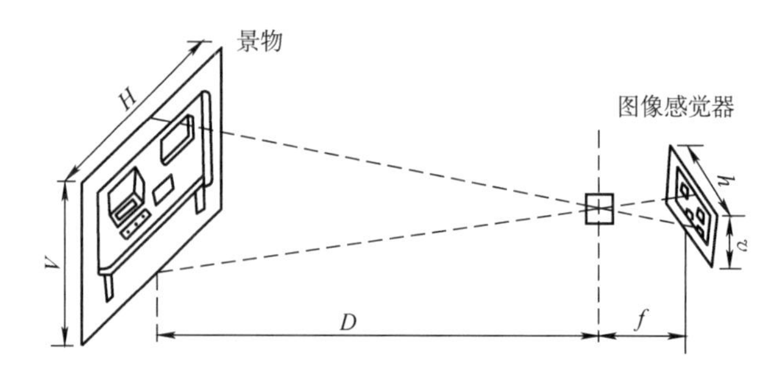

图 11-8　镜头焦距与景物、图像的关系

镜头焦距与景物、图像的关系。其中：H 是拍摄景物的宽度（m）；V 是拍摄景物的高度（m）；h 是感光芯片上映像的宽度（mm）；v 是感光芯片上映像的高度（mm）；f 为镜头焦距（mm）；D 为镜头至被拍摄物体间的距离（m）。

表 11-3 是 1in、2/3in、1/2in、1/3in 和 1/4in 常用镜头对应的感光芯片尺寸。

表 11-3　各种常用镜头对应的感光芯片尺寸

	镜头直径 ϕ				
芯片映像	1in	2/3in	1/2in	1/3in	1/4in
垂直高度 v/mm	9.6	6.6	4.8	3.6	2.7
水平宽度 h/mm	12.7	8.8	6.4	4.8	3.2
对角线长度/mm	16.0	11.0	8.0	6.0	4.0

（2）镜头特性参数的应用：

1）选择镜头焦距 f。图 11-9 是镜头焦距 f 与光学成像关系，焦距 f 的选择应根据视场大小和镜头到监视目标的距离等来确定，可参照式（11-2）计算：

$$f=AL/H \tag{11-2}$$

式中　f——焦距（mm）；

A——图像高（或宽）（mm）；

L——镜头到景物的距离（mm）；

H——景物高（或宽）（mm）。

应根据拍摄景物的范围选择焦距。变焦镜头应满足最大距离的特写图像和最大视角的需求，镜头的变焦和聚焦响应速度应与移动目标的活动速度和云台的移动速度相适应。

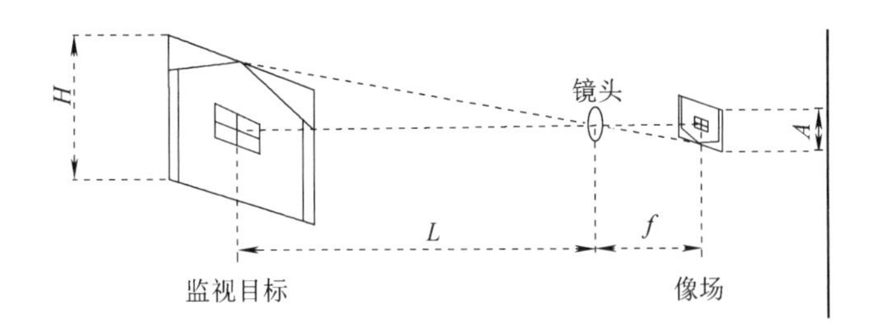

图 11-9　光学的成像关系

2）确定镜头光圈。

① 监视目标的环境照度变化较小时宜选用手动光圈镜头。

② 监视目标的环境照度变化范围高低相差达到 100 倍以上时，或昼夜使用的摄像机，应选用自动光圈或遥控电动光圈镜头。

3）应用举例：银行柜员服务处图像监控摄像机。

银行柜员服务处拍摄景物的范围为：宽度 $H=2000$mm，高度 $V=1500$mm，摄像机镜头至拍摄景物的距离 $D=4000$mm。选用 1/3in 的 CCD 摄像机（$v=3.6$mm，$h=4.8$mm）。将上述数据代入式（11-2）可得镜头的焦距为

水平视角要求的镜头焦距 $f_{水平}=v\times D/V=3.6\times4000/1500\text{mm}=9.6\text{mm}$

垂直视角要求的镜头焦距 $f_{垂直}=h\times D/H=4.8\times4000/2000\text{mm}=9.6\text{mm}$

上述水平焦距与垂直焦距的计算结果为相同数值，原因是景物的宽高比与感光芯片的宽高比均为 4∶3。表 11-4 是镜头焦距 f 与拍摄视角的对照表。表 11-5 是 1/3in 广角镜头和变焦镜头的视

角对照表。

表11-4　镜头焦距 f 与拍摄视角对照表

镜头焦距 f/mm	1/3in 镜头（感光芯片）		1/4in 镜头（感光芯片）	
	水平视角	垂直视角	水平视角	垂直视角
2.5	96.4°	86.2°	81.9°	72.9°
2.8	89.9°	79.8°	75.6°	66.8°
3.6	75.7°	66.0°	62.2°	54.3°
4.0	69.9°	60.7°	57.0°	49.5°
6.0	50.0°	42.6°	39.8°	34.2°
8.0	38.5°	32.6°	30.4°	26.0°
12.0	26.2°	22.1°	20.5°	17.5°
16.0	19.8°	16.6°	15.4°	13.2°
30.0	10.6°	8.9°	8.3°	7.0°
60.0	5.3°	4.5°	4.1°	3.5°
100.0	3.2°	2.7°	2.5°	2.1°
200.0	1.6°	1.3°	1.2°	1.1°

表11-5　1/3in 广角镜头和变焦镜头的视角对照表

焦距/mm	镜头直径/in	视角（对角线）
2.1	1/3	150°
2.5	1/3	130°
2.8	1/3	115°
4.0	1/3	78°
6.0	1/3	53°
8.0	1/3	40°
12.0	1/3	23°
16.0	1/3	17°
3.5~8.0（2.5倍变焦镜头）	1/3	90°~35°
6.0~15.0（2.5倍变焦镜头）	1/3	59°~23°
6.0~36.0（6倍变焦镜头）	1/3	51°~9°
8.5~51.0（6倍变焦镜头）	1/3	57°~10°
6.0~60.0（10倍变焦镜头）	1/3	52°~6°

（3）景深。景深是指可清晰看到最近距离至最远距离景物的范围。景深与视野（视角）范围是成反比的，即景深大时，拍摄到景物的视野范围就会减小。

（4）监控摄像机镜头的安装接口。镜头与摄像机采用英制螺纹连接，有两种常用连接规格：

C 型安装座和 CS 型安装座。

C 型安装座：镜头安装部位的口径为 25.4mm（1in）32 牙螺纹座，镜头安装基准面到焦点的距离为 17.526mm。

CS 型安装座：镜头安装部位的口径为 25.4mm（1in）32 牙螺纹座，镜头安装基准面到焦点的距离为 12.526mm。CS 型安装座是视频监控摄像机常用的安装接口。

现在的摄像机和镜头通常都是 CS 型接口，CS 型摄像机可以和 CS 型及 C 型镜头配接，但和 C 型镜头配接时，必须在镜头和摄像机之间增加一个 5mm 厚的配接环，否则可能会碰坏 CCD 成像面的保护玻璃。C 型安装座的摄像机不能和 CS 型镜头配接。

1in 镜头应配置 1in 摄像机（即内装 1in CCD 感光芯片），如果用于 2/3in 或 1/2in 摄像机时，则不能拍摄到 1in 镜头宽视角（视野）范围内的全部景物，缩小了 1in 镜头的有效视角范围；但反之则不然。

9. 监控摄像机主要性能指标

（1）图形分辨率和电视图像清晰度。静止图像的图形分辨率是表明图形字符的清晰度指标，用显示屏整屏的像素数量（水平像素×垂直像素）表达。像素越多，图形字符的清晰度就越高。

摄像机的图像分辨率取决于摄像机感光芯片上光电转换器件（像素）的数量，用感光芯片水平（Horizontal）每行的像素数量与垂直（Vertical）行数量的乘积来表达；例如，795（H）×596（V）= 473820（约 47 万像素）。

活动图像的清晰度不仅与图形字符分辨率有关，还与电视图像的扫描方式有关；在逐行扫描的 PAL 电视制式中，每幅（帧）图像共有 625 行（水平）扫描线，每秒共扫描 25 幅图像，因此电视活动图像的清晰度以能看到每幅（帧）图像的水平线数量来表达。

工业监视用彩色摄像机的图像清晰度一般为 380~460 电视线，高清摄像机的清晰度可达到 720 线以上。

（2）最低照度。最低照度又称摄像机灵敏度，单位为 lx，取决于摄像机光电转换器件的性能。摄像机的最低照度是指在规定的定焦距和使用 F1.4 光圈时，监视器能够分辨景物轮廓图像的景物照度。

由于各家公司使用镜头的规格和景物图像质量的判断标准不同，产品标注数值的差异性很大，因此只能供设计和选购时参考。目前一般彩色摄像机的最低照度为 2~3lx，低照度黑白 CCD 摄像机可达到 0.01lx，低照度彩色 CCD 摄像机可达到 0.1lx。

（3）信号噪声比。信号噪声比是衡量图像质量的一项重要技术指标，是指在正常工作条件下，视频输出信号电平与噪声（包括干扰信号）电平的比值，用符号 S/N 表示，单位为 dB。信号噪声比越高，图像越清晰、越亮丽，否则图像昏暗并带有不少“雪花”干扰；信号噪声比>46dB（200 倍）时，可获得较好的图像质量。一般来说，最低照度越低的摄像机，信号噪声比也会越高。

（4）图像动态范围。夏天中午强烈阳光下的景物照度可达到 120000lx，而星光下的景物照度只有 35lx。当摄像机从室内向窗户外面看时，室内照度为 100lx，而外面风景的照度可能是 10000lx，此时光强的对比可达到 10000/100 = 100∶1。人眼能处理 1000∶1 的光强对比度，因此很容易适应这种光强对比度。然而传统电视监控摄像机只能处理 3∶1 的光强对比度。如果选择 1/60s 的电子快门来曝光室内目标，那么窗外景物图像会被清除掉（全白）；如果选择 1/6000s 曝光窗外景物，那么室内景物会全被清除（全黑）。可见摄像机的图像动态范围是一项很重要的技术指标。

图像亮度的动态范围受制于感光芯片的感光强度范围。传统摄像机的动态范围只有 3∶1；宽动态摄像机比传统摄像机的动态范围可高出几十倍，超动态图像亮度是指在非常强烈的光强对比度下能拍摄到良好的图像。

（5）电子快门（Electronic Shutter）。电子快门相对于传统的机械快门而言有很多突出优点。快门的变速范围可从1s到1/10000s或更快，既可手动也可自动控制，灵活方便。因此电子快门的性能也是摄像机的一项重要指标。

11.2.2　摄像机云台和防护罩

1. 摄像机云台

云台是摄像机的工作基座和安装摄像机的安装支架，有手动云台（半固定支架云台）和电动旋转云台两种。

手动云台用于定点拍摄，摄像机在瞄准调节时，可松开方向调节螺栓进行视角调整，手动可调范围：水平方向为15°~30°，垂直方向为+/-45°，调整好后再旋紧螺栓，固定摄像机的拍摄方位。

电动旋转云台可用控制电压驱动云台，在水平和垂直两个方向进行全方位扫描，可获得更大范围的图像信息。

云台有室内云台和室外云台两种，室外云台必须具有良好的抗环境性能。

摄像机云台的主要技术性能指标：

（1）最大承载能力。最大承载能力：云台正常旋转时，旋转中心轴向能承受的最大载荷重量，单位为kg。

云台的载荷是摄像机、镜头和防护罩。室内云台的防护设备比较简单，重量较轻，但还必须考虑到摄像机系统的重心与云台旋转轴心不能正确重合而产生的旋转力矩因素，因此在选择云台时，它的最大承载能力应留有足够余量。室内摄像机系统的重量一般都不会超过3kg，因此可选用6~8kg承载能力的云台。

室外云台必须具有良好的抗环境性能，应能达到IP65的抗雨淋和高低温标准，还要能抗10级以上（风速应大于60m/s）台风荷载的能力，在此环境下，摄像机仍能正常旋转和正确定位拍摄。室外防护罩的重量必然会较重，因此，室外云台的承载能力都要在10kg以上。

按最大承载能力来分，云台可分为4个档次：

① 轻载云台，最大负荷为20lb（9.0kg）。

② 中载云台，最大负荷为50lb（22.7kg）。

③ 重载云台，最大负荷为100lb（45kg）。

④ 防爆云台，用于危险环境，最大负荷为100lb（45kg）。

（2）转角范围和旋转速度。电动云台在控制电压驱动下，水平方向的旋转范围一般不小于0°~270°，有的产品可达0°~350°，垂直方向的转角一般都为+/-45°。

电动云台的旋转速度一般都可调节，水平方向的转速都高于垂直方向的旋转速度。例如，球形摄像机云台的水平扫描转速为0.5°/s~125°/s；垂直扫描转速为0.5°/s~60°/s，水平方向可做360°连续旋转，并且有多点预置定向拍摄功能，可配置6倍或10倍光学放大和自动光圈和自动变焦镜头。

2. 防护罩

摄像机防护罩用来保护摄像机和镜头可靠地工作，延长其使用寿命和防止对摄像机人为损坏。防护罩可分为室内型、室外型和特殊型三种。

（1）室内防护罩。室内防护罩用于保护摄像机和镜头免受灰尘、杂物、腐蚀性气体污染和防止人为损坏。防护罩必须有足够强度，安装界面必须牢固，镜头视窗应是清晰透明的安全玻璃或不易破损的聚碳酸酯透明塑料，电气接口应便于安装和维护。室内枪式机的防护罩壳一般采用涂漆或氧化处理铝板、涂漆薄钢板或耐火阻燃的高强度塑料制造。

(2) 室外防护罩。室外防护罩的职责是要让摄像机能适应各种气候条件，如风、雨、雪、霜、低温、暴晒和沙尘等。室外防护罩必须因地制宜地具有不同的功能配置，如遮阳罩、内置/外装散热风扇、加热器、除霜器、刮水器和清洗器等功能设备。

室外防护罩首先要密封性能好，避免雷电雨水进入；防护罩镜头窗口应安装雨刷，及时清理雨水和污垢；窗口玻璃上同时还要安装除霜除雪器，以便融化积雪和积霜。

防护罩内部应装有加热器，在冬天低温季节可进行加温，提高防护罩内部温度；内置或外装风扇，可实现罩内（或罩外）空气流动，降低夏季高温暴晒环境下的罩内温度。

室外防护罩功能设备的控制有自动控制和手动遥控控制两种，加热器、除霜器、风扇等都是由防护罩内部的温度传感器自动启动和关闭；雨刷器和清洗器等由监控中心工作人员通过操作指令进行遥控操纵。

室外防护罩的罩壳制作材料可用铝板、彩钢板、不锈钢板或耐高低温、耐暴晒、耐腐蚀和耐紫外线的高性能聚氨酯透明塑料等，但它们都必须是能在恶劣的全天候环境中长期工作而不会褪色、出现裂纹或强度降低等问题。在有腐蚀性气体和沿海盐雾环境中的室外防护罩应使用不锈钢或特殊高强度塑料制作的罩壳。

为避免人为偷盗或破坏，很多室外防护罩上还装有防拆开关，一旦防护罩被打开，立即就会发出报警信号。

室外球形机的罩壳无法像枪式机防护罩那样安装刮水器，因此一般都配有防雨檐或其他类似装置。

摄像机的工作温度为-5~45℃，最适合的工作温度是 0~30℃，否则会影响图像质量，甚至损坏摄像机。

(3) 特殊防护罩。安装在易爆、易腐、易遭破坏和特高热等高度恶劣的环境下运行的摄像机，防护罩不仅要具有密封、耐低温、耐酷热、抗风沙、防雨雪等特点，还要具有防砸、抗冲击、防爆和抗腐蚀等高安全度的特殊防护措施。

1) 高安全度防护罩。这种防护罩适合安装在监狱或其他容易遭到破坏的场所，由能抵抗铁锤、石块或某些手枪子弹冲击而不会遭到洞穿或开裂的钢板构建。罩壳以机械锁封口，难以盗开。

2) 防爆防护罩。防爆防护罩与防爆云台一样，用于易爆气体（如煤气）、煤矿安全生产和爆炸产品安全生产等场地的电视监控系统。防爆防护罩通常为厚壁全铝结构或不锈钢结构。引入/引出线接口都配有防爆密封件。

3) 防尘、防腐蚀防护罩。这种防护罩要求与外界完全隔绝，可在充满灰尘或酸碱气体的环境中作电视监控。罩壳一般采用抗腐蚀的不锈钢或高强度塑料制成。视窗材料采用回火玻璃，可提供最大的耐腐蚀性和耐磨性。为避免罩内温度过高，罩内配有散热风扇。

4) 高温防护罩。在环境温度高于 80℃（如热处理炉或炼钢炉旁）的电视监控系统中，采用一般通风散热方式已很难奏效。通常采用强迫风冷却和水冷却系统，这两种方式都是采用防护罩壳内含有夹套、在夹套内注入循环流动的冷却空气或冷却水的原理，这种防护罩壳结构可有效地将摄像机和镜头与外界环境隔离，采用固定安装云台和定焦或变焦镜头。

11.2.3　数字动态报警设备

视频监控与报警技术结合，即可组成安全防范监控报警系统，其图像信号存储设备的存储空间要足够大，起码要能24h连续录制15天。

智能安全防范监控报警系统的核心是具有智能化、预警化和自动化三大功能的数字动态侦察技术。

智能化：对监控目标的辨认能力，能辨认监控目标的类型（如人、交通工具、物体）。

预警化：对监控目标的异常行为，能在第一时间发出告警信号，让安保人员可以及时处理。

自动化：自动向监控中心发送事件现场的快照，并以声音报警；可以快速查询历史事件的现场资料。

1. 数字动态侦察产品功能

监控目标：人、交通工具或物体的任意组合。

监控功能包括：

1）目标穿越红外单警戒线时的监控报警功能。

2）目标穿越红外双警戒线时的监控报警功能。

3）目标进入管制区域时的监控报警功能。

4）目标离开管制区域时的监控报警功能。

5）目标出现在管制区域时的监控报警功能。

6）目标消失在管制区域时的监控报警功能。

7）物体在管制区域内被取走时的监控报警功能。

8）物体在管制区域内被遗弃（留下）时的监控报警功能。

9）目标在管制区域里面的监控报警功能。

10）目标在管制区域内滞留（逗留）时的监控报警功能。

11）出入的人流或车流的自动监测和统计功能。

12）监控摄像机镜头被遮挡或摄像机被移走、破坏、断电时的监控报警功能。

2. 应用领域

1）社会公共安全防范。

2）机场、铁路、码头、高速公路等重要交通运输设施的防护。

3）油气水电与通信等公用设施的保全。

4）大型公共场所的反控安管。

5）军事基地、监狱与看守所的监管。

6）银行证券保险金融网点与珠宝银楼营业点的防抢防窃。

7）重要文物与重要资产的警卫。

8）厂区、小区的监控等。

3. 系统组成

在监控区增加一套红外线发送-接收报警系统即可组成安全防范视频监控报警系统，如图11-10所示。

分区监控摄像机的视频输出和红外探头的报警信息一同送到监控分站的视频服务器，然后再通过TCP/IP网络，把各个监控分站的监控图像和报警信息再送到监控中心的服务器进行图像存储和显示。

监控分站的服务器还能对摄像区域进行红外线隐形防区范围的预设和设置监控的日期、时间等。

图11-11是JMM数字动态智能产品插入视频监控网络系统组成的安全防范报警系统。表11-6是数字动态智能产品技术规格与参数。

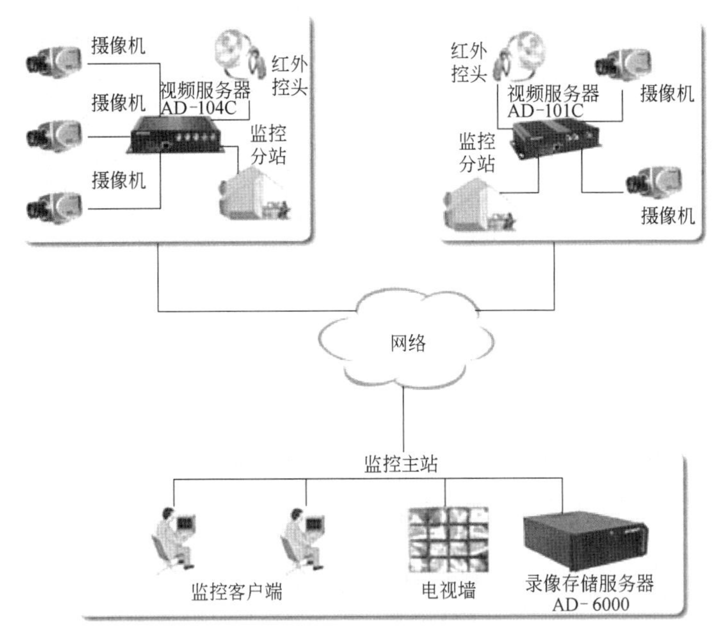

图 11-10　智能视频监控报警系统

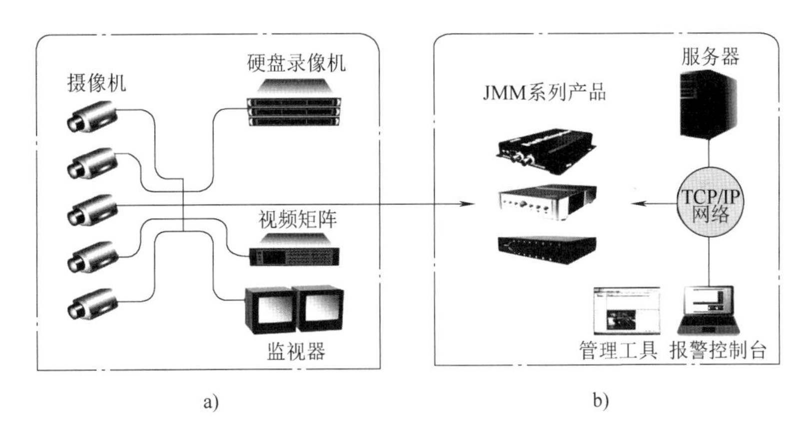

a)　　b)

图 11-11　JMM 数字动态智能产品与视频监控（预）报警系统
a）CCTV 视频监控系统　b）插入 JMM 数字动态智能产品

表 11-6　JMM 数字动态智能产品技术规格与参数

外形				
产品形式	便携式	台式	刀片式机箱（2U，19in）	刀片式
适用范围	分布式监控	分布式监控	集中式监控	集中式监控
处理器	TI TMS320DM64X DSP	TI TMS320DM64X DSP	—	TI TMS320DM64X DSP

（续）

内存	8MB Flash+64MB SDRAM	8MB Flash+64MB SDRAM	—	8MB Flash+64MB SDRAM
网络接口	1×10/100Mbit/s以太网	1×10/100Mbit/s以太网	1×10/100Mbit/s以太网	1×10/100Mbit/s 以太网（内部）
I/O接口	1×RS-485（可选） 1×GPIO输入（可选） 1×GPIO输出（可选） 1×BNC视频输入 1×BNC视频输出（可选） 2×音频插头（可选）	1×BNC视频输入 1×RS-232 1×RS-485 2×GPIO输入 4×GPIO输出	8×BNC视频输入 8×BNC视频输出 1×RS-485 8×GPIO输入 8×GPIO输出	1×视频输入（内部） 1×RS-485（内部） 1×GPIO输入（内部） 1×GPIO输出（内部）
电源	用电源适配器 DC 12V，1.5A	用电源适配器 DC 12V，1.5A	1+1冗余电源 最大300W×2	由刀片式机箱提供
LED指示灯	电源LED×1 PoE LED×1 DSP LED×1 视频LED×1	电源LED×1 DSP LED×1 视频LED×2 网络LED×2 子板LED×1		电源LED×1 DSP LED×1 视频LED×1 网络LED×1
工作温度、相对湿度	0～40℃ 30%～90%（非冷凝）	0～40℃ 30%～90%（非冷凝）	0～40℃ 30%～90%（非冷凝）	0～40℃ 30%～90%（非冷凝）

11.3　网络视频监控终端

网络视频监控终端又称视频监控平台，具有实时观看图像、自动识别、自动报警、回放、调用、存储和监控管理等功能；由监控管理系统、终端显示系统和数据存储系统三部分组成。

11.3.1　视频监控管理系统

视频监控管理系统是监控中心通过传输网络对全系统实施管理和控制远端摄像机图像的核心设备，是视频监控系统全部功能的集中体现。

大于200台摄像机前端的大中型视频监控系统，监控管理主机通常采用专用控制软件的高性能视频服务器。典型产品如H3C VC8000（以下简称VC8000）视频监控管理终端，最多可管理、控制、切换8000台摄像机。

1. H3C VC8000视频监控管理终端的组成与功能

VC8000视频监控管理终端包括三种组件：VC8000用户组件、VC8000管理员组件、VC8000告警台组件。用户可以根据实际需要选择全部安装或者只安装其中某个组件。

1）VC8000用户组件是一套图形化用户界面的客户端软件，支持双屏显示，可集中操作iVS8000视频监控系统。用户可以通过各种快捷按钮轻松实现实时监控、云台控制、点播回放、抓拍、本地录像、录像下载、录像备份、轮切业务、数字矩阵业务、模拟矩阵业务、告警联动业务和GIS（Geography Information System，地理信息系统）地图操作。

2）VC8000管理员组件是一套图形化的配置管理的客户端软件，可以集中配置域、用户、编解码器和MS等服务器。VC8000管理员还支持查看在线信息、日志信息等。

3）VC8000告警台组件是一套图形化的配置接收告警规则和接收告警的客户端软件。

VC8000提供了完善的安全保护机制，可为不同用户分配不同的操作权限和系统权限，并对权限进行分级、分域、分设备控制。

2. VC8000 视频监控管理终端的特点

1）简单、易操作。VC8000 是基于 Windows 平台的客户端软件，全图形化界面、操作简单，符合用户常用的操作习惯，并提供相关操作的联机帮助。安装简便，维护和升级也都十分简单。

2）集中式管理。VC8000 集中管理和操作整个监控管理服务系统。客户端无须再安装其他软件，就可以进行实时监控、本地下载、点播回放历史视频信息、远程控制云台、配置轮切计划、终端配置、信息查询、显示设备故障告警信息等操作。

3）实时监控。VC8000 可以解码显示 1~16 路实时监控视频数据流，并可对实时图像进行本地录像和抓拍操作。支持 MPEG-2、MPEG-4、H. 264、H. 265 和 MJPEG 等多种图像压缩格式，每路最高支持 8Mbit/s 码率数据流。

4）轮切显示业务。VC8000 提供自动轮切业务，可以简单、快捷地为一台或一组监视器设置轮切计划，使监视器按照轮切计划循环播放多个摄像机拍摄的监控图像。根据摄像机拍摄场点重要性的不同，可为其设置不同的轮切停留时间，同时还能够在现有轮切计划的基础上添加新增摄像机或删除不再使用的摄像机。

5）数字矩阵业务。数字矩阵是指利用数字视频编解码器、管理平台和 IP 网络实现矩阵任意切换视频图像和云台控制功能。VC8000 提供组轮切、群轮切和群计划等数字矩阵业务。

6）模拟矩阵业务。模拟矩阵功能用于实现 IP 视频监控系统与传统模拟视频监控系统的互通。视频监控系统在矩阵控制器配合下可以实现对传统模拟视频监控系统内的摄像机图像进行视频切换和云台控制，同样，视频监控系统在矩阵控制器的配合下可以实现对传统模拟视频监控系统内的摄像机图像进行视频切换和云台控制。

7）历史数据回放。VC8000 能够回放存储在 IP SAN 和 NAS 存储设备中的历史视频数据，用户可根据日期、时间、地点等条件精确查询检索历史视频数据，从相关 IP SAN 和 NAS 中读取或下载历史视频数据到本地播放，并能够实现回放图像的本地录像和抓拍功能。VC8000 最大能够接收和解码显示 16 路的历史监控数据流，支持 8 倍速、4 倍速、2 倍速、常规速度、0. 5 倍速、0. 25 倍速和单帧播放方式。

8）全方位的云台控制。通过 VC8000 控制主机，操作人员可发出指令，对云台的上、下、左、右的动作进行控制及对镜头进行调焦变倍的操作，并可通过视频矩阵实现多路摄像机的切换。利用特殊的录像处理模式，可对图像进行录入、回放、调出及存储等操作。管理员可以给每一台摄像机配置用户权限和预置位。除此之外，管理员还可设置云台控制的优先级，指定用户对特定摄像机的控制权，禁止其他用户抢占摄像机控制权。VC8000 同时支持外接键盘进行云台控制。

9）快捷的地理信息系统（GIS）操作。VC8000 的 GIS 支持电子地图操作功能、包括导航图功能、测量地图上两点之间的距离、显示鼠标焦点在地图上的位置的经纬度。

VC8000 支持在本系统单元区域内的 GIS 电子地图上标注摄像机的具体位置，并动态获取摄像机信息，支持可视化状态监视，将摄像机状态用图标表示在地图上。用户可以使用查找功能定位指定摄像机，方便地进行实时监控、点播或历史回放、启动双向语音和查看监控关系操作。

10）告警处理。VC8000 控制中心提供视觉可感知的各种告警信息，可以在系统发生视频丢失和系统故障等告警时采用分色列表和电子地图图标变化等方式直观显示。

11）告警联动。VC8000 可以在收到告警信息时，根据事先定义好的联动规则，实现告警联动功能，VC8000 支持的联动类型有：实时监控到监视器、实时监控到本地 VC 客户端、存储、调用摄像机特定的预置位、图标在 GIS 地图上闪烁。

11.3.2　网络视/音频编码/解码器

下面介绍典型视频编解码产品的技术特性。

1. H3C EC2004-HF 高清视频编码器

H3C EC2004-HF（以下简称 EC2004-HF）的主要功能是进行实时音视频信号的编码压缩，并封装为 IP 数据包，通过 IP 网络传送到指定目的地址。支持点对点单播和点对多点的组播传输方式，组网灵活，拓展性强。图 11-12 是 H3C EC2004-HF 视频编码器外观。

图 11-12　H3C EC2004-HF 视频编码器外观

EC2004-HF 采用嵌入式操作系统，具有完善的音视频处理电路。支持 H.264、MJPEG、MPEG4、MPEG2 等多种图像压缩格式，图像分辨率可达 720×576 像素，能够为用户提供 DVD 画质的高清晰图像。

EC2004-HF 集成 iSCSI 和 NAS 客户端模块，可通过 iSCSI 或 NFS 协议在网络上传输音视频数据并保存至 IP 网络存储系统（IP SAN 或 NAS 存储）中，从而实现音视频数据的集中存储和管理。

EC2004-HF 提供以太网连接端口、RS-485 串口、RS-232 串口等多种接口，能够适应多种组网环境。

EC2004-HF 视频编码器的特点如下：

1）高品质图像。支持 H.264、H.265、MJPEG、MPEG4、MPEG2 图像压缩格式；支持 PAL 和 NTSC 图像制式；支持 D1、4CIF、2CIF、CIF、QCIF 多种图像分辨率，最高图像分辨率可达 720×576 像素（PAL 制）；高码率是图像清晰度的保证，H.264 编码器支持最高 4Mbit/s 码率编码，MPEG4 编码器支持最高 8Mbit/s 码率编码，MPEG2 编码器支持最高 16Mbit/s 码率编码。传输码率可按实际需求调节；视频编码参数可调节，支持视频亮度、对比度、色调和饱和度等参数调节。

2）高清晰音质。单声道语音传输；支持双向语音对讲；音频编码速率为 64kbit/s；音频采样频率为 8kHz。

3）双流/三流输出。采用不同的编码格式（如一条编码流采用 H.264、另一条编码流采用 MJPEG）和不同的视频参数。

4）全 IP 网络传输。支持固定 IP、PPPoE（Point-to-Point Protocol over Ethernet，以太网点对点协议）方式接入网络；支持多种网络协议：TCP/IP、RTP、UDP、HTTP、IGMP、Telnet、ICMP、ARP；支持 IP 协议的单播（Unicast）、组播（Multicast）传输方式；实况流可以采用 TCP 方式进行传输，也可以采用 UDP 方式进行传输，配置灵活；可同时发送实时音视频数据流和基于 iSCSI 或 NFS 协议的存储音视频数据流。

5）存储方式。

iSCSI 存储：支持标准的 iSCSI 协议；根据预先定制的存储计划，系统自动将视频流封装在 IP 报文中，直接写入 IP SAN 存储系统，简化系统框架，节省用户投资。

NAS 存储：支持标准的 NFS 协议；根据预先定制的存储计划，系统自动将视频流封装在 IP 报文中，直接写入 NAS 存储系统，简化系统框架，节省用户投资。

本地缓存：编码器支持本地缓存功能，缓存设备可以使用外置的 CF 卡；在网络或网络存储设备（IP SAN 或 NAS）发生故障的情况下，编码器能将音视频数据临时保存在本地缓存设备（CF 卡）中。在故障恢复后，可以通过手动的方式将编码器缓存中的数据下载到客户端本地进行播放。

6）低传输延迟。采用专用的音视频硬件编码芯片；端到端传输时延小于 300ms，适合交通监控等实时性要求较高的交互性场合。

7）便捷的维护管理。支持 HTTP Web 配置和服务器配置两种模式；可灵活配置编码器网络参数以及编码图像分辨率、编码格式等参数，以适应各种应用场合；支持本地升级、远程 Telnet 和 Web 升级；支持用户名密码方式的 Telnet 登录。

8）完善的告警功能。视频丢失告警；开关量过载输入告警，支持 4 路开关量输入；运动检测告警，每个通道可灵活配置 4 个运动检测区域；设备过热温度告警。

9）报警联动。支持灵活丰富的报警联动策略配置；支持报警信息上报中心平台、报警录像存储、开关量输出、云台预置位等报警联动动作。

10）丰富的接口。提供四个模拟视频输入接口（BNC）、一个 MIC 接口、四路模拟音频输入接口（BNC）以及一个凤凰钳位电路音频输出接口，最大程度满足用户的音视频使用需求；提供以太网电口，节省用户线路投资；提供 RS-232 串口，用于调试维护设备；提供 RS-485 串口作为编码器与外挂设备交互控制的接口，可外接云台摄像机和道路口交通信号控制器等设备；提供 CF 卡插槽，屏幕显示可以插入任意容量的 CF 卡，作为音视频数据的本地缓存。

11）屏幕显示。提供灵活的屏幕显示方式，可选显示内容包括：日期、时间、自定义屏幕显示信息等。

12）高可靠性。采用嵌入式 Linux 操作系统，支持 7×24h 稳定运行，并且不易受到黑客、病毒的入侵和攻击；采用屏蔽电磁辐射的标准 1U 机箱，不仅造型美观、体积小巧，而且可有效屏蔽各种电磁干扰，工作性能更加稳定可靠。

13）高防护性能。防雷等级达到正负 4kV、冲击电流 1kA 的通流量要求，满足大多数感应雷击要求；防静电达到正负 8kV；通过国家强制性 CCC 认证。

表 11-7 是 H3C EC2004-HF 视频编码器技术特性。

表 11-7 H3C EC2004-HF 视频编码器技术特性

遵循标准	描述
视频编码标准	ISO/IEC 13818-2 MPEG-2 SP@ ML ISO/IEC 14496-2 MPEG-4 ASP@ L5 ITU-T Rec. H. 264 | ISO/IEC 14496-10 H. 264 MP@ L3 ITU-T Rec. T. 81 | ISO/IEC 10918-1, MJPEG
音频编码标准	G. 711μ
视频质量参数	描述
视频编码制式	PAL、NTSC
视频图像分辨率	D1、4CIF、2CIF、CIF、QCIF

（续）

视频质量参数	描　　述
视频编码帧率	最高 25 帧/s(PAL)、30 帧/s(NTSC)
视频编码速率	H. 264、H. 265:64kbit/s~4Mbit/s 连续可调 MPEG4:64kbit/s~8Mbit/s 连续可调 MPEG2:64kbit/s~16Mbit/s 连续可调 MJPEG:2~100KB/ 帧,每帧可调

分辨率	PAL(像素)	NTSC(像素)
D1	720×576	720×480
4CIF	704×576	704×480
2CIF	704×288	704×240
CIF	352×288	352×240
QCIF	176×144	176×120

音频质量参数	描　　述
音频编码速率	64kbit/s
音频采样速率	8kHz
声道设置	单声道
静音	可选择是否静音

网络特性	描　　述
网络接入方式	支持固定 IP、PPPoE 方式接入
支持网络协议	TCP/IP、RTP、UDP、HTTP、IGMP、Telnet、ICMP、ARP
存储标准	iSCSI、NAS
传输方式	单播、组播,每通道支持传输 1 路组播实时流,可同时传输 4 路单播实时流 支持 UDP 方式的实况流和支持 TCP 方式的存储流传输
最大端到端延迟	300ms

接口特性	描　　述
视频输入	4 路模拟复合视频(PAL/NTSC),BNC 接口,75Ω,1V(P-P)
音频输入	4 路模拟音频输入,BNC 接口,75Ω,1V(P-P) 1 路 ϕ6. 3mm MIC 接口(定向),输入阻抗>3000Ω
音频输出	2 路凤凰钳位接口,1~1. 6V(P-P)
报警输入	4 路凤凰钳位接口,内部光耦隔离
报警输出	2 路凤凰钳位接口,内部继电器延迟开关输出
串口	1 个 RS-232 接口 1 个 RS-485 接口
CF 卡插槽	1 个 CF 卡插槽,支持插入任意容量的 CF 卡
以太网电口	1 个 10M/100M/自协商,半双工/全双工/自协商,RJ-45

Web 设置	描　　述
网络设置	设置编码器网络参数和管理模式等
业务设置	设置媒体流、串口、告警和透明通道参数等

（续）

Web 设置	描　　述
编码设置	设置视频编码、音频编码和 OSD 信息
日志管理	查看设备日志、查询和导出日志信息
系统维护	显示设备当前状态、修改密码、恢复默认配置、重启系统和升级软件
维护管理	描　　述
调试模式	Telnet 远程登录和 RS-232 串口调试两种模式
配置模式	HTTP Web 配置和中心平台配置两种模式
升级	支持本地升级和远程升级
环境特性	描　　述
尺寸(高×宽×深)	43.6mm×440mm×240mm
重量	<3kg
工作环境温度	0～45℃
工作环境湿度	10%～95%(无冷凝)
贮存环境温度	-40～+70℃
贮存环境湿度	5%～95%(无冷凝)
海拔	-60～+4000m
输入交流电压	AC100～240V
最大功耗	25W
认证	GB 4943.1—2011,YD/T 993—2016,GB 9254—2008,GB 17625.1—2012

2. H3C DC2004-FF 视频解码器

H3C DC2004-FF（以下简称 DC2004-FF）视频解码器是新一代网络媒体终端，主要为远程视频监控设计，适用于实时监视远端图像、监听远端现场声音，广泛应用于安防、交通、电力及其他实时监控环境。

DC2004-FF 是把接收到的数字音视频信号变为模拟音视频信号的设备，它基于 RTP 接收协议、单播/组播模式的实时音视频数据流。

在 IP 视频监控系统中，视频解码器从 IP 网络获得音视频数据流，将数字信号转换为模拟信号，输出到电视墙、多媒体大屏幕、调音台、功放等模拟音视频设备。图 11-13 是 H3C DC2004-FF 视频解码器外观。

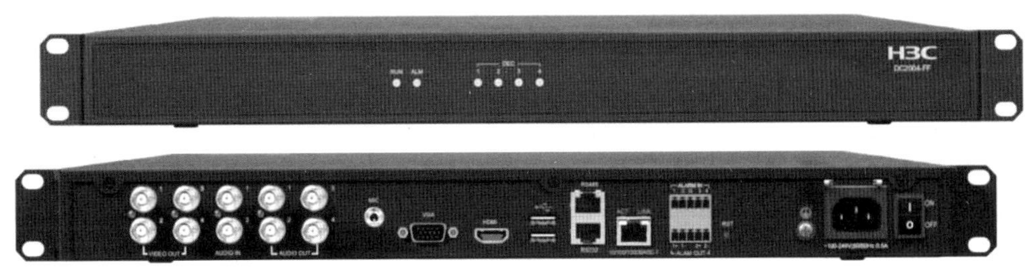

图 11-13　H3C DC2004-FF 视频解码器外观

H3C DC2004-FF 视频解码器的特点如下：

1）高品质图像。支持 H.264、H.265、MJPEG、MPEG4、MPEG2 图像压缩格式；支持 PAL 和 NTSC 图像制式；支持 D1、4CIF、2CIF、CIF、QCIF 各类分辨率解码图像，解码图像分辨率最高可达 720×576（PAL 制）。H.264 格式下，可支持 64kbit/s～4Mbit/s 码率；MPEG4 格式下，可支持 64kbit/s～8Mbit/s 码率；MPEG2 格式下，可支持 64kbit/s～16Mbit/s 码率；MJPEG 格式下，

支持2~100KB/帧的码率。

2）高清晰音质。支持G.711μ音频解码，支持静音功能。

3）数字矩阵功能。最大支持16路解码。支持不同码率的各种混合码流输入解码（16路CIF/QCIF、4路DI/4CIF/2CIF、1路D1/4CIF/2CIF+12路CIF/QCIF、2路D1/4CIF/2CIF+8路CIF/QCIF、3路D1/4CIF/2CIF+4路CIF/QCIF）。

支持4路BNC接口解码输出，每个输出接口支持各种组合画面的解码输出（单个D1/4CIF/2CIF/CIF/QCIF画面、4个CIF/QCIF画面组合）。

支持1路HDMI高清多媒体接口高清图像解码输出，输出接口支持如下的画面组合：N个D1/4CIF/2CIF画面+M个4×CIF/QCIF组合画面，其中N、M的取值范围为0~4且$N+M\leqslant 4$。

支持1路VGA接口解码输出，支持如下的画面组合：①N个D1/4CIF/2CIF画面+M个4×CIF/QCIF组合画面，其中N、M的取值范围为0~4且$N+M\leqslant 4$；②单个D1/4CIF/2CIF画面、支持各种画面组合的灵活配置，输入的码流可以灵活指定到组合画面的任意子画面中。

支持BNC、VGA、HDMI接口同时输出，三种接口输出的图像可以是不同摄像头的码流。组合画面中的任何一个子画面都可以单独配置轮切。

4）全IP网络传输。

支持多种网络协议：TCP/IP、RTP、UDP、HTTP、IGMP、Telnet、ICMP、ARP。

支持IP协议的单播（Unicast）、组播（Multicast）传输方式。

5）低传输延迟。采用专用的音视频硬件解码芯片，端到端传输时延小于300ms，适合交通监控等实时性要求较高的交互性场合进行便捷的维护管理。

6）支持HTTP Web配置和服务器自动配置两种模式。可改变解码器网络参数，以适应各种应用场合。

7）支持本地升级和远程升级。

8）支持用户名密码方式的Telnet登录。

9）支持温度告警等多种告警日志。

10）丰富的接口。提供4个复合模拟视频输出（BNC）接口、4个模拟音频输出（BNC）接口、1个HDMI高清视频输出接口、1个VGA视频输出接口、1个音频输入（MIC）接口、2个模拟音频输入（BNC）接口，最大程度满足用户的音视频使用需求；提供1个以太网电口；提供用于调试维护设备的RS-232串口；提供作为解码器与外挂设备交互控制命令的RS-485接口；提供告警（ALARM）接口，支持4路告警输入和2路告警输出，可传送现场各种告警信号。

11）高可靠性。采用嵌入式Linux操作系统，7×24h稳定运行，不易受到黑客、病毒的入侵和攻击。

12）高防护性能。防雷等级达到正负4kV、冲击电流1kA的流量要求，满足大多数感应雷击要求。防静电达到正负8kV。表11-8是DC2004-FF视频解码器规格。

表11-8　DC2004-FF视频解码器规格

遵循标准	描　述
视频解码标准	ISO/IEC 13818-2 MPEG-2　SP@ML ISO/IEC 14496-2 MPEG-4　ASP@L5 ITU-T Rec. H. 264 | ISO/IEC 14496-10 H. 264 MP@L3 ITU-T Rec. T. 81 | ISO/IEC 10918-1, MJPEG
音频解码标准	G. 711μ

（续）

视频质量参数	描　　述
视频解码制式	PAL、NTSC
解码格式	H. 264、H. 265、MJPEG、MPEG4、MPEG2
音频质量参数	描　　述
声道设置	单声道
静音	可选择是否静音
网络特性	描　　述
支持网络协议	TCP/IP、RTP、UDP、HTTP、IGMP、Telnet、ICMP、ARP
传输方式	单播、组播，支持 UDP 方式的实况流传输
最大端到端延迟	300ms
接口特性	描　　述
视频输出	4 路同源模拟混合视频（PAL/NTSC），BNC 接口，75Ω，1V（P-P） 1 路高清视频输出，HDMI 接口（最大分辨率 1024×768 像素） 1 路视频输出，VGA 接口（最大分辨率 1024×768 像素）
音频输出	4 路音频输出，BNC 接口，75Ω，1V（P-P）
音频输入	2 路模拟音频 BNC 输入接口、1 路 ϕ6. 3mm MIC 接口（预留），单声道输入，输入阻抗>3000Ω
报警输入	4 路凤凰钳位接口，内部光耦隔离
报警输出	2 路凤凰钳位接口，内部继电器延迟开关输出
串口	1 路 RS-232 凤凰钳位接口 1 路 RS-485 凤凰钳位接口
USB 接口	1 个 USB 外部接口（功能部分保留备用）
以太网电口	1 个 IEEE 802. 3U，1000BASE-T 10/100/1000M 自适应，半/全双工，RJ-45
Web 配置管理	描　　述
网络设置	设置解码器网口参数和管理模式
业务设置	设置媒体流和告警等
解码设置	设置视频解码参数、音频解码参数和 OSD 参数等
日志管理	查看告警信息
系统维护	显示设备当前设置参数、密码修改、配置管理、软件升级和系统重启
维护管理	描　　述
调试模式	Telnet 远程登录和 RS-232 串口调试两种模式
配置模式	HTTP Web 配置和中心平台配置两种模式
升级	支持本地升级，远程 Telnet 和 Web 升级
环境特性	描　　述
尺寸（高×宽×深）	43. 6mm×440mm×240mm
重量	<3. 2kg
工作环境温度	5～45℃
工作环境湿度	0%～90%（非凝露）

（续）

环境特性	描　　述
贮存环境温度	-40~+70℃
贮存环境湿度	5%~95%(非凝露)
海拔	-60~+3000m
工作电压	AC100~240V,50~60Hz
最大功耗	20W
认证	CCC(认证标准:GB 4943.1—2001,YD/T 993—2016,GB 9254—2008,GB 17625.1—2012)

11.4　网络视频监控终端显示系统

终端显示系统包括视频矩阵、画面分割器、视频分配器、电视墙等。

11.4.1　视频矩阵

视频矩阵与计算机配套组成的终端显示控制系统，主要功能是任何输入端（任何前端摄像机）与任何输出端（任何一路显示器）之间进行信号路由选择，完成输入/输出切换、存储、转发、远程控制等功能。

数字矩阵系统通常还包括：图像上叠加字符信号、画面分割和自动输切显示，提供遥控云台、摄像机、报警器接口和音频控制等功能。

矩阵通常以输入通道和输出通道的数量和接口类型来命名规格。例如，一个 *M*×*N* 矩阵，表示它支持 *M* 路图像输入和 *N* 路图像输出。常用规格有 4 系列（4×4）、8 系列（8×8、8×4）、16 系列（16×4、16×8、16×16）、32 系列（32×8 或 32×16）、64 系列（64×8 或 64×16）和 128 系列（128×16 或 128×32）等，最大的矩阵可达 1024×128。矩阵系统可采用级联来实现更高的切换容量，也可以通过增加或减少视频输入、输出卡来实现不同容量的组合。

矩阵的路由选择，既可用键盘人工操作，也可由计算机预置程序自动操作。图 11-14 是矩阵在视频监控中的应用，图中 IP SAN 为 IP 网络存储设备。

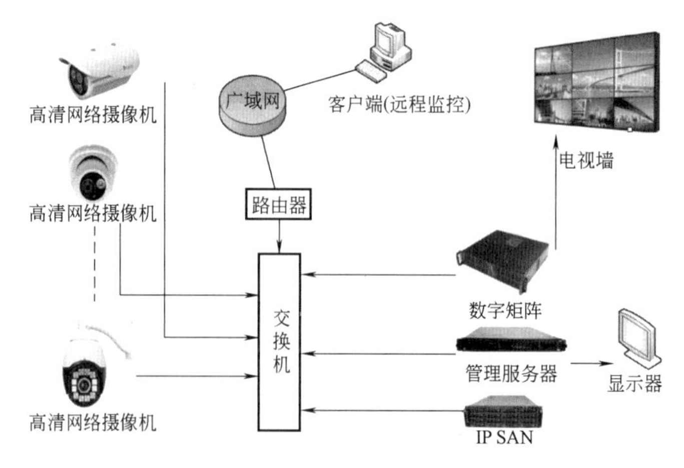

图 11-14　矩阵在视频监控中的应用

视频切换矩阵有模拟矩阵和数字矩阵两类。

1. 模拟矩阵

视频切换在模拟视频层完成，全部以模拟视（音）频信号直接切换。采用单片机或专用芯片控制的模拟开关实现矩阵切换。模拟矩阵的输入/输出信号包括：复合视频、分量（YPbPr）视频、VGA、RGB 等模拟视频信号。

模拟矩阵的优点是视频图像质量好、技术成熟、配置灵活、信号无延时。

模拟矩阵视频监控系统的组成方案为：模拟矩阵+DVR 数字硬盘录像机。模拟矩阵和 DVR 需分别进行控制，操作流程较复杂；该系统如果不增加其他配套装置或功能处理板卡插件，则画面上不能叠加字符、不能多画面显示、不能远距离传输和不能与 DVR 数字硬盘录像机组合成一体机等。

2. 数字矩阵

全部采用数字视频信号处理的矩阵。数字矩阵的输入/输出信号包括：SDI、DVI、HDMI 等数字视频信号。

1）可以把任意一路压缩编码的数字视频输入切换到任意一路大屏窗口，可以手动切换、循环切换及报警联动切换。

2）可以在局域网、广域网和无线网上进行手动或自动切换，并可通过网络进行多网络数字矩阵级联。

3）具备网络视频转发功能，局域网内的所有视频都可以任意转发调取。

4）采用 TCP/IP 输入及输出，可以通过普通 1000Mbit/s 网络交换机进行多机联网，构成全交叉矩阵切换；所有视频通过数字矩阵、大屏、窗口、前端摄像机统一编号识别，实现数字矩阵、大屏、窗口、视频全交叉切换。

5）根据数字视频矩阵的实现方式，数字视频矩阵可以分为总线型和数据包交换型。

① 总线型数字矩阵：总线型数字矩阵的数据传输和切换都通过一条共用总线（例如 PCI 总线）来实现，由 PC-DVR 构成的一体机的图像输出为 VGA 信号，通常只有一路显示输出，适用于小型电视监控系统。

采用 HC 卡、MD 卡和 SDK 卡等板卡插入到 PCI 总线构成的总线型数字矩阵，可增加解码路数，具有多画面分割功能和可对解码图像实行任意组合输出。其中：HC 卡负责系统录像、预览和网络传输功能，通过网络连接到视频服务器，构成网络视频矩阵；MD 卡除具有解码卡的全部功能外，还增加了矩阵输出通道；SDK 卡可同时实现编码、解码和矩阵控制。例如，海康威视的 DS4002MD 卡，每卡支持 2 路矩阵输出和 4 路实时图像解码输出（实时解码的图像分辨率为：4 路 CIF 或 2 路 4CIF），配合使用 HC 卡，可实现 64×4 的视频矩阵切换和 64 路 DVR 录像。

② 数据包交换型数字矩阵：数据包（通常是 IP 数据包）交换型数字矩阵，通过数据包交换方式实现图像数据的传输与切换。数据包交换矩阵已广泛用于远程监控中心，把远端采集的模拟视频信号经 H.264 或 H.265 压缩编码和打包，构成数据包后通过网络发送到监控管理中心。

11.4.2　多画面显示

显示屏既要能按多画面显示方式自动依次轮巡各监控点的图像，又要能显示某选定监控点的整屏图像，还要能同时显示任意分割方式的多画面图像。

为确保多画面显示时各分画面显示区的图像清晰度不低于 1024×768（720p 高清电视标准）要求，大屏显示系统的整屏图像分辨率至少应达到多画面显示数×1024×768 = 126 万像素。因此，显示屏幕越大、多画面显示数量越多，则要求整屏显示的分辨率越高。因此监控系统的大型显示屏只能采用 DLP 背投拼接屏或 PDP 平板显示拼接屏组成的“电视墙”了。其他任何显示屏，如投影电视机或LED显示屏等都无法满足要求。

11.5 视频监控的数据存储系统

信息存储和回放是电视监控系统的重要组成部分。小型系统一般采用DVR多通道数字硬盘机，大中型系统可采用服务器、磁盘阵列或专用数据库。

安防视频监控系统存储设备的特点是：监控点多，视频数据流大，存储时间长，要求24h连续不间断作业，存储容量大，视频数据以流媒体方式写入存储设备或从存储设备回放，多路视频流需长时间同时写入同一个存储设备（即多路并发读写要求高），要求存储系统能长期稳定工作，存储扩展性能要求高。

11.5.1 视频监控系统的主要存储技术

1. IP-SAN存储

IP-SAN是SAN（Storage Area Network）存储区域网络的一种，使用iSCSI协议传输数据，直接在IP网络上进行存储；iSCSI协议就是把SCSI命令包在TCP/IP包中传输，即为SCSI over TCP/IP，使存储空间得到更加充分的利用，安装和管理更加有效。

IP-SAN存储器需要与流媒体服务器一起使用，流媒体服务器与存储器通过网络交换机互联，服务器的作用是为了有效地解决多用户同时访问同一实时视频数据信息时对网络带宽的重复占用问题，达到充分节省网络带宽资源、有效降低网络阻塞的发生。

IP-SAN通过把数据分成多个数据块（Block）并行写入/读出磁盘，块级访问的特性决定了iSCSI的高I/O数据访问和低延迟传输性能。简单地说，它是以块作为存储的，可以认为它是含阵列功能的硬盘或者就是磁盘阵列+硬盘。

IP-SAN存储的特点：

（1）具有高带宽“块”级数据传输的优势。

（2）基于成熟的IP网络技术，具有TCP/IP的所有优点，减少了配置、维护、管理的复杂度。

（3）可以通过以太网来部署iSCSI存储网络，易部署、成本低。

（4）易扩展，当需要增加存储空间时，只需要增加存储设备即可满足。

（5）数据迁移和远程镜像容易，只要网络带宽支持，基本没有距离限制，更好地支持备份和异地容灾。

2. CVR存储

中心级视频网络存储设备（Central Video Recorder，CVR）是由IP SAN/NAS（Network Attached Storage）区域网络附属存储在视频监控应用中发展而来的安防监控视频存储专用设备。

CVR可将前端的监控数据流直接写入存储系统中，减少了流媒体服务器环节，监控管理平台和客户端可以直接从存储系统中读取和调用视频数据，所有的传输协议均采用针对流媒体传输协议。

CVR存储的特点：

（1）前端数据直接写入存储系统，多网络存储设备可以统一管理。CVR存储模式支持视频流经编码器直接写入存储设备，省去流媒体服务器。可通过集中管理平台实现多网络存储设备的集中统一管理和状态监控。

（2）简化网络结构。由于CVR不需要流媒体存储服务器，简化了网络结构，减少了流媒体存储服务器与存储设备之间的网络压力问题。

(3) 独有的流媒体文件系统保护技术。CVR 存储模式采用独特的 VSPP 视频流预保护技术、数据块管理结构和容错机制，彻底解决了由于断电、断网引起的文件系统不稳定甚至文件系统损坏而导致的监控服务停止、数据只读或丢失等故障问题。

(4) 高效的避免磁盘碎片技术。CVR 存储模式采用磁盘预分配与延迟分配技术相结合的方式，首先查找空闲空间区域并用于存储新数据，最大程度地提高系统性能和避免磁盘碎片。同时，结合高效的碎片整理程序，在系统空闲时对磁盘碎片进行整理，改善系统的性能。

3. NVR 存储

NVR (Network Video Recorder) 指网络硬盘录像机。NVR 最主要的功能是通过网络接收 IPC (网络摄像机) 设备传输来的数字视频码流，并进行存储、管理，从而实现网络化带来的分布式架构的优势。它本身也有磁盘阵列功能，现在市场上有 128 路的 NVR。

简单来说，通过 NVR，可以同时观看、浏览、回放、管理、存储多个 IPC 网络摄像机，摆脱了计算机硬件的牵绊，再也不用面临安装软件的烦琐。

NVR 主要用于小型监控系统的中心存储和大中型监控系统的前端存储。NVR 的短板是对于监控点多、码流大、压力高、容量大等问题，都会使它力不从心，所以大型监控系统的中心存储只能采用 IP SNA 或 CVR 的存储方式。

11.5.2　视频监控的数据存储方式

根据数据存储设备位置的不同，可以分为前端存储、中心存储两类，这些方式的选择要结合承载网络的带宽、业务需求、客户需求以及实现成本等因素进行综合考虑。

1. 前端存储

在视频监控的前端用 DVR 硬盘录像机直接完成监控图像的录制和保存，然后再把前端存储的录像资料集中到中心平台进行统一管理、调度、检索和回放，如图 11-15 所示。

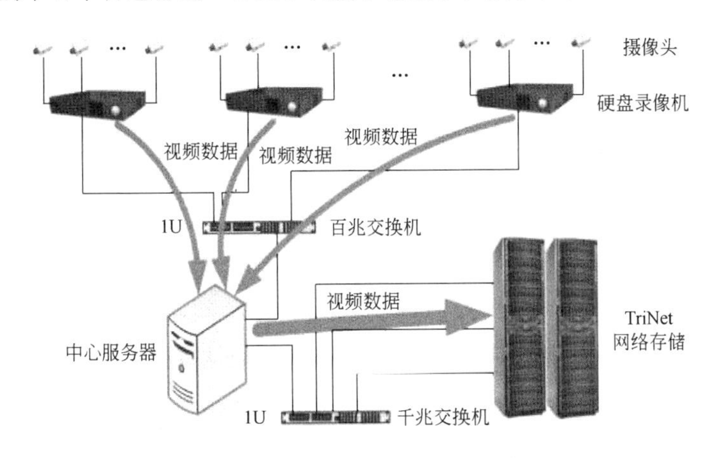

图 11-15　网络监控的前端存储

前端存储的优势：

(1) 分布式存储，可以减轻集中存储的容量压力。

(2) 可以有效缓解集中存储带来的网络流量压力。

(3) 可以避免集中存储在网络发生故障时的图像丢失。

为了保证用户访问的灵活性和便捷性，视频监控的所有前端存储除了要能够提供点对点的单机访问外，还要能够通过一个统一的接口提供所有存储资源的集中共享。为此，网络视频监控还需通过中心平台对所有前端存储进行统一管理和调度，并实现存储空间和存储内容的网络化。这样，用户既可以直接登录单个前端设备进行录像资料的点播回放，也可以登录中心平台对所有前端录像资料进行集中检索和回放。前端存储的三种存储技术如下：

（1）DVR存储。DVR（数字录像机）存储是最常见的一种前端存储模式，编解码器设备直接挂接硬盘，目前最多可带八盘硬盘。由于编解码设备性能的限制，一般采用硬盘顺序写入的模式，没有应用RAD冗余技术来实现对数据的保护。随着硬盘容量的不断增大，单片硬盘故障导致关键数据丢失的概率在同步增长，且DVR性能上的局限性影响图像数据的共享及分析。这种方式的特点是价格便宜，使用起来方便，通过遥控器和键盘就可以操作。在传统视频监控领域，比如楼宇等监控点非常集中的监控存储系统中，用户习惯采用DVR模式。DVR模式非常适合本地监控和监控点密度高的场合，不仅投资小，而且可以很好地支持本地存储设备。其缺点是网络功能弱、扩展性差。

（2）DVS编码器直连存储。DVS（Digital Video Server，网络视频服务器）又叫数字视频编码器，是一种基于MPEG-4或H.264、H.265的图像数据压缩/解压缩、完成图像数据的采集或复原以及音频数据处理的专业网络传输设备。通过互联网传输数据，由音视频压缩编解码器芯片、输入输出通道、网络接口、音视频接口、RS-485串行接口控制、协议接口控制、系统软件管理等构成。DVS编码器通过外部存储接口连接外挂存储设备，通过RAID（Redundant Arrays of Independent Disks）磁盘阵列直连存储监控视频数据，适合于中小规模安防存储。

（3）NVR存储。NVR（Network Video Recorder，网络硬盘录像机）的主要功能是通过网络接收IPC（网络摄像机）设备传输的数字视频码流，并进行存储、管理，从而实现网络化。

2. 中心存储

网络视频监控系统中更多的是采用中心存储方式。中心存储是监控数据都直接集中存储在中心平台。前端设备在监控点采集图像并压缩处理成数字码流，然后通过网络直接传送到中心业务平台，由中心业务平台将码流分发给网络录像单元进行集中存储，如图11-16所示。

存储中心可以是一个中心存储，或者是多个分中心存储，可以设在运营商侧或者客户侧的监控中心。

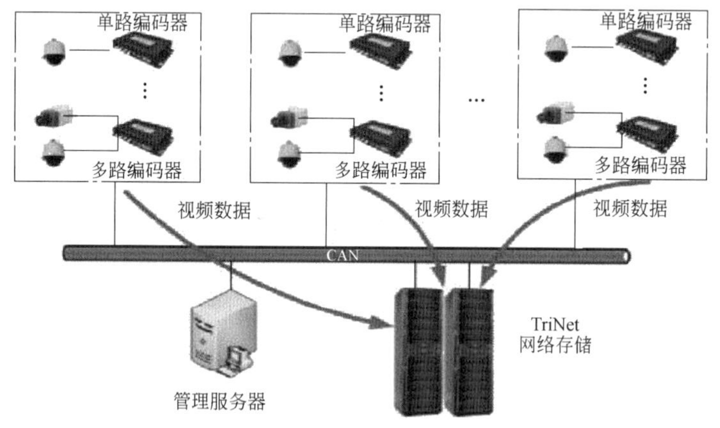

图11-16 网络监控的中心存储方式

大型视频监控联网应用中，通常都采用多级分布式的分中心存储方式，这样一方面可以降低一个中心点集中存储带来的存储容量和网络流量的压力，另一方面可以大幅度提升系统的可靠性。

对于监控路数比较少、存储时间要求不长的应用场合，中心存储可以采用服务器插硬盘或外接磁盘柜（即DAS直接访问存储）的比较简单的部署方式，与单机类似。

中心/分中心存储的优势：①检索和调用录像资源更为方便；②存储内容的完整性更容易保

证，不会因为某个前端设备失窃或损坏而导致重要内容的丢失；③可以合理地进行资源调度，为前端设备按需分配存储空间，从而节约资源；④有利于制定多样化的存储策略，以满足用户的个性化需求；⑤维护方便，便于集中检测和及时排查问题。

11.5.3　存储容量计算

监控系统的数据存储容量决定于存储文件大小（码流的大小）、摄像头的数量、每天录像时间和需要保存天数。下面介绍几个基本概念。

1. 帧率

一帧就是一幅静止画面，连续的帧就能形成活动图像。通常说的帧数，就是在 1s 时间里传输画面的帧数，或理解为每秒钟刷新图像的次数，通常用 fps（frames per second）表示。帧数（fps）越多，图像显示的动作就越流畅。高帧率可以得到更流畅、更逼真的电视图像。

2. 分辨率

图像分辨率是指图像画面上的纵横像素数量的乘积。分辨率越高，图像清晰度越好，码流也越大。电视图像画面的宽高比有 4∶3（标清电视）和 16∶9（宽屏电视）两类。（请参阅 7.1.2 中的“2. 图像分辨率标准”）

常用分辨率标准有：CIF 分辨率为 352×288；标清 D1/D2 分辨率为 704×576 像素（40 万像素）；高清 D3 /720p 分辨率为 1280×720 像素（100 万像素）；高清 960p 分辨率为 1280×960 像素（130 万像素）；高清 D5/1080p 分辨率为 1920×1080 像素（200 万像素）。

3. 码流

码流（Data Rate）又称码率，是指数字视频在单位时间内的数据流量，基本单位为 bit/s，是视频画面质量的依据。码流的大小与视频编码的格式、图像分辨率和画面图像的变化速度大小相关。图像码流会根据前端拍摄图像变化而变化，相对静止的图像码流较小，而监控范围内目标移动越快、越剧烈，瞬时码流就越大。

采用 H.264 视频压缩编码格式的平均码流为：CIF：512kbit/s；4CIF：536kbit/s；D1（480i）：2048kbit/s；D3（720p/100 万像素）：3072kbit/s；D5（1080p/200 万像素）：4096kbit/s。

录像格式、分辨率、平均码流和存储容量见表 11-9。

表 11-9　录像格式、分辨率、平均码流和存储容量

录像格式	CIF	D1(4CIF)	720p/960p	1080p
分辨率(像素)	352×288	704×576	1280×720 1280×960	1920×1080
平均码流	512kbit/t	2.048Mbit/s	3.072Mbit/s	4.096Mbit/s
每小时单路存储容量	225MB	900MB	1350MB	1800MB
每天的单路存储容量	5.3GB	21GB	32GB	42GB

4. 录像时间和保存天数

监控行业系统录像通常存储 30 天，如果预算有限，至少可以连续录半个月。要求高的一些场合，例如银行、监狱等，也有存储 3 个月以上。

5. 存储空间计算

知道了码流 D、通道数 N（摄像头数量）、录像和图像保存时间 T，就可以直接用公式计算存储总容量了。

（1）存储空间计算公式：

存储总容量（TB）= 摄像机路数 N×视频码流 D（Mbit/s）÷8（Mbit/s/数位变为字节 MB/s）÷1024（MB/s 变为 GB/s）÷1024（GB/s 变为 TB/s）×录像时间［3600s（1h）×24（1天）×保存天数 T］÷0.9（磁盘格式化损失的10%存储空间）。

（2）单位换算：

1）码流的基本单位：bit/s。

生产企业产品的码流单位换算（十进制）：

$$1000000000000\text{bit/s} = 1\text{Tbit/s}$$

$$1\text{Mbit/s} = 10^3\text{kbit/s}$$

$$1\text{Gbit/s} = 10^3\text{Mbit/s}$$

$$1\text{Tbit/s} = 10^3\text{Gbit/s}$$

计算机操作系统（二进制）的码流单位换算：

$$1\text{Mbit/s} = 1024\text{Kbit/s}$$

$$1\text{Gbit/s} = 1024\text{Mbit/s}$$

$$1\text{Tbit/s} = 1024\text{Gbit/s}$$

$$10^{12}\text{bit/s} \approx 0.91\text{Tbit/s}$$

2）存储容量的基本单位：字节 B（Byte），1B = 8bit。

生产企业的硬盘单位换算（十进制）：

$$1000000000000\text{B}/1000(\text{kB})/1000(\text{MB})/1000(\text{GB})/1000(\text{TB}) \approx 1\text{TB}$$

计算机操作系统（二进制）的单位换算：

$$1000000000000\text{B}/1024(\text{kB})/1024(\text{MB})/1024(\text{GB})/1024(\text{TB}) \approx 0.91\text{TB}$$

（3）计算举例：

例 11-1　计算50路存储30天的CIF视频格式的存储空间大小：

CIF格式的视频码流为512Kbit/s，则

存储总容量（TB）= 512Kbit/s÷8（变为字节 KB/s）÷1024（变 MB/s）÷1024（变为 GB/s）÷1024（变为 TB/s）×3600（s/1h）×24（h）×30（天）×50（摄像头数量）÷0.9（磁盘格式化损失的10%存储空间）= 8.58TB，配置9TB的硬盘阵列。

例 11-2　计算50路存储30天的D1（480i）视频格式的存储空间大小：

D1格式（480i）的视频码流为2Mbit/s，则

存储容量 = 2÷8÷1024÷1024×3600×24×30×50÷0.9 = 34.3（TB），配置36TB的硬盘阵列。

例 11-3　计算50路存储30天的D4（720p）视频格式的存储空间大小：

D3格式720p的视频码流为3Mbit/s，则

存储容量 = 3÷8÷1024÷1024×3600×24×30×50÷0.9 = 51.5（TB），配置55TB的硬盘阵列。

例 11-4　计算50路存储30天的D5（1080p）视频格式的存储空间大小：

D5格式1080p的视频码流为4Mbit/s，则

存储容量 = 4÷8÷1024÷1024×3600×24×30×50÷0.9 = 68.7（TB），配置75TB的硬盘阵列。

6. 磁盘阵列RAID容量计算

磁盘阵列RAID（Redundant Arrays of Independent Disks）是由很多价格较便宜的磁盘组合而成的一个容量巨大的磁盘组。把 N 块同样的硬盘合成一个大磁盘阵列有多种方式：

（1）磁盘阵列类型：

1）RAID 0合成模式：RAID 0是最简单的磁盘阵列组合方式，就是通过智能磁盘控制器或磁盘驱动程序以软件的方式把 N 块同样的硬盘串联在一起创建一个大的卷集，再将计算机数据依次写入到各块硬盘中。

优点：可以整倍地提高磁盘的容量。如使用了三块 80GB 的硬盘组建成 RAID 0 模式，那么磁盘容量就会是 240GB。其速度方面，与各单独一块硬盘的速度完全相同。

缺点：任何一块硬盘出现故障，整个系统将会受到破坏，可靠性仅为单独一块硬盘的 $1/N$；如果出现故障，则无法进行任何补救。虽然 RAID 0 可以提供更多的空间和更好的性能，但是整个系统是非常不可靠的，所以，RAID 0 一般只是在那些对数据安全性要求不高的情况下才被使用。

2）RAID 1 镜像合成模式：RAID 1 的合成原理是把一个磁盘的数据镜像到另一个磁盘上，也就是说，数据在写入一块磁盘的同时，会在另一块闲置的磁盘上生成镜像文件，在不影响性能的情况下可以最大限度地保证系统的可靠性和可修复性。只要系统中任何一对镜像盘中至少有一块磁盘可以使用，甚至可以在一半数量的硬盘出现问题时系统仍可以正常运行，当一块硬盘失效时，系统会忽略该硬盘，转而使用剩余的镜像盘读写数据，具备很好的磁盘冗余能力。

RAID 1 虽然对数据来讲绝对安全，但是成本也会明显增加，磁盘利用率为 50%，以四块 80GB 容量的硬盘来讲，可利用的磁盘空间仅为 160GB。

3）RAID 5 校验码合成模式：奇偶校验码广泛用于数据传输纠错系统，因此把它用于所有磁盘上，也可提高可靠性。但是它对并行数据传输解决得不好，而且控制器的设计也相当困难。

对于 RAID 5 来说，大部分数据传输只对一块磁盘操作，虽然可进行并行操作，但有“写损失”，为此每一次写操作，将产生四个实际的读/写操作，其中两次读旧的数据及奇偶信息，两次写新的数据及奇偶信息。

4）RAID 6 合成模式：它是对 RAID 5 的扩展，主要用于要求数据绝对不能出错的场合。由于引入了第二种奇偶校验值，所以需要 $N+2$ 个磁盘，同时对控制器的设计变得十分复杂，写入速度也不好，用于计算奇偶校验值和验证数据正确性所花费的时间比较多，造成了不必需的负载。

5）RAID 10 合成模式：这是一种高可靠性与高效的磁盘结构。这种结构是一个带区结构加一个镜像结构，因为两种结构各有优缺点，因此可以相互补充，达到既高效又高速的目的。

这种新结构的价格高，可扩充性不好。主要用于数据容量不大，但要求速度和差错控制都很高的数据库中。

6）RAID 50 合成模式：RAID 50 是 RAID 5 与 RAID 0 的结合。此配置在 RAID 5 的子磁盘组的每个磁盘上进行包括奇偶信息在内的数据的剥离。每个 RAID 5 子磁盘组要求三个硬盘。RAID 50 具备更高的容错能力，它允许某个组内有一个磁盘出现故障，而不会造成数据丢失。而且因为奇偶位分部存在于 RAID 5 子磁盘组上，故重建速度有很大提高。

优势：更高的容错能力，具备更快数据读取速率。需要注意的是：磁盘故障会影响吞吐量。故障后重建信息的时间比镜像配置情况下要长。

（2）各种 RAID 磁盘阵列组的实际存储容量（净存储空间）。

RAID 0：由 N 块盘组成，逻辑容量为 N 块盘容量之和。即 N 块 mGB 硬盘组成的容量 = $N\times m$GB。

RAID 1：N 块盘组成的逻辑容量为 N 块盘容量之和的一半。

RAID 5：RAID 5 容量计算的公式 =（硬盘数量 − 1）× 容量；3 块 300GB 硬盘算法：（3-1）× 300GB = 600GB，$N>=3$；N 块 mGB 硬盘组成 RAID 5 磁盘后的容量 = $(N-1)\times m$GB。

RAID 6：N 块盘组成的逻辑容量为 $N-2$ 块盘容量之和。

RAID 10：$2N$ 块盘组成的逻辑容量为 N 块盘容量之和。

RAID 50：假设每个 RAID 5 由 N 块盘组成，共有 M 个 RAID 5 组成该 RAID 50，则逻辑容量为（$(N-1)\times M$ 块盘容量之和。

11.5.4　硬盘录像机的主要技术特性

视频监控中使用最多的硬盘录像机为 DVR（Digital Video Recorder，数字硬盘录像机）和 NVR（Network Video Recorder，网络硬盘录像机）两类产品。它们的主要技术特性如下：

1. DVR（数字硬盘录像机）

第二代视频监控系统通常都采用硬盘录像机 DVR 作为视音频信息的存储、回放和图像显示的控制设备。

国内主流硬盘录像机采用两种分辨率：CIF 和 4CIF（D1）。硬盘录像机常见的路数有 1 路、2 路、4 路、8 路、9 路、12 路和 16 路。最大可以连接 8 块 2000GB 的硬盘，总容量可高达 1.6TB（1TB=1000GB）。如果采用 CIF 分辨率，通常取值 200MB/h；如果是 D1 分辨率，每小时录像需要的硬盘容量为 720~1000MB/h。通常为了减少硬盘的容量，帧率设置可比 25fps 低一些，这样码流也可低一些，可以按照 500MB/h 计算，相信大家可以计算出一台装满 8 块 500GB 的 16 路硬盘录像机可以录像多长时间了吧。

图 11-17 是 16 路硬盘机前面板和后面板连接图。该硬盘机提供 16 路视频输入和 1 路音频输入、单路视/音频同步录像/录音、RS-485 控制接口支持摄像机镜头和云台遥控、单画面和 4/8/9/13/16 分割画面显示、快进/快倒回放及回放搜寻方式选择、TCP/IP 网络传输、720×576 像素画面显示清晰度、支持使用两块硬盘和 16 组报警输入/输出等。

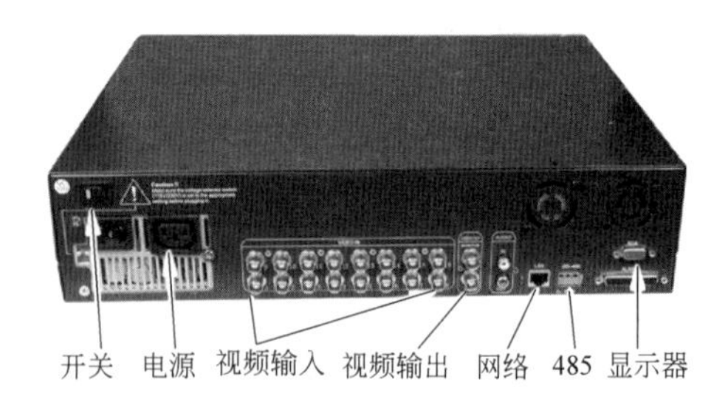

图 11-17　16 路 DVR 数字硬盘录像机前面板和后面板图

2. NVR（网络硬盘录像机）

NVR 最主要的功能是通过网络接收 IPC（网络摄像机）设备传输的数字视频码流，并进行存储、管理，从而实现网络化带来的分布式架构优势。简单来说，通过 NVR 可以同时观看、浏览、回放、管理、存储多个网络摄像机。如果所有摄像机网络化，那么必经之路就是有一个集中管理核心出现。

其中的典型产品是 NVR2860 网络硬盘录像机。NVR2860 支持 1080p 和 720p 的高清网络摄像机的接入，支持高清视频实时浏览、高清视频录像，支持外接高清解码器实现高清电视墙显示功能。

（1）64 路网络前端接入。NVR2860 可接入多达 64 路的网络前端，支持 H.264 编码，可实现最高 1080p 分辨率、实时视频浏览与录像。每一个网络前端均可实现双码流传输，实时浏览的图像可根据网络带宽和浏览画面等条件自动调节分辨率。图 11-18 所示为 NVR2860 64 路前端接入应用。

NVR2860 的画面风格分为 4∶3 和 16∶9 两种，以适应不同比例的显示器。最多可进行 64 画面（4∶3）或 70 画面（16∶9）的视频显示。

（2）高清双屏显示。NVR2860 可以进行双屏显示。主屏可选择 HDMI 输出或者 VGA 输出，辅屏采用 VGA 输出。HDMI 视频输出接口可实现 1920×1080 像素分辨率的高清显示。

实际应用时，主屏通过多通道轮巡等方式播放全部视频图像，需要关注某一细节时，通过鼠

图 11-18　NVR2860 64 路前端接入应用

标或控制键盘操作，将该图像一键切换至辅屏显示。既可以全景展现所有的视频画面，同时又可关注某个图像的细节场景。

（3）录像检索图形化。NVR2860 采用图形化时间轴模式进行录像的检索和回放，可利用日历表对录像日期进行方便的检索。可同时选择多个录像文件，时间轴的时间长度可自行定义，不同的录像状态在时间轴上由不同的颜色标注，简洁直观。

（4）大容量的数据存储。NVR2860 内置 8 块 4000GB 大容量硬盘，总设计容量为 32TB。硬盘支持热插拔。当硬盘处在非工作状态时，自动进入休眠状态，节约能耗。

此外，NVR2860 还可通过 IP-SAN 磁盘阵列和 eSATA 磁盘柜进一步扩展存储容量。

（5）ANR 技术。当设备或网络出现故障时，NVR2860 会自动启用前端存储，从而防止录像中断或录像遗失。待故障排除后，在不影响实时视频传输质量的前提下，前端存储数据可自动同步至 NVR2860 中心存储。数据恢复的整个过程不需要用户手动操作，也不会影响正常功能的使用。

（6）双网口设计。NVR2860 支持双网口，可以在不同的网段开展业务，例如支持不同网段的网络前端接入，在一些需要网络隔离的场合非常适用。

（7）专业的散热技术。NVR2860 采用专业的风道冷却体系设计，在高强度工作压力下，也保证系统迅速散热，保持设备处于凉爽的状态，提升了整机的可靠性。

3. DVR 与 NVR 的比较

与 DVR 相比，NVR 具备以下优势：布线、设备扩容、安装调试、数字图像存储、网络管理及安全性。

1）布线。因 DVR 系统从中心到每个监控点都需要布设视频线、音频线、报警线、控制线等诸多线路，若线缆出问题需逐一排查，其布线工作量大而烦琐，成本也高。

NVR 系统中心点到监控点只需一条网线即可进行连接，免去了所有烦琐线路，且成本低。

2）设备扩容。DVR 系统的监控点与中心之间采用模拟方式互联，传输距离受到模拟信号损失的影响，无法实现远程传输。

NVR 作为全网络化架构的视频监控系统，监控点设备与 NVR 之间可以通过任意 IP 网络互联，因此，监控点可以位于网络的任意位置，不会受到地域的限制。

3）安装调试。不必设置 IP 地址和复杂操作的 NVR，只需接上网线、打开电源，系统会自动搜索 IP 前端、自动分配 IP 地址、自动显示多画面。因此即插即用型的 NVR 是目前的主流方向。

4）数字图像存储。DVR强大的录像、存储功能受制于它的模拟前端。NVR支持中心存储、前端存储以及客户端存储三种存储方式，并能实现中心与前端互为备份，一旦因故导致中心不能录像时，系统会自动转由前端录像并存储；在存储的容量上，NVR也装置了大容量硬盘、RAID磁盘阵列等功能，并设硬盘接口、网络接口、USB接口，可满足海量的存储需求。

5）网络管理及安全性。NVR监控系统的全网管理是其一大亮点，它能实现传输线路、传输网络以及所有IP前端的全程监测和集中管理，包括设备状态的监测和参数的浏览。

DVR因其监控中心到前端为模拟传输，无法实现传输线路以及前端设备的实时监测和集中管理。

在网络监控系统中，通过使用AES码流加密、用户认证和授权等手段来确保安全，NVR产品及系统已经可以实现这些保障。

DVR模拟前端传输的音频、视频信号，没有任何加密机制，很容易被非法截获，而一旦被截获则很轻易就被显示出来。

11.6　视频监控的传输网络

网络视频监控通过互联网、无线IP网络把视/音频信息以数字化的形式进行传输。只要是网络可以到达的地方，就一定可以实现视频监控和记录，并且这种监控还可以与很多其他类型的系统进行结合。

监控摄像机采集到的视/音频信号通过传输网络向监控中心传送，监控中心还要给前端发送控制摄像机的指令信号，因此在摄像机与监控中心之间是一条双向传输网络。

控制摄像机的信号通常都是以数据编码的遥控指令，电平较高、信息量少，不易受外界干扰，可与视频数据传输系统相结合，进行双向传输。

传输网络和高速公路类似，网络带宽越大，相当于高速公路的车道越多，其通行能力就越强。因此，网络带宽是作为衡量网络特征的一个重要指标，它不仅是网络视频监控设计的一个重要指标，也是互联网用户和互联网接入服务商提供服务的依据。

11.6.1　传输网络带宽计算

双向传输有上行带宽和下行带宽之分，双向传输网络的总带宽=上行带宽+下行带宽。

上行带宽是指设备上传信息到网络上的带宽。上行速率是指用户向网络发送信息时的数据传输速率。在视频监控中是指前端摄像机向IP网络上传信息的带宽或数据速率。

下行带宽就是指从网络上下载信息到用户的带宽。下行速率是指用户从网络下载信息时的数据传输速率。在视频监控中是指前端设备从IP网络上下载遥控指令的带宽，以及监控中心从网络上下载前端传来的监控信息的带宽。

计算举例：视频监控分布在5个不同的地方，各地方摄像机的路数$n=10$路。监控中心要远程监看5个不同地方（共50路）及存储视频信息，试计算不同视频格式的上行和下行带宽及存储空间大小。

（1）地方监控点的上行带宽计算。

1）CIF视频格式摄像头，每路的比特率为512kbit/s，则每路摄像头所需的数据传输带宽为512kbit/s，10路摄像机所需的数据传输带宽为：512kbit/s（CIF视频格式的比特率）×10（摄像机的路数）≈5120kbit/s=5Mbit/s（上行带宽），即采用CIF视频格式各地方监控所需的网络上行带宽至少为5Mbit/s。

2）D1视频格式摄像头的比特率为1.5Mbit/s，则每路摄像头所需的数据传输带宽为

1.5Mbit/s，10 路摄像机所需的数据传输带宽为：1.5Mbit/s（D1 视频格式的比特率）×10（摄像机的路数）= 15Mbit/s（上行带宽），即采用 D1 视频格式各地方监控所需的网络上行带宽至少为 15Mbit/s。

3）720p（100 万像素）D3 的视频格式摄像头的比特率为 2Mbit/s，则每路摄像头所需的数据传输带宽为 2Mbit/s，10 路摄像机所需的数据传输带宽为：2Mbit/s（D3 视频格式的比特率）×10（摄像机的路数）= 20Mbit/s（上行带宽），即采用 720p 的视频格式各地方监控所需的网络上行带宽至少为 20Mbit/s。

4）1080p（200 万像素）D5 的视频格式每路摄像头的比特率为 4Mbit/s，则每路摄像头所需的数据传输带宽为 4Mbit/s，10 路摄像机所需的数据传输带宽为：4Mbit/s（D5 视频格式的比特率）×10（摄像机的路数）= 40Mbit/s（上行带宽），即采用 1080p 的视频格式各地方监控所需的网络上行带宽至少为 40Mbit/s。

（2）监控中心从 IP 网下载的下行带宽计算。

1）CIF 视频格式的所需带宽：512kbit/s（CIF 视频格式的比特率）×50（监控点的摄像机的总路数）= 25Mbit/s（下行带宽），即采用 CIF 视频格式监控中心所需的网络下行带宽至少为 25Mbit/s。

2）D1 视频格式的所需带宽：1.5Mbit/s（D1 视频格式的比特率×50（监控点的摄像机的总路数）= 75Mbit/s（下行带宽），即采用 D1 视频格式监控中心所需的网络下行带宽至少为 75Mbit/s。

3）720p（100 万像素）的视频格式的所需带宽：2Mbit/s（D3 视频格式的比特率）×50（监控点的摄像机的总路数）= 100Mbit/s（下行带宽），即采用 720p 的视频格式监控中心所需的网络下行带宽至少为 100Mbit/s。

4）1080p（200 万像素）的视频格式的所需带宽：4Mbit/s（D5 视频格式的比特率）×50（监控点的摄像机的总路数）= 200Mbit/s（下行带宽），即采用 1080p 的视频格式监控中心所需的网络下行带宽至少为 200Mbit/s。

11.6.2　无线传输网络

随着无线技术的日益发展，无线传输技术的应用越来越被各行各业所接受，无线图像传输作为一个特殊使用方式也逐渐被广大用户看好，其安装方便、灵活性强、性价比高等特性使得更多行业的监控系统采用无线传输方式，建立了被监控点和监控中心之间的连接。

无线监控技术已经在现代化交通、运输、水利、航运、铁路、治安、消防、边防检查站、森林防火、公园、景区、厂区、小区、家庭等领域得到了广泛的应用。

无线图像传输系统从应用层面来说分为两大类，一是固定场所的无线图像监控传输系统，二是移动视频的无线图像监控传输系统。

1. 固定场所的无线图像监控传输系统

固定场所的无线图像监控传输系统，主要应用在有线网络视频监控难以实现的场合，比如港口码头的监控、河流水利的视频和数据监控、森林防火监控、城市安全监控、建筑工地监控等。下面按频段由低到高对不同的图像传输技术进行介绍。

（1）2.4GHz ISM 频段的图像传输技术。2.4GHz 的图像传输设备采用扩频技术，有跳频和直扩（频）两种工作方式。跳频方式速率较低，吞吐速率在 2Mbit/s 左右，抗干扰能力较强，还可采用不同的跳频序列实现同址复用来增加容量。直扩方式有较高的吞吐速率，但抗干扰性能较差，多套系统同址使用受限制。

2.4GHz 图像传输可基于 IEEE 802.11b 协议，传输速率为 11Mbit/s，去掉传输过程中的开销，实际有效速率为5.5~6Mbit/s。后来制定的IEEE 802.11g标准，速率上限达到54Mbit/s，在特殊模式下可达108Mbit/s，该标准互通性高，点对点可传输几路MPEG4的压缩图像。

应用在2.4GHz频段的还有蓝牙技术、Home RF技术、MESH、微蜂窝技术等。随着应用范围的逐渐扩大，2.4GHz这个频段处于满负荷工作状态，其速率问题、安全问题、干扰问题值得进一步研究。

（2）3.5GHz频段的无线接入系统。3.5GHz的无线接入系统是一种点对多点微波通信技术，采用FDD（采用两个独立的信道分别进行向下传送和向上传送信息的技术）双工方式，用16QAM、64QAM调制方式，基于DOCSOS协议。其工作频段相对较低，电波自由空间损耗小，传播雨衰性能好，接入速率足够高，且设备成本相对较低。该系统具有相对良好的覆盖能力，通常可达到5~10km，适合地县级单位应用的低价位、较大面积覆盖场合；还可与WLAN（无线局域网）、LMDS（本地多点分配接入系统）互为补充，形成覆盖面积大小配合、用户密度稀密配合的多层运行的有机互补模式。存在的问题是带宽不足，只有上下行各30MHz，难以大规模使用。

（3）5.8GHz WLAN产品。5.8GHz的WLAN产品采用（OFDM）正交频分复用技术，在此频段的WLAN产品基于IEEE 802.11a协议，传输速率可以达到54Mbit/s，在特殊模式下可达108Mbit/s。根据WLAN的传输协议，在点对点应用时，有效速率为20Mbit/s；点对六点的情况下，每一路图像的有效传输速率为500kbit/s左右，也就是说总的传输数据量为3Mbit/s左右。对于无线图像传输而言，基本上解决了“高清晰度数字图像在无线网络中的传输”问题，使得大范围采用5.8GHz频段传输数字化图像成为现实，尤其适用于城市安全监控系统。

ZWD-2422无线高清传输器的工作频率为4.9~5.9GHz，当它收到其他射频设备或信号干扰时，能自动调整至适当的频率，所以一般不在5G左右频段的2.4GHz，3G不会干扰到ZWD-2422的无线高清传输。

WLAN传输监控图像，比较成熟的是采用MPEG4图像压缩技术。这种压缩技术在500kbit/s速率时，压缩后的图像清晰度可以达到CIF（352×288像素）~2CIF。在2Mbit/s的速率情况下，该技术可以传输4CIF清晰度（702×576像素，DVD清晰度）的图像。采用MPEG4压缩以后的数字化图像，经过无线信道传输，配合相应的软件，很容易实现网络化、智能化的数字化城市安全监控系统。

2.4GHz/5.8GHz基于802.11n的产品，11n产品分为AN和GN，它们分别工作在5.8GHz和2.4GHz，传输速率可达150Mbit/s、300Mbit/s、600Mbit/s，有效传输速率分别为60Mbit/s、160Mbit/s、300Mbit/s。随着高清摄像机的发展，这种高带宽的11N产品非常适合高清摄像机的传输。高清摄像机和高带宽无线传输设备的配合会逐渐成为无线视频监控的趋势。

（4）26GHz频段的宽带固定无线接入系统。LMDS（本地多点分配接入系统）是典型的26GHz无线接入系统，采用64QAM、16QAM和QPSK三种调制方式。LMDS具有更大的带宽和双向数据传输能力，可提供多种宽带交互式数据以及多媒体业务，解决了传统本地环路的瓶颈问题，能够满足高速宽带数据、图像通信以及宽带互联网业务的需求。LMDS系统覆盖范围为3~5km，适用于城域网。由于世界各国对LMDS的工作频段规划不同，所以其兼容性较差、雨衰性能差、成本也较高。

2. 移动视频监控传输系统

除了对固定场所的图像监控的需求外，移动图像传输的需求也相当旺盛。移动视频图像传输广泛用于公安指挥车、交通事故勘探车、消防武警现场指挥车和海关、油田、矿山、水利、电力、金融、海事，以及其他的紧急、应急指挥系统，主要作用是将现场的实时图像传输回指挥中心，使指挥中心的指挥决策人员如身临其境，提高决策的准确性和及时性，提高工作效率。

（1）利用 CDMA、GPRS、4G/5G 公众移动网络传输图像。CDMA 无线网络的移动传输技术具有很多优点：保密性好、抗干扰能力强、抗多径衰落、系统容量的配置灵活、建网成本低等。CDMA 采用 MPEG4 压缩方式、CIF 格式压缩图像，可以达到每秒 2 帧左右的速率；如果将图像调整到 QCIF 格式，则可以达到每秒 10 帧以上。但是，对于安全防范系统来说，一般采用低传输帧率而保证传输的清晰度，因为只有 CIF 以上的图像清晰度才可以满足调查取证的需要。如果希望进一步提高现场图像的实时传输速率，一个简单的方案是采用多个 CDMA 网卡捆绑使用的方式，用来提高无线信道的传输速率。市场上有 2~3 个网卡捆绑方式的路由器，增加网卡的代价是增加设备成本和使用成本。随着视频压缩技术的不断发展，单个网卡上 3~4 帧/s 图像传输速率是可以实现的，如果每秒钟可以传输 3~4 帧 CIF 格式的图像，就可以满足一般移动公共交通设施的安全监控的要求。

GPRS 是一种基于 GSM 系统的无线分组交换技术，支持特定的点对点和点对多点服务，以“分组”的形式传送数据。GPRS 峰值速率超过 100kbit/s，网络容量只在所需时分配，这种发送方式称为统计复用。GPRS 最主要的优势在于永远在线和按流量计费，不用拨号即可随时接入互联网，随时与网络保持联系，资源利用率高。

3G 技术已经取代 GPRS 和 CDMA，可以实现的有效速率达 384kbit/s，在网络部署的城区，可以实时传输一路 CIF 图像，每秒可达到 20 帧。但需要注意的是，即使速率提高了很多，也不要认为所有的移动交通设施可以同时将图像传输回监控中心，因为同时概念对于公网图像传输来说几乎是不可能的。

（2）用于应急突发事件的专用图像传输技术。对于一些应急指挥中心的图像传输系统，往往要求将突发事件现场的图像传输回指挥中心，例如遇到重大自然灾害，水灾、火灾现场，群众的大型集会和重要安全保卫任务现场等，这类应急图像传输系统不宜使用公众网络传输，最好采用专业的移动图像传输设备。可用于移动视频图像传输的技术有以下几种。

1）WiMAX 点对多点的宽带无线接入技术。

WiMAX 采取动态自适应调制、灵活的系统资源参数及多载波调制等一系列新技术，并兼具较高速率传输能力（可达 70~100Mbit/s）及较好的 QoS 与安全控制。

WiMAX 802.16e 覆盖范围可以达到 1~3mile（1mile = 1609.344m），主要定位在移动无线城域网环境。然而 802.16e 获得足够的全球统一频率存在一定难度，且建设成本和设备价格较高。

2）无线“网格（MESH）”技术。

无线“网格（MESH）”技术可以实现较近范围内的高速数据通信。利用 2.4GHz 频段，有效带宽可以达到 6Mbit/s，这种技术链路设计简单、组网灵活、维护方便。支持 MeshController 集中方式管理，终端数据无须配置，自动生成解决方案。支持 MeshController 热备份链路、自动漫游切换等功能。支持 MeshController 用户终端集中管理、多种验证方式使系统更安全。支持 MeshController 用户流量控制功能，可根据用户类型自由分配流量，支持限速、限流量、限制上网时间等功能。

对于固定场所的无线图像传输可以采用成本较低的 WLAN 技术产品。对于移动视频图像传输可以采用公众移动网络或专用无线图像传输技术。

11.7　视频监控工程案例

11.7.1　综合办公大楼的视频安防监控系统

本项目为一座综合性的办公大楼，采用 IP 网络数字视频监控系统，视频安防监控点设在电梯轿厢、入口大厅、各楼层出入口处、地下停车场等处，既考虑到公共位置的安全，又兼顾到重要位置的隐私，摄像机布置要缜密、合理。设置与环境相适应的摄像机500台，进行全面实时监控；整个数字视频安防监控系统传输部分采用6类布线方式。

1. 系统特点

（1）昼夜型点阵红外网络摄像机。点阵红外IPC摄像机采用海康自主专利全球首创矩形光斑透镜，拥有四大核心技术，即面发光技术、黑晶封装技术、双面复合透镜技术、智能SMART IR技术，使得红外监控画面中心不过曝、均匀无暗角，红外探测距离达到50~80m。专利黑色防反光遮阳罩，可有效防止红外干扰和日光干扰造成的图像模糊问题。

（2）智能硬盘管理。系统支持磁盘预分配，硬盘初始化下预分配索引、录像文件等，杜绝磁盘碎片的产生，延长硬盘寿命；硬盘Smart检测信息，可准确反馈硬盘工作状态，提前预警，确保数据存储安全、可靠；支持硬盘休眠，非工作硬盘可适时进入休眠状态，降低功耗、延长硬盘使用寿命。

（3）系统操作便捷。

一键添加IPC：只要将IPC与NVR之间联网，然后在系统操作界面上一键自动添加，就可以一步完成添加，极大地减少了施工、维护工作量。

一键录像：系统支持一键配置录像计划，可以一键配置所有通道的移动侦测功能。

一键定位：系统支持3D定位操作功能，只要选定好要放大的位置，球机就能自动将以该区域为中心的图像显示在画面上。

一键锁定目标：避免了复杂的操作，操作效率上有很大的提高。

一键上网：系统支持海康威视自建的动态域名解析服务系统HiDDNS和通用即插即用UPnP（Universal Plug and Play）功能，无须注册使用第三方域名，外网访问一步到位。

一键调用：在云台控制界面下，支持一键快捷调出球机的菜单，调节球机参数更加便捷。

全新编码引擎升级（H.265）后，前端高清IPC清晰度为720p（100万像素）仅需1~2Mbit/s码率，1080p（200万像素）仅需3~4Mbit/s码率，有效降低了网络带宽和存储成本。

系统支持PoE（网络供电）交换机，通过网线直连具备PoE（网络供电）功能的高清IPC，既可传输视频信号又能为其供电，有效节约了电源布线的成本。

（4）实时图像观看。能按照指定设备、指定通道实时观看图像，支持监控图像缩放、抓拍和录像。全通道高清接入，最高支持500万像素高清网络视频的预览、存储与回放。

（5）远程控制。对前端设备的各种动作可实施遥控操作；可以设定控制优先级，对级别高的用户请求有相应措施保证优先响应。

（6）检索和回放。应能按照指定设备、通道、时间、报警信息等要素检索历史图像资料并回放和下载；回放时支持正常播放、快速播放、慢速播放、逐帧进退、画面暂停、图像抓拍等；还支持回放图像的缩放显示。

（7）前端编码器支持双码流。双码流可以满足实时监控码流和存储码流采用不同的编码方式、清晰度和带宽，以满足实时监控和存储策略。

（8）人机交互。支持Web方式管理，具有直观、友好、简洁的人机交互界面，具有视频画面分割显示、信息提示等处理功能，能反映自身运行情况，对正常、报警、故障等状态给出指示。

（9）权限管理。监控中心具有对接入的用户进行授权和认证的功能。用户及权限管理可由各级监控中心独立执行，也可集中执行。用户及权限管理模块可以定义用户对设备的操作权限、访问数据的权限和使用程序的权限。

监控中心的用户有权限获取所辖范围内的历史图像和实时监视图像，当需要获取非管辖范围内的历史图像和实时监控图像时，应取得有效授权。系统可提供对前端设备进行独占性控制的锁定及解锁功能。

2. 监控点位分布

为保证昼夜监控图像的效果，选用红外摄像机。如出入口、地下层走廊等处采用红外枪式摄像机；电梯轿厢、电梯前室和走廊选用红外半球摄像机。楼外区域、一层出入口大厅和屋顶平台等大空间区域选用红外高速球摄像机。系统共设置 500 台摄像机。

（1）红外半球摄像机安装区域：楼梯前室、电梯前室、走廊两侧、走廊、主要出入口门厅、主楼与附楼出入口。

（2）室内快球摄像机安装区域：一层、屋顶平台等大型区域。

（3）室外快球摄像机安装区域：外广场及周边区域。

（4）红外枪式摄像机安装区域：地下车库车道、车辆入口等。

（5）电梯半球摄像机安装区域：各电梯内。

3. 系统组成及结构

系统采用网络架构，可通过工作站、工作站客户端等多种方式进行扩展，保证后期能将重点视频图像接入 110 监控系统中。

系统由前端设备、传输设备、控制中心、显示设备、存储系统几部分组成。如图 11-19 所示。

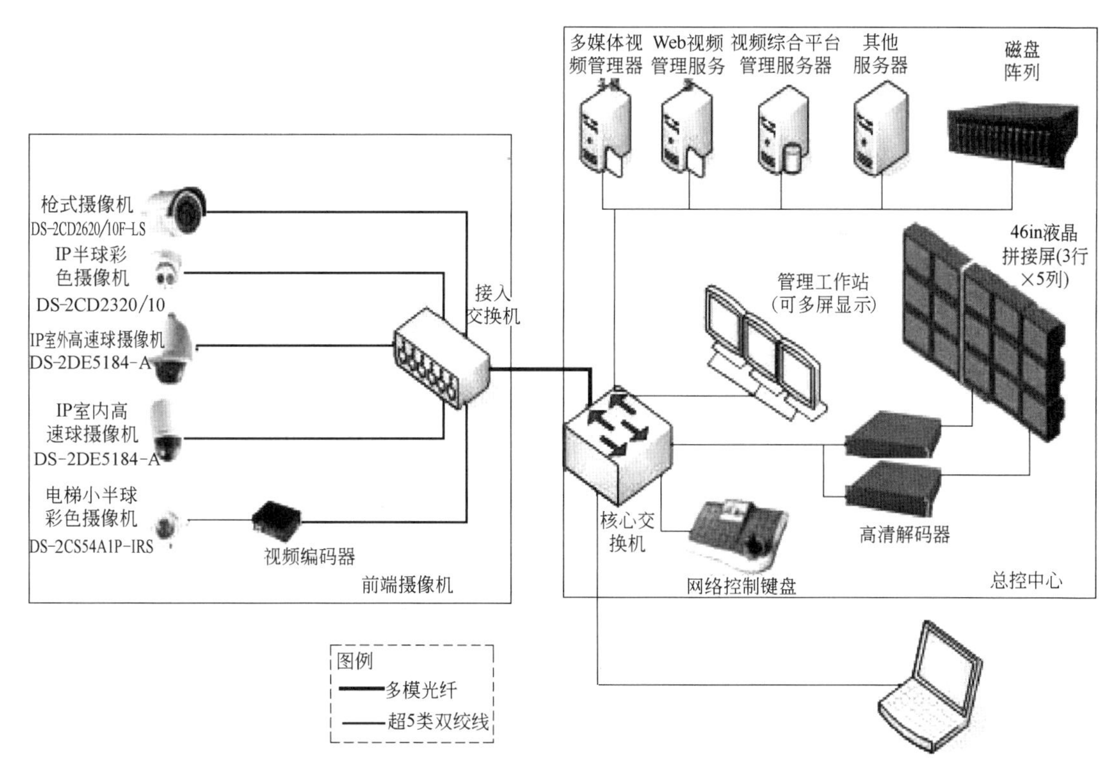

图 11-19　综合办公大楼的视频安防监控系统

（1）前端设备。系统的前端设备包括摄像机、镜头、防护罩、支架和云台等，对监视区域进行摄像并将其转换成电信号。

摄像部分是监控系统的前沿，是整个系统的“眼睛”，它把监视的内容变为图像信号，传送到控制中心的监视器上，摄像部分产生的图像信号质量将直接影响整个系统的质量。

本视频安防监控系统基于IP网络传输，除电梯摄像机外，均采用网络摄像机直接接入网络；所有电梯摄像机采用的是模拟摄像机，需接至视频编码器，把模拟视频信号进行数字化和压缩编码，形成IP数据包，再由网络传送到指定的目的地址，每台视频编码器在网络上占用1个IP地址，按照就近的原则对前端摄像机进行编码。

视频编解码器支持至少两种码流，并且系统采用的视频流控制技术是可变码流管理技术，即在设定上限带宽的情况下可以动态调整任何一路视频的带宽。

前端摄像机通过楼层的接入交换机与大楼局域网互联。

（2）传输设备。此方案设计了监控专网，与大楼内的计算机局域网络分开，保证了系统的安全性及可靠性。根据摄像机接入的情况，监控系统的接入交换机采用100Mbit/s的局域以太网架构，即可满足视频监控数据传输需求，由于所有数据都要通过中心交换机传输所有摄像机的监控、存储数据以及调用的视频回放数据，所以建议采用1000Mbit/s以太网架构，即可满足监控数据传输需求。

由于整个项目的服务区域较大，还要为二期及后续建筑留有扩展空间，因此要求采用当前主流的数字传输解决方案，便于存储和分控，还可支持网络远程查看。

从前端设备到视频编码器之间的传输部分：前端电梯摄像机的视频信号采用屏蔽视频电缆，根据摄像机安装位置采用SYV75-5同轴电缆，以保证监控信息的准确传输。控制线采用RVVP2 * 1.0屏蔽双绞电缆。电源线采用RVV2 * 1.0的电缆。从IP摄像机、视频编码器到接入交换机采用6类非屏蔽双绞线；自接入交换机至监控中心核心交换机采用光缆，从而保证主干的数据带宽。

（3）控制中心。控制中心是整个系统的“心脏”和“大脑”，是实现整个系统功能的核心，控制中心设有多媒体管理服务器、Web视频服务器、监控管理服务器、存储服务器和磁盘阵列等设备，它们通过核心交换机与局域网互联。

监控中心采用智能安防监控箱，提供录像、检索、系统管理、录像资料存储等服务。实现监控视频上墙监看，通过监控客户端工作站实现系统的管理和实时监控操作。可以浏览到所有的前端视频并且可以对所有设备进行操作。

电视墙显示部分：由15台46in超窄边液晶拼接单元组成，呈3行×5列，亮度为450cd/m^2，对比度3000：1，拼接缝小于7.3mm，可视角178°，响应时间8ms，提供VGA/RGB/AV/DVI/HDMI接口和拼接屏配套设备。

报警平面控制电子板，包括摄像控制点位（编号）、周界显示、重点区域报警显示。

（4）存储系统。每个前端的存储容量（GB）=[视频码流大小（Mbit/s）×60s×60min×24h×存储天数/8]/1024，见表11-10。

表11-10　每个前端摄像机不同录像格式（分辨率）的存储容量

录像格式	CIF	D1(4CIF)	720p/960p	1080p
分辨率	352×288	704×576	1280×720 1280×960	1920×1080
平均码流	512kbit/s	2.048Mbit/s	3.072Mbit/s	4.096Mbit/s
每小时单路存储容量	225MB	900MB	1350MB	1800MB
每天的单路存储容量	5.3GB	21GB	32GB	42GB
30天的单路存储容量	158GB	630GB	960GB	1260GB

11.7.2　农产品基地高清远程 IP 网络视频监控系统

上海西郊国际农产品展示直销中心（以下简称中心）是上海及长三角地区集农产品批发交易、展示展销、物流配送、检测检验、信息服务、进出口贸易等功能于一体的综合农产品交易中心。中心占地 2000 余亩（1 亩 = 666.67m^2）、总建筑面积 45 万 m^2，位于上海青浦区华新镇，中心由批发交易区、展示直销中心和检测服务区三大功能区域组成。

客商走进 800m^2 西郊农产品展示直销中心大厅，首先映入眼帘的是中间大屏幕上滚动显示的 16 幅农产品图像，图像内嵌显示某农产品基地的中文字幕（每幅画面不停轮切显示各农产品基地的商品图像）。农产品展示直销中心设有 5 个 VIP 贵宾洽谈室，客商在贵宾室通过远程 IP 网络视频监控系统可直接与感兴趣的农产品生产基地“面对面”进行洽谈，观看种植、研发和商品库存等情况。

将高清远程 IP 网络视频监控系统引入农产品综合交易中心是一项新的创举。客商可以通过 IP 网络视频监控系统直接观看、了解全国各地农产品生产基地的种植、研发、库存等情况，还可直接进行视/音频远程双向交流。为来自国内外的客商提供省时、高效、便捷、低成本的交流洽谈新平台，开辟各国各地区名特优精农产品交易和展示的新渠道。

这是一个最多可安装 5000~8000 个视频终端的大型数字网络视频监控系统。由设在管理中心的 VM5000 监控视频管理服务器、VC8000 监控管理终端、DC2004 解码器、VIP 贵宾室的视频监控终端和各生产基地的前端高清网络摄像机、编码器等组成。

VM5000 监控视频管理服务器最多可连接管理 5000 个视频监控终端，EC2004 四通道编码器将与其连接的摄像机拍摄的模拟视频信号转换成数字信号并通过路由器发送到 IP 网络；DC2004 四路解码器把从 IP 网络上接收到的视/音频数据流解码后送至监控中心的电视墙显示，如图 11-20 所示。

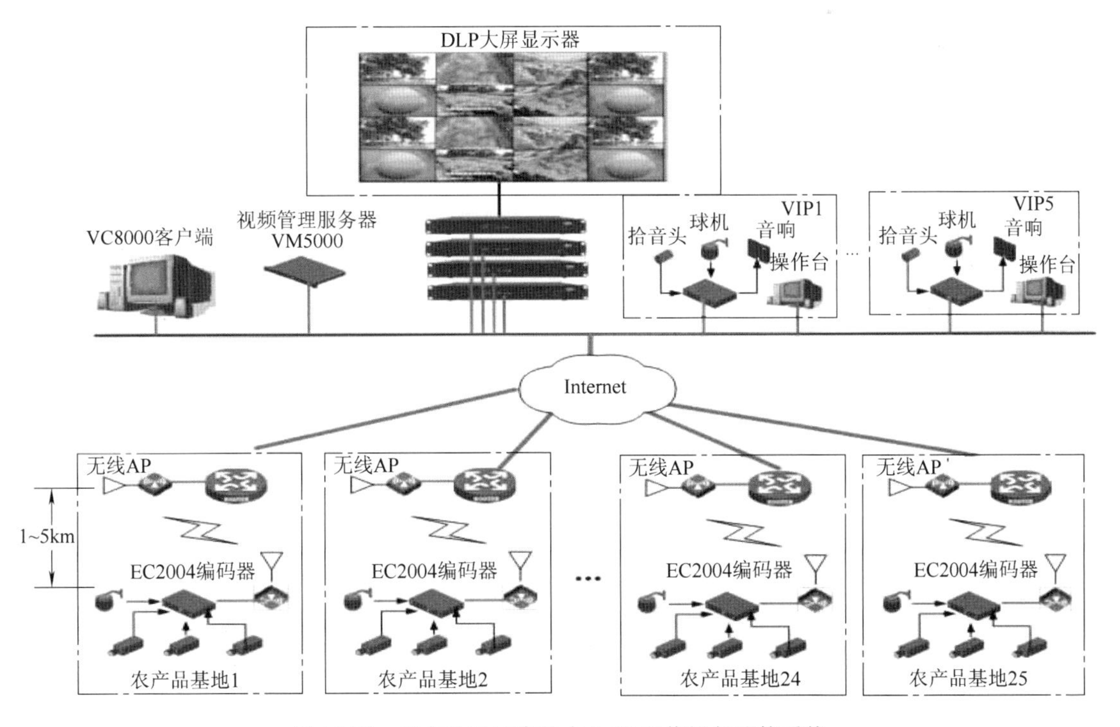

图 11-20　农产品展示直销中心 IP 网络视频监控系统

1. VIP贵宾室与农产品生产基地双向通信

农产品展示直销中心设有5个VIP洽谈室，每个洽谈室有一个室内球机，通过模拟视频线缆接入到单路编码器EC1001-HF，球机摄像头的控制线缆也直接连接到单路编码器，视/音频信号和远端摄像机控制信号经数据编码后，经路由器送至IP网络。考虑到洽谈室与远端生产基地还需进行语音通信，故在EC1001-HF单路编码器上接入了拾音器。在5个洽谈室均可通过融合工作站与远端生产基地会场进行双向互动通信，如图11-21所示。

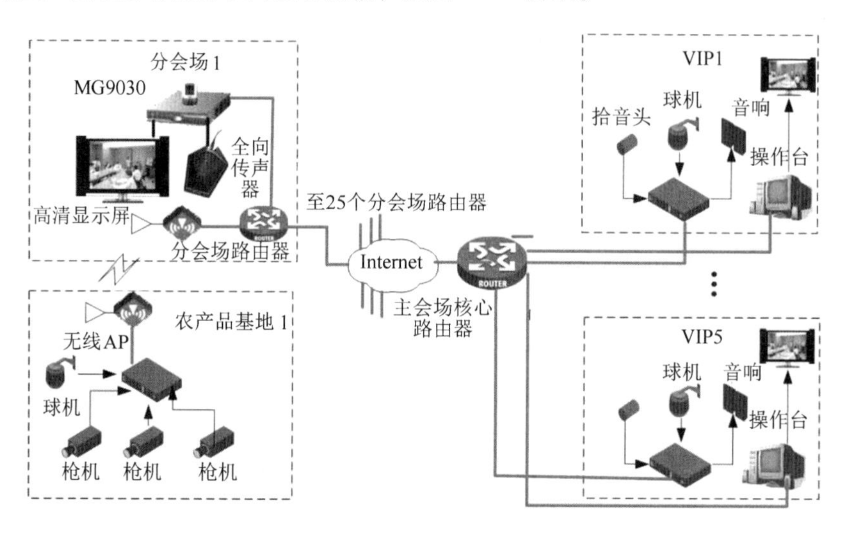

图11-21　VIP贵宾室与分会场及基地双向互动通信

由于农产品生产基地现场都没有IP网络，而且离分会场路由器平均距离约有5km，中间可能会有公路、河流或小山坡的阻隔，为此，必须通过无线传输网络接驳。

VIP贵宾室的客商可通过操作台任意调取农产品基地的监控图像；IP视频监控系统本身支持语音对讲，因此客商可直接在VIP室与某农产品基地进行双向实时通信。

2. 主要设备技术性能

系统主要配置设备包括：视频管理服务器、视频监控管理终端、视频编码器、视频解码器、室外型双频大功率AP、PC和摄像机等。视频管理服务器和视频监控管理终端是IP视频监控系统的核心设备，涉及系统管理、控制和数据切换等功能。

（1）VM5000视频管理服务器。H3C VM5000视频管理服务器是新一代基于IP网络的视频监控管理服务器，是华为3Com iVS（IP Video Surveillance，IP视频监视）IP智能监控解决方案的核心组件。VM5000采用Linux操作系统，满足专业监控对高性能、高可靠性的要求，如图11-22所示。

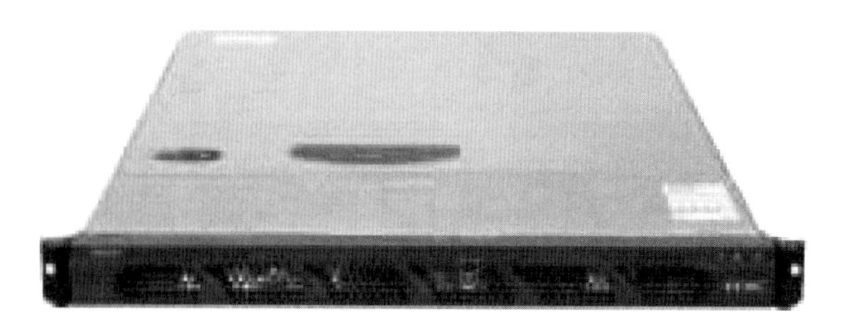

图11-22　VM5000视频管理服务器

VM5000 由两部分组成：一部分完成视频监控管理，简称 VM；另一部分完成视频数据管理，简称 DM。VM5000 是兼有视频监控管理和视频数据存储管理的一体化设备。

VM5000 是 iVS 方案的管理和控制中心，授权用户可以在任意一台 PC 管理客户端上最多完成全网 5000 台的设备管理、资源调度及业务控制。所有对监控设备的管理和控制都必须经过 VM 进行，但是业务流的媒体处理并不需要通过 VM 进行，所有监控视频流由 IP 网络直接承载及交换。

VM5000 不仅可对所有前端设备进行集中管理和控制，还可对所有存储设备进行远程集中管理。日常监控时：监控中心集中管理控制的范围，从监控点到监控中心的图像、声音的切换、接收、存储过程。日常维护时：VM5000 的超级管理员或授权用户，在监控中心实行各终端远程集中管理，做到整个系统的统一管理和维护。VM 对其他设备所有的管理操作都是通过 VC8000 视频监控管理终端实现的。

为了保障视频数据存储的可靠性及数据共享，iVS 采用先进的 IP-SAN 存储系统存储视频数据，VM5000 作为这些存储设备的管理者，从复杂的存储设备管理信息中抽象出与监控业务相关的信息，同时支持对 ER 系列编码器中 NAS 存储资源的管理，实现了对系统内大量存储设备的集中管理以及存储资源的动态分配。VM5000 提供快速精确的视频数据检索功能，并严格控制数据访问权限，保证数据的安全性。同时，VM5000 内置 Web 服务器，用户可通过 Web 界面非常直观地管理和维护设备。

（2）VC8000 视频监控管理终端。VC8000 视频客户端是 H3C 公司面向 IP 视频监控系统开发的客户端软件，是 H3C iVS8000 视频监控系统整体解决方案中的重要组件。

VC8000 视频客户端包括三个组件：VC8000 用户版、VC8000 管理员版、VC8000 告警台版。用户可以根据实际需要选择全部或者只安装其中某个组件。

VC8000 提供了完善的安全保护机制，并可为不同用户分配不同的操作权限和系统权限，对权限进行分级、分域、分设备控制，合理的管理权限划分大大降低了系统的维护工作量和复杂度。

VC8000 用户版是一套图形化用户界面的客户端软件，支持双屏显示，可集中操作 iVS8000 视频监控系统。用户可以通过各种快捷按钮轻松实现实时监控、云台控制、点播回放、抓拍、本地录像、录像下载、录像备份、轮切业务、数字矩阵业务、模拟矩阵业务、告警联动业务和 GIS（Geography Information System，地理信息系统）地图操作。

VC8000 管理员版是一套图形化的配置管理的客户端软件，可以集中配置域、用户、编解码器和 MS 等服务器。VC8000 管理员版还支持查看在线信息、日志信息等。

VC8000 告警台版是一套图形化的配置接收告警规则和接收告警的客户端软件。

3. IP 视频监控系统信息流程设计总图

图 11-23 是 IP 视频监控系统和远程视频会议系统数字融合的信息流程设计总图，系统由农产品综合交易中心会场和若干个分会场组成。

11.7.3　世博会中国国家馆视频监控系统

为满足世博场馆安全和科学系统化管理和全面、及时了解、追踪随时发生的意外事件，做出正确、快速指挥和处理，世博会中国国家馆建立了 IP 网络视频监控系统。整个中国国家馆的监控系统采用超过 300 路高清摄像机，视频录像文件的存储保存方式采取硬盘录像机外挂 IP-SAN 的方式，存储时间在两周以上，总存储容量需求在 100TB 左右。图 11-24 是中国国家馆视频监控系统拓扑图。

这套视频监控存储设备通过 IP 网络向所有的视频编解码设备，包括视频服务器、网络硬盘

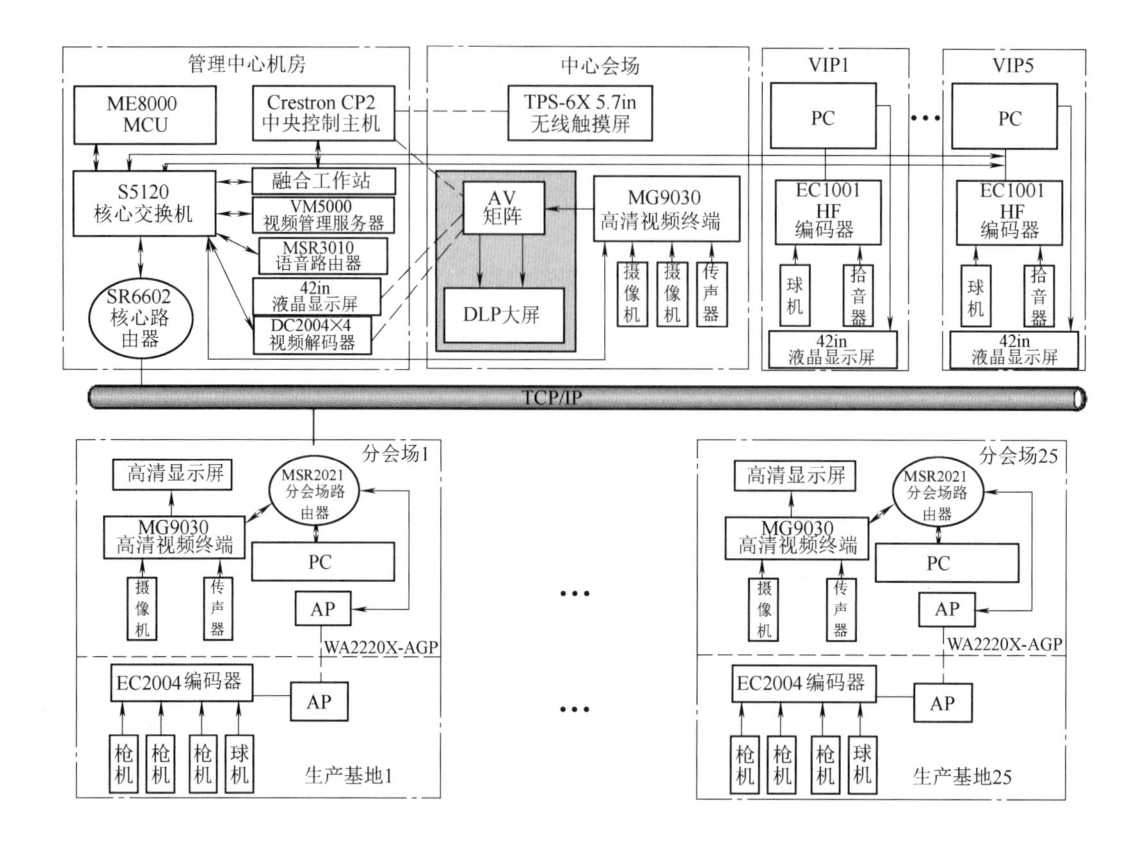

图 11-23　IP 视频监控系统和远程视频会议系统数字融合的信息流程设计总图

录像机提供视频监控录像存储空间。其他服务器或监控设备可以直接从磁盘阵列中读取视频监控录像，或者通过视频编解码设备读取视频监控录像。

该方案优点如下：

1）充分利用网络优势，灵活部署存储设备，授权保护访问视频数据存储库，有利于外防内控。

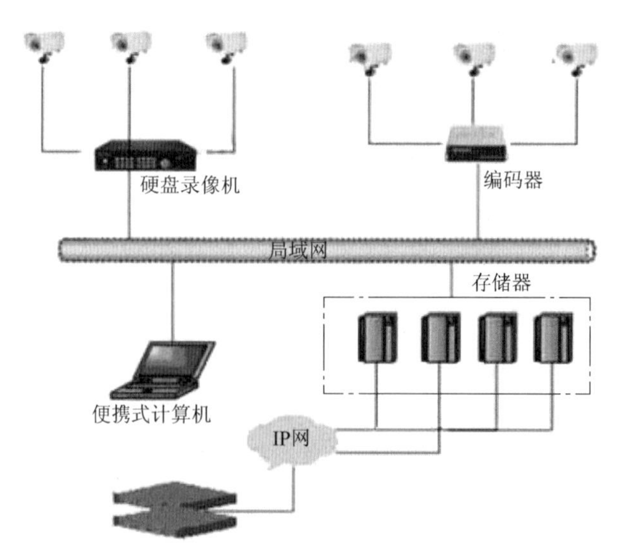

图 11-24　中国国家馆视频监控系统拓扑图

2）数据调用灵活，无缝支持视频监控数据综合应用平台，有利于监控系统功能扩展。

3）网络存储方案简单易用，拥有完善的独立配置向导界面，简单轻松完成系统配置。

4）大容量、低成本，一套存储系统可以保存 300 路、长达 30 天的录像视频。可以很好地满足关键区域视频监控的存储需求。

5）兼容各种视频编码设备，支持主流视频监控设备厂商的视频编解码设备。

6）专业可靠的存储设备，并针对视频监控存储的特点在 IO、管理等多方面进行优化。支持独立磁盘冗余阵列（Redundant Array of Independent Disks，RAID）0/1/5/6/10/50 等多种级别设置，支持网络冗余、网络故障恢复和系统映像备份等多种增强数据安全性和可靠性的技术手段，具有出色的防御病毒侵犯能力。

11.7.4　IDC 数据中心网络监控系统

IDC 数据中心网络监控系统为用户提供从环境安全、服务安全、管理安全、网络安全的全方位安全服务。

全数字结构视频监控系统由 IP 网络摄像机、网络视频服务器、视频屏幕墙服务器、视频安防管理软件等组成。以 IDC 数据中心机房为核心，各监控点信号就近接入本层弱电间交换机，远距离摄像机的数字视频信号通过光纤传输，接入监控室核心交换机。在 IDC 数据中心实现整个大楼视频监控的统一管理、录像和报警处理等功能。采用磁盘阵列存储视频信息，保存天数为 30 天，能够方便地进行扩展。数字监控显示系统的图像分辨率为 D1（即：PAL 768×576），存储系统的视频压缩格式为 MPEG4/H. 264。

系统具有多种智能化控制方式，包括前端摄像机镜头遥控、多画面同屏分割显示、多模式自动轮巡切换、图片抓拍、及时回放、虚拟镜头、电子地图等功能，提供实时、定时、报警触发、随时启停等多种录像模式以及对录像资料的智能化快照、检索、查询等功能。

1. 系统功能

（1）视频监控功能。

1）防区保护及入侵检测：在摄像机监视的视场范围内，可根据监控需要设置任何形状的红外警戒区域，当有人碰触警戒线时，系统自动报警，并用告警框标识出进入警戒区域的目标，提供目标图像坐标位置，实时回传报警时刻照片，保存处警时段录像。

2）火焰、烟雾检测：在摄像机监视的视场范围内，当有火焰、烟雾出现并达到预设告警门限时，产生警告，并用告警框标识火焰、烟雾区域，给出火焰的坐标，实时回传报警时刻照片，保存处警时段录像。

3）物品遗留检测：在摄像机监视的视场范围内，当有满足预设门限大小的物品被遗留在视场范围并且停留时间达到预设门限后，则自动产生告警，并在物品停放位置产生告警框，提醒相关人员注意有异常物品遗留。实时回传报警时刻照片，保存触警时段录像。

4）物品被盗或移动检测：在摄像机监视的视场范围内，当警戒区域内的目标物品被移动、时间达到预设门限时，则自动产生告警，并在目标物品原来放置位置显示告警框提醒相关人员注意物品被移动。实时回传报警时刻照片，保存触警时段录像。

5）智能拍照：当有人进入电梯、楼梯、大门等重要入口时，系统会自动拍照，并保留图像凭据。

6）移动侦测：在摄像机监视的视场范围内，在预设的时间内，如果有移动目标，系统会自动识别，并产生警告，发出声光报警，同时将警情上报至监控中心。

7）支持双向语音的传输、录制和流媒体转发：视频管理软件可以通过流媒体转发功能由服务器端向客户端发送实时视频流，而无须由客户端直接访问前端网络视频监控设备，以保证前端设备稳定运行。

8）提供电子地图功能：为系统各通道、探头及输出配置电子地图，标识其地理位置，方便对报警通道定位、查看报警事件。电子地图的管理基于地图管理树和组织结构树实现：地图管理树用于显示系统中所配置的所有电子地图及其分级分类；组织结构树用于显示系统中建立的所有组织结构信息，建立设备与地图的关联。

9）支持多种智能分析功能：包括人数统计、流量统计、非法入侵、镜头遮盖/丢焦报警、可疑遗留物体探测、物体追踪等。同时支持这些视频分析功能与其他子系统的报警联动。

10）提供标签功能：用于标注视频文件中的重要信息，便于检索定位。支持手动标签、报警事件标签、智能标签。

（2）智能视频检索回放。

1）按事件检索回放：系统可以以事件为检索条件，例如以某个报警器触发为条件，以某个门被打开为条件，或者以视频智能分析数据中的某个走廊有人穿越为条件。事件触发报警录像应单独存储，存储时间段为：报警前1min、报警后5~10min的视频。

2）按数据检索回放：系统可以各类业务数据为条件进行检索，例如查找某个RFID射频卡在某段时间进入某层网络机房的所有视频。

（3）联动报警。当发生报警信息时，系统可以根据设置，自动进行一系列的联动处理，例如，在监控终端上弹出告警热点视频，并根据预设，向保卫人员提供处理预案；在地图上显示告警发生的地点；触发声光报警器等设备；控制开启/关闭灯光、门等设备。

（4）视频处理和存储能力。服务器支持存储不小于100路实时IP视频数据，并向客户端、电视墙转发；支持多机集群和多种存储设备；支持多种形态、协议的存储设备，包括直接挂接SCSI、SATA、FC光纤接口的DAS设备；通过网络访问公共NAS存储设备；连接IP-SAN、FC-SAN。通过这些外部存储设备，系统存储的视频数量可以无限容量地扩展。

（5）系统权限管理。通过管理客户端软件，可以对系统的用户权限进行管理，系统采用用户名+密码方式进行权限区分，用户可以按照所属部门、区域、职责划分角色和级别。系统管理员拥有最高的权限，可以对用户级别和角色进行修改和授权。

（6）用户管理：只有经过授权、拥有账号密码的用户才能浏览或控制摄像机，访问位于不同区域的摄像机需要具备不同权限，用户只能够访问或控制其权限范围内被允许访问或控制的摄像机。

权限可以详细到对每一路视频、每台设备的操作的授权，例如，授权允许实时监看特定视频、控制特定云台镜头、回放特定视频、修改系统信息、对设备进行控制等。

冲突操作的解决：在用户同时进行有冲突的操作时，例如控制云台，按用户级别高者优先，用户级别可以设置为0~99级，同级别用户以先操作者获得控制权，如果超时没有操作则自动放弃控制权。

2. 系统设计

图11-25是IDC数据中心网络监控系统。IDC数据中心大楼内的监控点位设在网络机房、UPS设备机房、空调机房等区域，共76个监控点。

（1）系统组成。根据系统的要求，前端摄像机采用IP彩色枪机和IP彩色半球数字摄像机，数字视频信号采用专网传输。前端摄像机通过网线连接到楼层弱电间的接入交换机，再通过光纤连接到综合布线间的核心交换机。在数据中心机房安装一台管理服务器和一台安防平台服务器进行图像记录和转发。监控中心安装一台监控客户端工作站和一台电视墙解码服务器，电视墙采用DLP拼接屏作为大屏幕图像显示系统。监控中心还安装一台千兆核心交换机，通过光纤连接到综合布线间的核心交换机。

网络视频监控系统应具备强大数据管理功能，可对系统数据进行集中管理、检索、查询、分析和统计，包括各类事件信息、报警信息、设备状态信息等。

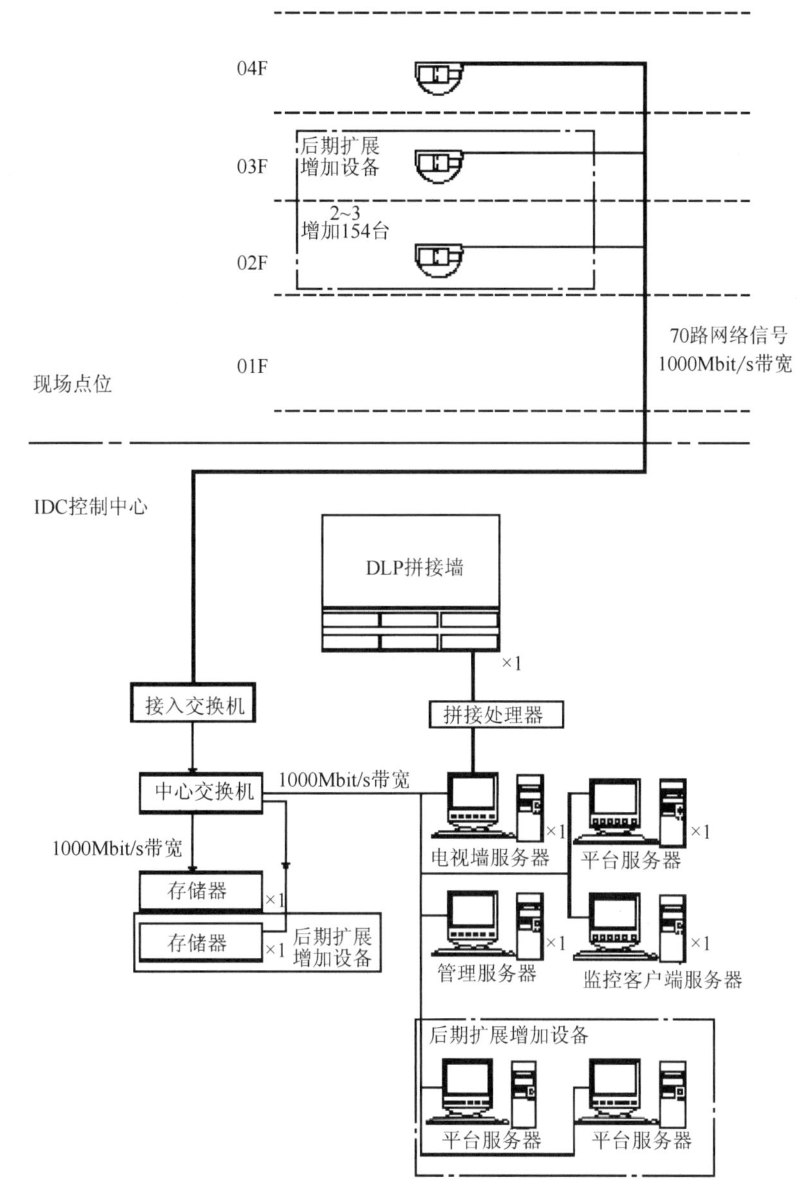

图 11-25　IDC 数据中心网络监控系统

为用户提供在线信息，支持用户在线管理、查询系统信息、录像信息、报警信息。同时，系统对报警记录和录像事件等动作，自动记录到数据库中；长期对发生的时间进行检索、查询、回放。

以树形结构方式管理用户单位的组织机构，并将所有用户的管理纳入这个树形的组织机构中。提供方便的用户权限管理功能，要求权限管理功能非常强大，既能对用户访问系统功能的权限进行限定，又能对用户访问设备的权限进行限定，要求对用户访问设备的权限进行分级权限管理控制机制。

摄像机本身具有智能报警功能，例如越界报警、绊线检测报警功能，既可提高移动侦测效率又可减轻后台管理人员的负担。当发生报警时，能够通过多种方式对管理员进行提醒，如弹出报警窗口等。此外，系统应当能够将报警前后的图像集成到录像当中，即将报警发生前和发生后的一段时间的图像集成到报警录像当中。

可针对每一类异常情况设置不同的联动策略；能提供丰富的联动策略，并能对每一种联动策略进行详细配置，这些联动策略至少包括：

1）系统关联联动操作：报警录像抓拍、摄像机方位和俯仰联动、报警输出；录像时可实现保存报警前监控现场视频，保证事后取证。

2）监控客户端联动操作：关联处理用户、预览通道、弹出地图、声音提示。

3）电视墙联动操作：预览通道、弹出地图。

4）设备巡检：要求后台系统必须提供设备巡检功能，能提供手动巡检和自动巡检两种模式，这两种巡检模式都能对设备运行的健康状况、参数是否被修改、摄像机的预置位、巡航策略等进行检测，并能自动生成巡检报告；如果在巡检中发现了设备故障，要能够自动报警，可将这种报警事件进行报警联动响应。

（2）网络传输系统。采用成熟可靠、开放的网络架构，并且采用虚拟局域网技术，与办公网进行安全隔离。网络传输系统为树形拓扑结构。IP数字摄像机采集的数字视频信号通过网络就近接入本层弱电间交换机。远距离摄像机的数字视频信号通过光纤传输，接入监控中心交换机，如图11-26所示。

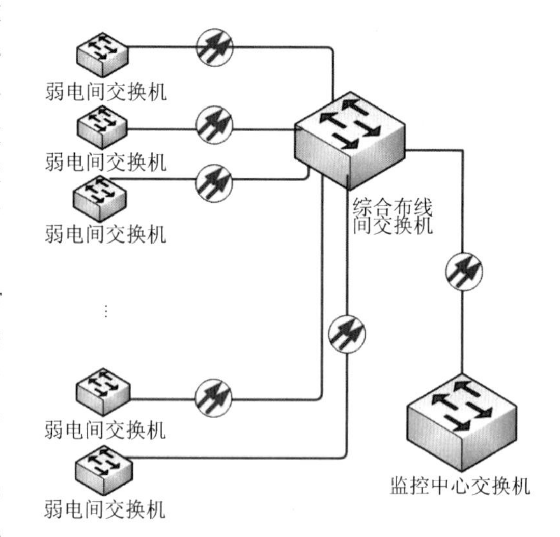

图11-26　网络传输系统

弱电间交换机采用100MB带POE（Power Over Ethernet）功能的交换机，通过光纤级联到综合布线间的安防监控核心交换机，监控中心交换机采用48端口的千兆光口交换机。并通过光纤与核心交换机级联。

网络带宽设计：根据网络摄像机接入的情况，采用MPEG4视频压缩编码，（720×576×30帧）清晰度的压缩编码带宽为：单路摄像机的网络带宽=（720×576）像素×30帧÷8bit（量化）=1.555200Mb/s≈1.5Mb/s。监控中心接收76台摄像机同时并发需要的网络带宽为76×1.5=114Mb/s。因此，系统采用100/1000M的局域以太网架构，完全可以满足视频监控要求。

（3）数字管理系统设计。数字管理系统由安防管理服务器、安防平台服务器、安防监控客户端工作站、电视墙解码服务器和平板显示设备组成，安装在监控中心。

安防管理服务器是整个系统的管理核心，实现对用户认证、权限、任务调度、软件升级、系统日志、报警联动策略、电子地图、预览策略、存储策略进行全局范围内的集中管理。它包括三大服务内容：

1）管理中心服务：包括用户认证服务、任务调度服务、信息服务、软件升级服务、日志服务。

2）报警服务：提供报警信号接入服务、报警联动服务、布防撤防服务、报警日志服务。

3）电子地图服务：提供电子地图维护服务、电子地图同步服务、电子地图下载服务。

平台服务器为系统提供平台性服务，包括：设备接入服务、设备控制服务、语音对讲服务、流转发服务、录像存储检索服务、点播下载服务、设备巡检服务。这些服务随系统的启动而运行，被客户端的请求和其他服务器的请求调用。

电视墙解码服务器有 4 个 VGA 独立输出接口，可以连接 4 台大屏幕平板显示设备。每个 VGA 输出接口可以输出 12 个视频画面信息（12 画面分割信息），可供 12 个监控画面同屏显示。还具有智能告警信息、电子地图显示、音频输出、网络矩阵切换等功能。

客户监控端工作站配有三个显示屏，每个屏可指定显示实时监看、检索回放、电子地图、系统管理界面。提供强大的实时视频播放功能、支持多种监看窗口布局、云台及视频色彩控制、音频信息监听、语音对讲、报警事件处理等功能操作，能在实时视频窗口展现实时智能分析的过程和结果。可以进行手动录像、抓帧、手动报警、布防、撤防等操作。可以实时监控前端设备状态、检测在线用户、CPU 状态、存储空间等。可以提供通过时间、报警事件、智能事件、操作、系统、标签等多种组合的日志查询等日志管理功能，可以完成日志统计、报表打印、报表导出等。

（4）存储系统设计。

存储容量计算：每路视频流所占带宽 = 1.5Mbit/s/8bit（小“b”变大 B）= 0.1875MB/s。

每路每天 24h 需要的存储容量 = (1.5Mbit/s/8) × 3600s × 24h = 16.2GB。

每路摄像机 7 天需要的存储容量 = 1.5/8 × 3600 × 24 × 7 = 113.4(GB)。

该项目共安装 76 台网络摄像机，整个系统 7 天的存储容量要求为：113.4GB × 76 个监控点 ≈ 8.6TB。为保证 30 天录像时间和后期的扩展性，系统配置了 48T 的存储设备。由于存储容量巨大，本系统采用光纤 SAN 磁盘阵列存储系统，如图 11-27 所示。

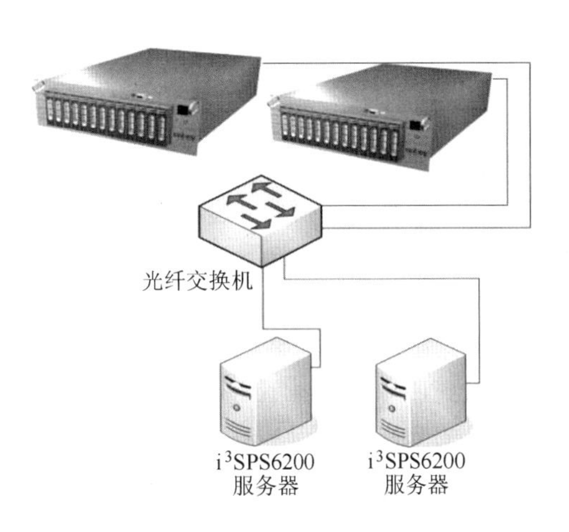

图 11-27　磁盘阵列存储系统

（5）系统联动工作流程。系统联动是把闭路电视监控系统、门禁系统和消防报警系统三个子系统的监控报警功能结合应用。图 11-28 是系统联动工作流程图。

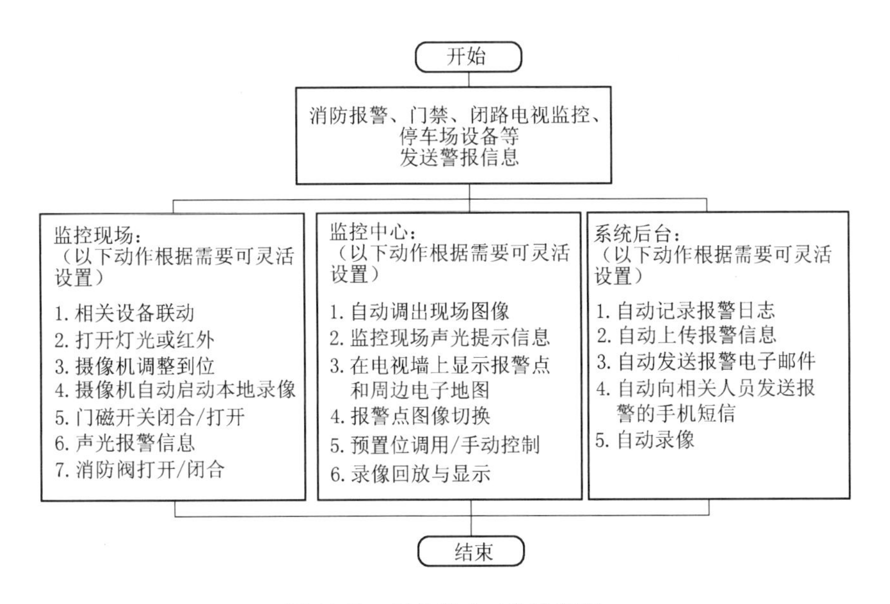

图 11-28　系统联动工作流程图

3. 主要设备选型

（1）IP 网络摄像机。网络摄像机已不仅具备传统模拟摄像机的图像采集功能，并且是一个前端处理系统，具备丰硕的异构总线接入功能，如 VoIP、报警器、232/485 串行设备的接入等，此外，还可以将移动侦测、视频丢失、镜头遮盖、存储异常等报警信号通过网络发送给后端。网络摄像机可内嵌存储系统，通常采用的是 SD 卡，目前 SD 卡的容量有 8MB 到 4GB 不等，SD 卡可作为网络故障时图像的暂存设备，当网络恢复正常后再将视频进行上传，可有效地保证视频数据的连续性和完整性。SD 卡的另外一个用处是将重要的报警图像进行本地存储，同时上传后端，这样不会由于网络的不可靠传输导致视频数据的缺失。

以太网供电（Power Over Ethernet，POE）功能：POE 是最近几年发展较快和应用较广的网络供电技术，是指在现有 Cat. 5 布线的以太网基础架构上，在传输 IP 终端（如 IP 电话机、网络摄像机等）数据信号的同时，还能为此类设备提供直流供电技术。因此，网络摄像机无须再通过其他电源来供电。通过集中使用 UPS（不间断电源设备），确保设备在一段时间内（根据 UPS 而定）不中断地运行。IEEE 802. 3af 是基于以太网供电系统 POE 的新规范，该规范要求使用 POE 供电的设备功耗不能超过 12. 95W。如果已经装了相应的普通交换机设备，只需通过给交换机增加中跨（Midspan），即可实现 POE 的功能。其中，中跨的主要作用是给网线加载电源。

系统全部采用先进的 1/4in ExwavePRO™ 逐行扫描 CCD IP 网络摄像机，有一个 GUI 图形用户接口，个人计算机可以通过运行 Microsoft Internet Explorer 浏览器软件直接访问。直观的图标和下拉菜单，使设置极为容易。带云台控制功能的摄像机，只需在浏览界面中直接指向并单击监控图像的任何部分，就可以对摄像机进行水平和垂直控制（PTZ），选择监控目标，通过按住鼠标左键，拖动选择图像上的某个区域，还可在监视器上放大目标区域图像。网络摄像机的 GUI 界面，可以嵌入到用户的 Web 管理界面，与机房电压、温湿度、网络流量等内容整合在一起，向用户提供全面的监控数据。

DS60 网络摄像机具有坚固的防水外壳，具有日夜转换功能，可以满足室内和室外的各种应用。配合其他的实用特性，像伽马曲线调整、语音报警、电子 PTZ、DC 自动光圈镜头、超大视角和 POE 供电。

云台控制：通过鼠标在视频窗内的拖拽和单击，控制云台动作；支持设置最多 99 个云台预置点。提供灯光/雨刮/除雾等多个云台辅助开关。表 11-11 是 DS60 网络摄像机技术规格表。

表 11-11　DS60 网络摄像机技术规格表

成像器件	1/4in 逐行扫描 Sony ExwavePRO CCD
有效像素（水平×垂直）	440000（768×576）
电子快门	1～1/10000s
最低照度	彩色：0. 3lx（50IRE，F1. 3，AGC ON 36dB）； 黑白：0. 05lx（50IRE，F1. 3，AGC ON 36dB）
信噪比	>50dB
自动增益控制	On/Off（0～36dB）
曝光控制	自动，背光补偿，伽马设置
白平衡	ATW，ATW Pro
镜头类型	变焦镜头
变 焦	3. 6 倍光学变焦和 2 倍数字变焦
水平视角	73°～20°

（续）

焦距	f=2.8～10mm
F-number	F1.3(广角端),F3.0(远端)
最小监视距离	300mm
图　　像	
分辨率(水平×垂直)	JPEG:768×576,640×480,384×288,320×240 MPEG4:768×576,640×480,384×288,320×240
最大帧数	JPEG:30 帧(768×576) MPEG4:30 帧(768×576)
音　　频	
音频压缩	G.711/G.726(40/32/24/16kbit/s)
网　　络	
支持协议	TCP/IP,HTTP,ARP,ICMP,FTP,SMTP,DHCP,SNMP,DNS,NTP,RTP/RTCP,UDP
客户端数量	10
验 证	IEEE 802.1x
接　　口	
局域网	10Base-T/100Base-TX(RJ-45)
模拟视频输出	BNC×1,1.0Vp-p,75Ω,RCA×1
输入/输出	传感器输入口×1,报警器输出口×2
音频输入	微型输入插口×1(单声道传声器输入;单声道线路输入;供电电源插入:DC 2.5V,2.2kΩ)
音频输出	微型输入插口(单声道),最大输出电平:1Vrms
一般参数	
重量	约 780g
尺 寸(直径×高)	约 140mm×118mm
供 电	POE(IEEE-802.3af)/AC 24V/DC 12V
功率消耗	最大 8W
工作温度	-10～50℃
存放温度	-20～60℃

（2）安防平台服务器。安防平台服务器为系统提供的服务包括：设备接入服务、设备控制服务、语音对讲服务、流转发服务、录像存储与检索服务、点播下载服务、设备巡检服务。这些服务随系统的启动而运行，调用客户端的请求和其他服务器的请求。

安防管理服务器是整个系统的管理核心，实现用户认证、权限、任务调度、软件升级、系统日志、报警联动策略、电子地图、预览策略、存储策略，进行全局范围内的集中管理，包括三大服务项目：

1）管理中心服务：用户认证服务、任务调度服务、信息服务、软件升级服务、日志服务。

2）报警服务：提供报警信号接入服务、报警联动服务、布防撤防服务、报警日志服务。

3）电子地图服务：提供电子地图维护服务、电子地图同步服务、电子地图推送下载服务。

（3）电视墙服务器。电视墙服务器将来自网络的视频流解码，提供 VGA/DVI/HDMI 等数字格式的接口，可连接液晶、等离子大屏幕电视机、投影仪等显示设备；每路输出接口可以分割为12屏（即同时可显示12个监控画面）；提供智能告警信息、电子地图信息、音频输出、网络矩阵切换等功能；电视墙服务器可通过堆叠的方式多机协同工作，实现更多路的视频输出，满足各级用户的不同层次的需求。

1）显示控制。提供基于树形结构的设备列表和控制："组织结构资源树"自动显示登录用户权限范围内能看到的所有设备，并以不同的图标标注设备状态（正常态、录像态、报警态、正常态+报警态、录像态+报警态、未布防等）；可将视频通道节点的摄像机/摄像头拖拽到电视墙窗口中，实现二者关联。

2）视/音频解码。将接收到的实时视/音频码流，实时解码并输出；支持H.264、MPEG4、MJPEG视频编码格式以及G.723、G.729音频编码格式；支持VGA/DVI/HDMI接口的独立输出。

3）窗口布局设置。可灵活定制窗口布局，可为VGA类输出设备、卡类输出设备设定不同的默认窗口布局。

4）分组轮巡设置。可为电视墙设置多组分组轮巡方案，根据需要选定分组轮巡方案。

5）电视墙窗口显示。根据选定的分组轮巡方案，即时显示报警视频及报警联动视频；可叠加显示摄像机名称、帧率、码流、报警提示、音量等信息。

6）报警联动。当系统接收到报警信号后，根据报警的种类、警戒等级的不同和预先的联动设置，启动系统进行报警事件的联动处理。

联动处理中一般会设置电视墙实时视频联动功能，即当报警事件发生时，在启动其他联动处理的同时，系统自动将报警点的视频图像展现在监控中心的电视墙上，为安防人员处理报警事件提供方便。

（4）客户端监控工作站。客户端监控工作站配置三个显示屏，每个屏可指定显示：实时监看、检索回放、电子地图、系统管理等，下面将分屏介绍监控客户端主控工作站的功能：

1）实时监看。提供强大的实时视频播放功能，支持多种监看窗口布局、云台及视频色彩控制、音频信息监听、语音对讲、语音广播、报警事件处理等功能和操作，能在实时视频窗口展现实时智能分析的过程和结果。可实现实时视频监看、云台控制、轮巡、窗口分割、预置点、巡航、实时报警信息、即时回放、画中画、全景拼接、视频书签功能。

2）录像管理：提供手工录像、抓帧、语音对讲、广播、手工报警、布防/撤防等功能。

3）会议管理：可召开语音会议等。

4）状态监控：实时监控前端设备状态、在线用户、CPU状态、存储空间等。

5）日志管理：提供通过时间、报警事件、智能事件、操作、系统、标签等多种条件组合的日志查询，提供日志统计、报表打印、导出等。

6）电子地图：设备地图关联查看、弹出报警通道地图、图标报警提示、关联地图跳转、实时视频、录像快速查看、手工报警、报警处理、布防/撤防等。

7）检索回放：检索回放功能，具有多级约束条件检索和智能标签检索两种检索方式，采用独特的时间条回放模式，支持录像视频的多种智能分析。可提供智能检索、关联视频检索、快速检索、视频场景抽取、查看录像、抓帧、添加标签、窗口图像缩放、导航/时间线缩放、导航/无级变速浏览视频、窗口分割、视频片段导出等功能。

8）电视墙管理：可显示电子地图、实时视频、图片，提供云台控制、轮巡、窗口分割、预置点、巡航、报警信息提示等功能。

9）系统设置：修改密码、客户端升级、存储位置设置等。

10）资料导出/导入：资料导出、资料导入、资料导入导出控制（加密、加水印、数字签证）。

（5）电子地图。在电子地图浏览界面，用户可以直观地查看摄像机所在的空间位置，查看实时视频和报警录像，以及用户登录后系统产生的即时报警日志、历史报警日志、系统日志和操作日志，并能进行报警信息的处理。

电子地图管理：树形结构的分层管理、设置设备与地图的关联、设置地图之间的关联。

基于电子地图的操作：电子地图切换、放大缩小、基于电子地图的设备管理、基于电子地图的视频查看、基于电子地图的告警展现。

（6）系统管理配置。为安保管理人员提供电子地图配置、设备巡检管理、用户管理、计划管理、服务器管理、设备管理、报警联动管理等功能：

1）电子地图配置：增/删/改地图，地图上通道/探头/输出设备建立/修改/删除，地图关联建立/修改/删除等。

2）设备巡检管理：校时、巡检报警、按等级巡检、配置参数巡检，手工/自动巡检，按次显示巡检结果等。

3）用户管理：系统、设备权限设置，权限复制/粘贴/修改，增/删/改用户及用户组等。

4）计划管理：制定周期性或特定日期的录制、布防、录像上载计划，计划复制、导出/导入，任务粘贴/复制/删除等。

5）服务器管理：增/删/改系统服务器，电视墙设备、服务器主从、集群的管理，服务器状态监看等。

6）设备管理：增/删/改设备，设备常规/智能/移动侦测参数设置，组织结构树构建，配置远程前端设备，设备版本管理等。

7）报警联动管理：定义声光报警、多镜头 PTZ、视频弹出、报警录像、电视墙输出，短信、邮件、电话等多种报警联动，设置的导入/导出等。

第12章 智慧停车场管理系统

无人看守的智慧停车场系统，以视频车牌识别技术为支撑，不需停车，无须工作人员和驾驶人的干预，自动拍摄和存储车牌特征信息，自动完成信息记录、审核等工作，如果车辆允许通过，电动道闸自动打开放行，车辆进出完毕，闸杆自动落下。

车辆进入停车场后，车主根据引导指示屏提供的实时车位状态信息，将车辆快速引导停至空闲车位，解决了停车难、找车难、车辆被盗等问题；收费过程简便、通行快速，提高了车位使用率，改变了停车场的管理模式，实现了无人值守、智能管理的停车场。

12.1 智慧停车场管理系统的主要功能

1. 停车场出入管理

（1）出入通道车辆的快速识别、快速检测、快速开闸、快速通行、快速关闸、不取卡、不停车的快速通行系统，提高了车辆通行效率。

（2）先进的车牌识别技术。能适应恶劣环境的车牌识别技术，车牌识别摄像机的车牌识别率高达99.9%，不受任何环境影响。结合大数据分析算法，无论什么车型，都可以实现车牌精准识别。

（3）防盗、自动比对黑名单车辆，具有自动报警系统，可对整个停车场情况进行实时监控和管理。

2. 泊位停车引导

超声波车位引导系统和视频车位引导系统提供实时车位信息，引导车主快速停车，提高了停车场的车位周转率。

3. 反向寻车系统

反向寻车系统（又称智慧寻车），是指车主可通过寻车查询机输入车牌号或入场时间，即可查到车辆的具体位置，并在显示屏上显示取车的最佳路线。车主再也不用担心忘了停车位找不到车子。

4. 多种自助缴费方式

提供微信、支付宝、ETC等多种自助缴费服务，车主缴费的任何金额不经过第三方，资金直达物业账号，实时生成财务报表，确保资金安全，有效封堵收费漏洞。

5. 自动采集、存储和处理信息

自动采集、存储信息，以便管理员进行监控、统计、查询和打印报表等工作。

自动记录：系统自动记录车辆入场时间、地点和车辆信息等，实行不停车自由出入。

实时监控：摄像机同步摄取车辆图像，实时监控车辆基本信息。

6. 统计查询

生成各类报表，进行出入停车场记录、日志报表统计，提供多功能数据检索和查询。

7. 多个出入口信息资源共享

网络服务器和道口控制器支持多个出入口联网，各出入口信息资源共享。

基于物联网和云计算服务的停车管理和运营管理系统，打破了单个停车场系统的信息孤岛，实现多个停车场在同一平台上集中统一管理。

12.2 智慧停车场工作原理

智慧停车场的核心是车牌识别技术，汽车牌照是车辆的唯一“身份”标识，牌照自动识别技术可以对运动状态车辆的车牌号码进行非接触性的信息采集和智能识别，实现汽车“身份”的自动登记及验证。

车牌识别技术以数字图像处理、模式识别、计算机视觉处理等技术为基础，对摄像机拍摄得到的每一辆汽车的图像和车牌视频序列进行分析，从而完成识别过程。

特点是：非接触采集信息、识别速度快、车牌识别率高，已广泛应用于停车场管理、车位定位、公路收费、交通诱导、交通执法、公路稽查、车辆调度、车辆检测等各种场合。

停车场管理系统由数据库服务器、停车场控制器、车牌识别、自动道闸、车辆感应器（红外探测或地感线圈）、摄像机、传输设备、系统管理软件等组成。

中心控制室的服务器对各出入口的计算机以 RS-485 总线型连接，为各出入口控制机提供通信和采集读卡数据。

图 12-1 是智慧停车场系统拓扑图。图 12-2 是停车场出入口设备连接图（出入口票箱即出入口控制器）。

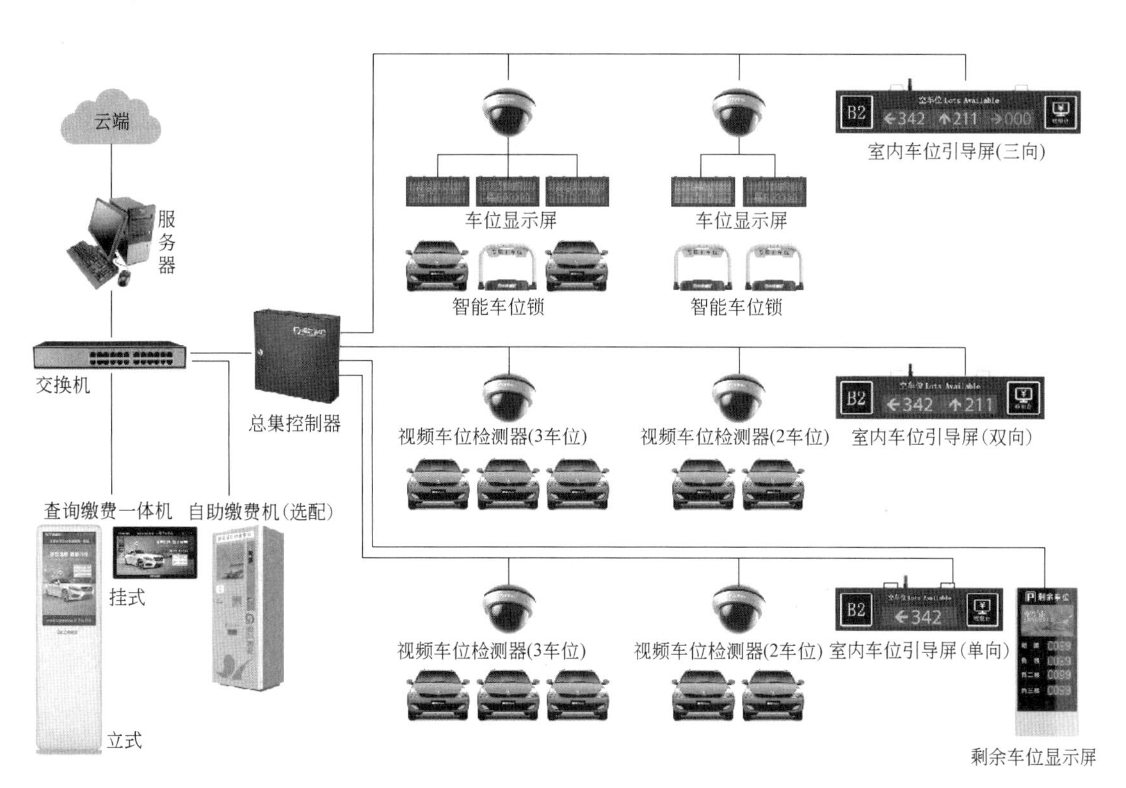

图 12-1　智慧停车场系统拓扑图

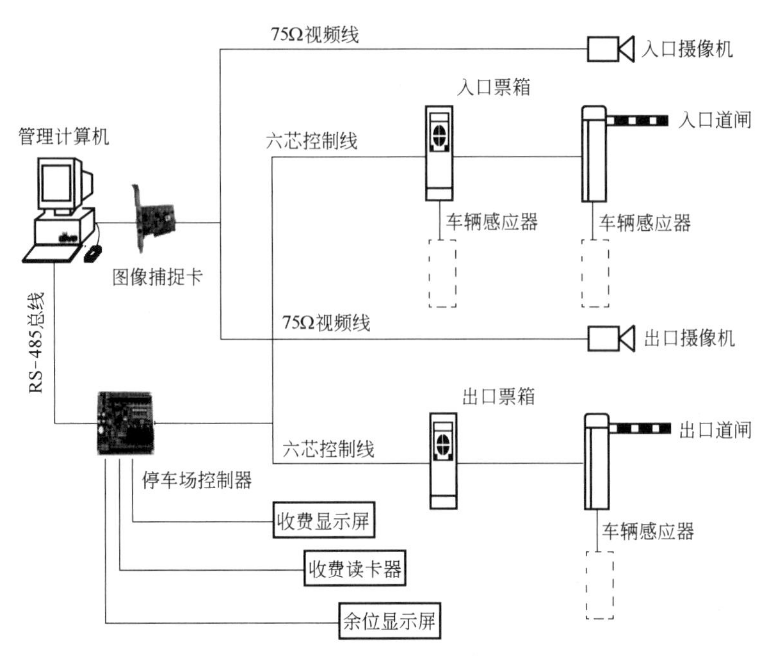

图 12-2　停车场出入口设备连接图

12.3　智能停车场车辆进出流程

1. 入场流程

车辆无须停车进入停车场。入口车道的车辆感应器检测到有车辆到达时，启动数字摄像机抓拍程序，控制器记录下该车的车牌、车型图像和进入时间。感应过程完毕后，发出“嘀”的一声，中文电子显示屏显示“欢迎入场”，道闸起栏放行，如图 12-3 所示。

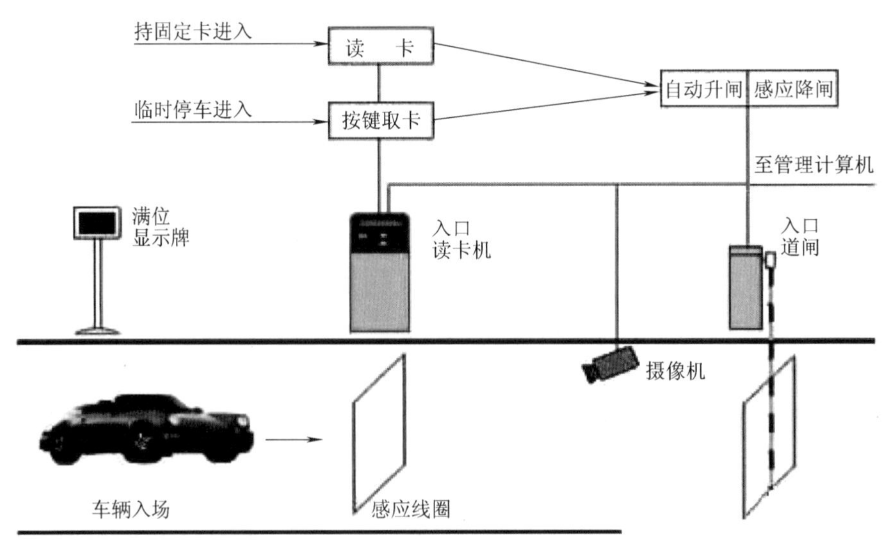

图 12-3　车辆入场流程图

2. 出场流程

出口处的车辆感应器检测到有车辆离场，触发出口处数字摄像机抓拍程序，抓拍离场车辆的牌照和车型，计算机调出数据库服务器中该车的牌照和入场时间，自动计算停车费，车主用手机拍摄停车场出口处的二维码图，并从车主的微信卡中自动扣除，无须停车，出口处显示屏上显示“一路顺风”，道闸自动升起栏杆放行。

如果车牌识别系统检测出是固定用户（包月或内部免费停车车辆），则直接放行，如图 12-4 所示。

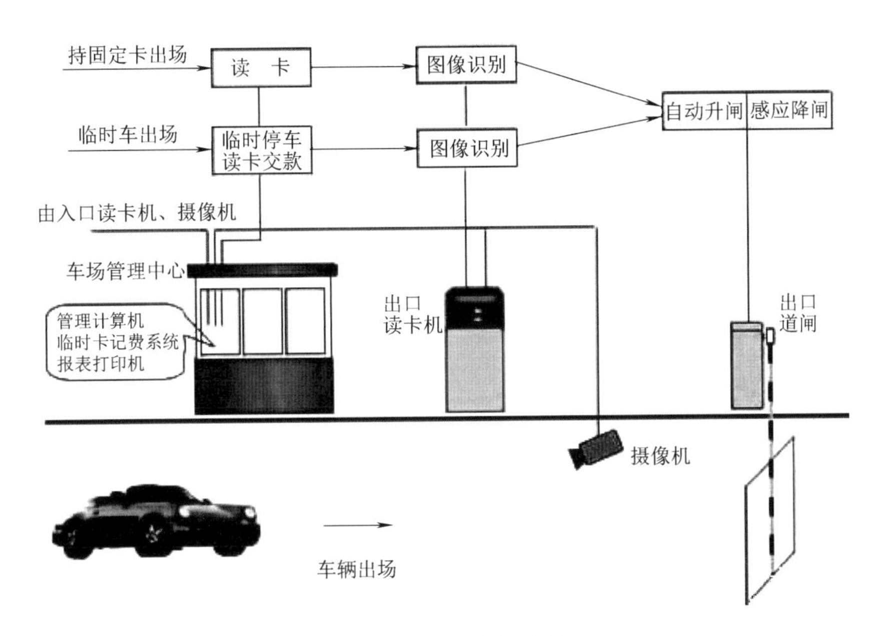

图 12-4　车辆出场流程

12.4　智慧停车场管理系统

12.4.1　车牌识别系统主要配置

车牌识别系统主要由车辆感应器、数字摄像机、道闸、控制器、显示屏、计算机、数据库服务器和网络通信设备组成，如图 12-5 所示。

12.4.2　车牌识别抓拍触发系统

车牌抓拍触发由出入道口处的车辆感应器（又称车辆检测器）完成。数码车牌摄像机收到有车辆通过的信号后，立即启动抓拍程序，采集车辆图像和车牌，并进行后续数据处理。

车辆感应器用于检测出入道口进出的车辆，触发车牌摄像机抓拍程序，常用规格有：环形线圈车辆检测器（环形感应线圈）、超声波车辆检测器、红外线光栅车辆检测器、微波（雷达）车辆检测器等。

1. 环形线圈车辆检测器

环形线圈车辆检测器又称为地感检测系统，是目前世界上用量最大的一种传统的车辆检测设备。检测器由埋设在道口下的环形线圈和一个 50~500kHz 的振荡器组成；车辆通过埋设在路面下的环形线圈时，引起地理线圈磁场的变化，检测器据此计算出车辆参数，并触发道口的牌照摄像机抓拍，如图 12-6 所示。其主要性能指标见表 12-1。

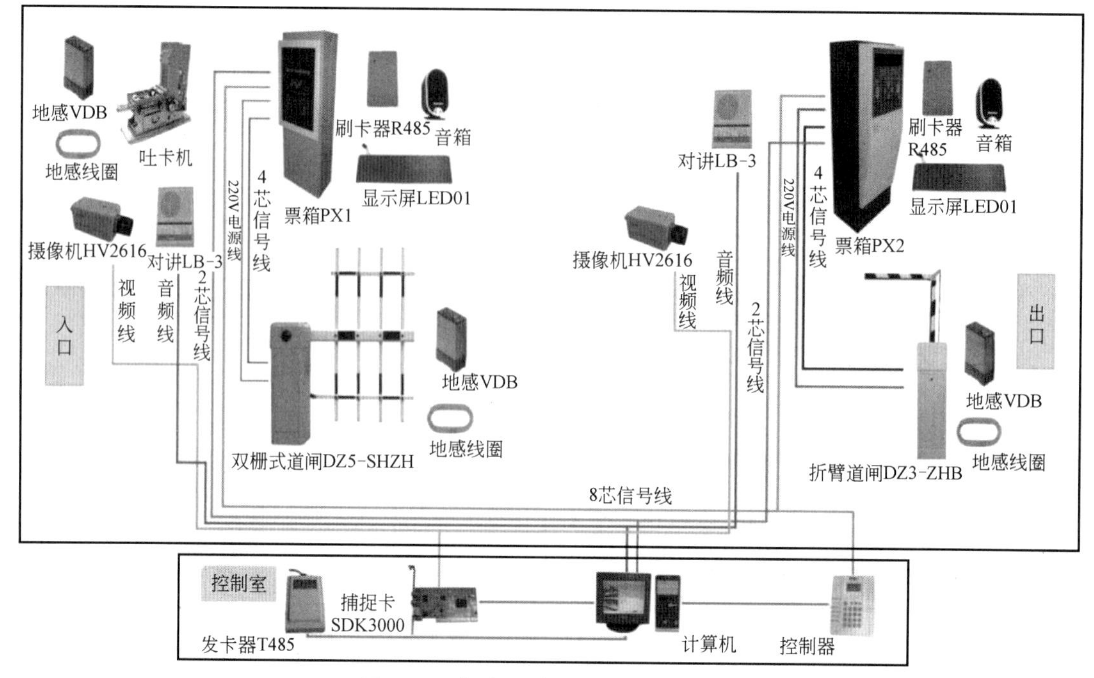

图 12-5 车牌识别系统的标准配置图

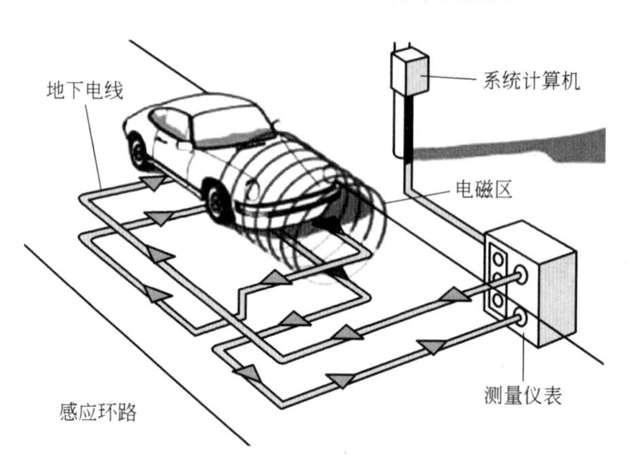

图 12-6 环形线圈车辆检测器

表 12-1 环形地感线圈检测型车检器的主要性能指标

项目	指标
电源	DC12V(7~14V)
线圈电感范围	20~900μH
灵敏度	8 级可调(0.125%~1%)
最大延时	5ms、10ms、15ms、30ms 四级可调
频率	2 级可调 (50~500kHz)
超时自动复位时间	25s、150s、210s、310s 四级可调
LED 指示灯	电源、检测状态、出错状态
输出	开关量或者电平量
工作温度	-25~85℃

优点：技术成熟，性能稳定可靠，在恶劣天气条件下仍具备出色的性能，成本较低。

缺点：①感应线圈必须切缝车道路面埋入路面下，增加了施工难度；②感应线圈易受冰冻、路基下沉、盐碱等自然环境的影响；③连续车辆的间距小于 3m 时，其检测精度会有下降。

2. 微波车辆检测器

微波车辆检测器又称微波雷达，微波探测头侧挂在道口上方，连续发射低功率微波信号，在检测区路面上形成扇形微波波束，根据被检测目标返回的回波，即可测算出目标的交通信息，通过 RS-232 或 RS-485 串口实时传回到控制器上。微波车辆检测器要求离最近车道有 3m 的空间高度，如图 12-7 所示。

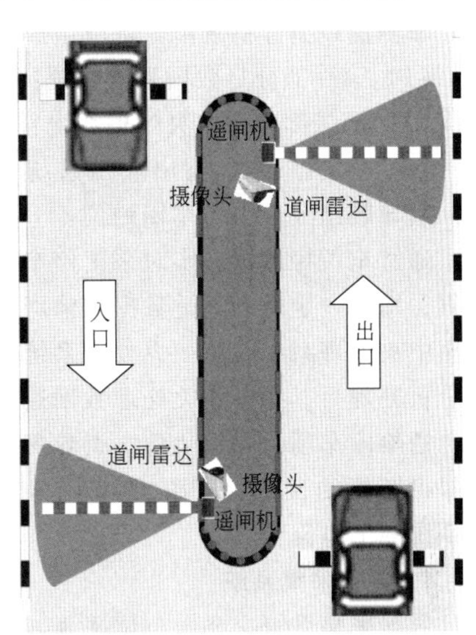

图 12-7　微波车辆检测器

3. 红外线光栅车辆检测器

发射器内置多个线性排列的红外发光 LED，接收器内置与发射器数量相同的红外光敏接收元件，发射器和接收器的对应光电元件依次按顺序同步触发，检测光路是否导通；当汽车通过扫描区域时，部分或全部光束被遮挡，从而被检测出车辆，如图 12-8 所示。

4. 超声波车辆检测器

超声波车辆检测器的工作原理是：由超声波发生器（探头）发射一束超声波，然后接收从车辆或地面的反射波，根据发射波与反射波返回的时间差，来判断有无车辆通过。由于探头与地面的距离是一定的，所以探头发出超声波并接收反射波的时间也是固定的。当有车辆通过时，由于车辆本身的高度，使探头接收到反射波的时间缩短，表明有车辆通过或存在。

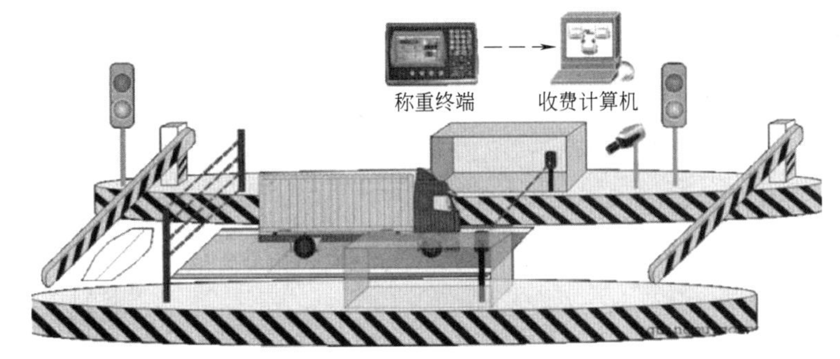

图 12-8　红外线光栅车辆检测器

超声波是一种非接触式的检测方式，它不受光线、被测对象颜色等影响，在较恶劣的环境中具有较强的适应能力，具有成本低、体积小、优化升级方便灵活、可靠性高等优点，在越来越多场合中适用。

12.5　车辆泊位引导系统

车辆泊位引导系统是引导车辆快捷泊位的智能停车引导系统，对车辆进行有效引导和管理，实现方便快捷泊车，并对车位进行监控，使停车场车位管理更加规范、有序，提高车位利用率。

车辆泊位引导系统自动检测车位实时占用信息，并将检测到的车位状况信息由车位引导控制器传送至车位引导显示屏显示，车位引导显示屏指引车辆停车位置，引导车主快速找到系统分配的空车位。

12.5.1　车辆泊位引导系统的组成

车辆泊位引导系统由三部分组成：

（1）第一部分是数据采集系统：采集车位实时状况信息，由车辆探测器和控制器组成。

（2）第二部分是中央处理系统：对采集数据进行处理、分析、访问和上网传输。

（3）第三部分是输出显示系统：由显示屏和引导牌组成，引导车辆泊位。

通过车位探测器，实时采集停车场的车位数据，按照一定规则通过数据传输网络将信息送至中央处理系统，由中央处理系统对信息进行分析处理后，将各相关处理数据通过输出设备传送给停车场内各指示牌、引导牌，向驾驶人提供车辆泊位信息。图12-9是车辆泊位引导系统的信息流程图。

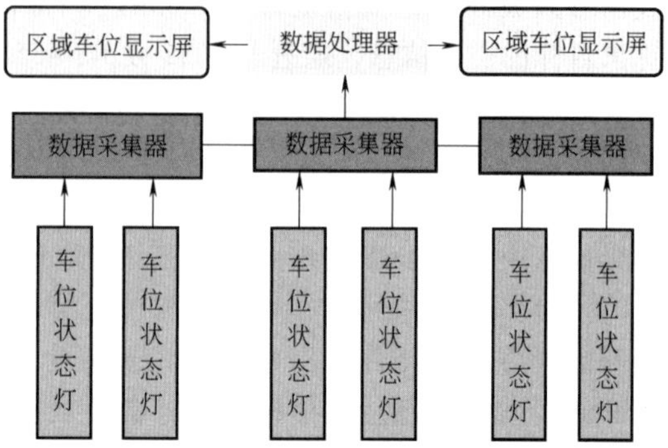

图12-9　车辆泊位引导系统的信息流程图

1. 数据采集系统

数据采集系统主要由车位探测器和信息处理器组成。车位探测器有超声波探测器、红外线探测器、视频识别探测器、地感线圈探测器、地磁探测器等数种，最简单的是超声波探测器。

（1）超声波探测车位。采用超声波探测器检测每个车位的实时占用或空闲状况。图12-10是超声波探测车位原理图。在每个车位上方安装超声波探测器，探测车位上有无车辆停泊，车位上方还设有一个车位状态信息指示灯，红灯为车位已占，绿灯为空车位，引导车主快速找到合适的空车位，适用于大、中型地下停车场。

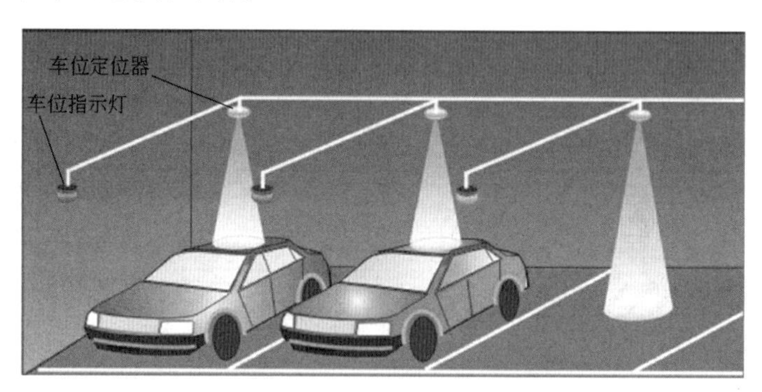

图12-10　超声波探测车位原理图

① 每个车位的超声波探测头都有一个地址码，按顺序由1号开始，逐个递增，8个超声波探头为一组，通过RS-485总线连接到就近的一个节点控制器（探头控制器）。

② 各节点控制器的地址码可根据现场情况进行设定，按顺序由1号开始，逐个递增至16。节点控制器根据收集到的车位信息，控制车位照明灯和车位状态灯。节点控制器通过RS-485总线将采集到的8个车位状态的信息进行汇总、处理，然后通过另外一条RS-485总线连接到采集终端。

③ 16个节点控制器连接到一个采集终端。CAN总线上最多可连接32个采集终端。因此，数据中心最多可连接车位为：32个采集终端×16个节点控制器×8个车位探头=4096个车位。

④ 数据处理中心将采集到的各车位的实时状态数据传递给管理服务器，服务器对车位信息

进行处理、统计，并把信息处理结果通过 CAN 总线下传到采集终端上，再由采集终端通过无线或有线的方式发布到附近的 LED 空车位显示屏上，指引驾驶人选择行车路线。

图 12-11 是超声波车位引导系统图。

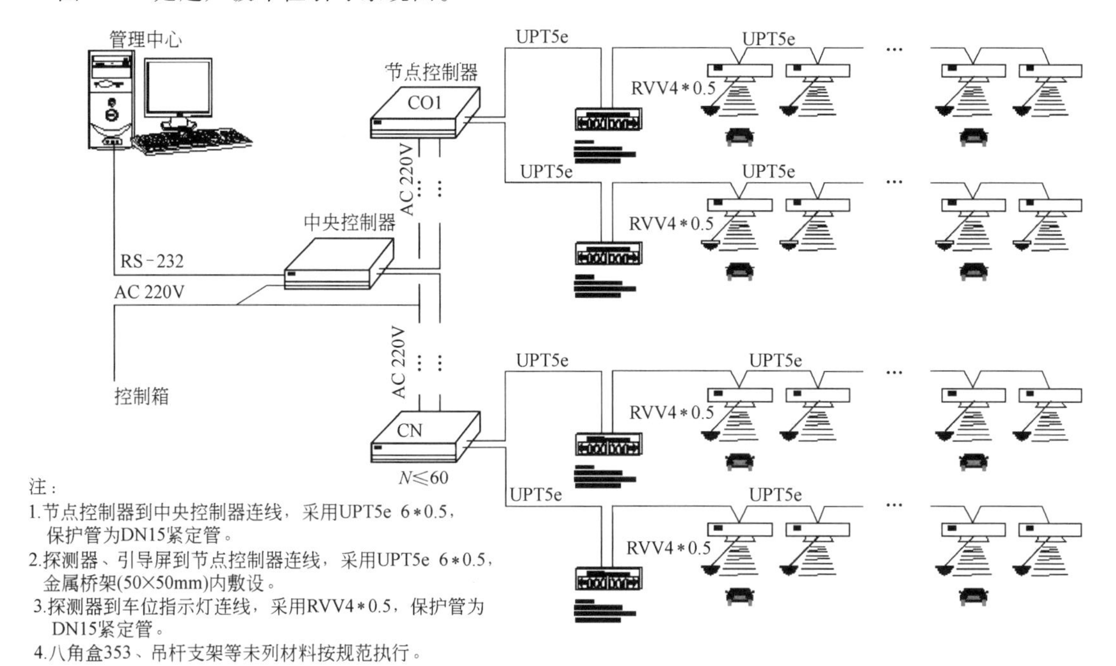

图 12-11　超声波车位引导系统图

（2）视频识别车位引导系统。在每个车位上方安装视频车位检测终端（摄像头），对停车位的图像信息进行实时抓拍，并将抓拍到的车位图像信息通过网络传输给视频节点控制器进行车位状态识别，中央控制器在接收到视频节点控制器发送来的车位状态后，进行数据处理，并将车位引导数据指令发送给视频节点控制器，再由车位引导屏进行显示，引导车主快速找到泊位，如图 12-12 所示。

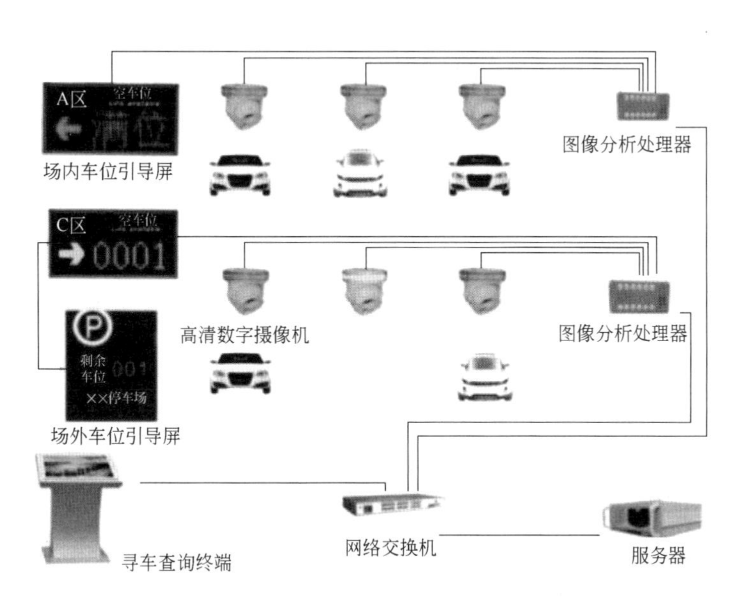

图 12-12　视频识别车位引导系统

与传统超声波车位引导系统相比，视频识别车位引导系统有以下显著优势：

1）高效的数据处理和访问能力。具有高效的数据处理和访问能力，可有效统计停车场车流，系统安全、稳定，易维护。

2）车位识别准确率高。精准的车位状态识别率超过99%。

3）反向寻车（无卡寻车）功能。可轻易实现无卡寻车，输入车牌号即可查询车辆停放位置。

4）拓展功能。可拓展反向寻车、防盗、监控等功能。

2. 中央数据处理系统

中央数据处理系统将收集到的全部实时车位探测信息进行统计、分析、处理并加载系统功能软件，然后将相关数据信息传送给停车场内各指示牌、引导牌，指导车辆进入相关车位。

电子地图功能：系统软件加载停车场的平面图，可以直观地显示整个停车场每个车位的实时占用、空闲信息。

车位自动统计功能：系统对进出停车场的车辆进行自动统计，根据统计计算结果，系统实时地将车位信息传送给车位显示屏，在车位显示屏和软件界面上自动显示停车场内剩余的空车位信息。

12.5.2 车位引导流程

1. 车辆入场过程

（1）在停车场外的对外电子显示装置，车主可以了解停车场的余位信息。

（2）车辆驶入停车场道口，系统启动摄像机抓拍程序，拍摄车辆头部图像，并从车型图像中识别出车牌号码，之后系统按预定义规则自动分配一个泊车位，场内引导监控系统通过引导屏，从大区域引导到局部区域，将车辆引导到分配车位。

（3）在引导过程中，触发开启相应的场内照明路灯，控制灯光线路引导系统。

（4）车位探测器检测到车辆已驶入车位，系统自动更新车位占用状态。

2. 车辆出场过程

车辆驶出车位后，照明控制模块触发开启相应的场内照明灯，引导车辆到达出场道口；系统启动摄像机抓拍程序，拍摄车辆头部图像、识别车牌，系统服务器根据车牌信息和停车时间，自动计算停车费，通过收费显示屏和语音两种方式提示泊车费用，车主完成交费后开闸放行。

3. 不停车收费系统

智慧停车场收费系统支持手机扫码支付（微信支付）、支付宝支付、ETC支付等方式。

车载电子标签ETC（Electronic Toll Collection）支付是目前运用广泛的高速道路和智慧停车场的收费方式。通过安装在车辆风窗玻璃上的车载电子标签（ETC卡）与停车场进出口处的微波天线进行微波短程通信，利用计算机联网技术与银行进行后台结算处理，从而达到车辆不需停车就可进出停车场。车辆离开停车场时，无须停车，停车费将从ETC卡中自动扣除。

12.6 反向寻车系统

随着个人汽车拥有量倍增，停车场规模越来越大，为客户解决停车难问题的同时，也带来了很头疼的“找车难”问题。

由于停车场楼层多、空间大、方向不易辨别、场景和标志物类似，顾客常常为找不到自己的车而发愁，因此帮助客户尽快找到自己的停车位，是提高顾客满意度、加快停车场车辆周转、提高停车场营业收入的必要措施。

反向寻车系统可以帮助忘记停车位的车主快捷地找到自己的汽车，车主只要向反向寻车查询机输入车牌号即可查到车辆的停车位和取车的路线导航，从而解决车主找车难的问题。

1. 反向寻车系统现状

目前，反向寻车系统主要有四种方式：刷卡定位方式、RFID（无线射频识别）定位方式、条码打印机定位方式和视频车牌识别方式。

（1）刷卡定位方式：利用停车场内分布于各个停车区域的刷卡定位终端进行刷卡定位。客户停车后在停车区域临近的定位终端上用 IC 卡进行刷卡定位；寻车时只需在查询终端上再次刷 IC 卡便可获得停车位置信息。这种方式的优点是系统成本较低；缺点是客户要去停车位附近的定位终端上去刷卡确认停车区位。

（2）RFID（无线射频识别）定位方式：在停车场中安装多个 RFID 读卡器（能阅读电子标签数据的自动识别设备），使每一个车位都被涵盖在这些 RFID 读卡器的读取范围内。客户向停车场领取两张关联的 RFID 卡，一张 RFID 卡留在车上作为该车的电子标签，定位该车辆的位置，与其关联的另一张 RFID 卡用来在查询终端上查询。这种方法的优点与视频识别方式相似；缺点是两张卡的操作比较烦琐。

（3）条码打印机定位方式：将停车场划分为多个分区，并在每个分区内设置一台定位机（条码打印机），让客户停车后从对应区域的定位机上获取一个凭证（例如一张条码），然后找寻车辆的时候只需通过引导机读凭证（例如扫描条码）来获得相应的停车位置信息。这种方法的优点是系统结构简单，成本相对低廉；缺点是驾驶人如果忘记在区域定位机上获取凭证，就无法查询了。

（4）视频识别方式：在每个停车位的前上方安装一台视频检测终端，用来拍摄车辆的车牌号。客户停车后不需做任何操作，寻车时只需在任何查询终端上输入车牌号码便可获得停车位置信息。

以上四种方式除视频识别方式外，其他三种均需借助于定位物品，如 IC 卡、RFID 卡或条码等，如果丢失这些物品，将导致无法寻车。

2. 视频识别反向寻车系统

该系统通过安装于车位前方的、集车位指示灯及视频摄像头于一体的车位视频检测终端，对车位进行实时图像采集，通过多路视频服务器（视频节点控制器）识别实时车位状态及判断车牌。车位状态识别率高达 99%以上。

反向寻车系统包括车位视频采集终端、多路视频服务器（视频节点控制器）、网络交换机、中央管理服务器、车位引导屏和反向寻车查询终端，如图 12-13 所示。

视频车位检测终端将抓拍到的车位图像信息通过网络传输给多路视频服务器（视频节点控制器）进行车位状态处理及车牌识别，然后通过网络交换机，把车位状态、车牌号码信息、车牌颜色信息及停车位的汽车图像等信息传递给中央服务器，由中央服务器对数据进行整合、存储和统一管理。

视频节点控制器只负责对车位状态进行分析识别，中央服务器只负责对车位图像信息中的车牌号、车牌颜色等信息进行分析识别，并对所有数据进行整合和统一管理，这种分工联动方式大大降低了算法的复杂度。

中央服务器的硬件资源丰富，其算法实现较简单、运算能力强、响应时间快，车牌识别率高。视频探测终端采用“手拉手”方式将 12 个车位探测终端串联在一起后送到视频服务器（视频节点控制器），每台多路视频服务器可连接 4 路视频探测终端，因此每台多路视频服务器可独立控制 4×12＝48 个车位探测终端，在同一局域网段中至少可连接 5 台多路视频服务器，即 240 个视频车位探测终端。

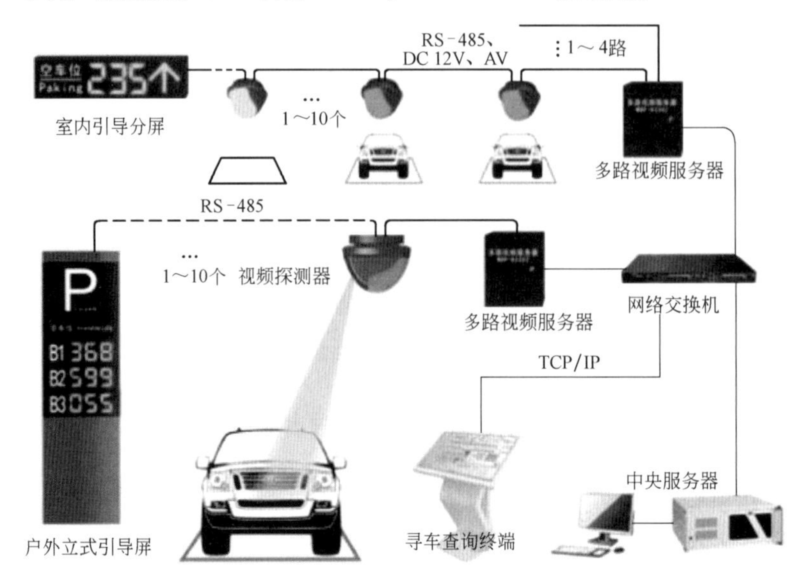

图 12-13　视频识别车位引导/反向寻车系统

系统还具备脱机处理运算功能，极大地减少了交换机布置的数量，提高了系统的可靠性和可维护性。

车位信息查询和反向引导：车主通过反向寻车查询终端输入车牌号进行模糊查询时，反向寻车查询终端接收指令、调取服务器内的数据，并在屏幕上显示查询车辆在停车场地图上的位置，地图上标明车主所处位置和所查询车辆停放的位置，并标记出最佳取车线路，从而引导车主取车。

反向寻车查询终端可以是立式/台式计算机、手机、平板电脑的一种或多种终端设备。

车位信息引导：管理服务器会将车位信息通过网络交换机发送给视频节点控制器，由视频节点控制器控制室内及户外的车位引导屏进行显示，同时控制车位使用状态指示灯的颜色，从而实现车位引导功能。

视频车位探测系统的优势：

(1) 一套系统可以同时解决“停车难”和“找车难”问题。用户体验好，停车场利用率高。

(2) 采用先进的车位状态模式识别算法，车位状态识别准确率高，还可以识别无牌车辆。

(3) 采用智能车牌视频识别算法，车牌识别准确率高达99%以上，无缝支持反向寻车。

(4) 视频摄像头与车位状态指示灯合二为一，安装方便。

(5) 每台多路视频服务器支持4路“手拉手”方式连接的12个视频车位探测终端，即可独立控制48个车位探测终端；同一网段可连接5台多路视频服务器，即240个视频车位探测终端。

(6) 系统采用复合总线拓扑网络，集供电、视频传输、控制信号于一根网线上，支持一根网线双网口“手拉手”网络级联，减少了系统工程实施的线材、人工以及维护的成本。

12.7　智慧停车场管理系统软件

智慧停车场管理系统对出入车辆实施判断识别、准入/拒绝、引导、记录、收费、放行等智能管理，其目的是有效地控制车辆与人员的出入，记录所有详细资料并自动计算收费额度，实现对场内车辆与收费的安全管理。

智慧停车场管理系统软件的主要功能：智慧停车场管理系统的软件具有强大的数据处理功能，可实时监控出入口道闸状态、车辆查询、统计报表等多种功能，具有广泛的数据库访问和复制能力，能有效提高系统并发处理能力及系统安全性。

（1）车位自动引导（车位分配策略）功能。车辆入场后，车位引导显示屏指引车辆最佳停车位置，引导车主快速地找到系统分配的空车位。

（2）数据共享功能。车位引导管理系统软件与停车场管理系统软件可共用同一个数据库，数据信息相互共享，实现系统间的相互联动。当车辆验证入场后，停车场系统软件就会把相应的信息传至服务器数据库，车位引导系统软件与停车场管理系统软件共用同一台服务器和数据库，因此车位引导系统可以实时地获得相关的信息，进行车辆的引导。

（3）车位自动统计功能。通过车辆感应功能，系统对进出停车场的车辆进行自动统计和计算，根据统计计算结果，系统实时地将车位信息传送给车位显示屏，在车位显示屏和软件界面上自动显示停车场内剩余的空车位信息。

（4）报表功能。系统可以根据要求，进行各种统计、自动生成相关报表；能够统计停车场每天和每月的使用率、分时段使用率等，并且可以实现报表的 Excel 格式导入、导出功能，方便管理人员的工作。

（5）系统自检功能。车位引导系统可定时进行自检，发生故障后自动报警，便于及时进行维护。

（6）中文显示功能。LED 显示屏全中文显示欢迎词语、剩余车位信息、车位已满以及停车场的其他相关信息等。

（7）GPS 导航定位地图功能。

（8）联网功能。

12.8　停车场主要设备的功能及技术参数

1. 车牌拍摄一体机

停车场车牌拍摄一体机集成了模拟视频拍摄、视频压缩编码、高清数字视频、车牌识别算法和 300 万像素的车牌识别功能，具有自动白平衡、自动补光的特点，支持多种设备的对接升级开发，具备网络传输接口、显示屏，如图 12-14 所示。

图 12-14　车牌拍摄一体机

触发方式：支持地感线圈检测和视频检测触发方式。

识别率：白天识别率高达 99.9%，夜间达到 95%。

2. 电动道闸

电动道闸按闸杆形状分为直杆型、曲杆型、折叠杆型和栅栏型。还可选配遥控装置、红外线检测保护装置或地感检测保护装置等配置。

（1）电子控制部分：采用感应接近开关、机械行程开关、结构缓冲顶位等三重控制。由主控制器（控制盒）、集成在减速机上的限位开关、遥控器等组成，具有可以连接三联按钮或其他控制设备实行开、停、关控制的远程控制接口，如图 12-15

所示。

（2）双向自锁功能：道闸在限位开关控制范围内时，外力不能使道闸杆上升、下降。

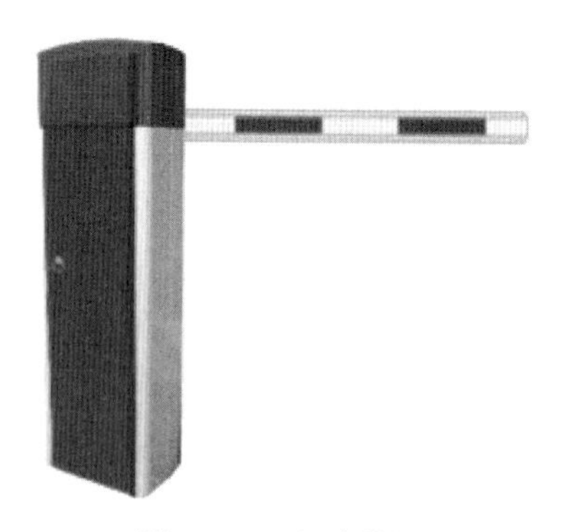

图 12-15　电动道闸

具有时间保护功能；当限位开关失效时（如线路断开或磁敏开关损坏），通过道闸设定的运行时间，使闸杆运行到终点时停止，具有感应和按钮控制等多种方式。

（3）电动道闸主要技术特性：

1）可接入地感线圈和红外车辆检测器触发信号，也可接入收费系统，实现自动管理。

2）防砸车功能：当车辆处于道闸下方时，地感线圈检测到车辆存在，主控制器作出防止道杆砸车控制，道闸将不会落下，直至车辆全部驶离道闸后车辆道杆自动放下关闸。

3）RS-485 通信接口，支持上级设备控制及查询道闸状态。

4）可外接红外警示灯、闸杆灯和交通灯。

5）电动机功率：90W。

6）运行速度：3~6m/s。

7）最大杆长：1~6m（或折杆、栅栏杆可选）。

3. 地感线圈车辆探测器

车辆探测器由地感线圈和电流感应数字电路板组成，与道闸、出入口控制机配合使用。

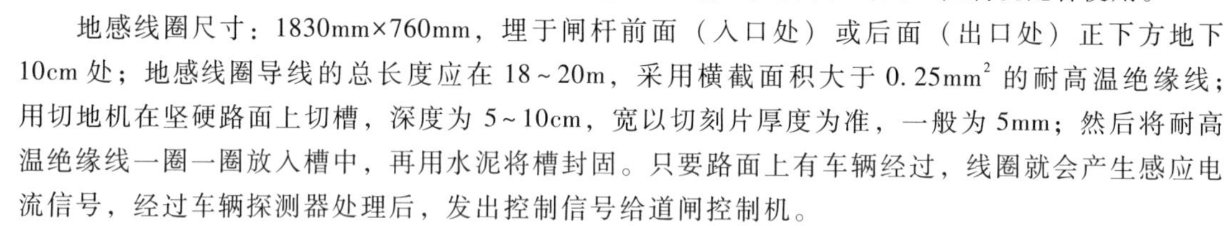

地感线圈尺寸：1830mm×760mm，埋于闸杆前面（入口处）或后面（出口处）正下方地下10cm处；地感线圈导线的总长度应在18~20m，采用横截面积大于0.25mm^2的耐高温绝缘线；用切地机在坚硬路面上切槽，深度为5~10cm，宽以切刻片厚度为准，一般为5mm；然后将耐高温绝缘线一圈一圈放入槽中，再用水泥将槽封固。只要路面上有车辆经过，线圈就会产生感应电流信号，经过车辆探测器处理后，发出控制信号给道闸控制机。

车辆探测器主要技术特性：

（1）工作电源：AC 220V，功率2.5W。

（2）频率范围：20~170kHz，灵敏度三级可调。

（3）响应时间：100ms，环境补偿和自动漂移补偿。

（4）线圈电感：80~300μH（包含连接线）；存储条件：-40~85℃，相对湿度<90%。

（5）探测器外形尺寸：112mm×74mm×38mm（含安装座）；工作条件：-40~65℃，相对湿度<90%。

12.9　城市停车诱导系统

城市停车诱导系统（Parking Guidance and Information System，PGIS），是指通过智能探测技术，与分散在各处的停车场实现智能联网数据上传，对各个停车场停车数据进行实时发布，引导驾驶人便捷停车，解决城市停车难问题。PGIS一是提供相关停车场、停车位、停车路线指引信息，引导驾驶人抵达指定的停车区域，二是进行停车的电子化管理，实现停车位的预定、识别、自动计时收费等。

城市停车诱导系统以多级信息发布为载体，实时提供停车场（库）的位置、车位数、空满状态等信息，它对调节停车需求在时间和空间分布上的不均匀、提高停车设施使用率、减少寻找停车场而产生的道路交通拥堵、减少停车等待时间、提高交通系统的效率、改善停车场的经营条件、增加商业区域的经济活力等方面均有重要作用。

1. 主要功能

（1）实时采集、传输、处理数据和管理停车。

（2）发布该区域的动态停车信息，提供全方位的停车诱导信息服务。

（3）通过手机客户端进行车位查询、车位诱导、车位预定；可实时查看自己车辆的停放照片。

（4）为上级交通管理系统提供区域内各停车场的其他相关信息，包括分布情况、开启状态、实时停车泊位信息、空满比例、收费方式和费率、系统设备工作状态等；定期进行统计分析。

（5）疏导交通、缓解拥堵、充分发挥道路和设施系统的功能，进一步改善道路周边环境。

2. 系统组成

城市停车诱导系统由数据收集系统、数据处理系统、数据传输系统和诱导信息发布系统四部分组成，如图 12-16 所示。

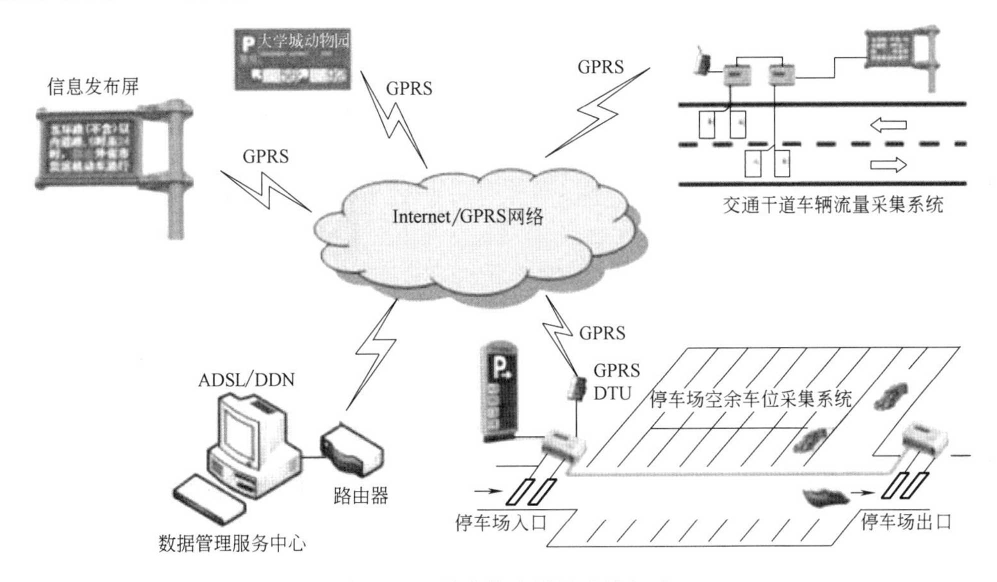

图 12-16　城市停车诱导系统组成

（1）数据收集系统。数据收集系统是停车诱导系统的信息源头，负责数据收集、处理、上传等，可以联网调用各停车场管理系统的数据，要求准确可靠、便于安装调试。采集的数据包括空车位数目、临停车位数目、价格、月卡和分时卡发售数目等。

（2）数据处理系统。数据处理系统是整个系统的控制中心，负责接收、处理各个停车场传送过来的数据，并向外发布信息，大型城市可以设立多个分中心。可实现如下功能：

1）支持与各个停车场的智能管理系统的接口衔接，实现资源共享、信息互通。

2）给城市停车诱导屏传送数据。支持多种方式查询实时停车信息，如通过互联网、手机、短信、语音、广播电台等。

3）为电子地图和导航网站提供信息，查询停车场实时车位情况，并可实现车位预定功能。

4）所有停车场的信息统计、分析、查询、检索等。

（3）数据传输系统。由于城市停车诱导系统比较分散，所以以无线通信为主、有线通信为辅。数据传输网络为互联网和 GPS 导航。

（4）诱导信息发布系统。诱导系统界面：分为一、二、三级诱导显示屏，如图 12-17 所示。

一级诱导显示屏（大屏），设置在市区主要交通干线上，发布多个停车场（库）的名称、位置、实际车位状态信息。

二级诱导显示屏（中屏），设置在停车场（库）周边区域的街道两旁，发布停车场（库）的名称、行驶路线、实际车位状态信息。

三级诱导显示屏，设置在停车场（库）入口附近，发布单个停车场（库）的名称等信息。

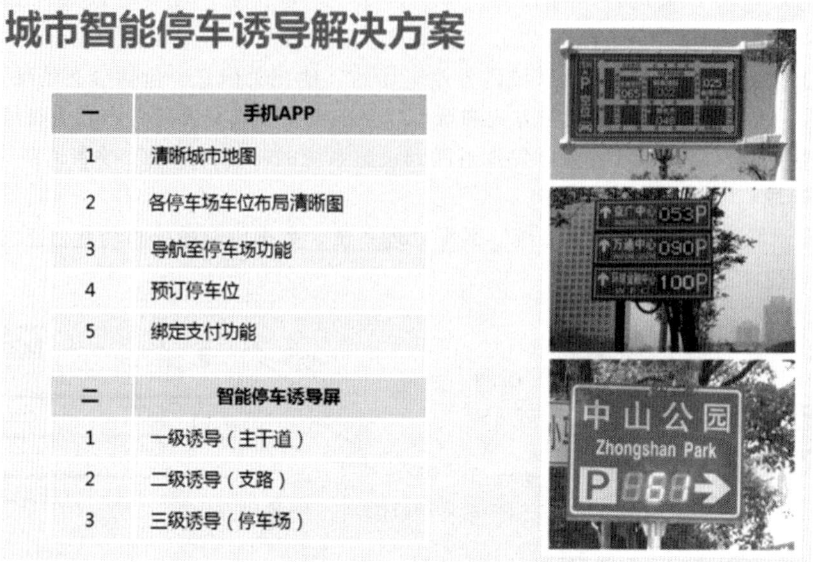
城市智能停车诱导解决方案
一　手机APP
1　清晰城市地图
2　各停车场车位布局清晰图
3　导航至停车场功能
4　预订停车位
5　绑定支付功能
二　智能停车诱导屏
1　一级诱导（主干道）
2　二级诱导（支路）
3　三级诱导（停车场）
053P
090P
100P
中山公园
Zhongshan Park

图 12-17　诱导系统界面

3. 系统软件功能

（1）电子地图功能。在系统软件中，可以直观地显示各停车场的使用情况，软件中可以加载各停车场的平面图，实时、动态地显示出停车场内每个车位的占用、空闲信息。通过不同的颜色标记车位的占有情况，被占用车位系统标记为绿色，非法占用的车位标记为红色。

（2）采集各停车场车位使用情况。通过上位软件对各个停车场终端进行远程通信，自动采集各停车场空余车位情况。

（3）停车诱导信息发布功能。各停车场采集的车位信息生成城市停车诱导信息，发布到各级信息引导屏。

（4）统计车流量。统计各停车场日平均、月平均、年平均车流量。

（5）报表功能。系统可以根据要求，进行各种统计、自动生成相关报表；能够统计停车场每天和每月的使用率、分时段使用率等，并且可以实现报表的 Excel 格式导入、导出功能，方便管理人员的工作。

第13章　一卡通、生物识别和扫码支付系统

“一卡通”又称“金卡工程”，是以IC智能卡为载体的智能化信息管理系统。使用一张IC智能卡就可实现身份证明、医疗、消费、门禁、考勤、巡更、停车、会议、图书借阅、就餐等的日常管理，广泛用于日常生活的各个领域，现已进入高速发展时期。

现今的金卡工程已进一步与生物识别（指纹识别和人脸识别）、扫码支付（条形码、二维码、三维码）结合发展成为微信支付和支付宝支付等进入金融领域，为经营者带来人性化、信息化、智能化的经营管理模式。

一卡通系统：集射频通信技术、智能卡应用技术、计算机网络技术、自动控制技术于一体，实现信息共享和集中管理，使人们充分享受现代科技给日常工作和生活带来的便利性和安全性。

生物识别技术：生物识别技术是继一卡通之后创建的又一高新科技系统，是指利用人体固有的生理特性（如指纹、人脸、虹膜等）和行为特征（如笔迹、声音、步态等）替代IC卡进行个人身份鉴定。由于人体特征具有不可复制的唯一性，因此利用生物识别技术进行身份认定安全、可靠、准确。

采用生物识别技术，可以不必携带IC卡，也不用费心去记忆或更换密码，系统管理员也不必因忘记密码而束手无策。去银行取款，无须带卡，刷脸即可；购物消费，只要看一下摄像头，就能实现资金的支付；乘坐高铁，凭脸就能进站，也不必担心账号被盗。

生物识别技术已广泛用于政府、军队、银行、交通、社会福利、电子商务、安全防务。随着科学技术的飞速进步，生物识别技术会越来越多地应用到实际生活中。

扫码支付：二维码支付是一种基于账户体系搭起来的新一代无线支付方案。用户通过手机扫拍客户端的二维码便可实现与商家账户的支付结算。二维码支付作为移动支付的主力军，在电子商务和银联转账等支付领域得到了快速、广泛的推进。

本章将对它们进行全面论述和分析。

13.1　一卡通的体系结构

一卡通系统把多种不同功能的设备挂在一条数据线上进行数据通信，用同一套系统软件，在同一台计算机上，同一个数据库内，进行不同数据信息交换。实现各种功能应用及卡的发行、取消、报失、资料查询等。

一卡通系统以“信息共享、集中控制”为基础，严格按照统一标准、统一管理、统一网络平台、统一数据库、统一身份认证体系、数据传输安全的原则，以数字信息资源建设为核心，以数据应用和管理为重点，实现数据集中、设备集中、应用集中，做到系统稳定、概念创新、技术超前。

基本概念是“一卡、一库、一线”，即用一张卡片、通过一条网线、连接一个数据库，运用综合应用软件，实现智能卡管理、信息交换、查询等各种功能。

“一卡”就是在同一张IC卡（Integrated Circuit Card）上实现多种功能的智能管理。一张IC卡要能通行很多设备，首先要求读写设备必须与该卡一致，其次要求该卡必须具有多个功能分区和不同的密码校验，保证彼此的独立性、安全性、实用性。

“一线”就是把多种不同的设备都挂在一条网线上，在一条网线上传送多种信息，进行数据

信息交换。

"一库"就是在同一个软件上、同一台PC上、同一个数据库内，方便、快捷地实现数据交换以及卡的发行、注销、报失、资料查询等。

一卡通系统根据运用行业的性质可以分为公用一卡通和民用一卡通：

(1) 公用一卡通：一般用于商业消费、大型公用事业。发卡量非常大，后台软件平台比较复杂，稳定性要求高，如消费卡、公交卡、市民卡、社保卡、医疗卡等。广义来说，身份证也是公用一卡通的一种，只是仅限于公民的身份认证。

(2) 民用一卡通：包括企业一卡通、智能大厦一卡通、校园一卡通、医院一卡通、消费一卡通、俱乐部会所一卡通等，一般用于门禁、停车场管理、员工考勤、就餐管理、消费管理、控水控电管理、学生上机管理、学校图书管理等，各个运用子系统逐年细化，发卡量相对较小。

一卡通系统采用最先进的"1+X"体系结构，即采用1个中心服务平台加若干个应用子系统的设计模式。支持一个总部、多个分部的管理模式，让管理不受地域限制，终端设备拥有一个硬件管理平台和多个应用程序功能。

一卡通系统由一个数据中心服务平台、卡证管理系统和按需设置的若干功能子系统（包括消费子系统、餐饮子系统、门禁子系统、巡更子系统、医疗子系统、电梯管理子系统、停车场收费子系统、图书馆管理子系统等）和一个数据传输网组成。

图13-1是一卡通系统的体系结构。一张卡可通用所有子系统，所有子系统共享一个数据库服务平台。

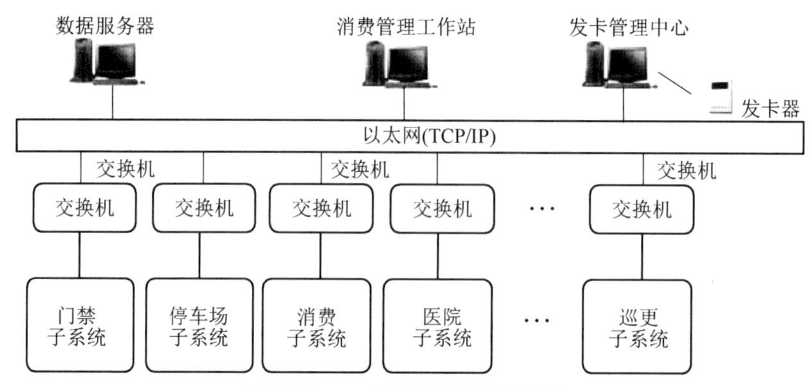

图13-1　一卡通系统的体系结构

13.1.1　数据中心服务平台

一卡通系统采用统一的数据中心服务平台、统一的管理平台、统一的终端基础软硬件平台和统一的卡片管理平台，用户升级容易、管理简单。更为重要的是，一体化的架构使得系统平台的结构关系简单，各个应用子系统在同一个数据中心平台上进行操作，有利于应用系统的扩展和实施，为整合资源、加强管理、统一办公提供了良好基础。

一卡通数据中心服务平台由数据中心管理平台和监控管理平台组成：

(1) 数据中心管理平台：数据中心的数据库服务器为系统提供所有数据的存储和数据交换。

(2) 监控管理平台：监控管理平台为IC卡应用提供集中管理、系统设置、第三方接口、卡务、交易、数据维护等核心管理功能；对脱机交易系统提供数据上传、下载（黑名单、时钟等）和发布系统配置文件等功能。

1. 数据中心管理平台

数据中心管理平台由数据库、数据库管理系统、数据库管理员、数据库应用程序和用户五部分构成。

（1）数据库：为用户共享提供以结构化形式存放在存储介质上的数据集，具有独立的程序操作特性。

（2）数据库管理系统：是数据中心管理平台的核心，负责管理数据库，为用户使用数据库提供各种操作。

（3）数据库管理员：即工作人员，负责规划、维护、设计和管理数据库，定义数据的安全策略和完整性策略。

（4）数据库应用程序（软件）：用数据库语言开发，进行数据处理和操作的程序。

（5）用户：直接使用者。

一卡通系统通常使用 SQL Server 2000 来建立数据库。SQL Server 2000 是一种关系数据库，所谓关系数据库就是以关系数据模型为基础的一种数据库，该模型描述了关系数据的结构和语义约束。图 13-2 是关系数据库的基本结构。

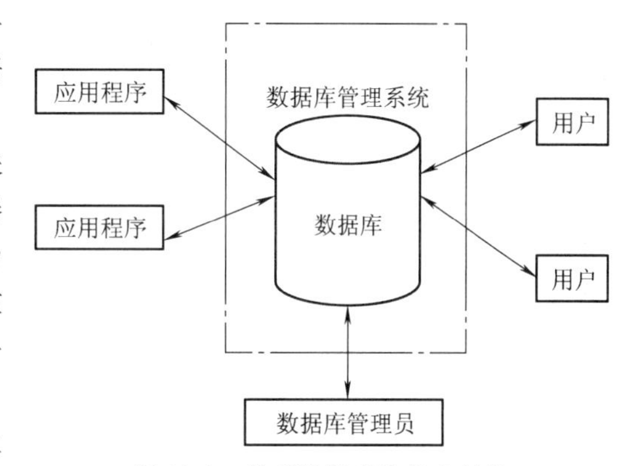

图 13-2　关系数据库的基本结构

SQL Server 2000 是微软公司开发的一个关系数据库管理系统，是一个完美的客户/服务器（C/S）系统，需要安装在 Windows NT 的平台上，为公共管理功能提供预定义的服务器和数据库信息，可以很容易为某一特定用户授予一组选择好的许可权限。

SQL Server 2000 可以在不同的操作平台上运行，支持多种不同类型的网络协议，如 TCP/IP、IPX/SPX、Apple Talk 等。SQL Server 在服务器端的软件运行平台是 Windows NT、Windows 9x，在客户端可以是 Windows 3x、Windows NT、Windows 9x，也可以采用其他厂商开发的系统，如 Unix、Apple Macintosh 等。

SQL Server 2000 采用二级安全验证、登录验证、数据库用户账号验证和角色许可验证。“角色”概念的引入方便了权限管理，也使权限的分配更加灵活。SQL Server 支持两种身份验证模式：Windows NT 身份验证和 SQL Server 身份验证。

SQL Server 2000 提供的软件，可以安装在许多用户端 PC 系统中，Windows 可以让用户端进行数据库的建立、维护及存取等操作。SQL Server 最多可以定义 32767 个数据库，每个数据库可以定义 20 亿个表格，每个表格可以有 250 个字段，每个表格的数据个数并没有限制，每一个表格可以定义 250 个索引，其中有一个可以是 Clustered 索引。

2. 数据中心管理平台的特点

（1）高效、清晰的业务流程，真正实现企业管理的可视性和可控性：“抓住了管理就抓住了一切”，数据中心管理平台融合了优秀管理的控制理念。管理的可视性和可控性是管理的根本基础。在高效、清晰的业务流程中实现业务运营的管理控制。

（2）数据集中存放，保障数据安全、可靠，实现数据共享：数据库设计做到“数出一门”“算法统一”“度量一致”“数据共享”，方便、快捷地查询分析各项数据。

（3）各项费用自动计算，灵活、准确，减少人工差错与负担：利用计算机运算速度快、准确的特点，各项费用的计算、统计、汇总等全部由计算机完成，操作简单方便，极大地提高了工作效率。

（4）系统快速、自动、强大的统计汇总功能和丰富的报表打印功能，使各项数据的统计汇总、分析表格打印一应俱全，可以随时查阅最新的详细情况，准确地做出决策。

(5) 安全的权限管理：具有操作系统、数据库、用户密码、IP 地址限制等多级权限设置，最大程度保障系统安全。按用户角色划分用户权限级别，用户角色共享业务范围内的资源；彻底保证系统各用户角色业务数据权限的安全。

(6) 支持网络远程办公：通过 Internet，可以在全国甚至全球范围内组建自己的远程办公系统。VPN（虚拟专用网）远程办公，企业局域网通过专线接入 Internet，远程用户接入 Internet，通过 VPN 拨号访问局域网，客户端使用“服务器 IP 地址”或“服务器名称”登录系统。

13.1.2　卡证管理中心

卡证管理中心的职责与任务是负责整个一卡通系统卡片的发行和日常维护，如卡片的挂失、解挂、补卡、换卡、卡修正和注销等工作。它支持多种数据录入方式，可进行持卡人信息的修改和确认；支持多种照片采集、录入方式。

卡证管理中心是整个一卡通系统卡证管理的核心，在整个系统中占有举足轻重的作用。图13-3是卡证管理界面的典型功能软键。部门列表用于显示所有部门及构成情况；员工列表用于显示部门员工及其卡内信息，可以查询；人员过滤包括三个选项：在职、离职和全部。当要增加新部门时，只要选中隶属部门的名称，然后单击“新部门”按键，再添加新部门名称。改部门或删部门的操作也类似，非常方便容易。

图 13-3　卡证管理界面的典型功能软键

13.1.3　系统网络

一卡通系统网络有两种模式：基于以太网工作的星形网络和基于总线工作的总线网络。一卡通系统的所有主控制器和软件接口平台均为 10Mbit/s 以太网接口，直接以 TCP/IP 协议与客户服务器进行数据交换，要求用户必须提供足够的以太网信息带宽。智能大厦通常可共享本地局域网，只需在现有的网络设备上堆叠 10Mbit/s 网络集线器，划分一个子网供一卡通系统使用。一卡通网络在建设中通常会有三种典型的数据传输系统，即物理光纤专网、虚拟局域网（VLAN）以及虚拟专用网（VPN）。

1. 物理隔离方式

网络系统通过公网进行通信时，信息可能会受到窃听和非法修改。如何在保证资源安全的前提下，实现资源共享。方便、快捷、安全的一卡通网络传输是必须解决的技术问题。一般采取的方法是在内网与外网之间实行防火墙的逻辑隔离，但不能保证绝对安全可靠。采用内网和外网传输的双网传输技术，可从物理上隔离、阻断具有潜在攻击可能的一切连接，使“黑客”无法入侵、无法攻击、无法破坏，实现真正的安全。图 13-4 是双网物理隔离架构图。

双网物理隔离接入方案需要两套布线系统，在上网时涉密用户配置安全隔离网卡和内外网双硬盘，两条网线同时接到隔离网卡上，再通过隔离网卡接到本机网卡上，通过手动按钮或软件控制隔离网卡上的开关，使其在选择涉密硬盘的同时还要选择连接内网。

2. VPN 虚拟专用网和 VLAN 虚拟局域网

虚拟网可分为虚拟专用网（Virtual Private Network，VPN）和虚拟局域网（Virtual Local Area

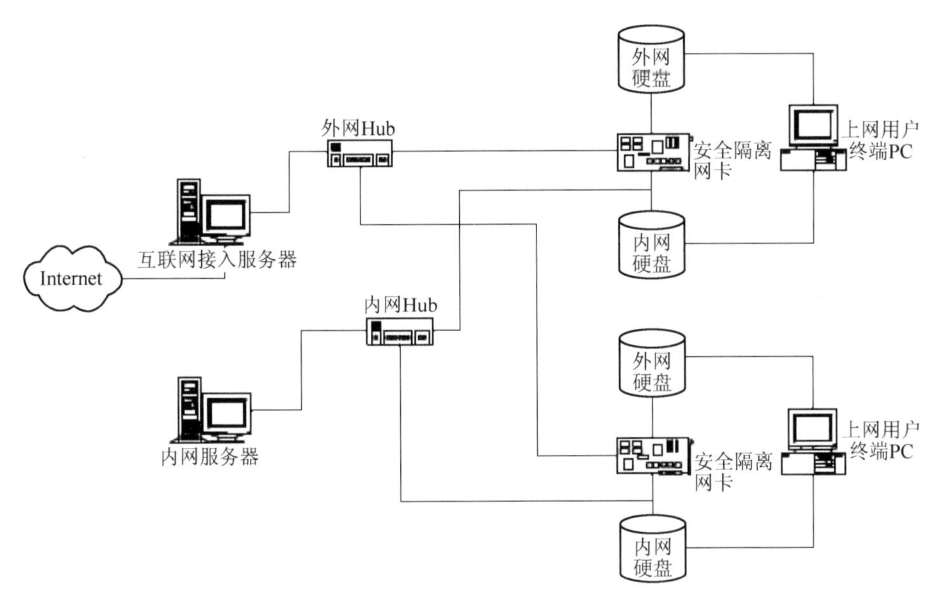

图 13-4　双网物理隔离架构图

Network，VLAN）两类。

（1）VPN（虚拟专用网）。VPN 是指在公共网络中建立的专用网络，数据通过安全的“加密管道”在公共网络中传输，VPN 是一种逻辑上的专用网络，能够向用户提供专用网络所具有的功能，但本身却不是一个独立的物理网络。VPN 技术可节省建网成本，提供远程访问，扩展性强、便于管理。图 13-5 是 VPN 应用架构图。

VPN 网络的任意两个节点之间的连接并没有传统专网建设所需的点到点的物理链路，而是架构在公用网络服务商 ISP 所提供的网络平台上的逻辑网络。用户的数据是通过 ISP 在公共网络（Internet）中建立的逻辑隧道（Tunnel），即点到点的虚拟专线进行传输的。通过相应的加密和认证技术来保证用户内部网络的数据在公网上安全传输，从而真正实现网络数据的专有性。

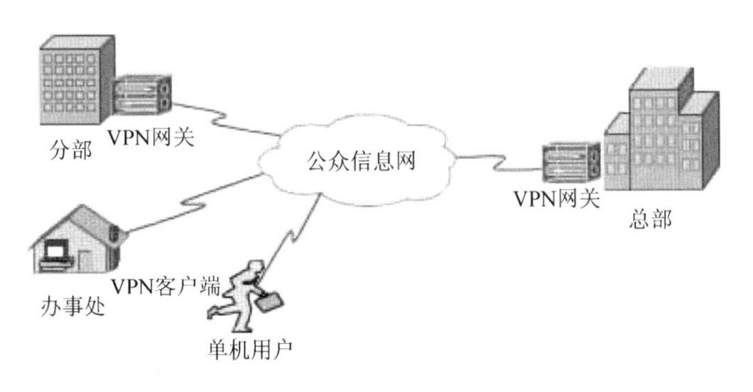

图 13-5　VPN 应用架构图

VPN 可以在防火墙与防火墙或移动客户端之间对所有网络传输的内容加密，建立一个虚拟通道，让两者在同一个网络上安全且不受拘束地互相存取。

（2）VLAN（虚拟局域网）。VLAN 是建立在交换技术基础上的虚拟网，将 LAN 局域网的网络节点按工作性质与需要划分成若干个“逻辑工作组”，一个“逻辑工作组”即为一个虚拟网络。因此，VLAN 是一个在 LAN 网络上根据用途、工作性质、应用范围等进行逻辑划分的局域网络，与用户的物理位置没有关系。VLAN 中的网络用户是通过局域网交换机进行通信的。一个

VLAN 中的成员看不到另一个 VLAN 中的成员。图 13-6 是 VLAN 拓扑图。

从本质上讲以太网基于广播机制，但应用了交换机和 VLAN 技术后，实际上可转变为点到点通信，信息交换也不会存在监听和插入（黑客攻击和窃听）问题。

VLAN 的实现技术有四种：用交换机端口号（Port）定义的虚拟网络、用 MAC 地址定义的虚拟网络、用 IP 广播组定义的虚拟网络、用网络层地址定义的虚拟网络。“逻辑工作组”的划分与管理由软件来实现。通过划分虚拟网，可以把广播限制在各个虚拟网的范围内，从而减少整个网络范围内广播“数据包”的传输范围，提高了网络的传输效率；同时各虚拟网之间不能直接进行通信，而必须通过路由器转发，增强了网络的安全性。

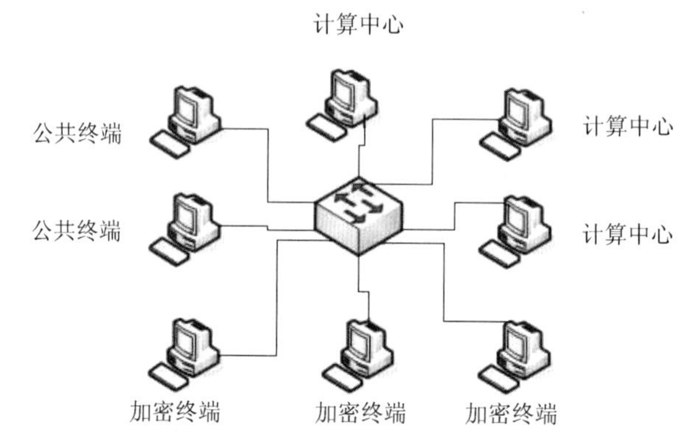

图 13-6 VLAN 拓扑图

VLAN 传输方式的可扩展性比较差。如果要调整一卡通终端的部署，必须及时将 VLAN 配置到需要部署的交换机上去，另一方面随着终端的增加，网络配置工作量随之增加，二层网络范围将越来越大，广播风暴可能性增加。同时由于校园网中网络设备的多样性，无法在二层上使用快速链路恢复机制。

3. IPSec VPN 虚拟网

IPSec VPN 即采用 IPSec 协议来实现远程接入的一种虚拟网技术，IPSec 全称为 Internet Protocol Security（互联网安全协议）。IPSec 提供了认证和加密两种安全机制。认证机制使 IP 通信的数据接收方能够确认数据发送方的真实身份以及数据在传输过程中是否遭篡改。加密机制通过对数据进行加密运算来保证数据的机密性，以防数据在传输过程中被窃听。

为什么要在 VPN 中导入 IPSec 协议呢？有两个原因：一个原因是原来的 TCP/IP 体系中，没有基于安全设计，任何人，只要能够搭入线路，即可分析所有的通信数据。IPSec 引进了完整的安全机制，包括加密、认证和数据防篡改功能；另外一个原因是因为 Internet 发展迅速，接入越来越方便，很多客户希望能够利用这种带宽上网，实现异地网络的互连互通。VPN 有隧道模式和传输模式两种模式。

VPN 工作于网络层，安全级别高，不管是哪类网络应用，对终端站点之间的所有传输数据都进行保护。事实上它将远程客户端“置于”企业内部网，使远程客户端拥有内部网用户一样的权限和操作功能。两个一卡通站点之间可以通过 IPSec VPN 的方式连接起来，通过建立隧道、安全认证、加密传输等机制，对一卡通管理区域进行访问，构建相互信任的安全加密信息传输通道，达到专用网络的效果。

13.2 一卡通系统的安全策略

一卡通系统应用面广、系统涉及环节多，因此。要保证每个环节都应绝对安全，决不允许有差错，否则将会造成系统的重大损失，因此安全策略设计就特别重要。

按照银行 PBOC 标准的密钥体系，采用主密钥、工作密钥、扇区种子密钥、卡片扇区密钥、个人密码种子密钥、卡片个人密码密钥等六个密钥组成一卡通系统的密钥体系，确保从设计、开发、管理、使用和维护等各环节的安全性，达到卡安全、终端安全、交易安全、网络安全、系统安全、数据安全和应用安全七大目标。

1. 系统安全性

（1）采用 PBOC（People' s Bank Of China，中国人民银行）电子钱包安全标准，确保交易正确和交易安全。

（2）卡片支持 3DES 加密算法，确保数据的安全性。

（3）卡片支持防冲突机制，同时可处理多张卡片。

2. 卡片安全

一卡通系统首先要有“一卡通”的卡片。这种卡片必须是多分区的，并具有分区密码校验，是具有多用性、兼容性、安全性、可靠性的智能卡，这是“一卡通”的前提条件。

根据卡片上采用存储介质的性质，可分为只读型和读写型两类。读写型 IC 卡有接触式和非接触式两种，运用范围比较广泛。“一卡通”必须是读写型卡片。

智能卡系统具有很强的加密性，首先体现在芯片的结构和读取方式上，智能卡容量较大，存储器的读取和写入区域可任意选择。因此灵活性较大，即使一般的一卡通存储器卡，也具备较强的保密性。对存储卡的密码核对有严格的次数限制，超过规定的次数，卡将被锁死。智能卡的加密性还体现在系统设计上，由于智能卡属于可以随身携带的数字电路，而数字电路的各种硬件加密手段都可用来提高系统的加密性。在软件设计上，还采用各种加密算法，大大增强了系统的安全性。

一卡通对卡片的要求很高，射频识别（Radio Frequency Identification，RFID）卡是非接触式 IC 卡中应用最多的一种。RFID 是利用射频信号通过空间耦合实现无接触传递信息，达到识别目的的技术。

由于每张卡有独一无二的序列号，芯片有 16 个存储扇区，每个扇区读写需要进行三次双向独立认证，传递数据有严格的加密算法和密码保护。这些优点使 RFID 卡成为应用的首选。

RFID 卡内设有一个微处理器芯片和一个与微处理器相连的天线线圈，卡片本身不需要电池，由读写器产生的电磁场提供能量，读写器发送传输指令、激活卡片回传信息、接收卡片信号后进行运算处理。因此，RFID 卡是一张符合传统标准和应用习惯的普通 CPU 卡，符合 ISO 7816 和 PBOC 对卡片的要求，完全兼容接触式卡片应用系统，与读写器受同一个 CPU 控制，共享卡片内所有资源。卡内的内置芯片由多个读写扇区组成，可以进行加密、存储、读取、改写。现今的射频卡技术已发展到 CPU 卡，除加密、存储、读取、改写外，还具有运算及动态加密功能。近年来手机使用的 SIM/UIM 卡与射频技术融合在一起，构成手机一卡通。

RFID 卡有低频、高频和超高频三个频段。目前国内主要应用的是低频（125～135kHz）和高频（工作频率为 13.56MHz）两种；高频段 RFID 主要用于门禁、考勤、电子巡更、停车场、消费一卡通等。第二代居民身份证是目前最大的 RFID 应用。

无源超高频 UHF 波段（860～960MHz）的 RFID 卡，读取距离比较远，最大感应距离可达 10m 左右，主要用于图书管理、公路收费站。

3. 网络安全

一卡通系统网络采用三种网络相结合的架构，金融一卡通通常采用 VPN（专用虚拟网）和物理隔离的专网。专用的物理通道保证了银行方的数据交易的绝对安全性，采用防火墙隔离技术，确保网络互联和边界的安全。网络内部通过 MAC 媒体访问控制端口与 IP 地址绑定、封锁交换机的空余端口、配置用户口令、使用不同级别的命令等措施，从网络互联、网络边界、网络内部三方面来确保整个专用网络的安全性。

4. 数据安全

（1）通过制定一套完整的密钥管理体系，保证消费过程的安全性和终端机具使用的安全性：一卡通系统交易过程中使用的密钥有：主密钥、工作密钥、扇区密钥、卡片扇区密钥、个人密码密钥、卡片个人密码密钥，六个密钥组成一卡通系统的密钥体系。

（2）收费终端采用双CPU工作、UPS供电以及无源存储保护数据技术：正常情况下，终端数据信息均具有代码标识，经专网实时上传到“结算中心”进行结算；发生异常时，启动收费终端的数据分析功能，迅速查出数据出错源，通过底层数据还原校验予以纠正。

（3）数据库服务器的数据备份：同时采用磁盘阵列、磁带机等多重备份，提供足够的数据冗余；备份采用标准备份、增量备份、差量备份三种方法相结合的方式，保证数据的安全性。

（4）软件安全：建立严格的用户权限管理系统，并在用户操作权限分配、登录控制、身份验证、密码控制、日志跟踪等方面设计了严密的机制，保证一卡通系统的数据安全。

5. “无关性”技术

一卡通系统采用先进的“无关性”设计技术，实现了开放性、扩展性和适应性，使用户单位具有更好的选择权和使用权。“无关性”主要表现在以下五个方面：

（1）数据平台无关性：支持多种操作平台（UNIX、Linux、Windows），保障用户投资。

（2）软件接入无关性：支持多种技术体系的应用软件接入。

（3）网络形式无关性：支持TCP/IP、485总线/星形、拨号等多种通信方式。

（4）终端厂家无关性：支持不同品牌、多种厂家的终端设备接入。

（5）卡片类型无关性：支持非接触式逻辑加密卡，支持接触式、非接触式CPU卡，支持第二代居民身份证。

13.3　一卡通的交易模式

一卡通的交易模式有联机交易和脱机交易两种模式，不同的交易模式对终端设备和用户卡的操作要求是完全不相同的。

1. 联机交易模式

联机交易技术已经非常成熟，在金融行业应用尤为典型，如转账充值类业务，即以集中式数据库的数据为唯一交易依据。这与目前市场上存在的诸多拼凑型的数字化一卡通系统将数据库的数据分布存放在网关等设备上，以网关的数据为唯一交易依据的设计完全不同。

2. 脱机交易模式

根据可能存在的交易点离散、交易场所不固定、网络环境不能绝对保障实时畅通等情况，为了保证不影响正常应用，脱机交易模式体现出了它的优越性。

脱机交易设计是以卡片钱包数据为唯一交易依据。按照中国人民银行的有关规定，脱机交易必须具备真实的交易时间、交易金额、交易次数等数据元，要求终端设备必须自带时钟、能够独立管理大容量黑（白）名单、安全可靠存储大容量交易流水记录，同时具备自行结账功能，方便商户与管理结算中心进行对账。

3. 财务账务体系

系统要完全按照国家财政部的企业财务标准，结合各用户财务的特点，支持各种结算户以及按POS（Point Of Sales）销售终端和POS机分组结算的要求，完全具备与银行、商户、卡户对账、结算等功能。财务人员不需要经过专业培训，就可以使用一卡通系统账务软件，完全掌握所有往来款。

13.4　校园一卡通系统

目前，无论是小学、中学还是大学，都在积极加强校园信息化建设，校园一卡通系统是数字化校园建设的重要部分，涉及校园各个运行部门和学生的学籍管理、教师工资发放、学生宿舍管理等。IC 智能卡（非接触 IC 卡）技术在校园信息系统建设中已获得广泛应用。IC 智能卡替代了校园传统的教师工作证、学生证、借书证、食堂饭卡（券）、医疗证、上机证等，达到教、学、考、评、住、用的全面数字化和网络化，真正实现“一卡在手，走遍校园”。图 13-7 是校园一卡通的主要应用范围。

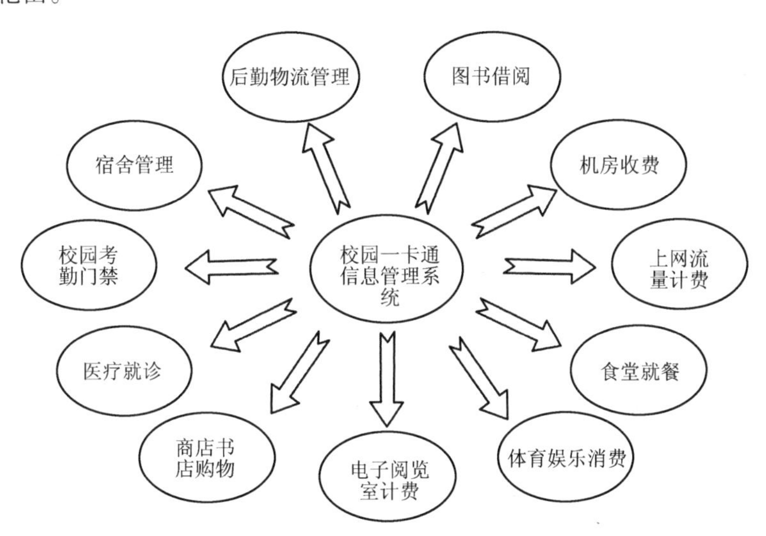

图 13-7　校园一卡通的主要应用范围

校园一卡通的主要功能如下：

（1）银校通：银行卡通存通兑功能。

（2）学籍管理：注册、注销。

（3）身份识别：图书馆、计算中心、学生宿舍、校医院、体育中心。

（4）费：学费、上机、医疗、校内公车、设备领用。

（5）餐饮：食堂、餐厅、快餐店。

（6）购物：自选商店、书店、教材部。

（7）文体娱乐：俱乐部、健身房。

（8）其他：学生管理、教务管理、宿舍管理、门禁管理、后勤服务管理、信息查询。

13.4.1　校园一卡通系统的网络结构

为了共享校园网资源，一卡通网络与校园网采用防火墙进行连接，保证一卡通网络能访问校园网数据，但校园网不能随意访问一卡通专网。因此，信息化校园建设必不可少的是对统一身份认证服务器和门户网站的访问。这样将校园网用户与敏感的一卡通网络资源相互隔离，从而防止可能的非法侦听，使得一卡通网络上的设备能够安全、稳定地运行。

一卡通网络是以数据库服务器为中心的局域网分布式结构。采用图 13-8 所示的四层网络结构，即数据中心层、第二层、第三层和终端层。

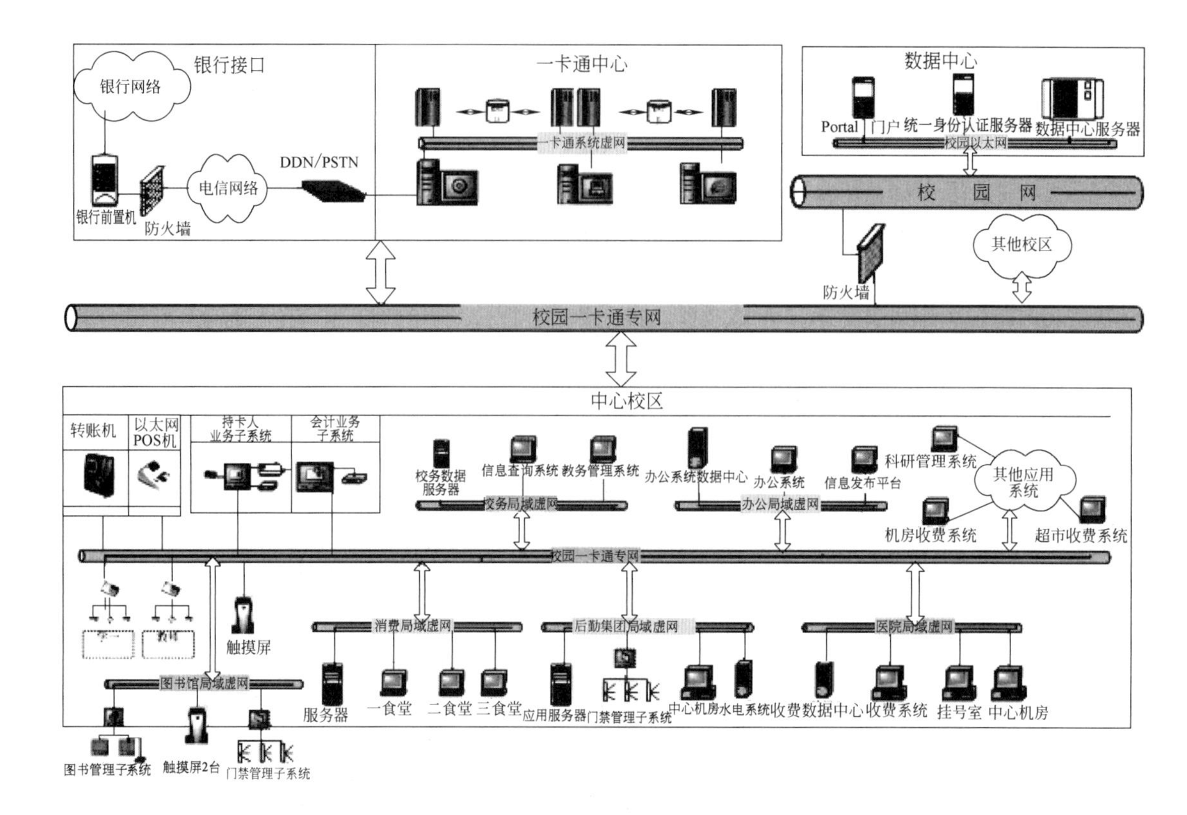

图 13-8　校园一卡通专网拓扑图

第二层是数据中心层，设置中心交换机，与身份认证系统、卡务管理机、结算管理机、结算中心服务器一起构成一卡通网络和结算中心，它是一卡通系统的数据中心的管理平台、身份认证平台和数据库中心。

第二层是通过光缆与各节点相连，与一卡通中心组成第二层网络结构，设置二级交换机。

第三层是以第二层局域网的网络工作站为控制主机，控制各个 IC 卡收费终端的网络。

一卡通系统的终端设备可以通过现场总线 CAN（Controller Area Network）拓扑结构或者 RS-485 星形拓扑结构提供的专用虚拟网接入校园主干网。两种方式都有传输距离远、成本低、有 TCP/IP 的安全性、实效性强等优点，解决了各终端联网的实效性、远距离等问题。

为保证网络系统的安全性和便于管理，消费结算中心各种数据服务器与圈存机、各终端设备和银行网络的前置机进行通信，一般都采用一卡通专网传输，独立于校园网。

一卡通网络可以采用基于校园网内部的虚拟专用网（VPN），即在校园网络基础上建立的 VPN 专用数据通信网络。用户数据通过安全加密隧道在校园网中传输，保证通信的保密性。VPN 与一般网络互联的关键区别在于用户数据经过加密后，按隧道协议进行封装、传送，并通过相应的认证技术来实现数据传输的专有性。

校园网一卡通主干网（高速以太网）部分，要求所有的以太网设备在虚拟局域网（VLAN）部分和现有的校园网设备隔离，保证现有的校园网和一卡通传输部分是两个网络，设备不允许互相访问。

为了充分利用校园网原有资源，一般一卡通主干网络启用校园网络原有光纤（8 芯或者 12 芯）中的冗余部分，由于校园网工程光纤已经遍布全校各个角落，通过利用校园网的 2 芯冗余光纤构成一卡通网络主干。至于其他校区可以通过在原有基础上另外租用电信光纤连接到主校区建立一卡通专用局域网。

整个一卡通专网所用交换机，采用 MAC（Media Access Control）端口与 IP 地址绑定，使每个端口只能设置唯一的 IP 地址，连接特定的设备，从而保证整个网络的安全性。

1. VLAN 的应用

VLAN（虚拟局域网）技术是近年高速发展的局域网交换技术。以太网的本质是基于广播机制，但应用了交换机和 VLAN 技术后，实际上转变为点到点通信，将传统的基于广播机制的局域网技术发展为面向连接技术。不同的一卡通应用系统在网络上划分为不同的虚拟网段，如医疗系统和消费系统划分在不同的 VLAN 网段，通过以下相应的 VLAN 划分方法来提高网络安全。

(1) VLAN 的端口：就是将交换机中的若干个端口定义为一个 VLAN，同一个 VLAN 中的计算机具有相同的网络地址，不同 VLAN 之间进行通信需要通过三层路由协议，并配合 MAC 地址的端口过滤，就可以防止非法入侵和 IP 地址的盗用问题。

(2) VLAN 的 MAC 地址：VLAN 网段一旦划分完成，无论节点在网络上怎样移动，由于 MAC 地址保持不变，因此不需要重新配置。但是如果新增加节点的话，需要对交换机进行重新配置网段，以确定该节点属于哪一个 VLAN。

(3) 新增加节点时，无须进行太多配置，交换机会自动根据 IP 地址将其划分到不同的 VLAN。一旦离开该 VLAN，原 IP 地址将不可用，从而防止了非法用户通过修改 IP 地址来越权使用资源。

2. 物理隔离的金融网络连接

一卡通系统中心与银行系统之间的连接是校园卡与银行卡圈存的数据通道，其安全性是一卡通结算中心与银行进行对账结算的保证。为了系统连接的安全性和可靠性，银行金融网络与校园一卡通的虚拟专用网通过 PSTN 公用电话交换网或者 DDN 数字数据网方式相连，并通过 PSTN 或 DDN 方式连接自助转账设备（圈存机），实现转账与对账分别在不同的物理网络上完成。

13.4.2　一卡通管理中心

一卡通管理中心主要包括平台管理、人事中心、卡务中心、结算中心四个子系统模块。完成对整个一卡通系统的基本设置、人员管理、操作授权、卡片授权、卡片充值、系统数据查询、财务结算、报表打印等。

1. 平台管理

平台管理包括系统参数设置、操作员管理、卡类设置、账户结算、工作站管理等。

2. 人事中心

人事中心包括部门、人员资料的导入/导出、人员档案管理、人员照片管理等。

3. 卡务中心

卡务中心包括用户卡片的发卡、主钱包及小钱包充值、卡加密、分类、更改信息、信息查询、卡升级、卡流水查询，以及开户、销户、存取款、挂失、解挂、冻结、解冻遗失卡、临时卡管理等。

4. 结算中心

(1) 普通账户管理：卡户冲账、转账、信息查询、流水查询、信息修改、密码修改、异常卡管理、其他信息查询。

(2) 独立账户管理：独立账户开户销户、转账、冻结解冻、信息查询、流水查询、密码修改、信息修改、取款。

(3) 财务报表管理：日常报表、日报表、阶段报表、商户报表、卡日报、对账表、日结单、账户、流水统计、结账。

（4）凭证管理：凭证设置、凭证查询、自动结转凭证、取消自动结转文件。

（5）操作员管理：开设操作员、修改信息、修改权限、修改密码、查询操作员。

（6）校园一卡通系统与财务管理系统的接口功能：

1）向财务管理系统提供校园一卡通系统中银行、商户、部门等的账户数据，包括明细账、分户账、汇总表等。

2）财务管理系统对银行账户进行对账。

3）财务管理系统对校园一卡通系统中的商户、部门和个人进行资金结算和划拨时，实行联动结算处理。

4）为财务管理系统提供身份认证手段。

5）通过校园一卡通系统查询财务管理系统信息等。

13.4.3　银行转账系统

学校和银行合作，共同建设校园一卡通，可以利用银行充裕的资金实现学校的一卡通建设规划，使银行、学校、学生、商家在系统运作中达到互利的战略目的。

（1）银行：随着银行业务发展和拓宽，项目投资也将增加，投资决定因素是存款数目、存款期限、账户留存金额、客户群体稳定性、发展前景、可持续增长性等因素。银行可以通过银校一卡通项目合作扩大业务范围和渠道，获得可观的资金积累。

（2）学校：学校收费可以借助银行系统实现自动转账，减少学校的结算工作量，同时通过银行可以提高安全性，尤其是可提高学校每年新学期开始时学生从异地到校携带现金的安全性。

（3）师生：通过圈存机将银行账户转入学校校园卡账户，避免现金交易的麻烦。

（4）商家：校园内的商家可以实现无纸币流通，防止出现假币、残币、找零的麻烦，可以和学校数据中心定期结账，也使学校更方便地管理学校内的商业运作。

银行转账系统是校园一卡通系统通过电子货币方式进行各种结算的关键部分。为校园一卡通系统到银行系统提供接口。银行转账系统利用计算机网络和圈存终端设备实现持卡人的银行账户资金向校园卡账户划转，将校园卡系统原来手工现金的存款方式转变为持卡人自主操作的银行卡与校园卡之间的资金转账，减少现金流动，延长服务时间，方便了持卡人，同时也是银行拓展业务、以较低的成本带来高效益的有效手段。图13-9是银行转账系统资金流转图。

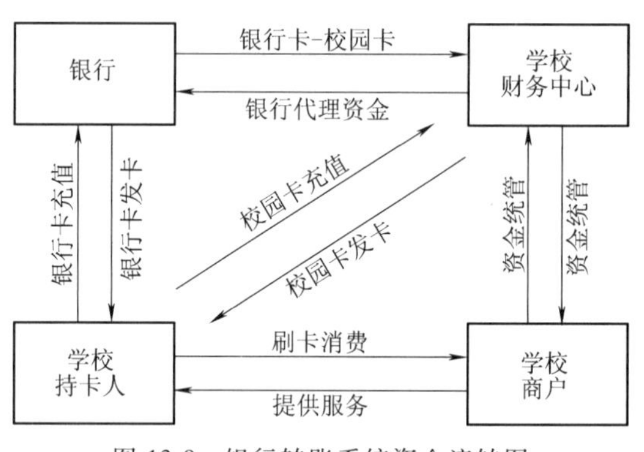

图13-9　银行转账系统资金流转图

银行转账系统由学校端金融服务器、路由器、基带调制解调器和银行端子系统主机、路由器、基带调制解调器组成。为进一步保证金融交易的安全，金融服务子系统可在学校和银行两端机器上各增加一块网卡进行网络隔离。图13-10是银行转账系统结构图。

银行转账系统的功能：包括系统服务器和终端设备（包括圈存机、自助服务终端等）的服务功能。

银行转账系统服务器的主要功能：

（1）转账服务：完成个人银行卡账户与校园卡电子钱包（圈存）或学校账户（扣款）之间的资金转账（由银行卡账户转入校园卡电子钱包称为圈存，反之称为圈提。由个人银行卡账户转入学校账户称为代收、代付。）

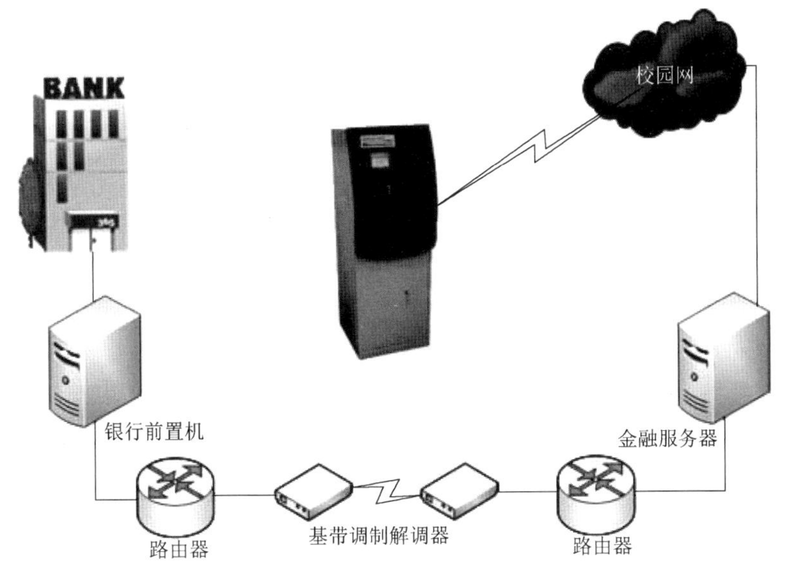

图 13-10　银行转账系统结构图

（2）数据传递：完成银行与学校之间的批量收付文件、日终对账文件、银行卡和校园卡对应关系（签约）基本数据文件的传递。

（3）自动对账：完成银行与学校之间的实时和批量对账、轧账。

（4）查询服务：提供校园卡对应银行账户余额查询、明细查询和银行方发起查询校园卡持卡人基本信息功能、查询余额、“未登项”查询、“电子钱包”余额及明细服务查询、打印；银行账号余额及明细服务查询、打印。

（5）圈存服务。

（6）缴费服务。

（7）挂失服务。

（8）自动冲正。

（9）收发文件：发送对账文件、接收对账文件、发送签约文件、接收签约文。

（10）系统维护：系统密钥装入、卸载，设置系统工作参数、定时工作流程（Schedule）、操作员密码等。

13.4.4　收费管理子系统

学生费用的收缴一直是广大学校日常工作中比较繁重的一项工作。目前各大、中型校园，由于学生人数多，在收取各种项目费用时，经常出现错收、多收、少收等账目混乱现象，无形中增加了工作人员的压力。尤其是在开学之际与毕业生离校时，各种账目费用计算往往需要花费工作人员大量精力与时间。

因此，一套符合各种财务管理体制和收费模式的一卡通财务收费系统，可提供多种收费手段和方法，财务人员可从费用收取、各种款项发放到各种财务报表以及收费凭证的处理等日常繁重的工作中解放出来。提高了工作效率，减轻了工作强度，节约了办公经费。

1. 收费管理子系统的主要功能

（1）学校根据实际情况可自定义收费项目名称、标准及收费方式，支持批量添加及删除功能，向客户提供多种收费服务方式。

（2）向客户提供现金、转账、代扣、贷款、汇款等收费处理。

（3）向客户提供多种多样的查询统计功能和报表功能。包括操作员收费项目汇总表、实收款汇总表、应收款汇总表、收费统计汇总表、院校收费项目情况表、班级收费汇总表、个人收费详细表、校园物资支出详细表等报表信息。

（4）设置系统参数：包括收费项目设定、票样设计、系统参数设置、操作员权限管理、工作站管理等功能。

（5）毕业生管理：主要是对毕业生相关费用信息的管理。可以设定学生办理毕业离校流程及相关费用的处理。

（6）物资管理：教学设备、仪器、实验设备、图书等其他方面的收费及学校设备维护等相关开支管理。

（7）其他功能：数据库备份/还原、报表打印、操作员增减、操作日志、授权文件管理等其他功能。

2. 收费管理子系统结构图

图13-11是收费管理子系统结构图。

13.4.5　校园迎新管理子系统

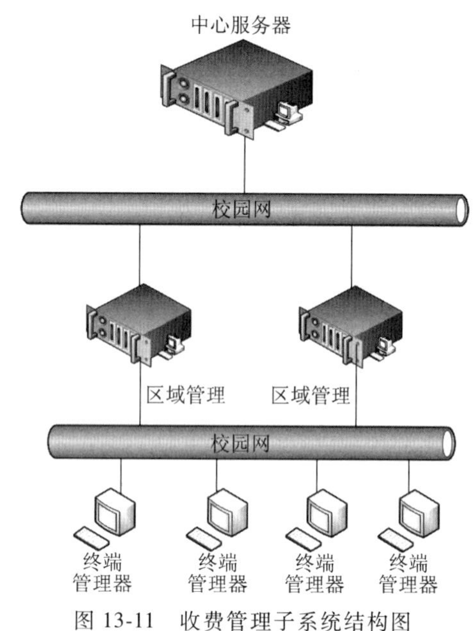

图13-11　收费管理子系统结构图

每当开学新生报到之际，由于报到人数多，办理手续项目繁多、复杂，校方必须动员大量人力、物力来管理现场。过多烦琐的入学手续、收费、交接，都给工作人员带来了极大的压力。采用迎新管理子系统后只要工作人员与新生进行简单的操作即可以完成入校流程查询、新生基本信息录入、项目收费、收据打印、学籍注册等一系列工作，提高了效率，减轻了工作人员的压力，也给学校树立了一个良好的形象。

1. 迎新管理子系统的主要功能

（1）现场管理。包括各院系相关人员的分配、迎新场地选择、迎新设备管理、未注册学生证及校园卡的准备等。在新生报到后，生成报到号，并根据新生个人信息，发放学生证、校园卡。

（2）新生报到。核对和补充新生的基本信息；生成报到号，通过报到号为学生办理其他手续；查看未报到和已报到的学生人数及基本信息。

（3）查询手续流程。校方根据实际情况设置手续项目、手续流程及相关费用。新生查询报到手续和流程。

（4）学籍管理。给已报到和已缴清学费的学生进行学籍注册；查看未注册学籍和已注册学籍的学生人数和基本信息；注册学生证。

（5）物品管理。给新生办理购买和领取生活用品、军训用品；查看未领取物品和已领取物品的学生人数。

（6）老生报到、交费注册和学籍管理。

2. 迎新管理子系统的组成

迎新管理子系统包括迎新现场管理、新生报到注册管理、收费管理和信息查询四个功能模块，如图 13-12 所示。根据新生报到人数和现场实际情况，可设置相应数量的终端设备。

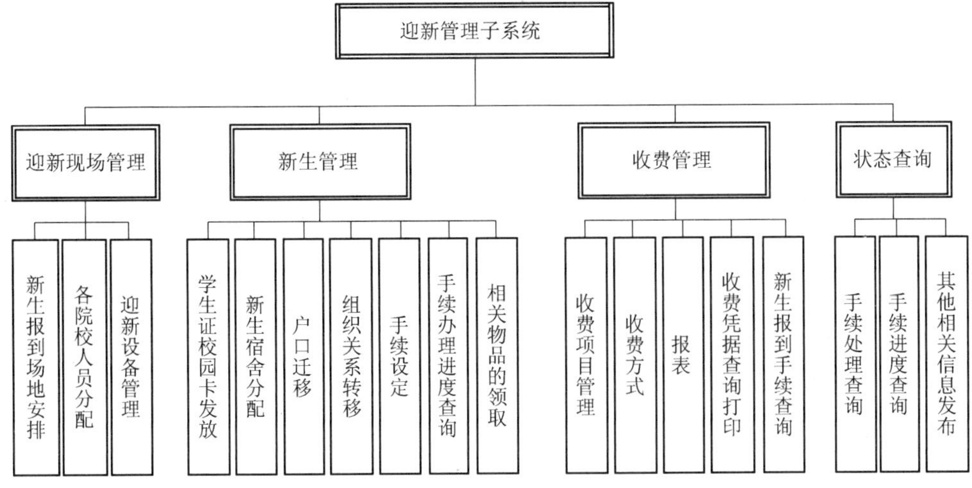

图 13-12　迎新管理子系统的组成

3. 学生注册管理

学生注册管理是新生报到的最后一个重要环节，主要完成以下部分的功能：

（1）查询交费信息。通过刷卡可显示学生详细信息，包括学生的基本信息、交费信息、宿舍信息等，并以打印学生的交费信息来完成注册。

（2）统计已注册、未报到学生的人数信息。如统计各院系、专业、班级和个人的信息。

（3）学生可以使用银行卡账户支付入学费用，建立计算机房上机、实验室、图书馆等综合管理系统。学生的注册信息可供其他系统（或部门）使用，包括：教务系统、学工部门、校内各处门禁、消费系统。

13.4.6　学生宿舍管理子系统

学生宿舍管理子系统是针对高校在宿舍管理方面遇到的人员众多、管理困难等问题而开发的一款管理软件。适用于学校宿舍或企事业单位宿舍，可以有效地查询、记录学生入学后有关宿舍管理方面的情况（如宿舍物品的领用、宿舍的卫生评比、水电费的缴纳情况等）。

宿舍是住校学生生活、学习的场所。学生宿舍管理系统的应用，给学生创建一个安全有序的学习、生活环境，也是培养学生品德修养、提高学生的独立生活能力、管理能力、自控能力的生活环境。同时，也给宿舍管理者带来高效率的有序管理。

1. 宿舍管理子系统的主要功能

（1）宿舍安全监控和查询功能。

（2）住宿管理：提供宿舍住宿登记、调换、临时借宿学生信息和入宿/退宿学生信息。

（3）物品管理以及领用管理（购买、领用、损坏、删除、退还、信息查询等）。

（4）卫生评比管理（设置评比项目、给分登记、总结、查询等）。

（5）系统信息报表管理。

（6）系统数据维护（档案信息、操作员、系统设置、宿舍信息、工作站信息等）。

2. 宿舍管理子系统的组成

宿舍管理子系统包括宿舍管理、人员管理、物品管理和规章制度管理四个功能模块，如图 13-13 所示。

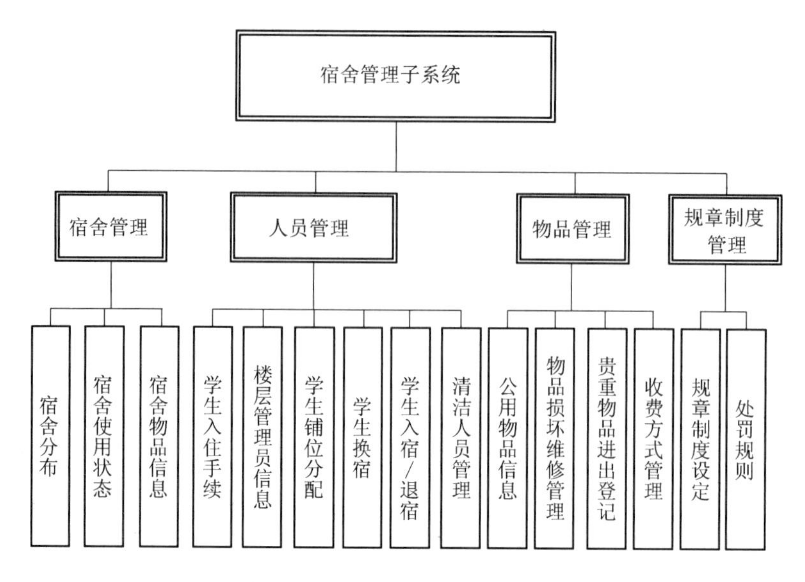

图 13-13　宿舍管理子系统的组成

13.4.7　消费子系统

一卡通消费子系统广泛应用于校内商店购物、食堂餐饮、澡堂洗浴、书店购书和各种收费服务场所。

1. 系统功能

（1）各台窗口机（iPOS 消费机）可独自实现计次消费、菜单消费、计额消费和累计查询功能。

（2）消费方式灵活，可设置任意金额消费方式、固定金额消费方式、菜单消费方式、自动扣款消费方式、单笔最大消费限额方式。

（3）消费机可设置 10 个时间段，每个时间段的消费次数可设置 1~50 次。

（4）可在本窗口机或计算机上查询窗口机的消费总金额及消费次数，可实行每日、每月、每年和某一阶段的报表处理，查询各消费场所当天的收入情况，消费者当天、每月、每年的消费情况。

（5）可实现 128 台窗口机（iPOS 消费机）联网，最多可扩展到 256 台。

（6）窗口机自带后备电源，停电时还可以正常工作 6~8h，即使窗口机备用电池耗尽，机内数据仍可自行保存十年以上，可随时由抄表机取走，送入计算机汇总，层层保险，万无一失。

（7）整个系统可脱离计算机独立运行，直接对 IC 卡进行操作，每次操作的情况均有详细记载。

（8）数据存储可靠，存储信息量大；每台窗口机存储的交易记录可达 16000 条，存储时间可达 10 年以上。

（9）采用高频 IC 卡，卡片使用寿命长、数据可靠，使用特定的加密措施，“一卡一密”，防止非本单位的 IC 卡流通使用，卡中金额具有安全校验机制，无数据遗失风险。

（10）如果使用已挂失的 IC 卡，本机将自动报警，提示工作人员没收该卡，挂失卡数量可达 8000 张。具有自动识别“伪卡”功能，持假卡消费者可自动报警。

（11）窗口机双面窗口显示：工作人员和消费者可同时查看显示内容，可显示消费方式、剩余金额。统计方法简单，直接在消费上按“统计”键就可以知道本消费的销售收入。

2. 系统软件

（1）系统后台采用建立在 SQL Server 大型数据库平台上的 SQL Server 2000 软件，消费软件具有安全性好、稳定性高的特点，不会发生软件死机问题，消费软件可以处理几千人甚至上万人就餐。

（2）系统软件支持不同权限的多用户操作：操作界面友好，功能强大。包括 IC 卡的发卡、挂失、解挂、换卡、退卡、充值、退款、有效交易记录、交易单汇总、统计各种报表，如账户余额、消费流水明细表、充值统计明细表、个人账户平衡表等，供查询打印。

（3）挂失补卡：挂失金额可补发在新卡里，避免个人经济损失。

（4）数据管理：日报表处理、月报表处理、卡内余额、消费流水、加减款流水、就餐统计、挂失人员统计。

（5）综合服务：综合查询、数据备份、数据恢复、手工扣除、退款处理、参数处理、用户权限设定。

（6）可随时统计查询系统消费情况，即时打印各种报表、各独立核算账点及任意设备终端的使用统计报表；查询统计发卡数量、消费额、销售额等。

（7）数据结算：对采集回来的数据进行归类，形成每天的消费明细库，然后进行汇总，按日形成各消费站点及各收费机的总收入。归类、汇总后系统将数据进行各种稽核，生成各类统计报表，便于财务对各消费点收入情况核算或监督。

（8）系统实时联网运行，遇到紧急情况或特殊情况时，可单机脱网工作。销售结束后，系统联网自动回收数据。

（9）如果发生消费错误，操作员可进行撤销消费，系统会自动将上笔消费的金额补回卡片中。

（10）多机多线程批量下发黑名单功能：系统支持多线程批量下发黑名单功能，不必等待一台设备黑名单下发完毕后再下发另一台设备。系统可多台设备同时下发黑名单，支持最大 16000 条黑名单记录。

（11）自助查询与补助功能：系统可外接一个自助查询补助终端，接入读卡器可实现自助查询与补助功能。自助查询界面不仅能实现余额查询，还可以查询账户基本情况、限制消费情况以及当日充值、消费的记录等。

3. 消费子系统结构

消费子系统由 iPOS 消费机、充值机、读写器、一卡通消费软件等组成。消费机（窗口机）、交换机经由以太网连接到校园一卡通中心，如图 13-14 所示。

13.4.8 自动登记访客管理系统

“自动登记访客管理系统”取代手写来访登记，实现来访登记数字化、信息管理科学化。该系统通过人防和技防相结合，用户可实现“数字化登记、网络化办公、安全化管理”，大幅提升用户接待工作效率，提高服务品质和单位形象。

自动登记访客管理系统充分利用现代化信息技术，保证整体运作的安全性，做到人员、证件、照片三者统一，实现“进门登记、出门销号、人像对应、随身物品登记、分级管理、历史记录查询、报表汇总”等功能，能够高效记录、存储、查询、汇总访客信息，成功解决了临时来访人员来访登记管理这一薄弱环节。

自动登记访客管理系统支持打印访客单和 IC 卡两种管理方式，两种方式视用户需要可任选一种或两种。访客单或 IC 卡只是作为临时人员进出的临时“通行凭证”。

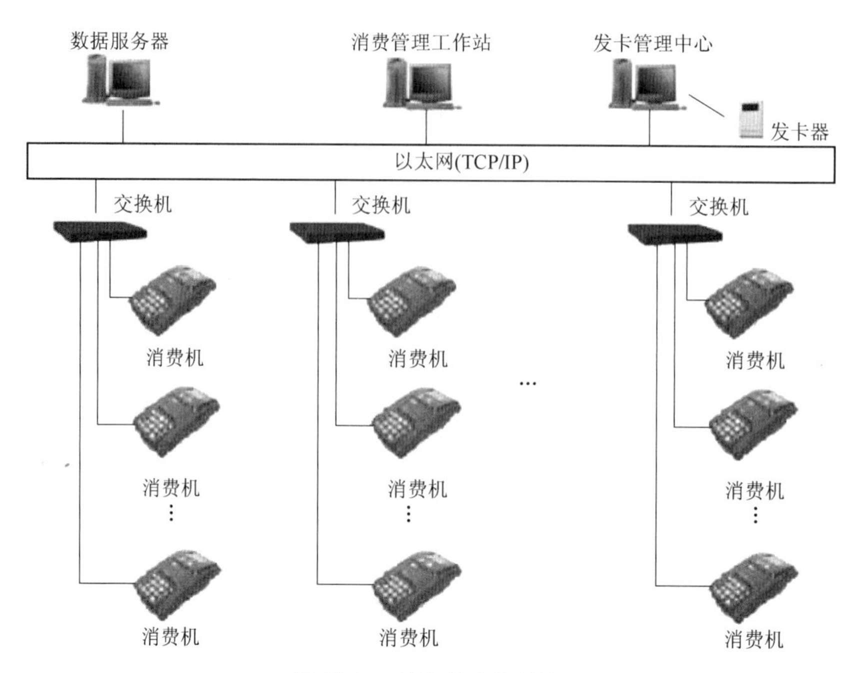

图 13-14　消费子系统结构

1. 系统主要功能

（1）身份证登记：自动将身份证上的信息读入系统，无须手工输入，缩短登记时间，登记一人通常需 10~20s。系统可提供身份证真假识别参考，方便提高警惕。

（2）保存证件图片：可保存身份证外的其他证件，如将名片、工作证等原始证件图片保存到系统备查。

（3）访客单打印：登记后系统可自动打印含宾客照片、基本资料、被访人等资料的访客单。

（4）IC 卡管理：不同人员分别管理，临时访客卡、VIP 卡等，可设定有效期。

（5）携带物登记：对来访人员随身携带物品进行登记。

（6）车辆登记：对来访车辆情况进行登记。

（7）电话号码自动查找：当选择被访人时，系统自动显示被访人的多种通信方式。

（8）现场实时拍照：来访及离开时均可现场拍照并保存照片。

（9）多门进出信息共享：当多个门进行登记时，要实现网络共享。支持从一个门进，从另外一个门出。

2. 系统配置

自动登记访客管理系统访客点（传达室）由计算机、打印机、摄像头、扫描仪、扫描枪组成，如图 13-15 所示。扫描仪用来复制、保存访客证件，打印机用来打印访客单，摄像头用来拍照，条码枪用来登记销号，快速离开。

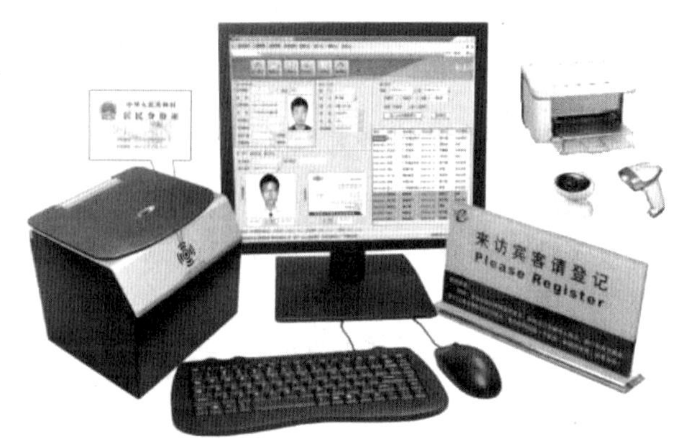

图 13-15　自动登记访客点（传达室）设备配置

图 13-16 是自动登记访客管理系统拓扑图，各访客点（传达室）采集到的访客数据，通过校园网传输给交换机，然后再传送到一卡通数据库服务中心，与保卫部门、门禁

管理系统和停车场管理系统等有关部门共享信息。

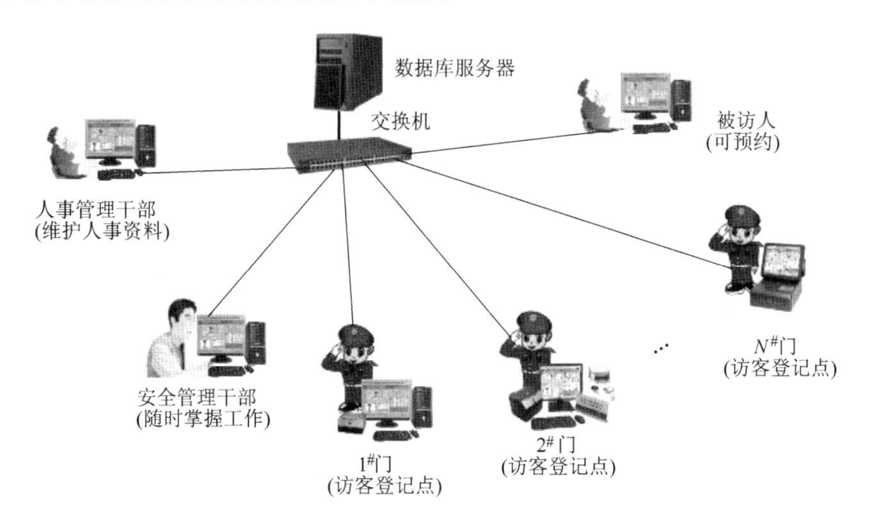

图 13-16　自动登记访客管理系统拓扑图

13.4.9　图书馆管理子系统

图书馆管理子系统可进行图书入库、查询、统计、打印报表等管理；读者持一卡通办理借书、还书；罚款或赔偿收费，通过一卡通扣款，并直接写入数据库。

图书馆管理子系统包括图书流通管理（借还、防盗、图书定位查询）、馆藏资料管理（图书资料盘点、顺架）、内部管理（行政管理、资产管理）和数字资料服务等。这些工作的传统工作方式都是手工操作，工作量大、效率低、易出差错。一卡通采用非接触 IC 卡（RFID 卡），可实现无线点检和分检，大大降低了馆员的劳动强度，提高了工作效率。

图书馆自动借阅系统首先要在每个读者的借阅证和每本借阅文献的下方粘贴一个被动式 RFID 电子标签。借阅处的读写系统经自动扫描并识别读者信息和文献信息后，打印机会自动打印出借阅清单，由读者保存。归还时，读者将文献送到回收设备的 RFID 读写器，并自动对文献上的电子标签进行扫描记录，再由回收设备的传送带送至回收车中，统一整理、分类后上架，以备再次借阅。每天为读者提供 24h 不间断服务。

RFID 读卡系统可实现非接触、远距离（5~10m 之内）、快速读取电子标签，只要用手持读卡器在书架上扫一遍，即可读取全部图书的数据，简化了图书盘点工作，大大缩短了盘点时间。

馆员智能分拣系统可对贴有 RFID 电子标签的流通资料进行识别和按类别进行分拣，大大减少馆员对图书资料的收集、归类、整理等工作量。还可直接连接到 24h 还书的自动分拣系统。

1. 图书馆管理子系统的主要功能

（1）管理员可进行图书入库、查询、统计、打印报表等图书流通管理。

（2）馆藏资料管理（图书资料盘点、顺架）。

（3）图书借还：使用校园卡读写器代替原来的条形码和手工录入方式，实现图书借还、身份认证和借还记录于一体。

（4）收费和扣款：超期罚款、图书损坏、丢失赔偿等款项，通过 POS 机或读写器直接在校园卡中扣款，并通过网络上传到校园一卡通中心数据库。

（5）提供临时卡：校园卡卡务中心登记发放临时卡。可用临时卡在图书馆实现借阅图书，供校内消费或身份识别。

2. 图书馆管理子系统的组成

图 13-17 是一卡通图书馆管理子系统接口，适用于各类图书馆的管理使用。图书馆管理子系统的前端，安装读卡助手软件和 RFID 射频卡读写器，图书馆的网络与一卡通专网之间用网桥连接，可以实现卡片联机验证及数据库信息的即时同步。使校园卡代替借书证，提供读者借书、阅览、检索等功能。另有收费功能，读者在图书馆检索、复印、享受视听服务及接受罚款时需要缴纳相应费用。

智能安全门禁系统保存读者的数据资料、进馆信息等，用于对读者进馆记录的有效查询和统计。

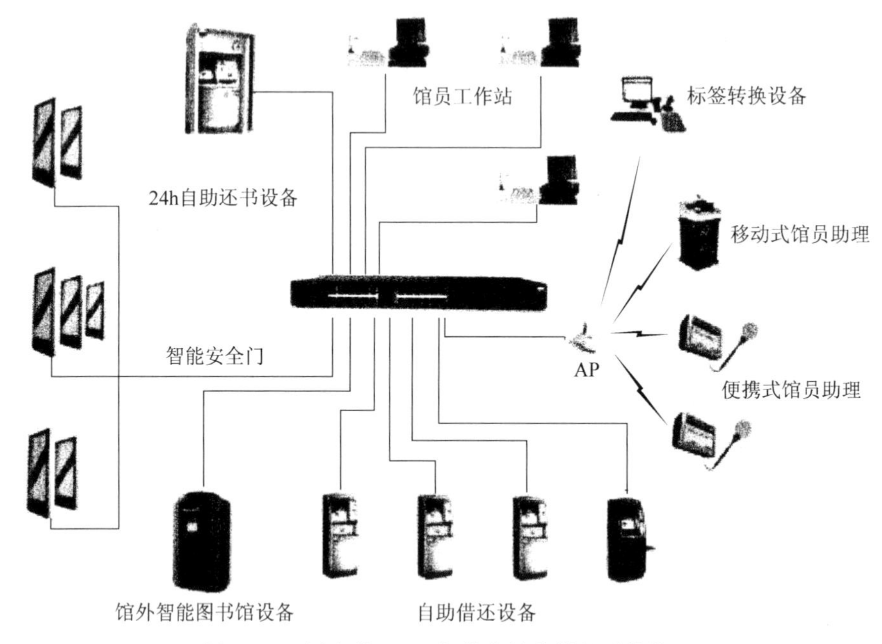

图 13-17　图书馆 RFID 智能卡馆藏借阅系统接口

图 13-18 是图书馆管理子系统拓扑图。图书馆采集的有关数据信息，通过校园网传送到一卡通数据中心服务平台，与校园内有关部门进行数据交换。

13.4.10　节水控制系统

洗浴中心和开水房是大学里的用水大户，采用一卡通系统可实现节水、节能控制。计时型水控器用于洗浴中心淋浴。计量型水控器用于开水房。

1. 主要功能

(1) 下载水量：计量用水量，根据剩余水量实现开关阀门管理。

(2) 24h 全自助购水。

(3) 一表多卡：支持退水、换房操作，特别适合于学生宿舍或公寓。

(4) 低水量报警：提醒持卡人及时购水。

(5) 支持查询：剩余水量、补卡操作、退水操作。

2. 洗浴中心淋浴节水控制系统结构

图 13-19 是计时型水控系统结构图，用于洗浴中心淋浴节水控制系统。系统主要由管理 PC、收款 POS 机、水控器、电磁阀、计量传感器、电源控制柜、系统软件等组成，对每个水控器实行自动收费和智能化管理。

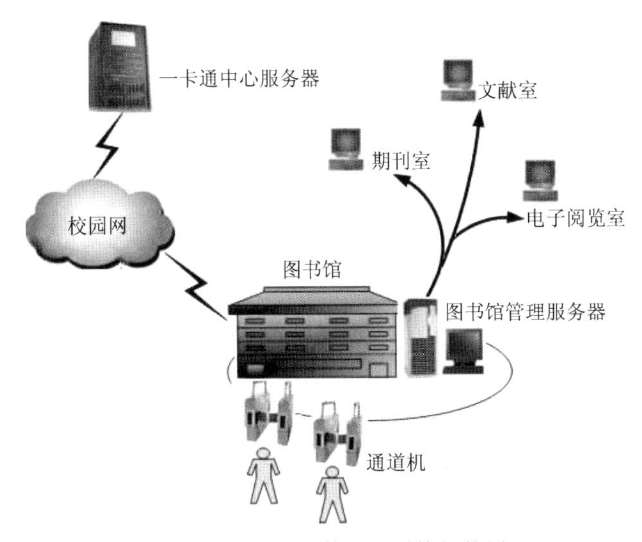

图 13-18　图书馆管理子系统拓扑图

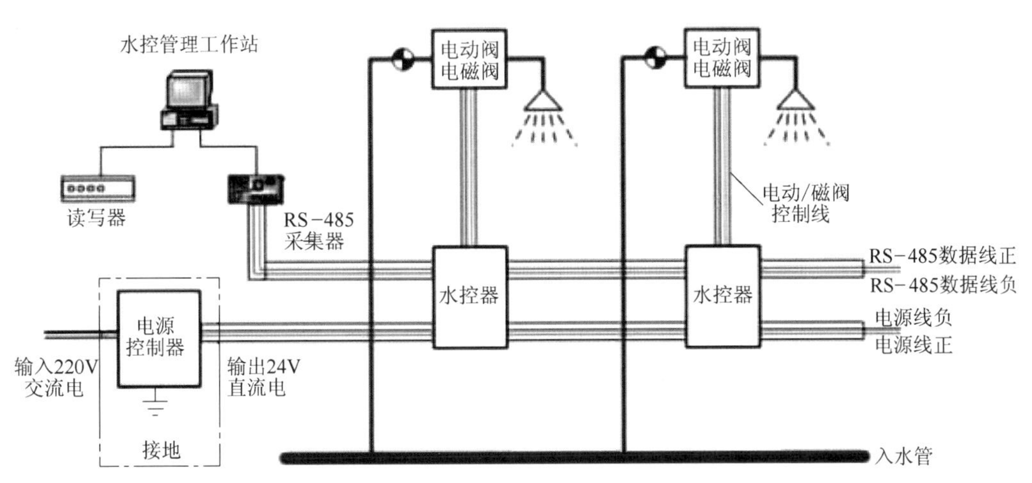

图 13-19　洗浴中心淋浴节水控制系统结构图

13.4.11　计算机机房计费管理子系统

计算机机房计费管理子系统是构架在学校现有的网络平台上，无须重新布线，无须其他硬件支持，凡是校园网所及的地方都能用其实现对机房的统一管理，主要用于学生上机时身份识别和计时收费功能。

1. 系统功能

系统可实现部门授权、日常管理、排课预约、收费参数设置、状态监控、远程控制、断网消费管理、查询与报表管理等功能。

2. 系统组成

系统采用 VXD（虚拟设备驱动）设计方法。在 Windows XP 及其以上版本系统启动之前，首先获得系统控制权，完成用户登录工作。

系统采用底层登录的方法，在操作系统启动之前就启动登录程序，不被学生误删除或破坏。

系统功能强大、运行稳定，完全能够实现机房无人值守，从而提高机器使用效率，降低值班人员的工作强度。图 13-20 是计算机机房计费管理子系统拓扑图。

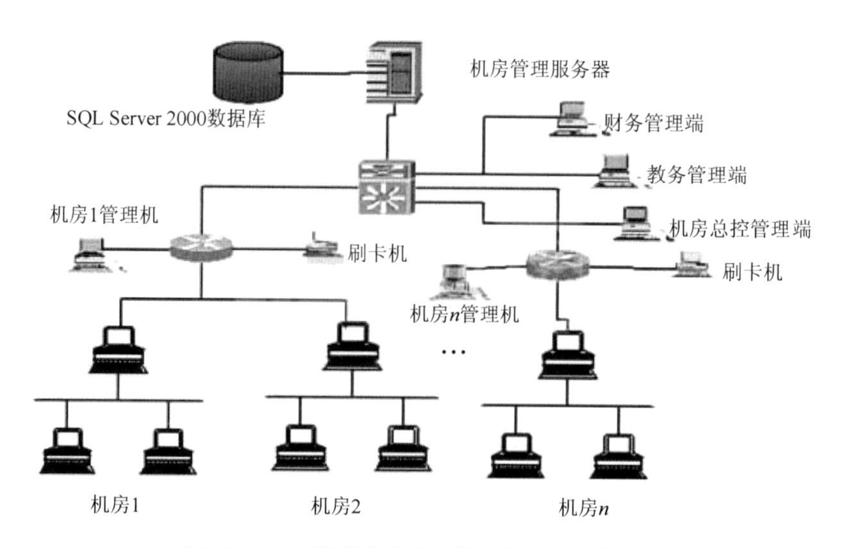

图 13-20　计算机机房计费管理子系统拓扑图

3. 上机流程

图 13-21 是计算机机房计费管理子系统的上机流程图。

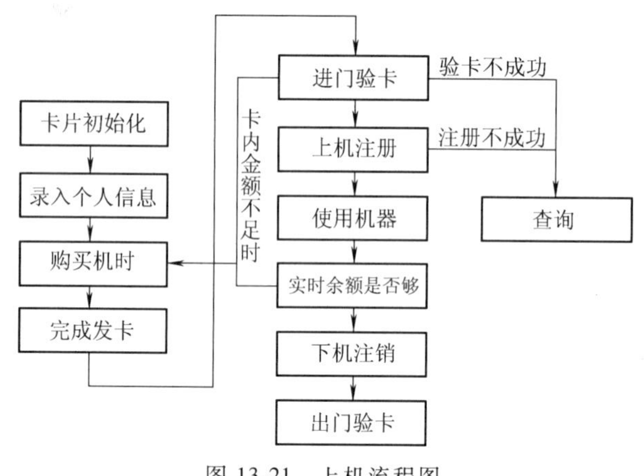

图 13-21　上机流程图

13.5　医院一卡通系统

为缓解看病烦、看病难、程序多、时间慢和“三长一短”（挂号排队时间长、处方划价交费时间长、取药时间长和诊病时间短）等问题，凭 IC 智能卡实行挂号、就诊、做各种检验、取药等一卡就能完成。不仅缩短了挂号、交费时间，还可堵塞科室私自收费、处方流失等管理漏洞。因此，各医院纷纷上马“一卡通”工程。患者只要持有所在医院的“一卡通”或医保卡，就可以在医院内挂号、看病、检查、买药，大大方便了患者就诊，简化了医院日常管理，有效地提升医院的服务水平和规避可能存在的风险。

面向患者的“医院一卡通系统”依托医院信息管理系统（Hospital Information System，HIS），是数字化医院的核心内容之一。它通过综合运用现代信息技术和管理技术，创新医院门急诊就诊服务流程，优化配置医疗服务资源，建立一个以计算机网络信息技术为平台的规范化、高效、便捷且能应付重大公共卫生突发事件的门急诊就诊和住院医疗系统，推动医院管理机制创新，切实解决百姓看病难的问题，实现患者就医流程自动化管理，为患者提供更为方便、快捷、高效、亲切的全方位优质服务，使医院的门急诊和住院医疗服务水平达到一个新的台阶。

医院一卡通系统以患者的医保卡或医院发放的 IC 就诊医疗卡为传递媒体，集电子身份识别、电子病历、电子信息存储、电子钱包等多种功能于一身，涵盖了医院门诊区、急救中心、传染病区、体检中心、住院大楼、高级病房、保健中心、行政楼、科研教学楼、公寓宿舍、互联网咨询服务、满意度调查、短信息呼叫服务中心系统等环节。

13.5.1　医院一卡通系统的主要功能

（1）提高工作效率和减少就医排队的整体服务。通过就诊医疗 IC 卡实现挂号、看病、收费、取药、检验、检查、办理入院等信息自动录入功能，简化了各种登记手续，提高了工作效率，提供良好的就诊秩序和氛围。

（2）预约挂号。患者通过医院网站可实现挂号预约。使用医院一卡通的卡号和密码作为预约的账号完成网上预约，实现预约实名制和预约扣费的功能，从而减少了跑号情况的发生。患者在登录预约挂号后，可选定相应的科室、医生及预约的日期。

（3）就诊信息查询。可以和医疗保障卡实时绑定，方便查询患者个人信息、相关凭证信息以及在其他医院的诊治信息等。

医疗卡可以关联到患者在医院诊治的所有电子记录档案，如患者基本信息、病历、历次就医诊断结果、检验检查处置结果和医疗费查询等都可及时调阅。

（4）提供“知情/择医/评医”功能。丰富的医疗资源的网站介绍，为患者选择医生提供了平台，患者可在触摸屏/互联网/电话呼叫中心查询了解、选择医生。

（5）医院门禁控制，防止非法闯入。为各持卡人设置门禁权限。防止非法闯入，保证医院有序和安全的医疗秩序。

（6）患者对医院的满意度调查。患者利用触摸屏和网站可对经诊医生、护士、科室实施评价，并在触摸屏和互联网公布调查结果，便于医院掌握患者对医院真实的服务情况的反馈评价和依靠社会力量提高医院、医生、科室的服务态度和服务质量。

13.5.2　医院一卡通系统的组成

医院一卡通系统由硬件设备（数据中心、应用服务器、IC 卡、医保卡、POS 机、医生工作站和 LED 信息显示屏等）、计算机网络系统、系统软件和应用软件组成。

图 13-22 是医院一卡通系统的拓扑图。系统由数据层、应用层和客户层三层结构组成。数据层由数据服务器组成，应用层为各操作管理工作站，客户层主要是各种读写卡机具。

1. 数据库和网络的运营环境

（1）数据库环境：医疗一卡通系统的硬件构架为小型机，基础软件和应用软件运行在 HIS（医院信息管理系统）的数据库平台上。查询服务器使用 HIS 的备用数据，采用 Windows 平台上的 Oracle9.2.0.8 作为数据库，其数据结构与 HIS 数据库基本一致。每日凌晨 3：00 对 HIS 数据库的数据进行增量备份，并通过数据摆渡方式将此数据导入到查询服务器上，供互联网用户使用。

（2）网络环境：一卡通系统使用专线连接方式与医院信息管理系统进行网络连接。在两个网络之前分别设有各自的前置机，并通过专业防火墙进行隔离，做到了专网专用，并确保医院信息管理系统网络的安全性。医院信息管理系统客户端工作站通过专网以及应用程序多重验证和授权访问一卡通中心的数据。图 13-23 是医院门（急）诊一卡通工作流程示意图。

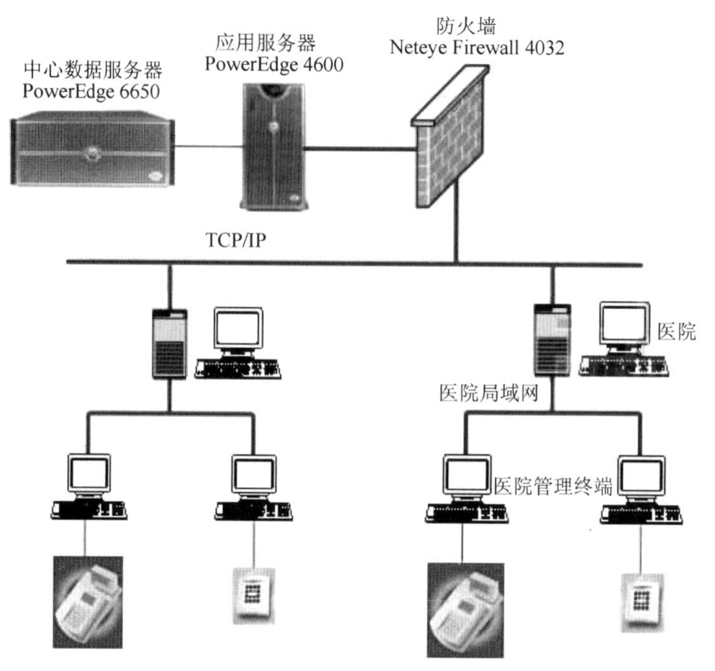

图 13-22　医院一卡通系统拓扑图

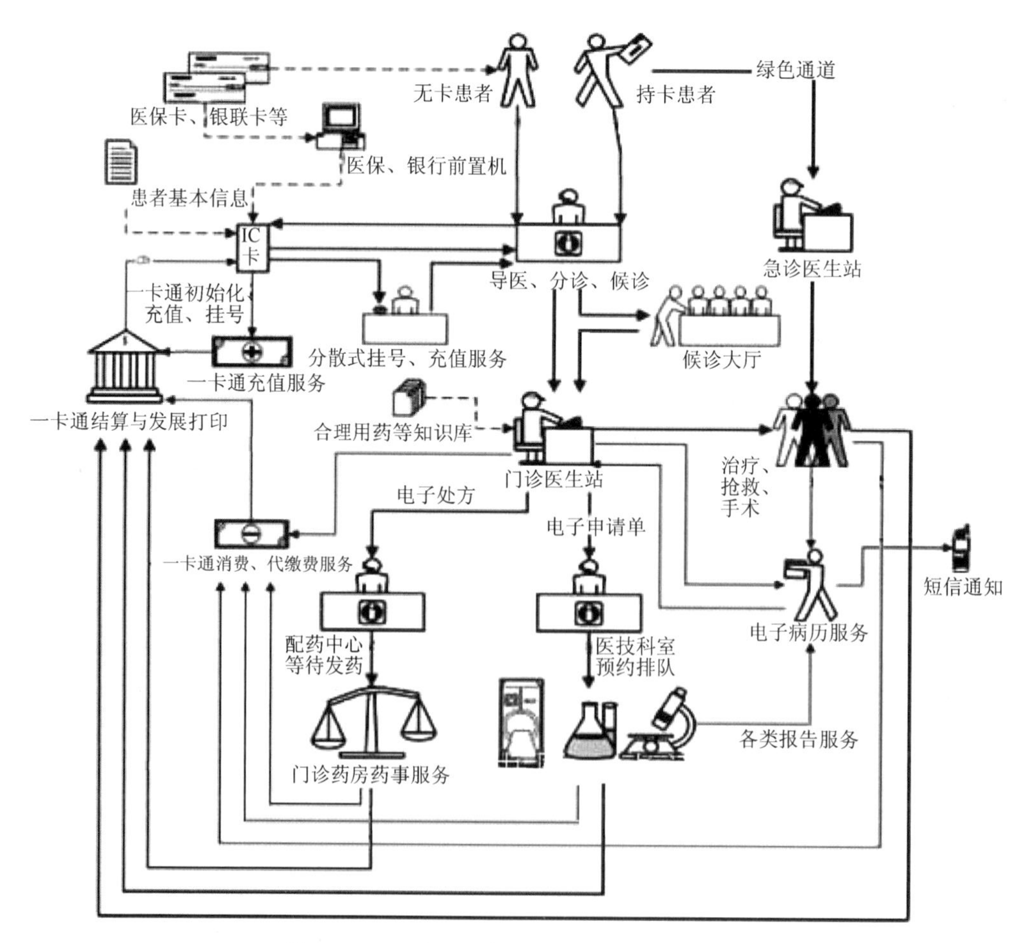

图 13-23　医院门（急）诊一卡通流程示意图

2. 一卡通支付管理

一卡通支付主要体现在门（急）诊挂号、收费的过程中。位于门（急）诊和住院部的一卡通自助服务机全天 24h 开放，对患者费用、诊疗信息和各种医药收费标准均能实时检索医院信息管理系统数据库中的数据，做到数据的一致性和实时性。让患者对自己的就医状况和医疗费用开支有一本明白账，实现医药收费公开化、透明化。患者也可通过互联网，用一卡通账号查询其每次住院的病历首页、诊断情况、检查/检验结果、医疗经费使用情况等信息，使患者在医院网站上拥有一份自身的健康档案。这一省时、省力的增值服务，也为患者异地就医提供了检查、检验结果依据的省钱服务，减轻了患者的经济负担。

（1）门（急）诊挂号扣费：患者使用 IC 卡（医保卡或医疗卡）挂号，在系统完成挂号操作的同时由接口程序访问一卡通中心服务器，通过读取卡号和卡内捆绑的患者 ID 号，确认患者身份。若身份相符，则可使用 IC 卡账户进行费用支付，系统将自动完成扣费请求。当扣费完成并成功返回后，由接口程序对医院信息管理系统中相对应的挂号信息进行支付方式分类，并记录相应的交易日志，作为医院与一卡通中心交易结算的凭据。

（2）处方划价收费扣费：患者在医生工作站就诊完毕后，凭就医 IC 卡到收费窗口对医生开具的处方、检查/检验申请等电子信息进行划价收费。在收费员完成收费操作保存发票时，由接口程序访问一卡通中心服务器进行患者身份的确认，若身份相符，则完成相应的支付操作。然后根据实付金额修改收费信息的支付方式，并记录在一卡通交易日志内。

3. IC 卡管理

患者 IC 卡的 ID（Identity）身份标识号码是患者各种信息资源的关键字，如何有效管理患者的 ID 号是能否实现患者多次就诊和信息汇总的关键。在 Oracle 数据库中建立系列表，用于记录患者 ID 号、IC 卡卡号、IC 卡状态、发卡日期、发卡人等信息。通过 IC 卡管理软件实现对患者发卡、退卡、挂失及补卡的管理，并确保患者的 ID 号和 IC 卡卡号一一对应，使一个 ID 号只能对应一张卡，一张卡也只能对应一个 ID 号，有效地减少了一个患者在医院拥有多个 ID 号的发生。图 13-24 是 IC 卡管理流程图。

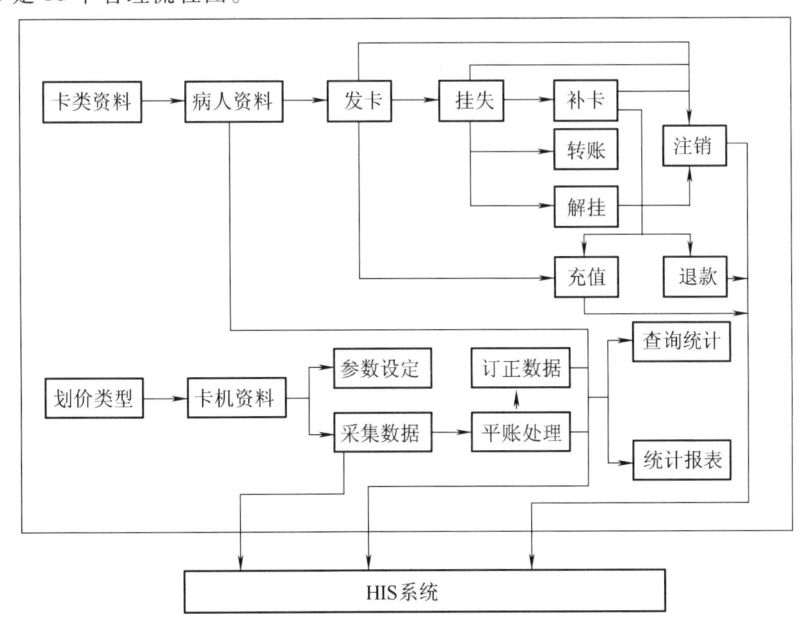

图 13-24　IC 卡管理流程图

在医院信息系统的任何模块中只要输入ID号、IC卡卡号、医保账号，均能通过刷卡来提取IC卡中的相应信息，使IC卡应用于整个数字化医院的管理中。该软件在Windows启动时常驻内存，使IC卡系统在接入HIS时不需信息系统软件的源代码，在不同医院信息系统平台上都能通用。

在门诊挂号、门诊及住院收费、发药、抽血、检查、取报告等与患者身份有关的环节均挂接了IC卡读写器，使这些部门的工作人员均能通过刷卡方式提取患者ID号，达到快速、准确、方便的目的，有效地减少了患者排队。

4. 门诊分诊/检查排队系统

门诊分诊/检查排队系统可有效解决医院排队的混乱现象。采用分诊排队管理系统后，患者可以安静地坐在医院提供的环境幽雅的候诊区域，静候通知，无须拥挤在医生诊台旁，争抢插队。大大减轻了医生和患者的心理压力，使双方更加容易沟通，有效地避免医患纠纷。

门诊分诊/检查排队系统，由分诊台管理子系统、分诊台计算机、医生工作站、虚拟呼叫器模块和信息显示屏组成。患者挂号后到了候诊区域后，将挂号单和IC卡交给分诊台护士刷卡，系统确认该患者的排队序列，在分诊区静坐等候，等待分诊系统的大屏幕和语音提示。

分诊排队系统的硬件设备包括分诊台管理子系统、门诊医生工作站、虚拟呼叫器控制模块、显示设备、广播设备、控制计算机、IC卡阅读器等。

（1）分诊台管理子系统：分诊台管理子系统完成分类排队处理，可在多块信息显示屏上同步显示呼叫信息，查看当前排队情况，可查询显示、分类记录和分析各诊室的状态等资料。分诊台管理子系统的功能包括：用户管理、插队管理、掉队管理、显示、语音播报、预约挂号、号票打印等。分诊台有IC卡读写器设置、特殊病人插队管理、大屏幕刷新速度设置、就诊队列显示次数、诊疗区各诊室就诊队列人数设置等。

（2）门诊医生工作站：各诊疗室设有医生工作站计算机一台，与医院局域网相联。因此门诊医生可方便地与医院内各部门互送相关信息。

（3）虚拟呼叫器控制模块：该模块与门诊医生工作站绑定自动运行。医生正常看完一位患者后，单击门诊医生工作站，呼叫显示屏显示列队中下一位患者，并在分诊系统中清除该位患者信息。

如果患者需等待检查检验结果，医生则不单击门诊工作站，而在虚拟呼叫器上单击“下一位”键，分诊系统便获知需保留该患者诊治信息。

看错诊科的患者，医生也不单击门诊工作站，只在终端呼叫器上按“下一位”键。呼叫器模块自动通知分诊系统显示呼叫下一位患者。分诊系统在显示屏上显示并语音提示叫号。

虚拟呼叫器可以看到本医生的实际就诊排队情况，可以优先单击某人姓名，则某人就可排在等候队列第一位。

（4）显示设备：用来显示被呼叫患者的信息、等待就诊队列顺序、专家介绍以及其他相关视觉信息。显示设备可以采用LED大屏幕、液晶显示屏或者大屏幕彩电。每个分诊台需要一套显示设备。

（5）广播设备：提示患者及时到相应诊室就诊，也可以用来发布其他广播信息。

（6）控制计算机：每个分诊台设有分诊计算机一台。负责管理分诊排队、显示视觉信息和播报提示音。

（7）IC卡阅读器：每个分诊台设置一台IC卡阅读器，用于患者IC卡报到。

5. 药房配药排队系统

药房配药排队系统的硬件设备由大屏显示系统、广播系统、控制计算机、读卡器等组成。

医生在门诊医生工作站上开出处方后，患者到收费处用IC卡交费，HIS将处方信息自动传到药房系统。并将每个患者的药品配齐，药房排队显示系统按收费顺序自动排队，并把配药患者的名字和相应的领药窗口显示在大屏幕上。

患者用 IC 卡到相应窗口领药，药剂师把患者的 IC 卡在读卡器上销账，并将大屏幕上该患者的名字删去。

6. 触摸屏自助服务系统

触摸屏自助服务系统是医院 HIS 网络采集和发布信息的有效窗口。具有实时性、本地性、直观性的特点。

利用医院信息系统联网的触摸屏自助服务系统，由触摸屏显示器、控制计算机和应用软件组成一个整体。触摸屏自助服务系统提供如下功能和服务：

1）医院简介、科室简介、医疗特色简介。

2）查询门诊诊区诊室分布、坐诊医生基本情况介绍。

3）查询预约挂号、预约检查、预约床位和结果。

4）查询患者对医生满意度评价结果。

5）查询药价、检查、服务价目。

6）查询检验结果。

7）查询住院费用明细及余额。

8）查询患者个人健康资料（根据医院的具体要求，可以包括：重要病历、诊治结果、过敏史、血型等）。

7. 系统布线连接

医院内部可采用现有的局域网连接，院内网络连接每个网点的 PC，每台 PC 可连接多台 POS 机或读卡器，以其中一台 PC 或服务器作为结算中心，统一管理。POS 机采用自备电源，在供电系统断电时不致影响消费系统的正常运行。

13.5.3　医院一卡通软件体系结构

医院一卡通软件体系包括系统软件 Windows XP、SQL Server 2000 和应用软件两类。应用软件有 HIS 系统基础软件和 HCS（Health Care System）应用软件。HCS 给 HIS 提供相关数据库接口以供调用。

HCS 2000 应用软件由门诊管理系统、药库管理系统、住院管理系统、影像管理系统、检验管理系统、手术室管理系统、病案管理系统、血库管理系统、办公自动化系统等软件模块组成。HCS 2000 应用软件功能如下：

1. 门诊管理系统

门诊管理系统提供完善的日常门（急）诊业务，与药房、后勤等各部门紧密结合，包括门诊导医系统、门（急）诊挂号系统、收费系统、各科门诊诊疗室系统、诊疗室叫号连接系统、门诊中西药房系统等，涉及面广，工作量大，处理事务繁重。

2. 住院管理系统

住院管理系统提供复杂、实用的相关业务计算机辅助管理。为患者提供从入院到出院所发生的医疗服务、临床医生工作台、临床护理、会诊、转科室、通知、账务结算等一套完整的服务体系。

3. 药库管理系统

完善药品库存管理，能自动识别、统计积压、呆滞、失效药品；设置库存上、下限和基本库存量；单独重点管理毒麻贵重药品。建立药品进、存、耗、用明细账和相应金额账，自动完成记账、结账，提供会计所需全部账目数据。中心药房（门诊药房）与药库、制剂室、门诊临床科室和住院处有直接联系。对药品入库、出库、退药、调拨、报损、调价、盘存、短缺等实施智能化、自动化管理。

4. 影像管理系统

影像管理系统（PACS）包括建立影像诊断系统计算机化和网络化，在普通计算机上直接显示和储存X光机、核磁共振扫描（MRI）、计算机断层扫描（CT）、彩色超声波（ECHO）等诊疗设备产生的影像。每个影像在网络上任何一台或多台计算机上都可读取，为院际或远地会诊打下基础。

5. 检验管理系统

检验管理系统为门、急诊和住院患者提供生化检验、微生物检验、尿液检验等检验结果的打印、网络传输和线上查询检验结果。检查检验结果反馈到医生工作站，病房医生根据检验结果进行进一步处理，门诊医生工作站开处方。

6. 手术室管理系统

手术室管理系统自动接收临床科室的手术请求，并对请求做出相应反应。建立手术室信息档案，为医技部门及管理层提供手术情况分析。

7. 病案、统计管理系统

病案、统计管理系统依据计算机强大的数据处理能力，快捷、方便、灵活地为医生和管理人员提供各类报表和任意查询各类数据。

8. 院长查询决策管理系统

院长查询决策管理系统以表格、图形方式为院长和有关职能科室及时提供全院各科室的实时工作情况和收支情况等各类信息的查询和动态管理。包括查询行政人事信息和医疗动态信息、各类统计分析数据、每天门诊人数、出诊人数、住院患者、床位周转率、危重患者收治率、抢救成功率、财务状况等。

9. 血库管理系统

血库管理系统实时、准确建立血液进、存、耗、用明细账和金额账，自动完成记账和结账、疾病用血统计分析。

10. 办公自动化系统

办公自动化系统包括公文制作和管理、物资管理系统、人事管理系统、设备管理系统、工资核算管理系统等。

13.6　一卡通门禁管理子系统

一卡通门禁管理子系统是现代商业大厦、智能楼宇、数字小区、数字化校园、政府机关、企事业单位、楼宇宾馆、电信、银行、广播电视、医疗卫生等各领域不可缺少的组成部分。

一张感应卡可以代替所有的大门钥匙，通过权限授权，持卡进入职责范围内。全部进出情况在计算机里都有记录，便于针对具体事情的发生时间进行查询，落实责任。

门禁管理子系统早已超越了单纯的门道及钥匙管理，它已经逐渐发展成为一套完整的出入管理系统，在工作环境安全、人事考勤管理等行政管理工作中发挥着巨大的作用。门禁主机本身已具备存储和计算功能，管理中心通过软件把进出门的权限信息下载到门禁主机，门禁主机能保存这些信息，即可不依赖于管理中心PC，便能自动识别、判断、读写、记录进出人员的资料；PC可随时发送指令给门禁机，更改人员权限或读取出入记录等。

在门禁管理子系统的基础上增加相应的辅助设备可以进行电梯控制、车辆进出控制、物业消防监控、保安巡检管理、餐饮收费管理等，真正实现区域内一卡通智能管理。

13.6.1　门禁管理子系统的主要功能

（1）实时监控功能：系统管理人员可以通过 PC 实时查看每个门区人员的进出情况、每个门区的状态（包括门开关、各种非正常状态报警等）；也可以在紧急状态时强行打开或关闭所有的门区。管理中心可远程控制开门。

（2）出入记录查询功能：系统可实现多种信息记录，如每次开门时间，开门卡、编号，报警原因、位置。系统可存储所有的进出记录、状态记录，可按不同的查询条件查询，配备相应考勤软件可实现考勤、门禁一卡通。

（3）异常报警功能：可以通过门禁软件实现异常情况报警或语音声光报警，如非法侵入、超时未关门自动报警等。

（4）反潜回功能：根据门禁点的位置不同，设置不同的区域标记，然后让持卡人必须依照预先设定好的路线进出，否则下一通道刷卡无效。本功能是让持卡人按照指定的区域路线进入。

（5）防尾随功能：防尾随功能是指在使用双向读卡的情况下，防止一卡多次重复使用，即一张有效卡刷卡进门后，该卡必须在同一门刷卡出门一次，才可以重新刷卡进门，否则将被视为非法卡拒绝进门。

（6）双门互锁功能：双门互锁功能也叫 AB 门，通常用在银行金库、IDC 数据库等重要核心部门。它需要和门磁配合使用。当门磁检测到一扇门没有锁上时，另一扇门就无法正常打开。只有当一扇门正常锁住时，另一扇门才能正常打开，这样就隔离一个安全的通道出来，使犯罪分子无法进入，达到阻碍、延缓犯罪行为的目的。

（7）胁迫码开门：胁迫码开门是指当持卡者被劫持时，为保证持卡者的生命安全，持卡者输入胁迫码后，门能打开，但同时向控制中心报警，控制中心接到报警信号后就能采取相应的应急措施，胁迫码通常设为 4 位数。

（8）消防报警监控联动功能：发生火警时，门禁系统可以自动打开所有电子锁，让里面的人随时逃生。监控系统自动录下当时有人刷卡（有效/无效）的情况，同时也将门禁系统出现警报时的情况录下来。

（9）网络设置管理监控功能：门禁系统可以在网络上任何一个授权的位置对整个系统进行设置监控查询管理，也可以通过 Internet 网进行异地设置管理监控查询。

（10）逻辑开门功能：若在重要出入口需要几个人同时刷卡（或按一定顺序刷卡）才能打开电控门锁，就可设置逻辑开门功能。

（11）首卡开门功能：电控门锁可设定一张卡为首卡，只有当首卡刷卡开门之后，其他的授权卡才能刷卡开门。只要首卡不刷。那么其他的卡也没法打开门。也可以设定首卡锁门，只不过首卡刷卡之后门就会锁死，直到首卡再次刷卡。

（12）时间段开关门功能：可以设定允许通行的时间段，一天可设置六个时间段，可严格控制人员在每个时间段的进出与否，在节假日及周末是否有效。在开门时间段内，刷卡有效可以开门，并可自动打开相应区域的灯光。在开门时间段外，则刷卡也不开门。而且还可以设定特权卡，可以在任意时间刷卡开门。

（13）IC 智能卡编号的不重复性：门禁管理子系统中的 IC 卡编码可达 42 亿个，每一张 IC 卡都是唯一编码的，而且该编码是不可复制的，可以杜绝私配钥匙的问题。可以脱机存储 10 万张注册卡管理权限、1 万条存储记录。

（14）安防联动和消防联动：

安防联动：非法闯入，门锁被破坏时，启动联动监视系统，发出实时报警信息。

消防联动：当出现火警时，自动打开相应区域通道。

多级看门狗电路设计杜绝死机。

（15）门禁管理子系统的报警输入、输出接口：

1）报警输入接口：门禁控制器的报警输入接口可通过区域控制器或主控系统定义，报警接口与火警或其他紧急信号连接后，一旦有报警信号触发，系统就会根据用户的定义输出相应报警信号及打开用户定义的紧急通道和门禁，并记录和上传报警信息。

2）报警输出接口：对于门禁控制器的报警输出接口，用户可定义成一个报警输入对应一个报警输出，一个报警输入对应多个报警输出，多个报警输入对应一个或多个报警输出，一旦有报警信号触发系统就会根据用户的定义予以响应。

13.6.2　门禁管理子系统的应用领域

门禁系统在政府办公机构、医疗系统、金融系统、电信基站、供电局变电站、智能化大厦、写字楼、公司办公、智能化小区等任何地方都是不可缺少的组成部分。

（1）门禁在智能化大厦、写字楼、公司办公中的应用：智能化大厦、写字楼安装门禁系统，可以有效地阻止外来的推销员和外来闲杂人员进入大厦扰乱办公秩序，保证员工财产安全。

可以有效解决员工离职后未归还门锁钥匙，而不得不更换门锁的问题。只需携带一张卡，无须佩戴大量沉甸甸的钥匙，安全性要比钥匙更高。

公司领导办公室门上安装门禁系统，可以保障领导办公室的资料和文件不会被其他人看到而泄漏，可以给领导一个较安全、安静的私密环境。

在开发技术部门上安装门禁系统，可以保障核心技术资料不被外人进来随手轻易窃取，防止其他部门的员工到开发部串岗影响开发工作。

在财务部门上安装门禁系统，可以保障财物的安全以及公司财务资料的安全性。

在生产车间大门上安装门禁系统，可以有效地阻止闲杂人员进入生产车间，避免造成安全隐患。

可结合考勤管理软件进行考勤，无须购买打卡钟，考勤结果更加客观公正，而且统计速度快而准确，可以大大降低人事部门的工作强度和工作量。

（2）门禁在智能化小区出入管理控制的应用：在小区大门、栅栏门、电动门、单元铁门、防火门、防盗门上安装门禁系统，可以有效地阻止闲杂人员进入小区大楼，实行封闭式管理。安全科学的门禁系统可以提高物业管理的档次，联网型的门禁有利于保安随时监控所有大门的进出情况，如果发生事故和案件，可方便查询，为事后提供证据。

门禁管理子系统可以和楼宇对讲系统、可视对讲系统结合使用，可以和小区内部消费系统、停车场管理系统等实现一卡通应用。

（3）门禁在政府办公机构中的应用：在政府办公机构中，可以阻止不法人员冲击政府办公部门，有效规范办公秩序，保护人身安全。

（4）门禁在医疗医院系统的应用：可以阻止外人进入传染区域和精密仪器房间，可以阻止不法群体冲击医院部门，可防止因为医患事件情绪激动伤害医务工作者和医院领导。

13.6.3　门禁管理子系统的组成

一套标准的门禁子系统包括：数据采集器（读卡器）、门禁控制器、控制计算机及控制软件、电控门锁、通信网络、消防联动及报警扩展器、出门按钮和门禁电源等，如图13-25所示。

（1）数据采集。数据采集方式有密码键盘采集器、读卡采集器、生物识别采集器三大类：

1）密码键盘采集器。通过密码键盘采集通行密码，验证后确定是否开启门锁。密码键盘分为两类：一类是普通型，如图13-26所示；另一类是乱序键盘型（键盘上的数字不固定，不定期自动变化）。

① 普通型密码键盘：

优点：操作方便，无须携带卡片；成本低。

缺点：密码容易泄露，安全性差；无进出记录；只能单向控制。

② 乱序键盘型：优点：操作方便，无须携带卡片，安全系数稍高。缺点：密码容易泄露，安全性还是不高；无进出记录；只能单向控制；成本较高。

2）读卡采集器。通过读卡器读出卡片加密码方式来识别进出权限，按卡片种类读卡器又分为以下两类：

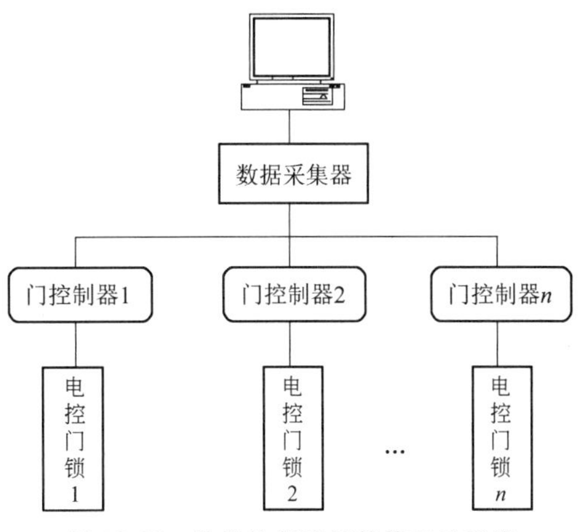

图 13-25　单机控制型门禁管理子系统

① 普通磁卡读卡器：优点：成本较低；一人一卡（+密码），较安全，可联微型计算机，有开门记录。

缺点：磁卡和设备有磨损，寿命较短；磁卡容易复制；不易双向控制；磁卡信息容易因外界磁场丢失，使卡片无效。

② RFID 非接触射频卡读卡器：图 13-27 是 RFID 非接触射频卡读卡器。

优点：卡片和设备都无磨损，开门方便安全；寿命长，理论数据至少十年；安全性高，可联微型计算机，有开门记录；可以实现双向控制；卡片很难被复制。

缺点：成本较高。

图 13-26　普通型密码键盘读卡器采集器

图 13-27　RFID 非接触射频卡读卡器

3）生物识别采集器。生物识别：通过检测进出人员的生物特征（指纹型、虹膜型、面部识别型）方式来识别，如图 13-28 所示。

门禁系统的安全性不仅与识别方式的安全性有关，还包括控制系统的安全、软件系统的安全、通信系统的安全、电源系统的安全。整个系统任何一个环节不过关，都将会发生不安全。例如有的指纹门禁系统，它的控制器和指纹识别仪是一体的，须安装在室外，控制锁的开关线露在室外，很容易被人打开。

（2）门禁控制器。门禁控制器是门禁系统的核心部分，相当于计算机的 CPU，它负责整个系统输入、输出信息的处理和存储、控制等。

门禁控制器具有多组辅助输入/输出接口，辅助输入接口可以连接报警前端设备，可以联动辅助继电器启动相关报警设备。

按照控制器和管理计算机的通信方式可分为：RS-485 联网型门禁控制器、TCP/IP 网络型门

a)

b)

c)

图 13-28　三种生物特征识别方式

a）指纹识别仪　b）面部识别仪　c）虹膜识别设备

禁控制器。

按照每台控制器控制门的数量可以分为：单门控制器、双门控制器、四门控制器和多门控制器。如果只控制一个门，进门刷卡，出门按按钮，控制器对于每个门只能接一个读卡器，称为单向控制器。

1）单门控制器：只控制一个门，不能区分是进还是出。这种控制器一般都集成在门禁一体机中。

2）单门双向控制器：控制一个门，可以区别是开门还是关门。这种控制器也有集成在门禁一体机中的。

3）双门单向控制器：可以控制两个门，但是不能区分是进门还是出门。

4）双门双向控制器：控制两个门，并且可以区分是进门还是出门。

5）四门单向控制器：顾名思义，就是一个控制器可以控制 4 个门。

6）四门双向控制器：比四门单向控制器多出一个功能，能区别进门还是出门。

7）多功能控制器：可以根据具体要求在单门双向和双门单向这两个功能间转换，比较灵活。

选择控制器要根据具体功能、门区间的距离、布线的复杂程度和控制计算机的所在位置等综合考虑。图 13-29 是门禁控制器接线图。

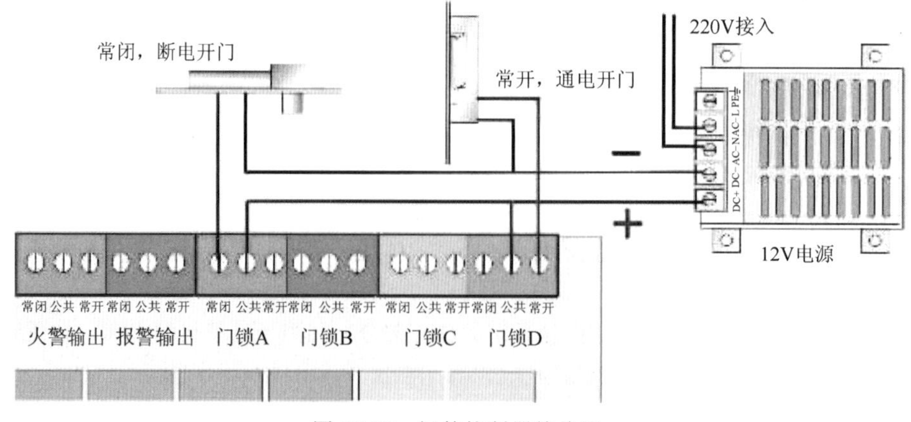

图 13-29　门禁控制器接线图

（3）门禁系统与控制微型计算机的通信方式。门禁系统与 PC 的通信方式可分为两类：

1）单机控制型。单机控制型是最常见的控制方式，适用小系统或门禁安装位置集中的场所。采用 RS-485 通信方式。优点是投资少，通信线路专用。缺点是一旦安装好就不能方便地更换管理中心的位置，不易实现网络控制和异地控制。

2）网络控制型。网络控制型的通信方式采用 TCP/IP。优点是门禁控制器与管理中心是通过局域网传递数据，管理中心的位置可以变更，不需重新布线，便于实现异地控制，适用于大系统或安装位置分散的场所使用。缺点是系统通信的稳定性依赖于局域网的稳定。图 13-30 是网络型门禁管理子系统。

（4）电控门锁。用户应根据门的材质、进出门要求等需求选取不同的锁具。主要有以下几种类型：

1）电磁锁：电磁锁为断电开门型，符合消防要求，并配备多种安装架以供顾客使用。这种锁具适用于单向木门、玻璃门、防火门、对开电动门。

2）阳极锁：阳极锁为断电开门型，符合消防要求。它安装在门框的上部。与电磁锁不同的是阳极锁适用于双向木门、玻璃门、防火门，而且它本身带有门磁检测器，可随时检测门的安全状态。门磁指用于检测门的安全/开关状态等的装置。

3）阴极锁：阴极锁为通电开门型，适用于单向木门。阴极锁一定要配备 UPS 电源，因为停电时阴极锁是锁门的。

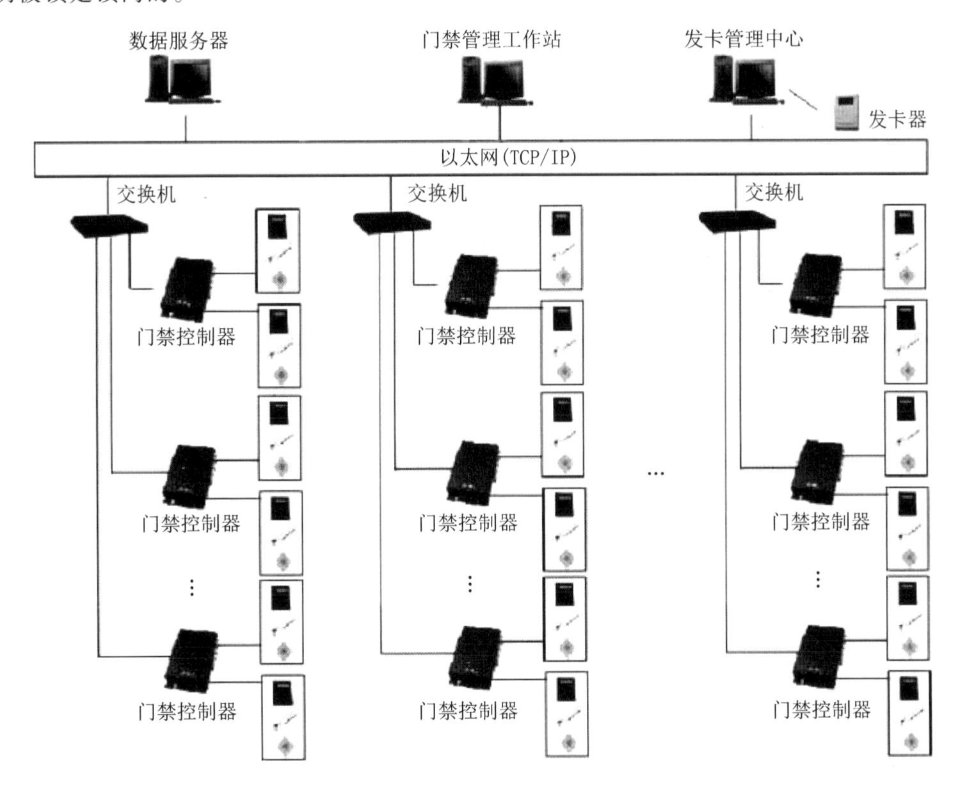

图 13-30　网络型门禁管理子系统

（5）门禁管理软件功能。

1）存储功能：可以存储 32000 多条门禁刷卡记录。存储内容包括进出人员、日期、时间等。

2）显示功能：门禁刷卡机通常带有蓝色背光液晶显示，平时显示时间，刷卡显示卡号，并有声光提示，确认刷卡是否成功。

3）卡号注销功能：门禁机可以注销系统卡号、挂失卡号，防止该卡继续在本系统使用。

4）出入控制功能：门禁控制人员出入有两种方式：

① 根据输入门禁控制器的人员出入权限的刷卡信息，验证后确定是否开启门锁。

② 根据设置的多种进出时间段，控制该时间段人员的进出。可以有效避免闲杂人员在不必要的时间段内进出该门。

5）查询功能：万一出现事故后，很容易查询出事时刻的进出人员。

6）注销功能。若感应卡遗失或取消某人出入权限，只需在该门禁控制器删除该卡出入权限即可。

13.6.4　考勤管理子系统

加强考勤管理、严肃考勤制度是企事业单位搞好各项经营管理工作的前提和保障。科学的考勤管理不仅可以保证各项经营管理计划得以落实，而且有利于提高工作学习效率。利用计算机管理考勤不仅能够使管理人员从繁重的考勤管理工作中解脱出来，而且能够使考勤管理工作更加科学化、规范化、智能化。

通过门禁管理子系统的计算机软件，就可实现考勤管理子系统的全部功能：

（1）人员管理：部门设定，人员增加、减少、调动，档案数据管理。

（2）条件设定：设置各种班次的名称以及代号、内容、节假日设定、考勤条件，如迟到、早退的界限时间等。

（3）考勤约束：部门排班、个人排班、请假记录、日历查询等。

（4）考勤统计：考勤数据的采集、编辑、删除、统计、个人以及部门数据汇总等。

（5）打印输出：月底数据结转、各种方式的数据查询打印。

（6）系统管理：考勤机管理、系统各种数据格式维护、日期、时间设定等。

13.7　指纹识别系统

指纹，英文名称为“fingerprint”，是指人的手指末端正面皮肤上凸凹不平产生的纹线。纹线有规律地排列形成不同的纹形。纹线的起点、终点、结合点和分叉点，称为指纹的细节特征点（Minutiae）或节点。每个人的指纹都不一样，同一人的十个指头的指纹也有明显区别，世界上还找不出指纹完全相同的两个人，因此指纹可用于身份鉴定。

指纹是胎儿出生前一个月左右时形成的，此后指纹终身不变，即使因刀伤、火烫或化学腐蚀而使表皮受损，新生的皮肤上仍是原来的指纹。由于指纹具有终身不变性、唯一性和方便性，已几乎成为生物特征识别的首选。

既然指纹因人而异，所以，各国都有过用指纹代替图章或签字的历史。指纹类型是可以遗传的，兄弟姐妹之间的指纹比较接近。

13.7.1　指纹识别的原理和方法

指纹纹路并不是连续的、平滑笔直的，而是经常出现中断、分叉或转折。这些断点、分叉点和转折点就称为“特征点”。特征点提供了指纹唯一性的确认信息，其中最典型的是终止点和分叉点，此外还包括分歧点、孤立点、环点、短纹等。特征点参数包括总体特征和局部特征两类：

（1）总体特征。总体特征是指那些用人眼直接就可以观察到的特征。包括纹形、模式区、核心点、三角点和纹数等。

① 纹形：指纹专家在长期实践的基础上，根据脊线的走向与分布情况将指纹分为三大类：斗形（又称环形）：由许多同心圆或螺旋形纹线组成；箕形（又称螺旋形）：纹线类似于簸箕，

一边开口；弓形（又称弧形纹、帐形纹），如图 13-31 所示。

斗形(环形)

弓形(弧形)

箕形(螺旋形)

图 13-31　三种典型指纹类型

② 模式区：即指纹上包括总体特征的区域，从此区域就能够分辨出指纹是属于哪一种类型。有的指纹识别算法只使用模式区的数据，有的则使用所取得的完整指纹。

③ 核心点：位于指纹纹路的渐近中心，它在读取指纹和比对指纹时可作为参考点。许多算法是基于核心点的，即只能处理和识别具有核心点的指纹。

④ 三角点：位于从核心点开始的第一个分叉点或者断点，或者两条纹路会聚处、孤立点、折转处，或者指向这些奇异点。三角点提供了指纹纹路的计数跟踪的开始之处。

⑤ 纹数：即模式区内指纹纹路的数量。在计算指纹的纹路时，一般先连接核心点和三角点，这条连线与指纹纹路相交的数量即可认为是指纹的纹数。

（2）局部特征。局部特征即指纹节点的特征，即“特征点”。

13.7.2　指纹辨识软件

建立指纹的数字表示就是特征数据，它是一种单方向的转换，可以从指纹转换成特征数据但不能从特征数据转换成为指纹，而两枚不同的指纹不会产生相同的特征数据。

软件从指纹上找到节点的数据点，也就是那些指纹纹路的分叉、终止或打圈处的坐标位置，这些点同时具有七种以上的唯一性特征。通常手指上平均具有 70 个节点，所以这种方法会产生大约 490 个数据。有的算法将节点和方向信息组合产生了更多的数据，这些方向信息表明了各个节点之间的关系，也有的算法还处理整幅指纹图像。这些数据通常称为模板，保存为 1KB 大小的数据记录。

最后，通过计算机模糊比较的方法，把两个指纹的模板进行比较，计算出它们的相似程度，最终得到两个指纹的匹配结果。

13.7.3　指纹识别流程

指纹识别流程包括指纹图像获取、指纹特征提取、指纹匹配三个环节，如图 13-32 所示。

（1）指纹图像获取。通过专门的指纹采集仪采集指纹图像。指纹采集仪按信号采集方式，有光学式、压敏式、电容式、电感式、热敏式和超声波式等。

图 13- 33 为光学识别扫描仪原理；由于光不能穿透皮肤表层，所以光学指纹识别系统只能够扫描手指皮肤的表面，但不能深入真皮层。在这种情况下，手指表面的干净程度，直接影响到识别的效果。如果用户手指上粘了较多的灰尘、油污、水渍等，可能就会出现识别出错的情况。

光学式指纹识别技术应用最多的应该是指纹考勤机、门禁、指纹锁、考试身份识别机等。

图13-34为电容式识别扫描仪原理。电容式指纹头（俗称半导体指纹头）具备更好的安全性能、体积更小，所以适用性会更广，现在越来越多的设备均采用电容式指纹识别，未来的主流也将是电容式指纹采集技术。

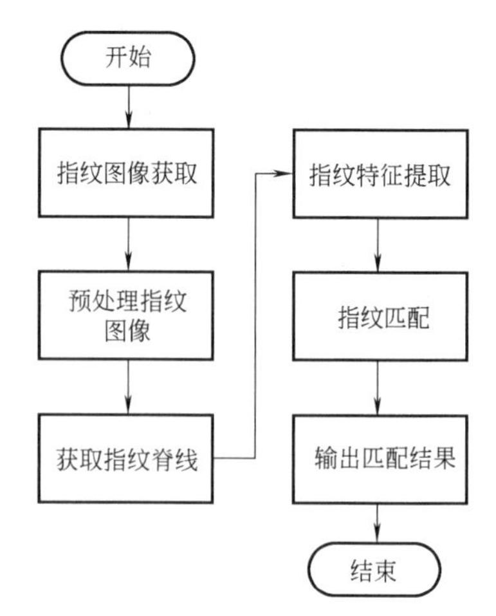

图13-32　指纹识别流程

指纹图像获取后，要对原始图像进行初步的处理，使之更清晰。对含噪声及伪特征的指纹图像采用一定的算法加以处理，使其纹线结构清晰、特征信息突出，目的是改善指纹图像的质量，提高特征提取的准确性。通常，预处理过程包括归一化、图像分割、增强、二值化和细化，但根据具体情况，预处理的步骤也不尽相同。

（2）指纹特征提取。从预处理后的指纹图像中提取指纹特征点信息，信息主要包括指纹类型、终止点、分叉点、三角点……的坐标和方向等参数，如图13-35所示。

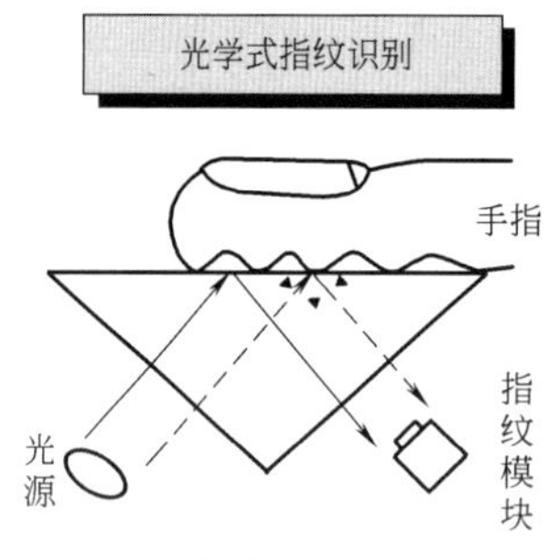

图13-33　光学识别扫描仪原理

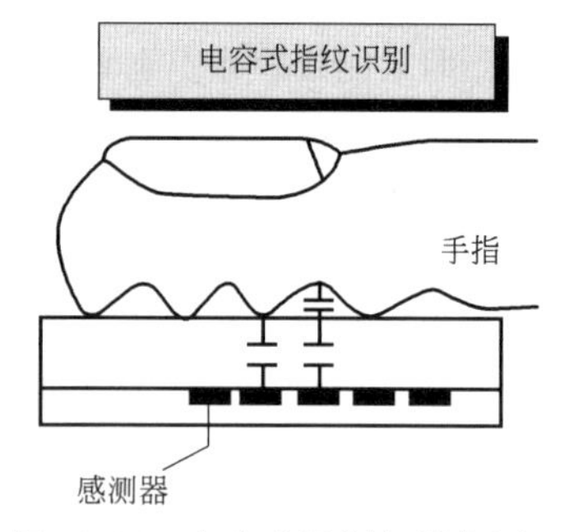

图13-34　电容式识别扫描仪原理

指纹的形态特征包括中心点（上、下）和三角点（左、右）等；指纹的细节特征点主要包括纹线的起点、终止点、结合点和分叉点。指纹中的细节特征，通常包括端点、分叉点、孤立点、短分叉、环等。而纹线端点和分叉点在指纹中出现的机会最多、最稳定，且容易获取。

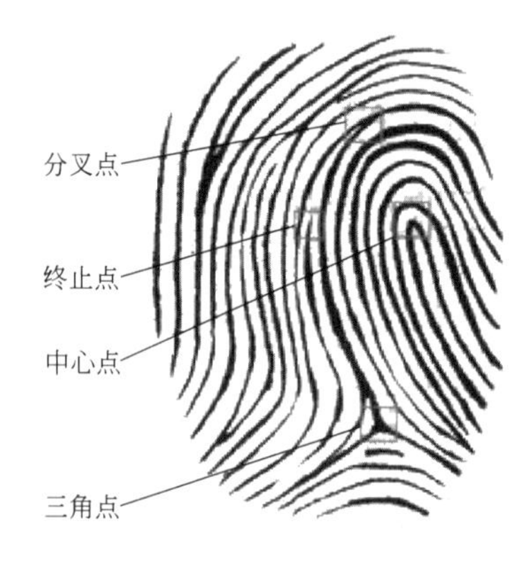

对比指纹时，通常并不对比整个指纹，而是提取上述细节特征点的类型及位置等进行比对。

图13-35　提取指纹特征点的例子

（3）指纹匹配。指纹匹配是用现场采集的指纹特征与指纹库中保存的指纹特征数据进行比对，判断是否属于同一指纹。可以根据指纹的纹形进行粗匹配，进而利用指纹形态和细节特征进行精确匹配，给出两枚指纹的相似性得分。

指纹对比有两种方式：①一对一比对：根据用户ID，从指纹库中检索出待比对的用户指纹，再与新采集的指纹比对；②一对多比对：将新采集的指纹和指纹库中的所有指纹逐一比对。最后通过计算机的模糊比较法，对两个指纹模板进行比较，计算出它们的相似程度，得出指纹匹配结果。完成指纹匹配处理后，输出指纹识别的处理结果。

图13-36是指纹识别技术操作流程。

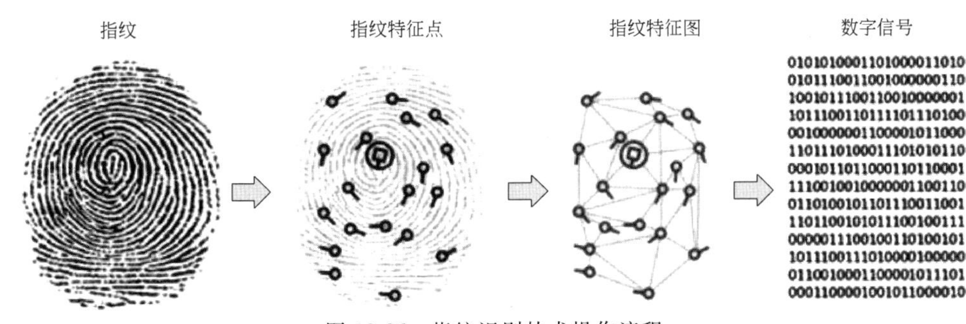

图 13-36　指纹识别技术操作流程

13.7.4　第三代射频指纹识别技术

第三代射频指纹识别技术通过传感器本身发射出微量射频信号，穿透手指的表皮层去探测里层的指纹路，获得最佳的指纹图像。因此对干手指、汗手指、脏手指等困难手指，验证和辨识率可高达 99%，防伪指纹能力强。射频指纹传感器只对手指里层的真皮皮肤有反应，从根本上杜绝了人造指纹的问题，它的宽温区特性，适合特别寒冷或特别酷热的地区。射频指纹传感器可以产生高质量的图像，是最可靠的指纹识别解决方案。

13.7.5　指纹识别的特点

指纹识别的核心功能是身份验证和指纹管理，此外还有很多其他功能，比如联网功能、开门记录功能、智能报警、多人模式等。

指纹识别的优点：

① 安全性：唯一且不可复制。

② 易用性：方便、省事、快捷，根本不会发生钥匙、IC 卡遗失、损坏、遗忘等意外情况。

③ 科技性：扫描指纹的速度很快，使用非常方便，为生活品质的提升带来了极大的便利。

指纹识别的缺点：

① 手指如果沾水、手汗、沾灰等会影响其识别率。

② 指纹传感器只能在室内使用，在露天户外使用的可能性很小。

13.8　人脸识别系统

人脸识别是基于人脸的特征信息进行身份识别的一种生物识别技术。优势是既方便又安全。人脸由眼睛、鼻子、嘴巴、下巴等器官构成，正因为这些器官的形状、大小和结构上的各种差异，使得世界上每个人脸千差万别，对这些器官的形状和结构关系的几何描述，可以做为人脸识别的重要特征。

采用远距离快速人脸检测技术，可在用户非配合状态下快速身份识别，可以从监控视频图像中实时查找人脸，并与人脸数据进行实时比对，从而实现快速身份识别。

人脸识别可以分为两个大类：一类是确认，就是把人脸图像与数据库中已存的人脸图像比对的过程，是一对一进行图像比较的过程，回答是不是你的问题；另一类是辨认，就是把人脸图像与数据库中已存的所有图像进行匹配的过程，是一对多进行图像匹配比对的过程，回答你是谁的问题。显然人脸辨认要比人脸确认困难。

13.8.1　人脸识别方法

面部表情识别是利用人脸识别技术，对人脸的表情信息进行特征提取并归类，使计算机获知人的表情信息，从而推断人的心理状态，实现人机间的智能交互。

人脸识别的方法很多，主要的人脸识别方法有：

1. 几何特征人脸识别方法

几何特征可以是眼、鼻、嘴等的形状和它们之间的几何关系（如相互之间的距离）。这类算法识别速度快、需要的内存小，但识别率较低。

2. 特征脸（PCA）人脸识别方法

特征脸方法是基于 K-L 变换的人脸识别方法，K-L 变换是图像压缩的一种正交变换。高维的图像空间经过 K-L 变换后得到一组新的正交基底，保留其中重要的正交基底，由这些基底可变成低维线性空间。如果假设人脸在这些低维线性空间的投影具有可分性，就可以将这些投影用作识别的特征矢量，这就是特征脸方法的基本思想。这类方法需要较多的训练样本，而且完全是基于图像灰度的统计特性。

3. 神经网络人脸识别方法

神经网络的输入可以是降低分辨率的人脸图像、局部区域的自相关函数、局部纹理的二阶矩阵等。这类方法同样需要较多的样本进行训练，而在许多应用中，样本数量是很有限的。

4. 弹性图匹配人脸识别方法

弹性图匹配法在二维空间中定义了一种对于通常的人脸变形具有一定的不变性的距离，并采用属性拓扑图来代表人脸，拓扑图的任一顶点均包含一特征向量，用来记录人脸在该顶点位置附近的信息。该方法结合了灰度特性和几何因素，在比对时可以允许图像存在弹性形变，在克服表情变化对识别的影响方面收到了较好的效果，同时对于单一个人也不再需要多个样本进行训练。

5. 线段 Hausdorff 距离（LHD）人脸识别方法

心理学研究表明，人类在识别轮廓图（比如漫画）的速度和准确度上丝毫不比识别灰度图差。LHD 是基于从人脸灰度图像提取出来的线段图，它定义的是两个线段集之间的距离。与众不同的是，LHD 并不建立不同线段之间的一一对应关系，因而它更能适应线段图之间的微小变化。试验结果表明，LHD 在不同光照条件下和不同姿态下都有出色的表现，但是它在大表情下识别效果不好。

13.8.2　人脸识别流程

人脸识别系统主要包括人脸图像采集及检测、人脸图像预处理和面貌检测、人脸图像特征提取、人脸图像匹配与识别比对四部分，如图 13-37 所示。

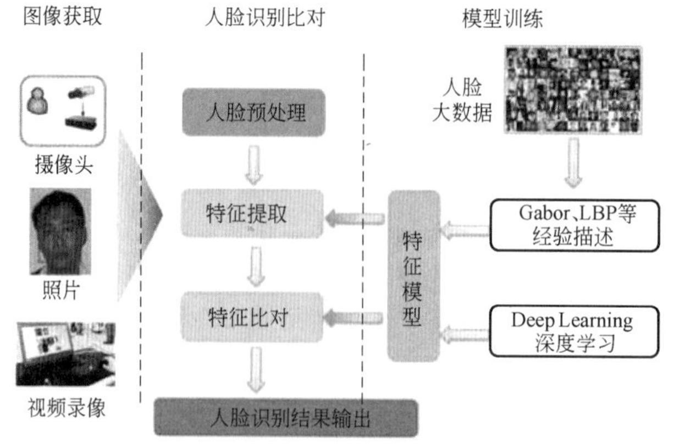

图 13-37　人脸识别系统的组成

1. 人脸图像采集及检测

（1）图像采集：不同的人脸图像都能通过摄像头采集。当指定的人像在摄像头拍摄范围内移动时，采集设备会自动对其进行跟踪拍摄：精准定位人脸，持续跟踪面部特征，比如静态图像、动态图像、不同的位置、不同表情等方面都可以得到很好的采集。人脸捕获是指在一幅图像或视频流中将人像从背景中分离出来，并自动地将其保存。

（2）人脸检测：从输入图像中检测和提取人脸图像。人脸检测主要是进行人脸识别的预处理，即在图像中准确标定出人脸的位置和大小、锁定人脸坐标。人脸图像中包含的模式特征十分丰富，如直方图特征、颜色特征、模板特征、结构特征及Haar特征等。人脸检测就是把其中有用的信息挑出来，并利用这些特征实现人脸检测。

（3）人脸属性识别：检测人脸性别、年龄等属性特征。

主流的人脸检测方法基于以上特征采用Adaboost学习算法，Adaboost学习算法是一种用来分类的方法，它把一些比较弱的分类方法合在一起，组合出新的很强的分类方法。

人脸检测过程中使用Adaboost学习算法挑选出一些最能代表人脸的矩形特征（弱分类器），按照加权投票的方式将弱分类器构造为一个强分类器，再将训练得到的若干强分类器串联组成一个级联结构的层叠分类器，有效地提高分类器的检测速度。

2. 人脸图像预处理和面貌检测

（1）人脸图像预处理：人脸图像采集系统获取的原始图像由于受到各种条件的限制和随机干扰，往往不能直接利用，在图像处理的早期阶段必须对它进行灰度校正、噪声过滤等图像预处理。主要包括人脸图像的光线补偿、灰度变换、直方图均衡化、归一化、几何校正、滤波以及锐化等。

（2）面貌检测：是指在动态的场景和复杂的背景中判断是否存在有寻找的人脸，一般采用下列几种方法：

① 参考模板法。首先设计数个标准人脸模板，然后测试计算采集的样品与标准模板之间的匹配程度，并通过阈值来判断是否存在人脸。

② 人脸规则法。人脸都具有一定的结构分布特征，人脸规则方法即提取人脸特征生成的相应规则，用以判断采集的样品是否包含存在的人脸。

③ 样品学习法。采用模式识别中的人工神经网络方法，即通过对人脸样品集和非样品集的学习产生分类。

④ 肤色模型法。肤色模型法是依据面貌肤色在色彩空间中分布相对集中的规律来进行检测。

⑤ 特征子脸法。这种方法是将所有人脸图像集合视为一个人脸图像子空间，并基于检测样品与其在子空间的投影之间的距离判断是否存在有人脸。

上述五种方法在实际检测系统中也可综合采用。

3. 人脸图像特征提取

人脸图像特征通常分为视觉特征、像素统计特征、人脸图像变换系数特征、人脸图像图像代数特征等。人脸图像特征提取，也称人脸表征，是指通过一些数字来表征人脸信息，这些数字就是要提取的人脸特征，是对人脸进行特征建模的过程。

人脸图像特征的提取方法归纳起来分为两大类：一类是几何特征，另一类是表征特征。

（1）几何特征：人脸由眼睛、鼻子、嘴、下巴等构成，这些面部特征之间的几何关系和它们之间的结构关系称为几何特征，可作为识别人脸的重要特征。

由于算法利用了一些直观特征，因此计算量不大，不过，由于不能精确选择其所需的特征点，限制了它的应用范围；另外，当光照变化、人脸有外物遮挡、面部表情变化时，特征变化较大，这类算法只适合于人脸图像的粗略识别，很少在实际中应用。

（2）表征特征：是指根据人脸器官的形状描述以及它们之间的距离特性获得的有助于人脸分类的特征数据。特征分量通常包括特征点间的欧氏距离、曲率和角度等。通过一些算法提取全局或局部特征。其中比较常用的特征提取算法是LBP算法。

LBP算法首先将图像分成若干区域，每个区域的像素为640×960，邻域中用中心值作阈值化，将结果看成是二进制数。LBP算子的特点是对单调灰度变化保持不变。每个区域通过这样的运算得到一组直方图，然后将所有的直方图连起来组成一个大的直方图，并进行直方图匹配计算进行分类。

4. 人脸图像匹配与识别

人脸图像匹配与识别是指对提取的人脸图像的特征数据与数据库中存储的特征模板进行搜索匹配，通过设定一个阈值，当相似度超过这一阈值时，则把匹配得到的结果输出，如图13-38所示。

系统将登记入库的人像数据进行建模，提取人脸的特征，建立人脸的面像档案，即用摄像机采集单位人员的人脸的面像文件或取他们的照片形成面像文件，并将这些面像文件生成面纹（Faceprint）编码（人脸模板）保存到数据库中。

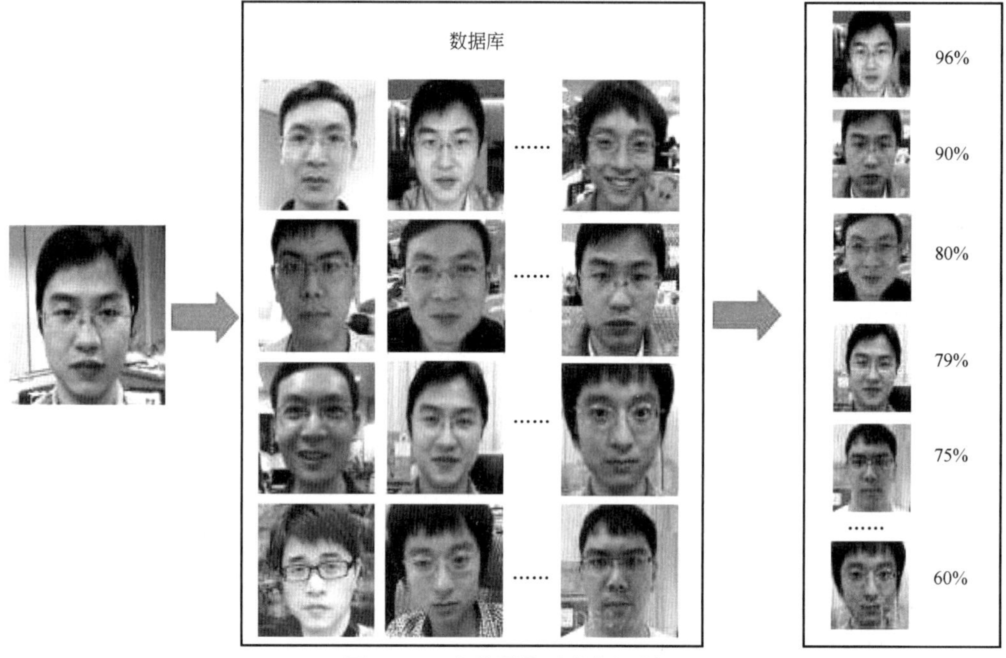

图13-38　人脸图像匹配与识别

人脸识别比对有核实式和搜索式两种模式：

（1）核实式比对：是将捕获得到的人像或是指定的人像与数据库中已登记的某一对象作比对，核实确定其是否为同一人。

（2）搜索式比对：是从数据库中已登记的所有人像中搜索查找是否有指定的人像存在。在进行人脸搜索时，将采样到的人脸图像与数据库中的所有模板进行比对识别，找出最佳的匹配对象。最终将根据所比对的相似值列出最相似的人员列表。

面像的描述决定了面像识别的具体方法与性能，当前主要采用特征向量法和面纹模板法两种方法：

① 特征向量法。人脸识别技术中被广泛采用的区域特征分析算法，它融合计算机人脸识别图像处理技术与生物统计学原理于一体，利用计算机图像处理技术从视频中提取人像特征点，利用生物统计学的原理进行分析建立数学模型，即人脸特征模板。利用已建成的人脸特征模板与被测者的人的面像进行特征分析，根据分析的结果给出一个相似值。通过这个值即可确定是否为同

一人。

特征向量法在取出采样人脸后，把焦点对准眉骨到下颚这一倒三角区域，找出该区域的数千个点位，这些点位组成一套数学模型，然后再计算出它们的几何特征量，而这些特征量形成描述该面像的特征向量。其技术核心为“局部人体特征分析”和“图形/神经识别算法”。这种算法是利用人体面部各器官的结构分布及特征部位的方法，例如，对应几何关系多种数据形成的识别参数与数据库中所有的原始参数进行比较、判断与确认。一般要求判断时间低于 1s。

② 面纹模板法。是将当前的面像文件生成面纹编码，然后将当前的面像的面纹编码与档案库存中的面纹编码进行检索比对，进行比对时，将采样面像所有像素与库中所有模板采用归一化相关量度量进行匹配。面纹模板法可以抵抗光线、皮肤色调、面部毛发、发型、眼镜、表情和姿态的变化，具有强大的可靠性，从而使它可以从百万人中精确地辨认出某个人。

13.8.3　人脸识别技术的特点

1. 人脸识别的优点

（1）非强制性：用户几乎可以在无意识的状态下就可获取人脸图像，这样的取样方式没有“强制性”。

（2）非接触性：用户不需要和设备直接接触就能获取人脸图像。

（3）并发性：在实际应用场景下，可以进行多个人脸的分拣、判断及识别。

（4）准确率：在用户配合和采集条件比较理想的情况下，采用 3D 人脸识别技术，拍摄距离在 0.8~1.6m 内、行走速度小于 5km/h，视频帧率为 15 帧/s，曝光时间为 0.2s，准确率可以达到 99.8%，已经成功攻克了识别双胞胎识别的难点。

2. 人脸识别的弱点

（1）相似性：人脸的结构基本相似，不同个体之间的区别不大，甚至人脸器官的结构外形都很相似，这样的特点对于利用人脸进行定位是有利的，但是对于利用人脸来区分个体是不利的。

（2）易变性：人脸的外形很不稳定，第一，人可以通过脸部的变化产生很多表情，而在不同观察角度，人脸的视觉图像也会相差很大；第二，人脸识别还受光照条件（例如白天和夜晚、室内和室外等）、人脸的很多遮盖物（例如口罩、墨镜、头发、胡须等）、年龄等多方面因素的影响。

在人脸识别中，对于第一类的变化，应该放大而作为区分个体的标准；而对于第二类的变化应该消除，因为它们可以代表同一个个体。通常称第一类变化为类间变化（Inter-class Difference），而称第二类变化为类内变化（Intra-class Difference）。对于人脸，类内变化往往大于类间变化，从而使在受类内变化干扰的情况下利用类间变化区分个体变得异常困难。

（3）用户配合度：现有的人脸识别系统在用户配合、采集条件比较理想的情况下可以取得令人满意的结果（准确率可达 99%）。但是，在用户不配合、采集条件不理想的情况下，现有系统的识别率将陡然下降。人脸比对时，与系统中存储的人脸有出入，例如剃了胡子、换了发型、多了眼镜、变了表情都有可能引起比对失败。也就是说，人如果发生较大变化，系统可能就会认证失败。光照、姿态、装饰等，对机器识别人脸也有影响。

（4）视频监控探头的环境：在一些公共场所由于光线、角度问题，得到的人脸图像很难比对成功。这也是未来人脸识别技术发展必须要解决的难题之一。

13.8.4　人脸识别的应用

人脸识别系统已广泛用于出入管理系统、门禁考勤系统、监控管理、计算机安全防范、照片搜索、来访登记、ATM机智能视频报警系统、监狱智能报警系统、RFID智能通关系统、公安罪犯追逃智能报警系统等。

1）企业、住宅安全和管理。门禁考勤系统，防盗门等。

2）电子护照及身份证。或许是未来规模最大的应用。在国际民航组织（ICAO）已确定，从2010年4月1日起，其118个成员国家和地区，人脸识别技术是首推识别模式，该规定已经成为国际标准。京沪高铁三站已建成人脸识别系统（整容也能被识别），以协助公安部门抓捕在逃罪犯。利用这个系统，作案后的犯罪分子，即使整容，也将能够被识别。

3）公安、司法和刑侦。如利用人脸识别系统和网络，在全国范围内搜捕逃犯。

4）自助服务。如银行的自动提款机，如果同时应用人脸识别就会避免被他人盗取现金现象的发生。

5）信息安全。如计算机登录、电子政务和电子商务。在电子商务中交易全部在网上完成，电子政务中的很多审批流程也都搬到了网上。而当前，交易或者审批的授权都是靠密码来实现，如果密码被盗，就无法保证安全。如果使用生物特征，就可以做到使当事人在网上的数字身份和真实身份统一，从而大大增加电子商务和电子政务系统的可靠性。

13.9　条形码、二维码和三维码

在人们的日常生活中，已经大量使用条形码，后来大家又逐渐接触到二维码，有许多人都在使用二维码，如刷二维码购物、刷二维码支付、刷二维码乘车等。现今又创新出了三维码，相比二维码，三维码多了一个维度，信息容量更大，辨识性更高，安全性也更强。

13.9.1　条形码

条形码（一维码）是随着计算机与信息技术的发展和应用产生的信息编码技术。1990年美国发表了条形码编码技术，它是集编码、印刷、识别、数据采集和处理于一身的物品身份识别技术。条形码可以标出物品的生产国、制造厂家、商品名称、生产日期、图书分类号、邮件起止地点、类别、日期等信息，因而在商品流通、图书管理、邮政管理、银行系统等许多领域都得到了广泛的应用。

为了使商品能够在全世界自由、广泛流通，企业无论是设计制作、申请注册还是使用商品条形码，都必须遵循商品条形码管理的有关规定。使用条形码扫描是市场流通的大趋势。

条形码或称条码（Barcode），是将宽度不等的多个黑条和空白，按照一定的编码规则排列，用以表达一组信息的图形标识符。常见的条形码是由反射率相差很大的黑条（简称条）和白条（简称空）排成的平行线图案，如图13-39所示。

图13-39　条形码图形

13.9.2　二维码

条形码不能加密，存储容量较小，只能表达数字。1994年日本研发了二维码，又称二维条码（2-dimensional barcode），使用若干个与二进制相对应的图形按一定规律在平面（二维方向上）分布的黑白相间的图形记录数据信息；通过图像输入设备或光电扫描设备自动识读数据，实现信息自动处理。在代码编制上巧妙地利用构成计算机内部逻辑基础的“0”“1”比特流的概念。

二维码可以加密，存储容量大，可以由汉语拼音字母、数字等信息组成。二维码能够在横向和纵向两个方位同时以图形表达信息，因此能在很小的面积内表达大量的信息。

常见的二维码为 QR（Quick Response）Code 快速响应码。它具有条形码技术的一些共性：每种码制有其特定的字符集，每个字符占有一定的宽度，具有一定的校验功能等。同时还具有对不同行的信息自动识别功能及处理图形旋转变化的特点，如图 13-40 所示。

图 13-40　二维码图形

1. 二维码的特点

1）高密度编码，信息容量大：可容纳多达 1850 个大写字母或 2710 个数字或 1108 个字节或 500 多个汉字，比普通条形码的信息容量约高数十倍。

2）编码范围广：可以将图片、声音、文字、签字、指纹等以数字化信息进行编码，用条码表示出来；可以表示多种语言文字；可以表示图像数据。

3）容错能力强，具有纠错功能：使得二维条码因穿孔、污损等引起局部损坏时，照样可以正确得到识读，损毁面积达 30%仍可恢复信息。

4）追踪性高，防伪溯源：用户扫码即可查看生产地；同时后台可以获取最终消费地。

5）可靠性高：误码率不超过千万分之一，比条形码译的百万分之二误码率要低得多。

6）可引入加密措施：保密性、防伪性好。

7）二维码的尺寸大小比例可变。

8）成本低，易制作，持久耐用。

2. 二维码的用途

二维码具有存储量大、保密性高、追踪性高、抗损性强、备援性大、成本便宜等特性，这些特性特别适用于表单、安全保密、追踪、证照、存货盘点、资料备份等方面。二维码应用已经渗透到餐饮、超市、电影、购物、旅游、汽车等行业。

1）追踪应用：公文自动追踪、生产线零件自动追踪、客户服务自动追踪、邮购运送自动追踪、维修记录自动追踪、危险物品自动追踪、后勤补给自动追踪、医疗体检自动追踪、生态研究（动物、鸟类……）自动追踪等。

2）证照应用：护照、身份证、挂号证、驾照、会员证、识别证、连锁店会员证等证照的资料登记及自动输入，发挥“随到随读、立即取用”的资讯管理效果。

3）盘点应用：物流中心、仓储中心、联勤中心货品及固定资产的自动盘点，发挥“立即盘点、立即决策”的效果。

4）备援应用：文件表单的资料若不愿或不能以磁盘、光盘等电子媒体存储备份时，可利用二维码来存储备份，既携带方便、不怕折叠、保存时间长，又可影印传真，做更多备份。

5）传递信息：如个人名片、产品介绍、质量跟踪等。

6）移动支付：顾客扫描二维码进入支付平台，使用手机进行支付。

7）网站跳转：跳转到微博、手机网页、网站。

8）保密应用：商业信息、经济信息、政治信息、军事信息、私人信息等机密资料的加密及传递。

13.9.3　三维码

2010年由深圳大学光电子学研究所开发的任意进制三维码技术，是一项具有完全自主知识产权的条码技术。与二维码相比，三维码具有更大的信息容量和更好的安全性。

三维码在二维码的基础上再增加了一个维度，即在由 X 轴与 Y 轴所决定的二维平面码的基础上引入 Z 轴层的概念，即空间中的任何一点均可由 X 轴、Y 轴与 Z 轴的参数来描述，从而使编码容量有了大幅提高。

三维码的主要特征在于利用色彩或灰度（或称黑密度）表示不同的数据并进行编码。人们可以根据编码生成设备和识读设备对灰度或色彩的分辨率确定将灰度或色彩分成多少段。

识读设备灰度的级或色彩的级是由采集板 A/D 转换的位数决定的，还要考虑编码印制设备对色彩或灰度的识别能力，最终确定一个合理的色彩种类和灰度级，以保证在识别中不出错。第三维的深度一般取16色或16级灰度。图13-41是色彩采集的制作过程。

在一种包含多个颜色层的防伪结构的材料上，将真迹结构防伪元素及信息集合用物理方式随机雕琢于不同的颜色叠层，使之不同部位呈现不同深浅和不同颜色的结构特征，所形成的结构组合图案具有唯一的、不可复制的特点。

1. 三维码的特点

1）安全系数高：保密性、防伪性好。

2）色块编码，信息容量大：ColorMobi 采用最先进的色块识读解析技术，不同于传统码制内嵌式信息，以提供 URL 内容转链接扩展信息内容，信息可无限扩展。

3）编码范围广：彩色码可以把图片、声音、视频、文字、文件等以数字化的信息进行编码，并用彩色码表示出来；可以表示各种多媒体形态信息。

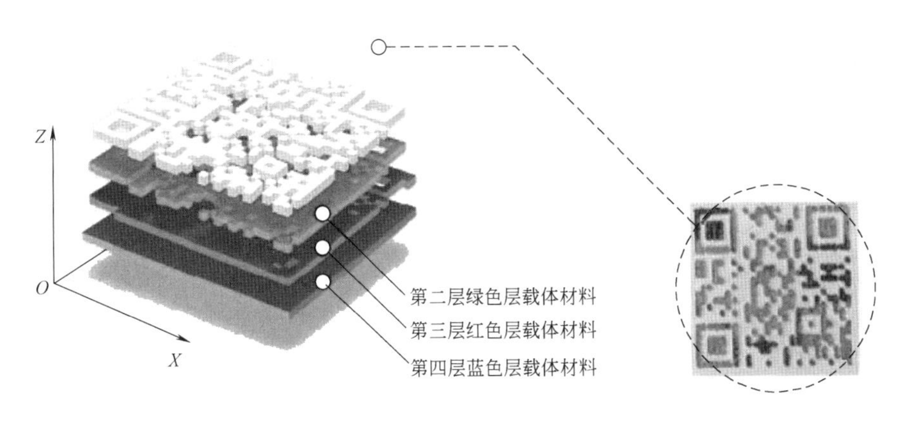

图 13-41　色彩采集的制作过程

4）容错能力强，具有纠错功能：彩色码因穿孔、污染、扭曲、损化等引起局部损坏时，仍然可以正确得到识读，损毁面积达 50%以上仍可恢复信息。

2. 三维码的应用领域

防伪保密技术是维护社会公共安全、保障国家和人民财产安全的重要手段，任意进制三维码生成与识别系统实质上就是图像、数据信息的获取和处理，可应用于产品防伪，金融票证、证券包括钱币的防伪，身份证及所有证件的防伪。比如，使用了三维码技术的身份证在进入机场安检时，只要将身份证在识别器上刷一下，像我们现在刷卡一样简单，个人的所有资料就都显示出来了，既方便又快速。它还可以广泛应用于国家重点保密部门、银行金库以及海关安检，改变了过去密码验证防伪的模式，而是将图像、数据库、语言、安全、密码、IC 卡结合在一起的防伪系统。

13.9.4　三种编码技术比较

图 13-42 是三种编码技术图。表 13-1 是三种编码的主要技术特性比较。

一维码　二维码　三维码

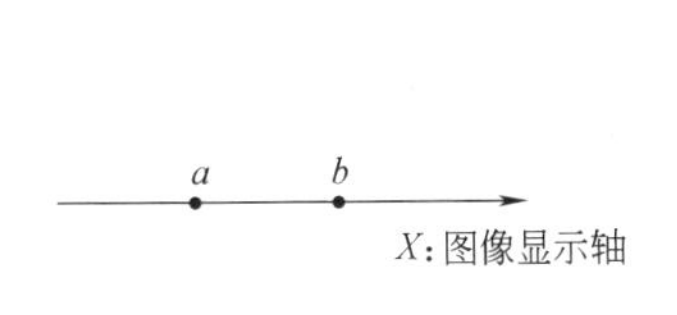

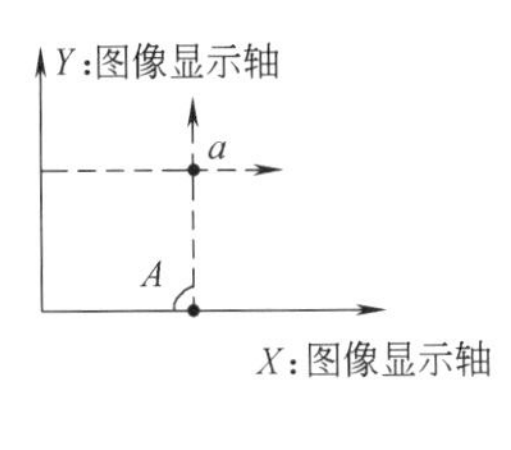

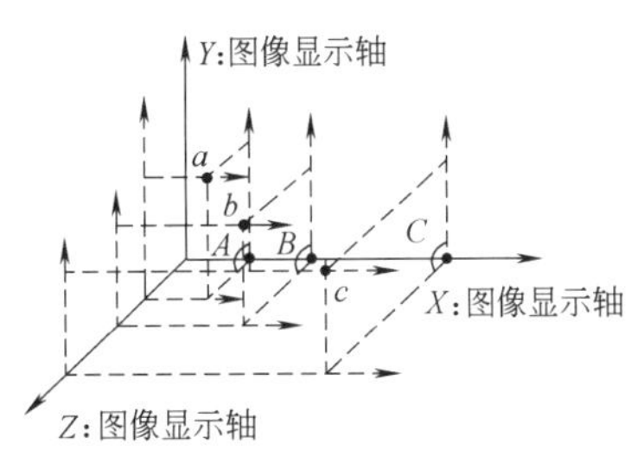

图 13-42　三种编码技术

一维码（条形码）：只有长度。

二维码：平面世界，有长度和宽度。

三维码：三维空间定位，具有长、宽、高三种度量。

表13-1　三种编码的主要技术特性比较

一维码(条形码)	二维码	三维码(彩码)
维度:单一维度	长和宽二维度	长和宽二维加彩色维度
码形:由条和空及数字构成的条形码	由单元构成的二维码	由单元、色彩和内嵌的数字水印等要素构成的多维彩色图形码
使用方式:只能印刷	可印刷和电子显示	可印刷和电子显示
可靠性:没有抗畸变(污损)能力	有抗畸变(污损)能力	具有最强的抗畸变(污损)能力 可在三维码中嵌入LOGO而不会影响识读
识读方式:不能在移动中识读	不能在移动中识读	可在移动中识读
存储能力:只能存储30个字符信息	可以存储数MB字符信息	可以把图片、声音、视频、文字、文件等以数字化的信息进行编码和存储
识读率:较高	识读率较高	识读率可达100%

第 14 章　应急指挥系统

应急指挥系统（ICS）是针对自然灾害、事故灾难、公共卫生、社会安全等突发公共事件，实施抢险救援活动的科学、迅速、高效、有序的工作系统。是为提高突发事件应急处理的响应速度和决策指挥能力，有效预防、及时控制和消除突发公共安全事件的危害而建立的应急指挥平台。

应急指挥系统是综合各种应急服务资源，用于公众紧急事件和紧急求助，构建统一指挥、反应敏捷、协调有序、运转高效的应急管理平台；是突发公共事件预警预报信息系统和专业化、社会化相结合的应急管理保障体系，形成政府主导、部门协调、军地结合、平战结合、全社会共同参与的应急管理工作格局，为人民群众提供相应的紧急救援服务，为城市公共安全提供强有力的保障。

应急指挥系统的建设，集中反映了一个城市乃至一个国家的危机管理水平。城市应急指挥系统可以在整合和利用城市现有资源的基础上，建立集通信、指挥和调度于一体，平战结合、预防为主、高度智能化的应急指挥平台，实现公共安全从被动应付型向主动保障型、从传统经验型向现代科技型的战略转变，促进政府全面提升城市应急管理水平。

14.1　突发公共安全事件分类

公共安全事件具有四个特点：一是突发性，即高度不可预测性；二是具有一定的区域性和持续性；三是严重破坏社会正常秩序，影响经济正常发展和群众的正常生活；四是信息流通阻塞，各种虚假信息盛行。

根据突发公共事件的发生过程、性质和机理，突发公共事件可分为四大类，如图 14-1 所示。

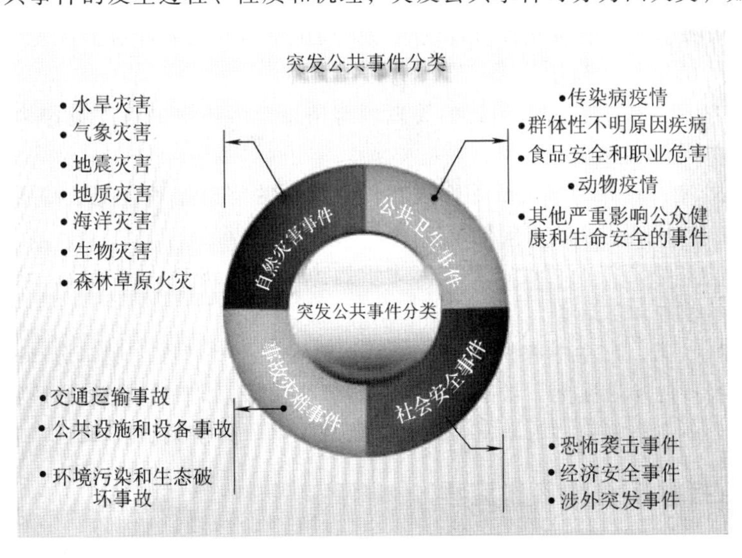

图 14-1　突发公共事件分类

1. 社会安全事件

主要包括恐怖袭击事件、经济安全事件和涉外突发事件等。

2. 自然灾害事件

主要包括水旱灾害、气象灾害、地震灾害、地质灾害、海洋灾害、生物灾害和森林草原火灾等。

3. 事故灾难事件

主要包括工矿商贸等企业的各类安全事故、交通运输事故、建筑塌方、公共设施和设备事故、环境污染和生态破坏事件等。

4. 公共卫生事件

主要包括传染病疫情、群体性不明原因的疾病、食品安全和职业危害、动物疫情以及其他严重影响公众健康和生命安全的事件。

各类突发公共事件按照其性质、严重程度、可控性和影响范围等因素，一般分为四级：Ⅰ级（特别重大）、Ⅱ级（重大）、Ⅲ级（较大）、Ⅳ级（一般）。

14.2　应急指挥系统的共性功能和工作流程

应急指挥系统是配合危机管理的应急指挥过程，可实现大面积、跨专业和跨部门的信息资源处理和通信资源的实时调度，使应急指挥过程更加科学化和可视化。不同行业领域建立的应急指挥系统，其功能、实施方案和系统的复杂程度也各不相同，但它们的工作流程、包含的功能子系统还是有不少的共性。

14.2.1　应急指挥系统的共性功能

任何类型的应急指挥系统，都具有以下基本功能特性：

（1）信息汇聚：从应急事件现场采集到的各种信息都要传输到信息汇聚点（指挥中心）。这些信息可能是事件现场的视/音频信息，也可能是来自传感设备（如空气质量测试设备）、监控设备或来自相关专业化信息处理系统的数字化信息。

（2）信息显示：应急指挥系统应该有直观而准确的GIS地理信息显示，为指挥员进行指挥调度提供最大的帮助。可以把突发性事件的区域、周围道路、交通等信息直观地显示出来，并能与相关的数据库“绑定”和显示。

（3）信息调度：指挥中心采集和集中管理所有信息，供指挥决策人员作为决策的依据和调度指挥相关各方协同作战。

（4）专业化处理：应急指挥系统并不能替代专业化的信息处理系统，需要与专业化信息处理系统协同工作，或从这些系统收集处理结果，实现科学决策。

（5）完成人力和物资资源调度：完成人力、物力等资源调度。例如警力调度、救灾物资调度、对事件现场的疏导和部署等。

（6）辅助分析决策：应急指挥决策过程中，需要提供一些预案、逻辑分析模型、统计模型，在数据库中存储很多的参考案例，帮助指挥员进行理性决策；同时，应急指挥系统还应记录整个指挥调度过程，形成完整案例，为丰富智能危机管理案例库作积累。

14.2.2　应急指挥系统的工作流程

应急指挥系统的工作流程包括报警、接警、处警、执行、反馈和评估分析五个阶段。

（1）报警：公众报警信息和信息情报部门等信息源，通过固定电话、移动通信和互联网设备向指挥中心报警。

（2）接警：受理多种方式的报警输入（接警），进行信息有效性检查、警况记录、警情定位等，并通过呼叫中心迅速、及时地完成对相关部门的上报和显示报警信息。

(3) 处警：按照突发性事件发生的地域（由 GIS 系统提供）和处理预案，由首长和相关处警值班人员通过首长指挥室技术系统、无线通信调度系统、计算机辅助指挥系统和大屏显示系统，向事件地域有关方面发出处警信息，同时把处警信息存储在数字存储系统。

(4) 执行：根据事件现场情况和应急预案，迅速、有序、高效地开展应急救援行动。

(5) 反馈和评估分析：把现场执行的监控图像及录音信息通过传输网络反馈到应急指挥中心，并把应急事件处理过程的全部资料进行存储，以备查询，如图 14-2 所示。

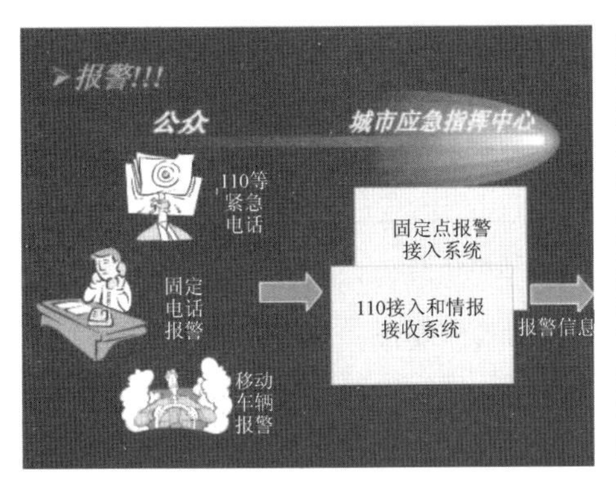

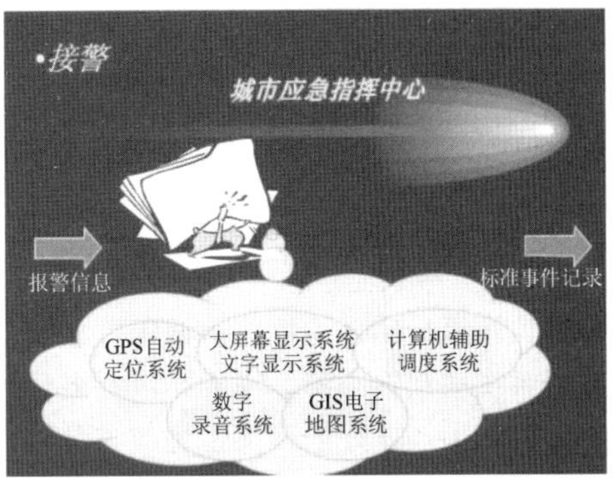

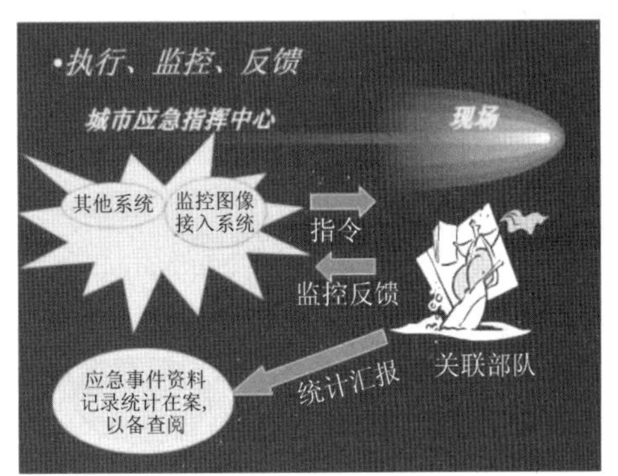

图 14-2　应急指挥系统的工作流程

14.3　系统组成

应急指挥系统将有线、无线通信和语音、数据、图像传输相结合，集信息接收、案件处理、资源调度、作战指挥于一体，是一个反应迅速、工作高效、应变能力强的现代高科技调度指挥系统。

在统一的网络平台上实现即时通信、数据传输、视频会议、调度呼叫等众多服务。利用 4G/5G 移动用户端、有线电话用户端等进行实时连接通信，完成语音通信、视频交流、应急指挥、事务讨论、文档共享等互动操作，紧急情况时可以利用视频会议系统在紧急事件的第一时间内，实现对各单位人员的指挥、调度和应急会商。系统由下列六个硬件（软件）子系统构成，如图 14-3 所示。

1. 预案子系统

应急预案是针对可能发生的突发事件，为保证迅速、有序、高效地开展应急救援行动、减少人员伤亡和财产损失而预先制定的有关计划或者方案。它是在辨识和评估潜在重大危险、事故类型、发生的可能性、发生过程、事故后果及影响的严重程度基础上，对应急机构、人员、技术、

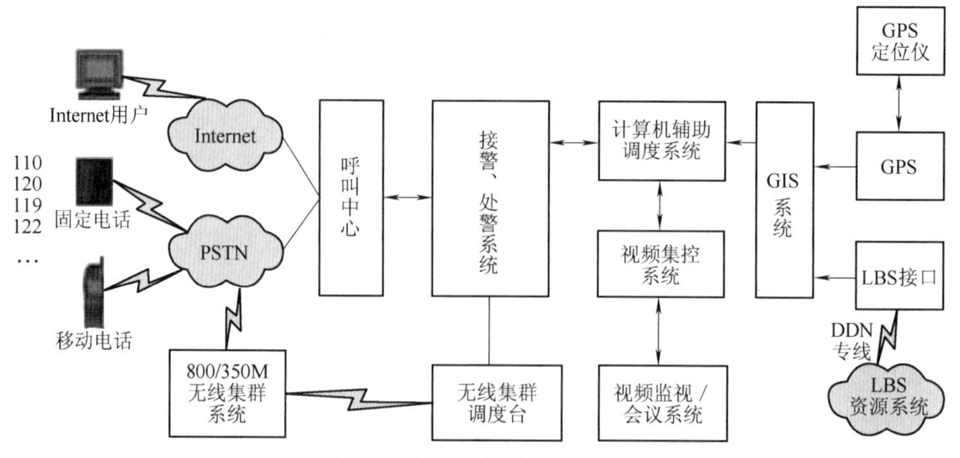

图14-3　应急指挥系统拓扑图

装备、设施、救援行动、指挥与协调等方面预先做出的具体安排。

预案子系统的预案来源，通常是以往各种类型案情处理经验的总结，或者是一些既定的法律法规所约束的行为。良好的预案系统应该是可以不断完善、不断积累和添加的系统。

预案子系统不仅有对事件处理的辅助提示预案，而且有多种有很强实战性的资源调度辅助预案和直观的现场预案。应急指挥系统将预案子系统完全融合于突发事件处理的日常操作之中，具有很强的可操作性。同时，预案子系统还提供应急救援物资储备库和伤害、次伤害、救援等方案。

2. GIS子系统

地理信息系统（Geographic Information System，GIS）是应急指挥系统乃至其他各种运营维护系统高效运行的必要条件，是应急指挥系统的重要组成部分。

GIS子系统以测绘测量为基础，以数据库作为数据存储和使用的数据源，以计算机编程为平台的空间即时分析技术的现代高科技系统。

地理信息系统（GIS）与全球定位系统（GPS）、遥感系统（RS）合称3S系统。

3. 综合调度子系统

综合调度子系统为应急指挥系统提供统一的调度指挥平台。通过综合调度子系统可获得事件状态的即时信息，帮助决策者判定事件的性质和严重程度，确定最优的应急处置方案，获得事件发展趋势的跟踪信息，评价应急处置方案的实施效果，从而根据需要及时调整应急措施。综合调度子系统包括：110接入、呼叫中心、有线和无线调度子系统等。

4. 大屏幕显示子系统

在应急指挥中心设置DLP大屏幕拼接显示屏。实现事件现场图像监控和分析、显示GIS地理图像信息和视频会议信息等，保证系统7×24h不间断运行。

5. 视频会议子系统

视频会议子系统通过传输线路及多媒体设备，将声音、影像及文件资料互传，各单位实现即时互联互动。

当突发事件发生时，只要打开远程多媒体视频会议系统，就可以在第一时间向各功能区及各级政府主管部门提供事件的翔实资料，协同会商应对办法，为应急指挥者做出应急指挥命令和布置下一步善后工作提供必要的依据，将突发事件引发的次生危害降到最低。

6. 数字录音、录像和扩声子系统

该子系统负责现场救援全过程录音、录像管理和信息存储，作为事后查询和评估的依据。

14.4　公共安全应急指挥系统

应急指挥系统提供互联网信息平台，建立各类事件的案例数据库、预案知识库、预警模型数据库，为预防、监控和妥善处理突发公共安全事件提供科学依据。根据相关项目实施经验提炼出一整套突发公共安全事件应急预警与指挥系统解决方案。

应急指挥系统的特点：个案上报快速、应对响应及时、信息交流通畅、联络指挥高效、信息发布权威。图 14-4 是应急指挥系统运行功能图。应急指挥系统的运行功能如下：

（1）信息采集。信息上报：各信息采集站、应急指挥分中心和公众通过各种手段报告紧急事件信息。

上报的形式：可以是互联网、短信、电话、微信等手段。通过互联网信息平台将上报信息保存在应急指挥中心的数据库中。

上报信息一旦到达数据库，预警系统自动启动。检查是否满足预警条件，如满足，在预警方案中选择相应的应急预案，并启动预警信息发布，应急网络中的各级人员在网上马上就可以看到发布的信息，系统也可以通过短信、网络发布预警信息。

（2）查询统计分析。查询统计分析是进行预案管理和领导指挥决策的基础模块。通过互联网，采用 GIS 地理信息、统计图表和逐层细化等手段，提供快速、方便、直观的查询统计工具。

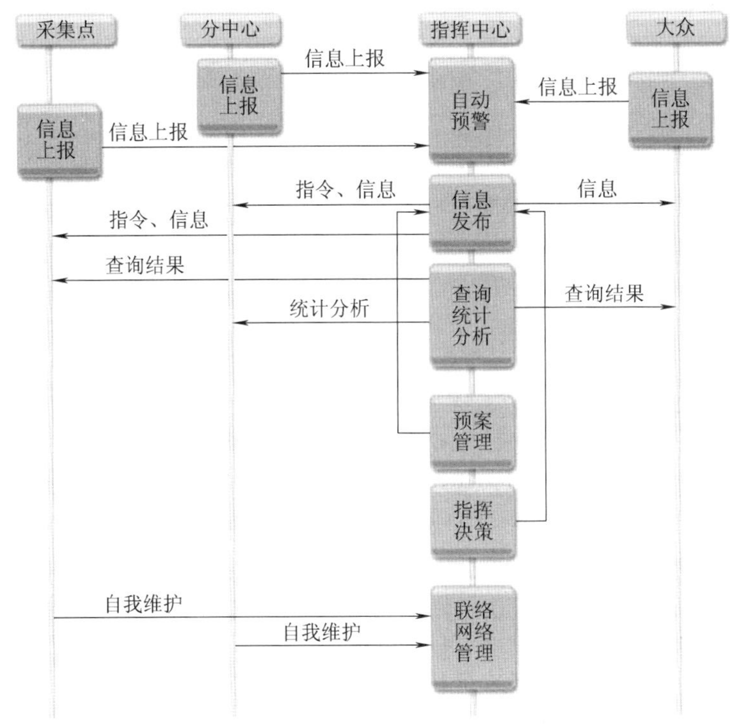

图 14-4　应急指挥系统运行功能图

（3）指挥决策。指挥中心根据上级指示或者事先制定好的预备方案，下达应急指挥命令和各种紧急通知，这些信息发布方式可以是网络、短信、传真。

（4）联系网络管理。建立指挥中心、分中心、地方站点的联系网络，并保持网络联络员信息的及时更新；用地图的方式显示查询各地的联络网络的分布和人员配置情况。

（5）信息发布。对系统内用户和系统外用户提供信息发布服务，最大限度地发挥信息共享、传递和交流。发布的信息包括：事件个案信息、统计分析信息、预警信息、政策文件、专业论坛等。

（6）预案管理。根据紧急事件的特点对预案进行分类管理，提供预案上传、下载、查询等的功能。建立紧急情况预案库，预案库中保存各种情况下使用的应急方案。

（7）自动预警。系统可以根据采集信息的特点，设置系统自动报警条件和可行的应对措施，形成预警知识库。系统一旦监测到有满足条件的事件发生，立即搜索知识库生成报警信息，并通过信息发布渠道通知各地信息检测机构。

14.4.1　公共安全应急指挥系统架构

应急指挥系统由应急指挥中心、基层处警单位、地方站点和现场信息采集指挥车，通过有线、无线、专网和互联网通信系统构成一个完整的应急指挥系统。

应急指挥系统是一个复杂的系统工程，系统综合了计算机、通信、网络、图像、GIS 等各方面的重要科技成果及经验，结合我国国情以及应急联动系统的潜在需求，使系统成为一个集报警、接警、处警、决策、指挥、调度、分析等功能为一体的综合应用系统，真正实现了信息多元化、分析综合化、决策智能化。

城市应急联动指挥信息系统包含：综合接警子系统、处警子系统、通信调度子系统、GIS 子系统、互动式语音应答（Interactive Voice Response，IVR）子系统、数字录音管理子系统、Web 信息查询统计子系统、图像监控子系统等。

应急指挥系统是一套集接警、处警、指挥决策、通信调度、多警种跨区域协同作战等功能于一体的综合接警、处警系统；指挥中心的接警、处警和各级领导，要突出“快速反应，协同工作”，对于派出所、消防中队等基层单位，强调“简易、可靠、高效”。

各子系统实现“无缝集成”，用户利用一部终端、一组显示屏、一副键盘、一只鼠标、一副耳麦就可以实现接警、处警和指挥调度控制。

在计算机协同工作平台（Computer Supported Cooperative Work，CSCW）的支持下，各接警、处警席位之间的警情可通传、转移、接管，实现“可听、可视、可控”；指挥中心及属下相关部门间可互通信息（文档、数据、语音、图像）；各级警务人员在权限认证后，可以“随时随地获得权限内相关信息”。各系统之间是既“互相关联”又“互不依赖”的关系，一个系统有故障不会影响别的系统正常使用，图 14-5 是公共安全应急指挥系统架构图。

总指挥中心是应急指挥系统的核心，职能是：采集突发事件的有关数据、危机判定、决策分析、命令部署、实时沟通、联动指挥；支持指挥人员在最短的时间内对危机事件做出最快的反应，采取合适的措施预案，有效地动员和调度各种资源，借助有线、无线、语音系统、视频会议、卫星等各种通信设施，把应急措施和命令下达到有关单位和人员。

能够与 110 接警系统、GIS 地理信息系统、指挥调度通信系统、信息发布系统、智能分析系统等实现无缝对接，提供多种方式的通信与信息服务，监测、分析预测事件进展，为决策提供依据和支持。通过各系统的有效整合形成了一套稳定可靠、反应迅速、操作便捷、可扩展的通信调度指挥系统。

依据突发公共事件的级别和种类，适时派出由该领域具有丰富应急处置经验的指挥领导和相关专业人员组成的专家组，共同参与事件的处置工作。

14.4.2　“三台合一”接警、处警系统

三台是指 110 报警服务台、119 火警报警台、122 交通事故报警台。这三个报警服务台都是公安局所属的 24h 接受群众报警求助的机构，是公安机关面向社会、为人民群众服务的窗口。

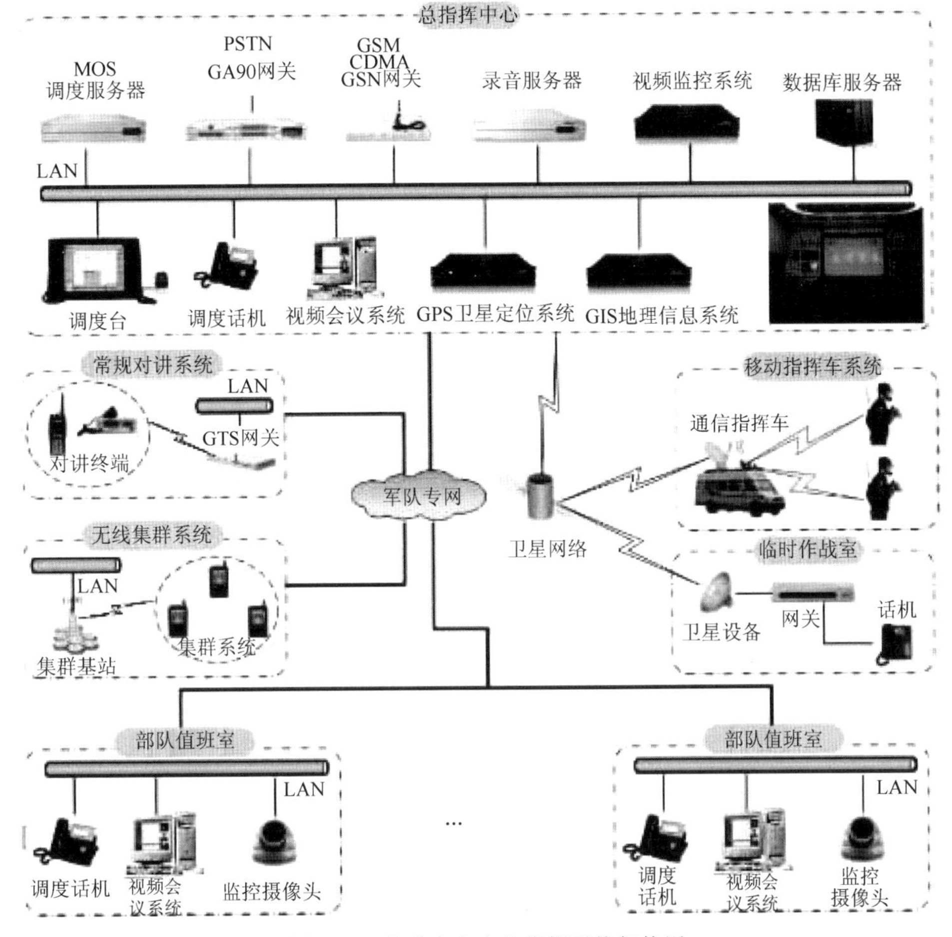

图 14-5　公共安全应急指挥系统架构图

整合现有的 110、119、122 特殊服务号码资源，实行集中接入处理，将原本各自独立的 110、119、122 三个报警台的人力、物力资源进行优化整合，公众只需拨打其中任何一个号码，都由 110 指挥中心统一受理，得到其所需要的服务。110 指挥中心对各类警情直接进行调度处置，无须抽调消防、交警部门人员参与接警和指挥调度。

110、122 和 119 “三台合一” 电话报警联动系统，可形成集市局指挥中心、区县分局指挥中心和派出所为一体的三级电话指挥体系。统一接警、统一指挥、联合行动，可以实时调集不同地点的警力和资源，为市民提供紧急救援服务，为城市公共安全提供强有力的保障。系统大大加强了不同警种与联动单位之间的配合与协调，从而对特殊、突发、应急和重要事件做出有序、快速、高效的反应。

接警中心统一接听和处理人民群众的报警求助电话，处警中心接到接警中心转发来的警情数据后，并借助 GIS 的定位、空间分析功能，通过调度系统进行统一指挥、调度救援资源和警力。

系统支持有线/无线终端、Internet 终端和自动报警装置接入；支持多种语言、文字、短信等方式报警。接警、处警系统实行报警信息接入和排队处理、信息有效性检查、警况记录、警情定位等。

计算机通信互联网（Computer Telecommunication Internet，CTI）服务系统在接到电话报警或自动报警信息后，将报警电话信息发送到综合接警席。

综合接警席如果能够确定处警主体，则记录警情后，将警情记录派发到相应警种的处警席，或者在接警过程中启动与相应警种处警座席的三方通话来实现从接警系统到处警系统的流转。如果不能确认处警主体，则将该警情提交值班主任处理，由值班主任完成所有协调指挥。在处警过程中需要计算机对处警员提供大量辅助决策信息，这部分信息通过访问应急联动中心的数据库系统和外部系统接口来获取。

各警种处置力量到案发现场后，向处警席反馈到场时间，并继续接收联动中心的指挥调度指令；在事件处置过程中，向中心反馈各种信息，并接收联动中心的指挥调度指令；事件处置完毕，各警种处置力量归队，并反馈处理结果。

14.4.3　GIS/GPS系统

GIS/GPS地理信息子系统是应急指挥系统的重要组成部分，为用户提供与案件相关的地理信息服务，显示报警位置、车辆位置、资源情况，配合接处警座席子系统完成调度功能等。

把测绘部门提供的地图空间测绘数据及属性信息录入GIS/GPS系统，形成详细的城市地理信息，可提供道路分布、政府、公安、消防、医院、驻军等静态目标位置信息；通过各种定位技术（GPS或LBS）获取并显示各种有价值目标的移动位置信息。GIS/GPS系统还可通过专业分析功能和绘图功能，实现对重大公共安全事件的发生、发展趋势进行时空分析和输出数据统计。

GIS/GPS系统可提供：空间信息及属性信息数据输入、电子地图、专题图层控制、空间及专题信息分析、自动定位及跟踪、专题地图制作、数据输出、自动预案生成、显示报警位置、车辆位置、资源情况等，配合接警、处警系统完成调度功能等。通过移动公网、无线数字集群专网和移动数字终端（PDA），可实现位置精确定位和移动目标定位服务，其基本架构如图14-6所示。

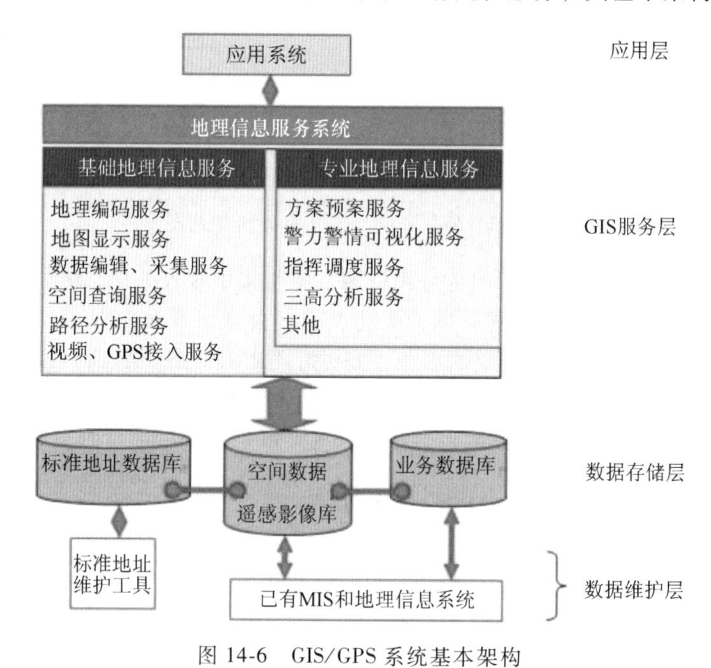

图14-6　GIS/GPS系统基本架构

14.4.4　呼叫中心

呼叫中心的职责是受理多种方式的报警输入（接警），并对报警进行统一排队和分配处理、自动判定误报或恶意报警。并实行统一的接警输入和调度呼出。呼叫中心可以同时处理多个来电，并向应急指挥系统的多个终端呼出应急事件的情况报告。

以统一号码接入系统，同时具备来电资料管理、电话录音、统计等多种功能，并有强大的群发平台，可完成语音群呼、短信批量群发等，可迅速及时、在最短时间内完成对相关部门的上报，并可以详细统计每个呼叫的接听情况。

呼叫中心自动弹出来电显示页面。如果该号码在系统里面存有记录，可以显示来电人的姓名、地址、单位、所属街道等信息；如果系统没有该号码的历史记录，则可以添加到系统中。

呼叫中心的排队交换机与 PSTN（公共交换电话网）、无线数字网、IP 网及模拟或数字集群网连接，实行统一接警输入和调度呼出。

呼叫中心由来电弹屏、全程录音、事件登记、来电基本信息登记和直接进入事件报送（转发）等功能模块组成。报送模块的功能包括报送时间、事件发生时间、所属街道、所属单位、事件类别、事件子目录、预警级别、报送人姓名等。

智能排队调度机可实行点呼、组呼、轮呼、会议呼叫等多种选择，可实现强插、强拆、监听、自动呼叫、录音等多种控制功能；支持触摸屏、键盘、鼠标同时操作；支持 4 路电话同时工作；最多可配置超过 11200 个电话号码，支持超过 150 路电话会议呼叫。

接警信息录入工作完成后，可直接进入事件报送。通过应急管理子系统自动查询显示相关处警人员名单和电话号码，并等待通知领导后，通过页面拨打按钮可同时发送电话，电话内容可以根据应急管理子系统录入的事件内容并通过“TTS 文本转换为语音”通知相关人员；自动拨打电话次数和拨打间隔时间可以设置。

调度机通过 PSTN 及无线数字集群网，结合 CTI 服务系统可实现有线、无线通信系统混合调度。主要技术指标如下：

（1）来电响应延时<400ms。

（2）110 呼叫等待时间超过 15s 的概率<5%。

（3）调度呼叫建立延时<500ms。

（4）CAD 系统响应时间<1.0s。

（5）自动记录系统启动延时<1.0s。

（6）GIS 电子地图系统检索时间<5.0s。

14.4.5　指挥调度通信系统

指挥调度通信系统是应急指挥系统的枢纽，由有线/无线指挥调度系统、电话会议系统和 IP 视频会议系统组成。通过接入网关实现 PSTN 和 IP 网络的结合。依托专用网络和 PSTN 电话网，可即时与各专项指挥部组建电话会议。不同技术手段应用不同的通信网络（有线、无线、IP 网和专网等），各种技术手段之间能起到相互备份的作用。调度台能够对 PSTN 固话、专网固话、系统内 IP 调度终端进行混合调度。

通过指挥调度通信系统可以方便地调集各级公安部门的警力和资源，协调应急救援中其他部门的支援力量统一行动，共同完成事件处理。该系统具有报警电话处理、有线/无线一键调度、有线/无线热线电话、无线呼叫列表管理、座席呼叫管理、有线/无线统一呼叫和会议电话等功能。

无线指挥调度系统是一种重要的指挥调度通信方式，通过无线集群专用调度台可对移动人员和车辆终端实施统一调度。在发生重大事件时，应急指挥系统人员可与专项指挥部和分中心的指挥调度人员进行实时联络和沟通。图 14-7 是调度台与其他相关专业设备的连接图。

无线集群系统可实行单呼、群呼、广播及分组数据传输。通过 800MHz（或 350MHz）数字无线集群通信系统与呼叫系统连接，实现统一的通信调度功能。通过 CTI 服务系统为用户提供有线/无线统一调度通信。IVR 子系统可实现对报警电话提示、骚扰禁入、多方通话等功能。

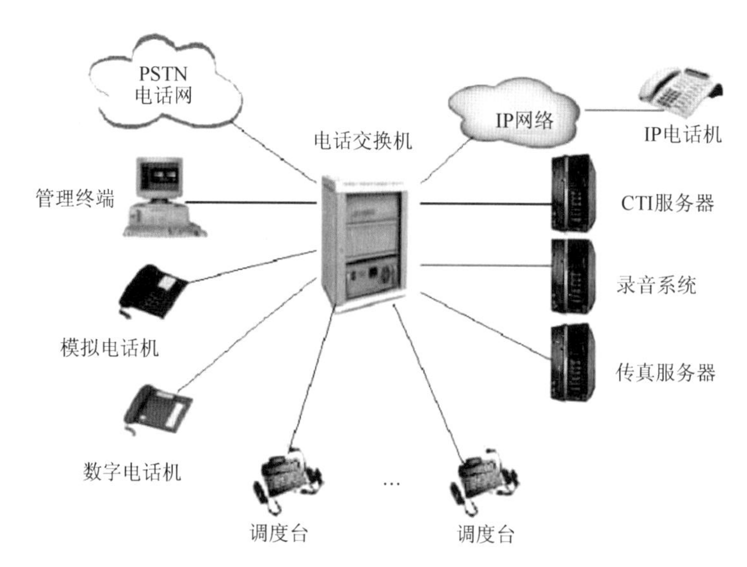

图 14-7　调度台与其他相关专业设备的连接图

1. 无线集群系统

（1）基本功能：电话呼叫、保持、等待、转移，免打扰、黑名单，一键呼叫，电子传真，多方通话，视频监控，电话会议，视频会议，强插、强拆，值守联动，组呼、群呼、轮呼，应急预案，应答、选答、群答，政务信息管理，监控座席、值班座席，实时调度录音，多级别权限管理。

（2）短信群发。采用 API（Application Programming Interface，应用程序编程接口）协议方式与电信运营商的短信平台或企业内部的短信平台进行对接调用，可方便实现内部会务信息、通知短信的即时发送、接收，支持批量发送、回执功能等。

各功能模块（发件箱、收件箱、草稿箱、回收箱）提供短信收发统计信息，显示短信状态和进行短信回发、转发、重发等操作。

（3）电子传真。

1）传真发送：分为传真单发、传真群发、定时发送等发送模式。同时还可灵活设置传真优先排队、传真转邮件、失败重发等策略。

2）传真接收：分为传真接收、传真件管理、接收提醒、传真件打印、传真件存档等功能。

3）语音提示：语音提示功能可让传真接收者和发送者实时了解传真发送情况。

4）收发记录：自动记录传真发送方、接收方、发送日期、传真内容、发送最终状态。

（4）状态监控。系统管理员可实时获取当前各分机和外线通话状态，监控外线呼入电话，监控所有座席或分机的使用状态，可强拆、强插、监听内部所有端口，默认显示正在使用的线路，可查看所有分机或座席使用状态、外线端口占用、呼入呼出号码等基本信息情况。

（5）查询统计。查询统计电话记录的处理情况和会议、群呼、组呼的文字和录音记录，查看记录处理进度，可以复听通话录音。

（6）数字录音管理。

数字录音管理负责对系统所有的有线/无线呼叫语音进行录音、记录和存储，并对录音数据实现查询、回放、备份和重点标记。在电话摘机时，自动启动数字录音，将录音信息与警情信息绑定存储。

（7）后台管理系统。后台管理部署在服务器端，实时管理整个系统的运行，包括权限设置、登录密码设置、通信录音管理、通信录音整体导入/导出、录音资料追述、呼叫转移设置、来电彩铃设置、短信传真提示设置、黑名单设置、操作日志调用、系统数据库网络设置和数据备份等工作。

2. 计算机辅助调度系统

计算机辅助调度系统通过 GIS 平台实现有线、无线通信指挥调度。通过它全面掌握的时空分析和综合信息数据，自动生成或启动相关预案，还可整合社会联动单位的预案系统，完成制定应急处置预案、演习和善后处置工作，提高应急处置能力和工作效率。

计算机辅助调度系统的主要功能有：自动生成应急预案、预设作战方案管理、动态监测、预案调用、预案更新、记录实战过程、主叫识别、自动分配警力、下达指令、智能选路、战术标绘与态势处理（电子作战沙盘）、自动划定警戒、信息查询。

14.4.6　视频会议/监控系统

视频会议/监控系统可即时召集各方参与人员参加视频会议，进行远程会商、讨论对策，为紧急救援争取宝贵的时间，主要由 MCU、视频会议终端、视频会议服务器等组成。

视频会议/监控系统主要用于处理重大突发性公共事件时各级应急平台之间的协调沟通和会商，为指挥中心提供实时可视化监控平台、显示事故现场图像、GIS 地理信息图像和召开视频会议。可方便地将现场的视频监控情况接到系统主显示屏上，实现各种视频资源共享。

在事故发生后第一时间，指挥大厅的大屏显示系统实时显示事故现场的图像、地理信息图像和其他相关信息数据等，为领导正确决策和指挥救灾提供依据。可以方便地调集各级公安部门的警力和资源，并协调其他部门的支援力量，统一行动，共同完成应急事件处理。

视频会议/监控系统以专用 IP 网络为依托，由图像监控系统、图像传输系统和安装在重点地区的摄像设备组成。通过图像显示屏及控制键盘或多媒体控制系统等控制设备，全天候实时监视和控制重点地区的现场情况。

通过报警录像、实时录像、移动录像等设置，可对前端摄像机的监视工作时间和任务类型进行设置，可任意设置录像文件名；每路都可按日期、时间和通道检索录像。可以 8、4、2、1、1/2、1/4、1/8、1/16 速度回放，可以局部放大、画面优化、抓拍等。

采用 H.264 或 H.265 高清压缩比/高清晰硬盘数字录像。由各部门应急平台负责将本系统收集的图像信息上传。指挥中心的图像接入系统主要用于接收下级应急平台和移动应急平台传送来的图像信号接入，由图像接入服务器、编解码器等组成。可进行远程录像回放抓拍，便于日后查询。

14.4.7　宽带数据传输网

宽带数据传输网是实现应急指挥中心与各区县应急分中心、专项指挥部和相关委办局之间各类信息及时传递的“高速公路”。可以借用已有的政务专网、互联网、电信传输网等网络设备，构建一个共享数据和互联互动的宽带数据传输网，如图 14-8 所示。

计算机网络系统主要用于内、外网应用系统的承载和数据交换，包含广域网接入和局域网网络设备。

14.4.8　数据库系统和 Web 网络查询系统

数据与信息是相互关联的。数据是反映客观事物属性的记录，是信息的具体表现形式。数据经过加工处理之后，就成为信息；而信息需要经过数字化转变成数据才能存储和传输。换言之，数据是指可以存储和传输的信息。

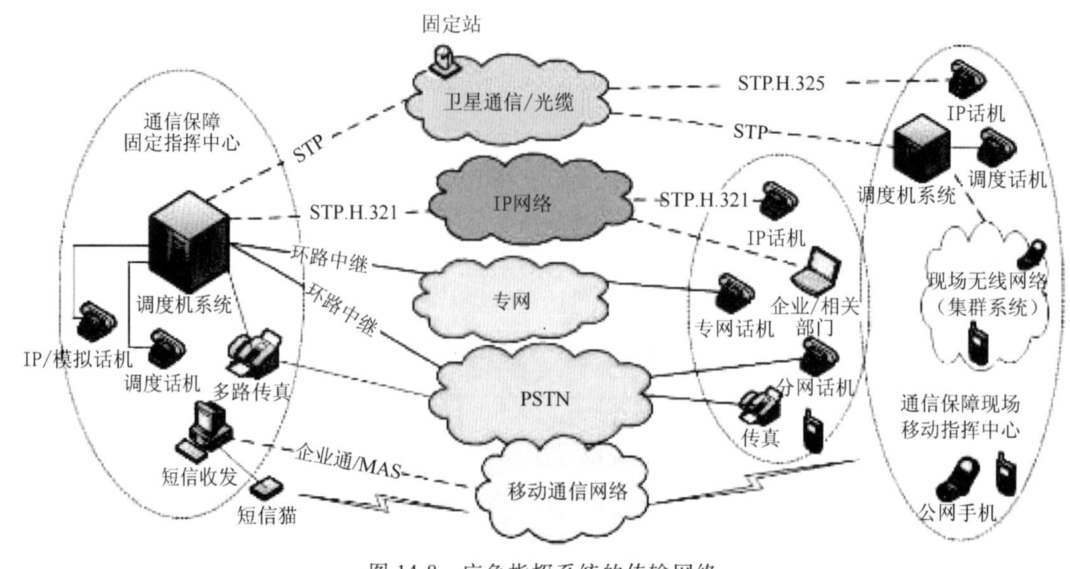

图14-8　应急指挥系统的传输网络

1. 数据库系统

数据是整个系统的基础，基础数据经过采集、处理、传输、存储，形成系统资源库，为系统提供业务分析、决策、交换、共享数据环境。

应急指挥中心数据库主要包括基础信息数据库、空间信息数据库、事件信息数据库、预案库、案例库、模型库、知识库和文档库等。

数据库系统采用集中式和分布式两种存储方式，常用的基础数据和区县、部门的部分关键数据存储于应急指挥平台中心数据库中，其他数据分布存储于相关单位的数据库中。

2. Web网络查询系统

Web网络查询系统是一个面向众多用户、集各应用子系统主要查询业务于一体的平台。简单讲是一种以网页形式处理、输出各种信息的软件系统。它基于Intranet网络技术的多层B/S(Browser/Server，浏览器/服务器模式）结构，终端通过浏览器和触摸屏的方式来展现，使整个应急指挥系统的用户通过安全身份验证后进行访问，即可实时查询到相关数据，极大地方便了广大用户的查询与应用，使数据共享能力达到最大化。

业务查询系统主要为领导和用户两种角色提供服务，分为领导查询业务、用户查询业务和公开信息。

领导查询业务是指通过网上查询子系统进行身份验证登录成功后，提供的各应用子系统各类业务的统计和分析结果，以帮助领导全面、及时和准确地了解基本情况，并对各种业务数据进行查询、统计、分析，为应急指挥决策和评估分析提供依据。

用户查询业务是指通过网上查询子系统和触摸屏查询子系统进行个人以及与个人相关的业务查询。两个系统均以浏览器的方式展现，其界面简洁合理、操作人性化，基本不需要对用户进行培训。

14.4.9　指挥中心

指挥中心是应急指挥系统的现场指挥场所，为指挥首长、顾问专家和参与指挥的业务人员提供各种通信设备和信息服务，提供决策依据、分析手段、发布指挥命令、及时调集各种资源和监督查询。指挥中心需设有不同的功能分区，供指挥首长、专家参谋和不同专业人员使用。指挥中心一般由应急指挥大厅、值班室、会商室等区域组成，如图 14-9 所示。

（1）指挥大厅。指挥大厅是指挥人员获取信息和下达指挥命令的场所。由指挥长和多位顾问专家参谋及不同专业的工作人员组成。利用视频显示、通信系统、数据库系统、地理信息系统等设施，为指挥首长、业务人员和专家提供大屏幕显示和信息服务，随时为首长决策提供各种实时、翔实的辅助决策信息。

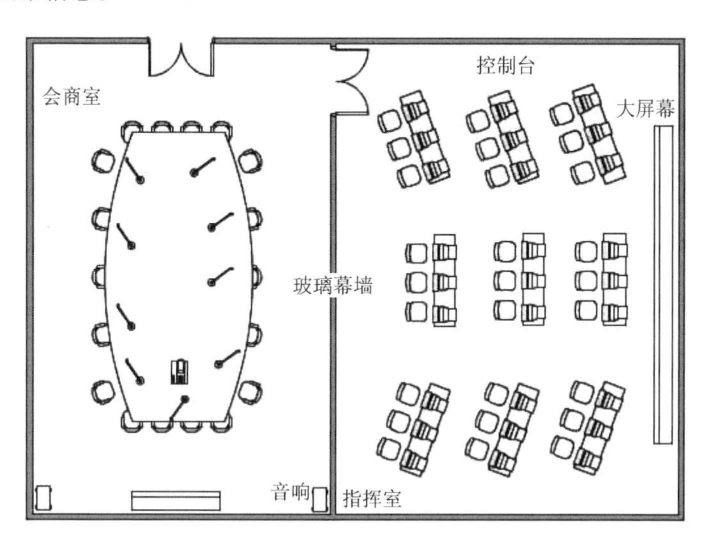

图 14-9　应急指挥中心平面图

指挥长座席和顾问专家座席以高性能 PC 为核心，设有两台液晶监视器，其中一台作为指挥系统的信息录入和管理界面，另一台作为 GIS 系统显示器，为地理定位和指挥决策提供依据。专业操作座席设有各自相关的专业终端设备。指挥长和专家座席都配有一个网络会议摄像头和一台数字会议电话机，能够随时召开电话会议和网络视频会议。图 14-10 是指挥大厅布置图。

图 14-10　指挥大厅布置图

大屏幕显示是指挥大厅集中管理、集中控制的核心物理平台，可显示 GIS 地理信息数据库和 GPS 卫星定位系统的地理图像和人员、车辆的定位图像；也可显示视频监控系统的图像和前线指挥车采集的现场画面；还可用于视频会议。各个业务系统局域网连接的终端设备的数据信息和视频信息可通过 RGB 矩阵切换到大屏幕上显示。

大屏幕显示系统由 DLP 拼接屏和等离子屏、音视频矩阵、图像拼接控制器等设备组成，实现任意画面分割和显示。

指挥大厅内各子系统的终端设备和大屏幕显示设备，构成一个完整的应用集成平台。应用集成平台可实现系统间数据共享和互联互动。专业工作人员控制台上的主要设备包括：

1）与各个业务系统局域网连接的终端设备。

2）呼叫中心的话务终端机。

3）有线、无线指挥调度终端。

4）GIS系统终端。

5）视频显示终端等。

图14-11是指挥大厅控制台的布置图。

图14-11　指挥大厅控制台的布置图

（2）会商室。会商室是一个可容纳15人左右的小型会议室，为领导、专家工作组进行现场会商、远程会商、实时沟通提供信息和进行会商决策的场所。主要设备包括投影电视、视频会议系统和扩声音响系统等。

14.4.10　突发公共事件的应急指挥评估分析

在突发公共事件危险因素消除后，可通过Web网络查询系统、GIS系统对应急事件采取的措施和终结情况进行评估分析和结案信息的统计查询。

评估分析包括事件概况（事件发生经过）、现场调查处理过程、救援情况、采取措施的效果评价、处理过程中存在的问题和取得的经验及改进建议等。

14.5　应急指挥系统的主要设备

应急指挥系统以有线和无线数据通道、语音通道、图像通道及软件应用平台为支撑平台，主要设备包括呼叫中心、有线/无线一体化指挥调度通信系统和数据库系统等。

14.5.1　呼叫中心

呼叫中心（Call Center）是应急指挥系统中接警、处警的核心装备，已广泛应用在市政、公安、交管、邮政、电信、银行、保险、证券、电力等行业。早期呼叫中心应用的是热线电话，现代呼叫中心涉及计算机技术、互联网技术、数字程控交换机（PBX）通信技术、客户关系管理（CRM）技术等诸多方面的内容，已经形成一个高效的服务工作平台。

1. 呼叫中心的分类

呼叫中心有很多种模式，可按硬件平台结构、硬件技术和运营模式三种方法分类。

（1）按硬件平台结构分类。从呼叫硬件平台结构上区分：有板卡式呼叫中心和调度机呼叫中心。两种方案适用于不同的呼叫规模。

1）板卡式呼叫中心。语音板卡呼叫中心适合应用于小规模、预算较少的项目。该架构的结构和部署非常简单，一般不搭载大型网络数据库，在一台计算机上提供录音和 CTI 计算机无线话务系统功能，同时还提供由厂商开发的 OCX 控件接口。客户端软件开发模式：提供可以供第三方软件使用的 OCX 控件，支持 Visual Basic、Visual C++、Delphi、Borland C++等主流开发环境的嵌入应用程序，也可以在网页中嵌入调用，如图 14-12 所示。

2）调度机呼叫中心。调度机呼叫中心适合规模较大的呼叫中心。图 14-13 是调度机呼叫中心结构。表 14-1 是两种呼叫模式的性能比较。

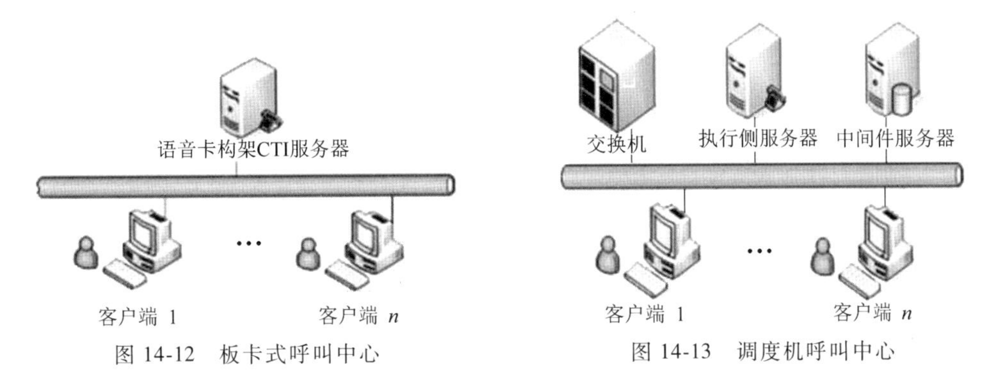

图 14-12　板卡式呼叫中心　　图 14-13　调度机呼叫中心

表 14-1　两种呼叫模式的性能比较

	板卡	调度机	说　　明
功能	很强	一般	作为一种 PC 扩展设备，板卡会提供更多的底层开发接口
稳定性	一般	很好	调度机是独立的硬件框架，受计算机病毒和计算机自身稳定性影响较小，板卡必须附着在计算机上，受计算机性能左右
扩展能力	一般	好	板卡的执行效能受控于使用的计算机，而调度机是完全专用的硬件，其容量只和设计参数有关
建设成本	较低	较高	随着调度机技术的进步和计算机硬件技术的发展，调度机呼叫中心的建设成本逐步降低，二者之间的成本差距越来越小

（2）按硬件技术分类。

1）数字交换机式呼叫中心：如 AVAYA、西门子大型交换机，适合大型呼叫中心应用。

2）板卡式呼叫中心：由 PCI 语音卡+PC+呼叫中心系统软件组合而成。特点：扩容方便、使用灵活、价格适中，比较适合中小企业，可搭建 200 座席规模的呼叫中心。

3）一体机式呼叫中心：类似于板卡式，客户无须购买 PC，它会提供一个整体打包的设备，使用方便，但扩展性较差。

（3）按运营模式分类。

1）自建型：企业自建，完全掌控呼叫中心的所有数据信息，一次性投资，为绝大多数大中小型企业所采用。

2）外包型：由租赁公司建立一个大型呼叫中心，通过互联网再分别租赁给其他公司使用，包括租赁号码线路、软件、设备及租赁座席，座席集中固定在某处或设置在各自办公室使用。适合小型短期的应用。

2. 呼叫中心采用的关键技术

（1）通话录音。实时硬件语音压缩，自动增益去噪，完整记录客户来电或外拨的通话内容，超长时间数字化保存。

（2）自动呼叫分配（Automatic Call Distribution，ACD）。ACD系统是呼叫中心有别于一般热线电话系统及普通交换机自动应答系统的重要标志，也是呼叫中心智能化的标志之一。ACD可以通过呼叫中心平台软件的管理界面进行设置，可以成批处理来电，过多的来电可转入排队或留言，按客户自助选择服务方式或按预先设定的路由规则将来电转接给接警座席。

（3）交互式语音应答（Interactive Voice Response，IVR）。呼叫中心通过IVR可以和客户进行全程自动应答，这种菜单式的导航功能可以做得非常智能化，是呼叫中心区别于普通交换机电话的显著标志。

（4）座席管理。呼叫中心的工作人员被称为座席或业务代表，座席组成的小组被称为座席组（业务组）。一个呼叫中心小到有一两个座席，多到达成百上千个座席。座席技能组可以和IVR及ACD功能进行有机结合。

呼叫中心需要对这些座席进行有效的权限管理，比如数据访问权限、功能操作权限和分级管理。呼叫中心座席管理还应具备呼叫中心的一些特色功能，如三方通话、监听、强插、强拆等功能。

（5）CRM客户关系管理技术。CMR（Computer Mediated Relationship）是指人通过计算机和网络建立起的客户关系管理理念，比如客户来电自动弹出信息（即来电弹屏，Popup-screen）就是一种客户服务的方式。

（6）BI数据库商业智能技术。BI（Business Intelligence，商业智能）通常被理解为将企业中现有的数据转化为知识，能够辅助业务经营决策，既可以是操作层的，也可以是战术层和战略层的决策。为了将数据转化为知识，需要利用数据库、联机分析处理（OLAP）工具和数据挖掘等技术。

利用BI技术对累积的大量历史数据（呼叫信息、客户信息等）进行数据分析、预测挖掘处理，找出其中的内在规律或潜在的商业价值，支持管理者进行决策。由传统的客户资料查询向从历史数据中分析挖掘有价值数据的管理决策转变。呼叫中心平台的软件派通PT-Call可为用户方管理层提供全方位的管理决策支持。

（7）Internet技术。呼叫中心具有和Internet互联互通的功能，为CTI（Computer Telecommunication Internet）定义了新的含义，呼叫中心和Internet互通，是呼叫中心的Web应用。

（8）统一通信技术。将传统的SMS短信、Email邮件、Fax传真、电话会议等技术融于呼叫中心系统中。

3. 呼叫中心的主要功能

图14-14是呼叫中心连接图。主要功能如下：

1）结合CRM客户关系管理技术实现客户来电弹屏。

2）客户来电语音导航，支持客户自助查询。

3）客户来电排队，电话留言。

4）按客户等级、员工技能等对座席分组。

5）服务人员与客户通话的录音、监听、查听。

6）服务人员接听电话次数及服务时间统计。

7）自动呼出。

8）呼入、呼出黑名单设置。

4. 电话录音压缩率及文件格式

（1）电话录音系统支持的语音压缩编码格式和数据量：表14-2是录音系统支持的语音压缩编码格式和数据量汇总表。

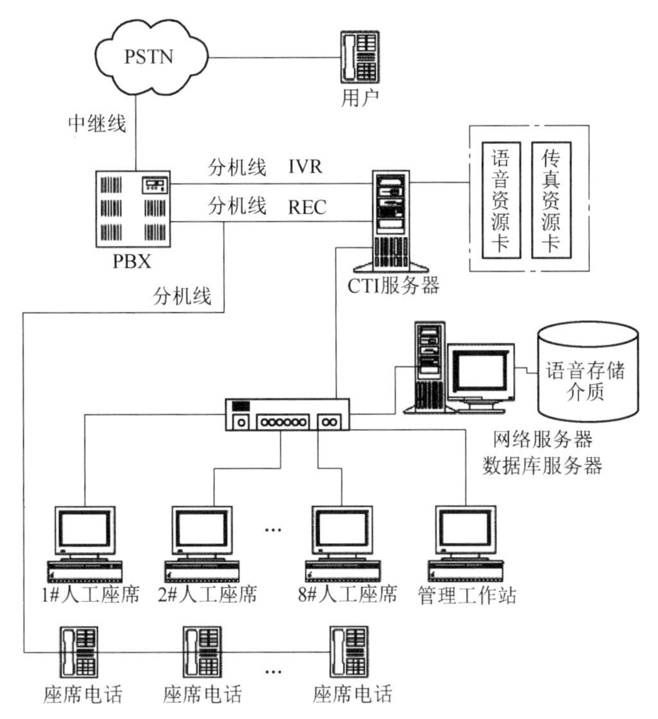

图 14-14　呼叫中心连接图

表 14-2　录音系统支持的语音压缩编码格式和数据量汇总表

格式	采样频率/Hz	采样精度/bit	声道	压缩率	每秒数据量/(kbit/s)	每 1000h 数据量/GB
A 率	8000	16	单声道	2 倍	8	26.8
μ 率	8000	16	单声道	2 倍	8	26.8
IMA-ADPCM	8000	16	单声道	4 倍	4	13.4
8 位 PCM	8000	8	单声道	无压缩	8	26.8
16 位 PCM	8000	16	单声道	无压缩	16	54
MP3	8000	16	单声道	8 倍	1	3.4

（2）电话录音需要多大的硬盘空间？PT 派通电话录音系统默认安装采用 IAM-ADPCM，即 4 倍压缩编码格式，每 1000h 占用 13.4GB 硬盘空间。160GB 硬盘可以保持 12000h 通话信息。如果每个座席每天通话 8h，每个月工作 30 天，则可录音时间见表 14-3。

表 14-3　IAM-ADPCM 压缩编码格式的可录音时间表

座席数	每天累计时长/h	每月累计时长/h	12000h（160GB）可使用时间/月	24000h（320GB）可使用时间/月
4	32	960	12.5	25 个月
8	64	1920	6.3	13 个月
16	128	3840	3.1	6.3 个月

14.5.2　一体化智能调度指挥系统

一体化智能调度指挥系统包括：报警电话处理、有线/无线一键调度、热线电话、会议电话、无线呼叫、列表管理和座席呼叫管理等。

RT-CCP1000一体化智能调度指挥系统充分融合了IP网络和无线网络（Wi-Fi/Wimax/CDMA2000）的优点，同时具备传统调度、IP调度和无线调度的各种功能，可完美地将调度指挥功能从本地延伸到远端现场的每一个角落，支持远程接入/远程调度模式；可实现调度指挥系统+行政办公系统的整体解决方案，可一站式向用户交付使用，同时还能提供二次开发接口，实现调度指挥系统与用户方后台信息管理系统的紧密结合；安装部署非常方便，组网灵活。

所有内部分机直接拨号通话；内部分机与外线通话时，拨出局码+外线号码即可。外线呼入进入IVR（互动式语音应答），自动语音提示拨分机号码，即可进入服务中心；也可以由调度总机进行转接、强插、强拆等操作。

1. 主要功能

一体化智能调度指挥系统加入了先进的智能预案功能和自动语音通告功能，系统可根据不同情况自动启动相关预案或者播放相关的语音通知，所有的调度指挥功能可通过调度指挥台的键盘（软键盘、硬件盘、触摸屏键盘）实现各种功能，这些功能可灵活地进行组合使用：

（1）直呼。直接单击用户，调度话机先振铃，摘机后，被叫用户振铃，摘机形成通话。

（2）点名。先单击“点名”，可选择多个用户，选择完毕后再次单击“点名”，调度话机先振铃、摘机后，被选中的用户按被选择的先后顺序振铃，先被选中的用户先振铃，接着第2个被选中的用户振铃，依此类推，直到最后一个用户摘起、挂机，点名操作才算结束。

（3）轮询。先单击“轮询”，可选择多个用户，选择完毕后再次单击“轮询”，调度话机先振铃、摘机后，被选中的用户按被选择的先后顺序振铃，先被选中的用户先振铃，如果此时有被选中的用户摘机通话，一旦挂机，则轮询操作结束；如果没有用户摘机，则所有被选择的用户会按被选择的先后顺序振铃，直到振铃结束。

（4）会议。先点击“会议”，可选择多个用户，选择完毕后再次点击“会议”，调度机先振铃，摘机后，被选中的所有用户同时振铃，全部接通后形成会议；所以成员可听可说。会议操作包括：加入会议、成员听说设置、主席设置等。

（5）广播。先单击“广播”，可选择多个用户，选择完毕后再次单击“广播”，调度机先振铃，摘机后，被选中的所有用户同时振铃，全部接通后形成广播。

（6）预案。在调度系统里可执行预案操作，如会议、广播、短信等。

（7）回呼。单击“回呼”，弹出对话框显示用户与调度机的通话记录；单击“回呼”，调度话机先振铃，摘机后，用户话机振铃，摘机形成通话，回呼操作成功。

（8）重拨。单击“重拨”，弹出对话框显示调度呼叫用户的通话记录；单击“重拨”，调度话机先振铃，摘机后，用户话机振铃，摘机形成通话，重拨操作成功。

（9）强插。普通用户和普通用户通话中时，单击“强插”；选中并单击某号码，调度话机振铃，摘机后进入对话。

（10）监听。普通用户和普通用户通话中时，单击“监听”；选中并单击某号码，调度话机振铃，摘机后调度台可实行通话监听。

（11）强接。普通用户和普通用户通话中时，单击“强接”；选中并单击某号码，则该号码通话中断，而调度话机与原通话中另一用户形成通话。

（12）强拆。无论是调度话机与用户，还是用户与用户之间在通话时，单击“强拆”，有两种使用方法：

① 在左下角的线路状态显示中单击任意一个号码，通话被中断，“强拆”操作成功（适合有调度话机参与）。

② 在用户面板中，单击任意一个用户，通话被中断，“强拆”操作成功（适合没有调度话

机参与）。

（13）咨询。在调度号码与某用户通话时，调度号码如需与另外一个号码进行通话，可单击“咨询”，选中并单击某号码，则之前与调度号码通话的话机处于等待状态，通话不中断；被咨询的号码话机振铃，接通后与调度形成通话；当通话结束后，单击“取回”，调度机可继续与处于等待的话机通话。

（14）转接。调度号码与某用户通话时，需要将问题转给另外一个号码时，则可以单击“转接”，选中并单击该号码，此时调度通话被中断，被选中的号码振铃，摘机后与之前号码话机通话。

（15）短信。单击“短信”，选中某号码，再次单击“短信”，弹出对话框，在对话框里输入发送短信内容即可。

（16）保持。无论是在直呼或会议或其他操作通话时，单击“保持”，在左下角线路状态区里，单击需要被保持的通话中的任意号码，则该通话被保持；此时调度号码可以采取直呼等其他操作。

（17）用户设置。

① 夜间值班服务：在每个号码后面都有夜间值班服务设置功能，单击“设置”后，可将此号码设置成夜间值班服务号码，任意用户拨打调度话机时都会呼到此号码上来。

② 强插等级：这里的强插是指用户拨号时的强插等级，分为 0～3 四个等级，0 最低，3 最高。

③ 应答等级：在排队调度时，等级高的用户优先于等级低的用户呼叫调度话机。

2. 系统组成

通过接入网关实现与 PSTN 电话互通，通过图形化调度台能够对 PSTN 固话、专网固话、系统内 IP 调度终端进行混合调度。图 14-15 是一体化智能调度指挥系统的拓扑图。

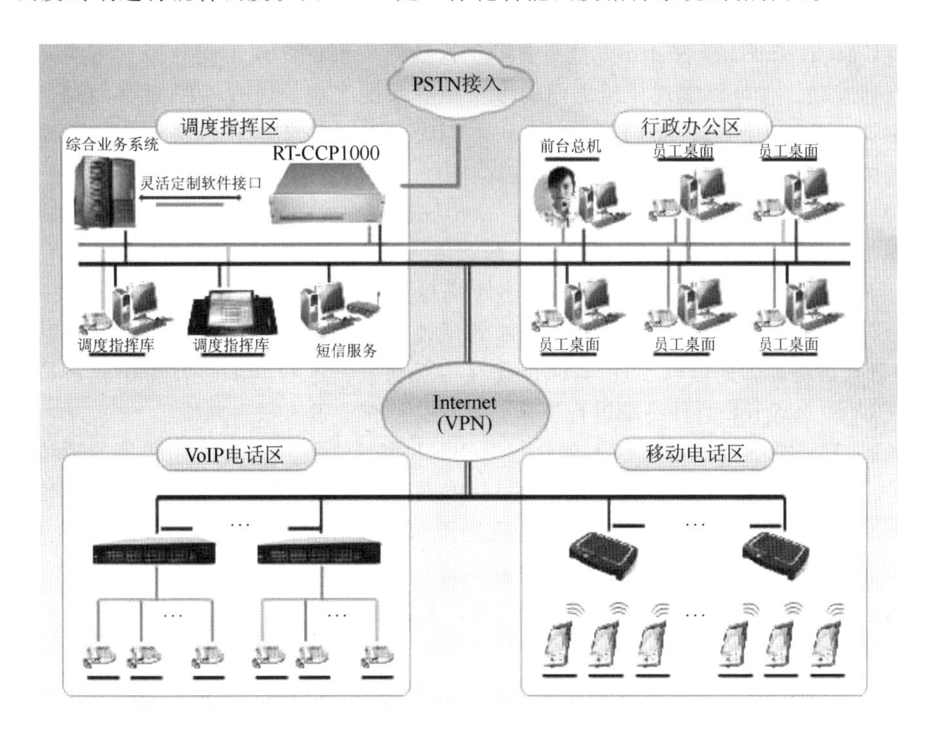

图 14-15　一体化智能调度指挥系统的拓扑图

14.5.3　800MHz无线集群调度系统

所谓“集群”是指多个无线频道为众多用户共同使用，因此集群通信系统可将较少的频率资源分配给更多用户使用，提高了频谱使用率，可有效避免网间互调干扰等。

数字集群调度系统的最大优势是组呼和群呼功能，组呼和群呼功能就是对用户进行分组，同一组内一个用户发起呼叫，全组用户都可以接收到，这就是所谓的“一呼百应”。

集群调度通信的主要业务是选呼、组呼、群呼、动态重组和各种信息数据传输等调度功能。系统采用集中控制信道方式，具有优先、强拆、强插、动态重组、跨区调度和系统联网、自动漫游等功能；它不受时间和地点限制，能可靠传输数据和电话业务，可实现移动图文、传真、数据采集、遥控、遥测、全球定位系统（GPS）以及移动办公室自动化等，并且可通过虚拟调度网设置多种调度站，供各业务部门使用。

用户优先级功能就是用户具有不同的优先等级，高等级的用户可以进行强拆和强插，可以随时中断低等级用户的通信，从而能有效保证高等级用户的通信。

无线集群调度子系统可以和整体调度系统互联，实现无线终端和PBX程控交换机、IP话机、市话手机等通信系统互联互通。

单站模式和脱网直呼功能是当出现突发性设备故障或传输线路损坏时，设备自动转换到故障弱化状态——单站模式。在这种情况下，只要基站能保证供电，同一基站覆盖范围的终端用户仍能保持通话。具有脱网直呼功能的终端，在接收不到基站信号的时候，可以转为对讲模式，保证用户之间的通信。

集群对讲系统有模拟集群、TETRA数字集群、GOTA数字集群和McWiLL集群系统等多种制式，通常不同制式的集群系统无法实现互联互通，各种集群系统与PSTN固话、IP电话、GSM/CDMA手机等常用通信网络也无法实现互联互通，形成“信息孤岛”。

为解决“信息孤岛”问题，一些厂家推出了相应的技术产品，其中以捷思锐公司的集群对讲网关GTS（Gateway Talkback System）最为典型。这款网关可以实现不同频段、不同制式的集群系统之间互通互联，也可以实现异地之间的多个集群系统互联。通过GTS对讲网关，还可以将多媒体数字调度系统（Multimedia Digital System，MDS）与无线集群系统进行集成互联，充分发挥两个系统的优势，形成有线无线结合、覆盖范围广、通信方式丰富、使用灵活方便、管理维护简单的一种智能指挥调度通信系统，满足用户从传统通信方式向智能通信升级的需求。

应用案例：以下为首都机场T3航站楼集群对接。

（1）不同制式集群对接：在首都机场，各个岗位布置了近万部TETRA集群通信系统的对讲机和车载台。后来，首都机场T3航站楼又部署了捷思锐提供的McWiLL集群对讲系统。新的McWiLL集群对讲终端如何能够实现与TETRA终端互通呢？这些繁忙的外场作业人员不可能同时携带TETRA和McWiLL两种终端进行工作，否则会给作业带来很多障碍。

系统通过GTS对讲网关在TETRA集群与McWiLL集群之间建立起互相通信的通道，机场全体工作人员，仍然可以使用TETRA终端。图14-16是首都机场T3航站楼集群对接方案。

（2）提供不同频段的集群接口：GTS对讲网关可以提供350M集群接口、800M集群接口、VHF甚高频常规通信接口、UHF超高频常规通信接口、TETRA接口等多种不同接口。根据接入集群的频段特性，还可以对GTS对讲网关进行接入定制处理。

（3）突破集群地域的限制，调度中心可实现对异地集群系统统一调度：由于GTS网关是基于IP架构的，而MDS（多媒体数字调度系统）也是基于IP架构的，因此，这一相同的技术架构赋予了MDS可对异地无线集群进行调度的能力。首都机场的作业人员只要按下对讲机上的PTT（Push to Talk，一按即讲）按键，即可直接呼叫异地机场的作业人员。图14-17是异地集群调度

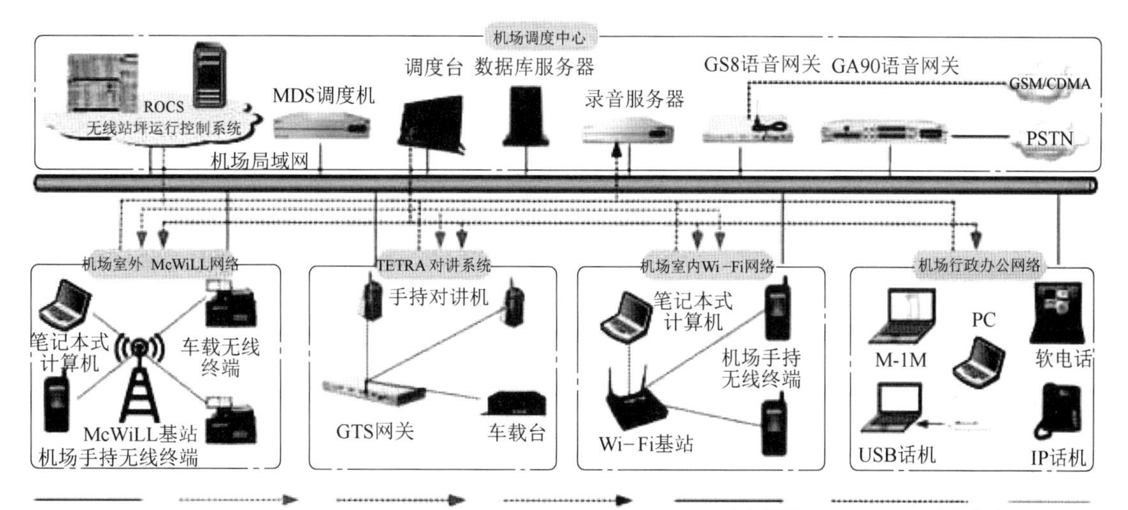

图 14-16　首都机场 T3 航站楼集群对接方案

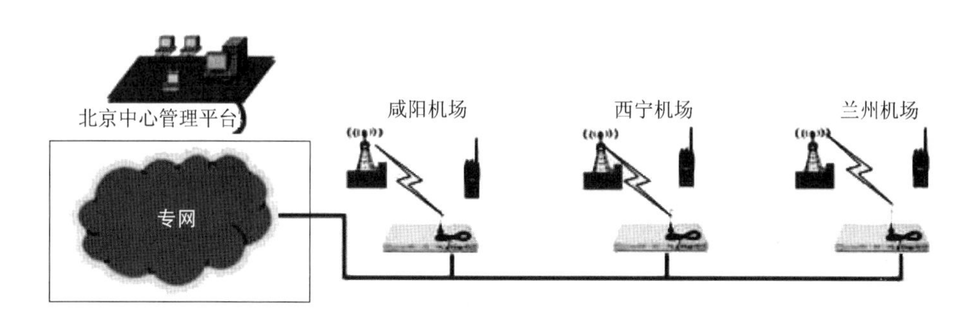

图 14-17　异地集群调度拓扑图

拓扑图。

机场有些地方也会有无线通信死角，或不方便使用无线通信的地方，此时可以通过有线对讲终端进行通话，对讲机可与 IP phone 互联。

（4）集群系统和公共电话系统（PSTN 电话、GSM/CDMA 等移动电话）对接：公共电话系统（PSTN 电话、GSM/CDMA 移动电话等）用户可以拨叫 GTS 网关号码加入集群对讲；公共电话系统用户和 TETRA 融合在一个网络中，彼此可以听到讲话内容；机场工作人员或领导即使不在调度现场，也可以用公共电话终端发起对讲，对现场人员进行指挥调度。

（5）集群系统与 IP 电话对接：用户通过 IP 电话拨打 GTS 网关号码加入集群对讲，可以用 IP 电话对集群系统发起对讲，扩大了指挥调度范围，实现有线系统和集群系统的无缝融合，解决了无线信号覆盖不足的缺陷。

（6）部队异地、异频互联应用：在军队系统中，常会出现同一地点具有多个模式的集群通信、电台的情况，异地之间多个集群需要互通。但以前由于各个集群之间彼此独立，不能实现互联互动，使军队的指挥系统无法最大限度地发挥作用。由于采用先进的 IP 控制技术，可以借助于部队的 IP 专网，通过 GTS 集群对讲网关，将这些不同的集群系统和电台在逻辑上连接在一起，实现不同频、不同电台之间的互联互通，不同制式的集群之间形成统一调度和统一对讲。

（7）其他应用功能：

1）无线集群网络可实行分级调度、快速发起会议、通话录音和MDS（多媒体数字调度系统）。

2）可以借助MDS（多媒体数字调度系统）的分布式组网特点，在更广范围内实现跨地域的联合组网，能够将多个无线集群网络互联到一起，将独立的单个网络组合成一个统一的通信网络。

3）无线集群网络可以通过MDS系统实现与卫星、NGN（Next Generation Network）、PSTN、GSM、CDMA、Wi-Fi等其他网络的互联。

4）通过MDS的开放式API（Application Programming Interface，应用程序编程接口），可以实现无线集群与各种智能自动化指挥系统对接，满足现代指挥通信的智能化需要。

5）MDS系统可以通过无线集群扩展用户接入范围，实现接入区域的延伸。

6）MDS系统与无线集群网络都可以互相使用对方的线路资源，两个网络外线互为备份，增加了整个系统的可靠性。

14.5.4　McWiLL-MDS无线指挥调度系统

McWiLL-MDS系统是基于McWiLL网络的MDS多媒体数字调度与集群对讲整体解决方案，该系统能够让指挥调度人员通过语音、视频、短信等多媒体方式实现指挥调度，并且与数据业务系统进行高度集成。该系统能够应用于应急指挥调度通信、军队指挥、生产调度等领域。

McWiLL-MDS多媒体数字调度系统解决方案能够为客户提供包括调度机、调度台和各种调度终端在内的组网所需的全部设备，可以满足不同使用环境的多媒体指挥调度需求。该系统还可以通过IP、E1/T1（PSTN线路上传送音频和数据的速率，E1欧标：2.048Mbit/s/T1美标：1.544Mbit/s）、GSM/CDMA等方式实现与NGN、PSTN固话、手机、对讲电台等网络互联，实现与传统通信网络、PSTN用户以及现有对讲系统的通信。图14-18是McWiLL-MDS系统的调度机和调度台。

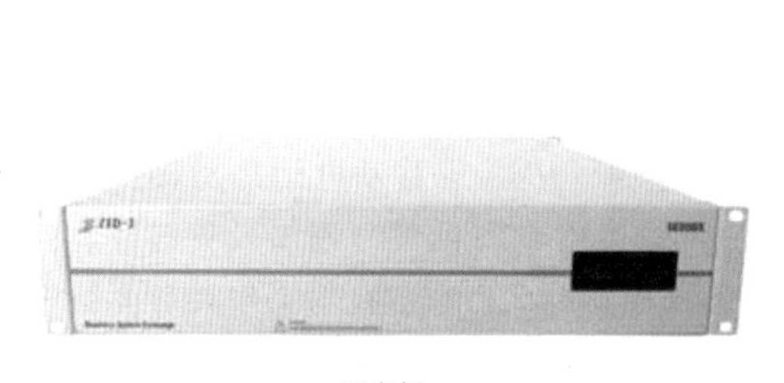

调度机

调度台

图14-18　McWiLL-MDS系统的调度机和调度台

1. 主要功能

（1）语音调度：用户可以进行单呼、组呼、会议等语音通信操作，调度台或者高级别用户还可以进行强插、强拆、监听等操作。调度中心及所有的固定岗位人员、移动人员和车辆之间均可以互相通话。系统建立群组通信时间小于500ms。

（2）集群对讲：车台和手台等终端都设置有 PTT 按键，可以发起本组内对讲。PTT 抢占时间小于 300ms。

（3）实时视频监控：如果系统中安装了视频采集终端，调度台可以通过接口与视频终端实现联动，查看现场实时视频，增加对作业现场态势的了解，便于随时调整指挥调度策略。

（4）文字指令：系统支持文字指令（短消息）发送，能够给车台、手台等终端发送文字指令，满足在噪声大的事故现场或其他不方便讲话的环境下进行指挥调度的需要。

（5）快速电话会议：使用调度台可以快速召开电话会议，会议成员既可以预先设定，也可以临时进行指定。通过 GS8 无线网关、GA90E1/T1 网关等设备，还可以和手机、固定电话互联互通；使调度人员、作业人员使用任何一种通信设备均可以加入到调度会议中，满足处理突发任务等情况下的通信需求。

（6）协同调度：MDS 系统允许配置多个调度台，并可指定调度台的级别及可调度的用户数量。调度台之间可以协同工作，满足多调度指挥中心的需求。

（7）数据日志存储：系统能够对调度过程中的语音、视频、图片和文字等内容进行记录、录音，保存视频、图片和文字指令，允许管理员调阅回放，作为指挥调度过程重演的重要依据。

（8）自动配置管理：通过 APCS 自动配置与管理服务器，能够对所有终端设备进行自动配置和统一管理，减轻了系统维护的工作量，降低了对安装人员的素质要求，节省用户建设和维护成本。

（9）用户分级权限：系统支持 6 个等级的调度权限以及 256 个等级的 PTT（一按即讲）按键的优先级设置，管理员能够对用户进行权限级别设定，保证高权限级别用户的优先通信。

（10）终端状态指示：调度台上能够看到终端的当前状态，能够实时指示出终端的空闲、振铃、通话等状态。

（11）扩音广播功能：可以在车载台等专用终端的扬声器上对声音进行放大，然后通过外部扬声器输出。

（12）静态图片采集：可将视频终端采集的静态图片通过网络发送到指挥中心，便于调度员了解现场情况，并可以作为资料进行保存。

（13）可选加密通信：可根据用户需求，采用专门算法对语音和数据通信进行加密，满足军队、公安等行业对数据安全的需要。

（14）系统容量：MDS 系统可支持多达 10000 个集群对讲用户，满足大容量用户 PTT 对讲的使用。

2. 应用模式

指挥中心是整个调度系统的核心，负责指挥控制、语音通信、图像监视、视讯会议、视频信息编辑处理、数据库管理、信息记录及检索、调度信息的收集、调度指令的下达和调度策略的部署等系统功能。指挥中心配备的设备包括：调度机、调度台、语音网关、录音服务器、视频服务器、多屏幕监控器、IP 调度电话、传统电话、McWiLL 调度终端等。

调度中心可以通过视频、数据、文本信息等综合多媒体方式与作业人员进行交互通信，满足各种复杂环境下的指挥调度需求。系统可以通过 GS8 无线网关、GA90E1/T1 网关等设备实现与 PSTN 网络互联，满足与手机和固话网络用户的接入需要。丰富的终端类型可以满足用户对固定岗位、移动人员及车辆设备等不同环境的使用需求，根据人员岗位的工作性质可以配置 IP 调度话机、手持终端和车载台终端等。图 14-19 是 MDS（多媒体数字调度系统）的拓扑图。

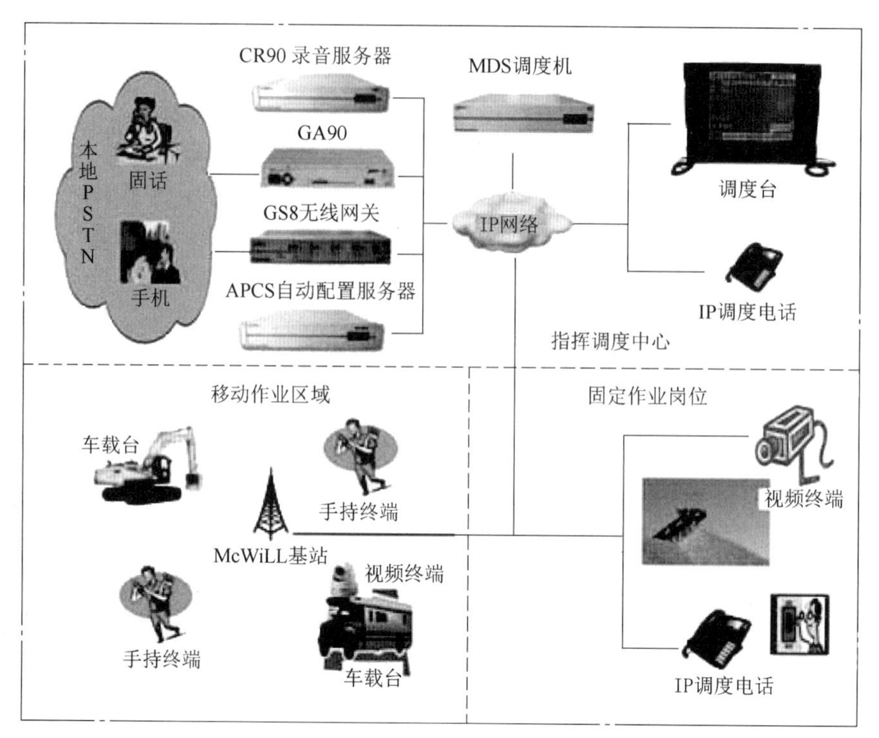

图 14-19　MDS（多媒体数字调度系统）的拓扑图

14.6　省级突发公共事件应急指挥平台建设方案

省应急平台是国家应急平台体系的重要节点，上联国务院应急平台，下接地级以上市应急平台和有关单位应急平台，实现上下贯通、左右衔接、互联互通、信息共享、互有侧重、互为支撑、安全畅通，为领导掌握应急状况提供支撑，将各级领导的指令通过该平台及时有效地传达到相应的应急指挥执行部门并将反馈信息快速回传，是省委、省政府处置重大突发事件的运转枢纽，为省委省政府领导处置重大突发公共事件提供指挥平台。该平台还为应急指挥各部门开展协调工作提供了一个基础工作平台，如图 14-20 所示。

省应急指挥系统建设可进一步完善政府系统值班体系，有效整合全省应急资源，提高省预防和处置突发公共事件的能力，控制和减少各类灾害事故造成的损失，为省政府领导提供应急决策和指挥平台，使日常值班室工作自动化、信息化、程序化、规范化，应急指挥工作快速、高效、协调、统一，日常工作与应急指挥工作有机结合。

遵循电子政务内部网和应急平台建设相关标准，通过数据共享，建立“资源整合、应急联动、平战结合、平灾兼容”的应急平台。以突发公共事件处理流程为核心，实现计算机、通信、视频、图像以及业务处理的全面集成。提供多种信息采集渠道、提供多种模型对各专业应急系统的业务进行整合，实现资源调配、指挥调度和综合决策的多样化。

14.6.1　基本功能

应急信息指挥中心的基本功能如下：

（1）指挥功能：为现场指挥首长提供大屏幕显示、桌面网络终端、电话通信设备，及时了解突发事件现场、协调指挥各方资源。

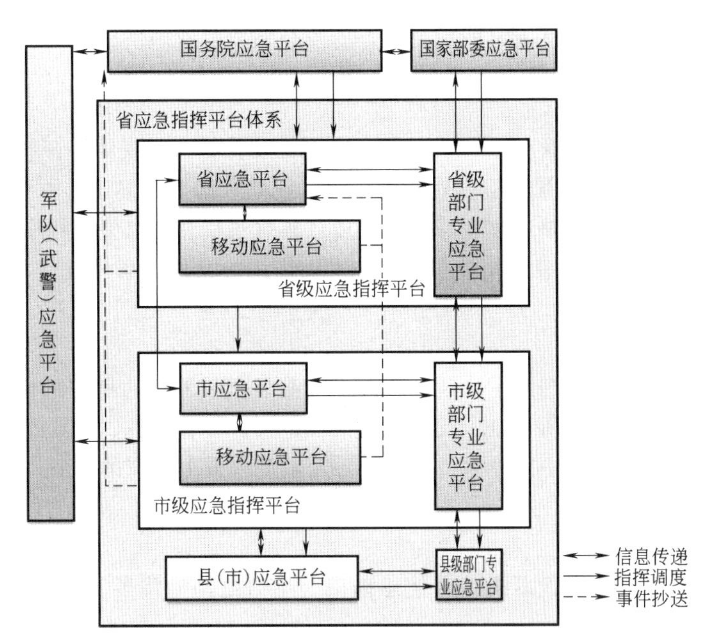

图 14-20　省应急指挥平台的关联节点体系

（2）视频会议功能：建立与国务院的视频会议系统和各地市及各厅局的视频会议系统，实现省领导与各相关负责同志进行异地会商，共同分析、研究、开展应急指挥。

（3）通信功能：利用专线、因特网、卫星网络、电话通信、移动通信设备建立指挥中心及与其他相关单位的通信联系。

（4）信息收集和展示：收集、整理各种相关视频、业务应用资源，能够展现视频资源，访问业务应用资源。

（5）“平战”结合功能：“紧急情况”与“日常应用”相结合，利用指挥中心网络通信功能，支持日常办公事务处理。将应急系统与日常办公相结合，更大地发挥应急系统和设备的作用，提高设备使用率。

（6）移动应急指挥平台：移动应急指挥平台可以在发生特大或重大突发事故时，为领导应急指挥使用。

14.6.2　系统组成

省应急指挥中心信息平台建设包括以下方面：

1. 调度指挥系统

（1）有线语音调度通信系统：该系统由有线调度子系统、数字录音子系统、IP 电话子系统组成。实现集中指挥调度、IP 电话、数字录音等功能，是应急指挥中心与区县应急指挥中心及专项应急指挥部进行信息交流的重要手段。

（2）无线指挥通信系统：该系统由指挥调度子系统及移动通信子系统组成，实现调度通信、数据通信、电话通信和应急通信等功能，建成无线通信指挥调度系统。

（3）计算机网络系统：该系统由计算机网络子系统及综合应用子系统组成。计算机网络子系统以政务外网为基础、因特网为系统的备份网络，是承载应急指挥功能的网络基础平台，实现视频会议、信息系统整合等功能；综合应用子系统主要由软件系统及信息资源管理两部分组成，

2. 视频会议系统

视频会议系统提供远程会议、会议监控、会议录像、会议点播、会议直播等功能，借助视频

显示系统进行会议显示。让指挥中心能够与相关部门人员面对面地沟通，使省领导与各相关负责同志进行异地会商，共同分析、研究、开展应急指挥。

3. 信号控制系统

信号控制系统负责视频、音频、VGA等信号之间的切换，保证视频、音频、VGA资源共享。

（1）视频显示系统：实现视频信息处理与显示，视频资源整合显示、视频点播、卫星电视。使有关领导和应急指挥人员能够最直观、最感性地收集有关信息，以便进行指挥和协调。

（2）音频系统：包括数字会议和扩声系统，提供优良的会议现场环境，并与视频会议系统、视频显示系统相结合。

4. 中央集中控制系统

全自动智能化的中央集成控制系统通过触摸式液晶显示控制屏对所有的电气设备进行控制。通过视频监视触摸屏控制厅内所有电子设备，包括投影机、影音设备、会场的灯光照明、系统调光、音量调节等。简单明确的中文界面，只需用手轻触触摸屏上相应的界面，系统就会自动帮你实现你所想要的功能。

5. 综合支撑系统

机房、不间断电源、灯光、桌面综合信息插座、桌面电动升降屏等配套设施组成综合支撑系统。

14.6.3　应急指挥平台的组成和布局

1. 指挥中心

应急指挥中心是应急值守和应急指挥的核心场所，主要用于应急事件处理指挥、各类图文信息显示、远程视频会议、本地集中控制等功能。涉及以下子系统：

（1）综合值班系统．综合值班系统包含日常值班系统、应急指挥系统、指挥调度系统。值班席位要处理的业务系统包括语音调度、综合应用、手机平台、短信平台、公文查询、国办信息上报、国家电子政务外网、GIS系统、视频点名、集中控制、视频监控、多路传真、互联网。

（2）视频会议系统。

（3）大屏幕显示系统。

（4）有线语音调度与通信系统。

（5）数字会议系统。

（6）信号控制系统。

（7）中央集中控制系统。

（8）综合支撑系统。

2. 指挥中心布局

指挥中心的大小根据参加会议的人数来定，除去第一排座位到前面显示设备的距离外，按每人1.5~2.5m^2来计算。顶棚的高度应大于3.5m。大厅内需要具有单独的设备区控制、值班室、调度台、指挥中心、会商区。

大厅可采用U形桌加主席桌摆放方式，会议室一侧配备有80in DLP背投单元拼接墙，安装位置应距离最近与会人员3.5m处，以保证与会人员能够很舒服地观看大屏显示图像，在桌面上面应该有桌面终端网络、电话系统等手段，这样领导可以有效、及时地了解突发事件现场、协调指挥各方资源。

会商区另配有四台等离子屏作为辅助显示设备，等离子屏可以显示各种视频信号，模拟视频、计算机信号，开电视会议时，一块等离子屏显示远端会场画面，另一块显示本地会场画面。配备必要的多功能插座接口，预留VGA、Audio、Video和内外网口、电话及电源口，方便会议过程中访问不同的信息资源；所有资料可在拼接墙和液晶拼接屏上显示。

值班室配有 2×3 液晶拼接屏，做日常值守使用。控制室内要有观看值守区和指挥中心的监控画面，如图 14-21 所示。

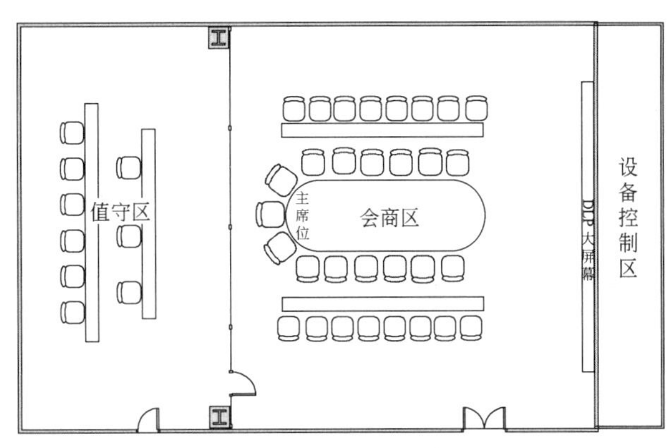

图 14-21　会商区平面布置图

14.6.4　大屏幕显示系统

1. 主要功能

（1）信息接收。大屏幕系统不仅要能接收 VGA、RGB、网络和计算机信息，并能根据需要进行信息切换。

（2）信息显示。以多媒体的形式发布共享信息，能以不同的显示模式（多画面及画中画等显示方式）、在大屏幕上任意位置以任意大小开窗口显示，开窗口数量不受限制。具有切换显示功能，满足多路信息显示需要。要求显示清晰、分辨率高，文字、图像显示清晰稳定。

（3）预览、摄像与切换。预览功能，用于图像预审。显示大厅内摄像机提取的视频图像。

（4）电视电话会议。保持与有关方面的视讯联系，随时可以召开电视电话会议。

（5）控制方式。可以实现网络监视系统、MIS（管理信息系统）、DCS（数字会议系统）等显示，通过网络实现各个系统之间的信息交换与共享。可以集中控制、移动控制、授权控制的方式，对大屏幕进行开关机、选择信源、调整音量和照明等操作。

（6）系统能保证 7 天×8h 工作，一年 365 天连续工作。

2. 系统组成

图 14-22 是大屏幕显示系统组成。

14.6.5　语音调度与通信系统

1. 语音调度系统

调度对象：专线用户、公安专网用户、无线用户或公网用户、移动用户，灵活实现有线/无线用户联合调度；既可进行双向式对话调度，也可进行单向广播式会议调度。

（1）基本功能：根据实际需求，选用的有线调度系统平台，具备 ACD（呼叫自动分配）、CTI（计算机电话集成）、VoIP（网络电话）功能，也可以外接录音。系统包括：

1）带有自动呼叫分配功能（ACD）的交换机系统。提供与电信网络、市指挥中心系统、无线系统等的连接，接入呼叫，并依据多样化的呼叫路由和分配算法将呼叫转接给相应人员受理。交换机可同时处理多达 60 个呼叫请求，当一次组呼数量超过 60 个时，交换机自动对被呼叫对象进行分批、顺序处理。单组呼可通过交换机的各种中继接口发起呼叫。

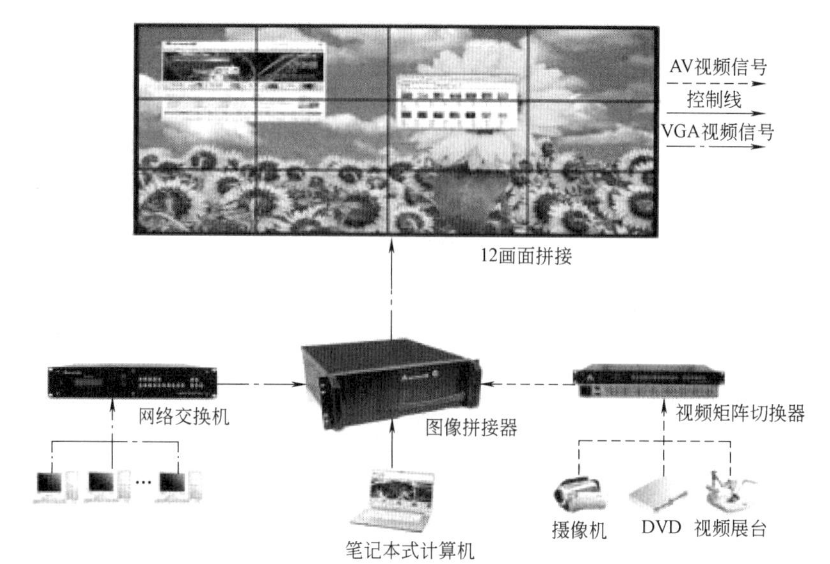

图 14-22　大屏幕显示系统组成

2）计算机电话集成接口（CTI）。通过交换机提供的与局域网络连接的计算机电话集成（CTI）链路接口，实现电话呼叫与计算机应用结合。例如实现计算机电话调度功能，用户数据的自动检索、弹出、录入，信息自动统计、发送等。

3）呼叫管理：自动记录、统计呼叫信息，评估人员工作效率。

4）配置 4~6 条模拟中继线作为备份中继，直接接到调度台面。在交换机系统或线路出现故障时，由电信/网通公司将呼入电话接入线路由 2M 电路转为模拟中继。

5）配置相应的数字中继通信设备，用于连接各市指挥中心有线通信网、无线移动通信系统、各专项应急指挥中心等，实现与各单位的互联互通，保证调度通畅。

（2）系统组成：图 14-23 是有线调度系统拓扑图。

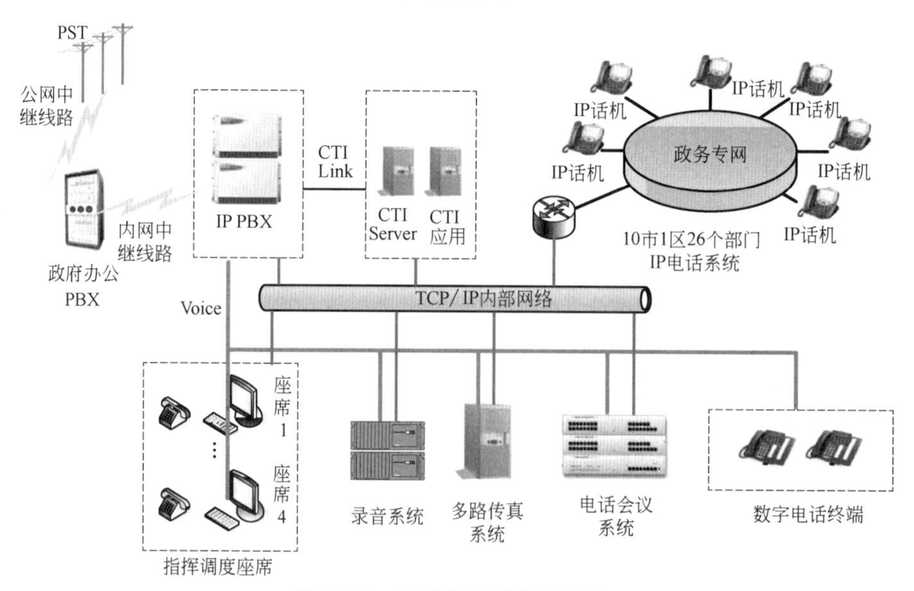

图 14-23　有线调度系统拓扑图

2. VoIP 网络语音通信系统

VoIP 网络电话与数字电话或模拟电话不同的是，连接 VoIP 电话机时，交换机不需要专门的用户接口电路板，VoIP 话机与 IP PBX 交换机之间没有直接的电缆连接，均是通过 IP 网络以 TCP/IP 方式通信。图 14-24 是 VoIP 网络电话系统结构图。

VoIP 网络电话通过 10/100Mbit/s 以太网连接到用户数据网络，并根据系统预先分配的电话号码登录到交换机中，作为一个分机。

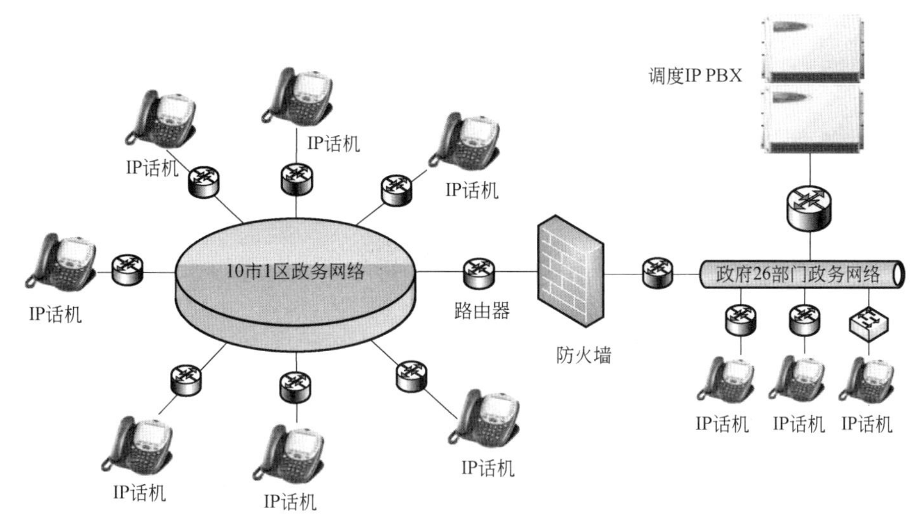

图 14-24　VoIP 网络电话系统结构图

3. 数字录音系统

数字录音系统是事故查询、责任落实、监督工作的依据；提供存储、复制、查询、提取和管理录音数据的能力。应急指挥中心所有电话的通话均设置录音功能，具有授权的用户可通过专用控制终端监听、回放录音。

本方案选用数字录音系统，采用并线方式。系统包括：录音服务器、录音软件。主要功能包括：

（1）可对系统内各个业务口的有线、无线调度系统提供录音、复制、查询、提取和管理。

（2）支持 CTI 接口及多种录音启动方法（包括摘机录音、语音启动录音）。

（3）实时显示每个通道的工作状态，如录音通道的启/停状态、放音通道的呼入、拨号、放音和停止等状态。

（4）录音时不干扰平常的电话；录音文件可转换为 WAV 等数字格式，方便在计算机上回放，并可以采用多种压缩算法。

（5）可以静态查询和在线查询录音文件；可将指挥区域、工位号、通话平台、通话组、主叫身份号、事件 ID 号、时间段等作为查询字段进行检索。

（6）在线动态查询时间至少 6 个月，静态查询时间至少 2 年。

图 14-25 为数字录音系统结构图。

14.6.6　视频会议和电话会议系统

应急指挥中心的会议系统包括视频会议系统和电话会议系统。

1. 视频会议系统

视频会议主要用于应急指挥的联系和会商，能够进行本地区或远程地区之间的点对点或多点之间的实时双向视频、音频和数据等信息互通。

视频会议把相隔多个地点的会议室视频设备连接在一起，使各方与会人员有如身临现场一起

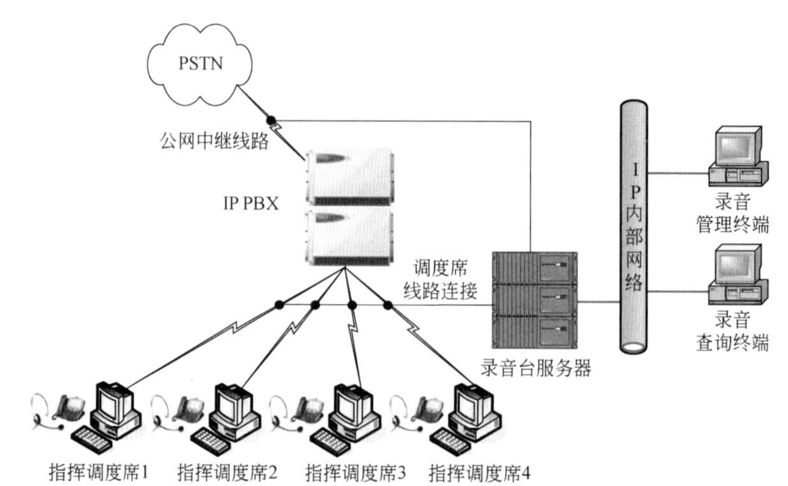

图 14-25　数字录音系统结构图

开会，进行面对面的交流，加强沟通和联系。视频会议系统具有真实、高效、实时的特点，是一种简便而有效的管理、指挥以及协同决策的技术手段。

应急指挥系统对视频会议系统的要求：

1）主会场设立在应急指挥室。视频会议利用电子政务专网进行视/音频传输，2Mbit/s 网络带宽可传输高清图像。

2）视频会议系统可以录制会议内容，并可存档，供以后查看。

3）系统提供标准视频信号接口，可以与监控系统无缝结合，通过视频会议系统网络，可把监控视频在第一时间传输到其他各地。

4）在会议现场可以点播录像、视频资料，供辅助决策使用。

5）领导办公室的网络终端，可以实时播放会议实况、监控图像，以便掌握最新情况。

6）视频会议系统应可和有线调度系统进行连接。

图 14-26 是视频会议的系统连接图。

2. 电话会议系统

电话会议系统能够在本地区之间、本地区和远程地区之间以及和移动人员之间进行点对点或多点之间的双工实时通信。可以召开 60 方电话会议，省领导与各相关负责同志进行异地商议，满足应急指挥调度的需要。

召开电话会议时，会议主席、会议召集方及指定发言方为双向通话，其余参加者为单向通话，会议发言方可在会议过程中随时指定任意参加者为指定发言人，参与双向通话，会议参与者可在会议过程中向会议召集者请求发言，成为指定发言人参与双向通话，在会议过程中召集者随时可增减与会成员。所有与会者可以是交换机的内部用户或是通过交换机的各种中继所呼叫的用户。图 14-27 为电话会议系统连接图。

14.6.7　数字会议系统

数字会议系统主要用于视频会议和现场开会协调。由会议发言系统、摄像跟踪系统、扩声系统、大屏幕显示系统和集中控制系统等组成。

1. 会议发言系统

系统由主席机、代表机和会议系统主机组成“手拉手”式数字电子会议系统，并与扩声系统和视像跟踪系统连接，配置完善的管理软件，如图 14-28 所示。

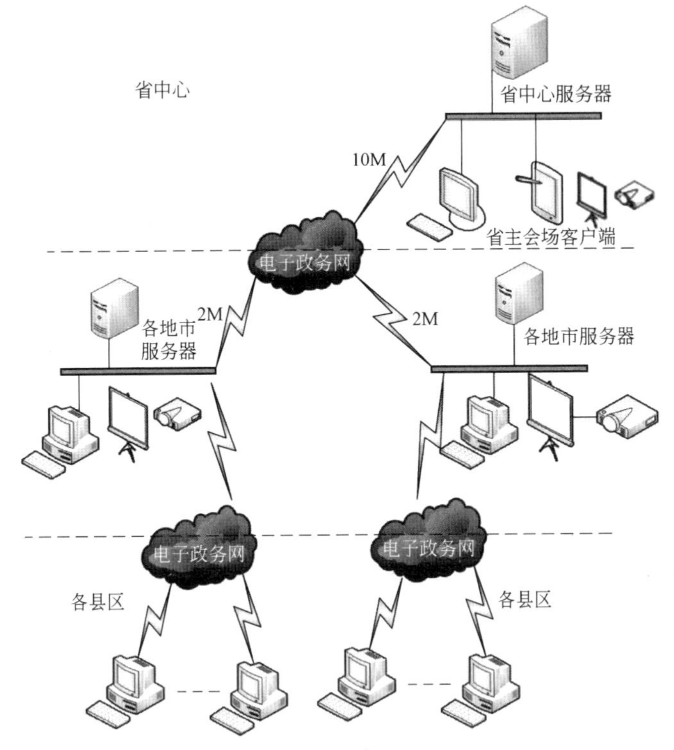

图 14-26　视频会议系统连接图

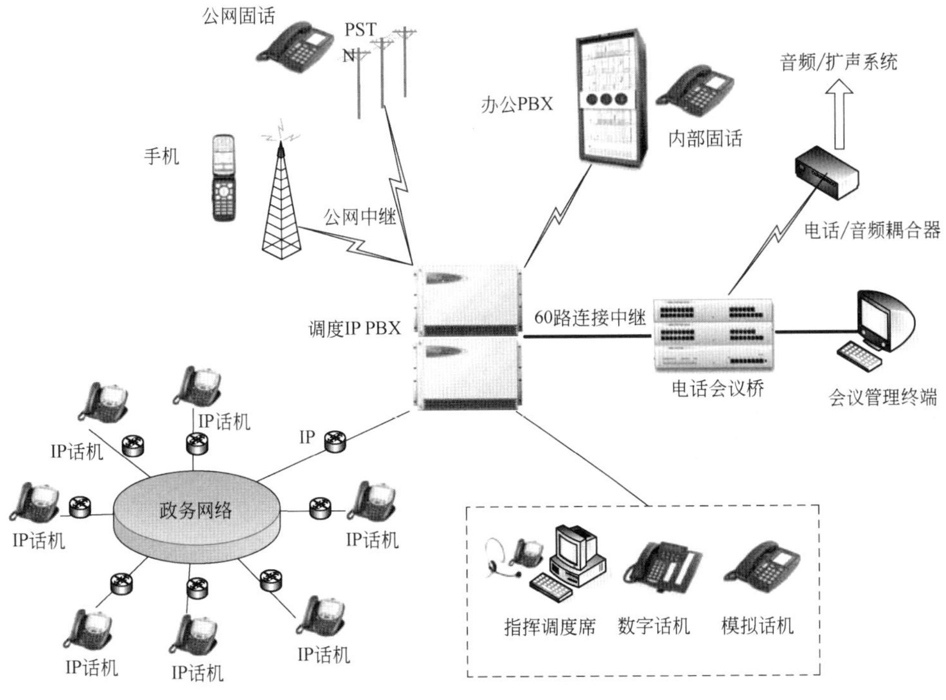

图 14-27　电话会议系统连接图

代表机是数字会议系统配置的最基本的发言设备。唯一的 1 台主席机的控制功能：主席机具有主席优先功能，即可以控制代表机的发言，主席讲话时，代表机不能讲话（传声器被关闭）。

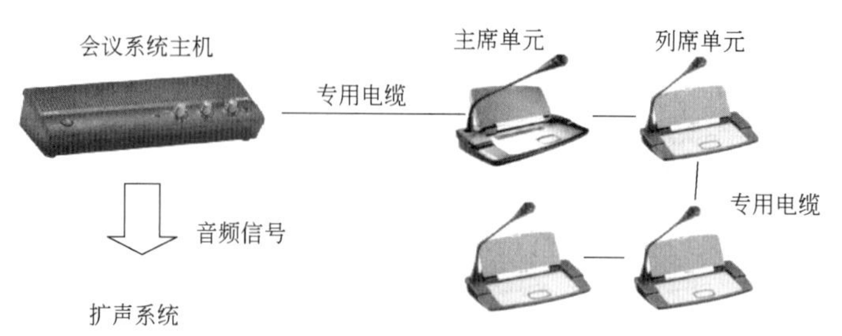

图 14-28　会议发言系统

注：列席单元数量根据现场具体情况而定。

主席机可以控制会议进程、维护会议秩序，并可随时打断代表发言进行插话等功能。

会场内装有挂壁式球形摄像机，通过摄像机和开启发言传声器的联动，可自动跟踪拍摄发言人，拍摄的图像可进行录像存储。

会议主机接入控制计算机后，操作员在相应的软件模块的帮助下，便可以自如地对会议过程实施监控操作。可以管理打开传声器的数量，允许选择同时开启代表机发言传声器的数量（1~4可选）。如果代表30min不讲话，代表机的传声器会自动关闭。

会议系统主机为各发言设备（主席机和代表机）提供电源和监听功能，以及为扩声系统提供外部音频设备接口。

2. 摄像跟踪系统

6台彩色摄像机，分别挂装在指挥中心前方的吊顶上和大厅左右。前方摄像机主要作主会场摄取整个指挥中心的全景，左右两台摄像机为发言者跟踪拍摄使用。

发言跟踪，就是摄像机能够根据发言人的位置实现自动跟踪拍摄功能，把摄像机与对应的发言传声器相关联，以发言传声器的开启来联动激活摄像机，实现自动跟踪拍摄。摄像跟踪系统由摄像机、硬盘录像机等组或，并把图像信号送至大屏显示系统，如图14-29所示。

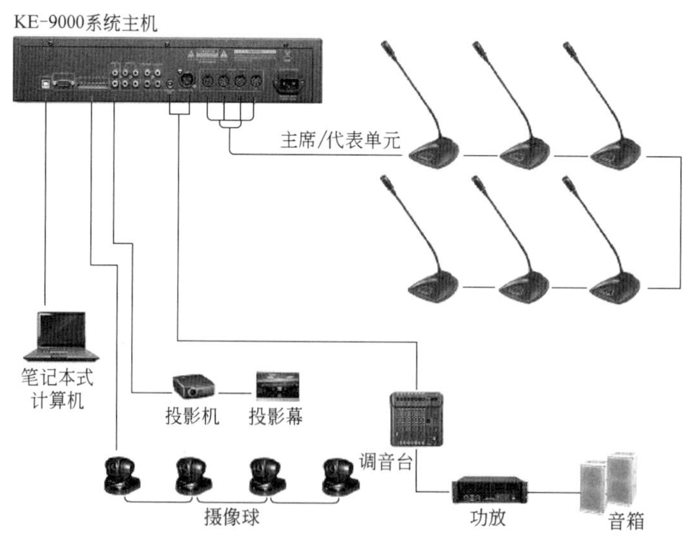

图 14-29　会议发言摄像跟踪系统

3. 扩声系统

扩声系统是数字会议、视频会议和大屏显示等多个系统的共用设备，配置有多路音频输入/输出接口。

（1）扩声系统的声学特性技术指标：应符合表 14-4 要求。

表 14-4　应急指挥中心大厅扩声系统的声学特性指标

	GYJ 25—1986《厅堂扩声系统声学特性指标》音乐扩声系统一级	GYJ 25—1986《厅堂扩声系统声学特性指标》语言扩声系统一级	大厅礼堂扩声系统计算机设计的声学指标
最大声压级（空场稳定准峰值声压级）	0.1～6.3kHz 范围内平均声压级≥100dB	0.25～4.0kHz 范围内平均声压级≥90dB	≥103dB
声场不均匀度	100Hz ≤10dB，1kHz、6.3kHz≤8dB	1kHz、4kHz≤10dB	达到标准
频率特性范围	0.05～10kHz 以 0.1～6.3kHz 的平均声压级为 0dB，允许+4～-12dB，且在 0.1～6.3kHz 内允许≤±4dB	0.1～6.3kHz 以 0.25～4.0kHz 的平均声压级为 0dB，允许+4～-10dB，且在 0.25～4.0kHz 内允许+4～-6dB	达到标准
传声增益	0.1～6.3kHz 的平均值≥-4dB（戏剧演出）≥-8dB（音乐演出）	0.25～4.0kHz 的平均值≥-12dB	现场测量
系统噪声	总噪声≤NR30	总噪声≤NR30	现场测量
声音质量	没有明显声缺陷与回声现象	没有明显声缺陷与回声现象	没有明显声缺陷与回声现象
语言清晰度指标			STI 平均值达到 0.57

（2）系统组成：应急指挥中心扩声系统由信号源（拾音器、节目播放设备等）、调音台、数字音频处理器、功率放大器及扬声器等组成，如图 14-30 所示。

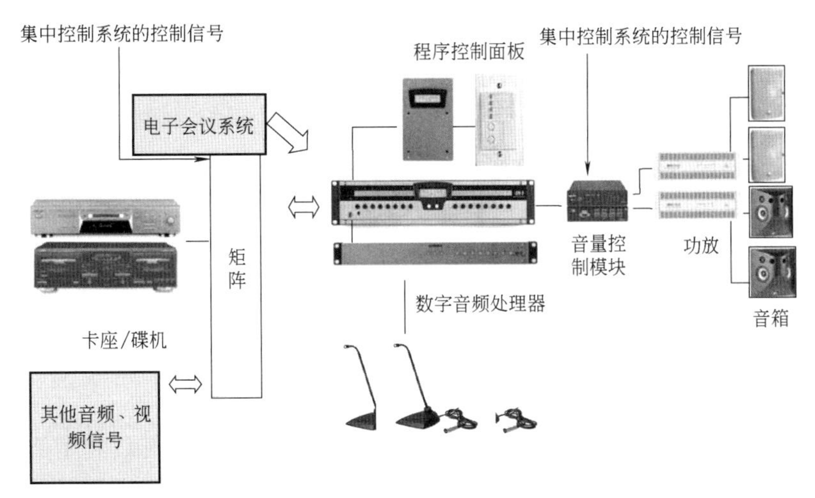

图 14-30　扩声系统组成

AV 音视频矩阵以及调音台担负着音视频信号切换和调音控制功能，是扩声系统的核心。数字音频处理器集电平控制器、带通滤波器、自动混音器、均衡器、压限器、声反馈抑制器、分频器、电平显示等众多功能于一体。功放和扬声器的配置必须满足表 14-4 应急指挥中心大厅扩声系统的声学特性指标要求。

14.6.8　中央集中控制系统

中央集中控制系统（简称中控）用来集中控制会场内所有设备，用户只需在一个彩色触摸屏上即可实现对所有系统设备的控制操作。

1. 主要功能

(1) 控制视/音频设备的操作（如播放、停止等功能及对设备进行设置等高级调整）。

(2) 通过对矩阵及相关设备的控制，完成音视频信号和计算机信号的切换和信号路由。

(3) 通过音量控制盒完成对音量的控制。

(4) 对会议中心的灯光进行分路无级调光和控制。

(5) 遥控会议室的摄像头的变焦以及旋转，摄像头的视频信号通过高清视频矩阵切换器切换输出到显示设备上。表14-5是中央集中控制系统的基本功能汇总表。

表14-5　中央集中控制系统基本功能汇总表

管理名称	用户权限定义、登录和退出、添加、修改、删除	用户名、用户权限、优先级、定义者、用户描述
大屏幕区域管理	给用户限制某一区域,使其在指定的区域进行操作	
窗口管理	打开某一类应用窗口、修改窗口属性、关闭一个或多个窗口,网络PC最多能开至128个,无论是什么信号源,多层窗口叠加不会出现死角	改变窗口中显示的信号源类型和地址 改变窗口的大小 改变窗口的相对位置 改变窗口的风格(有无标题栏、有无边框、是否总在最上边、叠放层次、显/隐)
模式管理	定义显示模式、修改删除现有模式、模式切换、接收并执行AMX的模式切换指令(可选)	模式序号、模式名称、模式描述、窗口数量、所属用户
信号源管理	定义信号源,增加、修改、删除、信号源	信号源种类、地址
投影机控制	开关投影机的时序设置、打开/关闭单台投影机或所有投影机、投影机应用模式的增加、修改、删除 投影机应用模式的执行和撤销	投影机属性
预案管理	增加、修改、删除预案,分别以自动定时、手动定时、手动延时方式执行预案 查询或撤销预案队列	预案属性
窗口参数调整	对视频窗口的对比度、亮度等参数进行调整 对RGB窗口的图形宽高进行调整	
摄像头控制	通过对摄像头参数的设置,可以控制当前视频窗口中显示的摄像头	控制不同速率转动摄像头(上、下、左、右),图像放大、缩小,焦距推进、拉远
矩阵控制	实现与多屏图形控制器相接的RGB和视频矩阵的联控,可实现对音频矩阵的控制	自动完成相应的矩阵与输入端口的切换

2. 系统构成

中控系统以多接口可编程的嵌入式控制主机为核心，以集成设备的控制功能为依据，采用控制主机配合相关特殊功能的模块来实现对不同系统的关联控制。

智能中央控制系统由触摸屏、中控主机、电源管理模块、红外棒、无线网络接收机、调光模块等组成，如图14-31所示。

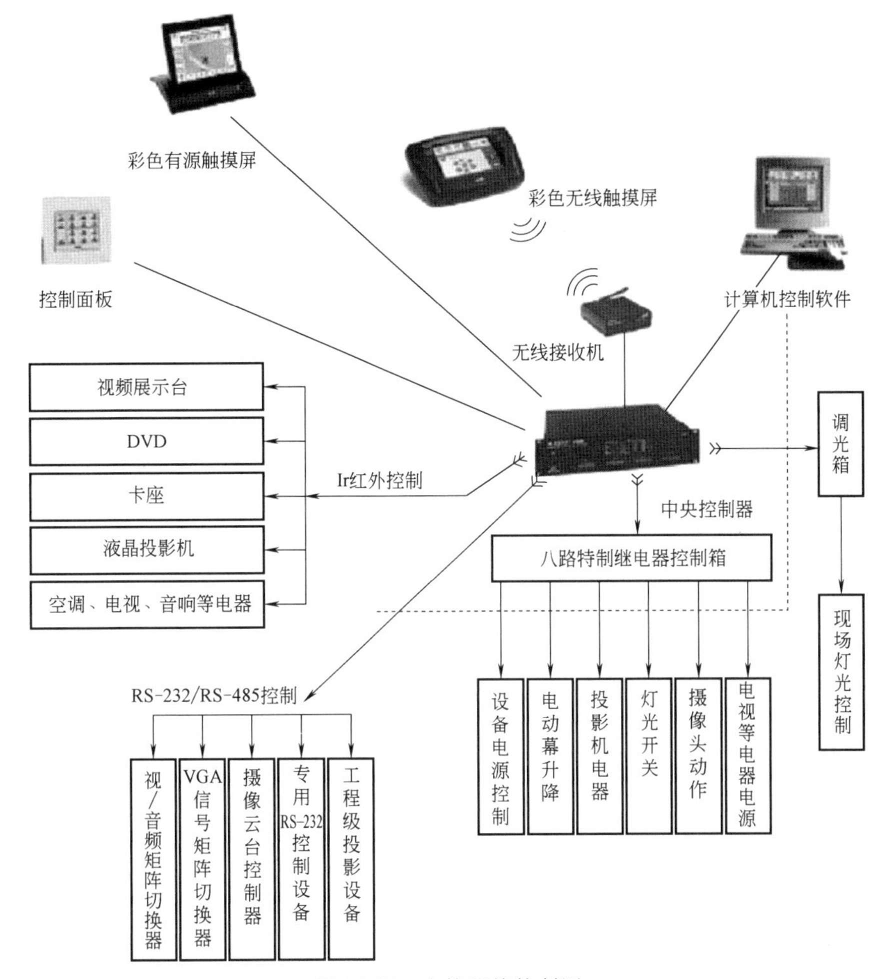

图 14-31　中控系统控制图

14.7　移动应急平台

移动应急平台是省应急指挥平台体系中的重要组成部分，与市级应急平台和市级移动平台共同组成了省应急平台体系，对于健全统一指挥、预防和应对自然灾害、事故灾难、公共卫生事件和社会安全事件，减少突发公共事件造成的损失，具有重要意义。

省级移动应急平台依托卫星通信系统、集群通信系统、5G 移动通信系统、有线/无线网络等多种通信方式与省、市两级应急指挥中心保持信息联通，增强整个应急平台体系的机动性和及时性，应急事件发生时可第一时间赶往现场取得实地信息，为应急指挥调度提供实时、准确的信息，现场指挥的领导也可通过此系统与省应急指挥中心保持联系，使现场指挥的指令迅速下达。

14.7.1　移动应急平台的基本功能

省级移动应急平台作为省应急平台体系的重要组成部分，是突发公共事件的现场应急指挥的通信中心和指挥调度中心，为现场指挥人员与省应急指挥中心及其他部门提供图像、语音、数据的双向通信，保障现场应急会议及视频会议的召开。主要功能如下：

（1）卫星导航定位功能：移动应急指挥车辆的导航定位功能。

（2）调度指挥功能：通过数字集群通信系统、5G无线通信系统、公网（GSM、CDMA、PSTN）等通信手段，利用通信调度设备，实现多平台互联互通，快速高效地完成现场和远程综合指挥调度，保证现场指挥人员可与省指挥中心及其他部门实现语音通信。

（3）视频会议功能：通过车载高清视频终端与5G无线通信链路，将移动应急指挥车的视频会议信号接入车载终端设备，与省应急指挥中心视频会议系统实现音视频双向对接，完成移动应急平台与省应急指挥中心的双向视频会议。

（4）图像采集功能：通过移动应急通信车顶上的摄像头，多方位、多角度采集现场图像，为省应急指挥中心和其他应急平台提供决策参考。

（5）单兵图像采集和传输：在环境复杂、混乱等情况下，以及移动应急车辆难以到达的室内或事故重点发生地，使用单兵图像采集、传输系统，可将现场图像和声音传送至移动应急通信车上，再将图像传送到省应急指挥中心或其他移动应急指挥车上。

单兵图像传输系统采用移动通信的核心技术COFDM（多载波调制技术），是高度集成的移动式非视距数字图像传输设备，可以在高速移动中和城市建筑物遮挡情况下实时传输稳定的音视频信号。移动应急指挥车与单兵背负设备之间在3km范围内单向图像传输速率不小于2Mbit/s，传输高清格式的图像，且支持双向语音通信。

（6）现场情况汇报、指令上传下达：通过视频会议系统和语音调度系统完成现场情况汇报及省应急办对各级应急部门及相关职能部门下达指令。

（7）数据联网功能：提供互联网、卫星定位和5G无线网接入平台，使用有线、无线的方式实现事故现场与省应急指挥中心的联网，如图14-32所示。

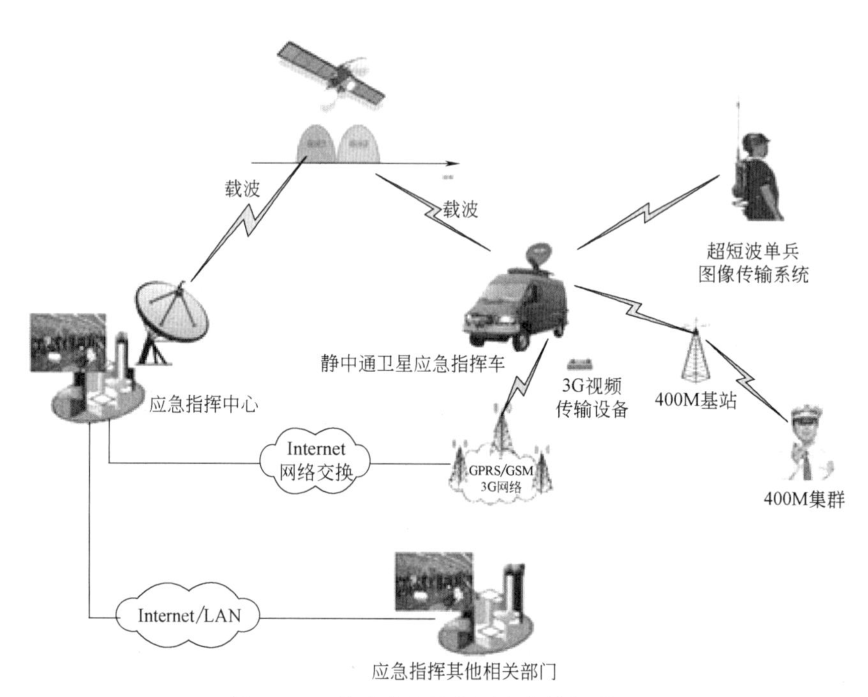

图14-32　移动应急指挥平台的数据联网

14.7.2　移动应急指挥平台

移动应急指挥平台由卫星通信定位系统、图像采集系统、视频会议系统、数据通信系统、调度通信系统等信息载体设备和车辆组成，如图14-33所示。

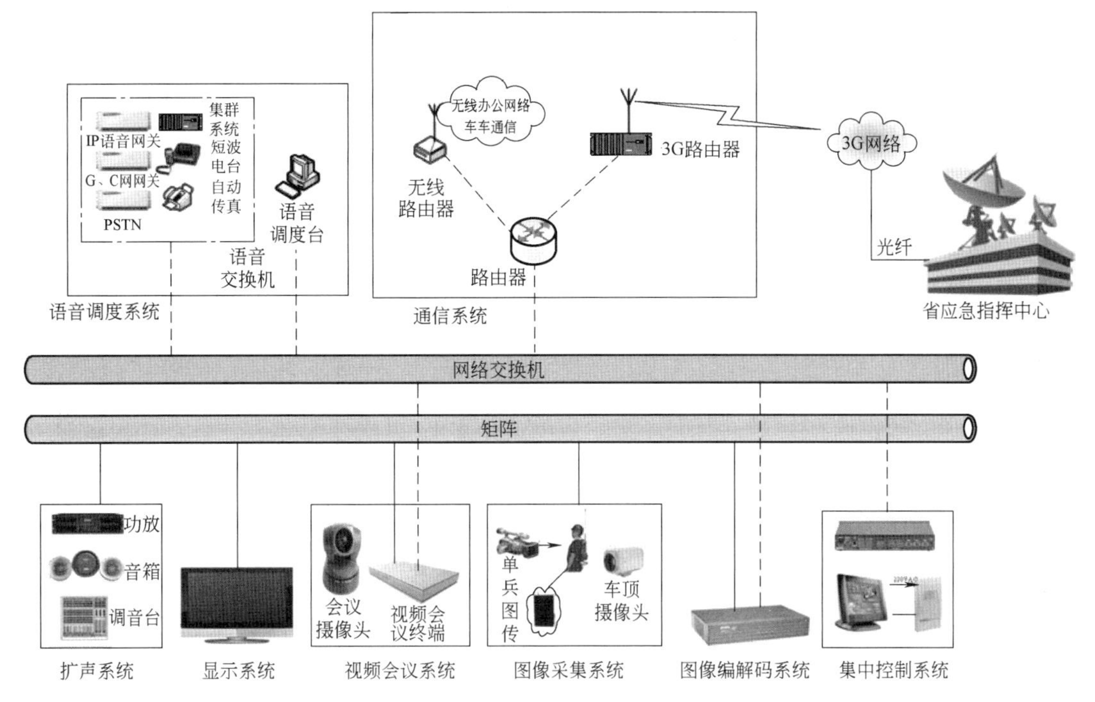

图 14-33　移动应急指挥平台系统结构图

1. 车辆导航定位系统

移动应急平台装备卫星定位（导航）设备，能够满足车辆行驶和静止条件下进行通信和车辆定位。

（1）卫星定位（导航）系统。具有 GPS 和北斗卫星双模导航定位功能，通过 GPS 卫星导航定位信息处理模块及北斗定位通信模块，可以显示车辆当前时间、经度、纬度、航向和航速等数据。

（2）车位报告功能。地面车载导航终端自动、定时将车辆的当前时间、位置（经度、纬度）、航向和航速等通过车载北斗卫星终端传送到省应急指挥中心的电子地图上。

（3）文字通信功能。北斗卫星终端具有文字通信功能（1500 字内的短信报文），可实现车辆与系统指挥控制中心之间的相互文字通信，以及车辆与车辆之间的相互文字通信功能。

2. 图像采集系统

图像采集系统由车顶摄像机和单兵摄像机（背包）两部分构成。

（1）车顶摄像机主要性能要求：

① 镜头变焦范围大于 22 倍（光学）。

② 最低照度为 0.003lx，支持日夜转换功能。

③ 云台旋转范围：0～360°，连续（水平），-45～60°连续（垂直）。

④ 信噪比大于 50dB（AGC 关）。

⑤ 具有红外夜视功能，红外夜视距离大于 50m。

⑥ 背光补偿为超级动态/SPOT/WEIGHT/OFF 多种方式可调。

⑦ 白平衡为 3200K/5600K/手动/双重白平衡多种方式可调。

⑧ 内置移动探测感应器和报警输出接口。

（2）单兵摄像机（背包）和无线数据通信系统主要性能要求（见图 14-34）：

① 采用硬盘式数码摄像机，硬盘容量不小于 120GB。

② 摄像系统：1/3in 3CCD，HDV 1080p；不小于20倍光学变焦。

③ 对焦系统：自动对焦/手动对焦/对焦预置；最短对焦距离20mm（广角端）、1m（长焦端）。

④ 视频：PAL制，帧速率50i/25F可选，支持HDMI输出。

⑤ 音频录制系统：2声道/MPEG1音频Layer II（48kHz）。

⑥ 单兵无线数据通信系统：单兵无线图传系统能满足动中通信车与单兵背负设备之间保证在3km范围内单向图像传输速率不小于2Mbit/s，传输高清格式的图像，且支持双向语音通信，如图14-34所示。

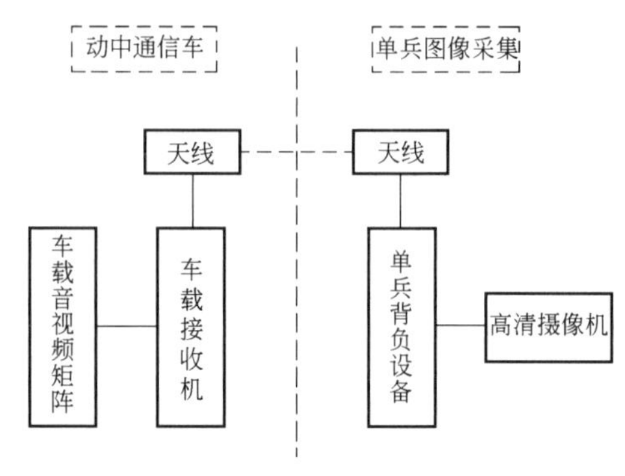

图14-34 单兵图像传输子系统

工作频率：320~340MHz；信道带宽：不大于4MHz；视频编码：支持MPEG4；音频编码：支持G.711、G.722、G.728；数据带宽：峰值不小于2Mbit/s；覆盖范围：在非通视情况下不小于5km；传输延时：<10ms；视频接口：BNC-75-KY；数据接口：RJ-45；音频接口：AV-8；可对发送的音视频信号进行AES加密。

3. 无线网络传输系统

5G无线网络移动通信系统不仅传输速率高、容量大，且无盲点信号全覆盖，是移动应急指挥平台的主要通信设备之一。

车内安装高性能无线路由器，构建一个无线宽带局域网，保证不小于1500m范围内的无线网卡、无线IP电话等无线设备的数据通信。采用双频模式实现在静止状态下车车之间的数据桥接。

4. 调度通信系统

调度通信系统实现应急指挥过程中不同通信系统之间的互联互通，为指挥人员提供统一应用模式，提高指挥调度处置速度和对突发事件的快速反应能力。

车载调度系统通过车载基站、调度机、调度台、GS8网关等通信设备可以直接将GSM、5G移动通信系统和PSTN公网电话接入现场调度系统。为现场提供无线通信链路，如图14-35所示。

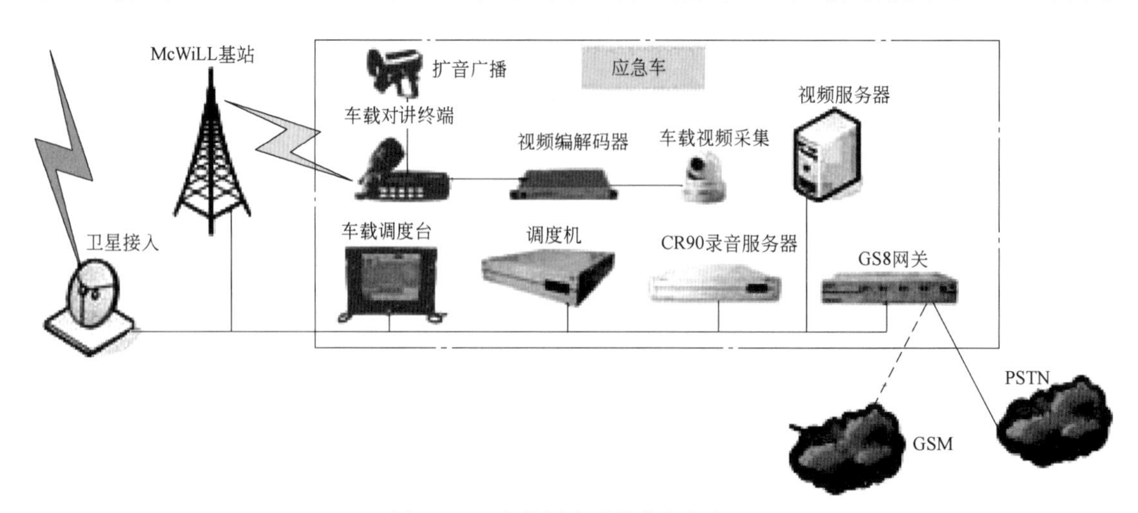

图14-35 车载调度系统的内部配置

应急通信车自带发电系统，是一个完整的调度指挥系统，可以独立对现场进行指挥调度，通过现场应急车的视频服务器可召开局部视频会议、对本地视频信息进行录像和保存。

车辆到达预定地点后能够迅速展开工作，在 3~10km 半径内实现语音、数据、视频信息传输。车辆上安装的视频采集终端还可以通过车载设备接口与中心调度台通信，实现视频跟随车辆进行移动采集。通过车辆上安装的视频终端，无论是车载调度台还是省应急指挥中心调度台都可以通过视频方式随时了解现场周边动态。

5. 计算机网络子系统

（1）车内计算机网络通过交换机建立 VLAN 虚拟局域网，分为安全区、接入区两部分，各区之间通过防火墙功能建立安全策略进行隔离，安全区部署应急应用系统及通信调度系统；接入区部署无线网络系统、视频会议系统及相应控制系统，可连接电子政务外网。

（2）车内网络设备参数要求见表 14-6。

表 14-6　车内网络设备参数要求

设备名称	技术要求	配置要求
路由器	支持高级路由协议，包括 RIP/RIPng、OSPFv1/v2/v3、IS-ISv4/v6、BGP4/BGP4+等；支持硬件加密、支持硬件加密 IPSEC VPN 功能、防 DOS 攻击、uRPF 。转发速率：>200bit/s	该设备集路由、VPN 功能于一体，至少有 4 个路由口，提供 2 个扩展插槽
交换机	三层交换机，支持 802.1Q VLAN，支持 RIPv1/v2、OSPF、IS-IS、BGP。支持 MAC 地址过滤和绑定、支持 CPU 防攻击保护。转发速率大于 10Mbit/s	24 口交换机

第15章　5G、物联网和云计算

物联网是继计算机、互联网和移动通信之后的第三次信息产业革命。2003年美国《技术评论》提出物联网技术将是未来改变人们生活的十大技术之首。物联网已被我国正式列为国家重点发展的战略性新兴产业之一。

物联网：物联网是给万物互联提供网络连接的一种技术，通过网络接入，实现物与物、物与人的广泛连接。简单地说，物联网是物物相连的互联网。

广义来讲，传统的3G、4G网络都可以实现物联网，但是作为物联网有很多定制化的需求，比如说低功耗、广覆盖、大连接等。现有4G网络的通信能力大大限制了物联网产业的发展，无法很好地满足车联网、智能家居、智慧医疗、智慧农业、智能工业以及智慧城市等多方面的需要。因此，“万物互联”的物联网对移动通信提出了更高的要求。

5G网络可以解决移动通信的“带宽/容量”危机，允许我们可以进入万物互联的时代，从传统的手机网络扩展到万物互联的物联网，5G网络会给物联网带来深远的影响，使物联网进入全面发展时期。物联网与AI人工智能、区块链、大数据等技术的进一步融合，并延伸到物流仓储、智能调度、运输检测等全产业链，将极大地推动我国经济发展。

15.1　5G：第五代移动通信技术

第五代移动通信技术主要提供高速率（10Gbit/s）、低时延（1ms）、超大连接服务。5G时代就是一个全云化的时代，预计到2025年，大部分企业的信息技术解决方案都会被云化，所有企业都会用到云技术、云模式，85%以上企业应用会被部署到云上。

15.1.1　5G怎样改变世界

5G被誉为“数字经济新引擎”，既是人工智能、物联网、云计算、区块链、视频社交等新技术、新产业的基础，也将为“中国制造2025”和“工业4.0”提供关键支撑。

1. 5G网络满足多样化需求

车联网、物联网、无人驾驶、智慧城市、工业自动化、VR/AR、智能家居等都离不开5G移动通信网络。多样化的应用带来庞大的终端接入和特大的数据流量需求。仅通过一张网实现海量接入、高速率、低延时等并不现实，那么可想而知5G是一个多网络融合的异构网络。

5G网络用切片方法来解决多样化需求，就是根据不同业务应用，将一张物理网络切成多个相互独立的逻辑网络，满足不同应用对用户数量、带宽要求、系统时延、QoS等的不同要求。网络切片可以优化网络资源分配，实现最大成本效率，满足多元化要求。

不同业务应用的网络需求可以运用不同的逻辑网络，它们都通过相同的物理架构，但是不同的逻辑架构又赋予不同的功能和不同的应用途径。图15-1是多样化需求的5G网络切片。

2. 极高的数据传输速率

信道的数据传输速率又称吞吐量，是描述传输信道每秒钟传输数据的比特数，单位为bit/s。信道能够传输的最大数据速率称为信道容量，即信道能达到的最大传输能力。

5G网络的最低传输速率至少为100Mbit/s，峰值理论传输速率可达到10Gbit/s；比4G快10~100倍。这意味着下载一部3GB的电影只需不到15s，如图15-2所示。

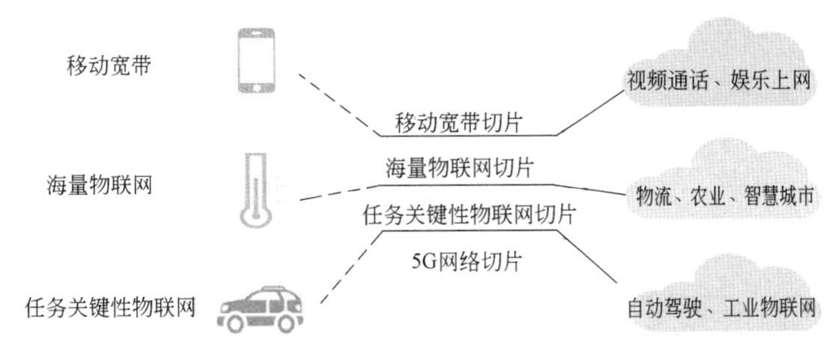

图 15-1　多样化需求的 5G 网络切片

3. 极低的时延

移动通信的时延是指信息从手机到基站的无线空口的时间延迟，5G 的时延为 1ms。图 15-3 是 3G、4G、5G 的时延比较。

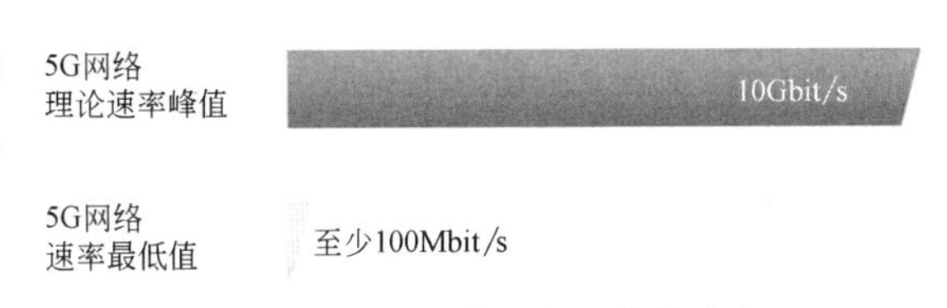

图 15-2　5G 网络的实际传输速率

系统时延的应用举例：

（1）1ms 时延可确保远程医疗控制手术刀的精准操作。

（2）低时延可以提升自动驾驶安全性。打造车联网，需要很低的时延。

当驾驶时速为 120km/h 时。不同网络制式的时延不同，自动驾驶造成的制动距离相差很大。根据图 15-3 列出的系统时延（制动距离 = 车速×系统时延），3G 的制动距离为 333cm，4G 的制动距离为 167cm，5G 的制动距离为 33cm，制动距离越小越安全。

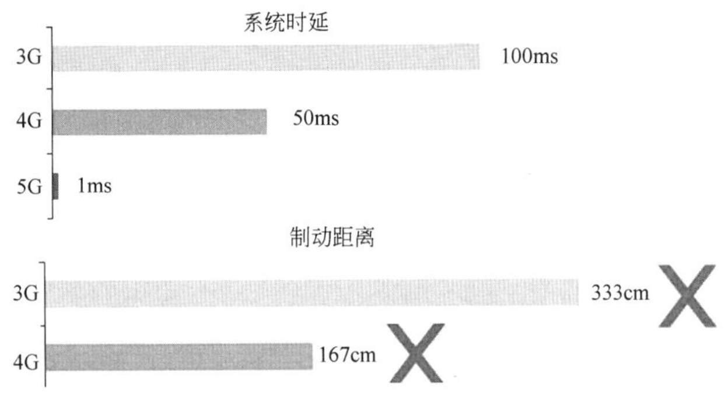

图 15-3　3G、4G、5G 的时延比较

4. 超大的用户连接数量

1G、2G、3G、4G 网络的连接对象主要是人，3G 时代的每个小区支持 100 个连接数量即可，因为大部分的用户都是手机用户。到了 4G 时代，除手机用户外，还包含平板、计算机等各种智能终端设备，每个小区需要支持上千个连接。5G 时代连接对象除了人之外，即除了手机、平板等智能终端设备外，还多了无数的物联网设备，需要百万级的连接数才能满足需求。

5G 的连接对象考虑更多是物，因为人的数量总是有限的，全世界的总人口不过是 60 亿，然而物是无穷无尽的，其数量规模是万亿级的，要把这万亿级的物物相连是对物联网提出的基本要求。既然 3G、4G 网络满足不了，只有依靠 5G 网络来解决了。

5G 网络的连接数量可达到 100 万个/m^2。我们以上海市为例，上海的面积为 6340m^2，如果实现 5G 全覆盖，则可连接的人+物的数量可达：100 万×6340 = 63. 4 亿个。这将彻底解决物联网的连接需求，使万物互联的数据洪流与各产业的深度融合，形成工业物联网、车联网、AI 人工智能等新兴产业。图 15-4 是不同代际网络支持的用户连接数。

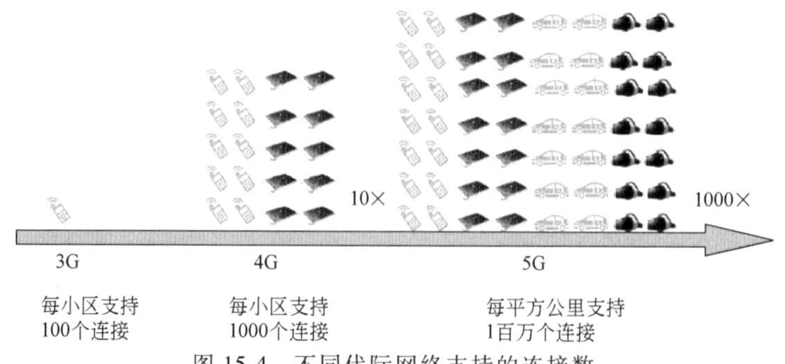

图 15-4　不同代际网络支持的连接数

5. 增加信道带宽，使 VR、AR 技术再度崛起

4G 的最大信道带宽为 20MHz，5G 可以做到 400MHz 的信道带宽，比 4G 提升了 20 倍左右，提高了网络的系统容量。对于需要更大带宽支持的 AR（增强现实）、VR（虚拟现实）技术，5G 解决了 AR/VR 传输线缆的束缚，使 VR、AR 技术再度崛起。

6. D2D 使各类设备的作业效率大幅度提升

5G 技术支持设备到设备（Device-to-Device，D2D）的直接信息传输。D2D 通信是蜂窝网络中的一种新的模式，它允许相互接近的用户设备使用直接链路进行通信，而不是让它们的无线电信号通过基站转发传输。

D2D 的主要优点之一是由于信号的路径较短，可以实现用户之间的超低延迟通信。满足 5G 网络需要的快速、多媒体形式、丰富的数据交换，以及高质量的语音通话。

D2D 用户彼此之间可以直接通信，也可进行蜂窝通信，并且能够实现两种通信模式的切换。用户 1 和用户 2 以蜂窝模式通信，用户 A 和用户 B 以 D2D 模式通信，如图 15-5 所示。

图 15-5　D2D 的直接信息传输

7. 5G 促进了 AI 人工智能、大数据、云计算等新兴科技的发展和应用

以 5G、数据中心、云计算、人工智能、物联网等新一代数字技术为基础，形成了包括智慧城市、大数据、云计算、金融、政务、智能制造等各类数字平台。如今，大数据、物联网、人工智能、云计算正在蓬勃发展，它们在各个领域的广泛应用引领着科技的创新，同时也正在改变着世界。

8. 实现智能控制和智能管理，提升工农业生产运行效率

5G 使我们从互联网进入到万物互联的物联网时代，将生活中的各种东西相互连接，实现智能控制和智能管理。通过实时传感器采集数据和 AI 智能机器作业，让生产走向自动化，提升农业与工业生产运行效率。

15.1.2 移动通信系统的瓶颈

通信技术包含有线通信和无线通信两类。有线通信是在有线介质上传输数据，要高速传输数据很容易，如单条光纤的最大数据传输速率已达到 26Tbit/s（1Tbit/s=1000Gbit/s），是铜缆传输网线的 26000 倍。

无线通信要提高数据传输速率却很难，例如 4G 的最高数据传输速率不超过 100Mbit/s，这个速率已是 2G 移动电话数据传输速率的 10000 倍，也是 3G 移动电话速率的 50 倍了。

5G 如何提高移动通信系统的数据传输速率呢？首先，我们先来了解一下数据传输速率与信道带宽 B 的关系：

在现代网络技术中，人们习惯以带宽来表示信道的数据传输速率，带宽与数据传输速率几乎成了同义词。其实信道带宽（Hz）与数据传输速率（bit/s）是两个不同的概念，它们既有关联，又不能直接替代，它们的关系可以用奈奎斯特-香农定律来描述。

香农定律指出：在有随机热噪声的信道上传输数据信号时，信道的最高数据传输速率与信道带宽 B 和信噪比 S/N 的关系为

$$\text{最高数据传输速率 } R_{max}=B\times\log_2(1+S/N) \qquad (15\text{-}1)$$

式中，传输速率 R_{max} 的单位为 bit/s；带宽 B 的单位为 Hz；信噪比 S/N 通常以 dB（分贝）表示。

香农定律给出了一个有限带宽、有热噪声信道的最大数据传输速率（极限值）。

例如：某通信信道的带宽为 B=3000Hz，信号噪声比为 S/N=30dB（=1000 倍）时，该信道的最高数据传输速率是多少呢？

根据式（15-1）计算，可得该信道的最高数据传输速率 R_{max}=30kbit/s。它表示对于带宽为 3000Hz 的信道，信噪比在 30dB 时，采用二进制数据传输的数据速率不能超过 30kbit/s。

式（15-1）表明，提高信噪比 S/N 和带宽 B 都可以提高信道的最高数据传输速率，目前而言，提高信噪比比较难，因此提高带宽成为提高传输速率的首先。

无线电波的频率越高、波长越短、可用的信道带宽越大，数据速率也越高，传输的信息就越多。这就是移动通信为何采用的通信频率越来越高的原因。

15.1.3 5G 的核心——提高无线频谱的利用效率

移动通信系统选择所用频段时要综合考虑覆盖效果和可用带宽。UHF 频段与其他频段相比，在覆盖效果和可用频带之间折中的比较好，因此被广泛应用于 3G 以前各代移动通信中。当然，随着人们对移动通信的需求越来越多，需要的系统容量（可用频带宽度）和数据传输速率越来越高，移动通信系统必然要向高频段发展。

1. 常用微波波段划分

UHF（超高频波段）是指 30~300MHz（波长为 10~1m）频段，主要用于广播电视。

微波是指频率为 300MHz~3000GHz（波长为 1m~0.1mm）的电磁波，见表 15-1。

表 15-1 常用微波波段划分

频率范围	波段名称		波长范围
30~300MHz	UHF 超高频（米波）		1~10m
300~3000MHz	微波	分米波	10~100cm
3~30GHz		厘米波	1~10cm
30~300GHz		毫米波	1~10mm
300~3000GHz		亚毫米波	0.1~1mm

微波（包含分米波、厘米波、毫米波和亚毫米波）又细分为L、S、C、X、Ku、K、Ka、U、V、W共10个波段，见表15-2。

表15-2　常用微波频段的代号

代号	频率/GHz	波长
L波段	1~2	30.0~15.0cm
S波段	2~4	15.0~7.5cm
C波段	4~8	7.5~3.75cm
X波段	8~13	3.75~2.31cm
Ku波段	13~18	23.1~16.7mm
K波段	18~28	16.7~10.7mm
Ka波段	28~40	10.7~7.5mm
U波段	40~60	7.50~5.00mm
V波段	60~80	5.00~3.75mm
W波段	80~100	3.75~3.00mm

2. 微波传播的特点

微波的频率极高、波长很短，在空气中传播的特性与光波相近，也就是直线前进，遇到阻挡（如金属物和建筑物等）会被反射或被阻断，遇到雨、雾会被吸收，因此微波通信的主要方式是视距通信，如图15-6所示。

频率越高（波长越短），可用频带越宽，数据传输速率也越快，但是，频率越高，绕射能力越差、传播衰减也越大、传播距离也越短，需要设置更多转发基站。

（1）低频段微波（如UHF、L、S等频段）：频率越低电磁波的绕射能力也越强，雨、雾的吸收损耗也越小，传播损耗越小，覆盖距离越远。但是低频段的频率资源紧张，通信可用频带和数据传输速率有限，电磁干扰源多；实施技术难度不大，系统成本较廉。低频段已被广播、电视、寻呼、1G、2G等系统占用。

（2）高频段微波（C波段以上）：频率资源丰富，频率越高，通信可用频带（信道带宽）越宽，数据传输速率越快。但是，频率越高，绕射能力越弱，传播损耗越大，覆盖距离越短。此外，频率越高，实施技术难度也越大，系统成本相应提高。

图15-6　微波传播的反射与穿透

3. 5G的核心是提高无线频谱的利用效率

随着1G、2G、3G、4G的发展，使用的无线频率越来越高，为什么呢？因为频率越高，通信可用频带（信道带宽）越宽，数据传输的速度越快；此外，无线通信收发天线的长度需与波长λ匹配（天线尺寸为1/4~1/10λ），才能获得较高的天线增益和提高天线收发效率。

频率越高，波长越短，天线也就跟着变短。900MHz频段的GSM手机天线，可以短至几厘米长，为便携式移动手机小型化带来很大方便。毫米波天线的长度也变成毫米级了，这就意味着，天线完全可以塞进手机里面，甚至可以塞很多根。

为了合理使用频谱资源，保证各种行业和业务使用频谱资源时彼此之间不会干扰，按照国际无线电通信规则规定，现有的无线电通信共分成航空通信、航海通信、陆地通信、卫星通信、广播、电视、无线电导航、定位以及遥测、遥控、空间探索等 50 多种不同的业务，并对每种业务都规定了使用频段。

国际无线电规则规定 5G 的两个使用频段范围为 FR1 和 FR2，见表 15-3。

表 15-3　5G 的两个使用频段

频率范围名称	相应的频率范围/MHz	最大信道带宽/MHz
FR1	450~6000	100
FR2	24250~52600	400

FR1 是指 6GHz 以下频段，频率的跨越范围非常大，为 450~6000MHz，也就是除了可以利用还没使用的频段外，还鼓励将 2G、3G、4G 的频段重耕。

FR2 主要是毫米波段，对建筑物的穿透能力较弱，但信道带宽十分充足、没有什么干扰源、频谱干净，未来的应用十分广泛。

目前，全球优先部署的 5G 频段为 3.3~4.2GHz、4.4~5.0GHz 和毫米波频段 26GHz/28GHz/39GHz。

（1）5G 低频段：主要是指 3.3~5.0GHz 的频段。

3.3~3.40GHz，基本上被确认为 5G 频段，原则上仅限于室内使用；

4.8~5.0GHz，具体的频率分配使用根据运营商的需求而定。

（2）5G 高频段：主要是指 24~42.5GHz 的频段。5G 用高频段的最大问题就是覆盖能力会大幅减弱，覆盖同一个区域需要的基站数量更多。

我国主要使用的高频段为 24.75~27.5GHz、37~42.5GHz，国际上主要使用 28GHz 进行试验。

工业和信息化部（简称工信部）明确了我国 5G 的初始频段为：3.3~3.6GHz 和 4.8~5GHz 两个频段。同时，对于 24.75~27.5GHz 和 37~42.5GHz，高频频段正在征集意见。

目前，我国三大移动通信运营商分配获得的 5G 频率资源如下：

1）中国移动将获得：n41 频段（TDD 方式，2496~2555MHz、2655~2690MHz，共 95MHz 频谱带宽）。

2）中国联通将获得：n78 频段（TDD 方式，3300~3350MHz、3400~3500MHz，共 150MHz 频谱带宽）。

3）中国电信将获得：n78 频段（TDD 方式，3350~3400MHz，3500~3600MHz，共 150MHz 频谱带宽）。

虽然，看上去中国移动的频谱带宽最少，但其实还有没退出来的 TD-LTE 频段，随时可以分配。

注：TDD（Time Division Duplexing，时间分割双工）信道复用（上行、下行信道采用时间分割双工复用方式）。

4. MIMO 技术提高 5G 频谱利用效率和系统容量

MIMO（Multi-input Multi-output）多输入-多输出技术是指通过多个天线同时发送和同时接收信号，在不改变频谱资源和天线发射功率的情况下，可以成倍地提高通信系统的容量和频谱利用率。

图 15-7 是两个发射天线（2 出）和两个接收天线（2 进）的 2×2 MIMO 系统。

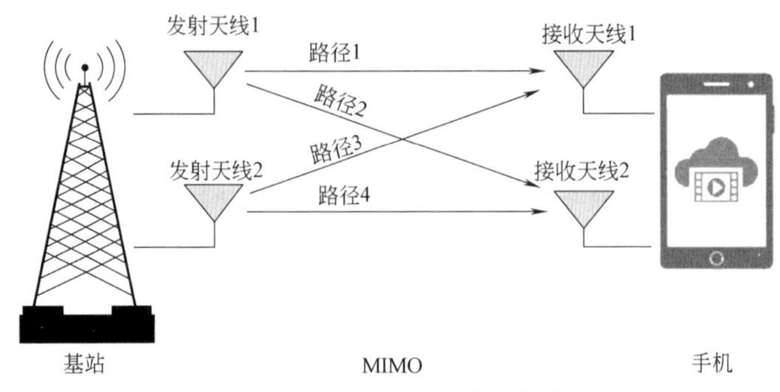

图 15-7　MIMO 多进多出技术

MIMO 有两种模式：空间复用和发射分集/接收分集。

（1）空间复用模式：是将要传送的数据分成几个数据流，然后在不同的天线上进行发送传输，从而提高系统的传输速率。

利用多天线，复用空间不同的传输路径并行发送多份不同数据来提升容量的方法称为空分复用模式。

（2）发射分集/接收分集模式：

图 15-7 中，接收天线 1 可以接收到发射天线 1 和发射天线 2 发送来的信号；同理，接收天线 2 也可以接收到发射天线 1 和发射天线 2 发送来的信号。这样它们通信的成功率各提高了一倍。这种通信方式叫作**发射分集**。

图 15-7 中，接收天线 1 和接收天线 2 可以同时接收发射天线 1 发射的信号；同理，接收天线 1 和接收天线 2 也可以同时收到发射天线 2 发送来的信号。这样它们通信的成功率提高了一倍。这种通信方式叫作**分集接收**。

采用不同的传输路径、并行发送多份不同数据，用来提升系统容量的方法称为**发射分集/接收分集模式**。图 15-7 在基站和手机之间有 4 条传输路径，因为基站和手机都有两根天线，硬件具备同时收发两路数据的条件了。

无线网络中引入 MIMO 技术，可实现编码和信号处理能力上的改进，在不提高发射功率和增加频谱资源的情况下，下行容量即可提升 50% 以上；接入用户数量也可有效增加，或在相同用户数量情况下，增加了每用户可利用带宽，业务体验效果更佳。

由于 5G 的高频段（毫米波段）的频率很高，其天线的长度就变得很短，同一面积的基站发射台，可运用大量的天线（Massive MIMO）。图 15-8 是 4G 和 5G 采用的 MIMO 格式。

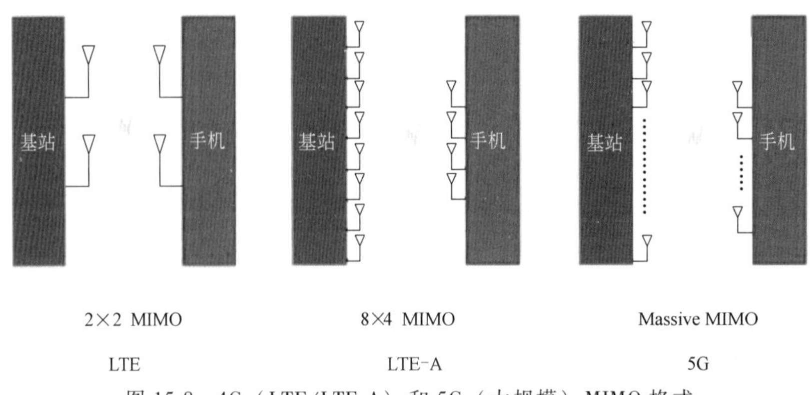

图 15-8　4G（LTE/LTE-A）和 5G（大规模）MIMO 格式

MIMO 系统格式一般写作 $A \times B$ MIMO，A 表示基站的天线数，B 表示手机的天线数。大家想想 4×4 MIMO 和 4×2 MIMO 的容量哪个大？

15.2　什么是物联网

物联网的英文名称为“The Internet of Things”，简称 IOT；顾名思义，就是“物物相连的互联网”。有两层意思：

第一、物联网的核心和基础仍然是互联网，是在互联网基础上的延伸和扩展的网络；

第二、物联网的用户端延伸和扩展到了任何物体与物体之间的信息交换和通信。

物联网上的各种信息和应用发生在分散的网络空间中（泛在网络），物联网应用的本身也就是以“云”的方式存在的。因此，“云计算”是物联网的重要支撑。

物联网是通过射频识别（RFID）、红外感应器等传感设备，按约定的协议，把任何物品与互联网连接起来，进行信息交换和通信，通过云计算平台进行信息处理，以实现智能化识别、定位、跟踪、监控和管理的一种复杂网络，可在任何时间（Anytime）、任何地方（Anywhere）、任何物品（Anything/Anyone）进行全面感知、可靠传递、智能处理的“物物相连的互联网”，是互联网的延伸与扩展。

互联网的处理对象是“文件”，这里的“文件”是指广义的多媒体文件，是“人输入的数据”。物联网的处理对象是指“物”，是“机器生成的数据”。物联网上的“数据”是由信息化和自动化两化融合的机器自动生成的。一台两化融合机器一天自动生成的数据量将大大超过千万人双手一天能输入的数据量。这将对物联网海量数据的存储、计算、挖掘和分析提出更高的要求。于是，物联网让我们进入了“云计算”时代。利用云计算、模式识别等各种智能技术扩充其应用领域，以适应不同用户的不同需求。

15.2.1　物联网的三大特征

与互联网相比，物联网有三大鲜明特征：全面感知、可靠传输、智能处理。图 15-9 是物联网的三个特征。

图 15-9　物联网的三个特征

（1）物联网是各种感知技术的广泛应用。物联网上部署了海量的多种类型的传感器，每个传感器都是一个信息源，不同类别的传感器所捕获的信息内容和信息格式各不同。传感器按一定的频率，周期性地采集环境信息，并且不断更新数据，获得的数据具有实时性。

（2）物联网是一种建立在互联网上的“泛在网络”。物联网技术的重要基础和核心仍是互联网，通过各种有线和无线网络与互联网融合，将传感器定时采集的信息通过网络实时、准确地传递出去。由于传感器的数量极其庞大，形成了海量信息，在传输过程中，为了保障数据的正确性和及时性，必须适应各种异构网络和传输协议。

（3）物联网具有智能处理的能力。从大量传感器获得的海量信息中分析、加工和处理出有意义的数据，能够对物体实施智能控制。

15.2.2　物联网的应用领域

物联网的应用领域非常广泛，几乎涉及人们生活中的所有方面。例如，超市中商品识别的条形码、银行系统的ATM自动存款/取款机、公共交通卡、社保/医疗卡、ETC不停车电子收费系统、防灾救灾、门禁和一卡通、智慧物流、智能交通、智能电网、平安城市、农业生产、建筑物安全、旱涝预警、买卖和库存管理，各种物品生产、物流追踪、产品分配过程监管等都与物联网技术相关。当今智能建筑领域要求物与物、物与人、人与人彼此互联、彼此识别、彼此通信，必须借助物联网技术，才能更多地实现自动化和智能化的创新应用。图15-10是物联网的主要应用领域。

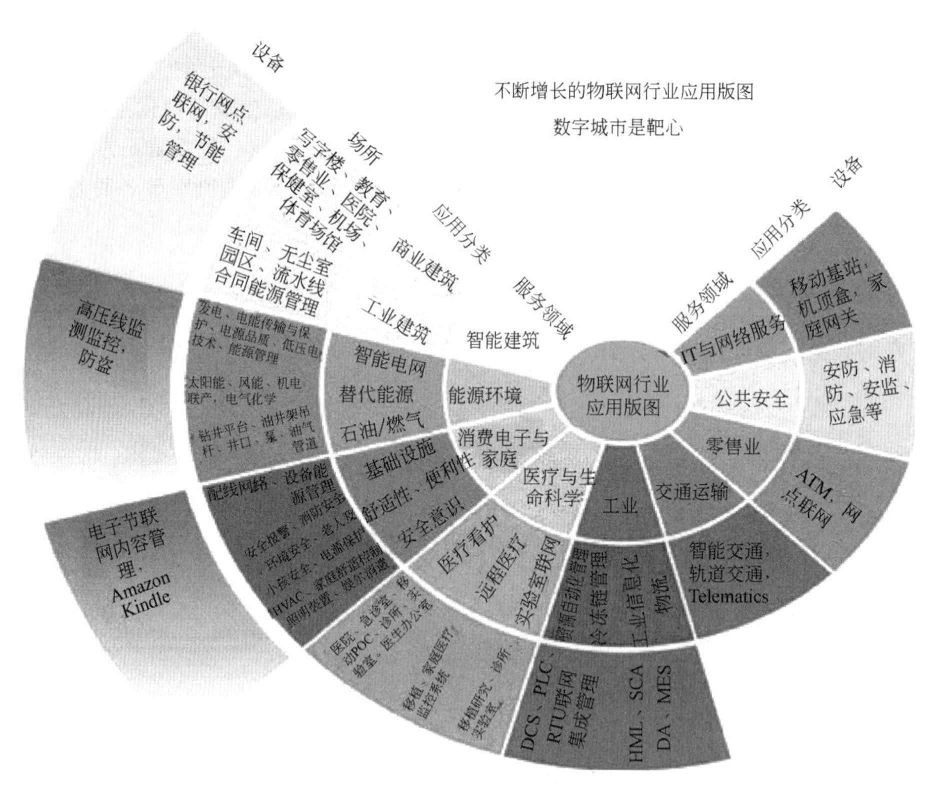

图15-10　物联网的应用领域

15.2.3　物联网的三层技术架构

从架构组成上来看，物联网可分为感知层、网络层和应用层三个层面。如图15-11所示。其中公共技术部分（包含标识解析、安全技术、QoS管理、网络管理）与物联网的三个层面都有关系，不属于物联网技术的某个特定层面。

1. 第一层：感知层

感知层的主要功能是识别物体和采集信息。相当于人的眼耳鼻喉和皮肤等神经末梢，它是物联网获取识别物体、采集信息的来源。就是让“物”会“说话”，成为“智能物件”。感知层是物联网的“触手”。由数据采集子层、短距离无线传感器网和协同信息处理模块等组成。

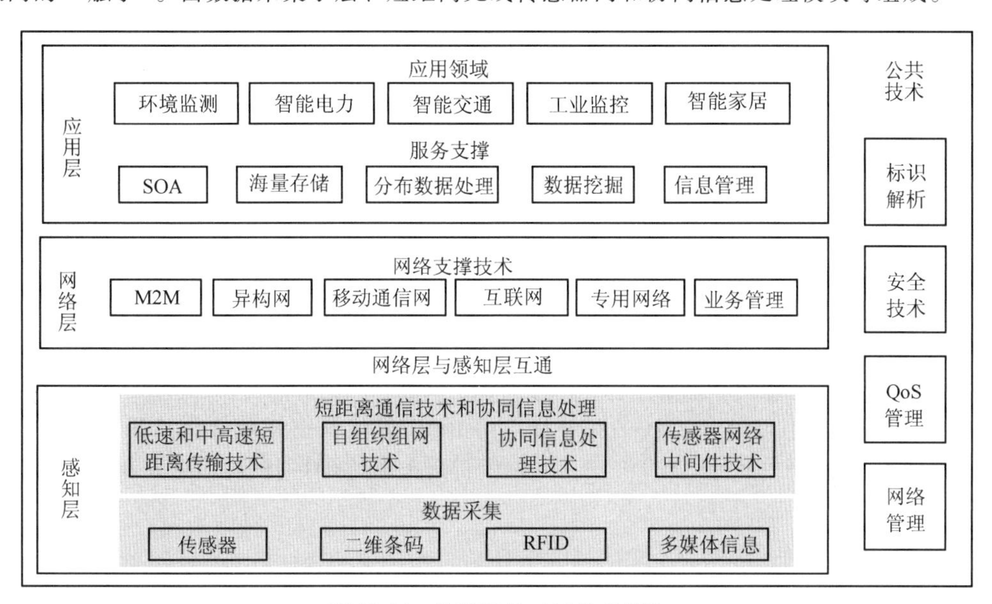

图 15-11　物联网的三层技术架构

感知层中的数据信息采集子层包括声、光、热、电、力学、化学、生物、位置等各种传感器、二维码、三维码和条形码标签、多媒体信息采集（如监控摄像机）、RFID（Radio Frequency Identification）射频识别标签及其读写器等信息采集设备及系统。

多媒体信息采集技术及应用已经比较成熟。二维码、三维码和条形码的主要优点是成本低、读写器简单，缺点是信息一旦写入不可更改。

RFID 是感知层中最有代表性的技术，应用最为成熟，具有信息存储量大、可以多次读写的优点，在低频、高频、超高频、微波四个频段都有重要的应用。尤其值得关注的是，在 13.56MHz（HF）频段，可以开展移动支付业务，处于产业成长期。

感知层中的短距离无线传感器网和协同信息处理子层包括：低速及中高速短距离传输技术、自组织组网技术、协同信息处理技术，核心技术是 WSN（Wireless Sensor Network）

短距离无线传感器网及 NFC（Near Field Communication）近距离无线通信技术。

短距离无线传感器网和协同信息处理子层，将采集到的数据在局部范围内进行传输和协同数据处理，以提高信息的精度和减少信息冗余度；并通过具有自组织能力的短距离无线传感器网接入到网络层传输。

感知层无线传感器网络的中间件技术旨在解决感知层数据与多种应用平台间的兼容性问题。

2. 第二层：网络层

网络层解决的是为感知层获得的数据信息进行远距离可靠传递问题，由各类通信网、网络管理系统和云计算平台等组成。

这些数据信息可以通过网络层（包括移动通信网、国际互联网、企业内部网、各类专网、小型局域网等网络）传输。特别是三网融合后，有线电视网也能承担物联网网络层的功能，有利于物联网的加快推进。网络层所需要的关键技术包括长距离有线通信技术和无线通信技术、网络技术等。

3. 第三层：应用层

应用层是解决信息处理和人机界面的问题，是物联网和用户的接口，与行业需求结合，是物联网与行业专业技术的深度融合。

网络层传输来的数据在应用层里对各类信息进行实时高速处理、管理、控制和存储，应用层包括智能计算、海量存储和数据挖掘，并通过各种设备与人进行信息交互。

这一层按形态可以划分为应用程序层和终端设备层两个子层：

(1) 应用程序层：用来进行数据处理。它涵盖了电力、医疗、银行、交通、环保、物流、工业、农业、城市管理、家居生活、费用支付、监控、安保、定位、盘点、预测等，可用于政府、企业、社会组织、家庭和个人。

(2) 终端设备层：提供人机界面。物联网虽然是“物物相连的网”，但最终还是需要人的操作与控制，不过这里的人机界面已远远超出了互联网的人与计算机交互的概念，而是泛指与应用程序相连的各种设备与人的反馈。

各层之间具有双向交互信息、控制等特性，传递的信息多种多样，其中关键是物品的信息，包括在特定应用系统范围内，能唯一标识物品的识别码和物品的静态与动态信息。

图15-12是物联网（IOT）系统的拓扑图。由RFID射频识别系统（包括识别标签编码和RFID读写器）、物联网中间件（IOT-UV）、名称解析服务器（IOT-NS）、信息发布服务器（IOT-IS）四部分组成。

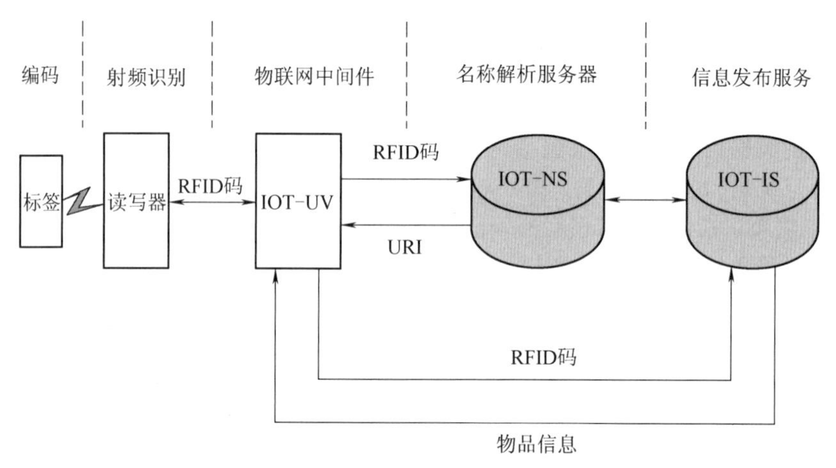

图15-12　物联网（IOT）系统拓扑图

15.3　物联网的四大支柱产业

传感器和网络传输技术、RFID射频识别技术、云计算和人工智能是物联网的四大支柱产业，如图15-13所示。

15.3.1　RFID射频识别技术产业

RFID“射频识别”是一种通过电磁感应或电磁波传播方式，用RFID读写设备对物品或人员进行非接触自动识别的技术。

标识物品的电子标签，称为RFID标签（RFID Tags），是RFID系统的信息载体，每个电子标签具有唯一的电子编码，附着在物体上标识目标对象。

RFID 射频识别是一种非接触式的自动识别技术，融合了无线射频技术和嵌入式技术，采用无线传输方式，可识别高速运动物体，可工作于各种恶劣环境，可同时识别多个 RFID 电子标签，用于控制、检测和跟踪物体，在自动识别、物流管理等诸多方面有广阔应用前景。

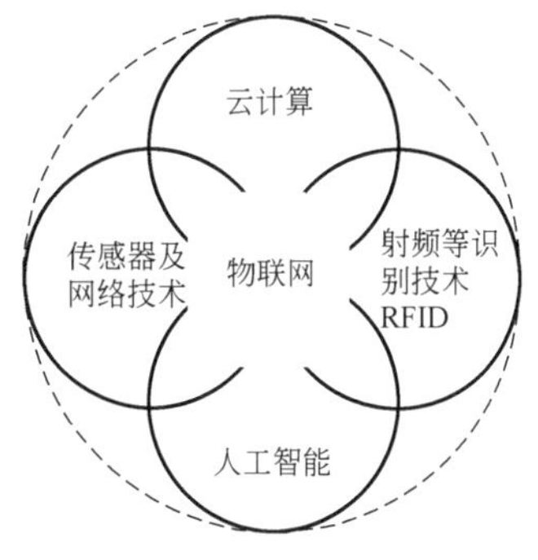

图 15-13　物联网的四大支柱产业

在物联网中，RFID 射频识别技术，作为物联网发展的排头兵，已成为市场最为关注、能够让物品“开口说话”的一项新技术。

RFID 电子标签中存储着规范、互用的物品信息，通过无线数据通信网络把电子标签自动采集的物品信息传送到 RFID 系统的信息存储系统，并通过物联网实行信息交换、数据处理和资源共享，实现物品识别、对物品实行“透明”管理。

1. RFID 工作原理

RFID 技术的基本工作原理并不复杂：一套完整的 RFID 系统由读写器（Reader）、电子标签（RFID Tag）、天线和应用软件四个部分组成，如图 15-14 所示。

读写器是一台既能发送射频无线电波同时又能接收数据信息的收发设备。它连续不断地发射一特定频率的无线电波能量给电子标签，用以驱动发送电子标签内存储的信息数据，读写器便依时序接收和解读数据，并通过传感器网络送给计算机系统相应处理。

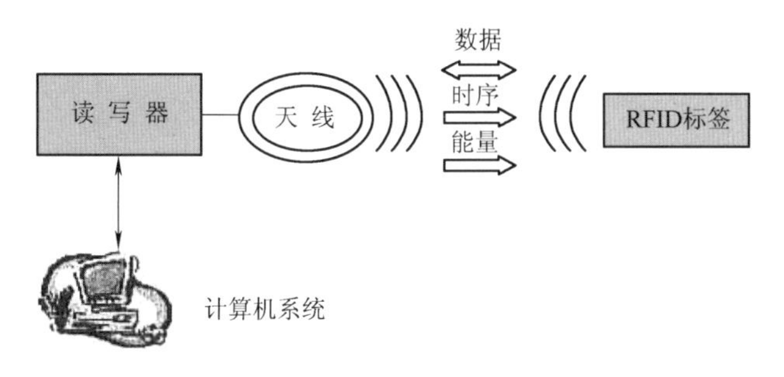

图 15-14　RFID 工作原理

图 15-15 是被动式（无源）电子标签的组成原理。当无源电子标签（如交通卡内的芯片）随着物体被带入读写器（Reader）发出的射频无线电波的电磁场范围时，电子标签内的感应线天线凭借此射频信号产生的感应电流获得的能量，向读写器发送存储在电子标签芯片内的产品信息；读写器读取电子标签内存储的数据信息，并解码后，送至中央信息系统进行有关数据处理。读写器是电子标签信息的读写设备，由耦合模块、收发模块、控制模块和接口单元组成。可设计为手持式或固定式；是 RFID 系统的信息控制和处理中心。通常读写器与电子标签之间采用半双工通信方式进行信息交换。然后再进一步通过以太网（Ethernet）、互联网等传输网络对物体识别信息进行远程传送和处理等管理。

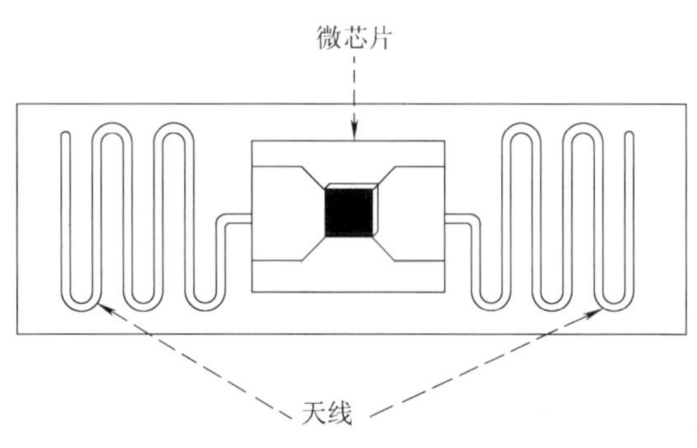

图 15-15　被动式（无源）电子标签原理

2. RFID 电子标签分类

RFID 电子标签可按能源供应方式、通信频率和通信方式分为三类：

（1）按能源供给方式分类。RFID 电子标签按照能源的供给方式可分为无源（被动式）标签、有源（主动式）标签和半有源（半主动式）标签三类。

1）被动式。被动式电子标签没有内部供电电源。其内部集成电路通过接收到的电磁波变换为供电电源进行驱动，这些电磁波是由RFID读取器发出的。当标签接收到足够强度的信号时，可以向读取器发出数据。这些数据不仅包括ID号（全球唯一标识ID），还可以包括预先存在标签内EEPROM中的数据。

被动式电子标签具有价格低廉、体积小巧、无须电源等优点，但感应距离小。目前市场的RFID标签主要是被动式。

2）半主动式。半主动式电子标签比被动式多了一个小型电池，电力恰好可以满足驱动标签内的IC芯片。半主动式电子标签的好处在于，电子标签内的天线只管发送数据信息，而不用管接收电磁波的任务，可充分作为回传信号。比被动式有更快的反应速度。

3）主动式。主动式电子标签本身具有足够大容量的内部电源供应器，用以供应内部功能更强大的IC芯片所需电源，以产生较强的发射功率。主动式电子标签拥有较远的读取距离和较大的记忆体容量，可以用来存储读写器传送来的一些附加信息。

（2）按通信频率分类。电子标签和读写器的通信频率分为低频（LF）、高频（HF）、超高频（UHF）、微波（MW）四个频段。表15-4是无源电子标签的应用频段标准及应用特性。

表15-4　无源电子标签应用频段标准和应用特性

	低频(LF)	高频(HF)	超高频(UHF)	微波(MW)
工作频率	125~134kHz	13.56MHz	868~915MHz	2.45~5.8GHz
最大读取距离	1.2m	1.2m	4m(美国)	15m(美国)
读取速度	慢	中等	快	很快
潮湿环境	无影响	无影响	影响较大	影响较大
方向性	无	无	较少	明显
环境电磁干扰	较大	较大	很小	极小
适用地区	全球适用	全球适用	部分国家	部分国家
现有ISO标准	11784/85,14223	14443,18000-3,15693	18000-6	18000-4/555

低频（LF）电子标签的优点是：抗冲击、价廉、耐用，缺点是易受外界电磁场干扰。低频无源标签的最大读取距离约20cm，主要用于门禁控制、指纹识别、交通卡、社保卡等。

高频（HF）电子标签的优点是：可同时读写多个标签，有方向性；缺点是易受外界电磁场干扰。高频无源标签的最大读取距离约100cm，主要应用于门禁控制、车辆门锁、图书馆、资产管理、交通卡、医保卡和身份证等。

超高频（UHF）电子标签的优点是：数据传输速度快、方向性明显、受外界干扰少；缺点是价格较高。超高频无源标签的最大读取距离为3~6m，主要用于物流、行李处理、收费系统、零售、资产管理。

微波（MW）电子标签的优点是：数据传输速度快、极少受外界干扰、方向性更明显；缺点是价格较高。微波无源标签的最大读取距离为10~15m，主要用于物品追踪、收费系统。

（3）以RFID电子标签、读写器及天线之间的通信及能量感应方式来分：

RFID系统可分为感应耦合（Inductive Coupling）式和后向散射耦合（Backscatter Coupling）式两种。一般低频、高频RFID大都采用第一种方式，而超高频和微波RFID系统大多采用第二种方式。

15.3.2　传感器和传感网

1. 传感器

传感器是物联网的感官系统，自然对传感器的灵敏度、精度、功耗等的技术要求都比较高。不然采集的信息不够精确，就没有意义。传感器有很多类型，包括温度、湿度、速度、位置、振动、压力、流量、气体等各种各样的传感器。可以把传感模块和电源模块看作是传统传感器，如果再加上微处理器，就可组成智能传感器。智能传感器是实现万物互联的基石。

2. WSN 无线传感网

无线传感网 WSN（Wireless Sensor Network）以收集和处理信息为目的，是集信息采集、数据传输、信息处理于一体的综合智能信息系统。无线传感网技术涉及计算机、通信技术、传感器技术等众多领域，是一种新型的智能网络系统。

（1）基本组成：无线传感网包含感知对象、传感器和观察者三个基本要素。典型传感网的基本组成如图 15-16 所示。由分布式的传感器节点、汇聚节点、互联网和远程用户管理节点组成。

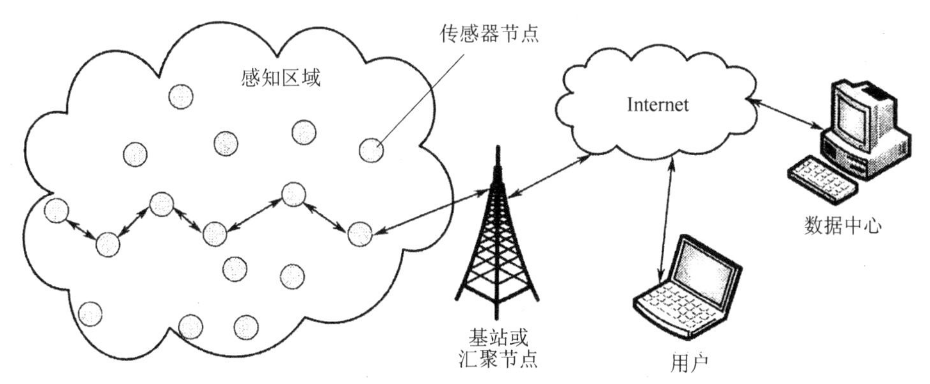

图 15-16　无线传感网的基本组成

大量传感器节点散布在感知区域内，这些节点都用来采集被测物体（被感知物体）的数据，并利用自组织多跳路由（Multi-hop）无线方式构成网络，把数据传送到汇集节点。汇集节点可直接与互联网或卫星通信网以有线或无线方式相连接，与管理节点之间实现相互通信，也可将数据信息发送到其他各节点。管理节点对无线传感网进行配置和管理，发布测控任务和收集监测数据。

（2）传感网的特点：传感网与传统互联网相比有许多显著区别：

1）传感器节点数量大、密度高，采用空间位置寻址方式。为保证网络的可用性和生存能力，不支持任意两个节点之间的点对点通信和每个节点不存在唯一的标识；而是采用空间位置寻址方式。

2）传感网节点的能量、计算能力和存储容量有限。由于传感器节点微型化和靠电池供电，能量有限；因此，传感器节点的计算能力和存储能力都较低，不能进行复杂的运算和数据存储。这是传感网设计的一个瓶颈。

3）传感网的拓扑结构易变化，网络必须具有自组织能力。为适应网络中添加新的传感节点及传感器发生故障而使节点失效等问题，导致网络的拓扑结构发生变化，因此，传感网必须具有自组织和自配置能力，保证在易变网络拓扑情况下，传感网仍能正常工作。

4）传感网具有自动管理和高度的协作性。由于传感器节点的数目和位置不是事先确定的，因此数据处理由节点自身完成。对用户来说，向观测区内所有传感器发送一个数据请求，然后将采集的数据送到指定的具有数据融合能力的节点处理。用户不需要知道每个传感器的具体身份号。

5）传感器节点具有数据融合（数据过滤）能力。传感网中的传感器节点数量大，很多节点会采集到相同类型的数据。为减少冗余数据量，让具有数据融合能力的节点对多个传感器节点的数据进行融合（数据过滤），然后再发送给信息处理中心。

6）传感网采用以数据为中心的组网方式。传感网中的节点可采用或不采用节点编号标识。因为传感器节点是随机部署的，节点编号与节点位置之间的关系完全是动态的，它们之间没有必然的联系，因此必须采用以数据本身为查询或传输的组网方式。用户在传感网上查询事件时，直接将查询事件通告网络，便可获得事件查询报告，而不是通告某个编号的节点。

7）无线传感网WSN与传统无线网络WLAN具有很多明显区别。虽然无线传感网具有无线自组织的特征，是传统无线网络的一种典型应用，但与传统无线网络还是有很多不同。例如网络节点的规模及分布密度、节点的能量限制和环境因素、传感网拓扑结构的频繁变化等。

8）传感网存在诸多安全威胁。由于传感网节点本身的资源（如计算能力、存储能力、通信能力和电量供应能力）十分有限，并且节点通常部署在无人值守的野外区域，使用不安全的无线链路进行数据传输等，因此，传感网和采集节点很容易受到多种类型攻击的威胁。

3. WSN无线传感网与RFID融合

RFID系统侧重于识别目标，实现对目标的标识和管理，但是RFID系统的读写距离有限、抗干扰性能较差、成本较高。

WSN无线传感网侧重于组网，实现数据传递，优点是部署简单、成本低廉，但不能实现对目标的标识和管理。因此，WSN与RFID两者具有互补特性。它们可在两个不同层面进行融合，即物联网架构下的RFID与WSN的融合，和传感器架构下的RFID与WSN的融合。

图15-17是物联网架构下的RFID与WSN的融合。图中URI（Uniform Resource Identifier）为统一资源标识识别符，RFID-RS为解析服务器、RFID-IS为信息发布服务器。

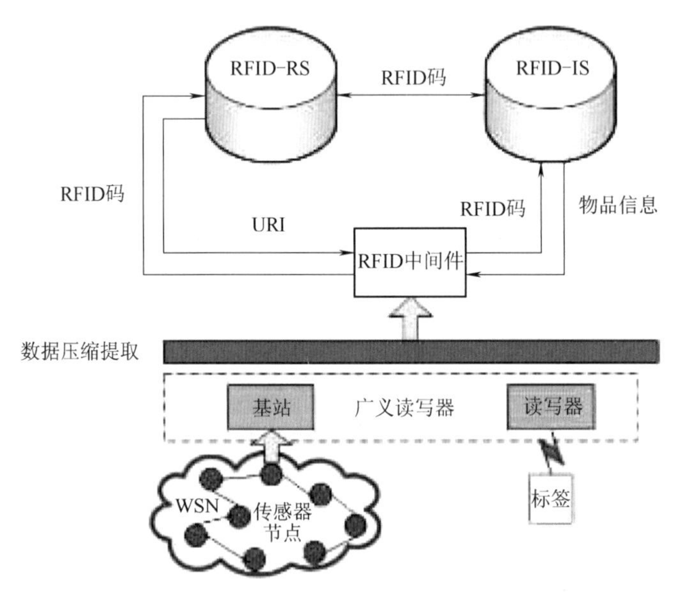

图15-17　物联网架构下的WSN与RFID融合

WSN无线传感器网络的每个节点除配备了一个或多个传感器之外，还装备了一个无线电收发器、一个很小的微控制器和一个能源（通常为电池）。

从传感节点的系统组成上看，WSN 传感器网络可以看作是多个增加了无线通信模块的智能传感器组成的自组织网络。

WSN 传感器网络中传感节点可以分解为：传感模块、微处理器、无线通信模块、电源模块和增强功能模块五个部分，包括感应、通信、计算（硬件、软件、算法）三个方面，关键技术为无线数据库技术。在使用无线传感器网络时，特别是多次跳跃路由协议，例如摩托罗拉控制系统中的 ZigBee 无线协议。

4. M2M 物品对物品的互联技术

M2M（Machine to Machine）英文的含义是“机器对机器或物体对物体”，是将数据从一个终端传送到另一个终端，也就是机器与机器的对话。从广义上讲可代表机器对机器（Machine to Machine）、人对机器（Man to Machine）、机器对人（Machine to Man）、移动网络对机器（Mobile to Machine）之间的连接与通信，它涵盖了人、机器、系统之间建立通信连接的技术和手段。这里所指的“物体”或“设备”可以小到一个 RFID 芯片或嵌入人体内的生物传感器，大到行驶中的一列高速火车或一架航天飞机。

M2M 可以是一对一；也可以是一对多，把所有的末端装置连接到一台云计算中心的超级计算机上，实现大集成的“监-管-控”。M2M 通过无线网络通信时，主要有两种候选技术：采用 IEEE 802.11 a/b/g 传输协议的 WLAN 无线局域网和采用 ZigBee 传输协议的无线局域网。

ZigBee 是一种低速短距离传输无线网络协定，主要特点是：低速、低耗电、低成本、可以支援大量网络节点、支援多种网络拓扑、复杂度低、快速、可靠、安全。

WLAN 无线局域网和 ZigBee 技术的主要区别在于数据传输速率、功耗和网络拓扑。802.11 a/b/g 无线局域网连接可以达到 11～54Mbit/s，而 ZigBee 只有 250kbit/s。ZigBee 对功率的要求很低，因此适合于低功耗移动设备或者用电池供电的有源标签。802.11 可以传送大量数据，支持基于 Web 的应用；而 ZigBee 适合于周期性或间歇性数据发射，或单一数据发射。WLAN 是无线以太网网络，而 ZigBee 则是无线串行网络。

WLAN 无线局域网设备可以用于现有的快速 WLAN 网络中，可以提供高的数据率。另外，这些设备包含丰富的网络协议和 Web 服务，提供多样的安全特性。

WLAN 无线局域网和 ZigBee 在嵌入式设备的 M2M 组网中都有可靠稳定的协议，针对不同需求，可以独立或者混合构成 M2M 无线网络。

ZigBee 的低数据率保证功耗更低。ZigBee 设备可以在大部分时间“休眠”，只在工作或周期性更新时激活，使得电池寿命可以达到 6 个月至数年。采用 ZigBee 构成的无线 Mesh 网络具有自组织网络和自愈能力。

无线 Mesh 网络是一种与传统无线网络完全不同的新型无线网络技术。传统的无线接入技术中，主要采用点到点或者点到多点的拓扑结构。这种拓扑结构一般都存在一个中心节点，例如移动通信系统中的基站、802.11 无线局域网中的接入点（AP）等。中心节点与各个无线终端通过单跳与无线链路相连，控制各无线终端对无线网络的访问；同时，又通过有线链路与有线骨干网相连，提供到骨干网的连接。

在无线 Mesh 网络中，采用网状 Mesh 拓扑结构，是一种多点到多点网络拓扑结构。在这种 Mesh 网络结构中，各网络节点通过相邻其他网络节点，以无线多跳方式相连。因此，无线 Mesh 网络也称“多跳（Multi-hop）”网络，可以让成百上千的 ZigBee 设备进行互联，特别适合于有很多设备需要进行 M2M 连接的情况（如传感器网络）。

无线 Mesh 网络由 Mesh Routers（Mesh 路由器）和 Mesh Clients（Mesh 客户端）组成，其中 Mesh 路由器构成骨干网络，并和有线互联网相连接，为 Mesh Clients（客户端）提供多跳的无线互联网连接，如图 15-18 所示。

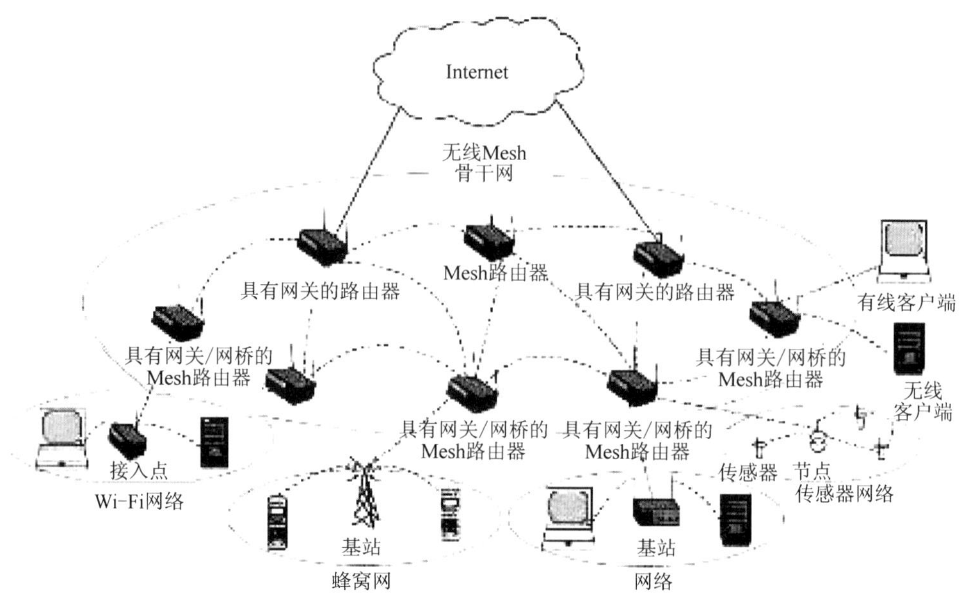

图 15-18　无线 Mesh 网络与互联网融合

15.3.3　云计算产业

物联网通过传感器采集到的数据量达到难以计数的惊人数量，而云计算可以对这些海量数据进行智能处理。因此，云计算是物联网发展的基石，而物联网又是云计算的最大用户，促进着云计算的发展。二者的融合可谓珠联璧合，相辅相成。云计算改变了传统获取计算资源的方式，成为互联网服务的重要支撑。

“云”其实就是网络，是互联网的一种比喻说法。因为过去在图中往往用“云”来表示电信网络，后来也用“云”来表示互联网和抽象的底层基础设施。从云端获取所需的计算服务内容就是云计算。“云”中的资源可以无限扩展，并且可以随时获取，按需使用，按使用付费。这种使用 IT 基础设施的特性常被称为像使用水电那样方便。

云计算的核心是服务，通过互联网为用户提供廉价的计算资源服务，根据不同用户，可以提供 IaaS、PaaS 和 SaaS 三个级别的服务。

15.3.4　AI 人工智能产业

人工智能，英文缩写为 AI。它是研究、开发用于模拟、延伸和扩展人类智能的理论、方法、技术及应用的一门新的科学技术。人工智能可以模拟人的意识和思维过程，可以像人那样思考，也可能超过人的智能。该领域的研究包括机器人、语言识别、图像识别、自然语言处理和专家系统等。人工智能可以比作一个不大懂事的小孩，为了吸收人类大量的知识（数据），需要经过不断的深度学习，才能进化成为一个“高人”。

15.3.5　物联网的四大通信网络群

互联网以 TCP/IP 的有线网络为主要数据传输载体。而物联网的信息传输则更多依赖于无线传输网络技术。包括短距离无线通信的 RFID 和 Mesh、短距离有线通信、长距离无线通信的（GSM、CDMA 和 5G）网络、长距离有线通信网络四大通信网络群，如图 15-19 所示。

1. 短距离无线通信网

包括 10 多种短距离无线通信标准网络（如 ZigBee、蓝牙、RFID）以及组合形成的 Mesh 无线网。

2. 短距离有线通信网

主要依赖 10 多种现场总线（如 ModBus、DeviceNet 等）网络，以及 PLC（可编程控制器）电力线载波等网络。

3. 长距离无线通信网

包括 GPRS/CDMA、3G、4G、5G 等蜂窝网及 GPS 全球定位系统通信网和北斗卫星通信定位网络。

4. 长距离有线通信网

支持 TCP/IP 的宽带接入网络，包括三网融合及国家电网的通信网。

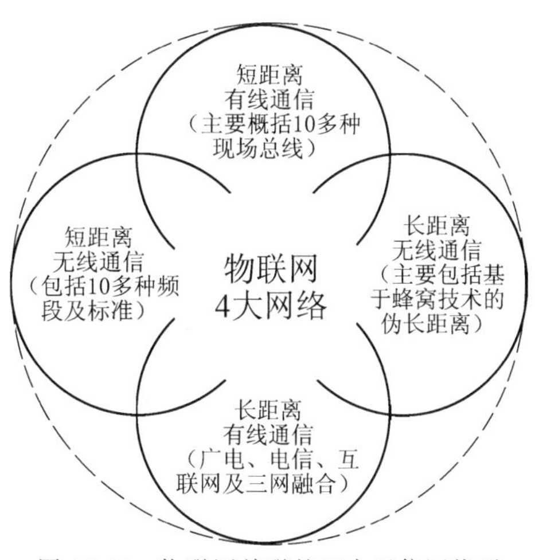

图 15-19　物联网关联的四大通信网络群

15.4　物联网的产业链、软件和中间件

15.4.1　物联网的产业链

物联网由感知层设备制造产业、网络传输产业、云计算产业、软件服务产业、应用服务产业五个产业链组成，它们环环相扣，组成物联网完整体系，如图 15-20 所示。

（1）感知层设备制造产业：包括各种传感器、RFID、GPS 卫星导航通信设备、摄像机等产业。

（2）网络传输产业：包括移动通信网、广电广播网、宽带接入网和企业专网。

（3）云计算产业：包括 SaaS 云软件服务、PaaS 云平台服务、IaaS 云基础设施服务三个层次的架构服务。

（4）软件服务产业：应用软件和中间件系统集成。

（5）应用服务产业：包括软件测试和认证、系统运营和管理。

图 15-20　物联网的产业链

15.4.2　软件和中间件是物联网的灵魂

物联网的核心是实现系统大集成的软件和中间件。软件（包括嵌入式软件）和中间件将起到至关重要的关键和灵魂的作用。

物联网中间件：处于物联网集成服务器端和在感知层、传输层的嵌入式设备中。其中服务器端的中间件称为物联网业务的基础中间件（又称框架 Framework 或平台 Platform）。

RFID中间件：RFID中间件是介于前端读写器硬件模块与后端数据库、应用软件之间的一种软件装置。RFID中间件的主要任务是：对读写器传来的与电子标签相关的数据进行过滤、汇总、计算、分组和减少读写器传送给应用系统的大量原始数据和事件数据中的类同冗余。因此，可以说RFID中间件是RFID系统应用的核心设施。图15-21是分布式RFID中间件的分层结构图。

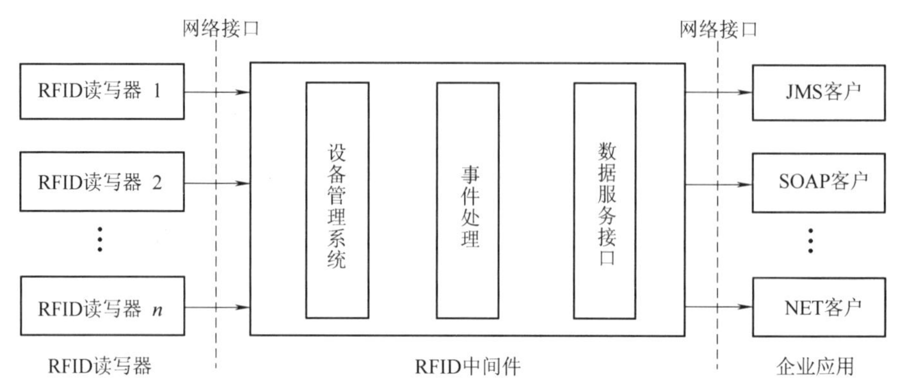

图15-21　分布式RFID中间件的分层结构图

RFID中间件的主要功能集中在数据实时采集、数据处理、数据过滤、数据共享和安全服务五个方面。它屏蔽了RFID设备的多样性和复杂性，为后台业务系统提供强大的支撑，衔接网络应用系统的各部分和不同的应用，达到资源共享和功能共享的目的，实现更广泛、更丰富的RFID应用。

15.5　云计算是物联网产业的重要支撑

物联网感知层有大量的传感器、RFID、多媒体等信息源，每个物品都可能存在有自己的识别标识。这些海量数据的存储计算、挖掘和分析，只有通过云计算这样强大的后台支撑才能实现。图15-22是物联网产业链中的云计算。

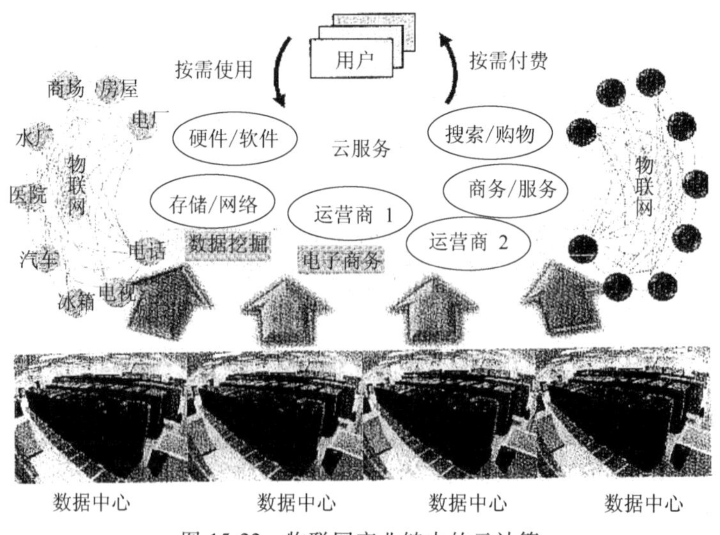

图15-22　物联网产业链中的云计算

云计算（Cloud Computing）的核心是依托先进的软件技术、以虚拟化的方式通过网络以按需、易扩展的方式获得所需的服务。云计算最基本的概念是通过网络将庞大的计算处理程序自动分拆成无数个较小的子程序，再由多部服务器所组成庞大系统，进行搜索、计算分析之后，将处理结果回传给用户。这项技术，使远程服务供应商可以在数秒之内，完成处理数以千万计甚至数亿计的信息，达到与“超级电脑”同样强大性能的网络服务。

云计算用户不需要了解“云”中基础设施的细节，不必具有相关的专业知识，也无须直接进行控制。云计算描述了一种基于互联网新增加的 IT 服务、使用和交付模式，通过互联网来提供动态、易扩展、虚拟化的资源。

云计算的核心理念就是通过不断提高“云”的处理能力，减少用户终端的处理负担，最终使用户终端简化成一个单纯的输入、输出设备，并能按需享受“云”的强大计算和处理能力。

云计算的特点：

(1) 通过互联网提供服务，用户可以方便地参与面向海量信息处理。

(2) 以虚拟化技术快速部署资源。

(3) 在部署、管理与撤销资源等方面具有无限改变其规模的功能。可实现动态的、无限伸缩的扩展，以适应多种需求。

(4) 按需求提供资源、按使用量付费，成本更低廉。

(5) 形态灵活，聚散自如。

(6) 减少用户终端的处理负担。

(7) 易于使用：容易配置、访问和管理服务，降低用户对于 IT 专业知识的依赖。

15.5.1　云计算的定义和服务层次

云计算的本质是通过网络提供服务，其体系结构以服务为核心。它旨在通过网络把多个成本相对较低的计算实体整合成一个具有强大计算能力的完美系统，并借助 SaaS 软件服务、PaaS 平台服务、IaaS 基础设施服务等强大的计算能力分布到终端用户手中。

云计算是将一项复杂的运算任务，通过“云”（即网络）转移到“云”中存在的大量分布式计算机服务器和存储设备集群中，进行各种复杂运算、处理和存储，在远端的客户可以获取所需的服务。云计算在完成大型计算的同时，实现了资源的有效利用，减少了客户端的大量设备投资和资源消耗，达到与超级计算机同样的效果。

事实上，许多云计算部署依赖于计算机集群，也吸收了自主计算和效用计算的特点。从硬件结构上来看是一种多对一的结构，从服务的角度或从功能的角度它是一对多的服务。

云计算通过一个分布的、可以全球访问的资源结构，使数据中心在类似互联网的环境下运行计算。最终使用这个资源的客户不需要关心这个资源在哪里和怎么部署，他只要提交申请，然后是一系列自动化的流程，最后拿到的就是“交钥匙”式的解决方案。

1. 云计算的定义

云计算目前还没有统一的定义，从应用角度而言，云计算是指把分布在各地的大量计算机服务器，通过“云”（即可提供资源的网络）把它们集群在一起，构成一个运算资源平台，让远端客户通过网页浏览器来获取资源，用户无须关注自身是通过何种设备或在何地介入获取资源。客户只要告诉“云”自己的需求，例如需要多大的计算能力，需要部署什么样的软件，需要做什么样的测试；而不用管资源配置和流程的细节。“云”最后可满足客户提出的需求。“云”的工作完成后会给客户一个 IP 地址，客户可以通过这个 IP 地址来获取满足自己的需求服务。“云计算”最吸引人的地方是客户只要提出需求，剩下的事情则由一个自动流程来完成。

互联网上的云计算用虚拟技术把所有的资料都存储在服务器上，我们需要的时候，直接拿过来用，资料数据不是放在本地，也不存放在本地计算机上。

云计算的基础设施管理、客户的资源分配、负载均衡、软件部署、安全控制和使用费结算等通常都由大型数据中心服务商提供。

2. 云计算的三个服务层次

云计算架构的服务层次分为：第一层，软件服务（SaaS）；第二层，平台服务（PaaS）；第三层，基础设施服务（IaaS），如图15-23所示。物联网也有三层架构：感知层、传输层、智能处理层。物联网发展到在物理资源层的海量终端和海量数据运算与云计算结合是水到渠成的事，为解决物联网应用的海量终端接入和数据处理云计算提供了有效途径。云计算的服务层次如下：

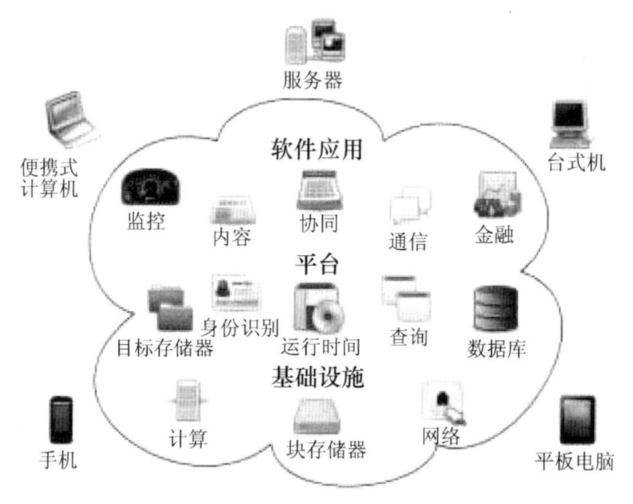

图15-23　云计算的三个服务层次

（1）上层服务：SaaS（软件服务）。SaaS（Software as a Service，软件服务）是一种软件交付模式。SaaS打破了以往大企业垄断的局面，让所有人都可以在其上面自由创意，提供各式各样的软件服务。世界各地的软件开发者都可参与。

SaaS为各类行业应用和信息共享提供了有效途径，也为高效利用基础设施资源、实现高性价比的海量数据处理提供了可能。

SaaS依赖物联网感知层的各种信息采集设备采集的大量的数据，并以这些数据为基础进行关联分析和处理，向用户提供最终的业务功能和服务。

例如：在收集气象信息资料过程中，多个传感网服务提供商在不同地域布放气象信息传感节点，提供各个地域气象环境的基础信息。SaaS将多个这样的传感网信息聚合起来，进行分析和处理，然后开放给公众，为公众提供出行指南。同时，这些信息也被送到政府的监控中心，一旦有突发的气象事件，政府的公共服务机构就可以迅速展开行动。

（2）中层服务：PaaS（平台服务）。PaaS（Platform as a Service，平台服务）将软件研发平台作为一种服务，以SaaS的模式提交给用户。PaaS打造程序开发平台与操作系统平台，让开发人员可以通过网络撰写程序与服务，一般消费者也可以在上面运行程序。

PaaS平台服务公司在网上提供各种开发和分发应用的解决方案，比如虚拟服务器和操作系统。这样节省了用户在硬件上的费用，也让分散的工作室之间的合作变得更加容易。

PaaS是一套“云”交付服务，为“云”应用开发、部署、管理及整合创造环境。借助“云”工具和服务，并应用生命周期中的关键开发任务标准化，从而降低成本和复杂性，加速创造价值。

（3）下层服务：IaaS（基础设施服务）。IaaS（Infrastructure as a Service，基础设施服务）将基础设施（如服务器、数据库、存储设备、网络设备、网络安全、软件等资源）集成起来，像旅馆一样，分隔成不同的房间供企业租用。用户无须购买这些资源设备，只要通过网络租赁即可搭建自己的应用系统。节省了维护成本和办公场地，消费者可以在任何时候利用这些软硬件设备及各种基础运算资源来部署和执行操作系统或应用程式等，但是不能控管或控制底层的基础设施，有时也可以有限度地控制特定的网络元件，如主机端的防火墙。

物联网应用平台可以在 IaaS 技术虚拟化的基础上实现物理（软硬件）资源共享，实现业务处理能力的动态扩展，具有可扩展性和统计复用能力，允许用户按需使用。

目前国内建设的与物联网相关的一些云计算中心、云计算平台，主要是 IaaS 模式在物联网领域的应用。

15.5.2 云计算的四种部署模型

国际标准和技术研究机构 NIST（National Institute of Standards and Technology）把云计算的部署模式分为私有云（Private Cloud）、公共云（Public Cloud）、混合云（Hybrid Cloud）和社区云（Community Cloud）四个类型的“云”。

1. 私有云

私有云又称专有云，私有云的核心特征是云端资源只为公司内部员工提供服务。创建私有云，除了租赁硬件资源外，一般还有云设备软件和开放源代码的云设备软件。

而云端的所有权、日常管理和操作的主体到底属于谁并没有严格的规定，可能是本单位，也可能是第三方机构，或者是二者联合。云端可能托管在其他地方。

现时大部分中小企业购买云服务时，都采用私有云平台。私有云由于服务范围小，它没法达到公共云的规模效应和资源共享范围。

2. 公共云

公共云比私有云可获得更大的共享资源范围和更大的规模效应。公共云的云端资源开放给社会公众使用。

云端的所有权、日常管理和操作的主体可以是一个商业组织、学术机构、政府部门或者它们其中的几个联合。云端可能部署在本地，也可能部署于其他地方。

3. 混合云

对大型 IDC 数据中心调查表明，在大型企业中，公共云和私有云一个都不能少，他们更加喜欢使用私有云和公共云混合后的混合云。在混合云中，并不是说私有云和公共云各自为政，而是私有云和公共云同时协调工作。

混合云由两个或两个以上不同类型的云组成，它们各自独立，但用标准的或专有的技术将它们组合起来，而这些技术能实现云之间的数据和应用程序的平滑流转。由私有云和公共云构成的混合云是目前最流行的。当私有云资源短暂性需求过大时，可自动租赁公共云资源来平抑私有云资源的需求峰值。例如，网站在节假日期间点击量巨大，这时就会临时使用公共云资源来应急。图 15-24 是混合云架构图。

在私有云里实现数据存储、数据库和服务处理。在需求高峰期时，可以充分利用公共云来完成数据处理需求，因为公共云只会向你收取使用资源费，所以混合云将成为处理需求高峰的一个非常便宜的方式。此外，还可以给公司员工提供计算服务的云计算是私有云，为外部用户或消费者提供产品服务通常采用公共云。

4. 社区云

社区云是专门为目标群体构建和运营的私有云的混合形式。这些社区具有类似的云要求，其最终目标是共同努力以实现其业务目标。社区云通常是为从事联合项目、应用程序或研究的企业和组织设计的，这需要中央云计算设施来构建、管理和执行此类项目，而不管租用的解决方案如何。

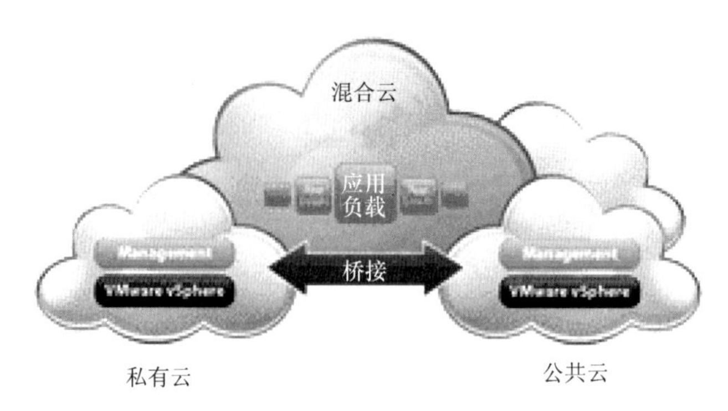

图 15-24　混合云架构图

社区云的云端资源专门给固定的几个单位内的用户使用，而这些单位对云端具有相同诉求（如安全要求、云端使命、规章制度、合规性要求等）。

云端的所有权、日常管理和操作的主体可能是本社区内的一个或多个单位，也可能是社区外的第三方机构，还可能是二者的联合。云端可能部署在本地，也可能部署于他处。

15.5.3　云计算的数据安全

“云计算”的营运环境意味着要依靠第三方来提供服务，这种服务可能来自不同的地区，还有可能位于其他国家。委托第三方提供服务的安全风险可能会很大。因此，云服务提供商必须确保透过云所提供的应用程式服务是安全的，外包或套件的程式码必须通过测试与可用性的验收程序。需要在正式营运环境中建立适当的应用层级安全防护措施（分散式网站应用层级防火墙）。

数据安全可以通过一些技术措施或者非技术的方式来保证数据访问受到合理控制，并保证数据不被人为泄露或者意外的损坏或更改。由于传统软件和云计算在技术架构上有着非常明显的差异，这就需要我们用不同的思路来思考两种架构下有关数据安全的解决方案。

1. 数据安全的技术防护措施

云计算数据安全的技术防护措施除采用防火墙、入侵检测、安全配置、数据加密、访问认证、权限控制、数据备份等手段来保证数据安全性外，还采用以下多项防护措施：

（1）数据隐私。传统的IT系统通常搭建在客户自身（即第一方）的数据中心内，数据中心的内部防火墙保证了系统数据的安全性。由于云计算架构的特点，云计算的所有数据将由第三方而非第一方来负责维护，这些数据可能被存储在非常分散的地方，并且都按照透明方式进行存储。尽管防火墙能够对恶意的外来攻击提供一定程度的保护，但这种架构使得一些关键性的数据可能被泄露，无论是偶然还是恶意。例如，由于开发和维护的需要，软件提供商的员工一般都能够访问存储在云平台上的数据，一旦这些员工信息被非法获得，黑客便可以在万维网上，访问部署在云平台上的程序或者得到关键性的数据。

无论私有云部署在什么地理位置，企业都拥有完全的IT资源控制能力。通过网络控制和独享的防火墙保护，私有云上的企业数据能够得到与传统IT架构下企业数据相同级别的安全保障。因此，企业可以选择构建私有云或者混合云来实现弹性计算和数据隐私的均衡。

实施私有云计算的第一步，也是最重要的一步，是重新搭建IT基础架构，将现有的处理器、存储器、网络等IT资源高度虚拟化（虚拟私有云，简称VPC）并重新组织整合。

（2）数据隔离。云计算平台的软件系统广泛采用Multi-Tenancy（多租户）架构，即单个软件系统服务于多个客户组织。在Multi-Tenancy架构下，由于所有客户数据都被共同保存在唯一一个软件系统内，因此需要开发额外的数据隔离机制来保证各个客户之间的数据不可见性，并提供相应的灾备方案。

目前已经有几种成熟的架构来帮助系统实现数据隔离：Shared Schema Multi-Tenancy（共享表架构）、Separated Database（分离数据库架构）和 Shared Database Separated Schema（分离表架构）。

（3）访问控制。用户需要拥有对自己数据的全面控制能力。云服务提供商应提供相应的机制，支持用户对自己数据的监管、授权和访问控制。用户需要知道，谁访问或谁复制了自己的数据，他们是否有授权。

（4）身份管理。每一家企业都有自己用来控管计算资源与资讯存取的身份管理系统。云服务提供商可在基础设施上用联邦制或 SSO（Single Sign-On，单点登录）技术来整合客户身份管理系统，或是提供自己的身份管理方案。

（5）SaaS 软件服务应用系统的安全风险对策。一个安全的 SaaS 应用软件具备五个层面的安全性，构成一个完整的解决方案：物理安全、网络安全、系统安全、应用安全和管理安全。

1）物理安全控制策略：

① 建立硬件环境防范体系。服务商的系统硬件和运行环境是 SaaS 应用运行的最基本要素，要保证存放 SaaS 的服务器、通信设备等场地的安全，确保计算机的正常运行。

② 建立多层级备份机制。数据备份是为了防止系统操作错误或系统故障而导致数据丢失的防护手段，可以确保在出现重大问题时，用户数据能够迅速恢复，且不被第三方截获，保证运营服务系统的安全。

2）网络安全控制策略：

① 防火墙作为不同网络或网络安全域之间信息的出入口，能根据网络系统的安全策略控制出入网络的信息流，且本身具有较强的抗攻击能力，有效地保证了内部网络的安全。

② 启用入侵检测系统。这是防火墙之后的第二道安全闸门，能够有效地防止黑客攻击，在计算机网络上实时监控网络传输，分析来自网络外部和内部的入侵信号。在系统受到危害前发出警告，实时对攻击做出反应，并提供补救措施。

③ 实施网络监控。利用网络监控系统对网络设备的运行状况进行 7×24h 实时监控，使网络在出现故障的第一时间即能得到报警。

④ 数据传输控制。SaaS 应用完全基于互联网，采用安全超文本协议 HTTPS（Hypertext Transfer Protocol over Secure Socket Layer）。

⑤ 联手网络通信商。通信运营商在网络方面有排他性优势，可以提供软件服务、服务器托管、网络接入等一条龙服务，从而实现端到端的服务等级协定保障（Service Level Agreement，SEA）。

3）系统安全控制策略：

① 系统加固。服务器的安全是 SaaS 厂商实力在用户眼中最直观的体现。可以通过在 SaaS 应用服务器前端部署负载均衡设备，实现多台应用服务器之间的负载均衡和高可用性。

② 漏洞扫描修复。无论是操作系统、浏览器还是其他应用软件都存在各种各样的容易被黑客利用的漏洞，为此，要配置网站安全扫描平台，实时监测最新发现的漏洞和薄弱环节，并及时安装补丁修复程序。

③ 病毒防护。制定多层次、全方位的防毒策略，通过应用网络防病毒产品、关闭系统中不必要的应用程序以及做好移动硬盘、U 盘等设备使用前的扫描杀毒工作，建立网络病毒防护体系。

4）应用安全控制策略：

① 数据隔离。软件提供商为了保证最低的系统实施成本，在数据隔离方案上通常选择共享

数据库、共享数据模式方式，因此必须采用数据隔离方法来保证用户数据仍然像使用独立数据库一样安全。

② 数据加密。SaaS应用的数据库是由运营商管理。对于一些敏感数据，例如公司的财务数据，可以考虑加密。

③ 权限控制。采用访问控制列表（ALC）来界定访问权限和数据操作，保证用户正常使用。

④ 身份认证。防止非法用户使用系统。

5）管理安全控制策略：

① 选择合适的SaaS服务提供商。企业应根据SaaS模式的业务特点、预定目标设定选择标准及企业成本控制，慎重选择供应商，相对于价格，安全性和服务保障更为重要。

② 完善的安全管理制度。企业应按照计算机信息安全的有关要求，按责、权、利相结合的原则，建立健全的SaaS系统岗位责任制度、安全日志制度等，做到有章可循、有法可依。

③ 人员安全管理。提高安全意识是保证SaaS服务安全的重要前提，应加强对系统维护人员和技术支持人员的安全教育和技术培训。信息安全管理的根本立足点是规范企业员工的行为，增强操作人员的安全管理意识，培育提高人员的诚信和道德水平，以及应急事件处理能力。

④ 建立监理监督制度。SaaS的用户可能对SaaS应用实施过程与标准不甚了解，可以利用第三方监理监督机制来辅助实施与管理，确保SaaS应用模式更合理、有效地运行和发展。

2. 非技术性的安全措施

非技术性的安全措施也是用户关注的焦点问题，是一个涉及云服务提供商的公信力、制度、技术、法律甚至监管等多个层面的复杂问题，需要用户不断转变固有观念，更需要云服务提供商做出努力，建立更具公信力、更安全的云服务。

（1）管理完善的数据中心不仅能够确保数据的隐私性，而且还能确保数据不会受到毁坏；进行适当检查和核查、撰写完善的合同与服务级别协议（SLA），确保保密性、完整性和可用性义务得到明确的定义和执行。

（2）云计算服务提供商的公信力：云计算模式下，用户需要把自己的业务数据、IT业务流程等核心资源保存在第三方，并且由于虚拟化，用户并不清楚这些资源实际存储在何处。需要云服务提供商具备相当的公信力，用户才可能采取这种模式。

15.6 物联网在我国的应用

物联网的应用领域非常广泛，几乎涉及我们生活中的所有方面。我国物联网开发应用始于2005年，首先用于超市购物、公共交通、门禁系统和二代身份证等。随着物联网技术和配套设施的不断完善，现在应用面越来越广，下面列举几个应用实例。

15.6.1 物联网在防入侵和电视监控中的应用

采用多种传感手段组成的电视监控系统，可以防止人员翻越、偷渡、恐怖袭击等攻击性的入侵。国家民航总局正式发文要求，全国民用机场都要采用国产传感网防入侵系统。至2009年8月，仅浦东国际机场直接采购的国产传感网产品金额为4000多万元，加上1000万元配件共5000万元。全国200家民用机场如果都加装防入侵系统，将会产生上百亿的市场规模。

（1）上海浦东国际机场在27.1km周界范围内铺设了3万多个传感节点组成的传感网，能自动甄别各传感节点周围的非法入侵，覆盖了地面、栅栏和低空探测，可以防止人员的翻越、偷渡、恐怖袭击等攻击性入侵。

（2）上海世博园安保系统向无锡传感网中心购买1500万元的防入侵微纳传感网产品。

（3）图 15-25 是 5.12 汶川大地震唐家山堰塞湖实时监测系统。

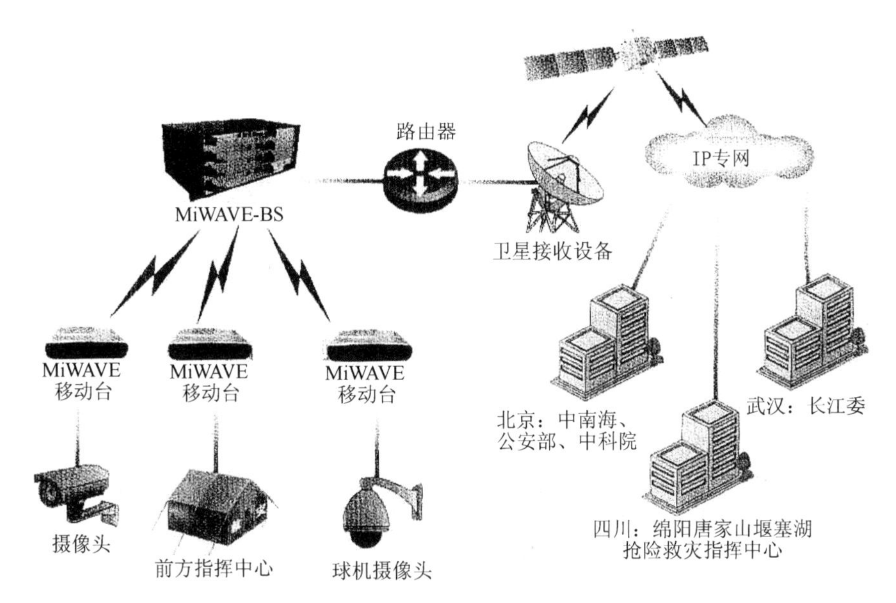

图 15-25　唐家山堰塞湖实时监测系统

15.6.2　ZigBee 路灯节能控制系统

ZigBee 技术是一种近距离、低成本、低功耗、低速率、低复杂度的双向无线通信技术。现今，它已被大量运用于功耗低、距离短、传输速率不高的各种电子设备之间的数据传输，以及典型的周期性数据、间歇性数据和低反应时间的数据传输。图 15-26 是 ZigBee 路灯节能控制系统架构图。

ZigBee 技术具有低功耗（两节 5 号电池可以维持 ZigBee 设备长达 6 个月到 2 年的使用时间）、低成本（ZigBee 模块的初始成本不到 4 美元，并且还在不断下降中，ZigBee 协议是免费的）、安全、可靠、时延短（从休眠状态激活的时延和通信时延都非常短）、网络容量大（一个 ZigBee 网络最多可以容纳一个主设备及 254 个从设备，一个区域内最多可以同时存在 100 个 ZigBee 网络）等特点。

ZigBee 技术的设备联网功能十分优越，可以支持簇状结构、网状结构和星形结构三种自组织无线网络。ZigBee 通信协议组成的无线 Mesh 网状网络（即“多跳/multi-hop”网络），具有自组织和自愈合的特性。

控制节点间能够自动形成通用分组无线服务 GPRS（General Packet Radio Service）与 ZigBee 技术相结合的两层无线网络结构。通过 GPRS 无线网络，各 ZigBee 子网都能够实现与远程控制中心相连，组成大区域的控制网络。图 15-27 是路灯控制器原理。

针对道路照明系统特殊的“长链型”网络拓扑结构和考虑到系统的健壮性和可靠性，采用 ZigBee 网状拓扑结构，这样 ZigBee 子网就有内置冗余保证，在网络中有节点离开网络、没有办法正常运行时，节点数据将会自动路由到一个替换节点，系统的可靠性、健壮性以及稳定性都可以得到保证。

无线控制网络由许多个节点间相互协调分工组成。ZigBee 无线控制网络的一个单元就是一个节点，它承载网络系统的通信，是整个系统的基础。

路灯控制节点的主要功能是采集信息、执行控制及无线通信的作用，节能控制系统的关键及

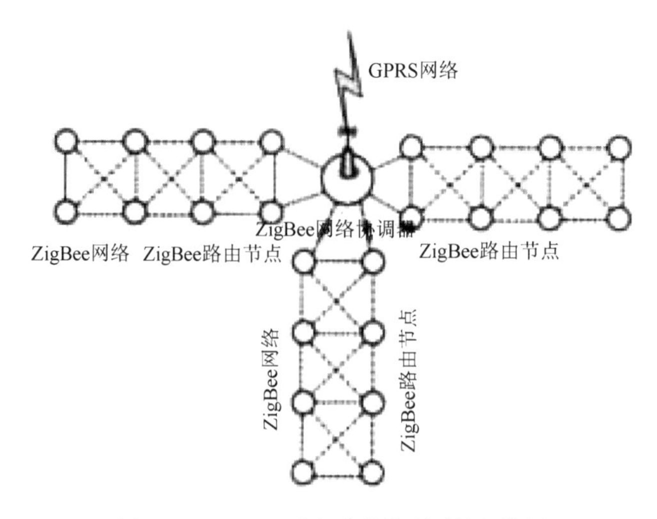

图 15-26　ZigBee 路灯节能控制系统架构图

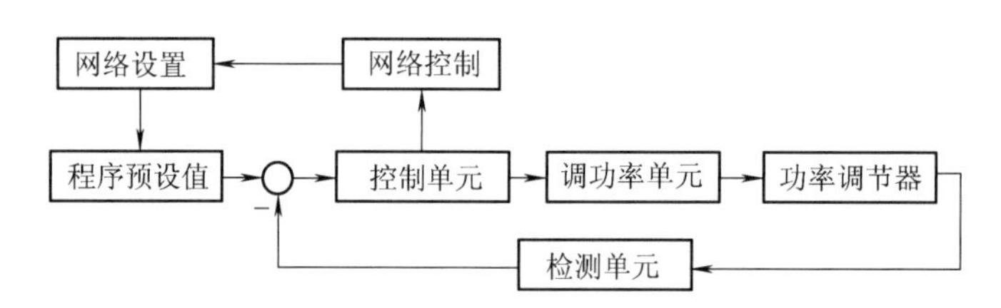

图 15-27　路灯控制器原理

难点都在节点的硬件设计以及软件设计。ZigBee 的路由节点安装在路灯灯杆上，起着路灯节能控制和为其他无线节点作为中继转发的作用。图 15-28 是控制节点体系结构图。

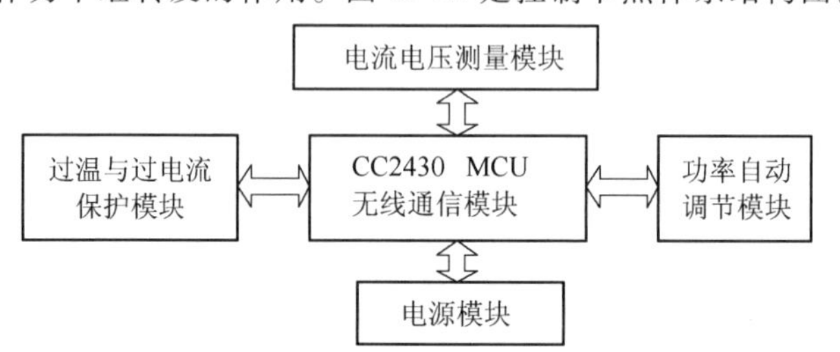

图 15-28　控制节点体系结构图

由电流电压互感器组成的电流电压测量模块，用 CC2430 采样模块来获取电路中当前的电流电压等电力参数。过温与过电流保护模块的目的是保护控制器节点安全，它可以自动检测出一些有害的突发事件，如供电故障、控制异常以及跳闸等，并且能够迅速把检测到的警报数据上传到远程控制中心。功率自动调节模块由 IR 电子整流器组成，根据由微控制器发出的信号，它可以经由控制继电器开关来改变接入电路中的节能电感量，从而可以达到功率闭环调节的目的。

由 ZigBee 通信协议组成的 Mesh 网络具有自组织与自愈合的特性，控制节点间能够自动形成网络。为简化软件设计，在 ZigBee 无线通信部分采用 IT 公司发布的 ZigBee 协议栈。在配置节点之前，必须对相关节点的信息进行初始化，对其进行事件函数的设定。在配置节点时，首先必须搞清楚各设备之间的相互关系和层级关系，例如各设备自己特有的 ID 号码，就像每个公民的身份证一样，做到不重不漏。

ZigBee 执行 IEEE 802. 15. 4 标准，见表 15-5。

表 15-5　IEEE 802.15.4 标准的技术数据

物理层（频段）/MHz	频带/MHz	信道数	码元速率 Kchip/s	调制方式	比特速率 kbit/s	符号速率 ksymbol/s
868/915	868~868.6	1	300	BPSK	20	20
	902~928	10	600	BPSK	40	40
2400		16	2000	O-QPSK	250	62.5

15.6.3　高铁物联网技术应用

目前，中国高速铁路、城际铁路和城市轨道交通建设已进入发展速度最快的时期，围绕基础设施建设和物联网集成系统开发，正在形成万亿元级的庞大市场。

在高铁信息化建设中，列车信息的采集和传输是一项基础信息工程，铁道部一直在不断寻求各种途径改进铁路信息系统的基础设施。实现全路货车、机车、列车、集装箱追踪管理，满足铁路运输管理信息系统对列车、车辆等基础信息的需求。在全路数千个信息采集点上，基于 RFID 技术的信息采集模式已在高铁信息化建设中发挥了巨大作用。

为更好地提供铁路运输安全保障，及时有效防范和预警车辆事故的发生，车号自动识别系统作为列车车辆智能跟踪装置与“5T”结合（“5T”系统包括红外线轴温探测故障智能跟踪系统、货车运行状态地面安全监测系统、货车运行故障动态图像检测系统、货车滚动轴承早期故障轨声学诊断系统、客车运行安全监控系统），通过智能化、网络化等技术，实现地面设备对运行车辆的动态检测、数据集中、联网运行、远程监控、信息共享的安全防范预警体系。最终实现铁路运输作业管理现代化、网络化和资源共享。可及时、准确地获得通过站台列车的车次、每节车辆的车号以及列车的终到、始发信息等。

为应对中国巨大的铁路客运量，我国首家高铁物联网技术应用中心 2010 年 6 月 18 日在苏州科技城建成，并于 7 月 1 日为正式通车的国家重点工程沪宁城际铁路投用。该中心将为高铁物联网产业发展提供科技支撑。

与以往单一的排长队购票、检票方式相比，现在已经升级为人性化、多样化的新方式。刷卡购票、手机购票、电话购票等新技术的集成使用，可让旅客不必再到拥挤的车站去购票；与地铁类似的检票方式，可让持有不同票据的各种旅客快速通过。

15.6.4　RFID 图书馆自动借阅系统

RFID 图书馆自动借阅系统包括图书流通管理（借还、防盗、图书定位查询）、馆藏资料管理（图书资料盘点、顺架）、内部管理（行政管理、资产管理）和数字资料服务等。这些工作的传统工作方式都是手工操作，工作量大、效率低、易出差错。采用 RFID 射频识别系统后，可实现无线点拣和分拣，大大降低了馆员的劳动强度，提高了工作效率。

RFID 图书馆自动借阅系统首先要在每个读者的借阅证和每本借阅文献的下方粘贴一块 RFID 被动式电子标签。借阅处的读写系统经自动扫描并识别读者信息和文献信息后，打印机会自动打印出借阅清单，由读者保存。归回时，读者将文献送到回收设备的 RFID 阅读器，并自动对文献上的电子标签进行扫描记录，再由回收设备的传送带送至回收车中，统一整理、分类后上架，以备再次借阅。每天为读者提供 24h 不间断服务。

RFID 无线阅读系统可实现非接触、远距离（5~10m 之内）、快速读取多个电子标签，只要用手持阅读器在书架上扫一遍，即可读取全部图书数据，简化了图书盘点工作，大大缩短盘点时间。图 15-29 是图书馆 RFID 智能馆藏借阅系统架构。

馆员智能分拣系统可对贴有 RFID 电子标签的流通资料进行识别和按类别进行分拣，大大减少馆员对图书资料的收集、归类、整理等工作量。还可直接连接到 24h 还书的自动分拣系统。

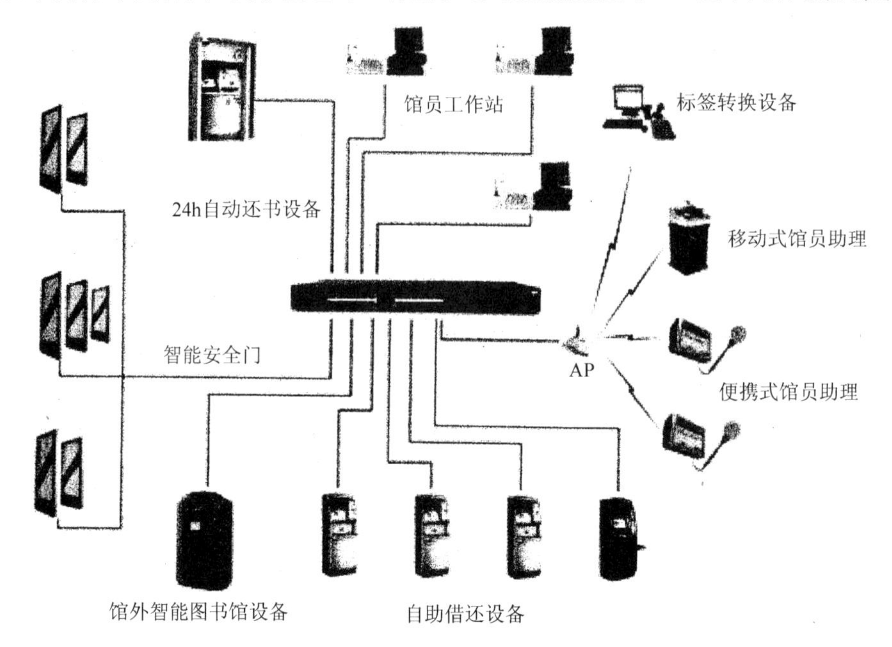

图 15-29　图书馆 RFID 智能馆藏借阅系统架构

集美大学诚毅学院图书馆作为国内第一家大规模成功采用 RFID 电子标签的图书馆，近年来，由于 RFID 电子标签价格的进一步下降，北京国家图书馆、深圳图书馆、杭州图书馆和北京理工大学图书馆等大型图书馆都相继安装了 RFID 系统。

15.6.5　智能交通

智能交通系统（Intelligent Transportation System，ITS）的核心是应用现代通信与网络技术、电子数据交换（Electrical Data Interchange，EDI）、GIS 地理环境信息系统、GPS 全球导航定位系统等技术，集成运用于整个交通运输管理体系，而建立起的一种在大范围内、全方位发挥作用、实时、准确、高效的综合运输和管理系统。

智能交通系统包括：交通信息服务系统、交通管理系统、车辆控制系统、营运货车管理系统、电子收费系统、紧急救援系统等。通过对车辆位置状态的实时跟踪，为车辆提供当前道路的交通信息、线路诱导信息，为物流企业的优化运输方案制定提供决策依据。这些技术的成功应用，能够使人和物以更快、更安全的方式完成空间移动，显著地减少交通事故，缓解交通拥挤，降低能源消耗，减轻环境污染。

智能交通系统的应用范围：包括机场、车站客流疏导系统、城市交通智能调度系统、高速公路智能调度系统、运营车辆调度管理系统、机动车自动控制系统等。

图 15-30 是智能交通系统架构图。系统由车载信息平台、无线/IP 互联网、交通指挥中心（TSP）、交通服务（ISP/ICP）四部分组成。

1. 系统功能

系统功能包括：交通监控与指挥；在线故障诊断；路况诊断；网络通信；车与车之间的点对点或点对多点通信（例如紧急制动时通知 50m 车距内的车紧急避让、高速公路上的车距警示等）。

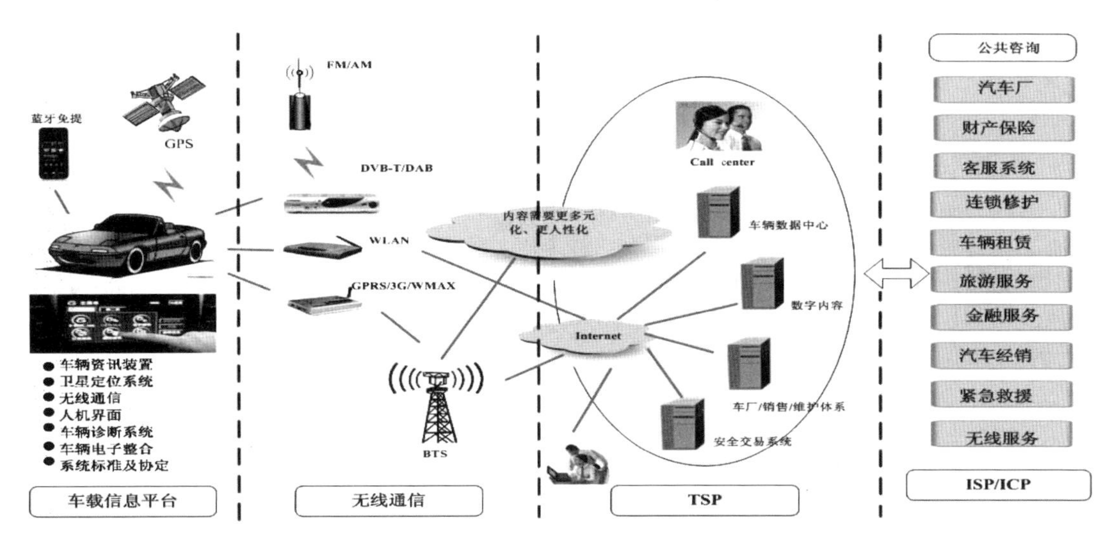

图 15-30　智能交通系统架构图

2. 时空特性

空间程序运行概念（例如 GPS 导航、空间位置、无人驾驶（军事）或者智能巡航方向控制）。

15.6.6　智能电网

智能电网（Smart Grid 或 Smart Electric Grid 或 Intelligent Grid）通过先进的传感和测量技术、先进的设备技术、先进的控制方法以及先进的决策支持系统技术，实现电网的可靠、安全、经济、高效、环境友好和使用安全的目标。

智能电网建立在低损耗输电网和先进的物联网两张紧密联系的网络上。高速、双向、实时、集成的物联网系统是实现智能电网的基础。参数量测技术是智能电网基本的组成部件，包括功率因数、电能质量、相位关系（WAMS）、设备健康状况和能力、表计的损坏、故障定位、变压器和线路负荷、关键元件的温度、停电确认、电能消费和预测等数据参数，供智能电网各个方面使用。图 15-31 是智能电网示意图。图 15-32 是智能电网拓扑图。

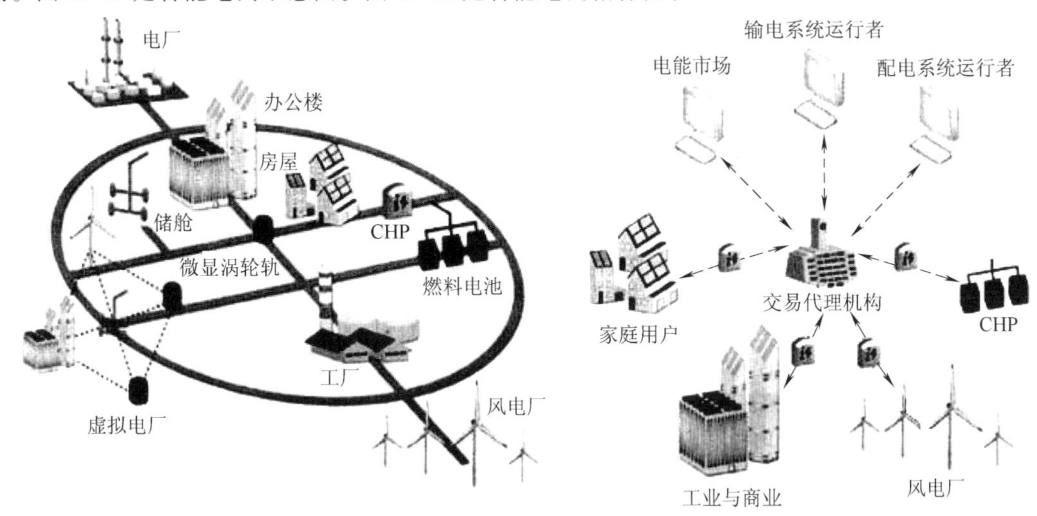

图 15-31　智能电网示意图

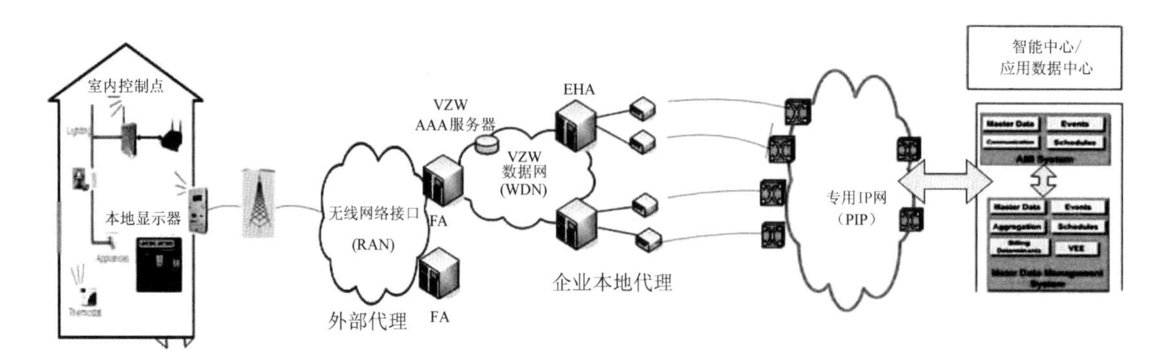

图 15-32　智能电网拓扑图

智能电网的基本功能：

1）监测电网供配电设施的运行状态，实现自动判断和自动调整控制，保障电网可靠、安全。

2）实现远程抄表和缴费，有效提升自动化运营能力。

3）提供自愈电网功能：这是智能电网最重要的特征。“自愈功能”是指在系统发生局部故障时，可以很少或不用人为干预，使系统迅速恢复到正常运行状态，从而几乎不中断对用户的供电服务。自愈电网进行连续不断地在线自我评估，以预测电网可能出现的问题，发现已经存在的或正在发展的问题，并立即采取措施加以控制或纠正。自愈电网确保了电网的可靠性、安全性、电能质量和效率。

4）提供满足用户需求的电能质量：电能质量指标包括电压偏移、频率偏移、三相不平衡、谐波、闪变、电压骤降和突升等。

5）容许各种不同类型发电和储能系统的接入：具有集成新能源，如风能、太阳能等的能力。

15.6.7　智能水利远程监控系统

智能水利远程监控系统是实现水利系统可管理、可监控、可调度的一种大范围的实时、准确、高效的信息管理系统。

从保护环境和资源管理出发，以建立区域经济生态模式、制定区域长远发展政策为中心，帮助管理水资源，维护山地资源（休憩用地、自然景观和生物多样性），提升流域休闲旅游业，通过提高水质和修复污染重振流域经济。

水资源管理信息系统，对饮用水源、农业灌溉用水等重点水功能区的水质、水位和取水量进行实时监控，提升水资源管理的信息化水平。图 15-33 是对饮用水源和农业灌溉水源的监测监控。

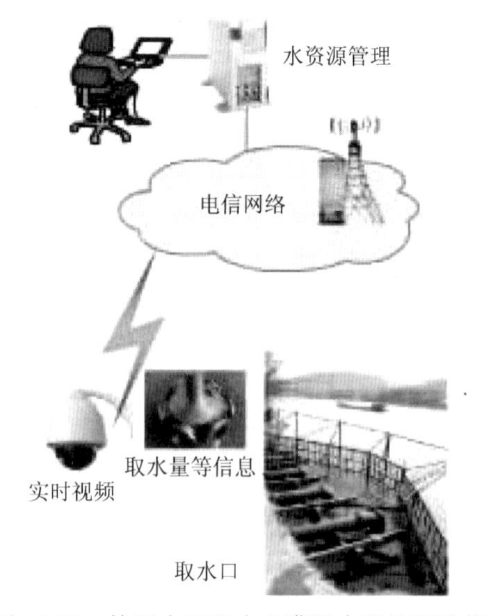

图 15-33　饮用水源和农业灌溉水源监测监控

智能水利远程监控系统融合物联网技术、移动和固定无线传感器组成的分布式传感器网络、网络视频监控和 GIS 地理环境信息系统等技术，开展灾害监测、山洪灾害预警，结合气象、水文和国土信息，对降雨量、水库水位进行监测、监控、加强水资源管理、水利监测和防汛抗旱。图

15-34 是智能水利远程监控系统的拓扑图。

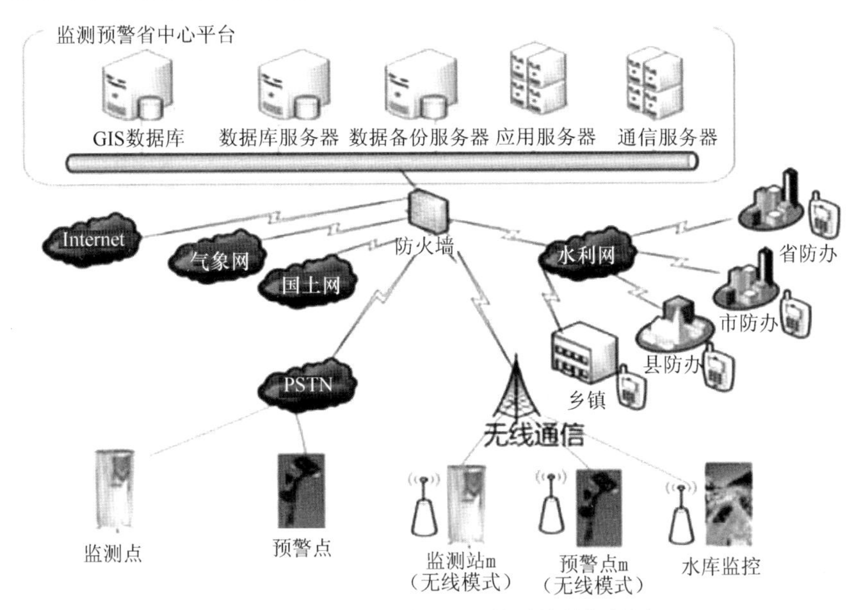

图 15-34　智能水利远程监控系统的拓扑图

15.6.8　智能物流系统

物流是指货物运输、存储、配送、装卸、保管和物流信息等管理活动。随着物流的快速发展，物流过程越来越复杂，物流资源优化配置和管理的难度也随之提高。降低货物运输成本，缩短货物送达时间，随时掌握货物在途中的状态，是整个物流运输管理中的重要环节。物资在流通过程各个环节的联合调度和管理更加重要，也更加复杂。

智能物流系统是利用物联网技术，结合有效的管理方式，在整个物流过程中，能够实时掌控货物状态，有效配置物流资源，提供高效、准确的物流服务。

智能物流系统（Intelligent Logistics System，ILS）突出“以顾客为中心”的理念，根据消费者的需求变化，可以灵活调节物流过程中的运输、存储、包装、装卸等环节。对促进区域经济发展、资源优化配置、降低流通成本、提升物流组织效率和管理方法至关重要。

智能物流系统是在智能交通系统（Intelligent Transportation System，ITS）和相关信息技术的基础上，以电子商务 EC（Electronic Commerce）方式运作的现代物流服务体系。通过 ITS 和相关信息技术解决物流作业实时信息的采集、分析和处理，为物流服务提供商和客户提供详尽的信息和咨询服务。

图 15-35 是智能物流系统操作流程示意图。物流公司在每辆配送车辆上都安装了 GPS 全球定位系统，在每件货物的包装中嵌入 RFID 识别标签，通过 RFID 识别标签，物流公司和客户都能通过物联网随时了解货物所处的位置和环境。

（1）装载货物时，通过货物上的 RFID 识别标签，自动收集货物信息。

（2）运输过程中，物流公司可根据客户要求，对货物进行及时调整和调配，实时全程监控货物，防止物流遗失、误送。优化物流运输路线，缩短中间环节，减少运输时间。

（3）卸载货物时，卸货检验后，用嵌有 RFID 识别标签的托盘，经过读取通道，放置到具有 RFID 读写器的货架上，物品信息就自动记入了信息系统，实现精确定位，缩短物流作业时间，提高物流运营效率，最终减少物流成本。

新技术使整个物流供应链更加透明化，物流仓库的管理变得高效、准确，大大节约了物流人力。大型高等级物流仓库，甚至可以实现除了入口收验货人员，物流仓库内可实现“无人”全自动化操作，降低物流仓储成本。

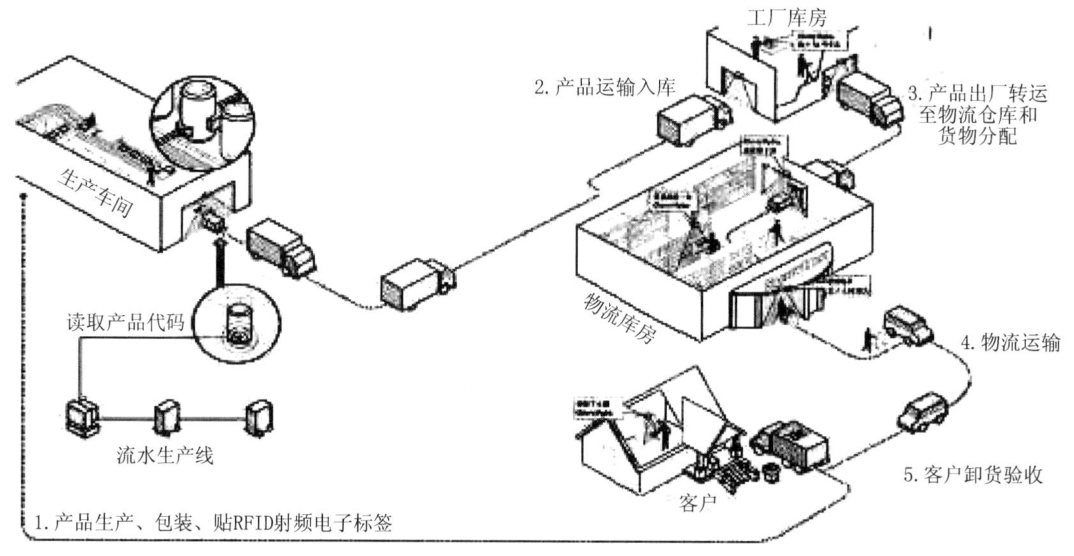

图 15-35　智能物流系统操作流程示意图

通过对大量物流数据的分析，对物流客户的需求、商品库存、物流智能仿真等做出决策。实现物流管理自动化（获取数据、自动分类等），使物流作业高效便捷，改变了物流仓储型企业的“苦力”公司形象。

智能物流使物流工作由被动方式走向主动，实现物流过程中的主动获取信息、主动监控运输过程、主动分析物流信息，使物流从源头就开始跟踪与管理。及时、准确的网络信息传递，保证了物流系统高度集约化管理的信息需求，保证了物流网络各节点和总部之间，以及各网络节点之间的信息充分共享，使物流企业能够实时掌握运输计划和仓储计划的执行情况、货物在仓库及在途情况，准确地预估货物的销售和库存情况，从而组织新一轮的生产资料采购和生产过程，实现整个物流系统的高效运转。

ITS 智能交通是智能物流的基础，ITS 智能交通为物流管理创造了快捷、可靠的运输网络，降低了物流成本，使人和物以更快、更安全的方式完成空间移动，减少交通事故，缓解交通拥挤。

智能交通通过技术平台可向物流企业管理提供的服务主要集中在物流配送管理和车货集中动态控制两方面。例如，提供当前道路交通信息、线路诱导信息，为物流企业制定优化运输方案提供决策依据；通过对车辆位置状态的实时跟踪，可向物流企业甚至客户提供车辆预计到达时间，为物流中心确定配送计划、仓库存货战略提供依据。

物流管理也为智能交通运输产品与服务开辟了一个巨大的市场，可促进智能交通运输的发展。智能交通技术与物流管理可以进行有机地结合，两者的结合面是运输信息的管理与服务，如图 15-36 所示。

由图 15-36 可知，在现代物流发展过程中，可在以下四个方面利用智能交通运输技术：

（1）移动信息技术。移动信息系统将移动车辆的信息纳入物流运转的信息链中。该系统与物流企业的信息中心构成统一整体。收集、存储、交换和处理合同数据、运输路线数据、车辆数据和行驶数据，将全部货运车辆纳入信息链中。

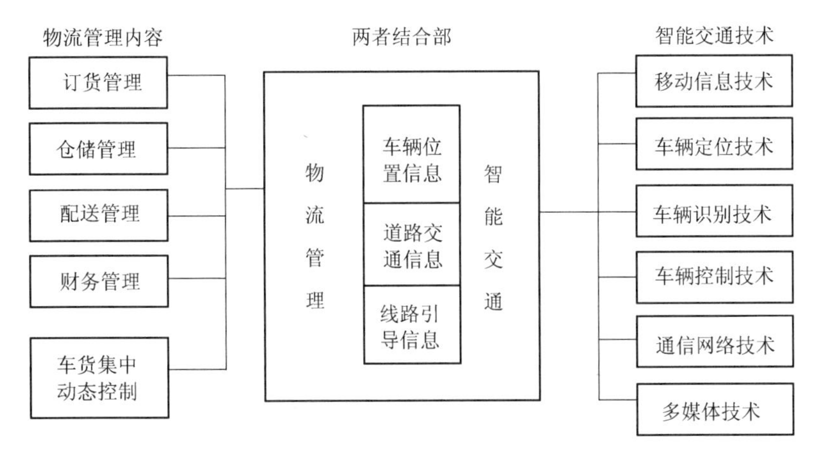

图 15-36　智能交通与物流管理结合界面图

（2）车辆定位技术。车辆的实时定位，让物流控制中心可在任何时刻查询车辆的地理位置，并在电子地图上直观地显现出来。动态掌握车辆所在位置可帮助物流企业优化车辆配载和调度。同时也了解并控制整个运输作业的准确性（如发车时间、到货时间、卸货时间、返回时间等）。

车辆定位技术也是搜寻被盗车辆的一个辅助手段，这对运输贵重货物具有特别重要的意义。GPS（Global Position System）技术是车辆定位最常见的解决方案。GPS 用户还可使用 GSM（Group Special Mobile）的语音功能与驾驶人进行通话。

（3）车辆识别技术。借助电子识别系统，使运输中的货物可通过一个号码和特别的信息加以区别，方便运输途中实施对时间及地点的跟踪与监控。还可以与其他系统衔接，用来控制物流中运输、转运、代销和存储过程。

（4）通信网络技术。采用标准化电子数据交换（Electrical Data Interchange，EDI）信息网，可使数据具有较好的兼容性与适用性，有利于加速信息流程，降低手工输入的错误率，使数据易于检验。

远程数据通信可利用专门的数据交换网，也可借用互联网（Internet）。由于互联网络具有低通信成本、高互联通率的优点，近年来越来越多的货运企业把互联网作为数据交换台，进行数据通信。

15.7　物联网、人工智能、大数据和云计算

5G 为产业互联网的发展提供了基础的通信服务支撑，在 4G 的基础之上进一步提升了数据的传输速率、提升了容量支持，在安全性上也有了进一步的提升。随着 5G 通信标准的落地，产业互联网发展的大幕也在拉开，而物联网、大数据、云计算和人工智能正是产业互联网的核心技术组成，这些技术都有广泛的发展前景。

目前，5G、大数据和云计算技术已经趋于成熟，物联网平台正处在“期望膨胀期”，在不久的将来，物联网平台也将趋于成熟。相比于大数据等技术来说，目前人工智能技术（机器学习等）还处在发展的初期。

物联网、云计算、大数据、人工智能之间是相互联系协作的关系。可以用我们最熟悉的人体器官去类比这些高科技之间的关系，如图 15-37 所示。

1. 物联网

类比人体器官的感官系统，有很多类型的传感器，包括温度、湿度、速度、位置、振动、压

力、流量、气体等各种各样的传感器用来采集信息。自然对这些设备的灵敏度、精度和功耗等要求都比较严。不然采集的信息不够精确，就没有意义。

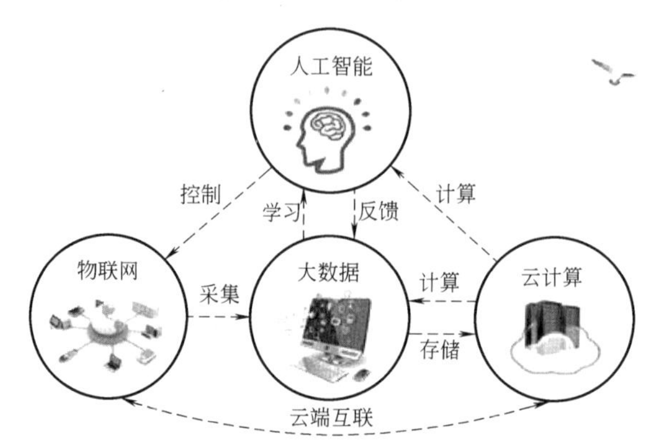

图 15-37　物联网、云计算、大数据、人工智能之间的相互协作关系

2. 云计算

物联网通过传感器采集数量惊人到难以计数的数据量，而云计算可以对这些海量数据进行智能处理。因此，云计算是物联网发展的基石，而物联网又是云计算的最大用户，促进着云计算的发展。二者的融合可谓珠联璧合、相辅相成。

云计算相当于人的大脑，是物联网的神经中枢。目前很多物联网的服务器部署在云端，通过云计算提供应用层的各项服务。

“云端”即是网络资源，从云端按需获取所需要的服务内容就是云计算。云计算是指 IT 基础设施的交付和使用模式，指通过网络以按需、易扩展的方式获得所需的资源（硬件、平台、软件）。提供资源的网络被称为“云”。“云”中的资源在使用者看来是可以无限扩展的，并且可以随时获取、按需使用、随时扩展、按使用付费。这种特性经常被称为像水电一样使用 IT 基础设施。

广义的云计算是指服务的交付和使用模式，指通过网络以按需、易扩展的方式获得所需的服务。这种服务可以是 IT 和软件、互联网相关的，也可以是任意其他的服务。

云计算的核心是服务，通过互联网为用户提供廉价的计算资源服务，根据不同用户提供了 IaaS、PaaS 和 SaaS 三个级别的服务，云计算改变了传统获取计算资源的方式，云计算将成为互联网服务的重要支撑。

3. 大数据

大数据（Big Data）或称巨量资料或海量数据资源，是指种类多、流量大、容量大、价值高、处理和分析速度快的真实数据汇聚的产物。大数据指的是所涉及的资料量规模巨大到无法透过目前主流软件工具，在合理时间内达到撷取、管理、处理并整理成为帮助企业经营决策的资讯。物联网传输的信息，通过大数据分析、反馈，再向物联网设备发出控制指令。

大数据相当于人的大脑从小学到大学记忆和存储的海量知识，这些知识只有通过消化、吸收、再造才能创造出更大的价值。大数据的意义在于对数据进行专业化处理，特别是对人们的行为习惯进行分析。

大数据的“4V 特点”：Volume（数量）、Variety（多样性）、Velocity（速度）和 Veracity（真实性）。大数据是物联网、Web 和传统信息系统发展的必然结果，在技术体系上与云计算具有众多的重合，重点都是分布式存储和分布式计算，只不过云计算注重服务，而大数据则注重数据的价值化操作。

大数据和云计算的关系就像一枚硬币的正反面一样密不可分。大数据必然无法用单台的计算机进行处理，必须采用分布式架构。它的特色在于对海量数据进行分布式数据挖掘，但它必须依托云计算的分布式处理、分布式数据库和云存储、虚拟化技术。

当前的大数据已经形成了一个产业链，包括数据的采集、存储、安全、分析、呈现和应用。

4. 人工智能

人工智能是计算机科学的一个分支，它企图了解智能的实质，并生产出一种新的能以人类智能相似的方式做出反应的智能机器，该领域的研究包括机器人、语言识别、图像识别、自然语言处理和专家系统等。

人工智能离不开大数据，更是基于云计算平台完成深度学习进化。人工智能可以对人的意识、思维的信息过程进行模拟。人工智能不是人的智能，但能像人那样思考、也可能超过人的智能。

人工智能从诞生以来，理论和技术日益成熟，应用领域也在不断扩大，可以设想，未来人工智能带来的科技产品，将会是人类智慧的“容器”。

通过上述分析，我们可以简单地得出一个结论：**物联网的正常运行是通过大数据传输信息给云计算平台处理，然后人工智能提取云计算平台存储的数据进行活动。**

第 16 章　绿色照明与节能控制技术

人类生产和生活离不开照明，绿色照明与节能控制涉及范围面广量大，包括建筑照明、商业照明、景观照明、道路交通照明、会场照明、舞台照明等。建筑照明的典型应用场所有：宾馆、酒店；餐厅、咖啡馆；剧场、影院；体育馆、健身房：医院、学校；政府机关；办公室、会议厅；办公大楼；商务会所、洗浴场；机场、码头、地铁站；地下停车场；博物馆、会展中心；图书馆、档案馆；文化广场、娱乐场所；住宅、别墅；高尔夫会所；火车站、客运中心等。

建筑照明的节能空间有多少？表 16-1 是欧美国家建筑物能耗比例综合统计表。

表 16-1　欧美国家建筑物能耗比例综合统计表

	通风空调	照明系统	电梯弱电	生活热水	厨房餐饮
办公大楼	47.2%	32.3%	20.5%	—	—
宾馆	65.0%	14.0%	8.0%	7.0%	6.0%

从统计表中可看到，照明和空调系统是建筑物的两大主要能耗系统。有很大的节能潜力。

面临世界人口日益增加、能源消耗不断扩大，能源缺乏的形势非常严峻。能源过度消耗，温室气体排放引起全球气候变暖，为了应对气候变化，迫使我们刻不容缓地要认真努力做好节能、降耗、减排和绿色照明工作。提高能源利用率和节约能源等节能措施无疑是符合可持续发展要求的。

我国人口众多、资源相对不足，在现代化建设中，必须实施可持续发展战略。资源开发和节约并举，应把节约放在首位，提高资源利用效率。

据公开信息报道，2018 年全年中国大陆地区的发电量达到了近 6.8 万亿 kW · h，同比增长 6.8%；而全年全社会用电量约为 6.84 万亿 kW · h，同比增长 8.5%。且比 2017 年的增速提高了 1.9 个百分点，为 2012 年以来最高增速。我国照明用电占全社会用电量的 13%左右。

1993 年 11 月中国国家经贸委开始启动中国绿色照明工程，并于 1996 年正式列入国家计划。2012 年 8 月财政部和住建部联合发布《关于加快推动我国绿色建筑发展的实施意见》。2009 年和 2012 年国家发改委（国家发展改革委）和科技部已两次联合发布通知，在全国推广应用 LED 绿色节能光源和节能控制技术。

16.1　绿色照明概述

绿色照明（Green Lighting）是指通过提高照明电器和照明系统的效率，节约能源；减少发电厂向大气排放污染物和温室气体，保护环境；改善、提高人们工作、学习、生活的条件和质量，从而创造一个高效、舒适、安全、经济、有益的环境。

16.1.1　绿色照明的内涵

绿色照明的内涵包括高效、节能、环保、安全、舒适五项指标。

高效、节能意味着以消耗较少的电能获得足够的照明亮度，从而明显减少电厂排放污染物，达到环保的目的。

安全、舒适指的是光照清晰、柔和及不产生紫外线、眩光等有害光照，不产生光污染。

绿色照明工程是指通过科学的照明设计，采用高效、长寿、安全、无环境污染、性能稳定的照明电器产品，改善人们的工作、学习、生活条件和质量，从而创造一个高效、舒适、安全、经济、有益的环境，充分体现现代文明的照明系统。

（1）绿色照明工程不仅为了节省能源，同时还要从环保的高度去认识节能。通过照明节电，减少发电量，降低燃煤量（中国70%以上的发电量还是依赖燃煤获得），减少 SO_2、CO_2 以及氮氧化合物等有害气体的排放。

（2）绿色照明工程不能靠降低照明标准来实现节能，而是要充分运用现代科技手段提高照明工程设计水平和提高照明器材的光效来实现。

（3）高效光源器材是照明节能的重要物质基础，光源应具有大范围的调光特性，实施绿色照明的关键是设计合理的节能调光控制。

（4）除长命、高效光源外，还需配置优质灯具和电气附件（如镇流器），它们的效率对节能和照明效果产生不可忽视的直接影响。一台设计合理的高效优质灯具比低质灯具的效率可以高出50%甚至100%。

（5）高效光源种类很多，有紧凑型荧光灯、直管（粗管和细管）荧光灯、高压钠灯、金属卤化物灯、高频无极灯（电磁感应灯）和LED灯等，这些高效光源各有其特点，各有其适用场所。应根据应用场所条件和光照要求择优选用。

（6）照明光源应无环境污染：

1）无汞：无汞污染环境的后患。

2）制造工艺：无污染排放和绿色生产工艺，包括采用无毒、无溶剂树脂的密封材料，提倡采用水溶性树脂。

3）无有害射线：光源无紫外线和红外线等有害射线成分。

4）对环境无电磁干扰：运行时无高次谐波分量泄漏。

5）对电网无伤害：电抗分量小，功率因数高，启动时浪涌小。

6）无绿色废弃：失效后废弃物可回收，无环境污染后患。

16.1.2 绿色光源的光特性

（1）全色光源。接近太阳光谱的电光源称为全色光源，即眼睛可见光范围内的全部光谱。全色光在观看物体表面颜色时，不会产生偏色，可显示出物体表面的原本颜色。

（2）无紫外光和红外光光谱。若眼睛长期过多接受紫外线，不仅容易引起角膜炎，还会对晶状体、视网膜、脉络膜等造成伤害。

红外线聚集在人眼晶状体时，会被大量吸收，久而久之晶状体会发生变异，过多红外线易导致白内障。

（3）光的色温应贴近自然光。色温是用热力学温度K表示光的颜色的一种量化指标，因为人们长期在自然光下生活，人眼对自然光适应性强，视觉效果好。试验证明：自然光的视觉灵敏度比人工光源高5%以上。

（4）显色性。显色性是表征显示物体原色的性能，引入显色指数 Ra 值的概念。以太阳光 $Ra=100$（或以1表示）为标准，绿色光源的 $Ra\geqslant 85$（或0.85）。显色指数 Ra 越大，光源的显色性能越好。

（5）无频闪。频闪光是发光时出现一定频率亮暗的交替变化。即电光源产生的光通量不稳定，产生光波动。频闪实质上是一种光污染。

普通荧光灯的供电频率为50Hz，表示发光时每秒亮暗100次，属于低频率频闪光，会使人眼的调节器官，如睫状肌、瞳孔括约肌等处于紧张的调节状态，导致视觉疲劳，从而加速青少年近视。如果发光时的供电频率提高到数百赫兹以上，或采用直流电源供电，即不会有频闪感觉，也不会造成视力伤害，这种光称为无频闪光源。

（6）眩光小。凡是让人感到刺眼的光线都称为眩光，它极易使眼睛发生调节痉挛，严重时可损伤视网膜。优质照明灯具必须装有消除直射和反射眩光的技术措施，尽量将光源作漫射处理，这种光源就是人们常说的柔和光。在无眩光条件下适当提高物体的照度，可使眼睛观察物体时感到轻松。

（7）照度分布均匀。自然光的照度分布最好，在视觉观察范围内，从中心至边缘，均匀度为100%，因而不仅视觉效果好，而且长时间观察不易疲劳。人工光源照度分布的均匀性达到60%以上时，对人眼适应性及视觉效果影响不大；如果照度分布的均匀性小于50%时，视觉效果和视觉疲劳会明显加重。

16.2　光源术语

1. 光通量

发光体（光源）单位时间内向周围空间辐射光量的总和称为光源的光通量（Luminous Flux），用符号 Φ 表示，单位为 lm（流明）。1lm 等于一烛光从 1m 距离投射到 $1m^2$ 表面上的光量。

60W 白炽灯的光通量约为500lm，普通 36W 的 T8 荧光灯管的光通量约为2500lm，28W 的 T5 荧光灯管的光通量为2600lm，70W 陶瓷金属卤化物灯的光通量约为6600lm。

2. 光强

光强（Luminous Intensity ）是发光强度的简称，指光源在给定方向上单位立体角内辐射出来的光通量，即照明灯具所发出的光通量在给定方向上光通量的分布密度，用符号 I 表示，国际单位是 candela（坎德拉），简写为 cd。1cd 的光源可放射出 12.57lm 的光通量。当光源辐射均匀时，则光强为

$$I=F/\Omega \tag{16-1}$$

式中　Ω——立体角，单位为球面度（sr）；

F——光通量，单位为 lm。

例如，点光源的立体角为 1/4 球面度，光强 $I=F/4$。

3. 照度

照度（Luminance）是指受照平面上的光照强度，符号为 E，是指受照平面上接收到的光通量密度；其物理意义是照射到单位面积上的光通量，单位为 lx（勒克斯）。$1lx=1lm/m^2$，即 1lm 的光通量均匀分布在 $1m^2$ 的表面上，产生 1lx 的照度。式（16-2）是照度 E 与光通量和受照面积的计算公式：

$$E=\Phi/S \tag{16-2}$$

式中　Φ——光通量，单位为 lm；

S——受照面积，单位为 m^2。

为了让读者对照度的度量值有一个感性认识，举例说明如下：

例 16-1　一只 100W 白炽灯，发出的总光通量 Φ 为 1200lm，假定该光通量均匀分布在一个半球面上，则距该光源 1m 和 5m 处的光照度可作如下计算：

（1）半径为 1m 的半球面积为 $2\pi\times1^2m^2=6.28m^2$，则距 1m 处的照度为：$1200lm/6.28m^2=191lx$。

（2）半径为 5m 的半球面积为 $2\pi\times5^2m^2=157m^2$，则距 5m 处的光照度为：$1200lm/157m^2=7.64lx$。

照度标准值按 0.5lx、1lx、3lx、5lx、10lx、15lx、20lx、30lx、50lx、75lx、100lx、150lx、200lx、300lx、500lx、750lx、1000lx、1500lx、2000lx、3000lx、5000lx 分级。表 16-2 给出了一些

常用照度数据。

表16-2　常用照度数据

环境	照度/lx	环境	照度/lx	环境	照度/lx
烈日	100000	阅读	500	路灯	5
阴天	8000	夜间棒球场	400	满月	0.2
绘图	600	办公室/教室	300	星光	0.0003

4. 亮度

亮度（Lightness，Brightness）是眼睛对发光面的光强感受，是一个主观的量。人眼从一个方向观察发光面，在这个方向上的光强与发光面的面积之比，定义为该光源的亮度。亮度的符号为L，单位为坎德拉/平方米（cd/m^2）。1cd（candela，坎德拉）= 0.981国际烛光。另外还有一个亮度单位为nt（尼特）/m^2，1nt=1个国际烛光。亮度L的物理表达式为

$$L=\frac{d\Phi}{d\Omega\cdot dS\cos\theta} \tag{16-3}$$

式中　L——发光体（或反光体）的亮度，单位为cd/m^2（坎德拉/平方米）；

Φ——光源面元在给定方向立体角$d\Omega$内传播的光通量，单位为lm；

S——给定点的光束截面积，单位为m^2；

Ω——光源面元在给定方向传输的立体角，单位为球面度（sr）；

θ——给定方向与光源面元法线方向的夹角，单位为球面度（sr）。

人眼能够感觉的亮度范围（称为视觉范围）极宽，从千分之几尼特到几百万尼特。这是依靠了瞳孔和光敏细胞的调节作用。瞳孔根据外界光的强弱调节其大小，使射到视网膜上的光通量尽可能适中。在不同的亮度环境下，人眼对于同一实际亮度所产生的相对亮度感觉是不相同的。例如同一盏电灯，白天和黑夜它对人眼产生的相对亮度感觉是不相同的。此外，当人眼适应了某一环境的亮度时，能感觉的亮度范围将变小。例如，在白天，环境亮度为10000nt时，人眼大约能分辨的亮度范围为200~20000nt，低于200nt的亮度会感觉为黑色。而夜间环境亮度为30nt时，可分辨的亮度范围为1~200nt，这时100nt的亮度就引起相当亮的感觉。只有低于1nt的亮度才引起黑色感觉。长时间过高的亮度对视觉会产生很大伤害，权威的说法是120~150cd/m^2之间的亮度能在视觉健康和视觉效果上得到一个折中。

对于一个漫散射面，尽管各个方向的光强和光通量不同，但各个方向的亮度都是相等的。电视机的荧光屏是近似于这样的漫散射面，所以从各个方向上观看图像，都有相同的亮度感。

投影机投射光线的亮度通常以光通量来表示，光通量的国际标准单位是ANSI流明（Luminous，美国国家标准化协会制定的测量投影机光通量的单位）。

5. 反射率

反射光与入射光的比值称为该材料表面的反射比或反射率（Reflectance or Reflection Factor）（%）。某材料表面的亮度取决于照射其上的照度与该表面反射光线的能力；反射光的多寡和光线的分布形式则取决于该材料表面的性质。表面反射比为0的称为全黑体，即无论多少光落于其上皆无亮度产生而全被吸收；反之，表面反射比为1的（反射率100%，吸收率0%）称为纯白体。

反射比的测量：首先，将照度计置于物体表面读出其表面照度值Ei（Incident Light），再将照度计置于该物体表面之上5~8cm，即可测出其所反射的照度值Er（Reflected Light），表面照度除以反射照度所得之商即为该材料表面的反射比。被照物体的亮度和照度之间的关系为

$$L=R\times E \tag{16-4}$$

式中　L——被照物体的亮度，单位为cd/m^2（坎德拉/平方米）；

R——被照物体的反射系数；

E——被照物体接收的照度，单位为lx（勒克斯）。

6. 光效

光效（Luminous Efficacy of Light Source）是指光源把电能转化为可见光的效率。即光源所发出的总光通量（lm）与该光源所消耗的电功率（W）的比值，单位为lm/W（流明/瓦）。数值越高表示该光源的光效越高。从经济（能效）方面考虑，光效是一个重要的参数。

白炽灯：8～14lm/W；卤钨灯：17～33lm/W；单端荧光灯：55～80lm/W；自镇流荧光灯：50～70lm/W；金卤灯：60～90lm/W；高压钠灯：80～140lm/W；LED灯：100～150lm/W。

7. 光色（Light Color）

光色是指光源的颜色，没有光就没有色，光是人们感知色彩的必要条件，色来源于光。所以说：光是色的源泉，色是光的表现。

白光由红、橙、黄、绿、蓝、靛、紫七种单色光组成，经过三棱镜不能再分解的色光叫作单色光。由几种单色光合成的光叫作复色光。感觉上：红色表现热烈，黄色表示高贵，白色表示纯洁等。

自然界中的太阳光、白炽灯和荧光灯发出的光都是复色光。在光照到物体上时，一部分光被物体反射，另一部分光被物体吸收。如果物体是透明的，则还有一部分光会透过物体。不同物体对颜色有不同的反射、吸收和透过的特性。物体反射的色光，决定了它呈现的颜色；全部可见光谱被吸收就是黑色。

通常把某一环境下的光色成分（光谱）的变化，用热力学温度K（Kelvin）来表示，这个温度称为“色温”（Color Temperature）。

热力学温度K是将一标准黑体（例如铂）加热，温度升高至某一程度后，标准黑体的颜色开始由红、橙、黄、绿、蓝、靛（蓝紫）、紫逐渐改变，利用这种光色变化的特性，当光源的光色与黑体的光色相同时，将被加热黑体当时的温度称为该光源的色温。色温是度量光源颜色的温度标准，并不是度量光源的亮度。

不同色温的光线，具有不同的视觉效果。色温在3000K左右时，白光色偏黄。色温在5000K以上时，白光色偏蓝。

在同样的亮度下，不同色温光源的视觉感受是不同的，色温越高，感觉越亮；色温越低，感觉越柔和而清晰，但不是很亮。点一支蜡烛，虽然不是很亮，但是看东西非常清晰，蜡烛的色温是在2500～2800K。

除热辐射光源外的其他光源（例如气体放电灯）都具有线状光谱，其辐射特性与黑体辐射特性差别较大，对这样一类光源，通常用相关色温来描述光源的颜色特性。相关色温是指采用具有相同亮度的颜色、最相似的黑体辐射体的K氏热力学温度表示。如标准光源D65的相关色温为6500K。

不同色温的光色效果如下：

（1）暖色光。暖色光的色温在3300K以下，是一种黄色光，能给人温暖、健康、舒适的感觉。它对雾和雨的穿透力强，与白炽灯相近，红光成分较多。适用于家庭、住宅、宿舍、宾馆等场所或温度较低的地方照明。

（2）冷白色光。冷白色光又叫中性色光，它的色温在3300～5300K之间，光线柔和，使人有愉快、舒适、安详的感觉。适用于商店、医院、办公室、饭店、餐厅、候车室等场所。

（3）日光色。日光色的色温在5300～6000K，光源接近自然光，有明亮的感觉，使人精力集中。适用于办公室、会议室、教室、绘图室、设计室、图书馆的阅览室、展览橱窗等场所。

色温超过6000～7000K时通称冷色光，光色偏蓝，给人以清冷的感觉。人眼容易接受，不易疲劳，提高安全性。

7000~8000K 为白中明显带蓝；8000K 以上蓝光，穿透力极差。

8. 显色指数 *Ra*

显色指数 *Ra* 是指光源对物体颜色的还原特性。与光源的色温密切相关，显色指数以自然光（太阳光）的显色特性为基准（*Ra*=1 或 100），显色指数越高，彩色物体颜色的色彩还原特性越好。高色温光源（>6000K）的显色指数低（$Ra \leqslant 0.65$ 或 65），低色温光源（2500~4000K）的显色指数高（$Ra \geqslant 0.85$ 或 85）。显色指数应用等级：

0.90~1.00：需要色彩精确对比的场所；

0.80~0.89：需要色彩正确判断的场所；

0.60~0.79：需要中等显色性的场所；

0.40~0.59：显色性要求较低、色差较小的场所；

0.20~0.39：对显色性无具体要求的场所。

9. 眩光

眩光（Glare）是指视野内产生人眼无法适应的光亮感觉，是引起视觉疲劳的重要原因之一。眩光产生的原因有：不适宜的亮度分布、在空间或时间上存在极端的亮度比对、在视野中某一局部地方出现过高的亮度或眼睛前后发生过大的亮度变化，以致引起视觉不舒适和降低物体可见度的视觉条件。眩光可以引起头昏、视觉不舒服甚至暂时丧失视度。

当光亮度大于 16kb（$1kb = 1000cd/m^2$）时，会产生刺眼的眩光，光源对眼睛的过量刺激或长时间看着一个光亮的光源都会对眼睛造成伤害。

16.3　电光源的分类

电光源可分为热辐射光源、气体放电光源和半导体固体发光光源三大类：

（1）热辐射光源包括普通白炽灯、卤素灯。

（2）气体放电光源包括低压气体放电光源和 HID 高压气体放电光源。

（3）半导体固体光源，即 LED 发光二极管光源。

16.3.1　白炽灯

白炽灯（Incandescent Lamp）是一种通过电流加热灯丝至白炽状态而发光的电光源。为防止发光灯丝被氧化烧毁，玻璃壳内抽真空，这种抽真空的钨丝灯泡称为普通白炽灯，白炽灯已有 100 多年历史，特点是结构简单、容易制造、价格便宜；缺点是光效低、耗电大、寿命短。

白炽灯泡抽真空后再充入惰性气体的光源称为卤素灯（又称卤钨灯），如图 16-1b 所示。充入不同惰性气体可发出不同颜色的光（氦气为橘红色、碘元素为黄色）。卤素灯具有发光效率高

a)

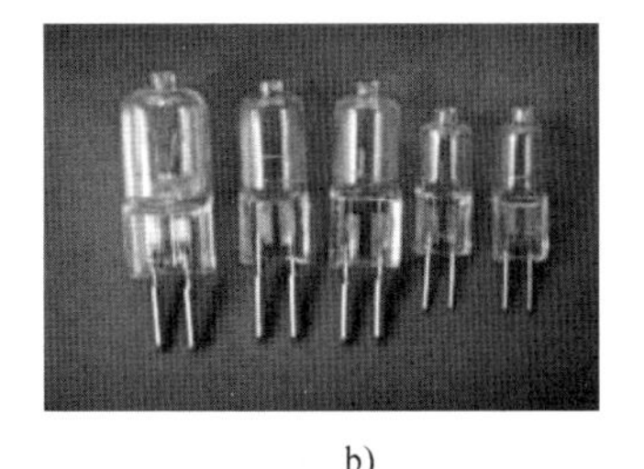

b)

图 16-1　白炽灯和卤素灯

a）普通白炽灯　b）卤素灯

（17~33lm/W）、体积小、重量轻、色温稳定（可选取2500~3500K）、光衰小（5%以下）、寿命长（3000~5000h）等特点。白炽灯和卤素灯均可实行调光控制。

16.3.2　气体放电灯

气体放电灯（Ous Discharge Lamp）由惰性气体、金属蒸气或几种惰性气体与金属蒸气混合，通过气体放电将电能转换为光的一种电光源。气体放电的种类很多，用得较多的是辉光放电和弧光放电。辉光放电一般用于霓虹灯和指示灯。弧光放电可有很强的光输出，照明光源都采用弧光放电。

气体放电灯有低气压放电灯［荧光灯（包括直管型和单端紧凑型荧光灯）、低压钠灯、无极灯］和HID高压气体放电灯（高压汞灯、高压钠灯、金属卤化物灯、陶瓷金属卤化物灯）。

气体放电灯需由相应的“镇流器”驱动，由镇流器产生的瞬间高压或高频电能激发灯管内的惰性气体分子，引发弧光放电而产生紫外线，再由紫外线激发灯管管壁内的荧光粉，发出可见光。气体放电灯的光效远比白炽灯高，比白炽灯可节能70%~85%。

1. 荧光灯

荧光灯（Fluorescent Lamp）是应用最广泛、用量最大的气体放电光源。具有结构简单、光效高、发光柔和、寿命长等优点。荧光灯的发光效率是白炽灯的4~5倍，寿命是白炽灯的3~8倍，是一种高效节能光源。

荧光灯属于低气压弧光放电光源。有直管型和单端紧凑型两类。荧光灯管两端装有两个灯丝电极。灯丝上涂有三元碳酸盐（碳酸钡、碳酸锶和碳酸钙）电子发射材料，两端灯丝电极在交流电压作用下，交替地作为阴极和阳极。灯管内壁涂有荧光粉。管内充有400~500Pa压力的氩气和少量的液态汞。灯丝通电后，液态汞蒸发为0.8Pa压力的汞蒸气（$1Pa=10^{-6}$大气压）。在两端电极的电场作用下，汞原子从原始状态不断被激发，继而自发跃迁到弧光放电，并辐射出波长253.7nm和185nm的紫外线（主峰值波长是253.7nm，约占全部辐射能的70%~80%；次峰值波长是185nm，约占全部辐射能的10%）。荧光粉吸收紫外线的辐射能后激发出可见光。

（1）直管型荧光灯。

1）直管型荧光灯管的管径：可分为T12、T10、T9、T8、T6、T5、T4、T3等不同管径，电功率为4~110W等规格，如图16-2所示。T代表Tube，表示管状结构，并代表1/8in（1in=25.4mm）；T后面的数字为灯管直径。例如：

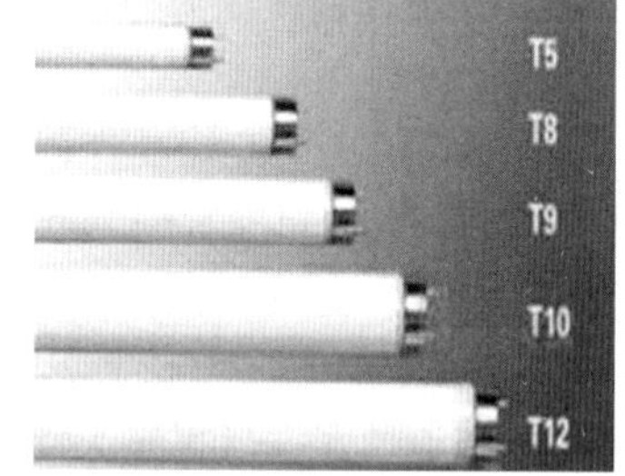

图16-2　直管型荧光灯管的管径

T12灯管的直径为：$T12=(12/8)\times 25.4mm=38.1mm$

T10灯管的直径为：$T10=(10/8)\times 25.4mm=31.8mm$

T9灯管的直径为：$T9=(9/8)\times 25.4mm=28.6mm$

T8灯管的直径为：$T8=(8/8)\times 25.4mm=25.4mm$

T5灯管的直径为：$T5=(5/8)\times 25.4mm=15.8mm$

T4灯管的直径为：$T4=(4/8)\times 25.4mm=12.7mm$

T3灯管的直径为：$T3=(3/8)\times 25.4mm=9.5mm$

① 荧光灯管的管径越细，光效越高，节电效果越好。但启辉电压要求也越高，对镇流器技术性能要求越高。

② 管径大于T8（含T8）的荧光灯管，启辉电压较低。相对于220V、50Hz工频交流电源来说，启辉电压符合小于1/2电源电压定律。可以采用电感式镇流器进行启辉。管径小于T8的细管荧光灯，启辉电压较高，不能采用电感式镇流器启辉，必须采用高频电子式镇流器启辉。

③ 采用电感式镇流器的荧光灯不能调光，只有采用电子式镇流器的荧光灯才能调光。

2）荧光灯光线的颜色：根据荧光灯管内填充的惰性气体种类和管壁所涂荧光粉的类型，荧光灯管发出的光色也不同。直管型荧光灯管按光色可分为三基色荧光灯、冷白光荧光灯、暖色光荧光灯三种。

① 冷白光荧光灯和暖色光荧光灯：这两种光色的荧光灯，显色指数 *Ra* 值小于 40，远远低于太阳光的显色指数 *Ra*=100 的标准值。观看彩色物体表面颜色时会产生色偏，色彩偏青、偏灰，暗淡，不鲜艳。光谱中含有较多的不可见光，荧光灯的寿命一般为 5000~6000h。

废弃灯管含有汞元素，对环境会产生汞污染，因此，不符合绿色照明技术要求。

② 三基色荧光灯：管内壁涂有红、绿、蓝三种光谱特性的三基色稀土荧光粉的荧光灯，称为三基色荧光灯，是一种预热式阴极气体放电灯，分为直管形、单 U 形、双 U 形、2D 形和 H 形等数种，由三螺旋状灯丝（阴极）和灯头组成。

显色指数 *Ra* 大于 80，接近太阳光色。发光效率也比较高，一般为 65lm/W 以上。三基色灯管具有光效高、显色性好、寿命更长的优势。虽价格较贵（约贵一倍），但由于其光效高、节能效果好，降低了运行成本。

荧光灯管实际光效的高低，还与采用镇流器的技术性能、镇流器与荧光灯管的匹配等技术因素直接相关。直管三基色荧光灯光效可做到 100lm/W。点燃寿命也比较长，一般在 8000h。如采用高性能电子镇流器，点燃寿命可提高至 10000h。

（2）单端荧光灯。单端荧光灯安装维护方便、性价比高，图 16-3 是单端荧光灯的典型外形图。微型电子镇流器装在灯头内，使用高品质三基色粉、无铅灯头技术，灯管采用固汞工艺、更节能，具有更好的照明效果。10000h 寿命，是白炽灯的 10 倍。光效是普通白炽灯的 6 倍，启辉迅速，光线稳定无频闪、可调光，有日光色（6500K）、暖色光（2900K）、冷白色光（4300K），显色指数 *Ra* 大于 80。

图 16-3 单端荧光灯

2. 低压钠灯

低压钠灯（Low Pressure Sodium Lamp）是利用低压钠蒸气放电发光的电光源，在玻璃外壳内涂以红外线反射膜，如图 16-4 所示。

低压钠灯是一种光效高（140lm/W）、光衰小、不眩目、长寿命、节能、绿色环保、单黄色光源。它的“透雾性”表现非常出色，但显色指数低，适用于对光色没有要求的场所，特别适合于高速公路、市政道路、高架桥、隧道等显色性要求不高的地方。

低压钠灯是太阳能路灯照明系统的优选光源：发射波长为 589.0nm 和 589.6nm 的单色黄光，视觉分辨率高、对比度好，是替代高压汞灯、节约用电的一种高效灯具。

3. 高压气体放电灯

高压气体放电灯（High Intensity Discharge Lamp，HID）包括高压汞灯、高压氙灯、高压钠灯、金卤灯等多种新颖光源，由电弧管和玻璃泡两部分组成，如图 16-5 所示。石英玻璃电弧管内充填多种惰性气体。玻璃泡内的工作压强往往超过 10 个大气压（1 大气压=103kPa）。

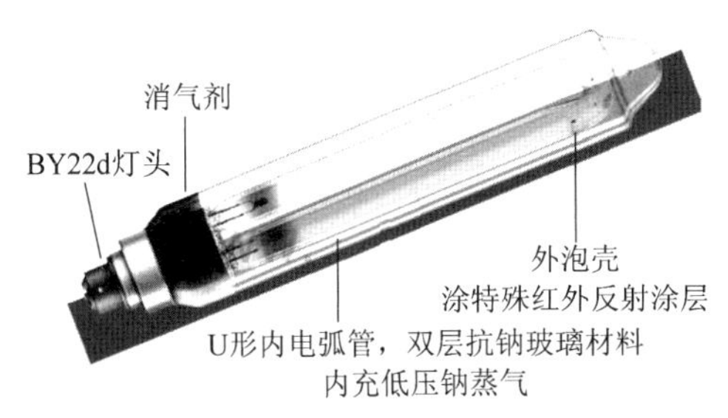

图 16-4 低压钠灯

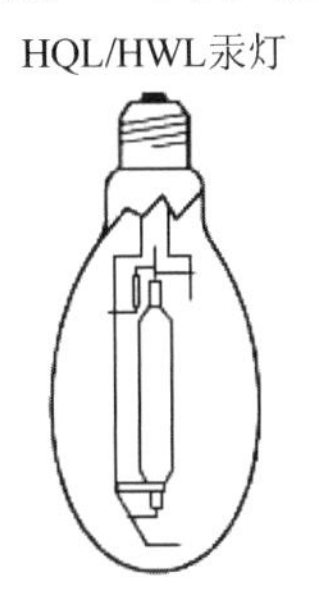

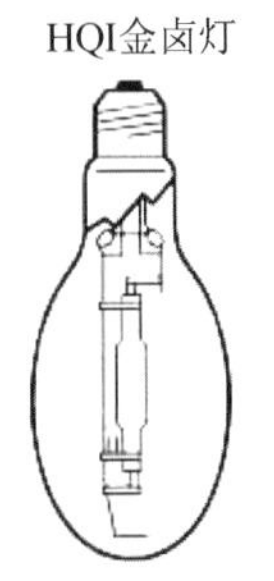

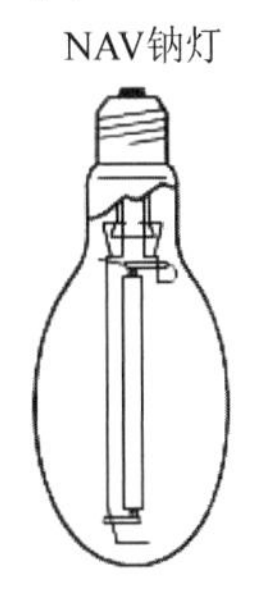

图 16-5 HID 高压气体放电灯

HID的发光原理是通过电子镇流器产生23000V的瞬间高压脉冲，使石英电弧管两个电极之间的惰性气体产生电弧放电，电弧管放电产生大量紫外线，激活玻璃泡内的多种惰性气体，再产生大量4000~6000K色温的光线。

HID启动后，镇流器把两个电极之间的电压稳定到85V，维持电弧管的电弧放电状态。

HID的最大特点是光效高、寿命长。35W的HID气体放电灯可以输出高达3200lm的高亮度。由于没有灯丝，因此不怕振动，也不会产生因灯丝烧断而报废的问题，寿命达10000h以上，比卤钨灯长10倍。这种气体放电灯随着开灯时间增长而越点越亮，启辉时间长达4~10min，不能调光。

高压氙灯的光效>50lm/W，显色指数Ra>65，色温4000~6000K，寿命约10000h，功率规格为35~3500W。高压氙灯提供的光亮度是卤钨灯（白炽灯泡内填充卤素气体的灯）的3倍，而消耗的功率只有卤钨灯的一半。

高压钠灯的发光效率更高，最高可达到200lm/W，显色指数为25，寿命约20000h，规格有30~1000W，虽然光色稍逊，但其光效是所有HID节能光源中最高的。

HID的特点：

① 辐射光谱具有可选择性：通过选择适当的发光物质，可使辐射光谱集中在要求的波长上，也可同时使用几种发光物质，以获得最佳的组合光谱。

② 能效高：可把25%~30%的输入电能转换为光输出。

③ 寿命长：使用寿命长达10000~20000h。

④ 光输出维持特性好：在寿命终止时仍能提供50%的初始光输出。

4. 金卤灯

金卤灯（Metal Halide Lamp）是金属卤化物灯的简称，是HID（高压气体放电灯）的一种类型。由电弧管和玻璃泡两部分组成，如图16-6所示。电弧管内充有汞、惰性气体和一种以上的金属卤化物。金卤灯通电后，电弧管两端电极之间产生电弧，由于电弧高温的作用，使管内的液态汞受热蒸发成为汞蒸气，电弧管内汞蒸气压达数个大气压；高压汞气在强电场激励下，发生强烈弧光放电，产生紫外光，激发玻璃泡内的金属卤化物气体（如镝、钠、铊、铟等元素的卤化物）而发光。玻璃泡内的金属卤化物也从管壁上被电离激发，蒸发、扩散，辐射出具有金属特征光谱的光线。

图16-6　金卤灯

金卤灯产生的金属特征光谱改善了光色、提高了光效。这类灯的相关色温为4000K左右，显色指数约为70，光效在70lm/W以上，启动时间较长达4~10min，电功率规格为35~1000W。

金卤灯没有灯丝，因此不怕振动，也不会产生因灯丝烧断而报废的问题，使用寿命达10000h以上，广泛应用于体育场馆、展览中心、大型商场、工业厂房、街道广场、车站、码头等场所的室内外照明。

金卤灯有石英金卤灯（用石英做的电弧管）和陶瓷金卤灯（用半透明氧化铝陶瓷做的电弧管）两种。

金卤灯汇集了荧光灯、高压汞灯、高压钠灯等气体放电光源的优点，克服了它们的缺陷，是目前世界上最优秀的电光源之一。

鉴于交通运输工具上有限的电源功率，采用低功率、高亮度光源显得尤为重要，因此，金卤灯适用于车辆（火车、汽车）、船舶夜间领航的头灯照明，也适用于消防紧急照明和军警野外照明。

5. 高频无极灯

高频无极灯（High Frequency Electronic Discharge Lamp）又称电磁感应灯，是基于电磁感应和荧光气体放电相结合的原理，由高频发生器、功率耦合器和玻璃泡三部分组成，灯内没有灯丝或电极。具有高效节能（≥60lm/W）、高显色性（$Ra>75$）、无频闪、低能耗、绿色环保、长寿命（60000h）、色温可选可调（2000~8000K）、瞬间启动（<0.5s）、不需预热等诸多优点，如图 16-7 所示。

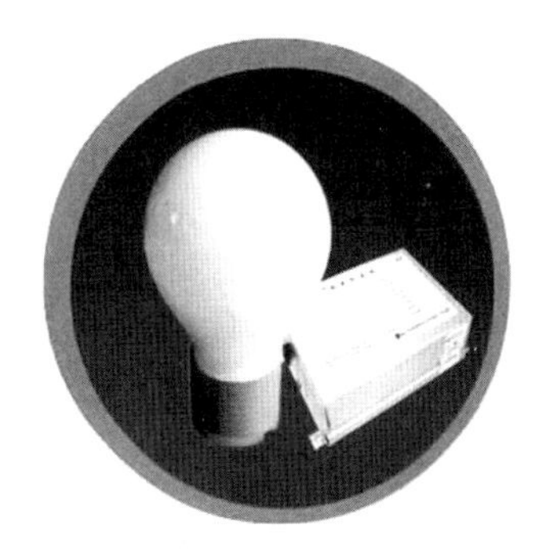
图 16-7　高频无极灯

接通电源后，高频发生器产生 2.65MHz 高频功率，送给功率耦合器，功率耦合器在玻壳的放电空间内建立强静电磁场，对放电空间内的惰性气体进行电离，并产生强烈紫外光，玻璃泡壳内壁的三基色荧光粉受强紫外光激励发出可见光。电源的功率因数可高达 0.95 以上；高频发生器始终以高频恒电压点灯。输入电源电压在一定范围内波动时，其发光亮度均不变。

16.3.3　LED 半导体固体电光源

荧光灯、高压汞灯、高（低）压钠灯、金卤灯、高频无极灯等气体放电光源都离不开液态汞，它们在给人类提供节能照明的同时，也给社会环境造成污染，诸如汞污染、光污染（眩光等）、紫外线辐射和频闪效应等。

发光二极管（Light Emitting Diode，LED）是一种半导体固体发光器件，包括发光二极管（LED）和有机发光二极管（OLED）两类。LED 半导体组件利用电流顺向流通到半导体 PN 结处，产生光子发射。它们既没有发热的灯丝，也没有电离气体，工作温度非常低。自从蓝光 LED 诞生后，LED 的发展更是突飞猛进，因为蓝光可激发荧光粉，产生白光、黄光或其他任何色彩的光线。图 16-8 是 LED 的构造。

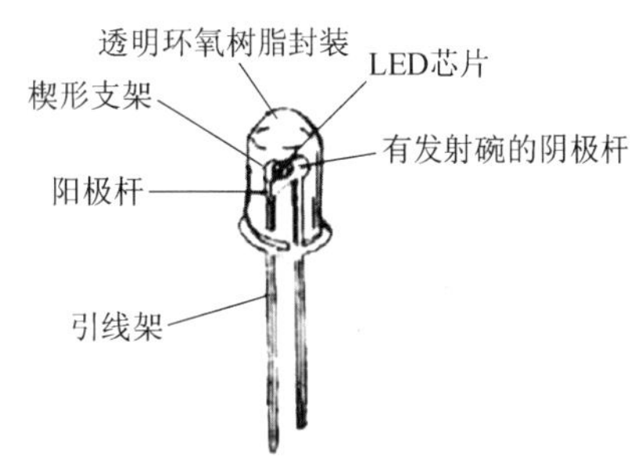

图 16-8　LED 的构造

LED 光源由恒流源驱动，它的能耗几乎不随电源电压变化。工作电流大小可控，适合各种环境调光。

LED 是一种长寿命、抗振动、光效高、功耗低、无辐射的节能环保型光源，LED 发光产品的应用正受世人的瞩目。21 世纪将是以固体发光材料为核心，即以 LED 为代表的新型、绿色照明光源的世纪。

1. LED 固体光源的优点

（1）发光效率高：目前 LED 白光管的发光效率已超过 100~120lm/W，高于各种荧光灯、金卤灯、高压汞灯（白光）和无极灯。LED 光源取代白炽灯、荧光灯和高压钠灯已不再有技术障碍。

（2）单向辐射特性：LED 光源具有单向辐射特性，它发出的大部分光能，无须经过反射体就可直接投射到被照物体，使光能得到最有效的利用，大幅度提高了灯具的效率。

（3）超长的寿命：优质 LED 灯的寿命可达 50000h（亮度衰减到 50%称为死亡寿命）以上，是白炽灯的 20 多倍、荧光灯的 10 倍。若每天工作 11h，可连续工作 12 年以上。

（4）绿色环保：荧光灯和各种气体放电灯节能不环保；它们废弃后，灯内的汞溢出会对环境及水源造成长期严重汞污染，1 只荧光灯可污染 160t 地下水。LED 废弃后，无任何环境污染，并可全部回收利用。

（5）LED 光源无闪烁、无紫外线，不伤人眼：LED 光源用直流电源驱动，无频闪、无紫外线，不伤眼睛，可真正起到保护眼睛的作用。

（6）显色指数高：显色指数是分辨物体本色的重要参数，由于LED的光谱非常接近自然日光，能够很好地显示物体的本色和识别快速运动的物体。因此，特别适合室内、外照明和道路、隧道照明。

（7）亮度可控：LED的亮度和能耗几乎不随电源电压变化而改变；只随驱动电流的大小而改变。因此，特别适宜于电压不稳的地区使用。

（8）LED光源的电功率大小可任意设置选用，避免功率配置不匹配而产生过度照明和浪费能源问题。例如，大功率高效LED路灯的功率有30~300W之内的任何规格，可根据实际需要的照明功率进行设计，消除过度照明所造成的电能浪费。其他光源的电功率规格只有150W、250W和400W等几种，无法满足因地适宜选用，可大幅降低传统路灯能源消耗。

2. LED管的连接方式

LED管的正向工作（发光）电压 V_F 为1.4 ~3V，每个LED管芯的额定电功率为0.1~5.0W，因此，大功率LED灯具需由很多个LED管连接构成。灯具中的LED管有三种连接方式：串联、并联、串并联。并联供电方式由于电压低于3V，需要传输很大的电流，因此一般不采用。串联供电的优点是：供电电压高、电流小、发光稳定、可节能和延长管子寿命；缺点是：串联电路中任一个LED管损坏，将会造成整个串联电路管子都不能点亮。

图16-9是解决串联LED管故障的方法。当串联电路中任何一个LED管发生故障断路时，与其并联的“断路导通”元件由于两端电压升高，立即会自动导通，保证整个串联电路的电流继续畅通，解决了LED照明灯具的技术屏障，确保灯具高可靠运行。“断路导通”元件通常采用半导体“压敏电阻”。

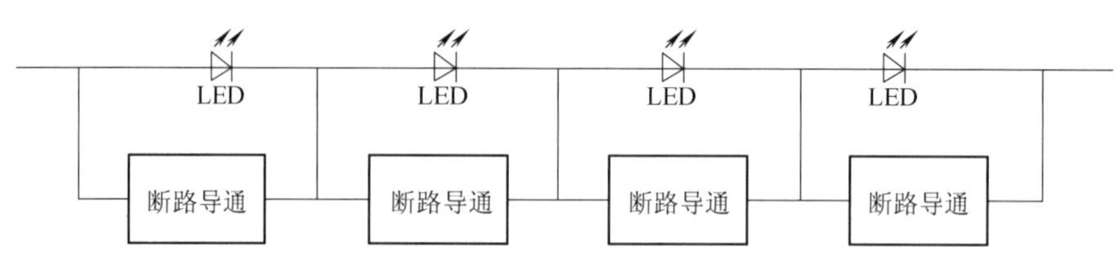

图16-9　提高串联LED管可靠性的解决方案

16.3.4　各类电光源特性比较

1. 各类电光源主要电气特性

表16-3是白炽灯、荧光灯、LED灯、高压汞灯、高压钠灯、低压钠灯、金卤灯、无极灯的光源性能对比。

表16-3　照明光源特性比较

光源	光效/(lm/W)	寿命/h	显色指数(*Ra*)	色温/K	主要优点	主要缺点
白炽灯	8~14	500~1000	>0.50	2500~3500	安装方便,可调光	寿命短,光效低能耗高,已淘汰
卤钨灯	17~33	3000~5000	>0.50	2500~3500	安装方便,可调光	光效低,能耗高
三基色荧光灯	55~80	5000~8000	>0.80	2900~6500	光效高,节能,显色性好,可调光,启辉快,无频闪	有汞污染
高压汞灯	50	10000	0.65	4000~6000	白光,高亮度,寿命长,显色性较好	启辉慢,有汞污染

（续）

光源	光效/(lm/W)	寿命/h	显色指数(*Ra*)	色温/K	主要优点	主要缺点
高压钠灯	80~140	24000	0.25	4000~6000	光效极高,节能,寿命长,黄光柔和,透雾性好	启辉慢,偏色,显色性差,有汞污染
金卤灯	60~90	5000~18000	0.70	4000	光效高,节能,寿命长,显色性好	启辉慢,有汞污染
无极灯	80	60000	>0.75	2000~8000	启辉快,光效高,节能,寿命长,显色性好	有汞污染
LED 灯	100~120	>50000	0.85	4000~6000	启辉快,能耗低,无频闪,绿色环保,寿命长,*Ra* 高,可调光	目前价格过高
荧光灯	55~80	5000~6000	0.50	2900~6000	光效高,节能,价格低廉,可调光,启辉快,无频闪	有汞污染

2. 各类节能灯具的节能效果

（1）卤钨灯比普通白炽灯可节电 40%~50%。

（2）紧凑型单端荧光灯比白炽灯可节电 70%~80%。

（3）直管型荧光灯（细管，电子镇流器）比普通照明白炽灯可节电 70%~80%。

（4）细管（T8、T5）荧光灯比普通粗管（T12）荧光灯可以节电约 10%~30%。

（5）半导体 LED 灯电能消耗仅为白炽灯的 1/10，可节电 90%，为荧光节能灯耗电的 1/4；寿命是白炽灯的 100 倍。

（6）室内公共照明和室内照明主要是以荧光灯、LED 节能灯为主。泛光照明和景观照明则以金卤灯和高压钠灯为主。

（7）HID 高压气体放电灯：高压钠灯、金卤灯、镝灯、氙灯等 HID 高压气体放电灯适合高照度和高屋顶工业建筑，如展示厅、体育馆、展览中心、大型商场、工业厂房、道路广场、车站、码头等场所的室内外照明。

16.4 绿色照明灯具

高效、安全、可靠的绿色照明灯具由节能光源、启动控制组件（辉光启动器/镇流器）、灯座、反光罩等组成，是节能降耗、安全、可靠运行的重要保证。

16.4.1 荧光灯

1. 荧光灯的启动控制组件

荧光灯启动控制组件又称点灯电路，有三种类型：

（1）电感镇流器荧光灯点灯电路：图 16-10 是电感镇流器点灯电路+启动器的荧光灯点灯电路。特点是简单、稳定、耐用，抗电冲击和抗浪涌性能好。但有频闪、启辉慢、效率低（电感整流器损耗大）、功率因数低、不能调光等缺点，电感整流器在 T8、T10、T12 灯管使用中有较好的启动特性。

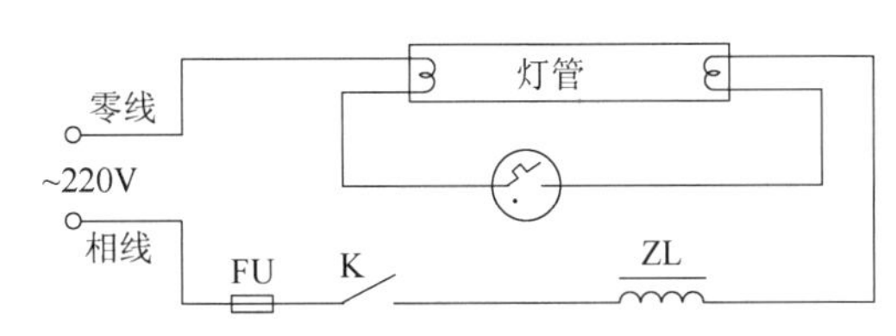

图 16-10　电感镇流器荧光灯点灯电路

（2）电子镇流器荧光灯点灯电路：电子镇流

器采用大功率高频源（20~60kHz）驱动荧光灯，由于驱动源频率高，容易激发荧光灯内的汞蒸气离子产生弧光放电。电子镇流器点灯电路的特点：启辉迅速、无频闪、效率高、体积小、重量轻、可调光、维持两电极间弧光放电的高频电压变化范围大，可低电压运行和更省电等，已广泛用于各类荧光节能灯。图16-11是20~48W电子镇流器荧光灯点灯电路。

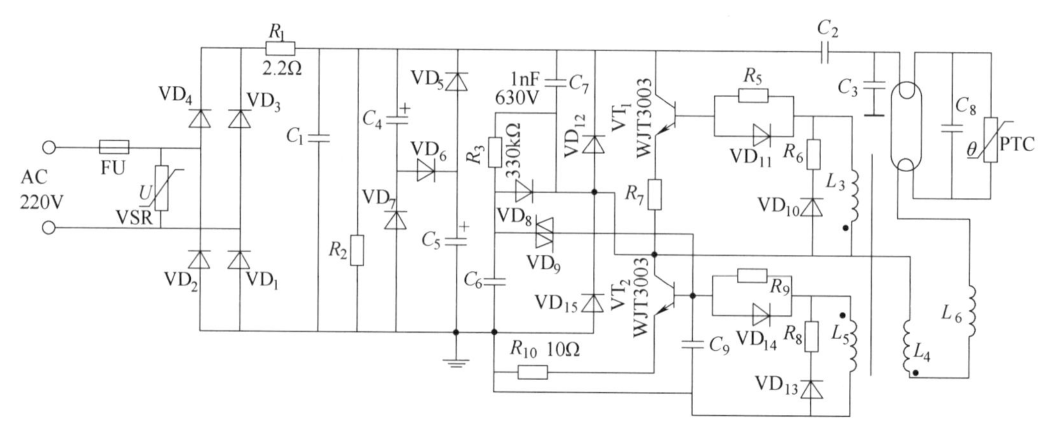

图16-11　20~48W荧光灯电子整流器电路

（3）新型磁电镇流器。新型磁电镇流器具有高效、节能、启动快、寿命长、有很强的抗电冲击能力、能够在灯管出现异常时保护镇流器不致损坏等优点。克服了电感镇流器、电子镇流器存在的缺陷。

1）高性能：工作电压范围160~260V，功率因数≥0.98，电流总谐波≤10%。启动快速、无频闪、温升低。

2）长寿命：磁电镇流器寿命长达6年以上。表16-4为三种荧光灯镇流器性能对比。

表16-4　三种荧光灯镇流器性能对比

比较项目	T8电感镇流器	T5电子镇流器	新型磁电镇流器
使用电压范围/V	196~260	160~260	160~260
启动速度	较慢，有频闪	快，无频闪	快，无频闪
功率因数 $\cos\varphi$	0.55	0.6~0.81	>0.995
电流/A	0.34	0.16~0.29	<0.13
显色指数 Ra	0.65	≥0.85	≥0.85
光效	低	中	高
对灯管伤害	低	高	低
使用寿命	长	短	长
支架温度	高	高	低
噪声	高	低	低
损耗	高	低	低
总谐波	低，<10%	高，>25%	超低，<8%

2. 可调光三基色冷光源灯

图16-12是6×36W可调光三基色冷光源灯，可选择3200K暖日光、4000K暖白光和5600K

全日光三种色温的荧光管。光效率高（70~88lm/W），显色指数 $Ra \geq 95$，具有极好的色彩还原性，可与聚光灯（卤钨灯）配合使用、混合布光。灯管使用寿命长达 10000h，可使用 DMX512 信号调光，实现 10%~100%亮度调节。安装快捷简易（葡萄架安装、轨道安装、挂灯支架安装），造型美观大方，反光板镜面使光斑分布均匀，完全满足电视会议摄像对光源的技术要求。

图 16-12　6×36W 可调光三基色冷光源灯

表 16-5 是不同管径荧光灯的光效特性。表 16-6 是可调光三基色荧光灯的电气特性参数。表 16-7 是可调光三基色冷光源灯的距离-照度特性参数。

表 16-5　不同管径荧光灯的光效特性

管型 (Type)	功率 /W	管径 /mm	管长 /mm	光通量 /lm(35℃)	发光效率 /(lm/W)
T12 荧光灯	40	38	1200	2200	55
T8 荧光灯	36	26	1200	2520	70
T5 荧光灯	28	16	1149	2660	95

表 16-6　可调光三基色荧光灯的电气特性参数

产品型号	外形尺寸/mm×mm×mm	功率/W	色温/K	电压/V	频率/Hz	调光控制/V	重量/kg
VCL-2A 2×36W	190×560×120	72	3200/5600	AC 220	50	0~10	4.0
VCL-4A 4×36W	300×560×120	144	3200/5600	AC 220	50	0~10	7.0
VCL-6A 6×36W	410×560×120	220	3200/5600	AC 220	50	0~10	10.0
DCL-2A 2×36W	190×690×120	72	3200/5600	AC 220	50	DMX512 信号控制	5.0
DCL-4A 4×36W	300×690×120	144	3200/5600	AC 220	50	DMX512 信号控制	7.0
DCL-6A 6×36W	410×690×120	220	3200/5600	AC 220	50	DMX512 信号控制	9.0

表 16-7　可调光三基色冷光源灯的距离-照度特性参数

产品型号	1.5m/lx	2m/lx	3m/lx	4m/lx	5m/lx	6m/lx
2×36W	890	520	210	142	93	60
4×36W	1520	885	380	240	162	121
6×36W	2420	1450	690	385	210	190
2×55W	1060	650	345	212	142	90
4×55W	2500	1320	600	342	288	192
6×55W	4500	2610	1075	600	330	272

16.4.2　高频无极灯

高频无极灯作为新型电光源的换代产品已在许多领域获得应用。

1. 高频无极灯的构成

(1) (2.5~3.0MHz) 高频发生器（简称电子镇流器）。

(2) 功率耦合器，把高频功率耦合到灯泡腔体内。

(3) 灯泡：泡内充有特种气体，内壁涂三基色荧光粉，如图16-13所示。

2. 主要特点：

使用寿命：>60000h；工作频率：2.65MHz；功率因数：>0.95；显色指数：>80；色温：2700~6500K；电磁干扰：符合GB/T 17743—2017《电气照明和类似设备的无线电骚扰特性的限值和测量方法》；不需预热、可立即启动和再启动（启动时间<0.5s）、无频闪、不怕振动、光通量不受电网电压波动影响等；安装简易，可像普通白炽灯泡那样不受限制、适合任意空间安装。表16-8是高频无极灯的典型技术规格。

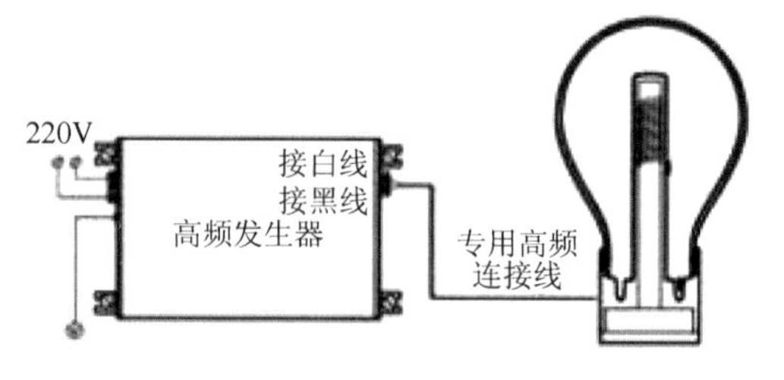

图16-13　高频无极灯构成

表16-8　格林莱品牌高频无极灯的技术规格

型号	工作频率/MHz	功率/W	电压范围/V	电流/A	功率因数(PF)	启动时间/s	光通量/lm	色温/K	显色指数(*Ra*)	平均寿命/h
GL-40	2.65	40	160~265	0.19	≥0.98	<0.5	2520	2700/6500	≥80	60000
GL-60	2.65	60	160~265	0.28	≥0.98	<0.5	3800	2700/6500	≥80	60000
GL-85	2.65	85	160~265	0.39	≥0.98	<0.5	5500	2700/6500	≥80	60000
GL-100	2.65	100	160~265	0.45	≥0.98	<0.5	6800	2700/6500	≥80	60000
GL-120	2.65	120	160~265	0.56	≥0.98	<0.5	7800	2700/6500	≥80	60000
GL-135	2.65	135	160~265	0.61	≥0.98	<0.5	8700	2700/6500	≥80	60000
GL-165	2.65	165	160~265	0.76	≥0.98	<0.5	11200	2700/6500	≥80	60000
GL-200	2.65	200	160~265	0.92	≥0.98	<0.5	13000	2700/6500	≥80	60000

16.4.3　LED灯具

LED管以环氧树脂封装，可承受高强度机械冲击和振动、不易破碎、亮度衰减周期长，使用寿命可长达50000h，使用年限可达5~10年，远超过传统钨丝灯泡的1000h及荧光灯管的10000h。在同样照明效果的情况下，耗电量只有荧光灯管的1/2。

LED灯具必须配置驱动电路（LED Driver）或电源供应器（Power Supply），其功能是将交流电压转换为恒流直流电源。

LED光源的应用非常灵活，可以做成点、线、面多种光源形式的照明灯具。LED的亮度控制极为方便，只要调整电流，就可以调光。白光LED最接近日光，更能较好地反映物体的真实颜色。不同光色的LED可组合成五光十色、变化多端的LED灯具，利用时序控制电路，达到五彩缤纷的动态变化效果。

1. LED恒流源驱动电路

(1) LED灯有两种驱动方式：

一种是用一个恒压源提供给多个恒流源，然后各个恒流源再单独给每路 LED 供电。这种方式组合灵活，一路 LED 故障，不影响其他 LED 的工作，但成本会略高一些。

另一种是恒流源直接给串联或串并联 LED 管供电。优点是成本低，但稳定性稍差。图 16-14 是一种典型的恒流源电路。图 16-15 是 1W LED 管的恒流源电路。

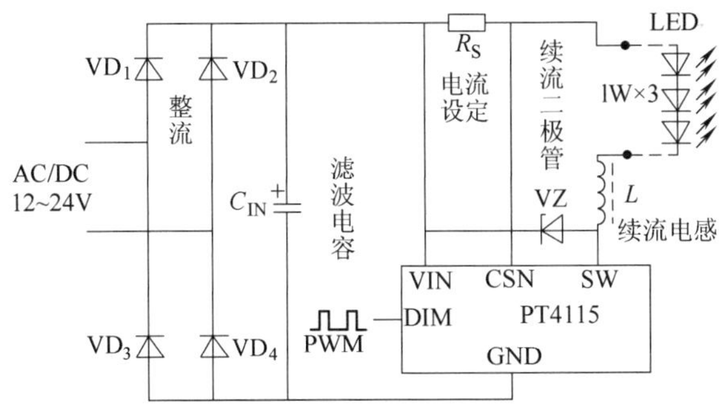

图 16-14　一种典型的恒流源电路

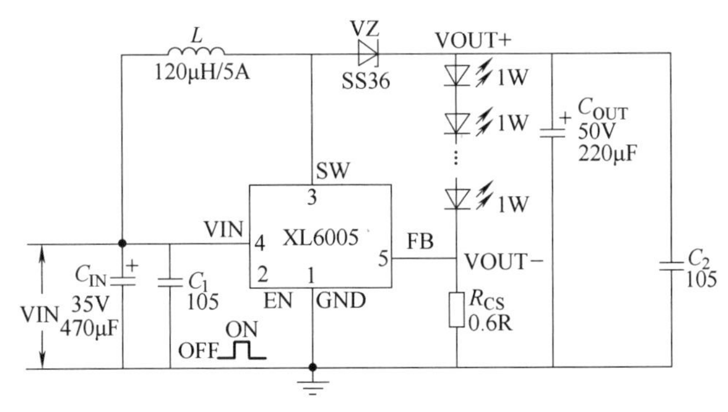

图 16-15　1W LED 管的恒流源电路

（2）抗浪涌保护：LED 的抗浪涌能力较差，特别是抗反向电压的能力。户外使用的 LED 灯，由于电网负载变化大和夏季雷击感应时有发生，电网系统会侵入各种浪涌电压。因此 LED 驱动电源必须要有抑制浪涌侵入、保护 LED 不被损坏的能力。

2. LED 典型灯具

LED 灯具的最大特点是：功耗低、亮度高、寿命长；响应速度快、启辉时间短（纳秒级）、可调光、可瞬间反复启动、无余辉；安全可靠，易于与计算机接口匹配；绿色环保，无环境污染。因此，LED 照明的应用领域在不断扩大：包括室内、室外照明和各类特种照明。

（1）室内照明包括：办公室、医院、商场、宾馆、超市、仓库、家庭、学校、车库、隧道、工矿和室内装饰照明等。主要灯具：筒灯、射灯、矿灯、天花灯、防爆灯、应急灯、室内装饰照明灯：壁灯、吊灯、嵌入式灯、墙角灯、平面发光板、格栅灯等。

（2）室外照明包括：车站、码头、广场、公园、道路、车辆、交通指挥、停车场、游乐园、桥梁等。主要灯具：LED 路灯、隧道灯、投光灯、LED 洗墙灯、庭园灯、交通信号灯、护栏灯、投射灯、LED 灯带、LED 异形灯、地埋灯、草坪灯、水底灯等。

（3）特种照明包括：室外景观照明、公共交通机场照明、建筑外部照明、喷泉水下照明、广告牌、航标导航、医院无影灯、军用照明灯等。主要灯具：LED 光条（LED 软光条、LED 幻彩光条、DMX 控制光条、LED 硬灯条）、投光灯、广告牌灯、LED 洗墙灯、庭园灯、护栏灯、LED 灯带、LED 异形灯、地埋灯、草坪灯、水底灯等。图 16-16 是各类典型 LED 灯具。

50W 集成 LED 芯片投光灯　36W LED 投光灯　18W LED 投光灯

LED 圆形地埋灯　80W LED 路灯　LED 广告射灯

9W LED 天花灯　5in 12W 筒灯　T12 12W 荧光灯

小功率 LED 球灯　LED 大功率 PAR 灯

图 16-16　各类典型 LED 灯具

16.5　智能照明节能控制系统

智能照明节能控制系统有两层含义：

（1）建筑照明系统各功能区应根据不同季节、不同日期、不同时段，按不同背景亮度进行灯光照度的自动调整。通过合理的照明管理，以最经济的能耗，提供最舒适、良好的光照条件，并最大限度地节省电能。

（2）现代建筑照明系统不再是单纯地把灯点亮，在装饰和艺术照明中，希望利用灯光创造出赏心悦目的艺术氛围。通过对灯光的扬抑、隐现、虚实、动静结合以及对投光角度和照射范围的控制，使灯光充分发挥出它的艺术表现力。

智能照明节能控制管理方法：根据实际应用要求及各照明区域的特点，编写照明管理程序，通过时间、日光照度、人体感应控制等手段，灵活设定各种应用模式和控制程序。包括：就近控制（直接控制）、远程控制（中央集中控制）、定时控制、有人/无人动态感应自动控制、联动控制、区域控制和场景控制。

对于一些特殊区域，如地下停车场，可以根据车辆进出的流量模式自动调节照明区域的照度，实现降低能耗的目的。

例如，图 16-17 所示的停车库采用智能照明控制系统后，照明系统会处于自动控制状态。每天高峰时段，车库进出车辆繁忙，车库的车道照明和车位照明应处于全开状态，便于车主进出车库。在白天非高峰时段，光线充足，车流量小，可关闭车位照明，并对车道照明采取 1/2 或 1/3 隔灯控制，节省电能。深夜时分，车流量最少，此时可只保留更少的值勤灯，当有车辆进出时，再增加照明。图 16-18 是停车库智能照明的节能效果。

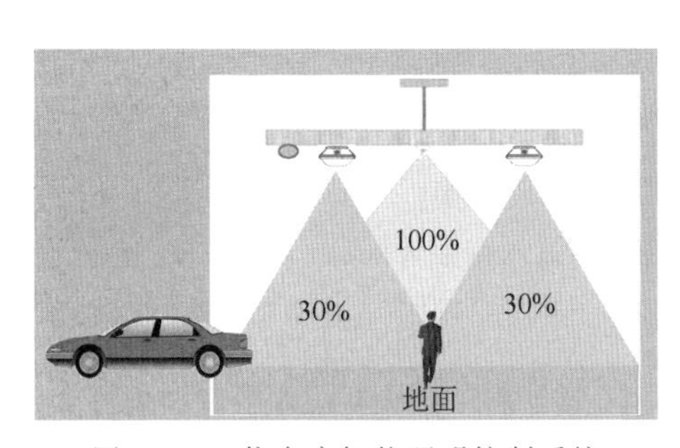

图 16-17　停车库智能照明控制系统

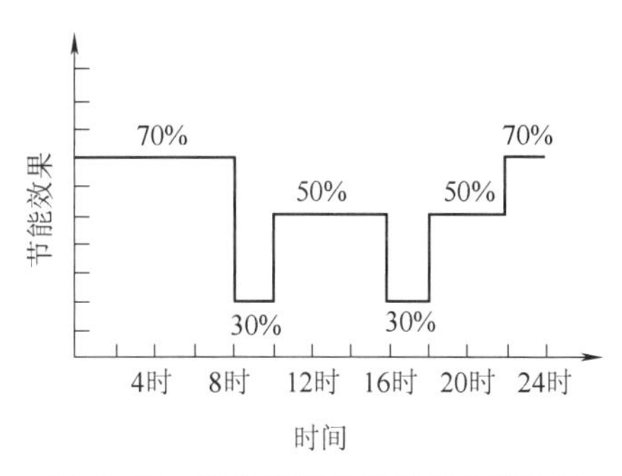

图 16-18　停车库智能照明的节能效果

酒店内的宴会厅（大会议厅）、VIP 酒吧、餐厅，智能照明系统利用控制灯光的颜色、投射方式和明亮变化等方式，创造富有艺术性的气氛。

图 16-19 是宾馆大会议厅采用智能灯光控制系统，可以预置多种灯光场景效果，例如，对于迎宾、大会发言、讨论、表决等场景灯光，智能照明系统按照预先设置的程序全自动运行，可大大节省人工管理成本。

图 16-19　大会议厅可以设置多种照明效果

图 16-20 是小会议室灯光控制系统预置的签到、投影、讨论三种模式的灯光设置。

图 16-21 是在不同天气条件下办公室的照度补偿示意图。在白天，自然光对室内的辐射，其光强总是不均匀的，靠近窗户（采光面）的区域光线强些，灯光可调得暗些或不开；而离窗户

图 16-20　小会议室的签到、投影、讨论三种模式的灯光设置

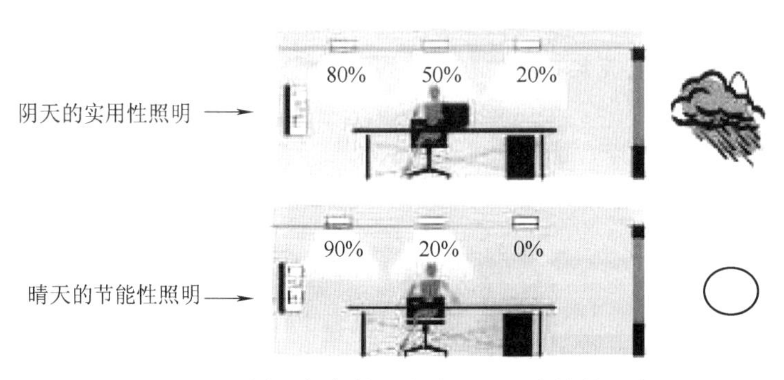

图 16-21　不同天气条件下办公室的照度补偿示意图

越远光线越暗，灯光可调得亮一些，达到使照度均匀的目的。

图 16-22 是大楼走廊、洗手间晚上的节能自动控制系统。人来自动开灯、人走自动关灯。

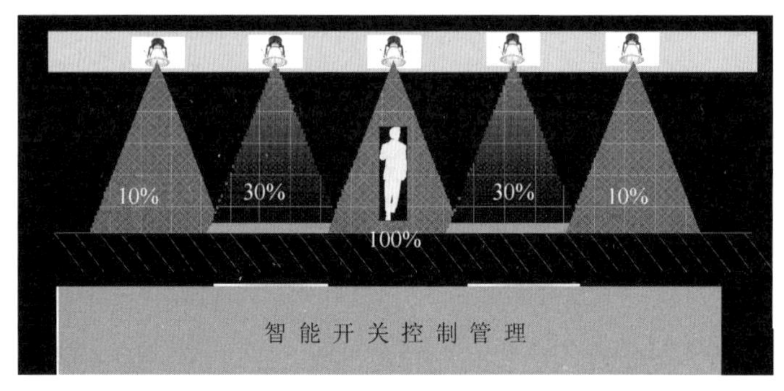

图 16-22　大楼走廊、洗手间人来自动开灯、人走自动关灯

智能照明系统还可与其他系统联动控制，例如 BA 楼宇自控系统、监控报警系统、一卡通系统等。当发生紧急情况时，可通过报警系统强制打开相应区域的照明灯具。

16.5.1　智能照明控制系统综合节能分析

与传统照明系统相比，智能照明系统的节能效果为：节能光源可节能 35%，节能控制可节能 25%，两项合计可节能 60%。图 16-23 是智能照明系统综合节能分析。

例 16-2　表 16-9 是上海浦东图书馆（新馆）照明控制系统的节能效果和投资收益比分析：仅照明节能控制一项，每年节能可达 41%，两年半即可收回投资成本。

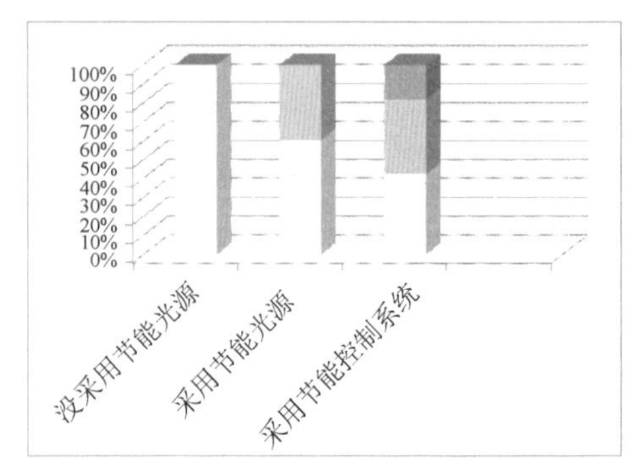

图 16-23　智能照明系统节能分析

表16-9 上海浦东图书馆（新馆）照明控制系统的节能效果和投资收益比分析

浦东图书馆（新馆）	阅览室	中庭、走道	卫生间	车库	合计
使用前/kW	425.6(6层)	300.9(6层)	4.2(30间)	258	4743
使用后/kW	285.65(6层)	180.3(6层)	2.47(30间)	130.5	2838.3
年节能百分率	32%	59%	41%	49%	41%
年节省电费/万元	33.6	28.43	2.12	6.76	70.91
先期投资/万元	96.3	51.99	5.46	17.58	171.33
收回投资年限	2年10个月	1年10个月	2年7个月	2年7个月	2年5个月

例16-3 某20层办公楼，每层设有2个$20m^2$的洗手间，每个洗手间设有6组2×13W荧光节能灯。采用人来自动开灯、人走自动关灯的节能控制后，分别对洗手间区域的节能效果和节省电费进行估算。

解 （1）原年耗电量（18点至早上06点）：

$$20层\times(6\times2\times13W)\times2间\times12h\times365天=27331.2kW\cdot h$$

（2）使用节能控制系统后的耗电量（18点至早上06点/10%有人使用时自动开灯、关灯）：

$$20层\times(6\times2\times13W)\times2间\times12h\times10\%\times365天=2733.1kW\cdot h$$

（3）每年节能率：

$$\frac{27331.2-2733.1}{27331.2}\times100\%=90\%$$

（4）节省电费： (27331.2−2733.1)kW·h×0.617元/kW·h= 15.177元

可见，1年就可回收全部投资成本。

16.5.2 智能照明节能控制系统组成

智能照明控制系统采用计算机、数字控制、网络通信和调光技术相结合的方式，实现照明系统自动化、智能化的节能降耗控制。

1. 智能照明节能控制系统主要特点

（1）系统可对任何灯光回路进行连续调光或开关控制。

（2）灯光场景控制：可对现场照明预设、存储多种不同场景的照明，如淡入、淡出切换场景，营造一种舒适环境。

（3）节省能源：可接入多种传感器和进行自动控制。人体移动传感器可实施人来自动开灯、人走自动关灯；照度传感器可根据室外光线强弱，自动调整室内照明。

（4）时间控制：根据上下班时间，自动调整公共场所的照明，使一些走廊、楼道、洗手间的“长命灯”得到有效控制，节省能源。

（5）红外遥控：用手持红外遥控器对照明灯具实行无线遥控。

（6）系统联网：与楼宇智能控制系统、安防报警系统联网，实行联动控制。

2. 系统组成

智能照明控制系统的控制方式有：就近控制（直接控制）、远程控制（中央集中控制）、定时控制、照度自动控制、动态感应控制（有人/无人）、联动控制、区域控制等。

系统由探测传感器、可编程控制面板、控制终端（调光器）和被控灯具组成，如图16-24所示。

（1）探测传感器 探测传感器包括可实施“人来自动开灯、人走自动关灯”的“人体移动传感器”、自动控制灯光亮度的“环境照度传感器”和可用手持红外遥控器对灯光进行控制的“红外遥控接收器”。

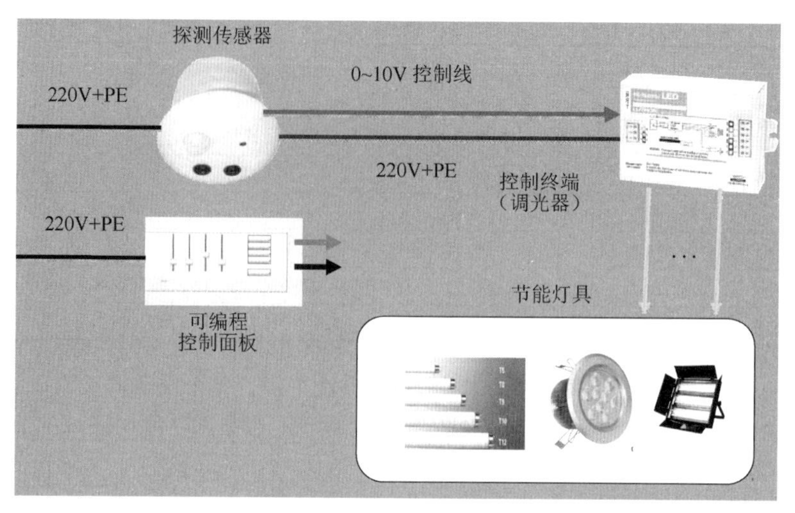

图 16-24　智能照明系统组成

（2）可编程控制面板具有如下功能：

1）按键编程控制功能，包括单回路控制、多回路编组控制、场景控制等操作编程。

2）软件子网 ID（Identification）识别和硬件设备 ID 地址设置。

3）软件断电复位功能。

4）每个按键可编程一个控制场景地址。

5）可与任何类型的智能探测传感器配合使用。

6）RS-232 或 RS-485 通信接口模块：可与控制终端（调光器）实行多点双向通信；控制子网内各个回路的开/关和发送场景；可以接收子网内各个回路的开关状态、回路电流数据；具有远程编程、检测和管理功能。

（3）控制终端。控制终端（调光模块、调光器或调光硅箱）有 4 路、6 路、8 路、12 路和 16 路等多种规格。一台调光器可同时接受多个控制面板控制。例如：一个 6 通道智能调光器可以分别控制两个区域场景照明，最简单的控制方法是选用两个场景控制面板。图 16-25 是一台调光器接受走廊和大堂两个控制面板控制的案例。表 16-10 是两个控制面板各自的场景编程设置。

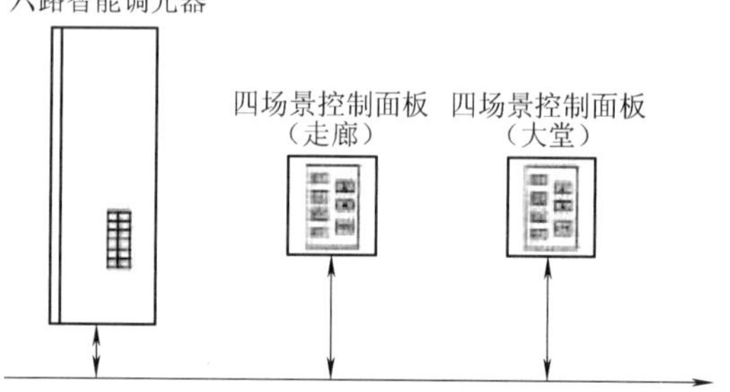

图 16-25　一台调光器同时与多个控制面板通信

表 16-10　两个控制面板各自的场景编程设置

回路编号	区域	场景 1	场景 2	场景 3	场景 4	灯具位置
1	走廊	80%	40%	60%	100%	走廊灯 1
2	走廊	60%	20%	50%	100%	走廊灯 2
3	大堂	100%	50%	40%	100%	大堂花灯 1
4	大堂	60%	40%	70%	100%	大堂花灯 2
5	大堂	40%	20%	30%	100%	大堂壁灯 1
6	大堂	70%	60%	40%	100%	大堂壁灯 2

控制终端（调光器）的控制输出接口有：1~10V 模拟量控制输出接口、数字信号控制输出接口（Digital Signal Interface，DSI）、数字可寻址控制输出接口（Digital Addressable Lighting Interface，DALI）和 DMX512 数字可寻址输出接口。

控制终端的控制输出接口必须与被控灯具的控制输入接口特性相匹配。控制终端的控制输出接口主要特性有：

1）具有 RS-232 或 RS-485 数据通信接口，按地址接收控制面板发送来的多路控制数据信号。

2）具有 4~16 路的调光功率输出。

3）最多可以存储 200 种场景数据。

4）具有 4~16 路的调光功率输出。

5）最多可以存储 200 种场景数据。

（4）被控灯具。主要被控灯包括：可调光的卤钨灯、荧光灯、各种 LED 灯和只控不调光的各类 HID 高压气体放电灯。

16.5.3　主要配置设备技术规格

1. 可编程场景控制面板

（1）LT-204 四场景控制面板。图 16-26 是 LT-204 四场景控制面板，主要应用于智能环境照明；可与各类智能调光器及智能开关控制器组成分布式智能灯光控制系统。主要功能：

1）4 个场景按键及开/关键；每个键上带有 LED 指示。

2）4 个预置场景。

3）通过▲▼键临时改变整个场景的灯光亮度。

4）RS-485 通信接口。

5）可选配红外接收功能。

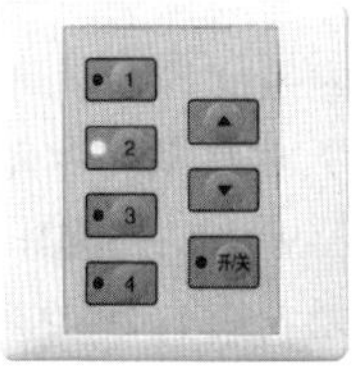

图 16-26　四场景控制面板

（2）LT-216 六场景控制面板。图 16-27 是 LT-216 六场景多功能编程控制面板，主要应用于智能环境照明；可与各类智能调光器及智能开关控制器组成分布式智能灯光控制系统，可对系统中的灯光场景进行编程操作。

图 16-27　六场景控制面板

1）液晶显示，中文菜单及菜单提示。

2）可设置本区域和系统中其他区域的场景亮度及淡入、淡出时间。

3）可对“设置功能”进行密码锁定，以防非专业人员误操作。

4）具有 6 个场景按键及开/关键；每个键上带有 LED 指示。

5）具有 6 个预置场景，每个场景均可设置淡入时间。

6）可对某场景的每个通道的亮度进行设置。

7）可以对场景灯光的时钟进行实时控制，即对灯光进行时间控制。

8）设有定时时钟，可设置 10 个定时事件，每个事件都可预置淡入、淡出时间。

9）有多种定时模式，如一次定时、每天定时、双休日除外、自定义定时。

10）通过▲▼键临时改变整个场景的灯光亮度。

11）RS-485 接口，可发出 LT-NET 数字控制信号及 DMX-512 可寻址编组数字信号。

12）RS-232 接口模块：

① 通过 RS-232 接口，控制子网内各个回路的开关。

② 通过 RS-232 接口，发送场景。

③ 通过 RS-232 接口，接收子网内各个回路的开关状态。

④ 通过 RS-232 接口，接收子网内各个回路的电流值。

13）具有断电软件复位功能。

14）具有远程编程、检测和管理功能。

2. 智能探测传感器

（1）红外感应、雷达测距、亮度检测智能传感器（图16-28）：

1）亮度探测范围：最高设置亮度为1000lx，分辨率为10lx。

2）场景渐变时间调节范围：1～100s。

3）使用环境：温度范围为0～40℃，湿度范围小于90%。

4）传感器种类：亮度检测、雷达测距、红外感应。

5）红外感应范围：锥角范围为140°，距离小于8m。

6）雷达探测范围：锥角范围为15°，距离小于4.5m，分辨率为0.02m。

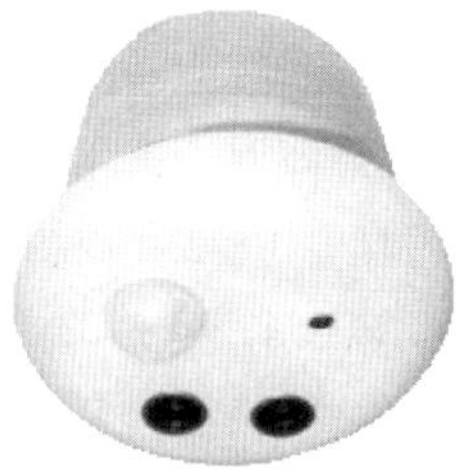

图16-28　红外感应、雷达测距、亮度检测智能传感器

7）通信接口：采用RS-485接口，传输速率为9600bit/s。

8）供电电压：DC 12V/100mA，功耗：小于2W。

9）安装方式：吸顶嵌入安装。

10）开孔尺寸：90mm，最大95mm。

用于停车场探测及教室、会议室日光自动补偿控制，通过对日光照度检测，调整室内灯光亮度，使室内照度均匀；可与场景控制面板及调光器组成灯光自动控制系统。

（2）人体移动传感器

图16-29是LT-306M人体移动传感器，通过检测红外光变化，判断是否有人，有人进入时自动开灯，无人则自动关灯，达到节能的目的；可与场景控制面板（或触摸屏）和调光器组成灯光自动控制系统，主要用于楼梯走廊的灯光自动控制。

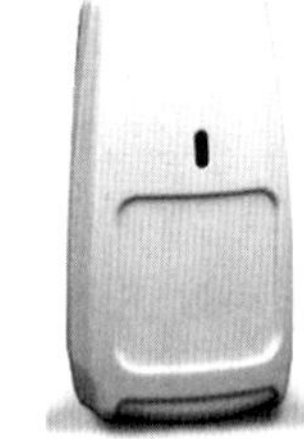

图16-29　人体移动传感器

1）最大照度量程500lx。

2）可设置调入场景的渐变时间：1～100s。

3. 控制终端（调光模块、调光硅箱和开关型控制终端）

调光硅箱（调光器）又称控制终端，它的控制输出端口与调光灯具点灯电路相连，是智能照明系统的调光控制装置。调光器的控制输出有模拟控制和数字控制两大类。

（1）调光器控制输出接口。

1）1～10V模拟量控制输出接口：1～10V接口是直流模拟量控制信号，信号极性有正负之分，按线性规则调节荧光灯的亮度。调光灯具一旦被控制信号触发，荧光灯电子镇流器（或LED恒流驱动源）立即启动荧光灯或LED灯。首先被激励到全亮，然后再按控制量要求调节到相应亮度（即由亮到暗）。可直接使用荧光灯和LED灯原有自带的辉光启动器（镇流器或恒流源）。

2）数字信号控制输出接口（Digital Signal Interface，DSI）：用DSI接口可实现灯光回路的开关、调光和亮度预置等功能。调光灯具的电子镇流器采用PWM脉冲宽度编码信号控制，信号没有极性要求，按指数函数方式调光。这种镇流器被触发启动后，荧光灯或LED灯的亮度从0开始调整到控制信号所指定的亮度（即从暗到亮）。

当被控灯具关闭熄灭后，还可自动切断镇流器220V主电源，既可节省镇流器能源消耗，还可省去主电源开与关的控制线连接，采用DSI接口的电子镇流器可以直接与220V主电源线连接。可直接使用荧光灯或LED灯原有的辉光启动器（镇流器或恒流源）启动。

3）数字可寻址控制输出接口（Digital Addressable Lighting Interface，DALI）：采用DALI的最初目标是为了优化智能灯光控制系统，制定一个系统结构简单、安装方便、操作容易、功能优良的灯光控制系统，通过网关（Gateway）接口，把灯光控制系统作为BMS楼宇管理系统的一个子系统；大楼内各区域既可独立控制，又可实施楼宇照明系统的集中管理。

DALI 调光模块有独立的 DALI 输出通道，每个通道最多可连接 64 个 DALI 调光镇流器。DALI 接口与 2 芯控制线连接，可对每个镇流器分别寻址，即调光控制器可对同一条控制线上的每个调光灯具分别进行开关、调光和预置亮度。单段 DALI 数据控制线上可对 64 个镇流器分别编址，同一个镇流器还可以编在一个组或多个组，最大编数组为 16，因此，一个 DALI 系统最多可控制多达 1024（64×16）个镇流器。

每个 DALI 模块可指示电子镇流器的故障状态、设置灯光的开启时间、预设 16 个场景，需用 DALI 软件进行编辑。

4）DMX512 数字可寻址控制输出接口：DMX512 可寻址控制系统在一对传输线路上最多可传输 512 路灯光控制信号。由 DMX512 调光台（或可编程控制面板）按顺序从通道 1 到最高通道编号（512）连续周而复始循环发送各路调光器的控制数据。

DMX512 多路复用传输系统技术成熟、信号稳定、抗干扰性能好、系统扩展方便，专业灯具都有此接口，使用简单，已获全世界普遍应用。

每台 DMX512 灯具需有一个 DMX512 数据接收/解码器，因此，不能直接使用荧光灯和 LED 灯原有自带的辉光启动器（镇流器或恒流源）。

一对 DMX512 线路上最多可挂接 32 个接收装置，通过 16 路分支器可以扩展到 512 个接收装置，采用 RS-485 通信标准连接，如后文中图 16-40 所示。

（2）调光硅箱典型产品。控制终端（调光器）产品按控制回路（有 4 回路、6 回路、8 回路、12 回路和 16 回路等）和每回路的最大控制电功率（输入电源电压和每个回路的最大电流）分类。表 16-11 是上海忆光数码科技公司调光器的典型技术规格。

表 16-11　上海忆光数码科技公司调光器的典型技术规格

型　号	规　格	回　路	备　注
EHD408	4A	4 路	输入 220V 单相电源
EHD808	4A	8 路	输入 220V 单相电源
E6TG4	6A	4 路	输入 220V 单相电源
E6TG8	6A	8 路	输入 220V 单相电源
E6TG12	6A	12 路	输入 220V 单相电源
E6ETG1	16A	1 路	输入 380V 三相电源
E6ETG2	16A	2 路	输入 380V 三相电源
E6ETG3	16A	3 路	输入 380V 三相电源
E6ETG4	16A	4 路	输入 380V 三相电源
E6ETG8	16A	8 路	输入 380V 三相电源
E6ETG12	16A	12 路	输入 380V 三相电源

（3）开关型控制终端（只管开与关，不调光）。有些不能调光的节能灯（如电感镇流器荧光灯和 HID 高压气体放电灯）应选用开关型控制终端。

开关型控制终端是只管被控灯具供电的开与关，不管灯具调光的产品。适用于不能调光的节能灯具，如高压钠灯、高压汞灯、金卤灯、氙灯等。

开关型终端有 3 路、4 路、8 路、12 路等多种规格。每个回路开关的功率容量都较大（20A、30A 或更大等），图 16-30 是上海忆光数码公司的 EHK 开关型系列产品的外形图。表 16-12 是 EHK 系列产品主要技术规格。

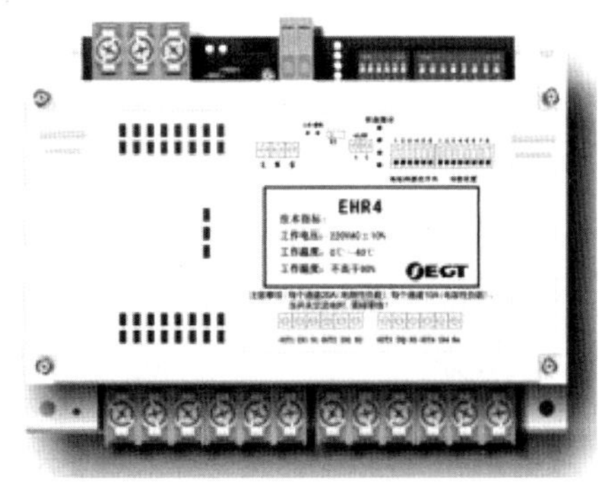

图 16-30　EHK 开关型产品外形图

表16-12　开关型控制终端（只管开与关，不调光）

型　　号	规　　格	回　　路	备　　注
EHK4	每回路30A、继电器开关	4路、箱体	输入380V三相电源
EHK8	每回路30A、继电器开关	8路、箱体	输入380V三相电源
EHK12	每回路30A、继电器开关	12路、箱体	输入380V三相电源
EHR3	每回路20A、电子开关	3路、导轨式	输入单相、三相电源
EHR6	每回路20A、电子开关	6路、导轨式	输入单相、三相电源
EHR9	每回路20A、电子开关	9路、导轨式	输入单相、三相电源
EHR12	每回路20A、电子开关	12路、导轨式	输入单相、三相电源
EHR4	每回路20A、继电器开关	4路、导轨式	输入单相、三相电源

（4）开关/调光器。开关/调光器是既有供电开关功能，又有调光功能的控制终端。图16-31是北京星光影视设备公司的LT-1210KA 12路开关/调光器。主要技术特性如下：

1）应用于分布式智能灯光控制系统。

2）12个开关量输出，每个通道10A。

3）每个通道有一个10A小型断路器和一个旁路直通开关。

4）每个通道有0~10V控制信号输出。

5）可接收LT-NET信号及DMX-512信号。

6）可预置128个场景。

7）可分128个区域。

8）渐变时间：1~100s。

9）调光镇流器接口控制信号：0~10V。

10）可以控制节能灯、荧光灯及气体放电灯。

11）通信接口：①DMX 512/1990通信协议；②LT-NET通信协议。

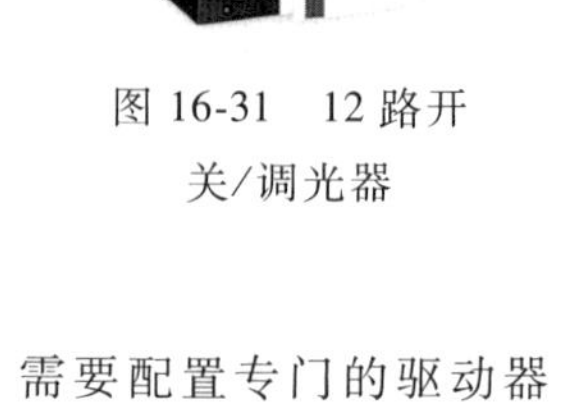

图16-31　12路开关/调光器

（5）驱动器/调光器。使用DMX512和DALI控制接口的调光灯具，需要配置专门的驱动器（点灯电路）。为便于安装和使用，生产企业把灯具的驱动器与调光器整合在一起，构成一款“驱动器/调光器”产品。

1）荧光灯驱动器/调光器。荧光灯有二、三、四线三种控制方式，目前市场上广泛使用的是“四线控制”荧光灯镇流器。四线调光控制器通过两条220V主电源线为镇流器提供电源功率，另外两条低电压控制线实现开关、调光等各种功能控制。表16-13是上海忆光数码公司的EHV系列4路、8路荧光灯驱动器/调光器技术规格。

表16-13　1路、4路、8路荧光灯驱动器/调光器技术规格

型　　号	规　　格	回　　路	备　　注
EHV422	10A	4路	输入380V三相电源
EHV822	10A	8路	输入380V三相电源
EHV104	2A	1路	输入220V单相电源
EHV401	1A	4路	输入220V单相电源

2）LED驱动器/调光器。LED驱动器/调光器采用PWM（脉宽调制）数字调光技术。LED恒流源输出可驱动1W/3W/5W LED管，可控制大功率LED筒灯/平板灯及LED灯条等多种LED

照明灯具。具有高达 16 位的 PWM 调光技术和专业的调光曲线修正，调光过程平滑细腻。

① E6LED4/9-36V 4 路 LED 驱动器/调光器。图 16-32 是 E6LED4/9-36V 4 路 LED 驱动器/调光器，采用 PWM（脉宽调制）数字调节技术，适用于不同时段光线或色彩变化的调光，可延长 LED 寿命、节能省电；配合 DMX 灯具系列产品，可轻松实现动态场景的灵活切换。产品主要技术特性如下：

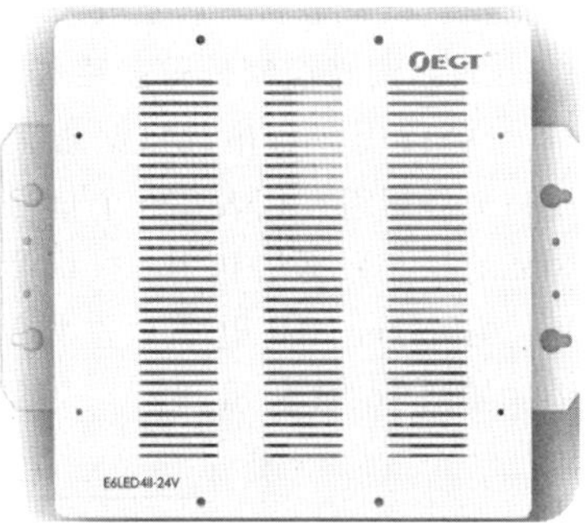

图 16-32　LED 驱动器/调光器

- 4 路 PWM 脉宽调光，每路可驱动 120W LED 光源。
- 0.5%～100%宽范围亮度调节，专业平滑调光技术。
- DMX512 标准协议控制。
- 512 级平滑渐变过渡，灯光调节柔和稳定细腻，无频闪。
- LED 数码管菜单显示，DMX 信号指示。
- 消除电源浪涌程序设计，LED 寿命控制到最佳状态。
- 单通道输出控制，可满负荷工作。
- 壁挂式设计，安装方便，外形美观。

② 60W/120W LED 驱动器/调光器。图 16-33 是北京星光影视设备公司的 60W/120W LED 驱动器/调光器产品。主要技术特性如下：

- 具有两种不同调光输入控制接口：DMX 接口和 1～10V 接口。
- 电源电压输入：90～240V，50～60Hz。
- 功率因数：0.95。
- 调光范围：0.1%～100%。
- 恒流输出：350mA/700mA/1500mA 可选。
- 最大整机输出功率：60W/120W。
- 16 位 PWM 调光技术。

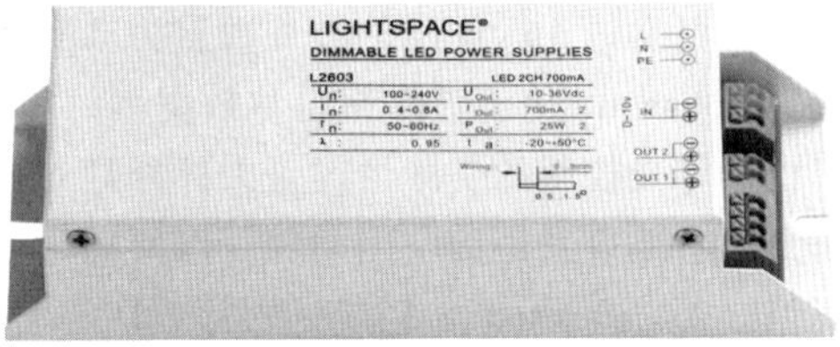

图 16-33　60W/120W　LED 驱动器/调光器

16.5.4　DMX512 数字调光网络系统

现代舞台演出灯光系统常常需有成百上千个、甚至更多的调光回路，如果采用一般控制传输网络，不仅线路极其复杂、故障率高、不能扩展，而且系统造价昂贵。

DMX512 是“Digital Multiplex”（数字多路复用）技术的英文缩写，512 是指在一对数据传输线上可同时传送 512 路调光控制信号。

DMX512 是专业灯光系统一种先进的控制系统。采用数字多路通信原理，可在一对通信线路上同时传送 512 路调光数据信号，系统结构简洁实用，功能齐全、操作容易、可靠性高，具有强大的扩展能力，因此被全世界广泛采用。

DMX512 开发的初衷是对各调光器实施控制，但是现在已被扩大应用到活动灯光和换色器等设备的控制。虽然这些被控对象不是调光器，但它可以非常方便地用一个标准控制桌来控制这些装置。

DMX512/1990 版本只能单向传送控制数据。2002 年 10 月美国娱乐服务与技术协会（ESTA）和美国剧场技术协会（USITT）共同发布了修订后的 DMX512-A《灯光设备及附件控制异步串行数据传输标准》。新标准在保护、安全及兼容性等方面作了较多修改，并且允许实现双向数据传输。双向数据传输为远程设备管理（RDM）创造了条件，使连接在 DMX512 链路上的不同厂商的灯光控制设备能实现智能化双向通信及集中监控管理，系统与以太网灯光传输网络更易衔接。

1. 数字调光控制信号多路传输的实现

DMX512是一种串行数据通信协议，每个调光器（dim）通道的控制信号由8位脉冲（8bit）构成一个数据组，代表256个信号电平。为使接收装置（调光器）与发送信号同步，每个通道由8bit的控制数据组和3bit的同步数据构成一个数据包，同步数据中的1bit（低电平）作为开始记号，另外2bit（高电平）作为停止记号。发送这11bit数据包需花费的时间长度为4μs×11=44μs，如图16-34所示。

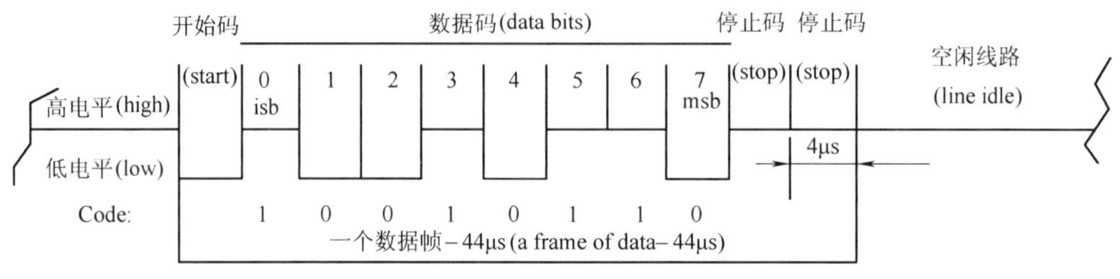

图16-34　一个数据包的结构

DMX512调光台按顺序从通道1到最高通道（编号512）连续周而复始循环发送各路调光器的控制数据。

如果线路上连续发送512个调光器的控制数据（即各数据包之间没有空闲间隙时间），那么每秒最多可发送4μs间隔的脉冲数量为250000bit（250kbit/s）。这就是DMX512的最高传送“波特率”（Baud Rate）。波特率也称数据率，即每秒发送码流的速度。

由于灯光控制的实际情况是大部分灯光控制或是定期发送或是偶然发送控制数据。数据包之间需允许有插入发送的空闲间隙，以便随时可发送信息。这种可随时发送数据的通信系统称为异步通信（Asynchronous）系统，因此，DMX512是一种异步通信协议。异步通信的发送与接收装置之间没有固定的同步关系，也不锁定。

为确认接收通道1作为基准通道，在1~512个数据帧全部发送结束后还需设置一个“中断”标记信号，中断信号结束后再开始发送下一个1~512通道的数据帧。

“中断”标记信号是一个长88μs的连续低电平信号（两个数据包的长度）。在中断标记末尾还有一个称为“中断后的标记”（Mark-after-break/m. a. b）的8μs长的高电平信号，跟随m. a. b后发送的是一个称为“开始码”（Start-Code）的44μs长度的字节，调光器把这个“开始码”低电平字节作为零值，“开始码”后跟随的是第1个调光器的8bit数据。包括m. a. b在内的全部512个调光器的数据码称为DMX512的一个数据帧，如图16-35所示。

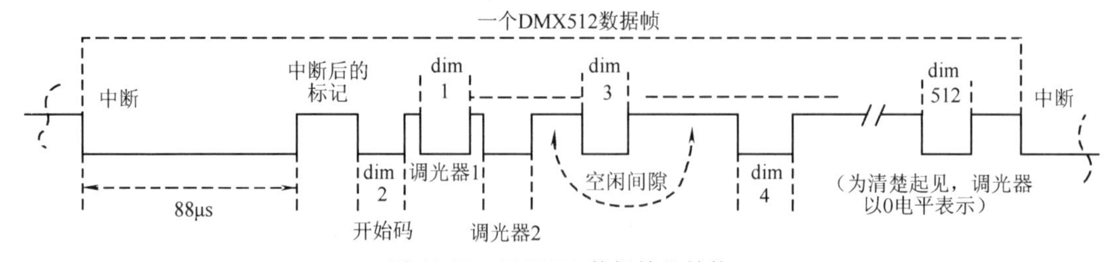

图16-35　DMX512数据帧的结构

2. DMX512数据通信的定时数据

（1）刷新率（Refresh Rate）。刷新率是每秒发送数据帧的数量，正如电视每秒钟能传送的图像帧数。显然，每秒钟传送的图像帧数越多，图像快速移动越流畅；反之，如果每秒钟传送的图像帧数减少到10帧以下，电视图像就会变成“动画片”了。

DMX512 的刷新率取决于发送通道的数量和数据帧之间的空闲间隙等因素，表 16-14 是发送 512 个通道需要的总时间。DMX512 的刷新率 $Rt=1/t$（Hz），$Rt=1/22668\times10^{-6}\text{Hz}\approx44.115\text{Hz}$。

表 16-14　发送 512 个通道需要的时间

名　称	数　量	时间/μs	总时间/μs
中断	1	88	88
中断后的标记	1	8	8
开始码	1	44	44
数据帧	512	44	22528
总计			22668

表 16-15 是 DMX512 发送 24 个通道需要的总时间。此时的刷新率为 836Hz。由此可见，调光通道越多，帧刷新频率越低。

表 16-15　发送 24 个通道需要的时间

名　称	数　量	时间/μs	总时间/μs
中断	1	88	88
中断后的标记	1	8	8
开始码	1	44	44
数据帧	24	44	1056
总计			1196

DMX512 的最低通道数量没有限制，但是为了便于扩展，要求数据帧的长度至少为 1196μs。例如，一个只包含 6 通道的数据帧，可在通道数据包之间插入足够的空闲间隙，把一个数据帧延伸到 1196μs。

（2）中断定时（Break Timing）。中断定时、中断后标志（m. a. b）和开始码是为确认基准通道而设置的三种时间码。中断时间由接收装置（调光器）决定，接收装置允许接收大于 88μs 中断时间后的数据包。中断时间小于 88μs 时，其后的数据包将被抛弃。因此，发送器总是调整到产生大于 88μs 的中断时间，如 100μs。有些 DMX512 接收装置对中断时间长度很敏感，如果中断时间太长也会发生故障。

（3）中断定时后标记（Mark-after-break Timing，简称 m. a. b）。在 DMX512 中，中断定时后标记 m. a. b 的时间为 8μs（高电平），作为中断时间码（低电平）的恢复时间。接收器经 m. a. b 时间恢复后，再捕捉第 1 个字节（开始码）。然后再发送第一通道的调光数据、第二通道的调光数据……如图 16-36 所示。

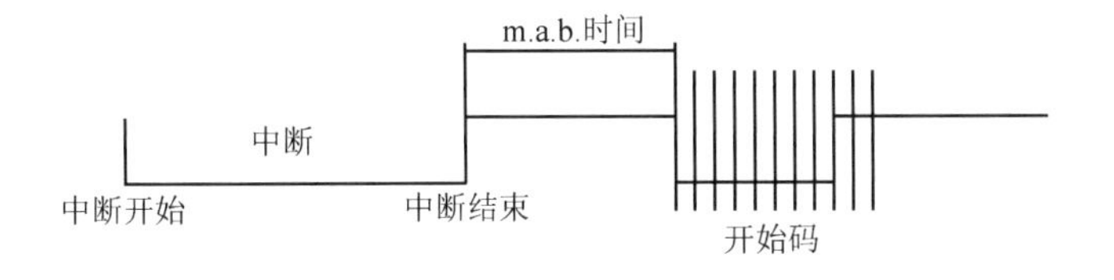

图 16-36　中断时间、m. a. b 时间和开始码

（4）帧内时间和帧标记之间的时间。从一个数据包（11bit）开始到下一个数据包开始之间的时间，称为数据帧内时间，它的最小长度为 44μs。

数据帧标记之间的时间是一个数据帧末尾（第二个停止 bit 的末尾）与下一个数据帧开始

(开始 bit 的始端) 之间的时间，它的最小长度为 0，如图 16-37 所示。

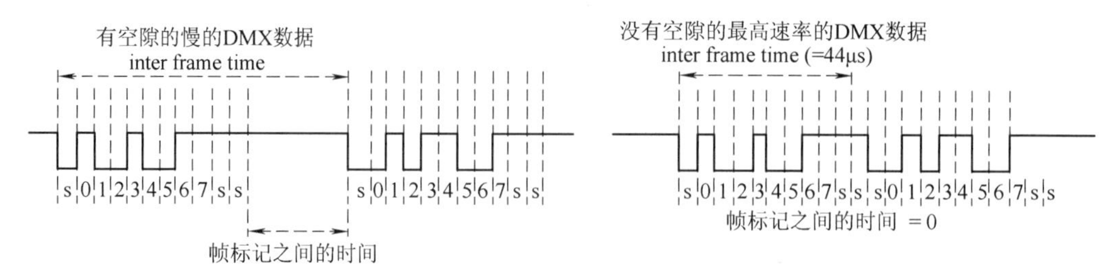

图 16-37　帧内时间和帧标记之间的时间

大多数 DMX512 调光台的数据帧是按通道顺序一个一个往下移动发送的。如果有一个接收装置没能赶上接收，就可能会删去这个通道，并且会引起后面高编号通道的位置迁移。为避免发生这种情况，在数据帧之间专门设置一个帧标记之间的时间间隔。如果数据帧内时间为 60μs (44μs+帧标记之间的时间间隔 16μs)，那么 512 个通道的每个数据包约产生 32.4Hz 的刷新率。

3. DMX512 的网络结构和 EIA485 接口规范

(1) DMX512 的网络结构。DMX512 通过 XLR 5 芯连接器和 4 芯屏蔽双绞线电缆把发送器 (DMX512 调光台) 与各接收器连接在一起。DMX512 只使用具有屏蔽的一对 (2 根芯线) 导线传输 DMX512 信号；第 2 对导线作为备用传输通道，可作为回传和故障备用。表 16-16 是各接点的电平，表 16-17 是 XLR 5 芯连接器的连接特性。

表 16-16　接收器相对接地/OV 的最高和最低电压 (在接收器上测量)

	最低电压/V		最高电压/V	
逻辑电平	数据线(+)	数据线(-)	数据线(+)	数据线(-)
0	-7	-6.8	+11.8	12
1	-6.8	-7	+12	11.8

表 16-17　XLR 5 芯连接器连接特性

连　　接	连 接 电 缆	信 号 特 性
1	屏蔽	接地/返回/0V
2	内导体(黑色)	反相数据(-)
3	内导体(白色)	真实数据(+)
4	内导体(绿色)	空闲反相数据(-)
5	内导体(红色)	空闲真实数据(+)

图 16-38 是 DMX512 发送器 (DMX512 调光台) 与接收器 (调光器) 的连接方法。屏蔽接点 "1" 不必连接到外壳或机架上，因为安装连接器的机架一般都与电源地连接，否则会引起接地

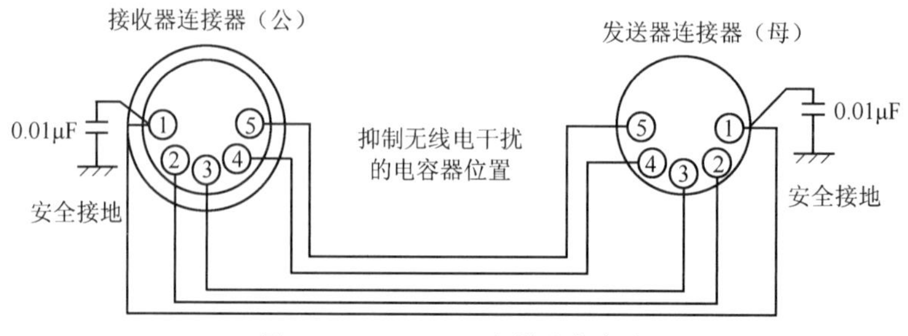

图 16-38　DMX512 电缆连接方法

环路电流问题。为抑制本地无线电射频干扰，通常在接点 1 和电源安全接地之间连接一个 0.01μF 的电容器。为防止电源干扰，DMX512 线路应远离电力电缆，尤其是调光器负载（灯具）的供电电缆不应与 DMX512 信号传输电缆敷设在同一个线管中。

在一对 DMX512 线路上最多只能挂接 32 个接收装置，这些装置可沿线路挂接在任何位置。各分支线路只能按星形连接运行。

为防止数字信号在长线传输中的终端反射，在线路的最远端必须连接与传输线路特性阻抗相等的终端电阻（TR）。DMX512 信号如果需向不同方向传送，必须使用一台分支放大器，以便有效隔离各路输出，如图 16-39 所示。

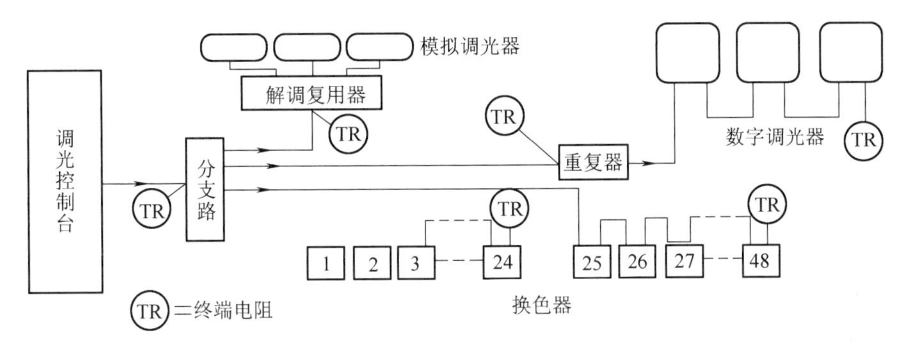

图 16-39　DMX512 传输网络结构

（2）EIA485 通信规范。DMX 系统采用 EIA485（通常参考 RS-485）工业标准连接。EIA485 是对接口电平、电压、电流和 IC 装置的一种描述，可把 DMX512 装置无损害地连接到另一台 EIA485 装置。

采用双绞线是防止外来干扰最重要的手段，它比电缆屏蔽更有效。因此，一般不推荐使用音频屏蔽电缆。

EIA485 规定在发送器和接收器之间用 2 根或 3 根导线连接。这些导线一根是数据线，另一根是反相数据线，还有一根是接地线，作为电流返回或屏蔽接地。这种对地平衡传输的方法有利于消除电磁干扰。

EIA485 规定接收器检测到的数据线之间的信号值应不小于 200mV，才能使接收器正常运行，如图 16-40 所示。

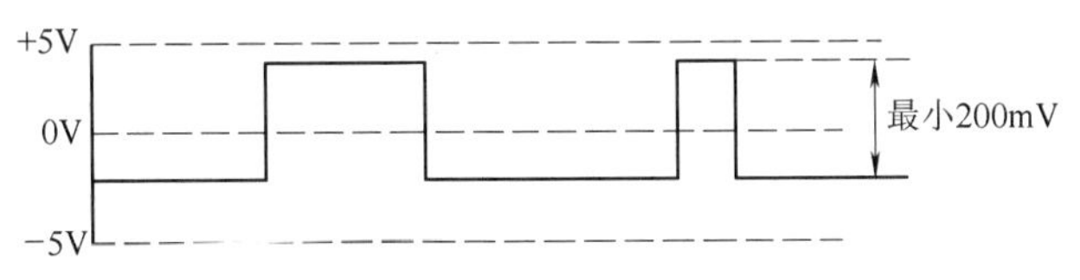

图 16-40　EIA485 电缆上的典型电压（在终端电阻上测量）

大型系统中的发送端（调光台）与接收端（调光器）相距甚远，这两类装置不可能把它们的“零线”接在同一个地线端子上。但连接各“零线”的地线端子相对于 0V 电平存在大小不等的电位差。接收装置与发送装置接地线之间的最大电位差的允许范围为 +12 ~ −7V，如图 16-41 所示。如果共模电压超过此极限范围，EIA485 装置必然会出错或导致通信失败，

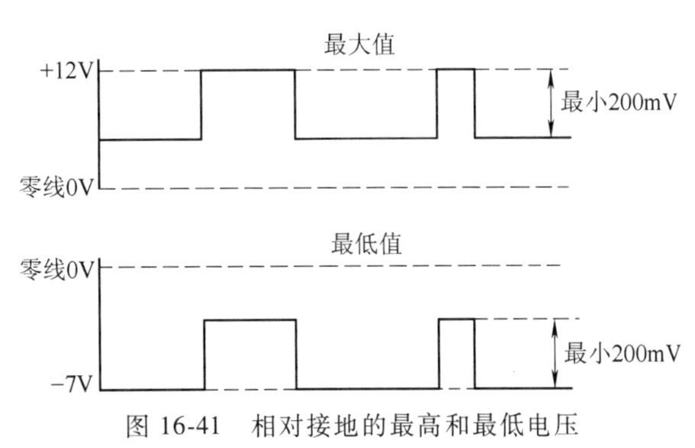

图 16-41　相对接地的最高和最低电压

甚至造成更大的事故。发送器和接收器电路也会受到伤害。

(3) 终端匹配电阻（Termination Resistor，TR）。发送端发出的数字信号经长距离传输到达电缆末端，如果电缆末端处于开路状态，那么正向传输的入射信号在此界面上发生全反射，并与正向传输的入射信号相遇叠加，信号波形将产生严重失真，使数据信号出错。因此必须在传输电缆的终端连接一个终端匹配电阻 TR，吸收掉终端反射信号，即在离发送器最远的电缆末端、两根数据线之间（5 芯 XLR 连接器的 2 脚和 3 脚之间）连接一个与电缆特性阻抗相等的终端适配电阻 TR。

特性阻抗的定义是没有反射的无限长传输线路的阻抗。DMX512 系统采用的各种型号电缆的特性阻抗为 85~150Ω。双绞线电缆的特性阻抗是 120Ω。

在 RS-422（EIA485 的前任）和 EIA485 发送装置都存在的情况下，可采用 110Ω 的终端电阻。非常长的电缆可取较高的终端电阻，因为考虑电缆导线自身的附加电阻。注意，不要把传输线的特性阻抗与传输线本身的直流电阻相混淆。传输线的直流电阻可用欧姆表测量，每根导线不应超过 200Ω。典型双绞线的终端电阻采用的是 110~120Ω、1/4W 的电阻器。

(4) 重复器（又称中继器）和分路器/分配放大器（Repeater and Splitter/Distribution Amplifiers）。一个典型的 EIA485 接收器代表一个负载装置。这些接收装置可用很短（30cm）到数米的电缆挂接到 DMX512 数据传输线上。

DMX512 的在线工作能力最长可达 1000m（3281ft），最保守的最远传输距离也可达 500m（1640ft）。传输距离的长度与电缆的导线截面积有关，发送器用 2V 信号驱动时，在远端 120Ω 终端电阻上的信号电压仍有 200mV（0.2V）。如果传输距离超过 500m 和/或多于 32 个接收装置时，应使用放大器（中继器）或分路放大器，把 DMX512 信号放大分配到不同的分支线路中去。

1）重复器/中继器（Repeater）。重复器又称缓冲放大器或中继器，用来提高 DMX512 的信号电平。应设在发生信号出错之前，即它的输入信号是无失真和无延时的数字信号。它的输出线路远端也需设置终端匹配电阻。重复器再生触发的数字信号应是无失真和没有延时的。

2）分路器（Splitter）。分路器的功能类似重复器，但它们有多路输出，每路输出给后面线路同样的驱动信号电平。它们可以向不同方向发送 DMX512 信号，分配给分支线路上各位置的接收装置。

(5) 网络隔离。DMX512 设备制造厂没有规定公共接地的标准，为抑制干扰和根据电气安全法规，在大部分安装中，线路的接地都连接到发送端的“电源地”上（即一点接地）。

但是在一个大型系统中，发送器和接收器广泛分布在建筑物内不同的位置或室外，每个当地的接地点之间可能会出现很大的电位差，这些电压是由于三相用电的不平衡致使接地回路有回流电流造成的。

安装 DMX512 网络时，决定装置的 DMX512 电缆屏蔽是否连接到电源地上是最重要的。可用电压表测量连接器的 1 脚与电源地或机架地之间的电压来查明。如果全部装置（除发送控制台外）不接地，一般可以不必引起注意。但是系统中如有一台或多台装置接地，那么接收装置必须安装隔离电路与 DMX512 网络隔离。

解决接地问题可采用图 16-42 所示的光隔离电路。这种电路可完全消除高共模电压产生的问题和提供某些保护。

图 16-42 中，RS-485 接收器用一个变压器隔离的独立电源供电，它不与发送器的电源接地连接。

4. DMX512 的寻址方法

DMX512 系统的寻址方法除可按顺序读出全部 512 个通道外，还有一种是用拨动开关（DIP）调整基准地址参数的方法。

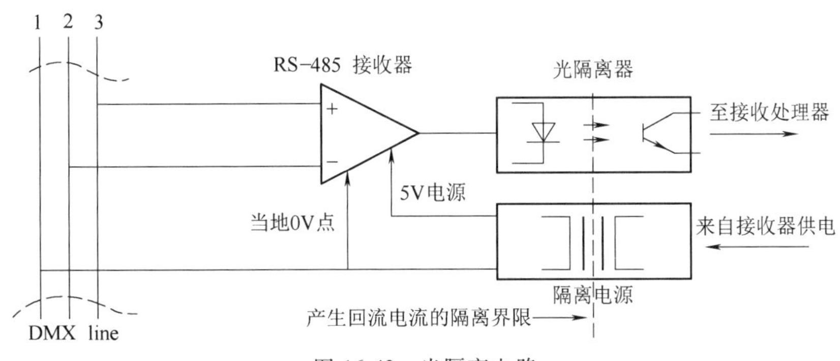

图 16-42　光隔离电路

（1）用 DIP 拨动开关寻找基准地址的方法。开关是一种二进制特性的装置，它有“开”和“关”两种状态，与二进制计数中的“0”和“1”两种状态完全对应。如果采用两个 DIP 开关，那么可组成 00、01、10、11 四种状态。DMX512 有 512 个通道，因此需要由 9 个 DIP 开关组成的二进制开关组来表达。表 16-18（基准 0）和表 16-19（基准 1）是由 9 个 DIP 开关组成的二进制地址数据库。

表 16-18　9 个 DIP 开关组成 0~511 通道的数据库地址（基准 0）

DIP 开关的进位加权									二进制码(十进制数)	DMX 通道地址
256	128	64	32	16	8	4	2	1	(基准 0 方式)	
关	关	关	关	关	关	关	关	关	000000000(0)	1
关	关	关	关	关	关	关	关	开	000000001(1)	2
关	关	关	关	关	关	开	关	开	000000101(5)	6
关	关	开	开	关	关	关	开	开	001100011(99)	100
开	开	开	开	开	开	开	关	关	111111100(508)	509
开	开	开	开	开	开	开	开	开	111111111(511)	512

表 16-19　9 个 DIP 开关组成 1~511 通道的数据库地址（基准 1）

	256	128	64	32	16	8	4	2	1	DMX512 的基准地址
例	开	—	开	—	开	—	开	—	开	256 64 16 4 1 +)　1 342
	—	关	—	关	—	关	—	关	—	
一	1	0	1	0	1	0	1	0	1	
例	—	—	—	开	开	开	—	—	—	32 16 8 +)　1 57
	关	关	关	—	—	—	关	关	关	
二	0	0	0	1	1	1	0	0	0	
例	—	开	—	—	—	—	开	开	—	128 4 2 +)　1 135
	关	—	关	关	关	关	—	—	关	
三	0	1	0	0	0	0	1	1	0	

用 9 个 DIP 开关组进行 DMX512 通道地址编号的方式有两种：

1）第一种方式：9 个 DIP 开关组成的二进制数对应的通道地址是 0~511。即：通道 1 的编码为0；通道100的编码为99（001100011）；通道512的编码为511（111111111），等等，这种方式称为“基准0”编号。

2）第二种方式：9个DIP开关组成的二进制数对应的通道地址是1~512。即：通道1的编码就是1；通道100的编码就是100；通道511的编码就是511（111111111），等等。这种方式称为“基准1”编号。“基准1”编号中的第512通道地址不供使用，或者通过开关码“0”选用，也可用第10个DIP开关选择512通道。表16-19列出了DMX512（基准1）的通道次序表，即1~512。装置采用基准1的寻址方法时，需在地址上加1，然后在表中查出二进制开关的编码。

在用DIP开关寻址时，由于各生产厂开关安装的方向不同，有些设备的DIP开关向上是“开”，另外一些设备的DIP开关向上是“关”。还有一些设备使用的是反相开关电路，即“码1”的开关为“关”，此时在“基准0”方式的设置中，通道1为（111111111），通道100为（110011100），通道512为（000000000）。

如果没有生产厂的有关说明资料，可通过下面的试验方法确认：把全部开关置于“开”或置于“关”，来确认通道1。如果装置响应全部“开”，那么它是反相型开关。用这个试验可查明控制台的配接。图16-43是DMX512通道1可能设置的五种DIP开关状态。

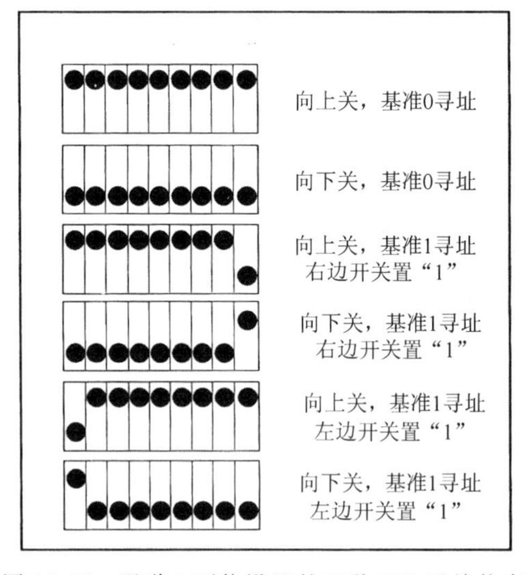

图16-43　通道1可能设置的五种DIP开关状态

（2）多个DMX512线路的地址分支。如果一个系统超过512个通道，必须使用附加的DMX512线路接口。例如，具有1024个输出的调光台，需具有两个DMX512输出端口。一个具有1536个输出通道的调光台则需要有3个DMX512的输出端口。每个DMX512输出都称为“通用DMX端口”。

DMX512的每个接收器通常只有一个通道端口，只能在1~512通道范围内选择寻址。为了把一个接收器选择响应第1200个输出通道，那么该接收器必须连接到调光控制台的输出端口3，并把地址调整到：1200−512−512=176的通道位置上。

5. 调光台与调光器的矩阵互联配接

实际工作中经常会遇到调光台的一个通道需控制几台调光器，或2台调光台的几个通道要控制同一个调光器，以及为提高灯具使用寿命，发送到调光器的真实控制电平可按比例减少等。在DMX512中，这些复杂控制功能都可通过配接计算机或合并计算机来完成，从而使系统操作变得极为方便和容易。

（1）配接计算机（Patching Computer）。配接计算机是DMX512的重要组成部分。这个装置用于接收DMX信号、重新编辑通道互联配接，解决一个通道控制多台调光器的问题，如图16-44所示。

（2）合并计算机（Merging Computer）。合并计算机执行配接计算机类似的功能。它的作用是解决两台调光控制台的多个调光道控制同一个调光器的问题。合并计算机把两个调光台各自发出的两个独立的DMX512控制信号合并为一个复合信号。它把两个输入数据流按最高优先电平合并到一个通道（即具有较高电平的输入数据流获胜），如图16-45所示。

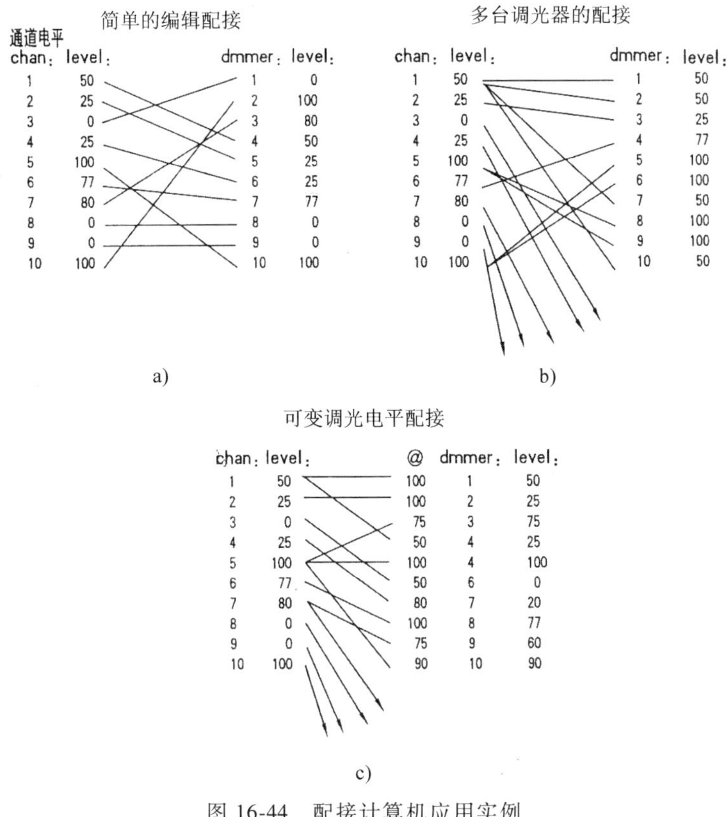

图 16-44　配接计算机应用实例

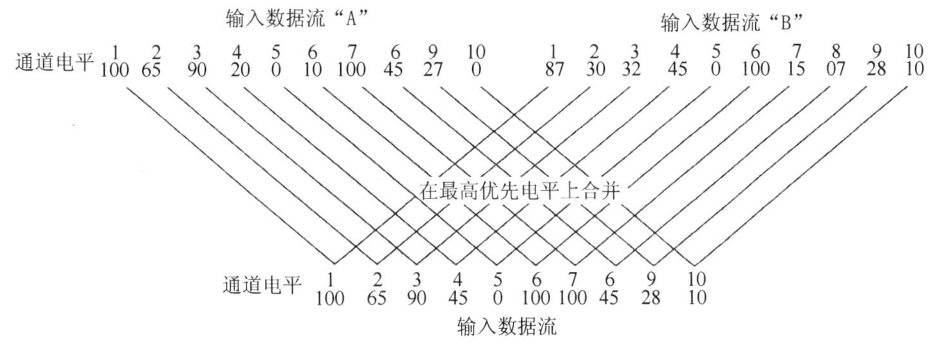

图 16-45　合并计算机的通道配接原理

16.5.5　以太网数字调光网络系统

DMX512 数字调光网络系统具有简洁、安全、可靠等优点，但它是一种专网传输系统，不能综合应用，无法实行多网融合。它的最高传输码率仅为 250kbit/s，随着传输通道的增加，系统每个通道的刷新率也会越来越低，不能满足数以千计通道的大型现代演出调光系统的要求。此外，DMX512 的网络灯光设备不能接受网络远程设置和远程监测，也难以实现主调光台与热备份调光台之间的自动切换控制模式。以太网数字调光网络传输系统则可迎刃而解。

1. TCP/IP 数字调光网络传输系统

一般来说，调光台与所有调光设备之间的通信，可全部采用 TCP/IP 网络传输。但由于目前大多数计算机灯和换色器等设备尚无 TCP/IP 网络接口，因此，主干传输网采用 TCP/IP 互联网传输，取代了系统的 DMX 网络；末端网络线路（灯光吊杆和灯位处）仍采用 DMX512 传输，如图 16-46 所示。

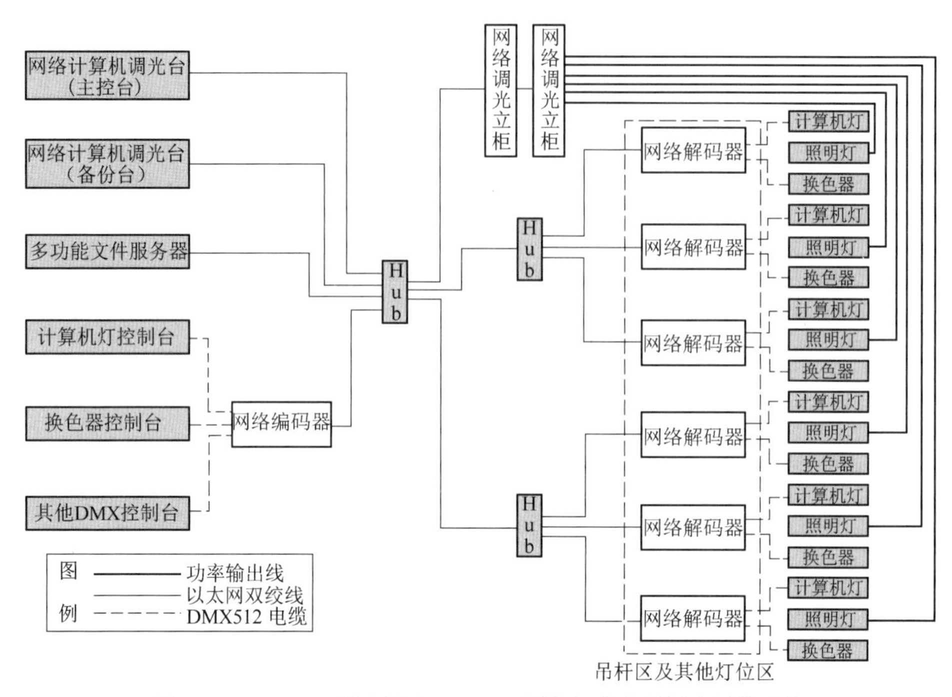

图 16-46　TCP/IP 以太网和 DMX512 网络相结合的调光网络系统

2. 光纤网络调光控制系统

光纤网络调光控制系统是近年来兴起的高速宽带传输系统，系统的优点是：更长的传输距离，更高的传输速度、更宽的网络带宽和更好的抗干扰性能。用于主题公园和大型广场文艺演出及演播大厅等大型项目的灯光控制系统。它支持从系统总控室到现场灯光控制室以及到灯光吊杆和各个灯位全部使用光纤作为双向传输的“信息高速公路”，传输速率可达到千兆以上。图 16-47 是一个典型的光纤网络传输系统构成的多个剧场或多个电视演播厅联网的大型灯光控制系统。

此系统采用高可靠性的双环光纤网络，将灯光控制室的光纤环网工作站、调光室的光纤环网工作站和设备层的光纤环网工作站用双环光纤网连接在一起。

灯光控制室网络工作站由环形光纤网络交换机（Optical Switch）、RJ-45 网络交换机、若干通道的 DMX 编码器（DMX Node）、无线网络节点（AP）和不间断电源构成。如果今后各种控制台都具有网络接口，则可以不需要 DMX 编码器。灯光控制室网络工作站为控制室的各种灯光控制台、文件服务器和无线 PDA 灯光系统信息终端等设备提供 DMX、RJ-45 和无线网络信号接入的接口。

调光室网络工作站由环形光纤网络交换机（Optical Switch）、若干通道的 DMX 解码器（DMX Node）、无线网络节点（AP）、RJ-45 网络交换机和不间断电源构成。它的主要任务是为调光器室内的固定（或流动）网络调光控制台、网络直通开关柜、网络配电柜和网络监视摄像头等网络灯光系统信息提供接入端口。固定（或流动）式网络调光控制台通过光纤或网线接入调光室网络工作站，一方面接收 DMX 调光控制信号，另一方面通过光纤或网线反馈调光器的各种工作参数（如每回路电流、电压、温度和开关状态等）。网络直通开关柜与网络调光器的工作情况完全相仿。网络配电柜通过光纤接入调光室网络工作站，定时向服务器报告系统安全用电的具体情

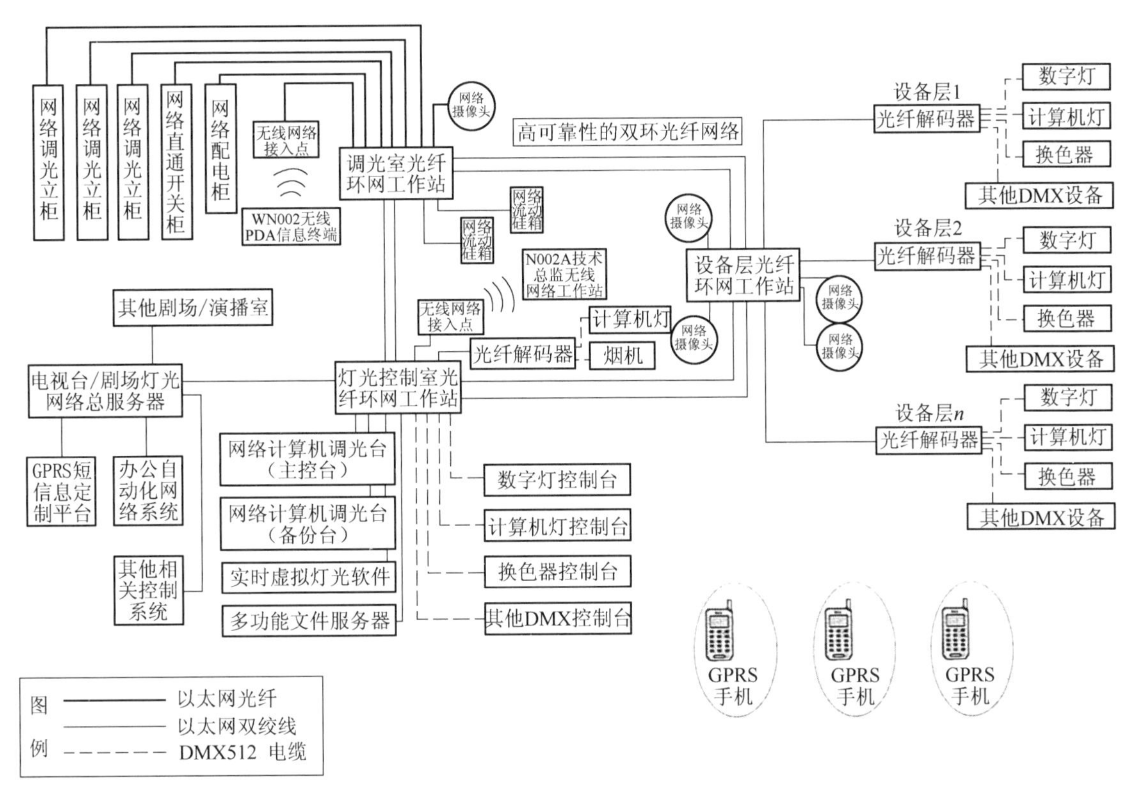

图 16-47　TCP/IP 双环光纤网络灯光控制系统

况（如总电流、电压、功率、功率因数、电度等）。

设备层网络工作站由环形光纤网络交换机（Optical Switch）、RJ-45 网络交换机、若干通道的 DMX 解码器（DMX Node）、无线网络节点（AP）和不间断电源构成。光纤网络的一个明显的特点是支持光纤到吊杆和灯位，因此在演出区中大量的吊杆、吊笼和设备层的主要控制点及灯位上都可安装 DMX 光纤解码器，支持非网络化的灯光设备（如计算机灯、换色器、数字灯等）接入网络。设备层网络工作站的主要任务是使这些 DMX 光纤解码器接入网络中，因此设备层网络工作站一般比调光室网络工作站和控制室网络工作站有更多的光纤或 RJ-45 网线接口。

在光纤网络方案中，在每个剧场、电视演播室的设备层、调光室等区域可安装若干个网络摄像头，以监视某些关键工作点的视频图像。这些网络摄像头可以非常方便地用网线接入。通过网络视频软件，可以非常方便地在每个剧场、电视演播室的文件服务器、灯光网络总服务器或其他监视计算机上看到不同的网络监视图像。

此外，灯光网络文件服务器通过光纤或网线接入各个剧场、电视演播室的网络工作站，它是灯光总系统的“黑匣子”，通过网络软件的配合，实现对每个剧场、演播室网络系统中所有设备工作情况的监测、设置、记录和故障预警功能。文件服务器还充当灯光网络系统路由器的作用，按用户的设定和规划交换不同的剧场、电视演播室网络系统之间的控制和监测信息，允许不同的用户按一定的权限浏览、查询、打印系统有关的各种信息。

GPRS 信息终端器通过网线接入文件服务器，两者在相关应用软件的配合下实现个性化信息定制平台功能。各种预警和管理信息按权限和需要以短信的形式发送到相应使用者的手机上。

其他网络系统，如办公自动化网络等通过光纤或网线接入文件服务器实现这些网络系统与灯光控制网络的“多网合一，资源共享”。

16.6 建筑照明系统设计

工业和民用建筑照明设计应根据GB 50034—2013《建筑照明设计标准》，并结合工作和生产环境的特点及作业对视觉的要求来确定建筑照度。例如，商场除要求工作面有适当的水平照度外，还要有足够的空间亮度，给顾客一种明亮感和兴奋感；不同商品销售区要求不同照度，以渲染促销重点商品；宾馆等建筑，常常要运用照明来营造一种气氛，使用的照度及色表，就有特殊要求；体育竞赛场馆，需要很高的垂直面照度或半柱面照度，以满足彩色电视转播的要求和观众观看的清晰和舒适感。

保持合适的照度，对提高工作和学习效率都有很大的好处。过度照度不仅浪费能源，而且还会带来光污染。在过于强烈或过于阴暗的光线照射下工作和学习，对眼睛都是有害的。

16.6.1 确定合适的照度

1. 确定照度必须考虑的因素

（1）照明对象的大小，即作业的精细程度。

（2）对比度，即识别对象的亮度与所在背景亮度之差异，两者亮度之差越小，则对比度越小，就越难看清楚，因此需要更高的照度。

（3）其他因素：视觉的连续性（长时间观看）和物体运动的速度，即目标处于静止或运动状态、视距大小、视看者的年龄等因素。

（4）工业生产场所的照度将对产品的质量、差错率、废品率、工伤事故率有影响。

（5）办公室、阅览室、金融工作场所的照度，对工作效率、阅读效率有很大关系。

（6）若照度不足或照度过度，连续工作时会引起视觉疲劳，长时间会导致人眼视力下降以及头晕等心理或生理不适。

（7）商场照度：除看清商品细部和质地外，还有激发顾客购买欲望和促进销售作用。

2. 天气照度参考表

（1）夏季中午太阳直接照射下的照度：100000lx。

（2）没有太阳的室外照度：10000~1000lx。

（3）明朗夏天的室内照度：500~100lx。

（4）阴天的室外照度：3000lx。

（5）日出日落的室外照度：300lx。

（6）月光下（月圆）的照度：0.3~0.03lx。

（7）星光下的照度：0.0002~0.00002lx。

（8）阴暗夜晚的照度：0.003~0.0007lx。

3. 生活、工作场所的照度标准值（GB 50034—2013《建筑照明设计标准》）

（1）居住建筑起居室（一般活动）：0.75m高，水平面的照度100lx。

（2）居住建筑起居室（书写阅读）：0.75m高，水平面的照度300lx，宜用混合照明。

（3）居住建筑餐厅：0.75m高，餐桌面的照度150lx。

（4）图书馆阅览室：0.75m高，水平面的照度300lx。

（5）普通办公室：0.75m高，水平面的照度300lx。

（6）一般超市营业厅：0.75m高，水平面的照度300lx。

（7）医院候诊室、挂号厅：0.75m高，水平面的照度200lx。

（8）学校教室：课桌面的照度300lx。

(9) 学校教室黑板：黑板面的照度500lx。

(10) 公用场所普通走廊、流动区域：地面的照度50lx。

(11) 公用场所自动扶梯：地面的照度：150lx。

(12) 工业建筑机械粗加工：0.75m高，水平面的照度200lx。

(13) 建筑工业机械加工：一般加工公差≥0.1mm，0.75m高，水平面的照度300lx，还应另加局部照明。

(14) 建筑工业机械加工：精密加工公差<0.1mm，0.75m高，水平面的照度500lx，应另加局部照明。

(15) 符合下列条件之一时，作业面或参考平面的照度，可按照度标准值分级提高一级。

1) 视觉要求高的精细作业场所。

2) 连续长时间紧张的视觉作业，对视觉器官有不良影响时。

3) 识别移动对象，要求识别时间短促，而辨认困难时。

4) 视觉作业对操作安全有重要影响时。

5) 识别对象亮度对比小于0.3时。

6) 作业精度要求较高，产生差错会造成很大损失时。

7) 视觉能力低于正常能力时。

8) 建筑等级和功能要求高时。

(16) 符合下列条件之一时，作业面或参考平面的照度，可按照度标准值分级降低一级。

1) 进行很短时间的作业时。

2) 作业精度或速度无关紧要时。

3) 建筑等级和功能要求较低时。

(17) 在一般情况下，设计照度值与照度标准值相比较，可有±10%的偏差。

一般书房照度为100lx，但阅读时所需的照明照度则为600lx，采用台灯作为局部照明。

室内刚能辨别人脸的轮廓时，照度为20lx，棋牌室的照度为150lx，看小说约需250lx，即25W白炽灯离书30~50cm，书写约需要500lx，即40W白炽灯距离书30~50cm，看电视约需30lx，用一只3W的小灯放在视线之外就行了。

(18) 空间（照度）利用系数（Utilization Coefficient）：

1) 与灯具的光效、型式、配光曲线有关。

2) 与灯具悬挂高度有关。悬挂越高，反射光越多，利用系数也越高，但照度越低。

3) 与房间的面积及形状有关。房间的面积越大，越接近于正方形，由于直射光越多，利用系数也越高。

4) 与墙壁、顶棚及地板的颜色和洁污情况有关。颜色越浅，表面越洁净，反射光越多，利用系数也越高。

16.6.2 室内照度计算

照明布局分为三类，即基础照明（环境照明）、重点照明和装饰照明。办公场所一般采用基础照明，会议室（厅）和商店（商场）等场所则会采用三者相结合的照明方式。具体照明方式视场景而定。

室内照明方式可分为：直接照明、半直接照明、间接照明、半间接照明、漫射照明五类。根据灯具光通量的空间分布状况及灯具的安装方式，可计算出室内照度的分布。

室内照明照度计算的依据是所需的照度值，结合其他已知条件（如照明灯具类型及布置、房间各个面的反射条件等情况）来确定灯具的功率和数量。传统的照度计算方法有利用系数法和逐点计算法两大类。利用系数法用于计算工作面上的平均照度与配灯数；逐点计算法用于计算室内各点的照度。

照度计算分为水平照度和垂直照度两类；水平照度表征桌面或地面上的明亮度；垂直照度表征房间墙面、超市货架、舞台人物面部、教室黑板、运动员面部和身体上的明亮度。为摄像机、摄影机和观众提供最佳辨认度，会影响照射目标的立体感。

以往的室内照明设计中，照度计算都是手工进行，布灯的数量根据照度计算值而定，为满足水平照度与垂直照度的最佳比，需要多次调整灯具数量，每调整一次就要重新计算一次，成功的布灯方案要经过多次计算反复修正而成。因此计算过程烦琐，已严重影响到设计文件质量的提高，也成为制约出图速度的瓶颈。

为提高设计工作效率和计算数据的准确性，现代照明设计已采用照明设计软件用计算机逐点计算室内各点的照度。计算机逐点计算法计算精确，误差可控制在最小范围内。

1. 照度的简单计算方法

计算地板、桌面、作业台面的平均照度可采用经验公式进行快速计算，求出室内工作面的平均照度值。通常把这种计算方法称为“空间利用系数法求工作面的平均照度”。

空间利用系数法求得的平均照度只是一种粗略估算，会有20%~30%的误差，但还是一种简单、实用的照明设计方法。

（1）空间利用系数法（Utilization Coefficient）的概念。空间利用系数（CU），是指从照明灯具放射出来的光束投射到工作面上的光通量（包括直射光通量和多方反射到工作面上的光通量）与全部光源发出的光通量之比。

（2）空间利用系数的确定。空间利用系数 CU 应按墙壁和顶棚的反射系数及房间的受照空间特征来确定。房间的受照空间特征用“房间空间比”（Room Cabin Rate，RCR）的参数来表征。房间受照的情况可分为三个空间：最上面为顶棚空间，工作面以下为地板空间，中间部分则称为房间空间。房间空间比 RCR 可用下式计算：

$$\mathrm{RCR}=5H(L+B)/LB \tag{16-5}$$

式中　H——房间空间高度，单位为m；

L——房间的长度，单位为m；

B——房间的宽度，单位为m。

根据墙壁、顶棚的反射系数及房间空间比 RCR，就可以从相应的灯具利用系数表中查出空间利用系数 CU。也可用下式计算空间利用系数 CU：

$$CU=\Phi_e/n_\phi \tag{16-6}$$

式中　Φ_e——工作面上的光通量，单位为lm；

n_ϕ——全部灯具发出的光通量，单位为lm。

（3）计算工作面上的平均照度 E_{av}。灯具在使用期间，光源本身的光效要逐渐降低，灯具也要陈旧脏污，被照场所的墙壁和顶棚也有污损的可能，从而使工作面上的光通量有所减少，所以在计算工作面上的实际平均照度时，应计入一个小于1的“减光系数 k”。因此工作面上实际的平均照度 E_{av} 为

平均照度=光源总光通量（$N\Phi$）×利用系数（CU）×维护系数（k）/区域面积 A（m^2）。即

$$E_{av}=CU\times k\times N\times \Phi/A \tag{16-7}$$

式中　CU——空间利用系数；参阅公式说明2)；

k——减光系数（又称维护系数），一般取0.7~0.8；参阅公式说明3)；

N——灯的盏数；

Φ——每盏灯发出的光通量，单位为lm；

A——受照房间面积，单位为 m^2。

公式说明：

1）单个灯具光通量 Φ，指的是这个灯具内所含光源的裸光源总光通量值。

2）空间利用系数（CU），是指从照明灯具放射出来的光束有百分之多少到达地板和作业台面，与照明灯具的设计、安装高度、房间的大小和界面反射率有关。其中：

吊挂在3m左右空间的灯盘，空间利用系数的取值范围在0.6~0.75；

悬挂在6~10m的铝罩灯，空间利用系数的取值范围在0.45~0.7；

吊挂在3m左右的筒灯，空间利用系数的取值范围在0.4~0.55；

光带支架类的灯具在4m左右的空间使用时，空间利用系数可取0.3~0.5。

以上数据为经验数值，只能做粗略估算用，如要精确计算具体数值需由照明灯具制造厂提供书面参数。

3）减光系数 k 是指伴随着照明光源使用时间的增加而发生光衰，灯具的光输出能力降低；或由于房间灰尘的积累，致使空间反射效率降低，致使照度降低而乘上的系数。一般较清洁的场所，如客厅、卧室、办公室、教室、阅读室、医院、高级品牌专卖店、艺术馆、博物馆等维护系数 k 取0.8；而一般性的商店、超市、营业厅、影剧院、机械加工车间、车站等场所维护系数 k 取0.7；而污染指数较大的场所维护系数 k 则可取到0.6左右。

2. 平均照度（E_{av}）计算举例

例16-4 一只100W的白炽灯，发出的总光通量约为1200lm，假定该光通量均匀地分布在一半球面上，则距该光源1m和5m处的照度值可分别按下列步骤求得：

半径为1m的半球面积为 $2\pi\times1^2m^2=6.28m^2$，距光源1m处的光照度值为 $1200lm/6.28m^2=191lx$。

同理，半径为5m的半球面积为：$2\pi\times5^2m^2=157m^2$，距光源5m处的光照度值为 $1200lm/157m^2=7.64lx$。

例16-5 室内照明：4m×5m的房间，使用3×36W隔栅灯9套。

则平均照度 $E_{av}=(2500\times3\times9)\times0.4\times0.8/(4\times5)lx=1080lx$。

例16-6 体育馆照明：20m×40m的场地，使用POWRSPOT 1000W金卤灯60套。

则平均照度 $E_{av}=(105000\times60)\times0.3\times0.8/(20\times40)lx=1890lx$。

例16-7 某办公室：长18.2m，宽10.8m，顶棚高2.8m，桌面高0.85m，利用系数0.7，维护系数0.8，灯具数量33套，求办公室内平均照度是多少？

灯具采用2X55W防眩荧光灯，光通量2×3000lm，色温3000K，显色性 $Ra\geqslant90$。

根据公式可求得：$E_{av}=(33套\times6000lm\times0.7\times0.8)/(18.2m\times10.8m)=110880.00/196.56m^2=564.10lx$

注意：照明设计必须要有准确的空间利用系数 CU，否则计算结果会有很大的偏差，影响空间利用系数 CU 的主要因素有：

1）灯具的照度分布，即配光曲线。

2）灯具的光输出效率。

3）室内的反射率，如顶棚、墙壁、工作桌面等。

4）灯具在照射区域的相对位置。

16.6.3 建筑照明设计

1. 服务性场所照明设计依据

服务性场所照明设计的难点在于，既要满足基本视觉功能要求，还要塑造出一种必要的主题风格和戏剧化效果。需要根据每个部分的用途，采取分类设计的方式。如会议中心、宾馆酒店、歌舞厅、展览大厅、餐馆及配有舞台的酒吧等，其照明设计往往包括两个部分，即建筑照明系统（基础照明系统）和舞台照明系统。

对一个特定项目来说，在建筑设计或室内装饰设计时已经确立了场所空间的风格和氛围基调，室内照明设计方案则为这种风格和氛围基调奠定照明的艺术基础。图16-48是一个多功能厅的照明设计效果图。暴露在外面的照明灯具主要用来提供环境照明，与室内装饰结合在一起的隐藏式照明通常作为功能照明。

图16-48　多功能厅的照明效果图

采用分层次设计办法，可以在项目开始阶段就着手考虑照明设计，从而可以获得理想的照明效果。在照明系统设计时，室内装饰设计师或建筑师首先要提出一个总体效果的设想，包括需要什么样的照明，要确认装饰照明是否能满足视觉功能的需要和是否会妨碍视觉作业。

（1）光源色温。按CIE和GB 50034—2013的规定，光源的色表按相关色温分为低色温、中间色温和高色温三类。照明设计时应按场地使用特点、照度水平和需要营造的气氛，选择适宜的光源色温。

1）较低照度（150~200lx以下）的场所，需要一种温馨和亲切的情调，宜用低色温暖色调。

2）高照度（750lx以上）绿色照明理念的场所或热带地区、精细加工车间等宜用冷色表；而大多数场所应选用中间色温为宜。

3）高等级公共建筑，常常运用光色来调节或营造各种艺术氛围，创造多种不同的气氛，如热烈或宁静、紧张或轻快等。

（2）视觉健康。在信息时代，视觉健康太重要了。保护好眼睛，不仅应重视视觉卫生，也不能忽视用灯科学。近年来眼疾的发生率呈不断上升趋势，大多是视觉卫生与视觉光学等因素综合影响的结果。

（3）绿色环保节能灯具。绿色环保节能灯具是指缩小荧光灯管管径和改进荧光粉涂覆工艺，以降低荧光粉用量。研制管径更细的荧光灯和多种形式的紧凑型荧光灯，以降低制灯材料用量，特别是有害物质的耗量；提高光源的光效，进一步发展高频荧光灯和直流荧光灯，提高发光稳定性，消除频闪效应，降低电磁辐射，消除噪声，以改善环境效果和视觉效果。

LED发光二极管光源以其寿命长、显色性好（$Ra=75\sim85$）、无频闪、激励时间短（纳秒级）、耐振动、耐气候、使用安全等诸多优点，获得了突破性进展。近年来，红色、黄色LED亮度提高，特别是氮化镓等第三代半导体材料制造技术的突破，促使人们研制出蓝色、绿色LED，从而进一步解决了白色光问题。LED发光二极管具有发光颜色丰富多样、方便选色和变色的优势，特别适合应用于庭园、景观、道路及建筑物室内外各种场所照明。在进一步降低成本后，LED作为一种新型照明光源，将引起照明领域的巨大变革，对实施绿色照明产生重大影响。

2. 工厂照明用灯的配置

（1）厂房照明系统通常分为以下两类：

1）高度在15m以上的高大厂房，一般采用HID高压气体放电灯作为顶棚光源，采用较窄光束的灯具吊装在屋架下弦。墙上和柱上配置投光荧光灯，两者结合以保证工作面上所需照度。

2）一般性厂房（高度为 8~10m），采用高功率荧光灯为主要光源，灯具布置可以与梁垂直，也可以与梁平行。

（2）选择企业照明灯具应遵循以下原则：

1）工厂照明必须满足生产和检验的需要。

2）应考虑维修方便和使用安全。

3）有爆炸性气体或粉尘的厂房内，应选用防尘、防水或防爆式灯具，控制开关不应装在同一场所。如果需要装在同一场所时，必须采用防爆式开关。

4）潮湿场所，应选用具有结晶水出口的封闭式灯具，或带有防水口的敞开式灯具。

5）灼热、多尘场所应采用投光灯。

6）有腐蚀性气体和特别潮湿的室内，应采用密封式灯具，灯具的各部件应做防腐处理，开关设备应加保护装置。

7）有粉尘的室内，根据粉尘的排出量及其性质，应采用完全封闭式灯具。

8）灯具可能受到机械损伤的厂房内，应采用有保护网的灯具。

9）振动场所（如有锻冲、空压机、桥式起重机时），应采用带防振装置的灯具。

10）在密封式灯具内和大于 150W 的灯泡，均不得采用胶木灯头，而应使用瓷灯头。

（3）灯具数量的计算公式：

$$\text{灯具数量 } N=(E\times S)/(\varPhi\times CU\times k) \tag{16-8}$$

式中　E——平均照度，单位为 lx；

S——光照区域面积，单位为 m^2；

$\varPhi$——单个灯具光通量，单位为 lm/m^2；

CU——空间利用系数；

k——维护系数。

3. 会议照明设计

会议照明既要满足会议要求，又不能让台上的领导产生眩光，还应满足拍照、摄像的照度要求。

（1）舞台前沿人物的正面照明：以面光和顶光为主，逆光为辅。面光主要用作人物面部和台上物体的基本照明，面光要求设在投射角为 45°~50°位置。顶光用于弥补面光的不足和台上领导阅读文件、记录的基本照明。

面光与顶光和逆光配合使用，让台上人物的表情显示更丰富、更突出、更有立体感。

（2）会议照明宜采用低色温三基色荧光灯为主，显色指数 $Ra\geqslant 0.85$。可以取得极好的摄影效果，明亮柔和的光线满足台上领导阅读文件和做记录的要求。

（3）为节省投资，力求会议照明和演出照明达到兼用两种不同的使用功能。

（4）会议照明的三基色荧光灯可兼作演出灯光的部分顶光。同时用天幕光来满足开会时的背景光的需要。

16.6.4　照明工程实施步骤

1. 前期准备

（1）项目调研：

1）与建筑师、结构工程师和室内装饰工程师充分沟通，领会建筑设计意图和装饰的艺术效果。

2）考察项目的周边地段和环境。

3）倾听业主意见，领会业主需要。

（2）综合分析：

1）分析建筑设计师和业主对照明的需求。

2）分析建筑周边环境、员工和宾客的活动范围。

3）分析研究构造特点，充分利用建筑结构的特点。

4）分析收集有关信息，确立设计目标和设计标准。

2. 方案设计

（1）结合建筑设计和装饰的视觉感受，提出照明系统设计理念，确定效果图设计方案。

（2）确定灯具和光源的形式，节约电能和避免眩光。

（3）灯具选型：依据项目预算提出灯具组合方案，平衡预算、创造最佳的视觉效果。

（4）提交设计方案：设计方案包括方案说明、灯具布置、照度计算、色温参数、节能控制、经济及耗电量分析、效果模拟图、动态视频演示等。

3. 施工设计

（1）依据照明设计方案绘制施工图、灯位图、安装细部图和管线图。

（2）确定安全施工步骤、施工方法和编制施工进度表。

（3）采取接地与防雷措施。

（4）编制施工组织计划。

（5）施工设计过程中，要与结构、通风、给水排水和内装饰等专业进行充分协调，照明灯具应避开风口、各类管道及不便安装的位置。

4. 后期-安装施工

（1）整个项目施工应在 ISO9000 质量体系的指导下完成。

（2）经验丰富的专业安装队和详尽的施工组织计划是实现灯光效果的基础；施工过程中的严格管理是照明效果的保证。

（3）防范各种风险，充分保证业主的利益不受侵害。

（4）安装完毕后，由专业照明设计师进行灯光调试。

（5）负责系统技术培训。

5. 质量控制

（1）严格设计管理流程，保证设计质量。为客户提供效果模拟图、深化设计、灯具采购、施工安装等一体化解决方案。

（2）在保证工程质量和节能降耗、安全用电的基础上，采用国内外名牌产品、成熟定型的标准产品，结合客户的实际情况完成设备采购。

（3）派遣经验丰富的项目经理和施工队伍，制定严格的现场施工管理制度，工程施工实行自检、互检和监理检验三检制，确保工程施工质量。

（4）做好工程竣工验收、交付工作。提供符合归档要求的全套竣工图样及资料。

（5）优质的售后服务。

16.7　应用举例

2010 年上海世博会中国馆采用了 15 亿颗五光十色的 LED 照明光源，取得了非凡的动感效果。基于 LED 路灯市场的迅速扩大，各地兴起了 LED 照明产业投资热潮。LED 照明无可替代的高效、节能、环保、长寿和可控等宝贵特性，必将成为照明产业更新换代的强大动力。

为扩大内需、推动节能降耗，2009 年 4 月 28 日，科学技术部（简称科技部）正式发布 189 号文，同意在上海、成都、天津等 21 个城市开展半导体照明应用工程（简称“十城万盏”）试点工作，大规模使用 LED 路灯。截至 2009 年年底，我国几乎每个省都有了 LED 道路照明的示范应用工程，室内照明应用更是突飞猛进。

2010 年“十城万盏”的 21 个一线试点城市已大规模安装 LED 路灯，加上其他二线城市积极跟进，目前全国 70 个一、二线城市的 LED 路灯总装量已突破 150 万盏，2010 年的市场规模达到了 150 亿元。基于 LED 路灯市场的迅速扩大，各地兴起了 LED 照明产业投资热潮。

2011 年 5 月 19 日，科技部进一步发布了“开展第二批十城万盏半导体照明应用工程试点示范工作的通知”。2011 年国内 LED 路灯的安装量为 53 万盏。科技部计划用三年左右时间，在中国推广数百万盏半导体照明产品。

据 2009 年统计，我国城市路灯的安装总数量已超过 2000 万盏，景观亮化灯超过 2300 万盏（不含县级以下的路灯照明系统），并且每年约以 20%的平均速度递增。

路灯照明的耗电量占全国照明总耗电量的 30%，约 439kW · h，以平均电价 0.65 元/kW · h 计算，一年的电费开支约需 245 亿元，节约空间巨大。因此，在能源日趋紧张、电力供应持续紧张的今天，我国城市路灯照明的节电问题已引起政府部门的关注。原建设部和发改委已明确提出城市道路照明要向“高效、节能、环保、健康”的绿色照明方向发展。

1. 影响路灯照明能耗的因素

（1）过度照明对道路照明能耗的影响：道路照明的亮度刚好满足国家专业标准（CJJ 45—2015《城市道路照明设计标准》）要求是最节省能源的方案。如果选用过大功率规格的灯具，使道路照明的亮度超过国家标准要求，则属于过度照明。

由于高压钠灯和高压汞灯光源的规格只有 150W、250W 和 400W 三种，在设计路灯时，难以选择适配功率的灯具，造成能源过度消耗。

LED 光源具有任何功率规格的灯具，可按实际需要选配，从而消除了过度照明造成的电能浪费。LED 大功率高效 LED 路灯的功率有 30~300W 之内任何规格，可大幅降低传统路灯的能源消耗。LED 光源的功率可根据道路的实际需要进行设计，从而消除了过度照明所造成的电能浪费。其他光源的电功率规格只有 150W、250W 和 400W 等几种，无法满足因地制宜选用的需要。

（2）电源电压对照明能耗的影响：气体放电灯（包括荧光灯）对电源电压的稳定度要求较高，一般只允许在 5%范围内变化。过高的供电电压将会很快增加能耗和降低光源寿命；过低的供电电压会降低照明亮度或导致灯光熄灭。

恒流源驱动的 LED 灯具，其供电电压的变化与灯具功耗没有直接关系。图 16-49 为高压钠灯和 LED 灯在不同电源电压下的功率消耗曲线图。从图中可看出，在午夜电源电压升高至 250V［220V×（1+13.6%）］时，高压钠灯的功率消耗几乎增加一倍，在此电压下的工作寿命降低 50%。而 LED 灯的电能消耗几乎不变。如果采用调光技术，还可使下半夜照明的能耗降低一半。LED 灯在低电压供电时的优秀特性更为突出。

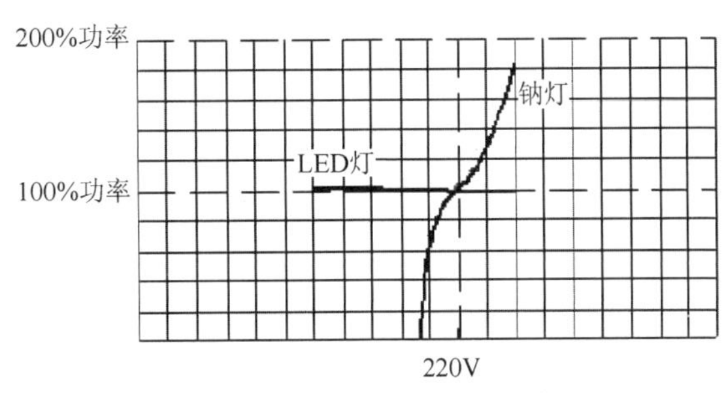

图 16-49　高压钠灯和 LED 灯在不同电源电压下的功率消耗曲线图

图 16-50 是高压钠灯和 LED 灯在每日夜晚不同时段实际消耗电功率的曲线图。从图中可看出，LED 光源的功率消耗不随电源电压变化而变化，工作电压范围很宽。因此供电线路可采用较细的电缆而不会出现熄灯现象，即 LED 光源可节省很多埋地电缆费用。

（3）LED 固体光源比普通节能光源还可节能 1/4 以上。

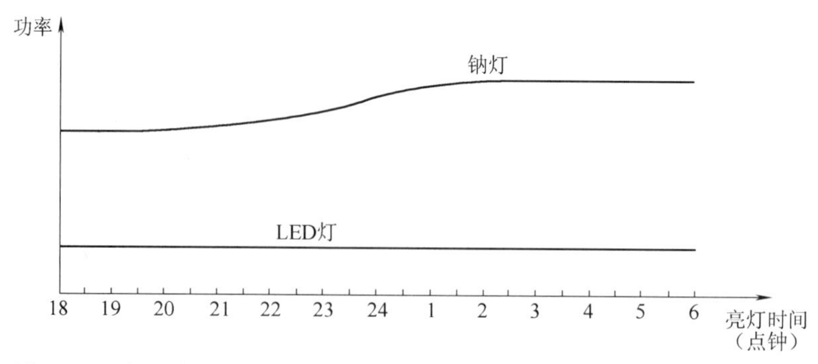

图16-50　高压钠灯和LED灯在每日夜晚不同时段实际消耗电功率的曲线图

16.7.1　市电LED路灯

目前，道路照明节能光源有高压汞灯、高压钠灯、低压钠灯、金卤灯和半导体照明灯共五种。表16-20是白光LED灯与其他光源性能对比。

表16-20　白光LED灯与其他光源性能对比

	白炽灯泡	荧光灯	高压钠灯	白光LED灯
目前发光效率/(lm/W)	12	70	80	100
未来发光效率/(lm/W)	将淘汰	90(极限)	90(极限)	200
寿命/h	1000	3000	5000	100000
发光角度/(°)	360	360	360	<150
经过反射器后的综合光效	<70%	<70%	<70%	>95%

恒流源驱动的LED光源，能耗（亮度）几乎不随电源电压变化而变化。LED光源的工作电流大小是可控的，因此，路灯的亮度可根据道路环境的亮度进行自动控制；或上半夜使其提高功率工作，亮度达到最高；下半夜适当降低功率工作，可进一步节省能源。表16-21是各类道路照明节能光源特性比较。图16-51是市电LED路灯。

表16-21　各类道路照明节能光源特性比较

光源	光效/(lm/W)	寿命/h	主要优点	主要缺点
高压汞灯	50~60	6000	性价比高,白光,显色性好	启动慢,能效低,耗电大,寿命短,汞污染,运行费高
高压钠灯	82~110	6000~7000	黄光能透雾,少吸昆虫,能效较高	启动慢,显色性低,易发生交通事故
低压钠灯	82~120	8000~10000	能效较高,黄光能透雾,少吸昆虫	启动慢,显色性低,易发生交通事故
金属卤灯	60~100	10000~18000	寿命较长,白光,显色性好	启动慢,造价高
LED灯	100~140	100000（实验室值）	能效高,节能,环保,寿命长,白色光,显色性好,启动快,可调光,运行费低	不能与现有路灯设备兼用,造价高

主干道LED路灯的基本技术要求：

（1）8m高的路面有效照射范围：$8\times28m^2$。

（2）8m高的路面平均照度：≥25lx。

图 16-51　市电 LED 路灯

（3）LED 灯具功率：150W。
（4）LED 整体光效：≥90lm/W。
（5）灯具色温：4800～8500K。
（6）显色指数：≥70%。
（7）灯具驱动：直流控制；驱动效率：≥90%。
（8）灯具防护等级：>IP65；灯具抗风能力：≥60m/s。
（9）亮度衰减：8 年内的亮度衰减不大于 30%。
（10）工作环境温度：-10～+60℃。

16.7.2　风电 LED 路灯

风力发电 LED 路灯采用风力可再生能源自己发电，由小型风力发电机、铅蓄电池及 LED 路灯组成。风力发电技术较成熟，是在风力资源丰富的沿海地区和大西北地区值得推广应用的路灯照明方案。

由于各路灯风机处于不同安装位置，风力时大时小，变化频繁，若单个风机独立运用或仅少数几台风力发电机联网供电，必然会造成供电电压不稳，使 LED 路灯亮度发生变化。为确保各路灯能稳定供电，必须用蓄电池把电能存储起来；如果能把区段道路内的全部风力发电机联网统一供电，则可得到稳定供电。

风力发电受季风影响很大，为使全年内季风不足时仍能获得足够的电能，最好能配备市电电网作为辅助供电。图 16-52 是风电 LED 路灯。

图 16-52　风电 LED 路灯

风电路灯不需支付电费，路灯开关无人操作，不受停电限制；一次性投资，后续维护费用少，投资回收期3~5年，使用寿命至少15年。我国生产的小型风力发电机为高效永磁式发电机，单机容量分别为100W、150W、200W、300W、400W、500W、600W、1kW、2kW、5kW…，共20多种品种。有效风速利用范围为2~20m/s。

主干道路灯风力发电机的基本技术要求：

（1）启动风速：≤3m/s。

（2）切入风速：≤3.5m/s。

（3）抗风能力：≥当地50年一遇的极限风速，持续时间≥1h。

（4）切出风速：18~20m/s。

（5）防护等级：IP65，防盐雾、防紫外线和防霉菌。

（6）噪声：10m范围内小于70dB。

（7）平均无故障工作时间：8000h。

（8）工作环境温度：-10~+60℃。

16.7.3　太阳能LED路灯

太阳能是地球上到处都能获得的最清洁的能源。太阳能作为一种巨量可再生能源，每天到达地球表面的辐射能量大约相当于2.5亿万桶石油，可以说是取之不尽、用之不竭的能源。利用太阳能发电的太阳能LED路灯已成为城市道路照明行业的亮点，国内很多企业纷纷投入了大量技术和资金开发这一新兴产业。

太阳能电池板是太阳能LED路灯的核心部件，太阳能电池有单晶硅、多晶硅和非晶硅薄膜三类。单晶硅太阳能电池的最高光电转换效率为21%，多晶硅太阳能电池的最高光电转换效率为18%，单结非晶硅薄膜太阳能电池的最高光电转换效率为6.3%，双结非晶硅薄膜太阳能电池的最高光电转换效率为7.35%。

太阳能LED路灯由太阳能电池组、铅酸蓄电池、控制器和LED路灯组成。图16-53是太阳能LED路灯案例：灯杆高7m、40W LED路灯灯头、40W×2太阳能电池板、12V/150Ah太阳能铅酸蓄电池和一台控制器。

图16-53　太阳能LED路灯

太阳能充放电控制器的主要作用是保护蓄电池，必须具备蓄电池过充保护、过放电保护、光控、时控和防止极性反接等功能。

主干道路灯太阳能光伏电池组件的基本技术要求：

（1）太阳能光伏组件转换效率：≥16.5%。

（2）光电池填充因子：≥74%。

（3）衰减率：一年内<2%，十年<10%。

（4）连续阴雨 7 天仍能保证每天正常供电 8.5h。

（5）工作环境温度：-10～+70℃。

（6）防护等级：IP65，防盐雾、防紫外线和防霉菌；防雷保护措施。

（7）抗风能力：≥当地 50 年一遇的极限风速，持续时间≥1h。

制约太阳能 LED 路灯普及应用的因素是太阳能电池板的光电转换效率较低、寿命较短和系统造价较高。目前，太阳能电池板的实际光电转换效率仅为 6%～10%。

16.7.4　风光互补 LED 路灯

“风光互补”发电系统，是针对我国许多地区白天阳光最强时风力较小，晚上太阳落山后无光照时风力开始增强（由于地表温差的变化，形成空气对流而产生的风能）而设计的，这样风电和太阳能发电就能起到互补作用，保证 LED 路灯能全年获得稳定供电；风光互补发电还可保护蓄电池，提高蓄电池的使用寿命。

太阳能发电与风能发电在季节、时间和地域上有很强的互补性，是 LED 高效节能路灯自主供电的发展趋势。特别适合于无大型电站的沿海岛屿上的路灯照明和海上交通管理、航海灯塔、无人值守微波通信基站等。

据调查，由于输电线路投资成本高，运营电费支出大，许多城市郊区还未能普及路灯。风光互补路灯系统为大范围路灯普及创造了条件。我国风光互补发电系统已有良好的技术基础、产业基础和市场基础，已具备了把风光互补发电系统的产业发展成为高附加值的高新科技优势产业条件。

风光互补路灯系统由风力发电机、太阳能电池板、铅酸蓄电池组、风光互补控制器和 LED 照明灯具组成，如图 16-54 所示。风力发电机、太阳能光伏电池和 LED 灯具的技术要求同前面所述。

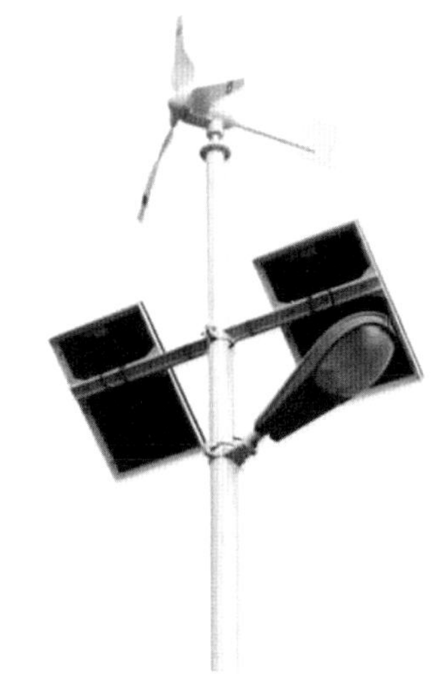

图 16-54　风光互补 LED 路灯

太阳能专用胶体蓄电池组或铅酸蓄电池组的基本技术要求：

（1）蓄电池容量：≥LED 灯具连续点亮 20h。

（2）放电深度≥80%。

（3）充放电次数：≥1100 次。

（4）自放电率：≤0.08%（25℃）。

（5）连续工作寿命：≥2 年。

（6）埋地蓄电池的防护：连续水中浸泡时间：≥30 天。

图 16-55 是风光互补 LED 路灯电气系统配置图；图 16-56 是风光互补 LED 路灯大样图和太阳能 LED 庭院灯大样图。表 16-22 是 98W 和 126W 两种 LED 路灯的技术特性。

智能型风光互补控制器的基本技术要求：

（1）输入模式：能同步跟踪风能发电和太阳能发电设备的最大和最小功率输出切换控制。

（2）输出模式：时间控制、光强控制和输出控制。

（3）保护功能：过电压保护、过电流保护、蓄电池过充/过放电保护、风机限速保护和防雷保护。

（4）防护等级：IP65，防盐雾、防紫外线和防霉菌。

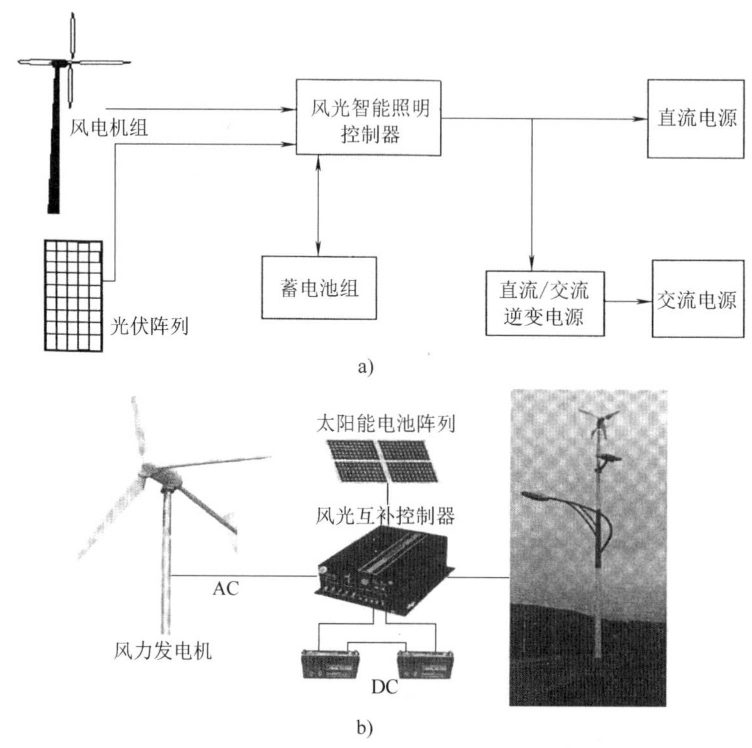

图16-55　风光互补LED路灯电气系统配置图

a）风光互补路灯电气原理图　b）风光互补路灯系统配置图

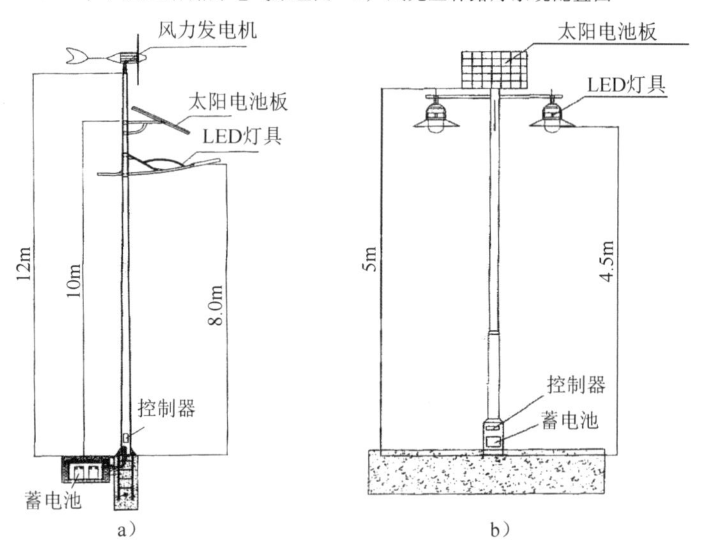

图16-56　LED灯大样图

a）普通道路风光互补路灯大样图　b）太阳能庭院灯大样图

表16-22　98W和126W两种LED路灯的技术特性

参数/型号	DI-98W	DI-126W
输入电压/V	AC 85~265	AC 85~265
电源频率/Hz	50~60	50~60
功率因数(PF)	>0.95	>0.95

（续）

参数/型号		DI-98W	DI-126W
总谐波失真(%)		<15	<15
电源效率(%)		92	92
工作电压/V		45	45
LED 功率/W		98	126
系统功耗/W		112	144
LED 发光效率/(lm/W)		>85	>85
LED 灯具初始光通量/lm		8330	10710
出光效率(%)		>90	>90
平均照度/lx	高度为 6m	>32	>42
	高度为 8m	>18	>23
	高度为 10m	>11	>15
	高度为 12m	>8	>10
有效照射范围/m^2	高度为 6m	6×21	6×21
	高度为 8m	8×28	8×28
	高度为 10m	10×35	10×35
	高度为 12m	12×42	12×24
相关色温		暖白:3000~4500K;纯白:5000~6500K;冷白:7500~9000K	
显色系数		Ra>75	
配光曲线/光斑		非对称(蝙蝠翼形)/矩形光斑	
结温(T_j)/℃		<75	
工作环境		环境温度:-35~+40℃;相对湿度:10%~90%	
防护等级		IP65	
使用寿命/h		>50000	
材料		铝合金	
净重/kg		10	12
包装尺寸/mm		690×315×120	750×315×120
安装管直径/mm		ϕ63	

16.7.5 LED 路灯与高压钠灯综合投资运营分析

本案例以常见的某次干道路灯为例进行分析。道路长为 2.4km，宽 9m，水泥路面。灯杆高度为 8m，灯杆间距为 30m，双侧交错布置，共 160 柱。控制灯箱设于道路中段。表 16-23 为 LED 光源和高压钠灯光源路灯各项建设投资费用比较。表 16-24 是 160 盏 LED 光源与高压钠灯光源路灯运营费用比较。表 16-25 是 LED 路灯典型参数。

表 16-23　LED 光源和高压钠灯光源路灯各项建设投资费用比较

光源类型	电缆及 PE 管(万元)	灯杆(万元)	灯具(万元)	施工安装(万元)	电气设备(万元)	合计(万元)	备　注
LED 路灯	16.0	25.6	51.2	1.6	8.0	102.4	2.5mm^2 电缆
高压钠灯	42.3	25.6	9.6	4.8	17.6	99.9	10mm^2 电缆
说明	1. 电气设备包含:配电箱、控制器、各类开关及熔断器等 2. 所列费用未包含土建费、税金和合理利润等						

表16-24 160盏LED光源与高压钠灯光源路灯运营费用比较

光源类型	含镇流器功率/W	额定总功率/kW	实际平均寿命/h	每年实际用电量/kW·h	每年换灯费(万元)	1年运营费(万元)	5年运营费(万元)	10年运营费(万元)
60W LED路灯	75	12.0	50000	5.54	0	5.54	27.7	55.4
150W 高压钠灯	190	30.4	5000	21.0	1.6	22.6	113	226.0

注：1. 变压器和线路损耗按15%计算。
2. 每日平均点灯时间按10h计算。
3. 高压钠灯后半夜的能耗增加50%，灯管寿命折减一半。
4. 电价按商业用电1.0元/kW·h计算。
5. 运营费用=换灯费+电费+线路和设备维修费。

表16-25 LED路灯典型参数

序号	参数名称	技术指标	备注
1	工作电压	AC 170~250V,50/60Hz	
2	额定功率/W	12~140	
3	功率因数	≥0.8	
4	电源效率(%)	≥85	
5	发光效率/(lm/W)	90~120	
6	最大输出光通量/lm	1000~6800	根据LED光效选择
7	工作环境温度/℃	-25~+50	
8	防护等级	IP65	
9	光源使用寿命/h	≥50000	

第17章 数字扩声工程

数字扩声工程已广泛用于大中型剧场、体育场馆、会议中心、广场文艺演出和数字录音系统等各个领域。不同用途的扩声系统都有各自的特征和要求。本章将分别介绍它们的组成和基本配置，并分别分析中国国家大剧院戏剧场数字扩声系统，2008奥运会开、闭幕式扩声系统，数字录音棚工程，上海八万人体育场扩声系统改造，上海世博会开、闭幕式扩声系统等采用最新科技成就的数字扩声系统案例。

17.1 各类扩声系统的特征、功能和典型结构

17.1.1 剧场类数字扩声系统

1. 剧场类数字扩声系统的特征

(1) 为适应市场运营需求，现代剧场基本上都按照一专多用的要求建设。要求扩声系统转场速度快，系统性能和操作控制方式应满足多用途使用要求。

(2) 配置多功能的扬声器，分布于舞台和整个观众席空间，适应不同使用功能下的扩声需求。有些高要求的演出场所，除设有传统的观众席扩声扬声器、舞台扩声扬声器、舞台返送扬声器、台唇扬声器和补声扬声器外，还设置分布于观众席四周、顶棚以及舞台等区域的效果声扬声器系统或预留接口，以满足创造现代艺术的需求。

(3) 现代新建或改建剧场都设有音响控制室、功放机房和舞台技术用房等多种技术用房，技术用房之间的信号传输电缆数量多，传输距离一般都在几十米，建筑规模大的剧场甚至可达一二百米，需对音视频信号实施有效管理。

(4) 音控室内一般设置数字和模拟两套调音台，既是调音控制的主备核心，提高系统的安全可靠性，又能适合不同层面调音师的操作习惯。

(5) 需预留与第三方设备交互信号的接口，以便剧场能兼容过场和驻场两种演出形式。

2. 剧场类数字扩声系统的功能

剧场类数字扩声系统除满足扩声功能外，还应提供远程监控和数字网络传输等功能。利用远程监控功能，保证分布于各处的设备始终处于受控状态。数字多路复用传输技术，减少了传输网络投资，实现了各技术点位信号资源共享和对第三方设备的兼容。

3. 主扩声扬声器系统的组成

大、中型剧场通常采用左、中、右3声道+超低音扬声器构成3.1声道立体声扩声系统，较小规模剧场按照左、右双声道+超低音扬声器构成2.1声道立体声扩声系统。

在声场设计上，中央声道独立覆盖全场。左右声道有各自独立覆盖全场或共同覆盖全场两种设计方案，主要差异是观众席立体声听感区域的大小，前者大、后者小。

对于扬声器的安装方式，国外众多知名剧场都采用明装方式，国内习惯上还是以暗藏为主。中央声道暗藏于舞台上方声桥的中央；左右声道的暗藏位置有声桥左右两侧和舞台两侧八字墙两种位置可选。现在新建或改建的剧场，左右声道扬声器基本都暗藏于舞台两侧八字墙内，有利于扩大观众席立体声听感的区域，并使声像过渡更加自然。超低声道安装于声桥或直接落地安装于两侧八字墙内，通过顶棚或者地面反射把声音能量传送至观众席。

主扩扬声器系统可分为三分频和四分频两种系统结构。高档剧场通常采用四分频扬声器系统。并以外置分频为主，声音调校更精细，更易平衡声音能量。

4. 系统配置

图17-1是剧场数字扩声系统的典型配置，由音源、调音台、数字音频信号处理设备（统称周边设备）、功放机柜和扬声器系统等五类基本设备构成。

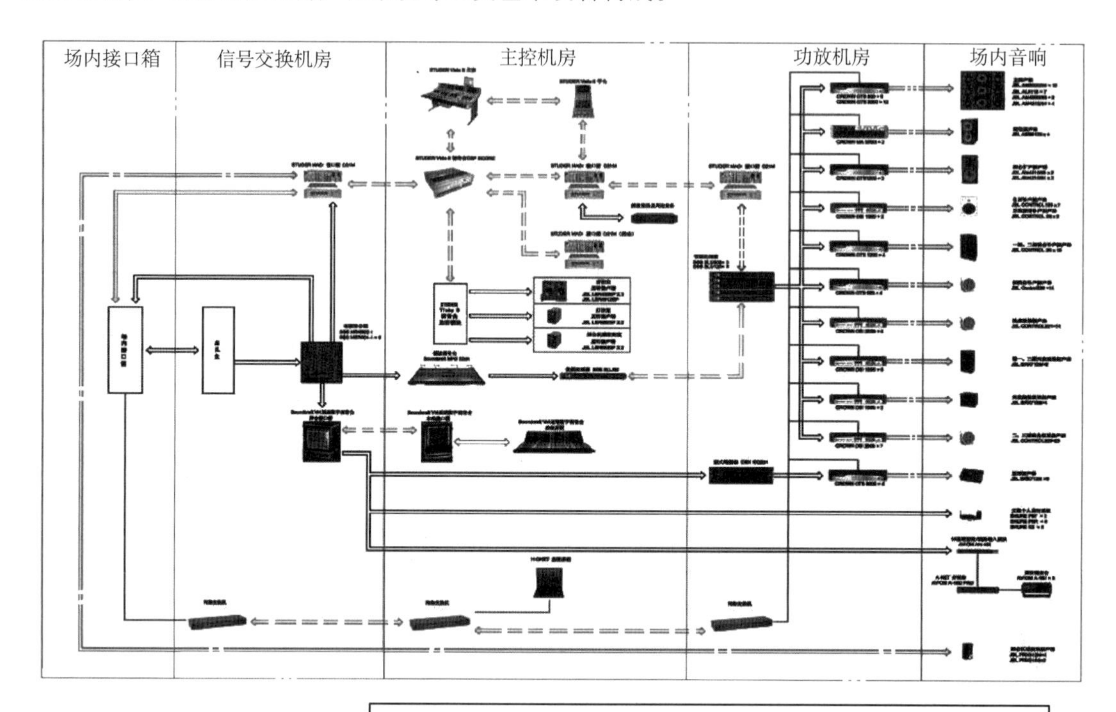

模拟信号线⟺ 数字信号线⇔ 光纤信号线⇨ 控制信号线⟹ 扬声器线⟹ 网格线——

图17-1　剧场数字扩声系统

就目前情况来看，数字扩声系统除传声器和扬声器为模拟设备外，系统其他设备均已采用性能可靠、技术先进的数字智能化产品。从传声器的音频输出端至扬声器的输入端，全部都可采用数字传输设备，中间只有一次A/D（模拟/数字）、D/A（数字/模拟）转换。

在设备选型上更注重人机对话界面的直观性和友好性；关注内置DSP资源的处理能力、量化精度、浮点运算和前后级设备之间的纠错和容错设计，以及关键环节和传输路径的设置和主备冗余等。

（1）音源。数字扩声系统使用的各种音源与模拟扩声系统的配置方式相同。包括传声器、光盘播放机、MD和多媒体存储/播放设备。

（2）调音台。数字调音台是扩声系统的核心设备，根据系统规模可选择相应规格的数字调音台。通常以相应规模的模拟调音台或数字调音台作为冗余备份。

操作界面：大中型数字调音台的操作界面均可扩展，为便于实时操作，其长度应控制在2m之内为宜，或者更小一些；数字调音台的物理推子的数量虽然有限，但由于具有翻页和平移功能，因此其实际的通道处理能力是模拟调音台的数倍，操作控制也非常便捷。

（3）系统接口箱要求。数字调音台接口箱至少2个。这些接口箱按需放置于舞台技术用房、音控室、功放机房、现场调音位、电视转播车机位等，与上述各点位的音频设备实行信号交互。各接口箱上输入/输出接口的数量和制式视实际需要而定。接口箱与调音台之间采用光纤或同轴电缆作为传输介质，具体视传输距离而定。

（4）数字音频处理器和周边处理设备。周边处理设备包括效果器、用于传声器音色处理的均衡器、压限器等。尽管数字调音台已内置均衡器、压限器等音频处理装置，但最终是否还需配置这些周边设备，需视调音师使用方式、数字调音台的 DSP 处理能力等诸多因素决定。

市场上可选的数字音频处理产品的品牌和型号很多，功能各有侧重，应结合投资预算和系统结构等因素来确定数字音频处理器的选型和使用数量。目前应用于剧院的数字音频处理产品主要有两种类型：

1）高档数字音频处理器。典型产品有 BSS Z-BLU、PEAVEY NION 等品牌。它们的共同特征是：音质好、音频处理功能强大、内置 DSP 资源可动态分配、物理输入/输出接口可按需转换、支持主备无缝切换、提供远程监控、接口制式丰富等。在剧场扩声系统中使用这种设备，可构造最为合理的音频处理结构、最大地利用内置 DSP 资源、采用标准化的通信接口，设备之间可直接交互信号（包括不同品牌设备之间）；但价格比较昂贵。在国内众多的重点剧院中，如中国国家大剧院、上海大剧院改建工程、江苏广电演播剧院等都选用这些设备作为扩声系统的音频处理。

2）经济型数字音频处理器。典型的有 DBX、XTA、BSS Z-SW 系列和 YAMAHA 等品牌。这些产品的特点是音频处理资源分配固定、物理输入/输出接口的数量和设置固定、有些品牌带有远程监控和数字传输接口。价格较为便宜，市场占有率较高。

（5）功率放大器。新建剧场通常采用数字处理网络功放，优势是其内置 DSP 处理器，可直接对单个扬声器进行音色处理，在实况数字扩声系统中应用这种设备，一旦系统中的数字音频处理器发生故障，扩声系统还能实现对扬声器系统的基本处理，提供较为理想的扩声音质，解决了数字音频处理器在数字扩声系统中安全性的“瓶颈”问题。单台功放设备发生故障时，只影响由其驱动的扬声器，对其他扬声器系统没有丝毫影响。因此在增加投资不大的基础上，可明显提高系统的安全可靠性。

功率放大器必须满足剧场扩声系统对动态范围和安全可靠性指标的要求，应按以下原则配置：

1）支持远程监视功能，监视功放的工作状态，包括阻抗、温度、削波、输入/输出信号电平增益和哑音控制等。

2）应具有足够的输出功率和功率储备。功放与主扩扬声器的功率配比，按照 1.5~2 倍的功率储备设计，即功放的额定输出功率是其负载扬声器功率的 1.5~2 倍。

3）扬声器负载的数量。为能精确调节每个扬声器的声场覆盖和确保扩声系统高可靠运行，每一功放通道驱动扬声器负载的数量一般为 1 个；驱动其他扬声器时，每一功放通道的扬声器负载数量不超过 2 个。

（6）扬声器系统：按照扬声器系统的功能，分为主扩扬声器、降低声像扬声器、舞台返送扬声器、舞台扩声扬声器、台唇扬声器、补声扬声器、音控室监听扬声器和效果扬声器等。

主扩扬声器有水平阵列扬声器和垂直阵列扬声器两类扬声器系统可选。新建的剧场，中央声道以水平阵列扬声器为主，左右声道两种阵列扬声器皆有。

音控室监听扬声器系统，采用与主扩声一致的 LCR 三声道，以提供与现场情况相似的监听效果。有些监听要求高的剧场，还会增加 1 个超低音监听声道。

5. 信号传输网络

剧场数字扩声系统基本都设有数字和模拟两套信号传输系统。数字信号传输系统一般直接建立于数字调音台的基础上，以使用多模光纤和双绞线铜类传输接口为主。如果传输距离超过 2km，则改用单模光纤，数字调音台的通信接口也采用单模光纤。

两套传输网络覆盖所有的调音位和技术用房，包括电视转播车、录音棚等，至于网络中的信号通道数量和信号接口制式，视不同剧场的使用需求而定。通过信号传输网络，技术用房之间可实现信号资源共享，外来设备接入方便。

6. 监控网络

通过监控网络可以实施数字调音台、功放和数字音频处理设备的远程监控和调整。大多数剧场扩声系统具有多个软件监控平台，分别服务于不同功能的数字设备。美国 HARMAN 集团可将其旗下的所有数字音频设备集中于一个软件平台，实现集中管理控制。

17.1.2　体育场（馆）数字扩声系统

体育场（馆）属于大型公共活动场所。特点是传声器信号采集点分散、数量多，并且远离音控室，信号传输距离少则数十米，多则上千米。音控室与功放机房的信号传输距离通常也会超过数百米。

体育场（馆）扩声系统通常采用分区供声方式，扬声器系统属于分散性布局。为了使扬声器与功放的距离尽可能靠近，功放机房一般都设置在扬声器附近的看台一侧。对于万人以上的大型体育场（馆），通常会设置 2 个或多个功放机房，每个功放机房负责驱动相应看台区域的扬声器系统。

由于体育场（馆）音控室与传声器信号采集点和功放机房间的距离甚远，如果采用模拟信号传输方法，则线缆损耗十分严重，需在中间添加放大环节。为此，现在一般都采用网络数字处理器直接用光缆进行远距离传输和监控。图 17-2 是体育场扩声系统组成原理图。

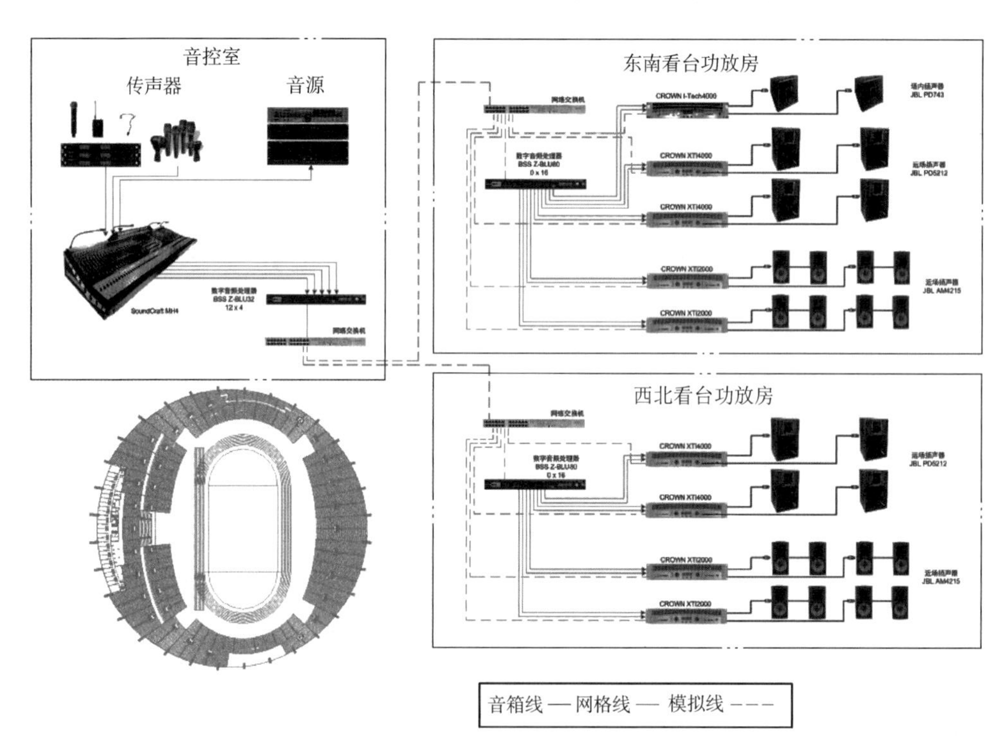

图 17-2　体育场扩声系统组成原理

按照常规，体育场（馆）扩声系统由固定安装扩声和流动扩声两部分组成。前者固定安装于体育场（馆）内，以语言扩声为主，用于体育赛事全场实况广播，兼顾播放背景音乐和作为流动演出扩声的辅助系统。

流动演出扩声系统是一种临时搭建的扩声系统，用于演唱会和大型运动会的开、闭幕式；体育场（馆）一般不专门配置流动扩声系统，只是在现场预留外来系统所需的管线接口以及与固定扩声系统之间的信号交互接口。

1. 体育场（馆）数字扩声系统的使用特征

（1）具有良好的语言清晰度和可懂度。

（2）扩声系统输出音量自适应动态控制。随着赛事的起伏和观众情绪的相应变化，体育场（馆）的背景噪声也会发生很大变化。足球比赛时场内的平均噪声可达 85dB 以上。为保证所有到场者都能听清扩声内容，扩声系统的声压级输出应高于环境噪声声压级 10~15dB，并能与动态变化的环境噪声作相应的动态改变。

（3）支持分区覆盖动态控制。体育场（馆）扩声系统的覆盖区域大，扩声系统的覆盖区域应能按观众席的实际分布作相应改变。

（4）支持集中管理控制。为缩短扬声器与功放之间的距离，有效减少传输线路的功率损耗，体育场（馆）内设有多个功放机房。扩声系统应对异地设备实施远程监控和管理，集中监控系统设备运行状况。

2. 体育场（馆）数字扩声系统的系统配置

体育场（馆）固定安装扩声系统由音源、调音台、数字音频处理器、功放和扬声器系统组成，以语言扩声为主，因此可以取消用于修饰音色的效果处理设备。

（1）音源。各种传声器与模拟扩声系统的配置方式相同。光盘播放机和存储设备应选用高质量数字设备。建议配置环境噪声拾音传声器，作为扩声系统环境噪声声压级的参考基准，并以此作为动态调整输出音量浮动参考点。

（2）调音台。体育场（馆）固定扩声系统的传声器输入口多，但扩声场景变换不多，需处理的信号量不大，采用中小型数字调音台即可。

（3）数字音频处理器。体育场（馆）扩声系统对数字音频处理器的处理要求与使用功能有关：

1）数字音频处理器需有支持长距离传输的数字通信接口。在模拟技术时代，由于长距离传输给信号带来电平衰减、信噪比指标降低等问题，需通过增加中间放大器来延长信号的传输距离；进入数字时代后，通过数字传输介质来解决体育场（馆）音控室与传声器信号采集点、各功放机房之间的信号传输问题。有些品牌的数字音频处理器直接带有数字网络通信接口，无须转接设备，直接可连接到传输网络。

2）具有自适应背景噪声功能。不管现场环境噪声电平如何变化，扩声系统的输出电平始终可以自动调整超过环境噪声电平一个固定值，这个固定值的大小可按需设定，例如 10dB。如果环境噪声达到 75dB，则扩声系统将音量输出自动调整到 85dB；如果环境噪声升高到 80dB，则扩声系统将音量输出自动调整到 90dB。

3）支持分区控制功能。按照体育场（馆）看台的空间分布，对扬声器系统的供声作相应的物理划分。各分区的扩声音量可实施独立调整或统一调整；如果某些看台没有观众，则可关闭该区域的扩声系统。

（4）功率放大器。功率放大器应具有网络传输接口和远程监控功能，以便实施远程监控和集中管理。与扬声器的功率配比，应有充足的功率余量，满足体育比赛时动态变化大的使用特征。从安全可靠度出发，功放与扬声器数量的配接，建议每一功放通道上的扬声器负载数量最多不超过 2~4 个。

（5）扬声器系统。按照功能，分为看台扬声器、运动场扬声器、主席台扬声器、检录处扬声器和音控室监听扬声器等。

1）扬声器布局。体育场的扬声器布局基本上以分区式供声为主；体育馆有分区式供声和集中式供声两种方案可选。集中式供声方案的优点是声源间的声波干扰小、声音清晰，但应充分考虑主扩扬声器的指向特性、声场覆盖范围及扬声器阵列的远投射能力：为弥补集中式供声声场覆盖不均匀的缺点，可在看台后区观众席布置适量的补声扬声器。分区式供声方案要充分考虑分区声源之间的声波干涉，并把它降至最低，避免降低语言清晰度。

2）扬声器选型。由于体育场（馆）的看台很高，为展宽扬声器垂直方向的覆盖范围，可把扬声器的水平覆盖角作为垂直方向使用。这样能很好地均匀声场要求，并且造价低。集中供声布局的体育馆，可采用远投射垂直线阵列作为主扩扬声器，输出能量大、声波控制能力强，能把声音传输至更远区域。

17.1.3　会议中心数字扩声系统

会议中心是国家各级政府和企事业单位的重要活动场所。例如广州白云国际会议中心，上海的EXPO世博会议中心和北京的国家会议中心等。它们由若干大型会议厅和众多（几十个甚至到上百个）中小会议室组成，既可召开大中小各种规模的会议，也可将小会议室作为大会议室的配套使用，召开远程电话电视会议或作为大型会议后的小组讨论。图17-3是会议中心扩声系统的基本组成。

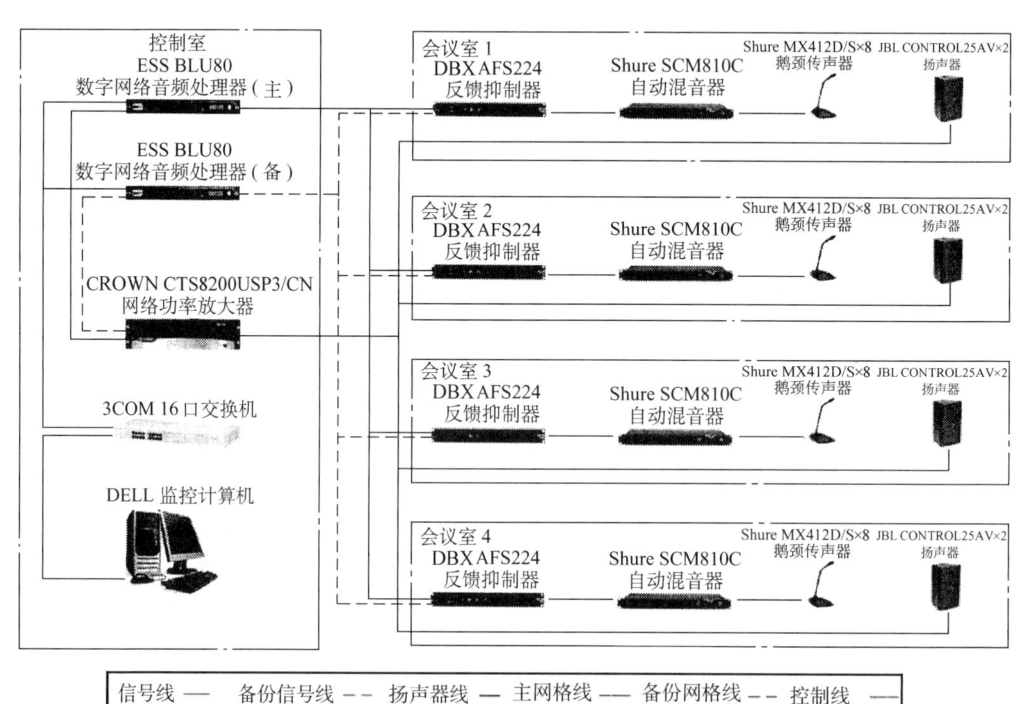

图17-3　会议中心扩声系统的基本组成

1. 会议中心扩声系统的操作控制方式

会议中心、宾馆、办公大楼通常都有数量很多的各种中小会议室，这些会议室有三种操作控制模式：

（1）模式一：独立控制。各会议室独立操作控制，互不关联。优点是：系统架构简单，各会议室之间没有关联故障风险、造价低；缺点是：由于无专人操作管理，发生故障概率多，维护工作量大，故障干预不及时影响会议进程。

（2）模式二：集中控制和管理。

所有中小会议室扩声设备用网络连接到会议监控中心，实施集中监控管理；监控中心可实时同步录制各会议室的会议进程、可向各会议室发送录音录像资料或转播某会议室的现场信息。优点：会议室之间共享资源，包括信号资源和设备资源，操作管理人员少、故障干预及时、维护方便，如图 17-4 所示。

信号流程：每间会议室由传声器和摄像机采集的音视频信号传送给接口设备，并将信号转换成数字信号，通过网络或光纤传送至监控中心，进行存储和转发，送回各会议室的输入接口设备，数字音视频信号解调后送至会议室功放、扬声器和投影机。监控中心通过软件监控界面可对会议室的音量、摄像机和投影机实行远程操作控制，支持出错报警等。

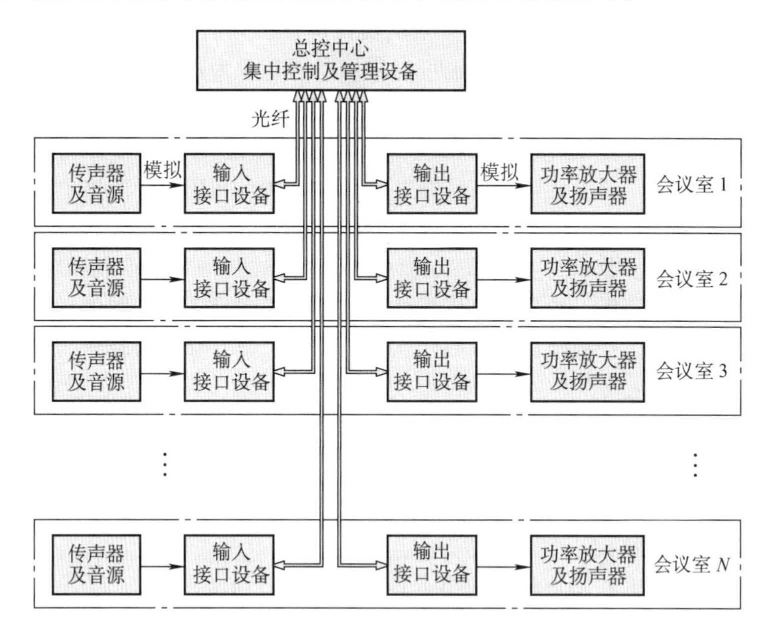

图 17-4　集中控制和管理的大型会议中心

（3）模式三：集中管理、二级控制。集中管理、二级控制即各会议室既可在现场独立控制，又可受会议控制中心集中监控。与集中控制管理模式相比，网络传输故障不会影响开会。图 17-5 是系统构成原理。

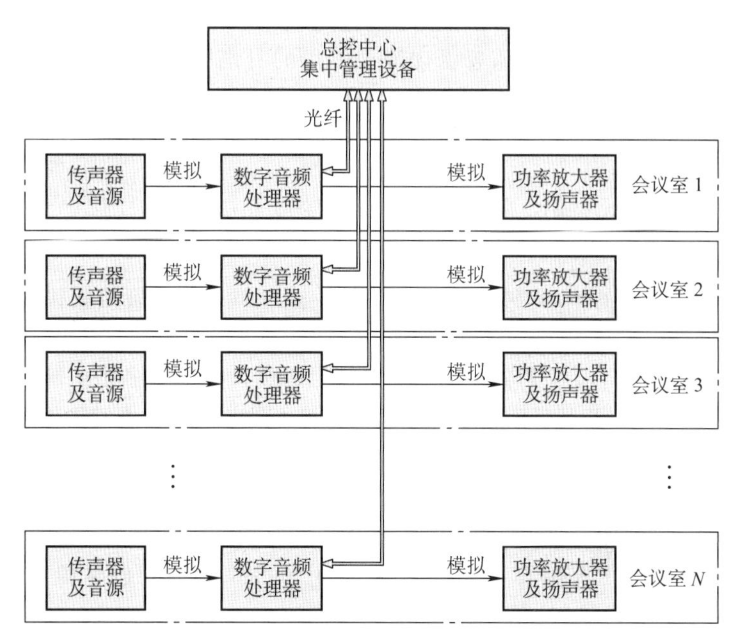

图 17-5　集中管理、二级控制会议系统构成原理

上述三种模式中，模式一最简单，采用简易的模拟扩声平台即可实现；其他两种模式必须采用数字扩声平台才能实现。

广州白云国际会议中心、上海EXPO世博会议中心和北京市国家会议中心都已率先进入数字技术时代，应用了模式二的管理控制方式。

2. 会议中心扩声系统的系统配置

（1）模式一系统配置。每间会议室扩声系统由传声器、光盘机、自动混音器、音频处理器、功放、扬声器、摄像机和投影机等组成，也可以采用以调音台为核心的小型扩声系统。

（2）模式二系统配置。这种控制模式设有集中管理的监控中心机房。各会议室内只需设置传声器、功放、扬声器、摄像机、投影机和A/D、D/A输入/输出接口设备。监控中心设有调音台、信号处理、监听系统、录音装置、信号转发、数字交换机和用于构建集中控制管理的网络设备等。监控管理中心操作人员可监控全部会议室的会议进程。

（3）模式三系统配置。模式三与模式二的区别是：模式三中每一会议室都能独立地控制资源，可完全独立于其他会议室工作，安全可靠性高，但会议室设备资源和信息资源不能共享；模式二中各会议室的音视频信号都经控制中心转发，可以共享信息和设备资源。

17.1.4 流动演出数字扩声系统

1. 流动演出扩声系统的特征

（1）转场速度快，包括系统搭建、调试和设备搬运等。

（2）操作直观、方便快捷。

（3）支持离线编辑功能；适应流动演出准备阶段时间短的使用特征。

（4）可靠性和安全性要求极高。系统设备可在恶劣环境下长时间连续运行。

（5）系统设备必须坚固、轻便、便于搬运和拆装、耐运输振动和冲击等。

（6）应能方便地与视频显示系统、舞台灯光系统协同工作；提供远程监控和网络传输等功能。

2. 系统组成

流动演出实况数字扩声系统由音源、数字调音台、数字音频处理器、数字处理功放和扬声器系统等设备组成。近几年来，随着流动演出市场的日渐活跃，各专业扬声器生产厂大力开发各种规格的有源线阵列扬声器系统，使流动演出系统的结构更为简洁，拆装和系统调试更为简便。

3. 系统配置

（1）音源：音源配置和选用要求与剧场数字扩声系统相同。

（2）调音台：

1）以体积小、重量轻的中小型数字调音台为主，便于搬动。设备组成的物理规模视系统的信号处理需求而定。

2）接口箱：一般为2个。传声器多的系统，可使用接口数量更多的接口箱。舞台接口箱放置于舞台口区域，本地接口箱就近放置于调音台操作界面处。接口箱之间采用光纤或同轴电缆作为传输介质，具体视传输距离而定。小型流动演出系统可不配置接口箱，直接使用数字调音台带有的物理输入/输出接口即可。

3）物理操作界面：根据系统信号处理的数量确定。例如，2008年第29届北京夏季奥运会开幕式扩声系统，使用1台具有40个物理推子的Soundcraft Vi6数字调音台作为系统控制核心。

（3）数字音频处理器：选型时侧重于音频处理功能，同时也要注重操作控制的直观性和便捷性。内置音频处理参数的调整，既可通过计算机调整，也可通过处理器面板上的热键实现，使流动系统可在最短时间内进行系统特性调整。提供自动均衡功能，为流动演出系统提供简单、快速、有效的现场调音。

（4）功率放大器：功率放大器配置原则与剧场类数字扩声系统相同。

（5）扬声器系统：分为主扩扬声器、降低声像扬声器和舞台监听扬声器三类。特别大的流动演出场地，在观众席区域，还需增加补声扬声器，以保证所有观众席都有足够的直达声覆盖，感受到良好的声音效果。如在上海八万人体育场举办的“阿依达”，除了在舞台左右两侧吊挂远投线阵列扬声器作为主扩声外，在中后区观众席布置声柱扬声器进行补声。

采用有源扬声器系统，可使流动演出系统结构更为简洁，便于搬运和快速搭建。有源扬声器系统已把数字音频处理功能也纳入其结构中，内置了厂家专为此扬声器预设的音频处理参数。因此，在搭建流动演出系统后，即使没经过精细的系统调试，也可产生非常不错的声音效果。有源音箱的典型品牌有 JBL、Meyersound、L-acoustics 等。

由于有源垂直线阵列扬声器吊装简单、系统调试方便，因此在流动演出扩声系统中获得广泛应用。图 17-6 是大型流动演出系统的典型配置图。

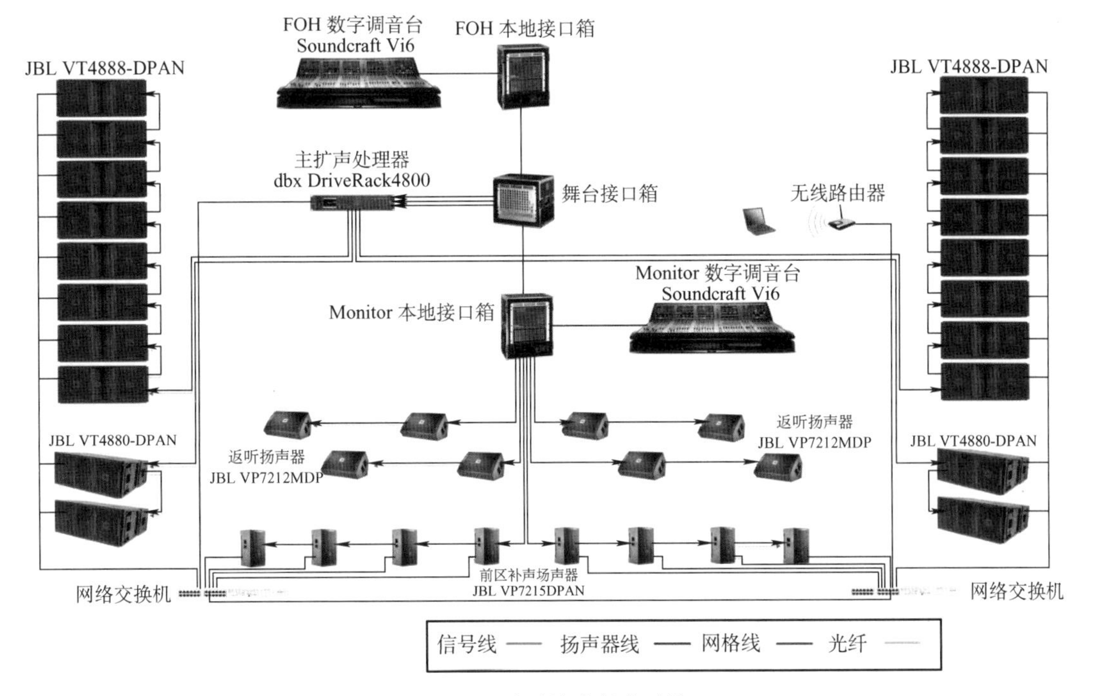

图 17-6　流动演出扩声系统

17.2　中国国家大剧院戏剧场数字扩声系统

近年来全国各地兴建了众多的艺术中心和剧院，典型的有中国国家大剧院、上海东方艺术中心、苏州科学文化艺术中心、武汉琴台文化艺术中心、温州大剧院、重庆大剧院、常州大剧院和无锡大剧院等。这些剧院均采用数字化技术平台，可实现扩声、声效制作、声效模拟、后期录音以及与外界交互信号等功能；能兼容多种演出风格使用需求；支持远程监控，方便系统管理和维护。

国家大剧院位于北京市中心，东临天安门广场和人民大会堂，北接西长安街，总占地面积

11.89万m^2，总建筑面积约16.5万m^2，其中主体建筑为10.5万m^2，地下附属设施6万m^2，包括南北两侧的水下长廊、地下停车场、人工湖和绿地等。

国家大剧院内设歌剧院、戏剧场、音乐厅，三个扩声系统的功能要求、系统构成、设计思路和组成框架基本相同，只是在某些功能设备的选型和组建规模上存有差异，特别是传声器和扬声器产品的品牌差异。表17-1是国家大剧院三个厅堂音响设备配置。传声器在实际使用中根据演出的具体情况随时调整。下文以戏剧场为例，介绍国家大剧院扩声系统。

戏剧场观众厅设有池座和二层楼座，共有观众席1035个。国家大剧院戏剧场数字扩声系统包括扩声系统、信号传输系统和远程监控系统。

表17-1　国家大剧院三个厅堂音响设备配置

	戏　剧　场	歌　剧　院	音　乐　厅
扬声器	JBL	Meyer Sound	L-Acoustics
音频工作站	Nuendo	Merging	DigiDesign
流动调音台	Soundcraft:MH4	MIDHS:L3000	YAMAHA:PM5D
主要传声器	Shure	Audio-Tech	AKG

17.2.1　戏剧场的功能定位

戏剧场是国家大剧院最具民族特色的剧场，供戏曲（包括京剧和各种地方戏曲）、话剧及民族歌舞演出使用。观众厅设有池座、一层挑台（二层）和二层挑台（三层）、1035个观众席。扩声系统除了给观众提供良好的听音效果外，还需营造出颇具中国特色的剧场氛围。扩声系统执行国家标准GB 50371—2006《厅堂扩声系统设计规范》，文艺演出类一级标准见表17-2。

表17-2　GB 50371—2006文艺演出类一级标准

等级	最大声压级/dB	传输频率特性	传声增益/dB	声场不均匀度/dB	早后期声能比(可选项)/dB	系统总噪声级
一级	额定通带内:大于或等于106dB	以80~8000Hz的平均声压级为0dB,在此频带内允许范围:-4~+4dB;40~80Hz和8000~16000Hz的允许范围:-10~+4dB	100~8000Hz的平均值大于或等于-8dB	100Hz时小于或等于+10dB;1000Hz时小于或等于+6dB;8000Hz时小于或等于+8dB	500~2000Hz内1/1倍频带分析的平均值大于或等于+3dB	NR-20

17.2.2　系统组成

扩声系统由音源、数字调音台、数字音频处理器、功放、扬声器系统和信号传输系统等六个部分组成，如图17-7所示。在扩声系统数字调音台和数字音频处理器的基础上，建立戏剧场的远程监控系统和数字信号传输系统。

戏剧场扩声系统包括观众区主扩声、舞台扩声、舞台监听、效果声模拟和音控室监听等子系统；支持与视频系统、内通系统、公共广播系统、后期录音制作系统、电台电视台现场直播系统、卫星以及网络等各种媒体等系统之间的信号交互。系统主要设备均为美国HARMAN集团产品，集成了SOUNDCRAFT和STUDER数字调音台、BSS数字网络音频处理器、CROWN功放和JBL扬声器等众多知名品牌。

（1）信号传输系统：由数字光纤传输网络和模拟传输网络组成，覆盖戏剧场内的三个技术

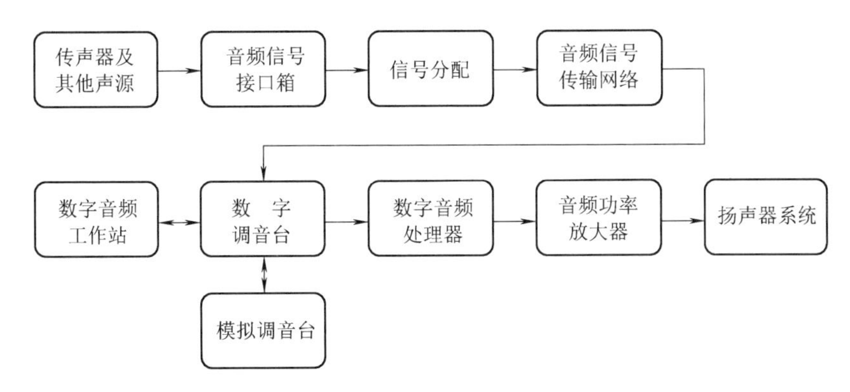

图 17-7　国家大剧院数字扩声系统架构及信号流程

用房（舞台技术用房、功放机房、音控室）和三个调音位（一个位于观众席的现场调音位、另外两个位于舞台上下场门的返送调音位和音控室调音位），负责这些技术点位之间的信号交互。STUDER 数字调音台采用数字光纤传输网络，无须额外设备，可直接使用技术点位上的音频信号。

（2）远程监控系统：远程监控系统的职责是监控 STUDER 数字调音台及其数字光纤传输网络、BSS Z-SW 系列的数字网络音频处理器、CROWN MA 系列功放等设备的工作状态、内置音频处理参数的调整、供电电源的开关、输入/输出通道的哑音控制等，还支持出错报警。

（3）综合接口箱布置（图 17-8）：

1）舞台前面左、右设置综合插座箱，各有 24 路传声器输入和 8 路信号返回；同时预留数字流动台控制接口和 48 路模拟台控制接口，便于舞台两侧调音使用。

2）舞台后面左、右设置综合插座箱，各有 24 路传声器输入和 8 路信号返回。

3）乐池左、右设置综合插座箱，各有 24 路传声器输入和 8 路信号返回。

4）在观众席顶棚面光桥、乐池上方工作走道、舞台左右上方工作走道内各设置了一定数量的传声器输入接口。

5）在观众席后区中间的现场调音位的预留接口箱，预留数字流动台控制接口和 48 路模拟台控制接口，便于现场调音使用。

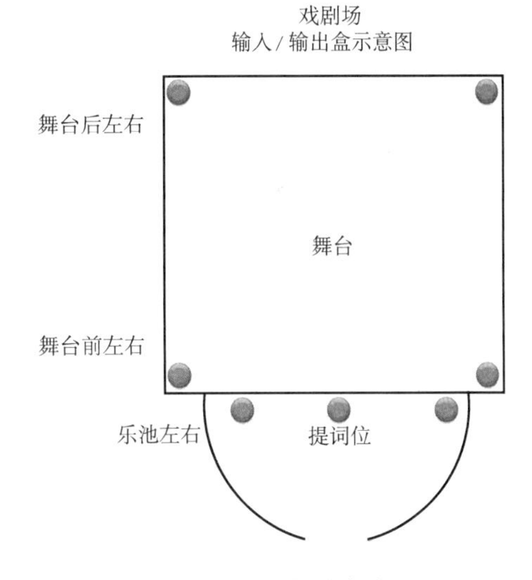

图 17-8　接口箱分布位置

（4）信号流程：全部接口箱信号均在舞台技术用房内接入塞孔排。实际使用中按传声器的接入位置和需要接入系统。接口箱的常用传声器输入通道设置为直通。

所有传声器信号首先进入 64 路 BSS604 有源音分器，将信号分别送至：①音控室数字调音台；②音控室模拟调音台；③现场调音位；④舞台两侧返送调音位。数字调音台均有模拟直接输出接口，共 64 路模拟通路，预留给录音及后期制作使用。

数字调音台的接口箱将传声器信号在技术用房内转换成 MADI（多通道音频数字接口）信号，通过光纤送到音控室。根据需要经 DSP（数字信号处理器）处理混合后，通过光纤传送到功放机房接口箱，解码成 AES/EBU 标准的数字信号。32 对 AES/EBU 数字信号传送给

BSS9088数字处理器，进行分频、均衡等处理，再经功率放大器放大后输出给相应的扬声器单元。

音控室内的模拟调音台直接输入传声器信号及音源信号，混合后的输出信号，通过模拟通路传送到功放机房的BSS9088数字处理器进行分频、均衡、分路等处理，再经功率放大器放大后输出给相应的扬声器单元。在BSS9088数字处理器中，将模拟调音台信号和数字调音台信号做了自动混合处理，任何一路信号均可送到扬声器系统中。

17.2.3　扩声系统声场设计

戏剧场内设有主扩扬声器、台唇补声扬声器、舞台监听和舞台返送扬声器、效果扬声器、音控室监听扬声器等不同用途的扬声器系统。

1. 主扩扬声器布局

观众区主扩声系统采用左中右三声道独立覆盖全场方案。中央声道暗藏于舞台上方声桥的中央；左右声道和超低声道暗藏于舞台两侧八字墙内，超重低声道着地放置。

2. 扬声器系统结构

扬声器系统的频响范围为25Hz~17kHz。采用高音+中音+低音+超低音的四分频、外置分频结构的扬声器系统；外置分频扬声器系统的各频段都能独立调校。

（1）主扩扬声器系统。主扩扬声器选用剧场专用的JBL AE系列扬声器。

1）中央声道：采用四只AM6315/64全频远投扬声器覆盖二层挑台；三只AM6200/95中高音远投扬声器覆盖一层挑台及池座后部；三只高音号筒2385+2446H覆盖一层池座前部，构成一个如图17-9所示的四分频扬声器阵列，安装于舞台上方声桥的中央。

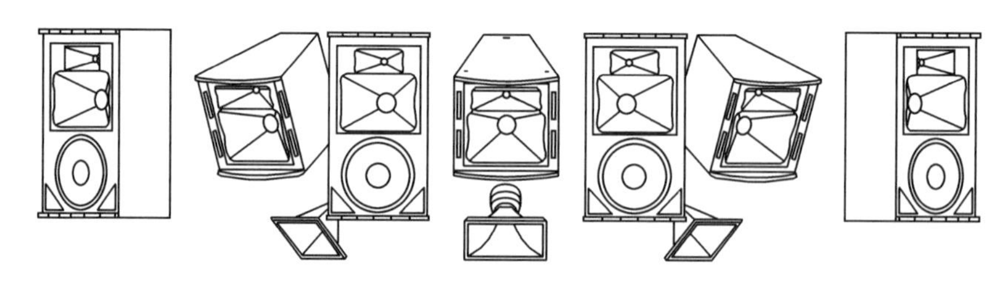

图17-9　中央声道主扩声音箱阵列

2）左右声道：各由6只AM6315三分频远投扬声器组成。分为上中下三层，每层2只。上层覆盖二层挑台、中间层覆盖一层挑台以及池座后部，下层覆盖池座前区，兼作为降低声像扬声器。

3）超低声道：在台口两边各配备2只ASB6128V双18in超重低频扬声器，延展系统的低频响应和加强重低频效果。

4）台唇补声扬声器：在台唇设置7只UCF2521小型扬声器，降低主扩扬声器的声像高度，利用哈斯效应改善前区观众视像一致的听感效果。

（2）效果扬声器系统。戏剧场观众厅内设有54只JBL 2152H同轴全频效果扬声器，均匀地分布于观众厅的顶棚、侧墙、后墙及挑台顶部和舞台区域。图17-10是效果扬声器系统的布置图。

这套全方位的效果扬声器系统，可用于实时制作效果声和重放效果声两种功能，支持声像效果模拟和环境声效果声模拟。

戏剧场效果声系统有两套控制平台：

1）支持5.1声道、6.1声道、7.1声道模拟效果的Studer Vista 8数字调音台。

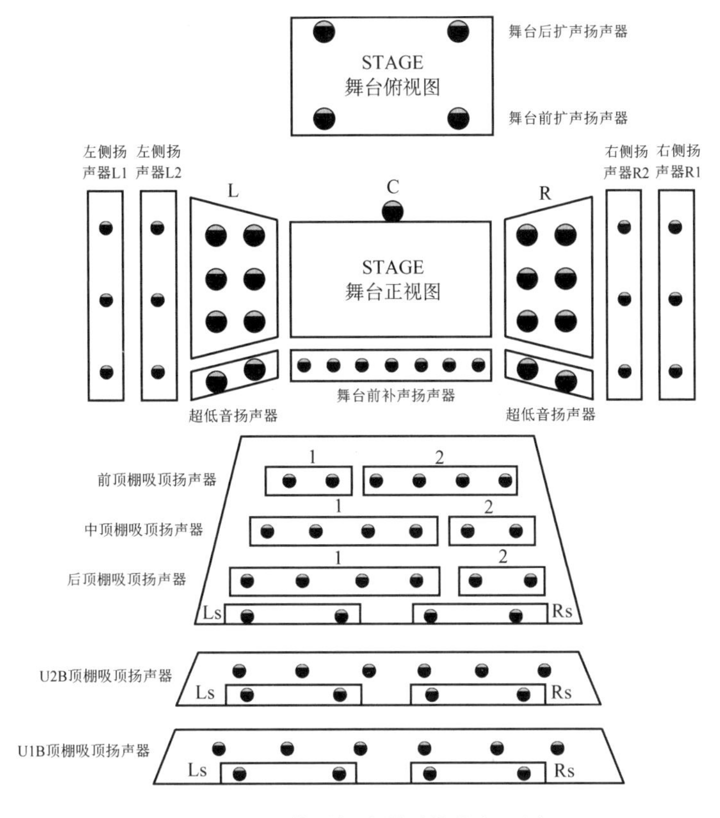

图 17-10　效果扬声器系统的布置图

2）支持数十路甚至上百路效果通道的音频制作系统，声像定位更精确、声像过渡更自然。

（3）舞台返送和舞台监听扬声器。由 14 只全频扬声器箱组成。6 只 JBL 6215/64 扬声器箱分别固定安装在前舞台左侧、前舞台右侧、后舞台左侧、后舞台右侧，作为舞台监听扬声器；8 只 JBL 4890A 二分频扬声器作为返送扬声器，流动使用于舞台和乐池。

17.2.4　主要配置设备

1. 调音台

戏剧场配置三台调音台：2 台为音控室的固定调音台和 1 台流动调音台。

音控室内的固定安装数字调音台为瑞士 Studer Vista 8 数字调音台，52 个物理推子操作界面和 1 个流动控制面板 Studer RemoteBay；5 个物理接口箱，2 个分布于舞台技术用房、2 个分别位于音控室和功放机房，还有 1 个流动用于现场调音、返送调音位或电视转播机房。RemoteBay 流动控制面板可作为 Vista 8 的扩展，也可在现场流动操作使用。模拟调音台为英国 Soundcraft MH4，32 路模拟调音台。流动调音台为英国 Soundcraft MH4，48 路模拟调音台，主要用于 FOH/Monitor。

数字调音台和模拟调音台不存在互为备份概念，可以同时使用，也可以单独使用，完全取决于调音师的选择。

2. 数字音频处理器

调音台与功放之间的数字音频处理器选用英国 BSS SoundWeb 数字音频网络处理器。每台 BSS9088 设有 8 路输入及 8 路输出，集增益、均衡、压限、切换、分频、滤波等功能于一体。通过 BSS SoundWeb 软件，便可对 BSS9088 内部的 DSP 数字音频处理模块进行方便、快捷的修改和调整，能够轻易处理调校每个扬声器单元，还可根据戏剧场的使用功能（会议、戏曲、歌舞剧、晚会等），以场景形式预存相应参数，支持随时调用。BSS数字音频网络处理器支持离线编辑功能，所有用于声场调试的参数设置和用于系统的处理数据，均可以文件形式存储在计算机上，可以随时修改和切换。

3. 功率放大器

所有扬声器均配备美国CROWNMA系列功率放大器。该功率放大器（简称功放）具有接地分离开关，避免系统信号地与电源地交叉耦合引起交流噪声。所有功放均配备了IQ接口卡，结合CROWN最新的IQwic软件，实施远程监测所有功放通道及扬声器的工作情况，包括系统音频处理器的各种参数、功放输入电平及其峰值、功放输出电平及其峰值、压缩限幅器工作状态、功放工作温度、散热风扇工作状态，可以自动调节IQ卡上的压缩限幅电路参数，设置压缩限幅器的门限电平，与扬声器的长时间有效功率相匹配，有效保护扬声器驱动单元。

4. 传声器与音源

传声器选用美国SHURE品牌，满足管弦乐团、电声乐队及人声演唱和会议的需要。主要包括：电容传声器（20只）、动圈传声器（20只）、会议鹅颈传声器（24只）、传声器支架（60个）。

无线传声器24套，选用美国SHURE无线系统，工作频段为UHF 550~900MHz，并配置天线放大分配系统。其中手持传声器8套，领夹型12套，头戴型4套，领夹型和头戴型共用12套接收机，可用计算机扫频。

系统选用TASCAM产品音源重放设备。扩声系统中配备了一台NUENDO音频工作站，用于多轨数字录音和编辑。可结合多通道效果扬声器，经过离线编辑，实现各种丰富的效果声表现。

5. 其他周边设备

系统配备了美国Lexicon PCM91、960L效果器。其他周边设备如均衡器等也都选用美国BSS、DBX等产品。

为了确保系统处于最佳工作状态，配备了一套系统测量调试设备，采用专业测试传声器和音频输入卡，结合EAW-Smaart Live软件，可实时测量系统的频率传输特性、声压级等声场参量。

图17-11是戏剧场音控室全景图；图17-12为一层观众席测试点布置图；图17-13为二层观众席测试点布置图；图17-14为三层观众席测试点布置图。

图17-11　戏剧场声控室全景图

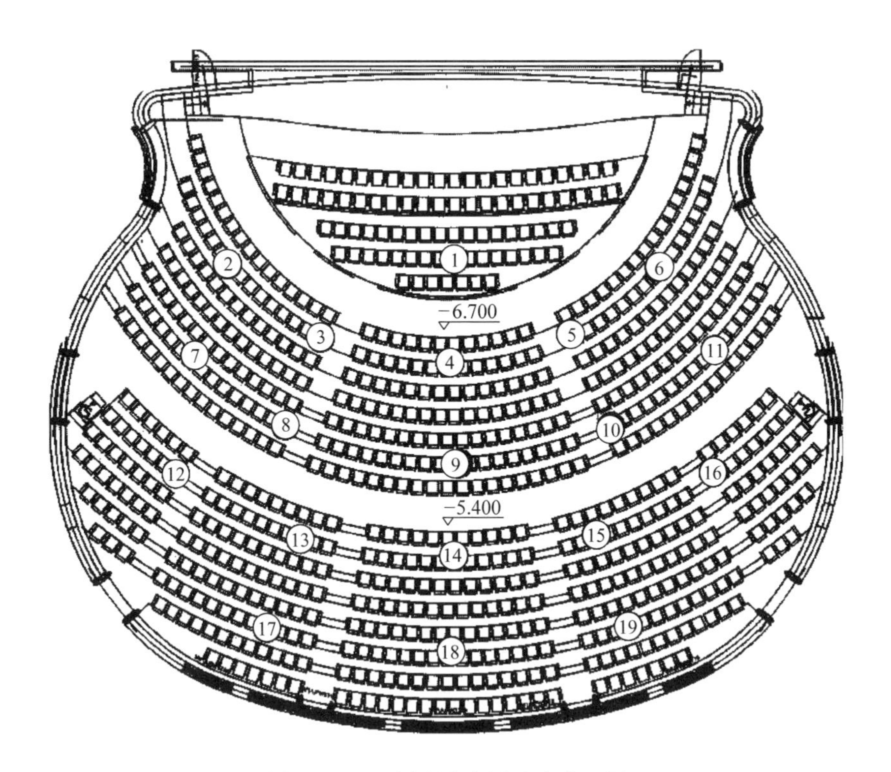

图 17-12　一层观众席测试点布置图

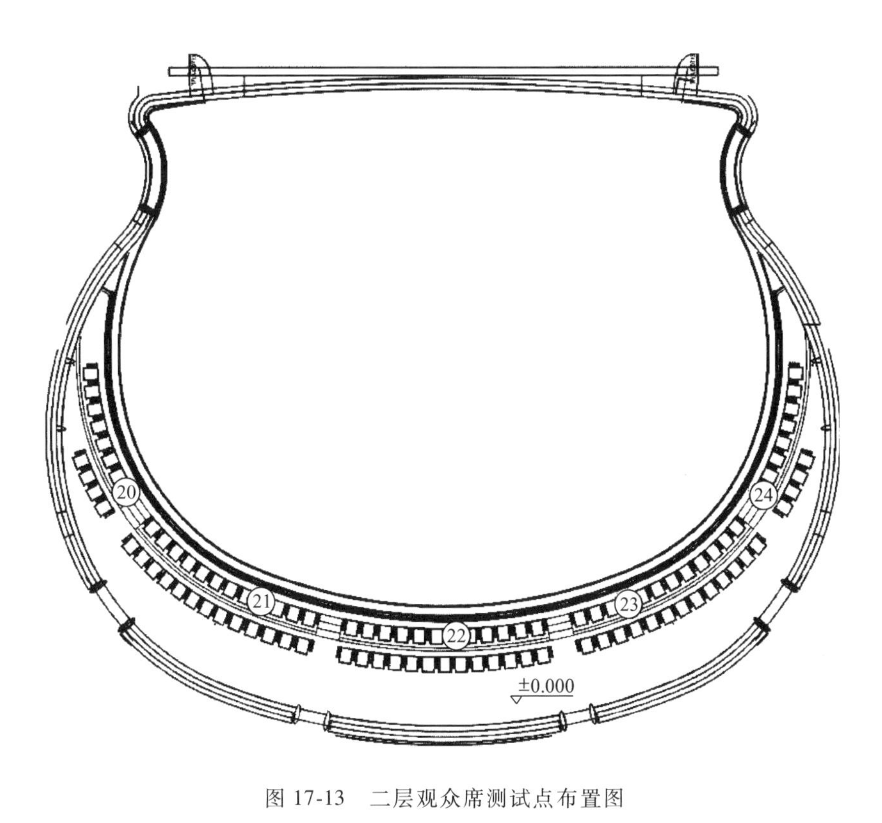

图 17-13　二层观众席测试点布置图

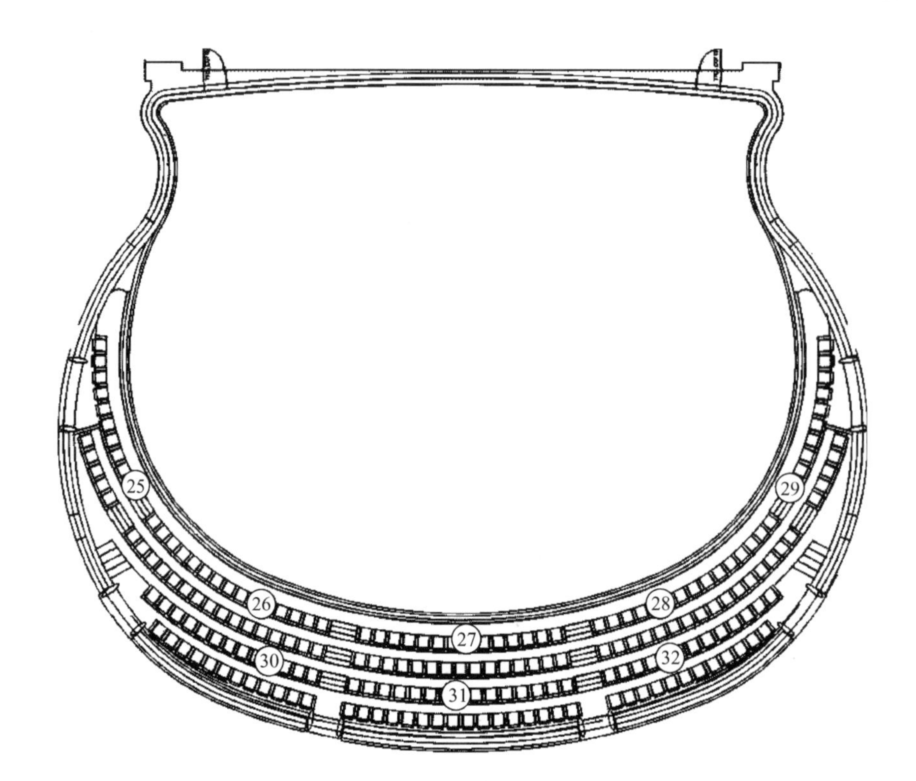

图 17-14　三层观众席测试点布置图

17.2.5　系统最终测试数据

1. 系统测试点位设置

声场测试点的点位表见表 17-3。

表 17-3　声场测试点的点位表

序号	层数	排数	座位号	序号	层数	排数	座位号
1	一层乐池	4	2	17	一层观众席	13	23
2	一层观众席	2	31	18	一层观众席	13	1
3	一层观众席	2	15	19	一层观众席	13	22
4	一层观众席	2	1	20	二层观众席	1	37
5	一层观众席	2	14	21	二层观众席	1	19
6	一层观众席	2	30	22	二层观众席	1	2
7	一层观众席	6	35	23	二层观众席	1	20
8	一层观众席	6	19	24	二层观众席	1	38
9	一层观众席	6	2	25	三层观众席	1	43
10	一层观众席	6	20	26	三层观众席	1	23
11	一层观众席	6	36	27	三层观众席	1	2
12	一层观众席	9	33	28	三层观众席	1	24
13	一层观众席	9	17	29	三层观众席	1	44
14	一层观众席	9	2	30	三层观众席	3	23
15	一层观众席	9	18	31	三层观众席	3	1
16	一层观众席	9	34	32	三层观众席	3	22

2. 最终测试结果

落成后的戏剧场扩声系统声学特性指标全部达到国家标准GB 50371—2006《厅堂扩声系统设计规范》“文艺演出类一级标准”和预期设计指标。

17.2.6 国家大剧院扩声系统的技术特点

国家大剧院扩声系统采用全数字化的多通道扩声理念，追求扩声系统功能的先进性和可扩展性，选用技术先进、操作方便、经受过国内外各类工程实际检验的优质设备，最后获得了优秀扩声音响工程的美誉。该工程有以下技术特点：

（1）多通道扩声系统。主扩声系统基本做到了一个功放通道与一个扬声器箱一对一的配接，这种配接方法虽然投资高一些，但优点也很突出：扬声器可编组定位播放，可使每个扬声器的性能获得最佳调整，可获得最佳的系统声学特性和最高的系统可靠性；系统声场分布均匀、信号动态大、视听一致、听感自然、音质优美。

（2）实现多种“声场模式”的预先编程、存储和快捷调用。例如：会议模式、戏曲演出、大型歌舞演出等不同功能应用时需要不同的“声场模式”，无须变更硬件系统连接，即能快捷方便地调用，还可记录和调用任何一种的调试情况。

（3）数字扩声系统与模拟扩声系统的完美结合。数字调音台与模拟调音台既可互作备份，又可以同时启用，互不干扰，解决了现场调音师运用习惯的选择。

（4）丰富多样的接口设置，大大方便了演出活动。丰富多样的舞台综合接口箱、接线盒和信号交换机房接口装置大大方便了演出活动。

（5）多轨重放和多轨录音引入了数字音频工作站，极大地方便了现场效果声的制作和播放。数字音频工作站导入扩声系统，极大地方便了现场效果声的制作，是数字扩声系统与模拟扩声系统的重大差别之一。

（6）实现了观众厅扩声与内通系统信号的智能交换，为演出排练提供便利。

（7）完善的备保系统和信号自动路由选择，确保系统万无一失。

17.3 温州大剧院音响系统

温州大剧院占地面积2.5万m^2，建筑总面积约3.39万m^2。大剧院由1500座歌剧院、650座音乐厅和200座多功能厅组成。

歌剧院是一专多用的大型专业演出场所，主要满足歌剧、音乐剧、舞剧表演，兼顾大型综合文艺演出、交响乐、戏剧、戏曲以及会议等多种使用功能。

1. 歌剧院的建筑特征

（1）观众区：歌剧院观众区呈马蹄形，设有池座966座，二层和三层挑台各220座，如图17-15所示。

（2）舞台：由主舞台、左右侧舞台以及后舞台三部分组成：主舞台：宽26m，深23m，高30m；左右侧舞台：宽18m、深18m、高11.7m。

2. 系统声学特性指标要求

1）最大声压级≥106dB（80~8000Hz）。

2）传输频率特性：以80~8000Hz的平均值为0dB，在此频带内≤±4dB；40~80Hz和8000~12500Hz，允许+0/-6dB的变化。

3）传声增益：≥-4dB（100~8000Hz）；音乐：传声增益≥-6dB（100~8000Hz）。

4）声场不均匀度：80Hz≤8dB；1000Hz、8000Hz≤6dB。

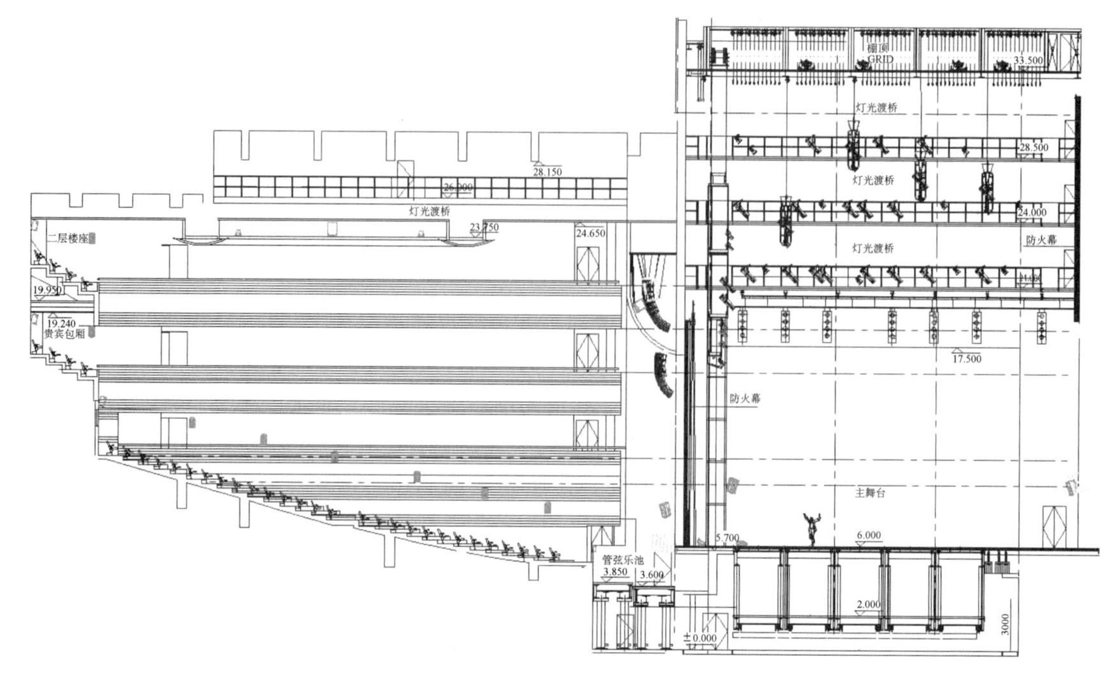

图 17-15　温州大剧院歌剧院建筑剖视图

5）系统噪声级≤NR25。

17.3.1　系统方案设计

现代演出对音响系统要求已不仅仅是基本扩声功能，在话剧、歌剧和音乐剧等剧种表演时，还需有一套用于艺术创造的效果声系统，渲染现场环境的声音效果，使演出的感染力更加形象生动。

2000年之前实况扩声以模拟技术为主，用于效果控制的技术手段非常有限，话剧歌剧中可用的音效器材少而简单，几乎没有一个国内剧院具有固定安装的效果声系统。2000年之后，随着数字技术的迅速发展和普及应用，数字扩声音响系统的功能越趋强大、操作越趋简便、声音表现形式越趋丰富，可很好地满足现代演出提出的各种扩声需求。近两年国内90%以上新建或改建剧院从根本上打破了传统演艺场所的设计理念，要求观众区安装一套具有“身临其境”的环境动态效果声系统。

1. 扬声器选型

歌剧院从声桥至最远观众席的投射距离为32m，分析了国内、国外许多大型歌剧院扩声系统的成功案例，系统宜采用具有高声压远投射线阵列扬声器作为主扩扬声器。结合歌剧院的实际需求，最终选择了JBL AE系列高性能阵列扬声器和JBL VT/VRX垂直线阵列扬声器作为歌剧院的主扩扬声器（图17-16），并以垂直线阵列扬声器为主，原因如下：

1）为多功能应用提供最佳匹配的声音特性。扬声器系统有水平阵列和垂直线阵列之分，垂直线阵列扬声器具有投射距离远、声压级高和动态范围大的特点，特别适用于高声压、大动态的现代流行音乐节目，可充分彰显现场的强劲音乐气氛。

图 17-16　垂直线阵列扬声器系统

水平阵列扬声器具有细腻度好的音质特色，特别适用于古典音乐演出。其他类型的演出，两者都可胜任且都有不俗的表现。

2）提供最适宜的扬声器布局。JBL AE 水平阵列扬声器体积小、安装空间要求低，适宜固定暗装在歌剧院舞台两侧的八字墙内。

JBL 垂直线阵列扬声器具有快速安装拆卸及适合流动使用的特性，在歌剧院内为垂直线阵列扬声器预留了所有可能舞台布局所需的机械吊点，主扩扬声器布局可随舞台布局的改变而作快速调整。

这种同时配有水平阵列和垂直线阵列扬声器的剧院在国内为数不多；在建设时就为各种舞台布局预留了较为完善的机械吊点的剧院更是为数甚少。温州大剧院歌剧院几乎可适应各种舞台布局和多剧种演出。图 17-17 是歌剧院主扩声线阵列扬声器的吊挂方案。

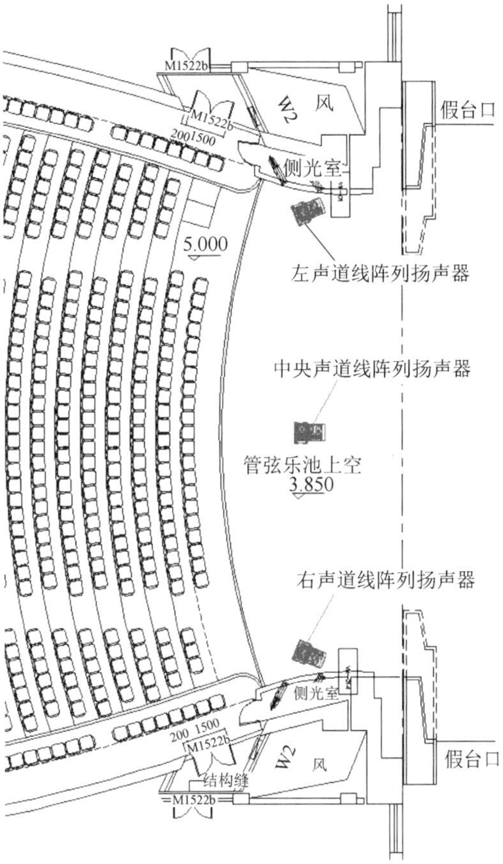

图 17-17　歌剧院主扩声线阵列扬声器吊挂方案

2. 扬声器布局

（1）主扩扬声器布局。根据歌剧院的建筑特征和使用需求，采用 JBL VT4887+VRX932LA 两种垂直线阵列的扬声器组合，均匀覆盖全部观众区。

VT4887 垂直线阵列扬声器适合中远距离投射，VRX 是继 VT 垂直线阵列扬声器问世后作为其配套适合中短距离投射的 JBL 垂直线阵列产品，两者基于同一技术特性，确保音色无缝融合。

VT4887 及 VRX932LA 线阵列扬声器电声转换效率高、输出声压大、体积小巧、重量轻，大大缩小了每一声道扬声器的体积和降低了对建筑承重的要求。

按照左中右三声道各自独立覆盖全场配置。考虑到中央声道明装时易干扰观众视线，因此在建设时尽可能提升声桥高度，暗藏于有限的声桥空间内；左右声道安装在舞台台框的左右两侧，对观众视线基本无影响，故以明装方式作活动吊挂使用，可在预留的机械吊点位吊装。图 17-18 是 JBL VT+VRX 垂直线阵列扬声器的侧视结构图。

利用 JBL 的 VerTec Line Array 线阵列扬声器专用软件和 EASE4.1 声学软件，计算出中央声道需 6 只 JBL VT4887+4 只 VRX 可实现均匀覆盖全场。

组合线阵列扬声器的长度为 2.7m，深度为 1.2m，可暗藏于高度为 4.5m、深度为 2.5m 的声桥空间内。左右声道扬声器设定的吊点高度接近 12m。这样高的中央声道扬声器声源，势必会对前区观众席造成声音压顶的听感，因此，还需采用降低声像的扬声器。

从经济性出发，能否将左右声道垂直线阵列扬声器兼作覆盖前区的近场扬声器来降低前区观众席的声像呢？这样既解决了声音的压顶感，又保证了声场的均匀覆盖。为实现这个目标，经计算，左右声道垂直线阵列扬声器各采用 4 只 JBL VT4887+4 只

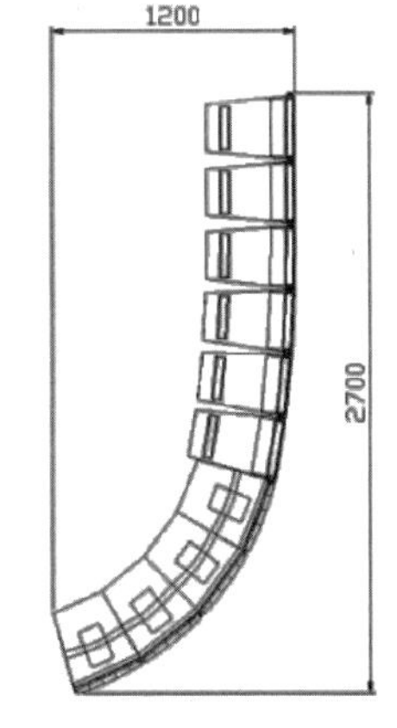

图 17-18　JBL VT+VRX 垂直线阵列扬声器的侧视结构

VRX 的组合，可兼作降低声像扬声器，并能实现独立声场覆盖。这种扬声器结构，在满足预设的声学设计指标和提供良好的主观听感的前提下，使中央声道能暗装于空间高度有限的声桥内。

(2) JBL AE 水平阵列扬声器。为满足古典音乐演出的声音细腻度，专门增添了 JBL AE 系列三分频扬声器（由 JBL AM6200/64 中高音号筒扬声器 JBL AL6115 低音扬声器配套组成）作为主扩扬声器的另一种应用，如图 17-19 所示。

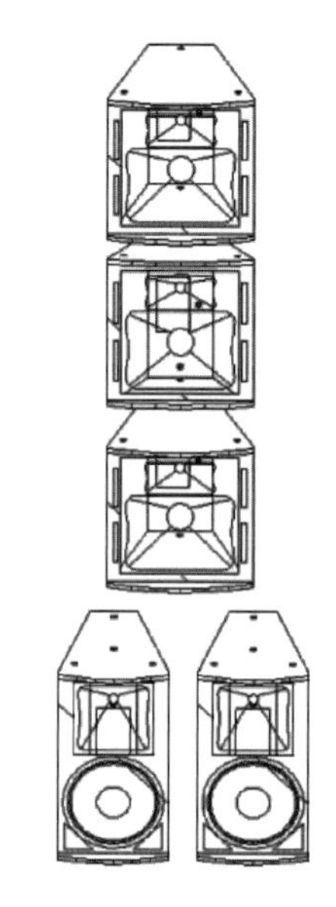

图 17-19　JBL AE 水平阵列扬声器组

JBL AE 系列三分频扬声器是一种中高音和低音分体的扬声器，可大大缩小每一扬声器的体积并附合舞台两边八字墙暗藏空间的需求。JBL AM6200/64 的中高频单元采用号筒结构设计，语言表现力佳，与之配套的低频单元是 JBL AL6115 低音扬声器。

从两侧八字墙上端至最远观众席的投射距离为 32m 左右，AM6200/64 中高音扬声器的指向性因素 Q 高达 22.4，在较好的厅堂建筑声学环境条件下，可支持 35m 左右的有效投射距离。

用作左右两个声道的 AE 系列水平阵列扬声器，共同覆盖全场。每个声道的配置：1 只 JBL AM6200/64 覆盖远区；1 只 JBL AM 6200/64 和 1 只低音扬声器 JBL AL6115 覆盖中区；1 只 JBL AL6215/95 和 1 只 JBL AL6215/64 覆盖近区。

(3) 超低扬声器。中央声道主要用于语言扩声，选用 2 只 JBL AL6125 双 15in/136dB 声压级的超低音扬声器；左右声道主要放送音乐信号，选用 4 只 JBL ASB6128 双 18in/142dB 声压级的超低音扬声器，低音效果丰满厚实。

(4) 补声扬声器。歌剧院的二层马蹄形挑台伸展到接近舞台台口，二层挑台下面一层观众的直达声受到建筑结构遮挡，此区域的观众席缺少足够的直达声能量。为此，在二层挑台底下安装了 JBL CONTROL 26C 吸顶扬声器作为补声扬声器，增强二层挑台下面一层观众区的直达声，提高声音清晰度和均匀声场覆盖。

3. 功能转换时扬声器特性的操作和控制

为适应歌剧院使用功能的快捷转换，专门为 JBL VT/VRX 垂直线阵列扬声器和 JBL AE 水平阵列扬声器分别配置了一套 BSS BLU-800 数字网络音频处理系统，负责扬声器系统在不同使用功能下的音色修饰和平衡。

系统调试时，预先把各种使用功能和各种扬声器布局的音频处理方案以 SNAPSHOT 场景形式存储在 BSS BLU-800 数字网络音频处理系统内，并将每一预设场景定义在个性化的软件操作界面上。功能转换时，操作者只需选择合适的扬声器系统及其场景预存键，即可实现扬声器系统的声音特性随着使用功能的改变而快速调整。图 17-20 是根据使用需求编制的功能转换操作界面。图 17-21 和图 17-22 是文艺演出功能和会议功能两种不同的 BSS BLU-800 音频处理模块的虚拟连接结构图。

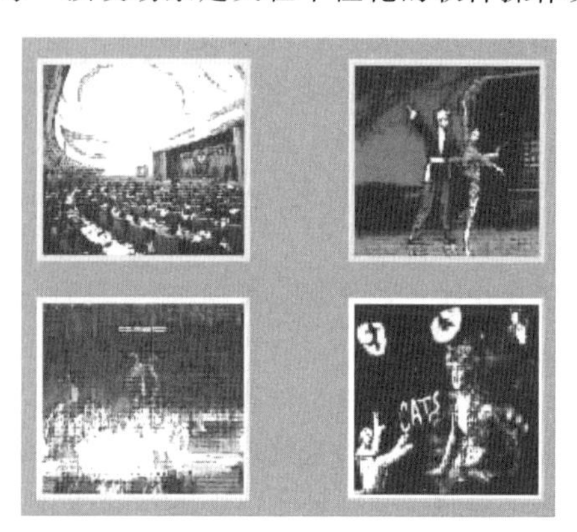

图 17-20　功能转换操作面板

4. 外来演出团体自带设备的兼容性

随着精神文明建设步伐的加快，跨区、跨省市、跨国际的演出交流异常活跃。外来团体由于对设备性能的熟识度或迫于演出时间有限等原因，往往会自带全部或部分演出器材。基于这种越来越普遍的演出需

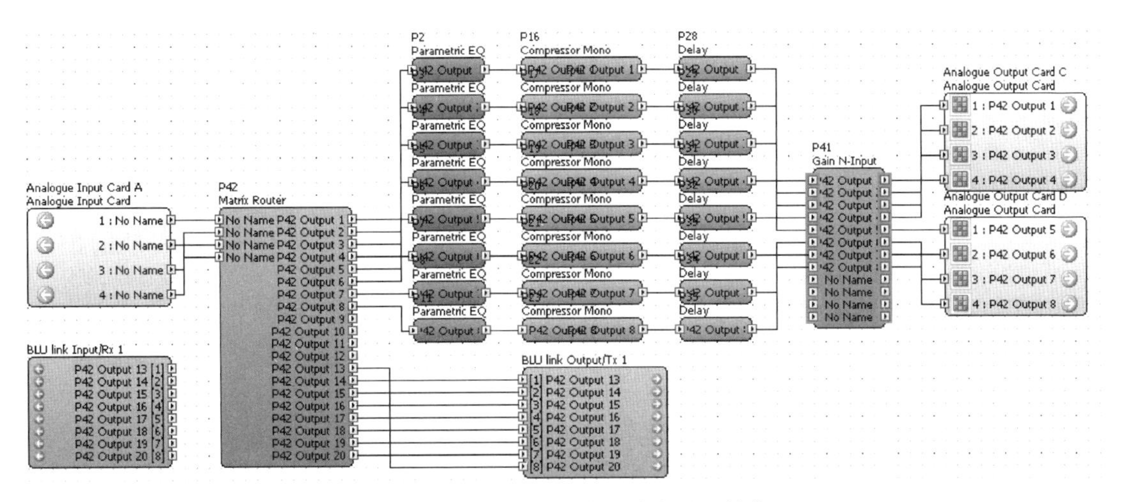

图 17-21　文艺演出功能的音频处理结构

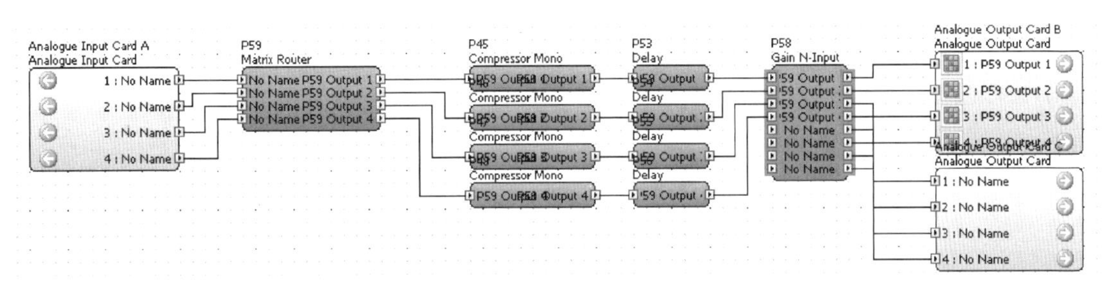

图 17-22　会议功能的音频处理结构

求，在歌剧院音响系统建设时已做了充分的考虑：

（1）自带部分演出器材的兼容性。

1）各调音位都能兼容外来数字或模拟调音台的接入：在音控室、现场和返送调音位，均有适合 48 路或小于 48 个输入通道的模拟调音台接口；同时按照音响行业最通用的 AES 50 标准建立了一套多模光纤传输网络，以便外来的数字或模拟调音台都能简单方便地接入歌剧院固有扩声系统。

2）在观众厅上空预留外来扬声器的接口：歌剧院为线阵列扬声器预留了适合各种舞台布局的机械吊点。系统设计在确定这些吊点的承重系数和吊装方式时，不是单一考虑 JBL 品牌的线阵列扬声器，而是将众多品牌的垂直线阵列或水平阵列扬声器集中在一起综合考虑，因此只要外来扬声器组的重量在这些机械吊点的安全系数内，都可使用这些吊点及其附近的接口。

3）在音控室通过跳线装置可接入外来的音源、周边和效果处理设备。

（2）自带全部演出器材的兼容性。外来系统可直接利用歌剧院内已敷设的模拟传输网络或数字光纤传输网络，不需重复敷设临时线缆；同时，还可通过已有的信号传输网络，把自带调音台的主输出送至歌剧院的固定安装扩声系统，作为备份或作催场广播等。

5. 声道效果扬声器系统

为满足现代演出“身临其境”的声场效果，需要一套用于艺术创造的效果声系统来渲染和修饰声音效果的扬声器系统，使演出效果更加形象生动。

图 17-23 是歌剧院安装的一套 10.1 声道效果扬声器系统，用于模拟声像效果或环境声效果，如飞机沿着观众席四周盘旋一圈、从观众席后区滚至舞台口的打雷声以及模拟自然界的虫叫鸟

鸣、雨声等。

10.1声道效果声系统由30只扬声器构成。观众区的侧墙安装24只JBL AC2212/00扬声器构成8个声道；在顶棚安装4只JBL SRX722全音域扬声器和2只SRX718S超低扬声器构成2个全音域声道+1个超低声道。

1台功能强大的Studer Vista 8实况数字调音台兼作效果声系统的控制核心，负责效果的实时制作和控制。

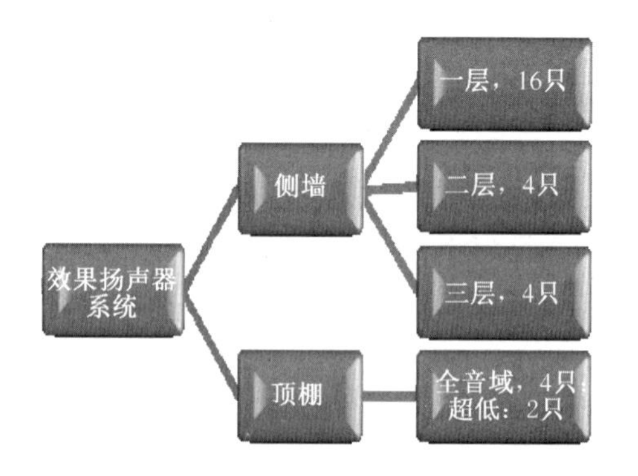

图17-23　效果扬声器系统组成结构

Studer Vista 8实况数字调音台的母线结构最多支持7.1声道效果重放，利用其内置的矩阵矢量功能，可扩展至几十个效果声通道的控制和处理。图17-24是观众厅三个层面的扬声器布置。

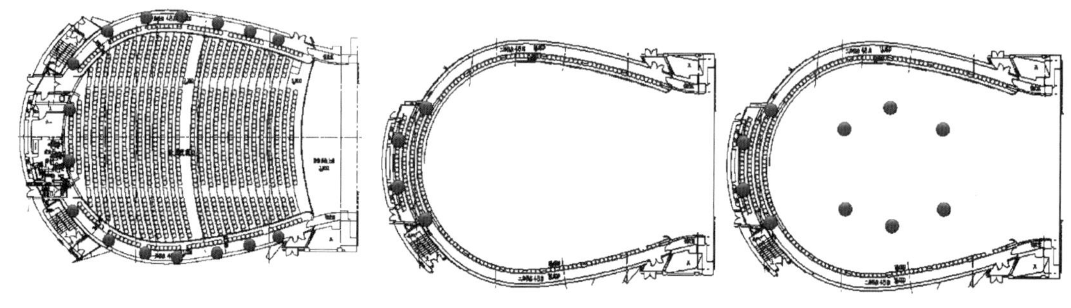

图17-24　歌剧院观众厅三个层面的扬声器平面布置图

17.3.2　系统可靠性设计

系统可靠性设计主要从设备选型、系统结构、冗余设计和系统监控等多方面综合考虑。

1. 系统设备选型

调音台、数字处理器、传声器、功放、扬声器和录音器材等主要设备均采用在中国国家大剧院、上海东方艺术中心、北京电视台、江苏电视台演播剧场等具有影响力的重大剧场工程中得以成功应用，设备的安全性能已得到有效验证的世界著名品牌产品，如STUDER、SOUNDCRAFT、JBL、BSS、CROWN和SHURE、TASCAM等。歌剧院音响系统投入运行一年多，实践证明所选设备是安全可靠的。

2. 双模冗余的系统结构

调音台、数字音频处理器和传输网络等系统关键设备均采用主备配置。

（1）调音台：以Studer Vista 8实况数字调音台作为主调音台，SOUNDCRAFT MH 48路模拟台为备份调音台。万一主台发生故障，便可立即切换到备份台。

（2）数字音频处理器：除设置主备BSS BLU-800数字网络音频处理器外，还采用分散式的音频处理结构；即BSS BLU800数字音频处理器负责处理扬声器系统的音频参数，把用于扬声器系统音色平衡处理的参数存储于主备结构的BSS数字音频处理器。BSS主数字音频处理器万一出现故障，备份结构自动补上。CROWN功放内置的DSP音频处理器负责处理单一扬声器的音频参数。把单个扬声器的音色平衡处理存储于功放内，1台功放即使损坏，也只影响其负载扬声器，对系统整体运行的影响甚小，充分利用了CROWN数字功放内置DSP处理功能的优势。图17-25是支持主备自动切换的音频处理结构。

（3）功放：歌剧院共使用78台具有内置DSP处理和远程网络监控功能的CROWN MA和XTI

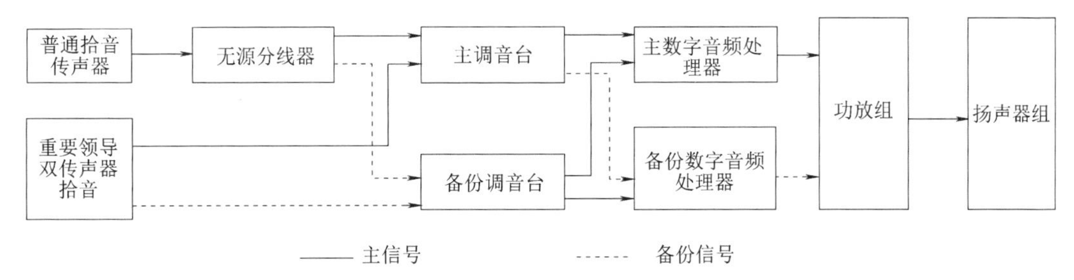

图 17-25　支持主备自动切换的音频处理结构

系列功放。主扬声器驱动功放的每个通道只负载 1 个扬声器箱或 1 个扬声器单元；其他功能扬声器的驱动功放，每通道的负载扬声器数量不超过 2 只。

（4）传输网络：配置了数字光纤和模拟两套信号传输网络。既可用于不同的控制系统使用，也可与主备设备配合使用，实现不间断信号传输。

3. 技术指标冗余

前后级设备配接时都预留了适量的冗余，确保突发瞬间超过峰值信号时系统也能安全应对，不会发生设备损坏。图 17-26 是普通监控网络和 HiQnet 监控网络两种监控网络的对比。

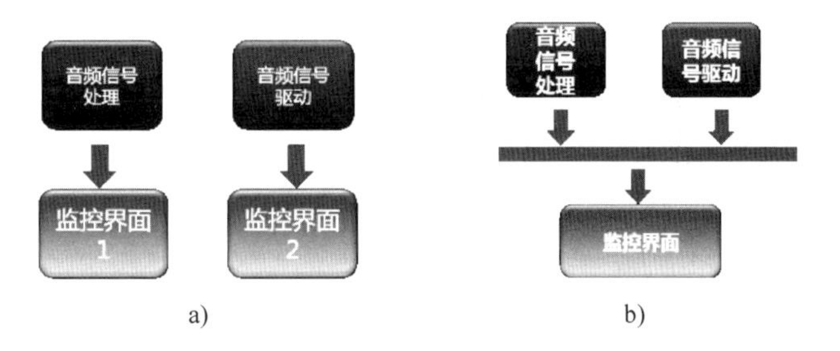

图 17-26　两种监控网络的对比
a）普通监控网络　b）HiQnet 监控网络

4. 先进的远程监控网络

歌剧院建立了 1 套 HiQnet 远程监控网络和 1 套 STUDER 监控系统，有效解决了歌剧院音响设备分布范围广、数量多而给系统调试以及维护带来的困难，大大提高了故障干预的实时性。

HiQnet 是由美国 HARMAN 公司开发的基于 TCP/IP 的星形拓扑结构的局域网络。与其他品牌产品的普通监控网络相比，优势在于用同一软件平台可同时远程监控 CROWN 功放和 BSS 的数字音频处理器的工作状态，大大提高了故障干预的及时性和系统维护的效率。

STUDER 数字调音台的监控网络，可集中监控每一组成硬件及其数字光纤传输网络的工作状态。

17.3.3　主要组成设备

1. 调音台

（1）主调音台：1 台 Studer Vista 8 40+12 数字调音台和 1 块具有 10 个推子的 REMOTE CONTROL BAY（遥控音量控制器）。

（2）备份调音台：SOUNDCRAFT MH3 48 路模拟调音台。Studer Vista 8 数字调音台和 SOUNDCRAFT 模拟调音台固定安装在音控室；REMOTE CONTROL BAY（遥控推子）作为各调音位流动使用，既可独立控制扩声系统，也可作为数字调音台操作界面的扩充，组成 50+12 的物理推子规模。

2. 功率放大器

歌剧院共使用了 78 台具有内置 DSP 处理和远程网络监控功能的 CROWN MA 和 XTI 系列功放。主扬声器驱动功放，每通道只负载 1 只扬声器或 1 个单元；其他功能扬声器的驱动功放，每通道负载的扬声器数量不超过 2 只。

3. 数字音频处理器

共配置3台具有8个物理输入/输出通道的BSS BLU-800数字网络音频处理器。

4. 音源与传声器

(1) 音源。配置TASCAM专业广播级的MD、CD和卡座以及剧场使用的SYSTEM DR-554-E硬盘录音机，实现音源即时播放。

(2) 传声器。共配置了43只有线传声器，包括8只SHURE鹅颈会议传声器；16套SHURE无线传声器（4套为手持式，12套为领夹式和头戴式）。演唱和乐器传声器以德国SCHOEPS品牌有线传声器为主，以及少量的SENNHEISER、SHURE品牌的有线传声器。

5. 其他

全部周边器材均采用美国LEXICON、BSS和DBX等品牌的设备。

17.3.4　系统测试数据

系统测试点位设置：按照全场座位数的千分之五确定测试点位数，具体声场测试点点位见表17-4。由于歌剧院建筑为对称结构，因此选取半场。

表17-4　声场测试点点位表

序　号	位　置	序　号	位　置
测点1	一层4排23座	测点14	一层23排15座
测点2	一层4排15座	测点15	一层23排03座
测点3	一层4排03座	测点16	一层挑台15座
测点4	一层11排23座	测点17	一层挑台45座
测点5	一层11排15座	测点18	一层挑台75座
测点6	一层11排03座	测点19	二楼1排19座
测点7	一层15排23座	测点20	二楼1排45座
测点8	一层15排15座	测点21	二楼1排71座
测点9	一层15排03座	测点22	二楼1排97座
测点10	一层19排23座	测点23	三楼1排19座
测点11	一层19排15座	测点24	三楼1排45座
测点12	一层19排03座	测点25	三楼1排71座
测点13	一层23排23座	测点26	三楼1排97座

经施工单位测试并由第三方检测单位验证，JBL AE水平阵列扬声器系统在歌剧院测得的声学特性指标达到并优于预设的GB 50371—2006《厅堂扩声系统设计规范》“文艺演出类一级标准”的指标。

JBL AE水平阵列扬声器扩声系统的测试结果见表17-5。JBL VT线阵列扬声器扩声系统VT流动系统的测试结果见表17-6。

表17-5　JBL AE水平阵列扬声器扩声系统测试结果

	测试结果
传输频率特性	符合GB 50371—2006相关标准的指标
稳态声场不均匀度	80Hz:7.7dB 1000Hz:5.4dB 4000Hz:5.8dB
最大声压级	108dB

表 17-6 JBL VT 线阵列扬声器扩声系统 VT 流动系统测试结果

	测试结果
传输频率特性	符合 GB 50371—2006 相关标准的指标
稳态声场不均匀度	80Hz：7.5dB 1000Hz：5.6dB 4000Hz：5.7dB
最大声压级	108.8dB

17.4 2008 奥运会开、闭幕式扩声系统

2008 夏季奥运会开、闭幕式的精彩演出在国家体育场“鸟巢”举行。巨大“鸟巢”的扩声系统要让 9 万多现场观众和全世界电视观众都能听到清晰的人声和乐声，控制演出各个环节的时间码技术，正确无误地传送给数以千计演员们动作指令，实现各部门都按时间码顺序统一行动，保证各个技术岗位密切配合，使演出协调一致地顺利进行。这些都是由开、闭幕式音响部门完成的，扩声音响系统是整台演出不可缺少的重要组成部分。

为做好奥运会开、闭幕式的扩声音响工作，全球顶尖的音响师汇聚在北京，密切配合，各展所长，优化组合了每位专家的聪明才智和工作理念。

17.4.1 设计理念

（1）扩声音响系统应能适合回放任意格式的音乐，完美表达音乐的风格和情感。

（2）扩声音响系统应能清晰播放人声（讲话）。

（3）扩声音响系统应成为实现导演对各种音乐、音效要求的工具。

（4）声音必须富有感情和力量。

（5）声音必须贴近观众。

（6）系统应具有完美的音色、极好的音乐质量、极好的语言清晰度、大动态的声压级（SPL）。

（7）声源方向感觉应来自体育场中央。

（8）多区域供声的音箱应能达到均匀覆盖，没有死角。

（9）缩小音箱与观众的距离，增加直达声，提高声音清晰度，减少体育场内声音的反射回声。

（10）为提高电视转播的声音质量，场内不设置监听音箱，所有演员均戴无线监听耳机。

17.4.2 系统配置

系统配置包括扬声器系统、功率放大器、调音台、传声器和监听耳机、信号传输网络等。图 17-27 是扩声音响系统的配置原理图。

1. 扬声器系统

扬声器系统包括地面扬声器系统、二层挑杆挑沿扬声器系统和顶棚扬声器系统三部分。图 17-28 是扬声器系统总布置图。实际使用三种品牌型号的音箱 466 只。

（1）场地地面音箱。地面四周共设 32 组音箱，用于覆盖一、二层观众区，如图 17-29 所示。

为不遮挡看台上第一排观众视线，每组采用 MeyerSound MILO 全频音箱 3 只和 2 只 700HP 超低音音箱，共计 96 只 MILO 和 64 只 700HP。南北地面各设由 JBL VT4888 全频音箱和 JBL VT4880 超低音音箱组成的 3 组垂直线阵列扬声器系统，每组垂直线阵列扬声器系统由 6 只 JBL VT4889 全频音箱和 4 只 JBL VT4880 超低音音箱组成。运动员监听音箱为 JBL 512 音箱 20 只。

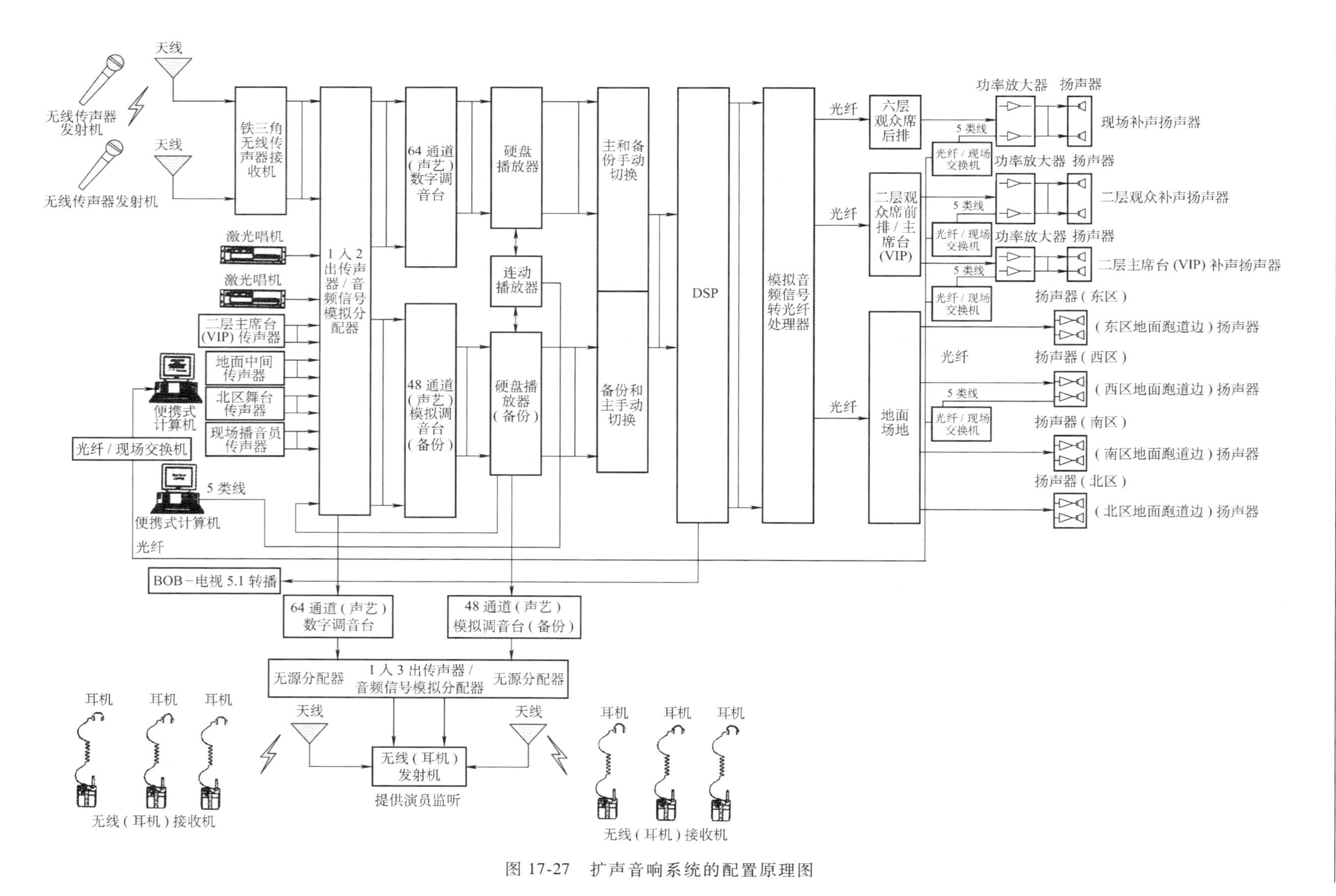

图 17-27　扩声音响系统的配置原理图

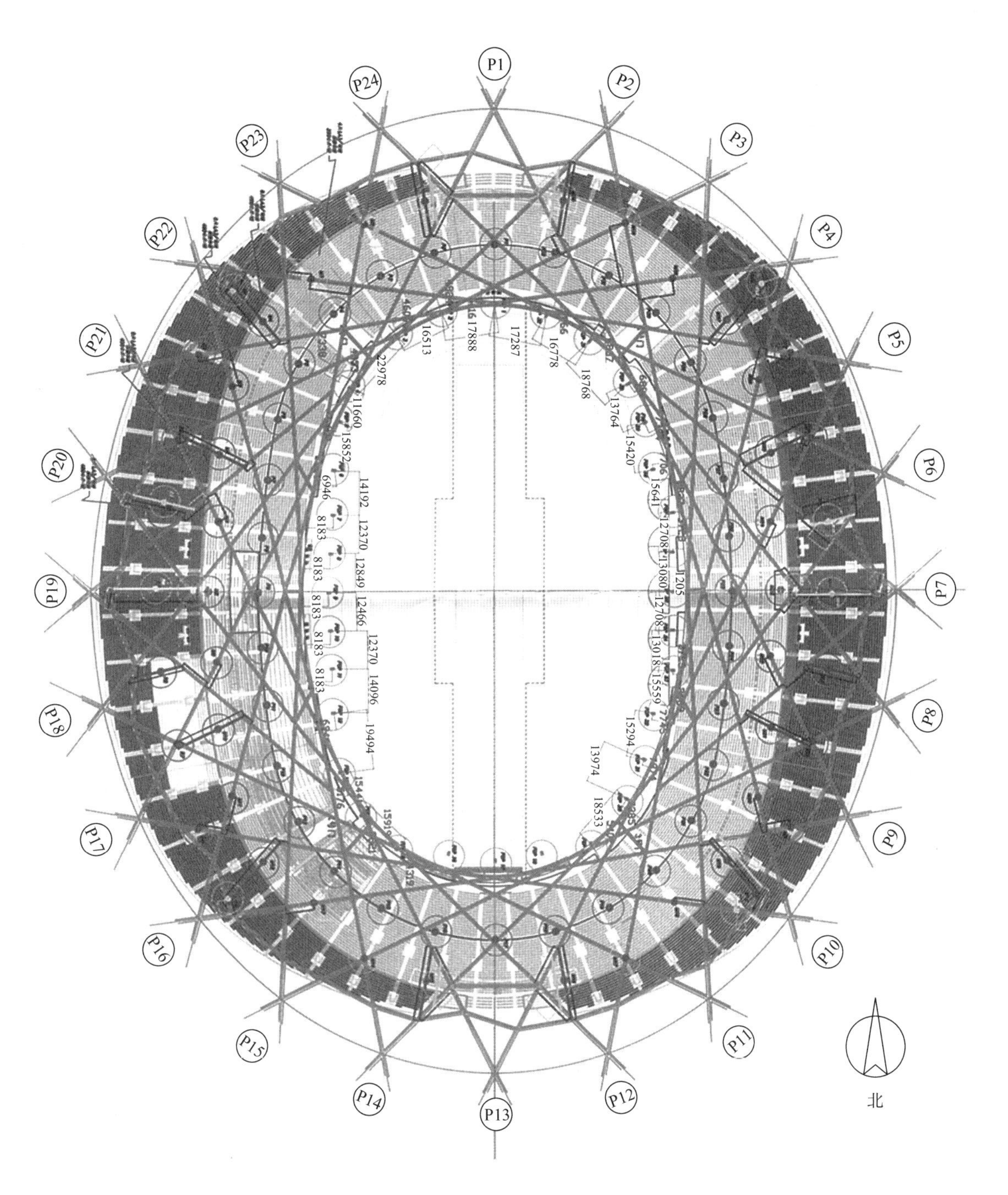

图 17-28　扬声器系统总布置图

（2）二层挑沿挑杆音箱。沿二层挑沿一圈共设 30 只 JBL MS26 全频音箱，作为二层观众区补声用。其中二层挑沿、挑杆共挂 22 只音箱，VIP 区域补声为 8 只音箱。

（3）顶棚吊装音箱。顶棚扬声器系统用于覆盖三层看台观众区和运动场表演区。顶棚共设置 40 个供声点，采用 40 组松下 LA-3 线阵列音箱，共计 239 个 LA-3 音箱单元。此外，还配置 8 只 JBL MRX 512 音箱和 10 只 d&b Q7 音箱。

图 17-29　地面扬声器系统布置图

2. 功率放大器系统

全部功放采用高可靠性的 CROWN（皇冠）XTi4000 内置 DSP 数字处理网络功放。内置 DSP 数字处理器可为音箱提供分频、压限、均衡、延时等参数处理，节省了大量数字处理器，同时还提供网络接口，可实现网络传输和监控。

松下 LA-3 线阵列音箱共使用 132 台 CROWN XTi 4000 功率放大器，分 22 个点安装，每个点 6 台功率放大器。JBL MS26 音箱共使用 16 台 CROWN XTi 4000 功率放大器，分 6 个点安装。系统共使用 148 台 CROWN XTi 4000 功率放大器。

由于既有有源音箱，又有无源音箱，功率计算标准不统一，只能计算出实际使用扬声器箱的总功率为 834kW。

3. 调音台

调音台是系统演出现场的操作指挥中心，非常关键、非常重要。主调音台采用英国 Soundcraft Vi6 数字调音台 2 套，与其配套的 FOH（Front of House）主调音台和 Monitor 监听副调音台各一套。FOH 为一台 48 路单声道输入、4 路立体声输入模拟调音台。系统还使用 2 套 Soundcraft MH-4 模拟调音台作为备用。调音控制室设在看台的三层。

4. 传声器及监听耳机

这里的声音采集传声器，除满足北京奥委会主席、国际奥委会主席讲话和国家主席宣布开幕讲话使用的传声器外，还要解决全部演员的声音采集和耳机监听问题。

全部采用日本铁三角（Audio-Technic）公司的传声器产品。实际使用 10 台、20 个通道 AEW-R 5200 无线传声器接收机；29 只 AEW-T 5400 手持无线传声器，3 个 AEW-T 1000 腰包发射机，3 只 TAM73a 头戴传声器；4 台 M3T 线耳机监听发射机，96 个 M3R 无线耳机接收包及耳机；3 只 AT-867 TRIPOINT MICROPHONES 演讲传声器。

5. 信号传输设备

信号控制系统全部采用 Meyer Sound 公司的 Galileo16 信号控制产品，核心设备是 Matrix 3 矩阵路由切换装置。该装置有两大功能：一是配合 Soundcraft Vi6 数字调音台进行信号路由切换；二是多声轨音乐重放，即全部演出的音乐都在这里进行编程整理和重放。系统共使用主备两套 Matrix 3 系统，即 LX-300 主机 2 台，备机 2 台；WTX Wild Tracks 多轨硬盘处理器 4 台和存储硬盘 6 块；Macmini 苹果计算机 2 台及 Galileo 616 处理器 18 台（其中 6 台为备份）。

6. 传输网络

设有两个局域网；一个局域网传输控制室内的所有控制设备（如 Galileo、Matrix 3、Vi6 数字调音台等）的控制（命令）信号，在这个网上还设有一个 WLAN 无线局域网路由器，用于用笔记本式计算机在现场任意点对控制室内的设备进行遥控调整。

另一个局域网是用于传输数字音频和控制数据的光纤网，采用 HiQnet 传输协议，传输全部 CROWN XTi 4000 网络功放的监控信号，可对场内 148 台 CROWN 功放进行远程监控、监测，同时还兼顾无线传声器系统的监控。两个局域网共使用 46 台网络交换机、16 台光端机和 7000 多米光缆。

17.4.3 扬声器系统调试

扬声器系统调试主要分为顶棚吊装音箱调试、地面音箱调试、二层挑杆音箱调试以及三个扬声器系统合成应用的大系统调试等四个步骤。系统调试主要依靠 SIM 声音测试仪和主观听觉感受两方面结合的方法。

（1）顶棚吊装扬声器系统的调试。顶棚吊装扬声器系统的调试主要包括扬声器系统覆盖角的调整、扬声器延时调整和声音音色调整等。

顶棚吊装扬声器系统的覆盖区包括看台全部三层观众区和地面运动场的演出区。由于“鸟巢”体育场顶棚吊点的不规则和地面音箱的声音不可避免地会影响上层观众区的声音覆盖，因此，用计算机软件计算出来的各顶棚音箱的指向角会发生偏移，只能作为参考。主要方法还是靠听觉感受，反复进行修改和比较，最终达到良好的听感效果。这是一项特别细致、费时、辛苦的工作，靠经验、靠智慧和团队合作精神才能胜任的艰难任务。

顶棚吊装扬声器系统覆盖角调整好后，接下来就是调整吊装音箱的延时和均衡系统频响特性等音质参数的调试工作。系统音质（音色）参数的调试主要靠 SIM 声音测试仪的测量数据和主观听觉感受相结合的方法，对系统频响特性、延时、声音清晰度、最大声压级和声场不均匀度等声学特性指标进行细致调试。

（2）地面扬声器系统的调试。地面扬声器的覆盖区包括看台底层和二层全部观众区。地面音箱覆盖角的调整方法，与顶棚吊装扬声器系统调整的方法类似，主要还是靠听觉感受，地面扬声器系统的仰角为 3°~-5°。由于扬声器系统全部位于地面，因此调整起来方便些。

覆盖角调整完后，还需对地面音箱服务区的音质和音色、声音清晰度、最大声压级和声场不均匀度等声学特性指标进行细致调试。

（3）二层挑杆扬声器系统调试。二层挑杆扬声器系统的覆盖范围作为二层看台全部观众区的补声，用来提高二层观众区的声压级和声音清晰度，主要调试它们与地面音箱间的延时。音箱覆盖角的调整及系统声学特性参数的调试方法同上。

（4）三个扬声器系统联合运行调试。国家体育场扩声音响系统由顶棚、地面和二层挑杆三个扬声器系统组成。它们是一个互为补充的联合运行大系统。因此，除了对它们分别进行分系统调试外，最后还要全部合成在一起，进行大系统合成调试，消除各分系统之间可能存在的声音干涉等问题。系统最后综合测试结果：最大平均声压级：103.5dB；声场不均匀度：12dB；音质主观评价：优良。观众区满座时的现场最大平均噪声约为 90dB，信号最大平均声压级可超过噪声声压级 13dB 以上，因此声音清晰度良好。

17.4.4 时间码的运用

时间码技术是指根据导演对演出的要求，由扩声音响部门事先编制完成的对全部音乐的时间进程进行数据编码。演出时发送给舞台监督、艺术导演、扩声音响、灯光系统、舞台机械、视频显示和烟火等各执行部门，控制演出各个环节的时间，实现各部门都按时间码顺序统一行动。保证各个技术岗位密切配合，使演出得以协调一致顺利进行。演出中还可根据导演要求，随时都可插入或更改时间码程序，非常灵活、可靠和高效。

国内大型活动尚未使用过时间码技术，在2008奥运会开、闭幕式尚属首次，给国内大型演出提供了一个很好的示范和启迪，具有广阔应用前景。

17.5 数字录音棚工程

数字录音技术以其工作效率高、操作灵活、扩展方便、性能可靠、人性化的操作界面和良好的可维护性等优秀特性，已被广泛用于各类专业录音棚和节目制作中心。

随着数字录音技术的发展，传统的模拟多声轨录音系统已逐步被淘汰，在专业录音棚系统的建设中，代之以全新的、先进的、拷贝不走样、信号可长距离传输、让整个录音过程自动化，智能化的数字录音方式和流程已获得广泛应用。

根据现代录音室建设的技术要求，5.1环绕声录音棚已经逐渐成为数字录音的主流趋势。这主要是由于声音载体的变革以及人们对于声音品质和声像定位需求的不断提高，数字革命也不断促使专业录音师向更高的技术层面发展。5.1环绕声录音棚除了需要满足一般多轨录音功能外，还要有满足5.1声道录音的缩混能力，音质要达到音像出版级标准。

下面主要介绍用于中小型现代化音乐制作室和职业学校培训活动中心的音乐采录编制作系统，包括多声轨数字录音系统和录音室的建声、隔声和防振设计两部分。

本项目为某音乐制作中心的录音棚，录音室面积约70m^{2}左右，层高3.1m，在120m^{2}的房间内组建录音室和控制室两部分，并能实现对录音节目后期制作。

17.5.1 录音棚的功能定位和声学特性技术参数

1. 录音棚的功能定位

1）音乐节目制作和编辑。

2）15~20人中小型乐队录音制作。

3）器乐独奏、重奏、小合奏录音制作。

4）声乐独唱、重唱、小合唱录音制作。

5）朗诵、小品录音制作。

6）后期处理编辑。

7）资料拷贝。

8）5.1声道环绕声录音和效果监听。

2. 录音室的声学特性指标要求

1）墙壁的隔声量 $R \geqslant 45$dB。

2）混响时间应≤0.6s。

3）声场不均匀度≤5dB。

4）背景噪声≤25dB。

17.5.2 录音棚的采录编系统

录音制作系统由数字录音调音台、音频工作站、音源设备、数字录音系统、音频处理系统以及5.1声道效果监听系统六部分组成。

录音棚由录音室和控制室两部分组成；控制室用于采录编全过程的操作和控制，主要设备包括：数字录音调音台、数字录音系统、音频工作站、后期制作、数据传输和内部通信系统等。录音室主要用于多声道声源的采集，设有各种类型的拾音传声器和演员头戴耳麦等设备。

1. 节目录制编辑系统

数字录音调音台是录音棚建设最关键的设备之一，根据录音棚技术的发展趋势，数字录音调音台包含了音频工作站控制系统、后期混音合成控制系统和调音台控制面板。

音频工作站控制系统是一台高性能的计算机，具有处理全部录音信号、路由控制、数据调用、节目编辑和节目存储等各类功能。通过加载音频的多通道接口卡，实现多声轨数字录音的全部处理功能。

5.1 声道环绕声监听音箱是实现 5.1 声道环绕声效果的监听设备。包括 5 个高品质的全频音箱和一个有源超低音音箱。节目录制编辑系统连接图如图 17-30 所示。

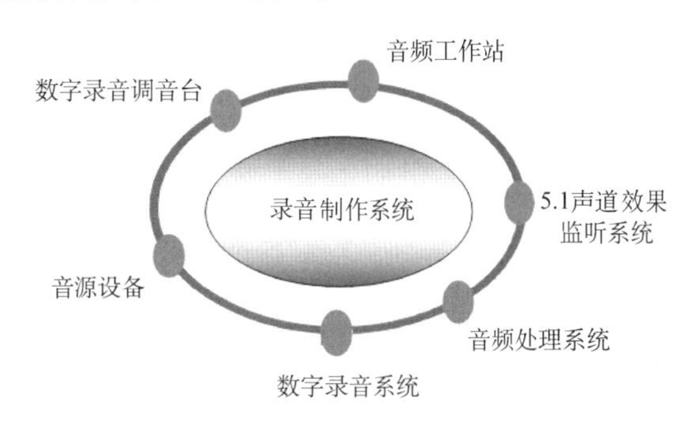

图 17-30　数字录音制作系统的组成

声源采集系统由演唱传声器、各类乐器传声器和无线传声器等组成，主要用于声音的拾取。由于高性能录音传声器输出的音频电平都很低，为提高调音台输入口的信号电平，在拾音传声器输出端口与调音台输入端口之间设有低噪声前置放大器。

内部通信系统是录音师与演员之间的通信联络和演员返听的专用通信设备。

2. 主要设备选型

（1）数字录音调音台。数字录音调音台是多声轨录音系统的核心设备，选用美国 Digidesign 公司的 Digidesign ICON D-Control ES 一体化系统录音控制台，并配置 Digidesign 音频工作站专用软件，具有制作各种类型的环绕立体声录音的缩混功能，可通过无限的 MIDI 轨道进行各种音乐创作和音色采样。

Digidesign ICON D-Control 是一台综合性的、带有最新的 D-Control 触觉工作界面、Pro Tools HD 中心处理卡控制的 DSP 数字信号处理引擎，并具有为模拟和数字输入/输出提供标准的 HD 音频接口等特点的大型数字调音控制台。ICON 具有对一个录音方案实现全方位的操作记录、编辑、混音以及将音频与视频同步整合发送等的进一步处理功能。ICON 提供控制自动化、可记忆的强大制作系统。

ICON D-Control 除了支持 24bit/192kHz 的 7.1 环绕声混音外，还支持行业标准的 Pro Tools 录音和编辑软件。各操作部分的组件都是可记忆的，可进行任何录音数据的快捷调用。即便是在最复杂的段落中，控制台也可以进行触摸控制、宽范围的可视反馈，既有精确调音的中心处理组件和全部通道路径选择的路由功能，更有强大的自动化能力以及演播室和控制室的监听能力。

ICON D-Control 可选择模拟和数字输入/输出的扩展、遥控传声器低噪声前置放大器、效果处理插件和软件，可与 Avid 进行无缝支持，并且具有强大的同步控制能力。可使用精准的触感控制方式进行编辑与混音，通过界面的独立发送与动态电平表获得混音的全面视觉反馈；可在每通道上获取完整的处理控制与信号路由；使用独有的均衡器（EQ），具有动态与焦点通道条区域，甚至可以不离开最佳监听位置对混音进行细调。使用选购的通道条推子模块，可将控制台扩展至 80 路物理推子，满足工程扩展需要。

ICON D-Control 的设计目的是整合世界上最流行的数字音频工作站 Pro Tools HD。由基于计算机的 DSP 运算卡、模块化的音频接口，与 Pro Tools 软件组成的 Pro Tools HD 能将计算机变成专业的、高解析度的音频制作系统。

如果想为大型工程扩展物理推子/通道数量，或希望为环绕声混音加入全面的触感控制，或扩展其他能力，都可以通过专用的选配件来扩展 ICON 控制台。

图 17-31 是 Digidesign ICON D-Control 控制台的外形图；图 17-32 是 ICON D-Control 的控制面板图；图 17-33 是节目录制系统连接图。

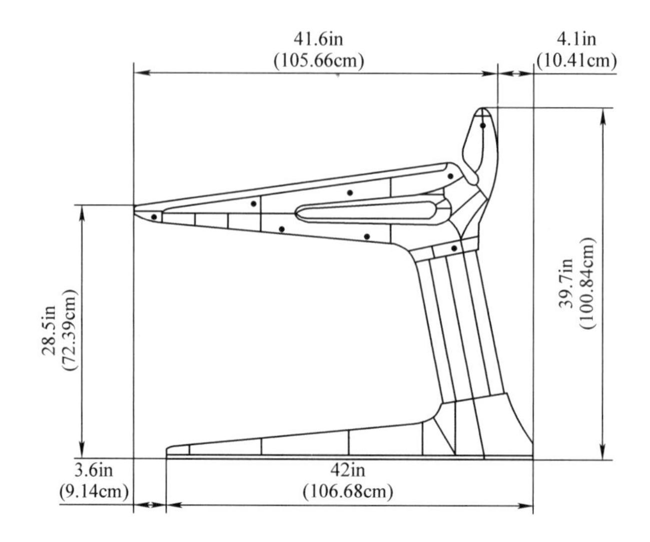

图 17-31　D-Control 控制台外形图

图 17-32　ICON D-Control 控制面板图

1）Digidesign ICON D-Control 一体化系统录音控制台的主要技术特性：ICON 独有的控制方式，包括录音、编辑、信号路由、混音、插件调入、自动化调整、记忆参数及工作站 Pro Tools 的软件功能。基础配置为 16 路物理推子/1 个通道条；最多可扩展到 80 路物理推子/5 个通道条。高品质触感电动推子中央区域置有焦点通道条（Focus Channel），可将任何通道条放置于最佳混音位置上，每个通道条有 6 组触感多功能旋钮，各配备多色 LED 环状指示灯、6 行多色 LCD 字符屏、三色 LED 自动控制指示灯；每个通道条配备 27 个背光按钮和一个通道名显示屏；每个通道条设有 32 级的双排多色条形电平表。总输出区域设有 32 级的 8 路多色条形电平表，中央控制面板设有均衡器（EQ）与动态控制键，为混音带来最优化监听镶入式 Pro Tools 键盘，提供直接的编辑功能、完善的监听与通信。控制区高级环绕声像控制器整合了触摸屏与触感控杆专利的以太网协议，为用户的控制台与混音引擎之间提供超高速传输。

2）D-Control 控制台技术规格：

① D-Control 推子模块，每个推子模块具有 8 个输入通道。

② D-Control 控制台宽度。共五种规格：16 推子控制台：65. 3in/165. 86cm；32 推子控制台：88. 5in/224. 79cm；48 推子控制台：111. 6in/283. 46cm；64 推子控制台：134. 8in/342. 39cm；80 推子控制台：157. 9in/401. 07cm。

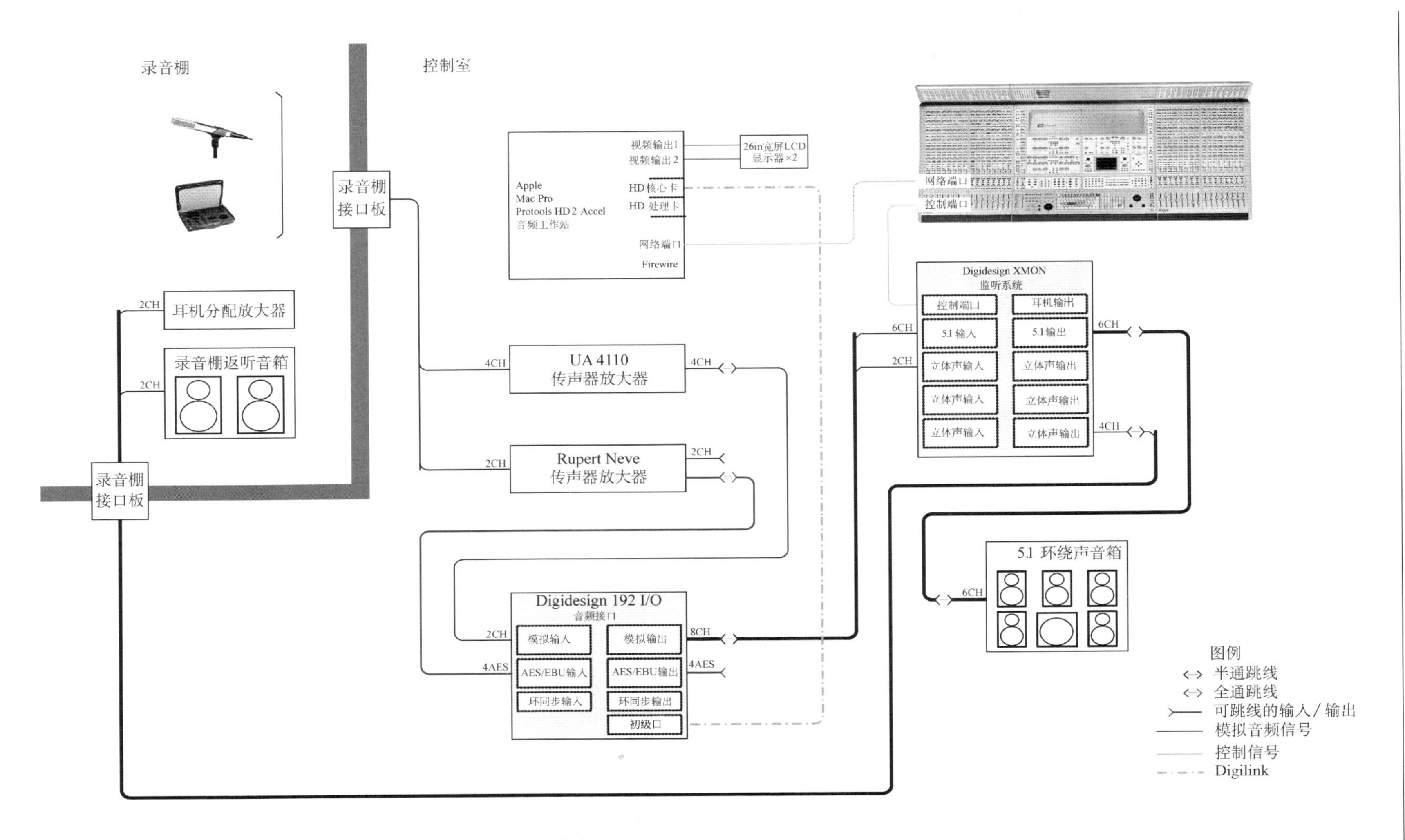

图 17-33　节目录制系统连接图

③ XMON模拟监听与通信系统（支持7.1声道）。XMON主监听参数：增益范围：-90~30dB，以1dB为单位，并带0.5dB trim；频率响应：20Hz~200kHz，+/-0.1dB；最大输入电平：+26dB；总谐波失真THD+N：0.0006 @ 1kHz @ +15dBu。

④ 2U机架式设备。宽度：19in/48.26cm；深度：14in/35.56cm+3in/线材深度7.62cm；电源：AC 100~240V，50~60Hz，0.5A。

（2）音频工作站。苹果Mac pro 970是数字音频工作站的运载机，工作站硬件运行平台的技术性能：CPU系列Inter Xeon 4核，两个2.8GHz核Inter Xeon处理器，标准频率2800MHz；二级缓存12×1024B，前端总线1600MHz；内存2G（2048MB），内存类型DDR2，内存频率800MHz，全缓冲DIMM；硬盘：容量1TB，转速7200r/min，8MB缓存。光驱：类型为DVD刻录机，16×Super Drive光驱，支持双层光盘（DVR+R DL/DVD+_RW/CD-RW）；3个标准PCI扩展槽，5个USB 2.0端口，2个Fire wire800端口，2个Fire wire400端口，内置两个10/100/1000Base-T（千兆）以太网端口。图17-34是苹果Mac pro 970数字音频工作站。

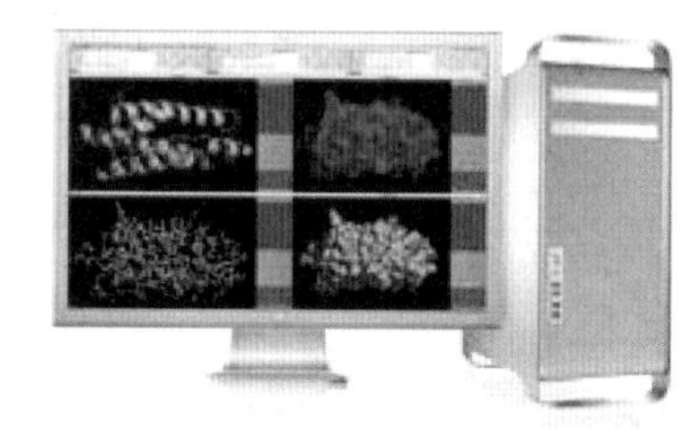

图17-34 苹果Mac pro 970数字音频工作站

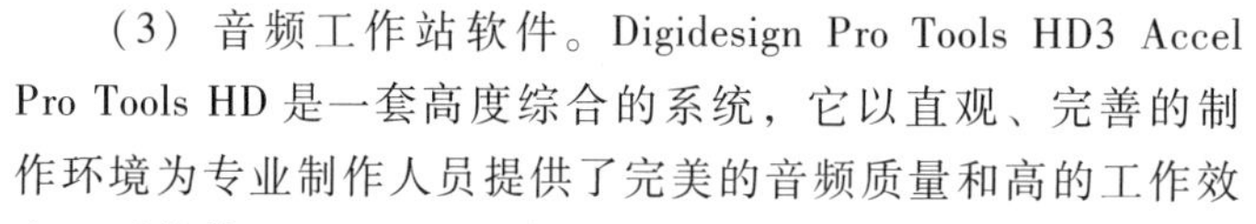

（3）音频工作站软件。Digidesign Pro Tools HD3 Accel Pro Tools HD是一套高度综合的系统，它以直观、完善的制作环境为专业制作人员提供了完美的音频质量和高的工作效率。系统镶入Digidesign先进的创新技术，具有极高的声音精确度和高的性能价格比。Pro Tools HD具有超强的DSP处理能力，支持各种采样率，拥有新的高精度音频接口和外围设备选件、富裕的音轨数量及输入/输出能力、灵活的信号分配路由等。

音频工作站软件的技术参数：1块HD Core卡与2块HD Accel卡（PCI），或一块Accel Core卡与2块HD Accel卡（PCIe）；96通道的I/O口（附加DSP最大能达到160路），44.1/48kHz取样频率下可提供192路同步音轨（共256路），192kHz（PCIe/PCI）取样频率下可提供36路同步音轨；128路乐器轨；256路MIDI轨。

（4）宽屏液晶监视器。AOC 619Fh 26in宽屏液晶监视器的技术参数：接口类型：15针D-Sub；24针DVI-D及HDMI高清多媒体接口；亮度400cd/m^2，对比度10000∶1，分辨率1920×1200像素，响应速度3ms，水平可视角度160°，垂直可视角度160°，最大色彩显示数量16.7MB；内置2个3W音箱；耗电功率120W；认证规范：3C、UL、FCC、CE认证。

（5）低噪声数字/模拟拾音传声器前置放大器。选用Focusrite公司的ISA428/ISA428 A/D Card，其拥有由Rupert Neve设计的变压器输入前置放大器。前置放大器输入阻抗能够自由调节，支持乐器直接输入。并配置有八通道192kHz取样的模拟/数字转换器，以及独具特色的软限幅器电路设计。包含共模抑制（Common-mode Rejection）、超大的过载余量共享式的增益结构（20dB以内增益来自手调变压器，20~40dB增益来自放大器设备），具有极低的本底噪声和超宽的带宽（10Hz~20kHz）。

（6）5.1声道环绕声效果监听音箱。5.1声道环绕声效果监听音箱采用著名品牌JBL数字主监听音箱和数字环绕超低音音箱，满足录音室音频处理效果精确监听的要求。

图17-35为JBL LSR6328P/PAK双向数字控制有源监听音箱，包含两只240mm的低音扬声器、一个特别版本的高音扬声器。高音扬声器拥有较高的动态余量，优秀的保护电路可以有效阻止换能器单元的意外损坏。前面板上的radius edges装置，能够大幅度地减少边界效应，以达到改进整体监听音质的目的。频率响应范围为50Hz~20kHz，具有遥控和电子屏蔽功能。

图17-36是JBL LSR6312SP数字环绕超低音有源音箱。低音单元采用封闭式箱体设计，能产生适度的内部压力，从而使监听效果更加容易控制并获得增强的低音性能表现，声音听感将会变

得更加真实，保证在释放超低音过程中依然能保持清晰、厚实和富有弹性。频响范围为 20~200Hz，输出功率为 250W。

图 17-35　JBL LSR6328P/PAK 有源监听音箱

图 17-36　JBL LSR6312SP 超低音有源音箱

5.1 声道环绕声监听音箱主要技术特性如下：

1）JBL LSR6328P 双向数字控制有源监听音箱。JBL LSR6328P Package 是一款有源的工作室监听音箱，内装 8in 低音扬声器和 1.5in 球顶高音扬声器，250W 低频功率，120W 高频功率。LCR（左、中、右）低音控制系统，适应 AC-3、DTS 和其他环绕格式。

该产品采用了 RMC 室内模式校正技术（电子控制模式，修改房间参数）、可以扩展低频响应的分别驱动技术，具有防磁干扰能力且带有多种安装配件，如钛合金震膜的高音换能器，驱动椭圆形波导。先进的线性空间参数技术保证了离轴低音响应的清晰性，线性动态端口设计有效消除了端口紊乱，减少了端口声波压缩。

JBL LSR6328P 的主要技术特性：

① 频响：50~20kHz。

② 最大声压级：>108dB SPL/1m。

③ 功率：250W。

④ 低音：8dB；高音：1.5dB。

⑤ THD+N：<0.05%。

⑥ 尺寸：40.6cm×33cm×32.5cm。

⑦ 重量：17.7kg。

2）JBL LSR6312SP 有源超低音音箱。JBL LSR6312SP 12dB 低音单元的有源低音音箱，内置 250W 功率放大器。该产品采用线性空间参考技术，保证混音送出的声音质量清晰、厚实。它还设置了室内模式校正功能，能够对峰值响应进行电子控制，有效地解决了室内模式的低音大动态问题。

JBL LSR6312SP 技术参数：

① 250W 连续输出功率放大器。

② LCR（左、中、右）低音控制系统。

③ LFE 直接输入，带有 10dB 可选的输入敏感度调整。

④ 总线输出，可将多个 LSR6312SP 连接起来组成一个低音放大器系统。

⑤ 采用 NDD（铷制驱动技术）。

⑥ 采用高密度隔音板，防止高频共振。

⑦ 线性动态端口设计，有效消除端口声波紊乱，减少了端口声波压缩。

⑧ 外壳结实耐用，设置了便于安装的部件。

17.5.3　录音棚建声设计

录音室的建声设计是录音棚建设的重要部分。针对录音室周边的环境状况、录音室的体形和录音室的声学特性指标要求等进行建声设计。录音室建声设计包括：噪声和振动控制、门和观察窗的隔声处理、室内混响时间控制以及声扩散处理等。

1. 录音棚的基本情况

本录音棚主要用于音乐制作室和职业学校培训活动中心的音乐采、录、编、制作，供语声和声乐录音、音乐分声道录音、混合录音和节目后期制作等使用。

录音棚的占地面积为 $11.7m \times 9.6m \approx 112m^2$，空间高度 3.1m，分隔为录音室和音控室（包含后期节目制作的设备室）两部分，如图 17-37 所示。

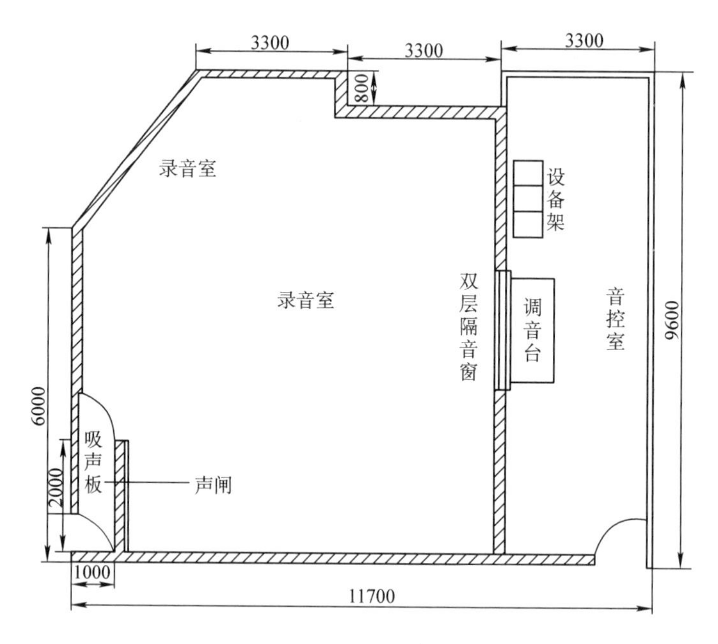

图 17-37　录音棚的平面布置图

其中录音室的地坪面积为 $72.4m^2$，容积为 $224.5m^3$。音控室（包含设备室）的面积为 $31.6m^2$，容积为 $98.2m^3$。

2. 录音棚的声学特性指标要求

（1）墙壁的隔声量 $R \geqslant 45dB$。

（2）混响时间应 $\leqslant 0.6s$。

（3）声场不均匀度 $\leqslant 5dB$。

（4）背景噪声 $\leqslant 25dB$。

3. 室内噪声、振动和隔声控制

录音棚位于大楼四层。五层是办公区域，行走和跳跃会引起楼板振动；同层左面是卫生间，不定时冲水会引起嘈杂声和冲击声；右边是人来人往的活动室；窗外是交通繁杂的道路；门外是公共走道，周围环境条件较差，因此必须认真考虑隔声和防振技术措施。

（1）五层办公区域下传的噪声和振动控制措施。提高楼板撞击声隔声性能的方法通常有三种：

1）在顶层楼板上铺设一层弹性面料，如地毯、橡胶地板或塑料地板等，可有效地减小撞击声和振动的下传，特别是降低中、高频撞击噪声更为有效。

2）浮筑楼板是在钢筋混凝土的楼板基层上再铺上一层弹性垫层，然后再在弹性垫层上铺上硬质木地板，可降低楼板基层向楼下辐射的噪声和振动。这种方法可用于录音室地坪的改造上。

3）隔声顶棚，在楼板下面做一个顶棚可对撞击噪声起到隔声作用。隔声效果与顶棚材料的面密度、顶棚与楼板之间的距离及吊挂件的刚性有关。

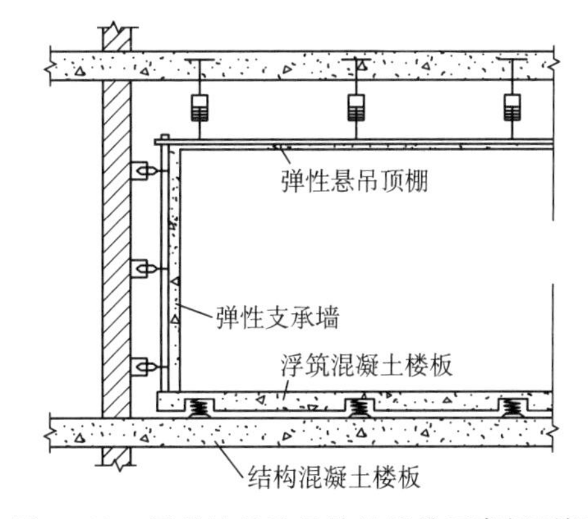

图 17-38　用弹性吊钩吊挂的纤维石膏板顶棚

本设计方案采用隔声顶棚方法。顶棚与顶层楼板间的距离为 10～20cm，顶棚材料采用 15mm 厚纤维石膏板，顶棚采用弹性吊钩装置，避免刚性连接，如图 17-38 所示。

（2）录音室周围环境噪声的隔声和防振控制。为有效隔离周围环境噪声，录音室采用“房中房”技术措施，即在录音室四周围的分隔墙里边用小型空心砖再砌一道隔声墙，隔声墙的平均隔声量计算如下：

$$R=18\lg m+8\ (\mathrm{dB}) \tag{17-1}$$

式中　m 为空心砖的面密度（表 17-7）。m 取 216kg/m^2，代入后可得：平均隔声量 $R=(18\lg216+8)\mathrm{dB}=50\mathrm{dB}$。

超过技术要求的 $R\geqslant45$dB 指标，因此具有良好的隔声性能。如果在隔声墙表面再抹 10mm 厚灰层，隔声量还可提高 11dB，达到 61dB。

表 17-7　普通小型空心砖特性表

项目名称	单　位	数　据
体积(长×宽×高)	mm	393×190×190
质量	kg	15.75
体密度	kg/m^3	2238
面密度	kg/m^2	216
空心率	%	45～55
吸水率	%	≤10
	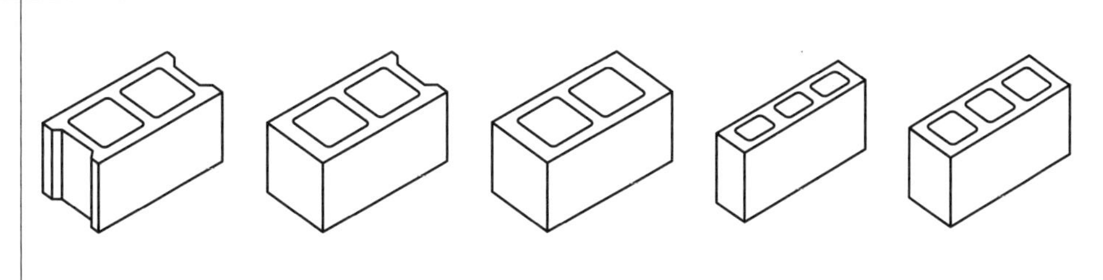	

（3）门隔声处理。采用声闸（声锁）门结构的隔声处理。

由于普通门的厚度较薄、门缝比较大、无密封措施，因此隔声效果较差，计权隔声量一般都在 15～20dB。录音室门的隔声量要求大于 45dB，必须采用声闸隔声措施。

隔声门可分为钢质门、木质门、塑钢门和钢木复合门。其中空腹（填充）钢质门的隔声效果最好。本设计方案采用 1.5mm 厚的钢面板，前后钢面板之间的空腹厚度为 80mm，并填充玻璃棉，这种隔声门的平均隔声量可达到 51dB（这是隔声门四周围边缘无缝的实测值）。

为了在人员进出时不影响录音室内的隔声效果，还需采用二道门组成的“声闸”。图 17-39 所示是声闸的结构和隔声量计算图。

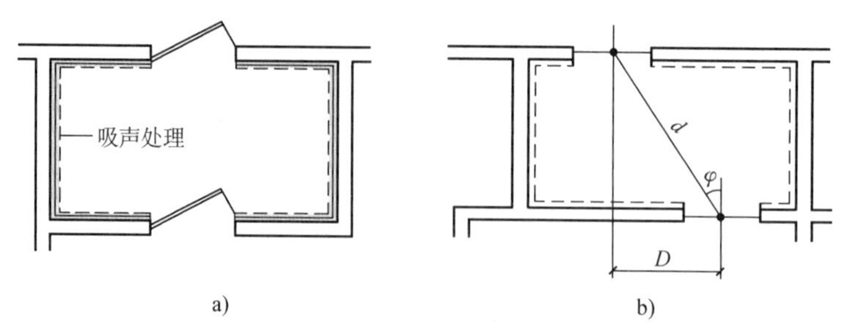

图 17-39　声闸的结构和隔声量计算图
a）声闸平面图　b）声闸计算图

采用声闸增加的隔声量 ΔR 可用下式计算：

$$\Delta R=\lg\frac{1}{S\left(\dfrac{\cos\phi}{2\pi d^2}+\dfrac{1-\alpha}{A}\right)} \tag{17-2}$$

式中　A——声闸内表面的总吸声量，单位为 m^2；

S——声闸内表面的面积，单位为 m^2；

α——声闸内表面的平均吸声系数；

d——两门中心点之间的斜距，单位为 m；两门中心点之间的间距 $D=d\sin\phi$；

ϕ——两门中心点之间的连线与门法线间的夹角。

增大 ϕ 角，可增大门中心点之间的距离 D、增大声闸内表面的吸声量 A，都可提高声闸的隔声量 ΔR。如果两道门之间的距离超过 1m，声闸内表面的吸声系数 $\alpha \geqslant 0.6$，$\phi=0$ 时（两道门对着），实测的隔声效果为 $R=49$dB。

本方案采用两道门错开方向的方式，两道门之间的距离为 2m，隔声效果可超过 60dB。门缝密封处理对隔声效果有较大影响。本方案采用简单的单道软橡胶密封条和扫地橡皮门缝处理，如图 17-40 和图 17-41 所示。

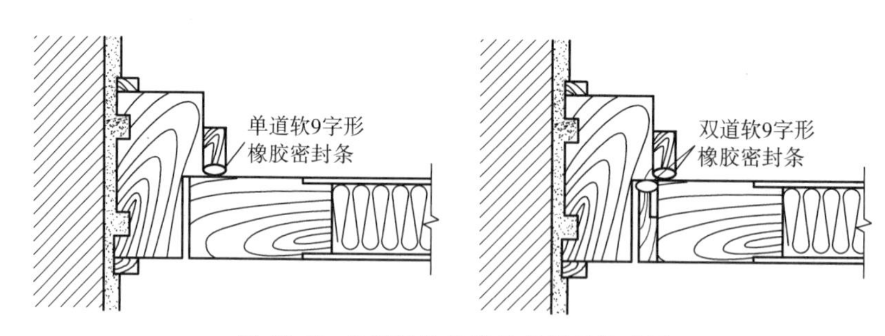

图 17-40　9 字形软橡胶胶条门缝构造图

（4）观察窗隔声处理。在音控室和录音室之间有一个 2m（宽）×1.0m（高）= $2m^2$ 的观察窗，作为录制现场的视像联系。声音通过电声对讲系统和双方的耳麦进行直接联系。塑钢窗具有密封性好、导热率小、隔热性能好、维修方便和造型美观等优点，因而被广泛采用。

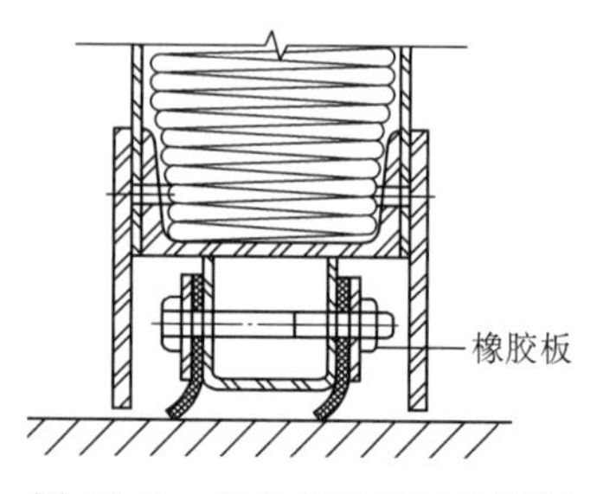

图 17-41　扫地橡皮门缝构造图

本方案采用双层玻璃的隔声观察窗。为提高隔声量，采用以下措施：

1）两层窗玻璃之间间隔有 100mm 以上的距离（即空气层

厚度），有利于提高窗口的隔声效果。隔声窗材料与隔声效果的关系见表 17-8。

表 17-8　隔声窗材料与隔声效果的关系

观察窗类型	单层	双层		单层	双层	
窗框材料	木材			塑钢		
（1）玻璃厚度/mm	6	6	10	6	6	10
玻璃间距/mm	—	150	150	—	140	180
（2）玻璃厚度/mm	—	5	5	—	5	5
隔声量 R/dB	33	45	47	34	45	49

玻璃宜选用厚度不同的，使隔声窗的吻合频率错开，减小吻合效应对隔声效果的影响。例如，一层选用 6mm 厚的玻璃，另一层选用 10mm 厚的玻璃。

2）两层玻璃应采用不平行安装方式，避免两层玻璃之间产生驻波共振，影响隔声性能。本方案建议将其中一层玻璃略微倾斜 7°~8°。

3）隔声窗四周边框和窗玻璃之间的空隙应安装强吸声材料。一般可用穿孔率为 10%~20% 的穿孔板，后填充厚度大于 50mm 的玻璃棉，如图 17-42b 所示。

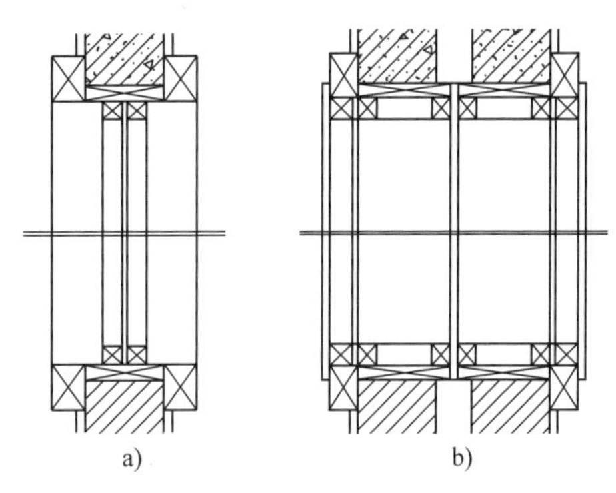

图 17-42　隔声观察窗的构造

a）单层玻璃观察窗　b）双层玻璃观察窗

4. 录音室混响时间控制和声扩散处理

录音室的建声设计包括室内混响时间控制和声扩散处理。声扩散处理的目的是均匀室内声场，避免声聚焦和声颤动等声学缺陷。根据录音室的功能要求：语声和声乐录音、音乐分声道录音、混合录音和后期节目制作，不同录制内容的混响时间要求各有差异。也就是说，在语声和音乐分声道录音时，室内的平均混响时间应控制在 ≤0.6s；在混合录音时，混响时间应适当延长。此时可采用混响效果器的可调混响功能，满足混合录音要求。

1）录音室顶棚的声学处理。顶棚的声学处理要求达到既能吸声又能扩散反射声的双重功能。这里采用在顶棚石膏板上粘贴一层具有吸声和声扩散的成型吸声矿棉板的方法，如图 17-43 所示。成型吸声矿棉板安装结构的吸声系数见表 17-9。

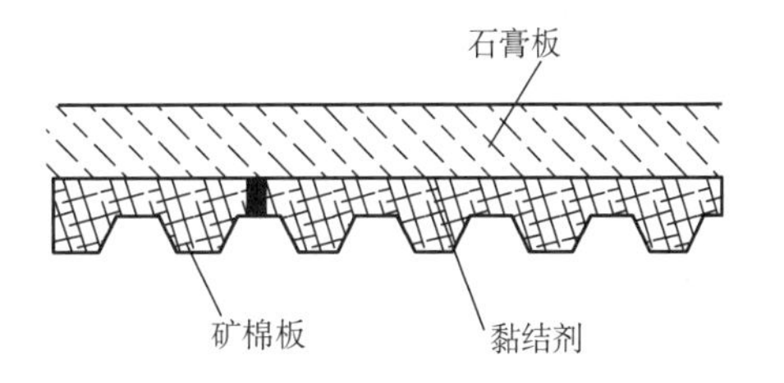

图 17-43　成型吸声矿棉板的安装结构图

表 17-9　2mm 厚成型装饰矿棉板的吸声系数（实贴）

频率/Hz	125	250	500	1000	2000	4000
吸声系数 α	0.10	0.10	0.48	0.81	0.96	0.96

2）录音室地坪的吸声处理。录音室地坪的吸声处理为：基层楼板上铺设木格栅地板，再在木地板上铺上厚地毯，它的吸声性能见表 17-10，图 17-44 是木格栅支承的浮筑木楼板构造图。

表 17-10　地板上铺上厚地毯的吸声特性

频率/Hz	125	250	500	1000	2000	4000
吸声系数 α	0.10	0.13	0.28	0.45	0.29	0.29

3）四周墙壁的声学处理。每一种吸声材料和吸声结构的吸声系数 α 都具有不同的频响特性。为使录音室混响时间的频率响应特性尽量达到均匀平坦，必须采用不同频响特性的吸声材料互补搭配使用。由于大多数吸声材料都是高频吸声性能优于中低频吸声性能。为增加低频吸声性能，本方案采用低频吸声性能好的三合板，及在其后空腔内组成的吸声结构。三合板吸声结构简单，可做成多种时尚装饰效果且耐撞击，还可以涂各种色彩。

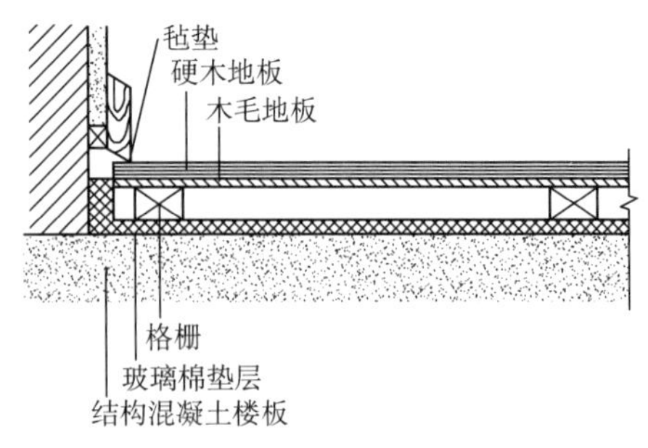

图 17-44　木格栅支承的浮筑木楼板构造图

表 17-11 是三合板吸声结构的吸声系数频响特性。图 17-45 是板式共振吸声体结构图。

表 17-11　3mm 厚三合板吸声结构的吸声系数频响特性

频率/Hz	125	250	500	1000	2000	4000
吸声系数 α	0.59	0.38	0.18	0.05	0.04	0.08

注：本表的测试环境为：三合板距墙 100mm，空腔内填充玻璃棉，龙骨间距为 50cm×45cm。

5. 录音室的混响时间计算

各表面吸声量计算如下：

（1）顶棚的吸声量。顶棚面积 $S_1=72.4\text{m}^2$，采用 12mm 厚的成型装饰矿棉板实贴在弹性顶棚上。顶棚的吸声量见表 17-12。

（2）地板的吸声量。地面面积 $S_2=72.4\text{m}^2$，采用在木地板上铺 8mm 厚地毯，地板的吸声量见表 17-13。

（3）四周墙面的吸声量。四周墙面面积 $S_3+S_4+S_5+S_6=112.4\text{m}^2$，采用 3mm 厚三合板、100mm 厚空腔并填充玻璃棉，四周墙面的吸声量见表 17-14。

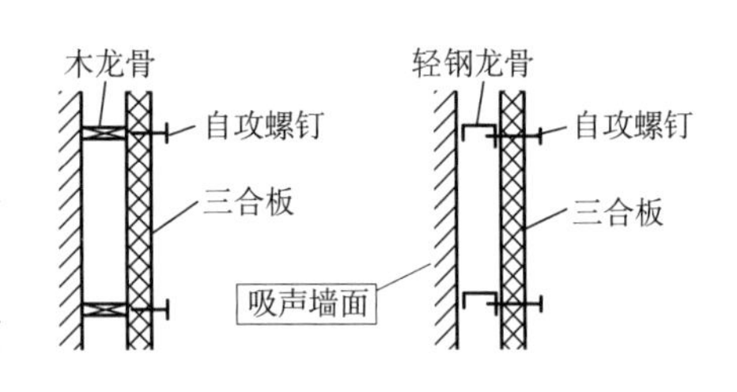

图 17-45　板式共振吸声体结构图

表 17-12　顶棚的吸声量

倍频程中心频率/Hz	125	250	500	1000	2000	4000
吸声系数 α	0.10	0.10	0.48	0.81	0.96	0.96
吸声量 A	7.24	7.24	34.75	58.64	69.50	69.50

表 17-13　地板的吸声量

倍频程中心频率/Hz	125	250	500	1000	2000	4000
吸声系数 α	0.11	0.13	0.28	0.45	0.29	0.29
吸声量 A	7.96	9.41	20.27	32.58	20.0	20.0

表 17-14　四周墙面的吸声量

倍频程中心频率/Hz	125	250	500	1000	2000	4000
吸声系数 α	0.59	0.38	0.18	0.05	0.04	0.08
吸声量 A	66.31	42.71	20.23	5.62	4.49	8.99

（4）录音室混响时间计算表。录音室混响时间为

$$RT=0.163V/[-S\ln(1-\alpha)] \tag{17-3}$$

式中　V——录音室总容积，$V=224.5\text{m}^3$；

S——总吸声面积，$S=257.2\text{m}^2$；

α——录音室平均吸声系数，$\alpha=\sum A/S$。

由表 17-15 可知，录音室的混响时间为 $RT=0.3\sim0.54\text{s}$，符合 $RT<0.6\text{s}$ 的要求。

表 17-15　录音室混响时间计算表

位置	名称	面积/m^2	125Hz		250Hz		500Hz		1000Hz		2000Hz		4000Hz	
			α	A	α	A	α	A	α	A	α	A	α	A
顶棚	顶棚	72.4	0.10	7.24	0.10	7.24	0.48	34.75	0.81	58.64	0.96	69.50	0.96	69.50
地坪	地板	72.4	0.11	7.96	0.13	9.41	0.28	20.27	0.45	32.58	0.29	20.0	0.29	20.0
墙壁	四周墙壁	112.4	0.59	66.31	0.38	42.71	0.18	20.23	0.05	5.62	0.04	4.49	0.08	8.99
混响时间计算	总吸声量	$\sum A$	81.51		59.36		78.20		96.84		94.00		98.50	
	平均吸声系数	α	0.3169		0.230		0.2923		0.3765		0.3654		0.3829	
	$(1-\alpha)$		0.6831		0.770		0.7077		0.6235		0.6346		0.6171	
	$-\ln(1-\alpha)$		0.3812		0.2614		0.3457		0.4724		0.4548		0.4827	
	$0.163V/S$		0.1422		0.1422		0.1422		0.1422		0.1422		0.1422	
	混响时间 RT/s		0.3732		0.5439		0.4113		0.3014		0.3126		0.2946	

17.5.4　音控室建声设计

音控室的地面面积为 31.6m^2，空间高度为 3.1m，容积为 98.2m^3。对环境噪声隔声控制的要求可略低于录音室。室内的混响时间应控制 $RT<1\text{s}$。

1. 音控室的隔声控制

采用录音室相同的隔声技术措施，墙壁的隔声量可≥45dB。

2. 音控室的混响控制

音控室混响时间计算数据表见表 17-16～表 17-20。

表 17-16　顶棚仅采用石膏板，石膏板的吸声系数和吸声量

频率/Hz	125	250	500	1000	2000	4000
吸声系数	0.10	0.40	0.30	0.25	0.25	0.25
吸声量	3.16	12.64	9.48	7.90	7.90	4.74

表 17-17　地坪采用与录音室相同的技术措施（即在木地板上铺 8mm 地毯）的吸声系数和吸声量

频率/Hz	125	250	500	1000	2000	4000
吸声系数	0.11	0.13	0.28	0.45	0.29	0.29
吸声量	3.47	4.10	8.84	14.22	9.16	9.16

表 17-18　四周隔声墙仅用空心砖隔声后，表面再抹 10mm 厚灰层时的吸声系数和吸声量

频率/Hz	125	250	500	1000	2000	4000
吸声系数	0.08	0.10	0.10	0.19	0.27	0.20
吸声量	6.8	8.5	8.5	16.15	22.95	17.0

表 17-19 平均吸声系数 α

频率/Hz	125	250	500	1000	2000	4000
平均吸声系数 α	0.15	0.17	0.18	0.23	0.25	0.20

表 17-20 控制室混响时间 *RT*

频率/Hz	125	250	500	1000	2000	4000
RT	0.85	0.80	0.80	0.75	0.70	0.77

按式（17-3）可计算音控室的混响时间为0.77~0.85s，符合预期要求。

17.6 上海旗忠森林网球中心主体育馆扩声系统

上海旗忠森林网球中心坐落在上海市郊，建筑面积为30649m²，可容纳15000名观众，是亚洲最大的专业网球馆。整个顶棚由8片“白玉兰花瓣”构成，每片花瓣重200t，外形长71m，宽46m，高7m，架在自重1800t的环梁上，如图17-46所示。此前世界上可开启的体育场馆多数采用简单的横开式或推移式开启方式，采用极具新意的白玉兰花瓣屋顶开启方式则为世界首创。

图 17-46 屋顶可开启的旗忠网球中心体育馆

新颖的开启式屋顶结构对整个场馆的音频系统是一次富有创意的挑战。15000名观众、218225m³的容积、混响时间长达1.9s（500Hz满场），在这样一个大型体育馆内，如何确保馆内不同区域的观众和运动员都能听到清晰的声音，如何提高语言清晰度和系统传声增益，成为极具挑战的工作。

17.6.1 扬声器选型、布局和安装设计

呈花瓣形开启方式的屋顶结构，决定了该场馆的扬声器系统既不能固定吊装在场馆中央上空，也不能像日本东京都网球体育馆那样将扬声器组悬挂在可横开式屋顶上随屋顶一起移动，因此只能将扬声器安装在观众席后区“白玉兰花瓣”顶棚下面的环梁上。

如果在环梁上采用分散式扬声器布局，则扬声器处于绝大部分观众的后部，大部分观众明显感觉声音来自身后。人们根据现场的空间结构进行了反复研究，决定在主席台一侧的环梁端上方采用全频水平扬声器阵列向二层观众区和运动场区集中投射的供声方案。这样，27排二层观众区的80%可感觉声音来自于正前方或侧前方，可满足大部分观众声像感的要求，如图17-47所示。

图 17-47 上海旗忠网球中心主体育馆集中式扬声器系统覆盖示意图

底层为下沉式 VIP 观众席，与二层观众席之间设有环形包厢，包厢外立面为玻璃，在声场分析计算中发现悬挂在环梁上的扬声器阵列投射到底层 VIP 观众席时，很容易产生有害声反射，不利于确保 VIP 观众席语言清晰度。为此对底层采用分布式扬声器布局，即按照底层四面 VIP 观众席场地的大小，分别在内圈包厢前沿处按覆盖区的大小布置不同数量扬声器来覆盖全部 VIP 观众区域。

这样整个扬声器系统分为两部分：二层观众席采用集中供声布局，底层 VIP 观众席采用分布式布局。这些扬声器通过外置分频网络处理并经过统一延时处理，使全部观众获得良好的音质效果。

集中供声的阵列扬声器系统的选型非常关键。从扬声器环梁安装点至对面看台最远端的投射距离约 105m，扬声器的指向控制、声能输出和环梁承重等因素都制约着扬声器的选型。

根据美国 JBL 扬声器系列产品在网球场馆中的丰富设计经验和成功范例，无论是美网的美国网球中心还是澳网的沃达丰体育馆采用 JBL PD 系列扬声器组成集中式阵列都取得了很好的效果。阵列式 PD 系列扬声器很容易组合拼接，箱体重量较轻，单位荷载要求不高。PD 系列扬声器为全天候设计，可在屋顶开启情况下长时间使用。

上海旗忠网球中心主体育馆采用 3 只 JBL PD743（40°H ×30°V，Q 值 33）扬声器覆盖主席台对面二层观众席；2 只 PD5212/43（40°H×30°V，Q 值 24.1）、4 只 AM4215 扬声器覆盖中近端观众区和运动场区；PD5125 超低音扬声器系统构成全频扬声器阵列，覆盖全部二层观众区和运动场区，如图 17-48 。

图 17-48　集中供声的水平扬声器阵列

底层 VIP 观众席采用分布式扬声器系统的布置。沿着场内环形包厢上沿安装 18 只 JBL Control28-WH 工程系列全频扬声器，依据每片 VIP 观众席大小，布置不同数量的扬声器。JBL Control28-WH 扬声器体积小巧、音质优美、能在大空间场合重放出清晰悦耳的声音。

为满足场地返送和新闻发布等小型活动扩音需求，增加了 2 套小型流动系统，由 JBL EON15PG2 有源扬声器系统、Soundcraft FX16 调音台和 DBX 音频处理器构成。

17.6.2　信号分配、处理、传输和远程监控

场馆内设有主音控室和副音控室。共设 40 路传声器和 12 路线路输入接口，信号经底层副音控室跳线盘切换后分配到主音控室和电视转播机房。主音控室设有一台 Soundcraft K2 32 路输入和 8 编组输出调音台，对各路音频进行分配和处理。

音频信号处理系统采用 8 进 10 出兼有 CorbraNet 数字音频网络传输接口的 BSS PS8810CN 数字处理器。BSS PS8810CN 每个通道都具有均衡、压限、延时、噪声门、哑音、相位调整和自动混音等功能。除常规的音频处理和场景设置外，还提供主、辅两个 CorbraNet 数字网络输出接口，一旦主网络发生故障，备份网络可无缝隙地接入系统。本系统配置了 2 台 BSS PS8810CN 音频处理器，互为冗余备份。

由于集中式扬声器组安装在音控室对面的主席台上方的环梁上，为减少传输功率损耗，功放机房设在扬声器阵列安装点位旁边。音控室与功放机房之间全部采用光纤媒质传输，将信号传输损失降低到最低。为提高传输设备的可靠性，不仅光纤线缆是双备份，数字音频转换设备也采用双备份并可自动切换。

音控室配置了 CROWN TCP/IQ 网络功放远程监控系统。通过计算机控制界面，可在音控室

非常方便地检测和控制远在100m外功放机房内每台CROWN功放、每个通道的场景设置、电平大小、温度、过载状态、电源开关状态和动态增益等。可自动弹出错误报告，提醒操作人员。整个控制监测界面采用图形化，非常人性化、直观。图17-49和图17-50是CROWN TCP/IQ的两个监控界面。

CROWN TCP/IQ网络功放控制系统除了提供功放监测和控制外，还可通过CobraNet网络在音控室监听所有功放每路通道输出信号的音质。

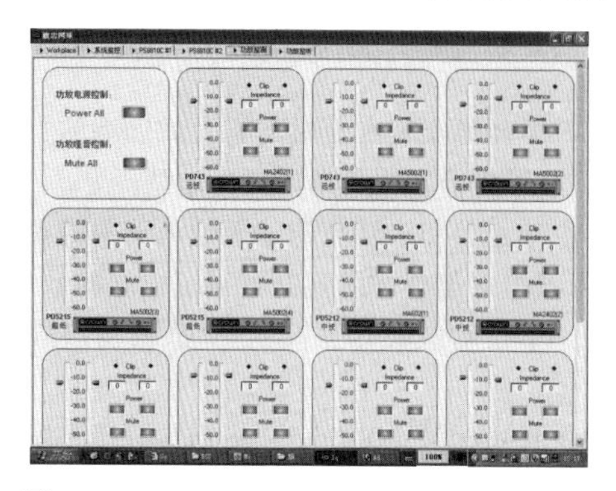

图17-49　CROWN TCP/IQ的监控界面（一）

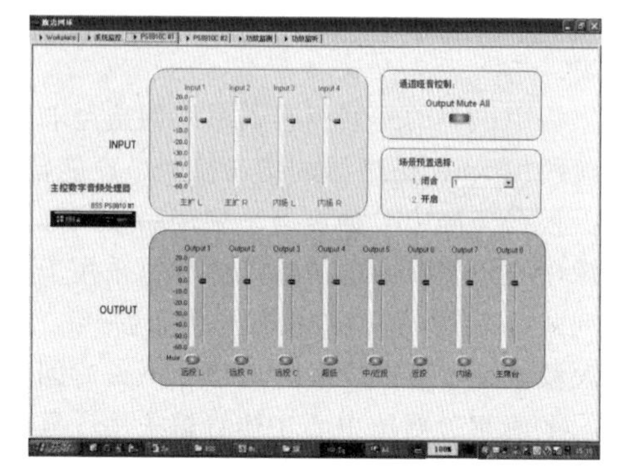

图17-50　CROWN TCP/IQ的监控界面（二）

17.6.3　自适音量控制系统

在体育场馆中，由于观众人数众多，当比赛进行到高潮时，观众的说话声、欢呼声会远远高于空场时的背景噪声。这时扩声系统需要更大的输出电平来满足嘈杂环境的听音要求，本系统中共设置了6只全天候环境声拾音传声器，与BSS PS8810CN音频处理器的环境电平控制功能相配合，而通过布置在不同位置的环境拾音传声器拾取环境噪声，并预先设定好扩声音量与环境噪声的电平比例，扩声系统可根据环境噪声的高低自动调节系统输出电平。

由于ATP大师杯转播要求，需给每间直播室配置现场声耳机监听系统。系统给每间现场直播室各配置了1路DOD专业耳机放大通道，确保监听信号长距离传输不失真。

17.6.4　扩声系统主要设备配置

(1) JBL PD&AE系列扬声器　13只
(2) JBL Control系列扬声器　72只
(3) JBL EON有源扬声器　8只
(4) Soundcraft K2 32路调音台　1套
(5) Soundcraft FX8/FX16调音台　6套
(6) CROWN MA系列功放　16台
(7) CROWN IQ系统　1套
(8) BSS PS8810CN数字音频处理器　2台
(9) DBX音频处理器　3套
(10) SHURE有线/无线传声器系统　若干套
(11) 光纤传输管理系统　1套

17.6.5　系统测试报告

(1) 设计预期指标：JGJ/T 131—2012《体育场馆声学设计及测量规程》二级扩声特性指标。

（2）测试环境：参照 JGJ/T 131—2012《体育场馆声学设计及测量规程》，空场、屋顶呈关闭状态。

（3）测试点位：半场，测试点位按网球馆观众座位数量的千分之五抽取。

（4）声场不均匀度：声场不均匀度为 7dB。

（5）稳态最大声压级：99dB。

（6）传输频率特性：符合 JGJ/T 131—2012《体育场馆声学设计及测量规程》要求。

图 17-51 是系统建成后 ATP 2009 年上海大师杯总决赛的盛况，经首场世界网球大师杯总决赛实战考核，整套扩声系统以清晰的语言清晰度、均匀的声场覆盖、充盈的功率储备和灵活方便的操作控制，获得了观众和 ATP 网球组织官员的一致好评。

ATP 这样评论："这样的场馆绝对是世界一流的，这跟上海这座城市很相称，完全可以成为上海的标志性建筑。"参加 ATP 网球大师赛的大师们认为"这是神奇的建筑"。

图 17-51　ATP 2009 年上海大师杯总决赛盛况

17.7　上海市八万人体育场扩声系统改造

上海市八万人体育场是 1997 年为第八届全国运动会建造的大型多用途体育场，占地面积 19 万 m^2，建筑面积为 17 万 m^2，是一个直径 300m、总高度达 70m 的马鞍形半封闭的豪华建筑。四面看台上方建有总面积达 3.6 万 m^2 的挑棚屋盖，犹如山谷包围着的一个"盆地"。声音传播条件极复杂，在任何一个位置都可听到来自四周看台和挑棚屋盖反射回来的、延迟时间达 1~2s 的多重回声；此外，300m 直径的圆形看台还形成了多种"声聚焦"。

建场十多年来，这里已举行过近万次重大体育赛事和国内外重要足球比赛，还举行过数百场大型演唱会和文艺表演。

全部扬声器系统由于终年受到雨淋和暴晒，纸盆受损严重，部分扬声器已无声，扬声器连接电缆已严重老化破损，场内存在大量有害的建筑声反射，观众席部分区域语言清晰度降低、声场覆盖不均匀。虽然还能放声使用，但音质和音量已大打折扣。功放等主要硬件设备控制不稳定、无线传声器接收性能明显下降、各种信号接口老化等，硬件设备的技术性能和可靠性已明显下降，影响运行质量。

为此，受业主邀请，上海安恒利扩声技术工程公司承担了全部升级改造任务。系统改建设计的原则是在原有的声音传播条件下和不改变系统功能的情况下，保留大部分原有设备，对系统和设备进行全面检修、升级和更新，对原扩声系统中尚需完善之处提供有效解决措施，使系统进一步满足国际赛事使用需求。

17.7.1　系统改造措施

现有扩声系统主要存在两大问题：一是由于体育场未考虑建筑声学设计，产生许多有害建筑声反射，使部分区域观众听音不清；二是由于系统使用时间较长，传输网络线路老化和部分设备性能变化，工作状态不太正常。

系统的改造措施分为两部分：一是针对原系统需要完善之处采取有效解决措施；二是对系统设备进行全面检修、升级和更新。

1. 调整扬声器系统布局，提高观众区的声音清晰度

四面看台底层观众区和第二层观众区部分观众区由于直达声能量不足和存在着大量有害的建筑反射声，造成直达声与多次反射声的声能比明显下降，使这些区域的声音清晰度明显下降。

以西看台底层观众席为例（图17-52），原系统底层观众是由顶棚扬声器A覆盖，顶棚扬声器与观众席间距约60m。由于中高频声波在长距离空间传输中的衰减特别明显，原同轴号筒扬声器输出的声能经过长距离传输后声压级急剧衰减，底层观众所获直达声能较小。这种由于扬声器投射距离过长而造成直达声比例下降的现象在西看台底层观众区域比较明显。

体育场内还存在大量有害的建筑反射面，如图17-53东看台后部的东亚富豪大酒店外墙立面，图17-54观众区后部的外墙立面及大面积顶棚的声反射面。这些墙面都对来自安装在顶棚马道上扬声器系统的声音产生了大量无规则的反射，而且这些反射声并不只反射一次（见图17-54，从扬声器*A*发出的声音经外墙反射后会折射至*B*点或*C*点）。经上述墙面、顶棚等处的多次反射之后使四面看台部分底层观众和二层观众席所获直达声能量比例大幅下降，严重干扰了这些区域观众的语言清晰度。

图17-52　原西看台扬声器对底层区域的覆盖图

图17-53　东看台观众席后部的大面积外墙声反射

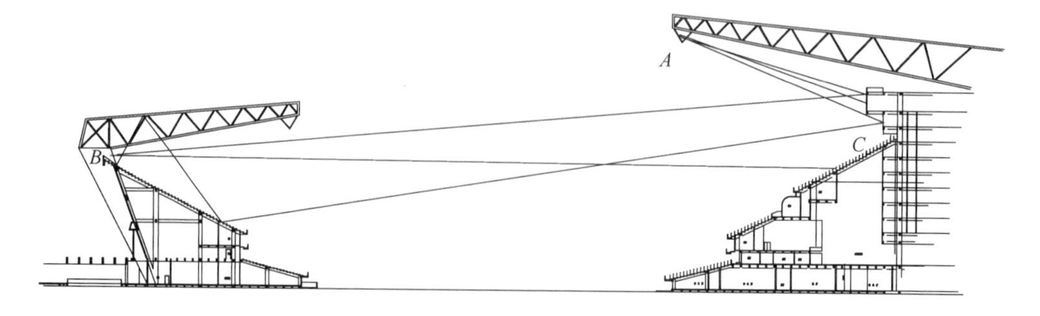

图17-54　声音在两边主看台间的多次反射

针对上海市八万人体育场存在大量强声反射建筑墙面的现状，只有在更新扬声器系统时，通过调整扬声器布局和指向性、提高观众区的直达声和尽量减少有害反射声的途径解决声音清晰度问题。

经现场反复试验和测试，将原集中在马道上一点的远投射扬声器系统改成图 17-55 所示的两点集中供声系统；扬声器安装位置从 *A* 处移至 *B* 和 *C* 处。*B* 处扬声器负责覆盖二层观众席，*C* 处扬声器负责覆盖三层观众席。由于缩短了扬声器与观众席的间距，使该扬声器组的声能更加有效地集中覆盖到观众区，提高了观众区的直达声能，同时减少了对酒店外墙投射的声能和顶棚的声反射。

B 处选用 6 只 JBL PD5212 强指向控制的扬声器覆盖主席台区域和二层观众席；*C* 处选用 12 只 JBL AM6212/95 扬声器覆盖三层观众席。

这样的调整，可有效减少酒店外墙带来的反射声，使主席台区域及二层观众区获得更好的音质。

原覆盖西看台观众席马道上的 JBL 2193 同轴号筒扬声器和 AS1025 低音扬声器移至南北看台使用，弥补南北看台底层和二层区域声压级不足的缺陷。

东看台后部墙体声反射的处理与西看台后部墙体反射的处理方法相同，如图 17-56 所示。扬声器从原 *A* 处移至 *B*、*C* 处。*B* 处扬声器负责覆盖二层观众席后半部区域，共采用 10 只 JBL AC2212/95 扬声器。*C* 处扬声器负责覆盖二层观众席前半部区域，采用 4 只 JBL AM6212/95 和 2 只 JBL AM6212/00 扬声器。

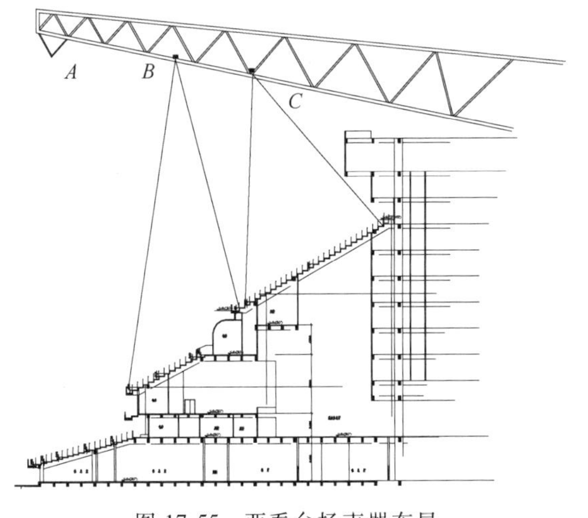

图 17-55　西看台扬声器布局

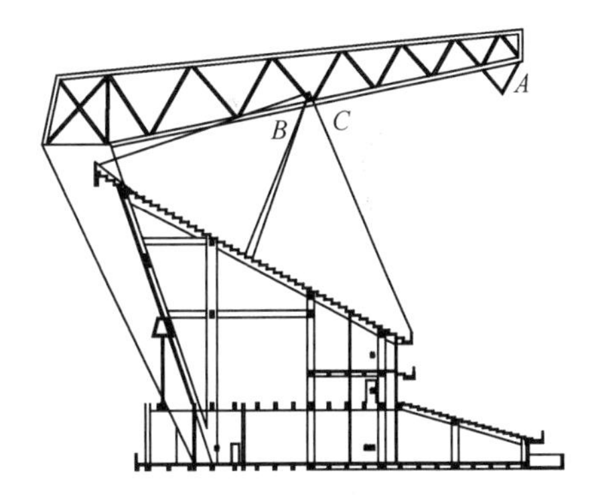

图 17-56　东看台扬声器布局调整

为提高底层看台观众区的直达声比例，需调整底层观众区域扬声器的布局和型号。以图 17-55 西看台底层观众区剖面为例分析，原安装在 *A* 处、覆盖二三层和底层观众区的扬声器改为按图 17-57 和图 17-58 布置的方法后，大幅度提高了这些观众区的直达声声压级。

覆盖底层观众区的扬声器放置于图 17-58 的 *B* 处时，该扬声器离底层最远距离的观众席为 17.5m，扬声器与观众区的距离较图 17-57 中原先安置于 *A* 处有大幅度的缩短，直达声声压级随之有大幅度的提高，有助于提高该区域的语言清晰度。此外，这种分区域的供声方法还有利于避免和减少有害的建筑反射声。

改造方案在东、西看台底层区域采用 JBL AM4212/95-WRX 中功率全天候扬声器覆盖，横向安装在东西看台包厢顶部下沿处。该扬声器需与顶棚扬声器配合，经延时处理后播放。

经现场试听，分区域供声方案使底层观众区的直达声比例和语言清晰度较以前明显提高。

图 17-57　底层扬声器现场实景图

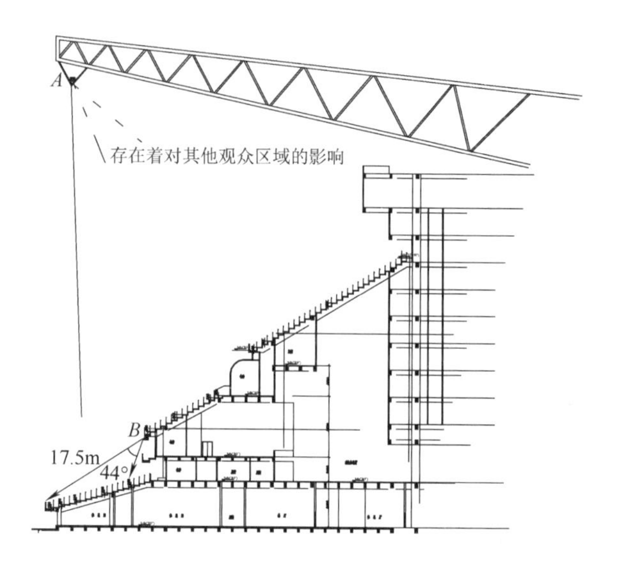

图 17-58　西看台覆盖底层观众席扬声器的两种安装方法

表 17-21 是改造后四面看台主扬声器系统分布的汇总表。

表 17-21　改造后四面看台主扬声器系统分布汇总表

	底层观众席	二层观众席	三层观众席
西看台(含主席台区)	8 只 JBL AM4212/95-WRX	6 只 JBL PD 系列扬声器 2 只 JBL AS1025	16 只 JBL AE 系列扬声器
东看台	8 只 JBL AM4212/95-WRX	24 只 JBL AE 系列扬声器	—
南看台(含大屏区)	4 只 JBL 2193	6 只 JBL 2193/3 只 JBL AS1025	—
北看台	4 只 JBL 2193	7 只 JBL 2193/3 只 JBL AS1025	—
赛场内	8 只 JBL 2193/4 只 JBL AS1025		

2. 老系统设备检测、升级和更新的改造措施

（1）扬声器系统的设备检修和更新。鉴于设备使用年限已久，必须对扬声器单元器件尤其是外挂扬声器进行全面检修。全部更新外挂远投射扬声器纸盆等易损器件，增加部分中投射扬声器和更换部分老化破损馈电线缆。

（2）升级更换音频处理器。鉴于上海八万人体育场系统结构复杂，扬声器安装位置已有较大变动。原系统中的 JBL DSC280 音频处理器须升级更换为性能更好的 BSS Blu-800 数字音频处理器系统。采用多台 BSS London 数字音频处理器，对不同位置的扬声器进行独立处理。BSS London 音频处理系统可对不同位置扬声器实施个性化的音频处理，尤其是对各扬声器的输出大小和延时都能独立处理，为现场系统调试提供必要的保证。

（3）功放机房设备检修。对功放机房所有功放设备进行全面检测，清扫设备内部灰尘、更换全部功放的防尘条。美国 Crown MA 系列功放经过十年使用仍可正常工作。由于 IQ 软件模块和硬件卡使用年久，与功放连接在一起运行的、用于环境声自适应系统的 IQ 系统工作不稳定。

为此，环境声自适应系统功能改由在四面看台及底层看台处分别设置 6 只 Crown PZM 11-LL-WR 全天候环境拾音传声器和 BSS London 数字音频系统实现。

改造后操作者不仅能通过计算机屏幕看到整个音频系统信号的传输分配，还能监测和控制系

统各输出通道的运行状态，包括电平输出、音量调整、哑音控制、声场均衡、延时等参数。

（4）主控制室机房设备检修。

① 对原 Soundcraft 40 路 K2 调音台损坏通道进行检修。修理完毕后，该调音台作备份调音台使用。

② 重新配置新调音台 Soundcraft MH2 40 路调音台作为体育场扩声系统的主调音台。

③ 原 Studer DAT 录音机已不能使用，卡座和 CD 设备已老化，录音质量下降。该产品已淘汰，无法修理。

改造系统重新配置了 1 台 Tascam 322MKIII 双卡录音座和 2 台 Tascam CD450 光盘枪，还增设了 2 台 Tascam MD350 和 1 台 360System 专业数字音频录放机，可进行音频信号录制和即时信号播放，弥补了原系统的空白。

④ 升级更换无线传声器。原配置的 4 套 V 频段无线传声器，通信性能和音质都已下降，不能满足使用要求。改造方案改用 8 套 Shure U 频段 UHF-R 系列传声器。

（5）小型流动音频系统改造。小型流动音频系统用于贵宾室、新闻发布、主席台辅助扩声。系统采用 2 只 JBL SRX 712M 扬声器扩声，另配置 1 套 Soundcraft FX 12 路调音台和数字音频处理设备对声场进行处理。

（6）系统信号传输系统检修和更新。系统信号传输线路大部分已老化或破损，信号接口面板已氧化接触不良，影响信号稳定传输。因此必须检测和更新各点接口面板及传声器传输线缆。

17.7.2　现场测试结果

（1）测试条件为空场、除扩声系统外其余所有系统均处于关闭状态。

（2）测试指标为声场不均匀度、传输频率特性、语言清晰度（RSTI）。

（3）测试的范围为在整个半场内取 30 个测试点。

（4）测试仪器为 Terra Sonde the Audio Toolbox™ 音频测试仪、Radio Shack 声级计、ABACUS 信号发生器、SIA SmaartLive 5.4 专业测试软件。

（5）西看台底层观众区域改造后系统测试结果：

1）最大声压级：≥100dB（500Hz～4kHz）。

2）声场不均匀度：6dB。

3）语言清晰度（RSTI）：0.66（平均值）。原系统该区域的语言清晰度 RSTI 只为 0.29，明显低于改造后系统。

17.8　上海世博会开、闭幕式扩声系统

举世瞩目的 2010 上海世博会已经落下帷幕，在世博文化中心举行的盛大精彩的歌舞演出，浦江两岸精彩的烟火、喷泉、激光、灯光和艺术表演，为全世界人民留下了精彩而难忘的记忆。

从空中看，世博文化中心就像散落在黄浦江畔的一颗贝壳；从地面上看，恢宏的气势和超自然的外形又像停靠在黄浦江边的一艘飞碟，如图 17-59 所示。

图 17-59　世博文化中心外形

世博文化中心是集体育馆、音乐厅、电影院、溜冰场、酒吧、餐厅、商场等诸多功能于一体的大型文化设施。图 17-60 和图 17-61 是体育馆的俯视图和立面图。

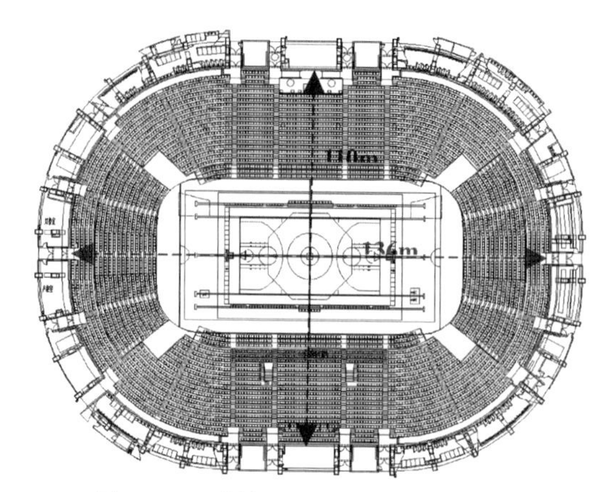

图 17-60　世博文化中心体育馆俯视图

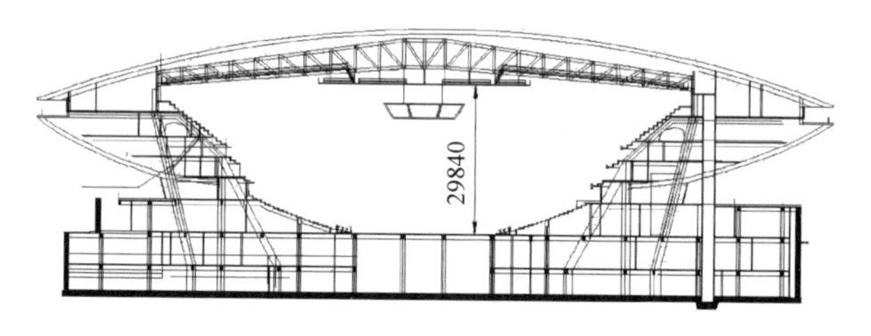

图 17-61　世博文化中心体育馆立面图

18000 座的世博文化中心体育馆除举办开、闭幕式外，还要在 184 天世博运营期间，每天有两场东方歌舞团的驻场演出和许多国际知名的音乐团体的精彩演出，如费城交响乐团、谭盾指挥的《武侠三部曲》、神秘园乐队等，为游客带来了高品质的艺术享受。

2011 年 1 月，这个建筑被重新命名为梅赛德斯-奔驰文化中心，成为第一座在德国之外以奔驰命名的综合活动中心。

2010 年上海世博会开、闭幕式扩声系统设计在充分考虑现场环境条件下，达到声场覆盖均匀、声音丰满、清晰、自然，并根据开、闭幕式演出的重要性、特殊性，对系统安全性和可靠性做了特别考虑，保证系统内任何一台设备、任何一个环节如果发生故障都不影响使用。

17.8.1　世博文化中心体育馆的建筑结构

体育馆为椭圆形结构，外形长轴约 136m、宽约 110m、高约 30m，共 6 层，能容纳 18000 人。体育馆一层运动场区域设有活动座位，一、二层是活动及固定座椅，三、四层是 VIP 包厢，五、六层是固定座位。

17.8.2　扩声系统声场设计

1. 主扩声扬声器选型

开幕式的舞美设计宏伟而独特，将北面看台作为背景，LED 大屏幕横跨整个舞台后部，如图 17-62 所示。

花朵形的主舞台占据了大半个内场，因此北面看台和部分东、西看台无法坐人。舞台前面上方还有两个环形的舞美造型，给整个舞台提供一个包围的感觉。

对大型场馆的演出扩声系统来说，垂直线阵列扬声器系统比其他传统类型的扬声器系统具有更大的优势：

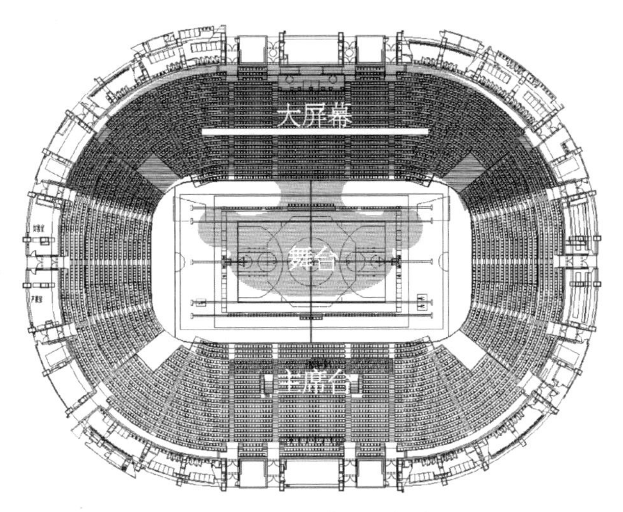

图 17-62　开、闭幕式会场布置图

1）可方便地调整线阵列内部箱体之间的夹角，更好地满足观众区声场覆盖的要求。

2）可以精确控制垂直线阵列扬声器的垂直覆盖角，便于把声能集中投射到观众区，有利于提高观众区的直达声与混响声的声能比，使声音清晰度更高。

3）垂直线阵列的声音传播衰减仅为常规扬声器系统的一半，可增大投射距离。

4）垂直线阵列内部每组箱体的辐射功率、均衡等参数都可以单独调整，可根据现场实际，更好地控制声场覆盖均匀度。

5）垂直线阵列扬声器系统吊装方便，适宜空间高度大的场所安装。

2. 扩声系统声场计算

扩声系统声场设计主要针对南看台和东、西看台的部分观众席的声场覆盖，约 10000 座位。系统采用 4 组 JBL VT4889 垂直线阵列扬声器系统覆盖全部观众区，每组线阵列由 16 只全频扬声器单元组成，共采用 64 只全频线阵列扬声器单元。

JBL VT4889 每只箱体内部有 3 个高音单元、4 个中音单元、2 个低音单元，是目前市场上同类产品中内含扬声器单元数量最多、功率最大、重量最轻的线阵列扬声器。

文化中心体育馆内可供吊装、人员走动比较方便的马道只有内圈和外圈两个马道。最好的方式是吊挂在内圈，距离远近合适，对于阵列倾角设置、声场控制、扬声器安装和以后维护都有优势。但是还需考虑配合舞台口上方的环形造型，使线阵列顶部尽可能贴近舞美造型。最后决定将线阵列吊挂在尽可能高的圆环造型下方。

体育馆虽然已做了建声考虑，但是来自后墙的反射声还是十分明显，尤其是二、三层之间和三、四层之间的反射声。在声场设计时，利用垂直线阵列扬声器垂直指向角可调的特性，调整扬声器系统的垂直指向角，尽量避免将扬声器的声能直接投射到后墙上，引起不必要的反射声。由于南看台观众席和东、西看台观众席位置有所不同，设计时对看台的观众区分别计算各扬声器覆盖。图 17-63 和图 17-64 是声场模拟计算图和不同位置的频率响应曲线图。图 17-65 和图 17-66 是南看台和东、西看台的声场覆盖图。可以看到，整个声场一致性良好。

图 17-67 是线阵列扬声器系统的实际布置图。

3. 超低音扬声器的安装

由于顶部可供吊装的位置十分有限，所以超低音扬声器只能采用落地摆放的方式。在舞台左、右两侧各摆放 12 只 JBL VT4880 超低音扬声器，每侧分为 3 组，每组 4 只，共 24 只，满足声场覆盖要求，如图 17-68 所示。

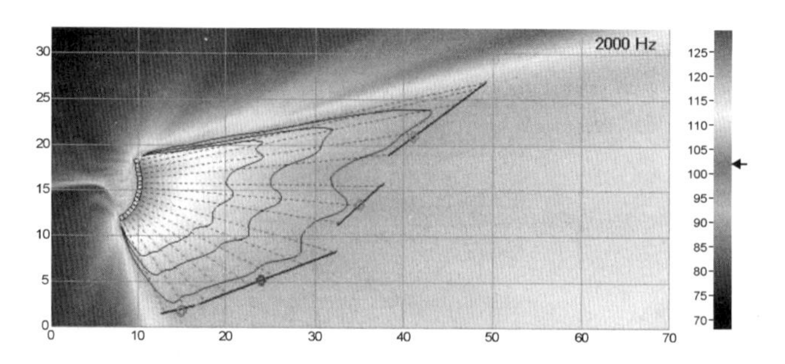

图 17-63　声场模拟计算

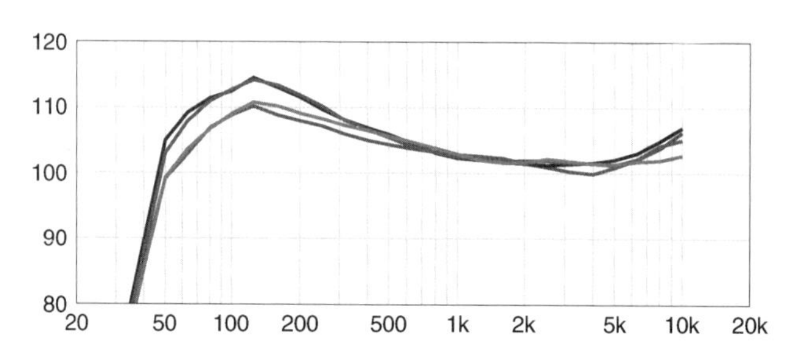

图 17-64　观众区各点的频率响应曲线

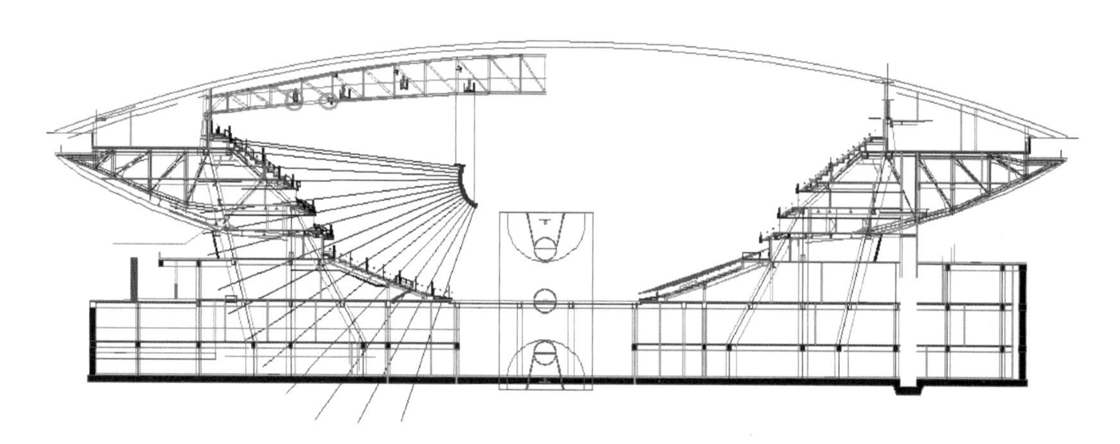

图 17-65　南看台线阵列扬声器覆盖图

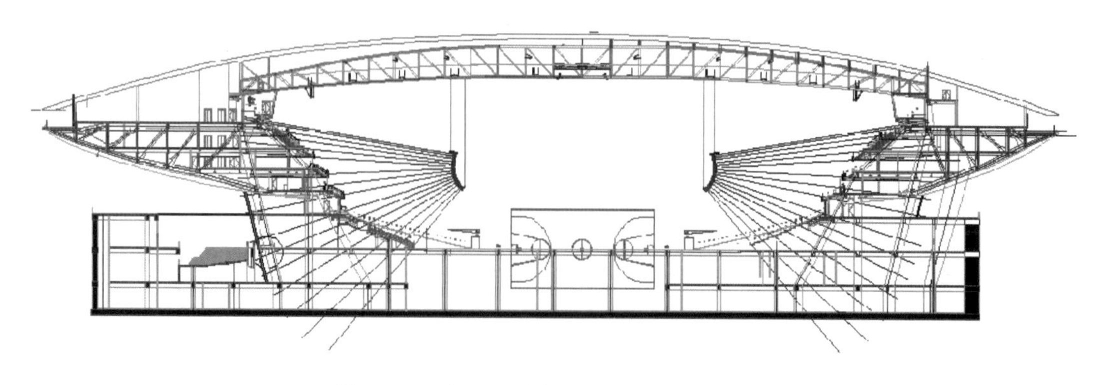

图 17-66　东、西看台线阵列扬声器覆盖图

图 17-67　线阵列扬声器系统的实际布置图

实际使用时，发现这个场地的低频反射较强，当两组 24 只超低音扬声器全开的时候，主席台区域的超低频声音太强，经过反复调试，只使用了 8 只超低音扬声器。每边各 4 只，其他则依靠 VT4889 低音单元的能量，满足了低频要求。

图 17-68　12 只 JBL VT4880 超低音扬声器

4. 主席台补声扬声器

主席台是国家领导人聚集的位置，主席台扩声可谓是重中之重。主席台位于舞台最前面较低的位置，如图 17-69 所示。

图 17-69　主席台补声扬声器系统

由于舞台面积很大，舞台返听扬声器系统的声压级很高；舞台后部是一整块 LED 大屏幕，从大屏幕上反射的声音大部分反射到主席台区域，并与主扩扬声器系统的响声混合后，严重影响主席台区域的声音清晰度。为此在主席台前增加 3 只 JBL MS26 小型全频扬声器，增强主席台区域的直达声，大大提高了主席台区域的语言清晰度和声像的一致。

17.8.3　系统结构

1. 高可靠的系统结构

安全可靠是系统结构设计的第一要素。安全可靠主要体现在设备和系统运行的万无一失。

（1）选用安全可靠、适应性强、技术成熟的设备，保证运行稳定，不出故障。全部设备采用高可靠性并在奥运会等重大国际活动中已获得证明的高可靠国际著名品牌产品，如JBL、Crown、Soundcraft、dbx、BSS等，这些产品均已成功应用于2008年北京奥运会、2009年国庆60周年、国家会议中心、北京人民大会堂、国家大剧院等重要场所，其安全可靠度已充分得到实践的证明。

（2）采用冗余双备份结构。系统中的关键器材，如传声器、音源、数字调音台等均采取用一备一的方式，任何一台发生故障，另外一台都能无缝连接替代。对于系统中使用数量较多的设备，如数字音频处理器、功放和扬声器等，采用分散结构方式，一台发生故障，不影响整个系统使用。这样的系统结构，在充分考虑系统安全的前提下，节省系统造价。图17-70是扩声系统原理图。

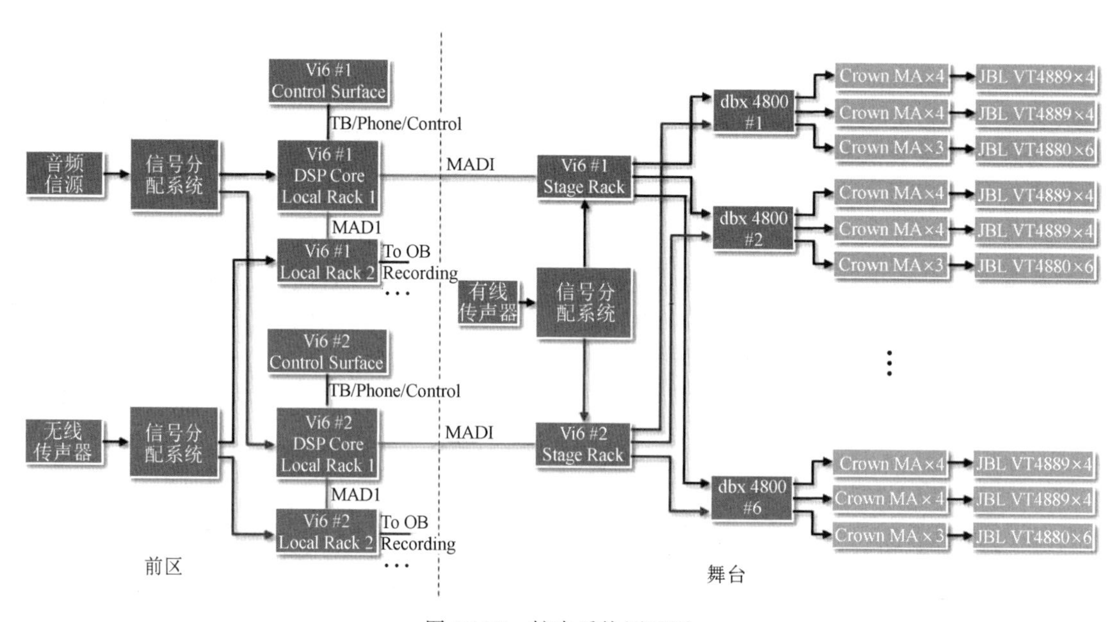

图17-70　扩声系统原理图

2. 控制系统

操作灵活、快捷方便是系统构成的第二个要素。开幕式应用时，音响、灯光、视频、大屏幕和调音台等所有控制设备都集中在三层，尽量缩短功放和扬声器连接线缆的长度。

调音台是扩声系统的现场操作控制中心。选择Soundcraft Vi6数字调音台作为扩声系统的主控设备非常关键。Vi6数字调音台不仅安全可靠，而且操作直观、功能强大、扩展性强。在标准配置时，Vi6可以连接一个本地接口箱和一个舞台接口箱，如图17-71所示。如有特殊需求，还可扩展连接6个舞台接口箱。对于需要多点控制、多点传输的系统，如FOH（音源和调音台部分）+Monitor（舞台返听）、控制区、功放区、技术用房区、转播区等多位置的系统来说，都十分方便。

开幕式使用大量无线传声器和双备份音源，因此配置了2台96通道的Soundcraft Vi6数字调音台。每台Vi6都有2个舞台接口箱，一个接口箱放置在三层控制区，另一接口箱放置于舞台下

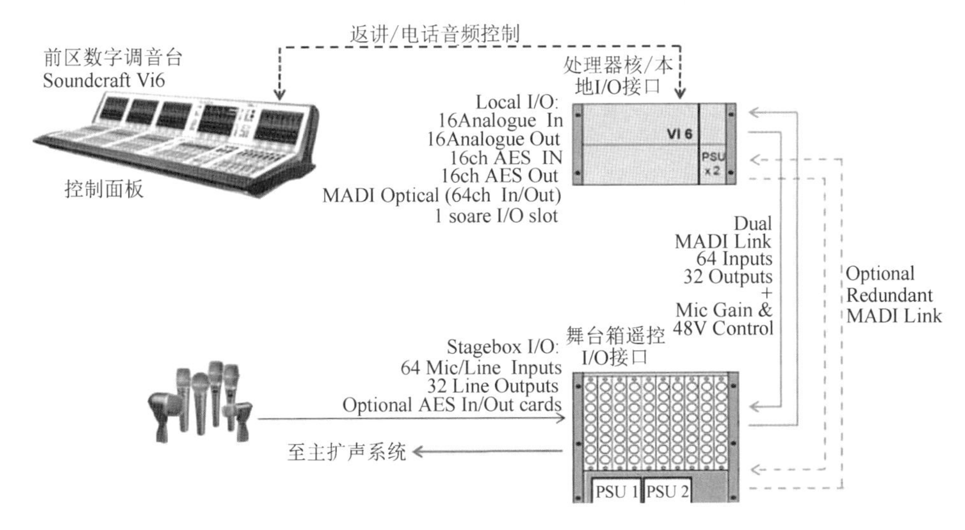

图 17-71 Soundcraft Vi6 数字调音台操控系统连接图

场口，用 Vi6 内部的光纤接口作远程光纤，把舞台上拾取的音频信号送至控制室内的数字调音台；主、备两组 Vi6 数字调音台的输出信号同时送至相应的数字处理器和功率放大器；主调音台万一发生故障，另一台的通道即可打开。图 17-72 是机房内的主、备两组 Soundcraft Vi6 数字调音台。

图 17-72 机房内 2 套 Soundcraft Vi6 数字调音台

闭幕式和开幕式的场景基本相同，舞台设计稍有一些改变：①舞台后面的 LED 大屏面积减小，舞台两侧增加 LED 彩屏；②舞台后面 LED 大屏前的十几层台阶改为一个大斜坡；③闭幕式采用空中无线移动摄像机“飞猫”做现场视频采集。“飞猫”的钢丝刚好从主扩音箱位置通过，主扩音箱无法吊挂在现有的位置。因此扬声器系统的布局也须作相应调整：将中间两条 16 只扬声器的垂直线阵列，每条改成由 8 只扬声器组成的短线阵列，其中一组吊装在原吊点，高度升高，重新调整投射角，覆盖三、四、五层观众席。另一组短线阵列扬声器放置在舞台两侧地上，与 2 只超低音扬声器和 4 只全频扬声器共同覆盖一、二层观众席。

上海世博会开、闭幕式扩声系统获得巨大成功，包含着众多工作人员的心血和智慧，获得了大家的一致好评。

第 18 章　典型工程案例

本章列举 11 项不同类型的智能弱电工程案例供读者参考。

18.1　苏州国科数据中心

苏州国科数据中心是苏州工业园区政府为科技创新和产业转型建设的公共技术服务平台，平台为园区政府、社区和高科技企业提供国际一流的机房环境、IT 资源租赁和各类综合数据服务。数据中心提供云计算的基础设施管理、客户需求的资源分配、负载均衡、软件部署、安全控制和使用费结算等。

本项目 2007 年开始调研，2008 年设计，2009 年开始建设，2010 年 10 月 28 日 Ⅰ 期投入运行，至今已有十年多的历程。

国科数据中心严格按照国际 TierⅣ标准设计建造，是目前国内唯一通过美国 TierⅣ设计认证的大型数据中心。IBM 驻中国的数据中心也落户在苏州国科数据中心。

国科数据中心是华东地区规模最大、技术等级最高的数据中心。不仅为国内外高科技研发企业、现代服务业、互联网服务商提供国际一流的网络通信、信息安全、数据灾备、高性能远程“云”计算及系统集成管理等专业数据服务，而且在智能弱电系统的绿色环保、节能特性、安全性、可扩展性、灵活性、高可靠操作性等多个方面获得了全面的提升和突破。

数据中心采用 CISCO NEXUS 7000 和 NEXUS 2000 新一代交换平台作为网络核心和接入设备，采用双冗余拓扑结构，拥有中国电信、联通、移动等基础电信运营商的核心骨干网接入，国内互联网接入带宽为 2×10G bit/s，国际互联网接入带宽为 8×155M bit/s，形成覆盖苏州科技园、连接全省和全国的稳定、可靠的网络系统，并具备 8 条国际专用通道接入服务，充分保障了离岸外包企业的国际通信网络的需求。系统采用 CISCO ASA 5580 高端万兆防火墙作为网络出入口的防火墙，可有效防止来自互联网的各类威胁。

为满足不同客户的丰富需求，数据中心具有多样的产品服务能力，从最底层到最高层分别为：资源租赁中心、通信服务中心、系统集成管理中心和云计算服务中心。为客户托管设备提供国际标准 Tier Ⅳ的机房环境和万兆光纤资源租赁服务。

苏州国科数据中心位于苏州工业园区独墅湖高教区内，避开了地质灾害、自然灾害和社会风险的区域，是一个抗震性极好的巨大钢结构建筑，四面环水，周边环境良好，远离污染源、危险源、强干扰源、强振动力源等不利于数据中心安全运行的影响因素。

18.1.1　数据中心的功能区设计

1. 一期和二期工程布局

国科数据中心建筑面积 4.2 万 m^2，初期投资 5.7 亿元人民币，分两期建设。第一期建筑面积 1.8 万 m^2，其中机房面积 1.08 万 m^2，设施配套面积 7200m^2，最大可配置标准机柜 1719 个；第二期规划建筑面积 2.4 万 m^2，其中机房面积 1.4 万 m^2，设施配套面积 10000m^2，最大可配置标准机柜 2400 个，每机柜功率在 4~8kW 之间。一期和二期平面分布图如图 18-1 所示。

2. 建筑功能区划分

国科数据中心地下一层为柴油发电机房和空调设备机房，与位于二、三、四层的机房区域严

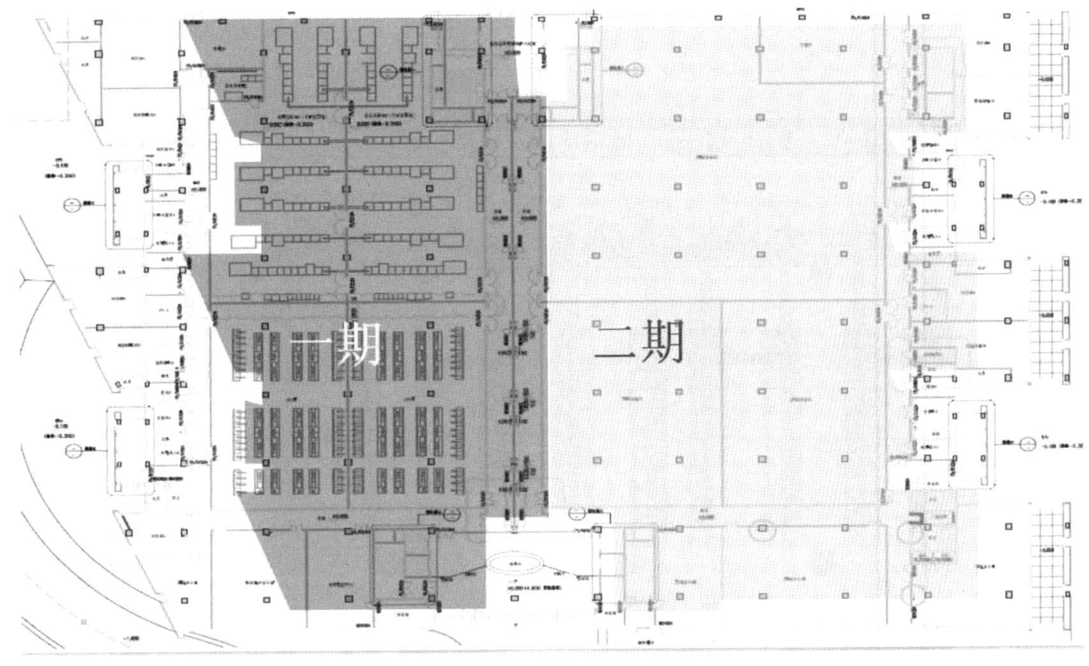

图 18-1　数据中心一期、二期平面分布图

格物理分开，避免冷水机组和柴油机组运行时的振动和噪声对数据中心设备的影响。地上一层为高低压变配电机房、UPS 配电间、电信接入间、安防机房（包括消防系统、楼控系统机房）和机电维护办公室。

二层和三层功能布局相同，分别是机房，和机房配套的 UPS 配电间、空调房和配电间，风机房，备用网络间，外设介质库和客户办公室。四层除了具有二、三层同样的功能区以外，还有互联网数据中心（Internet Data Center，IDC）、纠错码（Error Correcting Code，ECC）测试机房和参观区。

数据中心机房跨度 18m。为避免冷冻水泄漏时对机房 IT 设备的影响，精密制冷空调分别位于机房两端的空调机房内，从两端向中间供冷，采用下送、上回的送风方式。供电设备也位于机房两侧。图 18-2 是配置标准机柜的数据中心机房。

图 18-2　配置标准机柜的数据中心机房

从最底层到最高层的分布为：资源租赁中心、通信服务中心、系统集成管理中心和云计算服务中心。图18-3是典型机房的平面图。

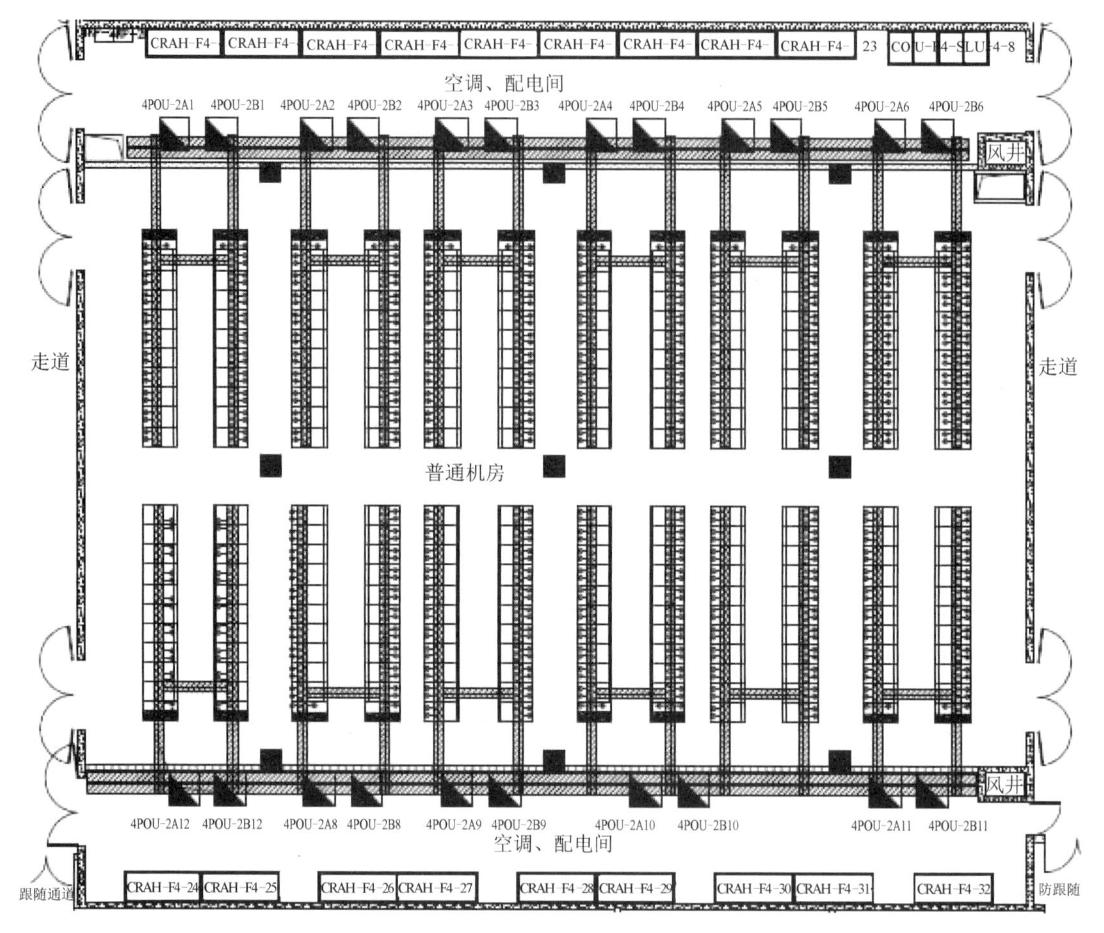

图18-3　数据中心机房平面图

3. 功能区域的安全设计

功能区域的安全设计，遵照有人区和无人区物理分隔（图18-4a）、人流和物流分离（图18-4b）和安全分区的（图18-4c）三大原则设计。

18.1.2　机电设备的冗余设计和配置

数据中心严格按照TierⅣ标准设计，设计依据为美国国家标准学会、美国电信产业协会标准：《Tier Classifications Define Site Infrastructure Performance》Issued by Uptime 2008/（数据中心基础设施等级划分）和《Telecommunication Infrastructure Standard for Data Centre》TIA-942/（数据中心电信基础设施标准）。

根据《电子信息系统机房设计规范》规定，本数据中心为故障容错型，必须具备冗余基础设施设备和同时工作的多条路径的支持。

计算机设备和所有IT设备应当是双电源供电，对于因设备或路径故障而出现最坏情况时，不会对计算机设备的运行造成影响。任一设备或线路必须都可以按计划进行替换而不引起计算机设备停机。

为此，电源、暖通设施（包括制冷设备甚至管道）、UPS和PDU（Protocol Data Unit）都是

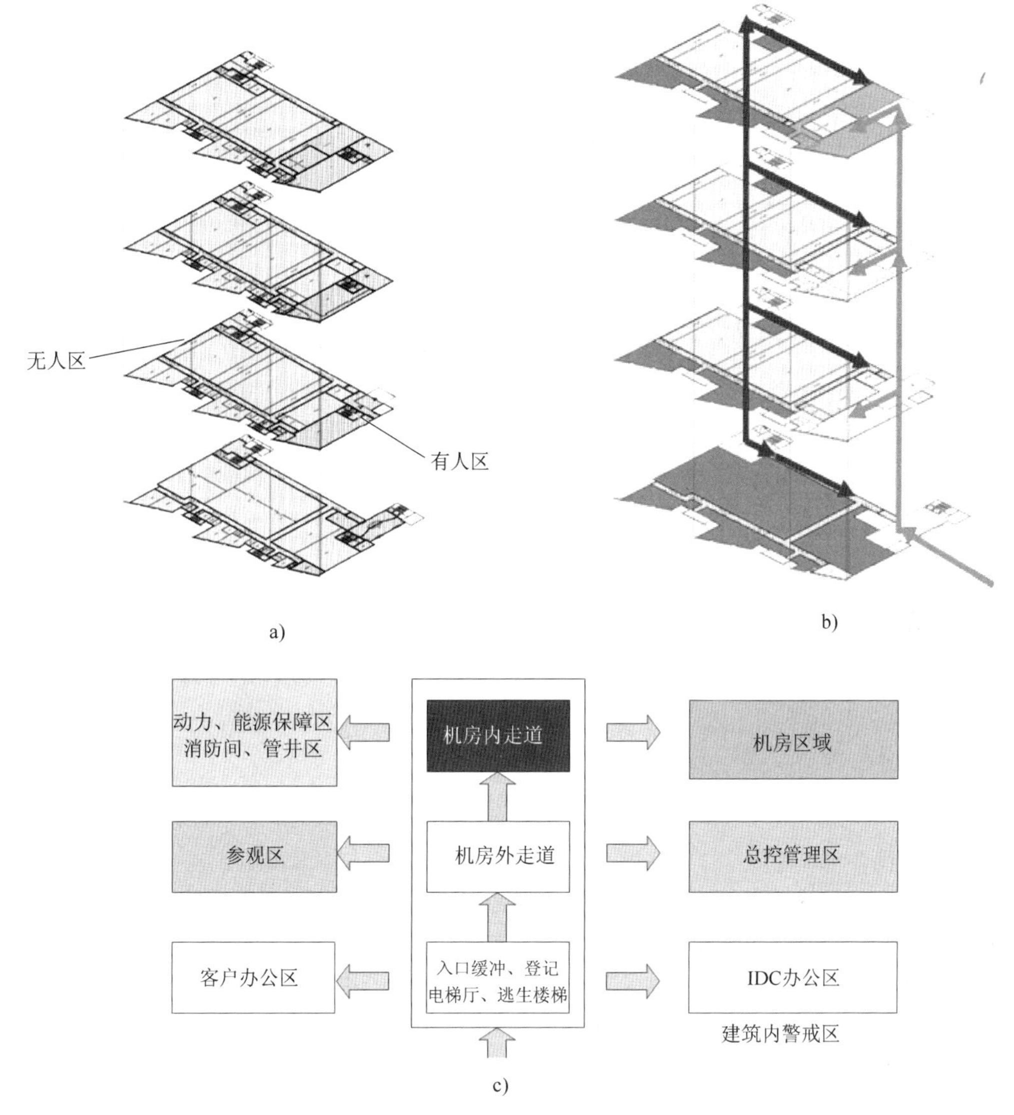

图 18-4　功能区域的安全设计

a）有人区和无人区物理分隔　b）人流和物流分离（黑色人流，灰色物流）　c）安全分区设计

双备份的（2N+1）。备份的系统和线路必须进行物理分隔，以确保单一事件不会同时影响到两套系统和线路。

国科数据中心的输配电设计的可靠性系数可达 99.999%。从图 18-5 中可以看出，所有供配电，包括 UPS 都是双备份的。从两个不同的变电站引入两路 20kV · A 市电，每路容量都是 145000kV · A，通过不同的路由进入数据中心配电室。采用双 UPS 系统，每路容量 145000kV · A，分楼层提供不间断电源，机房单机柜的 UPS 供电量为 4kW，高密度区单机柜的 UPS 供电量可达 8kW。柴油发电机采用 TierⅢ标准设计：共配置柴油机 7 台，其中 2000kW Cummins 柴油发电机 3 台，1000kW Cummins 柴油发电机 1 台；2000kV · A 泰豪柴油机组 3 台，具有独立油库，后备时间满足数据中心 48h 连续运行。

国科数据中心采用水冷技术。由位于地下一层的本地制冷设备和来自苏州工业园区能源管理中心的集中供冷系统实现制冷冗余。

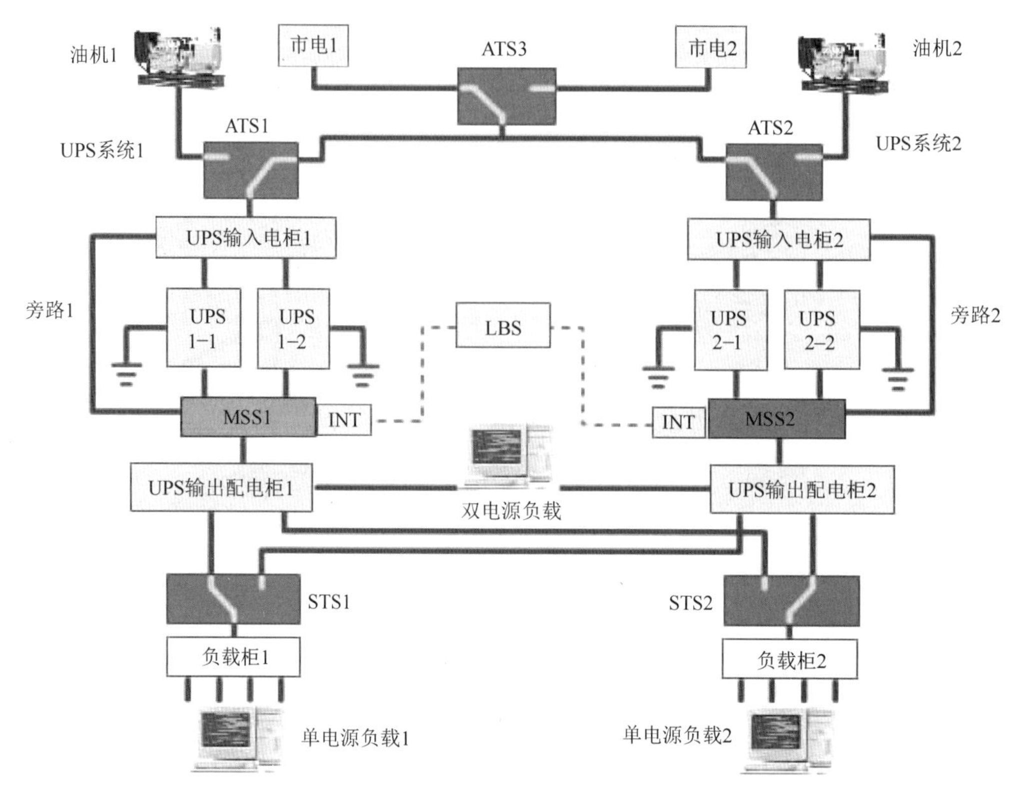

图 18-5　国科数据中心的输配电设计

地下一层设备机房配置了3台变频的York（约克）离心式冷水机组，其中1台容量为1400冷吨，另外2台为700冷吨。辅助设施为3台荏原冷冻泵，其中2台额定功率为55kW，1台为110kW；3台荏原冷却泵，其中1台功率为132kW，2台为75kW；3台马利（Marley）冷却塔，其中1台换热量5060kW，2台为3000kW。机房内装备采用了水经济器技术，冷却水通过1台换热量为9100kW的APV板式热交换器可以在过渡季节及冬季向冷冻水总管供冷。数据中心机房的末端精密空调共120台，其中爱默生品牌82台，加拿大佳力图品牌38台。

18.1.3　数据中心的绿色、环保、节能控制

数据中心是一个耗能大户，因此，安全、绿色、环保、节能控制技术是一项必不可少的重要基础设施。图18-6是国标规定的能源使用系数（Power Usage Effectiveness，PUE）的分级定位，分为A、B、C、D、E五个等级。PUE越小，能源效率越高，节能效果越好，用户支付的电费越少。

苏州国科数据中心采用一系列绿色节能技术，能源使用系数指标PUE的建设目标为B级，PUE控制在1.6以下，实测指标PUE=1.58~1.59，达到国内先进水平。

1. 国科数据中心的节能设计

节能设计包括采用变频冷水机组，在标准ARI（美国采暖通风与空调/制冷标准）工况、恒定制冷量下，压缩机可节能11%，压缩机占总制冷耗58%；过渡季节冷水机组采用高温冷冻水技术，以提高机组本身的能效。

计算机房的空调末端采用水冷精密空调，比风冷式，具有较高的热交换效率。风机的变频最多可以节省30%的压缩机能耗。

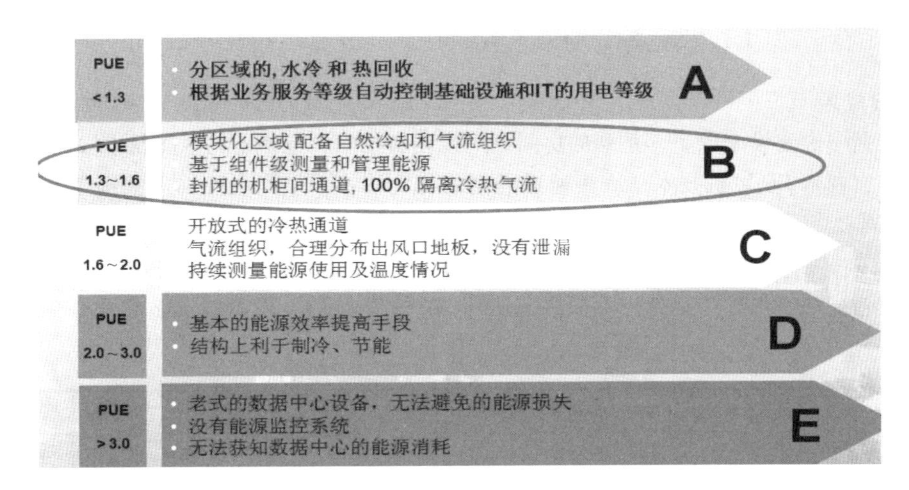

图 18-6　数据中心的能源使用系数分级定位

暖通设计还采用了水经济器技术，在过渡季节和冬季，当室外温度低于 17℃时，关闭离心机组，打开冷却水泵和冷却塔，让冷却水通过板式热交换器向水冷式精密空调供冷。根据苏州气候的特点，水经济器的采用时间长达 5 个月，从而可以实现大幅度节能目的。

数据中心采用了全封闭的服务器冷池技术，它将机柜的冷通道和热通道完全封闭，防止了冷量向热通道短路，提升了制冷效率，降低了空调系统能耗。一个典型的冷池长 6.78m、宽 3.4m、高 2.075m，包含 2×11 块通风地板、22 个标准机柜。冷池的第 12 块冷通道架空地板风速达到 1.54~2.0m/s。机柜进出线缆均走机柜顶部预留的进线孔，冷池组成了计算机房的模块化区域，如图 18-7 所示。

图 18-7　冷池技术的应用

数据中心在机柜上采用了智能 PDU（Protocol Data Unit，数据单元协议），可对每个机柜的用电量进行实时计量，并通过能量管理系统实现 EMC 电磁兼容性管理。

数据中心的低压柜的主要回路都安装了多功能功率表，符合住建部关于政府办公建筑和大型公共建筑能耗分项计量导则的规定，实现了对数据中心用能的定量分析和管理；电力能量管理系统采用江阴艾科瑞品牌。

ECC（Error Checking and Correcting）检测和纠错码监控管理系统（又称中央监控管理中心）对整个数据中心的物理安全、系统监控和系统运营提供全面、整合的管理服务；机房环境监控系统可监控环境温度、湿度、漏水探测、末端配电、USP 供配电和空调系统的运行状况等；ECC 对数据中心的能耗做出统计和分析，可根据设备的运行历史记录，自动分析、比较当前和历史的运行过程，作出节能趋势报告。

2. 架空地板和消防系统

国科数据中心机房净空 5.7m，其中架空地板高 1000mm，符合 TierⅣ关于架空地板 750~900mm 的要求。架空地板下仅仅作为精密空调下送风的静压箱，不走线缆，避免了线槽、线缆造成的静压损失。地板下敷设了消防管线。机房梁高 800mm，上部同样敷设了消防管线，从而实现了上下两层消防灭火设施布局。特别需要指出的是，冷通道架空地板采用高占空比产品，比普通冷通道地板价格高出 50%，其占空比高达 55%，且通风比可调，从 55%直至完全关闭。

机房装修摈弃了华而不实的带孔天花吊顶设计，强弱电线缆全部通过机柜顶走线，符合国际最新趋势。

3. 建设成果

国科数据中心建设采取了一系列的房间级制冷创新技术，包括空调水冷技术、离心机组变频技术、精密空调带EC风机技术、冷热通道隔离的冷池技术、供配电及弱电线缆架空敷设技术、水经济器技术、智能PDU（远程电源管理）技术以及云计算和虚拟技术等，最终使得数据中心的PUE（数据中心的能源效率）值实测达到1.58~1.59（注：PUE=数据中心总设备能耗/IT设备能耗），冷池第12块冷通道架空地板风速达到1.54~2.0m/s。表18-1是数据中心全年电耗值。

表18-1 2011年度数据中心能耗统计表

	1月	2月	3月	4月	5月	6月	7月	8月	9月	10月	11月	12月	总计
用水量/t	521	406	637	1059	1420	2134	1756	1827	570	475	518	403	11726
用电量/kW·h	347620	271440	289700	321300	397560	489120	645720	655800	542600	554600	513400	384800	5413660
柴油/L	2200												

从表18-1用电量分析可知，由于使用了水经济器，过渡季节的用电量从7月、8月高温季节的640~650kW·h降低到500~600kW·h（4月、5月和9月、10月），节省效果显著。

18.1.4 数据中心的云计算和虚拟化技术

苏州国科数据中心的核心业务是为国内外高科技研发企业、现代服务业、互联网服务商提供国际一流的网络通信、信息安全、数据灾备、“云”计算及系统集成管理等数据服务。

“云”其实就是网络，是互联网的一种比喻说法。因为过去在传输网络图中往往用“云”来表示电信网，后来也用“云”来表示互联网和抽象的底层基础设施。云计算的一个核心理念就是通过不断提高“云”的处理能力，减少用户终端的处理负担，最终使用户终端简化成一个单纯的输入/输出设备，并能按需享受“云”的强大计算处理能力。

云计算最基本的概念是通过网络将庞大的计算处理程序自动分拆成很多较小的子程序，再由多部服务器所组成庞大系统，进行搜索、计算分析之后，将处理结果回传给用户。这项技术，使远程服务供应商可以在数秒之内，完成处理数以千万计甚至数亿计的信息，达到与“超级电脑”同样强大性能的网络服务。云计算（Cloud Computing）的核心是依托先进的软件技术，以虚拟化的方式通过网络按需求和扩展的方式使用户获得所需的服务。

苏州国科数据中心通过一个分布的、可全球访问的资源架构，使数据中心在类似互联网的环境下运行计算。最终客户不需要关心这个资源在哪里和怎么部署好他想要的东西。他只要提交申请，然后是一系列自动化的流程，最后拿到的就是“交钥匙”式的解决方案（Turnkey Solution）。

苏州国科数据中心提供云计算的基础设施管理、客户需求的资源分配、负载均衡、软件部署、安全控制和使用费结算等。

18.1.5 国科数据中心的智能弱电系统

数据中心智能化弱电工程包括：楼宇自控系统（空调系统及智能照明）、综合布线系统、安全防范（监控、报警、巡更）系统、网络高清监控系统、门禁一卡通（含停车场）系统、公共广播系统、无线对讲系统、综合管路、ECC中央监控管理中心、服务器定制冷池、机柜工程等子系统的设计施工。

1. 智能楼宇自控系统（BA 系统）

智能楼宇自控系统绿色、节能，能提高各系统运行效率、减少操作维护人员、最大限度延长设备使用寿命。

（1）智能楼宇自控系统的节能降耗措施：

1）采用两套完全独立的水冷中央空调系统，双路管路至机房。

2）空调机组采用水冷下送风型，根据机房负载需求，EC 变频节能风机自动调节制冷量。

3）机柜区的冷、热风道分离设计和冷通道封闭（冷池）技术，可保证机房保持恒温恒湿环境。

4）BA 空调自控系统支持分布式网络结构，采用 IE 浏览软件进行设备的监控管理与操作。可根据设备运行的工艺流程合理调整能量的使用；根据设备的运行历史记录，自动分析比较当前和过去的运行过程，并作出节能趋势报告。还能实现楼宇自控系统与其他系统数据的交换和集成。

5）空调自控系统中的现场 DCC（Data Collection Controller，数据收集控制器）之间采用点对点通信方式；所有现场控制器独立工作，以确保故障不会影响其他系统的运行。

6）空调系统采用美国约克中央冷水机组、加拿大佳力图冷水精密空调机组和马利冷却水塔，总制冷能耗比采用恒制冷压缩机降低 33.5%，设计 PUE 值<1.6。

（2）中央监控管理中心。

1）ECC 中央监控管理中心对整个数据中心的物理安全、系统监控、系统运营提供全面、整合的管理服务。

2）机房环境监控系统可监控环境温度、湿度、漏水探测、末端配电、USP 供配电和空调系统的运行状况等。

3）BA 智能楼宇自动控制系统可监控冷冻水、变配电、双电源供电系统的自动切换环境和智能照明系统。

4）消防自动控制系统对整个大楼的火灾报警进行集中监控，并能与大楼的水喷淋、水喷雾、气体灭火系统同步联动，对大楼实行全面消防保护。

5）业务运营支撑系统（Business & Operation Support System，BOSS）对核心网络系统、客户 IT 设备和系统运营状况进行全面监控管理。

6）通过中央控制主机和触摸屏操作系统，实现对监控中心内的 DLP 大屏、电动窗帘、视频矩阵和照明灯光的集中控制。可通过串口信号自主切换、调用视频信号；对室内照明灯光回路实现集中式的开关控制和各种照明模式的切换；对电动百叶窗帘进行集中控制；用户只需轻轻一点触摸屏，即可完成相应操作，无须培训也能轻松使用。图 18-8 是数据中心的中央监控管理中心。

图 18-8　数据中心的中央监控管理中心

2. PDS 综合布线工程

对于信号传输网络系统的综合布线，其中机房布线是机房工程的重要内容之一。布线桥架路由要与机房地板下/吊顶内的其他各种管路/桥架进行统筹考虑，确保机房各系统合理、有序实施。整个机房内部的布线系统采用上走线，部分办公区域采用下走线的方式。

布线系统主要通过多级布线管理模式实现随需应变，充分考虑了阶段化扩展及分区功能调整的适应能力；整个结构化布线系统应全面避免出现单点故障隐患情况。

为节省数据中心的宝贵空间，采用小尺寸高密度的解决方案，除采用设备冗余、物理备份以外，布线系统本身由高质量、高可靠性的产品组成，既支持多重协议，又支持多品牌网络产品的互联。光纤部分采用预连制高密度万兆阻燃级光缆。铜缆部分采用 CMP 阻燃级非屏蔽六类布线系统。

光纤链路采用 Comscop 品牌单模万兆高速光纤。预制的机柜间光缆，大大减少了繁杂的设备跳线；预链接光纤无须另行布线，既可靠、又省时。主干光缆两头采用 MPO 的插接器，直接插接模块，节约了整体安装时间，方便机房维护管理和减少误操作造成的生产事故。

主配线架设在核心网络区和存储区，完成设备之间的跳线，在主配线区域采用高密度配线架和预连制光缆，如 4HU 的空间达到 288 芯的配线功能，产品结构采用模块化结构。

所有的非屏蔽系统的配套材料，均使用原厂生产的成品跳线和接插件，保证整个系统的电气传输性能。图 18-9 是光缆租赁逻辑连接图。

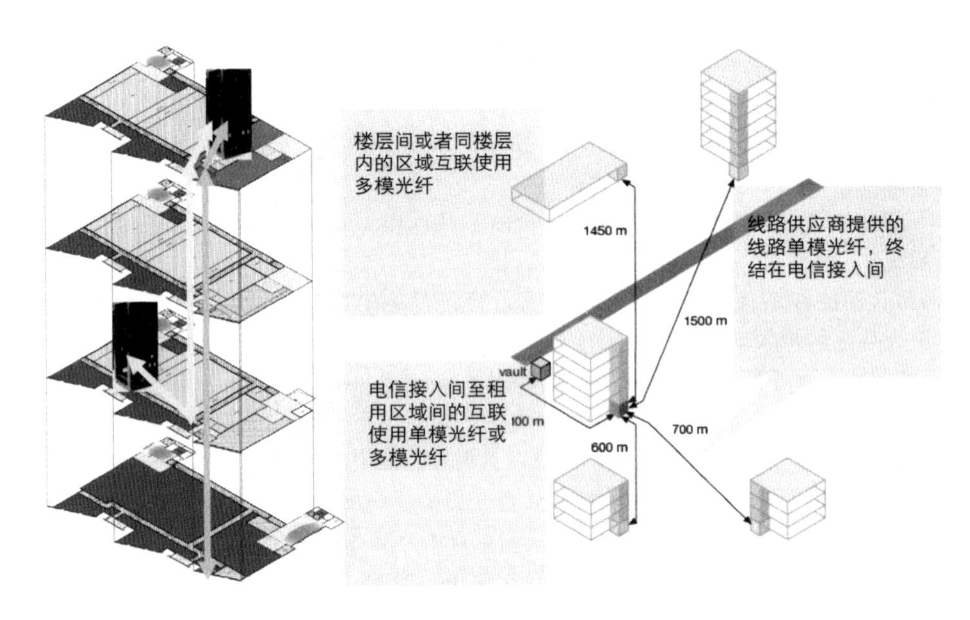

图 18-9　光缆租赁逻辑连接图

3. 安全防范系统

数据中心的安全防范系统，除利用安防报警系统、闭路电视监控系统、视频矩阵控制系统、非在线式巡更系统等多种技术设备，建立多层次全方位的防范系统外，还结合 IP 网络视频监控系统，对整个数据中心进行统一监控管理。

安防报警系统包括红外微波双鉴器、红外对射探测器、紧急按钮和玻璃破碎报警器等多种探测器。报警系统由一层监控中心统一管理。另外，门磁报警器接入门禁系统由 ECC 门禁系统管理。安全防范系统分室外和楼内两套独立的管理系统。

楼内电梯轿厢、电梯厅、大楼出入口、各楼层出入口、公共走道，室外建筑周边、楼顶以及重要场所设置闭路电视监控系统、报警探头和报警按钮，24h 监视、录像，及时了解和处理各处的动态情况，同时存储录像，提供资料备查。

采用具有网络功能的视频矩阵，直接通过以太网通信传输视频和控制信号，配合高速处理能力的计算机，及时记录/打印报警信息。用电子地图方式管理所有摄像机，还可以用鼠标遥控带云台的摄像机，有利于各建筑物之间安保系统的联网，建立完整、统一、高效、先进的安保系统。所有监控资料均接入硬盘录像机，根据需要灵活操控。

针对夜间安全，数据中心还特别配备了一套非在线式巡更系统，可真实记录、了解巡更员执行任务时的真实情况，便于日常管理、数据记录及查询，并依需求对巡更人员、巡更地点、巡更班次进行设置。

IP 网络监控技术的使用，更突显了数据中心的高度安全性和保密性。整个系统的权限均有多级严密控制：用户名加密、密码管理、分级权限控制、屏幕锁定及解锁密码验证等；支持 Radius 认证和 AD 认证两种方式；数据安全可靠性高：支持冗余存储技术，支持分布式多级备份存储，提供数据加密传输、加密存储、数字签证功能；具备系统自备巡检功能：自动监测设备运行状态，发生异常立即报警；提供操作痕迹保留和日志分析功能。

4. 门禁一卡通系统

门禁一卡通系统主要对进入重要区域、重要机房、设备间、空调间、访客通道及主要通道的人员实行出入权限管制，以便限制人员随意进出，从而保证大楼重要设备和人民生命财产的安全。

一卡通系统主要涉及发卡管理、门禁管理、考勤管理、巡更管理、报警联动管理、视频联动管理、防尾随通道控制管理、访客管理和机柜控制管理等系统。采用领先技术的网络化结构，采用 ICLASS 非接触射频卡及生物识别技术对各部门实施授权身份识别，实现门禁出入口控制及信息安全登录的网络监控，控制员工和访客出入和内部空间的使用权限。

综合安保子系统，可实现与其他系统，如消防、CCTV 系统等的联动控制，并对各通道口的位置、通行人员、通行时间进行控制和实时警报输出控制管理，形成各类报表，供日后记录查询及事件追溯。

数据中心前台（大门口）安装访客系统，主要针对外来访客设计，系统结合身份自动采集设备、道闸与自助访客管理终端，为数据中心访客管理系统的网上预约、登记、签入、发卡、物业、签出等过程提供简单而高效的手段，实现访客管理系统的数字化、网络化和智能化管理。图 18-10 为前台（大门口）安装的门禁一卡通系统。

接待区两侧的快速通道，访客刷卡即进行图像抓拍，计算机进行图像识别，门禁软件与闸机联动，决定是否放行。

防尾随通道管理主要设置在无人机房区和非无人区域的通道门区域，该区域设置了生物识别设备、对讲设备及区域人数统计监控装置等。防尾随通道内若多了一人以上，系统会报警并闭锁无人区门禁。报警后监控中心可实时显示报警区域图像并给出预警提示。

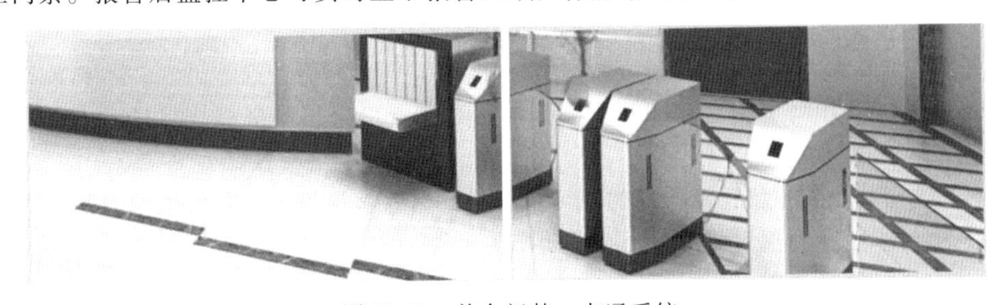

图 18-10　前台门禁一卡通系统

机房的机柜门控制是出入口控制的最后一道防线，工作人员需持手动钥匙+刷卡+输入密码方可打开机柜门的电动锁，从而确保了数据机柜系统的安全性。

所有门禁系统操作状态都会实时自动记录，记录信息保留三个月，并自动生成 Excel 表格将其记录存入其他硬盘；供事后追踪查询，查询数据筛选时，可将报警记录或刷卡记录和视频文件关联。可实现一次调用，方便日后信息集中管理查询，实现信息一体化管理的目的。

5. 无线对讲系统

无线对讲系统采用大楼内微功率天线覆盖方式；中心设置在消防安保机房，通过弱电间垂直桥架连接至各楼层；一至四层采用隐藏式室内天线，地下一层（夹层）采用杆状全向天线；系统部署了两套调度台，分两组用户，一组为物业安保服务，一组为IDC机房管理人员调度使用。

6. 供电系统

供电系统的可靠性系数可达到99.999%。采用以下有效措施：

（1）从两个不同变电站引入两路20kV·A市电，通过不同路由进入数据中心配电室。

（2）采用双UPS系统，分楼层提供不间断电源，机房单机柜的UPS供电量为4kW，高密度区单机柜的UPS供电量可达8kW。

（3）柴油发电机双冗余设计：一期工程配置7台2000kW柴油发电机，独立油库，后备时间满足数据中心48h连续运行。

18.1.6　数据中心闭路电视监控系统

数据中心闭路电视监控系统为用户提供从环境安全、服务安全、管理安全、网络安全的全方位安全服务。

闭路电视监控系统为全数字结构。系统由网络摄像机、网络视频服务器、视频屏幕墙服务器、视频安防管理软件等组成。本系统以第四层数据中心机房为核心，各个监控点的信号就近接入本层弱电间交换机，并在IDC数据中心实现整个大楼视频监控的统一管理、录像和报警处理等功能。

摄像机采用IP数字摄像机，数字视频信号通过网络就近接入本层弱电间交换机。远距离摄像机的数字视频信号通过光纤传输，接入监控室核心交换机。

闭路电视监控显示系统的视频分辨率为D1（即：PAL 768×576），存储系统的视频压缩格式为H.264。采用磁盘阵列存储视频信息，保存天数为30天，并能够方便地进行扩展。

系统具有多种智能化控制方式：包括前端摄像机镜头遥控、多画面同屏显示、多模式自动轮巡切换、图片抓拍、及时回放、虚拟镜头、电子地图等功能，提供实时、定时、报警触发、随时启停等多种录像模式以及对录像资料的智能化快照检索查询等功能。

1. 闭路电视监控系统功能

（1）视频监控：

1）防区监视及入侵检测：在摄像机监视的视场范围内，根据监控需要可设置任何形状警戒区域，当有人碰处警戒线时，系统自动报警，并用告警框标识出进入警戒区域的目标，提供目标图像坐标位置，实时回传报警时刻照片，保存处警时段录像。

2）火焰、烟雾检测：在摄像机监视的视场范围内，当有火焰、烟雾出现并达到预设告警门限时，产生警告，并用告警框标识出火焰、烟雾区域，给出火焰的坐标，实时回传报警时刻照片，保存处警时段录像。

3）物品遗留检测：在摄像机监视的视场范围内，当有满足预设门限大小的物品被遗留在视场范围并且停留时间达到预设门限后，则自动产生告警，并在物品停放位置产生告警框，提醒相关人员注意有异常物品遗留。实时回传报警时刻照片，保存处警时段录像。

4）物品被盗或移动检测：在摄像机监视的视场范围内，当警戒区域内的目标物品被移动且时间达到预设门限后，则自动产生告警，并在目标物品原来放置位置显示告警框提醒相关人员注意物品被移动。实时回传报警时刻照片，保存处警时段录像。

5）智能拍照：在配有摄像机的重要部门入口处，当有人进入时，摄像机会自动拍照，并保留图像凭据。

6）移动侦测：在摄像机监视的视场范围内，在设置的时间内，如果有移动目标，系统会自动侦测，发现未授权移动目标时，系统立即发出声光报警，同时将警情上报至监控中心。

7）监控系统支持双向语音的传输和录制，以及流媒体转发功能。视频管理软件可以通过流媒体转发功能由服务器端向客户端发送实时视频流，而无须由客户端直接访问前端网络视频监控设备，以保证前端设备的运行稳定性和带宽。

8）提供电子地图功能：为系统中各通道、探头及输出配置电子地图，标示其地理位置，以方便对报警通道定位、查看报警事件。电子地图的管理基于地图管理树和组织结构树实现：地图管理树用于显示系统中所配置的所有电子地图及其分级分类；组织结构树用于显示系统中建立的所有组织结构信息，建立设备与地图的关联。

9）支持多种智能分析功能：包括人数统计、车流量统计、非法入侵、车辆逆向行驶、镜头遮盖/丢焦报警、可疑遗留物体探测、物体追踪、车牌识别等。同时需支持这些视频分析功能与其他子系统的报警联动。

10）提供标签功能：标签功能用于标注视频文件中的重要信息，便于检索定位。支持手动标签、报警事件标签、智能标签。

（2）智能视频回放：

1）按事件检索回放：系统可以事件为检索条件，例如以某个报警器触发为条件；以某个门被打开为条件；或者以视频智能分析数据中的某个走廊有人穿越为条件。

事件触发报警录像应单独存储，存储时间段为报警前 1min、报警后 5~10min 的视频。

2）按数据检索回放：系统可以各类业务数据为条件进行检索，例如查找某个射频卡在某段时间进入第四层网络机房的所有视频。

（3）联动报警。当发生报警信息时，系统可以根据设置，自动进行一系列的联动处理，例如，在监控终端显示屏上弹出告警视频，并根据预设，向保卫人员提供处理预案；在地图上显示告警发生的地点；触发声光报警器等设备；控制开启/关闭灯光、门等设备。

（4）视频处理和存储。服务器应支持不小于 100 路 IP 视频的实时存储和向客户端、电视墙转发，支持多机集群和多种存储设备；支持多种协议的存储设备，包括直接挂接 SCSI、SATA、FC 光纤接口的 DAS 数据采集系统设备；通过网络访问公共的 NAS 存储设备；连接 IP-SAN、FC-SAN。通过这些外部的存储设备，系统存储的视频数量可以无限容量地扩展。

（5）系统权限管理。

通过管理客户端软件，可以对系统的用户权限进行管理，系统采用用户名+密码方式进行权限区分，系统用户可以按照所属部门、区域、职责划分角色和级别。系统管理员拥有最高的权限，可以对用户级别和角色进行修改和授权。

用户管理：只有经过授权，拥有账号密码的用户才能浏览或控制摄像机，访问位于不同区域的摄像机需要具备不同权限，用户只能够访问或控制其权限范围内被允许访问或控制的摄像机。

权限可以详细到对每一路视频、每个设备的不同操作进行授权，例如授权允许实时监看特定视频、控制特定云台镜头、回放特定视频、修改系统信息、对设备进行设置和控制等。

冲突操作的解决：在用户同时进行有冲突的操作时，例如控制云台，按用户级别高者优先，用户级别可以设置为 0~99 级，同级别用户以先操作者获得控制权，如果一段时间没有操作则自动放弃控制权。

2. 闭路电视监控系统设计

主要监控点位为数据中心大楼内的网络机房、UPS 设备机房、空调机房等区域，共 76 个监控点。

根据系统功能要求，前端摄像机采用 IP 网络彩色枪机和 IP 彩色半球网络摄像机，数字视频信号采用专网传输。前端摄像机通过网线连接到楼层弱电间的接入交换机，接入交换机再通过光纤连接到综合布线间的核心交换机。在第四层ECC数据中心机房安装一台管理服务器和一台安防平台服务器进行图像记录和转发。监控中心安装一台监控客户端工作站和一台电视墙解码服务器，采用DLP拼接屏（电视墙）作为大屏幕图像显示系统。第四层监控中心安装一台千兆核心交换机，通过光纤连接到综合布线间的核心交换机。

网络视频监控系统应具备强大的数据管理功能，可对系统数据进行集中管理、检索、查询、分析和统计，包括各类事件信息、报警信息、设备状态信息等。

为用户提供在线信息，支持用户在线管理、查询系统信息、录像信息、报警信息。同时，系统对报警记录和录像事件等动作，自动记录到数据库中；长期对发生的时间进行检索、查询、回放。

以树形结构的方式管理用户单位的组织机构，并将所有用户的管理纳入这个树形的组织机构中。提供方便的用户权限管理功能，要求权限管理功能非常强大，既能对用户访问系统功能的权限进行限定，又能对用户访问设备的权限进行分级管理。图18-11是网络监控系统原理框图。

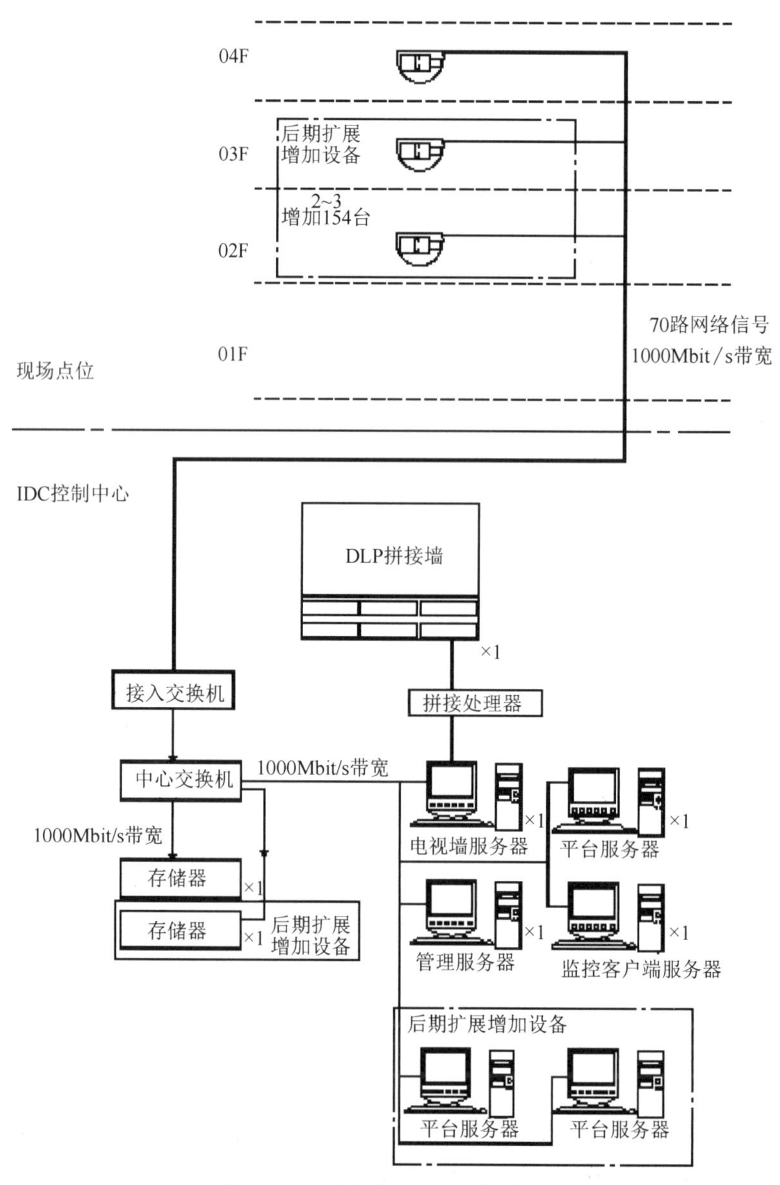

图18-11　网络监控系统原理框图

摄像机本身具有智能报警功能，例如越界报警、绊线检测报警功能，这样既可提高移动侦测效率，又可减轻后台系统的负担。当发生报警时，能够通过多种方式对管理员进行提醒，如弹出报警窗口等。此外，系统应当能够将报警前后的图像集成到录像当中，即报警发生前和发生后的一段时间的图像集成到报警录像当中。

可针对每一类异常情况设置不同的联动策略；能提供丰富的联动策略，并能对每一种联动策略进行详细配置，这些联动策略至少包括：系统关联联动操作：如报警录像/抓拍、摄像机方位和俯仰联动、报警输出；录像时可实现保存报警前监控现场视频，保证事后取证；监控客户端联动操作：如关联处理用户、预览通道、弹出地图。

设备巡检：要求后台系统必须提供设备巡检功能，能提供手动巡检和自动巡检两种模式，这两种巡检模式都能对设备运行的健康状况、参数是否被修改、摄像机的预置位、巡航策略等进行检测，并能自动生成巡检报告；如果在巡检中发现了设备故障，要能够自动报警，可将这种报警事件进行报警联动响应。

3. 闭路电视网络传输系统

采用成熟可靠、开放的网络架构，并采用 VLAN 技术，与办公网进行安全隔离。网络传输系统为树形拓扑结构。IP 网络摄像机采集的数字视频信号通过网络就近接入本层弱电间交换机。远距离摄像机的数字视频信号通过光纤传输，接入监控中心交换机，如图 18-12 所示。

弱电间交换机采用 100M 带 POE（Power Over Ethernet）局域网供电的交换机，通过光纤级联到综合布线间的安防监控核心交换机，监控中心交换机采用 48 端口的千兆光口交换机，并通过光纤与核心交换机级联。

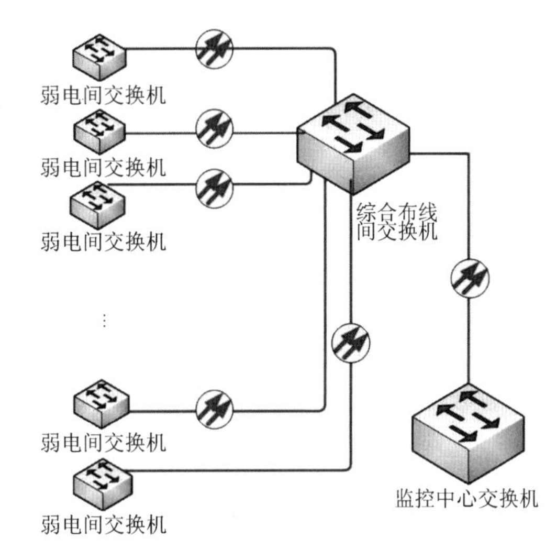

图 18-12　视频监控传输网络

4. 网络带宽和存储容量计算

（1）网络带宽。25 帧/s 标清模拟电视图像的信号带宽至少需要 4.2MHz，复合视频信号（带扫描和同步控制的视频信号）的带宽至少为 6MHz。经 8bit 量化的数字视频信号的带宽（码流）为 6MHz×8bit = 48Mbit/s。为便于网络传输和存储，必须对数字视频信号带宽进行压缩。采用 H.264 视频压缩编码，D1 图形分辨率为（720×576）像素、25 帧/s 的数字压缩编码图像的带宽见表 18-2。单路摄像机的网络带宽至少为 1.5Mbit/s。监控中心接收 76 台摄像机同时并发需要的网络带宽至少为：76×1.5 = 114Mbit/s。因此，系统采用 100/1000M 局域以太网架构，可以满足视频监控要求。

表 18-2　H.264（MPEG4 AVC）视频压缩编码带宽

图像品质	视频压缩编码带宽及延时
CIF(352×288 像素)动态视频(25 帧/s)	0.7~1.4Mbit/s
D1(702×576 像素)动态视频(25 帧/s)	1.6~3.0Mbit/s
亮度/色度比	4∶1∶1
端到端延迟/ms	120~150
丢包率	不大于 2%(即不出现“马赛克”图像)

（2）存储容量计算。每路视频流所占带宽 = 1.5Mbit/s/8bit = 0.1875MB/s（字节/秒）。每路每天 24h（1h = 3600s）需要的存储容量 =（1.5Mbit/s/8it）×3600s×24h ≈ 16.2GB。

每路摄像机 7 天需要的存储容量 = 1.5/8×3600×24×7 ≈ 113.4（GB）。

该项目共安装 76 台网络摄像机，整个系统 7 天的存储容量要求为：113.4GB×76 个监控点 ≈ 8.6TB。为保证 30 天录像时间和后期的扩展性，系统应配置 48T 的存储设备。

由于存储容量巨大，本系统采用光纤 SAN 磁盘阵列存储系统，如图 18-13 所示。

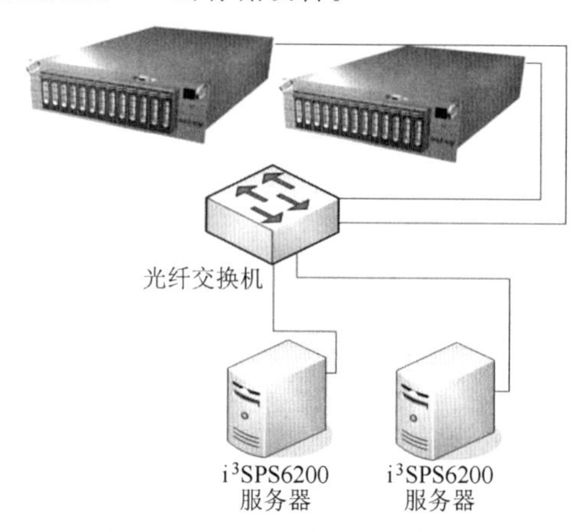

图 18-13　SAN 磁盘阵列存储系统

5. 闭路电视监控管理系统

视频监控管理系统由安防管理服务器、安防平台服务器、安防监控客户端工作站、图像解码上墙服务器和平板显示设备等组成。这些设备安装在位于第四层的 ECC 监控中心。

（1）安防管理服务器。安防管理服务器是整个系统的管理核心，实现用户认证、权限、任务调度、软件升级、系统日志、报警联动策略、电子地图、预览策略、存储策略进行全局范围内的集中管理。它包括三大服务功能：

1）管理服务：用户认证服务、调度服务、信息服务、软件升级服务、日志服务。

2）报警服务：提供报警信号接入服务、报警联动服务、布防撤防服务、报警日志服务。

3）电子地图服务：提供电子地图同步服务、电子地图下载服务。

（2）平台服务器。平台服务器为系统提供平台性的服务，包括设备接入服务、设备控制服务、语音对讲服务、流转发服务、录像存储检索服务、点播下载服务、设备巡检服务。这些服务随系统的启动而运行，被客户端的请求和其他服务器的请求调用。

（3）电视墙解码服务器。电视墙解码服务器有 4 个 VGA 独立输出接口，可以连接 4 台大屏幕平板显示设备。每个 VGA 输出接口可以输出 12 个视频画面信息，供 12 个监控画面同屏显示。还具有智能告警信息、电子地图显示、音频输出、网络矩阵切换等功能。

（4）客户监控端工作站。客户监控端工作站配有三个显示屏，每个屏可指定显示实时监看、检索回放、电子地图、系统管理界面。提供强大的实时视频播放功能、支持多种监看窗口布局、云台及视频色彩控制、音频信息监听、语音对讲、报警事件处理等功能操作，能在实时视频窗口展现实时智能分析的过程和结果。可以进行手工录像、抓帧、手工报警、布防、撤防等操作。可以实时监控前端设备状态、检测在线用户、CPU 状态、存储空间等。可以提供通过时间、报警事件、智能事件、操作、系统、标签等多种组合的日志查询等日志管理功能，可以完成日志统计、报表打印、报表导出等。监控客户端工作站的功能在产品介绍中进行详细描述。

6. 系统联动设计

图 18-14 是消防报警、门禁、闭路电视监控、停车场报警联动工作流程图。

7. 主要设备选型

（1）网络摄像机。系统全部采用先进的 1/4in ExwavePRO™ DS60 逐行扫描 CCD IP 网络摄像机，它们有一个用户友好的 GUI（图形用户接口），个人计算机可以通过运行 Microsoft Internet Explorer 浏览器软件进行直接访问。直观的图标和下拉菜单，使设置极为容易。部分带云台控制功能的摄像机，只需在浏览界面中直接指向并单击监控图像的任何部分，就可以对摄像机进行水平和垂直控制（PTZ），选择监控目标，通过按住鼠标左键，然后对角线拖动来选择图像上的某

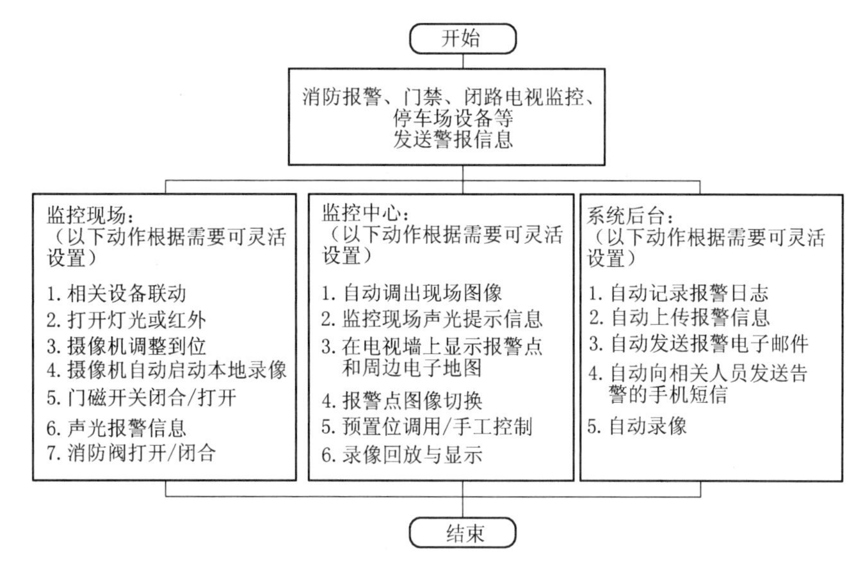

图 18-14　消防报警、门禁、闭路电视监控、停车场报警联动工作流程图

个区域，还可在监视器上放大目标区域图像。网络摄像机 GUI 的界面，可以嵌入到用户的 Web 管理界面，与机房电压、温湿度、网络流量等内容整合在一起，向用户提供全面的监控数据。

DS60 网络摄像机具有坚固防水外壳，24h 的全天候使用，具有日夜转换功能，可以满足室内和室外的各种应用。配合其他很实用的特性，如伽马曲线调整、语音报警、电子 PTZ、DC 自动光圈镜头、超大视角和 POE 以太网供电。

云台控制：通过鼠标在视频窗内的拖拽和单击，控制云台动作；支持设置最多 99 个云台预置点。提供灯光/雨刮/除雾等多个云台辅助开关。DS60 网络摄像机技术规格表见表 11-11。

（2）安防平台服务器。安防平台服务器为系统提供平台性的服务，包括设备接入服务、设备控制服务、语音对讲服务、流转发服务、录像存储检索服务、点播下载服务、设备巡检服务。

安防管理服务器是整个系统的管理核心，实现用户认证、权限、任务调度、软件升级、系统日志、报警联动策略、电子地图、预览策略、存储策略进行全局范围内的集中管理，包括管理中心服务、报警服务、电子地图服务三大服务功能。

（3）电视墙服务器。电视墙服务器将来自网络的视频流解码，提供 VGA/DVI/HDMI 等数字格式接口，可连接液晶、等离子大屏幕电视机、投影仪等显示设备；每路输出接口最多可以分割为 12 屏，同时显示 12 个监控画面；提供智能告警信息、电子地图的显示、音频输出、网络矩阵切换等功能；电视墙服务器可通过堆叠的方式多机协同工作，实现更多路的视频输出，可以满足各级用户的不同层次的需求。

1）系统流程显示。提供基于树形结构的设备列表和控制："组织结构资源树"自动显示登录用户权限范围内能看到的所有设备，并以不同的图标标注设备状态（正常态、录像态、报警态、正常态+报警态、录像态+报警态、未布防等）；可将视频通道节点的摄像机/摄像头拖拽到电视墙窗口中，实现二者的关联。

2）视/音频解码。将接收到的实时视/音频码流，实时解码并输出；支持 H.264、MPEG-4、MJPEG 视频编码格式以及 G.723、G.729 音频编码格式；支持 VGA/DVI/HDMI 接口的独立输出。

3）窗口布局设置。可灵活定制窗口布局，可为 VGA 类输出设备、卡类输出设备设定不同的默认窗口布局。

4）分组轮询设置。可为电视墙设置多组分组轮询方案，根据需要选定分组轮询方案。

5）电视墙窗口显示。根据选定的分组轮询方案，即时显示报警视频及报警联动视频；可叠加显示摄像机名称、帧率、码流、报警提示、音量等信息。

6）报警联动。当系统接收到报警信号后，将根据报警的种类、警戒等级的不同，根据预先的联动设置，启动系统进行报警事件的联动处理。

联动处理中一般会设置电视墙实时视频联动功能，即当报警事件发生时，在启动其他联动处理的同时，系统自动将报警点的视频图像展现在监控中心的电视墙上，为安防人员处理报警事件提供方便。

（4）客户端监控工作站。客户端监控工作站配置三个显示屏，每个屏可指定显示：实时监看、检索回放、电子地图、系统管理等，下面将分屏介绍监控客户端主控工作站的功能：

1）实时监看。

实时视频监看、云台控制、轮巡、窗口分割、预置点、巡航、实时报警信息、即时回放、画中画、全景拼接、视频书签功能。

提供强大的实时视频播放功能，支持多种监看窗口布局、云台及视频色彩控制、音频信息监听、语音对讲、语音广播、报警事件处理等功能和操作，能在实时视频窗口展现实时智能分析的过程和结果。

录像管理：提供手工录像、抓帧、语音对讲、广播、手工报警、布防、撤防等功能。

会议管理：可召开语音会议等。

状态监控：实时监控前端设备状态、在线用户、CPU状态、存储空间等。

日志管理：提供通过时间、报警事件、智能事件、操作、系统、标签等多种条件组合的日志查询，提供日志统计、报表打印、导出等。

电子地图：设备地图关联查看、弹出报警通道地图、图标报警提示、关联地图跳转、实时视频、录像快速查看、手工报警、报警处理、布防、撤防等。

检索回放：智能检索、关联视频检索、快速检索、视频场景抽取、查看录像、抓帧、添加标签、窗口图像缩放、导航/时间线缩放、导航/无级变速浏览视频、窗口分割、视频片段导出等。

电视墙管理：可显示电子地图、实时视频、图片，提供云台控制、轮巡、窗口分割、预置点、巡航、报警信息提示等。

系统设置：修改密码、客户端升级、存储位置设置等。

2）检索回放。检索回放功能，具有多级约束条件检索和智能标签检索两种检索方式，采用了独特的时间条回放模式，支持录像视频的多种智能分析。

资料导出/导入：资料导出、导入；资料导入导出控制（加密、加水印、数字签证）。

3）电子地图。在电子地图浏览界面，用户可以直观地查看摄像机所在的空间位置，查看实时视频和报警录像，以及用户登录后系统产生的即时报警日志、历史报警日志、系统日志和操作日志，并能进行报警信息的处理。

电子地图管理：树形结构的分层管理、设置设备与地图的关联、设置地图之间的关联。

基于电子地图的操作：电子地图切换、放大缩小、基于电子地图的设备管理、基于电子地图的视频查看、基于电子地图的告警展现。

4）系统管理配置。为安保管理人员提供电子地图配置、设备巡检管理、用户管理、计划管理、服务器管理、设备管理、报警联动管理等功能。

电子地图配置：增/删/改地图、地图上通道/探头/输出设备建立/修改/删除，地图关联建立/修改/删除等。

设备巡检管理：校时、巡检报警、按等级巡检、配置参数巡检，手工/自动巡检，按次显示巡检结果等。

用户管理：系统、设备权限设置，权限复制/粘贴/修改，增/删/改用户，增/删/改用户组等。

计划管理：制定周期性或特定日期的录制、布防、录像上载计划，计划复制、导出/导入，任务粘贴/复制/删除等。

服务器管理：增/删/改系统服务器，电视墙设备、服务器主从、集群的管理，服务器状态监看等。

设备管理：增/删/改设备，设备常规/智能/移动侦测参数设置，组织结构树构建，配置远程前端设备，设备版本管理等。

报警联动管理：定义声光报警、多镜头 PTZ、视频弹出、报警录像、电视墙输出，短信、邮件、电话等多种报警联动，设置的导入/导出等。

18.2　医院信息管理系统

医院是一个拥有门诊、急诊、住院大楼、医技、餐厅、宿舍等的建筑群。医院信息管理系统（Hospital Information System）有利于医保费用的管理。过去用计算机手工输入操作医保费用结算，不但增加了医护人员诸如费用明细表录入、药品分类等事务性工作，而且费用明细的审核工作量相当大，差错率较高。医院信息管理系统可以对全院的工作流、物流、信息流等环节实行全面信息化管理，使全院资源得到充分共享，大大减少医保管理员的工作量，减少差错率，提高工作效率。

医院信息管理系统支持医院的行政管理与事务处理业务，减轻事务处理人员的劳动强度，辅助医院管理，辅助高层领导决策，提高医院的工作效率，使医院能够以较少的投入获得更好的社会效益与经济效益。

医院信息管理系统的建设目标：突出“以病人为中心”，提高医疗服务质量，把手工处理信息为主的模式转变为人、财、物以计算机网络化为主的新型管理模式，为提高医院经济和社会效益及科学管理水平、实现医疗质量监督与控制和决策科学化提供基础。

本工程案例是一所集医疗、预防、保健、康复和教学为一体的二级甲等综合医院。设置行政职能科室 14 个，一级临床科室 11 个，医技辅助科室 14 个，开放病房 450 张，并设有 120 急救中心和 ICU 重症监护病房，担负着全市及周边人民群众的医疗急救任务。

一期项目主要包括住院楼（地下一层，地上八层）、门诊、医技楼（地下一层、地上五层）、传染楼（三层）、餐厅（三层）、锅炉房等建筑。

医院信息管理系统是有效缓解看病难、看病烦和解决看病“三长一短”（挂号、收费、取药时间长、医生看病时间短）矛盾的有效途径，住院病人的费用可做到“日日清”，堵住收费、药品管理中的漏洞，降低医疗成本，减轻病人负担。

挂号、收费、医生/护士工作站、药房、化验室、治疗室、手术室、医技部门等各科室通过计算机存储系统和通信网构成的计算机软、硬件工作平台，实现医院信息统一管理和资源共享。医院信息化建设是提高医院工作效率和医疗质量、促进医院改革与发展的重要手段。

医院信息管理系统支持医护人员的临床活动，收集和处理病人的临床医疗信息，丰富和积累临床医学知识，并提供临床咨询、辅助诊疗、辅助临床决策，提高医护人员的工作效率，为病人提供更多、更快、更好的服务。

18.2.1　医院信息管理系统的功能结构

根据国家卫生部 2002 年颁布实施的《医院信息系统软件基本功能规范》，医院信息管理系统主要包括：门诊管理系统、住院管理系统、医技管理系统、库房管理系统、经济管理系统、辅助管理系统、外部接口七个部分，如图18-15所示。

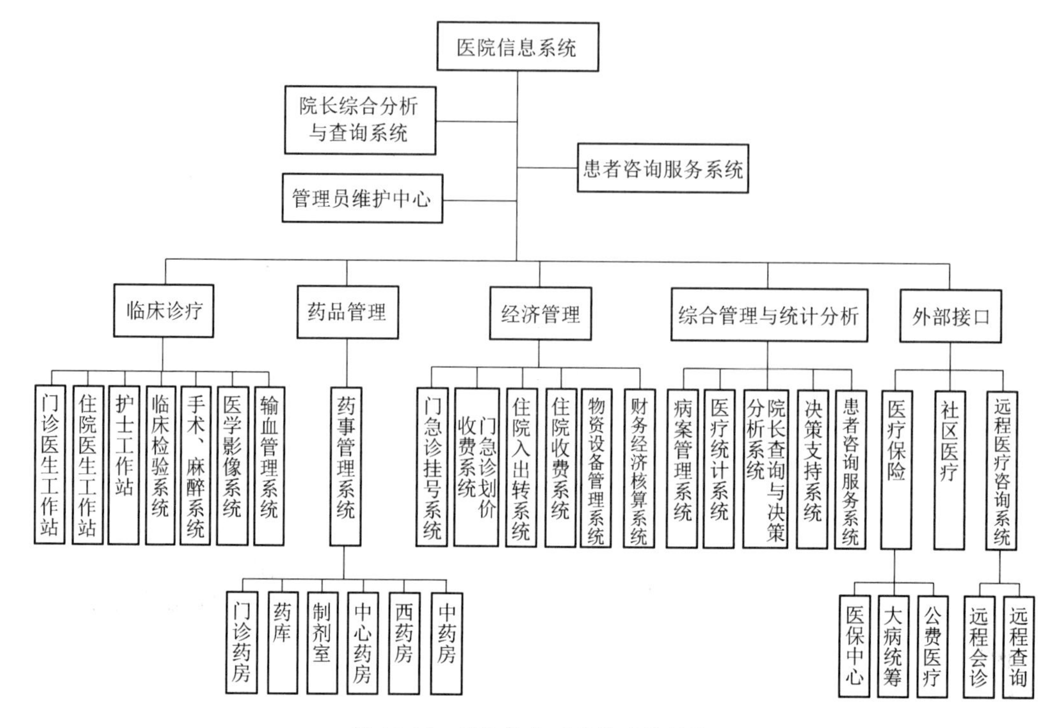

图18-15　医院信息系统的功能结构

1. 门诊（临床诊疗）信息管理系统

门诊（临床诊疗）信息管理系统与药房、后勤等各部门紧密相关，涉及面广、工作量大、处理事务繁重，提供大量日常门（急）诊业务信息，主要业务包括：

（1）挂号与预约系统：为门诊安排管理、挂号和退号处理、挂号人次统计与查询等。

（2）划价收费系统：包括划价收费、结账处理、收据查询、退费处理、日报表等。

（3）门诊药房系统：包括处方管理、药品出/入库和库存管理、药房盘点、门诊发药、发药统计、发药统计查询，查询任意时间段的发药、报损、退药、退货动态情况，药品有效期、药品数量的上、下限控制等。

（4）门诊医生工作站系统：包括门诊记录、健康档案、电子处方、电子检验单、电子账单、电子医嘱等。

（5）门诊护士站系统：包括安排病人诊疗、门诊治疗及医嘱审核、执行、取消和恢复等。

（6）门诊导医系统：包括医院介绍、科室介绍、专家介绍、就诊指南、药品价格查询、收费项目价格查询、就诊费用查询、保健常识介绍等。

2. 住院管理系统

住院管理系统为患者提供从入院到出院所发生的全部医疗服务，包括医生诊疗、临床护理、会诊、转科室、通知、账务结算等一套完整的服务体系。主要业务包括：

（1）住院处管理系统：包括住院登记、押金管理、住院情况查询、病历号替换、患者费用查询、出院结算、医嘱查询打印、费用查询打印、数据维护等。

（2）住院医生站系统：包括医嘱录入、医嘱审核、医嘱终止、重整医嘱、医嘱查询、患者病历查询、转科、出院等。

（3）住院护士站系统：包括安排患者进入指定床位、交换床位、医嘱执行/终止、处方摆药、摆药查询、转科、出院申请和护士日常工作记录等。

（4）住院药房系统：包括处方管理、药品出/入库管理、库存管理、药房盘点、病区摆药、付药统计、统计查询，查询任意时间段的发药、报损、退药、退货动态情况，药品有效期、药品数量的上、下限控制等。

（5）手术管理系统：包括手术申请、手术确认、手术通知、手术摆药、手术医嘱、手术记录、手术质量、手术查询、建立手术室信息档案等。

3. 库房信息管理系统

（1）药库管理系统：完善药品库存管理包括自动识别、统计积压、呆滞、失效药品；设置库存上、下限和基本库存量；单独重点管理毒麻贵重药品；建立药品进、存、耗、用明细账和相应金额账，自动完成记账、结账，提供会计所需全部账目数据。

中心药房（门诊药房）与药库、制剂室、门诊临床科室和住院处有直接联系。对药品入库、出库、退药、调拨、报损、调价、盘存、短缺等实施智能化、自动化管理。

（2）血库管理系统：包括入库管理、配血管理、发血管理、报废管理、自备血管理、有效期管理、疾病用血统计分析、血库查询与统计等。

（3）耗材管理系统：包括采购计划、耗材入库和库存动态查询、零售动态查询、库房报损动态查询、系统维护等。

（4）设备管理系统：包括出/入库管理、设备使用情况和查询管理、设备统计编码、设备效益核算、物品权属变更、设备调拨、设备维修和大修管理、设备报废管理、出入库报表打印等。

4. 医技管理系统

（1）影像管理系统（PACS）：建立影像诊断系统的计算机化和网络化，在普通计算机上直接显示和储存 X 光机（RIS）、核磁共振扫描（MRI）、计算机断层扫描（CT）、彩色超声波（ECHO）等诊疗设备产生的影像。每个影像在网络上任何一台或多台计算机上都可读取，为院际或远地会诊打下基础。

（2）生化检验管理系统（LIS）：为门、急诊和住院病人提供生化检验、微生物检验、尿液检验等检验结果的打印、网络传输和线上查询检验结果。检查检验结果反馈到医生工作站，病房医生根据检验结果进行进一步处理，门诊医生工作站开处方。

5. 经济管理系统

财务管理系统：主要功能包括账目处理、记账，录入当日发生的收支情况，预交款入账、门诊医疗收交款入账、住院收交款入账、生成出纳账目报表，生成经费分类账目报表、会计报表、医疗收支报表等。

6. 辅助管理系统

（1）病案、统计管理系统：依据计算机强大的数据处理能力，快捷、方便、灵活地为医生和管理人员提供各类报表和任意查询各类数据。主要功能包括患者病案编辑、病案查询、病案统计、治疗记录查询、疾病分类查询、病历维护、治疗评价、病案借阅、信息综合检索、报表打印、IDC 数据中心管理等。

（2）院长查询决策管理系统：院长查询决策管理系统以表格、图形方式为院长和有关职能科室及时提供全院各科室的实时工作情况和收支情况等各类信息的查询和动态管理。包括查询行政人事信息和医疗动态信息、各类统计分析数据、每天门诊人数、出诊人数、住院病人、床位周转率、重危病人收治率、抢救成功率、财务状况等。

（3）医疗卡管理系统：患者建卡、预存现金、费用查询、费用统计汇总及医疗卡挂失、换卡、注销等。

(4) 管理员系统：包括患者类别管理、系统用户管理、邮件系统管理、科室维护、医保收费管理、标准收费项目管理、工作量管理等。

(5) 办公自动化系统 (OA)：办公自动化系统包括公文制作和管理、人事管理系统、工资核算管理系统等。

(6) 洗衣房管理系统：包括衣物出/入库管理、发放、收取，科室使用情况查询、衣物统计、盘点和统计报表打印、衣物基本信息录入、库存数量上下限设置等。

(7) 食堂管理系统：病房通过护士站，输入订餐内容，食堂收到信息后送餐，能实现物品、食品的出/入库管理，并提供入库清单、出库清单、库存量、查询功能等，实现用餐管理、病房订餐、员工用餐、家属用餐。

7. 外部接口部分

外部接口用于对外数据的传输和交换，主要包括：医疗保险接口系统、社区卫生服务接口系统、财务接口系统、远程医疗接口系统等。

18.2.2　医院信息管理系统的物理平台

1. 数据库系统和管理平台设计

利用服务器、数据库、网络传输设备等的互连互通、数据实时统计分析处理、图像数据处理等多项高新技术手段，构造医院信息管理系统，把医院的各种信息流有机地结合成一个高度共享的信息系统，使医院各部门、科室、社区医疗点可以在各自的权限范围内取得需要的信息，或输入必要的信息，实现信息双向交流，充分共享医疗资源。图 18-16 是医院信息管理系统的拓扑图。

整个系统由一台服务器和若干台工作站构成一个网络，各个子系统在网络上协调运行，部门间业务查询灵活，同时提供严格的权限控制。每个子系统提供一个公用查询功能，每个子系统在此功能下只能使用它有权调用的功能。网络间共享的数据是实时的，避免造成部门间数据不一致的现象。

硬件是系统实施的基础，在方案设计中，应考虑系统实施的各种要求和特点，结合医院实际情况，以质量可靠、性能稳定、性价比高为原则选择产品型号，使系统达到质优、经济。

(1) 服务器 (Server)。服务器是一种高性能计算机，作为网络节点，可存储、处理网络上80%的数据、信息，因此被称为网络的灵魂。主服务器是系统的心脏，系统中所有工作站都必须与其进行信息交换，所以必须保证其速度快、稳定、质量可靠。

服务器与工作站的不同之处在于它必须设置高性能通道，用以管理很大存储容量的磁盘系统或磁盘阵列。服务器的工作速度也要比工作站高。

网络中其他站点服务器（包括不设磁盘的站点服务器）都可以通过网络去访问服务器的大磁盘系统。这样的 C/S (Client/Server) 分布式计算平台，构成了以 C/S 客户端/服务器为基础的网络计算方式。

采用 HP、IBM 等进口 PC-Server 作为医院信息管理系统的中心服务器。最大的优点是维护方便和综合造价不高。随着计算机技术的不断发展，PC-Server 的性能、可靠性、可扩展性等方面都得到了相应提高。

数据备份：采用双服务器加磁盘阵列组成的双机热备份系统。双机热备份就是一台服务器作为工作主机 (Primary Server)，另一台服务器作为备份机 (Standy Server)，在系统正常情况下，主机为信息系统提供正常运行，备份机监视主机工作的运行情况（主机也同时监视备份机是否正常，如果备份机因某种原因出现异常时，主机会尽早通知系统管理员解决，确保下一次切换的

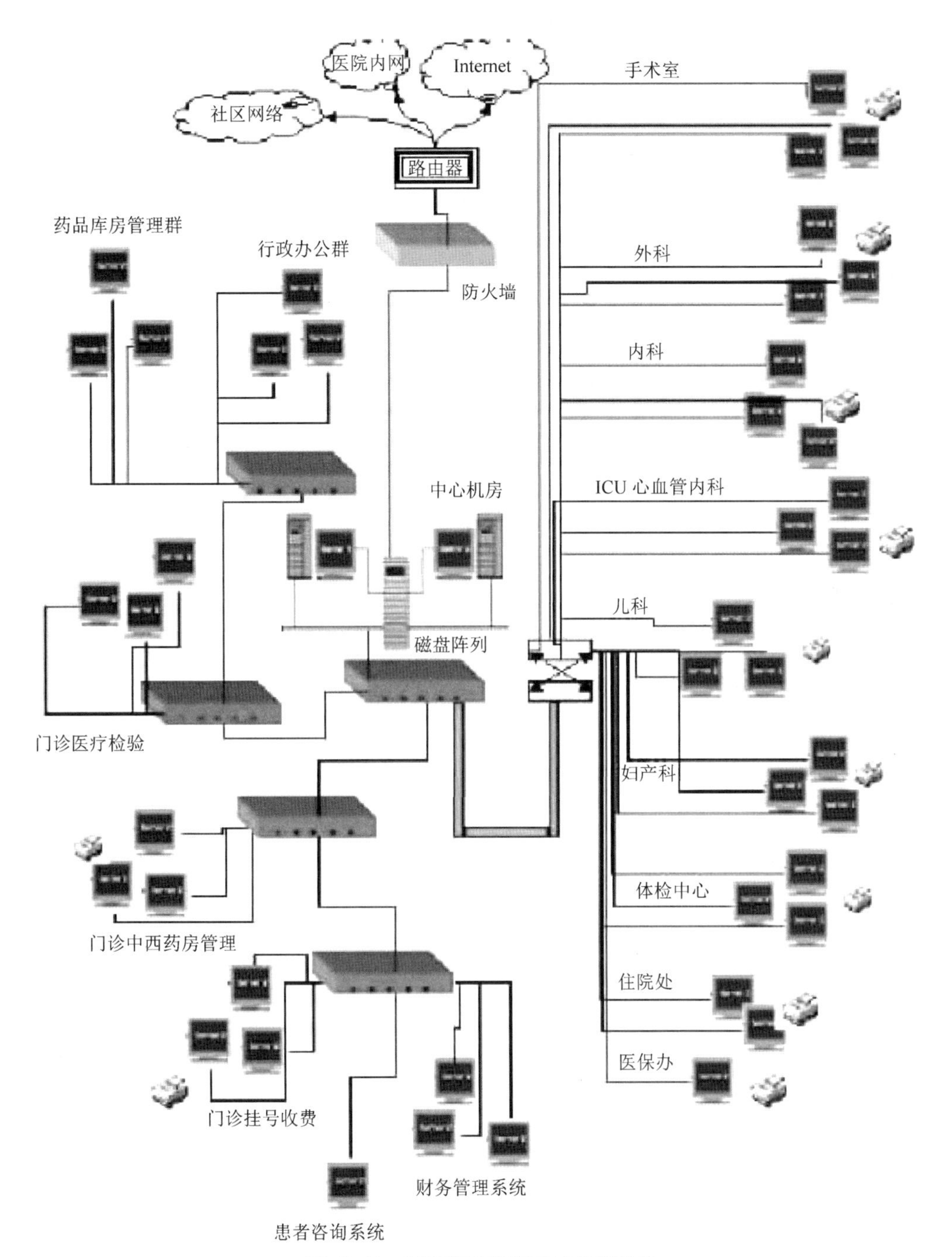

图 18-16　医院信息管理系统的拓扑图

可靠性)。当主机出现异常，不能支持信息系统运营时，备份机主动接管主机的工作，继续支持信息的运营，从而保证信息系统能够不间断（Non-Stop）地运行。主机修复正常后，系统管理员通过管理命令或经由以人工或自动的方式将备份机的工作切换回主机；也可以激活监视程序，监视备份机的运行情况，此时，原来的备份机就成了工作主机，而原来的工作主机就成了备份机。

（2）工作站（Workstation）。工作站是一种以个人计算机和分布式网络计算机为基础，可综合处理文字、数据、声音、图形和图像，具有高质量图形特性和良好人机交互作用的高性能台式计算机。通常配有高分辨率的屏幕显示器及容量很大的内存储器和外部存储器，并且具有较强的信息处理功能和高性能的图形、图像处理功能以及联网功能。

根据当前业务的需要和医院未来发展规划，全院计划设置150个工作站，包括临床医疗各科室的医生工作站（含门诊医生工作站和病区医生工作站）、护士工作站、医技科室工作站、门诊挂号收费工作站、药品库房工作站、门诊药房工作站（含中药房和西药房）、医保工作站、住院结算工作站、查询台、行政办公工作站（含财务、各部门行政人员、临床科主任）、系统管理员工作站、对外信息交换工作站（如远程会诊、区域卫生信息沟通）等。

各个工作站站点通过网络连接起来，但其中一个站点需要具有快速搜索能力和很大存储容量的磁盘系统存放数据库和图形库，这个站点称为服务器。

（3）数据库系统（Database Systems）。数据库系统是由数据库及其管理软件组成的系统，是进行数据处理的核心机构，是一个可运行的存储、维护和为应用系统提供数据的软件系统，是存储介质、处理对象和管理系统的集合体。这里采用MS SQL 2000中文企业版软件。

医院信息管理系统因其数据量巨大、实时性强，所以在数据库系统选型时必须选择高效、稳定的HP或IBM相关性能型号的磁盘阵列大型数据库系统。

（4）客户端PC。采用Intel奔腾处理器，主频1000MHz以上，内存不小于1GB，硬盘容量不小于100GB，显示应达到1024×768像素的分辨率的真彩色。

（5）UPS（不间断电源设备）。中心机房使用STK 3kVA-2H电源，并对机房进行双电源供电；各医保费用结算点各配备一台STK 500VA的UPS。

2. 网络架构设计

医院信息管理系统是一个综合性系统。由于管理面广、部门多、信息交换要求及时等特点，采用星形网络拓扑结构，具有扩充灵活、维护方便、运行稳定、互连性好、性能价格比合理等特点。星形网络拓扑结构中的各工作站不互相依赖，但又能互相访问联系。即一个工作站的运行状态的好坏并不影响其他工作站的正常运行，提高了网络的可靠性。

（1）综合布线。传输网络缆线是计算机网络传送多媒体数据信息的生命线，如因线路质量问题而造成损坏，会使网络全部瘫痪。因此，在设计中全部采用楼宇自动化的综合布线方案，严格按照综合布线的技术要求，保证网络线路的信号传输质量和稳定性。

（2）网络设备。网络设备主要是交换机和集线器（Hub），是连接主服务器和工作站的中间设备，为它们提供快速交换连接。图18-17是桌面型网络交换机外形图。

图18-17　桌面型网络交换机

网络交换机也是扩大网络接口的器材，为子网络提供更多的连接端口，以便连接更多的用户计算机终端。它具有性能价格比高、高度灵活、相对简单、易于实现等特点。网络交换机也就成为以太网技术最普及的交换机。

交换网络中还有一个硬件设备，就是网络适配器，又称网卡。网卡是每一个工作站与网络连接的主要设备。

（3）网络操作系统。网络操作系统是网络硬件设备基础上的一层软件平台，没有网络操作系统将不能构成合理的计算机网络系统。因网络操作系统稳定并与数据库系统配合紧密，因而成为网络的重要组成部分。

（4）防病毒软件及防火墙：选用360安全卫士网络版防病毒软件产品。

3. 系统应用软件

医院信息管理系统的应用软件包括门诊管理系统、门诊医生工作站、医技工作站、药品管理系统、住院管理系统、住院医生工作站、住院护士工作站、药房管理系统、院长查询和财务分析系统、后勤物资管理系统等软件，如图 18-18 所示。

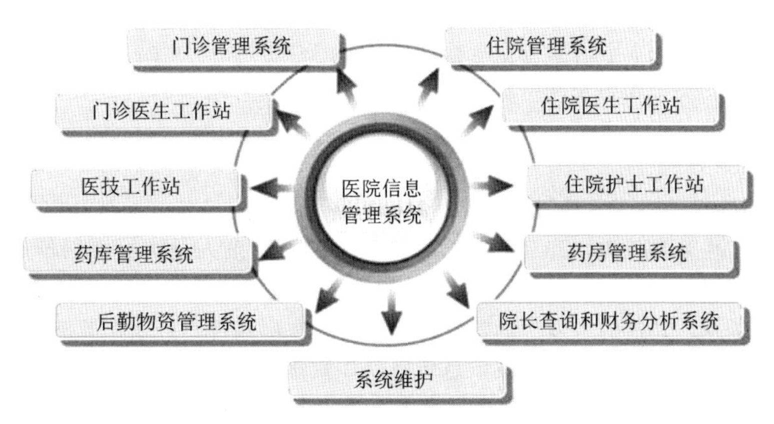

图 18-18　医院信息管理系统的应用软件

医院信息管理系统应用软件的特点：

（1）采用 SQL Server 数据库，保证数据安全稳定。

（2）采用 C/S 分布式计算平台架构，速度快、可靠性高。

（3）无需专用服务器，硬件要求低，节省购买数据库及服务器的大额开支。

（4）具有功能实用、上手容易、界面友好、操作简便、安装容易、维护轻松的优点。

（5）模块任意组合，根据授权操作，支持多种业务流程，如挂号收费、收费划价一体、收费划价分离、直接划价收费、药房划价等。

（6）支持多账户功能；支持多药房、多库房、药库向科室调拨医疗器材等，支持医疗器械和药品进、销、存管理。

（7）支持病人多种付款方式结算、处方录入和套餐服务功能。

（8）支持自定义报表格式，满足医院个性化需求，强大的查询、统计、报表功能，更利于决策。

18.2.3　分步实施方案

按照“总体规划，急用先做，分步实施”的原则，医院信息管理系统可分为三个阶段分步实施：

1. 第一期：完成基本功能建设，实现医院管理初步信息化

（1）建设完整的网络体系：当前，一般医院都没有完整的网络基础，全院可用于网络工作站的计算机只有很少几台（不包括医保结算终端），均处在单机操作状态，资源不能共享。因此，建设初期的主要任务包括两方面内容：完善网络硬件和管理软件建设。

（2）设置工作站及其管理系统：根据信息管理系统建设的总体规划，在保证网络基本功能完整的前提下，在建设初期设置 86 个工作站和 15 个系统管理模块。

（3）设备及相关管理系统购置清单：包括服务器、交换机、UPS、磁盘阵列、工作站等硬件设备及数据库、操作系统、防病毒 软件等软件设备。

（4）选用信息管理系统软件模块：包括门急诊挂号分系统，门急诊划价收费分系统，门急诊药房分系统，住院收费分系统，护士工作站分系统，病区药房分系统，西药库房分系统，中药库房分系统，门诊医技管理分系统，手术、麻醉管理系统，病人咨询服务分系统，全院综合查询分系统，医疗保险接口系 统，财务接口系统，管理员维护分系统。

（5）第一期投资和实施进度：

第一期预计总投资×××万元。根据医院实际情况，实施以下步骤

第一步：完成网络基本框架建设。设立25个临床诊疗站、费用管理工作站，添置中心机房的相关设备，同时完善相关医院管理系统模块。时间：××××年××月至××月。

第二步：添置相关工作站及网络设备。时间：××××年××月至××月。

（6）第一期预期实现的技术目标：

1）药品业务：

① 门诊、住院药品的流程及预期效果。门诊所有临床科室及部分医技科室发生的治疗药品，均通过相关科室医生开具处方。患者凭处方在药房划价，药剂人员按标准划价后备案（包括药品相关信息、总费用，但费用不保存）。病人在收费处交费后，药剂人员查询交费情况确认后配药发放，并保存数据。住院病人发生的治疗药品，需和医嘱相符，护理人员将全科当天所需药品录入系统后，系统自动汇总，并将相关信息传输到住院部药房，系统会自动鉴别病人交费情况，确定无欠费后，药剂人员配药、发药，护理人员领药并发送给病人。

门诊、住院药房实现及时盘点，管理人员定期抽查不同品种的药品，确定盘点效果。

② 预期效果。为药库提供药品的入库、出库、调价、账务处理、编制采购计划、药品质量控制等业务功能，并能进行综合统计分析与查询。加强药品的流转控制，保证医院药品的供给，从而提高整个医院的经济效益。

根据门诊收费处和病区医嘱提供的处方及医嘱，对病人进行配药、发药与退药操作，同时提供网上领药，药品出/入库、盘点、调拨等功能，解决当前盘库不及时、耗时较长等缺点，并且能对药品消耗信息、药房库存及收支信息进行综合统计查询，加快发药的速度，帮助临床护理人员提高工作效率。加强了药房对药品的管理，减少了药品的流失。

2）门诊收费业务：

① 所有门诊收费窗口均可以进行挂号、收费一条龙服务，减少门诊患者收费挂号排队时间，加快了门诊收费挂号速度。

② 医保病人按原结算程序交费，系统自动将收费情况汇总到中心数据库，方便医院和医保结算费用，并且有利于医院或病人进行费用查询。

③ 系统提供患者基本信息采集功能，可以保存患者历次就诊情况，既保证了患者就诊资料的完整性，同时也扩大了医院对外的宣传。

3）住院业务：护理人员将患者基本情况、治疗等信息录入到病区护士工作站系统。系统提供病人住院过程中发生的入院登记、预缴金交纳、转床转科、费用记账、费用结算、退费、催款等一系列功能，并对其中的数据进行综合统计查询，加强了医院对住院费用的控制，增加了费用结算的准确性和及时性，实现“住院费用一日清”的目标，解决了长期以来欠费、漏费的问题。为病区护士提供医护工作中对病人一系列的业务操作，包括床位管理，医嘱的录入、执行与打印，治疗单与各种卡片的打印，体温单的绘制，书写护理记录，查看结果报告，查询住院费用等，减轻了护士大量烦琐的事务性工作，提高了医护质量。

4）医技科室录入所有相关检查结果，并统计本科室的收入情况。

5）通过医保接口系统可以将所有医保患者资料传输到医保中心，方便医保中心审核医保相关费用。

6）各行政管理部门出台的文件、通知等均可在网上传阅。设定各自权限，资料统一保管，实现无纸办公、规范管理，减少行政办公成本，提高了工作效率。

7）实现综合查询功能：医院的财务、医疗、药品、物资、行政等各个方面，从宏观到微观，采用数据表格与各种统计图相结合的形式展现医院方方面面的营运状况，为医院领导的决策

提供参考数据。

2. 第二期：实现更完善的医院信息化管理功能

利用一期建立的网络框架，实现更完善的医院信息化管理功能。

（1）添置相关分系统服务器及用户终端设备：包括院内影像检查、图像采集数字传输分系统 PACS，门诊、住院医生工作站分系统，社区医疗综合管理分系统，固定资产分系统，设备管理分系统，病案管理分系统，人事工资分系统。

（2）第二期总投资预算：实现数据网络传输所需设备的费用×××万元。

（3）第二期预期实现的技术目标：

1）加强医院对固定资产的控制与管理。实现设备采购的计划管理、合同管理、质量管理、维修管理、计量管理，动态查询等功能。设备、仪器等固定资产的添置、调配、转科、折旧、报废等的账务处理，提高设备管理效率，及时掌握设备的质量状况和经济效益情况，方便快速地检索设备的各种状态信息，为领导层了解设备情况提供准确的数据。

2）建立住院病人电子档案。

3）实现院内影像检查数据的网络传输。

4）实现各社区医疗点和总院的数据网络传输。

5）为进入社会卫生区域规划奠定基础。

3. 第三期：建立数字化医院

主要任务是建立数字化医院，完善各种网络功能，纳入地方卫生区域规划，实现社会医疗资源共享。

数字化医院就是利用先进的计算机及网络技术，将病人的诊疗信息、卫生经济信息与医院管理信息等进行最有效的收集、存储、传输与整合，并纳入整个社会医疗保健数据库的医院，使医院的服务对象由点向面辐射，向社会延伸，从单一医疗型向保健医疗型发展。通过医院与医院、医院与社区、医院与病人家庭、医院与医保和银行等机构互联，构建区域化、虚拟化的健康服务体系。患者在世界上任何一个地方，只要通过网络接入，就可轻松查询个人健康档案、向医生进行健康咨询等；需要到医院就医时，可以在家中挂号或预约医生。

数字化医院具有以下特征：

（1）全社会信息网络化，医院与上级主管部门相联，医院与医院互联，医院与社区互联，医院与病人家庭互联，医院与医院工作人员互联，医生与病人互联，医院与银行、医保等部门互联。医院内的医疗、教学、科研、管理实现网络化。

（2）数字化将推动医院集团化、区域化，并改变医院原有的工作模式。建立区域性的影像中心（病理、CT、MRI 等），实现医学图像网络传输；建立区域性的中心实验室，实现检查结果网上传输，节约资源；信息中心社会化，医院不再建立网络，服务器中心将采用租用电信运营商网络线路的方式，建立区域性的数据中心、服务器中心和数据仓库；实现医学文献资料的共享，解决各医院网络建设重复、利用率低、资源浪费的缺陷。区域性的各类医学服务中心的建立，将使卫生资源获得最大程度利用。

（3）病人获得最方便、快捷的服务，实现网上预约就诊、网络安排床位、预知医师及医疗过程。医疗保健和监护实现网络化。数字化将实现区域医疗服务病人—家庭医生—社区服务中心—医院间信息共享。

（4）Internet 和远程医疗结合，用于医院、医生的日常事务中。

（5）医师将不属于医院职工，将属于医疗保险管理部门、人才交流中心，医师通过网络与病人、医院及医疗保险部门联系。

18.2.4 医院管理信息系统建设注意事项

1. 系统建设注意事项

信息系统的建设是一项复杂、庞大的系统工程，医院需投入大量的人力、物力、财力，其实施过程几乎涵盖医院所有经营管理活动的每一个环节，需要各部门密切配合，而且需要统一部署、长远规划、分步实施。因此，在整个建设过程中，应注意以下几点：

（1）加强领导，成立由院领导和相关科室负责人组成的医院信息化建设领导小组，负责信息化建设的规划、实施等工作。

（2）信息化建设是一个长期的过程，效益周期较长，需要医院不断地投入，争取足够的资金。

（3）注意培养医院自我开发、维护信息管理系统的技术力量，以保证系统的正常运行、升级，并不断地满足医院发展的需求。

（4）设备和软件的投入应根据医院具体情况分步实施，实施过程中应考虑医院使用者个人素质、医院经营状况、医院的发展目标等因素，避免设备技术闲置。

（5）实施过程中应高度重视数据的安全性，过渡期尽量采取纸质数据和计算机数据并行，以免因操作人员操作不熟练、系统不稳定、设计先天不足等原因而造成数据丢失，影响医院正常经营工作秩序。

（6）为确保整个网络数据的安全性、可靠性，在管理系统建设时应注意以下事项：

1）在网络建设的同时应进行相关岗位操作人员计算机基础知识的培训，熟练掌握医院信息管理系统的功能和具体操作规程。

系统管理员应熟练掌握整个系统硬件和软件的维护，并掌握遇急状态下的常规解救方法，加强和软件供应商的联系，争取更多技术支持。

2）网络调试结束后，由相关岗位操作人员试运行一个月。

3）试运行后，医院实行双重数据记录，六个月内纸质和计算机数据并行。试运行后，在日常工作正常运行的前提下，逐步过渡到完全网络信息共享阶段。要根据主要岗位操作人员的具体情况来确定转变的时间界限，以免因主观原因造成系统故障，影响整个医院工作的正常运行。

4）药品数据及其他各项收费标准的初始化应在试运行期内完成，并需符合医保的各项要求，以便下一步和医保接口系统的数据同步。

5）网络正式运行后应注意数据的备份。医院信息系统是一个真正的7×24h的实时系统，病人的信息必须准确无误地传送到医生手中，同时费用的结算也是不间断的累计，因此系统一旦投入使用，就不允许停机，也不能中断，更不能退回手工操作。

为防止计算机灾难事故的出现，数据备份和数据恢复工作就成为一项不可忽视的非常重要的系统管理工作。为了将系统安全完整地备份，应该根据具体的环境和条件，制订一个完善可行的确保数据库系统安全的备份计划。

6）加强网络管理，严格各岗位的职责和网络权限，确保网络的安全性。

2. 系统维护方式

（1）信息化建立后初期由软件供应商按合同有关条款进行免费维护，并负责培养相关维护人员。

（2）后期的系统维护则由医院相关维护人员负责，医院维护人员不能解决的问题由供应商提供有偿维护。

3. 维护费用

（1）在保修期内，维护问题由硬件和软件供应商免费提供。

（2）保修期后，由相关供应商提供有偿维护，每年的维护费用预算为××万元。

18.3　上海世博会中国国家馆《清明上河图》展项系统

中国国家馆的国宝名画《清明上河图》被艺术再现于展厅中，传达中国古典城市发展理念中的智慧。

《清明上河图》展项由“东方足迹”“寻觅之旅”和“低碳行动”三个展区组成。游览路线自上而下，通过环形步道依次参观。

（1）第一展区“东方足迹”，分布在 49m 高度展区。通过多个风格迥异的展项，重点展示中国城市发展理念中的智慧。其中多媒体综合展项播放的一部影片，讲述改革开放 30 多年来中国自强不息的城市化经验、中国人的建设热情和对于未来的期望。

（2）第二展区“寻觅之旅”，分布在 41m 高度展区。采用轨道游览车，让参观者领略中国城市营建规划的智慧。

（3）第三展区“低碳行动”，分布在 33m 高度展区，聚集以低碳为核心元素的中国未来城市发展。

“东方足迹”展区是中国国家馆的核心展区，含有“倒挂城市”“多媒体影院”“岁月回眸”“智慧的长河”“希望大地”五个展项。

“智慧的长河”是国家馆的核心展项，长达百米的《清明上河图》依墙而立，图中人物、场景栩栩如生，好一派活灵活现的北宋汴京的繁华景象；《清明上河图》下前方设置一条“河流”，“河水”波光粼粼，不时地拍打河岸。游客置身于这样的场景，恍如穿越时空来到了北宋，尽情享受着当时的民风民情。河中间设置了 8 个智慧点，利用音视新技术形象地为每一位参观者介绍八大与清明上河图有关的主题展示内容。

18.3.1　展项系统组成

系统由 23 个声道和 3D 立体空间感的声音重放系统构成。利用 BSS BLU 160 数字音频处理器的强大音频处理功能，把 23 个声道有机整合在一起，自动有序地重放来自硬盘播放机预存的音源，包括背景音乐、声效模拟以及人员疏散指导。图 18-19 是展项的结构框架。

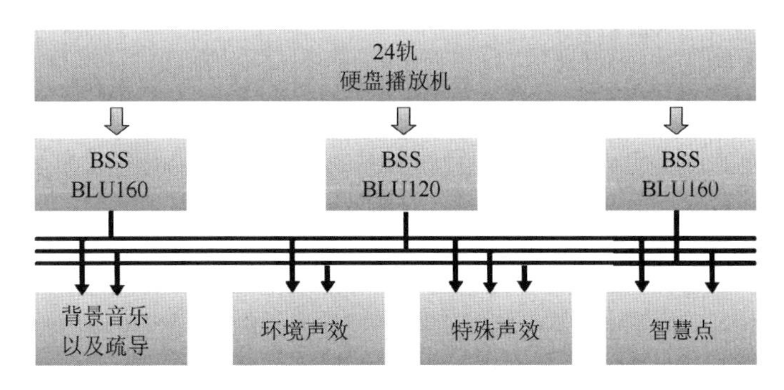

图 18-19　“智慧的长河”展项的系统结构框架

该展项音响系统采用众多的国际知名品牌产品，主要组成设备有：

（1）手持式无线传声器：SHURE ULXS24/58　1 套。

（2）音源：FOSTEX D2424LV　1 台。

（3）数字音频处理器：BSS BLU 160　2 台、BSS BLU 120　1 台。

（4）功放：CROWN XLS 602D　14 台、CROWN XLS 402D　5 台。

（5）扬声器：JBL CONTROL28　54只。

JBL CONTROL28扬声器体积小、声音细腻、动态范围大、低音沉稳、音质宽泛，对人声、音乐和乐器具有良好的还原能力，特别适用于“智慧的长河”这种不需要很大声压级但要求声音细腻、声音表现元素多且扬声器安装空间有限的展项使用。

18.3.2　3D立体效果声设计

1. 根据展项创意要求设计音响系统

（1）背景音乐，要求背景音乐的风格、节奏与《清明上河图》所展示的意境相符。

（2）模拟特殊声效，要求依景模拟相应的声像声效和环境声效。配合多媒体“清明上河图”，营造出车水马流声、集市叫卖吆喝声、驼铃声、摇橹声等各种特殊声效；结合“河流”模拟水流声和拍岸声等环境声效。

（3）播放与“河流”中设置的8个智慧点相对应的声音信息。

（4）疏导人流扩声。展项内人流量激增时，服务人员通过扩声音响系统及时指导人员疏散，保证参观人员流动畅通和公众活动空间的使用安全性。

2. 扬声器布局及声道设置

（1）背景音乐效果扬声器声道：针对需求，结合展项的主题创意，共设计了24个声道：1个为背景音乐声道，1个为环境声效声道，14个为特殊声效声道，还有8个是对应8个智慧点的声道，共使用54只全音域的JBL CONTROL28扬声器。

在观众厅上空均匀布置22只JBL CONTROL28扬声器，覆盖观众走道。基于背景音源的单一性，将22只扬声器构建成1个声道。图18-20为背景音乐效果扬声器布置图。

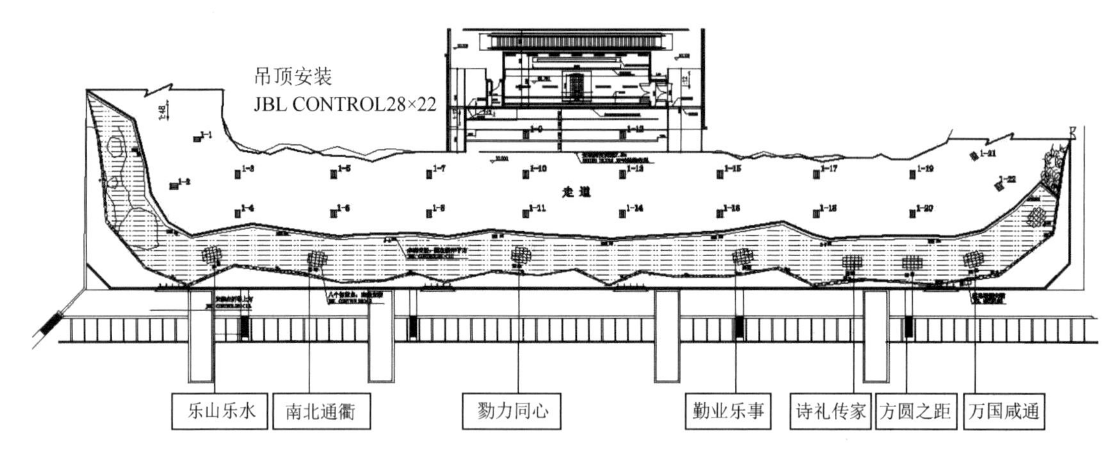

图18-20　背景音乐效果扬声器布置图

（2）特殊效果声声道：特殊效果声分环境效果声和声像效果声两类。

1）环境效果声道：在靠近观众走道的“河”岸边，均匀布置10只JBL CONTROL28扬声器，构成1个模拟水流声和水拍河岸声的环境效果声道。观众站在岸边，感受到的是“河水”潺潺流动，不时拍打河岸；看到的满眼尽是北宋的繁华景象。图18-21为环境效果扬声器布置图。

2）声像效果声道：声像效果声由14个特殊效果声道产生，各声道重放的是有关联的但不尽相同的内容。14个声道配合“清明上河图”的视频画面，营造出一幅幅形象生动的多媒体场景。图18-22为声像效果扬声器布置图。

每个声道使用1只JBL CONTROL28扬声器，根据视听一致的原则进行布位，即观众看到的

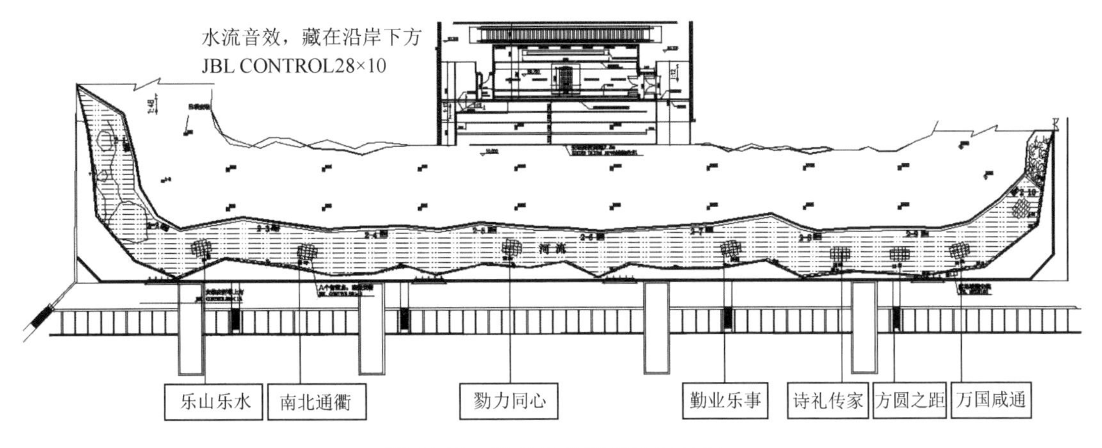

图 18-21　环境效果扬声器布置图

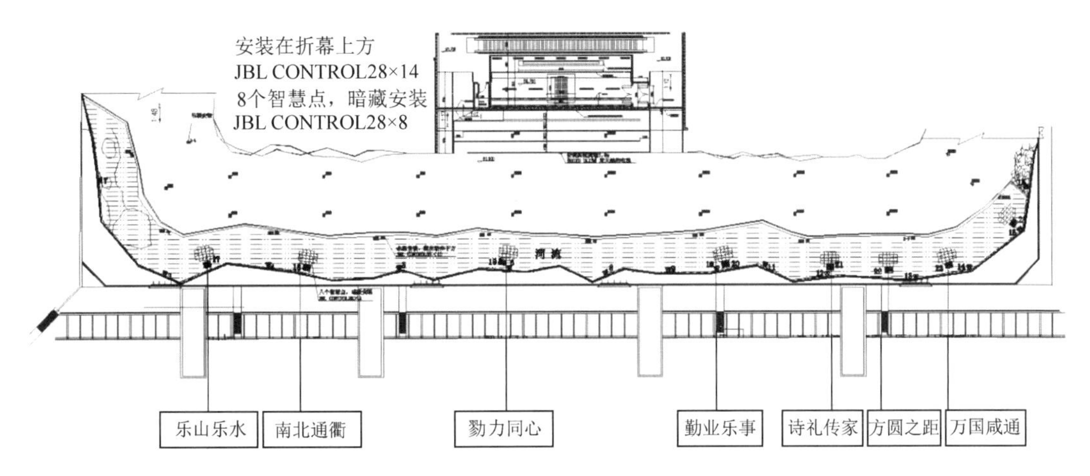

图 18-22　声像效果扬声器布置图

图像和听到的声音是来自同一方向的，布置在每一主题视频画面的上方。

3. 智慧点声效

（1）智慧点扬声器声道：智慧点扬声器声道为参观者提供声像一致的视听效果。在每一智慧点视频显示设备的后部，落地安装 1 只 JBL CONTROL28 扬声器，共 8 只。这种布局方式，既为参观者提供了声像一致的视听效果，又使该系统不需要使用价格昂贵的特殊扬声器，就可有效控制观众区的覆盖，完全避免了相邻智慧点之间的声音干涉，保证参观者都能清晰地听到每一智慧点的语音信息。图 18-23 为智慧点扬声器布置图。

（2）人流疏导扩声：充分利用 BSS BLU 160 数字音频处理器的先进技术，把播放背景音乐和指导人流疏散集成于一套扬声器系统。常规状态下这套扬声器用于重放背景音乐，一旦疏导人流的讲解传声器开启时，BSS BLU 160 系统自动压低背景音乐音量（调整范围为-70～0dB），将讲解内容的扩声电平自动调整到高于展区背景噪声 15dB 以上。利用人耳的掩蔽效应，为参观者提供清晰的疏导讲解。

18.3.3　展项扩声系统

为展项扩声系统提供一套符合设计创意的音响控制系统，确保扬声器系统按照设计创意的预设程序进行工作，这是系统控制的关键。

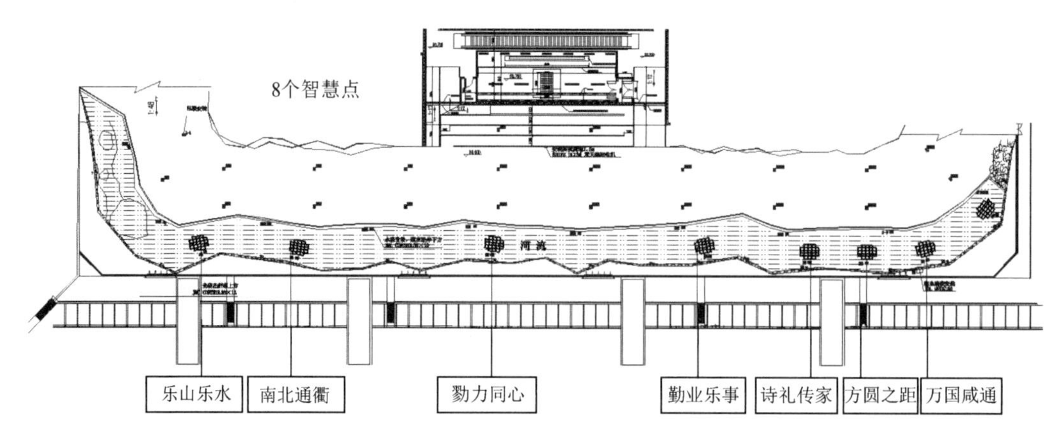

图 18-23　智慧点扬声器布置图

1. 展项扩声系统控制方式

展项扩声系统与厅堂扩声系统的系统架构、工作模式和控制方式都有明显不同。

表 18-3 是展项扩声系统与厅堂扩声系统的比较。

表 18-3　展项扩声系统与厅堂扩声系统的比较

序号	项目	展项扩声系统	厅堂扩声系统
1	播放形式	程序播放预先录制的节目源	现场实况扩声，传声器输入为主
2	控制方式	外部触发后按程序自动播放	调音师现场操控
3	工作模式	自动循环播放	手动操控
4	与其他专业的关联度	与展项多媒体表演设备联动	无联动要求

2. 系统结构

实况扩声系统由现场采集音源（主要是传声器）、调音台、数字音频处理器、功放和扬声器五种基本功能设备组成，如图 18-24 所示。

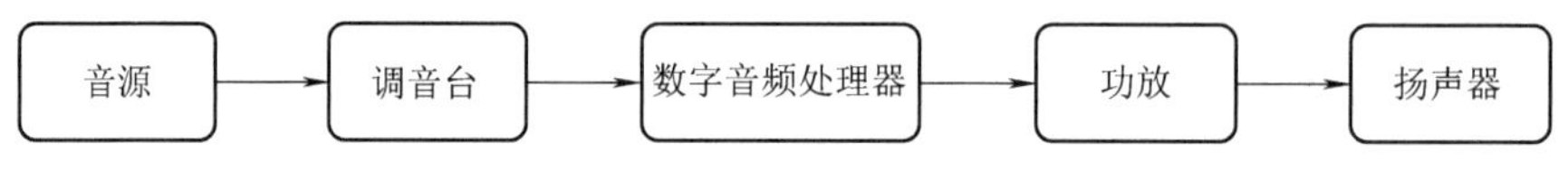

图 18-24　实况扩声系统框图

展项扩声系统由预录的特制音源（硬盘机或计算机）、数字音频处理器、功放和扬声器四种功能设备组成。具有重放内容固定不变和自动循环操作控制的使用特征，无须专人操作和现场调音台，如图 18-25 所示。

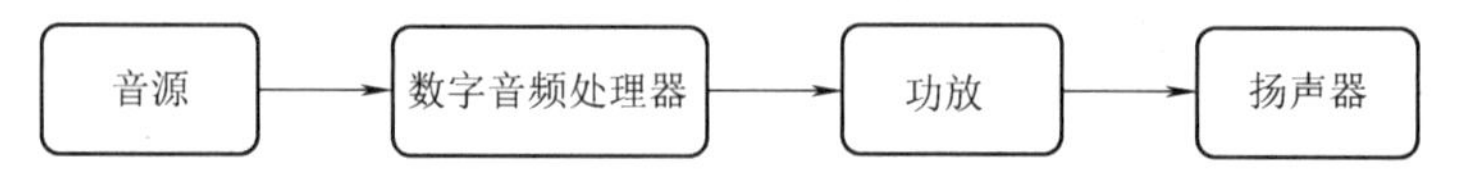

图 18-25　展项扩声系统框图

3. 展项扩声系统的控制核心

厅堂实况扩声系统的控制分为静态和动态两部分。静态控制数据事先存储在数字音频处理器内，动态控制数据由调音师通过调音台现场调整。

展项扩声系统以静态控制数据为主，存储于数字音频处理器内。这些参数在运行过程中几乎不作调整或修改。

（1）展项扩声系统的控制设备。为提高系统的安全可靠性，系统采用多台 BSS BLU 160 数字网络音频处理器构成分散式结构的控制核心，以分摊和降低系统的故障风险。

由 3 台美国哈曼集团的 BSS BLU 160 数字音频处理器构成“智慧的长河”展项控制核心。2 台为内置 DSP 处理器 BSS BLU 160；1 台为没有内置 DSP 处理器的 BSS BLU 120，作为前两台设备的物理输入/输出接口的扩充，与 BSS BLU 160 共享音频处理资源。

3 台设备的信号路由结构均为 8×8，即 8 个输入通道和 8 个输出通道，组合构成一套 24×24 规模的信号路由矩阵。

图 18-26 是 24×24 矩阵的路由切换界面。

23 路输入通道接入来自多轨硬盘机的音源信号，经 BSS 控制核心处理后输出送至 23 个扬声器声道，还有 1 路输入通道接入讲解传声器的信号，路由至背景音乐的输出声道。存储于 BSS BLU 160 数字音频处理器内的静态控制数据，包括信号路由设定、房间均衡调整、音量电平控制及扬声器延时等参数的设置。

由于公共活动空间的背景噪声是随着人流量的变化而动态变化，因而需把系统音量的电平控制设计成动态调整方式。图 18-27 是 BSS BLU 160 数字网络音频处理器的控制面板。

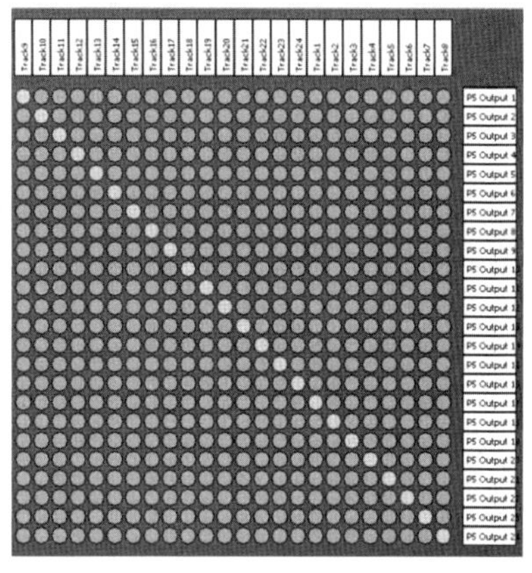

图 18-26　24×24 矩阵切换界面

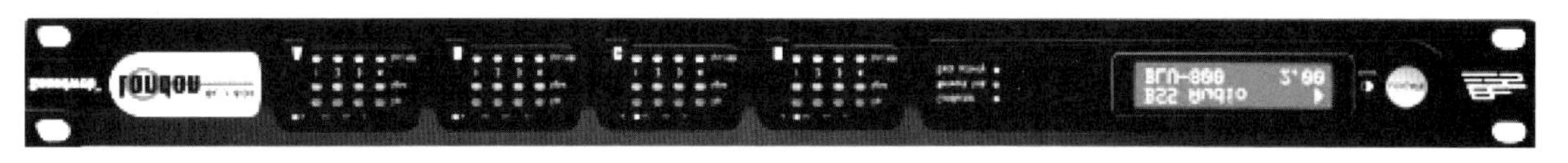

图 18-27　BSS BLU 160 系列数字网络音频处理器面板

图 18-28 和图 18-29 分别为 BSS BLU 160 的音量控制面板和 DSP 处理器的内部 DSP 预置处理结构。

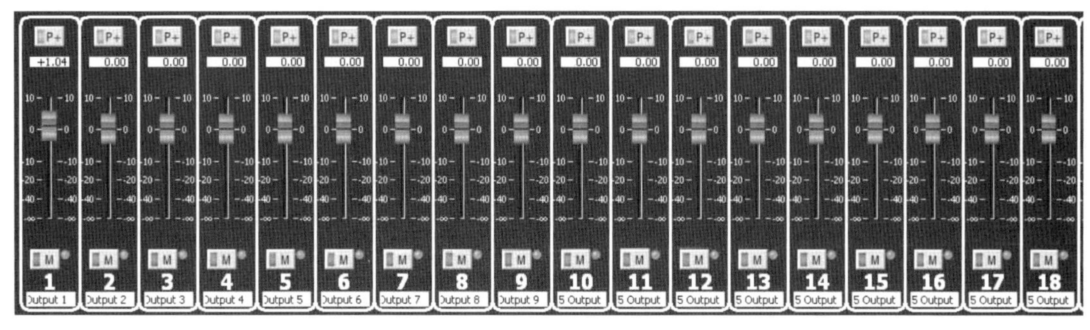

图 18-28　音量控制面板

（2）展项扩声系统的工作方式。“智慧的长河”展项通过生动形象的多媒体（声音、灯光、视频联动）方式把要表达的主题传递给参观者。展项扩声音响系统设有一套总控系统，触发启动每场多媒体表演 SHOW 支撑系统（灯光、音响和视频系统）。FOSTEX D24 24LV 24 轨硬盘机的 RS-232 串口被触发后，自动连续重放预存音源。

18.3.4　系统可靠性设计

184 天的世博会，中国国家馆没有休息日，系统每天从早上 7 点到晚上 10 点连续运行；遇到

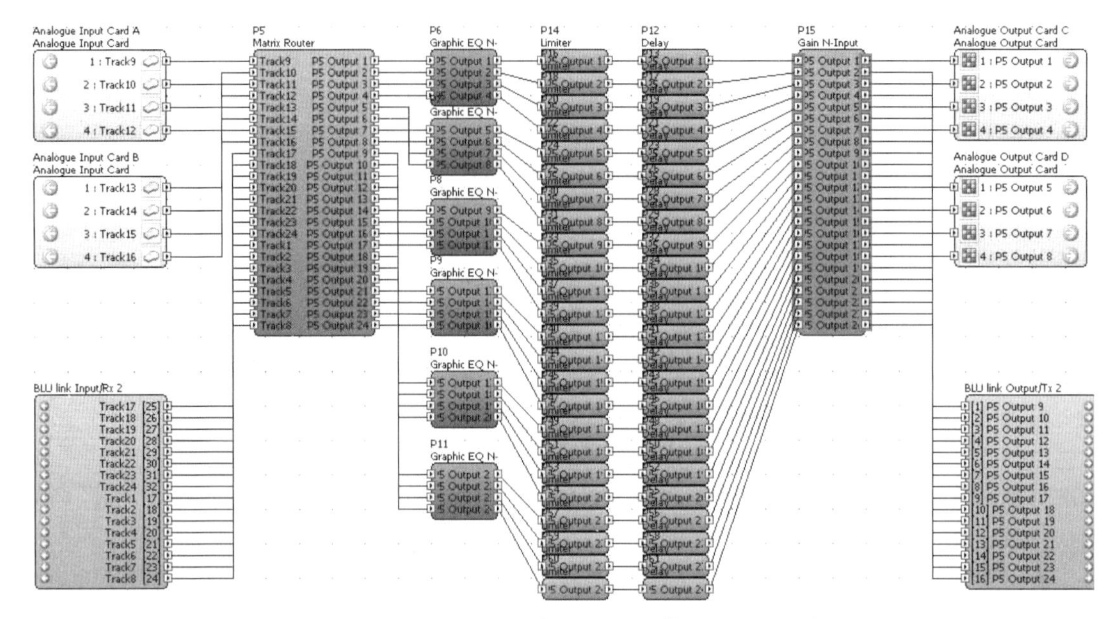

图 18-29　BSS BLU 160 内部 DSP 处理模块的虚拟连接图

重大活动时，早上 6：30 分之前设备必须全部就位。在运行过程中，不允许发生重大系统故障；有周密的应急处理预案。设备维修和系统维护只能在闭馆后至开馆前的夜间进行。因此对展项内任一专业系统都提出了很高的安全可靠性运行要求。系统设计在选用高安全、高可靠设备的基础上，着重从三方面来保障系统运行的安全可靠性。

1. 冗余设计和应急处理预案

根据组成设备对系统运行安全可靠性影响的大小来定义关键设备和非关键设备的概念。对多轨硬盘机和 BSS BLU 160 数字处理器、矩阵路由器、FOSTEX 硬盘机等关键设备，配备冗余设计和制定应急处理措施。对功放和扬声器等个别损坏不影响全局的非关键设备，设有充分的备品备件，在闭馆后进行维修维护。

提供充分有效的现场故障应急措施。如果 FOSTEX 硬盘机出现故障，严重时会导致系统瘫痪；为此，系统设计时制定了应急处理预案，做到万无一失地安全可靠连续运行。

2. 冗余技术指标

前后级设备之间接口性能一致，技术指标匹配合理并留有足够余量。如功放和扬声器之间，每台功放与扬声器之间的功率配比均预留了不少于 20% 的余量，避免特大瞬态信号对系统安全可靠性指标的影响。

3. 合理的系统设计

（1）每一功放通道扬声器负载的数量不超过 2 个，使功放故障对系统的影响降至最小。

（2）采用集散式的，而不是集中式的控制结构，由 3 台 BSS BLU 160 设备构成。任意一台设备发生故障，不影响其他 2 台的工作状态。

（3）合理的冗余设计和应急处理预案。送入每一功能扬声器组的信号至少由 2 台 BSS BLU 设备提供，而不是集中在单台设备上，大大降低了各功能扬声器的故障风险等。

18.4　上海世博会庆典广场音乐喷泉扩声系统

上海世博会庆典广场音乐喷泉系统位于世博园区浦东黄浦江沿岸，世博轴末端，与庆典广场紧密相连。它是上海市的永久性景观设施。

音乐喷泉由 5 个喷泉单元和 2 个圆形喷泉构成。整个喷泉框架长度约 250m，左临世博公园，右近世博文化中心。庆典广场（含亲水平台）宽约 140m、长约 160m。

庆典广场音乐喷泉扩声系统配合喷水、喷火、灯光、激光、视频等的表演，为整个音乐喷泉提供声音效果，并为上海世博会开、闭幕式提供 VIP 区现场扩声，如图 18-30 所示。

如何解决 222400m^2 范围的声场覆盖均匀度和声音清晰度问题、庆典广场特大的环境噪声与最大声压级的关系、声音与喷泉其他系统的技术同步及系统安全可靠运行等问题，都必须周到、认真考虑。

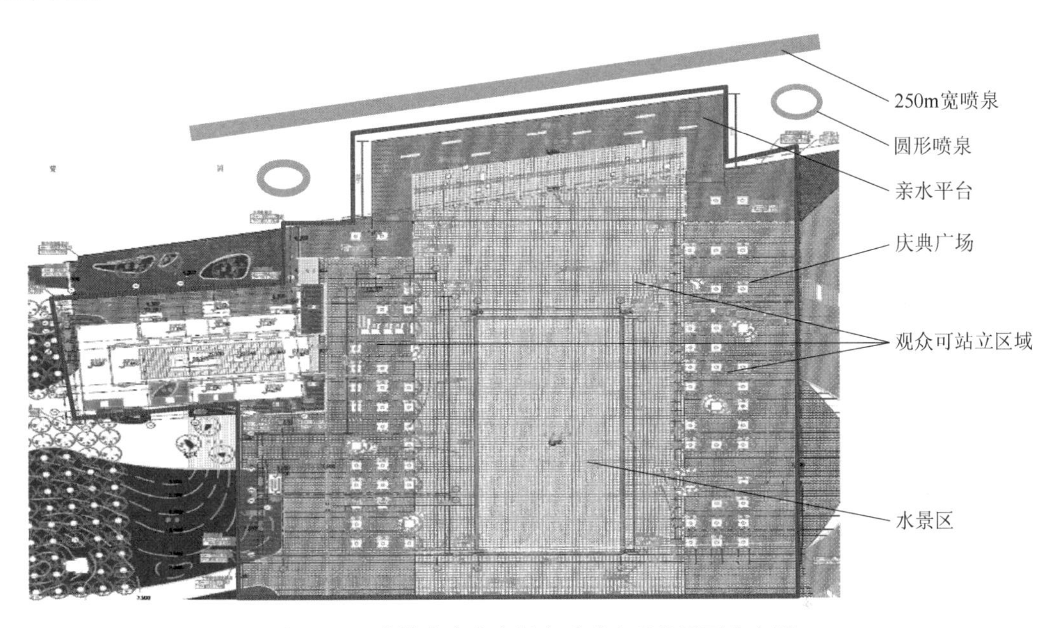

图 18-30　世博会庆典广场音乐喷泉系统平面分布图

18.4.1　音乐喷泉广场扩声系统设计

1. 上海世博庆典音乐喷泉广场的环境噪声

上海世博庆典音乐喷泉广场扩声系统不仅声音覆盖区域范围大，而且环境噪声也很大。环境噪声来自音乐喷泉、喷火、灯光、激光、视频等的表演产生的噪声，另一部分来自巨大人流产生的噪声。

开、闭幕式时整个庆典广场环境噪声的平均值可达 75～82dB。获得良好清晰度的声压级必须高于环境噪声平均声压级 10～15dB。也就是说扩声系统在整个服务区的最大平均声压级应达到 95dB 以上。

2. 庆典广场扬声器系统的选型和布局

庆典广场的声音清晰度和声场均匀分布状况主要取决于扬声器的选型和布局。

许多因素限制了扬声器选址和安装，例如业主期望在整个庆典广场上扬声器的安置不要过于突显，不影响整个庆典广场乃至世博轴的视觉效果；黄浦江边的防汛墙上原则上不允许安装扬声器；广场内灯杆上也不可安装扬声器等。

经多方协调，最后决定整个系统采用集中供声与补声相结合的方式。即在庆典广场前区（近黄浦江区域）左右两侧设立两组立杆安装、覆盖全场的扬声器组（图 18-31），并对广场部分观众区进行补充扩声。

两组扬声器立杆分别安置在表演区域左右的千年防汛墙外侧5.05m标高的地坪上，立杆高度7m，高出千年防汛墙4m左右，既美观又不引人注目。庆典广场区域和亲水平台、和兴仓库工作楼作为重点扩声区。

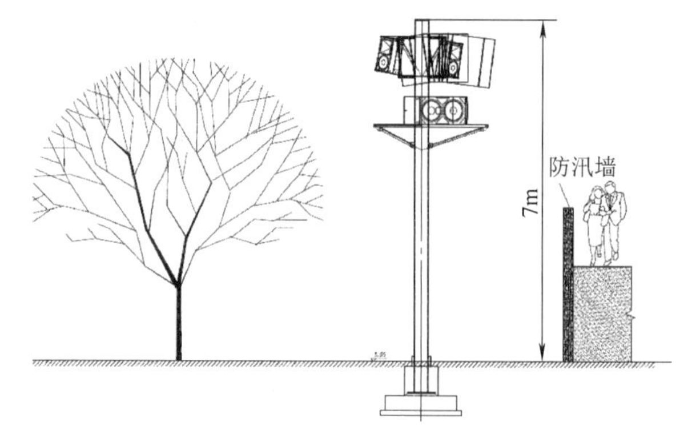

图18-31　扬声器安装柱杆

左侧立柱上共安装6只全天候扬声器，其中1只JBL AM4212/64-WRX扬声器覆盖亲水平台左侧区域，1只JBL AM6212/64-WRX扬声器投射广场左侧小楼区域，2只JBL PD5212/64-WRX远投扬声器覆盖庆典广场舞台区域左侧的中后区域，另1只JBL PD5212/95-WRX远投扬声器覆盖庆典广场中前区域，1只JBL ASB6128-WRX超低音扬声器延展系统低频。

右侧立柱上共安装7只扬声器，覆盖另一半广场区域。1只JBL AM4212/64-WRX扬声器覆盖亲水平台右侧区域，其余扬声器与左侧立柱扬声器的覆盖相仿。增加1只JBL AM6212扬声器投射世博文化中心草坪平台区域。选择JBL的PD和AE系列扬声器的主要原因如下：

1）JBL PD/AE系列扬声器采用全新的扬声器制造技术和工艺。PD和AE系列扬声器单元采用差分磁路技术，大大改善了扬声器的转换效率。与传统产品相比，电声转换效率至少提高一倍以上，不需要提供更大的驱动功率就能获得足够的声能输出。而且声音失真不升反降，达到了目前制造技术的一个新高度，在大功率工作状态下这种表现尤为突出，目前还难有与之相比的产品。

2）PD的号筒设计技术十分先进，指向特性十分理想，在125m远处达到93dB声压级的同时，对两边的文化中心和会议中心并没有造成负面的干扰。两边实测声压级小于55dB。

3）具有良好的全天候特性，适应能力强，受气候的影响小，大大降低了维护的成本。

4）无论是对人声的还原、还是对音乐信号的还原都保持了十分理想的音质水准。

5）体积非常小巧，能方便地安装在立杆上，便于安装和维护。每个箱体均设有多个安全吊装点，吊装和调整投射角度都非常方便。

除两个扬声器立杆外，在庆典广场内8个花坛（左侧4处、右侧4处），分别暗藏不同数量的全天候小型定压式JBL Control25AV扬声器（总共25只）对广场观众进行补充扩声。图18-32是庆典广场扬声器系统布局。

18.4.2　可靠性设计

音乐喷泉系统作为上海市一个长期的景观设施。因此系统采取了许多可靠性措施来确保系统的“长期性”运行。系统可靠性设计主要包括：

（1）全部选用高可靠性设备，所有设备都经过全环境温湿度48h满负载的前期老化。设备主要选用了JBL扬声器、CROWN功放、BSS等优质高端系列产品。

（2）系统冗余备份设计。主要设备和系统主结构采用双模冗余方式。系统的重要部位——数字音频处理器采用2台BSS BLU 160和2台BLU 120数字音频处理器的双备份系统结构，确保系统遇到设备故障时仍能提供最基本的运行。

BSS BLU 800数字音频处理器系列产品可通过Buddy-link连接实现无缝切换热双备份，当主数字音频处理器设备出现故障时，备份处理器会自动通过与主设备物理连接的Buddy-link接口实

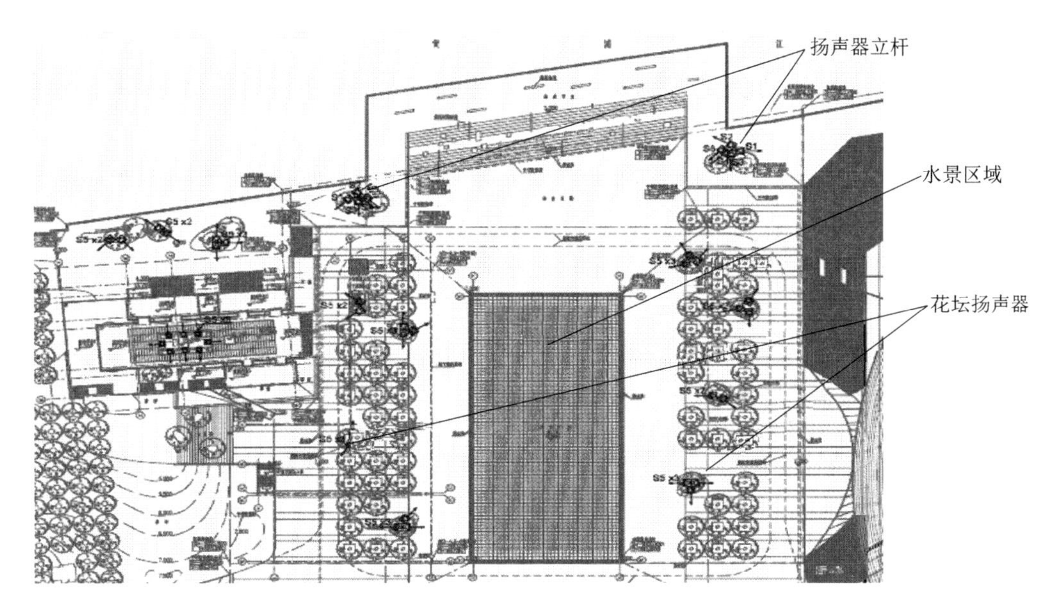

图 18-32　庆典广场扬声器系统布局

现无缝接入。

主处理器输出端与备份处理器的输出端也是物理连接，一旦主处理器出现故障，备份处理器的输出信号也能输出到功放上，确保系统正常运行。

图 18-33 是主/备数字处理器无缝切换原理图。A 流程为主工作流程，B 流程为辅助备份流程。一旦 A 流程设备或线路出现故障，B 流程会自动无缝隙地启动工作，这种无缝隙地切换能够保证所有的系统同步表演不受任何干扰，确保人耳听觉良好的连续性。图中标有“备份电缆”为备份网络线缆。

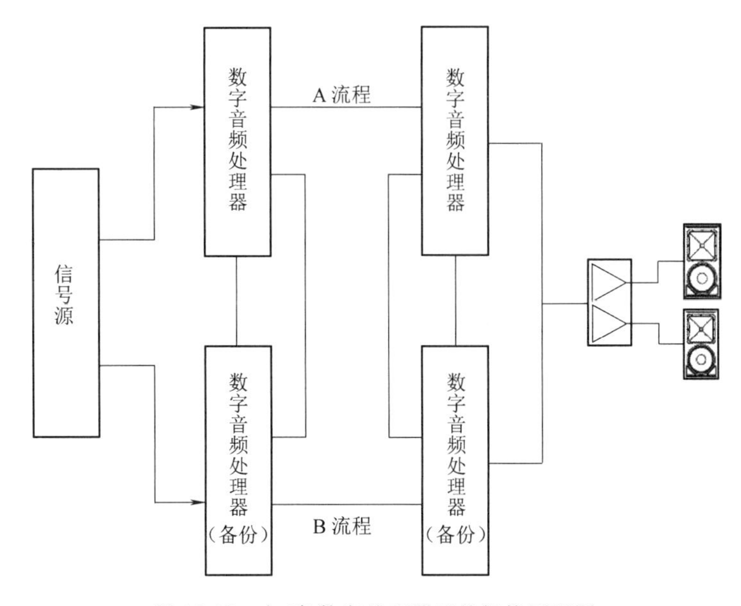

图 18-33　主/备数字处理器无缝切换原理图

1）所有露天外装扬声器都经过全天候处理，可以在恶劣的环境下长期运行。

2）为便于对室外各扬声器进行实时监测，系统在功放中加入了 CROWN Lite 控制卡，可远程监测功放的状态，可以有效地实时监测扬声器的工作状态以及可能的故障状态。

3）系统提供 UPS 电源，确保主要控制设备的不间断供电，包括数字音频处理器、控制计算机、网络交换机等的工作电源不间断。

4）为提高信息资源共享质量，系统专门配置了具有专业隔离设计的输出/输入专用通道，为用户（例如电台、电视台或其他系统）提供音频信号的交换服务。这种设计具有很好的防止不同系统间的信号干扰的能力。

5）数字音频工作站设有密码保护，可防止他人误操作。

6）系统配置了专业呼叫传声器，可实现优先插播，为紧急状态或广场广播提供一个简单有效的技术手段。

18.4.3　快捷方便、直观的音频软件操作界面

音乐喷泉扩声系统的控制通过与数字音频处理器相连接的主控计算机来实现。系统提供了人性化、简洁的图文菜单式的中文操作界面，非专业操作人员通过简洁明了的图形、信号变化就可实现上述操作。

系统具有场景模式预设和调用功能，可设置日常喷泉播放模式、庆典播放模式、会展播放模式、特殊场合播放模式等。操作人员在实际使用中只需调用相应的场景模式即可应对使用，不必重新进行参数设置。

系统通过主控计算机控制对信号播放进行分配，使不同区域的扬声器在不同时间段播放不同的音频信号，以配合喷泉节目表演的艺术需求。在日常使用中，系统还可依据日常固定的时间段编程，可实现该时间段自动播放音频信号。

18.4.4　与喷泉系统衔接联动

系统提供了 12 路输入控制、6 路输出接口（与 GPIO 接口兼容），接收来自喷泉系统的触点控制信号，触发系统不同模式的运行。系统还提供了一定数量的音频接口，可满足来自喷泉系统自带音源的播放。

18.4.5　系统声学特性测试

（1）测试依据：国家暂无广场广播音频系统标准，本方案参考《公共广播系统工程技术规范》和《体育馆声学设计及测量规程》。

（2）测试内容：传输频率特性和最大声压级。

（3）测试条件：空场，除扩声系统外，其他所有系统（包括灯光、机械等）均处于关闭状态，环境噪声则包括在内。

（4）测试结果：表 18-4 是庆典广场音乐喷泉扩声系统声学特性测试数据。

表 18-4　庆典广场音乐喷泉扩声系统声学特性测试数据

测试内容	体育馆声学设计及测量规程扩声系统声学指标一级	测试结果
传输频率特性	以 125~4000Hz 的平均声压级为 0dB，在此频带内允许范围为 -4~+4dB	以 125~4000Hz 的平均声压级为 0dB，在此频带内允许范围为 -3.2~+3.8dB
最大声压级	≥105dB	≥105.6dB

由于该系统项目在世博建设最后阶段才启动，扬声器可供选址安装的余地并不大。在世博局和设计院等各方的大力支持下，采用立杆方式集中安装主扬声器覆盖广场区域以及选用 PD 系列

产品，从最终实测数据和音质主观评价来看，现场扩声效果是理想的，达到了预期的目标，对系统和设备的选择是符合实际需求的。工程完工后经过五个多月炎热夏天和多雨的连续运行考验，证明系统设计合理、音响效果好、语言清晰度高，满足音乐播放和群众集会的扩声需求。如果扬声器塔选址不受限制，或再升高 2m，还可挖掘更多潜力。

18.5　世博巡游花车扩声系统

2010 上海世博会已落下了华丽的帷幕，其精彩纷呈的节目至今历历在目，令人难以忘怀。万民参与的“欢乐盛装大巡游”游园节目，前后数百米的花车队伍连成一片甚为壮观，花车两旁的舞蹈演员随着车上音乐翩翩起舞，乐声和人声的交融掀起了一波又一波激情狂欢的欢乐气氛，有力地展示了全球多元文化的和谐互动，表达了人类对未来城市的美好遐想。

世博会大巡游是上海世博会每日进行的欢庆活动，也是上海世博会最重要的庆典活动之一。整个巡游分为 3 条线，分别为浦东一号线、浦东二号线、浦西一号线。浦东一号线有 6 辆花车，浦东二号线有 11 辆花车，浦西一号线有 6 辆花车。图 18-34 是“欢乐盛装大巡游”路线图。

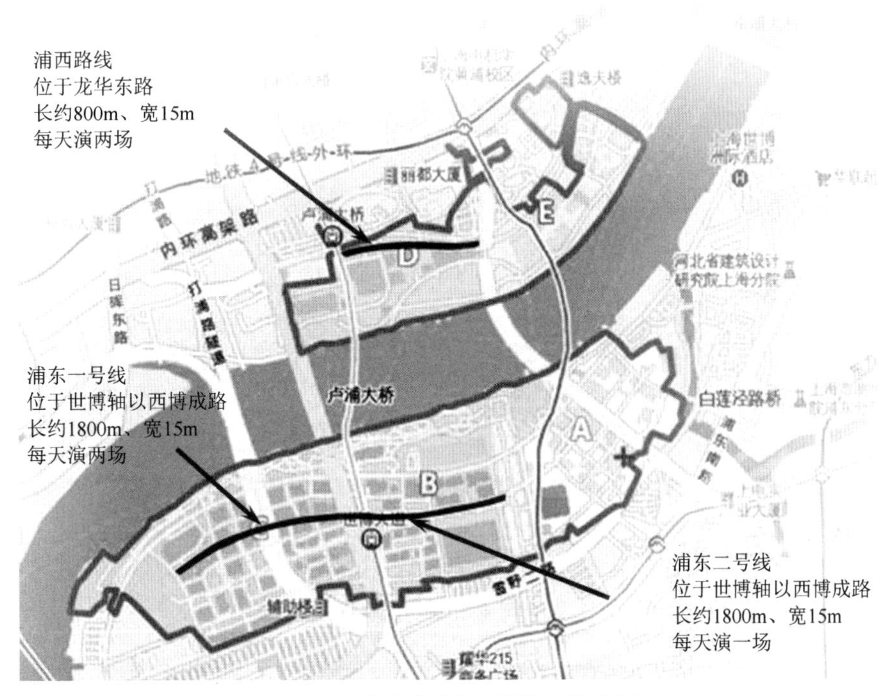

图 18-34　“欢乐盛装大巡游”路线图

巡游过程中，穿着鲜艳盛装的舞蹈演员随着强劲的音乐节奏热情奔放地跳起各种优美舞姿。巡游音乐分为行进表演音乐和停车表演音乐。每辆花车轻松欢乐的音乐都是特别制作的，旋律节拍相同，曲调各有变化。每个车队的每辆花车为达到同步一致的表演效果，整个花车团队对音乐的播放控制提出了很高的同步要求，图 18-35 是各路花车现场巡游示意图。

18.5.1　系统特点和技术要求

1. 系统技术要求

根据“欢乐盛装大巡游”的设计创意，花车团队扩声音响和控制系统的技术要求如下：

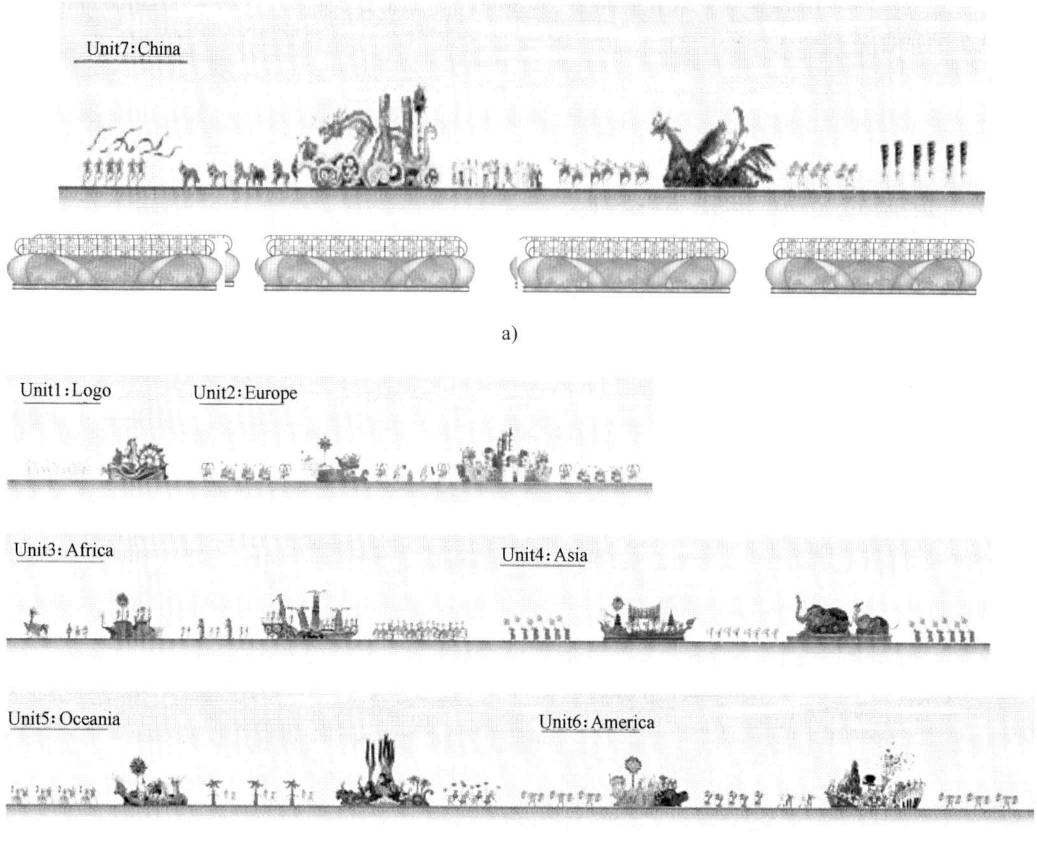

c)

图 18-35　各路花车现场巡游示意图

a）浦东一号线花车　b）浦东二号线花车　c）浦西一号线花车

（1）声音丰满、强劲有力，沿路的声压级至少达到 120dB/1m。

（2）巡演过程中不得出现声音断续或中断现象。

（3）随时可插入紧急广播或即兴表演信号，自动压低正在播放的音乐音量。

（4）低耗电量，符合车载供电要求。

（5）每一线路上各花车同步播放音源的时间误差不大于 20ms。

（6）花车音乐同步启动延时应小于 10ms。

（7）采用无线遥控音乐同步控制。

（8）无线同步控制的最远距离为 2km。

（9）3 条路线之间的无线控制互不干扰。

（10）同步控制设备露天放置，符合 IP65 防水等级。

（11）每辆花车具有本地控制和远程控制两种模式。

（12）音乐控制分为行进音乐播放和停车音乐播放。

（13）音乐停止分为音乐播放完停止和随机急停两种方式。

（14）有 4 档固定音量可选的设置方式。

2. 技术策略

（1）高声压、大动态的优质扩声系统。巡游花车采用节能环保型电动车，供电和车载重量受到严格控制。设备选型必须严格限制设备的重量、体积以及安装的便捷性。特别是扬声器，既要满足相关的声学指标要求，又要满足有限的车载负重和狭小的花车安装空间。要解决大功率输出和扬声器重量、体积之间的矛盾。

（2）有效的减振避振措施。行进中的车辆除路面带来的振动外，还有车子发动机和传动部分带来的振动，这些振动会给扩声音响系统带来复杂多变的影响。为确保音响系统稳定可靠运行，必须采用特殊的安装工艺和有效的减振避振措施。

（3）降低车载电能消耗，提高电源利用率。世博花车采用低压直流能源系统。扩声系统设计时不仅要考虑电源的适配问题，更重要的是在设备选型和系统结构上尽可能采用重量轻、高效能的功放和电声转换效能高的扬声器，满足降低车载电能消耗、提高电源利用率的要求。

（4）在高温高湿的工作环境中，必须确保系统安全、可靠连续运行。系统安全性从两个方面着手：①系统各部件同车体必须采用牢固而有效的连接；配重、连接、散热等诸方面符合行车安全要求；②功放机柜、超低音扬声器等质量重的部件，应选择合适的安装位置；既要考虑系统的合理布局，又要考虑车体紧急制动时，在惯性方向上避开可能对演职人员、操作人员带来的伤害。

系统可靠性设计有三个重点：一是能够应对上海梅雨、高温等气候条件，做好对设备和系统的防护措施；二是有效的备份和维护手段；三是良好的系统工艺设计和系统连接器件的选择，优质的施工质量。

（5）各花车具有同步播放音源、同步控制音量、同步切换通信频道功能。扩声系统与无线同步控制系统的友好对接，可实现同一巡游线路上各花车同步播放音源、同步控制音量、同步切换通信频道等功能，保证百米花车团队的协调控制。

18.5.2　巡游花车扩声系统设计方案

花车扩声系统以重放预存音源为主，同时可以插入语音扩声。插入语音时，正在播放的音乐声音自动降低。

系统由远程无线发射机发出同步操作命令（也可以实现本地手动控制操作），本地接收机收到操作指令后，驱动固体数字音频播放器，并经数字音频处理器提供给功放驱动扬声器。

巡游过程中，插入与游客互动或紧急广播传声器信号时，利用了 BSS Z-BLU 数字网络音频处理器内置的 DUCKER（自动降低乐声）功能，系统可以自动降低正在播放的花车音乐的音量。

图 18-36 为花车扩声系统的工作原理框图。

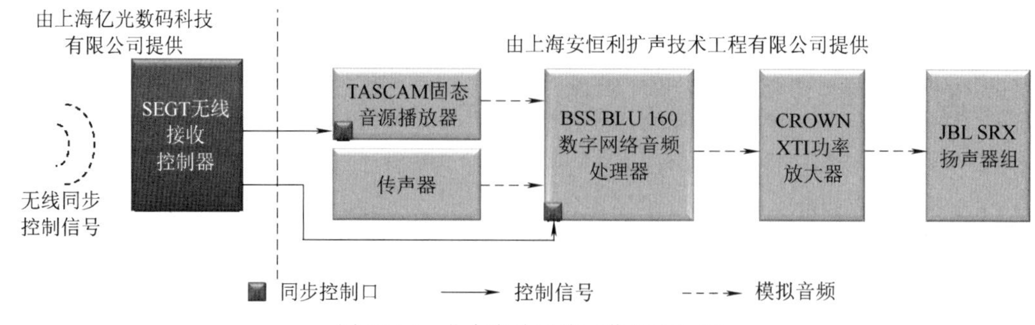

图 18-36　花车音响系统工作原理框图

花车扩声系统的启动、工作状态调整和花车同步控制采用上海亿光数码科技有限公司（简称 SEGT）研发的同步控制系统。该系统支持“远程控制”和“本地控制”两种工作方式。

正常情况下各花车扩声系统处于远程控制状态，由每一巡游线路上的某个车发出指令，其余车辆收到命令后同步启动音响系统或调整运行参数；一旦远程同步控制系统出现故障，各花车将本地控制面板上的工作模式开关调节至“本地控制”，即可自行操作该面板上的所有按钮命令。

1. 系统方案特点

从整体美观性出发，花车上所有扬声器都暗藏在布景造型装置结构内（见图 18-37 中的虚线框），每一扬声器安装点位的空间大小取决于对应花车装置的造型。这些不可改动的客观条件限制了扬声器的选型和布局，因此系统设计既要熟悉各种花车的结构，又要考虑花车音响系统的五大特点。花车团队留给方案设计和供货的时间非常短，前后不超过 3 个月。为了确保供货周期，必须在尽可能短的时间内确定系统方案。最后确定采用类似于迪斯科舞厅强劲有力的供声方案。该方案的特点是：

1）迪斯科舞厅般的强劲有力、节奏感强、整体化音效感染力的音箱。

2）花车扬声器受到装置结构及其安全系数的限制，安装高度基本不超过离地 2m 处，只有极少数的扬声器安装于约 3.5m 的高度处。

3）与观众之间的距离近。花车巡游时与左右两旁游客的距离在 10m 之内。选用迪斯科舞厅常用的系列产品，包括 5 款全音域和 2 款超低音扬声器，JBL SRX 700 系列高声压级扬声器为花车空间暗装扬声器提供了保证。用花车音源做现场试验，结果各方对演示效果均表示满意，评价是声音强劲震撼，富有感染力。

根据 1#欧洲花车的车子结构及其装置特征，图 18-37 是扬声器系统布置方案。采用两款大功率扬声器组合，1#、2#、3#和 4#位置选用 SRX715 扬声器；5#和 6#位置选用 SRX738 扬声器。

在整个世博运行期间，每辆花车都经受住了恶劣环境下的高频率应用，没有一辆出现“失声”的现象，避免了花车启动、制动或颠簸对车载音源播放稳定性的影响。

花车扩声系统集成的设备都属于美国 HARMAN 集团，前后级设备技术性能指标匹配，信号接口特性相符；功放与扬声器之间的功率配比按照 1.5：1 比例设计，具有适量的功率余量。

2. 可靠性设计

（1）设备选型。系统集成采用 JBL SRX700 系列扬声器、CROWN XTI 系列功放、BSS BLU 800 系列数字网络音频处理器和 TASCAM SS1 音源播放器等，都是经实践验证为高安全可靠的世界名牌设备，特别选择了 TASCAM 抗振避振性能强的音源播放器。

（2）系统结构。为保险起见，每条巡游线路的领头车音响系统，从播放器至功放输入端之

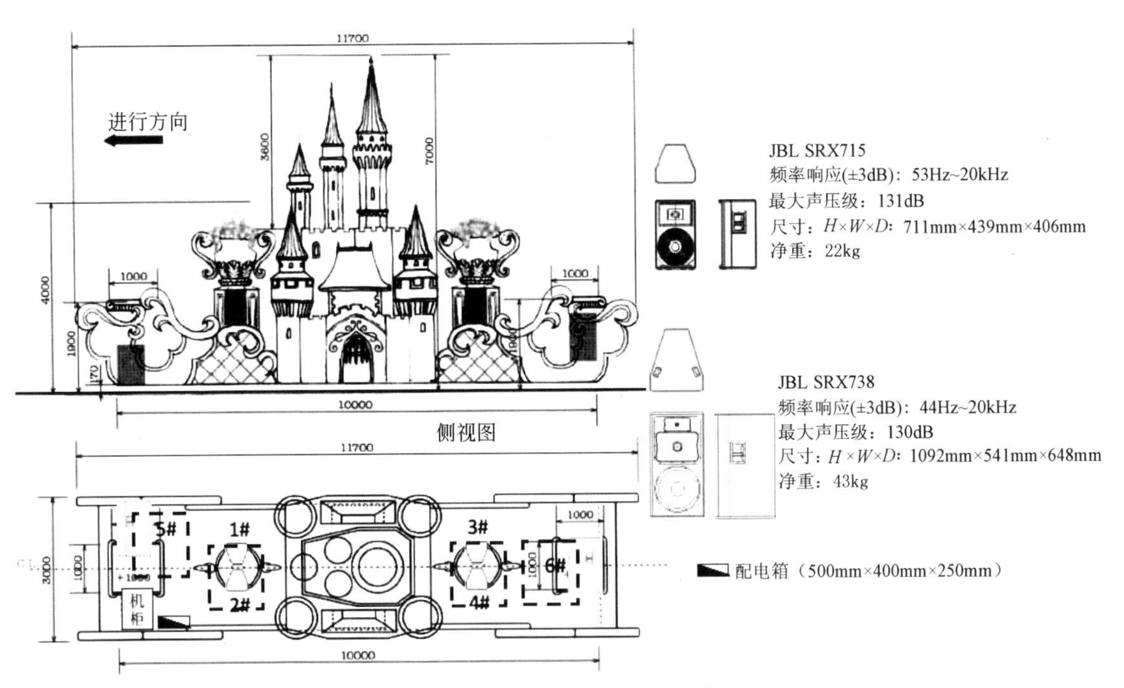

图 18-37　扬声器系统布置方案

间的设备和信号传输路径设计成主备结构，一旦主结构出现故障，只要一键按下，备用设备即可无缝切换。图 18-38 是备份音响系统的切换原理图。

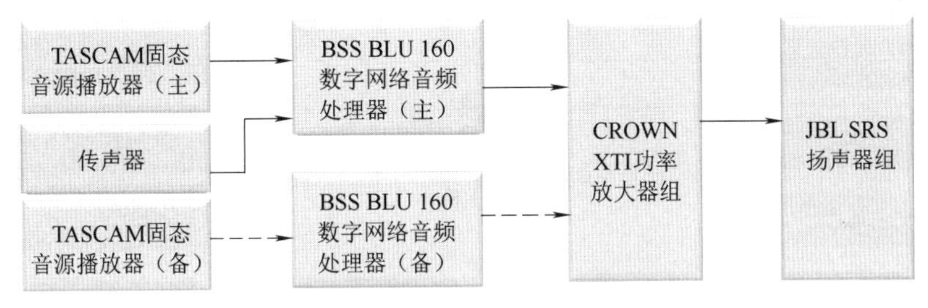

图 18-38　备份音响系统切换原理图

（3）工艺设计。考虑到音响系统在动态的花车载体上工作，因此对车上所有音响设备和连接线都进行了专门的加固设计和施工。最终运行结果表明，所有花车没有出现接插件脱落等不利系统运行的现象。

3. 高效节能措施

扩声系统中的最大耗电设备是功放。为降低能耗，给花车装备的是电源转换效率高达 90% 的美国 CROWN I-Tech HD 网络数字功放器，大大高于转换效率为 50% 的传统模拟功放。

CROWN I-Tech HD 网络数字功放不但电源转换效率高、体积小、重量轻，降低了对花车的载重和安装空间要求；而且启动时不会产生如传统功放那样的瞬态涌动电流，减少了对电源容量的需求。

4. 系统操作简单、直观

花车在行进过程中只需调整音源工作状态及系统输出电平，其他参数固定不变，操作非常简单，使用人员只需简单培训，就能快速上手，不会发生差错。

上海亿光数码科技有限公司基于美国哈曼集团产品特性特别开发的同步控制系统，将上述的每一控制指令转化为直观的按钮控制面板。

18.5.3　世博花车无线同步控制系统

1. 无线同步控制系统设计方案

无线同步控制采用星形无线网络控制结构，在每辆巡游花车上都安装一套无线同步接收控制设备。通过2个串行通信口分别控制BSS BLU 800音乐数字处理器和Tascam音乐播放器。这种系统结构和控制方式尽管在编写软件和硬件结构方面有一定的复杂性，但对提高系统的可靠性有显著帮助。无线发射控制主机安装在每条花车巡游路线的某辆合适的车位上，具有良好的远程控制功能。图18-39是浦东2#巡游线路花车无线同步控制系统。图18-40是无线同步控制设备。

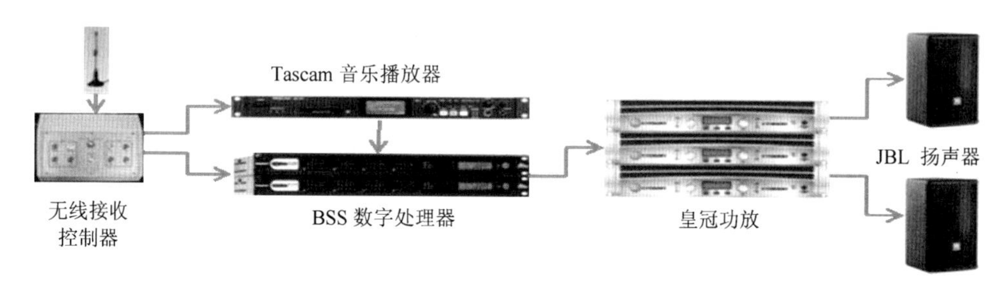

图18-39　浦东2#巡游线路花车无线同步控制系统

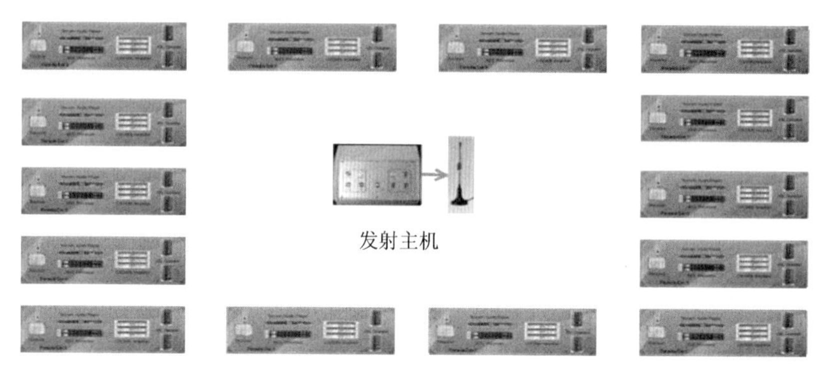

图18-40　无线同步控制设备（发射机、接收机、天线）

2. GFSK通信技术

随着软件无线控制理论和高速数字信号处理技术的发展，用DSP/FPGA器件实现无线通信的模拟和数字调制、解调已经成为无线通信的主流。在世博花车无线通信控制系统采用高斯频移键控（Gauss Frequency Shift Keying，GFSK）无线通信技术。

频移键控调制（Frequency Shift Keying，FSK）和高斯频移键控（GFSK）调制是两种主要数据调制方法。FSK是信息传输中使用较早的一种调制方式，即用不同的频率表示不同的数据符号；GFSK是在调制之前通过一个高斯低通滤波器来限制信号的频谱宽度。

GFSK调制的特点是频谱较窄、功率谱集中，具有无线通信系统所希望的特性。GFSK调制器与FSK调制器的区别在于，在FSK键控调制中，调制信号（基带信号）直接对载波频率进行频率调制，占用较宽的通信频带；而在GFSK调制中，调制信号（基带信号）经过高斯滤波器整形后再加到FSK键控调制器；调制信号变为一种缓变的基带信号，占用较窄通信频带。图18-41是FSK与GFSK调制信号的区别。在FSK调制中，由于调制信号（基带信号）从一个逻辑电平迅速跳变到另一个逻辑电平，调制后的频率也从一个频率突跳到另一个频率，会占用较宽的通信带宽。但是在 GFSK 调制中，调制信号经高斯滤波器整形后，基带信号的变化速率缓慢了，载波信号频率也随之作缓慢的变化，因此，其频谱宽度相对于 FSK 调制要窄。在相同的通信信道带宽内，GFSK 调制可传输更高数据率的基带信号，提高了信道传输效率。

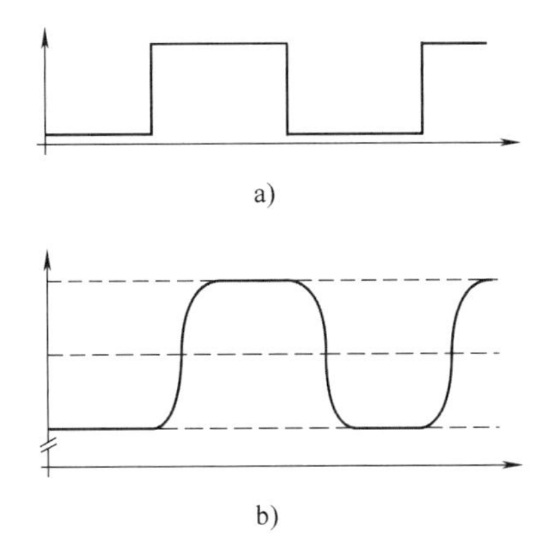

图 18-41　FSK 与 GFSK 调制信号的区别
a）FSK 调制信号　b）GFSK 调制信号

3. 花车无线同步控制设备的硬件结构

无线同步控制设备由无线发射机（远程控制主机）和无线接收机组成，图 18-42 为无线发射机和无线接收机的外形图。设备外壳采用了德国美卡诺防水机箱，符合 IP65 的防护等级，该机箱的人性化设计，使得操控、安装、调试极为方便。

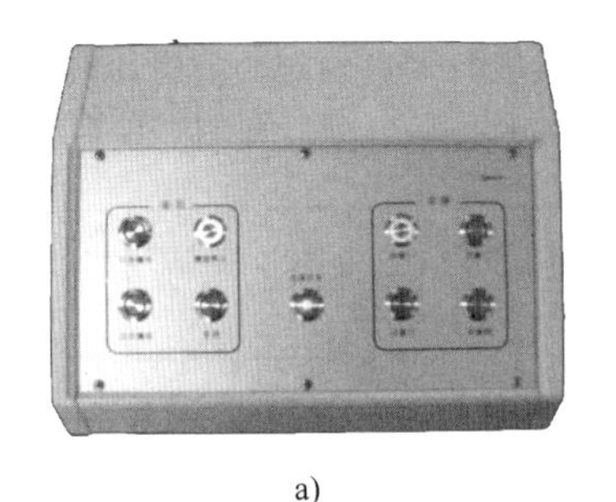

a)

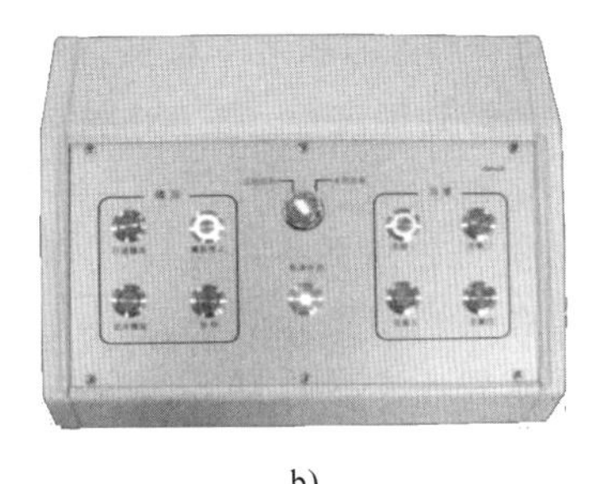

b)

图 18-42　无线收、发设备外形图
a）无线发射机　b）无线接收机

无线同步控制设备的控制对象为 BSS BLU 800 系列数字音频处理器和 TASCAM 音频播放器，采用串行通信的方式。BSS 数字音频处理器的串行通信格式采用十六进制码和校验码，每次通信代码长度为 26 位，波特率为 9600bit/s；TASCAM 音频播放器采用 ASC 码和校验码，每次通信代码长度为 7 位，波特率为 9600bit/s。因此，传输 26 位 BSS BLU 800 通信代码的时间约为 27ms，传输 7 位 TASCAM 通信代码的时间约为 7ms，BSS BLU 800 通信时长超过了系统时延 10ms 的技术指标。为此，线同步控制设备的通信代码重新进行了约定，代码长度为 5 位，包括一位校验码，总的通信时长约为 5ms，通信延时小于 10ms。

无线同步控制设备的无线发射机和接收机的硬件相同，只是软件处理流程不同。图 18-43 是发射机和接收机的硬件结构图。

三条花车巡游线路采用了不同的通信频带，为了确保无线通信的可靠性，花车无线同步控制应用了数据突发、重发技术和动态频率跳变技术，即可以在设计频段内实现一点对多点的自适应同步控制，该自适应同步控制无线通信系统需要一套约定的通信信号处理流程，信号处理流程使系统可有效防止通信系统的信号干扰。

4. 花车无线同步控制软件

（1）无线数字通信系统的信号处理流程。通信信号处理流程根据丢包数量来判断信道是否可用。使用合理的频率跳变规律，让跳频后的数据通信频道跳到干扰源频带之外，并采用数据自动重发方式避免数据传送失败。

通信处理流程分成发射机和接收机两个流程。发射机根据接收机收到的每个数据包能否正确

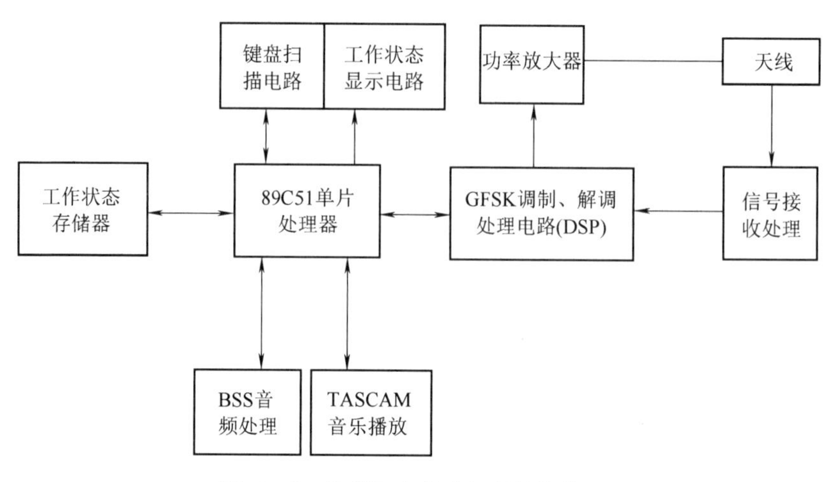

图 18-43　发射机和接收机硬件结构图

解调来确认信号质量，判断是否有干扰源，然后向接收机发送约定的信道切换命令。

（2）发射机的信号处理流程。图 18-44 是发射机的信号处理流程图。发射机处于花车巡游线路中的某个工作点，根据不同的外部通信环境进行自动检测和判别系统运行状态。发射机可在不同的工作点执行切换频道、数据重发、发送数据等信号处理，进行可靠的数据通信。

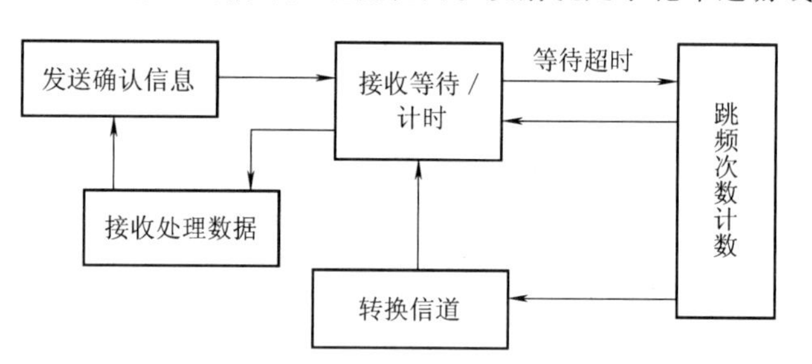

图 18-44　发射机的信号处理流程图

（3）接收机处理流程。接收机的工作流程跟发射机的工作流程不同。接收机大部分时间处在等待接收工作状态，接收机收到数据包后，机内的 DSP 处理器进行数据解调处理。如果在约定时间内收不到发射机发来的确认数据包，则自动执行约定通信频道的切换处理。图 18-45 是接收机的处理流程图。

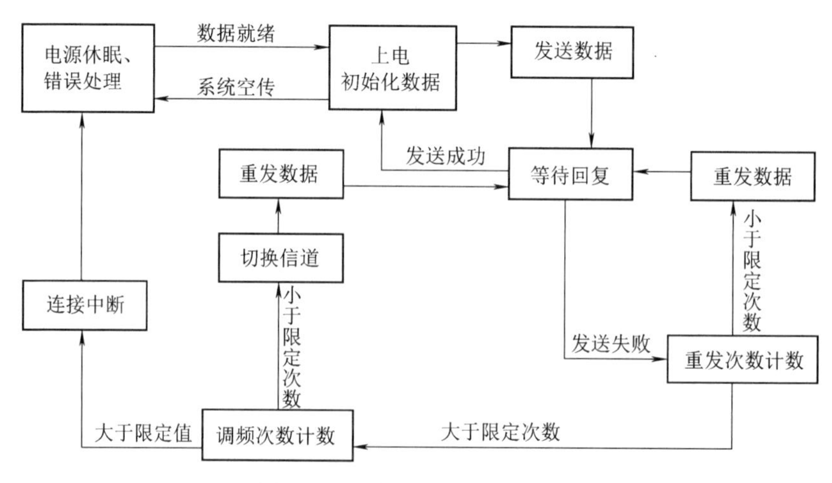

图 18-45　接收机的处理流程图

5. 无线同步控制设备的面板设置

图 18-46 是无线同步控制设备的面板，按键采用嵌入式按键，为防止误操作，按键用不同颜

色环代表按键的不同功能。按下“行进播放”键，花车将循环播放行进时的舞蹈音乐；按下“定点播放”键，花车将循环播放停车时的舞蹈音乐。面板上的“播放停止”按键和“急停”按键的功能是不同的。“播放停止”是指音乐结束后，不再播放音乐；“急停”是指立即停止音乐播放，再次播放音乐时，重新从音乐开始处播放。

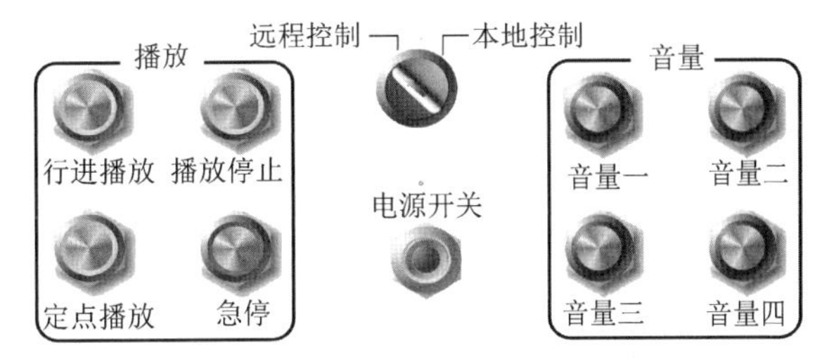

图 18-46　同步控制设备面板设置

花车每次出发前，通过“本地控制”选择开关，对花车的音响功能进行测试，测试通过后，将选择开关拨至“远程控制”。

浦东一号线和浦西一号线每天巡演 2 场，浦东二号线每天巡演 1 场，车载音响系统经受了世博会期间的高温、高湿和雨淋等恶劣气候条件和长时间、高密度运行的考验，圆满地完成了各种演出任务，给各国游人留下了深刻的印象。

18.6　上海世博会议中心 12 楼会议室

上海世博会议中心 12 楼会议室专门服务于世博局高层决策会议。会议室长约 12m、宽约 8.5m、层高为 2.3m。功能定位：以会议功能为主，兼容放映资料片。扩声系统声学设计指标按照 GB 50371—2006《厅堂扩声系统设计规范》的“会议类二级标准”的要求：

（1）最大声压级≥95dB（125~4000Hz）。

（2）传输频率特性：以 125~4000Hz 的平均值为 0dB，在此频带内允许-6~+4dB。

（3）传声增益≥-12dB（125~4000Hz）。

（4）声场不均匀度：1000Hz≤10dB；4000Hz≤10dB。

（5）主观音质评价：语音清晰自然，系统运行稳定可靠，无声反馈啸叫。

18.6.1　系统设计方案

1. 采用分散式扬声器布局

由于空间高度低，采用分散供声方案可达到均匀声场覆盖、清晰自然的语音和便于与室内装饰紧密配合。

会议扩声选用 8 只 JBL CONTROL24C 天花吸顶扬声器；播放光碟资料片采用 2 只 JBL AC18/95 声柱扬声器。图 18-47 是扬声器系统布置。

（1）会议桌上方顶棚内嵌装 4 只 JBL CONTROL24C 天花吸顶扬声器（503、504、505 和 506）。

（2）两侧旁听席上方顶棚内各嵌装 2 只 JBL CONTROL24C 天花吸顶扬声器（501、502、507 和 508）。

（3）投影幕两侧：各 1 只 JBL AC18/95 声柱扬声器。

扬声器的具体定位应结合会议传声器的布局，尽可能减少天花吸顶扬声器回输至会议传声器的声音能量，降低声反馈概率。

2. 提供精细的扬声器声场控制

对于层高低矮的会议室，系统考虑的越完善，系统结构划分得越细，系统的调校手段和补偿措施就越丰富。

扬声器系统设置 3 组独立连接电缆，分别控制会议桌上方天花扬声器、两侧旁听席上方天花扬声器和投影幕旁的声柱扬声器。

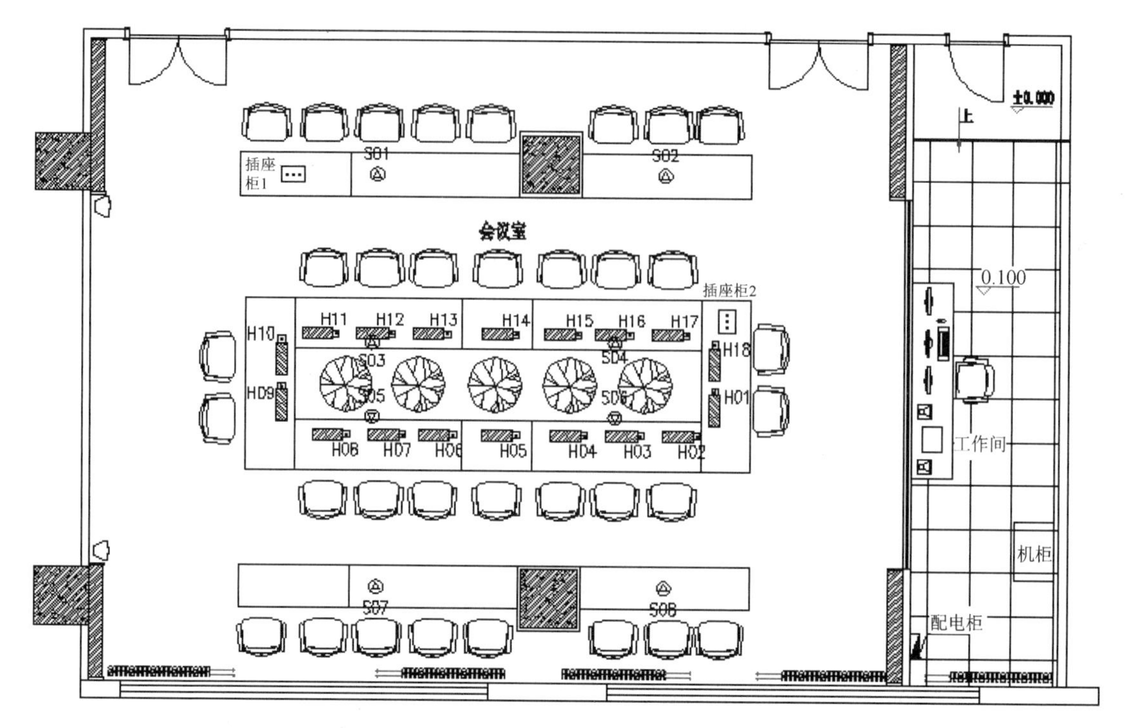

图 18-47　会议室扬声器系统布置

通过 DBX 260 数字音频处理器内置参数的设置和预存，3 组扬声器既可联动运用，又可各自独立工作。保证了扬声器系统操作控制的便利性，增强了扬声器控制平台的灵活性和有效性。

3. 提高传声增益和语音清晰度指标的措施

在系统中插入 1 台 DBX AFS224 反馈抑制器。24 只会议传声器由 3 台 SHURE SCM810 自动混音器进行自动管理，因此可有效提高扩声系统的传声增益和语音清晰度。

DBX AFS224 反馈抑制器，在每个通道有 24 个滤波点，滤波器有 1/5、1/10、1/24、1/80 多种倍频程带宽可选，比其他品牌反馈抑制器具有更强的抑制反馈能力，有利于提高会议扩声的传声增益指标，减少对会议扩声音质的影响。

通过合理设定 DBX 260 数字音频处理器内的 DSP，控制各路扬声器输出能量和频率均衡参数，可进一步提高系统传声增益。

4. 会议发言设备选型

该会议室桌的深度为 90cm，选用 12in 短杆的 SHURE MX412/S 超心型会议传声器，可满足离传声器“咪头”30~50cm 处讲话不发生声反馈啸叫。

5. 可靠性设计

发言传声器信号通过主/备方式送入会议扩声系统的主/备控制核心：采用 SHURE SCM810 自动混音器和 SOUNDCRAFT EPM8 调音台，降低系统控制核心的故障风险；配置无线传声器，作为所有与会人员的备用发言设备；在系统的前后级设备间都设有跳线装置，提高干预故障的灵活性；每个功放通道上负载的扬声器数量不超过 2 只，分摊功放设备的故障风险。

6. 会议录音

采用由专业 LEXICON 声卡和笔记本式计算机组成的数字式录音系统，支持长时间录音和播放，音质达到专业广播级，生成的录音文件有 MP3、WAVE 等多种格式可选，方便会议内容的记录以及与相关单位之间的信息交流，还可兼作多媒体会议演示平台。

18.6.2 主要配套设备

(1) SOUNDCRAFT EPM8 8 路立体声调音台 1 台。
(2) SHURE MX412/S 超心型会议传声器 24 只。
(3) SHURE U 段分集接收无线传声器 2 套。
(4) SHURE SCM810 自动混音器 3 台。
(5) DBX AFS224 反馈抑制器 1 台。
(6) DBX 260 数字音频处理器 1 台。
(7) CROWN XTI 1000 数字处理网络功放 3 台。
(8) JBL CONTROL24C 全频同轴天花吸顶扬声器 8 只。
(9) JBL AC18/95 两路全频扬声器 2 只。
(10) 笔记本式计算机数字式录音系统 1 套。

18.6.3 测试结果

传输频率特性、最大声压级、传声增益、声场不均匀度等声学参数均达到预设指标值。主观音质评价：语音清晰自然，系统运行稳定可靠，无声反馈啸叫。

18.7 泄漏电缆传输系统设计与应用

隧道、地铁、矿井、车站和地下停车场等都是空间狭窄的特殊通信区域，影响无线信号正常传播；此外，由于车体对信号的遮挡，车辆行驶速度快，导致隧道内的通信信号极差，产生通信盲区。采用泄漏同轴电缆分布覆盖解决方案，可以克服常规天线电磁场分布不均匀和频带窄等诸多弊病。泄漏同轴电缆还适用于金属框架结构的建筑物，信号覆盖范围可以被限定在一个特定区域内，从而可以最大限度降低同频道干扰。

测试表明，在中等开阔地、有效通信距离为 5km 的一台无线电台，放到矿井下或坑道里，它的有效通信距离只能为 20m 左右。增大无线电台的发射功率固然可以增大通信距离，但通信效果并不明显。有专家做过试验，即使将无线电台的发射功率加大 100 倍，在矿井下或隧道中，它的传播距离也不过只能增加 1/5 左右。何况，在矿井下是不允许随意增大发射功率的，不然容易因电火花引发爆炸事故。那么，在隧道、矿井内实现无线电通信，路在何方呢？经过科学家们的研究，终于找到了利用泄漏同轴电缆进行无线电通信的良方。

泄漏同轴电缆（Leaky Coaxial Cable）简称“漏缆”。是一种可以安装在建筑物内及隧道内的无线覆盖设备，可以解决室外基站的射频无线电信号无法穿透建筑物的难题。

泄漏同轴电缆的结构与普通同轴电缆基本一致，由内导体、开有周期性槽孔的外导体和绝缘介质三部分组成，如图 18-48 所示。电磁波在泄漏同轴电缆内纵向传输的同时，还通过外导体槽孔向外界辐射电磁波，同时，外界移动设备发射的电磁场也可通过外导体槽孔感应到泄漏电缆内，并传送到无线基站（BTS）的接收端。因此可以说，泄漏电缆兼有传输线和收、发天线的双重功能。图 18-49 是辐射型泄漏电缆电磁波的辐射图。当今，宽频泄漏电缆已经成为室内无线通信系统的重要组成部分，包括第三代（3G）至第四代（4G）商业网络、紧急服务通信网络、WLAN、WiMAX 和移动电视等。

泄漏同轴电缆具有同轴电缆和天线的双重作用。与传统的直放站+转发天线系统相比，泄漏同轴电缆分布式天馈系统具有以下特点：

(1) 能保证信号覆盖的连续性和均匀性，如图 18-50 所示。泄漏电缆与传统天线辐射的电磁

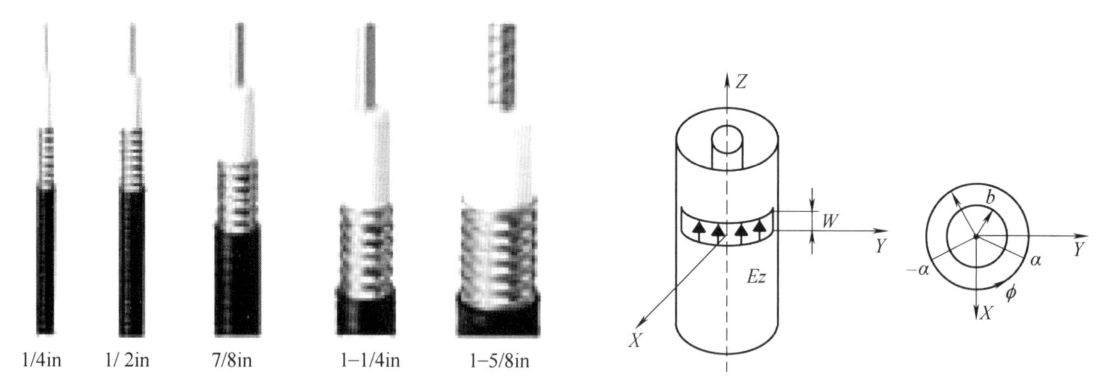

图 18-48　各种规格的泄漏电缆

图 18-49　辐射型泄漏电缆电磁波的辐射图

场分布相比，就像长荧光灯管与电灯泡两种不同照明方式的照明亮度分布那样。

（2）泄漏同轴电缆是一种宽频带系统，覆盖频段大于 45MHz ~ 2GHz，适应现有各种无线通信体制，可同时提供多种通信服务，例如，可同时用于：CDMA800、SM900、GSM1800、WCDMA、WLAN 等多种不同频段的无线通信业务。

（3）在障碍物多的复杂空间环境下，泄漏电缆通信系统的信号稳定、性能优异。

（4）泄漏电缆的始端与末端的场强差异较大，因此电缆分段不宜过长。

（5）泄漏电缆价格较贵，但当多系统同时接入时可大大降低总体造价。

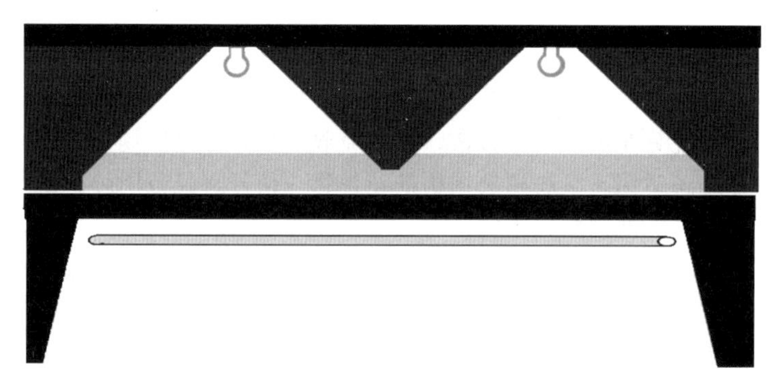

图 18-50　泄漏电缆与传统天线辐射电磁场分布比较

泄漏电缆也可用于室外周界入侵探测系统。原理是在敷设的两个泄漏电缆之间形成一个看不见的柱形电磁场防护区域，如图 18-51 所示。当人体和金属体在这个区域移动时，就会引起电磁场扰动而被探测器检测到，产生报警信号。对于非金属体或非人体，比如树枝等，由于对电磁场的干扰

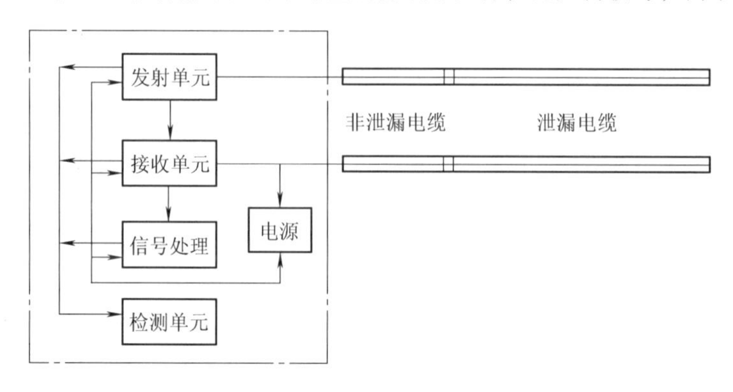

图 18-51　泄漏电缆周界入侵探测系统

极弱，虽然在该防护区域移动，却不能引起电磁场扰动，因此不会报警。通过对探测器灵敏度的调整，可以将小动物，如小狗、小猫等在防护区域移动的干扰滤掉，达到有效防护的目的。

泄漏电缆周界入侵探测系统适用于银行、金库、高级住宅、监狱、仓库、博物馆、电站(包括核电站)、军事机关及设施、基地、油田、文物保护和其他需要室外周边防护的报警场所，也可作为室内各种防护报警使用。

周界入侵探测系统的核心装置是地表浅埋式入侵探测泄漏电缆，不仅适用地表安装，也适用在墙体内平行安装，完全适用于野外地形较为复杂的地方（如高低不平的山区及周界转角等）。

18.7.1　泄漏电缆的主要技术特性

1. 泄漏电缆的分类

根据信号泄漏机理，泄漏电缆可分为耦合型、辐射型和分段型三类。

（1）耦合型泄漏电缆：耦合型泄漏电缆外导体上的槽孔间距远小于工作波长。电磁波通过槽孔衍射；外导体表面波的二次效应电流，在电缆周围激发出电磁场，电磁场能量以同心圆的方式扩散，它辐射的电磁能量是无方向性的，并随着距离的增加迅速减小。

耦合型泄漏电缆适合于宽频谱传输。典型的耦合型泄漏电缆结构是外导体上有轧纹，纹上铣椭圆形孔。由于耦合型泄漏电缆的传输频带宽，因此地铁专网无线通信系统一般都选用耦合型泄漏电缆，在地铁里，一根泄漏电缆可传输多路公网（GSM/CDMA 等）信号。

耦合型泄漏电缆一般有两类：一类是耦合损耗小（辐射能量多）而线路损耗较大，另一类是耦合损耗大（辐射能量小）而线路损耗小，可根据不同情况和不同用途选取。

（2）辐射型泄漏电缆：辐射型泄漏电缆的典型结构是在外导体上开着周期性变化的一字、八字形槽孔。槽孔间隔约等于 1/2 工作频率波长，这种槽孔结构使得在槽孔处的射频信号产生同相叠加，但只在相应波长的窄频段信号才会产生同相叠加效应，因此工作频带较窄。

辐射型泄漏电缆的电磁能量相对集中在槽孔方向，并与电缆轴心垂直（图 18-49），辐射能量有方向性，并且不会随距离的增加而迅速减小。耦合损耗在某一频段内保持稳定，适用于 800～2200MHz 频段。

（3）分段型泄漏电缆：分段型泄漏电缆是每隔一定距离在外导体上开槽口（分段槽孔），分段的距离使电缆的线路损耗在某一频带内最小，并可随着电缆线路损耗的增加而增加开口数量，即不断增加泄漏量，从而增加传输距离。表 18-5 是耦合型泄漏电缆和辐射型泄漏电缆特性的比较。

表 18-5　两种泄漏电缆特性比较

耦合型泄漏电缆	辐射型泄漏电缆
外导体上槽孔的间距远小于工作波长	外导体上槽孔的间距与工作波长(或半波长)相当
外导体上轧纹,纹上铣椭圆形孔	外导体上不轧纹,开周期性变化孔距的一字、八字形等槽孔
电磁泄漏是外导体上表面波的二次效应	电磁波泄漏由外导体上的槽孔直接辐射
泄漏能量在电缆周围扩散,无方向性	泄漏能量集中在槽孔方向,有方向性
信号随离电缆的距离增大而迅速衰减	信号随离电缆的距离增大而缓慢衰减
耦合损耗变化范围大	耦合损耗变化范围小
50%～95%覆盖概率的差值通常为 11dB	50%～95%覆盖概率的差值通常为 3dB
适用于宽带频段使用	适用于窄带频段使用
受环境影响大	受环境影响小
制造工艺简单	制造工艺复杂,指标优于耦合型

2. 泄漏电缆的主要技术参数

泄漏电缆外导体上的槽孔结构（槽孔形状、槽孔大小、排列密度、排列帧式）决定了它所有的电性能指标。主要电性能指标有：频率范围、特性阻抗、耦合损耗、传输衰减、总损耗的动态范围、驻波比、传输时延等。

（1）频率范围：指泄漏电缆的工作频带宽度。通过不同的外导体开槽设计，可以使泄漏电缆在不同的工作频带上获得最好的辐射特性。泄漏电缆传输频率分段范围规定：

L频段：70~300MHz；T频段：300~500MHz；C频段：800~1000MHz；

P频段：1700~2000MHz；U频段：2000~2300MHz；S频段：2300~2400MHz。

（2）耦合损耗 L_c：耦合损耗 L_c 是表征泄漏电缆与外界环境之间相互耦合程度的一个特征参数，指泄漏电缆内的传输功率 P_t 与自由空间接收到的信号功率 P_r 之比，是漏泄电缆区别于普通同轴电缆的一个重要指标。

耦合损耗 L_c 的定义和测量方法在IEC 61196-4和GB/T 17737.4—2013《同轴通信电缆　第4部分：泄漏电缆分规范》中有明确规定。一般以距泄漏电缆2m距离处和50%覆盖率测得的射频功率为耦合损耗标准。

$$L_c = 10\lg(P_t/P_r) \tag{18-1}$$

式中　L_c——耦合损耗，单位为dB；

P_t——泄漏电缆内传输的功率，单位为W；

P_r——距泄漏电缆1.5m（或2m）处标准半波长偶极子接收天线收到的射频信号功率，单位为W。

式（18-1）表明，当泄漏电缆内传输同样大的功率 P_t，自由空间获得的接收功率 P_r 越大时，耦合损耗 L_c 就越小；也就是说，耦合损耗 L_c 越小，自由空间获得的辐射能量越大。

（3）传输衰减 α：传输衰减又称线路损耗或插入损耗，是指泄漏电缆传输线路的线性损耗，以dB/m表示。它随频率而变化，通常传输频率越高，泄漏电缆的传输衰减（损耗）越大。传输衰减包括电缆导体、绝缘介质的损耗和泄漏电缆不断向外辐射能量产生的损耗两部分。显然，耦合损耗 L_c 越小（泄漏能量越多），则传输衰减越大。

（4）泄漏电缆总损耗 α_s：泄漏电缆总损耗 α_s=传输衰减 α+耦合损耗 L_c，它是链路设计的依据。进行系统链路计算时，泄漏电缆总损耗 α_s 不得超过允许的系统损耗 α_{max}（发射功率-接收设备灵敏度）。

例如，如果系统允许的最大损耗的典型值为120dB，应扣除系统共用器、环境屏蔽和其他因素引起的约15dB左右的衰减损耗，因此，泄漏电缆总损耗 α 应不超过105dB。

通常长度越短，泄漏电缆总损耗也越小。图18-52是两条尺寸相同，但耦合损耗不同的泄漏电缆总损耗图。泄漏电缆2的耦合损耗（实线）小于泄漏电缆1的耦合损耗（虚线），于是泄漏电缆2的传输衰减就会大于泄漏电缆1。

随着泄漏电缆长度的增加，泄漏电缆2的总损耗会超过泄漏电缆1。正常情况下的系统总损耗会随传输距离增加而增大，采用分段型可变衰耗泄漏电缆可显著地增加泄漏电缆的可用长度。

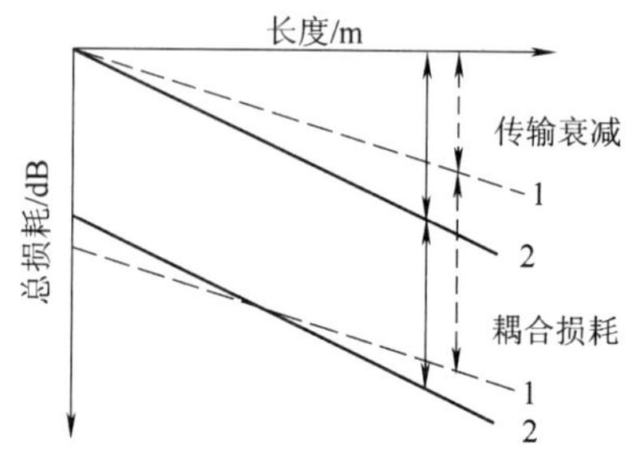

图18-52　两条尺寸相同，但耦合损耗不同的泄漏电缆总损耗图

（5）实际环境中的系统总损耗：在实际环境中，需考虑周围环境内导体的反射或界面的吸收损耗。可通过以下途径处理：

1）安装时使用图18-53所示的非金属支架，因为金属支架会影响泄漏电缆内的驻波。

2）保留 15～17dB 的衰减损耗储备。

泄漏电缆的安装位置对耦合损耗的影响很大。安装时，泄漏电缆的轴线与墙壁或金属桥架应保持有 20cm 以上的距离。

开放空间不同的隧道或地下停车场、矿井等安装环境，会产生不同的多径效应，取决于隧道的形状、尺寸和材料等因素。

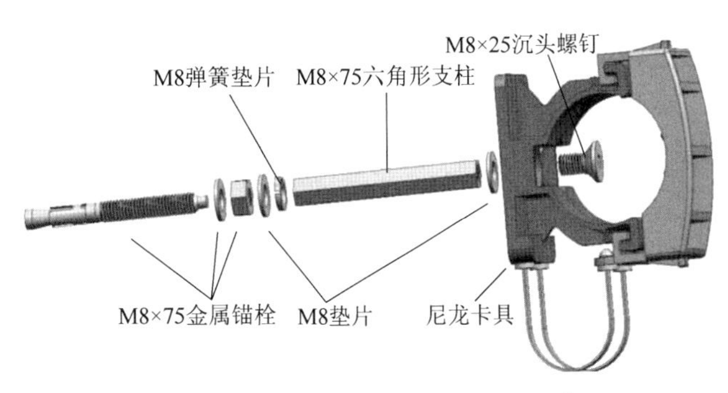

图 18-53　泄漏电缆的非金属安装支架

表 18-6 是耦合型泄漏电缆的主要技术特性；表 18-7 是辐射型泄漏电缆的主要技术特性；表 18-8 是分段型泄漏电缆的主要技术特性。表 18-9 是美国安德鲁公司设计研发的 70～2400MHz 和 800～2400MHz 频率范围内的优质泄漏同轴电缆的技术特性，该产品在长度 350m 和 500m 范围内的总损耗最小，从而最大限度地减少直放站等有源器件，提高系统可靠性。

表 18-6　耦合型泄漏电缆的主要技术特性

		1/4in 泄漏电缆	1/2in 泄漏电缆		7/8in 泄漏电缆	
尺寸/mm	内导体外径	2.4±0.1	4.8±0.1		9±0.1	
	外导体外径	7.5±0.1	13.7±0.1		25±0.2	
	绝缘套外径	9.7±0.1	16±0.1		28±0.2	
特性阻抗/Ω		50±1	50±1		50±1	
工作频率范围/GHz		0～4GHz，最好在 900～2000MHz 双频段				
驻波比		1.3	1.3		1.3	
一次最小弯曲半径/mm		<25	<125		<250	
耦合损耗/(dB/100m)	900MHz	<69	<70	<62	<75	<62
	1800MHz	<71	<76	<66	<82	<69
线路损耗/(dB/100m)	900MHz	<23	<10	<18	<5.5	<8
	1800MHz	<32	<14	<22	<8	<13
工作温度/℃		-40～+85				
是否具有防火功能		是	是	是	是	是

表 18-7　辐射型泄漏电缆的主要技术特性

		7/8in 泄漏电缆
特点		线路损耗小，布线困难
尺寸/mm	内导体外径	9±0.1
	外导体外径	25±0.2
	绝缘套外径	28±0.2
特性阻抗/Ω		50±1
工作频率范围/GHz		0～4GHz，最好在 900～2000MHz 双频段
驻波比		1.3
一次最小弯曲半径/mm		<250
耦合损耗/(dB/100m)	900MHz	<70
	1800MHz	<65
线路损耗/(dB/100m)	900MHz	<4.5
	1800MHz	<8
工作温度/℃		-40～+85
是否具有防火功能		是

表 18-8　分段型泄漏电缆的主要技术特性

		1/2in 泄漏电缆	7/8in 泄漏电缆
特点		线路损耗较大，较易于布线	线路损耗小，布线困难
尺寸/mm	内导体外径	4.8±0.1	9±0.2
	外导体外径	13.7±0.1	25±0.2
	绝缘套外径	16±0.1	28±0.2
特性阻抗/Ω		50±1	50±1
工作频率范围/GHz	0~4GHz，最好在 900~2000MHz 双频段		
驻波比		1.3	1.3
一次最小弯曲半径/mm		<125	<250
耦合损耗/(dB/100m)	900MHz	<68	<65
	1800MHz	<70	<65
线路损耗/(dB/100m)	900MHz	<8	<5
	1800MHz	<12	<10
工作温度/℃		-40~+85	
是否具有防火功能		是	是

表 18-9　安德鲁公司的泄漏电缆技术特性

规格	泄漏电缆型号	频率/MHz	标称损耗 插入损耗/(dB/100m)	标称损耗 耦合损耗/(dB/100m)	系统损耗/(dB/1km)
1-5/8in	RCT7-C-2A-RNA	800	2.00	65.00	85
		900	2.40	61.00	85
	RCT7-CP-2A-RNA	800	2.10	61.00	82
		900	2.40	61.00	85
	RCT7-LTC-4A-RNA	800	2.00	66.00	86
		900	2.20	65.00	87
	RCT7-CPUS-4A-RNA	800	1.90	68.00	87
		900	2.00	63.00	83
1-1/4in	RCT6-LTC-5A-RN	800	2.80	68.00	96
		900	3.20	67.00	99

3. 耦合损耗的测量

耦合损耗 L_c 的公式见式（18-1），依照国际电工技术委员会标准 IEC 61196-4《同轴通信电缆　第 4 部分：辐射电缆分规范》和 GB/T 17737.4—2013 介绍的自由空间测量方法如下：

测量时将一个半波偶极子天线与泄漏电缆保持 $D=2\text{m}$，并沿泄漏电缆方向移动。耦合损耗的采样值随测量位置的变化而变化。测量数据还与半波偶极子天线与泄漏电缆的相互方位（正交、垂直或平行）有关。根据 IEC 61196-4 规定，耦合损耗值是空间测量数据的平均值。图 18-54 是耦合损耗的测试及计算图。

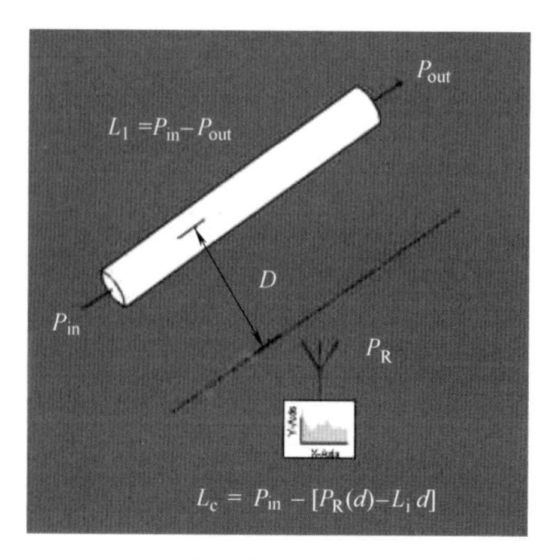

图 18-54　耦合损耗的测试及计算图

如果接收天线 D 的距离是 6m，测得的耦合损耗会增大 5dB（即信号电平减小 5dB）。

$$L_c=P_{in}-[P_R(d)-(P_{in}-P_{out})d] \tag{18-2}$$

在 IEC 61196-4 和 GB/T l7737. 4—2013 标准中，泄漏电缆的长度至少要 10 倍于测量频率下的波长。为确保测量有效，在 95%覆盖接收率时，每半波长需要进行 10 次测量，才能作为计算耦合损耗的依据。

由于要求的测量点太多，因此耦合损耗的测量依靠人工是不可能实现的，必须借助计算机和自动测量系统来完成。

由于某一处泄漏电缆内的传输功率等于电缆输入功率减去电缆输入端到该处的功率衰减，因此，泄漏电缆局部的耦合损耗 $ac(z)$ 计算公式如下：

$$ac(z)=N_e-(a\times z)-N_r(z) \tag{18-3}$$

式中　$ac(z)$——泄漏电缆局部的耦合损耗，单位为 dB；

N_e——泄漏电缆输入端的电平，单位为 dBm；

$N_r(z)$——测量天线处的接收电平，单位为 dBm；

a——泄漏电缆的衰减常数（传输损耗），单位为 dB/km；

z——泄漏电缆输入端到接收天线的距离，单位为 km。

耦合损耗 L_c 可由 $ac50$ 和 $ac95$ 两个典型值来表征：

1）$ac50$（即 50%覆盖率）耦合损耗：是指在 50%覆盖区测得的局部泄漏电缆的耦合损耗平均值。

2）$ac95$（即 95%覆盖率）耦合损耗：是指在 95%覆盖区测得的局部泄漏电缆的耦合损耗平均值。

$ac50$ 和 $ac95$ 之间的差值，可以帮助系统设计员评估并计算连接的可用性。

18. 7. 2　泄漏电缆传输系统设计

由于泄漏同轴电缆能保证信号覆盖的连续性和均匀性，因此可以在任何地方、甚至存在电磁波干扰的地方或没有电磁波的地方都可实现无线通信。

泄漏同轴电缆系统设计时需要考虑的主要因素有：耦合损耗、传输衰减、系统总损耗、各种接插件及跳线的插损、环境影响、射频功放的输出功率、中继器的增益以及移动设备的最低工作电平。规格尺寸大的泄漏同轴电缆系统的传输损耗较小，可获得较长的覆盖长度。

耦合型宽带泄漏同轴电缆可覆盖从 900MHz 的蜂窝系统到 1900MHz 的 PCS（个人通信服务），包括用于应急服务的超高频系统。这些系统可以通过组合器（合波器）或者交叉波段耦合器把信号合成到一根泄漏同轴电缆，能在同一根电缆上完成不同波段的各种服务。

在长达 2~3km 的隧道中，每隔一定距离需安装一台双向放大器，把信号放大到合理的程度，补偿泄漏电缆的传输衰减。安装原则是泄漏电缆信号下降 20dB 时，放大器就应介入补偿 20dB 的损耗。在装有蜂窝系统的大楼，楼顶天线与楼内放大器连接时，可以把接收信号电平放大 25~30dB，只要足以补偿路径损耗就行。

泄漏同轴电缆的耦合损耗设计一般选择在 55~75dB 之间。对于狭长的隧道系统来说，无线电波在隧道中传播时具有隧道效应，信号传播是墙壁反射与直射的结果，其中直射为主要分量。因此隧道本身也能帮助提高泄漏同轴电缆的耦合性能，所以耦合损耗设计一般选择为 75~85dB（即辐射量可小一些），这样有利于增长泄漏电缆的长度。

对于地下停车场和建筑楼宇内，泄漏同轴电缆的单向长度一般都较短，在 50~100m 之间，传输衰减一般都不会大。因此泄漏同轴电缆的耦合损耗设计一般选择在 55~65dB 之间（即辐射量可大一些），让泄漏同轴电缆尽量多地发射信号功率，并能穿透周围界面。

1. 系统设计步骤

（1）确定允许的最大系统损耗 α_{max}：根据移动终端设备的最大输出功率电平（手机为 2W/33dBmW）和系统要求的最低接收场强（典型值为 -85 ~ -105dBmW）确定允许的最大系统损耗 α_{max}：

$$\alpha_{max} = \text{移动终端的发射功率(dBmW)} - \text{接收设备灵敏度(dBmW)} \tag{18-4}$$

（2）确定泄漏同轴电缆的耦合损耗 L_c：确定选定泄漏同轴电缆在指定工作频率时的规定长度 L 所对应的传输衰减为 αL。从而可确定该泄漏电缆总损耗值 α_s：

$$\alpha_s = \alpha L + L_c \tag{18-5}$$

式中　α——泄漏电缆的传输衰减，单位为 dB/m；

L——泄漏电缆的长度，单位为 m；

L_c——泄漏电缆的耦合损耗，单位为 dB。

进行系统链路计算时，泄漏电缆总损耗 α_s 不得超过允许的最大系统损耗 α_{max}。代入式（18-5），可求得泄漏电缆的耦合损耗 $L_c = \alpha_s - \alpha L$。

（3）根据工作环境应留出一定的损耗裕量 M：

损耗裕量 M 涉及的因素一般有以下几下：

1）泄漏电缆提供的耦合损耗数据为统计平均值，必须考虑其波动性。

2）按 50%覆盖率的耦合损耗值设计时，需留出 10dB 的裕量。

3）按 95%覆盖率的耦合损耗值设计时，需留出 5dB 的裕量。

4）应考虑跳线及接头的插损。

5）地铁系统车体的屏蔽作用和吸收损耗也要考虑。

综合上述各项的环境影响，根据经验，M 的推荐值为 15 ~ 17dB。

（4）确定泄漏同轴电缆的最大覆盖距离：因为系统允许的最大系统损耗为 $\alpha_{max} = \alpha_s + M = \alpha L + L_c + M$，则漏缆的最大覆盖距离

$$L = (\alpha_{max} - L_c - M) \div \alpha \tag{18-6}$$

2. 泄漏电缆链路计算

某地铁隧道长 2800m，传输 900MHz 波段的 GSM 移动通信信号；系统覆盖要求：90%的车内覆盖电平应达到-85dBm。采用无线直放站作为 GSM 信号源。

（1）泄漏同轴电缆选用的依据。漏泄同轴电缆选用的依据是：使用频率、传输距离、传输衰减和耦合损耗。本方案选用 HLHTAY-50-42（1-5/8in）辐射型宽频带异形槽泄漏电缆，技术参数为：

1）工作频率：900MHz。

2）耦合损耗 L_c：该电缆的 50%覆盖率的耦合损耗为 72dB，在保证 90%覆盖率时，耦合损耗增加 9dB，即 90%覆盖率时的耦合损耗为 72dB+9dB = 81dB。

3）标称传输衰减 α：2.34dB/100m。

（2）移动终端技术参数：

1）手机最大输出功率为 2W（33dBm）。

2）90%的车内覆盖的接收电平为-85dBm。

（3）系统损耗裕量 M：

1）耦合损耗的波动裕量为 5dB。

2）跳线及接头损耗为 2dB。

3）车体影响为 10dB。

系统损耗裕量 M = 5dB+2dB+10dB = 17dB

（4）允许的最大系统总损耗 α_{max}：

$$\alpha_{max}=\text{手机发射功率}(33dBm)-\text{接收功率电平 }P_r(-85dBm)=118dBm$$

（5）计算泄漏电缆最大长度：

$$L=(\alpha_{max}-L_c-M)\div\alpha=(118dB-81dB-17dB)\div 23.4dB/km\approx 0.855km=855m$$

此结果说明在以上条件下，该种规格泄漏同轴电缆的最大覆盖距离为 855m，由于地铁隧道长为 2800m，必须由 4 段 700m 泄漏同轴电缆组成，中间需用双向（收、发）中继放大器来完成全部覆盖距离。

（6）计算泄漏电缆需要的输入功率 P_t：接收电平 $P_r=P_t-L_c-M-\alpha$；则

$$P_t=P_r+L_c+M+\alpha \tag{18-7}$$

式中　P_r——接收电平，为 -85dBm；

L_c——耦合损耗，为 81dB；

M——损耗裕量，为 17dB；

α——传输衰减，为 2.34dB/100m×700m=16.38dB。

可得 $P_t=(-85+81+17+16.38)dBm=29.38dBm$（即 1W）

考虑到需要抑制上行信号的噪声和抑制下行信号交互调制产生的噪声，实际需要的发射功率还需提高 50%，即 33dBm（2W）。

如果需转发 4 路载波信号，4 路载波信号用合波器合成一路输入到泄漏电缆，4 合 1 合波器的衰耗为 8dB，则每路双向射频功放的功率输出应为（33+8）dBm=41dBm（12W）。

（7）GSM 信号源和第一个放大器之间允许的最大纵向衰减为

$$LossLong=(33+85-17-81)dB=20dB$$

因此，第一个放大器的增益应为 20～25dB。

3. 系统设计

图 18-55 是由 4 段 700m 泄漏电缆组成的双轨地铁隧道无线通信系统。宽带双向射频功率放大器的功率增益为 25～30dB。

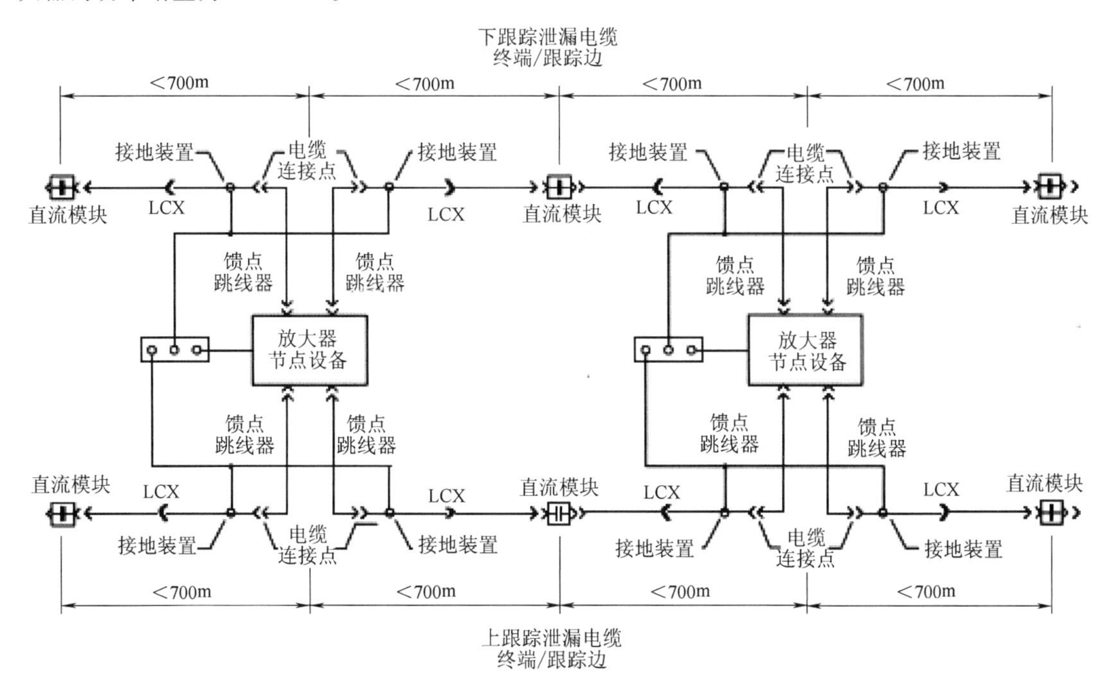

图 18-55　4 段 700m 泄漏电缆组成的双轨地铁隧道无线通信系统

系统设计还需考虑下面一些问题：接地的考虑、馈线或泄漏电缆的接地、接地点的选择、隧道的环境影响、产品手册的误差范围、垂直极化方式下的耦合损耗指标、直流阻断器的考虑、功分器的选择、合波器/耦合器的选择、泄漏同轴电缆的终端匹配电阻。

18.7.3　泄漏同轴电缆在自由空间电磁波场强的测量

场强是电磁场强度的简称，它是天线在空间某点的感应电信号大小，以表征该点的电磁场强度，单位为 μV/m（微伏/米）。

1. 场强测量

接收天线与泄漏电缆的相互方位有水平、垂直和水平正交三种。场强的测量数据不仅与测量位置的电磁场强弱有关，还与接收方位有关。如果接收天线的方位与被测泄漏电缆轴线平行，可获得最大的感应信号，如图 18-56 所示。

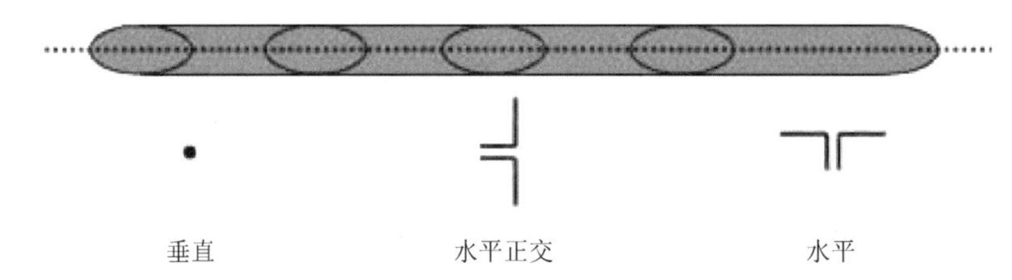

图 18-56　接收天线的极化方向与泄漏电缆相对的三种测量方位

场强一般可用射频有效值型电平表（电压表）来测量。图 18-57 是场强测量原理图。当线路匹配良好时，仪表读取的电平值是仪表输入端口（一般为 50Ω 或 75Ω）所取得的射频电压 E_r（单位为 dBμV）。E_r 可用下式表示：

$$E_r=E+G_a+20\lg L_e-L_f-6 \qquad (18\text{-}8)$$

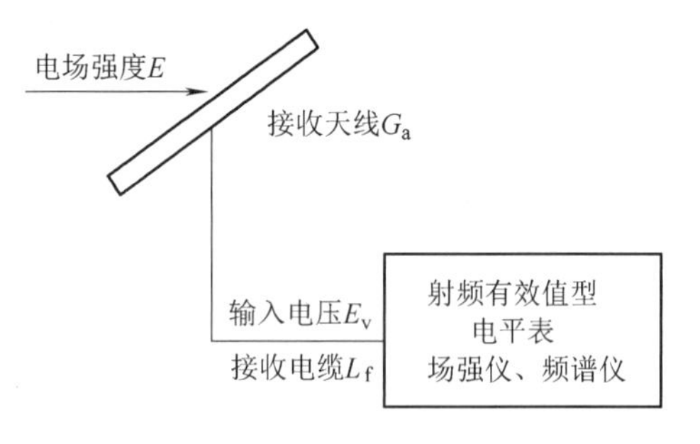

图 18-57　电场强度测量原理

式中　E_r——仪表输入口读取的电平，单位为 dBμV；

E——电场强度，单位为 dBμV/m；

G_a——接收天线增益，单位为 dB，如果采用半波长偶极天线时，$G_a=0$dB；

L_e——接收天线有效长度 $L_e=\lambda/\pi$；

L_f——接收馈线损耗，单位为 dB；

6——从终端值换算为开放口的校正值，单位为 dB。

而电场强度 E（dBμV/m）则可从式（18-9）求出，即

$$E=E_r-G_a-20\lg L_e+L_f+6 \qquad (18\text{-}9)$$

举例说明：当测试频率为 228.25MHz（$\lambda=1.31$m）时，则 $20\lg\lambda/\pi=20\lg 1.31/\pi\text{dB}\approx-7.6\text{dB}$；接收天线为全向半波长偶极天线，$G_a=0$dB；$L_f$ 选用衰减 10dB/100m 型电缆，实用长度 10m 时的衰减为 1dB；仪表指示电平为 15dBμV。

将上列数据代入式（18-9），即可求得场强为

$E=E_r-G_a-20\lg L_e+L_f+6=[15-0-(-7.6)+1+6]\text{dB}\mu\text{V/m}=(15+7.6+1+6)\text{dB}\mu\text{V/m}=29.6\text{dB}\mu\text{V/m}$。

2. 场强仪

场强仪是由电平表和天线组成的仪器。场强仪的量值是以 μV/m 作单位。从原理上来说，电平表（或电压表）量度的是仪表输入端口的压值，而场强仪所量度的是天线在自由空间中某一

点感应的电压。

目前市面上的场强仪，是将电平表的技术指标与天线分开。如日本安立公司 ML524 场强仪主机就是按一个电平表给出技术指标，包括频率范围、灵敏度、电平测量范围、电平测试精度，将天线 MP534A、MP666A 作为选件，按频段给出技术指标和天线增益。

国内无线领域常用的是韩国生产的 PTK3201 场强仪，它也是按电平表给出指标，频率范围 0.1～2000MHz、灵敏度 0.3mV 等都是以仪器输入端口给出，有一根鞭状天线，如果没有天线系数，只能定性地测量信号场强的相对大小；如果要测定 dBμV/m 场强，则要选配专门的测量天线。

由此可见，电平表 E_r（以 dBμV 作单位）和场强仪 E（以 dBμV/m 作单位）是有很大区别的。可用式（18-8）换算。请注意：E_r（电平）和 E（场强）是两个不相同的数值，不能互相替代。

场强仪与天线关系非常密切，如果要求一定的测量精度，那么从式（18-8）可知，它直接与天线增益 G_a 有关，且与天线的工作频率范围有关，这是最起码的要求，因此不能随便找一根天线接在电平表上就行了。在实践中，这种天线称为测试天线，它有严格的技术指标，如频率范围、天线增益以及阻抗、驻波比、波束的前后比等。为适应它的频率范围，其形状大有区别，有鞭状天线、半波振子天线、对数周期天线、环行天线等。

3. 频谱分析仪与场强仪

以前场强仪总是将天线配套供给。随着电子技术和电子测量技术的发展，特别是 20 世纪 80 年代以来，频谱分析仪大量使用，传统的场强仪已越来越少，它的功能已被频谱分析仪代替。频谱分析仪本身就是测量频谱范围内的信号电平，如果在频谱分析仪上加上标准测试天线就是可测量场强了。比较好的频谱分析仪可以将天线系数存在机内，使用时直接显示场强数值 μV/m，如安捷伦公司、安立公司的频谱分析仪大都有天线系数存储功能。

18.8　惠州奥林匹克体育场网络音频系统

惠州奥林匹克体育场是第十三届广东省省运动会的主场地，承担省运会的开幕式和田径、网球等赛事。如图 18-58 所示，该场地占地总面积 42 万 m^2，由中心体育场主场、网球中心、运动员检录处、全民健身广场等组成。其中，中心体育场主场总建筑面积 6.6 万 m^2，可容纳 4 万名观众。在设计上，奥林匹克体育场采用岭南客家围屋和客家斗笠造型，体现人文、绿色、和谐的主题和惠州本土文化气息，是一座节能环保的现代化体育场，场馆设计和施工采用大量国内领先的新技术、新材料、新工艺和节能环保系统。

图 18-58　惠州奥林匹克体育场

惠州奥林匹克体育场的网络音频系统包括：体育场场地扩声系统、体育场观众席扩声系统、检录处扩声系统、网球中心扩声系统、视频会议系统、新闻发布厅扩声系统六个子系统。

系统以美国 QSC 公司网络音频系统 QSControl. Net 为核心，将各扩声子系统通过一个统一软件平台管理起来，实现对音频系统的集中管理。六个音频子系统既有各自独立的音频处理功能，能够单独工作，这种分散式的处理方式，能够有效地提高系统的可靠性；同时又能实施集中方式管理，使系统操作人员更加有效地管理整个音频系统，提高工作效率和操作的精确度，实现人力成本的合理配置。

18.8.1 系统架构

系统整体由七部分组成，如图18-59所示。扩声音响主控系统为运行QSControl. Net服务平台软件的一台服务器，该服务器通过内部以太网，以星形拓扑结构连接至每个子系统。系统操作人员可以通过这个软件平台系统实时监控整体网络中的设备状态，也可以遥控系统中的设备。

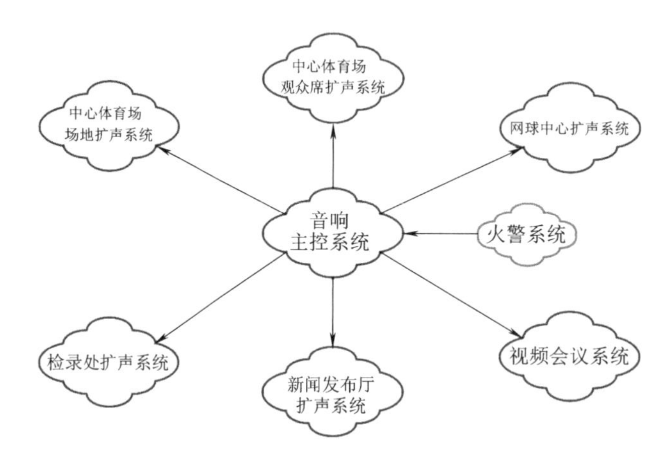

图18-59　QSControl. Net的系统架构

六个相对独立的子系统都具有本地音频处理和控制的功能，能够独立工作，同时也能接受主控系统的远程监控。

18.8.2 网络音频系统

1. 体育场场地扩声系统

体育场场地扩声系统共采用4组组合式全天候大功率扬声器系统，从一侧方向统一投向比赛场地，无缝衔接覆盖整个赛场。4组扬声器全部安装在观众席雨棚顶端，如图18-60所示。

图18-60　赛场扩声系统的扬声器系统布置

出于对听音质量和声压级的考虑，扬声器系统采用“定阻”方式驱动。

为减少扬声器线缆上的功率损耗，系统功放机柜设置在距离扬声器较近的功放机房内，尽量减少传输距离。所有节目音源信号全部由系统主机房（音控室）通过网络，以CobraNet协议传输至功放机房，并能在主机房（音控室）对全部功率放大器的工作状态实施远程监控。

功放机房内配置的“CobraNet”网络设备——BASIS 922uz 就是 QSControl. Net 系统中的硬件设备之一。BASIS 922uz 网络音频处理矩阵支持 8×8 DSP 信号编程处理和路由选择；支持 32 路 CobraNet 通道，可以接收和发送 CobraNet 音频信号。此外，BASIS 922uz 还支持对 QSC 功率放大器进行实时远程监视和监控，监控信息通过网络实时传输给主控中心。

2. 体育场观众席扩声系统

体育场四周看台观众席的扩声方式跟比赛场区的扩声方式类似。共采用了 20 组全天候线阵列扬声器系统；将四周的观众席分成了 20 个区域，每组线阵列扬声器系统吊挂在观众席雨棚顶端，直接覆盖本区域，如图 18-61 所示。

图 18-61　观众席扩声系统的扬声器系统布置

由于扬声器布置是环绕整个场地，为减少扬声器馈电线缆上的功率损耗，在观众席看台四周均设置了功放机房，尽量减少传输距离；在每个功放机房内配置 BASIS 922uz 和相应的 QSC 功率放大器。采用 CobraNet 传输协议通过网络把主控室（音控室）的音频信号传输至各功放机房，并能在主机房（音控室）对全部功率放大器的工作状态实施远程监视（听）和控制。

3. 检录处扩声系统

检录处是体育场进行运动员检录的重要场地，所有比赛的赛前检录都在此进行。该场地不仅要在本地进行检录广播、比赛通知、特殊广播通知等，还要对其他练习场地进行广播，和接收来自主控系统的一些比赛通知和重要广播。因此检录处扩声系统应具有本地呼叫功能、远程呼叫功能和远程呼叫接入功能。

本地呼叫功能：利用本地的 BASIS 922uz 网络音频处理矩阵的寻呼路由功能即可实现，还能够为寻呼信源设置播放信源的优先等级。

远程呼叫功能：利用 BASIS 922uz 的 CobraNet 传输协议和 QSControl 协议功能来实现。利用 QSControl 控制协议选择广播路由和查看广播区占用状态，以及利用 CobraNet 音频传输协议将本地呼叫信号路由到远端的广播分区。

远程呼叫接入功能：主控中心利用 CobraNet 音频传输协议和 QSControl 控制协议，查看检录处的检录处广播分区占用状态，以及接收来自主控中心的广播信源。

4. 网球中心扩声系统

由于网球中心是一个比较独立的系统，只在特定的时候会接收来自主控系统的音源信号，播放共享音频信号，因此 BASIS 922uz 本地的模拟输入/输出接口和 DSP 处理功能就非常合适此功能。

网球中心配置了一套网络音频矩阵系统、功放系统和扬声器系统。扬声器系统采用大功率全天候扬声器，绕场一周均匀覆盖观众席和比赛场地。

网络音频矩阵系统和功率放大器采用 QSControl 系统的产品，它们通过网络与主控系统互传音频信号，接受主控系统的控制和监测。

网球中心举行比赛时，采用本地音源并进行本地扩声。在开幕式播放统一音源的时候，BASIS 922uz 网络音频矩阵系统可以通过网络接收主机房的音源信号在本地进行扩声播放。

5. 新闻发布厅扩声系统和视频会议系统

这两个系统严格来说并不纳入体育场扩声系统，但在举办赛前发布会以及召开一些比赛场地运营会议时，需要使用新闻发布厅和会议室。

这是两个独立的场所，采用 BASIS 922uz 网络音频矩阵系统作为本地系统的核心处理器。虽然同样是做本地的音频处理和控制，但在这两个会议场所中，在 BASIS 内部的程序搭建和上面的场馆扩声就不太一样了。在场馆扩声中，比较注重路由控制和一些简单的音频处理，如后级功放保护、“低频切除”等；而在会议室扩声中，则更加注重的是声音的修饰、对房间均衡的调整补偿以及避免声反馈等。设计师通过编写不同的程序，上传到 BASIS 922uz 网络音频矩阵系统中，就能够适应不同场合的使用，无论是体育场馆、会议厅堂还是其他场所。

新闻发布厅和视频会议室的音频系统可以通过本地控制计算机或者墙面控制器进行本地控制，也可以通过网络接受主控中心的实时控制和监测。

6. 主控系统

主机房的主控系统是一套运行在服务器上的控制软件平台，通过这个平台可以实时监控到网络中每一台 BASIS 922uz 的运行状态；系统还能够监控 BASIS 922uz 后面带的 QSC 功率放大器的工作状态，如内部温度、功率余量、削波状态等，并能遥控功放开关机；直至监测到扬声器回路的状态，如开路或者短路。

整个音频扩声系统通过一个平台整合起来，在统一的一个平台中进行管理和监控。为避免人为误操作或者恶意操作，操作人员需通过用户密码授权才能够进入系统进行操作。

整个桌面风格为图形化的中文操作界面，即使系统操作人员为非音频专业工作人员，也可根据文字提示，方便地通过该界面操控系统。此外，系统还专门配置了网络监控界面，用来实时监控网络中的各个设备，当设备出现故障时，控制界面就会自动提示系统设备出现故障和故障定位，因此系统操作人员能够快速发现系统隐患和故障设备，及时进行相关临时补救措施。

当然，平时主控系统只会和中心体育场场地和观众席扩声系统进行联用，实现中心体育场内的整体扩声。其他如检录处广播系统、网球中心扩声系统等都是独立工作的。但是当举行开幕式、播放紧急广播或进行寻呼广播时，主控系统根据广播优先级可以自动跳过本地控制，对各系统进行控制和广播播放。

7. 兼顾火警广播功能

QSC Control. Net 系统具有与火警广播系统对接的干触点接入端口，因此各个场地的扩声系统可与场馆内的火警广播系统无缝结合。

火灾报警系统根据不同消防分区输出的多路干触点信号，把消防广播信号传输至主控机房；发生火警时，中心体育场场地和观众席的扩声系统就能自动完成火警广播功能，无须再增加火灾紧急广播设备。检录处、网球中心等地的扩声系统也和本地火警系统对接，兼有消防紧急广播功能。

18.8.3　QSControl. Net 网络音频控制系统

QSControl. Net 系统是美国 QSC 公司整合了该公司的数字音频处理器系统、功率放大器系统、扬声器系统三大部分产品，推出的一套完整的后级扩声系统。

QS Control. Net 系统是基于以太网构建的网络数字音频系统，可以轻松满足各类大中型音频系统联网集中控制需求，例如：大型会议中心的多会议室扩声系统、大型广播系统的后级解决方案等。图 18-62 是由 BASIS 网络音频控制系列产品构建的网络扩声系统。

从图 18-62 中不难看出：QSControl. Net 系统的核心就是“BASIS 网络音频控制系统”，可完成音频信号编程处理和路由功能；通过专用线缆连接 QSC 功率放大器，实现对后级设备的管理，

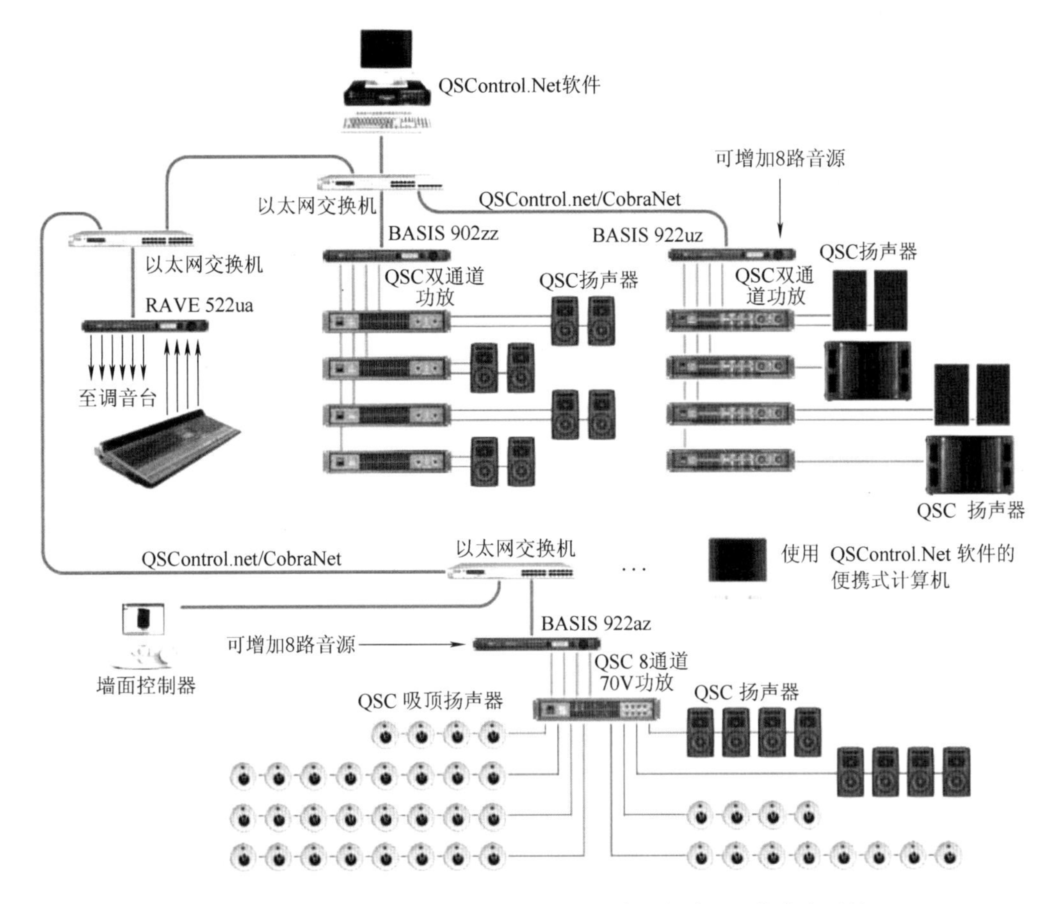

图 18-62　QSC BASIS 网络音频控制系列产品构建的网络扩声系统

包括监控功放工作状态（如温度、信号状态等）、控制开关机、后级回路阻抗状态等；每台 BASIS 都支持标准的 CobraNet 音频传输协议，可以在网络上传输 32×32 通道的网络音频信号，同时利用系统管理软件 VenueManager 实现利用同一个软件界面管理和控制整个系统运行，监测网络中每一个设备的工作状态。

QSC 网络音频控制系统包括 BASIS、RAVE、DSP 三种类型产品，它们都可在 QSControl. net 平台下，用同一个软件界面工作。主要功能是将 QSC 公司的数字处理器、功放和扬声器通过以太网集成在一起，对扩声系统进行集中管理。

BASIS 网络音频控制器兼有三种不同的 QSC 技术，将可编程配置的 DSP 处理模块、CobraNet 音频传输技术和对功放、扬声器的控制、监测、保护等功能集成于一体。

图 18-63 是 BASIS 922uz 网络音频控制器的前、后面板图。

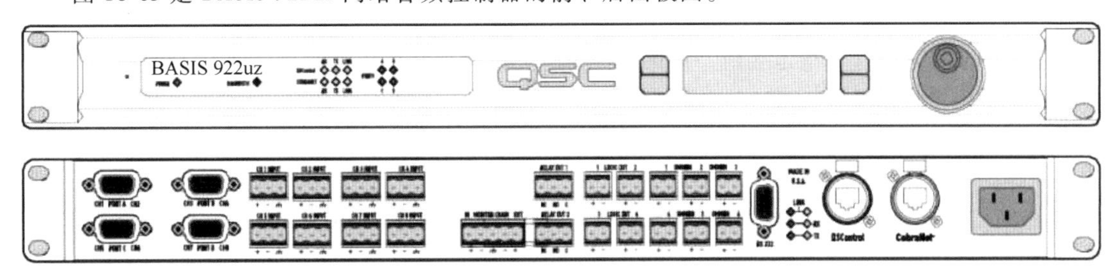

图 18-63　BASIS 922uz 网络音频控制器的前、后面板图

QSControl. Net 系统采用分布处理模式，即每个 BASIS 设备都具有 A/D 转换、D/A 转换、DSP 音频信号处理功能，因此本地音频信号可在本地的 BASIS 进行处理并且完成本地系统的扩声功能。大系统控制部分采用集中控制方式，即在一个软件平台上可以控制各分系统的每一台 BASIS 网络音频控制器、功率放大器、墙面控制器等，监控整个大系统的工作状态。

QSControl. Net 网络音频处理的独立性和系统管理的统一性，标志着 QSControl. Net 系统从整体来讲是一个集中控制、分布处理的网络音频系统。

在整个网络中不止有系统控制数据在传输，还有“CobraNet 音频信号数据”在传输，实现音频信号的实时长距离无损传输，满足系统对音频信号远距离共享的系统功能要求。

18.9　某市级检察院多媒体数字信息系统

表 18-10 是某市级检察院多媒体信息系统涉及的场所和系统构成。

表 18-10　某市级检察院多媒体数字信息系统构成

	音频系统	视频系统	集控系统	灯控系统
数据机房	☆	☆	☆	
指挥中心	☆	☆	☆	
报告厅	☆	☆	☆	☆
视频会议室	☆	☆	☆	
检委会会议室	☆	☆	☆	
审讯室(8 间)	☆	☆		
检察长办公室	☆	☆	☆	
法警控制室	☆	☆		
听证室	☆	☆		
餐厅	☆	☆		
党组会议室		☆		
五/六层会议室		☆		
共享厅	☆	☆		
电化教室	☆	☆		
接待室	☆	☆		

18.9.1　数字音视频信息交换系统

检察院审讯指挥中心、审讯室、听证室、法警控制室、检委会会议室、党组会议室、检察长办公室和卫星转播系统、报告厅、视频会议室等各场所都配置有数字音视频系统。

1. 数字音视频信息交换系统的拓扑结构

图 18-64 是音视频信号交换的拓扑结构。本地音视频信号按需在数据中心机房交汇，进行统一切换和分配后再传送回指定场所。审讯指挥中心、报告厅、视频会议室、检委会和检察长办公室都配置了集中控制系统。

这些场所的集中控制系统可通过无线触摸屏控制本地设备。图 18-65 是集中控制系统的星形网络拓扑图。

在审讯指挥中心和检委会会议室设有 Barco 4×60in DLP 背投拼接显示大屏。这两处场所的视频播放信号需先输送到数据中心机房，经 Barco 投影控制器进行信号分配切换处理后再回送到背投拼接屏系统中播放。图 18-66 是 Barco 大屏拼接投影系统的信号拓扑结构。

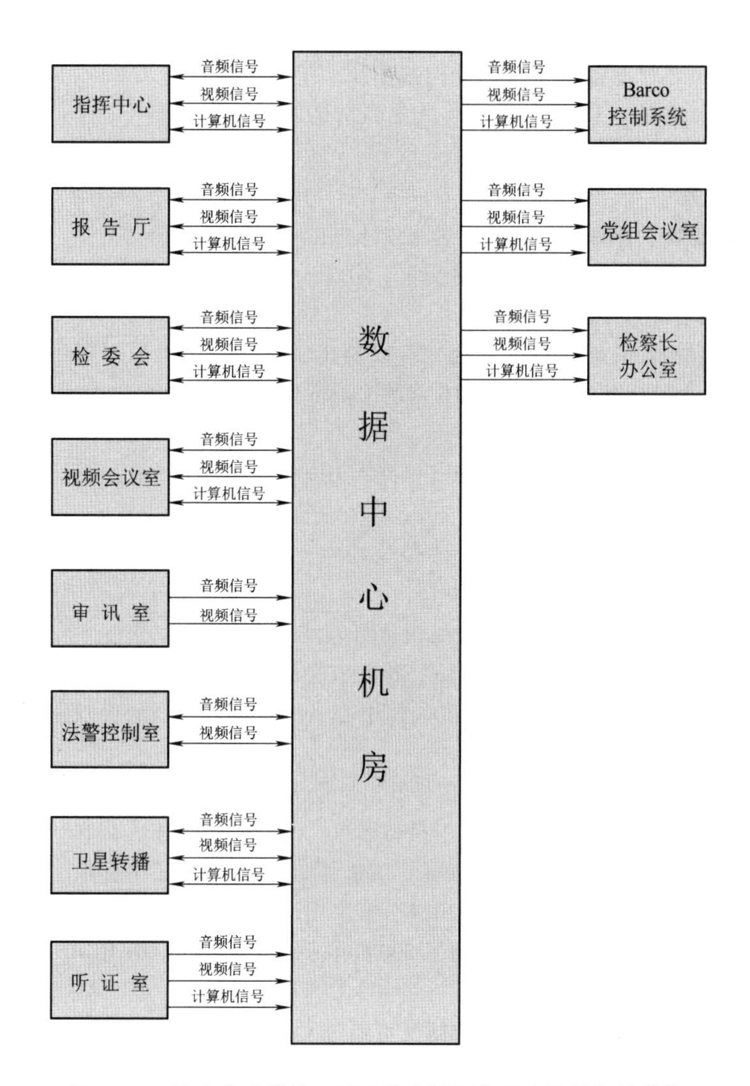

图 18-64　检察院多媒体会议系统音视频信号交换的拓扑结构

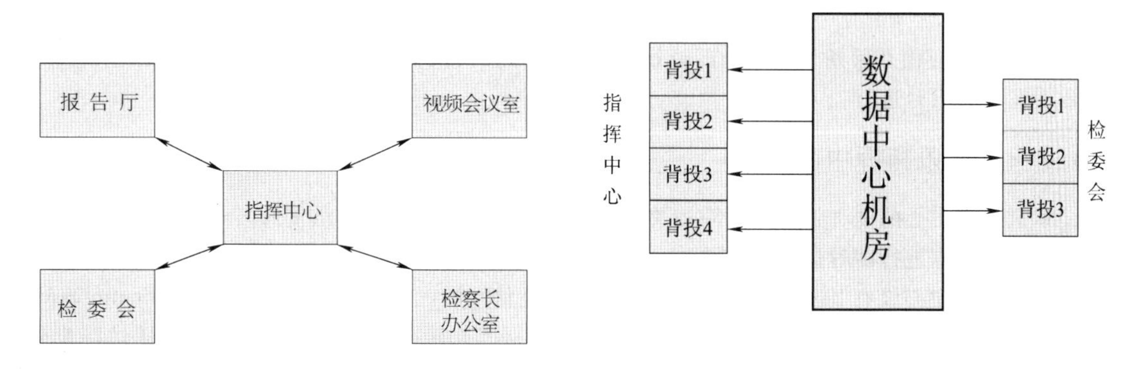

图 18-65　集中控制系统的星形网络拓扑结构

图 18-66　大屏拼接投影系统的信号拓扑结构

2. 重要场所的内部通信系统

为配合审讯，审讯指挥中心需与审讯室、法警控制室、反贪工作室、数据中心机房等进行实时沟通。为防止泄密和确保应急指挥沟通顺畅，本系统专设独立的内部通信系统。图 18-67 是内部通信系统拓扑结构。

审讯指挥中心的终端设备由多路按键控制模块、平板扬声器和拾音器组成，其他工作岗位的终端设备为电话听筒，确保旁人无法收听。

3. 数据中心机房

数据中心机房是数字音视频信息和计算机数据交换系统的核心。主要为各科室提供音视频信号的交汇、分配、存储和后期处理，采用星形拓扑网络架构。

（1）信号交汇和分配：系统配置1台32×32路的Extron MAV PLUS 3232AV音视频矩阵和1台8×16路的Extron Crosspoint 300 816 HVA RGB音视频矩阵。

1）音视频矩阵的输入信号源：来自审讯指挥中心、报告厅、检委会会议室、视频会议室、8间审讯室（每间审讯室有两路不同的视频信号输入给矩阵）、法警监控室、听证室、卫星转播车等音视频信号。

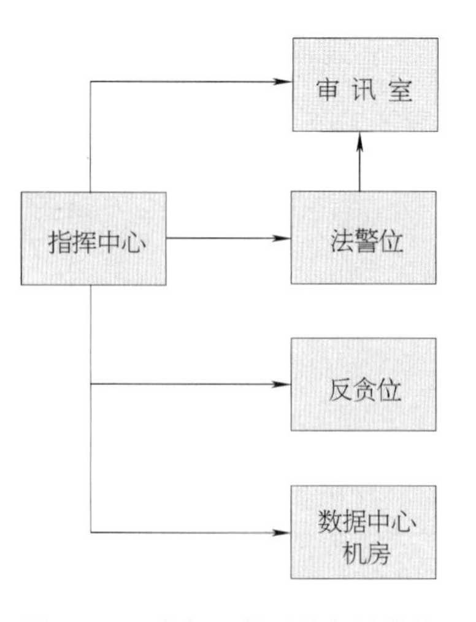

图18-67　内部通信系统拓扑结构

2）音视频矩阵的输出端口：可将音视频信号输出给审讯指挥中心、报告厅、检委会会议室、视频会议室、法警监控室、党组会议室、检察长会议室、Barco投影系统等业务部门播放。

3）RGB矩阵的输入信号源：来自审讯指挥中心、报告厅、检委会会议室、视频会议室、听证室、卫星转播车的RGB视频信号。

4）RGB矩阵的输出端口：可将RGB信号输出给审讯指挥中心、报告厅、检委会会议室、视频会议室、检察长办公室、Barco投影系统、卫星转播车。由于计算机显示1024×768分辨率图形需要的信号带宽为78Mbit/s，考虑到信号线缆损耗，应选择2倍带宽的RGB矩阵，即RGB矩阵至少应有160Mbit/s带宽；如果计算机显示1280×1024分辨率图形，需要的信号带宽为131Mbit/s，即RGB矩阵至少应有262Mbit/s带宽，为此，采用了300Mbit/s带宽的EXTRON RGBHV Crosspoint 300 816 HVA矩阵。

（2）信号切换控制方式：信号切换控制既可通过Crestron（快思聪）集中控制系统的菜单界面进行信号分配和切换，也可用通信矩阵的前面板进行手工操作。

（3）监控终端：视频显示：2台42in等离子电视机；音频播放：2只JBL Control29AV扬声器。

（4）信号存储及后期处理：全部音视频信号和计算机文档的存储、后期处理均通过数据中心的专业设备后台进行。

18.9.2　审讯指挥中心

审讯指挥中心的职责是供检察院相关领导实时观看和指挥主要审讯室的信号传输、切换和分配，对审讯工作进行即时指挥和协调。

审讯指挥中心设有Barco 4×60in DLP背投拼接显示大屏。大屏两侧吊挂2只JBL Control29AV扬声器，并在圆桌中央上空安装1只JBL Control24C吸顶扬声器进行补声，可与显示图像同步播放相关音频信号。

音频系统配置一台12路Soundcraft MPM 12/2调音台，接入指挥中心的音频信号及其他音源，通过EXTRON MAV PLus 88A音频矩阵切换，将语音指挥信号传递给各审讯室。

（1）信号交汇和分配：通过数据中心机房的音视频矩阵和RGB矩阵，实现审讯指挥中心的音视频信号和计算机信号的切换。由Crestron集中控制系统的无线触摸屏实行遥控操作。

指挥人员可通过内部通信系统提醒审讯人员。也可通过文字提示终端（计算机）对审讯室现场审讯人员进行提示。

（2）本地信号的摄取和记录：审讯现场的音视频信号经数据中心汇集和切换分配，分别传送给审讯指挥中心和数据中心的存储系统。

审讯指挥中心配有 2 支鹅颈传声器和 2 套 SONY 摄像机，实施现场实景摄取。还配置与审讯室进行通信的 4 套多媒体信息接口，其中 3 套接口分布于指挥台，另 1 套分布于秘书座位。

18.9.3　审讯室（8 间）

在审讯室中央顶部安装 1 只 SHURE MX202 高灵敏度吊顶拾音传声器和 1 只 Sennheiser 超指向性枪式传声器，拾取现场音频信号；3 间主要审讯室还配置了 2 只 SHURE MX202 吊顶拾音传声器，作为备份使用。

为降低拾音传声器信号由于线路损耗造成的电平衰减，所有拾音传声器均通过调音台提升后传送给数据中心、审讯指挥中心和法警控制室等。

2 套摄像机（SONY BRC300P 和 SSC-DC578P）用于拾取审讯室全景和被审讯人员的局部特写画面。

每间审讯室通过 EXTRON DA6AV/DA3AV 音视频分配装置，将审讯室现场音视频信号分别传送到数据中心机房、法警监控岗位、反贪工作室和审讯指挥中心。传送到审讯指挥中心的音视频信号采用双路传送。

在审讯人员附近提供 1 套耳机插座，审讯人员可通过耳机即时收听指挥中心或检委会有关人员的提示音频信号。审讯人员还可通过计算机与审讯指挥中心或检委会有关人员进行文字交流。

审讯室还可向法警控制室提供审讯现场的报警信息。通过 C&K 报警主机，法警控制室可及时了解审讯室内发生的紧急情况，以便及时做出响应。

18.9.4　法警控制室

法警控制室有两个工作岗位：法警岗位和反贪局工作岗位。法警岗位可通过多画面分割器监控审讯室内的视频信号，但不能收听到现场音频信号。反贪局工作岗位可实时收听到审讯室现场音频信号（通过耳机有选择监听）和监控现场视频信号。

法警控制室通过 EXTRON DA6AV/DA3AV 音视频分配装置和 2 台 Soundcraft FX8 调音台提升电平后进行存储录制。整个录制工作在法警控制室实时进行。审讯系统录制后的音视频信号可在现场刻录在经加密的 DVD 光盘中。

18.9.5　听证室

听证室面积较大，提供模拟法庭和新闻发布功能，该室的音视频信号可传输到数据中心机房进行处理，亦可本地录制。

听证室视频系统配置：1 台 EIKI W3 16：9 投影机和 120in 电动投影幕、EXTRON MAV84AV8×4 视频矩阵（用于视频信号切换）、EXTRON MVX44 4×4 VGA 矩阵（用于计算机信号切换）、SONY EVI-D70P 摄像系统和实物展示台。

音频系统配置：2 只 JBL Control29AV、4 只 JBL Control 25AV、1 只 JBL JRX118S 超低音扬声器和 1 只 JRX112M 返听扬声器、DBX PA 音频处理器、3 只 SHURE MX412D/S 鹅颈传声器、2 套 SHURE 手持无线传声器、Soundcraft EPM12 调音台、Lexicon MX200 效果器等设备。

18.9.6　卫星转播车/指挥车 AV 系统

卫星转播车/指挥车是一种流动审讯系统，用于现场突审和转播重大案件逃犯，是实施跨地区快速追捕的高科技手段。卫星转播车/指挥车内还设有一间审讯室。

（1）卫星转播车/指挥车车内审讯的AV配置：

1）1套SONY D70摄像机和1套ADT1202A摄像机。

2）1套声音采集系统（包括拾音传声器、调音台和数字音频处理器等）。

3）2套DVD刻录主机，用于在卫星转播车/指挥车上将对嫌疑人的审讯过程进行全程同步录音、录像，并进行DVD光盘刻录。由于车上环境相对较差，采用2套主机互相备份。

（2）检察院指挥大楼AV系统与卫星转播车/指挥车转播系统互通信号的通道数量：

1）指挥大楼AV系统传输给卫星转播车1路音频信号和1路视频信号。

2）卫星转播车传输给指挥大楼AV系统2路音频信号和2路视频信号。

3）检察院控制中心设有2套视频服务器，对卫星转播车回传的2路视/音频信号进行数字编码处理，并将获得的数字视/音频文件上传至磁盘阵列进行保存。

18.9.7　多功能报告厅

1000多座位的多功能报告厅由音频系统、视频显示系统、集中控制系统、灯光控制系统构成。报告厅的音视频信号存储在数据中心机房。

1. 音频系统

音频系统由专业扬声器、功放、音频信号处理设备、调音台等设备构成，产品均选用国际一流品牌设备。

报告厅采用2组JBL AM4212/64扬声器系统，组成5.1声道环绕立体声电影的主扬声器系统，并在观众席周围均匀分布6只JBL Control 29AV扬声器播放环绕声。2只JBL MRX518电影超低扬声器暗藏于舞台两侧背投荧幕下部。舞台中央设有扬声器接口，可连接1只JBL MRX512扬声器。该扬声器在举行会议、文娱活动时可用于返听，在播放电影时可用作中置扬声器。

报告厅配置多只SHURE MX 412D/S鹅颈传声器和2套SHURE SLX SM24/58手持无线传声器，用于大会发言和演唱使用。系统配置1台DBX AFS 224反馈抑制器，用于降低系统发生声反馈的可能性；为配合小型文娱活动气氛渲染，配置1台LEXICON MX200专业效果器。整个系统由DVD及硬盘刻录机作为音视频播放源和节目录制。

2. 投影显示系统

报告厅投影系统由安装在舞台两侧的2块90in背投幕和安装在舞台中央的1幅定制的300in正投投影幕构成。它们可显示本地或来自于经数据中心机房的音视频信号、计算机信号。两台背投影机主要用于播放计算机视频信号，可同时播放相同或各自播放不同的视频图像资料或计算机信号。舞台中央的300in电动投影幕，采用高亮度BARCO DP 90电影投影放映机，主要用于影视资料播放和显示视频会议画面。

3. 视频摄像系统

报告厅配置1套用于舞台正面摄像的SONY DXC-990P 3CCD专业摄像机和用于摄取观众席图像的1套PELCO快球摄像机。

视频信号处理系统：配置Extron MAV 88AV音视频矩阵和RGB Crosspoint 88HVA矩阵，用于信号切换、分配以及与数据中心机房进行信号交换。

舞台及观众席前排设有多个综合信息面板插座，可接入本地音视频、计算机信号及其他信息信号，可提供来自本地或经数据中心机房切换来的其他场所的视频信号。

报告厅作为视频会议主会场时，舞台上发言者的画面由厅内SONY摄像机摄取，同时能通过观众席前排地插接口提供观看其他会场的视频信号。

报告厅作为视频会议分会场时，投影机可播放主会场画面，另在舞台上支起视频会议摄像机用于分会场摄像。2 台监视器分别用于视频系统和 VGA 信号的监控。

4. 灯光控制系统

报告厅配置了灯光场景控制系统。通过报告厅 Crestron 集中控制系统的无线触摸屏实施报告厅灯光场景模式的变换。灯光控制系统选用国产名牌上海亿光数码科技公司的专业灯控产品。

18.10　电子信息系统机房工程

电子信息系统机房（Electronic Information System Room）是信息系统的中枢，需要 7×24h 连续工作，全年无休。只有构建一个高可靠性的整体机房环境，才能保证信息系统的服务器、存储器、网络设备、通信设备免受外界因素的干扰，消除环境因素对信息系统带来的影响。所以，机房建设工程的目标不仅要为机房工作人员提供一个舒适良好的工作环境，更重要的是必须保证计算机系统及网络系统等重要设备能长期可靠地运行。

电子信息机房工程主要包括：建筑结构与装修、空调环境、弱电系统、机房电气、系统屏蔽、防雷接地、消防灭火、安保监控八个部分。图 18-68 是机房工程整体解决方案。

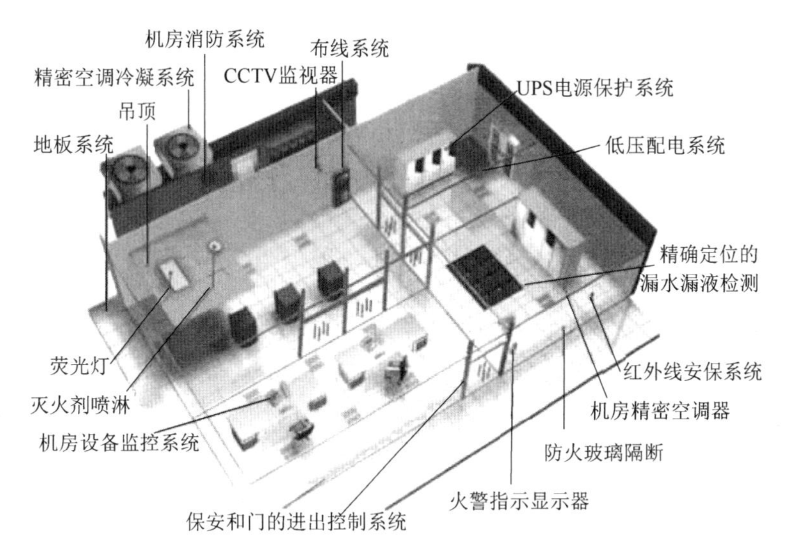

图 18-68　机房工程整体解决方案

机房工程设计和施工应遵循 GB 50174—2017《数据中心设计规范》和 GB 50462—2015《数据中心基础设施施工及验收规范》两项国家标准。

机房工程的分级标准：按照 GB 50174—2017 的规定，根据机房的使用性质、管理要求及其在经济和社会中的重要性，信息系统机房可划分为 A、B、C 三级。设计时应确定所属级别。

（1）A 级标准：电子信息系统运行中断将造成重大经济损失或公共场所秩序严重混乱。

A 级电子信息系统机房内的场地设施应按容错系统配置，在电子信息系统运行期间，场地设施不应因操作失误、设备故障、外电源中断、维护和检修而导致电子信息系统运行中断。

（2）B 级标准：电子信息系统运行中断将造成较大经济损失或公共场所秩序混乱。

B 级电子信息系统机房内的场地设施应按冗余要求配置，在系统运行期间，场地设施在冗余能力范围内，不应因设备故障而导致电子信息系统运行中断。

（3）C 级标准：不属于 A 级或 B 级的电子信息系统机房为 C 级。

C 级电子信息系统机房内的场地设施应按基本需求配置，在场地设施正常运行情况下，应保证电子信息系统连续运行不中断。图 18-69 是电子信息机房工程范围。

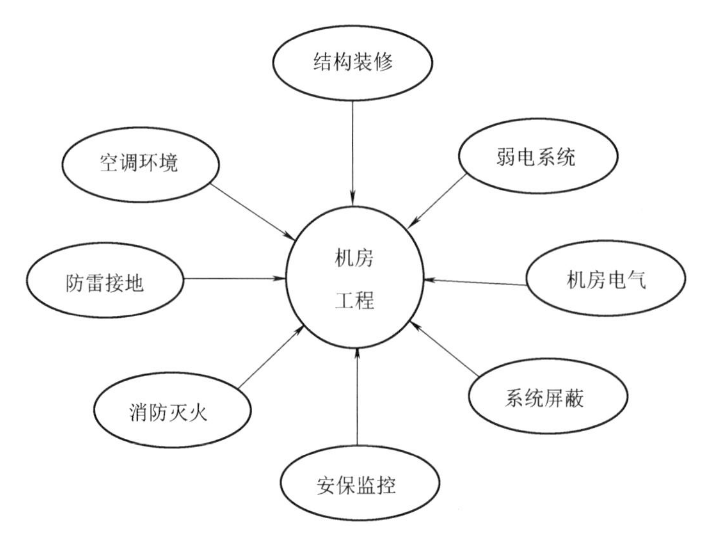

图 18-69　电子信息机房工程范围

18.10.1　机房结构设计与室内装修

电子信息系统机房是为电子信息设备提供运行环境的场所。结构和装修是整个机房的基础。根据客户的需求和设备特点，一般可将机房区域划分为主机房、辅助工作区、支持区和行政管理区。

(1) 主机房区域主要用于电子信息处理、存储、交换和传输设备的安装和信息系统运行的场所。包括服务器、网络设备、存储设备等。

(2) 辅助工作区域为主机房提供服务空间，是软件安装、系统调试、运行监控和维护管理的场所。包括进线间、操作间、光纤室、测试机房、监控中心、备件库、打印室、维修室等。

(3) 支持区是支持并保障完成信息处理过程中必要的技术支持场所。包括变配电室、柴油发电机房、UPS 室、电池室、空调机房、动力站、消防设施和安防控制室等。

(4) 行政管理区用于日常行政管理及客户对托管设备进行管理的场所，包括工作人员办公室、门厅、值班室和用户工作室等。

对于多层或高层建筑物内的电子信息系统机房，在确定主机房的位置时，应对设备运输、管线敷设、雷电感应和结构荷载等问题进行综合考虑和经济比较；采用机房专用空调的主机房，应具备安装室外机的建筑条件。

数据中心主机房装修需要铺抗静电地板、安装微孔回风吊顶，为主机房提供服务空间，确保主机房无粉尘、油烟、有害气体，不起尘、恒温恒湿，为机房设备提供良好的运行环境和可靠保障。

1. 建筑结构

建筑结构设计应根据电子信息系统机房的等级执行。建筑平面和空间布局应具有灵活性。主机房净高应根据机柜高度及通风要求确定，不宜小于 2.6m，如图 18-70 所示。

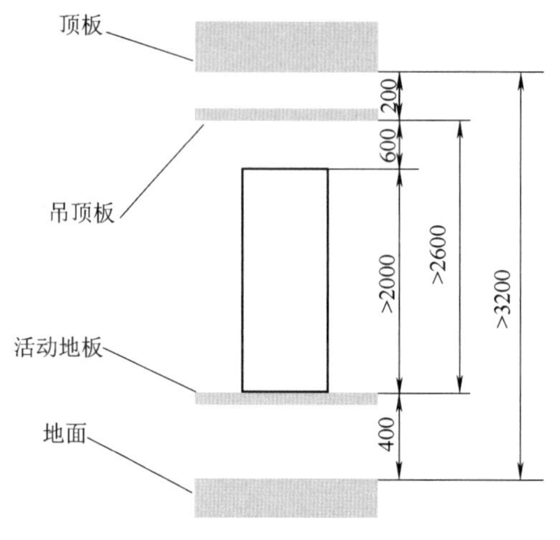

图 18-70　主机房净高不小于 2.6m

主机房围护结构的材料应满足保温、隔热、防火、防潮、不起尘等要求。顶棚、壁板和隔断均应采用阻燃材料，不得采用有机复合材料。

房屋净高应在3.2~3.3m的范围。大型机房地板下应设送风孔道，因此，在建筑结构设计时应整体设计机房。对中心型机房，随着新技术、新设备的发展，业务会不断扩大，应按中、远期发展的趋势，适当预留一些设备空间。

机房设备一般按主机房与操作间分离的原则，特别是交换机、光纤传输设备、集群设备等自动化程度高的设备，网管系统可完成设备大部分的调试、测量、监控及系统操作，无须频繁进入主机房，这样可减小人为因素对设备的影响。

主机房设置单独出入口，当与其他功能用房共用出入口时，应避免人流、物流的交叉。机房内通道的宽度及门的尺寸应满足设备和材料运输要求。主机房入口通道的净宽不应小于1.5m。面积小于$100m^2$的主机房，设置一个安全出口，并可通过其他相邻房间的门进行疏散。面积大于$100m^2$的主机房，安全出口应不少于两个。

主机房设门厅、休息室、值班室和更衣间，更衣间使用面积应按最大值班人数的每人1~$3m^2$计算。

机房建筑的防火设计，应符合现行国家标准GB 50016—2014《建筑设计防火规范》的有关规定，耐火等级不应低于二级。

2. 室内装修

机房装修工程不仅仅是一个装饰工程，更重要的是一个集电工学、电子学、建筑装饰学、暖通净化专业、计算机专业、弱电控制专业、消防专业等多学科、多领域的综合工程，并涉及计算机网络工程等专业技术。在设计施工中应对供配电方式、空气净化、环境温度控制、安全防范措施以及防静电、防电磁辐射和抗干扰、防水、防雷、防火、防潮、防鼠等诸多方面给予高度重视，确保计算机系统长期稳定可靠运行工作。

机房装修是整个机房的基础，首先根据客户的需求和设备特点，负责功能区划分。要尽量满足在采光、防尘、隔音的条件下，营造合理舒适的工作环境。吊顶和墙面装修材料和构架应符合消防防火要求，使用阻燃型装修材料和表面阻燃涂覆处理，达到阻燃、防火的要求。机房地板应采用耐磨防静电贴面的防静电地板，抗静电性能好，长期使用无变形、褪色等现象。为隔音、防尘需装设双层合金玻璃窗，配遮光窗帘等。

（1）主机房空间净高。主机房应考虑敷设地板及吊顶装修后机房的净高。用下进线方式的机房，地板下要敷设走线槽和空调送风，地板净高一般在40~50cm；而天花吊顶一般要取齐过梁下部，并留足灯具和消防设备暗埋高度，通常需占用一定高度，这样房间的净高累计减少近0.5~1m，普通楼房的高度在机房装修后会显得较低，当空间净高低于2.6m时，不利于设备安装。

主机房内的装修，应选用气密性好、不起尘、易清洁，避免眩光、符合环保要求，在温、湿度变化作用下变形小，具有表面静电耗散性能的材料。不得使用强吸湿性材料及未经表面改性处理的高分子绝缘材料作为面层。

（2）防静电地板。

机房地板一般采用防静电活动地板。活动地板具有可拆卸的特点，所有设备的电缆的连接、管道的连接及检修更换都很方便。

铺设防静电地板时，活动地板的高度应根据电缆布线和空调送风要求确定，并应符合下列规定：

1）活动地板下空间只作为电缆布线使用时，地板高度不宜小于250mm。

2）如既作为电缆布线，又作为空调静压箱时，地板高度不宜小于400mm。

活动地板下空间可作为静压送风风库，通过带气流分布风口的活动地板将机房空调送出的冷风送入室内及发热设备的机柜内，由于气流风口地板与一般活动地板的可互换性，因此可自由调节机房内气流的分布。

若活动地板下空间作为机房空调送风风库，活动地板下地面还需做保温处理，保证在送冷风的过程中地表面不会因地面和冷风的温差而结露。活动地板下的地表面一般需进行防潮处理。

主机房和辅助区的地板或地面应有静电泄放措施和接地构造，防静电地板或地面的表面电阻或体积电阻应为$2.5\times10^4\sim1.0\times10^9\Omega$，且应具有防火、环保、耐污、耐磨性能。

如果主机房和辅助区中不使用防静电地板，可敷设防静电地面，其防静电性能应长期稳定，不易起尘。主机房内的工作台面材料宜采用静电耗散材料。

（3）主机房和辅助工作区使用面积。

1）主机房使用面积A的确定：

① 当信息设备已确定规格尺寸时，可按式（18-10）计算。

$$A=k\sum S \tag{18-10}$$

式中　A——主机房使用面积，单位为m^2；

k——系数，取值5~7；

S——信息设备占用面积，单位为m^2。

② 当信息设备规格尚未确定时，可按式（18-11）计算。

$$A=FN \tag{18-11}$$

式中　F——单台设备占用面积，可取3.5~5.5（m^2/台）；

N——主机房内所有设备（机柜）的总台数。

2）辅助工作区使用面积为主机房的0.2~1倍。

3）用户工作室的面积按3.5~4m^2/人计算。

4）硬件和软件人员办公室（以长期工作人员计算）的面积按5~7m^2/人计算。

（4）机房照明。表18-11是主机房和辅助工作区照明的照度标准。照度标准的参考平面为0.75m水平面。工作区域内的照明均匀度应不低于0.7。非工作区域的照度值不宜低于工作区域照度值的1/3。主机房内的主要照明光源应采用高效节能荧光灯，荧光灯镇流器的谐波限值应符合国家标准GB 17625.1—2012《电磁兼容　限值　谐波电流发射限值（设备每相电流≤16A）》的有关规定，灯具应采用分区、分组控制措施。辅助区宜采用下列措施减少作业面上的光幕反射和反射眩光：

① 视觉作业不宜处在照明光源与眼睛形成的镜面反射角上。

表18-11　主机房和辅助工作区照明的照度标准

房间名称	照明标准值/lx	统一眩目值UGR	一般显色指数Ra	备注
服务器机房	500	22	80	
网络机房	500	22		
存储机房	500	22		
进线间	300	25		
监控中心	500	19		
测试区	500	19		
打印室	500	19		
备件间	300	22		

② 宜采用发光表面积大、亮度低、光扩散性能好的灯具。

③ 视觉作业环境内应采用低光泽的表面材料。

主机房和辅助区内应设置备用照明，备用照明的照度值不应低于一般照明照度值的 10%；有人值守的房间，备用照明的照度值不应低于一般照明照度值的 50%。

机房应设置通道疏散照明及疏散指示标志灯，主机房通道和其他区域通道疏散照明的照度值应不低于 5.0lx。

3. 机房设备布置

（1）机房设备布置应满足机房管理、人员操作和安全、设备和物料运输、设备散热、安装和维护的要求。

（2）当机柜或机架上的设备为前进风/后出风方式冷却时，机柜或机架的布置宜采用面对面或背对背的方式。图 18-71 是主机房设备的典型布置。

图 18-71　主机房的典型设备布置

（3）主机房内设备之间的距离应符合下列规定：

1）用于搬运设备的通道净宽不应小于 1.5m。

2）面对面布置的机柜或机架正面之间的距离不应小于 1.2m。

3）背对背布置的机柜或机架背面之间的距离不应小于 1.0m。

4）当需要在机柜侧面维修测试时，机柜与机柜、机柜与墙之间的距离不应小于 1.2m。

5）成行排列的机柜，其长度超过 6m 时，两端应设有出口通道；当两个出口通道之间的距离超过 15m 时，在两个出口通道之间还应增加出口通道；出口通道的宽度不应小于 lm，局部可为 0.8m。

18.10.2　机房环境要求

机房设备的运行环境包括温度、湿度、洁净度和电磁场干扰参数。为保持机房的恒温、恒湿，需选用专门的低噪声精密空调和新风系统。

精密空调系统要保证机房设备能够连续、稳定、可靠地运行，需要排出机房内设备及其他热源散发的热量，维持机房恒温、恒湿状态，并控制机房的空气含尘量。为此要求机房精密空调系统具有送风、回风、加热、加湿、冷却、减湿和空气净化的能力。

机房新风换气系统主要有两个作用：其一给机房提供足够的新鲜空气，为工作人员创造良好的工作环境；其二维持机房对外的正压差，避免灰尘进入，保证机房有更好的洁净度。机房内的气流组织形式应结合计算机系统要求和建筑条件综合考虑。新风换气系统的风管及风口位置应配合空调系统和室内结构来合理布局。其风量根据空调送风量大小和机房操作人员数量而定，一般取值为每人新风量为 $50m^3/h$，新风换气系统可采用吊顶式安装或柜式机组，通过风管进行新风与污风的双向独立循环。新风换气系统中应加装防火阀并能与消防系统联动，一旦发生火灾事故，便能自动切断新风进口。

1. 主机房和辅助工作区的温度、湿度、粉尘

主机房的空气质量是指机房内的含尘浓度，在静态条件下测试，每升空气中大于或等于 0.5μm 的尘粒数应少于 18000 粒。

主机房和辅助工作区的温度、湿度要求根据机房的不同等级规定，见表 18-12。

表18-12　主机房和辅助工作区的温度、湿度

	A级	B级	C级	备注
主机房温度(开机时)	23℃±1℃		18~28℃	无凝露
主机房相对湿度(开机时)	40%~55%		35%~75%	无凝露
主机房温度(停机时)	5~35℃			无凝露
主机房相对湿度(停机时)	40%~70%		20%~80%	无凝露
主机房和辅助工作区温度变化率(开、停机时)	<5℃/h		<10℃/h	无凝露
辅助工作区温度、相对湿度(开机时)	18~28℃,35%~75%			无凝露
辅助工作区温度、相对湿度(停机时)	5~35℃,20%~80%			无凝露
UPS电源系统电池室温度	15~25℃			无凝露

2. 设计空调系统时应考虑的各种负荷

(1) 应按产品的技术数据计算电子信息设备和其他设备的散热量。

(2) 机房空调系统夏季的冷负荷应包括下列内容:

1) 机房内设备的散热。

2) 建筑围护结构的传热。

3) 通过外窗进入的太阳辐射热。

4) 人体散热。

5) 照明装置散热。

6) 新风负荷:空调系统的新风量应取下列两项中的最大值:

① 按工作人员计算,每人40m^3/h。

② 维持室内正压所需风量。

7) 伴随各种加湿过程产生的潜热。

(3) 空调系统湿负荷应包括下列内容:

1) 人体散湿。

2) 新风负荷。

3. 气流组织

活动地板下空间可作为静压送风的风库,通过带气流分布风口的活动地板将机房空调送出的冷风送入室内及发热设备的机柜内,由于气流风口地板与一般活动地板的可互换性,因此可自由地调节机房内气流的分布。

(1) 主机房空调系统的气流组织形式。根据电子信息设备本身的冷却方式、设备布置方式、布置密度、设备散热量以及室内风速、防尘、噪声等要求,结合建筑条件综合确定。当电子信息设备对气流组织形式未提出要求时,主机房按表18-13确定气流组织形式、风口及送回风温差。

机柜高度大于1.8m,设备热密度大、设备发热量大或热负荷大的主机房,宜采用活动地板下送风、上回风方式。

表18-13　气流组织形式、风口及送回风温差

气流组织	下送上回	上送上回(或侧回)	侧送侧回
送风口	带可调多叶阀的格栅风口、条形风口活动地板、孔板	散流器、扩散板风口、孔板、百叶风口、格栅风口	百叶风口、格栅风口
回风口	百叶风口、格栅风口、网板风口、其他风口		
送风温差	送风温度4~6℃	送风温度4~6℃	6~8℃

（2）冷（热）通道封闭技术。图 18-72 是机柜采用下进风、上回风的冷（热）通道封闭技术方案。

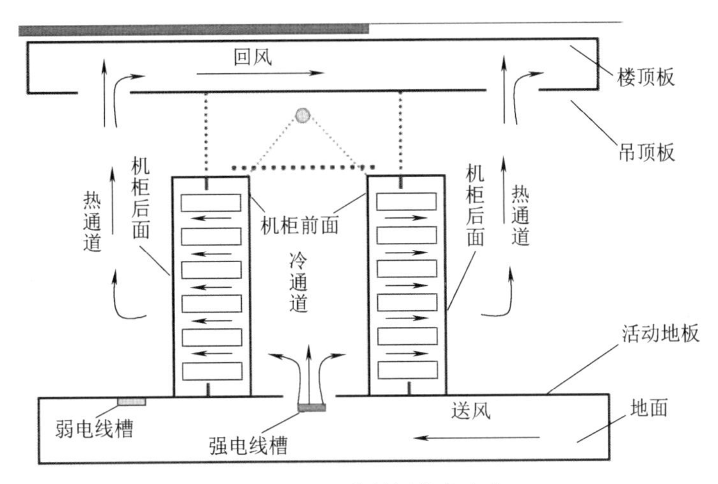

图 18-72　通道封闭技术方案

4. 防电磁干扰、振动、噪声及静电

（1）为避免辐射或传导的电磁能量对设备或信号传输造成的不良影响。规定主机房内无线电干扰场强，在频率为 0.15～1000MHz 时，主机房和辅助工作区内的无线电干扰场强不大于 126dB，磁场干扰场强应≤800A/m。

（2）主机房和辅助工作区的绝缘体的静电电位不应大于 1kV。

（3）主机房地板表面垂直及水平向的振动加速度值，不应大于 $500mm/s^2$。

（4）电子信息设备停机时，在主操作员位置测量的噪声值应小于 65dB（A）。

18.10.3　机房弱电系统

随着数据中心机房应用范围的日益扩大，对机房的功能需求也越来越多，机房建设的内容逐渐扩展到许多弱电子系统，普遍应用了综合布线、门禁闭路监控、机房环境动力监控、系统集成、KVM（Keyboard、Video、Mouse）多电脑切换器。

1. 机房综合布线

大多数数据中心机房的网络间是作为大楼主配线间，机房综合布线涉及与大楼内部主干网的交接和与电信运营商的外线交接两部分。大楼交接面将机房布线作为一个独立的水平子系统。

主机房、辅助工作区、支持区和行政管理区应根据功能要求划分成若干工作区，工作区内信息点的数量应根据机房登记和用户需求进行配置。表 18-14 是机房布线的相应等级要求。

表 18-14　机房布线的相应等级要求

项目	A 级	B 级	C 级	说明
承担信息业务的传输介质	光缆或六类及以上对绞线缆采用 1+1 冗余	光缆或六类及以上对绞线缆采用 3+1 冗余	—	—
主机房信息点配置	不少于 12 个信息点，其中冗余信息点为总信息点的 1/2	不少于 8 个信息点，其中冗余信息点为总信息点的 1/4	不少于 6 个信息点	表中所列为一个工作区的信息点
支持区信息点配置	不少于 4 个信息点		不少于 2 个信息点	表中所列为一个工作区的信息点

（续）

项目	A级	B级	C级	说明
采用实时智能管理系统	宜	可	—	—
线缆标识系统	应在缆线两端打上标签			配电电缆也应采用线缆标识系统
通信线缆防火等级	应采用CMP级电缆、OFNP或OFCP级光缆	宜采用CMP级电缆、OFNP或OFCP级光缆	—	也可采用相同等级的其他电缆或光缆
公用电信配线网络接口	2个以上	2个	1个	—

当主机房内的机柜或机架成行排列或按功能区域划分时，宜在主配线架和机柜之间设置配线列头柜（Array Cabinet），为成行排列的机柜提供网络布线、电源配线管理或系统传输服务，一般位于一列机柜的端头。

机房布线系统与公用电信业务网络互联时，应根据机房的等级，在保证网络出口安全的前提下，确定接口配线设备的端口数量和电缆线的敷设路由。

电缆线采用线槽或桥架敷设时，线槽或桥架的高度不宜大于150mm，线槽或桥架的安装位置应与建筑装饰、电气、空调、消防等专业协调一致。

2. 环境和设备监控系统

对机房环境和设备的运行状态实施监控管理，如监测和控制主机房和辅助工作区的空气质量，确保环境满足电子信息设备的运行要求。机房专用空调、柴油发电机、不间断电源系统等设备自身应配带监控系统。监控的主要参数纳入设备监控系统，通信协议应满足设备监控系统的要求。A级和B级电子信息系统机房宜采用KVM（Keyboard键盘、Video显示器和Mouse鼠标）切换系统对主机进行集中控制和管理。

系统采用集散或分布式网络结构，应易于扩展和维护，并应具备显示、记录、控制、报警、分析和提示功能。表18-15是环境和设备监控系统相应等级的监控项目。

表18-15　环境和设备监控系统相应等级的监控项目

项目	A级	B级	C级	说明
空气质量一	含尘浓度		—	离线定期检测
空气质量二	温度、相对湿度、压差		温度、相对湿度	在线检测或通过数据接口将参数介入机房环境和设备监控系统中
漏水监测报警	装漏水感应器			
强制排水设备	设备的运行状态			
集中空调和新风系统、动力系统	设备有限状态、滤网压差			
机房专用空调	状态参数：开关、制冷、加热、加湿、除湿 报警参数：温度、相对湿度、传感器故障、压缩机压力、加湿器水位、风量		—	
供配电系统（电能质量）	开关状态、电流、电压、有功功率、功率因数、谐波含量		根据需要选择	
不间断电源系统	输入和输出功率、电压、频率、电流、容量；同步/不同步状态、不间断电源系统/旁路供电状态、市电故障、不间断电源系统故障		根据需要选择	
电池	监控每一个蓄电池的电压、阻抗和故障	监控每一组蓄电池的电压、阻抗和故障	—	
柴油发电机系统	油箱（罐）油位、柴油机转速、输出功率、频率、电压、功率因数		—	
主机集中监控和管理	采用KVM切换系统			

（1）电源参数监控：监控机房内电源进线柜和出线柜的电压、电流、频率状态。

（2）UPS 监控：通过 UPS 系统智能信号转换器，监控机房内 UPS 电源的输入、输出电压、电流、频率等各项参数，设置报警参数，设备出现故障时，可随时向监控中心发出警告。

（3）温湿度监控功能：面积较大的机房，由于气流及设备分布的影响，温、湿度值会有较大的区别，应根据主机房的实际面积，加装温湿度传感器监控点，检测机房内的温、湿度。将温湿度传感器连接到现场信号采集控制器上，采集控制器可通过 TCP/IP 与中心实现通信，在中心机房可通过网络显示出各机房的实时温、湿度情况，温、湿度越界时报警。

（4）烟雾探测功能：离子型烟雾探测设备用来探测有无烟雾，适用于安装在少烟、禁烟场所。当一定量烟雾进入烟雾传感器的反应腔时，传感器发出声光警报，并向采集控制器输出告警信号，为火灾预防和早期发现提供帮助。

3. 安全防范系统

安全防范系统由视频监控、入侵探测报警和出入口控制（门禁一卡通）系统组成，按照国家现行标准 GB 50348—2018《安全防范工程技术标准》执行。表 18-16 是机房安全防范系统相应等级的设防控制要求。各系统之间应具备联动控制功能，紧急情况时，出入口控制系统应能受相关系统的联动控制而自动释放电子锁。环境和设备监控系统、安全防范系统可设置在同一个监控中心内。

表 18-16 机房安全防范系统相应等级的设防控制要求

<table>
<tr><th>项目</th><th>A 级</th><th>B 级</th><th>C 级</th><th>说明</th></tr>
<tr><td>发电机室、变配电室、不间断电源系统室、动力站房</td><td>出入控制（识读设备采用读卡器）、视频监控</td><td>入侵探测器</td><td>机械锁</td><td>—</td></tr>
<tr><td>紧急出口</td><td colspan="2">推杆锁、视频监视监控中心联锁报警</td><td>推杆锁</td><td>—</td></tr>
<tr><td>监控中心</td><td colspan="2">出入控制（识读设备采用读卡器）、视频监控</td><td>推杆锁</td><td>—</td></tr>
<tr><td>安防设备间</td><td>出入控制（识读设备采用读卡器）</td><td>入侵探测器</td><td>机械锁</td><td>—</td></tr>
<tr><td>主机房出入口</td><td>出入控制（识读设备采用读卡器）或人体生物特征识别、视频监视</td><td>出入控制（识读设备采用读卡器）、视频监视</td><td>机械锁、入侵探测器</td><td>—</td></tr>
<tr><td>主机房内</td><td colspan="2">视频监视</td><td>—</td><td>—</td></tr>
<tr><td>建筑物周围和停车场</td><td colspan="2">视频监视</td><td>—</td><td>用于独立机房</td></tr>
</table>

机房中有大量的服务器及机柜、机架。由于这些机柜、机架一般比较高，所以视频监控的死角比较多。电视监控布点时主要考虑在各个出入口和每一排机柜之间安装摄像机。如果各出入口的空间比较大，可考虑采用带变焦的摄像机。在每一排的机柜之间，根据监视距离，配定焦摄像机即可。图像信号应保持 24h 硬盘录像，闭路电视控制系统有视频动态报警功能。同时具有视频远程传输功能，即通过 Internet、ISDN、局域网或电话线将监视信号传输到远程客户指定的地方，随时可查看每个监控点的视频图像。

18.10.4 机房电气

机房电气主要涉及为机房所有设备提供稳定可靠的电源的供配电系统。图 18-73 是信息机房的典型电能消耗比例图，IT 信息设备和制冷（热）空调系统是能源消耗大户，占能源总消耗的82%。

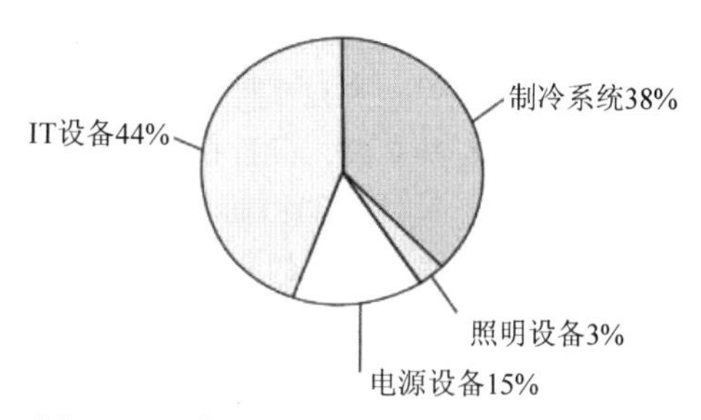

图 18-73　信息机房的典型电能消耗比例图

计算机机房负载分为主设备负载和辅助设备负载。

主设备负载指计算机主机、服务器、网络设备、通信设备等，这些设备需要7×24h连续进行数据实时处理和实时传递，所以对电源的质量与可靠性要求极高。通常采用UPS不间断电源（配相应的蓄电池，以便在突然停电时能支持一定时间的电源供应）、双路供电和柴油发电机等多种供电方式来保证供电的稳定性和可靠性。

辅助设备负载指专用精密空调系统、动力设备、照明设备、测试设备等的供配电系统，称为“辅助供配电系统”，其由市电直接供电。图18-74是机房两大电源负载系统。

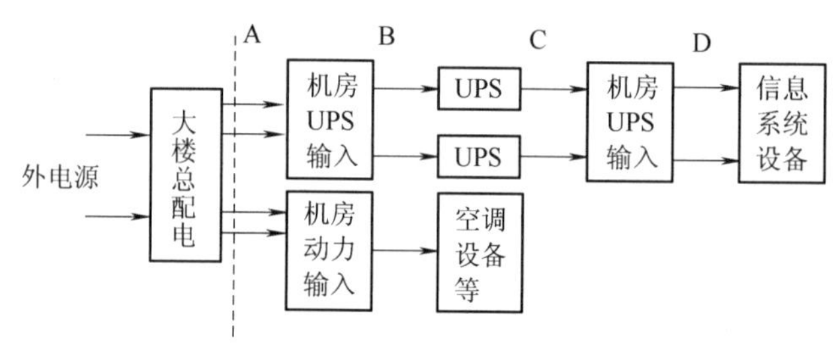

图 18-74　机房两大电源负载系统

1. 供电电源质量

电子信息系统机房用电负荷等级及供电电源质量要求应根据机房的等级，按照现行国家标准GB 50052—2009《供配电系统设计规范》及表18-17的规定执行。

表 18-17　机房供电电源质量要求

	机房等级			说　明
	A级	B级	C级	
电压波动范围(%)	±3		±5	
频率偏移范围/Hz	±0.5			电池逆变工作方式
输出波形失真度(%)	≤5			信息设备正常工作时
允许断电持续时间/ms	0~4	0~10	—	
UPS电源的谐波含量(%)	<15%			

2. UPS（不间断电源）

UPS应有自动和手动旁路装置。确定UPS系统的基本容量时应留有余量，其基本容量可按下式计算：

$$E \geqslant 1.2P \tag{18-12}$$

式中　E——UPS系统的基本容量（不包含备份UPS系统设备），单位为kW、kV·A；

P——电子信息设备的计算负荷，单位为kW、kV·A。

3. 机房不间断供电电源系统

A级电子信息系统机房一般采用市电和柴油发电机双回路供电，柴油发电机作为主要的后备动力电源。C级电子信息系统机房通常采用双路市电供电。图18-75是双路供电和柴油发电机组备用供电接入机房（计算机）配电柜的两种供电方案。

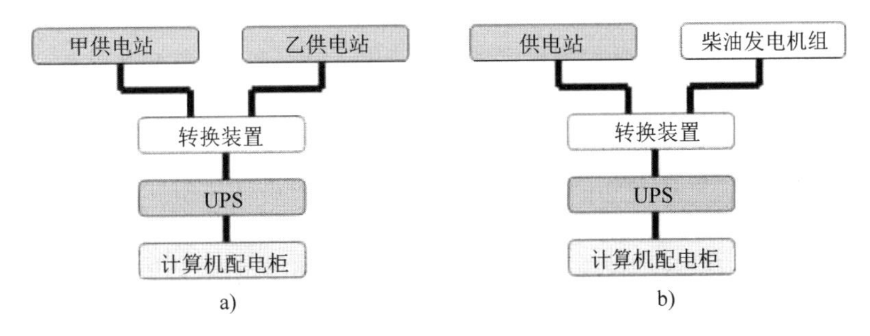

图 18-75　双路供电和备用供电两种供电接入方案
a）双路供电　b）备用供电

配置后备柴油发电机的供电系统，当市电发生故障时，后备柴油发电机能承担全部负荷的需要。并列运行的发电机，应具备自动和手动并网功能。

后备柴油发电机的容量应包括 UPS 供电、空调和制冷设备供电、应急照明及关系到生命安全等需要的负荷容量。

市电与柴油发电机的切换应采用具有旁路功能的自动转换开关。自动转换开关检修时，不应影响电源的切换。

4. 机房配电系统

机房由专用配电变压器或专用回路供电，变压器宜采用干式变压器。低压配电系统不应采用 TN-C 系统，TN-C（三相四线制）供电系统是用工作零线兼作接零保护线。机房低压配电系统通常采用的是 TNS（三相五线制）系统，简称五线制系统，即从低压电网端出来 5 根线。零线 N 与保护性接地 PE（Protective Earthing）分开。优点是 PE 线中无电流，电磁兼容性好。

采用机房专用配电柜来规范机房供配电系统，保证机房供配电系统的安全。专用配电箱（柜）宜配备浪涌保护器（SPD 防雷器）、电源监控和报警装置，并提供远程通信接口。当输出端中性线 N 与 PE 线之间的电位差不能满足设备使用要求时，应配备隔离变压器。

机房内的电气施工应选择优质阻燃聚氯乙烯绝缘电缆、敷设在镀锌铁线槽。配电线路中性线（零线 N）的截面积不应小于相线截面积；单相负荷应均匀地分配在三相线路上。配电线路应安装过电流、过载保护装置。插座应分为市电、UPS，并注明易区别的标志。

18.10.5　防雷和接地

雷电具有极大的破坏性。每年雷击造成的人员伤亡和财产损失，仅次于地震和水灾而大于其他任何灾害。

通信线缆和供电电缆都需从室外引入机房，易遭受雷电侵袭，因此机房的建筑防雷设计尤其重要。机房的建筑防雷除应能有效地保护建筑自身的安全之外，还应为设备的防雷及工作接地打下良好的基础。

以大规模集成电路为核心组件的服务器、存储器、计算机网络设备等子设备普遍存在着对暂态过电压、过电流的耐受能力较弱的缺点，容易造成电子设备损坏或产生误操作，从而造成无法正常运行。

机房的防雷和接地设计，应满足人身安全及电子信息系统正常运行的要求。应符合现行国家标准 GB 50057—2010《建筑物防雷设计规范》和 GB 50343—2012《建筑物电子信息系统防雷技术规范》的有关规定。

1. 机房防雷系统

电力供电系统防雷设计的目标是确保机房设备和工作人员的安全，防止由于电力供电系统引入雷击。

机房的总电源取自大楼的总低压配电室。从交流供电线路进入总配电柜开始，到机房设备电源的入口端，电力供电系统除自身采取分级协调的防护措施外，还应与信号系统的防雷、建筑物防雷、接地线路等协调配合。

（1）防直击雷。现代防直击雷设施的主要构造是由接闪器（接闪针、接闪带、接闪线、接闪网、金属屋面等）、引下线（金属圆条、扁条、钢筋、金属柱等）和接地装置组成。

（2）防感应雷。感应雷防护措施是限制、阻塞雷电脉冲沿电源线或数据线、信号线进入设备，保护建筑物内各类电子电气设备的安全。内部防雷主要由浪涌保护器（SPD防雷器）、屏蔽系统等电位联结系统、共用接地系统组成。安装防雷器是分流感应雷电流和限制浪涌过电压的有效措施，可分为电源防雷、信号防雷和天线馈电系统防雷。

（3）等电位联结。等电位联结是将分开的装置、各导电物体用等电位联结导体或电涌保护器连接起来，最后与等电位联结母排相连，其目的在于消除防雷空间内各金属部件及各（信息）系统相互间的电位差。

机房内所有设备的可导电金属外壳、各类金属管道、金属线槽、建筑物金属结构等必须进行等电位联结并接地。应根据电子信息设备易受干扰的频率及电子信息系统机房的等级和规模，确定等电位联结方式，可采用S型、M型或SM混合型。

采用M型或SM型等电位联结方式时，主机房应设置等电位联结网格，网格四周应设置等电位联结带，并通过等电位联结导体将等电位联结带就近与接地汇流排、各类金属管道、金属线槽、建筑物金属结构等进行连接。每台电子信息设备（机柜）应采用两根不同长度的等电位联结导体就近与等电位联结网格连接。

等电位联结网格应采用截面积不小于$25mm^2$的铜带或裸铜线，并应在防静电活动地板下构成边长为0.6~3m的矩形网格。

2. 接地系统

接地是分流和泻放直击雷和雷电电磁干扰能量的最有效手段之一，也是电位均衡补偿系统的基础。目的是使雷电流通过低阻抗接地系统向大地泄放，从而保护建筑物、人员和设备的安全。将各部分防雷装置、建筑物金属构件、低压配电保护线（PE）、等电位联结带、设备保护地、交直流工作地、屏蔽地、防雷地、防静电地等连接在一起形成共用接地系统。

保护性接地和功能性接地宜共用一组接地装置。对功能性接地有特殊要求需单独设置接地线的电子信息设备，接地线应与其他接地线绝缘。

机电工程中禁止直接使用建筑接地线和电源接地线作为系统设备的地线。

18.10.6　机房屏蔽系统

机房屏蔽的目的是限制某一区域内部的电磁能量向外传播，以及防止或降低外界电磁辐射能量向被保护空间传播。对涉及国家秘密或企业对商业信息有保密要求的电子信息机房，应设置电磁屏蔽室，或采取其他防止电磁泄漏的措施。

屏蔽是防止任何形式电磁干扰的基本手段之一。用金属网、箔、壳或金属管等导体把需要保护的对象包围起来，阻断闪电电磁脉冲波从空间入侵通道。所有的屏蔽套、壳均要接地。

计算机机房的电磁屏蔽应根据机房内设备的工作性能和安全要求来选择。一般有以下三种方法：屏蔽机房、屏蔽工作间、设备专项屏蔽。

屏蔽机房是为了保障国家和部门的政治、经济、军事上的安全，需要用屏蔽的手段来防止计算机泄密。图18-76是屏蔽机房示意图。

屏蔽工作间是为了保密和防止、减少电磁场的干扰，在局部范围内采取的屏蔽手段。

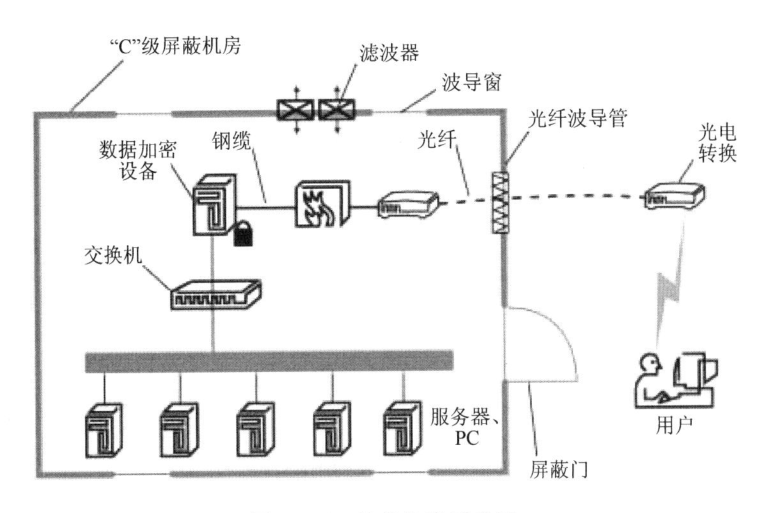

图 18-76　屏蔽机房示意图

设备专项屏蔽是为了保证电子仪器设备调试维修正确，需要在一个无电磁信号干扰的场合来进行，这种屏蔽是专门为设备调试准备的屏蔽场所。

屏蔽门、滤波器、波导管、截止波导通风窗等屏蔽件，其性能不应低于电磁屏蔽室的性能要求，安装位置应便于检修。所有进入电磁屏蔽室的电源线应通过电源滤波器进行处理。

电源滤波器的规格、供电方式和数量应根据电磁屏蔽室内设备的用电情况确定。进入电磁屏蔽室的所有信号电缆应通过信号滤波器或进行其他屏蔽处理。网络线缆宜采用不带金属加强芯的光缆。

非金属材料穿过屏蔽层时应采用波导管。通风窗口的截止波导管宜采用等六角形波导管，截止面积应根据室内换气次数和换气量计算。

18.10.7　消防系统

根据机房的等级设置相应的灭火系统，并按照现行国家规范 GB 50016—2014《建筑设计防火规范》和 GB 50370—2005《气体灭火系统设计规范》的要求执行。

A 级电子信息系统机房的主机房应设置洁净气体灭火系统。B 级电子信息系统机房的主机房以及 A 级和 B 级机房中的变配电、不间断电源系统和电池室宜设置洁净气体灭火系统，也可设置高压细水雾灭火系统。C 级电子信息系统机房及其他区域，可设置高压细水雾灭火系统或自动喷水灭火系统。

电子信息系统机房应设置火灾自动报警系统，并应符合现行国家标准 GB 50116—2013《火灾自动报警系统设计规范》的有关规定。

1. 消防设施

采用管网式洁净气体灭火系统或高压细水雾灭火系统的主机房，应同时设置两组独立的火灾灭火探测器，火灾探测器应与灭火系统联动。灭火系统控制器应在灭火设备动作之前，联动控制关闭机房内的风门、风阀，停止空调机、排风机，切断非消防电源。

按机房面积和设备分布装设烟雾、温度检测装置，机房内应设置自动报警警铃，机房门口上方应设置灭火显示灯。保证现场工作人员能在系统报警后最长 30s 延时结束前撤离防护区。灭火系统的控制箱（柜）应设置在机房外便于操作的地方，有保护装置防止误操作。

自动喷水灭火系统的喷水强度、作用面积等设计参数应按照现行国家标准 GB 50084—2017《自动喷水灭火系统设计规范》的有关规定执行。机房自动喷水灭火系统应设置单独的火警控制阀门。

2. 机房气体灭火系统

由于洁净气体灭火系统不损坏机房设备，因此使用较广泛。图 18-77 是洁净气体灭火系统的管网图。该管网与气体灭火钢瓶连接，并由火灾报警控制装置联动控制灭火气体钢瓶组的阀门。

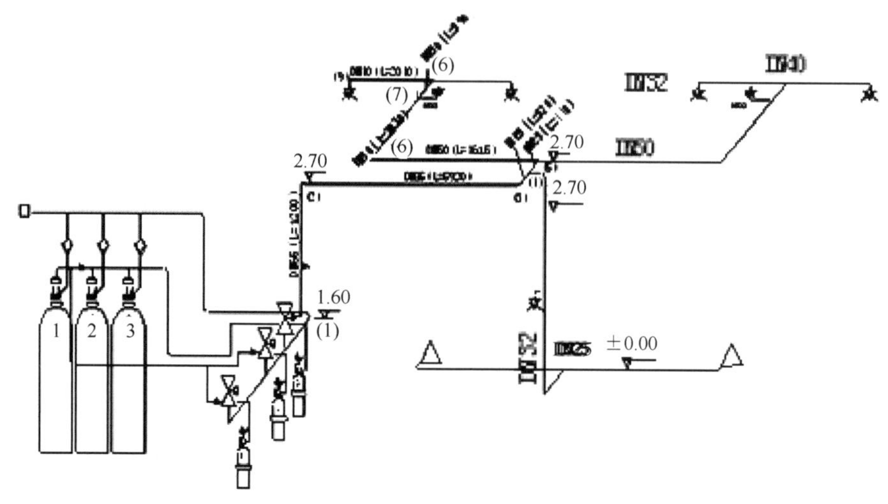

图 18-77　洁净气体灭火系统的管路

管网灭火系统一般都有放置灭火控制器和气体钢瓶组的专用房间。图 18-78 是灭火气体钢瓶组。

图 18-78　灭火气体钢瓶组

3. 安全措施

凡设置洁净气体灭火系统的主机房，应配置专用空气呼吸器或氧气呼吸器，还需具有防鼠害和防虫害措施。

18.11　电视演播厅（室）设计

电视演播厅（室）是利用光和声进行空间艺术创作的场所，是制作电视节目的基地，也是新闻宣传部门的必备场地，广泛用于电视台、司法部门、大中院校、文化艺术、企事业单位。

18.11.1　校园电视演播厅（室）建设目标

（1）校园新闻的录制及转播：用于学校综艺、新闻、专题、教学节目的录制及播出。通过校内有线电视网络播出或现场转播，既培养了学生的课外兴趣，又可让教师和学生们能够及时地了解发生在身边的事。

（2）重大活动的录制及转播：学校重大活动（如领导视察参观、校庆、开学典礼、颁奖典礼、运动会、家长会等）现场拍摄、现场转播、后期编辑、存档。

（3）新闻播报和访谈类节目的制作或现场转播。

（4）现场教学的录制及转播：优秀教师授课或教学观摩录制保存，并实时转播到各教室播放、共享收看。

（5）完整的后期管理系统：实现多媒体资料的数字化采集、编辑、存储、检索、刻录、网络发布，实现资源共享及管理。

18.11.2　电视演播厅（室）分类及组成

电视演播厅（室）按面积大小可分为大型演播厅（$400m^2$ 以上）、中型演播厅（150～$400m^2$）和小型演播室（50～$150m^2$）。

电视演播厅（室）系统由演播区域、控制室（导播间）、化妆室、录音室和休息室等功能用房组成。

（1）演播区域：

大型演播厅的演播区用于较大场面的歌舞、戏曲和综艺活动等节目的录制。通常一个大型演播厅内可以分割成若干个小景区，可一个接一个进行顺序拍摄电视节目，拍过的景区随节更换布景再拍另外场景的节目，以提高演播室的利用率。

中型演播厅的演播区以制作中小型戏曲、歌舞、曲艺、智力竞赛、形象化教学节目或座谈会等为主。中型演播厅的功能区域可划分为新闻直播区、访谈区、虚拟区三部分。可设置多个景区，以达到综合利用演播室为目的。可制作专题节目，如知识问答、人物访谈、新闻播报等，各种栏目的节目都可置于一个演播室，各有自己的布景、道具，同用一套摄录设备，同用一个控制室，只要把时间排开，只需移动一下摄像机，即可方便地到每个景区前去拍摄节目，这样可以提高演播室的利用率，还可节约设备。

小型演播室的演播区主要用于制作专题节目，如知识问答、人物访谈、新闻报道、教学讲座和股市评论等节目。

（2）控制室（导播间）：是整个演播场地的控制中心，控制摄、录、编、播全过程操作。还包括演播场地的灯光控制、音响控制和节目编播等。控制室内安装有全部视/音频技术设备、灯光控制设备和后期编辑制作设备。为防止电磁干扰，需采用防静电地板、采取噪声控制措施等。

（3）录音室：主要用于节目录音和配音工作。需具有符合录音环境要求的建声设计。

（4）化妆间：主要作为主持人和演员上场前的化妆、更衣准备使用。

（5）休息间：供节目录制过程中工作人员休息使用。

中小型演播厅（室）演播区的层高一般为 4m 左右，演播室和控制室（导播室）一般位于同一层面上，它们之间设有观察窗，供导演或灯光师随时了解现场情况。图 18-79 是小型演播室的典型平面布置图。

大型演播厅的演播区层高一般可达 9m 以上，因为在天幕之上要留有足够空间，以便安装灯具行走机构、空调管道等。大型演播厅的周围用房安排最好是两层：一层为库房，高度为 2.5～3.0m，用于存放摄像机、照明灯具和音响设备等专用器材，与演播厅有门相通，便于各自管理使用；二层为控制室（导播室），墙侧有观察窗，必要时可供导演或灯光师随时了解现场情况，正常情况下则以监视器为主。

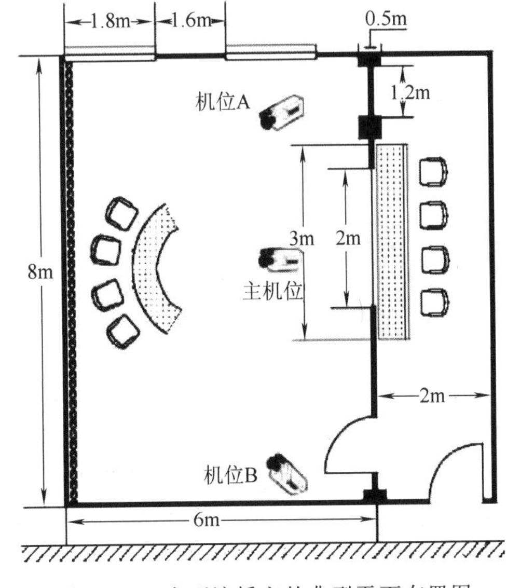

图 18-79　小型演播室的典型平面布置图

18.11.3　演播厅的声学环境

演播厅演播区的声学要求既不像摄影棚那样简陋，又不像录音室那样考究。这是因为，电视制作不像电影那样先在摄影棚里拍摄画面，然后再到录音室里去配音。演播厅采用同期声录制，一气呵成，因此，演播厅的声学要求只要满足其主要的指标就可以。

1. 混响时间

房间混响时间 Rt 是表征声音清晰度和丰满度的重要参数，声音清晰度随 Rt 增加而降低，丰满度则相反。

房间混响时间 Rt 的定义是在声源停止辐射以后声能下降 60dB 所需要的时间为混响时间。它的大小与房间容积、墙壁、地板和顶棚等界面的吸声系数有关，电视演播厅的混响时间一般设计在 0.6s 左右，为了提高声音清晰度需减小演播厅混响时间，因此需加强演播厅吸声措施：室内墙壁、地面和顶棚应采用防火吸音材料，装饰简洁明快，无须华丽，注意各个频段的吸声要均匀，颜色也以灰暗色无反光为宜。常用材料有空心砖、岩棉板、穿孔石膏板、钙塑板和防火绝缘板等。按照声学要求，除了吸声外，还要有适量的声反射，以扩散声场。选材均应达到防火规范要求。

2. 环境噪声、撞击声和隔声控制

由环境噪声构成的背景噪声称为本底噪声，若隔声性能差，本底噪声必然高，正常情况下，演播室本底噪声应该低于 40dB。撞击声是指在固体上撞击而产生的噪声。尤其是楼板下的室内噪声、脚步声是最常听到的撞击声。

建筑隔声包括环境噪声控制和撞击声控制。环境噪声控制是指建筑物内经过空气传播的噪声控制，如门缝、穿线孔和通风管道等透过的声音。撞击声控制是指提高楼板撞击声隔声性能。

提高楼板撞击声隔声性能的方法是在地板上铺设一层弹性面料，如地毯、橡胶地板或塑料地板等，可有效地减小撞击声和振动的传递，特别是对降低中、高频撞击噪声更为有效。

采用轻钢龙骨隔墙时，墙面应内嵌玻璃纤维吸音棉和外饰泡沫墙布软包，达到双层或多层吸音效果。空调风管系统需进行相应的消声设计，使由空调、通风管路系统产生的风机噪声及气流噪声降至最低，确保室内本底噪声达到设计要求。

小型演播室的控制室（导播室）与演播区之间的观察窗也是需要隔声处理的关键部位，采用三层中空用硅酮密封胶密封，使玻璃之间形成干燥的空气层隔音，这样隔声效果更好。

18.11.4　演播厅的灯光

1. 光源

演播室对灯光的要求实质上是体现电视节目效果的最直接因素，特别是摄像机对灯光的要求更苛刻。演播室的照度要求应按摄像机标准图像的需求为 1500～2000lx。电视摄像要求照明的色温为 3200K，显色指数要求在 85 以上，使用中色温不应有明显变化。

演播室光源主要采用显色指数达 90 的三基色冷光源灯，辅以聚光灯补充。金属卤化物灯在演播室中作轮廓光（逆光）使用，可以克服三基色灯光的逆光轮廓效果差、电视画面缺乏层次感的缺点，可增强画面的景深效果和突出主持人形象。

灯光系统的运用技巧，由初步掌握到运用自如，要经过四个阶段：

（1）第一阶段多是围绕如何满足电视设备（如摄像机）性能的要求，如照度基准、色温容差、亮度对比（光比）等，然后再考虑所需光源数量的配备和灯位分布等。

（2）第二阶段开始注意画面质量，如图像是否明快、影子处理的效果等。要千方百计地消除影子，有时又要设法加以利用，以显示主题或面部质感等。

（3）第三阶段属于表现手法的提高，如利用灯光模仿自然界的不同季节、气候、场所、时刻和各种环境气氛等。通过这些达到衬托人物心理状态、抒发感情的目的。

（4）第四阶段是尽量利用技术手法，产生一些艺术效果，如利用图像信号可以改变黑色电平和校正电路参数的办法，利用黄昏自然光制造夜景气氛，利用改变彩色矩阵电路的参数得到不同色度校正、色调变化或产生幻想的艺术效果等。

2. 布光

（1）各类光线的特性。电视节目制作需要多种光线配合才能达到艺术创造效果。例如，表示时间的早晨光、中午光、黄昏光、夜晚光等；表示季节的春、夏、秋、冬的光；表现气候的晴、阴、雨、雪、雾、雷等；表现场所的室内、室外、森林中、洞穴中、水边等；表示不同的光源，如阳光、月光、窗户光、灯光及手电筒、灯笼和火炬光等。

演播室中，被摄人物、物体照明有三个基本光位处理，即主光、副光和逆光三种基本光线的照明处理。常用光线有以下几种：

1）基本光（或称底光）。基本光提供全面无死角的照明。从地面起 1.5m 高处的水平面上各点都能得到均匀的照度（平均照度 500lx 以上），用三基色冷光源灯从多方照射铺底。

2）主光（或称面光）。无论是人物、物体还是环境，都需要有一种主要光线来照明。主光是视频画面的主要直射光，是画面构成的主要因素，主光用来描绘被摄对象的主体形态和空间感，造成主要光线效果，决定画面的阴暗对比。由于主光的投射角度、方法、强弱和闪动的形式不同，才使画面表现出不同的效果、不同的时间、不同的环境、不同的气氛，可以较好地表现被摄对象的立体感和质感。

主光有明确的方向性，对准被摄主体用光。着眼点在于表现主体表面凹凸的形态和质感。为了防止使用聚光灯产生不必要的影子，往往以斜射为好，角度以偏离摄像机光轴水平 35°角和垂直 30°角最好。使人物面孔得到 1000lx 的照度。当被摄主体为两人时，可使用两台聚光灯交叉投射。人物再多时，则可用远投大功率聚光灯（聚光灯 1000W），保证面孔得到 1000lx 的照度。

3）副光。副光也称辅助光，是指照在未被主光直射的阴影部分的辅助光线，采用比较柔和的光线。副光对视频画面的明暗起着一种调节平衡作用。副光与主光间的亮度比例影响画面的明暗反差和视频效果。环境、景物、人物不同，光比也就不同。被摄物体上的亮与暗之比称为光比。光比的大小决定着视频画面的明暗、反差和色调。

4）逆光。逆光又称背光、轮廓光，是从被摄人物、物体背后投射过来的光线，使被摄人物、物体的轮廓照得更清晰，增强深度感。着重表现人物的轮廓、发髻等。角度以 60°为好。照度要超过底光，视情况在 1200~2000lx。

（2）布光方法。演播室的布光，是一个复杂、系统、综合的艺术创作过程，各个演播厅（室）的建筑结构和设备配置不同，技术创作人员的技术理论修养和实践经验不同，在实际工作中的应用和表现也不同。在实际工作中有很多应用技巧，可以达到意想不到的效果，最终都从电视节目中表现出来。演播厅（室）布光方法主要有以下几种：

1）三点布光：即利用主光、逆光、辅助光（副光）表现主题。这是最常用的布光方法。

演播室中，主光、副光、逆光三种基本光线的光位处理方法是灵活多变的，所产生的效果也是互相制约的。如果主光高，副光就要低；主光在侧面，副光就要在正面；逆光根据主光和副光定好的位置来决定它的高低、左右，但逆光有时作为隔离光和美化光时，也可不考虑与主光的位置关系。三个光位处理得恰到好处时，光线就可互相补充，即使被摄对象的位置、方向发生变化时，仍然能够正确表现被摄形象。如果三个光位处理不当，光线之间就会相互干扰，破坏正确表达被摄对象。因此，正确的三点布光既要依据拍摄任务的构思，创造特定的光线效果，也要对被摄对象进行布光照明、确定光位、调整光比、测定光强，严格遵循布光基本步骤，向着最佳灯光效果方向努力。

2）多主光布光：对摄像机的各种位置都能表现出主要光源。

3）软正面光：加强逆光的作用，使整个表演区的照度比较均匀。

4）利用侧主光，从布景两侧来的硬光提供侧主光和侧逆光。辅助光从布景的正面投射。

5）总体布光：先布基本光（在电视中称作普遍照度，这种光照度为800～1500lx），使摄像机的彩色能基本再现，然后再采用三点布光（多主光、多逆光、多辅助光）。多主光的照度应当是一致的，逆光和辅助光也是。同样，摄像机在指定位置拍摄的图像色调应基本一致。

6）层次布光：演播室的音乐和歌舞节目采用层次布光，也称分区布光。这种布光方法可增强主体和透视感。层次布光可分前区、中区和后区，这三种区域的照度是不相同的，前区的照度应在2000～2500lx，中区的照度应在1500～2000lx，后区的照度应在800～1000lx，天幕光的照度应为600～800lx。分区照明的目的就是要给人一种层次感和立体感。

7）室内白天场景布光：要用强光将窗子的影子投射到室内来，代替阳光的效果，主光的投射方向应和阳光的方向一致，使人看后不感到假。辅助光的位置应当和摄像机成70°，这样可以消除人物过长的鼻影。景物光宜采用散光灯，使景物呈现出层次来。

8）室内夜景布光：一般用吊灯将整个室内照亮，用台灯照亮书桌，壁灯照亮室内一部分，这几种灯有利于表现环境的光线效果，也有利于表现人物。

室内夜景气氛最能表现的手法是开灯和关灯，观众很敏感就知道是晚上。处理开关灯的光线，首先是关灯时的光线布光，然后再是开灯后的光线布光。关灯时的光线要暗一些，室内出现黑暗但能使人看出轮廓来。图11-80是小型演播室的典型灯光布置。

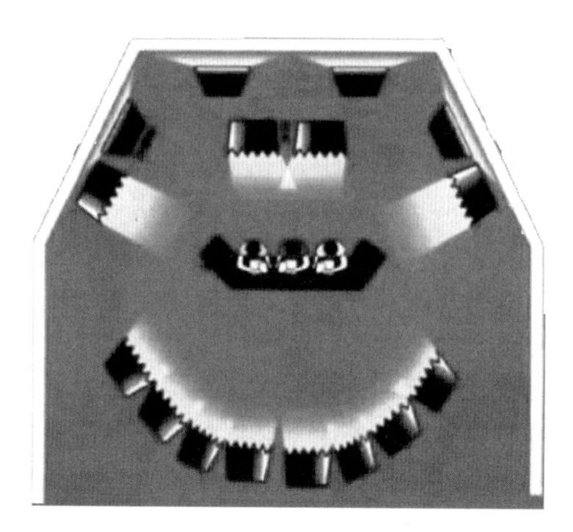

图18-80　小型演播室的典型灯光布置

18.11.5　演播室音频系统设计

演播室音频系统是一套完善的音频编辑制作系统，它能够同时满足扩音和录音的需要。

演播室音频系统是以调音台为核心，将演播区各路传声器拾取的声音、CD唱机和录像机等的音频信号输入调音台，通过调音台的选择、处理、混合后，送到控制室（导播室）监听扬声器系统、观众厅扩声系统和视频编辑工作站录音。

大、中型演播厅的音频系统除满足节目录制编辑、监听和音频重放的需要外，还应包括观众厅现场扩声系统。小型演播室的音频系统较简单，主要满足演播监听、节目编辑录制（录制电子音乐，小型室内乐、民乐、曲艺、小品和访谈类等节目）和音频重放的需要。

音频系统应充分考虑多种使用方式，需要提供方便的操作和灵活的功能转换；保证录制效果及系统的兼容性、可靠性和扩展性。选用优质监音箱，体现网络化的优势。

内部通信系统：为满足控制室（导播室）导演、导播和演播现场摄像师、场地工作人员、节目主持人员之间的交流和沟通，大、中型演播厅应设置专门的多通道双向内部通信系统。小型演播室可利用控制室（导播室）内的传声器和音频设备向演播室场地内的扬声器喊话，演播室可利用场内的声音采集传声器和控制室（导播室）内的音频监听系统向控制室（导播室）喊话。

18.11.6　演播室视频系统设计

视频系统总体设计思路：在功能上，既要满足对直播的要求，又要进行后期节目的制作，保证720p高清图像质量；确保系统的技术先进性和高可靠性；系统配置灵活，可兼容4∶3和16∶9宽高比格式；并为发展留有余地。

视频系统的主要功能是图像信息采集、导播控制、节目录制、后期制作和网络传输。由摄像机、特技切换台、监视器、导播台、非线性视频编辑机等组成，为节目后期制作和管理提供一个平台；流媒体视音频管理平台可以实现局域网、互联网点播、直播，实现流媒体信息采集和网络转播要求。

视频系统以数字摄像机、数字切换台及媒资系统为主要框架。以特技切换台为核心，全部视/音频信号均分别进入特技切换台，由切换台完成对信号的切换、混合和特技处理后，输出最终节目信号。调音台完成音频信号的混合、处理并输出最终信号。

18.11.7　演播室总体设计方案

中小型演播室是一套兼容模拟信号的数字视频制作系统，适用于新闻直播、录播、访谈、级联播出、配音、后期制作等多场景应用，控制室具有演播室导播和后期制作机房的双重功能。

大、中型演播厅由于拍摄场面大，一般采用三机位以上的多机位拍摄系统。小型演播室通常采用 2 机位拍摄系统，实现校园新闻播报及访谈类节目的制作。2 机位拍摄系统的主机位是一台高性能专业级数字摄像机；副机位是一台摄录一体机，可用于室外或重大活动现场的实时拍摄；配三脚架、脚轮、寻像器、伺服器等。

演播室视频拍摄分为现场实景拍摄和蓝色天幕拍摄两类。蓝色天幕主要用于人物采访、新闻播报等节目。在后期节目制作时，可把蓝色天幕中的人物进行“抠像”处理，即把人物从蓝色天幕中“挖出来”，换上其他视频背景图像。小型演播室一般采用蓝色背景天幕。

大、中型演播厅的背景天幕通常采用活动型背景板或采用大型 LED 显示屏组成。活动型背景组可根据不同栏目更换相关图片。

图 18-81 是高清演播室的系统拓扑图。由高清摄像机、监视器、数字切换台、高清/标清非线性视频编辑系统、高清录像机、字幕机、口播提示器、硬盘播出机和流媒体服务器等组成。

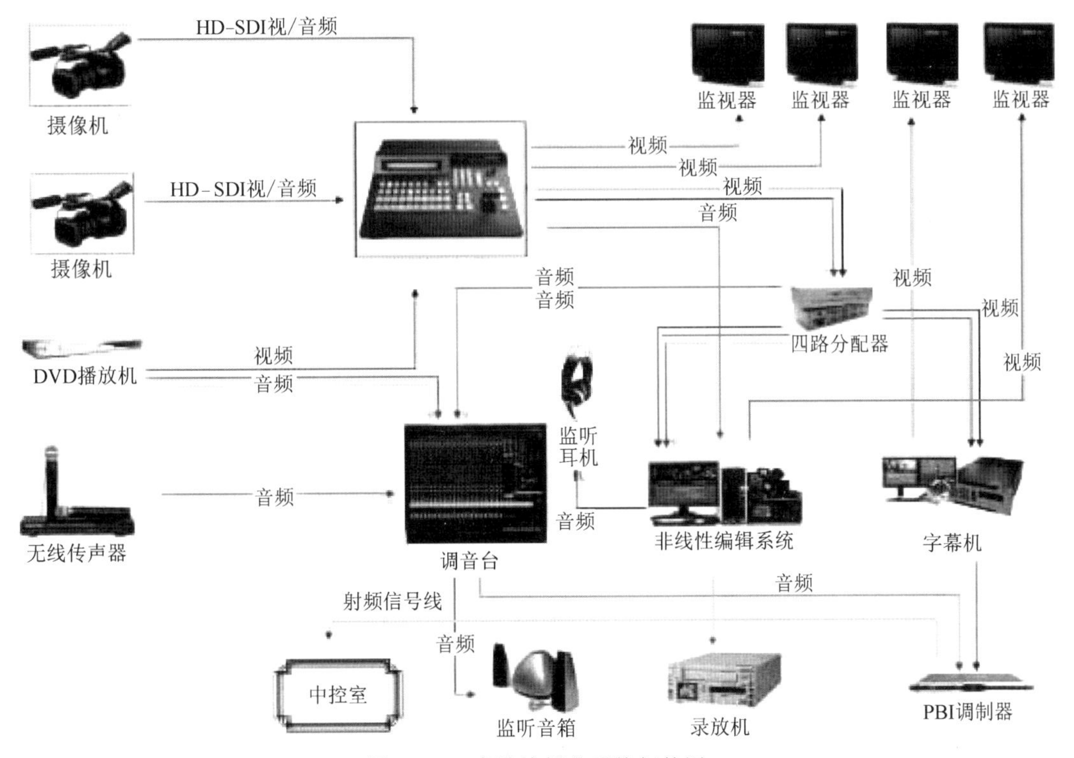

图 18-81　高清演播室系统拓扑图

全部视频信号分别进入数字切换台，由切换台完成对信号的切换、混合等处理并输出最终节目信号。音频信号进入调音台，完成音频信号的混合、调度等处理并输出最终信号。

1. 视频子系统设计说明

（1）摄像机系统：演播室系统的基础建立在先进的数字摄像技术上，校园小型演播室采用2机位摄像系统，实现校园新闻播报及访谈类节目的制作。选用2套高清专业数字摄像机，其中1套为演播室专用摄像机，另1套为摄录一体机，兼作室外或重大活动现场的实时拍摄。

摄像机的SDI串行数字接口输出信号接入数字特技切换台。摄像机在特技切换台上的输出信号分别接入区监视器做拍摄预监。

一台录放像机作为节目录制机，数字特技切换台的PGM信号通过监视器环出后接入录像机进行录制。

（2）数字切换台：考虑前期数字格式的应用、特技切换的需求，同时为满足摄像机、录像机、字幕机、非编设备等多路视频源的输入，选择配置8路数字特技切换设备一套。

（3）录像机部分：与摄像机配套应用的录像机，还用于后期编辑。选择一台数字录像机，一台数字编辑录像机，它们均需有SDI串行数字接口。

（4）监视器部分：控制室（导播室）内需设有与摄像机数量相对应的监视器和节目播出监视器。选用液晶监视器及多画面分割屏进行视频监控及显示功能。

（5）内部通话部分：在演播室使用中，导播间里的导演、导播和演播室内摄像师、场地工作人员、节目主持人员的及时交流沟通是很重要的，所以需要内部通话系统来实现。

（6）视频系统的信号格式和接口标准：数字电视系统以串行分量数字信号格式为主流。通过串行数字接口（SDI）可用一根同轴电缆同时传输YUV 4：2：2数字分量视频信号、数字音频和时间码。其中，“Y”代表亮度信号；“U” =R-Y和“V” =B-Y，代表色差信号；YUV 4：2：2表示每个色差信道的取样率为亮度信道取样率的一半（即4bit）。

演播室采用YUV分量编码，亮度信号的取样频率选为525行/60帧和625行/50帧行频的公倍数2.25MHz的6倍13.5MHz，便于数字处理并使三大电视制式（PAL、NTSC、SCEM）在数字域内的每电视行的亮度样值数统一于720个，两个色度取样值均为360个，即4：2：2格式，从而使同一格式数字录像机能记录三种不同制式的信号，并使整个数字演播室能以4：2：2格式接在一起。正是这一标准，使各种数字演播室的数字设备能连成一个系统，形成一个4：2：2的数字演播室环境，提供无压缩（YUV 4：2：2）的DVCPR50、DVCPR25等多种广播级视频编码格式的HD（高清晰度）图像。

2. 音频子系统设计说明

音频系统以调音台为核心，将各路传声器拾取的声音以及磁带录音机、CD唱机、录像机等的音频信号，一起输入调音台，通过调音台选择、处理、混合后，输出到录像机、监听系统和现场扩声系统。演播厅音频系统能够同时满足录音和扩音的需要。

大、中型多功能演播厅音频系统设计应能满足综合文娱演播和节目录制需要，能录制室内乐、民乐、曲艺、小品、流行音乐、访谈类等节目。

音频子系统的配置：

（1）传声器部分：考虑教师教学现场拾音或新闻播报、人物访谈、采访、配音的需求，配置一定数量的无线领夹、耳麦和手持传声器及一定数量的拾音、配音传声器。

（2）调音台部分：根据现场声音通道的实际数量及日后扩展的需求，配备一台调音台。

（3）其他设备：4路实时双向内通系统、有源监听音响、DVD、功放、均衡器、效果器等。

根据用户需求，考虑教师教学现场拾音或新闻播报、人物访谈、采访、配音的需求，选择使用UWP-C2、UWP-C1、SLX14/30传声器。这三款传声器可以很好地满足学校对于各种场合的需求。选用 MKII 12 路调音台，调音台单声道输入接传声器，立体声输入直接挂接 DVD、录像机、非线性编辑机。调音台的主输出接入压限器等，作为现场扩声；另一路接入录像机。

所有输入与输出信号都经过音频矩阵，可自由分配，具有极大的灵活性，能对现场声音信号进行很好的处理与监听。

3. 灯光子系统设计

（1）灯光子系统需求。灯光布置要求能满足新闻播报、教学实录、访谈和颁奖等活动的需要，可合理配置一定数量的三基色冷光灯、聚光灯及相应硅箱、调光台等设备。考虑演播室的宽度较宽，整体灯光系统配置四根固定轨和滑动轨道，并配置恒力铰链，整体灯光系统可左右前后自由移动，部分区域灯具可上下移动，使调光更灵活方便，可自由升级。室灯全开时无眩光，不刺眼。

（2）灯光子系统设计说明。采用环形布光法，照度均匀，无明显交叉阴影和眩光，人物轮廓明显、立体感强，画面有纵深感，符合演播室的标准，画面清晰自然，色彩绚丽。

演播室灯光系统主要技术参数如下：

1）照度：距地面 1.5m 处的垂直照度只低于 1500lx。

2）色温：光源色温为 3200K。

3）显色指数：*Ra* 值>90。

4）用电总功率：17500W；采用三相四线制，380V/220V，50Hz，电缆线为阻燃电缆。

5）灯具离地面高度：不低于 2.6m。

6）灯具与吊挂装置的高度：85cm。

7）背景光：背景灯采用 4×55W 三基色冷光灯，均匀照亮幕布，光效细腻，没有明显交叉阴影。

8）逆光：逆光采用 6×55W 三基色冷光灯，轮廓明显突出，人物更丰富自然，立体感强。

9）主光：主持人面光采用 6×55W 三基色冷光灯，主持人面部照明均匀，画面清晰自然。并配置 1m 恒力铰链，使调光更灵活方便。

10）侧副光：主持人左右各有 4×55W 三基色冷光灯做侧副光，以柔化主光线照不到的死角、阴影角。

4. 外拍现场切换部分设计

（1）外拍现场切换部分：为满足现场采访、实况转播、室外活动录制，需另置 1 台与演播室相同的摄录一体机，用于重大活动的摄录。此外，还需配置 1 台 SONY PDW-HR1 便携式编辑工作站和光盘录像机。

（2）外拍现场切换部分设计说明：现场外拍设备不直接联入演播室系统，拍摄后素材可由非编系统上载后供演播室使用。外拍由一台 HDV 摄像机和一台 DVCAM 摄像机完成，输入到现场 SONY PDW-HR1 便携式编辑工作站，实现现场存储切换，满足室外制作要求，最终输出用一台录像机录制。

5. 各场馆视/音频连接及传输部分

校内体育馆、音乐厅、报告厅的现场信号需要接入演播室机房（导播室），要求实现双向实时互传视音/频信号，可方便地实现各场馆现场转播和录制。由于各场馆离导播室相当远，要求使用光纤收发设备，实现远距离视/音频信号的传输。校内体育馆、音乐厅、报告厅等各个场馆的现场视/音频信号都可以经光纤链路传输接入演播厅机房统一调度。

18.11.8　演播室主要视频设备

1. 非线性视频制作系统

非线性编辑系统最根本的特征就是借助于计算机软、硬件技术使视/音频信号在数字化环境中进行制作合成，因此计算机软、硬件技术就成为非线性编辑系统的核心。非线性编辑系统实质上是一个扩展的计算机系统。

非线性编辑制作系统，可提供多分辨率、多格式、多帧速率、高清/标清混合编辑能力，集成了上百种特技切换、滤镜、字幕、采集、编辑等多种功能。编辑时可以不理会素材时间的先后顺序，可方便地对素材进行预览、设置出入点、查找定位。具有 SID 数字 I/O 接口、YUV 分量、复合视频信号接口，能方便地调用各种格式文件进行存取转换操作，可通过遥控控制各种视/音频录放设备，可充分发挥编辑人员的创造力和提高工作效率。

非线性编辑制作系统具有强大的视/音频处理能力，支持 1980×1080i/50 帧/60 帧、1920×1080p/25 帧/30 帧、1440×1080p/25 帧/30 帧、1080×720p/25 帧/30 帧/50 帧/60 帧、720××480p/60 帧等全部高清/标清分辨率的输入/输出，并提供 24bit/48kHz 和 8 声道音频处理能力。

集编辑、存储、管理于一体的非线性编辑系统由一台高性能计算机加一块或一套视/音频输入/输出卡（俗称非编卡），再配上一个大容量 SCSI 磁盘阵列构成了一个非线性编辑系统的基本硬件。再加上相应的制作软件就组成了一套完整的非线性编辑系统，如图 18-82 所示。

图 18-82　极速 700S 8bit 高清非线性编辑系统

极速 Q-edit 700S 非线性编辑系统采用业内独有的刀片一体式编辑存储系统。刀片一体机具有容量大、速度高、提供全套高清/标清格式和 HDV、P2HD、XDCAM HD、XDCAM HD422 及 XDCAM EX 格式的原始格式的实时编辑的特点，可以采集和混编 8bit 高清视频，或是使用高度优化的 MPEG-2 4：2：2 Ⅰ-帧编解码器，所有兼容格式都可以在时间线上实时混编。

（1）主要功能：

① 高清和标清视频、图文和特技的多层多格式混合实时编辑。

② 实时 Flex CPU 特技，彩色校正、变速和色度/亮度键。

③ 实时加速的 Flex GPU 特技，如 2D/3D DVE、模糊/闪烁/软聚焦特技和闪光特技。

④ 以原始格式实时编辑松下 P2、P2 HD、Sony XDCAM、XDCAM HD 和 XDCAM HD422 素材（MXF 文件）。

⑤ 以原始格式实时编辑 Sony XDCAM EX 素材，支持大量高清和标清编解码器，包括无压缩 8- bit 和 10-bit、MPEG-2 I-帧、DVCPRO HD、MPEG HD、MPEG HD422、HDV、IMX、DVCPRO50、DV、DVCPRO、DVCAM。

⑥ 实时以高质量由高清格式转换为标清格式。

⑦ 将模拟、DV 和 SDI 素材实时采集为 MPEG-2 IBP 格式，具备 DV-1394、复合、Y/C、高清/标清模拟分量和 HD/SD SDI 输入及输出全接口。

（2）主机参数：

① 3U 刀片一体式编辑存储主机。

② CPU：Intel I7 2600，3.4GHz，四核。

③ 内存：4GB DDR3。

④ 系统硬盘：500GB SATA3。

⑤ 素材存储高速磁盘阵列：ADS 8TB（1000GB×8 RAID5）。

⑥ 光驱：24X DVD±RW 刻录。

⑦ 专业图形处理显卡：NVIDIA GTX550 1G GDDR5 PCI-E 高级图形处理卡/PS2/USB 专用光。

⑧ 电键鼠/以太网接口：10Mbit/100Mbit/1Gbit BaseT/电源：ATX/600W/AC 100～240V。

⑨ 高清液晶双显示器：22in 高清液晶×2。

（3）高清音视频编解码核心及 IO 通道参数：

① Matrox 8 bit 高清无压缩编解码内核。

② 高清视频输入端口：1×HD-SDI（内嵌 8 路音频）/1×HDMI（内嵌音频）/1×Component HD。

③ 高清视频输出端口：1×HD-SDI（内嵌 8 路音频）/1×HDMI（内嵌音频）/1×Component HD。

④ 标清视频输入端口：1×SD-SDI（内嵌 8 路音频）/1×Compsite SD/1×Component SD/1×YC SD。

⑤ 标清视频输出端口：1×SD-SDI（内嵌 8 路音频）/1×Compsite SD/1×Component SD/1×YC SD。

⑥ 其他数字端口：1×IEEE1394（4pin 内嵌音频）/2×IEEE1394（6pin 内嵌音频）。

⑦ 音频输入端口：2×XLR 平衡音频。

⑧ 音频输出端口：4×XLR 平衡音频/2×RCA 非平衡音频。

⑨ 物理尺寸：长×宽×高：660mm×430mm×133mm/净重：25kg。

（4）系统及软件平台：

① 极速 Qedit 高清非线性编辑系统软件。

② 极速高清字幕、唱词包装软件。

③ 全自动应急恢复系统。

2. 数字视频切换台

数字视频切换台是演播室的核心设备，应满足特技切换、摄像机、录像机、字母机、非线性编辑设备等多路视频源的输入，应选择至少配置有 4 路 HD-SDI 输入、1 路 VGA 输入、1 路模拟 YUV 分量信号输入，以及 4 路 HD-SDI 输出和 2 路模拟 YUV 分量信号输出。

数字切换台无论在外观、操作还是内部框架结构上，均与传统的模拟切换台相似，不同之处在于数字切换台实现了联网操作，SDI 串行数字输入接口可接入任一路数字视频信号输入。数字切换台具有强大的设置菜单，可对制式、格式、宽高比、各种功能键及特技等在内的几乎所有参数进行设置。

切换台的选型不仅要考虑演播室的节目制作类别和容量，还应兼顾后期节目制作功能，以充分发挥其作用。

（1）松下 AV-HS400AMC 高清/标清多格式切换台（图 18-83）。多格式的高清/标清兼容性，实现了多种信号的混合制作。高清/标清多格式的兼容性能满足不断变化的制作要求。AV-HS400A MC 独有的视频信号处理技术支持标清信号与高清信号之间的上、下变换功能和混合功能，通过安装不同的信号输入板，允许在高清信号、标清信号之间进行视/音频信号编辑。AV-HS400A MC 兼容几乎所有常见的输入设备。

图 18-83　松下 AV-HS400AMC 多格式切换台

1）松下 AV-HS400AMC 高清/标清多格式切换台主要技术性能：

① 内置的帧同步器实现了多种系统的操作应用。

② 内置的控制系统实现了高清一体化摄像机 AW-HE100 及云台的远程控制。

③ 高达 8 路视频输入和 8 路视频输出。

④ 主机和控制面板都集成在小巧的机身里。

⑤ 内置多画面显示处理器。

⑥ 多种特技效果。

⑦ 演播室制作和实况转播的应用。

2）内置的帧同步器：实现了多种系统的操作应用。先进的 AV-HS400A MC 其每路输入都配置有一个内置的 10bit 帧同步器（Frame Synchronizer），实现非同步信号源之间平滑的切换。它还提供了同步（B.B）信号输出，从而支持与外部系统的同步。

3）内置的控制系统：实现了高清一体化摄像机 AW-HE100 及云台的远程控制。当直接连接一台 AW-HE100 一体化摄像机或 Panasonic 的多用途摄像机/云台时，通过操作 AV-HS400A MC 面板上的定位器，实现云台的水平与垂直转动控制以及镜头的推拉和聚焦控制。通过连接一台 Panasonic 的控制器，最多可以控制五台摄像机/云台。兼容型号：AW-PH400/AW-PH405/AW-PH360、AW-RP655/AW-RP555。

4）高达 8 路视频输入和 8 路视频输出

① 标配包括 4 路 HD/SD-SDI 信号输入和 4 路 HD/SD-SDI 信号输出。

② 输入/输出扩展板选件包括：最多 4 路 HD-SDI/SD-SDI 输入（AV-HS04M1×2）、最多 4 路 HD/SD-模拟分量输入（AV-HS04M2×2）、最多 4 路 DVI-I 输入（AV-HS04M3×2）、最多 4 路 HD/SD-模拟复合输入（AV-HS04M6×2）。

③ 输出：最多 4 路 HD/SD-模拟分量输出（AV-HS04M4×2）、最多 2 路 DVI-I 输出（AV-HS04M5×2）、最多 4 路 HD/SD-SDI 输出（AV-HS04M7×2）。

④ Tally 接口支持 8 路摄像机同时工作，作为直播切换台使用时更显方便。

⑤ RS-422 兼容型控制插孔（兼容 GVG 协议）。其中有两路接口可指派为 PGM、PVW、AUX、多画面和键信号输出。

5）主机和控制面板都集成在小巧的机身里。

6）内置多画面显示处理器。使用多画面显示功能可以实现同一监视器上的多画面预览，因此可以减少系统中需要的监视器数量。

7）多种特技效果。标配提供了多种类型的划像、挤、滑动、三维特技效果和画中画（PinP）功能，而且所有这些效果和功能的操作都极其简单。

键的类型包括亮度键、线性键、色键及 DSK。三维 DVE 效果（例如翻页效果）也可应用到键功能中。更强的键功能还包括简单的第 2 个画中画等。

（2）SONY PDW-HR1 便携式编辑工作站。SONY PDW-HR1 便携式编辑工作站集数字切换台、特技操作、视频编辑和网络传输于一体，适用于各类小型演播室和外拍现场切换。图 18-84 是 PDW-HR1 便携式编辑工作站。

PDW-HR1 便携式编辑工作站可进行基于文件的高速操作，具有高清/标清制作的灵活性，具有超大尺寸液晶显示屏，便于现场审片，能够提供电视或动态画面制作所需的 4∶2∶2 高精确度的高清图像质量。

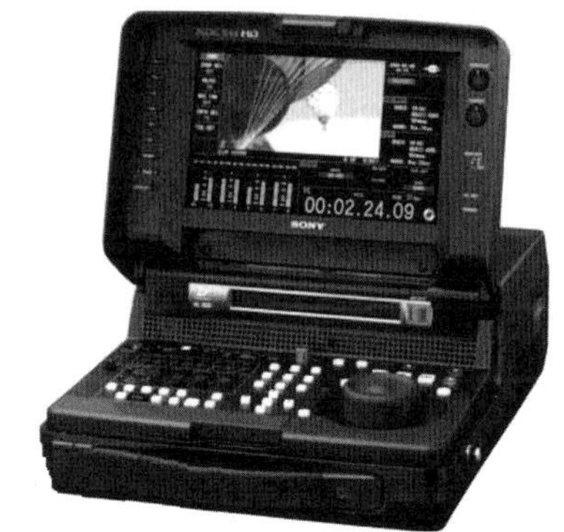

图 18-84　PDW-HR1 便携式编辑工作站

PDW-HR1 编辑工作站安装了一个内置上/下转换器，具有多格式（1080i/720p）编辑的灵活性，可进行高清/标清转换，在重放时可进行 1080i 和 720p 的交叉转换。标准配置有 4∶2∶2 高清内容的 24p（23.98）记录/重放功能，不但可以在 ENG/EFP 应用中使用，还可用于对 Sony CineAlta 摄像机拍摄的 HDCAM SR 格式的节目进行制作。

PDW-HR1 编辑工作站装有多种视频和音频接口，可方便地与其他设备和编辑系统进行连接，它的接口包括 HD-SDI 输入/输出、HDMI 输出、复合输入/输出、千兆以太网、RS-422A 控制接口，还可选装 i. LINK TS 输入/输出和 DVB-ASI 输出接口，充分突出了现场编辑的强大功能。

PDW-HR1 的用户界面采用了“磁带录像机”式的步进/变速式操作，使用前面板和遥控器都可进行控制。它还装有一个 9in 彩色 LCD 显示屏和内置扬声器。电池、交流或直流电源均可使用。最新开发的 GUI 编辑界面，操作方便形象，使得现场编辑效率大大提高。

使用者可将编辑后的高清视频记录到 50GB 的索尼 PFD50DLA 双层专业光盘介质中，使用 50Mbit/s、35Mbit/s 和 25Mbit/s 速度时，记录时间分别为 95min、150min 和 200min。

其他性能包括基于 EDL 片断编辑的场景选择和 SDI 触发记录功能。

SONY PDW-HR1 便携式编辑工作站主要技术性能如下：

1）视/音频编码方案、信号格式、记录媒体与摄录一体机相同。

2）内置上下变换器和 1080i/720p 交叉变换器，24bit 8 声道音频。

3）采用最新开发的用户界面，操作友好，便于操作。

4）9in 型大尺寸 WVGA 液晶屏，而且在低照度环境中可使用按键面板照明灯。

5）直观的可操作按键面板，包括对放机以及录机的控制键。

6）丰富的 AV 和 IT 接口，包括模拟、数字视/音频和 HDMI、i. LINK、千兆以太网、USB、DVB-ASI 输出接口等。

7）尺寸：300mm×129mm×400mm；重量：7.4kg。

8）电源/功耗：交流、直流、电池三种方式供电，约 60W。

9）标配 MPEG IMX、DVCAM 标清格式的记录回放功能，支持 23.98p 逐行格式。

标配：操作手册、安装手册、XDCAM 应用软件 CD-ROM、接口盖、AC 电源线。

选配：RCC-G5 9 芯远程控制电缆、RM-280 远程编辑控制器、PFD23A 23GB 专业光盘、PFD50DLA 50GB 双层专业光盘、BP-L80S 电池 、BP-GL95 电池、PDBK-202 MPEG TS 卡。

3. 摄像机

摄像机是视频信号的采集设备，它的质量直接决定视频节目的图像质量，在视频系统中占有重要的位置。市场可供选择的数字摄像机型号很多，各大品牌的高清数字摄像机都采用 12bit 模/数（A/D）转换，在信号处理上采用 16bit 以上的数据处理，保证了更精确的伽马、拐点、轮廓校正。

演播室摄像机所用电缆长度最好不超过 200m，超过时应用光纤。接插件要采用镀金措施，防止辐射。实现 4∶3 和 16∶9 兼容时，各厂家采取的技术不同，日本各摄像机厂采用的是宽高比为 16∶9 的 CCD 光电转换元件，通过改变水平尺寸以实现对 4∶3 的兼容。

进行 4∶3 和 16∶9 转换时，由于成像面的水平尺寸不同，因此需要通过可转换镜片来弥补视角的变化。

飞利浦的 LDK 系列摄像机采取了动态像素管理（DPM）技术，在 4∶3 的 CCD 上实现 16∶9 的兼容，DPM 技术没有改变 CCD 成像区域的水平尺寸，只改变了垂直尺寸。

图 18-85　SONY HDC 1580 高清摄像机

图 18-85 是 SONY HDC 1580 高清摄像机，主

要技术性能如下：

1）HDC 1580采用全新Power HAD EX HD CCD（220万像素），具有高清摄像机最出色的性能。

2）高达F11的灵敏度，有效减轻了夜晚体育转播时对灯光照度的要求。

3）信噪比57dB（基础）/64dB（综合），调制深度达到55%，有效降低了暗部画面噪波，使得高清晰的画面细节丰富，提供了更加通透的高清晰度图像画面。

4）14位的A/D转换器，摄像机能够真正在600%的动态范围内清晰地再现物体的亮度层次。

5）垂直拖尾的指标达到-135dB。

6）操作简易。

7）使用选配的HDLA1503，所有的技术人员都可以快速安装好摄像机和大镜头适配器，无须重新连接摄像机机身光缆，甚至箱式镜头和大镜头适配器可以实现独立安装和拆卸，并且无须进行适配器高低调整。

8）SONY针对聚焦问题开发的“寻像器聚焦细节”功能，利用电路实时检测拍摄图像焦点的位置，并且叠加显示在寻像器图像上，让摄像师能够对焦点的位置一目了然。

9）SONY在摄像机机身设计的独特的背光按键指示，可提供摄像师最佳的人机交互界面，即使摄像机在很暗的环境下工作时，也彻底杜绝了摄像师因为看不到按键位置状态而容易产生的误操作现象。

10）E-倍率（电子倍率）功能提供了数字的倍率功能，有效地解决了在体育转播中使用光学倍率镜的时候引起通光量减少需要增大光圈的问题，使得体育比赛时大倍率镜头的应用范围更加广阔，也使得箱式镜头的倍率效果进一步提高。如果使用100倍镜头（带光学倍率镜）再配合E-倍率功能，最高可达到400倍的效果。

11）具备辅助聚焦功能（寻像器聚焦细节和辅助聚焦指示条）。

12）摄像机机身采用低光轴误差的设计，这种低光轴误差设计不但把摄像头光轴和取景器之间的视差降到最低，而且大大提高了操作者的视野。

13）通过MSU和CNU连接SONY的S-BUS网络系统，摄像机控制系统可选择系统中的矩阵输出，还可通过一根视频电缆传输系统中所有摄像机的Tally信号，从而在大、中型转播中具有独特的优势。

14）SONY采用的光纤传输平台具有1.5Gbit/s的带宽，能够以4:2:2的全数字方式传输分量信号，摄像机到CCU的距离最大可以扩展到3000m。

选配：HKCU-1001模拟输出扩展板；HKCU-1005 HD/SD SDI输出扩展板。图18-86是摄像机口播屏幕提示系统。

图18-86 摄像机口播屏幕提示系统

4. 视频记录设备

摄像机需配套相应的数字录像机，后期编辑制作也需配置一台数字编辑录像机。对于SDI串行分量数字接口的数字录像机，可供选择的广播级录像机有D1、D5和BETA CAM DVW系列的产品。近年来推出的DVCAM、DVCPRO、DVCPRO50、DIGITAL - S以及HD等都是数字分量记录格式，但互不兼容，比较适用于新闻节目制作。

图18-87是SONY PDW-HD1500高清专业光盘录像机。PDW-HD1500是最新推出的高清专业光盘录像机，半机架宽，3U高，1080/720隔行、逐行高清信号记录/重放，双层/单层兼容光驱，双光头高速读写，内置彩色LCD显示

屏，可显示视频、音频电平和时间码、缩略图、菜单，便于操作和现场监看；内置扬声器便于现场监听；内置上下变换器，1080/720 格式转换器，可以支持 8 路数字音频记录；具有丰富的 AV 和 IT 接口，包括模拟、数字视/音频和 i. LINK、以太网，与传统录像机操作方式相同的 JOG/SHUTTLE 搜索盘。而且此款录像机具有交流、直流和电池三种供电方式，方便户外的现场使用。另外，采用最新型光驱设计，使得节目的上载速度大大提高，可以达到 3 倍速左右。

图 18-87　PDW-HD1500 高清专业光盘录像机

主要技术特性如下：

1）4. 3in 超大彩色 LCD 液晶屏。

2）采用双光头，具有更高的文件传输速度。

3）高度集成与轻便，6. 3kg，半机架宽。

4）具有交流、直流以及电池三种供电方式。

5）以太网接口（1000Base-T）以及 i. LINK 接口。

6）内置扬声器。

7）高质量 8 通道 24bit 无压缩音频记录。

8）视频控制（通过前面板和遥控接口），目前可作为线编系统的播放机使用，兼容支持 23. 3GB 和 50GB 专业光盘。

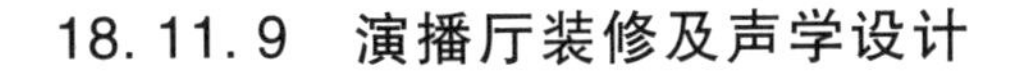

18. 11. 9　演播厅装修及声学设计

1. 演播中心建筑声学设计要求

演播中心建筑声学设计必须满足 GB 50371—2006《厅堂扩声系统设计规范》和声音质量主观评价技术要求；采用防静电地板和防干扰管线；用钢管格栅吊顶并喷黑处理；墙体安装吸音材料，隔断外面自然光线；能够配置活动背景，满足日常更换背景和后期抠像需求。

建筑声学设计内容主要包括：①确定室内声学设计音质指标、建筑声学处理方案，提高围护构造隔声能力的措施；②各功能用房的室内混响时间计算；③完成演播厅、录音室、控制室的室内声学装修设计施工图。

如果功能用房采用集中式空调通风系统，建筑声学设计还需对机房进行必要的隔声、吸声及减振处理，对空调风管系统进行相应的消声设计，把空调、通风管路系统产生的风机噪声及气流噪声降至最低。

（1）功能用房音质设计指标。

功能用房空场的混响时间 *Rt*60 及其频率特性应符合表 18-18 的指标要求；室内无回声、颤动回声及声染色等音质缺陷；频响特性良好，声场分布均匀，建筑外环境及空调、通风系统无噪声干扰；满足现场录音及后期制作的声学环境要求。

表 18-18　功能用房音质设计指标

功能房名称	空场混响时间特性 *Rt*60/s	室内本底噪声	声场不均匀度/dB
录音室	0. 40±0. 05，中频 500～1000Hz 频率特性基本平直	NC—15，*LA*≤20dBA	±2. 0
控制室	0. 35±0. 05，中频 500～1000Hz 频率特性基本平直	NC—25，*LA*≤30dBA	±2. 0
演播区	0. 60±0. 05，中频 500～1000Hz 低频允许提升	NC—25，*LA*≤30dBA	±3. 0

声学材料的选用和吸声构造的设计，在达到声学要求的同时，应具备较好的技术经济性和满足有关消防要求。

（2）隔声设计说明。演播室功能用房室的本底噪声指标一般均为NC—25曲线。如果录音室做浮筑构造，室内的本底噪声指标可达到NC—15曲线，这是一个比较高的专业声学用房标准；若不采用浮筑构造，室内允许的本底噪声可放宽为NC—25曲线。

专业声学用房围护结构墙体的常规做法是采用240厚标准黏土砖，内层再做轻钢龙骨石膏板或用高压纤维水泥板组成的轻质隔声墙体，与黏土砖墙一起构成复合墙体，以达到墙体隔声的要求。

2. 演播室建声设计

演播室本质上是一个声学建筑，有了良好的声学设计才能获得良好的声音效果。在进行室内装潢之前要先做声学设计。演播室声学设计的主要任务是混响时间控制和噪声控制。

根据表18-18指标要求，演播厅内的500kHz、1000kHz混响时间应控制在0.6s±0.05s以下，背景噪声级控制在30dB（A）以下。导演控制室的500kHz、1000kHz混响时间控制在0.35s±0.05s以下，背景噪声级控制在30dB（A）以下。录音室的500kHz、1000kHz混响时间控制在0.4s±0.05s以下，背景噪声级控制在30dB（A）以下（无浮筑结构）。

建声材料应使用阻燃型，并能防蛀、防霉和无毒。建声设计应与室内装潢密切配合，达到声学效果与艺术效果的协调一致。

（1）混响时间控制：混响时间是演播室音质好坏的重要因素。混响时间过短时，声音干涩，没有丰满感，声场分布不均匀。混响时间过长时，声音浑浊，有“嗡嗡”声，讲话听不清，像在浴室中讲话的声音。混响时间与演播厅的容积大小、吸声面积及吸声系数直接相关。

混响时间控制包括两方面：一是合理控制室内吸声量，使混响时间符合设计指标；二是控制演播室长、宽、高的比例，房间尺寸的最佳比例是1.9∶1.4∶1.0。主要目的是尽量减少房间内声音的共振频点，使室内声音的任一频率信号都不会过分加强或减弱。

墙面吸声：演播室墙面采用75系列的轻钢龙骨隔墙吸声结构，墙面后置100mm空腔，内置玻璃隔音棉，可提高墙面的中、高频吸声效果。

地面处理：演播室室内地面在采用木地板地面的同时，在木地板上铺贴地毯，有利于提高中、低频声音的吸声量，降低室内低频混响时间。

混响时间计算公式：

混响时间
$$Rt=0.163V/-S\ln(1-\alpha) \qquad (18\text{-}13)$$

式中　V——房间总容积，单位为m^3；

S——房间总吸声面积，单位为m^2；

α——房间平均吸声系数，$\alpha=\sum A/S$。

（2）噪声控制：环境噪声控制是建声设计中必须考虑的一项重要课题。环境噪声来源于周围的空调机房（应采取防振措施）、环境嘈杂声、空调出风口的噪声（应采用消声器）、安全指示灯、灯光系统和扩声系统的噪声。有来自演播室之外的外部噪声，还有来自演播室内部的噪声。

外部噪声：可分为两类，一类是演播室建筑之外的环境噪声，如周围过往车辆的噪声；另一类是建筑物之内、演播室之外的噪声，如学生下课时的喧哗声。

内部噪声：主要来自空调系统、灯光控制系统和演播室工作时摄像机的移动噪声和工作人员的走动噪声等。

噪声传入演播室的主要途径：一是声波的振动传播，噪声作用于墙壁、地板、顶棚而产生振动，把声能传入演播室；二是通过缝隙传入演播室；三是通过固体物体传入演播室。

噪声控制的主要措施是隔声和消声处理，隔声处理主要是阻隔空气传播的噪声，消声处理主要是吸声。

墙体隔声：采用满浆满缝的砖墙隔声，造价低而且隔声效果好。不同质量的砖墙具有不同的隔声量。砖墙的隔声量与墙体单位面积的质量有关，质量越大，隔声量也越大。演播室隔墙必须采用至少 240mm 厚的双层隔声砖墙分隔；在演播室后墙等表面还需采取适当的吸声措施，以增大墙体的隔声量。

门隔声：门的隔声量主要取决于它的质量、刚性及密封性。在三层 12mm 厚的木板中夹两层 11mm 厚的玻璃棉，两面再各加一层五合板和一层饰面板，门框及门的边缘敷上毛毡对门缝进行密封处理。

窗隔声：导播室的观察窗采用双层玻璃窗。窗口的隔声量主要取决于玻璃，中低频时玻璃的隔声量由密度决定，故最好选用厚一些的玻璃板。

空调和灯光的吸声处理：空调系统和灯光控制系统的噪声指标，是保证演播室噪声能否达到设计要求的重要环节。为减少送风管道的空气噪声，适当增加风管壁厚，风管外壁加配角铁加强筋，防止送风时产生机械振动；风管内壁贴 50mm 厚的超细玻璃棉毡，外包玻璃丝布，再用钢板网压紧；穿墙的风管采用软连接，穿墙管道的四周填充 50mm 厚玻璃棉毡；此外，控制送风速度，使出风口的风速小于 1.5m/s。

（3）建声设计与室内装潢艺术的和谐统一：建声设计为了满足厅堂的声学特性要求，往往在各墙面的处理上与装潢的艺术效果要求会发生矛盾。这种矛盾只有在室内装潢与建声设计处在同一承包单位时，通过承包单位的内部协调可获得统一解决。

（4）防火、防霉、防蛀和无毒考虑：建声材料必须是无毒、防火、防霉、防蛀的材料，使用的木板材料表面应涂上防火涂料，以确保安全。

参 考 文 献

[1] 谢咏冰，张飞碧，等. 数字扩声工程设计与应用［M］. 北京：机械工业出版社，2017.
[2] 陈宏庆，张飞碧，等. 智能弱电工程设计与应用［M］. 北京：机械工业出版社，2013.
[3] 刘鹏. 云计算［M］. 2版. 北京：电子工业出版社，2011.
[4] 张飞碧，项珏. 数字音视频及其网络传输技术［M］. 北京：机械工业出版社，2010.
[5] 马晓凯，周霞，郭志伟. 计算机网络技术及应用［M］. 北京：冶金工业出版社，2004.
[6] 张飞碧. 高清会议电视系统的技术瓶颈和解决途径［J］. 智能建筑，2012（11）.
[7] 赵遐，张飞碧. 泄漏电缆传输系统设计与应用［J］. 智能建筑科技，2012（10）.
[8] 顾宗根，等. 苏州国科数据中心基础应用环境的实施［J］. 智能建筑科技，2012（07）.
[9] 周丹，张飞碧. 苏州国科数据中心［J］. 智能建筑，2012（06）.
[10] 张飞碧，等. 上海奔驰文化中心LED斗形屏系统设计［J］. 智能建筑科技，2011（06）.
[11] 张飞碧，陈宏庆，袁得. 苏州国贸电子系统工程公司智能弱电系统技术资料汇编（1-10）［G］.
[12] 张飞碧，陈宏庆，袁得. 交互式网络视频会议系统［J］. 演艺设备与科技，2008（2）.
[13] 张飞碧. 全自动智能录播系统［J］. 音响技术，2008（3-9）.
[14] 陈宏庆，袁得，张飞碧. 投影显示技术［J］. 音响技术，2008（1-2）.
[15] 张飞碧. LED显示屏系统的主要技术特性［J］. 音响技术，2007（12）.
[16] 张飞碧. 演出场所的内部通信系统［J］. 演艺设备与科技，2007（6）.
[17] 张飞碧，陈宏庆. LED大屏幕显示系统［J］. 演艺设备与科技，2007（4-5）.
[18] 陈金顺，陈新宇. 分组交换技术在音频传输系统中的应用［J］. 音响技术，2007（3）.
[19] 张飞碧. 以太网传输技术［J］. 音响技术，2006（6-7）.
[20] 张飞碧. CobraNet专业音响传输网络［J］. 电器沙龙专业版，2006（5）.
[21] 张飞碧. 大屏幕投影显示系统［J］. 音响技术，2006（2）.
[22] 张飞碧. 数字声源及其编码格式［J］. 演艺设备与科技，2006（3）.
[23] 张飞碧. MPEG数字视音频压缩编码原理［J］. 演艺设备与科技，2006（1）.
[24] 张飞碧. 公共广播系统［J］. 音响技术，2006（1）.
[25] 张飞碧. 数字灯光控制系统和网络灯光控制系统［J］. 电器沙龙专业版，2005（8-9）.
[26] 谢咏冰，徐广平. 网络灯光控制系统的实践与探索［J］. 演艺设备与科技，2005（5）.
[27] 张飞碧. 以太网灯光控制系统的基本常识［J］. 演艺设备与科技，2005（3）.
[28] 张飞碧. 全数字会议系统的核心技术［J］. 电声技术，2005（5）.
[29] 张飞碧. 音乐厅电视摄录编系统［J］. 音响技术，2005（3）.
[30] 张飞碧. 红外同声传译系统及其技术发展［J］. 音响技术，2005（5）.
[31] 张飞碧. 新型智能会议系统［J］. 音响技术，2005（2）.
[32] 张飞碧. 台电HCS-4100全数字会议系统［J］. 电器沙龙专业版，2005（1）.

作 者 选 介

陈宏庆

1995年毕业于北京理工大学计算机学院，高级工程师，上海复大学EMBA硕士研究生。现任江苏国贸酝领智能科技股份有限公司董事长。历任苏州环球链传动公司网络中心技术员、苏州工业园区中科智能网络公司副总经理。

主持苏州市会议中心、苏州市地铁指挥中心大楼、东吴证券大楼、苏州软件外包学院、苏州体育运动学校、苏州市青少年活动中心、苏州工业园区国际科技园、港华燃气69111呼叫中心、相城水厂一期智能化系统工程、苏州市行政服务中心、太仓地方税务局信息中心、苏州市东山宾馆、常熟国际大酒店，太仓港城宾馆、中国生殖健康保健培训中心、唯亭医院、苏州工业园区移动通信大楼、苏州市信托公司、苏州演出中心智能化系统工程、苏州火车站站前广场智能弱电工程等数十项大型智能弱电工程的研发、设计、施工、安装和调试。

在《智能建筑》《演艺设备与科技》核心期刊上发表论文5篇。荣获“2011年江苏省装饰装修行业优秀企业家”称号。

张飞碧

1960年毕业于北京理工大学电子工程系，教授。中国第一代航天测控专家。历任上海航天新亚无线电厂总工程师、上海航天科学技术开发公司总工程师、航天部第八研究设计院硕士研究生导师、上海航天局科学技术委员会委员等职。理任北京理工大学兼职教授、中国演艺设备技术协会委员会专家、中国工程建设通信专业委员会议系统专家组专家。

1978年荣获第一届全国科学大会重大科研成果奖3项。1985～1990年获航天工业部和上海市科技成果奖8奖。1984年担任长征三号火箭首次发射的外弹道测量和控制系统技术总指挥，1985年荣立航天工业部二等功。1988年荣获中国航天工业部颁发的荣誉证书及证章。1990年被上海航天局推荐为联合国高级顾问候选人。

张飞碧先生也是中国内地和港澳地区享有盛名的著名音频、视频和弱电工程技术专家。著作有《建筑弱电工程施工手册》《现代音响技术设计手册》《数字音视频和网络传输技术》《数字扩声工程设计与应用》《舞台灯光工程设计与应用》《智能弱电工程设计和应用》等多部专著和50多篇论文。